CONTROL YOUR OWN LIFE

掌控人生的88堂自我控制课

杨小曼 ◎著

中国法制出版社
CHINA LEGAL PUBLISHING HOUSE

前言 PREFACE

面对人生，你是否曾自我怀疑，自我否定，看不到自己的勇气和力量？面对困难，你是否感觉无能为力，压力巨大，陷入深深的忧虑而无法自拔？面对忙碌的生活，复杂多变的人际交往，你是否焦虑、困惑，看不到希望，看不清未来？

也许你工作顺利，人生没有多少挫折，可是你的内心总感觉空落落的，没有充实、幸福的感觉。你陷入悲伤、忧愁，感觉抑郁、焦躁，想尽办法也摆脱不了这些负面情绪的干扰。你觉得自己已经相当努力，具备了独特的能力，但人生依旧不出彩。你也许在关键时刻莫名地气馁，无法达到自己的期望。

为什么生活有这么多烦恼，幸福却那么难以得到？为什么成功总是那么遥远，而失败却近在眼前？各种问题困扰着你，让你急于在现实中寻找出路。

出路就在于缩小你与成功者的差距，而这差距之一就是掌控力，你对自己和人生的掌控力。那些成功者一般都具备很强的掌控能力，能掌控自我，也能掌控局势。

然而，很多人都感觉不到自己的掌控能力，在生活中无法掌控自己，莽撞随意；在职场中不能掌控事态，一旦挫折来临，只能烦恼痛苦，却无力解决。这样的人无法掌控未来，也无法掌控自己的人生。掌控力的欠缺很可能让人陷入被动，被迫随波逐流，无法实现自己的人生目标。

但掌控力并非天生的，而是可以通过后天的努力得到培养和强化。这本书可以帮助缺乏掌控力的人运用心理学知识来培养强大的掌控能力，掌控生活，最终掌控人生。

本书共有九个章节，从“自我意象”开始，阐释什么是自我意象，通过解读自我意象来了解自我，改变自我。第二章阐述了信念的力量，剖析错误信念，重建积极信念。第三章从思考的角度论述理性思考的重要性。第四章着重讨论不自觉的自挫行为，通过生动的案例理解自挫行为出现的根本原因以及改变自挫行为的方法。第五章以控制情绪为主要内容，教你如何摆脱负面情绪的影响，保持最佳的人生状态。第六章讲解了提升勇气和信心的方法，教你勇敢地面对生活，摆脱内心的迷茫。第七章以对抗心理压力为主要内容，介绍了心理减压的各种方法，提升心理的韧度。在具备了基本的掌控力后，我们需要向更高的层面努力。因此，如何激发内在潜能，创建幸福生活，是第八章、第九章的具体内容，也是我们掌控自我后要实现的目标。

过往已随风消逝无法改变，但未来仍充满希望犹可期待。不管我们曾经历过什么，我们自身的能力如何，只要肯从当下开始改变、实践，我们就能弥补过去的错误和失败，给自己一个更好的未来。

展卷阅读，让我们开始这88堂课的学习，逐步培养我们的掌控能力，拥有强大的掌控感，从而迎接全新的自我、全新的人生。

CONTENTS

目录

CHAPTER 01

第一章

认识“自我意象”，从内而外改变自我

什么是自我意象

“我是谁？”这是一个简单的问题，也是一个复杂的问题。这是哲学家思考的终极问题，也是普通人会思考的疑问。也许你觉得这个问题没什么独特之处，或者这个问题没什么意义，但换个角度思考，只有人类会提这个问题，会有这样的疑问，因为只有人才具有自我意识，具备从他人的角度来看自身的能力。

自我意识是人对自身全面的觉察和认知，也是人看待自我、形成自我期待的基础。通过自我意识，我们都会形成具体的“自我意象”，而“自我意象”会像镜子一般映照出我们眼中的自己，并伴随我们的一生。

上初中时，李涛喜欢翻阅各种杂志。有一天，他在杂志上看到一个人格小测验，很感兴趣，就做了起来。做完所有的题目以后，他对照结果，发现给出的评价是：你是个很有想法的人，对人对事有完美主义倾向。你为人大方，有很多朋友……你的缺点是比较急躁，没有耐心，做事无法持之以恒。看完后李涛心想：原来我是这样的人啊。

后来读高中，上大学，李涛都认为自己就是那个小测验描述的样子：大方，能结交很多朋友，做事力求完美，但是有些急躁，缺乏耐心。就连他自我介绍的时候，也总会加一句：我这个人，就是比较性急，做事没耐心。而身边的很多人也夸他大方，交际能力很强。

参加工作多年以后，李涛和同事聊天，说起自己性格急躁，没耐心，旁边一位女同事说：“你可不急躁没耐心啊。上次咱们一起去见那个客户，他那副嘴脸，我真想骂他。倒是你，在旁边不急不躁，又解释，又操作演示。我真是佩服呢。”

“是吗？”李涛有点惊讶，再回想一下，他的工作和人打交道，最需要的就是耐心，而他能胜任这份工作，可见他并非一个没有耐心的人。此后，他再也不说自己急躁，没耐心了。

李涛通过小测验，得出了对自我的认识，他所形成的对自我的看法就是“自我意象”。所谓“自我意象”是指一个人描画并认可的自我“图像”或“肖像”，它是自我意识中自我印象的具体化，包括对自我的认知和评价，比如我是什么人，我能做什么，我有什么特点，我是强有力的还是软弱的，是成功的还是失败的，等等。

“自我意象”并非天生的，而是人在成长过程中逐渐形成的。它的形成与人的经历和已有的经验有关，特别是成功和失败的经验、欢乐和痛苦的经验、荣誉和屈辱的经验等。当然，他人的评价和反馈也会影响一个人的自我印象，比如案例中的李涛，就是在同事反馈后才意识到自己和“自我意象”不那么符合。

童年和少年时期是自我意象形成的关键时期，这两个时期的经历和经验对“自我意象”的形成影响最大，并且一旦形成就具有一定的稳定性，不容易改变。所以，我们要特别注意这段经历对我们的影响，要时时反思这一时期形成的“自我意象”是否符合我们自身的特点。

自我意象的反馈效应——“我”

自我意象对我们有什么意义？为什么一开始我们就要谈自我意象？这是因为自我意象对个人发展以及人际关系都有很大的影响。

自我意象逐渐形成后，会存在于意识和潜意识层面，不管我们能不能觉察到，它都会影响我们的言谈举止。可以说，自我意象是行为的基础，而行为决定了我们与世界、与他人的关系。

在家里，菲菲是个活泼开朗的女孩，但在学校，从幼儿园到小学，菲菲都表现得非常普通，既不惹是生非，也不优秀出色。家里人对菲菲的学习要求不高，她的成绩也一般。

菲菲总是班级里最不起眼、不引人注意的那个同学。她也一直觉得自己很普通，不聪明也不漂亮，没有什么吸引人的地方。

升入初中后，菲菲还持续着这种状态。有一年开学，菲菲到校特别早，遇到一个陌生的老师在搬东西。那个老师捧着厚厚一摞书上楼，一不小心，就掉了几本。菲菲看到就跑过去，帮老师捡起书，又帮老师送到办公室。

开学几周后，菲菲的生物课换了个老师，新换的老师就是菲菲碰到的那个老师。有一次上课提问，菲菲被叫起来回答问题。很少有老师让她回答问题，她站起来后既紧张，又害羞，明明知道答案，却磕磕绊绊说不出来。她干脆低下头抠着书页，沉默了。

老师笑着说：“你是不是有些紧张，说不出来？”

菲菲点点头。老师说：“我们都知道你不是不会，只是太紧张了。放松一下，把你想说的说出来吧。”

菲菲吸了一口气，平稳了一下自己的情绪，说出了答案。老师立刻鼓励了她。

后来菲菲和课代表去交作业，生物老师对她说：“我第一次见你，就觉得你是个大方又聪明的孩子。跟其他老师一聊，大家都觉得你很有潜力，只要稍微努力一下，就会非常出色。”

菲菲心想：原来我也可以很优秀。此后，菲菲变得勤奋努力，学习成绩迅速提高，她的自信心越来越强，言语行为也变得开朗大方。初中毕业时，她已经成为学校里受人瞩目的优秀学生了。

早年的菲菲对自我的认识是：我很普通，很一般，不引人注目。她的自我意象勾勒出她的这个特点。后来，当老师指出她身上的优点后，她的自我意象改变了，她的脑海里出现了新的“自我”，即大方聪明，学习有潜力。

自我意象在人的发展过程中有两个作用：一是调节自己的行为和态度，让自己与周围的环境保持协调一致；二是推动自我教育，促进自我的发展。菲菲的经历就体现出自我意象的这两个作用。

自我意象具有反馈作用，可以让我们更清楚、更真实地了解自己，从而选择相应的行为。比如，菲菲初期的自我意象没有看到自己的优点和潜力，只从现实经历中获得一个自我概念，认为自己很普通，这让她选择了退缩、沉默的表达方式。但当她看到自己的另一面，意识到自己有潜力，可以学得更好，变得更优秀时，她的自我认识变了，自我要求也变了，进而变得勤奋努力，不断挖掘自己的潜力，这让她与周围的环境更加协调，也让她在成长的道路上越走越好。

每个人都应像菲菲一样，充分利用自我意象的反馈效应，更全面、更真实地了解自己，认识自己，调整言语行为，让自己变得更好。

描绘“蓝图”：认识积极和消极的自我意象

自我意象在形成以后，会保存在意识或潜意识的层面，影响我们的言行。大多数人的自我意象其实都比较模糊，甚至意识不到自己的很多行为是自我意象影响的结果。

俗话说，人贵有自知之明。从心理学的角度来看，所谓自知之明，就是自我意识的成熟，以及对自我意象的准确把握。很多时候，在人生的道路上，我们需要的不是一味的努力奋斗，而是停下来，反观内心，思考自我，用心灵的笔描绘出真实的自我意象，真正地认识自己。

汪凯出生在一个小城镇，父母靠做生意维持家用。汪凯的父母只是小学毕业，但他的舅舅读了师专，在县城的一所中学执教。从小学到初中，汪凯的学业并不出众，读完初中他就有些不想读了。他的舅舅坚持要他读高中，而他父母也觉得他还小，就送他去读镇上的普通高中。

汪凯认为自己不是读书的料，没必要下苦功夫。他喜欢运动，进入高中后，除了正常上课之外，他就在操场上挥洒汗水，踢足球、打篮球，反正只要有同学一起玩，他就奉陪。

不知不觉到了高三，汪凯的成绩并不出色，身体倒是很棒。有一天，舅舅去他家，跟他聊天。舅舅问他：“你到高三就要面临高考了，你有什么想法吗？”

汪凯嘿嘿一笑说：“我能有什么想法？我这成绩，肯定考不上大学，我就混到毕业，然后出去打工就行了。”

舅舅说：“现在打工也不是只卖力气啊。你其实不笨，就是心思没放到学习上。你可要好好想想，自己究竟该怎么办。”

汪凯挠挠头，不知道怎么回答。看到他这个样子，舅舅说：“你啊，不妨先想想自己能干什么，想干什么。虽然读书不是唯一的出路，但多读几年书总是好的。”

汪凯若有所思，和舅舅分析自己：我学习不太行，成绩一般，要考上大学估计不可能。我能干什么？我除了能打球，好像没什么优点了。

舅舅说：“对了，你身体好，不如报体育生，考体育专业。”

在舅舅的建议下，汪凯报了体育特长生，顺利通过了体育测试。良好的体育成绩激励了他，汪凯的心里有了新的自我蓝图：体育专业的大学生。他抓紧高三的复习时间，全力以赴，最终文化课成绩达标，顺利考上了大学。

自我意象是复杂的，包含很多内容，比如个人对自己外形、个性的认知，甚至还有比较抽象的运气好坏等。在复杂的自我意象里，有些是积极的，有些则是消极的。就拿案例中的汪凯来说，他的自我意象就比较复杂：一方面他觉得自己学习不行，这是对自己的消极评判；另一方面他又知道自己擅长体育，这是对自己的积极评判，这些都属于他自我意象的一部分。

如何知道你的自我意象，区分自我意象是消极的还是积极的？这里有个简单的方式，就是拿出一张空白纸，限定 1 分钟的时间，快速在纸上写下你能想到的对自己的描述和评价。比如，“我是……”“我的外形……”“我的优点（缺点）是……”“我喜欢（讨厌）……”“我能（不能）做到……”

当你在很短的时间内迅速写下对自我的描述和评价时，很多你往常根本没意识到的信息就会显露出来。你会发现在自我的印象里，你究竟是什么样的。如果你的描述和判断更多是负面的、否定的，那么你的自我意象就相对消极，而你的描述和判断更多是积极和肯定的，那么你的自我意象就相对积极。

积极的自我意象和消极的自我意象在一定程度上可以反映我们的自信程度，而不同倾向的意象，也会对我们的言行和人生产生影响。

不同的自我意象如何影响人生

曾有人说：“在每个人心灵的眼睛前面，都有一幅自我的肖像，你会和它越来越接近。”这里所说的“自我的肖像”就是自我意象。

自我意象在成长中形成，当它较为稳固成熟时，它就会反过来影响我们的人生。很多时候，我们能做什么事，能做到什么程度，不一定和能力有关，而是和我们的自我意象有关。简单来说，就是你认为自己是什么样的人，你就可能成为什么样的人。

欣蕾是个学习非常刻苦的女生，从小学开始，她就努力学习，但她的成绩并不优秀。她记得自己刚进入小学时，学东西很快，成绩也不错，但到了三年级以后,课程难度加大,很多作业都得妈妈辅导。那时妈妈的口头禅是：“你真笨，这么简单的题都不会做。”

进入初中，妈妈已经辅导不了欣蕾的功课，只能不断告诫她：要努力，要刻苦，要好好学习。欣蕾的确很努力，很刻苦，平时成绩也不错，但一到重要考试，成绩就不理想。

中考的时候，欣蕾担心会考砸，结果真的考砸了。她的成绩勉强上线，虽然进了重点高中，但被分在了普通班里。欣蕾的妈妈更忧心了，说：“女孩子到了高中，就会学不动，欣蕾你可要专心努力啊。”

高一高二的时候，欣蕾的学习状况还算平稳。进入高三，欣蕾的成绩开始上下波动。她自己也很郁闷，想不明白，为什么明明会做的题，一到考场上就会出错?

学校为高三学生配备了专门的心理辅导员，很多学生都去和辅导员谈话。欣蕾也去了,并把自己的烦恼讲给辅导员听。听了她的陈述,辅导员说:“你是说，你一到考试就会紧张，甚至考前睡不好，满脑子都是考试失败的画面，考试时总会出错，对吗？”

欣蕾点点头:“嗯，我觉得我就是个再努力也不会成功的人。我妈说女生上了高中就学不动了，我可能就是这样的女生。”

辅导员说:“可你并不是学不动啊，你只是考试总失误。”

“这有区别吗？”欣蕾瞪着眼说，“成绩不就是学习的直接反映吗？”

辅导员笑着说:“那可不一定。这样吧，你先按照我说的方法试一试，看看你下次考试还会不会紧张。”

辅导员告诉欣蕾，一想到自己会做不好的时候，就深呼吸，并告诉自己:我可以，我能做到。考试前，也不要去想考砸了会怎么样，而要告诉自己:我一定能考好，能解决所有的问题。

辅导员说:“你的自我评价是消极的，而这些消极的想法会干扰你，让你无法正常发挥。如果你不断暗示自己可以，以此抵消心中的消极干扰，你可能就会表现出不同的状态了。”

听了辅导员的话，欣蕾努力改变对自己的感觉，她不但时常告诉自己:你可以，你能做到，还经常设想一个成功自信的自己。渐渐地，考前她不再感到紧张，而且考试能正常发挥，成绩也稳定下来。

很多人都像欣蕾一样，在学习过程中非常努力，成绩却不理想，他们感觉到失败的痛苦，不能自拔。如果我们仔细分析，就会发现他们并非能力欠佳，而是心理素质不好。所谓心理素质不好，在很大程度上是指他们消极的自我意象。就拿欣蕾来说，她从小被妈妈说笨，无形中丧失了自信，后来又接受了妈妈关于女生一上高中就学不动的说法，这都影响了她对自我的评价和认知。在她的内心，自己就是一个笨笨的、再努力也获取不了好成绩的女孩，而这个形象限制了她的正常发挥。

心理学家普莱斯科特·雷奇认为，人的个性是“一套思想体系”，这套思想体系会排斥与其不一致的想法所引导的行为，而会采纳与其一致的行为。这套思想体系的核心就是个人的“自我意象”，如果一个人的自我意象是消极的，那么他即使成功，也会被解释为偶然，而失败则会被解释为必然。如此一来，他就会倾向于收集失败的信息，不自觉地收集更多证据来证明这一结论，进而强化消极的自我意象。案例中的欣蕾就是这样，她的紧张与失误，都不过是她强化消极自我意象的结果。

相反，具有积极自我意象的人认为自己有能力、有信心克服困难，赢得成功。他们把失败当作偶然，及时淡忘失败带来的失落和痛苦，并从失败中获益。他们同样善于收集成功的体验，并不断强化自己积极的自我意象，激励自己不断走向成功。

不同的自我意象就这样影响着每个人的人生。如果你总觉得自己是个失败者，那么，不妨描画一下你的自我意象，看看它是不是消极的意象。

深入探索，找到消极自我意象的根源

消极的自我意象会让一个人无法客观地认识自我、评价自我。在内心的“荧光屏”上，他们会看到一个一无是处、垂头丧气的自己，并会对自己进行各种消极的心理暗示，比如“我就是不够好”“我是那样没用”“我根本没有拿得出手的能力”等。

在这种情况下，他们常常会被沮丧、无助、焦虑、痛苦等负面情绪包围。不仅如此，他们还会对他人的态度进行消极的“预估”，比如从主观角度认定“没有人喜欢我”“他们总是看我不顺眼”“他一定很讨厌我”……于是，在与他人相处时，他们不容易信任对方，也容易表现出紧张和敌意。

17岁的嘉丽在一个单亲家庭长大。6岁的时候，父亲因为交通事故不幸去世，此后妈妈含辛茹苦地将她带大。

妈妈性格比较强势、自尊心很强，非常在意他人的看法和评价，对嘉丽的管教也很严格，经常会为了一些小事批评她，动不动就说她“太笨了”“什么都做不好”，一边说还会一边流露出嫌恶的表情。

妈妈的责怪让嘉丽觉得非常沮丧，她不敢和妈妈顶嘴，只能把委屈憋在心里。

时间长了，嘉丽觉得妈妈没有说错——自己确实“太差劲了”：长相普通，不够聪明，不会打扮自己，学习成绩总在下游水平，平常也不善于沟通，很难得到他人的喜欢。

带着这样的心理，嘉丽越来越不喜欢和人交流。她总是瑟缩在教室最后一排的角落里，生怕被别人注意到。久而久之，班上的同学开始忽视她的存在，有的任课老师甚至叫不出她的名字……

嘉丽就这样不知道自己的人生方向，浑浑噩噩地生活着……

嘉丽为自己描绘出非常消极的“自我意象”。在她看来，自己在外貌、智力、能力、沟通等方面都没有可取之处。这样的自我意象影响了她的行为和心理，使她变得自卑、畏缩、压抑，并对自己失去信心，也慢慢失去掌控人生的能力。

必须指出的是，这种消极的自我意象并非天生的，而是与很多因素有关，其中家庭教养方式和成长中的负面经历对于自我意象的形成有很大的影响。

1. 家庭教养方式

以嘉丽为例，她从小受到母亲的严苛教育，母亲不但经常打击她的自尊心，对她过于挑剔，还直白地表现出对她的不喜爱。长期受到这样的“情感暴力”，嘉丽便给自己的自我意象增添了不少消极色彩。

久而久之，她对自己产生厌弃感，也对他人产生过多的担心，总觉得他人对自己的看法会和母亲一样，这让她变得越来越孤僻，不喜欢也不擅长和他人打交道。即使勉强让她与人交流，她也会先戴上一个“讨人喜欢”的假面具，却将真实的自我深深地掩藏起来。

2. 长辈潜移默化的影响

在自我意象逐渐形成的过程中，长辈的行为、态度、价值观也会对一个人产生非常明显的影响，特别是那些朝夕相处的长辈，会在一个人的“自我意象”中投射难以磨灭的“痕迹”。

比如，长辈为人友善、脾气随和，待人谦逊有礼，乐于和他人合作，看问题比较宽容大度，孩子也会潜移默化地出现这样的人格特质。

再如，长辈自尊心极强、过于敏感，很在意别人的看法或评价，不喜欢被他人忽视，受到这样的影响，孩子的人格也常常会出现相似的特点。案例中嘉丽就在母亲的影响下出现了“过于敏感”“在意他人评价”等问题。

3. 成长中的负面经历

成长中的经历也会对“自我意象”产生影响。比如，在青少年阶段遭遇过不公平的待遇，被同伴或其他人霸凌、欺辱，都会对心理造成严重的创伤，而且这种创伤是很难摆脱的，在多年之后，还会影响一个人的生活，也会左右其对自己的看法。

案例中的嘉丽因为同学的忽视而变得更加自卑。在自我意象中，她把自己定位为“不受欢迎的人”，不敢主动与人交流，而这也会影响她正常的交友、婚恋和生活。

4. 消极的自我归因

“归因”，简单地讲，就是为某种行为或事件的结果寻找原因。在生活中，我们常常会发现，对于同样一件事情，人们会从积极、消极两个角度进行截然不同的归因。积极的归因会极大地强化个人的自信心、激励水平；消极的归因则会让人陷入过低的自我评价中，还会强化消极的自我意象。

比如同样面对“工作失误”的问题，积极归因者会从工作流程、工作细节上找原因，以便及时解决问题；而消极归因者会怀疑自己的能力，认为是自己能力不足才造成这样的失误。

这种归因过程无疑会让消极的自我意象得到强化，也很容易引发沮丧、无助甚至绝望的情绪。

但消极的自我意象并非不可改变。人本主义心理学家卡尔·罗杰斯等专家通过大量研究证实，自我意象是可控的。而我们应当做的是更好地觉察自我意象，再不断地深入探索，找到消极自我意象的真正根源，由此出发进行认知、行为、心理的自我调节，学会依据较为客观的标准来看待自己，就能逐渐纠正消极的自我意象，进而找到自己真正的价值所在。

逃避自我意象，可能会引发“反弹效应”

对待生活，有两种常用的方式，一是积极面对，二是极力逃避。对待自我，很多人也会用这两种方式。有的人清楚自我，接受自我，不管好坏都会积极面对自己和自己的生活，但有些人总是极力否认自我，不愿面对生活里的困难和挫折。

逃避可以让人得到暂时的心安，可以避免直面痛苦。然而，人生就是这么奇怪，当你越想逃避自我、否认自我，就越可能逃不开。

陈正的母亲性格要强，非常强势，她总觉得老公没出息，儿子也很懦弱。陈正从小听到最多的话就是："你就和你爸一样没用。"陈正无力反抗强势的母亲，转而瞧不起父亲的软弱模样。后来他把心中的不满转向了他处：比他更弱小的人。

读初中时，陈正就欺负比他弱小的人，和人打架，搞得家里不得安宁。初中毕业后，他读了 3 年技校，毕业后进了一家国企。刚开始企业效益好，陈正的日子过得也很顺遂。结婚，生孩子，一切按部就班地进行着。后来企业改革，陈正的日子就不好过了。一来他年纪偏大，二来他没有真正的一技之长，企业要引进高科技设备，没有适合他的岗位，他被列入下岗人员名单。

陈正为此感到郁闷，时常喝酒，醉醺醺地回家。他妻子受不了便唠叨："真是和你爸一个样，整天喝酒。"听到这话，陈正大受刺激，在家里大骂起来："我怎么了？这家里什么东西不是我挣回来的？我怎么就没用了？"接着他又骂起企业的领导："我都进单位 20 多年了，没功劳也有苦劳，凭什么让我下岗？"

等到正式下岗，陈正拿到一笔安置费。他把安置费甩在妻子面前，说："你看，他们不也得给我钱？我就多喝两口酒怎么了？"此后，他更是经常喝醉，在家和妻子吵闹或者打孩子。清醒的时候，他骂企业领导，说他们贪污腐败，搞垮了企业，让他丢了饭碗，又说是妻子、孩子拖累了他，让他没出路。"我为什么喝酒？是他们这些人逼我喝的！"陈正振振有词。

有好心的邻居劝他："你才 40 多岁，做点什么不好？这样整天喝酒闲逛，真要成没用的人了。"

陈正生气地说："我怎么没用了？谁给我机会了？谁给我事做了？我要是有

机会，我也是大款！”

他的妻子在一旁气得发抖，说：“你这是有用的样子吗？你要是真有用，就把酒瓶放下，立马出门去找事做啊！”

陈正一把抓过酒瓶抱进怀里，说：“你才没用！凭什么我去找事做？这房子都是我挣回来的！”

由于家庭的原因，陈正从小就没有足够的自信，也没有形成积极的自我意象。他潜意识里排斥父亲，排斥懦弱的行为，是因为他意识到在强大的母亲面前，他是无力的，是没用的。但他不愿面对这一事实，于是转而欺负弱小，逃避自我。采用逃避方式的陈正没有变得强大，反而强化了他“无用”的自我意象，在生活中变得越来越没用。

心理学家丹尼尔·韦格纳曾做过一个“白熊实验”。他先是要求实验者不要想象一只白熊，然后用语言描述自己想到的事物；然后，他让实验者可以想象一只白熊，并用语言描述自己想到的事物。在两组实验进行过程中，一旦想到白熊形象，实验者就击铃示意。实验结果发现，那些被要求不要想象白熊的实验者，击铃次数更多。可见，一个人越是压抑自己的想法，这个想法越是会猛烈地反弹。这就是反弹效应，又被称为后抑制反弹效应。当我们刻意逃避自我意象，压抑对自我意象的认知，我们也会出现强烈的反弹效应，被压抑的自我意象会更猛烈地占据我们的意识，影响我们的行为。

要避免“自我意象”的反弹效应，我们能做的就是认识它，正视它，并接纳它。只有当我们能真正客观地认识自我，形成完整的自我意象时，我们才能与自我合一，客观公正地面对世界。

客观公正地认识自我

不是每个人的心中都有一幅清晰的自我肖像，也不是每个人的心中，都有一个客观公正的自我肖像。对很多人来说，认识自我，清楚地了解自我比认识别人还难。

苏轼在《题西林壁》一诗中写道“不识庐山真面目，只缘身在此山中”，我们对自我就像身在“庐山”一样，也会存在误区与盲点，看不清自我的真实面目。如果不能正确地认识自我，心中没有正确的自我意象，我们可能在生活里失去很多机会，陷入困惑。

谢菱是家中的独生女，从小深受家人的宠爱。在溺爱中长大的谢菱有着迷之自信，她学过舞蹈、古筝，在学校的文艺会演中表演过，赢得了不少掌声，这都让她觉得自己是一个淑女、公主，走到哪里都高昂着头，对人不屑一顾。陈菱的学习属于中上水平，但这并不妨碍她对自己的看法，在她看来，自己既聪明又美貌，用不着勤奋，而那些学习成绩拔尖的女生都是靠勤奋来弥补自身缺陷的。“我才不会用学习成绩来证明自己。”谢菱经常这样说。

高考成绩不理想，谢菱没考上重点大学，进了本市的二本学院。住校以后，谢菱和同宿舍的女生屡次发生矛盾。她有些瞧不起那些来自小县城的同学，觉得她们土里土气的，还嫉妒自己的美貌和才华。她拒绝整理宿舍的公共卫生，借口回家逃避各类打扫和宿舍评比活动。在同学眼里，谢菱是一个骄傲、虚荣的女生，缺乏真诚，也缺乏对其他人的尊重。

大二那年，学校组织了一次大型才艺活动秀，谢菱以势在必得的态度参加了才艺秀。她表演了古筝，顺利通过初选，进入第二轮的选拔。谢菱觉得自己形象好，古筝技艺也挺好，一定可以进入决赛阶段。出乎意料的是，一位大一新生的古筝演奏征服了所有评委，拿到了直接进入决赛的名额。谢菱非常失落，感到自己被忽视了。新的打击随即而来，在观众投票环节，谢菱的得票率很低，失去了进入决赛的机会。谢菱想不明白，难道自己的形象不够好吗？自己不是深受大家喜爱的吗？为什么他们把票投给了别人？

谢菱满心疑惑，闷闷不乐，她不明白老师和同学们的反应，也不明白自己错在哪里，她不知道这一切究竟是怎么回事。

俗话说，人贵有自知之明。全面而正确的自我认知是培养健全的自我意识的基础，也是拥有客观公正的自我意象的基础。但谢菱缺乏的恰恰是客观公正的自我认知。她从小深受溺爱，因为家人的呵护宠溺而盲目自信，认为自己比别人优越。在她心目中，她是一个受人欢迎和宠爱的公主，但事实并非如此。她盲目的自信让她无法看到自身的缺陷，她在人际关系方面的问题，都与她歪曲的自我意象有关。

建立正确的自我认知，明确客观公正的自我意象，可以从多个角度入手，既要对自己形成认识与评价，也要听取他人的评价。我们不妨采用两步法来认识自我：第一步，尽量反思自己的容貌、言行等一系列特征，尽量用形容词描述自己，不要夸大，也不要贬低，忠实于自己的内心，把能想到的特点都罗列出来。第二步，收集他人对“我”的描述，听一听父母眼中的自己是什么样的，朋友、同学眼中的自己是什么样的，还有老师、亲属，甚至邻居眼中的自己是什么样的。当把这些描述收集到一起时，你就可以根据描述形成一个较为客观公正的自我意象了。你可以从自我和他人的描述中寻找共同品质，将其归类，你归纳的维度越多，可能就会越清楚自己是一个什么样的人，你心目中的自我意象也会更明确。

不要觉得客观公正地认识自我没有意义。事实上，我们只有客观公正地认识自我，才有可能不断地完善自我，为自己创造更多、更好的人生机遇，并获得真正的幸福。

心理调整：由内而外地改变自我

眼中所见是内心的反映，自我的意象也是意识与潜意识的反映。当我们按照心中的自我意象行动时，我们就会被这个意象束缚。如果我们内心的意象会引导我们走向失败，走向糟糕的人生，我们就必须进行“心理整容”，从改变认知、改变内心做起，由内而外地改变自我。

岳轩已经是第三次读高三了，他感觉压力特别大。岳轩的学习成绩一直很好，但一临到高考，他就会出各种状况，影响考试发挥。第一次高考，他发烧拉肚子，人在考场上一直没精神。成绩仅够二本院校，岳轩不甘心，不愿意就读。第二次高考，他失眠头痛，面色苍白，成绩还是在重点录取线以下，相差几分。岳轩越发不甘心，于是再次复读。

再次复读，课程对于岳轩来讲，已没有难度，也没有多少新意，他各门功课掌握得都挺好，但他的心态却越来越不稳定。以前只是碰到重大考试他才会紧张，现在他连模拟考试也会紧张。第一次全校模拟考，他就出现状况，吃早点时没注意，喝了杯冷水，结果还没开考胃里就难受，吐了一地。后来全市模拟考，他在考场上突然头晕头疼，不得不在校医的帮助下去室外休息了片刻。检查身体，岳轩又没有任何问题，班主任建议岳轩找心理咨询师聊聊。

岳轩谈起自己的状况，他说父母对他的期望很高，他总是无法达到他们的期望。有一年，爸爸带他去参加一个重要的比赛，比赛地点离家不算太远，爸爸骑着自行车载他去，路上车链子坏了，他们怎么都找不到修车的。无奈之下，爸爸把自行车往路边一放，拦了辆出租车，偏偏又赶上堵车，赶到赛场时，比赛已经开始，岳轩没能参赛。那次比赛岳轩原本就没有信心，结果连考场都没进，他就有松了一口气的感觉。后来亲友们说起这事，爸爸就感慨：“这小子，运气不好，折腾半天都没赶上。”小升初考试时，他又因没弄清楚考场，耽搁了时间，迟到了，没能考入父母期望的初中。从那以后，他就觉得自己运气不好，碰到重要的事件就会出差错，而事实也一次又一次地验证了他对自己的这个认知。

在这个案例中，岳轩显然深受自我意识的影响。在内心深处，岳轩并不自信，他觉得自己无法实现父母的期望，而且“运气不好”。这一消极的自我意象让他一遇到重大事件就想逃避，于是潜意识中就给自己设置阻碍，以证明自己“运气不好”，不能实现父母的期望，因此他会在考前紧张，甚至疏忽大意，导致身体不适，影响考试。

很多人像岳轩一样表现不佳，都和内在的消极自我意象有关。一个人如果抱有负面的自我意象，他就很容易在生活中给自己制造障碍，比如焦虑、自卑、紧张等情绪表现，以及这些情绪带来的消极行为，都是自我设置障碍的结果，即使你用各种方法努力克服，也难以改变。就拿岳轩来说，如果他想改变考试时的状况，想考进满意的学校，就必须从内心深处改变自我，改变潜意识里的逃避模式。

要改变消极自我意象的影响，最重要的就是重新建立积极的自我意象，重新评估自我和外界环境。

1. 我们可以放低对自我的期望，让自己有更多成功的体验，以此来重塑“我可以”“我能做到”的信心，让自我意象更积极。

2. 不要太在乎别人的期望和评价，重点放在自己的目标和能力上，以提高自我、克服自我障碍为主，这样会减少心理压力，拥有更多的前进动力，也更容易建立积极的自我意象。

3. 给自己设定一个成功的形象，比如岳轩就可以想象自己成功考上重点大学，而不要总想考不上会怎样。用积极的形象激励自我，不断前进，我们就会逐渐摆脱消极意象，变得更加积极向上。

自我接纳，不断巩固积极的自我意象

自我的成长，原本就是一个不断自我认知、自我反思、自我监控的过程。成长是一条贯穿于人生始终的线，我们在每个阶段都会有稳定的自我意象，也会对这个自我意象进行调整，让它更接近真实的自我，更容易与世界融合。

不管时光如何变迁，不管我们是少年、青年还是中年、老年，我们都要重视自我，重视自我体验，接纳自己，认可自己，保持自我的完整统一。因为只有这样，我们才能接受不同的人生经历，更好地面对世界，并体验到自我价值和幸福感。

敏娜出生在一个普通的双职工家庭，是家中的独生女。敏娜从小聪明好学，学习成绩一直很优秀，社交能力、领导能力也很突出。可以说敏娜一直是一个能力突出又非常自信的女孩，在整个成长过程中几乎没有遇到过大的挫折。

也许因为能力突出，敏娜的性格有点要强，也有点苛刻。她谈过两次恋爱，男方都因她太好强、太追求上进而分手。她觉得自己还年轻，只要有能力，一定会遇到合适的那个人。在最美好的那些年，敏娜把精力全部投入到提高自己、发展事业方面。她 30 岁出头就成为一家公司的高管，买了房，买了车，在大城市里站稳脚跟后，她突然发现，自己已成为众人眼里的“剩女”。

敏娜从来没想过“剩女”这个标签会贴到自己身上，她无法接受。当父母数落她，亲戚劝导她时，她觉得委屈，觉得男友离开又不是自己的错。但当她看到昔日的同学或好友都组建了家庭，晒出可爱孩子的照片时，又会觉得失落和孤独。

对“剩女”身份的抗拒以及对自我人生的怀疑让敏娜陷入痛苦。她突然感觉很迷茫，而她的小半生究竟是对还是错，她也不能确定了。这些疑问让敏娜内心不安，也让她对当下的生活感到排斥。为了重新寻找内心的平静，敏娜请了一个月的长假，去各地旅游散心，但效果并不好。后来她一时兴起，去听了一堂心理课，导师的话让她豁然开朗。

导师说：“不管别人说什么，怎么说，最重要的是我们要明白自己想要什么，要尊重自我内心的感受。”

那一晚，敏娜独自思索了很久，认真反省自己。她意识到自己真的不再是芳华依旧的少女，而是事业有成的成熟女性。她反思自己的感情经历，发现自己的确有苛求完美的倾向。她恍然理解了男友离开的缘由，忍不住流下眼泪，心中产生了一种释然感。

敏娜接受了自己的不完美，不再对以往感到疑惑。面对当前的生活，她愿意继续发挥优势，做好自己，再去寻找幸福婚姻的机会。敏娜回到公司继续上班，依然是那个自信满满、神采奕奕的敏娜。

没有哪个人是完美的，也没有哪个人的人生是完美的。我们必须接纳自我，欣赏自我，才能拥有更积极、更良好的自我意象。就像案例中的敏娜，她有成功的事业，有信心面对生活，但未婚“剩女”的标签让她压力巨大，甚至开始怀疑自己。一旦与内心的自我相脱离，人就会陷入矛盾和苦恼中，失去对生活的信心，失去生活的乐趣。

幸运的是，敏娜及时受到启发，反思自己，接纳自己。她明白自我的独特性，也知道自己的价值所在，并继续体验人生的价值感、愉快感和满足感，这一切也可以让其感受到幸福。

接纳自己并不是无条件地接受一切，而是能理智、客观地看待自己的长处与不足，冷静地看待人生的得失。就像敏娜一样，关注自身的成功，积累优势，强化良好的自我意象，让自己拥有面对人生的勇气和底气。

每个人都有熠熠闪光的一面，也有黯淡不足的一面，但要让人生充满光彩，重点还在于寻找自己的闪光点，然后不断强化固定，形成积极的自我意象，再以这个意象激励自我，创造美好的人生。

CHAPTER 02

第二章

摆脱错误信念，别让惯性左右你

错误信念：让你深信不疑的认知陷阱

我们对人对事以及对世界的态度都源于我们的信念，即我们相信什么，或者不信什么。就像农民相信土地会长出茂盛的庄稼，提供足够的食物，因此他们热爱土地，愿意在土地上辛勤劳作，而渔夫相信撒下去的渔网会有收获，因此在江海之上寻找鱼群。有了最基本的信念，人才会有相应的认知和行动，才会有一系列相应的结果。

我们的日常生活也一样，看似没有规律可循的语言行为，其实在其背后也有信念存在，这个信念会让我们走上不同于其他人的人生道路。

萧珊一心想考上重点大学，但因为意外只好读了大专。毕业后她在一家民营企业工作，总觉得自己的人生不如意。和老公结婚后为了买房，她一直没要孩子。等到儿子出生时，她已经32岁了。看着儿子慢慢长大，她觉得自己应该给孩子提供最好的生活和教育，让他赢在人生的起跑线上，才能避免人生的失败。

为了儿子的未来，萧珊使出浑身解数。为了让孩子学好英语，她选择了离家很远的双语幼儿园，每天来回奔波，接送孩子。为了培养孩子的才艺，她给孩子报了小提琴班、跆拳道班、围棋班。昂贵的学费和各种生活费让她压力巨大，但她坚持让孩子什么都享受最好的。后来为了进市里最好的学校，她按揭买了新的学区房，又经历了一番折腾。老公对此很不满，认为孩子只要健康成长，努力学习，在哪里都一样。她却说老公不负责，没有进取心，只会耽误孩子的前程。

因为孩子，萧珊时常和老公吵架。她觉得老公不够努力，没有赚到足够的钱来为孩子的未来铺路。她常挂在嘴边的话是："如果孩子没有上好的幼儿园，没有学好英语，就进不了好的小学。没有进好的小学，孩子就不能读好的中学，将来也不能考个好的大学。要是考不进重点大学，孩子就没有前途。然而这一切都需要钱，需要给孩子买最好的课程，请最好的家教才行。"老公忍不住驳斥她："你也没上重点大学，你的人生完蛋了吗？"萧珊恼怒地说："我这么辛苦，嫁给你这样没用的人，可不就是人生失败？我一定不能让儿子再这样！"

固执于自己想法的萧珊和老公的关系越来越糟。她加倍关注儿子，给儿子巨大的压力，可是承受太大压力的儿子并没有表现出优秀，成绩还是一般。萧珊为此失眠、焦虑，精神状况很糟糕。

萧珊陷入人生的困境，和她执着的错误信念有关，她没有意识到自己深信不疑的人生信条其实是错误的。孩子的成长受很多因素影响，绝不是单纯地进入一系列好学校就能成功的。很多时候，我们深信不疑的信条其实是人生最大的陷阱，它们只会让我们采取错误的语言和行动，给人生带来一系列的麻烦。

心理学家埃利斯研究了很多神经症患者的心理，发现他们大都存在不合理的信念。这些信念主要包括：

1. 每个人都要得到别人的喜爱和肯定才行，尤其是重要人物的喜爱和肯定。

2. 一个人必须有十足的能力，在各个方面都表现突出，才算是成功的人。

3. 有些人是绝对的坏人，一定要受到谴责和惩罚。

4. 生活中一有不如意的事出现，就觉得大难临头，人生完了。

5. 不快乐都是别人造成的，与自己无关。

6. 对可能发生的危险要时时提防，尽力避免。

7. 一个人的精力是影响他目前状况的决定性因素，而这种影响是绝对的、无法改变的。

8. 人生中的每一个问题都应该有正确的、完美的解决办法。如果没有完美的解决办法，人生就是失败的、糟糕透顶的。

案例中的萧珊把没有上重点大学看作人生的缺憾、人生的不完美，产生了不上重点大学就是人生失败的错误信念，这让她在儿子身上极力寻求弥补，结果给家庭带来压力，自己也走上焦虑不安的道路。要想避免这样的结果，我们必须跳出认知陷阱，纠正错误的信念。

第一，反思你所坚持的想法，看看它们是否属于上面列出的 8 条信念，如果属于或接近这 8 条信念，那么你就一定要纠正、改变。

第二，学习接受人生的不完美，接受现状，不要轻易给自己或他人下论断，不要把经历的事情绝对化。在这个世界上，事物没有绝对性，接受当下才是解决问题的开始。

错误信念是如何发展出来的

信念是后天养成的，并非从天而降，也不是我们天生就具有的。信念的产生有其特点和规律，也有迹可循。无论是好的信念，还是坏的信念，它的出现都有隐含的逻辑，需要我们去发现。

小岚大学毕业后，顺利地进入了一家大型广告公司。小岚有能力，又非常自信，一毕业就进入优越的工作环境，薪资也不错，这让小岚着实骄傲了一阵子。

但没过多久，她就有些郁闷，甚至产生了辞职的念头。

作为新人，老板让小岚从一些小事做起，比如帮领导写发言稿，或者整理资料，给有经验的策划师打下手等。这让小岚有些失落，她在学校也算风云人物，经常做主持人，领导别人，不曾被别人呼来喝去。有一天，她正忙着写东西，她的顶头上司过来丢给她一沓资料说："下班前整理出一份讲话稿，明天早晨开会我要用。"说完就走，不容分辩。

小岚看着厚厚的资料，心里憋屈，不由得生气：明明我的事还没做完，又分派这么紧急的任务，是故意为难我吧？这样一想，小岚更不爽了，她满心不乐意地随便写了一份讲话稿送过去。上司一看当场发火："你这写的是什么？你想让我明天在台上出丑吗？"小岚特别委屈："资料太多，时间又太赶……"没等她说完，上司就说："行了，没能力就别找借口。去把刘总监叫来，我们加班弄。"

下班路上，小岚想起上司的话就难过，心里愤愤不平。她给好朋友打电话诉说委屈，说上司不讲道理，想辞职。好朋友说："辞什么职？你只不过被骂了一句，还能正常下班，我一个 PPT 改了七八次，老板还说不行。他都威胁我今天做不好，明天就别来了呢。我还在加班，你就别生气了。"

听了朋友的话，小岚觉得自己似乎太脆弱了，被上司骂了一句就受不了了。她坐在街边深深地吸了一口气，平静下来想：我怎么说也当过学生会的宣传部长，也拿过一等奖学金，怎么就没能力了？人家改了七八次了还在改，我怎么就不能。

调整了想法的小岚继续上班，后来得到一次参与策划的机会，她全身心投入工作，和同事商讨切磋，不断修改策划案。当她把最后一稿拿给上司时，上司笑着对她说："想不到你进步挺快的，小姑娘很有潜力啊，以后继续努力。"听到上司的赞扬，小岚突然觉得上司其实是挺有想法和能力的一个人。

同一个上司，小岚对他的判断前后截然不同。一开始，她觉得自己不受重视，得不到肯定，就觉得上司不讲道理。可是当她平静下来，放下负面情绪和态度，重新投入工作，得到上司的肯定时，她的喜悦情绪让她改变了对上司的评价。从这个过程我们可以看到，人的很多信念都与自身经历以及对当下事情的感受和情绪有关。

心理学家埃利斯提出的情绪 ABC 理论解释了错误信念产生的过程。他认为激发事件 A 不是引发情绪和行为后果 C 的直接原因，引起行为后果 C 的直接原因是个体对激发事件 A 的认知和评价，即信念 B，而信念 B 是与当下的情绪和判断密切相关的。信念的形成是一个循环作用的过程。当你尝试做某事成功时，你会感到兴奋、喜悦，这种情绪会让你继续尝试去做其他事情，而这个过程会让你产生相信自己、自己有能力的信念，就像小岚求学时的经历。但当你的尝试失败时，你会沮丧、难过，产生负面情绪，这种感觉会让你怀疑自己，从而不再努力尝试，甚至得出努力无用的错误信念。就这样，经历某事，体验某种情绪，渐渐地，你就形成了某种信念，而这种信念会影响你的情绪，让你采取相应的行为。

案例中上司分派任务给小岚，是激发事件，小岚的情绪是不满、生气，而行为则是应付工作，结果将事情搞砸。引发这一结果的直接原因是小岚认为上司不重视她、故意为难她的信念，这一错误认知让她做出消极应对的行为，导致被批评的结果。幸运的是小岚早期的经历让她对自己有信心，有积极的信念，她及时调整情绪，纠正错误信念，才没有陷入更大的麻烦中。

错误信念不但会让人采取不当的行为，还会使人产生情绪困扰，久而久之很可能引起情绪障碍。所以，当你面临一件事或一个人时，不能只关注眼前，还要体验情绪，看看情绪背后隐藏了怎样的信念。如果发现你的情绪包含消极的因素，就要尽快调整它，改变它，清理心中出现的不合理信念，这样你才能避免错误信念的形成，保持积极向上的人生态度。

“读心术”的滥用：别动不动就以己度人

与人往来，直观可感的往往是对方的语言、表情和行为，至于对方内心的想法，我们一般很难把握。在这种情况下，很多人便会以自己的理解和想象来揣摩对方的想法或意图，并给对方的言行一个解释，这有时也被称作“读心术”。很多人认为“读心术”是自己读懂对方、读懂他人的方式，是非常实用的人际交往能力。

的确，日常中我们需要通过别人的言行来“读”对方的心理，并与之互动。可是，如果滥用这种所谓的“读心术”，把自己的想法强加到别人身上，人就可能犯错误，出现认知偏差。当以自己的想法解读对方时，人容易得出错误的结论，而这个结论又会促使我们采取错误的决策和行为。

艾琳在一家公司做人事主管。她是一个事业心非常强的人，自我要求严格，对其他人也非常苛刻。

自进入公司做主管以来，艾琳多次强调工作纪律，要求每个人必须按时签到。大多数同事默默忍受了她的纪律要求，唯有业务部的李经理提出异议。他说他手下的业务员需要随时与客户联络，经常有晚上加班，或者大清早去见客户的可能，无法严格遵守到岗时间，但是艾琳坚持他们必须签到。

有天早晨，正常上班时间已经过去一个小时，艾琳碰到一个业务部的业务员背着电脑，吃着早餐，走进办公室。她特意去查看了早晨的签到记录，发现所有人都正常签到了。艾琳有些生气，认为有人帮那个业务员代签了。她去询问这件事，李经理和业务员都说一大早要见客户，所以很早就到了公司，签到后才出去办事。因为时间匆忙，没空吃早点，所以才在返回途中买了吃的。艾琳无法反驳他们，心里却觉得他们是串通一气，故意挑战她的规定，跟她过不去。

后来，这个业务员在上班途中出了车祸，一根肋骨骨裂，必须请假休息。艾琳看了李经理交的请假报告后说："只不过是骨裂，又不是骨折，为什么要请这么多天假？"李经理说："骨裂也需要时间愈合，请假天数也是听医生建议的。"

艾琳翻着请假报告说："我以前还做过手术，出院就上班了。他骨裂就得在家休养3个月，也太久了吧。如果这样，那我们可不能给他发全工资。"

李经理说："人家是工伤，没有申请工伤补偿，你还扣什么工资？"

艾琳冷着脸说："谁知道他这伤是怎么来的？我看他是想讹公司一笔钱吧，不上班还想白拿工资。"

李经理气得脸都白了，一把抓过请假报告走了。随后，那名员工向劳动仲裁机构提起申诉，要求赔偿。艾琳还坚持对方是故意受伤，和李经理串通来讹公司的钱。经过机构审理，公司败诉，支付那名员工全额工资和赔偿金。因为这一事件的错误处理，艾琳失去了工作，被迫离开了这家公司。

在整个事件中，艾琳始终"以己度人"，以自己的想法来揣测对方，而不是根据事实情况来解读对方。她先是觉得自己的尊严受到挑战，认定对方串通一气，故意为难她，后来又不顾事实，坚持对方工伤作假。她的这种反应符合心理学中的投射效应，即不自觉地把自己的思想、态度、情绪、愿望和性格等特征，投射到对方身上，将他人的言行按自己的思维方式加以理解。

从本质上来讲，投射是一种基本的防御方式，是我们维护自尊和内心完整性的方法。投射效应有两种主要的表现形式：一是感情投射，即认为别人的好恶应与自己相同。就拿艾琳来说，她的事业心非常强，喜欢遵守纪律，因此投射出去，就认为所有人都必须遵守，和自己一样。一旦有人不是如此，她就觉得不可理解，是对她的否定。二是认知缺乏客观性，以主观揣测为主。就像艾琳表现的那样，她每件事都以自我揣测为主，不接受对方的解释，导致自身失去认知的客观性，盲目判断，并坚持错误的做法和决定，反而害了自己。

投射效应是一种不成熟的防御机制，它的出发点以维护自尊、保护自己不受伤害为主，但由于只从自我出发，无法客观地看待他人与世界，反而容易陷入主观臆断的偏见，从而引发各种问题。要避免投射效应，人际交往中就不要“以己度人”，不要用下面的句式来思考和分析人和事：

1.“我能做到这样，你一定也能这样。”

2.“我对你这么好，你一定也要对我一样好。”

3.“我觉得他就是这样想的，所以他才会这样做。”

4.“我喜欢这样，你一定也喜欢这样。”

总之，要避免以己度人，就要放下猜测，放下“我想”“我认为”，而要思考一下：事实真的是我想的这样吗？必要的话还可以直接询问对方的想法和意思，尽量避免主观臆测。

对未来的消极预测会让你失去信心

随着年龄的增长，我们会发现人生充满着各种不确定性，没有绝对或必然。每个人都经历过失败与成功，积累着自己的人生和感觉经验。在以往生活的基础上，我们也会形成对未来的预测与期望。人对未来的预测一般分为两种：一种是积极、乐观的，相信不管遭遇什么，将来一定会变好；另一种则是消极、悲观的，认为将来注定失败、失望。

也许你觉得不管哪种预测，都不过是预测与期望，对人生没有多大影响，但事实并非如此。心理学中有个有趣的现象，叫作“自我实现”，也就是你的预测很可能变成事实，变成你真实的经历。

孙平是个普通孩子，从小学起他就不突出、不显眼，功课还行，但不算优秀拔尖；体育还行，但参加比赛总拿不了冠军。正是这样的经历让孙平觉得自己无法超越别人，无法成为最优秀的那一个。

带着这个念头，孙平升入了高三。当同学们更加拼命地学习时，孙平却懈怠了。他像往常一样早起到校，上完晚自习回家，但在课堂上总是愣神，心思不知道飞到哪里去了。有时干脆就趴在桌上睡觉。任课老师批评了他几次，却没有任何效果。后来班主任找他谈话，批评他：“你看看你，都什么时候了，还上课睡觉！能不能把精力放在学习上？”孙平低着头不说话。班主任又说：“你的成绩在中上水平，如果好好努力，考上好一点的大学不是没可能，你现在这个样子，那就真别想上大学了。”孙平的头更低了。

孙平的妈妈也发现，孙平在家学习也不在状态，做练习题或看书没多久就会不耐烦，偶尔还拿书敲打桌子，显得很烦躁。孙平的妈妈想说他几句，又怕影响他的心情。这种情况一直持续到春节，孙平的堂哥和他聊天，才搞清楚情况。

原来孙平觉得自己成绩不突出，而他就读的学校也不是重点中学，他觉得自己考上大学的可能性不大，没什么希望。可是他又想读大学，害怕考不上大学自己一辈子就这样完了，心里不由得纠结起来。一方面觉得自己努力也难以成功，另一方面又不甘心，结果搞得心神不宁。

堂哥听了他的话，说：“你对自己没有信心，没有坚定的信念，那怎么行呢？”

“可是我们学校，一年能考上重点大学的人才几个？我可不行，我怎么拼得过人家大城市的学生？”孙平面无表情地说。

堂哥拍拍他的肩膀，说：“你别想以后能不能考上，现在你就先努力一把试试。你想，你努力了无非两种结果，一种是如你所料，没考上重点大学；另一种是你发挥得不错，考上了。说不定就考上了呢？如果你现在一点都不努力，那么结果就只有一种，你明白了吧。”

堂哥的话让孙平若有所思，慢慢转变了想法。

面对未来，我们有时候会像孙平一样，心怀忐忑，不知所措。在这种情况下，我们会对未来产生预期，而这些预期会折射出我们的人生态度。孙平的预期是消极的、悲观的，他认为自己即使努力也不会成功，于是丧失信心，想要放弃。在外在表现上，孙平表现出焦躁不安，而这些表现的根源在于他对未来的预期。

根据心理学的分析，焦虑、不安的情绪是与未来相联系的。如果一个人觉得未来前途不明，无法把握，就会产生忧虑，而这种对未来的担忧正是引起焦躁不安的根源。只有改变消极预期，改变不安情绪，人才能安心，保持自信，劲头十足地去做一件事。

所以，当你觉察到自己的内心出现对未来的消极预期时，不妨把注意力放在当下，而不是未来不好的结果上，就像孙平的堂哥建议的那样，注重当下应该做的事，而不是一味地担忧结果，那么你的情绪就能得到调整改善，心态也会变得平和。如果你感觉一时很难转变自己的注意力，可以进行一个简单的消极预测自助练习。你可以把你的消极预测写下来，把所有可能的结果都列出来，看看这个预测究竟会带给你什么影响，是不是值得你惶恐不安。

对未来产生消极预测还源于自我决定感的缺失。心理学家爱德华·德西和查德·莱恩曾提出：“人生来就有三个普遍性的愿望，分别是能够自己掌控事物的‘自律感’、渴望与人交往的‘关系性’和渴望发挥自身能力的‘有能感’。当这三个愿望得到满足时，人才会觉得人生和未来能由自己决定，从而体会到幸福，在工作中产生金钱等报酬难以替代的动力。”这个理论被称为“自我决定理论”。

当人可以把握自己，把握人际关系，可以在与他人交往中发挥出自身的能力，他就会产生一种“决定感”，即未来是可以由“我”决定的感觉。有了这种感觉，人就不会在面对未来时忐忑不安、心生悲观了。

所以，适当给自己更多的成功体验，给自己一些“我可以”的心理暗示，逐渐培养起心中的“决定感”，也能减少消极预期的产生，让你对人生更有信心。

“灾难化思维”会将你引向何处

当一次重要的考试即将来临，或者一次重要的面试即将开始，你会有什么感觉？大多数人可能会感觉紧张、焦虑、不安，这些感觉是正常的，是我们对压力的正常反应。

然而有些人觉得，他们的紧张不安常常会超出可忍受的限度。很多人经常挂在嘴边的话是：你如果不能怎样，就完了；你如果不这么做，就完了……这样的表达反映的就是“灾难化思维”。

吴超在一家软件公司上班，他从程序员做起，几年后升职为公司的小领导。凭借个人努力，吴超贷款买房，和女友结婚，组建了温馨的小家庭。女儿出生后，妻子为了照顾孩子，辞职在家，全家就靠吴超一人供养。好在公司发展得还不错，他的收入也不算低。

孩子要上幼儿园了，吴超忙着给孩子联系幼儿园。恰好这时公司高层变动，换了新的总经理。新经理刚上位，就传出公司内部改革调整的风声。等吴超联系好幼儿园，回过神来时，发现公司已经“满城风雨”，各种消息满天飞。吴超听到很多对他不利的消息，最让他担心的是新经理似乎对他负责的项目不感兴趣，有撤掉的可能。他还听说为了加强领导，新经理准备从人事安排入手，进行大的调整，很可能会裁员。听到这个消息后，吴超深感不安。他和新经理只见过几次，因为忙孩子的事，也没机会多交流。他拿不准新经理对自己的态度，但从各方面传来的信息看，他很有可能被裁员。

吴超已经30多岁，有房贷压力，孩子才刚开始接受教育……这种种问题原本就让吴超压力巨大，如今又面临失业的可能，他失眠了。他大晚上坐在客厅发呆，脑子里全是“如果失业了怎么办”“如果失业了房贷怎么还，生活怎么办”这样的问题。他想到自己要是丢了这份工作，整个生活都毁了，不由得更加沮丧。

案例中的吴超就有典型的“灾难化思维”，他把失业看作人生的灾难，看作非常可怕的事。这种看法让他沮丧、悲观，失去面对生活的勇气和信心。

“灾难化思维”属于消极的思维方式，是由两个部分组成的：一是“部分灾难化”成分，二是“完整灾难化”成分。简单来说，就像吴超所想的“如果失业，整个生活都毁了”，这个想法其实可分解阐述为“如果我失业了，这是非常让人沮丧，让人不安的事”，以及“它带来的结果是毁灭性的”。分解之后的第一句话是“部分灾难化”成分，而第二句则是“完整灾难化”成分。事实上，“部分灾难化”主要表达的是人在面临困境时的感觉，即沮丧、糟糕等负面感觉，而“完整灾难化”是由负面感觉得出的错误结论。“灾难化思维”从根本上违背了正常的逻辑，由一个并不极端的前提得出一个极端的结论，继而引发恐惧等负面情绪，让人陷入痛苦。

“灾难化思维”在生活中非常普遍，比如我们经常听人说“这次考不好，我就完蛋了”“这次搞不定，就完了”，或者“要是再失败，我就完了”，等等。“灾难化思维”并不能帮我们解决眼前的困难和麻烦，反而会让我们陷入更深的负情绪无法自拔。要想摆脱“灾难化思维”的影响，就应该建立“反灾难化思维”。

建立“反灾难化思维”，可以从下面两点做起：

1. 跳出自己的具体情境，尽量以第三者的客观角度来看待问题，并努力挖掘好的方面，用积极的心态面对可能出现的后果。比如失业，它可能会引起当下生活的困难，但你也有了获取更好的工作机会的可能。与其担心失业后的困难，不如积极寻找自我发展的更多可能。

2. 尽量采取积极的行动，最大限度地减少事件带来的负面影响和损失。如果失业的事实不能更改，那么就接受这个事实，恢复心情，避免陷入沮丧、焦虑。然后寻找机会，维护自己的利益，并着手寻找新的工作。当你行动起来，就不会有太多时间来想象可怕的后果了。

别动不动就给自己和他人“贴标签”

世界是纷繁复杂的，我们每个人都会面对各种各样的人、各种各样的事。为了更好地把握世界，适应环境，我们的大脑会自动对遇到的人和事进行分类，然后概括出一个印象。这就像我们把书放进图书馆时，会对图书进行分类，然后贴上标签，方便查询阅读一样。

对人和事进行归类，贴上一个概括的标签，的确能方便我们应对各种情况。但是，现实生活没有那么简单，看似便利的“贴标签”有时会带来意想不到的结果。

文睿还在读小学，普普通通，没有特别突出的地方。他的班主任40多岁，是个性格严肃的女老师。刚进这个班级时，文睿的妈妈和班主任聊天，说文睿不爱惹是生非，是个很听话的孩子。后来文睿一有调皮或活泼的举动，班主任就说：“你妈妈说你是个内向、文静的孩子，你怎么会这样？”听了这话，文睿就会变得很乖、很安静。

渐渐地，文睿在学校越来越安静，也越来越内向，见到人不愿问候，回到家也不那么活泼了。他有时做错事，妈妈数落他："你怎么这么笨？什么事都做不好。"文睿也觉得自己什么事都做不好，各方面都很一般。

有一年放暑假，爸爸妈妈都很忙，实在没空照看他，就把他送回老家，让爷爷奶奶帮忙照看一阵子。爷爷家隔壁也有个男孩，比文睿大两岁，他很快就和文睿熟悉起来，两个人天天一起玩，一起吃饭，一起写作业。等到暑假快结束，妈妈来接文睿时，发现文睿好像变了个人似的。他兴高采烈地向妈妈讲述自己经历的有趣事情，说和邻居哥哥玩了些什么。在亲友邻居的眼里，文睿不仅是个活泼可爱的孩子，还善于动手动脑，帮了大人很多忙。妈妈欣喜地接受了大家对文睿的赞扬，谦虚地说："这孩子有些笨手笨脚的，没给大家添麻烦就好。"

可是，回到家里，回到学校后不久，文睿又变成了一个内向的、不喜欢说话、做事有些笨手笨脚的孩子。

人的性格特点是多面的，如果我们只强调某个方面，用这一方面的特点来概括一个人，给他贴上一个鲜明的标签，那么他很可能会不断强化这个特点，使这一方面成为他突出的特点。

生活中这样的现象很多，比如你觉得你老公懒，总是抱怨他懒，慢慢地你会发现，他变得更懒了。上文中老师强调文睿内向，妈妈强调他笨手笨脚，文睿也真的变得更内向、更笨拙了。这种现象在心理学中被称为"标签效应"。当一个人被贴上某个特征的标签时，他会在潜意识里做出自我印象管理，让自己的行为与特点逐渐符合所贴的标签。

为什么会有"标签效应"？心理学家们认为"标签"具有定性导向的作用，也有很强的暗示性，无论是"好"的标签还是"坏"的标签，都会对一个人的"自我认同”产生强烈的影响，特别是孩子，更容易接受来自大人的“标签”暗示，向“标签”所暗示的方向发展。

贴标签不仅会影响他人，也会影响自己，一个人一旦给自己贴上某个标签，即使自己不具有那个特点，也可能在此后的生活中出现那个特点。所以，日常生活中，我们不要随便给人贴标签，也不要给自己贴标签，而要以更全面、更客观的眼光来看待人和事。怎样才能避免随意贴标签呢？不妨先从语言上进行改变，不要以绝对、肯定的说法强调某个特性，而要改为较具体的个别陈述。比如孩子犯错，不要说“你真笨，你是个调皮的坏孩子”，可以说“这件事你错了，你的表现可以更好”，或者“在这方面，你还需要改进”。

总之，少贴标签，少给出绝对化的评定，多挖掘自我与他人的不同方面，能让个性变得多样，也能让人生拥有更多的可能。

关注被你忽视的“正性信息”

我们生活的世界到处存在整体与局部的关系，每个完整的事物都可以由很多小部分构成。如果我们只看到事物的一部分，就可能忽略其他部分，对事物做出错误的判断。

同样地，生活里的事件总包含多个方面、多个信息，但人们经常犯这样的错误：他们只看到事情不好的一面，却忽略了其中好的一面，即人们太容易关注“负性信息”，而忽略“正性信息”。

家豪从小就是家长们口中“别人家的孩子”。他勤奋努力，还特别自律，成绩一直排在班级的前列。不过，家豪总认为自己做得还不够好。高中时，他的化学成绩拿到班上的最高分，但他比勉强及格的同桌还沮丧。大学时，他代表学院参加大学生辩论比赛，作为主辩手，他的发言引来阵阵掌声，最后斩获一等奖。当大家为获奖欢欣雀跃时，家豪却对自己所犯的小失误感到懊恼。

大学毕业后，家豪应聘进入了一家大型公司，做组织宣传工作。他能力强，很快就成为小组长，专门负责企业内部员工各类活动的组织策划。家豪脑子灵活，做事认真，他主持策划的几次活动都受到了同事的欢迎，也获得了领导的肯定。可是他的小组成员却向领导提出更换岗位的要求。领导很纳闷，聊过之后才知道，每次活动结束，大家都为取得的成功兴高采烈，甚至提出小组聚餐，放松一下，但家豪总强调活动的不足，要大家反思。几次活动下来，每个人都尽心尽力，十分疲惫，却得不到肯定，渐渐失望，失去了继续做下去的兴趣。

因为总关注不好的一面，总想避免再次失误，做到“完美”，家豪整天被负情绪包围，压力很大，还被同事孤立，特别郁闷。

家豪的性格特点体现了他在思维上存在“自动过滤”的模式，他总是在不知不觉中过滤掉事物积极的一面，只关注负面的部分。这种思维模式本质上是一种认知偏差，即他只看到事物的一面或一部分，而忽略了其他方面。只看到不好的部分，让家豪长期处于懊恼、沮丧等负情绪中，性格变得严苛，整个状态也比较抑郁。

要知道，即使在坏事里，也蕴含着积极的因素，就像古人说的“福兮祸所伏，祸兮福所倚”，任何事物都有好的一面，也有不好的一面，而关注不同的方面，会给我们带来不同的结果。当你时常关注事物积极的一面，你的情绪和状态也会是积极的，即使面对困难、挫折，也有勇气去克服。但如果你经常关注消极的一面，把好的信息都自动过滤掉，那么你的情绪总会与负面情绪相联系，心态也会随之变差。积极关注“正性信息”，你可以：

1. 遇到任何事物，都不要急于下论断，更不要轻易相信你的负性感受。尽量保持客观、中立的态度，多角度、多方面地分析事物，从整体角度来看，并发现、关注其积极的一面。

2. 即使你遇到不好的事物，已经引起你的负性感受和情绪，也不要立刻接受你的结论。先放下不好的情绪，以冷静、客观的态度看待它，努力寻找其好的一面，并放大、强化，以抵消你的不良感受。

总之，不管是工作还是生活，积极关注“正性信息”，挖掘事物好的一面，可以让你在阴雨天也拥有灿烂的心情，让你在困境中也保持良好的心理状态。

摆脱负性效应：生活中并不会只有阴霾

很多思维习惯都是在不经意间影响着我们，如果我们留意一下，认真反思一下，就会发现这些习惯竟如此自然，以至于我们无法意识到它的影响。在所有的思维习惯里，把事情往坏处想是很常见的一种。

你可能有过这样的经历：迎面走来一个熟人，他却没有和你打招呼，你会想他可能对你有意见，或者有些瞧不起你；在聊天群里，你说了好几句话，大家都没有回应，你会觉得他们不喜欢你……这些经历和感觉就是习惯把事情往坏处想，是一种负性的自动化思维。

思羽和男友恋爱两年，在家人的催促下准备结婚。结婚前，思羽就特别在意男友对她的态度，要是她打电话对方不接，过很久都不回她，她就会特别紧张，冒出各种奇怪的念头：他是不是不喜欢我了？他是不是还有其他女人？甚至，他是不是出了什么事？等到再次和男友联系上，她就会撒泼胡闹，要对方证明真的很在意她。

结婚以后，思羽依旧如此，如果老公下班晚回家，她就会特别担心。有时明明知道老公有事，但只要他没回家，她就有各种猜测：他背着自己在外面花天酒地？他是不是偷偷约会情妇？或者他遇到了什么麻烦，被困在某处？这些想法让思羽不安，她为了求证自己的想法，每次都要逼老公说清楚自己的行踪，结果两人经常吵闹，甚至闹到双方父母那里。刚开始老公还耐心地向她解释，哄她开心，时间长了，老公也失去了耐心，说："为什么在你的脑子里，就只有坏事呢？"思羽很委屈地说："我这不是担心你吗？"

忍无可忍的老公提出离婚，思羽赌气答应了。本想用离婚来迫使老公顺从自己，没想到离婚半年后，老公就相亲再婚了。失望至极的思羽非常难过，觉得自己特别失败，人生也一片灰暗。她觉得自己再也不会幸福了。

没有任何事实根据的猜测，以及认为自己的猜测就是事实的思维方式，在心理学中被称为"自动化思维"，这种思维在大脑中自动产生，看起来合乎情理，但实际上根本站不住脚。思羽就表现出负性自动化思维的特点，一旦老公不在她的掌控范围内，她就会非常担心，设想大量可怕的结果。负性思维会让不良情绪牵着我们走，其结果就是更多负性事件的发生，即出现负性效应。

负性自动化思维与人的期望有关，也与自身的观念有关。如果你的期望过高，或者期望难以实现，就容易出现负性思维。此外，如果某个人比较悲观，不够自信，也容易出现负性的自动化思维。不过，我们要让阳光照进心灵，照进生活，就一定要摆脱负性思维的影响，跳出负性效应。

1. 转移注意力，缓解焦虑情绪

负性思维的出现，很容易引发焦虑情绪，而这种焦虑情绪会促使我们采取错误的行动。事实上，那些猜想的“可怕”事情很少发生，比如不接电话可能是手机不在身边，或者当时不适合接电话，而非对方忽视你，或者出了意外。所以，一旦你感觉有负性思维，可以尝试转移注意力，放下让你担忧的猜想。你可以做一些其他事情，淡化你迫切想联系对方的念头，缓解焦虑情绪，阻断负性效应的发生。

2. 建立负性思维清单，逐步改变思维习惯

如果你总是不自觉地产生负性思维，遇事就往坏处想，那就需要改变思维习惯了。你可以通过建立负性思维清单来改变思维习惯。写下你当下想到的坏结果，再写下你能想到的其他可能，列成清单。过后把事情的真正结果写下来，进行比较，你就会发现自己的猜想并不正确，慢慢改变遇事就往坏处想的习惯。

3. 求助心理咨询师，改变错误的认知与观念

基于错误认知观念的负性自动思维，不易觉察，还很难改变。这种情况可以求助专业的心理咨询师，请他们帮忙纠正自身的错误认知与观念，最终解决负性思维问题。

“以偏概全”会让你远离真相

古人说：“兼听则明，偏听则暗。”对人对事，我们都应该从多个角度、多个方面去看、去听，才能真正了解一个人或一件事。但从心理学角度来讲，人们在面对各种信息来源时，更偏重于初始印象，或习惯用已经形成的认知来判断事物。

当我们对一个人形成或好或坏的印象后，就习惯以此来推断他的其他方面，那么人就会犯“以偏概全”的错误，这在心理学中被称为“晕轮效应”，即在不

知不觉中，把某个特点不断扩大，就像太阳的光晕一样扩散出去，而这层光晕会遮挡我们的视线，让我们看不清真相。

刘颖在公司宣传部上班，是部门的小组长。她还记得第一次遇见小林时的情景。那天她拿着资料穿过楼道，小林背着单肩包，一只手端着豆浆，另一只手拎着油条，嘴里喊着“借过，借过”，匆匆忙忙跑过来，吓得刘颖缩身靠墙，给他让路。小林从她身边跑过，晃荡的背包打到刘颖身上，碰掉了她的几份资料他也没注意到。刘颖捡资料时心想：这个人也太慌里慌张、粗心大意了。

小林在研发部，恰好有一款新产品需要发布，于是小林被派过来与宣传部合作，推广新产品。刘颖是发布小组组长，带领大家工作。她觉得小林不够细心，专门挑了一个经验丰富又特别认真的成员来做这个项目。项目进行得很紧张，因为时间太紧张，在进行公司内部宣讲前，刘颖都没来得及仔细核对数据。她对自己的团队很有信心，但就在宣讲会上，研发部的经理指出她方案里的产品数据不对。刘颖立刻回应：“我们的数据都是你们研发部提供的。如果出错，那也是你们提供错了。”研发部的经理反驳：“不可能，因为测试我们曾提供过三次数据，每次都标得清清楚楚。公司决定用第三次的数据，但你们用的还是第一次的。”刘颖毫不客气地说：“我们不可能错。你们部门的小林，做事粗心大意，一定是他提供错了数据。”研发部的经理愣了一下，说：“不可能啊，这些测试数据都是他经手的，他最清楚，怎么可能弄错？”

看到双方都认为不是自己的错，大领导一挥手说：“好了，别争了，你们再去核查一下，看看是哪里出了问题。这些细节一定不能出错。”

刘颖气呼呼地回到办公室，抱怨小林害自己出错。但是和同事们核对以后，才发现因为修改次数太多，是宣传部的同事引用错了数据。

案例中的刘颖，就明显犯了“以偏概全”的错误，她认为自己的人不会出错，而小林给她的初次印象不好，她便认定错误是他犯的。她把小林身上的一点不好扩大为他的全部，造成判断失误。

作为一种主观臆测，晕轮效应的错误在于：

1. 容易因为个别特征而推及一般，像盲人摸象、管中窥豹，形成偏颇的认识。

2. 容易把没有内在联系的一些个性特征或外貌特征联系在一起，断言有这种特征必定有另一种特征。

3. 晕轮效应容易因为一点好就全部肯定，因为一点坏就全部否定，让人陷入绝对化倾向，从而远离真相。

晕轮效应在生活中非常普遍，我们总觉得某个人做了件了不起的事，那么这个人一定在各方面都很了不起，而一个人如果犯了一点错，我们就觉得这个人一无是处，这都是晕轮效应。因为晕轮效应，我们在认识人或事的时候，就会出现“好的什么都好，差的一无是处”的判断，但事实上绝对的好和绝对的差都不存在。

受晕轮效应的影响，人的判断往往是不理智的。要避免这种错误，首先要时刻警惕自己得出的概括性结论，确保自己不是因为一点好感或一点不好的感觉就下论断。另外，多了解一个人，以平和的态度观察一个人，尽量少带一些情感去考量一个人，也能让我们避免晕轮效应的产生。

跳出偏激的“两极化思维”

如果你问一个小孩：“那个抢你玩具的哥哥是坏人吗？”他很可能回答：“是的。”如果你再问他：“有个陌生人给你糖吃，你觉得他是好人吗？”他也很可能回答：“是的。”在小孩的眼中，人就是这样明确被区分的，欺负他的就是坏人，而给他好处的就是好人。

小孩的世界非黑即白，但随着年龄增长，我们知道小孩的这种思维是不成熟的，但长大后的我们还是经常会像小孩一样，用“两极化思维”来看世界。

窗外的天色已经暗了下来，婉婷还没做好手里的报表，她有些紧张，不由得加快了做事的速度。终于赶完手里的活，看看已经距离下班一个多小时了。她才发现老板不知什么时候走了，婉婷只好通过微信把报表发给领导。

一边收拾东西，一边留意微信，领导没有回复。她忐忑不安地走在下班路上，领导还是没有回复。一晚上，婉婷都在等领导回复，直到10点左右，她才收到信息：“报表还要修改，明天再说。”看到这一句，婉婷立刻陷入了焦灼不安。她躺在床上睡不着，反复地想：完了，我不但延期，还没做好，领导一定很失望。明天他肯定会批评我吧？说不定还会让我离职……婉婷越来越不安，觉得自己既没用又失败，也不知道折腾到几点才迷迷糊糊睡着。第二天，她无精打采地走进领导办公室，结果领导根本没有批评她，更没辞退她，只是让她完善了报表。

心情好转的婉婷约了男友见面，晚上两个人吃完饭在街上散步。婉婷随口问他：“以后我们结婚，你会把所有的钱都交给我管吗？”男朋友迟疑了一下，回答说：“为什么要把钱全交给你？我们一起管钱不行吗？”婉婷笑了一下：“那你是不愿意给我了？”男朋友辩解道：“不是，我就觉得我们一起管钱没问题啊。”但婉婷还是很不开心。回家后她向朋友说起这件事，忍不住伤心：“他根本就不爱我，所以不愿意让我管他，管他的钱。”朋友劝她别想太多，但婉婷还是难过：“他如果爱我，不是应该答应我提出的要求吗？他怎么会不愿意呢？他一定不爱我。”

对于婉婷来说，领导说“还需要修改”，在她看来就是“否定”，是失败；男朋友对她的提议持有不同意见，对她来说便是完全否定，是不爱她的证明。婉婷的思维就是典型的“两极化思维”，即只注意到事物的两极，而忽略了中间状态。正是这种思维让她经常陷入不安和困惑，情绪波动大。

具有“两极化思维”的人看问题过于极端，而他们的人际关系也容易走极端，要么和朋友关系很好，要么就形同陌路，或者心怀怨恨。习惯“两极化思维”的人还会因极端的认知做出极端行为，导致人际关系的恶化。

我们都曾经历过孩童时期，都有过把世界简单化的阶段，但随着年龄增长，我们必须纠正这种简单化的思维，采用更成熟的思维方式。世界不是非此即彼，也不是非黑即白的，我们都生活在一个复杂、多样的世界里，要接受生活中那些并不截然分明的地带。毕竟，你没有成功，并不等于你是失败的。

只有坦然接受世界的复杂，接受人生的不完美，我们才能心平气和地看待每一个人、每一件事，从而跳出偏激，做到公平、公正。

打破“应该……”的理念障碍

在生活中，你是否会下意识地这样说：“我应该……”“他们本应该……”当你这样说的时候，内心常常是不舒服、不快乐的。

这种“应该……”句式其实就是一种常见的错误理念，它会让你在不知不觉中陷入困扰，而你很难发现它的存在。在它的影响下，失望、烦恼、沮丧、懊悔等负面情绪会悄然滋生。

21岁的欣茹是一名职场新人，在进入新公司时，同事们对她都很热情友善，领导对她也是照顾有加。欣茹原本有些紧张的心情不禁放松下来。

但到自己的部门报到后，欣茹却敏感地发觉女同事刘盈不喜欢自己。欣茹在业务上有一些不懂的地方，想要请教刘盈，她却不耐烦地挥挥手说："很抱歉，我现在有重要的事情要处理，没时间帮你。"

欣茹非常生气，但她不想在上班伊始就和同事发生矛盾，于是她按捺住自己的情绪，没有当场发作。

事后，欣茹越想越觉得憋屈，她打定主意，以后一定要好好工作，用傲人的业绩打败刘盈，让她没资格瞧不起自己。

但欣茹毕竟年轻、资历浅，处理问题的方法也不够老练，没能在较短的时间内实现自己的"目标"。反观刘盈，她稳扎稳打，连续完成了几个订单，取得了不错的成绩。

眼看刘盈坦然接受着同事们的赞美、领导的表扬，欣茹很失望，也很烦恼，她甚至开始怀疑自己的能力，也没心情认真对待眼前的工作……

案例中的欣茹至少犯了三个"应该……"式的错误：

1. 欣茹认为自己是职场新人，所以同事、领导"应该"关心自己、帮助自己。但她没有意识到，无论同事还是领导都没有这样的"义务"。如果条件允许，他们完全可以拒绝伸出援手。

2. 在遭到刘盈的拒绝后，欣茹认为刘盈"应该"是瞧不起自己，而自己"应该"超过她，让她感到难堪。但事实上，刘盈可能只是因为太忙才表现得有些冷漠，而欣茹以己度人，让自己的心情变得非常糟糕。

3. 欣茹认为自己付出了努力，就"应该"看到想要的结果，但事实让她大失所望。更糟糕的是，她还把自身的价值和成就感与"竞争结果"直接挂钩：因为没能胜过"假想敌"，她给自己描绘了消极的自我意象，并因此影响了正常的工作和生活。

这就是“应该……”理念造成的恶果，它会让你无法正确地认识真实的世界，会试图让真实的世界臣服于自己脑海中已有的规则，倘若一切与“规则”不符合，你就难免会像欣茹一样出现巨大的心理落差。

那么，该如何破除这种错误的理念呢？你需要从以下两点做起：

1. 放下关于世界与他人的主观设想

是否能够清晰地区别现实与主观设想，是一个人走向成熟的标志，也是一个人能够成功掌控自我和人生的必要条件。

社会心理学家罗尼·吉诺夫·布尔曼曾经这样说道：“我们每个人在日常生活中都维护着一些‘天真的假设’，即认为世界是友善的、公平的，是安全、可控、可预测的。”

但真实的世界却是极其复杂的，也是多变且难以预料的。倘若你总是抱着“天真的假设”去生活，总是习惯从主观角度认为他人应该如何，那显然是行不通的。

比如，一位职员认为自己的上级就应该是心胸宽广、能力卓越、富有格局和气度的，但现实中能够达到这种境界的上级几乎是凤毛麟角；再如，一位父亲认为自己的孩子就应该是聪明、听话、热爱学习的，但现实往往事与愿违。

出现这种现实与设想的偏差时，你需要做的是放下那些“天真的假设”，不要怨天尤人，而是以坦然的心情面对现实，承认“并非每件事情都能如我所愿”，这样才不会让自己长时间地陷在消极情绪中难以自拔。

2. 用转变句式“我想要”代替“我应该”

除了要改造对世界和他人的设想外，你还要改变对自己的设想，避免用“我应该”句式为自己施加过多的压力，否则一旦达不到目标，你就会感觉无所适从，还可能从内心深处生出强烈的无力感。

为此，心理学家建议经常使用“我应该”句式的人，尝试多说“我想要”，比如将“我应该做出更好的业绩”转换为“我想要做出更好的业绩”，后者是出于自己的主观愿望，能够对你产生有益的推动力，而前者则有勉强自己的意味，常常会让你感到非常吃力。

此外，你还应当学会分辨生活、工作、学习中哪些因素是可控的，哪些因素是不可控的。你应当将自己的注意力集中在可以控制的因素上，对于不可控制的因素，则要告诉自己："我只要尽力了就行，如果结果不如自己期待的那么美好，也不必时刻放在心上。"

经常进行这样的自我理念调节，你就能够逐步打破"应该……"的理念障碍，可以让自己获得更大的进步和成长。

CHAPTER 03

第三章

运用大脑和心智，进行理性思考

认识并切换你的“思考模板”

每天都有许多事情等着我们解决。面对问题，每个人都有自己的“思考模板”和解决方式。采用哪种模板，哪种方式，会决定问题的解决程度和结果。

小慧看起来是个柔弱的女孩子，但性格非常急躁，做事常常凭感觉，行动快，思考少。小慧在社区办工作。有一天领导拿了几本名册，分给她和其他员工，让她们核对名册上的人员信息。

“一是核对姓名和住址，二是核对电话和身份证号码。你们要尽快完成。”领导发完名册后说。

小慧拿到册子，一看上面有姓名、电话，也有住址，想都没想地就说：“信息不都有嘛，还核对什么？”

领导说：“这是10年前的旧册子，现在要联系本人核对一下，找出我们这个社区人员信息的变动情况。”说完领导就走了。

小慧打开册子，就开始打电话。坐在小慧旁边的阿雪却拿着册子起身去追领导，问清楚核对信息的目的，这才返回岗位。她打开名册，一个一个看起来，还在旁边做标注。她还没看完名册，小慧已经打了七八个电话，有的没人接，有的已经是空号，才了解到3个人的信息而已。打了半天电话，才核对了3个，小慧不免有些烦躁，站起来在办公室里溜达。

“这电话都打不通，还怎么查，怎么核对啊？”小慧埋怨道。

阿雪头也不抬地说：“有地址啊，估计还得上门去。”

这句话提醒了小慧，她说：“对，有地址，看来得上门去。”

她拿起小册子和手提包，就往外走：“那我先去找找刚才电话没打通的这几个人。”

就在小慧在外面奔波的时候，阿雪搞完了初步筛选，这才一一打电话。接她电话的人很多，不一会儿名册里就只剩下需要上门核对的人了。

下午上班，小慧又跑回办公室，接着打电话。下班前她电话还没有打完，阿雪回来了。

小慧问：“你怎么样？核完了？”

阿雪放下名册说：“就剩一两个电话打不通，上门人也不在的了。我拿给领导，看他怎么处理。”

“啊，你做得真快。”小慧感慨，“我这儿还有几个电话没打，还有几户得上门呢。”

同样的工作，同样的环境，为什么两个人完成的效率不一样？这就和她们处理问题的“思维”有关。从案例来看，小慧的处理模板是不加思考，感情用事，有时还比较冲动。相反，阿雪则有条理得多。拿到任务，她没有盲目地开始，而是先搞清楚做这件事的目的，然后根据目的对工作对象进行划分。这样不仅提高了准确度，也减少了不必要的麻烦。

常见的思考方式分感情用事和理性分析，两种方式的主导思维不同，一种以情绪化为特点，另一种以理性思维为主。生活中很多人都像小慧一样，处理问题倾向于感情用事。他们对待事件的反应以情绪化为主，抱怨、烦躁，或者不经过思考就采取行动。这样的方式会让事情复杂化，也会让人的行为变得盲目。相反，阿雪的思考方式则是理性的。她思考问题，分析问题，再采取相应的行动，不仅减少了盲目性，也提高了解决问题的效率。

当我们习惯于某种思考方式后，会形成固定的“思考模板”。遇到事情，这种“思考模板”就会指引我们以相似的步骤去解决问题。如何让“思考模板”发挥出更好的效应，我们可以尝试以下两点：

1. 搞清楚自我的“思考模板”，看看它是如何影响我们的感受、情绪，如何影响我们的行为的。

2. 在不同的情景下，我们可以切换“思考模板”，避免不恰当的“思考模板”影响情绪和问题的解决。

发现问题是积极“思考”的开始

工作没有新意，生活也没有乐趣，人生似乎进入平稳而停滞的状态，这是很多人在踏入社会多年后会出现的感觉。当人经过青涩的阶段走向成熟，经过新奇刺激而步入平淡时，有时会发现自己的思考能力也“停滞”了。

在人的一生中，最可怕的就是“停滞”。人生如逆水行舟，不进则退，一旦停滞下来，就很容易被他人超越。

博文是一个毕业于重点大学的计算机硕士，过硬的专业能力让他顺利进入知名IT公司。刚开始，他是个普通的程序员，但很快，他的思维能力就让他从同事中脱颖而出。解决了几个项目难题后，他自然而然被提拔为项目经理。

工作逐渐稳定，博文开始考虑人生大事。在亲友的帮助下，他通过相亲认识了妻子。在工作逐渐成熟的那几年，他买房、结婚、生子，很快就实现了大多数人追求的人生目标：有收入良好的工作，有温馨可爱的家庭。

一切都很顺利，也很自然，博文逐渐适应了这种状态。经过几年打磨，他已经形成固定的工作模式，处理问题也得心应手。可是，渐渐地，博文感到了“中年压力”，他发现自己的思维跟不上 IT 行业的变化，也跟不上年轻人的节奏了。接连几个项目都遭遇了失败，公司领导也对他有些不满。

博文疑惑了，想要在工作上有所突破，却不知道从哪里入手。他产生了危机意识，却不知道问题出在哪里。

博文的疑惑很常见，是很多人在人生中可能遇到的状态。这种状态最可怕的地方在于“没有问题”。如果我们发现不了问题，看不到问题所在，人就无法展开思考，无法探究事件的根源，也就无法真正解决问题。

时刻保持“思考”的能力，让自己处于积极状态，是人生应有的态度。而发现问题则是积极“思考”的开始。要保持思考能力，避免思维停滞，可以采用多种方法和途径。

1. 积极实践，在实践中积累经验，也在实践中发现问题。很多时候，想象一件事和真正去做一件事是不同的，想象往往比较简单，而真正的实践会让人碰到各种情况，这些情况就是促使我们思考的动力。

2. 突破常规，适当跳出已经熟悉的套路或思维模式，试着用其他途径和方法来解决问题。当突破常规时，人就很容易发现新的问题，促进新的思考。

3. 主动改变情境，走出人生的舒适圈，从而发现问题，促进思考。当我们熟悉一个环境，有了成熟的应对方式后，我们的大脑就会形成条件反射，对每一个熟悉环境里发生的情景都有固定的反应，这是对思考的限制，是思维的固化。改变情境，走出熟悉的环境，你会发现新天地，遇到新问题，从而引发新思考。

4. 主动与他人交流，交换看法和想法。多听一听不同的意见和看法，也能促进我们的思考，尤其是同事、同行业或其他领域的专业人士。在与他们的交流中，你会发现自己竟然忽略了那么多的问题。

多种角度看待同一个问题

有一句诗："横看成岭侧成峰，远近高低各不同。"同样一座山，当你从不同的角度去看时就会不同。山，究竟是山岭，还是山峰？可以说它既是山岭，也是山峰，如何定义，在于你从哪个角度来看。

和山一样，生活中的事件或问题，也包含很多面。当你站在不同的角度去看时，你会发现同一个问题呈现出不同的面貌，具有不同的含义。

郑奇主修计算机专业，毕业的学校不是重点大学，但他熟悉常用的计算机语言，很顺利地进入了北京的一家公司工作。工作3年后，他感觉公司已经没有发展空间，产生了跳槽去大公司的想法。

下定决心后，郑奇辞去工作，向各大公司投递简历。一家业内知名公司通知他前去应聘，郑奇既兴奋又忐忑。

应聘程序很复杂。他先被领进一个大办公室，和很多应聘者一起参加笔试。郑奇紧张地做完考题，有道题目他从来没见过，就暗暗记下，打算有空去查查资料。交卷以后，负责招聘的领导和他们一一谈话。和郑奇聊完以后，领导拿出一张纸，上面有个软件开发的需求。

"这个你可以拿回去做，做好了发到我的邮箱，我们再考核一下你实际解决问题的能力。"领导笑着说。

郑奇接过任务，信心十足地点头说："好的。"

接下来的几天，郑奇又是跑图书馆查阅资料，又是向以前的老师请教，总算设计出了软件。他发给对方，等待回信。

很快，公司通知他面试，面试过程挺顺利的，各方面也都谈妥了。领导说："你回去等通知吧。"

郑奇做好了去这家公司上班的准备，但左等右等没有通知。一周过去了，郑奇忍不住打电话去问，对方才说："不好意思，忘记通知你了。公司内部出了点小差错，招聘你的领导去外地开会，忘了向公司汇报，人事部已经招了其他人。真是对不起啊。"

挂了电话的郑奇气得不得了，差点摔了手机。气恼之下，郑奇约朋友喝酒。一杯下肚，他就大发牢骚："太气人了，这不是折腾人吗？又是笔试，又是让你做开发，又面试，就应聘这家公司麻烦，我为了应聘这家公司，花了近两周时间，还推了一家公司的录取通知。这不是玩我吗？"

朋友拍拍他说："别上火，说起来是这家公司正规，招聘程序虽然流程烦琐，但也很锻炼人是不是？你不是说为了应聘这家公司，你都去图书馆学习了，这不是又掌握了新技能、新知识吗？"

郑奇想了想，也点头同意："你这么一说，感觉我这次折腾还挺有意义的。现在我还真有信心了，什么公司我不敢去啊。"

改变了想法的郑奇又打起精神，总结了应聘中的各种问题，后来顺利进入了一家大型国企 IT 公司。

在职场上，郑奇的经历很常见，但许多人只看到自己辛苦付出而没有结果，却看不到自己的经历也是一种财富，一种磨砺和成长。很多时候，换个角度看问题，你会发现原来自己并没有吃亏，也没有损失，反而收获了很多。

概括而言，多角度看问题的优点有：

1. 多角度看问题，会让我们对面临的状况有全面的了解，可以避免思维偏激。

2. 多角度看问题，会让我们在看到不好的一面之外，看到好的方面，可以调整情绪，看到希望，从而以更积极的态度面对生活。

3. 多角度看问题，多方面思考，会让我们的判断更准确，决策也更正确，可以避免大的失误和失败。

要做到多角度看问题，可以尝试换位思考，从对手或者合作伙伴等其他人的角度来看，这样会让人保持更客观、公正的态度。凡事都可能有好的一面，也可能有不好的一面，面对灾难性问题的时候，不妨多找找事情好的一面，挖掘各种可能；遇到喜事的时候，也不妨冷静思考一下可能出现的不利情况，以保证不出差错。

保持清醒的头脑，避免被熟悉的事物迷惑

我们每个人都有一种倾向：习惯接受我们熟悉的事物，不管是人、工作，还是生活环境，我们都更喜欢自己熟知或熟悉的领域。熟悉的事物可以给我们带来安全感，可以让我们感到放松，并且对自己更有信心。然而，熟悉的事物很可能成为迷惑我们的因素，让我们做出错误的判断。

在医学发展史上，有个悲剧性的人物，他对减少产妇死于产褥热以及手术死亡率的下降有重大贡献，但他本人却遭到排斥，因精神失常而早亡。

这个人叫塞麦尔维斯，出生于匈牙利，是一位勤奋好学的医生。从医学院毕业后，塞麦尔维斯成了一名产科医师。那是19世纪中叶，产妇的死亡率很高。塞麦尔维斯希望能找到降低产妇死亡率的办法。

塞麦尔维斯开始收集医院的资料，寻找造成产妇死亡的原因。大部分产妇

都死于产褥热，这是一种感染性疾病，可产妇是怎样感染细菌病毒的呢？塞麦尔维斯比对了医院的记录，他发现由医师负责的产科病房，产妇患产褥热的概率远远高于助产士负责的病房，而医师负责接生的产妇，死亡率高达 10%。

这是怎么回事呢？塞麦尔维斯感到疑惑，他决定考察医师负责的产房和助产士负责的产房有什么不同。经过仔细观察，塞麦尔维斯发现，很多医师在解剖完尸体后就去给产妇接生或做手术。他突然意识到，当时的医学院，只有医师才有资格解剖尸体，而助产士是无法接触尸体的。那么，很有可能是医师在解剖尸体时，手上沾上了细菌或病毒。

意识到可能把细菌或病毒传染给产妇后，塞麦尔维斯在解剖完尸体或给产妇接生前坚持用漂白粉液洗手。果然，他负责的产妇因产褥热而死亡的概率降低到 1% 以下。塞麦尔维斯出版了《产褥热的病原、症状和预防》一书，提出了自己的观点。可是，塞麦尔维斯的观点引起医师们的抵触，他们不相信产妇是因自己而死，他们坚信自己是拯救生命的人，而非杀死产妇的人。塞麦尔维斯坚持自己的观点，在各种场合提出“医师杀死了产妇”的观点，但人们宁愿相信其他医师，也不认可他的观点。塞麦尔维斯因此丢了工作，经历了一次次挫折，精神失常，后来死于细菌感染引发的败血症。

10 多年后，人们发现了链球菌，确定了产褥热的病因和传染途径，塞麦尔维斯的理论才得到认可。

故事中的塞麦尔维斯遭到医师及众人的反对，就因为人们更相信自己熟知的观念，即医生是拯救生命的，因此觉得塞麦尔维斯的观点是疯狂的、不可信的。就是这样的判断，让更多产妇死于产褥热，让手术中科学的洗手方法普及推迟了。

人们判断的依据大都建立在现有的、可用的信息基础之上。我们的大脑习惯于利用已知信息也就是我们熟悉的信息来进行理解和判断，而容易忽视未知信息的重要性。这一现象在心理学领域叫作“可用启发学”，正是这一现象让我们深受熟悉事物迷惑，而做出错误的判断。

要保持清醒的头脑，我们需要提防熟悉事物对我们的影响。为此，我们可以采用以下方法来避免熟悉事物的影响：

1. 养成记录信息的习惯。有些人习惯以直觉来判断事物，而直觉依赖的就是我们熟悉的信息。如果我们有记录信息的习惯，就能在做判断之前阅览信息，让理性思考参与决策，从而避免错误。

2. 对于较为复杂或难以决策的事件，我们可以通过做加减法来避免直觉的影响。我们可以对事件的各方面进行评估，优势加分，劣势减分，这样困难的决定也会变得简单明了，而我们也不会受习惯的干扰。

3. 人的决定往往是偏好作用的结果，而偏好和我们习惯的某种情形有关。如果我们感觉到偏好和行为不一致，就会不舒服，这也是脱离熟悉感的结果。所以，我们要减少偏好的干扰，重建和谐的认知，这样就会减少熟悉感的影响。

避免自我中心和感情用事

你可能碰到过很难合作的人，他们固执己见，不愿接受别人的观点，做什么都先想到自己的利益，满足自己的愿望。大多数这类很难合作的人都有过强的自我中心观念，人际关系也较差，并且喜欢感情用事，以自己的感受为基础进行各种判断。

可欣是被家里人宠大的孩子，她聪明，学习又好，自然养成了一种优越感，总表现得高人一等。

读大学的时候，她只打扫自己的床铺，从不动手整理宿舍卫生，还经常指派同学去做这做那。渐渐地，同学们知道了她的脾性，也不跟她计较。

上班后，可欣进了一家中型公司，一起入职的有三个人。大家都是新人，也就走得近一点。可欣和慧仪分到了一个部门，两人的工位挨着，关系也就更好了。

有一次，后勤部调整办公室，让几个人帮忙搬资料，抬桌子。可欣和慧仪也被叫去了，看着一办公室的资料，可欣就皱起了眉头。搬了两趟，她就不想搬了，对其他几个人说："不行了，我头晕，还觉得胸闷。"说完她就大口喘气，好像呼吸不上来了。

慧仪赶忙扶住她，问她："你行不行？要不要去医院？"

可欣摆摆手说："不用不用，我还是回办公室休息一下吧。"说完她就回到工位上喝水休息。

留下的慧仪和另一个同事继续搬，来来回回跑了很多趟，才把资料搬完。走回工位的慧仪热得脸颊通红，还有些气喘吁吁。她喝了一大杯水才平缓下来。旁边的可欣只问了一句："你们搬完了？"就接着忙自己的事了。

那天下班，她们走出大门时，恰好碰到后勤部主任。主任看到慧仪，笑着说："今天可辛苦你了。"慧仪笑着回答："应该的，应该的。"旁边的可欣昂着头，撇了撇嘴。

第二天，可欣就和其他同事说："搬东西我也搬了。现在倒好，成了她一个人的功劳。她指不定背着我跟领导说了些什么，让领导对我有意见了。"

这话很快就传到了慧仪耳朵里，慧仪忍不住生气，问她："我跟领导说什么了？我怎么就霸占功劳了？"可欣冷着脸说："你说了什么我怎么知道？一样做事，就爱显摆自己，还不让人说了？"慧仪气得立刻去找后勤部，要求换工位，坐到离可欣较远的地方。可欣突然趴在桌上哭了起来，就像受了天大的委屈。

可欣具备以自我为中心的特点。概括来说，以自我为中心的人一般有以下表现：

1. 不关心他人，做事自私自利，甚至损人利己。凡事都以自我为中心，不愿帮助他人。

2. 只接受他人或集体对他的照顾，而不愿为他人或集体奉献。一旦发现自己的愿望不能实现，就感觉委屈。

3. 以自我为中心的人强烈希望被人尊重，成为群体关注的中心。有时还会表现出自尊心过强、过度防卫、嫉妒心强等特点。

4. 以自我为中心的人容易固执己见，唯我独尊，不接受别人的批评或建议。

以自我为中心的人一般人际关系不好，他们没有真正可信的朋友，也不善于处理各种矛盾，因为他们只能想到自己，而无法客观地看待事件。要克服以自我为中心，避免人际关系恶化，就一定要记住互惠原则，在接受别人的帮助时，也要想到有所付出。如果在交往中只想着满足自己，处处维护自尊，与其他人形成对立，最后很可能导致自我封闭、与他人隔绝的情况，这是很危险的情形。

此外，学会让步，学会换位思考，对打破自我中心观念也很重要。不要把不良情绪带入工作中，也不要遇到与自己观点不同的人就生气、迁怒、感情用事。

当一个人摆脱了自我中心的影响，不再感情用事的时候，他才算真正成熟，才是真正地融入了社会。

公正判断，不要过快下结论

相信大家都喜欢在空闲时间聊天，八卦一些同事或亲戚的事。当你听到别人讲述另一个人的故事后，可能会自然得出一个结论：这个人真傻，或者这个人太疯狂了。不仅是对人，我们还常常对某些事直接下结论。在听到或者看到某件事发生后，立刻觉得这是一件好事，或者这是一件糟糕的事。

进行直接评判，快速得出结论，也许是我们的思维方式里很常见的一种，但也是我们在认知方面常见的误区。不经过调查或严密的推理，迅速做出的结论，十有八九是错误的、偏颇的。

韩玲有个正在读小学的儿子，儿子非常调皮。还在上幼儿园的时候，老师向韩玲反映："你家孩子太调皮了，又把小朋友的玩具弄坏了。"等到上了小学，儿子还是很调皮，今天吓哭了女同学，明天又撕坏了同学的书。韩玲为此没少去学校，也没少教育儿子，可孩子好动的天性总是难以改变。

孩子9岁那年，某一天，韩玲本来要去接孩子放学，但公司有事，耽搁了半个小时。等她赶到学校，却不见孩子的踪影。她焦急地询问保安，保安回答："小孩说他知道回家的路，就自己走了。"韩玲急忙往家赶，回到家里，却不见孩子的踪影。她不免着急，又出门在路上寻找。走了没几步，就看见儿子垂头耷脑地背着书包走过来。她上前拉住儿子，生气地问："你跑哪儿去了？你就不能在学校多等会儿？"

儿子甩开她的手，继续往家的方向走。她看见儿子的胳膊上有擦伤，脸上也青了一块，像是摔了。

回到家，韩玲接着训斥儿子："你是不是又闯祸了？你怎么把自己搞成这样？"

儿子别过头去，说："我没有闯祸。"

韩玲很生气："你看看你的脸，不是爬墙就是爬树摔了。"儿子也不辩解，任由韩玲批评。

晚上的时候，韩玲接到孩子班主任的电话，以为老师又要告状。可接了电话才知道，下午放学后，儿子和另一个同学一起往回走，在小巷子里碰到几个高年级学生。那几个学生就欺负他们，向他们要钱。韩玲的儿子气不过，跟那几个学生打了起来，好在有大人经过，那几个高年级学生才跑了。韩玲这才知道自己错怪了孩子。

根据心理学的解释，人会在认知过程中形成一个特定的认知结构，也就是图式。图式的形成基于人们以往的知识经验和认知结构，可以帮助人们简化社会认知的过程。案例中的妈妈对儿子形成的图式就是：调皮，捣蛋，经常闯祸，因此她一看到孩子的模样就断定他又闯祸了。因为图式基于以往的经验，所以它常常会把人们导向错误的或歪曲的认知，就像韩玲一样，错误地判断儿子。

生活中像韩玲这样不加思考的判断很常见，这是因为图式一旦形成，就具有稳定性，即使面临与图式相矛盾的信息，也可能保持不变。要想减少错误判断，做到公正判断，我们就要避免图式的影响。

在生活或工作中，不管遇到什么事，什么情况，一定不要急于下结论，不妨多调查，多观察，看看事实是否与以往的经验和认知相符合。如果不符合，就应该调整思维和认知，这样才能避免偏颇和错误的判断。

结构思考：搭建思维的框架

经常听到有人抱怨：时间真是不够用，明明一走进办公室就开始忙，等到傍晚下班时，别的同事都走了，自己的事情还没做完。

也有人感慨：为什么有的人做事又快，效果又好，而有的人忙乱了半天，结果却不好？说起来这种情况的根本原因就是他们没有搭建起思维的框架，面对事务处在一种凌乱的状态，随性而为，结果耗费了时间，还收不到良好的效果。

华林匆匆忙忙地走进办公室，拨开桌上的一堆资料，放下早餐。他来不及吃早餐，就打开了电脑。

华林边吃早餐边填好工作计划表发给组长。他舒了一口气，准备上午做完PPT，下午整理开会资料。打开PPT程序，华林翻着手里的资料，一时不知从哪儿下手。正乱翻着，组长走过来，给了他一沓资料说："你把这些资料看了，做份简报出来。"

"什么时候要？"华林问。

"下午下班之前给我就行。"组长说完就走了。

华林开始翻新拿到的资料，翻了一会儿，看到QQ里有个头像不停闪烁，原来是大学同学有事问他。回答完同学的问题，他看到PPT上还只有个标题，忍不住着急起来，又开始做PPT。

在网上搜了些图片先粘贴到幻灯片里，华林还是没有头绪。他起来倒了杯水，跟同事聊了几句，又回到工位，翻看摆满桌子的一堆资料。他拿起这个看一看，想了想，在幻灯片上输入一段，拿起那个看一看，又输入一段。不知不觉就到了中午。

吃过午餐，华林犯困，趴了一会儿，起来又开始做事。他突然想起组长说下班前要简报，又赶紧拿过那沓资料，翻阅起来。他打开word文档，输入了一个标题。

手忙脚乱的华林终于在下班前做好了简报，他拿给组长以后，才发现PPT还没做多少，更别提整理开会资料了。

职场上像华林这样的人不少，他们每天兢兢业业，忙忙碌碌，但总干不完手头的活，被一件又一件事困扰。为什么无法高效率地完成工作？从华林的表现来看，原因在于他没有正确地思考，甚至没有思考。他处理工作的方法是拿到就做，想起来就做，思维一片混乱，没有规划，没有计划。

根据认知心理学的理论，人的思维混乱是两方面原因造成的：一是信息在进入大脑时，会经历一个短时记忆阶段，这个记忆阶段只能储存很少的信息，而且时间很短，所以我们无法在短时间内处理大量信息，容易造成混乱。二是大脑偏好结构化信息，但我们面临的信息往往没有规律，而人在思考问题时产生的信息也没有规律，这让大脑很难接收并处理信息。

当数量巨大又不存在规律性的信息涌来，人脑自然会感觉到沉重的负担。大量的事情涌向你的大脑，缠绕在一块，杂乱无章，你又怎能从容面对，一一解决呢？

拒绝混乱、拒绝无效的忙碌需要我们训练思维，掌握结构思考，搭建起我们的思维框架，并在这一框架的帮助下，应对越来越复杂的工作。

所谓结构思考，是指面对诸多工作任务或者难题时，我们能从多方面进行思考，对信息和事件进行分析，并制订出一套系统化的行动方案。

结构思考最常见的方法有：

1. 对事件进行分类，并逐个分析，梳理脉络，形成整体性认知，并在整体的基础上有正确的局部判断。当你对需要解决的问题有清晰的认知，你就能找到快捷应对的方法了。

2. 可以按照事件的重要性或者难易程度确定事情的先后顺序，有秩序、有策略地制订阶段性目标，分步逐一实现，完成工作内容。

3. 如果你面对较为复杂的情况，可以从主观、客观等角度分析现状和优势、劣势，再考虑解决方案，或者检查方案的可实行程度，以免降低工作的效率。

深度思考：不断逼近问题的本质

你也许有过这样的疑惑：我明明投入了时间和精力，也认真思考了，但为什么上司总说我认识不够。

在生活里，你也会碰到这种问题：大家一起聊天或讨论问题，说到某件事，你也提出了想法和看法，但别人总能反驳你，说你没看到问题的本质。

不管是认识不够，还是看不到问题的本质，都说明了一件事，你不具备深度思考的能力。这种能力会影响你的工作，也会给你的社会关系带来负面影响。

蒙洁在一家广告公司上班，负责广告策划。她主要做生活用品的广告策划，还没接触过其他类型。

不久前公司接了一个地产广告，老板找不到合适的人来写这个策划案，就把它交给了蒙洁。蒙洁很想拓展自己的业务能力，就高兴地接了下来。她大概翻看了一遍资料，说："这个感觉不是很难，我三天就能写出策划案。"老板说："这样吧，我给你一周时间，你好好研究材料，拿出一个高质量的策划案来。"

蒙洁答应了，拿了所有资料回工位。她认真看完手上的资料，又看了看客户的要求，就开始构思起来。

三天后，蒙洁写完了策划案，又认真研究了资料和客户要求，觉得自己的策划应该没问题。为了以防万一，她把策划案修改了几遍，自己觉得相当优秀了才交给老板看。

老板边看边皱眉："你真的仔细研究了材料？"

蒙洁点点头，心里突然没了底气。

老板看完后说："这不行啊，特意多给你两天时间，就是为了让你有充足的思考时间，但你这个策划案，没有跳出你日用品的策划思维，也没有什么亮点，这要拿给客户去看，肯定通不过。"

蒙洁有些手足无措："那我再改改吧。"

老板说："在这个基础上改是没有意义的。你得学会抓重点，这是房地产，不是小商品，你要打动受众，才能写出好的策划案。这个你要么重新做，要么就转给其他人吧。"

蒙洁感觉信心被打击，但又不甘心这个结果，决定重新做策划案。

她拿着资料和失败的策划案回到工位，心里有些难过：明明思考、研究了产品的特点，也琢磨了客户的要求，策划案怎么就一无是处呢？

相信很多人都像蒙洁一样疑惑过，自己真的付出了辛苦，进行了思考，但问题仍然解决不好，这就是欠缺深度思考的结果。

深度思考不在于你花费了多少时间，而在于你能否通过大量的信息把握事物的本质。深度思考需要的不仅仅是时间，还有思考的方法和模式。

一般而言，阻碍我们深度思考的思维方式主要有三种：

一是本末倒置，即弄反了因果关系。当你看到一系列事件发生时，什么是因，什么是果，很多人都未必清楚，习惯以自己的直觉来判断，结果陷入错误。

二是受困于大量的表面现象和材料，忘记了最初的目标。这个在工作和生活中都特别常见，很多人一开始抱定某个目标做事，结果做了一段时间发现目标已经偏离了。

三是被已经形成的思维模型困扰。就像蒙洁，显然受以往做生活用品策划案的思考方式影响，在旧有的框架里梳理全新领域的问题，结果觉得自己思考了，但结果完全不对。

有人曾说："遇到复杂的问题时，要像剥洋葱一样逐层分析；从被动接受到主动学习，从低成长区跨越到高成长区；让自己冷静下来，会更容易看清问题的本质；战术上的勤奋和战略上的优化同时推进；刻意练习深度思维的能力，使之成为习惯。"她的这些话很值得我们学习，并在实践中运用。

那么，深度思维的思考习惯有哪些？我们不妨注意以下几点：

1. 训练系统性思考。当你面临需要解决的问题时，不要孤立地看待它，尽可能理出问题的脉络，寻找相关因素，形成系统化的思考。当你对问题有了清楚的了解，你才会准确地看到问题的关键所在，从而把握重点。

2. 练习关联性思考。尽管万事万物的表象不同，呈现出纷繁复杂的样子，但如果你仔细研究，努力寻找它们的相似性，就会发现万事万物相互关联。当你找到问题内在的关联性，你就会发现隐藏在现象背后的本质。

3. 学习对比思考。关联性思考是让我们在不同中找到内在的相同，而对比思考是让我们在看似相同或相似的问题中寻找差异。有对比才会有判断，才会让我们看清问题的不同本质。

非线性思考：为没有答案的问题寻找答案

人的一生，会经历童年、少年、青年时期，再到中年、老年；每一年，我们会经历春天、夏天，再到秋天、冬天；而我们的一天，会从黎明开始，到早晨、中午、傍晚、夜晚。这一切都依照时间的顺序依次进行，我们经历了，便无法改变，也无法逆转。

时间的指向是唯一的，所以我们习惯于根据时间的流逝来规划生活。少年时期就应该好好读书，考个好学校；青年时期要好好奋斗，事业有成；中年时期要承担起社会和家庭的重担，做一个负责任的人。也因为时间的流逝和不可逆，让世间的事情有了前因后果：因为你努力了，所以你成功了；因为你付出了，所以你有收获。

当我们习惯以这种前后相承、前因后果的思维方式思考时，我们的思考就呈现出线性特征，面对事情容易以前后顺序的单一方式进行。

志强出身农村，高考成绩不太理想，选了会计专科读了两年。毕业后，他没考取会计证，只好先随便找份工作。

稀里糊涂打工两年后，同村的叔叔包工程，让他去帮忙，志强就投身建筑工程行业了。刚开始他只是做些简单的事，帮忙管理工人，也管理工地上的用料。志强头脑灵活，很快就知道了工程进行的程序。因为学过会计，叔叔有时也让他参与一些账目的核算。

在工地上做久了，志强开始感到不满足，却不知道下一步该怎么发展。他对工程的事已经很熟悉，但没有相关的从业资格证，他的工资总是涨不上去。他特别羡慕那些有资格证的人，尤其羡慕只要来工地上做一些核算，就能有高收入的造价工程师。

有一天，他和熟识的造价工程师聊天，说起自己的处境他不禁感慨：“真后悔以前没好好学习，我要是考了本科，学建筑专业，现在就不会这么惨了。”

那位工程师笑着说：“你才20岁，机会还是很多的。”

志强笑了，说：“有什么机会？我在工地上都待习惯了，估计这辈子就这么过了。”

工程师接着说：“可不能这么想问题，你不能只看过去和现在，你可以想想以后想干什么，说不定就发现机会了。”

工程师的话让志强很受鼓舞，他说："我想和你一样，成为造价工程师，每个月只上几天班，工资还高。"

工程师笑了起来："那你就努力成为造价工程师呗。"

志强说："但那不得先有资格证？要考资格证，我一个学会计的外行，怎么可能考得出？"

工程师说："这个工作是从实践而来的，你有了实践经验，还怕考不到证吗？"

志强挠挠头："你的意思是，我也能考？"

工程师拍拍他："能，只要你想考，就一定能考。"

受到鼓励，志强决心考造价工程师资格证。当他下定决心时，一切疑惑都消失了，而且通向资格证的路也逐渐明确。在工地，他花更多时间了解工程造价的问题，积累实践经验。在考试方面，他拜托同学打听考证的事，报了名，也拿到了教材。

捧起书本的那一刻，志强感觉自己又回到了高三，他决定把当年浪费的时间和精力都追回来，一举拿下工程造价师的资格证。功夫不负有心人，两年后，志强如愿拿到资格证，并离开了叔叔的工程队进了一家大公司。

在这个案例中，志强刚开始的思考就是典型的线性思考。在他看来，自己的处境是以往经历的结果，而未来也会延续这种模式。他的人生被局限在这样的逻辑里：我不是建筑专业毕业，没有相应的毕业证，我就无法参加造价工程师的考试，因此也不可能成为造价工程师。

线性思考方式限制了志强，让他不敢行动，陷入人生的迷茫。在工程师的鼓励下，他打破了自己的线性思维，找到了人生的答案。

所谓"非线性思考"可以理解为不按逻辑展开，不按因果关系进行的思考。非线性思考能让人跳出固有逻辑的束缚，拓展思路，看到不一样的结果，从而产生更有价值、更有意义的想法。

如果说线性思考是对事件发生、发展的适应和反应，那么非线性思考就是我们的心灵跳出先后顺序的桎梏，去发现和创造一个新的世界。利用非线性思考，你可以打破事件发展的次序，从结果追寻原因，寻找各种可能。非线性思维有助于你看清世界的本质，解答心中的疑问，让你的人生答案更加明确。

日常生活中，多用非线性思维进行思考，打破时间、时空的约束，你可能会获得新的灵感，给没有答案的问题找到答案，给当下的生活注入新的活力。

冲破“思维障碍”，让新构想大量涌现

大多数人在遇到无法解决的难题时，总会说：这办不到，这不可能。一旦你有这样的想法，你会发现难题真的无法解决，因为你没有任何思路和想法，也不知道怎么做才能解决它。

当你发现你无法再解决任何问题，无法再冒出创新的想法，创造新事物的时候，很可能就陷入了思维障碍。如果不能突破自我的思维障碍，你就可能停滞不前，原地不动。

每一个人在人生的每个阶段都可能遇到思维障碍。只有那些永不放弃、敢于思考和行动的人，才能冲破思维障碍，开拓一个新的天地。

一个没有受过正规教育的人，可以成为伟大的科学家吗？一个当学徒、做生意，后来在市政部门看门的人，能名垂千古吗？相信很多人的答案不是否定的，就是怀疑的。但荷兰的安东尼·列文虎克给了我们明确的回答——是的，可以。

安东尼·列文虎克出生于荷兰的代尔夫特，小时候并没有接受正规教育，

16岁那年去一家布店当学徒,后来回到家乡自营经商。生意做得平常,人到中年,他又到市政府做了一名看门人。这个工作很轻松，收入也很稳定，列文虎克便从容地做起他自幼就喜欢的磨镜工作。

列文虎克用各种透明材料磨透镜，玻璃、宝石或者钻石，到他的手里就会被打磨成各种各样的透镜。由于很有天赋又特别勤奋，列文虎克的磨镜技术越来越高。他面对自己磨出的各种透镜，开始动起脑筋。单个的凸透镜可以放大物体，让人看清细节，如果把几个凸透镜排在一起，能不能看清更小的东西?有了这个想法，列文虎克开始组装他的各种透镜，于是有了最早的显微镜。

列文虎克用他的显微镜看到了更细微的世界。他先是描述了对人、哺乳动物、两栖动物和鱼类等红细胞的观察情况，并绘出各种红细胞的形态结构。然后他又用显微镜观察雨水，发现了水中的小生物，后来科学家们称之为微生物。1677年，列文虎克和学生一起发现了精子，描述了精子的形态和运动情形。

但这一系列的发现，列文虎克并没有向外界公布。他守着自己制造的显微镜秘密，沉浸在观察微观世界的乐趣中，直到朋友劝他:“这是伟大的发明创造，是伟大的发现。”他才同意将自己的研究成功发表出来。

就这样，列文虎克不断向英国皇家学会寄送自己的发现和研究成果。他获得了成功，并成为英国皇家学会的会员。在去世前，列文虎克把自己珍藏多年的显微镜留给了皇家学会，完成了他作为科学家的伟大人生。

列文虎克的一生就是不断突破“思维障碍”的人生，他没有给自己设限，也没有说不可能，而是一步一步为人类揭示了一个从未发现的世界。打磨透镜，他做到了比专业打磨师更好的程度，但他没有借此牟利的想法，而是尝试组装镜片，去观察微小的世界。这个举动让他跳出“磨镜师”的天地，摆脱了作为一个普通磨镜师的命运。这是他的第一次重要突破。

在观察微观世界的过程中，列文虎克为了保守自己的秘密和成果，也曾陷入“思维障碍”。在朋友的提醒下，他再次突破自我，向专业的科学家学会寄出研究成果。此后，他在自己开辟的天地里越走越远，也越走越广阔。

人生需要打破“思维障碍”,需要有新的构想来丰富人生。要打破“思维障碍”的阻碍，一定要做到下面几点：

1. 要相信人可以改变，命运也可以改变，每个人都能变得更好。

2. 不要随便接受别人的误导，陷入“思维障碍”的状态。要尽力以自己的感受、自己的想法来判断一切问题。

3. 掌握正确的思考方式，包括：学习逆向思维，改变旧有的思考方式；尝试改变习惯的思考顺序，建立新的思维方式，并循序渐进，彻底改变束缚自我的思考习惯。

4. 很多时候，造成“思维障碍”的根本原因是情绪化的对抗，我们以为对抗就是思考本身，这是错误的。因为不良情绪会引导我们陷入思维的困境，看不清问题的本质，所以要学会管理情绪。当我们能够以温和的态度和宁静的心态去看待事情时，我们就会很容易从“思维障碍”中走出来。

CHAPTER 04

第四章

改变“自挫行为”，唤醒自我成功机制

你为什么会陷入“自我挫败”的泥潭

我们认为没有人喜欢失败，也没有人会给自己找麻烦，破坏自己的快乐、幸福或目标。但是，就有一种人总在有意无意中把自己推进失败的泥潭，走上不快乐的道路。

我们把这种自找麻烦，从而与成功、快乐绝缘的认知和行为叫作“自我挫败”。“自我挫败”并不容易察觉，因为出现这种状况的人已经习惯了失败和哀怨。

星茹成长在单亲家庭，她清楚地记得小时候爸妈吵架、打架的情形。后来父母离婚，爸爸搬走了，她跟着妈妈生活。那时她读小学高年级，并不清楚爸妈离婚的原因。在此后几年里，妈妈一提到爸爸就狠狠地说：“男人没有一个好东西。”

为了让妈妈开心，星茹努力学习，努力做一个乖巧的孩子。从她这里，妈妈获得了安慰，也就不怎么怨恨爸爸了。妈妈把所有的关心都放在星茹身上，星茹也不负期望，长成了一个既懂事又优秀的大姑娘。

大学期间，星茹谈过一次恋爱，男朋友是高她一级的学长。两个人甜甜蜜蜜相处了一年，但星茹始终心存顾虑。她觉得自己和他不会有美好的结局，因为他也很优秀，总有一些女孩子围着他转。她不确信他会始终如一地对待自己，于是不断发脾气试探。有时知道他和其他女孩单独见面，她就会吵闹冷战，直到他反复道歉，恳求原谅。

男朋友毕业那年，星茹看见他骑自行车载着一位女同学穿过校园。她连女孩的脸都没看清，只看到女孩的手抓着自己男朋友腰间的衣服。她不再接男朋友的电话，也不肯见他。后来被男朋友挡住，问她究竟想怎么样，她才说：“你背着我跟其他女生约会，你问我想怎么样？你不喜欢我，就离开好了，为什么还要纠缠我？”

男朋友一头雾水，知道她看到自己载过女生后拼命解释：“那是我们班同学，我们根本没有其他关系。”可星茹不听，两个人吵起来，男友转身走了。看他离开，星茹哭着喊：“你们男人都不是好东西。”她跑回宿舍，把男友送的东西都丢进了垃圾箱。

毕业工作以后，星茹遇到过各种各样的男人，也谈过几次恋爱，但都没有结果。她不是没遇到过对她死心塌地的男人，有一次她深受感动，答应了对方的求婚。然而订婚以后，星茹莫名地陷入恐惧焦虑，她反复想：他会对我不离不弃吗？他能让我幸福吗？我能拥有幸福的家庭吗？在焦虑的作用下，她开始抗拒结婚，把婚期一拖再拖，直到最后解除婚约。

解除婚约后，星茹反而放松下来，她觉得这样的结果挺正常的，她的人生也许就该是这样的。

星茹在感情方面具有明显的“自我挫败”特点，她不敢接受，不愿相信，一次次毁了幸福的结局。星茹的内心也许是痛苦的，但她无力摆脱自己的“挫败思维”。在她的内心，感情失败才是正常结果，而幸福与完美不可能得到。

星茹的自我挫败和她的成长经历有关，父母婚姻的不幸以及初次恋爱的失败都对星茹造成了影响，让她陷入“自我挫败”的泥潭。一般而言，造成“自我挫败”人格特征或认知的原因有以下两点：

1. 成长经历带来的影响。很多人在成长中没有获得足够的安全感、成就感，可能造成内心自卑、敏感、孤独等特点，这让他们不敢承担责任，害怕达不到别人的期望或自己的期望，在潜意识里形成“自我挫败”的模式。

2. 社会和家庭的支持不足。根据心理学原理，刺激事件对人的影响会经过认知系统、社会支持系统和免疫系统得到强化或抵消。如果我们的社会支持系统不能很好地发挥作用，那么很多人在经历失败的时候，就会深深自责，导致“自我挫败”思维的形成。

总之，从心理的根本特点来看，“自我挫败”看似是对成功、幸福的抗拒，但实际是对错误、失败的恐惧。以往的失败经验让人产生了抗拒心理，他们害怕经历更大的失败和伤害，潜意识里便自行制造挫折，给自己一个已知的可控的失败结果。

要想走出“自我挫败”的泥潭，你需要的是勇敢面对，转换思维，让内心的自我成功机制代替自我挫败。

了解自己和他人，从高维度俯瞰生活

遭遇同样的挫折，有的人可以很快摆脱负面情绪，走出心理阴影，有的人却深陷负面情绪的旋涡，痛苦、悔恨、悲观失望，生活一片黯淡。对于挫折和痛苦，每个人的反应不同，而这不同的反应背后，是不同的人生经历和理念，或者说是人生的境界。那些陷入挫折旋涡中不能自拔的人，往往只体会到自己的痛苦，放大了眼前的挫折和困难的人，他们看不到更高、更远的地方。

江宇的身体一直很好，整个学生时代，他都不知道病痛是什么感觉。参加工作后，江宇仍然保持良好的状态，每天工作很辛苦，但睡一觉就能恢复体力。

因为身体好，又有上进心，江宇在公司承担的工作越来越重，经常加班开会，他的作息规律乱了起来。有几个月，公司接到一个大项目，江宇和自己的团队没日没夜地忙碌，有几次忙到胃疼，他觉得自己身体好，随便吃点消炎药或者止疼片就接着干。等到项目结束，江宇才有时间去医院。

做了各种检查，医生告诉江宇，他感染了幽门螺旋杆菌，造成胃溃疡，程度已经比较严重，需要立刻治疗。

“这个病你可得重视起来，它可能会致癌。”医生告诫江宇。

江宇了解到幽门螺旋杆菌感染可能导致癌症，而且就算治好了也可能复发。他有些想不通，自己身体一直那么好，怎么会得这样的病？

因为身体原因，江宇情绪低落，思想开始钻牛角尖。他整天忧心忡忡，工作也受到影响。吃了一段时间的药，他去复查，等待就诊时和一个老先生坐在一起，两个人聊起天来。

老人告诉江宇，他得的是胃癌，切除了四分之一的胃，这次过来也是复查的。

江宇特别惊讶，说：“看您的状态，不像得那种病的人啊。”

老人笑着说：“人啊，可不就得保持好心态！记得刚住院那会儿，我特别难过，觉得自己摊上这个病，一定完了。结果在医院里，我认识了各种病友，有些人比我还惨。我突然明白人生在世，谁还没个大病小灾的，关键是要想开了，想通透了，你就会发现自己的处境并不是最糟的。这世上，比你更难、更痛苦的人有很多。”

老人的话让江宇豁然开朗，他发现自己有些扩大病痛的影响。自己的病还没到无法治愈的程度，怎么就会有人生要完了的感觉呢？

复查以后，江宇拿了一包药走出医院，此时他已下定决心：按时吃药，调整作息与饮食，战胜病痛。

当你站在一堵墙前面的时候，你会觉得自己无法跨越它。但是当你跳出自己的处境，站在更高的位置去看时，你会发现那堵墙并非高到无法跨越。人在面临挫折和痛苦时，如果不自觉地放大眼前的挫折，就会满眼是困难和痛苦，看不到出路和希望。你只有站在更高的维度，以更高远的眼界来看待眼前的困难，才能跳出失败的结局。

让自己拥有更高维度的视角，跨越狭隘的思维领域，才能促成自我成功。要拥有更高维度的视角，你可以：

1. 更准确地了解自己和他人，寻找自己的长处和短板，在与他人的比较中扬长避短，从而拥有信心和乐观的态度。

2. 多看、多了解社会，寻找能帮助自己提高维度的途径，让自己在整理或思考问题时能有更大的格局。

3. 努力培养自身的涵养，保持豁达的心境。学习换位思考、将心比心的思考模式，锻炼适度容忍、宽以待人的人生态度，这些都可以让人心胸开阔，提升自我的涵养。

面对压力，你需要培养心理抵抗力

有自挫思维的人总觉得困境重重，压力巨大，而别人都是幸运的、快乐的。这种认知让他们更加消沉、自卑，“自挫”行为也变得更多。

但在这个世界上，真的有毫无压力的人存在吗？不，并不是他们没有压力，而是那些成功的人，那些自信、快乐的人具备更强的心理“免疫力”，更有抗压能力。

苏维在一家公司做销售，原本做得还不错，后来行业整体不景气，苏维就感到有压力。除此之外，公司为了在竞争中生存下去，不断给销售人员加压，调整了营销规则，奖惩方式也比以前苛刻，甚至提出业绩持续走低的员工就得离职。

在行业兴盛时期，苏维攒了一笔钱在老家买了一套房，贷款才还了 4 年多，想想还有 10 多年的贷款要还，苏维的压力更大了。

工作难做，又有房贷压力，还有失业的风险，苏维觉得自己快要崩溃了。她晚上睡不着，白天唉声叹气，和人聊天也是满满的担忧。

比苏维晚一年工作的凯英也受公司的新规定影响，收入减少。公司里都知道凯英的爸爸患有糖尿病，治病的钱都得凯英出，现在收入减少，凯英应该也很焦虑，压力很大。可是凯英并没有很焦虑，她依旧每天元气满满地上班，努力联系客户，推销产品，即使被拒绝很多次，也依然保持职业微笑，客客气气地和客户告别。

看到凯英的状态，苏维非常羡慕，她说：“你怎么看着像没有压力呢？我都愁得掉头发了。”

凯英说：“我怎么会没有压力呢？我只不过把压力变成了动力。我要是不努力，我爸的药钱从哪里来？再说，发愁有什么用，想办法渡过难关才对啊。”

面对同样的压力，苏维和凯英表现出两种完全不同的状态，苏维消沉、忧虑，而凯英平和、坚定。她们之所以表现不同，跟她们有不同的心理抵抗力有关。相比苏维，凯英在面对压力时有更强的心理免疫力，这样她能摆脱压力带来的负面影响，而以更积极的态度面对困难。我们不难推测，心理抵抗力更强的凯英会比苏维更有留下来的可能。

生活里充满了困难和压力，每个人都会遭遇各种压力，只有那些能承受压力并突破困难的人才能成功。所以，面对压力，我们需要的不是愤怒、悲叹，而是强大的心理抵抗力，抵抗所有的压力，让自己做得更好。

培养心理抵抗力，一定要明白逃避是无用的，直面压力，勇敢对抗才是扭转“失败”结局的关键。有了这样的信念指导，我们就可以采用下面的方法来应对压力了。

1. 过大的压力会给我们的情绪造成强烈的影响，它可能引发失望、焦虑、愤怒等负面情绪，而这些情绪会让人无法释怀，在压力情境中越来越消沉。适当释放情绪，让焦虑不安的心恢复平静，是应对压力的一种好方法。你可以学习冥想，或者练习腹式呼吸法，缓解焦虑的情绪，也可以通过其他方式宣泄情绪，努力做到心态平和，保持正常思维。

2. 根据心理学的研究，人们发现很难从认知层面改变情绪。当有压力、产生不良情绪时，你再努力压制、控制情绪，它都不会消失，反而有随时爆发的可能。但一种感受可以被另一种感受代替。在面临压力时，不妨放下不良的感受和情绪，给自己找一些可以引发愉悦情绪的事做，让快乐替代不快乐。你可以跑步、打球，也可以听音乐、赏花，或者美餐一顿，这些能唤起你愉悦心情的事会让你淡忘不愉快，从而缓解压力。

3. 在压力越大、状态越不好的时候，越要注意休息。睡眠是人体恢复免疫力的最佳途径，也是缓解情绪的最佳办法。所以保证足够的、高质量的睡眠对抵抗压力非常重要。学习一些能促进睡眠的方法，好好睡一觉，第二天醒来你会发现困难并没有那么可怕。

4. 给心灵找到寄托，让压力成为你前进的动力。越是没有信念的人，越容易被困难压垮，而越是信念坚定的人，越能抵抗强大的压力。信念坚定的人内心有寄托、有希望，所以他们不会轻易放弃，也不会轻易在困难和压力面前败下阵来。

如何用积极的“认同”对抗挫折感

心理学家埃里克森认为，青春期的心理发展重点在于建立自我同一性，也就是人要形成对自我的认同，对自己有明确的认知和定义。

如果能顺利度过青春期，建立成熟的自我同一性，那么人在接下来的发展阶段就会相对稳定、健康。然而，很多人的青春期遇到问题，自我认可、自我同一性无法正常建立，就可能会遇到更多的麻烦，遭遇更多的失败。

从小学到大学，昊宇都是邻居们羡慕的好孩子、好学生。大学毕业前，昊宇也一直是家里人的骄傲，爸爸、妈妈提起他都非常满意，可是工作后，昊宇的表现就没有那么出色了。

昊宇的爸爸妈妈信奉“严格教育”，从小就对昊宇要求很严，学习成绩要好，不能乱交朋友，不许早恋……昊宇性格腼腆，一直按照父母的要求做。初中毕业，他喜欢上打篮球，想报一所拥有全市最好篮球资源的学校，但他爸妈不同意，觉得打篮球是荒废学业。后来他进了一所以严格管理学生闻名的重点高中，每天沉浸在学习中。

高考成绩出来后，又是父母决定了他的专业，而这时昊宇已经习惯父母的安排，觉得读什么都差不多。

在大学时期，昊宇认识了一个学妹，特别动心。可是她来自偏远的小县城，爸妈听说这个情况后，旁敲侧击，暗示昊宇别陷进去。昊宇最终没有和学妹确定恋爱关系。即使学妹表达了对他的好感，他还是拒绝了。当学妹与其他男生牵手后，昊宇特别难过，表面上依旧平静，只是他对自己以及对父母的关系产生了疑惑。

毕业时，昊宇决心自己闯一闯，但严峻的就业形势难倒了他。小企业看不上，大企业进不去，好不容易找到一份差不多的工作，做了半年发现要经常加班，还老挨领导的批评，搞得身心疲惫。这时昊宇的爸妈又出手了，他们找朋友、托关系，让昊宇进了一家央企。深受现实打击的昊宇再一次接受了父母的安排，在央企里，他虽然只是个小职员，但没有了生存压力，昊宇感觉好多了。

工作稳定后，昊宇放松下来，每天下班就在房间里玩游戏，或者去和朋友打球。在单位，他话不多，也很少和领导交流。他有时提出自己的想法，遇到反驳就顺从别人的意见。几年后，和他同时入职的人要么升迁，要么去了更好的部门，而他还在职员的位置上没变。爸妈说他：“你年纪也不小了，整天就知道混日子！女朋友也不找，工作也不上进，你还要让我们帮你操心到什么时候？”

昊宇不再是父母的骄傲，反而成了亲友邻居眼中没出息的孩子。跟父母多次吵闹后，昊宇决定搬出去住，独立生活。然而，当走出家门的那一刻他却迷茫了：他不知道自己想要成为怎样的人，不知道自己的奋斗目标在哪里，也不知道能不能靠自己过上以前那样舒适的日子。

昊宇的成长经历看似一帆风顺，没有大的波折，但他的父母实际上一直在压抑昊宇的自我成长，他们的代劳看起来是爱，本质却是控制。因为家庭教育的控制，昊宇没能建立自我同一性，没有形成对自我的认可，因此也没有真正的自我独立性。进入社会后，他的自我怀疑，他的失败人生都是他无法“自我”认同、一味地依赖别人的结果。

要想摆脱失败的结局，唤醒我们内心成功的渴望，就一定要真正地做到“自我同一”，认可自我，接纳自我，与自我和解。

1. 承认自我的不完美，正确对待自身的不足，积极自我同情。要知道我们不是超人，只是普通人而已，会有弱点，也会犯错，但这些并不能阻碍我们认真地生活，更好地生活。不断改善，不断前进，你会和更好的自己相遇。

2. 不要放弃对自我的探索，不管人生如何，都要努力找到真实的自我。我们可以通过回答一系列问题来探索自我。这些问题包括：我能做什么？我有什么专长？我更喜欢哪种工作状态，是做一个领导者还是一个配合者？什么能让我真正感到开心，能让我有所付出而不后悔？我想要过怎样的生活，是忙碌紧张的，还是节奏缓慢的？当你开始对人生、对自己感到疑惑时，就可以不断地向自己提问，向自己问清楚，问明白，你就会发现，你的“自我”回归了。

3. 真正的成长以及真正的自我认同需要过程，特别是没有建立自我同一性的人，更需要耐心。自我认同与自我怀疑总是纠结在一起，一旦遭逢挫折或失败，人就会怀疑自己。这时我们应该把关注点放在收获了什么，而不是自我否定，看到自己失去了什么。要学会从错误和失败中吸取教训，不断自我鼓励，克服困难，赢得成功。如果你不断肯定自我，认可自我，终有一天，自信会成为你的支柱，内心也会变得强大，你会发现，成为你想成为的人，过上你想过的生活并不难！

认知重组，宣泄挫折心理

遇到挫折与失败时，你最深刻的感受是什么？你会觉得愤怒，认为社会不公平，还是会非常沮丧，觉得自己没能力？或者你感到压抑、难过、失望等？

不管怎样，当我们遭遇挫折与失败时，随之而来的便是各种负面感受和情绪，这种感受让人无法摆脱负面认知。紧接着，负面情绪与认知会让我们失去正确的判断，采取错误的行动，新的挫折与失败接踵而来，“自我挫败”的效应就这样在人生中重复上演。

丹妮在一家公司做了5年，不知不觉都成了老员工。公司整改，要把一部分业务撤回广州本部，丹妮的工作恰好在调整范围内。她不想去广州，所以随公司南迁是不可能的，接下来的选择就是调换岗位，或者离职。

各种传言在员工间传了很久，丹妮也很忐忑不安。她不知道怎么办才好，后来想想自己怎么都算老员工了，公司不可能亏待自己。

调整方案出来后，丹妮发现公司提供的新岗位，没有适合她的，而且薪资减了很多。看样子，公司这是变相赶老员工走，不直接辞退，而是迫使他们自己提出辞职。

公司人事和需要调岗的人员谈话，因为薪资和补偿谈不拢，双方僵持起来。丹妮原本和同事们保持一致，看到公司只给一个月的补偿金，就拒绝在离职书上签字。但人事部门单独找她谈话，说：“你看，给你提供的新岗位，你不愿意做，那就只能离职。你在公司做得不是很好，来了5年，没获得过任何荣誉，我们没法给你更多的补偿。再说你这样耗在公司也没有意义，到最后公司连一个月的补偿都不给，你怎么办？”被人事这样一说，丹妮有些动摇，人事趁机说多给她一个月的补偿，催促她在离职书上签了字。

丹妮成了公司里第一个离开的人。搬东西那天，没有同事过来帮忙，他们觉得丹妮出卖了大家，让谈判更困难了。

两个礼拜后，同事给她传来信息，说最后离职的同事，都拿到了3个月以上的补偿金，而且补偿是按工龄计算的，像丹妮这样的老员工能拿到6个月的补偿金。她忍不住给人事部门打电话，要求补齐该有的补偿金，但人事部拒绝了，他们说：“没有人逼你签字，是你自愿签的。”

因为这件事，丹妮特别沮丧，觉得自己真傻，那么轻而易举地就被人打发了。她越想越不甘心，去找公司人事部门理论，反倒被保安赶了出来。受到打击的丹妮觉得自己特别失败，天天窝在出租屋里刷剧、发呆，浑浑噩噩，不知道该怎么办。

因为受挫，人特别容易产生负面情绪，而负面情绪会让人的思维变得狭窄、固执，甚至偏激。丹妮就表现出这种特点，她为自己的行为后悔，为拿到较少的补偿金而生气。在这种情绪的困扰下，她冲动地去找公司，反而受到羞辱。一系列打击让丹妮觉得自己特别失败，甚至丧失了再次行动的力量，可以说在偏激的认知下，丹妮失去了正确思考的能力，失去了应对挫折的能力。

要从这种困境中走出来，丹妮必须重组她的认知，突破她自我否定的思维，这样才能真正恢复状态，重返职场。

认知和情绪密切相关，在重组积极的认知前可以先改变情绪，适当宣泄，恢复内心的平静。人只有在冷静下来后，在心态平和的状态下才能正常思考。

宣泄情绪的方法有很多，最常见的就是倾诉，向家人或朋友倾诉，说出自己的不满、愤怒或者担忧，从家人或朋友那里获得支持。此外，还可以通过书写来宣泄情绪，把自己的不满、担忧等负面情绪全都写下来，然后摆脱掉，你会觉得轻松很多。看一场悲伤的电影，让自己痛哭一场，或者跑步、呐喊，都可以让心中的积郁发泄出来。

在情绪平稳之后，你可以正视经历的挫折，重新评估它，看看它能带给你什么启发。一旦你的认知发生改变，你的感受就会随之改变，你也会重新获得前进的力量。

调整期望值，停止一意孤行

我们常常以为，一个不自信、自我认同感低的人才容易陷入“自挫”模式，而自信、自我认可感高的人就不会出现这种问题。

可是，真理向前一步就可能变成谬误，一个过分自信、过分认可自我的人，在人生道路上也可能陷入“自挫”模式。

张璐出生在一个偏远的小县城，是家里的独生女。她从小聪慧，读书又好，家里人对她的期望也很大。

从小张璐就被人夸奖，被妈妈夸，被老师夸，也被亲友夸。她自我感觉非常好，也十分自信。尽管每年学习成绩都是第一名，但奈何小县城的整体教学水平偏低，张璐只考到省城的重点大学。

大学生活让张璐打开了眼界，也滋生了野心，她认为自己已经走出老家，就应该去更广阔的天地。

张璐的成绩不错，在大学也获得了一些荣誉，她觉得自己已经攒了足够的资本，可以在未来的职场上谋取一个好位置。张璐有个表姐在北京，和老公开了一个小饭馆。她时常说起北京的繁华与热闹，这勾起了张璐的欲望：她也想去北京闯一闯。

带着父母的期望，也带着自己的雄心壮志，张璐到了北京，借住在表姐狭窄的出租房里。张璐带着求职资料，开始在各大招聘会上寻找机会。一般的小公司她看不上，而她向往的大公司又看不上她。张璐感觉受到打击，但又不甘心，觉得自己一点不比别人差，但人家一看她毕业的学校，就淘汰了她。

张璐和表姐说起这种情况，表姐劝她：“你要不先找个差不多的工作，在北京安稳下来再换好的。”

“可是，没有一个好的起点，我怎么可能有好的发展呢？”张璐回答。

她依然把目标锁定在那些高级别的大公司，偶尔也接到面试通知，但依然没找到工作。后来她和一个毕业于二本院校的学生一起面试，公司竟然选了那个人，而没有选她。

张璐深受刺激，愤愤地说：“这太过分了，我好歹读的是重点大学，不就缺两年工作经验吗？为什么选他？公司都不给我工作机会，我怎么能有工作经验？”

一次次的挫折和打击让张璐灰心丧气。两个月的时间过去了，她还没有找到工作，她不由得对自己产生了深深的怀疑。

张璐有着良好的成长环境，这培养了她的自信和能力。然而，在进入更广阔的平台后，张璐的人生发生了变化，她接连遭到失败，而这种失败的根源在于她的认识失调。她没有正确地认识自己和环境的差距，仅凭着自我感觉行事。

在心理学中，人是通过对期望和现实的评估来调整自我认知、社会认知的，这是一个连续循环的过程。简单来讲就是：自我判断—自我期望和目标确立—实施行动—获得反馈—修正调整自我判断—确定调整后的自我期望和目标—实施行动—获得再次反馈。但张璐在获得了失败的反馈后，坚持己见，没有进行自我认知的调整，也没有改变自我期望和目标，就只能再次陷入失败中。

所谓期望越大，失望越大。当我们总是无法达到期望的结果时，就应该停下来思考，你是否给自己定了一个太高的目标。

人永远无法仅凭努力就获得自身能力以外的成功，不合理的期望和目标不会激发你成功的潜能，只会打击你的自我认同和信心。所以，与其一意孤行，盲目行动，一次次接受失败的打击，不如调整你的期望值，让目标变得容易实现，从而跳出“自挫”模式，建立逐步成功的模式，实现人生的价值。

告别完美主义，懂得知足常乐

人们都喜欢追求完美，然而，完美只是人生中非常理想的一种状态，我们可以向往完美，追求完美，但很难真正实现完美。追求完美可以让我们越做越好，但执着于完美，事事必求完美却是人生的阻碍，是我们常见的“自挫”表现。

从学生时代起，子萱就是出名的“完美主义者”，座位要一尘不染，衣服上不能有任何划痕或污点，上交的作业也非常干净。子萱如此整洁自觉，自然得到了老师的夸奖，她也就越发地追求完美。

大学毕业后，子萱找了一份市场运营的工作。因为自我要求高，她进步很快，没过几年工作就相当熟练了。公司为了赶时间，交给她一个项目，让她独自完成，子萱有些兴奋，也有些紧张。她害怕自己做不好，影响领导对她的信任。

为了拿出一个优秀的方案一次就通过，子萱反复研究资料，规划思路，设计了好几版方案。她花费了比同事多几倍的时间和精力，终于做出了自己比较满意的策划案。策划案交上去后，领导集体讨论，认为方案可用，但很多细节需要调整。听到这个消息，子萱一下子就泄了气。她对着自己的策划案发呆，完全没有思路。

看到子萱泄气发呆，旁边的同事安慰她：“你已经做得很好了，只是细节还要调整而已。我还被全盘推翻过呢。你继续努力呗。”

子萱笑了笑，却仍然打不起精神。

曾有人说：当完美主义者没有成功，他们会对自己感到失望，甚至对自己的身份感到羞耻。完美主义者习惯坚持不太现实的高标准，如果他们没能达到高标准，就会开始自我批评，意志消沉。案例中的子萱就是这样，把目标定得太高，而自己没有达到，就消沉下来。

一项心理学研究发现，完美主义与抑郁症、焦虑症、强迫症及饮食失调的症状有关，而完美主义程度较高的人，更容易出现抑郁症状。因此，追求完美的生活态度并不利于心理健康，而完美主义也可能成为我们生活里的巨大障碍。

要克服完美主义带给我们的障碍，可以采用不同的认知来替代它。

1. 可以培养自我同情心，在面对失败和挫折时，不要一味地苛责自己，可以提醒自己，错误是人生经历的一部分，它比成功更容易到来。肯定你做得好的一面，不去想它是否完美。

2. 学习知足常乐的人生态度，珍惜眼前拥有的一切，把关注点放在你已经拥有的能力和成就方面，而不是继续苛责你没有的东西。当你开始享受已有的收获，感受生活的乐趣时，你也就能以更平和、乐观的态度对待人与事了。

3. 如果你觉得完美主义已经成为你固定的思维模式，你看到不完美就难受，明明知道自己不用这样，但就是控制不了。这时你可以在心理咨询师的帮助下，运用认知行为疗法等心理治疗方式，来改变你的反应模式、行为模式，逐渐摆脱完美主义的控制。

积极“补偿”，挽回心理偏差

每个人都有优势，也有短板。自然而然地，我们都觉得那些有先天缺陷或者明显不足的人更容易陷入自卑、自挫的泥潭。

然而，缺陷和不足有时不会成为必然的伤害，还可能成为一种动力。大量的事实也证明，许多取得伟大成就的人是有明显缺陷或不足的人，他们没有哀叹命运的不公，而是不断努力，给自己实现成功的机会。

徐婷的脖子上有一块红色的胎记，从脖子一直延伸到下巴。上学前徐婷从没在意过自己的胎记，但进了小学以后，同学们取笑她的胎记，有的甚至对她说："真恶心。"被同学嘲笑排斥的徐婷产生了深深的自卑感。三年级的时候，因为一个男生总嘲笑她，徐婷不愿意去学校，她哭着对妈妈说："为什么偏偏我有这块胎记？我不读书了，我不要再去学校。"

妈妈问清了前因后果，抚摸着徐婷的头说："婷婷，妈妈觉得老天给你这块胎记，就是为了让妈妈从那么多小孩中认出你啊。你看，因为这块胎记，你变得和其他小孩不一样，大家很容易就记住你了。"

"可是，同学们都说胎记难看。"徐婷哭泣着说。

"那他们还有说你哪里不好吗？"妈妈平静地问。

徐婷擦擦眼泪想了想："好像没有了。"

妈妈笑着说："对啊，你其他方面都很好。你学习成绩在班上不是前几名吗？你体育也很棒啊。"

妈妈擦干徐婷的眼泪，说："你如果总让大家看到你好的一面，他们就会慢慢忽略你的胎记。"

得到妈妈的鼓励和支持，徐婷更加刻苦地学习。她从小学到高中，年年都被评为三好学生，同学们也不再说她的胎记，而是佩服她那么优秀。后来徐婷顺利考上重点大学，再读研、读博，走上了科研岗位。之后徐婷再也没有因为胎记而自卑，因为她找到了自己信心的源泉。

著名的奥地利心理学家阿尔弗雷德·阿德勒从小身材矮小，体弱多病，这让他产生了强烈的自卑感，也让他有了当一名医生的想法。他努力学习，实现了自己的理想，并在心理学领域获得了开创性的成就。他认为每个人天生都有一些自卑感，都会因为自身的不完美而产生自卑。为了弥补不足，自卑感会使人产生“追求卓越”的需要，为了实现目标，个体会用“补偿”的方式来克服自身缺陷。案例中的徐婷就通过努力学习，“补偿”了她的自卑感。

在心理学中，补偿作用是指人在受挫后可以采用另一种可能成功的目标来替代失败，从而获得集体和他人的认可。利用补偿作用，我们可以充分挖掘自身的潜力，表现自己的能力，从而获得心理上的满足，并建立自信。

古人说：“金无足赤，人无完人。”我们多多少少都会有不如人的地方，也多多少少都会有自卑感。如果我们不能克服自卑，超越我们的缺陷，那么人生可能会接连失败。而补偿作用是打破这一自挫咒语的最佳方式。积极关注自身的优势，不断培养并运用这一优势，你会发现自己并不差，从而挽回自卑的心理偏差。

不过，补偿作用可以分为消极性的补偿和积极性的补偿。消极性的补偿是指个人用来弥补缺陷的方法，对自身没有帮助，或者带来更大的伤害。面对缺陷和不足，一定要避开消极的补偿，采用积极的补偿方式，提高自己，让自身变得更强大。

幽默：化险为夷的心理防卫术

曾有人用豪猪的故事来解释人类的关系。冬天来临，豪猪们感觉冷，于是互相靠近。但当豪猪靠得太近时，它们身上的刺就会刺到对方。豪猪们退开后，又感觉冷。我们在与人交往中，也有这样的感觉：大家走得太近，会不经意地伤害彼此，但我们又无法脱离人群，独自生活。

带着自尊，我们小心翼翼地与他人交流。当嘲弄与伤害突然到来时，我们会本能地保护自己，反击对方。既要维护我们的自尊，又要保持与他人的良好关系，这时我们需要幽默，一种可以化险为夷的心理防卫术。

在看重颜值的演艺圈里，影星黄渤闯出了自己的一片天地。年轻时的他喜欢唱歌，曾想走歌星的道路，但没有成功。后来因为丰富的生活经验和过硬的表演水平，黄渤在步入中年时开始大红大紫。

成名后的黄渤做事低调，为人谦逊，在演艺圈赢得了良好的口碑。他经常被人夸赞情商高，而他的情商主要体现在"幽默"上。

著名主持人小S曾在节目里说他："你长得好特别哦。"黄渤笑着说："一开始还长得蛮婉约的，后来就开始抽象了。"他以"抽象"这个词淡化了对方暗指的颜值低，也间接承认了自己的相貌并不出众，非常得体。

在《鲁豫有约》中，鲁豫突然问黄渤："你今天怎么没穿裙子呢？"听到这突如其来的问题，黄渤回答："我怕今天我穿了，和你撞衫。"一场尴尬瞬间在笑声中化解。

幽默是一种积极的心理防御机制，黄渤的表现堪称运用这一机制的典范。他面临各种状况都能游刃有余，避其锋芒，以让人们开怀大笑的方式化解各种困境。

在生活中，我们不妨积极运用幽默的方式来化解各种危机和困难，让自己的心理保持平衡，并激发自我的主观能动性，努力克服困难，战胜挫折。

幽默要有自省精神，要清楚自己的不足和优势，并采用有趣的方式表达出来。幽默不是嘲笑他人的缺陷，也不是挖苦他人，而是以一种温和慈悲的态度去应对挑衅，把攻击外界的力量转移为激励自身。

作为一种高级别的自我防御方式，幽默需要我们不断提升自身的能力和智慧，并在实践中不断提高表达的技巧。相信幽默的你会在人生道路上越走越平坦，越走越顺畅。

升华：挫折防御机制的最高境界

在人类历史上，出现过许多杰出人物，他们的人生充满挫折和坎坷，但他们完成了其他人无法完成的事业。

命途多舛、遭到宫刑羞辱的西汉史学家司马迁，忍辱负重，完成了流传千古的《史记》。德国文学家歌德，也是在失恋后创作了小说《少年维特之烦恼》。他们都没有陷进困苦中自怨自艾，悲叹伤感，而是把所有的情感投注到创作中，完成了不朽的作品。

像司马迁、歌德这样伟大的作家，都善于利用“升华”这种防御机制，让自己走出挫折失败的阴影，创造出人生的辉煌。作为普通人，我们也可以“升华”自己的情感，改变受挫的处境，活出精彩的人生。

雪莉出生在一个重男轻女的家庭。随着年纪增长，她感觉父母非常偏爱弟弟，什么事都要她让着弟弟。

读小学四年级的时候，雪莉刚写好作业，调皮的弟弟就拿走了她的作业本，在上面乱涂乱画。雪莉看到后非常生气，过去推了弟弟一把，夺回了作业本。弟弟顺势坐在地上号啕大哭，引来了妈妈。进门的妈妈二话没说，拿起扫把就打雪莉，雪莉疼得眼泪直流。

“你为什么打我？明明是他弄坏了我的作业。”雪莉说。

妈妈气呼呼地回答:“弄坏了就重新写！你怎么能打弟弟？”

雪莉边哭边喊:“我没有打他，是他自己坐到地上的。”

妈妈不再理她，转身去哄已经停止哭泣的弟弟，然后抱起弟弟往外走，边走边说:“儿子不哭，妈妈帮你打她。”

雪莉再也忍不住，哭着冲出家门，在外面乱转。她以为离家时间长了，爸爸、妈妈就会来找她，可等到天黑，也没见人影。雪莉非常失望，心里不觉充满了恨意。

就在她徘徊的时候，邻居家读高中的姐姐放学回家，遇到孤零零的雪莉，就叫住了她。看到雪莉一副狼狈的样子，忙问她怎么了。听完雪莉的讲述，这个姐姐也很气愤:“你妈妈怎么能这样？太偏心了！”

“我该怎么办呢？我真想回外婆家去，至少外婆对我好点。”雪莉说。

那个姐姐沉默了一会儿，说:“雪莉，你好好读书，将来考上大学，就可以远远地离开家，再也不用受他们的气了。”

姐姐的话让雪莉心中升起希望。她回到家里，再也不管弟弟如何，也不管爸妈怎样对她，把全部精力投入到学习上。

雪莉以优异的成绩考上高中，但妈妈不想让她继续读书，说:“女孩子考什么大学？不如打工补贴家用。”雪莉强烈反抗，一定要读高中，后来老师也来劝妈妈，她才如愿进了高中。

高中三年，雪莉住校，更是拼命学习。高考后填报志愿，她选了离家很远的重点大学。后来雪莉考研、读博，走上了学术研究的道路。

案例中的雪莉在童年遇到了成长阻碍，她的原生家庭伤害了她，但她没有陷入疯狂，变得愤世嫉俗，也没有因此意志消沉，自暴自弃，而是选择了最好的自我防御方式——“升华”。

“升华”概念是奥地利心理学家弗洛伊德最早提出并使用的。他认为人会将一些本能的行动，如饥饿、性欲或攻击的内驱力转移到自己或社会所接纳的范围内，也就是“升华”。比如有的人很有攻击性，但社会规范不允许他随便打人，于是他借拳击或摔跤等运动方式来满足自己的欲望。弗洛伊德的“升华”概念和人的原始本能关系密切，但不能解释人类所有的“升华”行为。他的女儿安娜·弗洛伊德也是著名的心理学家，她在1936年出版了《自我与防御机制》一书，在书中重新阐释了“升华”。在她看来，“升华”是心理防御的最高境界，也是最有利于人生发展的方式。

当我们遭遇挫折苦难、深陷痛苦之中时，我们的情绪是低沉的，我们的思维也会变得狭隘、悲观、愤怒，不管哪种情绪都只会让我们遭遇更多的挫折。而“升华”会让我们转移注意力，转移生活的重点，把精力放在更有意义的事情上。当我们走出困境，获得学业的成功，事业的成功，并融入社会，实现自身的价值，我们也就完成了从失败到成功的转变。

“升华”是面对人生挫折和痛苦的最好自我防御方式，也是我们让自我活出价值的最佳方式。当处于人生困境、遭遇不公平时，我们不妨给自己更高远的目标、更有意义的生活，让人生得以“升华”，跳出受挫的人生模式。

CHAPTER 05

第五章

操控情绪“按钮”，保持心态平和

为什么你总是如此“情绪化”

人人都有情绪。情绪对于每个人而言，和理性同样重要。当你遇到危险、感觉恐惧时，恐惧情绪会让你立刻选择安全的地方；当你看到喜欢的人出现时，你的欣喜之情也会促使你对其表达友好和喜爱。情绪作为一种特殊的动机，能帮助我们与外界或他人沟通，帮我们做正确的决定。

然而，经常受情绪影响过度“情绪化”却不受欢迎，它变成影响我们与他人关系的因素，成为阻碍我们与世界正常交流的力量。

在大家眼里，小星一直是个脾气很好的女生，她专心学习，与同学往来也很友善。在高中同学眼里，她是一个特别冷静、特别平和的女生。

可是在读大学后，她的脾气越来越坏，一遇到不顺心的事，就会表现过激。对于集体生活，她也产生了一些不适应，宿舍环境没有家里的好，而且来自各地的室友，生活习惯很不一样，她觉得很难适应。有时她不满室友的做法，就会在宿舍里摔打东西，宣泄情绪。

小星在大二的时候，谈了一个男朋友。她特别在意男朋友对她的态度，两个人一起吃饭，或者一起出去玩，男朋友稍不留意就会惹她生气。两个人争执几句，小星就情绪激动，说话尖酸刻薄，甚至出口伤人。男朋友生气离开，她就痛哭流涕，跟他冷战，一闹就是好几天。交往了半年多后，小星的男朋友就提出分手，说受不了她的情绪化表现，没法和她沟通。

和室友关系不太好，又和男朋友分手，闷闷不乐的小星陷入沉思。她回想自己的行为，觉得很多时候自己的确太情绪化，不可理喻，但她不明白自己为什么会变得这样情绪化？也许和妈妈一样，她是个天生情绪化的人，或许因为在外读书，学习压力大，生活不顺心才导致情绪失控。

案例中的小星感觉到自身的情绪化问题，但不明白为什么会出现这种情况。一般来讲，情绪化的产生与身心都有关系，与我们的人格也有关系。

从心理学角度来看，人的情绪和大脑有关，也和神经活动有关。高级神经活动学说创始人巴甫洛夫根据神经活动的强弱和是否平衡，对应了希波克拉底提出的四种常见的气质：多血质、黏液质、胆汁质及抑郁质。每种气质类型的人，在情绪方面会有不同的特点，其中胆汁质、抑郁质的人最容易情绪化，而黏液质的人情绪最稳定。气质是先天的，与遗传有关，小星容易情绪化，应该和她的妈妈特别情绪化有一定的关系。

然而除了天生的气质之外，后天的情绪管理也会决定一个人是否容易情绪化。一个善于管理自己情绪的人，会随时感知自己的情绪，并调整情绪，让自己保持在一个相对稳定的范围内。但一个没有掌握情绪管理的人，则会放任自己的感受和情绪，“跟着感觉走”做出言行不当的情绪化表现。

情绪管理能力也是人适应外界环境的结果，是一次次在与他人、环境的互动中，有意调整自身行为而取得的适应能力。相比那些天生情绪稳定的人，情绪更容易波动的胆汁质或抑郁质的人，更需要花费时间和努力，学习掌控情绪的技巧。

如果我们仔细观察，就会发现小孩更容易情绪化。小孩得不到自己想要的玩具或事物，就会又哭又闹，情绪激烈，但成人这种情况就非常少见。这是因为在成长过程中，随着心理的成熟，人格逐渐稳定，成年人更容易掌控自己的情绪。案例中的小星，有可能是因为离开家，离开较为舒适的环境，无法适应集体生活，引发了情绪问题。这说明她的人格不够成熟，还习惯用孩子气的反应来应对世界，自然表现出情绪化的特点。

如果你觉得自己是一个容易情绪化的人，可以根据情绪化的各种原因进行自我分析，采取相应的行动，控制自己的情绪。

喜怒哀惧，都有自己的“情绪诱因”

情绪和人体的很多机能一样，也是伴随着人类进化而逐渐形成的。每一种情绪对于我们而言都有积极的意义。每天，我们要接受来自各个领域的信息，但我们的大脑只能接受、处理其中的一部分，很多重要的信息或细节很可能被忽略，而情绪会跳出来提示或补充，让我们迅速做出反应。

情绪就像指示灯，让我们在迷乱中有行动的方向。但行动不一定能带我们走出森林，走向美好，也可能带来更大的麻烦和困扰。很多时候，我们需要停一停，看看情绪后面究竟隐藏着什么。

海生的父亲早亡，是母亲一个人把他养大的。海生小时候经常被人欺负，但没有人护着他，他特别羡慕那些有爸爸的孩子。长大后，海生不爱说话，也很少跟人说笑。在邻居眼里，他是个脾气很好、不爱惹是生非的人。

有一天傍晚，海生的儿子和几个孩子一起玩。男孩子比较调皮，在小区里瞎转悠，想找点新鲜的玩。车棚附近有棵树，树上搭着几块木板。男孩们踩着木板攀爬上树，打打闹闹玩得忘乎所以。海生的儿子先下了树，他故意推倒木板，想逗逗还在树上的孩子。可是一不小心，一块木板翻进车棚里，砸倒了一辆自行车。

听到响动，看车棚的人立马跑过来，揪住几个孩子。被砸了自行车的人也被叫了过来。他看到自己的车翻倒在地，生气地质问孩子：“是谁干的？”孩子们吓坏了，都指着海生的儿子说：“是他。他推倒了木板。”

那个人推了海生的儿子一把，说：“你是闲得没事干，还是吃饱了撑的？”

没等那人把话说完，海生就赶来了。他看到儿子被人推了一把，险些跌倒，不由得大怒，上来就冲那个人打了一拳。那个人捂着脸蒙了：“嘿，你儿子弄坏我的自行车，你还有理了？”说完也挥拳打过去。邻居们纷纷上前拉住两人，说：“多大点事啊，怎么就动手了？”

海生的脸涨得通红，他恶狠狠地说：“不就是一辆破自行车嘛，你干什么推我儿子。我告诉你，有什么冲我来，别动我儿子！”

邻居们被海生愤怒的表情吓到了，没人见过他这样生气。大家纷纷劝解，拉着那人走了。海生扭头看到吓呆的儿子，走上前去安抚他：“别怕，有爸爸在，没人能欺负你。”

回到家逐渐冷静下来，海生才意识到自己的行为真的有些过分。尽管对方态度不好，但也不至于动手打他。

向邻居道歉，赔偿了邻居之后，海生默默地坐在屋外抽烟，听妻子絮絮叨叨地数落他。那一刻，他也不清楚自己为什么会发那么大的火。

海生的愤怒情绪爆发得非常突然，看似很难让人理解。引发他愤怒的不过是孩子被人推了一把，但实际上他愤怒情绪的根源在童年，在长期被压抑的不满里。

我们的情绪都不会无缘无故地到来，情绪的爆发都有它的“诱因”，诱因可能是眼前面临的状况，也可能是被忽略而无法察觉的隐藏原因。我们当下表现出来的情绪往往混杂了个人经验，而不单纯是眼前真实处境的情绪反应。

无论是喜悦、快乐，还是哀愁、愤怒，或者伤心、恐惧，每一种情绪都是诱因呈现给我们的感受和情感表现。当负面情绪爆发，只想着单纯解决当下的情绪问题，而不去追根溯源，找到真正的诱因，那么情绪就不会得到真正解决，很可能屡次爆发，干扰人的正常生活。

如何探究情绪的诱因？试着做到下面两点：

1. 每当情绪来临，不要压抑它，也不要刻意忽略它，尝试寻找这种情绪背后的因素。你看到孩子贪玩不学习，很生气，你生气的究竟是什么？是孩子贪玩不听话，还是他不上进，不能实现你期望的目标。这样你就会发现引发情绪的真正原因，而不会被眼前的景象所迷惑。

2. 如果你的情绪诱因隐藏得比较深，那就看看自己在哪些情况下会重复同样的情绪体验，顺着情绪信号去寻找被压抑、隐藏，或者已经忘记的记忆、经验，重新审视你的认知结构，你就能找到情绪的真正诱因了。

心智模式决定情绪差异

人与人的不同，体现在外貌形体的不同、言语行为的不同，还体现在情绪状况、判断决策方面的不同。外貌形体的不同更多源于先天的因素，而言语行为、情绪状况、判断决策等更为内在的表现，更受后天因素的影响。我们的经历、我们的知识、我们的思维习惯和方式都会影响我们成为怎样的人，会有怎样的表现。

情绪是面临某种状况时最直接的反应，情绪反应的差异则表现出我们内在的不同。

林婕学的是酒店管理专业，毕业后就进入高级酒店工作。辗转几个大酒店后，她成为一家五星级酒店的客服经理。

到岗第一天，林婕就和她管理的几个服务员碰了面，以了解她们的工作内容和具体分工。服务员来自各个地方，年龄差距很大，有的40多岁，有的才20岁出头。

工作了一个月后，林婕完全熟悉了工作内容，管理做得井井有条。但在她刚感觉把一切都捋顺的时候，她手下的一名服务员就出了点事。有一天早晨，一位顾客离开后没有挂免打扫的牌子，服务员就进去打扫了房间。那个顾客回来后不依不饶，说服务员随便进了他的房间。服务员辩解说：“我没看到你挂‘请勿打扫’的牌子，才进去的。”那顾客不买账，说：“我来你们酒店住过多少次了？你们不知道我的习惯？”他找来林婕，责问她：“你怎么安排的服务员？怎么管理的？让人随随便便就进我的房间。”林婕连忙道歉，说是自己疏忽，没安排好。那个顾客直接打电话给总经理，发了一通火，才返回房间，狠狠地关上门。

总经理把林婕和那个服务员叫进办公室，批评了她们一通。林婕解释说不知道他是老客户，恰好负责这层的服务员请了假，才安排了新来的年轻服务员去打扫这一层。总经理接受了她的解释，但还是做出扣工资的决定。出门前总经理说：“明天再去向顾客道歉，我们酒店的声誉可不能毁了。”

走出总经理办公室，那名服务员就哭了，抹着眼泪特别委屈：“这人怎么这样？他挂个牌子我肯定就不进去了。替他打扫房间，我反而挨骂，还扣工资，这不是欺负人吗？”

林婕也感觉不爽，她长舒一口气后平静下来，说："行了，别哭了。是我的错，我应该留意顾客是否有特殊情况的。"

各自回到岗位后，那名服务员越想越生气，和同事说话也带着火气。

林婕看到后把她叫到一边，提醒她注意言行。那名服务员说："你和我都是新来的，哪知道那个老顾客的要求。顾客不讲理，总经理也不讲理，凭什么扣了钱还要我们去道歉啊？"

林婕笑了笑，说："我们都被投诉到总经理那里去了，道歉有什么问题？我们这是服务行业，你要是带着情绪工作，恐怕会和更多顾客起冲突，这怎么行？"

劝过服务员，林婕深吸一口气，走进酒店大堂，又变为一张微笑的脸。

同样遭遇了不公正的对待，但林婕与年轻服务员的情绪反应完全不一样。服务员觉得委屈，十分生气，言语中充满不平之气，做事也带着情绪，但林婕很快就平静下来，以平和的心态继续做事。两个人之所以有这么大的区别，是因为她们的心智模式不一样。

心智模式可以理解为人的思维定式，即我们认识事物的方法和习惯是稳定的，具有一定的倾向性。这种思维定式建立在个人知识结构和人生经验的基础上，会在我们毫无觉察的情况下影响我们的感受，决定我们的反应。就林婕而言，她接受过专业训练，加上工作经历让她有了更成熟的心智模式，她明白自己的职业要求，知道面对顾客时应该保持怎样的态度，因此她不会为一点不公正就产生情绪波动，感到委屈、愤怒。但那名服务员的心智模式还不够成熟，她以普通人的思维看待职场上遭遇的不公，情绪反应也像普通人一样强烈，又是哭，又是闹脾气，以宣泄自己的不满。

既然我们的情绪反应可能源于我们的心智模式，那么我们就需要从心智模式的角度来看待我们的情绪反应。很多人也许能感知到自我的不良情绪，但就是无法控制和改变。如果我们在觉察到不良情绪时，不妨先识别这些情绪，看看它们背后有怎样的心智模式，通过改变心智模式来控制情绪。

掌控情绪，而不是被情绪牵着鼻子走，这才是成熟的心智模式。

直面恐惧这种原始情绪

人们总以为胆小害怕是怯懦的表现，容易产生恐惧情绪的人也让人觉得不够勇敢，没有勇气。但恐惧是人的原始情绪之一，它是一种适应性的保护自我的本能反应，对人类的生存具有积极意义。

当危险来临，人会本能地产生恐惧，身体出现应激反应，如心跳加速，脸色发白。人的很多恐惧出自本能，是通过遗传本能获得的。比如我们会怕黑、怕蛇或者怕火，都可能和祖先的经历有关，但也有很多恐惧，产生于我们自己的经历和内心的体验。

不知从何时起，瑞欣特别害怕当众发言，上学的时候，老师提问，他会在座位上小声地回答问题。但当老师点名要他来回答时，他却站在那里浑身紧张，一句完整的话都说不出来。

瑞欣的表现成了同学们嘲弄的话柄。学校组织演讲比赛，恶作剧的同学就起哄让瑞欣参加，这让瑞欣更加难堪，也更不愿在众人面前说话了。

读大学的时候，瑞欣还是这个样子，私下里和同学们有说有笑，但一到正式场合，或者需要当众发言时，他就不由自主地脸色发白，手心冒汗，甚至双腿微微发抖。身体的剧烈反应让瑞欣根本说不出完整的话，他常常鼓起勇气开口说出几个词，但后面就接不上来，最后头脑发晕，也不知是怎么离开的。

人们把瑞欣不敢当众说话理解为他天性腼腆、害羞，但熟悉瑞欣的人都不觉得他腼腆，他的恐惧似乎另有原因。后来瑞欣在一位心理咨询师的帮助下，探索自己的恐惧情绪，他才意识到自己害怕当众说话，是因为怕说错话，或表达得不好，惹来嘲笑。上学的时候，他因为害怕，无法正常表达，曾惹来同学们的嘲笑，这种经历和体验加重了他当众说话的恐惧。尽管后来没有人再嘲笑他当众说不出话，但他的恐惧已经成为他的反应模式，控制了他的行为。

生活里，我们可能会像瑞欣一样，莫名地惧怕一些事，也许是当众发言，也许是害怕考试，或者害怕坐飞机，坐汽车，还有的人害怕狗，害怕独自乘电梯等。这些恐惧、害怕看似来得莫名其妙，但实际上它们都和我们曾经的经历有关，或者和我们的认知有关，只是我们可能已经遗忘了那些经历和认知，只剩下恐惧的反应。

一般的恐惧情绪并不影响生活，只要不遭遇令人恐惧的情景或事物，你可能就和其他人没有区别。但恐惧情绪持续蔓延，很可能影响你的生活和人生，这时就必须勇敢面对，克服内心的恐惧，让内心充满力量。

1. 认识自己的恐惧情绪，弄清楚恐惧的原因。你不妨记录自己的恐惧反应，看看害怕的究竟是什么事物，又是什么原因让你感到如此害怕。一旦理性参与到恐惧情感的分析中，我们就会减弱对它的恐惧心理，而且如果知道了起因，也更容易消除恐惧的感觉。

2. 勇敢地面对恐惧，鼓足勇气尝试做自己害怕的事，或者面对害怕的事物，不必太过着急，你只要迈出一小步，勇敢面对，再慢慢接近就好。告诉自己，你的恐惧有哪些是自己想象出来的，突破想象，你就可以战胜内心的恐惧。

3. 学习放松，从缓解身体的应激症状开始，瓦解你的恐惧情绪。身体反应往往会加剧我们的情绪状态。当面对令人恐惧的场景时，人会不由自主地出现心跳加速、出汗等身体反应，这种反应会让人暂时失去勇气。当你再次面临恐惧的场景时，闭上眼睛深呼吸，让紧张的神经放松下来，这种身体变化会促进情绪的转变。多回忆开心的时刻、成功的时刻，让自信逐渐回归，你眼前的恐惧也会弱化。

4. 很多时候，我们的恐惧和偶发事件有关，比如害怕电梯，也许是看过电梯出事故的报道；害怕狗，也许是看过一条狗扑咬的可怕情景。经历过这些偶发事件后，当我们再次面对电梯或狗时，就会产生想象，害怕电梯出事，或者害怕狗突然爆发，引发恐惧情绪。让我们恐惧的看似是电梯和狗，但实际上引发我们恐惧的是自我的认知和想象，只有打破虚妄的想象，我们才能阻断恐惧的发生。

生活中的很多恐惧是我们强加给自己的，是以往的经历或过度想象造成的。恐惧并不可怕，也不是羞耻的反应，只要我们勇敢地面对，积极调节，就能缓解恐惧情绪，也能让生活回归正常。

控制愤怒这种“心理病毒”

当全身心投入完成的设计被客户无故否定时，你可能会愤愤不平；当你拼尽全力赶到约会地点时，却发现恋人或朋友已经离开，这时你的内心就像被点燃的火山，急切地寻找喷发的出口。

心理学家雅克·希拉尔说：“愤怒是一种内心不快的反应，它是由感到不公和无法接受的挫折引起的。”的确，在生活中我们难免遇到令人愤怒的事，工作中的不公平，生活中的不如意，都可能激起我们内心的愤怒，但愤怒之火最先烧伤的可能是我们自己。

逐渐步入中年，李珍觉得自己的脾气变得越来越坏，很容易生气发怒。

在公司，她最怕工作突然被打断，不管是同事还是领导，只要他们在她做事的时候打扰她，她就会很不高兴，有时控制不住就发脾气、摔东西，恶言恶语，搞得很多同事都不愿意理她。

回到家里，各种琐事都可能触发她的怒火。比如看到刚收拾好的客厅很快被孩子搞乱，自己正在拖地，老公却坐在沙发上玩手机，她就会怒火中烧，恨不得动手打他们。

即使在逛街的时候，李珍也发现自己很容易生气，遇到缺斤短两的水果贩子，她会和对方吵起来。有时候买不到自己想要的东西，李珍也会愤愤不平，觉得整个世界都在和自己作对。可是，李珍每次发完火都不能让自己平静。她发现无论自己多么愤怒，世界依然是那个样子，而她却因为生气引发了疾病。

愤怒就像一种“心理病毒”，不但会伤害我们自身，还会传染给别人。李珍带着愤怒情绪回家，向老公、孩子发火，把愤怒情绪传播给了家里人，结果闹得一家人都不安宁。

作为一种负面情绪，愤怒的出现也有它的意义。有心理学家指出：愤怒情绪可以告诉我们，也许别人侵犯了我们，或者我们内心的愿望没有满足。所以我们要倾听自己的愤怒，这样能帮助我们保持个性的完整。但倾听愤怒不是让愤怒爆发，也不是让我们沉浸在愤怒情绪里宣泄不满，失去理性，失去思考和行动的能力。

当愤怒来临，我们要做的不是压抑它、忽略它，因为压抑和忽略最终可能让愤怒以其他形式爆发，或者增加我们自身的痛苦，损害身体健康。如果你感觉自己生气了，可以用下面的方式来控制情绪，回归理性：

1. 你可以在愤怒爆发前转移自己的注意力，不去看让你愤怒的人，或者刺激到你的东西。默默地数数，让注意力从当下的情境中跳出来。稍微平静后，你可以在无人的地方大喊几声，把心中的怒气宣泄出来，或者向亲友抱怨，排解心中的不满。总之，你可以暂时放下引起你愤怒的人和事，避免继续接受刺激而爆发。

2. 如果你觉得自己时常发怒，一点小事也会让你气急败坏、怒不可遏，那么你就需要厘清思路，深入探索内心。为什么你会这么愤怒，是这个人让你气愤，还是他做的某些事让你气愤？他是故意惹你生气，还是你太敏感？你是对他人和事不满，还是对自己不满？你发火怒吼的目的是什么？是想解决问题，还是单纯地宣泄不满？也许在愤怒时你无法思考，但只要你尝试在愤怒时多问问自己，为什么愤怒，愤怒的结果是什么，你可能就会产生控制愤怒的力量。

3. 当愤怒情绪产生后，你可以适当地表达自己的感受，让愤怒情绪变成与他人沟通的方式，而不是单纯地宣泄不满。你可以说明白对方冒犯你的地方，如“我很生气，因为你妨碍了我工作”；你可以说出自己的感觉，如“你这样指责我让我很难接受，我觉得非常气愤”；你还可以表达自己的期望或需要，如“我需要冷静地想想，请你不要再说了”。

总之，控制愤怒，远离愤怒，我们才能与他人和世界保持更好的沟通。

放逐焦虑，平心静气地去处理一切

焦虑是生活中常见的一种情绪。焦虑会让人在大考来临之前，坐立不安，睡不着觉，还无法进入复习状态，书本上的字就像是活的一样，在你眼前跳跃。焦虑还会让人在面临压力时，无法集中精力全身心投入，反而压力越大越焦躁不安。焦虑还会让人在困境中手足无措，找不到解决问题的途径。

卉妍即将大学毕业，就业的压力让她有些不安。她与男友商量，决定一起考研，推迟就业。

为了专心复习，卉妍与男友约定每周只见一次面。走进久违的自习室，卉妍发现准备考研的同学特别多，而他们大都很早就着手复习了。这种情况让卉妍心慌，忍不住给男友打电话，想要见面。男友批评她沉不住气，说好每周只见一次，怎么一开始就破坏约定。卉妍只好忍到见面时才把自己的恐慌发泄出来。

“怎么办？人家都已经复习了好久，我才开始准备，我能考得过他们吗？”卉妍焦躁地说。

男友有些不耐烦，敲敲她的脑袋说：“你紧张什么？现在时间还很充裕，你抓紧时间好好复习就行，管别人干什么？”

话虽这样说，但卉妍还是各种担心：万一我考不上怎么办？工作也找不到怎么办？她发现男友的复习状态比她好，心里又想：要是他考上了，我没考上怎么办？他要是喜欢上和他一起复习的其他女生怎么办？

种种问题让卉妍心烦意乱，有时候对着书半天也看不进一个字。她在自习室里不停地喝水，有时还站起来来回走动，使得周围的同学对她产生不满。一个男生不客气地对她说：“同学，如果你不能安心看书，就别来自习室了。你这样干扰得我们都没法学习。”

卉妍特别尴尬，收起书溜出了自习室。来到教学楼外，卉妍想打电话给男友，又怕会打扰他，难受得走来走去，差点哭出来。

从心理学角度来看，焦虑源于人们对未来的担忧。当我们对面临的未来没有信心、没有把握的时候，焦虑情绪就会出现。卉妍在面对未知的就业和考研问题时，表现出明显的担忧，而她的焦虑情绪已经让她无法正常应对眼前应做的事。

焦虑和愤怒一样，会引发明显的身体反应。当我们感到焦虑时，会出现明显的自主神经功能紊乱和运动性不安。我们会不由自主地重复某个动作，或者坐立不安，走来走去。焦虑让我们脱离了对当下的感受与把握，迷失在对未来的可怕想象中。如果我们不能恢复平静，恢复对当下的真实感受，我们就很难消除焦虑，解脱自我。

要缓解焦虑，恢复内心的平和，我们可以从调节自主神经功能入手。进行放松练习，把自己从紧张不安的体验中解救出来，是应对焦虑最好的方法。放松练习可以通过调节呼吸来进行，如通过腹式呼吸法或丹田呼吸法，调整呼吸节奏，放松神经，让身心放松下来，摆脱焦虑。

我们还可以练习瑜伽或冥想，以此来放松身体，放松神经。此外，听音乐或跑步，都有助于改善焦虑的情绪。

产生焦虑，与我们没有足够的信心和安全感有关。增强自信，让自己对未来充满信心，焦虑也就自然消失了。你可以通过语言暗示自己：你可以，你能解决这些问题。你还可以回忆自己的成功经历，以此来加强自信。最后，做好眼前的事，让每一次小小的成功强化你的信心。

当你对未来有信心，心中充满安全感的时候，你会发现焦虑越来越远，而你也能真正地投入当下，完成一切需要处理的事情。

与悲伤和痛苦“和平共处”

每个人都有经历痛苦和悲伤的可能。生活中无处不在的意外和伤害，人生中必然会经历的生老病死，都可能带给我们悲伤和痛苦。

与愤怒、焦虑等负面情绪不同，悲伤更容易让人意志消沉，自我否定，并逐渐远离充满生机的现实。

少杰是个阳光少年，他学习好，体育好，人缘也很好，不管是同学还是老师，都非常喜欢他。少杰的家庭也很和睦融洽，父母都有良好的工作，爷爷、奶奶也时常来家里帮忙。

但就在少杰刚上高二的时候，妈妈出了车祸，进了医院。医生、爸爸和爷爷、奶奶多次和少杰谈话，告诉他妈妈可能再也醒不过来了。拖延了几个月后，医生正式宣布妈妈脑死亡，尽管已经有了心理准备，但少杰还是无法接受。

在妈妈的葬礼上，他悲伤得流不出泪，只是呆呆地看着前来送葬的每个人。送妈妈走后的那晚，他躲在房间默默地流泪，爸爸怎么敲门他都不肯开。

后来回到学校，老师和同学们也真诚地安慰他。但在少杰看来，这些安慰都毫无意义。他觉得没人能理解他的痛苦，也没人能懂得他失去妈妈的悲伤。

渐渐地，少杰变了，他依然每天按时到校，按时离开，但他不再和同学们打成一片，也不再去操场挥洒汗水。他变得沉默寡言，不爱说话，常常一个人坐在角落发呆。少杰的学习成绩也开始下滑。老师非常着急，和少杰的父亲沟通，建议他先休学一段时间，或者换个环境，慢慢恢复状态。

让我们感到悲伤的事，往往是再也无法挽救和弥补的事。失去所爱的人，失去曾经的骄傲和辉煌，这些都会让人陷入深深的悲伤。如果我们无法改变过去，也无法弥补遗憾，那么我们所能做的就是接受悲伤，接受痛苦，与它“和平共处”，坦然面对人生的伤痛。

要做到与悲痛“和平共处”，首先要学会接纳，接纳已发生的一切，不要怨恨、后悔，或者充满愧疚，而是承认你所面临的事实。当你接受自己的悲伤与痛苦时，它们就不再是可怕的伤害力量，而是你人生的一部分而已。然后，你要做的就是摆脱悲痛的感觉，找回信心，找回生命的活力，回归现实。

1. 你可以采用自我鼓励的方法，以那些与逆境抗争的人物为榜样，鼓励自己战胜痛苦，战胜人生的巨大挫折，勇敢地前进。

2. 尝试改变环境，改变压抑的情绪。就像老师给少杰的建议一样，改变一下环境，走出惹你伤心的环境，你就容易调节悲伤的情绪，重新振作。

3. 转移注意力，把关注点从让你悲伤的事情转移到其他事情上。你可以读一本书，刷一部剧，或者去跑步、运动，或者重新开始做一件事，不管是什么，都比你坐在那里悲伤哀叹要好。

4. 适当宣泄，让悲伤的情绪随着眼泪流走。不能刻意压抑悲伤和痛苦，它们也是越压抑越难以化解的负面情绪。当悲伤来临，不妨痛哭一场，或者独自呐喊，把内心的痛苦宣泄出来。

有悲伤才有喜悦。痛苦的感觉会让我们对生活和人生产生深刻的体悟，但我们绝不能沉溺其中，浪费生命的华光。

别让厌恶情绪影响你正常的判断力

恶心、丑陋的东西会引起人的厌恶，这种厌恶之情属于本能反应，也是人在久远的进化中逐渐形成的反应。一般而言，那些特别恶心的东西往往有害，如发霉的食物、溃烂的脓疮，都容易让人产生厌恶情绪，而厌恶会让我们远离有害的东西，保护自己。

随着人类的进化，我们的厌恶情绪从有害物品延伸到人际关系方面，我们可能厌恶某个人，厌恶某种现象，厌恶某件事。而我们心中充满厌恶的时候，我们对人与事物的看法，就会不再美好。

阿兰和丈夫在城里的繁华路段开了家早餐店。他们雇了两个人帮忙，一个在后厨帮丈夫做事，一个在外面送餐、收拾桌子。

早餐生意很好，周围很多住户都来他们店里吃早餐。有个经常来吃早餐的人很特别，他头上有一道很长的伤疤，脸上像是烧伤留下的疤痕，特别可怕，衣袖里露出的手臂也是皱巴巴的，非常难看。每次他来，帮忙的女人都不愿招待他，阿兰只好自己招待。

帮忙的女人和阿兰闲聊，猜测他“一看就不是好人，估计年轻时做坏事，留下那一脸的疤”。阿兰没有评判他，但心里的厌恶也让她觉得这个人不善。

有一天早晨吃早餐的人很多，大家都有些忙不过来。忙乱中后面帮厨的人不小心打翻了滚烫的油锅，一锅热油浇在腿上，那个人疼得嗷嗷大叫。大家吓坏了，赶紧抬他出门，找车送往医院。混乱中阿兰从收银台拿了钱塞给丈夫，让他同去医院。一扭头，阿兰发现后厨有人影晃动，她赶紧追进去，以为有人要趁乱拿东西。

进后厨一看，是那个被火烧伤的人。阿兰喊：“你进这里干什么？”那人的丑脸上挤出一个微笑，说：“得关了灶火，要不然危险。”阿兰这才意识到灶火没关，灶上还有在加工的早餐。她连声感谢，那个人还帮忙拿来灰土，掩在打翻的油上。

后来阿兰听说，那人年轻时家中失火，为了救生病在床的老婆，打破窗子冲进火里，才被烧成重伤。

源自本能的厌恶情绪在很多时候是一种非理性的情绪，需要我们努力克服，以免陷入偏见，做出错误的判断。

厌恶感会让我们远离某个人，而远离会带来错误的理解和判断。我们不能仅凭一个人的外貌、某个特点，或者一件事的表象，就排斥一个人、一件事，这样做只会让我们丧失完整的判断力。

应对厌恶情绪，我们不妨做到以下几点：

1. 尝试用更科学、更客观的态度对待你厌恶的东西。很多看似令人恶心的东西在科学家的眼里并不恶心，反而有研究的价值。所以，我们可以运用科学的眼光来研究令人厌恶的东西，减少厌恶情绪。

2. 收集更多的信息和资料，扩充你的知识和眼界，这会让你对厌恶的人和事产生不同的看法，改变你的厌恶情绪。

3. 心理学家发现，人出现厌恶情绪还可能和自身的缺点有关，我们会把自身的缺点投射到外界的人与事物上，产生强烈的厌恶情绪，这种情绪可以让我们逃避自身，掩盖自我的深层动机。比如我们会撒谎，但我们特别厌恶撒谎的人。所以，当出现厌恶情绪时，我们还要反思一下自己，是不是对方的言行映射出我们的影子，才引起我们的厌恶之情。那么，尝试宽容地对待对方，与此同时改变我们自身，这样世界就会变得美好，我们也能有更公平公正的判断。

合理“遗忘”，让你更好地向前走

记忆是人类独特的能力，我们的大脑不仅可以记住影像、文字、声音等具体符号，还能记得自己的情绪、感受。在必要的时候，这些记忆都可以出现在我们的意识中，帮助我们做判断和决定。

相比记忆，我们时常害怕遗忘，害怕忘记重要的东西。然而，和记忆有存在的必要一样，遗忘也有它存在的意义。如果一个人从不“遗忘”，特别是不肯忘记那些不好的经历和情绪，生活同样会陷入糟糕的境地。

凡是认识乐梅的人，都觉得她是个很优秀的女人，能力强，性格好，做事也很有分寸，但让大家不理解的是，她竟然还保持单身，连男朋友也没有。

有人给她介绍对象，她婉拒了。有人追求她，她也不拒绝，但约会过两三次，对方就退却了。乐梅不气恼，也不难过，一如往常。不知不觉，乐梅已经过了35岁，家里人都开始催她，她为此和家里人吵了很多次，不胜烦恼。

又一次和家里人吵起来，乐梅干脆收拾东西，去朋友那里住。晚上聊起这件事，朋友突然问：“你还是忘不了他吗？”

乐梅一愣：“谁？忘不了谁？”

朋友推了她一把说：“跟我装什么？你不知道我说的是谁？”

乐梅回过神来，笑起来：“我还以为你说谁呢？我怎么可能还记得他？人家孩子都要小学毕业了，我还记得他干什么？”

“那你怎么还不找对象？”

乐梅低着头想了半天，说：“也不是不找啊，是真的没遇到合适的。”

“我看你还是没忘了他。以你的条件，只要你愿意，还愁找不着合适的？”朋友肯定地说。

乐梅尴尬地笑了一下，竟不知道怎么回答。

她细细地想，然后轻声说：“我并不是忘不了他，而是忘不了他给我造成的伤害。我感觉我无法再信任一个男人，我不相信他们的甜言蜜语，甚至不相信他们对我的好。你也知道，他曾经对我有多好，但他和我分手的时候，又是多么无情。我真的忘不了那种痛。”

乐梅的眼泪涌出来，朋友不再说话，拿纸巾给她，陪她静静地坐着。

因为经历了爱情的伤痛，乐梅把曾经的伤害和痛苦放在心里，无法丢弃，结果心灵也被这伤痛束缚，无法解脱。她的人生也因此停滞不前。

所以，要打破过去对我们的阻碍，我们就要学会适当“遗忘”，把已经没用的、只留给我们伤害的事情都忘掉。

一旦发现自己无法“遗忘”，深受遗忘影响的时候，我们就应该采取措施，积极行动，让有效的行动发挥作用，改变我们的状态。

行动最好的方法可以是积极寻找有价值、有意义的替代物，让新的、乐观的情绪情感替代旧的记忆。也可以更换环境，投身新的世界中，让新鲜的、不一样的人生体验冲淡旧的感觉。

总之，放下过往，让当下的行动成为你生活的主导，你会发现所有不好的记忆和情绪都逐渐远去，而你也能更轻松地踏上新的征途。

处理“残余情绪”

你可能发现，明明事情已经过去很久，但一被提及，你就会忍不住生气；或者你明明觉得自己已经释然，但蓦然想到，还是忍不住伤心。

人的情绪有时候就像已经切断的藕，还会有千丝万缕缠绕在心上。这就是“残余情绪”，那些看似已经消失的但实际还在影响你的无形力量。

小颖结婚5年，孩子就要上幼儿园了，但学校还没有挑好。她想让孩子去双语幼儿园，但老公想让孩子就近读小区里的幼儿园，两个人为此起了争执。后来婆婆出面劝说，她也就没和老公吵下去。

转眼一个月过去了，她辛苦奔波，多方联系，终于在双语幼儿园给孩子报了名，秋天时就送孩子去了双语幼儿园。

幼儿园离家两条街，老公每天早晨送孩子去，婆婆下午坐公交车接回来。这样上了两个月后，老公抱怨那条街太窄，一送孩子就堵车，自己总是迟到。小颖听了特别生气，又跟老公吵：“那你说怎么办？转回我们小区这个幼儿园？花的钱就打水漂？”

老公说：“要不你早晨上班带过去，我就不送了。”

小颖更气了，说话嗓门都不觉提高了几倍。她数落老公不负责任，找学校需要她出面，现在连送孩子都要她承担。

“你有本事再买辆车给我开，我来送。你就知道抱怨，什么事都得我来处理，你还是个男人吗？”小颖越说越激动，把几年前的旧事也拉出来说。老公听得生气，跟她吵起来。吵到最后，小颖抱着孩子回了娘家。

显然，小颖的情绪一直有残留，她从来没有和老公彻底解决所有的问题，也没有完全清理自己的情绪，一旦有了新的问题，旧的情绪就爆发出来，让新的问题也变得复杂。

现实中情绪残留的现象很多，比如你和某个同事起了冲突，本着以和为贵的原则，你没有和他闹翻，也没有再争吵，你看似已经不再生气，但那愤怒的情绪其实还隐藏在你的内心深处，某一天，某一刻，也许只是很小的一件事就可能引爆它，你却可能不清楚自己为什么会那么生气。

愤怒也好，伤心、遗憾也罢，所有这些负面情绪出现以后，我们都要彻底解决，不要让它们留有残余，给未来的生活埋下情绪隐患。

清理残余情绪，要从彻底解决你的情绪问题入手。不管哪种情绪，都是由现实情境引发的，只有彻底解决现实问题，你才能彻底扫清心中的各种情绪。

清理残余情绪，还可以通过正当的途径将其宣泄出来。利用假期好好休息，或者远行旅游，让情绪彻底放松，你会发现不好的感觉和情绪都会消失。

学会放松，打造一道“情绪屏障”

在人生中，我们不可能没有任何情绪，也不可能摒弃所有情绪。接纳情绪，利用情绪的提示，我们能迅速恰当地处理很多事，也能让生活更加完整、舒适。但我们不能不提防情绪，特别是坏情绪对我们的干扰和破坏。我们需要把坏情绪控制在适当的范围内，要有情绪屏障来阻碍它的侵袭。

完成职场新人的转变，郑萌不知不觉成了公司的骨干，管的事多，经手的活也多。在高节奏、高效率的工作压力下，郑萌感觉自己的人生处在一种两极状态。

郑萌一个人住。每天早晨7点，郑萌迷迷糊糊起床，洗漱完下楼买早点，赶到办公室，吃完就开始做事，一直忙到晚上6点多才回家吃饭睡觉。一整天的工作让她感觉自己就是不停旋转的陀螺，可一旦处理完所有事情，空闲下来时她又心慌、无聊，有一种空落落的感觉。

在不加班的周末，郑萌会补觉，但昏睡一天的她还是觉得累，心情也不见好转。久而久之，郑萌发现自己有些控制不了自己的情绪状态：她变得容易发怒，同事有点事没做好她就会生气；时常感到无聊、郁闷，似乎想做很多事，但最终什么都不想做。她还会莫名地焦虑、恐慌，不知道为什么活着，做当下的工作又有什么意义。

毫无头绪的郑萌担心自己是不是抑郁了。她抗拒外出和社交，在不工作的时候竟感觉生活都是灰暗的，人生也一片惨淡。

很明显，工作压力使得郑萌的情绪状态不太好，她如果不进行有效的调节和干预，很可能会出现严重的情绪问题。

很多时候，我们的情绪问题不一定有明确的诱因，也不一定能被清楚地认识，它们可能是各种因素综合的结果，就像郑萌，仅仅是紧张的工作状态和独自生活的情况就能引发情绪问题。要让自己始终保持良好的状态，保持最佳情绪，我们需要学习放松，给紧绷的神经松松弦。

1. 倾诉是很好的放松方式。当我们心中产生不好的感觉，或者有什么不满的时候，找好朋友倾诉，或者向亲人倾诉，都能很好地缓解情绪。有时候不一定要他们劝慰，单纯的倾诉就能让人觉得放松。

2. 培养健康的生活习惯，并坚持良好的习惯。正常的睡眠对恢复良好的情绪非常重要，缺乏睡眠的人更容易烦躁，并陷入抑郁状态。所以养成早睡早起、规律作息的生活习惯对放松情绪很有帮助。

3. 适当运动，劳逸结合。适当运动可以让身体分泌内啡肽，这种物质可以让人感觉愉快、轻松，因此能缓解压抑、郁闷等不良情绪。运动对于经常用脑的人来说，也是非常有效的调节手段。运动可以让大脑进入抑制状态，从而使大脑放松，缓解紧张情绪。在工作一天之后，可以进行无须思考的重复性运动，比如游泳、跑步等，放松精神。

4. 进行一些能让身心彻底放松的活动，比如做深呼吸练习，或者做按摩、冥想等。这些活动会让人感觉时间放缓，情绪也会缓解。

5. 努力寻找适合自己的放松方法，并运用在生活中调节情绪。你可以选择让人轻松的音乐，也可以练习绘画，或者泡热水澡，徒步旅游，接受香氛疗法等，根据自己的爱好和特点选择适合的放松法，会收到更好的放松效果。

6. 如果感觉压力比较大，可以适当避免接触压力源，比如当无效社交让人疲于应付、引发焦虑时，可以适当拒绝社交，给自己独处的机会；如果职场上某些人引起你的不良情绪，可以适当避免与之接触；如果是大量社会信息让你心烦意乱，可以适当关闭手机、电脑等信息源，给自己一个较为单纯的信息环境，以此缓解情绪。

CHAPTER 06

第六章

提升勇气和自信心，走出内心的迷茫

你是否患上了“勇气缺乏症”

你是否羡慕那些背着背包、游走四方的人，却不敢辞掉工作，来一场说走就走的旅行？你是否羡慕朋友们实现了一个又一个人生目标，却仍然鼓不起勇气，迈出奋斗的第一步？

生活中并不缺乏机会，也不缺乏目标，但我们陷在失望和悲叹里，看着别人精彩，却迟迟没有行动的力量。为什么？也许，我们缺乏的只是一点勇气。

佟菲成长在一个普通家庭，父母都是企业员工，日子不算艰难，但也不富裕。家庭环境养成了佟菲谨小慎微的人生态度，她做什么事都会好好思考一番。

大学毕业后，佟菲在父母的帮助下进了事业单位。单位工作不多，佟菲上班挺轻松的，每天有大把时间不知道干什么。跟她一起毕业的很多同学都自己找了工作，辛辛苦苦地上班，相比而言，佟菲觉得自己的选择真不错。

几年后，佟菲在家人的催促下结婚生子，人生大事基本搞定了，生活也进入平淡的“安稳”状态。在单位，她是老员工，重复的工作让她觉得乏味无趣；在家里，每天做饭、照顾孩子，也很单调、无趣。她感觉自己和大学同学产生了距离，那些当初工作没她好的人，要么跳槽去了更好的公司，要么刻苦复习考上了研究生。佟菲发现大家的生活都精彩丰富，只有她的生活仍然那么平淡无奇。

她和关系很好的同学聊天，讲起自己的感觉，自己对人生的设想。同学鼓励她说："你要是实在觉得上班无聊，不如辞职去做你想做的事。"

"嗯……"佟菲犹豫了，"我辞了这份工作，找不到合适的工作怎么办？"

"你不是想开蛋糕店吗？那就自己开店啊。"同学说。

佟菲更不安了："可是我根本不会做蛋糕啊。"

同学说："这个简单，你去学，现在培训做蛋糕的地方也很多。"

佟菲脑海里开始想象学做蛋糕以及开店的各种情况：租地方、办营业证、装修店铺等，不觉皱起眉，摇着头说："唉，太难了，我肯定不行。"

就这样，想一想要做的事，想一想要面临的困难，佟菲就打起退堂鼓，最终放弃了。

很多人的状态都和佟菲差不多，对当下的状况不满意，但是没有勇气和力量改变现状。我们可以把这种状况称为"勇气缺乏症"。

缺乏勇气的人，最常见的表现就是没有信心。他们可能会表达各种羡慕，关注别人的成功，但是从不相信自己也能成功，也能去做自己想做的事。就像佟菲那样，只是各种设想，但一遇到现实就会退缩，丧失力量。

缺乏勇气的人也总是缺乏行动，他们认为那些成功的人、勇于突破的人都有非凡的能力，而自己并不具备。在他们的信念里，自己是不会成功的，因此不采取行动，而不行动就不会失败。

缺乏勇气的人害怕失去，他们害怕一旦走出自己的舒适区，就会失去现在的一切。在他们的内心深处，未来不可知，而对失去的恐惧让他们无法面对未知，也就无法鼓起勇气走出自己的舒适区。

总之，患上勇气缺乏症的人不敢面对未知，害怕失去，没有行动的力量。他们宁愿在抱怨和哀叹中寻找心理的平衡，也不敢真的放手去做，去实现自我。

环境如何影响你的勇气

我们的情绪、想法、念头和决定都和环境息息相关，而我们的勇气也受环境的影响。环境会给勇敢的人提供勇气，让他汲取更多的力量，也会让人变得怯懦，给人软弱的理由，让人维持“安全”的状态，失去行动的勇气。

梁飞是个很有想法的人，他读大学时就想自己创业，在将来干一番大事业。可是他家境一般，父母都是安分的工薪阶层，对他的想法并不赞成。

毕业后，梁飞自知能力不足，积极地找工作。他做过销售，后来进保险行业做培训，接着跳槽到一家IT公司做管理，工作和收入都越来越好。积攒了一定的经验和资本后，那个创业的想法又出现了。

在保险公司上班时，梁飞有个关系很好的同事，他来找梁飞说想和他一起创业。同事提出做养老产业，他已经有一定的人脉积累。梁飞觉得这个产业前景很好，同事有一定的基础，自己又有抗风险的能力，就打算与他合作。但当梁飞和朋友讨论自己的计划时，大家有赞同的，也有反对的，理由都很充分。梁飞不觉犹豫起来，没有了十足的信心。

辞职前夕，梁飞给家里打电话，告诉父母自己打算创业，一向尊重梁飞意见的父母极力反对，他们列举了种种理由，让梁飞感到无力。一想到自己没有接触过养老产业，梁飞心里有点打鼓，父母又提出同事是否可靠的问题，还有资金、业务分配等问题，也让梁飞觉得创业成功的难度很大。

在各种不看好的声音里，梁飞失去了创业的勇气，他委婉地拒绝了同事，放弃了创业的机会。

有时候，我们并不缺乏野心，但成长经历或者生活的环境会压抑我们的野心，用各种阻挠或一次次失败打击我们的勇气，让我们丧失行动的能力。案例中的梁飞就非常典型，当他想要创业时，遭到家人和部分朋友的反对，得不到足够的支持，自信心逐渐消失，创业的勇气也消失了。

环境总是在不知不觉中影响着我们的勇气，让我们在不易察觉的情况下失去了行动的动力。对于一个人来说，下面几种情况最容易影响勇气：

1. 我们想要挑战或克服的任务难度会影响行动的勇气。如果一开始我们就定了一个非常高、非常难的目标，那么我们遭遇的失败和挫折也会相应变大，我们也就更容易因信心动摇而丧失勇气。

2. 在成长过程中，一个人的受挫程度也是影响勇气的因素之一。在人生中，我们可以多给自己一些成功的体验，哪怕是很小的成功体验，也能让我们获得信心，获得继续行动的勇气。

3. 必要的社会支持能影响人的勇气。一个获得更多鼓励和帮助的人，更容易从挫折中恢复，也更容易鼓起勇气做事，而一个经历太多反对和阻挠的人，很难有勇气去实现目标或克服困难。

4. 脱离现实、与环境距离太远的人，更容易因判断错误而缺失行动的勇气。如果我们脱离现实，或者过度关注负面信息，我们就可能得出消极的结论，而消极的结论会让我们采取消极的行为，结果失去信心和勇气。

解读内心深处的“自卑情结”

你可能不知道，你经常性地否定自我，选择逃避和退却，不只是没有勇气，还因为在你的内心深处有“自卑”，它让你看不到自己的优点，看不到成功的可能。

每个人的心里都有“自卑”，一旦遇到我们无法解决的问题，自卑就会跳出来打击我们的信心，剥夺我们的勇气，那么自卑就会变成“自卑情结”，让我们陷入人生的失败不能自拔。

小雯是一个内向害羞的姑娘，大学毕业后在一家公司做行政，每天打印、复印、处理文件，做些琐碎的辅助工作。一次偶然的机会，领导让她起草一个活动通知，印发给全公司。小雯文笔不错，很快就写好了通知，领导看后非常满意，她也就承担起一部分文字工作。

一年后，公司从内部选拔中层领导，很欣赏小雯的领导推荐她参加竞选，小雯既紧张又欣喜。她很想把握这次机会，但不知为何没有多少信心。小雯了解到自己的对手要么毕业于名校，要么学的是管理专业，有的还兼修技术与管理，个个能力都很强。小雯想放弃，但领导劝她：“你不试一试，怎么知道自己行不行呢？”

小雯不好意思拒绝领导的推荐，硬着头皮参加了笔试和面试。笔试成绩还不错，但在面试的竞选演讲环节，小雯紧张得浑身发抖，干脆选择了退出。

此后，小雯发现自己真的很容易选择放弃：工作上，她放弃了晋升的机会；感情上，她也放弃了有好感的男生，因为她发现有另一个女生在追求他。小雯觉得自己竞争不过别人，尤其在自己觉得没把握的事情上会表现得特别怯懦，甚至连试一试都不敢。看到一个又一个机会从眼前溜走，小雯的内心特别难过、苦闷，却不知道自己为什么会那么胆怯。

小雯的怯懦源自她的自卑情结，她没有足够的自信，不相信自己的能力，也不相信自己能获得更好的结果，所以放弃一次次机会，不去竞争，避免失败带来的挫败感。然而，逃避只会让人更加软弱，小雯的策略并没有起作用，只是让她陷入迷茫和苦闷。

奥地利心理学家阿德勒认为，每个人都有自卑心理，那些取得伟大成就的人都是能克服自卑、超越自我的人。因此，要解决怯懦的问题，给自己以勇气和力量，我们就要找出内心深处的“自卑情结”，并克服和超越自卑。

自卑最早可能出现在儿童时期，当人对所处的环境感到不满足，或者在成长中接受了不恰当的教育，都可能产生自卑。随着年龄增长，经历增多，人还会在经历中体验到自卑。如果我们发现自己不如他人，或者无法实现预定目标，就可能产生自卑感，久而久之就演变成自卑情结，潜移默化地影响我们。

自卑情结的表现有很多种，最常见的是：

1. 有自卑情结的人不确定自己能否胜任某事，在做事的时候会表现出害羞、胆怯和犹豫不决。因为自我怀疑，他们会有强烈的不安全感，会不由自主地选择逃避和推脱。

2. 在社交方面，有自卑情结的人不喜欢社交，甚至拒绝与他人往来。他们认为社交的存在会造成与他人的比较，而比较会让人陷入困扰。如果脱离社交，就可以避免比较，避免自卑的困扰了。

3. 与前面两种表现相反，极其自卑的人会寻求心理安慰，有些有严重自卑情结的人不但不会拒绝社交，还会持续地、过度地寻求他人的关注，他们期望在别人的关注和评价中获得自我价值的肯定。这类人表面上看起来是积极的，但内心深处隐藏着自卑，特别敏感。

4. 一些有自卑情结的人还会表现出很强的好胜心。他们希望通过争强好胜来弥补内心的自卑感，以此来获得自我肯定。

需要注意的是，人生里偶然的打击并不会让人产生自卑情结。自卑情结的产生和一次又一次经历的困难、挫折、失败有关，也和来自环境的指责、嘲讽和打击有关。检验自我的经历，检验内心的失败感受，我们就能发现自我“自卑情结”产生的根源和关键点，找到了关键点，我们就可以有针对性地解决“自卑情结”了。

超越自卑，从容进行“自我肯定”

在与他人的比较中，在与理想的比较中，“比不上”或者“无法实现”可能让我们产生自卑的感觉，而无能为力的感觉以及一次次被打击、被嘲弄的现实可能让自卑情结深植于我们内心。

但是，每个人都有他存在的价值，这个价值是无法比较的，也无须比较。所以，想要超越自卑，克服自卑情结，我们要做的就是肯定自我，发现自我的价值。当我们找到自身的价值时，自我肯定的感觉就会替代自卑，成为我们人生的驱动力。

新宇的父母在市里打工，他跟着乡下的爷爷、奶奶长大，直到要读小学四年级的时候，父母才把他接到市里。

刚进城市的新宇对一切都充满了好奇，但他发现身边的小朋友都说普通话，只有他一张口就是浓浓的方言。来到新学校的新宇不太适应，他想融入新的环境，结交新的朋友，但他浓重的口音时常惹来同学们的嘲笑，这让他非常怀念乡下的那些同学。

被嘲笑的多了，新宇心生自卑，不愿意再和新同学交流。他默默地坐在教室里，翻看课本或者读书角的书籍。他不找其他同学玩，其他同学也嫌他土气，不和他玩，新宇便把精力都放在学习上。期末考试，新宇很轻松地就拿了全班第一名。

可是第一名也没能让同学们接受新宇，他们反而更加嘲笑他的土气。新宇更自卑了，甚至不愿意在课堂上开口回答问题。

班主任发现了新宇的异常，私下里和新宇聊天，问他为什么不愿回答问题，也不和其他同学一起玩。新宇低着头不回答。

“你是怕自己普通话说得不好吗？”班主任关切地问他。

新宇沉默地点点头。

班主任笑了，用方言说：“这有啥，我也是农村出来的，以前普通话也很糟，咱俩一样。”

听到熟悉的方言，新宇惊讶地抬起头看着班主任：“真的吗？您也是从农村出来的？”

班主任说：“对啊，我也是从农村出来的。所以，不要怕别人笑话你，你要大胆地说，才能说好普通话啊。”

新宇眼里充满了希望：“我真的能说好吗，老师？”

班主任肯定地点点头：“你这么聪明，又这么好学，有什么做不到的？人都有缺点，也有优点。你要多看看自己的优点，你并不比其他人差。你看你都能考第一名呢。”

老师的话让新宇鼓起了勇气，他慢慢克服了乡音带给自己的自卑，也融入了新环境，开始了新生活。

自我肯定建立在自我认知的基础上，是对自我形象、自我能力和自我特征的肯定。要做到自我肯定，一定要先较为客观、公正、全面地认识自我，看到自身的优势，找到信心，并认识到自我的价值。进行自我肯定，我们可以采用下面的方式：

1. 重新认知自我，可以拿出纸笔，列举自身的特点和优势，努力找到自己好的方面，并将它强化为新的自我意象。

2. 保持自信，勇敢地面对一切压力和嘲笑，不过分在意他人对你的负面评价，也不要接受太多的负面信息，保持乐观向上的态度。

3. 坚持自我原则，学会说不，与打击自尊和信念的人和事保持距离，减少不良环境的影响。

4. 尽量做自己喜欢的事，以及能让自己感觉有价值、有意义的事，从具体事务中获得自我肯定。

5. 保持满足的人生态度，对当下的生活和状态表达满意之情。

自我决定性：一切最终取决于你自己

在遇到困难或者遭遇挫折的时候，人难免会陷入迷茫，不知所措，不知道该如何继续前进，继续生活。没有方向，没有目标，也就没有行动的勇气，人会在这种状态下越来越消沉。

你也许不相信，当人陷入这种状况时，能挽救自己、决定自己命运的人只有自己。这就是自我决定性，未来的发展和状况都取决于你自己。

馨蕊患有先天性心脏病，为了治病，妈妈带着她去过很多医院，她也经历了很多痛苦。在妈妈的照料和鼓励下，馨蕊养成了自信、乐观的态度，看问题总看好的一面，但她的弟弟和她不同，是一个特别小心谨慎的人。

经过一次成功的手术，馨蕊恢复了健康。她认为自己小时候受了那么多苦，就是为了以后能干出一番事业来。大专毕业后，她离开家乡去上海发展。从最基本的业务员做起，她积累经验，寻找机会，后来创业，成立了自己的公司。在这个过程中，她遭遇过很多挫折和失败，但每次她都能很快恢复信心和勇气，再次投身事业。她告诉自己：这些挫折没什么，都是为以后的成功做准备。

这个信念一直支撑着馨蕊，她也真的成就了自己的事业，创立了自己的品牌。

和馨蕊相反，她的弟弟则认为安稳的人生最可靠，创业充满危险，社会上有太多骗局和坏人。他不愿承担风险，也不愿做太多尝试，在一个稳定的岗位上一干就是很多年。

姐弟俩对自己有不同的定位，也有不同的自我期望，而结果也像他们期望的那样，他们都成了自己想要成为的人。

你给自己预设了怎样的未来，就可能按照那个期望去行动，去发展。

大多数没有勇气重新开始或者没有信心努力生活的人，是因为他们没有明确的概念和想法，陷在迷茫和痛苦中不能自拔。他们反复回味着自身的不幸和痛苦，反复想到的是自身的失败，完全不看其他可能，怎么可能鼓起勇气重新开始呢？

所以说“我命由我不由天”，面对困难和挫折，你是选择接受失败，一蹶不振，还是选择继续努力，奋力拼搏，全在于你自己。

从心底燃起的勇气才是真正有力量的勇气，才是永不枯竭的动力。相信自己，给自己最好的未来预言，做自己命运的决策者，你才能在人生的坎坷中，成功地把握自身的命运，摆脱迷茫，拥有美好的未来。

开始尝试：从语言、意象、行为进行改变

古人说“千里之行，始于足下”，又说“不积跬步，无以至千里”，要实现目

标，就得从第一步开始做起，也只有当你累积到一定程度时，你才会发现人生真的改变了。

鼓起勇气，激发内在的动力，也需要从第一步做起，从最简单、最基本的方面做起，直到改变你的思维内心，改变你的整个状态。

晓云在北京工作，但她来自一个小县城，性格比较害羞、内向。她很羡慕身边的女同事，她们看起来都非常自信，而她给人的印象是拘谨、土气的，为此她很自卑，总觉得自己比她们差很多。

因为自卑，也因为害羞、内向，晓云在很多方面都不突出，工作一般，也没有男生追求。她非常想改变自己的状况，却不知道从哪里开始。有朋友鼓励她：试着从改变外形开始。但晓云有点迷茫：我真的不懂化妆打扮啊。

不懂就学呗。晓云加了几个时尚公众号，开始学习如何打扮自己。她在各种风格里寻找适合自己的那种，然后运用掌握的知识把自己打扮起来。站在镜子前，晓云感到很惊讶。镜中的女孩清爽淡雅，看起来美丽可爱，没有丝毫的土气。但她还是不敢这样站在大家面前，担心改变形象会引来太多关注，而关注她的人会发现她的缺点。

朋友对她的担心不屑一顾："放心吧，哪会有人那么关注你，专门挑你的毛病啊。"

晓云还是忐忑不安，朋友教她："你不妨对自己说：我很美，我的形象无可挑剔。你试试。"

晓云站在镜子前，深吸一口气，说："我很美，我无可挑剔。"说完果然感觉好了很多。

第二天，晓云以新的形象出现在公司，立刻吸引了大家的注意。大家都微笑着夸她，这让晓云一下子有了信心。

在晓云的脑海里，她设想了一个新的自我：自信且上进的时尚女性。当她努力塑造这个形象时，她感觉自己像回到了高三，心中充满了激情和斗志，做事也更加努力了。

就像晓云一样，我们大多数人感到自卑，只是因为我们觉得自己比较差，但实际上并非真的比别人差，只要我们努力改变对自我的认知，就能重新找回自信，找回行动的勇气。

一般而言，人的外在表象是内心状态的反映，而外在表象又可以强化内在的感受和状态。这也就是为什么内心毫无生气的人会表现出消沉颓废的形貌，而一旦出现这种形貌，这个人就会越来越没有改变的可能。要打破这种内心决定外在、外在影响内心的循环，我们可以从改变形象入手，运用语言暗示的方法来改变自我意象和行动。

1. 彻底改变旧的形象和语言习惯，让自己感受到一个全新的自我。不再运用“我不行”“我不能”这样的语言来暗示自己，试着采用“我有勇气面对”“我可以解决问题”这样的语言暗示自己。

2. 构建新的自我意象，并不断努力地向新意象接近。人的自卑情结会让人不自觉地勾勒出一个失败、失意的自我意象，你必须摆脱这一意象的影响，可以设想你想拥有的形象和特点，然后每天以新的意象来激励自己。

3. 没有勇气的人很少有积极主动的行为，行为会反过来影响我们的内在感受。当你感觉自己失去勇气，不敢面对时，不妨少想一些结果，多采取一些行动，以行动改变自身的感受，从而带动勇气。

身体力行地实践激发勇气的技法

你或许不缺乏对自身的了解，对未来的设想，但你有时没有足够的勇气去改变自身，实现未来。设想总比真正去做容易得多，但活在设想的虚幻中，你很难获得真正的勇气，也很难突破现实的重重障碍，开创属于自己的天地。

激发勇气，没有什么比真正去做更有效的了。

从高中起，乔依开始发胖，妈妈说她正在长身体，不用减肥。考上大学后，乔依习惯了一身肉，而且特别怕饿，一直瘦不下来。胖乎乎的乔依很羡慕那些身材苗条的女同学，当她们穿上新衣服炫耀时，乔依只能拿起一袋薯片来安慰自己。妈妈也开始唠叨她，嫌她胖得难看，乔依心里生气：还不是你之前不让我减肥?

因为胖，乔依工作不好找，好不容易找到了，又发现自己太胖，很多事都做不了。她时常郁闷地待在一边，看同事们忙碌穿梭，很是失落。

肥胖成了乔依的心病，她想象自己瘦下来的模样，也想减肥，但一想到每天只能吃黄瓜、青菜就难受。

在减肥这件事上，乔依觉得自己缺乏足够的勇气和能力，也就过一天是一天。但没过多久，身体就亮起了健康红灯，减肥成了乔依挽救健康必须做的事。

怎么办？乔依头疼得不行，家里人让她去专门的减肥机构试试。

结合乔依的身体状况，机构给了她一些建议，最基本的内容就是改变生活习惯，把以往的饮食、作息习惯都改一改。乔依觉得自己坚持不下来，说以前也想过，但想想就觉得不可能。指导她减肥的老师说：“你不妨慢慢来，按我们的要求坚持一天是一天，不要想能不能坚持下来。”

乔依按照指导意见，实践了一天，两天，不知不觉过了一周，又过了一个月。渐渐地，她发现自己不需要特别克制，也能按要求来做。她的体重开始减轻，这让她信心大增，减肥的劲头更足了。

我们没有勇气去克服困难，或者做想要做的事，很大程度上是因为我们想得太多，虚构了大量的困难来阻止我们。就像乔依那样，想象中的困难阻挡了她的脚步，遏制了她改变自我的勇气。然而，当你真正去实践时，就会发现困难并没有想象的那么可怕。

所以，应对勇气缺乏症最直接的办法就是身体力行地实践，你可以通过下面的方法来加强实践的效果：

1. 建立鼓起勇气的习惯。不管你对困难或未来多么担忧，多么恐惧，都要努力鼓起勇气，让自己带着勇气行动。拥有勇气并不意味着没有担忧和恐惧，而是能顶着恐惧的压力继续行动。当你不断地练习使用勇气，就会拥有更多的勇气。在面临威胁和挑战时，一旦采取行动成为你的习惯，你就会自然而然地带着勇气去解决问题。

2. 建立你的勇气清单，让你的行动激励你不断前进。没有哪个人的生活是完全失败或完全成功的，人之所以丧失勇气，与只看到失败并缺乏勇气有关。试着记录你充满勇气做事并获得成功的事例，特别是当你以自己超乎想象的能力做成功的事。当你看到逐渐积累的成功时，你的勇气也会随之增加。

3. 努力实践新事物，让勇气延伸。很多人缺乏勇气，是因为害怕尝试新事物，害怕未知的失败，但你越是害怕，往往越是没有勇气尝试。所以，面对全新的世界和事物，把你在已知领域的勇气发挥出来，努力实践，即使失败，你也会有全新的收获。

滚雪球效果：逐步品味胜利的感觉

古人说“冰冻三尺，非一日之寒”，压垮骆驼的并非一根稻草，而是骆驼已经承受的所有重量。质变大多是量变累积的结果，缺乏勇气也一样，并非由一两次的失败体验和自卑情绪造成的，而是长期挫折和自卑导致的结果。同样，要改变缺乏勇气的状态，也不能指望短时间就完全改变。

应对勇气缺乏的问题，有个滚雪球效果，也就是你得逐渐积累成功的体验，逐步克服你的自卑感和无力感，让信心和勇气不断发展，就像一个小雪球被滚成一个大雪球一样，完全摆脱自卑情绪的控制。

梓玲感觉自己一直在学校和家长的督促下学习，她只知道要好好学习考大学，但自己未来究竟做什么，她一点也不清楚。梓玲不是聪明、优秀的人，她勉强考上了本省的二本学院，选了自己不了解的外贸英语专业。

4年学习成绩平平，毕业后她进了一家企业做销售，越做越发现自己不喜欢这个行业。因为不喜欢，她的工作成绩也很差，自信心一度降到最低点。

她曾给亲戚的孩子补习英语，对英语教学很感兴趣，觉得做这个适合她，但一想到跨专业，自己又没资格证，没有相应的教学经验，就很气馁，失去了改行的勇气。

梓玲遇到了一个高中同学，她没有考上大学，早早就进城打工，现在已经是老板，加入了一家全国连锁的餐饮店。梓玲惊讶极了，怎么也想不到当年平平无奇的她会成为老板。

“我刚开始开过很多店，卖过内衣、眼镜。后来觉得做餐饮挺好的，就开了个早餐店，做久了，有了经验就慢慢做大了。”同学向梓玲讲述自己的经历。梓玲突然意识到，所有的事业不都是从最基础的小事做起的吗?

同学的经历给了梓玲启发，她决定改行做英语教学。她知道自己无法马上实现这个目标，于是规划了阶段目标：先考教师资格证。接下来的一年时间，梓玲报了培训班，拿到教师资格证的学习材料，利用业余时间积极学习。一年后，她顺利考取教师资格证，这让她信心大增，有了辞职的底气。

后来梓玲成功转行，逐渐走出了人生的低谷。

成功和勇气是互相促进的，你得用成功不断地喂养勇气，它才会变得越来越强大，而强大的勇气又会促使你面对更大困难的挑战，去赢取更大的成功。

在激发勇气的过程里，我们不需要太大的成功，许多小的成功就能起到滚雪球的作用，让你的勇气不断积累，逐渐壮大。

1. 寻找生活中那些让你丧失勇气的小事情，或者能够打击你自信的小事情，给它们排序，按照难易程度一一克服。比如你觉得自己太过懒散，影响到你的自信，你可以找出所有懒散的表现：早晨睡懒觉、不打扫房间、不按时吃饭等，根据你的感受，先克服其中一个不良习惯，再克服另一个。积累的成功会让你的内心感受发生变化，信心逐渐增强。

2. 对于你没有勇气去做的事，可以用梓玲的办法，把它拆分成具体的小事，然后逐步去完成。你也许很难一步到位地做成某件事，但不断做成的小事会使你慢慢实现自己的目标。

积累自信，构建专属于自己的“成功模式”

世界上没有经历完全相同的两个人，或者拥有相同人生经历和感受的人。

当我们羡慕别人的成功，羡慕别人那么自信，那么有勇气的时候，别忘了你不是他，你是另一个独特的存在。每个人都是独特的存在，你必须找到自己的存在价值。

虽然成功的经验可以借鉴，但没有人可以复制别人的成功，我们都要在人世中寻找自己的“成功模式”，才能拥有成功的人生。

于康有个特别优秀的堂哥，他觉得自己的童年是在堂哥的阴影下度过的。堂哥天性沉稳，做事认真，而他生性调皮，常常挨骂。每次被骂他都会听到：你看看你哥，你再看看你，一点出息都没有。

为了赶上堂哥，于康处处模仿他，但在光芒万丈的堂哥身边，他永远像个影子。

初三那年，堂哥参加高考，以全市第一的成绩考进了重点大学。于康中考，却只以刚刚过线的成绩考进重点高中。于康被分到普通班，他感觉压力巨大，特别自卑，连学习的勇气都没有了。他想：我再怎么努力也赶不上堂哥，我真是没用。

高二要分班，从于康的成绩来看文科较好，但家里人建议他学理科，理由是理科专业多，相对好考，就业也更容易。读了一学期理科，于康的信心再次被打击，以他的成绩，考重点大学根本不可能。他意志消沉，上课也不用心，班主任和他谈话，最后还叫了家长。

幸运的是，于康的堂哥帮他说话，让他转读文科。堂哥说：“你得找到你擅长的事，找到你想做的事，别让其他人影响你。”

于康听了堂哥的建议，开始专注于自身的发展。在此后的学习里，他抛开堂哥的影响，不断挖掘自身的潜力，考试成绩开始上升。随着信心的增强，于康把目标锁定为某重点大学，并加倍努力。后来他选择法律专业，考研，考律

师资格证，成了一名律师。

自卑和比较关系密切，我们总想比别人更好、更优秀，一旦发现自己不如别人，就会陷入自卑情绪，丧失勇气。但事实上，每个人都有自身的优点，我们要做的不是模仿他人，也不是陷入自卑中无法自拔，而是发挥自身的优点，累积自信，构建起自己的成功模式。

1. 积极寻找自身的优势，在比较中多发现自身的优势，并有意地锻炼优势，发挥优势，使其成为自信的基础。

2. 面对自身的不足，采取弥补改进的措施，而不是一味地夸大自身问题，进行自我否定。

3. 在面对困境和挫折的时候，尝试寻找解决的办法，并努力实践，放弃悲叹和抱怨，以积极的态度面对它。

4. 对以往的行为进行总结，思考成败的原因，改进错误的做法，累积成功的经验。当你进行的分析总结越多，你的人生经验就越丰富，而你的成功模式也就越容易建立起来。

CHAPTER 07

第七章

对抗心理压力，提升你的心理韧性

压力：生活中不可或缺的部分

在当下的社会，很多人都会感到来自四面八方的压力，感到“人生的艰辛”。你也许想要逃离这个压力巨大的世界，羡慕田园牧歌式的生活，向往山水之间的宁静。但事实告诉我们，世界上并没有什么世外桃源，我们必须学会与压力共处。

清玲感觉自己一直被现实的压力驱使着：初中时有中考的压力，高中时有高考的压力，好不容易考上大学，又有了挂科，拿不到毕业证、学位证的压力。还没走出校门，就业压力就来了。她觉得自己就像在游戏里打怪升级，总以为要熬出头了，结果发现前面还有许多任务。

辛苦找到工作的清玲又得面对职场压力，如同事的竞争，客户的刁难，还有老板的抠门。应付完工作，还得应付贪婪的房东，家里人又催她赶紧找对象结婚，清玲觉得自己要被各方力量压垮了。她突然极其厌烦眼下的生活，只想赶快逃离。

在网上看到那些游山玩水的人逍遥自在，无忧无虑，清玲决定辞职，找个山清水秀的地方隐居。尽管家里人强烈反对，但清玲还是辞去工作，带着一笔钱开始了旅行。她只挑那些古镇旅游，在喜欢的小镇上租间房子，住一段时间。每天在各处游览，欣赏风景，清玲感到无比轻松。远离了以往的生活环境，清琀觉得特别舒心。

可是住了几天后，无所事事的清琀感到有些无聊。她把注意力放在观察远离城市的小镇上，看那里的人如何生活。她发现他们同样要面对柴米油盐的琐事，生活的各种问题也得一一解决。房东向清琀抱怨小镇太偏僻，生活种种不方便，又讲到村落里的家长里短，各种利益之争、矛盾冲突。清琀礼貌地微笑着问：“那你会离开这里吗？”

房东有些惊讶：“为什么要离开？到哪里都得生活。在外面没事做会饿死，我不如留在老家。”

清琀沉默了，她突然意识到，压力是不能逃避的，只能去面对。

压力会让人陷入紧张或痛苦，它是外界环境引发的人的内心冲突和伴随而来的强烈情绪体验。压力也是各种心理冲突和挫折及其导致的一系列消极情绪。面对压力时人的身体会出现反应，即应激反应。我们的大脑会分泌出肾上腺素等激素，这些激素随着血液流到心脏、肺部和肌肉的时候，就会引发一系列的生理反应，提醒我们正承受着压力。

严重的压力会让人精神萎靡，心情烦躁或陷入抑郁，身体也会出现各种问题，很多疾病都和心理压力有关。

然而，压力无处不在，我们生活的这个世界如此复杂，没有压力是不可能的。压力不仅仅来自外界，更是我们内心的感受和反应。一个没有压力的人，往往也是失去了生活感受力和生活动力的人。

在正常的承受范围内，压力对人生是有益的，它可以成为促进我们前进的动力，成为提高和改善生存环境的力量。压力无处不在，甚至不可或缺，面对压力，我们要做的不是逃避它，而是认识它，学会正确地处理它。

你的个性与压力有什么关系

细心的你也许已经发现，不同的人对压力有不同的理解，也有不同的反应，对于你而言是严重打击的事，对于你的朋友来说却是鸡毛蒜皮的事。

压力是一个动态过程，是一个现实施加、个体感受和反应的过程。在这个过程中，压力会因为我们个人的个性和认知而被放大或减弱，同样的事情就会让人有不一样的表现。

小麦和阿健同一年毕业，一起被招进公司做业务员。小麦性格谨慎，做事心思细腻，想法很多，而阿健相对来说就粗心很多，做事随便，甚至有点不考虑结果。

两个人在老员工的指导下，渐渐熟悉了工作流程，开始拓展各自的业务。第一年做下来，小麦的业绩要比阿健好很多。第二年开始，老板给他们施加压力，增加了不少业绩额度。两个人都感到了压力，但阿健还是态度随便，一边跑业务，一边和朋友联系，有空就一起游玩、喝酒。小麦交际圈较窄，下班回家也还是忙工作的事。在同事看来，小麦完成业绩的可能性更大，阿健恐怕做不长久。

然而时间一天天过去，阿健始终保持信心满满的状态，不停地跑业务，好像业绩不是他考虑的事。小麦虽然业绩还行，但他的状态越来越差，晚上睡不好，第二天没精神，一有空就看自己完成了多少任务，还差多少。

第三季度终结时，小麦和阿健的业绩差不多，小麦还略微高一点。感觉自己那么努力，但业绩并没有多好，小麦突然精神崩溃，不想再做了。他觉得在公司压力太大，而且业绩并不突出，再留下去也没什么意义。

小麦辞职离开了。临走前，他和阿健一起吃饭。他问阿健："行业竞争这么激烈，我怎么感觉你没有压力呢？"

阿健说："怎么会没有压力呢？不过我不像你想得那么多，有些事不管它就好。"

与其说是压力迫使小麦放弃，不如说是小麦的性格让他选择放弃。根据心理学理论，压力是一种认知和行为体验的过程，它包括两个方面，一是压力源，也就是能引起压力反应的人或事；二是我们面对压力源时的反应。这两个方面共同构成了我们所感知的压力。所以，面对相同的事情，阿健的压力就小一点，而小麦却觉得压力太大，无法承受。

影响压力感受最重要的因素是个性，是我们自身的性格特点。个性的划分比较复杂，如果我们简化区分，可以把个性分为内向、外向，敏感、迟钝，理性、冲动等两两相对特征的组合。一般而言，内向、敏感、冲动的人，更容易产生较大的压力感，而外向、迟钝、理性的人，有较强的抗压能力，能减少压力源造成的各种影响。

个性，其实也包含我们对世界的态度和认知。心理学家罗特曾提出控制点理论，他发现人们对生活中发生的事情和结果的归因很不相同。有的人认为大多数事情的发生都不受自己的控制，和个人的努力没有关系。这类人被称为外控型人格，他们大都拥有悲观的或随遇而安的个性特点，他们相信天命，相信命运的安排。相反，还有一类人则认为生活中发生的事情及结果和自我有关，是可以通过自身来改变的。这类人被称为内控型人格，大都积极乐观，勇于面对现实和困境。

具有外控型人格的人在面对压力时，常常会有无能为力的感觉，会觉得压力巨大，无法化解。而内控型人格的人会积极应对，他们的压力感常常会比外控型人格的人轻一点，也能较好地应对压力。

所以，当你感觉到压力时，也要考虑一下自己的性格，也许是性格放大了你面临的问题。

识别压力源，找出问题点

所谓“福无双至，祸不单行”，生活里接连的好事不多，但只要发生一件不好的事，就会接二连三地出现许多麻烦，让人不胜其烦。坏事似乎比好事更容易凑到一起。

因为麻烦常常一起到来，我们的压力便十分复杂。这件事让人烦恼，那件事也让人烦恼，混合在一起，我们究竟为什么而烦恼？越不知道为什么烦恼，越无法解决问题，时间久了，压力就会越来越大，而不会缓解。

蓝茵住的地方离公司比较远，她觉得来回奔波太辛苦，想在公司附近租间房子。但公司所在地算城市里的高档区域，要找价位合适的房子很不容易。无奈的她只好在一个老旧小区与人合租了一个三居室。

与蓝茵合租的另外两个人，一个是男生，另一个是女生。她工作较忙，早出晚归，很少和他们碰面，只知道男生是IT行业的，女生好像是做培训的。

搬来住不久，蓝茵接到一个大项目，客户要求很高，她和同事整天商议方案，考虑对策，感觉压力比较大。恰好这时家里给她打电话，她妈妈要做一个妇科手术，虽然不是大问题，也着实让她担忧。她抽空回了一趟家，陪母亲做完手术，又急匆匆地赶回来上班。连日劳累让蓝茵感觉非常疲惫，偏偏这时卫生间漏水，她联系房东，迟迟不见人来修。抓狂的蓝茵脾气变差，感觉自己随时都会爆发。

拖着疲惫的身体下班回家，她只想早早上床好好睡一觉。在还没修好的卫生间里简单洗漱后，她倒在床上，打算休息。这时隔壁传来嘻嘻哈哈的笑声和拍手声，好像是在开派对。皱起眉头的蓝茵起身去敲门，原来是隔壁女生过生日，几个好朋友来给她庆生。蓝茵不好意思扫了人家的兴，只说希望她们小声点，别打扰她休息。

躺在床上，翻来覆去，蓝茵睡不着觉，一会儿想到项目难做，心里烦，一会儿又想到不知妈妈的身体恢复得怎样，她不能陪在妈妈身边，一会儿又听到隔壁的响声，更加郁闷。她拿起枕头捂在脑袋上，觉得自己要崩溃了，这么多烦恼、这么多压力要怎样才能化解？

蓝茵的情况非常典型，她面临的压力混合了各种类型，来源也不一样。在心理学中，压力源是指能引起我们压力反应的因素，可以分为生物性压力源、精神性压力源、社会环境性压力源等。生物性压力源包括躯体创伤和疾病，或者饥饿、性剥夺、睡眠剥夺、感染、噪声、气温变化等可以直接阻碍和破坏个体生存与种族延续的事件。精神性压力源则包括错误的认知结构、个体的不良经验、道德冲突以及长期生活经历造成的不良心理特点，比如多疑、嫉妒、指责、悔恨、怨恨等不良情绪，是可以直接阻碍和破坏个体正常精神需求的内在和外在事件。社会性压力源包括社会性的事件，比如重大社会变革或重要人际关系破裂等，可以直接阻碍和破坏个体社会需求的事件。

根据造成心理影响的程度，压力源又可分为创伤性压力源和慢性压力源。创伤性压力源一般指重大灾难和事故带给人的压力，而慢性压力源是指那些持续时间相对较长一点，缓慢发展而引起的压力。比如案例中的蓝茵，她主要面对的是慢性压力源，即日常遇到的各种麻烦，不严重但会持续作用，让她心烦意乱。此外，她的压力还有生物性压力（如身体疲惫、失眠）及精神性压力（如对母亲的担心、愧疚）。

在辨别清楚这些压力来源后，蓝茵就可以采用相应的行动，来化解自己的压力。比如工作压力，需要她与同事合作应对，这是比较持久且难以解决的压力，可以先放一放，慢慢解决。而房子的问题以及跟邻居的小冲突相对而言要好解决一些，蓝茵可以先解决这类小问题，来减轻自己的压力。

总之，识别压力源，找准问题点，有针对性地解决问题，我们就可以取得事半功倍的效果，轻松化解压力，改变不良状态，更好地面对生活。

建立减压机制，提升你的自控力

即使知道自己有很大的压力，也知道需要改变压力引发的应激状态，但我们始终无法有效地减压，甚至在知道自己压力过大时，反而更加烦恼。

也许你不止一次遇到让自己紧张的环境，你很清楚自己心中的压力，也努力化解消除它，但就是一次又一次地紧张、愤怒，重复着压力带给你的体验和反应。

这并不奇怪，因为压力本身就是我们应对外界环境的一种习惯性反应，而习惯总是难以改变的。

从高中开始，采采就变得容易紧张焦躁。每当遇到重要的考试，她就失眠，拉肚子，心跳加快。工作以后，采采还是这样，一遇到比较重要的场合，自己可能成为大家关注的焦点时，她就紧张，手心出汗，总想上厕所。

采采通过了解，知道自己这是面临压力时的正常反应，但这种反应已经影响到她的生活和能力的正常发挥。她想改变这种情况。

采采查阅了大量关于减压的方法，她学了呼吸减压法，学习转移注意力，还听音乐，做香氛解压，要说这些办法也挺有效的，但采采遇到各种情况还是会紧张，而且她常常混合使用这些方法，也不知道究竟哪种方法真的起作用，哪种方法不起作用。

生活和工作越来越忙碌，采采感觉自己依旧无法应对各种各样的压力。她向一位心理咨询师请教，才找到了解决问题的思路。那位心理咨询师告诉她：解压的办法很多，不管是饮食、运动，还是音乐、睡眠，我们都得找到适合自己的方式，搭建起自己的减压机制，并让这一机制在各种场合发挥作用。毕竟我们要改变的是一种应激反应，一种不受控制的身体反应，我们必须建立新的身体反应，让身体变得可控，才能彻底改变旧的应激反应。

大多时候，人们在寻求减压、放松时，都比较盲目，没有计划，没有规划，遇到什么方法就采用什么方法，这样做也许可以解决短期的问题，但无法有效改变我们应对压力的根本问题。建立适合自己的减压机制，提升内在的控制力才是解决问题的根本途径。

1. 对于不同的压力，可以采用不同的减压方式，让减压方式成为一种习惯性反应，逐渐替代习以为常的应激反应。例如面对突然出现的紧张状况，你可以采用深呼吸的减压方式，让自己放松。对于那些日常烦恼引发的缓慢压力，可以采用运动或香氛减压法，具体采用哪种运动，要结合自身的特点来选择，慢跑、瑜伽、游泳等都是很好的办法。

2. 减压方式的运用在于解决当下的压力感，但减压机制的最终目标是提升控制力，因此在运用减压方式时还要从认知的层面进行调整，减少压力源造成的影响。比如你在开车时，经常遇到不守交通规则的人，或者遇到堵车，你出现应激反应，情绪变糟，这是为了缓解压力，你可以骂几句，宣泄一下情绪，但要告诉自己，你无法要求别人怎样做，也改变不了大环境，千万不要用别人的错来惩罚自己，不要为这些事生气。当你从心底接受现实，并坦然面对时，你再次遇到这种情况而出现应激反应的可能性就会降低。

学会自我同情，做一个“自我慰藉者”

我们承受的过多压力和压力源有关，也和我们成长的环境有关。很多人从小接受的教育是要多看到自己的不足，不要找他人的问题。这原本没错，但是当我们对自己过于苛刻，对自己的言行太过敏感谨慎时，过度的压力就会随之而来。所以，应对压力，我们要学会放过自己，做一个能安慰自己的人。

李碧生长在一个家教严格的家庭，她性格胆小，又时常被父母批评教导，性格便显得过于拘谨。

在生活里，李碧没有特别亲密的朋友，她和同学往来，总表现得十分谦虚，很少和同学打成一片。工作以后，李碧和同事相处也是小心翼翼的，总怕自己哪里做得不对，或者冲撞了别人。

太过小心谨慎，让李碧经常处在紧张的状态，也不敢放开了表达。有时同事开玩笑，她忍不住顺嘴接话，逗大家一笑，这原本没什么，但她说完就后悔了，担心别人觉得她刻薄。与人合作，她也极力表现出善于合作的样子，但因为紧张反而做错了事。一旦做错事，李碧很多天都放不下，心心念念都是自己错了，不知该怎么办。

李碧也为自己过于小心而难受，但她就是无法卸下自我施压的包袱，纠结于负面情绪无法自拔。

现实中的很多压力都是我们自己想象出来的，或者是我们太过自责导致的。我们总担心自己犯错，总担心别人怎样看自己，无形中给自己施压，导致压力过大。

人无完人，当我们陷入自我施加的压力中，或者在遭受挫败而产生压力时，我们要学会自我同情，做“自我慰藉者”，把自己从压力中解救出来。

自我同情可以通过练习实现，改变我们自责的状态。

首先，你可以想象一下，如果你的朋友或同事犯错，或者他陷入糟糕的状态，你会怎样对待他？会对他说些什么，会为他做些什么？然后再想想自己犯错或陷入糟糕的状态，你会对自己说些什么，做些什么？你可以把想象的语言和做法记录下来，进行对比可能会发现，你对自己真的很苛刻，对他人却宽容得多。

其次，改变对自己的苛刻和批评态度。当你自责或内疚的时候，你的内心会响起怎样的声音？也许是冷酷无情的嘲弄：你真傻，你真蠢，你真没用。你真的认为自己是这样的吗？不，这只是你带着情绪的夸大说法，你必须改变它。

再次，试着用更温柔、更委婉的方法对待自己，例如对自己说：这件事你可能做得不够好，不是很恰当，但你尽力了就好。

最后，构建一个友好的、积极的评价者，替代你内心那个严格的、冷酷的自我评价者。当你感到压力，感到沮丧时，想象一个富有同情心的朋友向你表达温暖的关怀之情。你可以对自己说：“我理解你的感受，知道你没有那么糟糕，你只是需要调整一下状态而已。”

当你不断练习，不断进行自我鼓励、自我安慰，你的内心就会改变对自己的苛责，这时你的压力就会逐渐减轻，直至消失。

诉诸笔端，写出你的“压力日记”

不是所有的压力和想法，我们都可以倾诉给别人听。很多时候，我们需要独自消解积累在身体里的压力和情绪。

当没有可靠的外力可以使用时，我们该怎样面对内心，消除生活带给我们的种种挫折和不安？也许，你可以拿起笔，拿起放置已久的笔记本，写下自己的内心独白。

颖儿没有想到，自己也会遭遇背叛。她最好的朋友横刀夺爱，追求她暗恋了5年的男生，还跟他谈起了恋爱。

颖儿非常难过，不知道该怎样面对这件事。曾经的她一有不开心，就会向好朋友倾诉，但现在，她满腔的憋屈没法说出来。颖儿不想指责朋友，但也没法继续和他们往来，就算远离了那两个人，这件事依然影响着颖儿。家里人还会问起好朋友，纳闷她们为什么不再一起玩了。颖儿还得找各种借口瞒过大家，越发觉得心里难受。

时间一天天过去，颖儿的压力一点都没有减轻，心情反而更糟了。她经常躲在房间里，独自消沉。百无聊赖中，她整理以前的旧东西，发现了高中时的笔记本，本子里写了很多不愿告诉别人的事。

颖儿再次拿起笔，在那本未写完的笔记本里开始写自己的感受、自己的想法。写累了就休息，过几天又写。写了一段时间后，当她再翻看那些文字时，感觉心情有些不同。曾经特别悲伤、特别难受的事，再读起来感觉没那么强烈了。颖儿开始有意地剖析自己，分析遇到的“背叛”事件，慢慢地，她感觉整个事情并没有想象的那么糟，那么可怕。她的感觉好多了，压力也逐渐消失。

书写是宣泄情绪很好的途径，你可以通过文字把自己的痛苦、气愤、不满或者各种不良情绪都表达出来，而不用担心会伤害对方。书写还具有记录思维和感受的作用，当你把当下的想法和情绪写下来时，你不仅倾诉了内心，还给了自我一个审视内心、深入思考的机会。你可以通过再读文字来自我反思，你究竟因为什么而感到压力，你在乎的是什么，你的挫折感、失败感来自哪里。当你有机会直面自己的内心，你也就有了解决问题的可能。

除了宣泄情绪和分析自我外，你还可以写下对自己的鼓励和同情，用文字来激励自己。充满温暖与力量的文字不仅可以抚慰我们内心的伤痛，还能让我们感受到自己的善意与智慧。

在写“压力日记”的时候，一定要认真、坦诚，不要有任何虚伪的成分，让自己在绝对真实中面对自我。你可以详细地记录你的经历、你的感受、你的想法，不要用批判的态度对待你的文字，而要把它当成你最真诚的坦白和陈述。

通过奖赏机制来调整压力

压力带给我们的大都不是好信息、好情绪。面对种种烦心的琐事，或者面对一系列困难、重大的变故，开心、愉悦、轻松的感觉都会消失不见，只留下紧张和烦恼。

压力和负面情绪密切相关，而负面情绪会增加我们不好的体验，加重压力带来的影响。在这个循环中，我们除了宣泄情绪，还可以通过改变情绪来阻断压力的坏影响，最终改变压力的状态。

激烈的竞争让公司里的每个人都压力巨大，大家时不时聚在一起抱怨，发牢骚，唯有张迪每天乐呵呵的。她时常在聊天中蹦出一些“金句”，让大家捧腹大笑。有人说张迪是办公室里的减压宝贝，只要有她在，大家就能放松一下紧绷的神经。

看到张迪总能保持良好的状态，办公室的李姐问她：“张迪，怎么感觉你好像从来没有烦恼，没有压力？你是怎么做到的？”

张迪开玩笑说：“我没钱没房又没车，连男朋友也没有，怎么就没压力？我不过是‘今朝有酒今朝醉’，麻痹自己而已。”

几个休息聊天的人一起笑起来，开始讨论张迪的“今朝有酒今朝醉”。大家发现，张迪的确如她所说，总能在遇到一些不好的情境时，很快摆脱不好的情绪，转换为积极情绪。她的文案被批评，就去吃一顿好吃的，吃完就不觉得那批评有多难受了；去和客户对接，跑了很多冤枉路，她就先买个冰激凌，吃完了再做事。忙碌一周，到周末的时候，睡足觉的她要么去景色优美的地方玩，要么约朋友吃大餐、K歌，总之能让自己高兴起来。

张迪最后总结说：“工作这么累，压力这么大，我要是不让自己开心点，哪能撑到今天。”

案例中的张迪在应对压力方面就采用了“奖赏机制”，通过对自身的奖励来改变情绪，进而化解压力。

根据心理学研究，我们面临压力时的应激反应过程一般有两个方向：一是从正常状态到应激状态，二是从应激状态回归正常状态。当我们面对压力时，身体会出现应激反应，我们的器官和身体机能因肾上腺素的分泌而开始兴奋，血压升高，心跳加速，身体的各个部分都处于高速运转的状态。这种状态带给我们的情绪反应是紧张、压抑、焦虑的，会让我们感觉非常不舒服。

在进入应激状态后，如果我们不及时调整，无法让身体回归正常状态，就会引发压力过大的各种不良后果。这时我们就需要另一种激素发挥作用，即多巴胺。多巴胺是大脑分泌的激素，也是人体自带的奖赏机制。当多巴胺分泌出来时，我们会感到心情愉悦，而身体的警报信号会被解除，人自然就从应激状态回归到正常状态了。

懂得了我们大脑的“奖赏机制”，我们就可以利用它来调节压力。吃美味的食物，适当地运动，或者欣赏美景都能让大脑分泌多巴胺。当我们感觉有压力时，不妨多给自己一些愉悦的奖赏，让自己快乐起来，抛开压力引发的不良情绪，阻断压力带来的影响。当你习惯给自己更多的“奖赏”时，你的压力也就不再积累，不再构成伤害了。

自我掌控：确认自己的压力极限

就像弹簧有承压限度一样，我们的心灵也有一定的承压限度，一旦超过这个限度，人就可能崩溃。

很多人不理解，为什么一个正常人会因为某件看似无足轻重的事而崩溃，实际上这个人可能已经背负了太多压力，增加的那件看似无足轻重的小事只不过恰好超出了他的承受极限，导致了崩溃。

文泽学习特别刻苦，进入高三后，她几乎没有在晚上 12 点前睡过觉。文泽的学习成绩一直不错，家里人对她期望很高，而她也一心想考个好大学，走出老家这座小城市。

随着高考临近，文泽越来越紧张，她每晚都要熬夜到凌晨1点左右，早上5点又起床看书。看着脸色苍白的文泽，老师劝她："马上就要考试了，你的成绩没问题，还是好好调理身体状态，多休息一下吧。"文泽却认为越是到最后，越不能放松。

高考前，为了方便去考场，文泽租了离考场较近的宾馆。但考前一晚，她紧张得失眠，翻来覆去睡不着，妈妈受她影响，也很晚才睡。第二天昏昏沉沉地赶去考场，考完出来，文泽觉得不理想，有些闷闷不乐。

吃过午饭，文泽躺在床上休息，熬夜的妈妈也趴在桌上睡着了。不知不觉睡过去的文泽突然惊醒，她抓过表一看，已经到了考试时间。文泽从床上跳起来，抓起笔袋就往考场跑。可是赶过去的时候，考场大门已经锁了。文泽和妈妈一起哀求门卫放她进去，但根据考试规定，迟到的她不能进入考场。

被拦阻的文泽突然大哭起来，歇斯底里，又喊又叫，妈妈和门卫安慰她，她也根本听不进去。

看起来是因为迟到而不能参加考试，文泽崩溃了，但实际上让她崩溃的是整个高三都持续承受的巨大压力，她没有放松过，最后的挫折压垮了她仅存的承受能力。

每个人能承受的压力极限是不同的，如果我们的压力在承受极限范围内，我们还可以通过各种方法自我调节，恢复状态，但压力一旦接近极限，或达到极限，人就可能丧失理性，做出极端的举动来逃避现实中要面对的压力。要防止自我丧失理性，我们就需要知道自己的压力极限，自己能承受的压力底线。

目前还无法准确地测量某个人的压力极限和底线，但我们可以根据压力超标的表现来衡量当下的承压状态。如果你有大量压力超标的表现，就说明你已经接近自己的压力极限，需要调整休养，恢复状态。

1. 身体方面的表现

a. 当人承受了太大的压力时，最容易表现出来的症状是疲劳。如果你每天睡眠充足，但依旧起床困难，或者无精打采，那么你承受的压力可能比较大。

b. 失眠。当压力过大时，即使你感觉特别累，特别想睡觉，但你的大脑就是不肯休息，不停地思考各种问题。

c. 免疫力降低，容易生病。研究发现，人如果承受过重的压力，免疫系统的功能会降低。也就是说，你的压力越大，你的健康状况就可能越差。

d. 出现慢性头痛或身体疼痛症状。压力导致的应激反应会损害身体，导致头痛或身体疼痛，如果你长时间不能放松身心，就会表现出这些症状。

2. 精神方面的表现

a. 健忘。如果你承受的压力比较大，很可能会出现这一症状。如果你经常忘记钥匙放在哪儿，或者忘记一些必须解决的事情，那么你的压力很可能已经达到了你的极限。

b. 过分情绪化。如果你发现自己的情绪很容易失控，那么你承受的压力可能已经接近极限。

c. 兴趣减弱。当面对的压力过大，人可能会丧失兴趣，对曾经非常喜欢的事也无法集中精力，或者毫无兴致。

d. 对物品产生依赖感。压力过大时，人会不由自主地寻找安慰，如果你发现自己对某种东西产生依赖，比如借喝酒、抽烟或者吃巧克力来缓解压力而产生依赖心理，你的压力可能已经接近极限，需要立即寻求帮助。

应对不确定性，打破“忧虑循环”

人在生活安稳、平静时，心态往往平和、安稳，产生的压力也较小。可是，生活不总是一帆风顺的，也不会都在我们的意料之中。那些超出我们意料的部分、那些超出我们把控的部分容易构成人生的压力。

远离校园，步入社会，子昊越来越觉得世界变化无常，无从把握。他努力了一个月的项目，自以为万无一失，结果竟然因为天气原因而被改变。和朋友去旅行，明明计划好行程，做了充分的准备，但在旅途中仍然状况频出。

最让子昊震惊的是，他和几个老同学聚会，大家聊到一个同班同学，他才知道那个同学已经去世。他几个月前还见过那个同学，脑海里还留着他的模样，不想竟是永别。子昊突然明白了人们说的“你不知道明天和意外哪个先到”，心里不由得感到难过。

没过多久，公司传出效益不好、可能裁员的消息，失业第一次出现在子昊的脑海里，让他开始思考人生和工作的问题。

曾经的他那么信心满满，觉得进入社会就是走向成功，然而大量的意外和不确定让子昊失去了当初的信心和豪气。他不知道会有怎样的意外出现在人生中，让他措手不及，无法应对，也不知道自己的规划能不能真正实现。这些想法让子昊感到前所未有的压力，对未来充满了担忧。

生活中的不确定性是引发压力的原因之一，因为不确定，我们会感到茫然、无能为力，因而心中充满担忧，害怕局面失控。但是，现实生活充满着意外，随时会出现我们无法预料的状况，如果我们陷入对不确定的担忧里，可能会同时陷入一个无休止的“忧虑循环”，很难走出心理压力的困境。

要打破“忧虑循环”，我们需要掌握应对不确定性的信念和方法。

1. 接受现实中存在大量不确定性的事实，并以积极的态度和想法去面对。要知道，很多不确定性的因素和事件都是小概率的，你不能因为它们可能发生就一直心存担忧。如果你因为担忧而心存恐惧，无法理性思考，这种小概率情况反而容易发生。所以，日常保持积极的思维和态度，让大脑处在放松的状态，保持理性的思维，你就不会被担忧干扰而做出错误的举动。

2. 放弃“如果……将会……”的假设，与其猜测可能出现的意外，不如加强你的应急计划，让自己提前防备可能出现的各种意外。应对不确定性最好的办法就是做好积极的准备，尽管你的准备未必都能用到，但这个过程会增加你的信心，让你专注于当下的行动，保持冷静和控制能力。比如你担心失业，与其设想失业后的各种可能，不如提前规划如何应对失业，让自己有充分的准备和能力面对这种可能。

3. 面对突如其来的意外，或者当你的努力宣告失败时，学会保持冷静，避免陷入不良情绪和新的担忧。你可以采用深呼吸减压法，也可以适当远离嘈杂的环境，摒弃一切干扰，让自己安静下来，并集中注意力进行思考。只要你不被情绪和感觉牵着鼻子走，你就可以迅速恢复正常思维的状态。

转化压力，变紧张为兴奋

当我们在生活中遇到压力，可以尝试把生活中的压力转化为前进的动力，让自己在困难中奋勇向前。说来奇妙，面对同样的事或相似的状况，有时你改变了感受和想法，压力就可能变成动力。

宋涵跳槽到新公司一年，很快适应了公司环境，业务也熟练起来。他所在的营业部，是公司的明星销售团队，公司大约三分之一的业绩都是他们完成的。

在这样一个优秀的团队里，宋涵感觉压力很大，总担心自己会拖团队的后腿。好在他很勤奋，也很努力，入职以来从没出过大的差错。

年底公司开年会，宋涵和团队的其他人都获得了高额的奖金。过完年返岗，心头的喜悦之情还没散，宋涵就拿到公司新一年的目标和任务分配。他发现他们部门的任务量几乎增加了一倍，而他也需要承担更重的任务量。

“这怎么可能完成？”宋涵的第一反应是抱怨，其他同事也都附和他。

部门领导说：“我和公司领导讨价还价很多次，这已经是我能压到的最低指标了。”

宋涵唉声叹气，感慨起来：“唉，我还以为今年能轻松点，没想到又是压力巨大啊。”

其他同事也都沉默。部门领导拿起桌上的手机说：“先不讨论这个了。走，我们去吃饭，吃完饭一起去K歌。”

吃过饭，大家在K厅里声嘶力竭地吼了一阵后放松下来。部门领导趁机说：“我知道今年的任务量对于大家来说压力很大，我也感觉压力巨大。可是大家不妨换个思路，为什么我们承担最重的任务量？因为我们已经积攒了足够的能量。为什么我答应这样的任务量？因为如果能够完成它，我们不仅会在公司的地位更高，就是在这个行业，我们也有了优势。挑战就是机遇，如果我们把它看成机会，那会怎么样？”

一番话让宋涵豁然开朗，他突然意识到自己和这些优秀的人在一起，是他学习成长的机遇。想法一变，他的感觉也发生了变化，觉得自己斗志昂扬了。

所谓“一念转，天地宽”，我们的压力和负面情绪都和我们的认识、想法有关，负性的念头必然导致负性的感受，而压力也会随之产生。既然我们无法逃避生活的困难和挫折，也无法摆脱无处不在的压力，那么我们何不改变一下自己的想法和态度，让所有的压力事件都从巨山变为助燃剂，让我们的心态从紧张变为兴奋？

要知道，所有不好的事情可能隐含着好的一面，你越是积极地关注好的一面，越会发现好事多于坏事。那些带给你的压力事件也一样，你一旦发现其中好的一面，你就会自然地改变想法和感受，重新鼓起勇气。

锻炼从低谷向上攀登的“弹性肌肉”

我们都不可避免地会遭遇人生的低谷，会承受巨大的压力，但我们要关注的并不是人生的低谷，而是如何走出低谷。况且，当我们身在谷底，只要肯努力，哪个方向都是向上的，我们要锻炼自己向上攀登的能力。

琪琪每天都加班到很晚，有时她在出租房附近的大排档吃饭，心底就会生出一种难以言说的绝望感。

琪琪在一家科技公司做软件测试，因为技术含量低，薪资也少得可怜，扣完五险一金，再除去房租，工资就所剩无几了。日常的伙食费、交通费是固定开支，剩下的那一点钱琪琪都不敢随意花，一不小心就会入不敷出。薪资少，但如果能看到出头之日，能知道不停加班的意义也可以，但琪琪除了疲惫、空虚，看不到眼前生活的意义。她觉得自己的人生已经到了最低谷，没有前路，也没有方向。

琪琪和好朋友说过自己的感受，朋友劝她辞职换个更好的工作。琪琪不是没想过辞职，她甚至向公司提出过辞职，但公司给她加了500元工资，她就又留了下来，继续无望地加班工作。

为什么不能决然走出这种状态，争取更好的生活呢？朋友有时问她，但琪琪回答：我还能做什么？辞职了我能找到新工作吗？而且更好的工作又在哪里呢？

琪琪身上缺乏的正是走出低谷的能力，对于现实她除了忍受别无他法，这让她把自己局限在人生低谷中，无法突破。

最难走出人生低谷的人，往往有三种心理状态：

1. 习惯自我安慰，善用“甜柠檬效应”来平衡内心。比如看到别人的工作更好，就安慰自己现在的工作不用加班，正是自己想要的。这种人总会给当下的状况找借口和理由，欺骗自己安于现状，不再努力。

2. 贪恋“心理舒适区”，即使已经意识到自己的人生处于低谷，也不敢去尝试。琪琪就有这种心态，她不敢抛弃当下已有的利益。

3. 接受“丧文化”，以游戏的态度面对当下的困境。这种心态也是一种自我防御的心态，将人生低谷合理化，从现状中找乐子，从而不思进取，安于现状。

就像肌肉需要锻炼才会越用越发达，我们抗击压力，抵御人生的挫折同样需要锻炼心理的“弹性肌肉”，才能让自己迈过一个又一个人生的坎。

1. 永远不要放弃变得更好、更强的希望，不要安于现状。当你无法忍受当下的生活时，就坚决放弃，积极寻找新的可能。敢走出第一步，你才会有第二步、第三步。

2. 利用一切机会充实自己，提高自己。我们在学校接受的教育，最有价值的部分就是学习能力。唯有不断学习新东西，我们才会有底气向上攀登，向自己新的目标前进。

3. 给身心适当的放松，保持心灵的弹性，让生活有张有弛，你就会不断增加抵抗压力的能力，让人生具有反弹的可能。

CHAPTER 08

第八章

解除过度抑制，发掘内心潜在的能量

向内察觉，发现你不为人知的能量

我们无法付出自己没有的东西，比如爱心、能力、金钱。如果我们自己都没有，那就无法给别人。

然而，每个人究竟能拥有多少东西，能给这个世界多少东西？每当想到这个问题，也许我们应该向内看，向自我的深处探索，看看自己究竟拥有什么。

毕业多年，振豪的人生逐渐稳定，有一份高薪的工作，家庭也平和幸福。但长期的忙碌让振豪感觉自己丧失了对生活的感受。他每天都按部就班地生活，起床上班，处理公司事务，下班回家，处理家中琐事，周末假期就带家人出游。走的地方多了，他觉得旅游也没有意义，无非就是去别人生活的地方吃饭、睡觉、玩手机。

在事业方面，振豪似乎也到了瓶颈期，他已经进入公司高层，但他没有更大的野心，只要做好当前的事就行。但这种波澜不兴的生活状态让振豪很沮丧，总是忍不住问自己：这一生就这样过了吗？

振豪偶然联系到一个高中同学，那个同学在老家一所乡村学校当校长。这位同学的出现让振豪回忆起已经淡忘的岁月。他离开故乡太久，几乎要忘了在那里的生活。和同学聊过之后，他觉得自己应该为故乡做点什么，但又觉得工作、家庭的拖累，让他无法行动。

振豪不断回忆自己的心路历程，追问自己的内心。他发现自己有人脉，有经验，用这些就可以为家乡做点事，至少可以筹集一些资金，捐给家乡，改善那里的教育环境。有了这个想法，振豪立刻联系了几个事业有成的老乡，建立了一个老乡会，和他们商议为家乡筹资捐款。后来事情成熟，他干脆成立了一个基金会，专为不发达的地区提供资金、物品等资助。振豪没想到，自己有这么大的潜能，能在这条路上走这么远。他的事业重心后来转到基金会上，事业越做越大，影响力也越来越大。

遇到人生的困境，我们总习惯向外求索，希望能有外力来帮助自己走出困境。但事实是很多困境完全可以靠我们自己解决，因为我们忽略了自身内在的潜能。

心理学家威廉·詹姆斯认为，一般正常健康的人，在生活中只运用到其能力的一小部分，而大部分潜能并未被挖掘。这不为人知的能力往往蕴含着巨大的能量，可以彻底改变我们的人生。

学会向内求索，向内觉察，问问自己，你真正想要的是什么，你真正能做到什么，你的内心就会产生不一样的力量。

要知道，每个人的能力可以发挥多少，只有少部分受限于外在环境，大部分限制都来自自我，来自自我懈怠，来自自我否定。自我的潜能无法靠别人挖掘，环境也许能激发出它，但真正控制它的还是你自己。只要你想，你愿意，你就能冲破各种限制，发挥出各种潜能，从而开创全新的人生。

维持潜能：创造良性循环

人的潜能犹如地下涌泉，在你需要的时候会涌现出来，解危救急。但我们有没有想过，潜能怎样才会源源不绝地涌现，让我们保持积极向上的力量？

和所有绵延不绝的泉水一样，潜能也需要有不断的活水补充，需要我们创造良好的条件，维持它的良性循环。

从美院毕业的杨薇很容易就找到一份工作，在一家文化公司做美编。很快，杨薇就熟悉了工作，她的能力很强，每次都能轻松地完成任务。

公司要求不高，工作轻松，杨薇每天有大量的时间和朋友、同事玩乐。她的QQ、微信每天信息不断，她自己也聊得不亦乐乎。不知不觉就这样过了3年，杨薇还是美术设计，工资只略微涨了一点而已。

有一天，杨薇碰到一位学姐，她毕业5年，已经是一家大公司的设计总监了。杨薇羡慕地感叹："学姐厉害，这么年轻就做到总监了。"说着她翻出手机里自己的作品给学姐看。

"您给指导指导，提点意见。"杨薇笑着说。

学姐看后说："我记得你当时在学校，获过不少奖，很有想法，很有创意，怎么感觉你现在没有新东西了呢？"

杨薇有些不好意思，说："这些作品都是公司认可推出的，我觉得挺好的……"

学姐笑着说："是挺好的，但看不出你和前些年的变化。"

两个人又聊了很多其他内容，分别时，学姐说："小薇，你公司目前的状况，真的不利于你的发展，别说潜能，你完全发挥正常的能力，我都觉得不太可能。"

学姐的话让杨薇心底一动，她突然意识到自己确实只是在不断重复以前的自己，这种感觉很熟悉，很轻松，但也似乎很无趣。

生活总是在无声无息地消耗着我们，把所有的创造力、所有的能量一点一点榨干。如果我们不能及时挖掘潜在的能力，我们终将被困在庸常的人生里，看不到更加光明灿烂的未来。

努力跳出被消耗的境况，维持潜能的不断开发和利用，我们需要借助更多的力量，充实自己的源头活水。要寻求更多更积极的同类，让自己在与他们的交流互动中汲取新的能量，可能只是一个新的看法，一个新的认知，或者只是一个新的信息，这些新的东西都可能促使你在自己的专业领域不断进步。

维持潜能，让潜能不断发展，你还要努力在已知的领域创造更多的能量。不断地深入挖掘和创造，会让你向他人和外界释放更多的能量，而这些能量会带给你新的东西。

不要把自己局限在某个领域或范围内，认识更多的人，经历更丰富的人生，尝试从各种层面、各种角度去体验生活，观察生活。你经历的越多，感悟可能就越多，而你的人生潜能也会被挖掘得更充分。

怎样做才能挣脱潜能的“上限”

总有那么一些时刻，你会觉得自己走到了路的尽头，看不到未来的方向，也看不到自己的上升空间，甚至感觉不到自己还有什么能力，要开拓什么新的道路。

人在追求个人能力方面，很容易达到一个极致，而这时我们潜能的“上限”就会出现，我们会觉得难以突破。

刘航相信个人奋斗，认为只要自己足够努力，就能获得成功。他大学期间拿到了很多证书，也有意识地锻炼自己各方面的能力，毕业后很顺利地进入了一家知名企业。

在公司内，刘航依旧勤奋努力，工作能力提升得非常快，入职不久就获得了公司肯定，签了5年的聘用合同。刘航积极努力地工作，很快就在职业成长和收入方面走到了前列，工作中他也能独当一面，因而获得了重要的地位。

可是，刘航很快发现，个人能做到的最好程度他已经做到了。他似乎已经用尽自己的能力，不知道接下来怎么办，也不知道他的舞台和发展空间在哪里。

迷茫的刘航再次投入学习，想从那些成功人士身上获得启发。可是，他们讲的那些道理他都知道，而且已经付诸实践，他需要新的突破。

一位合作过的企业家给了刘航启发，他说："你的确很优秀，也很有能力。可是你要发挥能力，实现你的价值，离不开整个社会。脱离了大环境、大社会，你什么都不是。你要想做更大的事业，取得更多的收获，就得投身到社会中去，不能只想着单打独斗。"

企业家的话让刘航意识到，自己以往的认知是竞争性的，而且只想着超过同龄人。当他跑在前面，才发现世界有多大，在这个世界里，他的确不能只靠自己就打拼出一片天地。刘航开始学习合作，尝试和同事更多地互动。很快，公司看到了他的凝聚力和领导能力，提拔他担任管理岗位。刘航新的潜能被挖掘，人生也进入了新的阶段。

全球知名职场社交平台领英的创始人雷德·霍夫曼曾说："无论你的头脑多么聪明，策略多么高明，如果你只演独角戏，你无论如何也赢不了团队。"在如今这个社会组织高度发展的阶段，没有一个人有能力单独做成一件事，我们需要合作，需要在集体中发挥个人才能。作家肖恩·埃科尔认为："小潜能是自己可以取得的有限成就，而大潜能是在与他人相互促进的良性循环中可以取得的成就。"当我们只关注自我成长，强调个人的能力时，我们就会不自觉地给自己设置潜能的"上限"。即使你拥有优秀的个人能力，具备各种条件，你也会发现它们可能毫无用武之地。但如果你在与他人的合作中帮助他人提升，你会发现自己的潜能也随之增加，自己活动的舞台也慢慢扩大。

苹果公司的创始人史蒂夫·乔布斯也说：“商业中的好成绩永远不会只靠一个人达成，而是靠一个团队完成的。”个人的能量毕竟是有限的，你的潜能，不管是智力、创造力还是领导力，都需要与社会和他人发生关联，才能真正发挥作用。所以，摆脱潜能的上限，要投入社会生活，投入团队，不妨从与他人的合作开始。当你与外界不断互动时，你会发现自己变得更强大，变得更有能力了。

激发爱的潜能，让“内在小孩”强大起来

你也许想不到，你的潜能被抑制，你的人生无法突破，会和你爱的能力有关。

在普通人的理解里，爱是获得，是关心，是甜蜜，但爱其实是一种能力，一种发自人类内心的能力。内心有爱的人可以感受世界，为他人付出，而他的潜能也会在爱的过程中不停地被激发，让他的内心变得更加强大。

芊芊是家中的独生女，从小在父母的呵护下长大。被宠大的芊芊内心还是个小孩，总是想寻求帮助和呵护。

参加工作后，芊芊开始感觉到压力。她一直觉得自己很出色，但在其他同事眼里，她的能力较弱。芊芊觉得同事嫉妒她，故意为难她。她向好朋友抱怨：“他们就是欺负我，明知道我刚上班，也不帮我，还整天挖苦我，说我做事太慢。”

但是在职场上，没有人会永远包容她，帮助她，大家都忙着做自己的工作，而成长缓慢的芊芊越来越感到不如意，和同事产生了隔阂。芊芊遇到的挫折越来越多，内心越来越脆弱。

芊芊和爸爸妈妈说起自己的经历，没想到爸爸批评她太脆弱，告诉她要适应社会才行。她向小姨倾诉自己的烦恼，小姨说：“你爸爸没说错啊。你看，现在的你就是要所有人照顾你，帮助你，但你为什么不能拿出自己的实力来帮助别人呢？”

“我为什么要帮助别人？他们都欺负我，跟我作对，我怎么可能帮他们！”芊芊气恼地说。

小姨笑着说：“你啊，心里充满了怨恨，一点也不成熟。你现在需要做的就是去爱他人，爱世界，在爱中感受世界美好的一面。当你能很好地爱这个世界时，你才会真的成熟，真的强大起来。”

不是所有人都有爱的能力，很多人像芊芊一样，内心还是一个小孩，只知道索取、被爱，他们敏感脆弱，容易受伤害，也没有足够的能力去付出。一个无法为他人付出、无法与他人合作的人，也难以挖掘出内心的潜力，取得伟大的成就。

爱可以分为爱自己，爱他人，爱社会，爱世界几个层次。当你的爱能从自身扩大到整个世界时，你会发现没有什么能阻挡你。

激发爱的潜能，要从停止抱怨，懂得感恩开始。一个把世界想象得太黑暗、太复杂的人，无法爱他人，爱社会。这样的人内心只有不满和怨恨，而没有爱。当你感恩身边的一切，感恩周围的人和环境时，你的内心会逐渐温暖，感受到爱，并涌出更多的爱。

激发爱的潜能，还要付诸行动。对他人表达善意，帮助他人，每天做一点好事。良好的行动会把善意回馈给你自身，促使你慢慢发生改变。当你内心的爱逐渐积累，你的能量就会发生变化，爱的潜能也会被激发。

你还可以通过赞美来巩固内心的爱。对他人，对世界，甚至对自己都不要吝啬赞美。当赞美的语言从你的嘴里说出来，你就会为世界增添一份爱的能量。学会关注积极的事物并赞美它。不要进行比较式赞美，在赞美某一事物时贬低另一事物。学会赞美结果，赞美过程，对过程的赞美可能比对结果的赞美更动人。

找回使命感，唤醒心中的“理想”

走出校门的我们都曾是理想主义者，然而走出校门，踏入社会，我们才发现迎接我们的是无穷无尽的琐碎事务。

繁杂忙碌的工作消耗着我们的精力，也消耗着我们的理想，我们就此蜕变为消极悲观的务实者。当心中没有理想的火焰燃烧，没有需要投身的事业去完成，我们的人生便被加上压抑的枷锁。

吴英毕业于师范学校，当初她在家人的反对声里填了一所师范学校，那时的她有个理想，就是做一名优秀的教师，改变各种教育的弊端和陋习。

毕业后，成绩优秀的吴英遭遇了人生的第一次打击。她达不到很多学校的聘用要求，因为人家要么要研究生学历，要么要3—5年的工作经验。后来她降低标准，应聘进了一家民办中学。

这所中学的名气挺大的，但招收的学生水平参差不齐。作为新人，吴英自然接手了成绩偏差的班级。但吴英不在意，教育理想支撑着她，她有信心让自己的学生变成更好的人。

一开学，吴英就投入繁忙的工作中，听课，备课，参加各种教学研讨，还要管理班级日常。她发现学生们并不像自己期望的那样懂事，而家长的各种要求也让她始料不及。各种事务应付下来，早起晚睡的吴英很快就充满疲惫感，只能应付好当下的情况，什么理想的教育和正确的教育理念都顾不上了。

等到放暑假，吴英刚喘口气，招生工作又开始了。在不断的忙碌中，吴英突然发现自己的生命里只剩下工作，根本没有什么事业可谈。她不过是学校这台机器里微不足道的一个小部件，根本不会有太大的影响，更别提对教育事业有什么影响了。

相信很多人和吴英一样，在走出校门的那一刻，觉得自己即将开始伟大的事业，会变成一个伟大人物，像那些各行各业的知名人物一样。可是现实却让我们挣扎在忙碌、维持生存和空虚无聊中。

没有哪个人可以在这种状况下迸发出潜能，一举做成事业。不管现实多么残酷，多么平庸，我们必须找回心中的使命感，唤醒沉睡在心中的理想，释放压抑的潜能。

必须区分清楚“工作”“职业”“事业”“使命”的不同，也必须清楚它们之间的关系。工作是具体的，是我们走向事业目标的基础。在完成工作时，要记得抬头看看远方和前路，思考一下你的事业，找到你的使命，明白你究竟为什么而工作。当你找到内心的使命时，你会发现工作新的意义。

有了使命感的人，内心不再彷徨，不再空虚，反而会涌现出更多改进工作、完善工作的办法。你的潜能也会突破限制，不断发展。

切断负面能量，提升自我价值感

相比于充满自信的人，充满负能量或负面信念的人更容易抑制潜能。因为不相信，他们不敢去尝试或接受；因为不相信，他们故步自封，守在熟悉的一方小天地里，不再展现新的能力。

如果你没有足够的信心，而身边的人也不能给你信心，那么你永远也不能挖掘出内在的潜能，去完成更多、更有成就的事。

严俊是个有想法的人，脑海里总蹦出各种各样的灵感。但每次当他把自己的创意讲出来时，就会受到打击。

逛街时，严俊发现有个店铺的位置特别好，他想盘下来开店。和房东聊过后，他开始规划自己的店。但严俊还没来得及实施，朋友就说："开什么店啊？你又不是当地人，人生地不熟的，万一有人欺负你、敲诈你怎么办？"家里人也说他："放着好好的工作不做，开什么店？"

还有一次，严俊想要投资一个小区的商铺，他前前后后跑了很多次，进行了相关调查，觉得可以投资，五六年后就可以回本，此后如果能卖掉，就能赚到一笔钱。首付不够，严俊找同事借，却被同事质疑说："那么好的商铺怎么可能轮到你？不会被销售骗了吧？""你可要小心，房价现在不好说，那个地方万一没做起来，你可就亏大了。"一连串的负面信息让严俊很快丧失信心，回绝了销售。

好几年过去了，严俊发现自己曾设想了那么多，但一件事都没有做成，不由得心灰意冷。

严俊的经历在很多人身上都发生过，而且继续发生着。大多数人为了求稳，对世界充满不信任，他们只看到负面信息，只相信负面报道，却不挖掘正能量。当一个人接受了很多的负面信息，那些负面的观念一再被证明，要想保持积极的态度就很难。

无论如何，我们都要学会抵抗负面信息，切断负能量，把环境带给我们的负面影响降到最低。世界就是由正面、负面两面构成的，有成功也有失败，有光明也有黑暗，有善良也有恶意，我们不能把关注点只放在负面上，如果那样我们会接受更多的负面信息，变得更加消沉。一个消沉的人是难以鼓起勇气去创新、开拓、创造的，我们的人生潜力也会无法发挥。

切断负能量，因为负能量会让人丧失自我价值感，陷入失望、悲观的境地，一蹶不振。所以，不要拿自己的未来和人生开玩笑，不要以为每天抱怨，每天看负面新闻没什么，这都是负能量对人精神的消耗。

远离一切负面信息、负能量，保持阳光的心态，提升自我价值感，你就能破除压抑，释放潜能。

增强力量：人人都能成为领导

作为人的潜能之一，领导力一直被人看重，但很少有人能充分挖掘领导力潜能，使自己成为团队的领袖或核心。

一直以来，人们都觉得只有那些天赋异禀的人才具有领导力，能成为领导者的人也都是能力超凡的人。但经过心理学家研究发现，领导力不是天生的，而是可以后天造就的。

苏勇是个性格内向的孩子，小时候和伙伴们玩耍都是跟在伙伴们身后，听他们指挥。大人看到就笑话他：“一看你就做不了大事，只会跟在别人屁股后面跑。”

长大后的苏勇也没什么野心，从没想过做领导者。但在大学期间，他参加了学生会，和很多同学学习管理知识。在学生会里，他了解到作为领导者应该具备的品质，也了解到如何才能成为一名领导者，还获得了实践的机会。

积累的成功体验让苏勇摆脱了小时候的束缚，他在工作岗位上继续磨炼自己，以一个领导者的心态考虑问题。很快，他就从同事中脱颖而出，成为大家信赖的中心人物。经过多年的努力，苏勇成了公司的领导者，曾经取笑他的人都转而夸赞他，觉得他越大越有出息。

有的人也许天生具有领导能力，但善于挖掘自身潜能的人，可以弥补性格上的不足，成为出色的领导者，就像案例中的苏勇一样。曾有团队研究过大量领导者或领袖人物，发现领导者普遍具有以下特征：

1. 通过愿景可以唤起团队的凝聚力和专注力。一个出色的领导者会给团队指明发展的方向，让整个团队都朝着同一个愿景前进。

2. 利用沟通赋予工作意义。出色的领导者善于沟通，善于与团队成员交流信息，能引领团队协调一致地持续合作。

3. 通过正确的定位赢得人们的信任。出色的领导者会给自己正确的定位，会给团队正确的定位，并获得成员的认可和信任。有了信任才会有真诚的合作，这对于领导力而言非常重要。

4. 实现自我的成长。任何一个优秀的领导者都不会止步不前，而会注重自我成长，并努力提升自己，让自己始终能承担引领的作用。

领导者能充分表现自我，知道自己的优点和缺点，也知道如何发挥优点，弥补缺点。他们对团体的发展有明确的想法，有目标，也有实现目标的方法。他们不拘泥于已知的一切，敢于在实践中不断学习，不断提高，保持谦卑的状态以获得认可，而不是仅靠领导地位来迫使他人认可。

作为一名出色的领导者，还要学会赋能他人，而不是独自承担一切。让团队中的每个人都发挥出他们的潜能，起到应有的作用，那么整个团队的力量就会增强，而领导者也可以从中获得能量，促进自我展现出更大的才能。

成功自内而外，而非由外而内

我们时常把自己的失败归因为运气不好，阻力太大，或者环境太糟糕等，而那些谦逊的成功者也会说，自己的成功是运气好，是因为幸运，或者别人的帮助。

由此我们可以总结：每一件事的成功，或者人生目标的实现，基本上是由外在环境决定的，与我们个人无关。事实真的是这样吗？

工作5年后，郑兴决定自己创业。他精心准备策划案，找到一个合作伙伴，两个人开始创业。

郑兴与合伙人一起找店铺，一起商讨运营方式。他们最大的难题是启动资金，按他们的计划，还差10万元才能把店铺开起来。合伙人建议去银行贷款，郑兴反对，理由是他们已经不是毕业生创业，银行没有优惠政策，小额贷款也不容易获得。郑兴决定去找职业投资人试试。但没有人愿意投资给他们，那些投资人提出各种问题，挑出各种毛病，否定了他们的想法。无奈之下，两个人只好找亲戚朋友借钱。

店铺总算开起来了，但和当初的设想存在差距，郑兴感觉信心被打击。在经营中，他与合伙人经常出现分歧，店里的生意也迟迟不见起色。郑兴听到的反对声音越来越多，家里人说他糊涂，朋友觉得他太鲁莽，这让他开始怀疑自己的决定。郑兴希望结束店铺生意，但合伙人不同意，两人最后达成协议，店铺的经营转给了合伙人，郑兴退出。

合伙人继续辛苦经营，用尽各种方法扩大生意，他坚信自己的想法能够实现，而且始终积极地应对各种问题。两年后，店铺开始盈利了。郑兴有些后悔，觉得自己没有创业的命，只能给人打工，便不再尝试创业了。

从郑兴与合伙人的态度可以看出，他们对自己做的事有不同的定位，他们对待挫折、困难的态度也不一样。正因为这些不一样，两个人最终的行为和决定也不同。环境给我们提供的是外在条件，而人的内在思维和想法才是决定成功与否的关键。

成功都是自内而外的过程，而不是自外而内的。当你对未来没有明确的规划，当你心中没有实现目标的勇气和决心，当你又缺乏解决困难和问题的思路和技巧，那么你期望的成功就不会来临。

你也许觉得万事俱备，成功就会水到渠成，但现实有太多的变数，万一情况发生变化，考验你的还是你自身的能力。

所以，不要盲目地相信所有的外部条件，摆脱你对运气的依赖，对他人的依赖，你要相信自己，提升自我，激发自己的内在能量，让自己成为所有事情的决定者、控制者，而不是被动的接受者。当你拥有强大的内在能量，你会发现人生的很多结果都掌握在自己手中。

恰到好处地运用潜能，实现人生的蜕变

在一生中，我们总会面临几个岔路口，你选择了哪条路，就会通往怎样的生活。所以，人生的关键点就那么几个，你抓住了，也就成功了。而这些关键点和你的潜能密切相关。

在选择道路时，我们可以考虑两个方面：一是你的选择能否激发你内在的潜

能，让你拥有不一样的能力和不一样的人生；二是你的选择能否让你的潜能得到最大的发挥，让你获得真正的成功。

梁霞喜欢读小说，喜欢文科，但固执的父亲认为学文科没有出路，一定要她学理科。无奈的梁霞只好选了理科来读，后来又在父亲的坚持下读了经济学。

大学课程对于梁霞来说枯燥得不行，她在读本科专业的同时辅修了自己喜欢的文学。毕业后，梁霞进入一家公司，做业务员。她一点也不喜欢这份工作，感觉人生很压抑。

她想做有挑战性又有点创造性的工作。朋友劝她当作家。她试着在网络上写文，但写了几天就觉得这种整天坐着的工作不适合自己。梁霞感觉遇到了人生的瓶颈，看似面前有无数条路，却不知道哪条是自己应该选择的。

她想起曾经看过一句话："你如果不知道自己想干什么，就先想想自己能干什么。"梁霞开始分析自己，她觉得自己有敏锐的感知力，有很强的理解力，特别能理解别人的感受和情绪，她的耐心也不错。朋友听了她的分析说："你适合做和人打交道的工作，要不你学人力资源管理吧，可以做人事工作。"梁霞听了朋友的建议，去培训机构选课程，但当她看到心理咨询师的课程介绍后，感觉一下子找到了想要的职业。她喜欢帮人解决问题，喜欢观察人们的行为和心理，这可能是受小说阅读的影响。但不管怎样，她觉得自己非常适合这个工作。

梁霞毫不犹豫地参加课程培训，顺利地拿下了从业资格证。多年后，她成为心理咨询机构里咨询费用最高的咨询师，成功实现了自己的价值。

每个人具备的潜能不同，当你没有充分挖掘它、展示它时，你就是不起眼的路人甲。但当你在恰当的时候，恰当地挖掘展现它，你就会完成人生的蜕变。

如何恰当地运用你的潜能，不妨从下面几点做起：

1. 像上面故事里的梁霞一样，全面地分析自己，看看自己具备怎样的能力，还有哪些可以挖掘的潜力。只有清楚地了解自我，你才能在恰当的时机展现能力，发挥能力，而不是毫无头绪，毫无准备。

2. 时常和自我对话，了解内心深处的渴望。问问自己，你想成为什么样的人，不要简单地回答，而要非常具体地回答自己，你想要的成功是什么样的：你将从事什么工作，取得怎样的成就，与哪些人来往，过上怎样的生活等。一旦你心中对生活有了具体的规划，你会发现潜能就隐藏其后，等你发挥。

3. 如果你发现自己还没有能力去实现自己想要的生活，那么立刻行动，看一看你还缺乏什么能力，完善它，或者通过专业训练拥有它。当你具备了新的能力，你就可以寻找机会，让它发挥作用，改变人生。

CHAPTER 09 第九章

养成快乐习惯，营造“幸福心理场”

让人生美好充实的秘密：保持快乐

说到美好的人生，每个人的心里都会描绘出一幅美好的蓝图，补充各种幸福的细节。也许你设想的美好人生是拥有高薪工作，获得社会的认可，也许是往来穿梭在旅游胜地，也可能是得一人相爱，择一城安居。

但这些美好的蓝图只是美好人生的表象，是我们的期望在现实中的投影，而不是美好人生的真相。毕竟太多拥有高薪工作的人，能够自由自在旅游的人，或者有了幸福家庭的人并不开心，也不觉得自己的人生很美好。

敬纹觉得自己的人生很美好，很充实，也很开心，但她周围的人非要和她争论，想要改变她。

敬纹毕业于设计专业，很有创意，就职于一家知名度很高的文化公司。她单身，还不想谈恋爱。单身的她很享受工作带来的繁忙，也享受每一个项目带给她的挑战。工作时，她极其投入，但日常的她又非常平静。在租住的小屋里，她给自己做可口的早餐，休息日，她会认真地打扫房间，然后看书刷剧，或者玩一玩游戏，有时也会一个人去看电影，去书店转转。

敬纹很享受一个人的生活，觉得不需要迁就别人，也没有束缚。但周围的人屡次劝她：你也老大不小了，还是找个人结婚吧，一个人的生活是不能长久的。敬纹很奇怪，自己并没有说要长期一个人生活，只是当下喜欢这样的状态而已，为什么其他人都要催她。

有人忍不住问她：“你究竟是怎么想的？你看看和你年龄差不多的人都结婚了，要么都忙着相亲，你怎么还能不着急呢？”

敬纹有些哭笑不得，说：“我不就是没遇到合适的人，才单身吗？好像我一着急，就能找到合适的对象了。我们为什么结婚呢？不就是为了幸福吗？但我现在就挺幸福的啊，为什么一定要结婚？等到有一天，我遇到喜欢的人，而他也恰好喜欢我，我想我们在一起也会幸福的。”

敬纹虽然单身，但她的生活是快乐的、充实的，她知道自己的生活状态，并享受着这种状态带给她的美好。她不排斥婚姻的状态，因为她相信在婚姻里也有美好的存在。对于敬纹来说，她已经掌握了让人生充实美好的秘诀，那就是：保持快乐。

保持快乐，我们才能安心于当下的生活，享受当下生活的美好，让我们经历的每一天都变得有意义。要知道，每一种生活都有它吸引人的地方，也有令人崩溃的可能，我们不能在向往它的时候，只想到它美好的一面，而在经历的时候，却只看到它不好的一面。

保持快乐，需要我们多关注生活中的阳光，多体验阳光带给我们的喜悦之情。从心理学的角度来看，保持快乐会让人体验幸福，并给大脑带来积极的反馈，从而让我们对生活更有信心，更有兴趣。

人生的美好和充实其实很简单，不在于你拥有多少东西，而在于你能从生活中体验到什么。如果你只体验到悲观，就会发现自己的人生总是充满麻烦和悲观的事。但如果你体验到快乐，你就会发现人生的更多乐趣和美好。这就是“吸引力法则”，你的美好生活是你源源不断的快乐体验带来的。

追求快乐并非自私行为

可能我们的先辈经历过太多的磨难，他们要承受更多生活的考验，因此在他们看来，只有严肃认真的生活才是高尚的、有意义的，而快乐的行为是自私自利、不负责任的表现。然而，我们无法杜绝快乐，无法改变对快乐的追求，因为快乐能带给我们幸福的体验，能帮助我们面对人生的不幸和苦难。

雨婷成长在一个传统家庭，父亲主外，母亲主内。为了家庭，雨婷的母亲牺牲了很多，比如曾经升职的机会，和朋友一起出去游玩的机会。雨婷的母亲希望女儿也像她一样以家庭为重。

在母亲的影响下，结婚后的雨婷几乎没有社交活动，也很少参加娱乐活动。儿子3岁那年，母亲和雨婷同住，顺便帮她照看孩子。有天晚上，雨婷打算参加同学聚会，已经都收拾好了，母亲却皱着眉说："你一个有孩子的女人，整天往外跑，不顾家也不顾小孩，这也太自私了吧？"母亲的一番话说得雨婷十分愧疚，犹豫片刻，给同学打电话，推掉了聚会。那晚，雨婷闷闷不乐地看了会儿电视，玩了会儿手机，孩子玩累了，她就给孩子洗澡，自己也早早地睡了。

然而对家尽职尽责没有让雨婷获得幸福感，她觉得母亲其实也不幸福。为了老公和孩子，她们都放弃了曾经喜欢的一切，而重复的家务也消耗着她们的耐心和快乐，家庭变成了沉重的责任，几乎没有温馨和幸福。雨婷突然明白母亲脾气不好的原因了，而她也正变得像母亲一样，严肃刻板，内心不快乐，也不接受身边人的快乐。

很多人像雨婷的妈妈一样，认为追求个人快乐是自私的，是不顾及他人的表现，但这种认知有根本性的错误，就是把个人的快乐等同于别人的痛苦，好像个人快乐了，就会让其他人感觉痛苦。比如你只顾自己开心，你的孩子和老公就可能不开心；你追求自己的开心，就可能让朋友或同事痛苦。真的是这样吗？如果我们在不妨碍他人，不影响他人的情况下寻找自己的快乐，保持内心的喜悦，又怎么会伤害别人？

事实上，认为追求个人快乐就是自私，这种认知反而是追求美好生活的阻碍。

快乐是可以传播的，如果我们自己都无法快乐，又如何能传播快乐？而且，痛苦一般很难分享和承担，但快乐不一样，快乐很容易分享，也很容易感染其他人。单纯的快乐也很容易让人感受到生命的喜悦。

不幸福往往来源于内心的冷酷和强硬的态度，而快乐的人大都拥有温柔的内心，对他人更宽容，更亲切，这份温柔就可以化解生活中大多数的不幸。

快乐的人更容易拥有良好的人际关系，成为大家喜欢并乐于交往的人，而良好的人际关系是决定幸福感的重要指标。

所以，大胆地取悦自己，追求内心的快乐，这不仅能让人更爱自己，也能让人更爱他人，更爱生活。没有什么比内心充满喜悦，充满快乐更有意义了。当我们感受到来自内心的快乐时，人生的价值感也会油然而生。

做一个真正快乐的人，一个内心充实的人，你将不再需要依赖他人来填补空虚。

破除误解：快乐并非在成功之后

看到少年人举手投球，篮球顺利地落入框中，他起跳欢呼时，我们觉得他是快乐的；看到站在领奖台上捧起奖杯的人欢欣雀跃时，我们觉得他们是快乐的；看到历尽艰辛，终于达成目标的人喜极而泣时，我们也觉得他们是快乐的。

在我们的印象中，能获得心仪的工作，能与喜欢的人步入婚姻殿堂，或者能买到喜欢的汽车时，我们会获得快乐。然而，当你真正实现这些期望，获得成功时，却发现这些快乐无比短暂，也没有想象的深刻。

就要到而立之年了，之轩觉得自己的生活并不快乐。他感觉生活在欺骗他，也许不是生活，而是人们给他构建的一个又一个目标在欺骗他。

他想起初中3年，妈妈每天在他耳边唠叨：不要总想着玩，好好学习，考上重点高中就好了。他以为考上重点高中，就会开心幸福，于是压抑着自己，辛苦学习。但考上重点高中，繁重的学习压力依然压抑着他，又是辛苦的3年。

高考结束的那一刻，他非常兴奋，和同学们一起宣泄长久以来的压抑。但那份开心非常短暂，很快他就陷入了漫无目的的无聊中。同样，大学也不像想象的那样轻松，学习压力依然很大，进入工作岗位，也总有一个又一个需要完成的目标。他以为只要完成目标，人就可以轻松快乐起来，但结果是他一次又一次地失望。他感觉一路走来，就没有过多少真正的快乐。

如果我们把快乐定义为成功后的体验，那么我们就会像之轩一样，怀疑自己的人生还有没有真正的快乐。

事实上，对于我们的身心感受而言，成功后才会快乐是我们对快乐最大的误解。快乐和人的快感有关，而快感的基础是神经活动。当我们遇到欣喜的事情时，大脑会分泌引发愉悦感受的物质，刺激神经而让人感觉身心愉悦，于是我们就感到快乐。很多化学物质也可以通过刺激神经让人产生快乐的感受，但这种刺激带来的快感非常短暂，一旦作用消失，人便容易陷入悲伤、抑郁的状况。所以，快感并不是真正的快乐，我们在成功后体验到的那种快感，并不是人生的快乐。

快乐存在于整个生命的过程中，是我们对人生体验、自身价值和生命意义的综合认知。如果你觉得自己的人生有意义、有价值，你所做的事是有意义、有价值的，那么就算事情再难，困难再多，你也会觉得生活很快乐。

快乐是对人生经历的一种感受，一种认知。如果你把关注点只放在成功之上后，你可能会忽略对过程的感受，对当下的体验。你可能会把经历都看成是痛苦的，但事实并非如此，你的每一天，每一次行动，都可能带给你快乐，只是你忽略了而已。

快乐可以存在于任何一个阶段，在经历的开始，经历的过程以及经历的结果上。解除你对快乐设想的局限，你才有机会体验更多的快乐，让自己的人生变成一个快乐的过程，而不是只为了实现目标。

快乐是可以培养和发展的心理习惯

人们普遍认为，快乐和天性有关，有的人天生积极乐观，总能保持微笑，而有的人天生悲观，总是无法开心。

但事实又告诉我们，快乐并不完全由天性决定，而可以受后天的影响发生改变。正如那些生性豁达开朗的人可能会陷入深深的悲苦，而天生忧愁的人也可能变得乐观向上。

雨桐天生内向，性格拘谨，她不喜欢和陌生人相处，也很难接受新鲜事物。在同学眼里，她就是个沉闷而不快乐的人。

但是大学生活改变了她。雨桐也很惊讶自己会和同宿舍的小萱做朋友，明明她们的性格那么不同。小萱生性活泼，整天嘻嘻哈哈，好像没有任何烦恼。她对雨桐说："为什么要不开心？生活带来的麻烦挺多了，我们可不能再给自己添麻烦了。"听到这话笑起来的雨桐，就和她成了好朋友。

和小萱在一起，雨桐深受感染，养成了追求开心的习惯。她们一起追星，买票去看演唱会，拥挤中被踩掉鞋子，也很开心；一起逛街，跟小贩砍价，哪怕只便宜了几毛钱，也乐不可支；就连学习，她们也一唱一和，令人头大的枯燥习题也有了笑点。

不知不觉4年结束，毕业后两人各奔东西。离别时同学们都哭了，雨桐心里也非常难受，她微笑着对小萱说："谢谢你4年来的陪伴，我会一直开心下去。"小萱哭得稀里哗啦，给了雨桐一个大大的拥抱。

工作以后，一遇到不开心的事，雨桐就想起小萱和她说的话：生活已经挺麻烦的了，别再给自己添麻烦。她便调整心态，继续乐观前进。

像许多的人类反应一样，快乐也是我们对自身状态和外界的一种反应，这种反应通常会在你毫无觉察的情况下出现。比如看到喜欢的美食，你会感到开心，而当看到厌恶的场景，你会反感。但所有的反应都可以通过后天的培养与发展而改变。如果你想保持快乐的状态，让自己更开心地面对生活，就应该特意培养你的开心习惯。

1. 保持微笑。经常保持微笑可以有效改善你的形象和感觉，你会从环境中获得更多友善的反馈，而这可以改变你消极的情绪，让你的心情开朗起来。

2. 心存感恩，并积极帮助他人。心存感恩会让我们充满对世界的爱，而爱会让我们化解各种敌对情绪，以及愤怒、憎恶等激烈的负面情绪。心存感恩，积极地帮助他人，你会感受到善意的互动，激发出生命内在的快乐源泉。

3. 保持规律的运动。运动是改善情绪、维持良好情绪的有效方法，经常有规律地参与运动，你会发现烦恼很少再干扰你的状态，而喜悦之情也会从你的内心油然而生。

4. 爱自己，享受能让你快乐的事。爱自己，不等于自私地只为自己，而是在生活中多给自己一点时间，做自己喜欢的事情，让自己在满足中获得愉悦，保持快乐。旅游、看电影，或者做手工、美容美甲都可以，尽情享受爱好带给你的快乐。

5. 尝试新事物，在探索中体验快乐。沉闷而单调的生活容易让人陷入不开心。努力拓宽生活面，可以让更多的新事物带给你新的体验和新的快乐。

6. 积极寻找生活的意义，给生命以充实的内容。生活的意义是你自己赋予的。当你认为某种生活是有意义的，你就有了明确的人生信念，而你的心中就不会出现犹豫、迷茫等负面情感，更容易保持快乐的状态。

挪动不快乐的心理“根基”

快乐是有理由的，而不快乐也是有原因的。有人也许会因为一两件事而感到不开心，但他总能找到开心的理由，从而变得快乐。但有的人从来没有什么事可开心，总是闷闷不乐，不停担忧，那么他很难快乐。

快乐或不快乐都有它们存在的土壤，有它们成长的“根基”。只改变那些可能让你不快乐的情境，也许仍然无法改变你不快乐的人生。

和陶宁比较熟的人，都觉得他不好相处，难说话还喜欢挑刺。陶宁从来没觉得自己有什么错，他觉得自己难说话是有原则的表现，挑刺也是为了对方好，算不上缺点。但因为这个特点，陶宁经常和人闹别扭，自己也不开心。

妻子劝他少和人较劲，少挑别人的毛病，但陶宁忍得了一次，却没法次次都忍住。妻子劝多了，他还烦，发脾气说："我就这样了。我也没说错，不爱听是他们的事。"

有一天陶宁独自去散步，在公园里随便溜达。走在一条小路上，突然迎面跑来一个小孩，他躲避不及，跟小孩撞在一起。小孩被撞得坐在地上，大哭起来。他扶起小孩，那个孩子的妈妈就赶了过来。陶宁忍不住唠叨："我说你这当妈的怎么回事？让小孩这样乱跑。这幸亏是撞在我身上，要是撞到骑自行车的，那还了得？"那位妈妈一个劲儿地道歉，抱着孩子走了。陶宁还气呼呼地嘀咕："真倒霉，散个步都碰上这么倒霉的事。"

这一幕被坐在一边的老先生看到，他劝陶宁："多大点儿事啊，别生气。"陶宁走过去，又和老先生唠叨起来，不知不觉抱怨了一大堆。老先生笑着说："你啊，日子一定过得不开心。"陶宁惊讶地问："你怎么知道？"老先生说："你看你，这么一点小事你就唠叨个没完，可见你心胸不宽广。心胸不宽广，就会爱挑刺，总爱看生活里不好的一面，那你怎么会开心呢？"

听了老先生的话，陶宁忍不住点头："还真被你说中了，但我就是改不了这个习惯。"

老先生说："这个习惯可不能从表面上改，你得从心里去改。你得改你看人看事的方式，得把你心里那不快乐的根拔除。"

大多数情况下，我们也像陶宁一样，知道自己的态度和处理方法不对，知道自己的不开心可以避免，但我们就是忍不住生气，发脾气，弄得自己和他人都不开心。我们只注意到自我的外在表现，却没有意识到深藏在内心深处的缘由，那个最终决定我们言行反应的根本原因——错误认知。

错误认知让我们选择了错误的言行，导致我们的心情变糟，导致我们无法开心地生活。要想从根本上改变我们的不开心，就要尝试改变以下这些错误的认知：

1. 在情感上过度依赖他人，把是否快乐与他人联系起来，认为自己不开心、不快乐就是他人造成的。快乐是一种源自内心的感觉，外人可能是你感受的诱因，但是否快乐可以由自己决定。所以，不要再责备他人，让他人为你的快乐负责，你要努力寻找自己的快乐源泉，控制自己的情绪。

2. 好胜心太强，习惯攀比，不知足，不懂得自我满足。古人说“知足常乐”，知足的人更容易保持快乐的心境，因为知足是对自我的肯定，是对当下的积极反馈。如果好胜心太强，总喜欢与人攀比，就难免觉得自己不够好，不够强，从而引发不快乐的情绪。

3. 追求完美，对人对事过于苛刻。高要求、高标准说起来没错，但不管是在生活中还是工作中，都要避免过分追求完美，过分苛责人和事。当你有了苛求的习惯，陷入过分的苛责，就会养成只看缺点，不看优点的习惯，而这样的习惯会让你做出负面的判断，还怎么能开心起来呢？

动机排序，让一切变得简单

快乐与幸福感、满足感有关。一个心满意足的人很少悲观难过，他一般会表现得积极乐观。而一个总是无法满足所想所求的人，往往很少欢欣雀跃，表现出快乐的模样。

满足是结果，是基本需求和个人追求的实现。而需求给人提供动机，促使人做出各种选择和行动。大多数无法快乐的人，除了需求难以满足外，还可能和无法选择、不知道满足哪个需求有关。

新丽发现自己一不小心就会陷入选择困境，而这些选择困境让她很烦恼，更别提幸福了。

刚参加工作不久，新丽的好朋友就说想回学校继续学习，不想上班，想约她一起考研。新丽当然想再深造，将来也能换个更好的工作。但新丽的家境一般，家里人盼着她早点毕业工作，减轻负担。她发现繁重的学习任务与工作冲突，但她又不敢辞职，不觉异常烦恼。和家里人沟通了几次，又顶着各种压力复习了一段时间后，新丽决定推迟考研。她还无法承受一边上班一边备考的压力。

后来有人给新丽介绍了男朋友，两个人见面后非常投缘，很快就确定了恋爱关系。新丽还有继续考研的想法，但男朋友却想赶快结婚，安稳下来。已经如愿考上研究生的好朋友劝新丽：别急着结婚，先投资自己比较好。但家里人却意见相反，觉得遇到合适的对象就赶紧结婚，错过了缘分，再耽搁下去就麻烦了。

两种意见都有道理，但新丽左右为难，拿不定主意，不知道先结婚安定下来，还是先考研实现自己的理想。

心理学家马斯洛提出了人的需要层次理论，他认为人的需要包括生理需要、安全需要、归属与爱的需要、尊重的需要和自我实现的需要五种，其中生理需要和安全需要是较低层面的需要，而自我实现的需求是最高层次的需要，人只有在满足较低需要的基础上，才能追求更高层次的需要。而这些需要就构成了我们行为的动机。

然而，在追求人生的需要中，人们总会遇到满足不同需要之间的冲突。就像新丽，她的自我实现的需要（考研）和安全需要（稳定的生活）之间发生了冲突，这时她就会陷入烦恼，失去内心的平和，也会失去生活的快乐和幸福感。

生活的烦恼纷繁复杂，各种需求都要我们努力平衡、追求来获得最终的满足。我们如果能把各种需求安排好，就可以跳出烦恼的干扰，保持快乐的心态了。

把对需求的满足简单化，可以从动机排序做起：

1. 可以根据动机的强度来排序，你可以先满足渴望最强烈的需要，再处理其他需要。当人获得最大的满足时，往往可以更心平气和地对待其他需要。

2. 根据需要的重要性来排序，一般最基础、最根本的需要激起的动机最强烈。你可以根据需要的重要程度来进行选择并付诸行动，这会让你以更稳妥的方式获得满足，从而追求更多其他目标。

3. 在给动机排序时，多倾听内心的真实需要，多追问自己更想要什么，而不是从他人的建议出发，探寻自己的需要。这样做的选择会更符合自己的意愿，减少不情愿的感觉。

学会享受每一点微小的快乐

快乐是一种生活态度，一种生活习惯。快乐不需要你特意去寻找，它就存在于日常生活中，你只需要去发现就好。

快乐像河流一样，需要你积攒一点一滴，这样涓涓细流才会汇聚成绵延不绝的河流。我们缺乏的不是快乐，而是享受微小快乐的意识和方法。

工作后的婉妮觉得自己越来越不快乐了，她不知道为什么自己会有这样的感觉、这样的想法。也许是一个人在外生活比较孤独，也许是工作压力比较大，没有了读书时代的轻松。但仔细想想，似乎又都不是。

婉妮偶尔看到一句话——打败你的不是眼前的山峰，而是你鞋子里的一粒小石子。她心生感慨：的确，似乎就是生活中那些小小的不顺，那些鸡毛蒜皮的琐事让自己越来越不开心了。比如拥挤的地铁，不可口的早餐，经常卡顿的电脑，还有小区里那条叫得人心烦的小狗，这些琐碎的不如意，让婉妮失去了快乐的感觉。

在朋友的帮助下，婉妮决定改变自己的状况。她打算每天记录觉得幸运的事，比如：早晨恰好赶上地铁，一路顺利，她可以轻松地走进公司，不用一路狂奔；非常想吃蛋糕，恰好喜欢的一家蛋糕店有优惠活动；偶然路过，发现心仪的裙子正在打折出售，立刻购入；下班时天空开始飘雨，但当她走出地铁站时，雨停了，空气清新……幸运的小事让婉妮觉得心情很好。等记录得多了，她发现生活里开心的事越来越多，而那些让她烦恼的事她也早已淡忘，甚至悄然改变了。

生活中微小的幸运与快乐随处可见，只是它们大多短暂，稍纵即逝。我们也许一个微笑，或者一个大笑就过去了，淡忘了。如果我们能把这些微小的快乐重视起来，好好享受，就会发现它们可以带给我们极大的满足感。

善于享受生活中那些小快乐的人，都有更强的感知能力和觉察能力，他们能看到我们忽略的很多事情，并发现更多可珍惜、可感恩的事情。当这些微小的快乐感受逐渐积累，我们的生活也就变得特别美好、幸福。

不必期待天大的喜事，也不必渴望巨大的成功，生活本来就是由许多的琐碎小事构成的，不妨在小事中享受小小的快乐。繁忙的工作结束后，给自己一段时间冥想、听音乐，或者读一个精彩故事，小小的喜悦会让你放松心灵，恢复身心状态；种一盆绿植，或者喜欢的花，每天精心照料，在它萌发新芽或者绽开花朵时，那种小小的快乐也会让你深受感动；与朋友聚会，一起出游，一起庆祝节日……生活里的快乐本来就很多，你只要学会发现它们。

自娱自乐，为自己的快乐负责

一个内心成熟的人是懂得负责的人，不管是对家庭、社会还是对自己，他都会承担起相应的责任。负责是成熟的标志，也是成熟的表现。

同样，在我们的心灵世界里，负责同样重要。关注自我，关注内心，我们也应撇开外界的干扰，对自己负责，尤其是快乐，你必须对自己负责，而不能依赖别人。

何慧的人生道路比较顺利，但生活有点单调：周一到周五，是忙碌的上班时间，周六、周日双休。

何慧一个人生活，父母在外地，她周末能约的人除了老同学就是新同事。但老同学分散各地，都忙忙碌碌，能约到的时间特别少；同事除了集体活动外，也很少单独相约去玩。

大多数周末，何慧都在自己的出租屋里度过：做点家务，刷刷剧，或者在某个群里聊天。这样的生活重复多了，她渐渐感到郁闷。周末在家两天，说是休息，但打乱了作息规律，到周一上班时她就无精打采，不在状态。

越长大越孤单，何慧不禁这样想。她发现和朋友聚会的可能性越来越小，大量的空闲时间只能独自面对。

邻居姐姐的做法给了何慧启示。她也一个人生活，但她总是满脸微笑，神采奕奕。姐姐在周末很少宅在家里睡觉，她要么早起跑步，要么参加园艺班的插花课。她还报了瑜伽班，有时间就去锻炼。

何慧羡慕姐姐的做法，但又不喜欢运动。姐姐笑着说：“有趣的事那么多，你可以找你感兴趣的事做啊。总之，你得对自己的生活负责，不能只等着别人带给你快乐。”

姐姐的话让何慧猛然醒悟：对啊，为什么不能自己寻找快乐呢？

何慧决定改变周末的生活状态。她喜欢艺术展览，因此开始搜寻各种博物馆、艺术馆的信息，看到感兴趣的展览就去。后来机缘巧合，她做了艺术展的志愿者，帮助艺术馆组织展览。在忙碌中，何慧感觉生活越来越有趣，而她也认识了更多的朋友，还认识了志趣相投的男友，苦闷无聊的生活完全改变了。

节奏加快的现代生活让大家步调一致的可能性越来越小，人们逐渐成为生活里的孤岛。然而这种孤岛状态也给我们更大的自由，以及自我选择生活的自由。所以，你的生活是否快乐，取决于你自己，取决于你是否能够寻找快乐，让心灵保持愉悦。

如果你觉得不快乐，想对自己的快乐负责，就要培养自娱自乐的能力。通过下面的方法，我们可以掌握让自己快乐的方法，开启自己的快乐之路。

1. 找到能让你感觉快乐的事。你可以回忆一下自己的经历和人生，还有哪些想要去做，有哪些兴趣爱好一直被压抑，或者对哪些问题特别感兴趣，但都没时间去实现，去探索。找到它，制订计划，去实现那些能令你开心的目标。

2. 如果你没有未完成的兴趣爱好，或者特别想做的事，不妨开启学习模式，学习新的技能、新的知识。你可以利用闲暇时间为工作学习，也可以完全为自己学习，只要你觉得开心充实就好。

3. 即使你没有更多的兴趣，并且不想学习，你也可以自娱自乐，把每天必须做的事变成令你开心的事。你可以暗示自己，也可以发挥想象，让你枯燥的感受变得生动形象。比如在等车的时候，观察那些来往的行人，发现有趣的现象；你可以在工作中寻找新的处理方式，改变旧的模式；你还可以做出更多花样的美食，犒劳辛苦的自己。总之，自娱自乐需要你行动起来，挖掘自己的快乐源泉。

图书在版编目(CIP)数据

掌控人生的88堂自我控制课 / 杨小曼著. —北京：中国法制出版社，2020.12

ISBN 978-7-5216-1522-7

Ⅰ. ①掌… Ⅱ. ①杨… Ⅲ. ①自我控制–通俗读物 Ⅳ. ①B842.6-49

中国版本图书馆CIP数据核字（2020）第252694号

策划编辑：陈晓冉（chenxiaoran 2003@126.com）

责任编辑：周熔希　　封面设计：李　宁

掌控人生的88堂自我控制课

ZHANGKONG RENSHENG DE 88 TANG ZIWO KONGZHI KE

著者 / 杨小曼

经销 / 新华书店

印刷 / 三河市紫恒印装有限公司

开本 / 710毫米 × 1000毫米　16开　　印张 / 13.25　字数 / 178千

版次 / 2020年12月第1版　　2020年12月第1次印刷

中国法制出版社出版

书号ISBN 978-7-5216-1522-7　　定价：42.80元

北京西单横二条2号　邮政编码100031　　传真：010-66031119

网址：http://www.zgfzs.com　　编辑部电话：010-66038703

市场营销部电话：010-66033393　　邮购部电话：010-66033288

（如有印装质量问题，请与本社印务部联系调换。电话：010-66032926）

中国科学院科学出版基金资助出版

现代数学基础丛书·典藏版 85

代数群引论

黎景辉　陈志杰　赵春来　著

科学出版社

北京

内 容 简 介

本书同时介绍两类代数群：线性代数群和 Abel 概形. 全书分为三篇. 第一篇介绍定义在代数闭域上的线性代数群，主要讨论根系结构，并且讨论线性代数群的 Galois 上同调理论及算术性质. 第二篇讨论群概形，分成两个部分. 前两章是有限群概形，其余三章是讲 Abel 概形的基本理论. 第三篇讨论代数环面的算术性质，并介绍互反律到代数环面上的一个推广.

本书可供大学数学系学生、研究生、教师及相关的研究人员参考.

图书在版编目(CIP)数据

代数群引论/黎景辉，陈志杰，赵春来著. —北京：科学出版社，2006. 9
(现代数学基础丛书・典藏版；85)
ISBN 978-7-03-017861-9

I. 代… II. ①黎… ②陈… ③赵… III. 代数群 IV. O187. 2

中国版本图书馆 CIP 数据核字(2006) 第 096713 号

责任编辑：吕 虹／责任校对：钟 洋
责任印制：徐晓晨／封面设计：陈 敬

科学出版社 出版
北京东黄城根北街 16 号
邮政编码：100717
http://www.sciencep.com
北京凌奇印刷有限责任公司印刷
科学出版社发行 各地新华书店经销
*
2006 年 9 月第 一 版 开本：B5(720×1000)
2025 年 1 月印 刷 印张：29 3/4
字数：559 000
定价：178. 00 元
(如有印装质量问题，我社负责调换)

作 者 简 介

黎景辉，澳大利亚悉尼大学数学系教授，国际知名的数学家．1974 年在美国耶鲁大学获博士学位，曾在世界上若干重要的研究机构和高等学校任职．主要的研究方向是代数学，在现代数论的主要方向（模形式与自守表示、算术代数几何）上都有很深的造诣．

陈志杰，华东师范大学数学系教授、博士生导师．1962 年毕业于华东师范大学数学系．主要研究方向是代数几何和代数群，特别是代数曲面的分类理论．

赵春来，北京大学数学科学学院教授、博士生导师．1984 年在北京大学获博士学位．主要研究方向是代数数论，特别是椭圆曲线的算术理论．

《现代数学基础丛书》序

对于数学研究与培养青年数学人才而言，书籍与期刊起着特殊重要的作用．许多成就卓越的数学家在青年时代都曾钻研或参考过一些优秀书籍，从中汲取营养，获得教益．

20 世纪 70 年代后期，我国的数学研究与数学书刊的出版由于文化大革命的浩劫已经破坏与中断了十余年，而在这期间国际上数学研究却在迅猛地发展着．1978 年以后，我国青年学子重新获得了学习、钻研与深造的机会．当时他们的参考书籍大多还是 50 年代甚至更早期的著述．据此，科学出版社陆续推出了多套数学丛书，其中《纯粹数学与应用数学专著》丛书与《现代数学基础丛书》更为突出，前者出版约 40 卷，后者则逾 80 卷．它们质量甚高，影响颇大，对我国数学研究、交流与人才培养发挥了显著效用．

《现代数学基础丛书》的宗旨是面向大学数学专业的高年级学生、研究生以及青年学者，针对一些重要的数学领域与研究方向，作较系统的介绍．既注意该领域的基础知识，又反映其新发展，力求深入浅出，简明扼要，注重创新．

近年来，数学在各门科学、高新技术、经济、管理等方面取得了更加广泛与深入的应用，还形成了一些交叉学科．我们希望这套丛书的内容由基础数学拓展到应用数学、计算数学以及数学交叉学科的各个领域．

这套丛书得到了许多数学家长期的大力支持，编辑人员也为其付出了艰辛的劳动．它获得了广大读者的喜爱．我们诚挚地希望大家更加关心与支持它的发展，使它越办越好，为我国数学研究与教育水平的进一步提高作出贡献．

杨　乐

2003 年 8 月

前　言

本书讲述代数群. 我们将同时介绍两类代数群：线性代数群和 Abel 概形.

考虑矩阵 $\begin{pmatrix} a & b \\ c & d \end{pmatrix}$, 其中 a, b, c, d 为满足条件 $ad - bc = 1$ 的复数. 由这样的矩阵所组成的集合记作 G. 按矩阵乘法, G 便是一个线性代数群.

取复数 g_2, g_3, 使得 $g_2^3 \neq 27g_3^2$. 以 $\mathbb{P}^2$ 记复数域上的射影平面, 以 x, y, z 记 $\mathbb{P}^2$ 上的齐次坐标. 在 $\mathbb{P}^2$ 内满足方程

$$zy^2 = 4x^3 - g_2xz^2 - g_3z^3$$

的点所组成的集合记为 E. 利用椭圆函数的加法性质可以在 E 上定义交换群结构, 并且这个群的运算可以用多项式来表达. 在这个意义下, E 是一个交换射影代数群. 我们常称 E 为椭圆曲线. 把椭圆曲线推广至相对高维数时便是本书所介绍的 Abel 概形.

科学知识的整理和传播是科教兴国的一个重要支柱, 编写教材是达到这个目的的有效手段. 本书的目的是帮助读者学习代数群论.

说起代数群论的历史, 就要从 Gauss 的 "算术教材"("Disquisitiones Arithmeticae", 1801) 开始. 它详论了二次型, 在此书的最后一部分讨论了带复乘的椭圆曲线. 至于矩阵群, 自从有了群和矩阵的概念, 就开始被研究了. 由二次型所决定的线性代数群便是正交群. 但是真正研究代数群, 则应该从 20 世纪 50 年代 Weil, Dieudonné, 华罗庚, Chevalley, 段学复算起 (见文献 [51] 序言). 不久又进入 Grothendieck 时代, 加上代数数论不断提出新的要求, 代数群论就不停地向前发展. 由于代数群以代数几何为语言, 所以便从 Weil 的代数簇体系转移到 Grothendieck 的概形 – 态射体系.

在代数群方面我国一直具有优秀的工作, 也出版过一批很好的书. 关于典型群有 [8]; 对于实数域的情形有 [7], [16], [4], [20], [19]; 关于 Abel 簇的研究有 [238]. 另一方面, 华东师大在曹锡华领导下自 20 世纪 80 年代以来建立了非常成功的强有力的代数群与量子群的基地, 人才辈出 (可参见文献 [1], [78], [299], [337], [406], [404], [109], [405] 等). 这里不能详列, 读者可去 MathSciNet 查找.

全书分为三篇 ①. 在第一篇, 我们介绍定义在代数闭域上的线性代数群 G, 主要是讨论 G 的根系结构. 然后, 我们讨论线性代数群的 Galois 上同调理论及算术性质.

---

① ①因为本书三篇内容相对独立, 故各篇体例, 如章节、定义、定理、公式等序号自成体系.

第二篇讨论群概形, 分成两个部分. 前两章是有限群概形, 研究的方法和第一篇完全不同. 我们把群概形看作层, 如此便可用同调代数的方法. 为了明白 Abel 概形的挠点, 这部分是必要的.

第二篇其余三章是讲 Abel 概形的基本理论, 在域上的 Abel 概形的理论在 Mumford 的教科书中已有很好的介绍，但是不能避免在一般概形 S 上的 Abel 概形.

以上三种代数结构：线性代数群、Abel 概形和有限平坦群概形, 除了它们都是重要的代数群之外, 还有更重要的原因令我们需要同时了解它们. 比如要了解 Wiles 的费马大定理的证明或要了解来自典型群的志村簇 (Shimura variety) 是 Abel 概形的模空间时, 线性代数群与 Abel 概形是同时出现的, 也是无可避免的.

第三篇讨论代数环面的算术性质. 正如 Abel 簇是具有交换群结构的射影簇, 代数环面则是具有交换群结构的仿射簇. Tate 把代数数域的算术结果推广到代数环面上, 接着 Ono 计算了代数环面的玉河数 (Tamagawa number).

类域论是代数数论的重要部分之一, 而互反律 (reciprocity law) 则是类域论中的中心定理. 在数域上的互反律是首先由日本人高木贞治 (Takagi) 用解析方法证明的, 互反律的代数证明是由 Chevalley、中山正 (Nakayama)、Artin、Tate、Neukirch、Vostokov 发展起来的. 可以说经典的互反律是叙述交换扩张的结构, 而 Langlands 的著名猜想是把互反律推广到非交换扩张去. 这是一个尚未解决的课题. 我们将介绍互反律的一个比较简单的推广：即推广到代数环面上. 这是 Langlands 的工作.

我们假定读者有研究生的基础代数知识. 此外, 代数数域是一个最基本的代数群, 所以读者最好先学习一点初步的代数数论, 如 [3]. 在阅读第一篇之前, 我们假设读者学过代数簇的初等理论, 如 [27] 的第一章或 [14]. 要阅读本书的第二篇, 读者需要具备概形的基本知识, 如 [27] 的第二章或 [14], 并且需要了解概形与函子的关系, 这方面的一些预备知识可以参看 [11]. 在念第二篇后三章之前, 最好能先能学习一点椭圆曲线和 Abel 簇. 椭圆曲线的标准教科书是 [347]; Abel 簇的名家的作品是 [264]. 要了解第三篇, 读者需具备用上同调方法处理类域论的知识.

我们谈谈参考文献. 书末所列的参考文献当然并不完全, 读者在 MathSciNet 上可以查看到全面的文献. 像 [259] 的几何不变量论在 1965 年第一版的参考文献只有 41 篇, 到了 1994 年第 3 版就增加到了 926 篇!

1. 本书第一篇所讨论的线性代数群是指一个带有群结构的定义在域 k 上的仿射簇. 当 k 是代数封闭域时, 经典的资料是 20 世纪 50 年代在巴黎的 Chevalley Seminar[82] (这便是 [147] 中所引的 BIBLE) 和 Rosenlicht 及 Borel 的两篇文章 [313][46]. 接着是 Borel 与 Harish-Chandra 关于算术子群的文章 [52], Borel-Tits 关于抛物子群结构的文章 [54] 以及 Steinberg 关于 Chevalley 群的在 Yale 的讲

义 [358] 和 Steinberg 关于正则半单元的结构 [359]. 当基域是非阿域 (non-archimidian field) 时, 一方面有 Kneser[200], Harder[155][156] 及 Chernousov[79] 的工作, 另一方面有 Bruhat-Tits 非常有创见的工作 [67], 他们引入了 Affine Building 这个新概念, 并用此概念考察非阿域上的线性代数群的结构, 这是研究这些群的无限维表示和局部 Langlands 对应的重要工具.

近些年来人们考虑一些有特定性质的域上的线性代数群的结构, 例如研究所谓 R-Equivalence (Colliot-Thélène, Sansuc, Borovoi, Merkelev) 以及研究高维局部域上 Building 的结构 ([300]).

关于线性代数群的参考书有 [46], [169], [172], [354], [301], [70], [71], [387], [398] 和 [196]. 关于线性代数群的表示可看 [182], [1]. 比较近期的结果可看 Habush-Parshall[154] 编辑的会议记录.

2. 对于有限群概形最早的系统的研究当属 Grothendieck 的 [147] 以及 Dieudonné, Manin, Honda 三人的工作. 与志村簇有关的这方面的工作见 [207], [213].

3. 在第二篇第三、四、五章我们只是介绍了 Abel 概形的一些初浅的性质.

传统的 Abel 簇参考书是: [394], [225], [331]. 这几本书互不包含对方, 又不包括 [273]. 在 Weil 与 Néron 的基础上, 还有 [339]. 以上的工作都是用 [393] 的语言. 现行的 Abel 簇的教科书是 [264], 但这本书并不包含以上几本书的内容.

关于 Abel 概形可以看 [116], [371], [307], [120], [121], [63], [256], [94], [87], [288], [289], [275], [72], [407], [408], [189], [310], [93], 还有 D. Mumford 得 Fields 奖的工作 [259], G. Faltings 得 Fields 奖的文章 [111], 和 20 世纪末最著名的文章 [403].

可惜我们没有介绍形式群. 为此我们建议参看 [411], [412], [237], [241] 和 Manin 的博士论文 [245]. 关于 p-divisible 群可参看 [367], [119], [64], [306], [100], [250], [42].

4. 关于 Langlands 纲领最好是看他自己的说法: [229], [230]. 近人编了一本会议记录: [38], 可以看看. 近日著名的工作有 [162] 和 [104], 以及 Lafforgue 得 Fields 奖的工作 [217]. 至于几何 Langlands 理论可以看 Laumon, Gaitsgory, Kapranov 的文章.

代数群论是有很丰富的内容和广阔的发展空间的. 本书所介绍的只是一个起步点.

本书的第一篇是根据黎景辉在华东师范大学的讲义由陈志杰增写而成. 如果没有曹锡华教授的大力支持和有效的组织工作, 就不会有那场讲演. 在当时艰难的环境下, 邱森、刘昌堃、王建磐、时俭益、叶家琛、陈承东、费青云、潘介正、肖鳞等共同整理并印刷了那本讲义, 也是一次难得的协作. 借此机会我们向他们表示衷心的感谢. 本书的第二篇是黎景辉在北京大学的讲稿, 由赵春来编辑. 至于第三篇则是黎景辉在香港中文大学的讲义. 陈志杰承担了全书的整体编辑工作. 作者之一的黎景辉特向另两位合作者表示感谢, 没有他们的合作, 这本书是不可能完成的.

丁石孙教授、冯克勤教授对本书给予了热忱的支持. 中国科学院科学出版基金的支持对本书得以出版起着关键性的作用. 这也和科学出版社吕虹编审的支持密切相关. 此外, 北京大学数学学院、华东师范大学数学系都在本书的撰写过程中给予很大的支持和帮助, 我们在此一起深表谢意.

目　录

第一篇　线性代数群

第二篇　群概形

第三篇　环面的算术

第一篇　线性代数群

本篇的目的是介绍线性代数群. 线性代数群是矩阵群的推广. 我们主要是讲线性代数群的根系结构和线性代数群的主要例子：典型群.

在大自然中各种周期现象, 如潮水涨退、心脉跳动, 我们是用单周期函数如 $\sin 2\pi x$ 来建造模型进行研究、理解以至制造机器. 函数 $\sin 2\pi x$ 的周期是整数群 $\mathbb{Z}$, 这是个交换群. 只要我们所考虑的现象的周期群是非交换的, 矩阵群便立刻出现了! 在化学的晶体结构研究中, 出现了正交群, 在量子力学中有酉群, 在广义相对论中有对称空间. 本篇所讲的线性代数群是我们把所有这些典型的矩阵群直接推广, 以求找得一种代数结构, 同时包括所有的典型群. 这样, 一方面可以加深了解其共通性, 另一方面可以同时研究所有的典型群以求简化研究和应用的过程. 我们所得的代数结构便是线性代数群. 线性代数群和李代数有非常密切的关系. 正如李代数一样, 我们可以用根系来对线性代数群作分类. 这就是本篇的主要内容.

本篇还介绍了一个新的结构：概齐次向量空间, 又讲了 Galois 上同调与典型群. 在本篇最后一节, 我们讨论了几个与算术子群有关的课题：玉河数 (Tamagawa number), 志村簇 (Shimura variety), Hilbert 第 12 个问题和 Langlands 纲领, 希望对读者阅读文献有些帮助.

第一章 基本概念

1.1 代数群与李代数

1.1.1 线性代数群

这里总是设 k 是特征数为零的代数闭域, 而且考虑到线性代数群的特点. 为叙述方便, 我们不要求代数簇是不可约的. 除特别指出外, 假设所有的代数簇 X 都是定义在 k 上的.

定义 1.1.1 若

(1) G 是抽象群,

(2) G 是仿射代数簇,

(3) G 的乘法运算:

$$\begin{aligned}\mu: G\times G &\longrightarrow G\\ (x,y) &\longmapsto xy\end{aligned}$$

以及求逆运算:

$$\begin{aligned}\iota: G &\longrightarrow G\\ x &\longmapsto x^{-1}\end{aligned}$$

都是代数簇的态射, 则称 G 是**仿射代数群** (affine algebraic group) 或**线性代数群** (linear algebraic group).

例 1.1.1 最简单的例子是域 k 的加法群, 这时的乘法运算与求逆运算分别是

$$\mu(x,y)=x+y,\qquad \iota(x)=-x.$$

这个代数群通常记为 $\mathbb{G}_{\mathrm{a}}$.

例 1.1.2 另一个简单的例子是域 k 的乘法群 $k^*=k\setminus\{0\}$, 这时的乘法运算与求逆运算分别是

$$\mu(x,y)=xy,\qquad \iota(x)=x^{-1}.$$

这个代数群通常记为 $\mathbb{G}_{\mathrm{m}}$.

比较复杂的例子是:

例 1.1.3 一般线性群

$$G = \mathrm{GL}(n,k) = \{(x_{ij}) \mid \det(x_{ij}) \neq 0, x_{ij} \in k\}$$

是代数群. G 满足定义的 (1) 和 (3) 是显然的. 而根据代数几何, G 是 n^2 维仿射空间 $\mathbf{A}_k^{n^2}$ 里使多项式 $\det(x_{ij})$ 不等于零的点构成的主开集, 因此是一个不可约仿射代数簇, 它的仿射坐标环同构于局部环 $k[T_{11}, T_{12}, \cdots, T_{nn}]_{\det(T_{ij})}$.

定义 1.1.2 设 G 与 G' 是代数群, 若映射 $\varphi: G \to G'$ 满足

(1) φ 是抽象群同态,

(2) φ 是簇的态射,

则称 φ 是**代数群同态**. 若 φ 又是抽象群同构, 则称 φ 为**代数群同构**.

定义 1.1.3 设 H 是代数群 G 的子群, 若 H 又是代数簇 G 的闭子簇, 则 H 也是一个代数群, 称 H 是 G 的**闭子群**.

以下的定理说明例 1.1.3 是有代表性的.

定理 1.1.1 任意代数群必同构于某一个 $\mathrm{GL}(n,k)$ 的闭子群.

证明参见 [169] p.63, 定理 8.6.

如果 G 是一个代数群, 可以证明 G 只有一个极大不可约子集包含单位元, 把这个不可约子集记为 G^0, 并称之为 G 的**单位元分支** (identity component). 易证 G^0 是 G 的一个正规子群, 而且

$$[G : G^0] < \infty$$

(参见 [169] p.53, 命题 7.3). 若 $G = G^0$, 则称 G 为**连通的** (connected). 进一步, 若 H 为 G 的闭子群及 $[G : H] < \infty$, 则 $H \supset G^0$. 事实上, 若设 $G = \bigcup_{i=1}^m g_i H$ (其中 $g_1 = e$), 则 $g_i H$ 为闭集 (因为 $\lambda_{g_i} : G \to G : x \mapsto g_i x$ 为自同构), 故 $\bigcup_{i=2}^m g_i H$ 为闭集, 即 $H = G \setminus \bigcup_{i=2}^m g_i H$ 为开集, 所以 $g_i H$ 也是开集. 于是有

$$G^0 = \bigcup_{i=1}^m (G^0 \cap g_i H),$$

$$(G^0 \cap g_i H) \cap (G^0 \cap g_j H) = \emptyset, \qquad \text{对 } i \neq j.$$

由 G^0 的连通性以及 $e \in G^0 \cap g_1 H \neq \emptyset$, 可以得到 $G^0 \subset H$.

单看代数群的定义实在很难想象它们究竟是什么东西, 所以就有分类的必要. 第一个分类的定理就是以下的定理 (参见 [169] p.131, 定理 20.5).

定理 1.1.2 任何一个一维连通代数群必与 $\mathbb{G}_\mathrm{a}$ 或 $\mathbb{G}_\mathrm{m}$ 同构.

从定义出发易证:

命题 1.1.3　(1) $\mathrm{Aut}(\mathbb{G}_{\mathrm{a}}) \cong \mathbb{G}_{\mathrm{m}}$,

(2) $\mathrm{Aut}(\mathbb{G}_{\mathrm{m}}) \cong \mathbb{Z}/2\mathbb{Z}$.

证明　只证 (2). 首先,

$$k[\mathbb{G}_{\mathrm{m}}] = k[T_1, T_2]/(T_1T_2 - 1).$$

设 $\varphi : \mathbb{G}_{\mathrm{m}} \to \mathbb{G}_{\mathrm{m}} \in \mathrm{Aut}(\mathbb{G}_{\mathrm{m}})$, 则 $\varphi^* : k[\mathbb{G}_{\mathrm{m}}] \to k[\mathbb{G}_{\mathrm{m}}]$. 于是

$$\varphi^*(T) = f(T, T^{-1}) = a_kT^k + \cdots + a_0 + a_{-1}T^{-1} + \cdots + a_{-l}T^{-l},$$

其中 $T = T_1$, $T^{-1} = T_2$. 由于 φ 为同态, 对于 $t \in \mathbb{G}_{\mathrm{m}}$, 有 $\varphi(t^{-1}) = \varphi(t)^{-1}$. 设求逆运算为 $\iota : \mathbb{G}_{\mathrm{m}} \to \mathbb{G}_{\mathrm{m}} : t \mapsto t^{-1}$, 则 $\varphi^*\iota^* = \iota^*\varphi^*$. 于是

$$f(T, T^{-1})^{-1} = \varphi^*(T^{-1}) = \varphi^*\iota^*(T) = \iota^*\varphi^*(T) = \iota^*(f(T, T^{-1})) = f(T^{-1}, T).$$

比较 $f(T, T^{-1})^{-1}$ 及 $f(T^{-1}, T)$ 的系数, 可知存在整数 m 使得 $f(T, T^{-1}) = T^m$, 从而对于 $t \in \mathbb{G}_{\mathrm{m}}$, 有 $\varphi(t) = t^m$. 而要使 $\varphi \in \mathrm{Aut}(\mathbb{G}_{\mathrm{m}})$, 必须 $\varphi^{-1} \in \mathrm{Aut}(\mathbb{G}_{\mathrm{m}})$. 令 $\varphi^{-1}(t) = t^n$, 由 $\varphi\varphi^{-1} = 1$ 得 $\forall t \in k^*$, $t^{mn} = t$, 于是 $mn = 1$, $m = \pm 1$, 即

$$\varphi \in \mathrm{Aut}(\mathbb{G}_{\mathrm{m}}) \iff \varphi(t) = t^{\pm 1}.$$

所以 $\mathrm{Aut}(\mathbb{G}_{\mathrm{m}}) \cong \mathbb{Z}/2\mathbb{Z}$.　□

1.1.2　仿射代数簇的切向量空间

这里要复习仿射代数簇的切向量空间的定义. 设仿射代数簇 $X \subseteq \mathbf{A}^n$ 包含仿射空间的零点 0, 并设 X 的定义理想是

$$I(X) = \langle f_1, f_2, \cdots, f_m \rangle,$$

即是由 $f_1, f_2, \cdots, f_m \in k[T_1, T_2, \cdots, T_n]$ 生成的理想. 那么仿射代数簇 $X \subseteq \mathbf{A}^n$ 在 0 点处的切向量空间定义为

$$\mathscr{T}(X)_0 = \left\{ a = (a_1, a_2, \cdots, a_n) \in k^n \;\middle|\; \sum_{i=1}^{n} \frac{\partial f_j}{\partial T_i}(0)a_i = 0, 1 \leqslant j \leqslant m \right\}.$$

这样定义的切向量空间在具体计算时还有不便之处, 为此我们下面给出一个等价定义:

定义 1.1.4 称映射 $\delta: k[X] \to k$ 为 $k[X]$ 在点 $x \in X$ 处的 k **导子** (derivation), 若它满足以下条件:

(1) δ 是 k 线性的,

(2) $\delta(fg) = (\delta f)g(x) + f(x)(\delta g)$,

(3) 对所有的 $\alpha \in k$, $\delta(\alpha) = 0$,

并记 $\mathscr{D}(X)_x$ 为 $k[X]$ 的在 x 处所有 k 导子的集合.

根据导子的性质, 对于在点 $x \in X$ 处的 k 导子 δ, 很容易计算

$$\delta(f) = \sum_i \frac{\partial f}{\partial T_i}(x)\delta(T_i).$$

命题 1.1.4 存在线性空间的同构:

$$\Phi: \mathscr{T}(X)_0 \longrightarrow \mathscr{D}(X)_0.$$

证明 对于 $a = (a_1, a_2, \cdots, a_n) \in \mathscr{T}(X)_0$, 令 $\delta_a(T_i) = a_i$, 这里 T_i 为坐标函数. 对任意的 $g \in k[T_1, T_2, \cdots, T_n]$, 可定义

$$\delta_a(g) = \sum_{i=1}^{n} \frac{\partial g}{\partial T_i}(0)a_i \in k.$$

于是 $\delta_a: k[T_1, T_2, \cdots, T_n] \to k$ 是在 0 点的 k 导子. 由于 a 满足方程组

$$\sum_{i=1}^{n} \frac{\partial f_j}{\partial T_i}(0)a_i = 0, \qquad 1 \leqslant j \leqslant m,$$

易见对于任意的 $f \in I(X)$ 都有 $\delta_a f = 0$. 这样, δ_a 可诱导得映射 $\overline{\delta_a}: k[X] = k[T_1, T_2, \cdots, T_n]/I(X) \to k$, 不难验证, $\overline{\delta_a} \in \mathscr{D}(X)_0$. 从而可定义线性映射:

$$\begin{aligned}\Phi: \mathscr{T}(X)_0 &\longrightarrow \mathscr{D}(X)_0\\ a &\longmapsto \overline{\delta_a}.\end{aligned}$$

反之, 对 $\delta \in \mathscr{D}(X)_0$, 令 $a = (\delta(T_1), \cdots, \delta(T_n)) \in k^n$. 由于 δ 是 $k[X] = k[T_1, T_2, \cdots, T_n]/I(X) \to k$ 的映射, 因此对任意的 $f \in I(X)$, 有 $\delta f = 0$. 特别, 对定义 X 的 $f_1, f_2, \cdots, f_m$ 有

$$\sum_{i-1}^{n} \frac{\partial f_j}{\partial T_i}(0)\delta(T_i) = 0, \qquad 1 \leqslant j \leqslant m,$$

从而

$$a = (\delta(T_1), \cdots, \delta(T_n)) \in \mathscr{T}(X)_0.$$

显然线性映射

$$\Psi : \mathscr{D}(X)_0 \longrightarrow \mathscr{T}(X)_0$$
$$\delta \longmapsto a = (\delta(T_1), \cdots, \delta(T_n))$$

是 Φ 的逆映射, 命题得证. □

1.1.3 代数群的李代数

先复习一下李代数的定义:

定义 1.1.5 若 $\mathfrak{L}$ 是 k 线性空间, $\mathfrak{L}$ 有一个双线性映射 $[\ ,\ ] : \mathfrak{L} \times \mathfrak{L} \to \mathfrak{L}$ 满足下列条件:

$$[X, [Y, Z]] + [Y, [Z, X]] + [Z, [X, Y]] = 0,$$

$$[X, Y] + [Y, X] = 0,$$

其中 $X, Y, Z \in \mathfrak{L}$, 则称 $\mathfrak{L}$ 是一个 k **李代数**. 运算 $[\ ,\ ]$ 称为李乘积.

关于李代数可以参看 [18], [22], [29] 及 [28]. 如果我们对其他域 k 上的李代数有兴趣, 比如 k 的特征是 $p > 0$ 时, 可参看 [322]. 如果假设李代数 $\mathfrak{L}$ 是无限维时, 我们便要研究 Kac-Moody 代数, 可参看 [184] 及 [390]. 量子群是另外一个从无限维李代数演变出来的理论, 可以看 [299], [243], [183], [199] 及 [77]. 此外量子群在量子计算机的应用可见 [198] 及 [110]. 关于例外李代数的结构可以参看 [180], [181] 及 [61].

例 1.1.4 设 $\mathfrak{L} = \mathfrak{gl}(n, k) = M_n(k)$ 是所有系数在 k 里的 $n \times n$ 方阵全体. 对于 $X, Y \in M_n(k)$, 定义

$$[X, Y] = XY - YX.$$

正如熟知的, 关于该李乘积, $\mathfrak{L}$ 构成 k 李代数.

定义 1.1.6 设映射 $\delta : k[G] \to k[G]$ 具有以下性质:

(1) δ 是 k 线性的,

(2) $\delta(fg) = (\delta f)g + f(\delta g)$,

(3) $\delta(a) = 0$ 对所有的 $a \in k$,

则称 δ 是 $k[G]$ 的 k **导子**.

请注意这里定义的 k 导子与一点 $x \in G$ 处的 k 导子 (定义 1.1.4) 的区别.

定义 1.1.7 对于 $g \in G$ 以及 $f \in k[G]$, 定义 $\lambda_g f \in k[G]$ 为: $\lambda_g f(x) = f(g^{-1}x)$, 对任意的 $x \in G$. 则称映射

$$\begin{aligned} \lambda_g : k[G] &\longrightarrow k[G] \\ f &\longmapsto \lambda_g f \end{aligned}$$

为**左平移**.

类似地, 对于 $g \in G$ 以及 $f \in k[G]$, 可以定义**右平移** $\rho_g : k[G] \to k[G]$ 为 $\rho_g f(y) = f(yg)$, 对任意的 $x \in G$.

定义 1.1.8 设 δ 是一个 k 导子, 如果对于任意的 $g \in G$ 有

$$\lambda_g \delta = \delta \lambda_g,$$

则称 δ 是**左不变** k 导子. 把所有左不变 k 导子的集合记为 $\mathfrak{L}(G)$, 易见 $\mathfrak{L}(G)$ 是一个 k 线性空间, 而且可以用下述方式定义一个方括号 [,] 运算:

$$[\delta_1, \delta_2] = \delta_1\delta_2 - \delta_2\delta_1, \qquad \text{对所有的 } \delta_1, \delta_2 \in \mathfrak{L}(G).$$

易证 $[\delta_1, \delta_2]$ 仍是左不变 k 导子, 即 $[\delta_1, \delta_2] \in \mathfrak{L}(G)$. 可以验证 $\mathfrak{L}(G)$ 关于上面定义的方括号运算构成一个 k 李代数, 称为**群 G 的 k 李代数**.

G 的李代数 $\mathfrak{L}(G)$ 与单位元 e 处的切空间 $\mathscr{T}(G)_e \cong \mathscr{D}(G)_e$ 有着极密切的关系.

命题 1.1.5 若记 $\mathfrak{g} = \mathscr{D}(G)_e$, 则存在线性空间的同构:

$$\mathfrak{L}(G) \cong \mathfrak{g}.$$

证明 定义映射

$$\begin{aligned} \theta : \mathfrak{L}(G) &\longrightarrow \mathfrak{g} = \mathscr{D}(G)_e \\ \delta &\longmapsto \theta\delta, \end{aligned}$$

这里对任意的 $f \in k[G]$, 定义 $\theta\delta(f) = \delta f(e)$. 这样定义的 $\theta\delta$ 显然是 e 点的导子, 属于 $\mathscr{D}(G)_e$.

反之, 定义

$$\begin{aligned} \eta : \mathfrak{g} &\longrightarrow \mathfrak{L}(G) \\ X &\longmapsto \eta(X) \overset{\text{记为}}{=\!=} *X, \end{aligned}$$

其含义是: 对任意的 $f \in k[G]$,

$$*X(f)(g) = X(\lambda_{g^{-1}} f), \qquad \forall g \in G.$$

下面验证 $*X \in \mathfrak{L}(G)$.

(i) 验证 $*X$ 是 k 导子：对任意的 $x \in G$ 以及 $f, g \in k[G]$, 有

$$\begin{aligned}
*X(fg)(x) &= X(\lambda_{x^{-1}}(fg)) \\
&= X((\lambda_{x^{-1}}f)(\lambda_{x^{-1}}g)) \\
&= X(\lambda_{x^{-1}}f)\lambda_{x^{-1}}g(e) + \lambda_{x^{-1}}f(e)X(\lambda_{x^{-1}}g) \\
&= *X(f)(x)g(xe) + f(xe)*X(g)(x) \\
&= (*X(f)g + f*X(g))(x).
\end{aligned}$$

因此

$$*X(fg) = *X(f)g + f*X(g).$$

(ii) 验证 $*X$ 是左不变的：对任意的 $x, y \in G$ 以及 $f \in k[G]$, 有

$$\begin{aligned}
\lambda_y(*X(f))(x) &= (*X(f))(y^{-1}x) = X(\lambda_{x^{-1}y}f) \\
&= X(\lambda_{x^{-1}}(\lambda_y f)) = *X(\lambda_y f)(x),
\end{aligned}$$

即

$$\lambda_y(*X) = (*X)\lambda_y.$$

最后是验证 $\theta\eta = \eta\theta$, 这是很容易计算的. □

利用 $\mathfrak{g}$ 与 $\mathfrak{L}(G)$ 的同构, 可将 $\mathfrak{L}(G)$ 里的李乘法 [,] 转移到 $\mathfrak{g}$ 里去, 即定义

$$[X, Y] = \theta([*X, *Y]),$$

这样 $\mathfrak{g}$ 也成了 k 上李代数.

设 $\varphi : G \to G'$ 是代数群的同态, 那么 φ 作为代数簇的态射会诱导单位元切空间的微分 $\mathrm{d}\varphi : \mathfrak{g} = \mathscr{D}(G)_e \to \mathfrak{g}' = \mathscr{D}(G')_{e'}$. (注意 $\varphi(e) = e'$.) 如图:

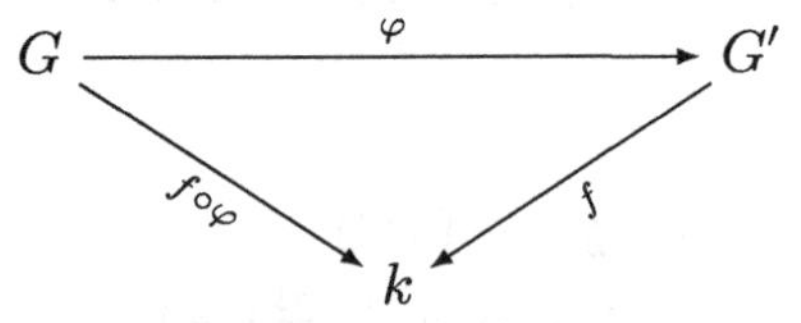

这个线性映射可如下定义：对 $\delta \in \mathfrak{g}$, $f \in k[G']$, 令

$$\mathrm{d}\varphi(\delta)(f) = \delta(f \circ \varphi),$$

则 $\mathrm{d}\varphi(\delta) \in \mathfrak{g}'$.

我们有以下交换图:

$$\begin{array}{ccc} \mathfrak{g} & \xrightarrow{\mathrm{d}\varphi} & \mathfrak{g}' \\ \uparrow{\scriptstyle\theta} & & \downarrow{\scriptstyle\eta'} \\ \mathfrak{L}(G) & \xrightarrow{\overline{\mathrm{d}\varphi}} & \mathfrak{L}(G') \end{array}$$

其中 $\overline{\mathrm{d}\varphi} = \eta' \circ \mathrm{d}\varphi \circ \theta$ 是由 $\mathrm{d}\varphi$ 诱导的线性映射.

命题 1.1.6 $\mathrm{d}\varphi : \mathfrak{g} \to \mathfrak{g}'$ 是李代数同态.

命题的结论相当于 (1.1) 图可交换:

$$\begin{array}{ccc} \mathfrak{g} \times \mathfrak{g} & \xrightarrow{[\ ,\ ]} & \mathfrak{g} \\ {\scriptstyle\mathrm{d}\varphi\times\mathrm{d}\varphi}\downarrow & & \downarrow{\scriptstyle\mathrm{d}\varphi} \\ \mathfrak{g}' \times \mathfrak{g}' & \xrightarrow{[\ ,\ ]} & \mathfrak{g}' \end{array} \tag{1.1}$$

我们将证明 (1.2) 图可交换:

$$\begin{array}{ccc} \mathfrak{L}(G) \times \mathfrak{L}(G) & \xrightarrow{[\ ,\ ]} & \mathfrak{L}(G) \\ {\scriptstyle\overline{\mathrm{d}\varphi}\times\overline{\mathrm{d}\varphi}}\downarrow & & \downarrow{\scriptstyle\overline{\mathrm{d}\varphi}} \\ \mathfrak{L}(G') \times \mathfrak{L}(G') & \xrightarrow{[\ ,\ ]} & \mathfrak{L}(G') \end{array} \tag{1.2}$$

从而通过 θ 映射即可得到关于 $\mathfrak{g}$ 的相应结果. 为此, 我们先证明如下引理.

引理 1.1.7 对 $h' \in k[G']$, $X \in \mathfrak{g}$, 设 $X' = \mathrm{d}\varphi(X)$, 则

$$*X(h' \circ \varphi) = *X'(h') \circ \varphi.$$

证明 先看右边, 对于任意的 $g \in G$, 有

$$\begin{aligned} (*X'(h') \circ \varphi)(g) &= *X'(h')(\varphi(g)) = X'(\lambda_{\varphi(g)^{-1}} h') \\ &= X((\lambda_{\varphi(g)^{-1}} h') \circ \varphi). \end{aligned} \tag{1.3}$$

最后一步是因为对于 $\delta \in \mathfrak{L}(G)$, 有

$$\mathrm{d}\varphi\delta(f) = \delta(f \circ \varphi), \qquad \forall f \in k[G],$$

而对任意的 $x \in G$,

$$(\lambda_{\varphi(g)^{-1}}h') \circ \varphi(x) = h'(\varphi(g)\varphi(x)) = h'(\varphi(gx))$$
$$= \lambda_{g^{-1}}(h' \circ \varphi)(x).$$

所以

$$(\lambda_{\varphi(g)^{-1}}h') \circ \varphi = \lambda_{g^{-1}}(h' \circ \varphi). \tag{1.4}$$

利用此结果,

$$(1.3)\text{ 式} = X(\lambda_{g^{-1}}(h' \circ \varphi)) = *X(h' \circ \varphi)(g), \qquad \forall g \in G.$$

这就证明了

$$*X'(h') \circ \varphi = *X(h' \circ \varphi). \qquad \square$$

现在我们着手证明命题 1.1.6.

证明　首先证明

$$*X'(*Y'(f')) = *X(*Y(f' \circ \varphi)),$$

其中 $X, Y \in \mathfrak{g}$, $X' = \mathrm{d}\varphi(X)$, $Y' = \mathrm{d}\varphi(Y)$, $f' \in k[G']$, $f = \varphi^* f' = f' \circ \varphi \in k[G]$.

事实上只要对 Y', f' 应用引理 1.1.7, 即可算得

$$*X'(*Y'(f')) = *X(*Y'(f') \circ \varphi) = *X(*Y(f' \circ \varphi)).$$

现在证明 (1.2) 图是交换图. 由于

$$\mathfrak{L}(G') = \{\delta : k[G'] \longrightarrow k[G']\},$$

我们需证

$$[*X', *Y']f' = \overline{\mathrm{d}\varphi}[*X, *Y]f', \qquad \forall f' \in k[G'],$$

而

$$\text{左边} = (*X'*Y' - *Y'*X')f' = *X*Y(f' \circ \varphi) - *Y*X(f' \circ \varphi)$$
$$= (*X*Y - *Y*X)(f' \circ \varphi),$$
$$\text{右边} = \overline{\mathrm{d}\varphi}(*X*Y - *Y*X)f' = (*X*Y - *Y*X)(f' \circ \varphi),$$

所以, 左边 = 右边, 命题得证. □

以后我们不再区分 $\mathrm{d}\varphi$ 与 $\overline{\mathrm{d}\varphi}$, 一概记为 $\mathrm{d}\varphi$.

$\mathrm{d}\varphi$ 的一个重要例子是：对 $g \in G$,

$$\begin{aligned}\operatorname{Int} g : G &\longrightarrow G\\ x &\longmapsto gxg^{-1},\end{aligned}$$

这是群 G 的自同构. 把 $\mathrm{d}(\operatorname{Int})\, g$ 记为 $\operatorname{Ad} g$, 不难证明

$$\begin{aligned}\operatorname{Ad} : G &\longrightarrow \operatorname{Aut}(\mathfrak{L}(G))\\ g &\longmapsto \operatorname{Ad} g\end{aligned}$$

是群同态, 也是群 G 在线性空间 $\mathfrak{L}(G)$ 上的表示. 称 Ad 为 G 的**伴随表示** (adjoint representation). 下面我们计算 $\operatorname{Ad} x$ 在李代数 $\mathfrak{g}$ 上的作用.

定理 1.1.8　对任意的 $\delta \in \mathfrak{L}(G)$, 有

$$\operatorname{Ad} x(\delta) = \rho_x \delta \rho_x^{-1}.$$

证明　如图:

$$\begin{array}{ccc}\mathfrak{g} & \xrightarrow{\operatorname{Ad} x} & \mathfrak{g}\\ \theta\uparrow\downarrow\eta & & \theta\uparrow\downarrow\eta\\ \mathfrak{L}(G) & \xrightarrow{\operatorname{Ad} x} & \mathfrak{L}(G)\end{array}$$

$$\delta \longmapsto \operatorname{Ad} x(\delta) = \delta'.$$

对于右平移 $\rho_x : k[G] \to k[G]$, 我们计算 $\theta(\delta'\rho_x)$.

对任何 $f \in k[G]$,

$$\theta(\delta'\rho_x)f = (\delta'\rho_x f)(e), \tag{1.5}$$

由定义,

$$\delta'(\rho_x f) = (\operatorname{Ad} x(\delta))(\rho_x f) = \delta(\rho_x f \circ \operatorname{Int} x), \tag{1.6}$$

而对任意的 $y \in G$,

$$\begin{aligned}\rho_x f \circ \operatorname{Int} x(y) &= \rho_x f(xyx^{-1}) = f(xyx^{-1}x)\\ &= f(xy) = \lambda_{x^{-1}} f(y),\end{aligned}$$

所以

$$\rho_x f \circ \operatorname{Int} x = \lambda_{x^{-1}} f. \tag{1.7}$$

这样将 (1.7) 式代入 (1.6) 式有 (注意到 δ 左不变)

$$\delta'(\rho_x f) = \delta(\lambda_{x^{-1}} f) = \lambda_{x^{-1}}\delta(f).$$

对任意的 $f \in k[G]$, (1.5) 式就成为

$$\begin{aligned}\theta(\delta'\rho_x)f &= \lambda_{x^{-1}}\delta f(e) = \delta f(x)\\ &= \rho_x(\delta f)(e) = (\rho_x\delta)f(e) = \theta(\rho_x\delta)f,\end{aligned}$$

即得

$$\theta(\delta'\rho_x) = \theta(\rho_x\delta).$$

由于 θ 是同构, 故 $\delta'\rho_x = \rho_x\delta$, 得到

$$\delta' = \rho_x\delta\rho_x^{-1}, \qquad \forall\delta \in \mathfrak{L}(G).$$

□

例 1.1.5 $\mathrm{GL}(n,k)$ 的李代数是 $\mathfrak{gl}(n,k)$.

设 $G = \mathrm{GL}(n,k)$, G 的李代数可以从 3 种不同角度认识:

$$\begin{array}{ccccc}
\mathfrak{L}(G) & \leftrightarrow & \mathscr{D}(G)_e & \leftrightarrow & \mathscr{T}(G)_e = \mathfrak{gl}(n,k)\\
*X & \leftrightarrow & X & \leftrightarrow & (X(T_{ij})) = \text{矩阵}(x_{ij})\\
*Xf(g) = X(\lambda_{g^{-1}}f) & & X = \sum \frac{\partial}{\partial T_{ij}}(e)x_{ij} & & x_{ij} = X(T_{ij})\\
\forall f \in k[G], g \in G & & \text{即 } X(f) = \sum_{i,j}\frac{\partial f}{\partial T_{ij}}(e)x_{ij} & & \\
 & & \forall f \in k[G] & &
\end{array}$$

设

$$\mu : \mathrm{GL}(n,k) \times \mathrm{GL}(n,k) \longrightarrow \mathrm{GL}(n,k)$$

是群的乘法, 记 $G = \mathrm{GL}(n,k)$, 则可得到环同态:

$$\begin{aligned}\mu^* : k[G] &\longrightarrow k[G \times G] = k[G] \otimes_k k[G]\\ f &\longmapsto \mu^* f = \textstyle\sum_i f_i \otimes g_i,\ \ f_i, g_i \in k[G],\end{aligned}$$

$$\begin{aligned}\mathrm{d}\mu : \mathscr{T}(G \times G)_{(e,e)} = \mathscr{T}(G)_e \otimes \mathscr{T}(G)_e &\longrightarrow \mathscr{T}(G)_e = \mathfrak{gl}(n,k)\\ X \otimes Y &\longmapsto \mathrm{d}\mu(X \otimes Y) = X \cdot Y,\end{aligned}$$

这里

$$X \otimes Y(f \otimes g) = (Xf)(Xg), \qquad \forall f, g \in k[G]$$

及由定义

$$X \cdot Y = \mathrm{d}\mu(X \otimes Y) = (X \otimes Y) \circ \mu^*.$$

下面我们来证明 $X \cdot Y$ 就是 $\mathfrak{gl}(n,k)$ 中的矩阵乘法.

命题 1.1.9 对 $G = \mathrm{GL}(n,k)$, 我们有以下的双射:

$$\begin{array}{ccccc} \mathfrak{L}(G) & \overset{\theta}{\longleftrightarrow} & \mathscr{D}(G)_e & \longleftrightarrow & \mathscr{T}(G)_e = \mathfrak{gl}(n,k) \\ *X*Y & \longleftrightarrow & X\cdot Y & \longleftrightarrow & XY\ (\text{矩阵相乘}). \end{array}$$

在 $\mathfrak{gl}(n,k)$ 中的李乘法就是

$$[X,Y] = XY - YX,$$

其中 X, Y 是矩阵相乘.

证明 先证左边的一一对应关系, 这相当于证明如下 3 点:

(i) $*Xf = \sum_i f_i X(g_i)$, 其中 $\mu^* f = \sum_i f_i \otimes g_i$,

(ii) $(*X)(*Y(f))(e) = \sum_i X(f_i)Y(g_i)$,

(iii) $\theta(*X*Y)(f) = X\cdot Y(f), \quad \forall f \in k[G]$.

事实上,

(i) 对任意的 $y \in G$, $*Xf(y) = X(\lambda_{y^{-1}} f)$, 而对任意的 $x \in G$,

$$\begin{aligned} \lambda_{y^{-1}} f(x) &= f(yx) = f(\mu(y,x)) \\ &= \mu^* f(y,x) = \sum_i f_i(y) g_i(x), \end{aligned}$$

所以

$$\lambda_{y^{-1}} f = \sum_i f_i(y) g_i, \qquad \text{其中 } f_i(y) \in k.$$

对所有的 $y \in G$ 有

$$*Xf(y) = X\left(\sum_i f_i(y) g_i\right) = \sum_i f_i(y) X(g_i),$$

故

$$*Xf = \sum_i f_i X(g_i).$$

(ii) 由 (i),

$$\begin{aligned} *X(*Y(f))(e) &= X(\lambda_{e^{-1}}(*Y(f)) = X\left(\sum_i f_i Y(g_i)\right) \\ &= \sum_i X(f_i) Y(g_i). \end{aligned}$$

$$\begin{aligned}\text{(iii) } X\cdot Y(f) &= \mathrm{d}\mu(X\otimes Y)(f)\\ &= (X\otimes Y)\circ\mu^*(f) = (X\otimes Y)\left(\sum_i f_i\otimes g_i\right)\\ &= *X(*Y(f))(e) = \theta(*X*Y)(f).\end{aligned}$$

特别, 对 $X,Y\in\mathscr{T}(G)_e=\mathscr{D}(G)_e$, 有

$$\begin{aligned}X\cdot Y(T_{ij}) &= (X\otimes Y)\circ\mu^*(T_{ij}) = (X\otimes Y)\left(\sum_h T_{ih}\otimes T_{hj}\right)\\ &= \sum_h X(T_{ih})Y(T_{hj}) = \sum_h x_{ih}y_{hj},\end{aligned}$$

即矩阵 $(X\cdot Y(T_{ij}))$ 就是矩阵 $(X(T_{ij}))=(x_{ij})$ 与矩阵 $(Y(T_{ij}))=(y_{ij})$ 相乘而得.

左边的一一对应证明后, 右边的一一对应也不难证明. 这是因为 $\mathfrak{gl}(n,k)$ 中的李乘法 $[X,Y]=XY-YX$ 与 $\mathfrak{L}(G)$ 中的李乘法 $[*X,*Y]=*X*Y-*Y*X$ 相对应, 利用已证明的对应即能推出 $X\cdot Y$ 及 $Y\cdot X$ 就是通常的矩阵相乘. □

命题 1.1.10　当 $G=\mathrm{GL}(n,k)$ 时,

$$\mathrm{Ad}\,x(X)=xXx^{-1}\qquad(\text{矩阵乘法}),$$

其中 $X=(X_{ab})\in\mathfrak{g}=\mathfrak{gl}(n,k)$, $x\in G$.

证明　根据双射对应关系:

$$\begin{array}{ccccc}\mathfrak{g}=\mathfrak{gl}(n,k) & \longleftrightarrow & \mathscr{D}(G)_e & \longleftrightarrow & \mathfrak{L}(G)\\ X=(X_{ab}) & \longleftrightarrow & X=\sum X_{ab}\frac{\partial}{\partial T_{ab}}(e) & \longleftrightarrow & *X,\end{array}$$

我们知道 $X_{ab}=X(T_{ab})$, 其中 T_{ab} 是坐标函数:

$$\begin{aligned}T_{ab}: M_n(k) &\longrightarrow k\\ A=(a_{st}) &\longmapsto T_{ab}(A)=a_{ab}.\end{aligned}$$

要算 $\mathrm{Ad}\,x(X)\in\mathfrak{g}$, 只要算出 $\mathrm{Ad}\,x(X)(T_{ij})$. 由下图:

$$\begin{array}{ccc}X\in\mathfrak{g} & \xrightarrow{\mathrm{Ad}\,x} & \mathfrak{g}\ni\mathrm{Ad}\,x(X)\\ \downarrow\uparrow & & \downarrow\uparrow\theta\\ *X\in\mathfrak{L}(G) & \xrightarrow{\mathrm{Ad}\,x} & \mathfrak{L}(G)\ni\mathrm{Ad}\,x(*X)\end{array}$$

先对 $*X \in \mathfrak{L}(G)$ 计算 $\mathrm{Ad}\,x(*X)(T_{ij})$, 因为上图是交换图, 所以 $\mathrm{Ad}\,x(X) = \theta(\mathrm{Ad}\,x(*X))$. 由定理 1.1.8,

$$\mathrm{Ad}\,x(*X) = \rho_x(*X)\rho_x^{-1},$$

现在对任意的 $y \in \mathrm{GL}(n,k)$,

$$(*X)\rho_x^{-1}(T_{ij})(y) = X(\lambda_{y^{-1}}\rho_x^{-1}T_{ij}), \tag{1.8}$$

而对任意的 $z \in \mathrm{GL}(n,k)$,

$$\lambda_{y^{-1}}\rho_x^{-1}T_{ij}(z) = T_{ij}(yzx^{-1}).$$

设 $f(z) = T_{ij}(yzx^{-1})$, $\forall z \in G$, 则

$$\begin{aligned}(1.8) = X(f) &= \sum_{a,b} X_{a,b}\frac{\partial f}{\partial Z_{a,b}}(e) = \sum_{a,b,l,h} X_{a,b}\frac{\partial}{\partial Z_{a,b}}(y_{il}Z_{lh}(x^{-1})_{hj})(e)\\ &= \sum_{a,b} X_{a,b}y_{i,a}(x^{-1})_{b,j} = (yXx^{-1})_{ij}.\end{aligned}$$

这样, 对任意的 $y \in \mathrm{GL}(n,k)$, 计算

$$\begin{aligned}\mathrm{Ad}\,x(*X)(T_{ij})(y) &= \rho_x(*X)\rho_x^{-1}(T_{ij})(y) = \rho_x((*X)\rho_x^{-1}(T_{ij})(y))\\ &= (*X)\rho_x^{-1}(T_{ij})(yx) = (yxXx^{-1})_{ij}\\ &= T_{ij}(yxXx^{-1}).\end{aligned} \tag{1.9}$$

于是由 (1.9) 式, 可得

$$\begin{aligned}\theta(\mathrm{Ad}\,x(*X))(T_{ij}) &= \mathrm{Ad}\,x(*X)T_{ij}(e) = T_{ij}(exXx^{-1})\\ &= T_{ij}(xXx^{-1}).\end{aligned}$$

所以

$$\mathrm{Ad}\,x(X)(T_{ij}) = \theta(\mathrm{Ad}\,x(*X))(T_{ij}) = T_{ij}(xXx^{-1}),$$

也就是说,

$$\mathrm{Ad}\,x(X) = xXx^{-1}.$$

□

1.2 代数群的基本性质

1.2.1 Jordan 分解

设 G 是代数群, $k[G]$ 是它的多项式环, 对 $g \in G$,

$$\begin{aligned} \rho_g : k[G] &\longrightarrow k[G] \\ f &\longmapsto \rho_g f, \end{aligned}$$

即

$$\begin{aligned} \rho : G &\longrightarrow \operatorname{Aut}(k[G]) \subseteq \operatorname{GL}(k[G]) \\ g &\longmapsto \rho_g, \end{aligned}$$

也就是说, ρ_g 是代数 $k[G]$ 的自同构, 也是向量空间 $k[G]$ 上的线性变换, 而 ρ 是 G (在空间 $k[G]$ 上的) 的表示.

定理 1.2.1 对任意的 $g \in G$, 存在唯一的 $s, u \in G$, 使得

(1) $g = su = us$,

(2) ρ_s 是半单变换, ρ_u 是幂幺变换.

证明参见 [51], §4, 定理 4.4, [169] p.99, 定理 15.3.

若 ρ_s 是半单变换, 则称 s 是代数群 G 的**半单元**, 若 ρ_u 是幂幺变换, 称 u 是代数群 G 的**幂幺元**.

例 1.2.1 $T(n,k) = \left\{ \begin{pmatrix} * & \cdots & * \\ & \ddots & \vdots \\ 0 & & * \end{pmatrix} \right\}$: n 阶上三角阵全体,

$D(n,k) = \left\{ \begin{pmatrix} * & & 0 \\ & \ddots & \\ 0 & & * \end{pmatrix} \right\}$: n 阶对角阵全体,

$U(n,k) = \left\{ \begin{pmatrix} 1 & & * \\ & \ddots & \\ 0 & & 1 \end{pmatrix} \right\}$: n 阶幂幺上三角矩阵全体,

它们都是代数群 (参见 [169] p.52, 7.1).

对任何 $t \in T(n,k)$, 存在 $s \in D(n,k)$, $u, u' \in U(n,k)$, 使

$$t = su = u's.$$

如果一个代数群 G 的任意元 g 是幂幺的, 则称群 G 是**幂幺群**.

1.2.2 可对角化群及环面

矩阵群最简单的子群应是 $D(n,k)$. 在一般的代数群要模仿同样的情形便是定义与 $D(n,k)$ 相对应的群.

定义 1.2.1 如果代数群 G 与 $D(n,k)$ 的一个子群同构 (代数群同构), 则称 G 是**可对角化的** (diagonalizable).

因为 $D(n,k)$ 是可换群且每个元素都是半单的, 所以可对角化群也必有这两个特性. 可是, 可对角化群不一定是连通的.

定义 1.2.2 如果 G 是连通的可对角化代数群, 则称 G 是一个**环面** (torus).

例 1.2.2 $D(n,k)$ 就是一个环面.

定理 1.2.2(刚性定理) 设 $\varphi : V \times D \to D'$ 是簇的态射, 其中 D, D' 是可对角化代数群, V 是不可约簇.

若对任意的 $x \in V$,

$$\begin{aligned}\varphi_x : D &\longrightarrow D' \\ d &\longmapsto \varphi_x(d) = \varphi(x,d)\end{aligned}$$

是代数群同态, 则 $x \mapsto \varphi_x$ 是恒等映射, 即对不同的 $x, y \in V$, 均有 $\varphi_x = \varphi_y$.

证明参见 [169] p.106, 命题 16.3, [51] §8, Cor. 8.9, Prop. 8.10.

1.2.3 可解群

设 G 为抽象群, A, B 为 G 的子群, 用 (A,B) 表示由交换子的集合所生成的 G 的子群

$$(A,B) = \langle aba^{-1}b^{-1} \mid a \in A, b \in B \rangle.$$

定义 1.2.3 令 $D^0G = G$, $D^nG = (D^{n-1}G, D^{n-1}G)$, 得到一个序列:

$$D^0G > D^1G > \cdots > D^nG > \cdots$$

称为 G 的**导列**.

定义 1.2.4 令 $\mathscr{C}^0G = G$, $\mathscr{C}^nG = (\mathscr{C}^{n-1}G, G)$, 得到一个序列:

$$\mathscr{C}^0G > \mathscr{C}^1G > \cdots > \mathscr{C}^nG > \cdots$$

称为 G 的**下中心列**.

定义 1.2.5 若存在 n, 使得 $D^nG = D^{n+1}G = \cdots = \{e\}$, 则称 G 是**可解群**. 若存在 n, 使得 $\mathscr{C}^nG = \mathscr{C}^{n+1}G = \cdots = \{e\}$, 则称 G 是**幂零群**.

若 G 是代数群, 上面定义的抽象群 D^nG, $\mathscr{C}^nG$ 都是 G 的闭代数子群 (参见 [169] p.110, 命题 17.2), 因而定义 1.2.5 对代数群也适用.

定义 1.2.6　设 G 是代数群, S 是一个集合, 如果映射

$$\begin{aligned}\varphi: G\times S &\longrightarrow S\\ (g,s) &\longmapsto \varphi(g,s)=g\cdot s(\text{记为})\end{aligned}$$

满足以下条件:

(1) G 的单位元 e 对于任意的 $s\in S$ 有 $e\cdot s=s$,

(2) 对 $a,b\in G$, $s\in S$, 有 $(ab)\cdot s=a\cdot(b\cdot s)$,

则称群 G 作用在集合 S 上. 对固定的 $s\in S$, $G\cdot s=\{g\cdot s\mid g\in G\}$ 称为点 s 的**轨道**. $G_s=\{g\in G\mid g\cdot s=s\}$ 称为点 s 的**稳定子群**.

显然,

$$G\cdot s\longleftrightarrow G/G_s\ (\text{陪集空间}).$$

定理 1.2.3　设 G 为代数群, X 是一个簇, $\varphi: G\times X\to X$ 为簇的态射, φ 定义一个 G 在 X 上的作用, $Q=\{\varphi(G,x)\mid x\in X\}$ 为轨道集合. 设 $m=\min\{\dim Y\mid Y\in Q\}$. 对 $Y\in Q$, 若 $\dim Y=m$, 则 Y 为闭集.

这个定理说明: 维数最低的轨道一定是闭的.

例 1.2.3　这里给出代数群作用在簇上的一个最简单的例子. 设 $\mathrm{PGL}(2,k)=\mathrm{GL}(2,k)/k^*$, 以 $\begin{bmatrix}a&b\\c&d\end{bmatrix}$ 记 $\begin{pmatrix}a&b\\c&d\end{pmatrix}$ 在 $\mathrm{PGL}(2,k)$ 里的像, 以 $\begin{bmatrix}x\\y\end{bmatrix}$ 记 $\mathbb{P}^1$ 的元, 则 $\mathrm{PGL}(2,k)$ 作用在 $\mathbb{P}^1$ 上:

$$\begin{bmatrix}a&b\\c&d\end{bmatrix}\begin{bmatrix}x\\y\end{bmatrix}=\begin{bmatrix}ax+by\\cx+dy\end{bmatrix}.$$

可以证明: $\mathrm{Aut}(\mathbb{P}^1)=\mathrm{PGL}(2,k)$, 而且对 $\boldsymbol{x}_1,\boldsymbol{x}_2\in\mathbb{P}^1$, 若 $\boldsymbol{x}_1\neq\boldsymbol{x}_2$, 则

$$\{g\in\mathrm{Aut}(\mathbb{P}^1)\mid g\boldsymbol{x}_1=\boldsymbol{x}_1,g\boldsymbol{x}_2=\boldsymbol{x}_2\}\cong\mathrm{GL}(1,k).$$

(参见 [169] p.48).

以下定理在以后的讨论有重要地位.

定理 1.2.4(固定点定理)　任一连通可解群 G 作用在一个完备簇上必有固定点. 即当 G 是连通可解群, V 是完备簇, 簇的态射 $\varphi: G\times V\to V$ 定义了 G 在 V 上的一个作用, 则必存在 $x\in V$, 对任意的 $g\in G$ 有 $g\cdot x=x$.

证明 见 [51] 定理 10.4, [169] p.134, 定理 21.2. □

设 G_1, G_2 为代数群, $\varphi: G_2 \to \mathrm{Aut}(G_1)$ 为代数群同态. 若 $g_1 \in G_1$, $g_2 \in G_2$, 以 $g_2 \cdot g_1$ 记 $\varphi(g_2)(g_1)$, 这时 G_2 作用在 G_1 上:

$$\begin{aligned} G_2 \times G_1 &\longrightarrow \quad G_1 \\ (g_2, g_1) &\longmapsto g_2 \cdot g_1. \end{aligned}$$

在积 $G_1 \times G_2$ 上定义一个群运算

$$(g_1, g_2)(g_1', g_2') = (g_1(g_2 \cdot g_1'), g_2 g_2').$$

这样 $G_1 \times G_2$ 便是一个新的代数群, 我们记这个代数群为 $G_1 \rtimes G_2$, 称它为 G_1, G_2 的**半直积** (semidirect product).

定理 1.2.5(可解群结构定理) 设 G 是连通可解群, 则

(1) **(Lie-Kolchin 定理)** 设 $\pi: G \to \mathrm{GL}(V)$ 为代数群同态, 则 V 有 1 维子空间 L 使 $\pi(G)L \subseteq L$.

(2) $G_u = \{g \in G \mid g \text{ 幂幺}\}$ 是 G 的连通正规闭子群.

(3) 若 T, T' 为 G 的极大环面, 则存在 $g \in G_u$ 使得 $gT'g^{-1} = T$.

(4) 设 T 为 G 的任一极大环面, 则 $G = G_u \rtimes T$.

证明 见 [169] p.123, 定理 19.3 及 p.124, 推论. □

推论 1.2.6 设 G 是连通可解代数群, 则 G 的每个半单元 (或幂幺元) 必含于某个极大环面 (或极大连通幂幺子群) 中.

证明 见 [51] §10. □

例 1.2.4 $T(n,k)$ 是可解群, 且有正合列

$$1 \to U(n,k) \xrightarrow{i} T(n,k) \xrightarrow{\pi} D(n,k) \to 1,$$

其中 i 是包含同态, π 是投影. 易证:

$$T(n,k) \cong U(n,k) \rtimes D(n,k).$$

作为定理 1.1.2 的第一个推广, 便是以下的定理.

定理 1.2.7 若连通代数群 G 的维数 $\leqslant 2$, 则 G 必为可解群.

先证一个引理.

命题 1.2.8 设 G 是连通代数群, B 是 G 的极大连通可解子群, T 是 B 的极大环面, 这样若 $B = T$ 或 $B = B_u = \{b \in B \mid b \text{ 幂幺}\}$, 则 $G = B$.

证明 对 $\dim G$ 进行归纳. $\dim G = 0$ 是显然的.

若 $B = T$ 或 B_u, 则 G 幂零. 于是存在 $n \in \mathbb{Z}^+$ 使得 $\mathscr{C}^n(B) \neq \{e\}$, 但 $\mathscr{C}^{n+1}(B) = \{e\}$, 故 $\mathscr{C}^n(B) \subseteq Z(B)$, 从而 $\dim Z(B)^0 > 0$.

我们知 $B/Z(B)^0$ 是 $G/Z(B)^0$ 的极大可解子群, 且 $B/Z(B)^0$ 或者等于 $G/Z(B)^0$ 的极大环面, 或者幂幺. 由 $\dim G/Z(B)^0 < \dim G$ 可用归纳法导出 $G/Z(B)^0 = B/Z(B)^0$, 从而 $G = B$. □

现在可以证明定理 1.2.7.

证明 若 $\dim G \leqslant 2$ 且 G 不可解, 则存在 G 的极大连通可解子群 B 及 $B \neq G$, 因而 $B = T \cdot B_u$. 若 $\dim B = \dim T \cdot B_u = 1$, 则 $B = T$ 或 $B = B_u$. 由命题 1.2.8, $G = B$, 矛盾. □

显然并不是所有的代数群都是可解群, 如 $\mathrm{SL}(2,k)$ 不是可解群. 它的李代数是

$$\mathfrak{L}(\mathrm{SL}(2,k)) = kH + kX + kY,$$

其中

$$H = \begin{pmatrix} 1 & 0 \\ 0 & -1 \end{pmatrix}, \quad X = \begin{pmatrix} 0 & 1 \\ 0 & 0 \end{pmatrix}, \quad Y = \begin{pmatrix} 0 & 0 \\ 1 & 0 \end{pmatrix}.$$

$\dim \mathrm{SL}(2,k) = 3$.

1.2.4 半单群与简约群

由上一小节的结构定理 1.2.5, 可解群的结构已经十分清楚了. 面对一般的 G 与可解群 S 还相差多少呢? 我们总希望找到的可解群 S 还是正规的, 因为这样我们可以得到商群 G/S, 而通过 $(G/S, S)$ 来研究 G.

定义 1.2.7 *称 G 的最大连通正规可解子群 $R(G)$ 为 G 的***根基** (radical).

定义 1.2.8 *称 G 的最大连通正规幂幺子群 $R_u(G)$ 为 G 的***幺根** (unipotent radical). *显然* $R_u(G) \lhd R(G)$.

定义 1.2.9 *若 $R(G) = e$, 则称 G 为***半单代数群** (semisimple group). *若 $R_u(G) = e$, 则称 G 为***简约代数群** (reductive group).

如果对任意有理表示 $G \to \mathrm{GL}(v)$ 及任一 $0 \neq v \in V^G$ ($= G$ 不变向量子空间), 必存在正整数 r 使得有 $F \in (\mathrm{Sym}^r V^*)^G$ 满足条件 $F(v) \neq 0$, 我们称 G 是**几何简约代数群** (geometrically reductive group). Mumford 猜想一个代数群是简约的当且仅当它是几何简约的, 这个猜想被 Haboush 证明 (参见 [259] 第三版 Appendix to Chap I：A). 如果 G 的任意有理表示是**完全可约的** (completely reducible), 则称 G 是**线性简约代数群** (linearly reductive group). 只有在特征 0 的域上, 简约与线性简约是等价的 ([117] p.178; [271]).

对任意代数群的研究, 一般总是通过如下的手续来进行的 (这是属于 Chevalley 的一个定理, 参见 [313])：

任意代数群:	G	
含 e 连通分支:	G^0	G/G^0 是有限群
仿射群	G_1	G^0/G_1 是可换簇
可解群 (根基)	$R(G_1)$	$G_1/R(G_1)$ 是半单代数群
幂幺群 (幺根)	$R_u(G_1)$	$R(G_1)/R_u(G_1)$ 是环面 (由可解群结构)
	(e)	$G_1/R_u(G_1)$ 是简约代数群

从而对一般代数群的研究差不多就归结为半单群的情况了. 在上图中我们用了商群的概念, 在下一小节 (1.2.5 节) 我们澄清一下这个概念.

命题 1.2.9 设 G 是简约代数群, $Z(G)$ 为 G 的中心, 则

(1) $R(G) = Z(G)^0$,

(2) $(G,G) \cap Z(G)^0$ 有限.

证明 (1) 由于 $R(G)$ 是连通可解群, 故 $R(G) = S \cdot R(G)_u$, 其中 S 是环面. 由 G 简约, 知 $R(G)_u = 1$, $R(G)$ 是环面. 对 $R(G)$ 用刚性定理, 可得 $N_G(R(G))^0 = C_G(R(G))^0$. 但由定义 $R(G) \lhd G$, 即 $G \subseteq N_G(R(G))$. 而 G 连通, 故 $G = N_G(R(G))^0 = C_G(R(G))^0$, 得 $R(G) \subseteq Z(G)^0$. 又 $Z(G)^0$ 连通可解正规, 有 $Z(G)^0 \subseteq R(G)$, 所以 $R(G) = Z(G)^0$.

(2) 因 G 仿射, 故 $G \subseteq \mathrm{GL}(V)$, 于是 $Z(G)^0 \subseteq G$ 作用在 V 上. 使得

$$V = \bigoplus_{\alpha \in X(Z(G)^0)} V_\alpha, \qquad V_\alpha = \{v \in V \mid z \cdot v = \alpha(z)v \ \forall z \in Z(G)^0\},$$

其中 $X(Z(G)^0) = \{\alpha : Z(G)^0 \to \mathrm{GL}(1,k)$ 是代数群同态$\}$. 所以

$$C_{\mathrm{GL}(V)}(Z(G)^0) = \bigoplus_\alpha \mathrm{GL}(V_\alpha).$$

设 $g \in (G,G)$, 则因 $g \in G \subseteq \mathrm{GL}(V)$, 可知 $g \in C_{\mathrm{GL}(V)}(Z(G)^0)$, 于是

$$(G,G) \subseteq C_{\mathrm{GL}(V)}(Z(G)^0) \cap (\mathrm{GL}(V), \mathrm{GL}(V)),$$

$$(G,G) \subseteq \bigoplus_\alpha \mathrm{SL}(V_\alpha).$$

所以

$$Z(G)^0 \cap (G,G) \subseteq \bigoplus_\alpha Z(\mathrm{GL}(V_\alpha)) \cap \mathrm{SL}(V_\alpha),$$

而等式右边是有限集. □

1.2.5 商

关于代数群的商群, 有以下的定理.

定理 1.2.10 设 H 是代数群 G 的闭子群.

(1) 存在有理表示 $\varphi: G \to \mathrm{GL}(V)$ 及 V 的一维子空间:

$$L = \{av_0 \mid a \in k\} \qquad (v_0 \in V),$$

使得

$$H = \{g \in G \mid \varphi(g)L = L\}.$$

(2) 以上的表示定义一个 G 在 $\mathbb{P}(V)$ 上的作用:

$$\begin{aligned} G \times \mathbb{P}(V) &\longrightarrow \mathbb{P}(V) \\ (g, [v]) &\longmapsto g \cdot [v] \stackrel{\text{def}}{=\!=} [\varphi(g)v] \end{aligned}$$

(其中 $[v]$ 表示 $v \in V$ 所确定的 $\mathbb{P}(V)$ 的点), 对这个作用, $[v_0]$ 的稳定群是 H. 把轨道 $G \cdot [v_0]$ 记为 Y, 又设

$$\begin{aligned} \pi: G &\longrightarrow Y \\ g &\longmapsto g \cdot [v_0], \end{aligned}$$

则

(i) Y 是拟射影簇.

(ii) π 是簇的开态射, $\pi(G) = Y$, 且对任意的 $g, g' \in G$, 有 $g \cdot \pi(g') = \pi(gg')$.

(iii) 对任意的非空子集 $S \subseteq Y$, $\pi^{-1}(S)$ 为 H 的陪集的并集.

(iv) 设有簇的态射 $\psi: G \to X$ 满足下述条件:

对任意的子集 $S \subseteq X$, 若 $\pi^{-1}(S) \neq \emptyset$, 则 $\psi^{-1}(S)$ 为 H 的陪集的并集.

则存在簇的态射 $\rho: Y \to X$ 使得 $\rho\pi = \psi$.

(3) 若 H 为 G 的正规闭子群, 则 Y 是仿射代数群.

证明 见 [51] Th. 5.1, 6.8; [169] 第 IV 章. □

我们常以 G/H 记上述定理中的 Y.

1.2.6 中心化子

设 G 为代数群, 对于子集 $S \subseteq G$, 设

$$C_G(S) = \{g \in G \mid gsg^{-1} = s \quad \forall s \in S\},$$

$$N_G(S) = \{g \in G \mid gSg^{-1} = S\},$$

分别称 $C_G(S)$ 和 $N_G(S)$ 为 S 在 G 里的**中心化子**及**正规化子**.

命题 1.2.11 设 H 为 G 的闭子群, 则

(1) $C_G(H)$ 及 $N_G(H)$ 均为 G 的闭子群 (见 [169] p.59, 推论 8.2).

(2) $\mathfrak{L}(C_G(H)) \subseteq C_{\mathfrak{L}(G)}(\mathfrak{L}(H)) \stackrel{\text{def}}{=\!=} \{X \in \mathfrak{L}(G) \mid [X, \mathfrak{L}(H)] = 0\}$ (见 [169] p.78, 练习 5).

$\mathfrak{L}(N_G(H)) \subseteq N_{\mathfrak{L}(G)}(\mathfrak{L}(H)) \stackrel{\text{def}}{=\!=} \{X \in \mathfrak{L}(G) \mid [X, \mathfrak{L}(H)] \subseteq \mathfrak{L}(H)\}$ (见 [169] p.75, 推论 10.4B).

小心计算李代数的维数便可得以下定理 (参见 [169] p.116, 命题 18.1).

定理 1.2.12 若 H 为 G 的闭子群, 半单元 $s \in N_G(H)$, 则

$$\mathfrak{L}(C_H(s)) = C_{\mathfrak{L}(H)}(s),$$

其中

$$C_{\mathfrak{L}(H)}(s) \stackrel{\text{def}}{=\!=} \{X \in \mathfrak{L}(H) \mid (\mathrm{Ad}\, s)(X) = X\}.$$

从这定理便可得到一个有用的命题:

命题 1.2.13 若 H 为 G 的闭子群, 可对角化子群 $D \subseteq N_G(H)$. 设

$$C_{\mathfrak{L}(H)}(D) \stackrel{\text{def}}{=\!=} \{X \in \mathfrak{L}(H) \mid (\mathrm{Ad}\, x)(X) = X \quad \forall x \in D\},$$

则

$$\mathfrak{L}(C_H(D)) = C_{\mathfrak{L}(H)}(D).$$

证明 由于命题 1.2.11 (2), 只需证 $\mathfrak{L}(C_H(D)) \supseteq C_{\mathfrak{L}(H)}(D)$.

若 $H^0 \subseteq C_H(D)$, 则 $\mathfrak{L}(H) \subseteq \mathfrak{L}(C_H(D))$, 命题便得证. 若这条件不成立, 我们便对 $\dim H$ 作归纳证法. $\dim H = 0$ 不用证. 取 $s \in D$ 使 $\dim C_H(s) < \dim H$. 显然 $C_H(D) \subseteq C_H(s)$. 由定理 1.2.12, $C_{\mathfrak{L}(H)}(s) = \mathfrak{L}(C_H(s))$, 所以 $C_{\mathfrak{L}(H)}(D) \subseteq \mathfrak{L}(C_H(s))$. 用归纳假设便得 $\mathfrak{L}(C_H(D)) \supseteq \mathfrak{L}(C_{C_H(s)}(D)) = C_{\mathfrak{L}(C_H(s))}(D) = C_{\mathfrak{L}(H)}(D) \cap \mathfrak{L}(C_H(s)) = C_{\mathfrak{L}(H)}(D)$. □

还要补充两个命题.

命题 1.2.14 设 G 为连通代数群, $S \subseteq G$ 是环面, 则 $C_G(S)$ 是连通群.

参看 [169] p.140, 定理 22.3.

命题 1.2.15 设 G 为连通可解代数群, H 为 G 的子群, H 的元为半单元, 则

$$N_G(H) = C_G(H).$$

参看 [169] p.124, 命题 19.4.

以上关于中心化子的结果可以推广到群 T 作用在群 G 上的情形. 设 $\varphi: T \to \mathrm{Aut}(G)$ 为代数群同态, 则 φ 定义一个 T 在 G 上的作用: 对 $t \in T$ $g \in G$, $t \cdot g = \varphi(t)(g)$. 对 $X \in \mathfrak{L}(G)$, 以 $t \cdot X$ 记 $\mathrm{d}\varphi(t)(X)$. 设

$$C_G(T) = \{g \in G \mid t \cdot g = g \quad \forall t \in T\},$$

$$C_{\mathfrak{L}(G)}(T) = \{X \in \mathfrak{L}(G) \mid t \cdot X = X \quad \forall t \in T\}.$$

命题 1.2.16　设 $\varphi: T \to \mathrm{Aut}(G)$ 为代数群同态, T 为可对角化群, 则

$$\mathfrak{L}(C_G(T)) = C_{\mathfrak{L}(G)}(T).$$

证明　把命题 1.2.13 中的 G, H, D 分别设为 $G \rtimes T, G, T$, 并注意到 $(1,t)(g,1)(1,t^{-1}) = (t \cdot g, 1)$, 便立即得到本命题. □

若我们进一步设 T 是环面, 则 $\mathrm{d}\varphi(T)$ 是向量空间 $\mathfrak{g} = \mathfrak{L}(G)$ 上的一组交换半单变换, 故 $\mathfrak{L}(G)$ 内存在基底使 $\mathrm{d}\varphi(T)$ 同时对角化, 也就是说存在一组同态 $\Phi_\varphi(G,T) = \{\alpha : T \to \mathrm{GL}(1,k) \mid \alpha$ 不是映到单位元的常映射$\}$ 使

$$\mathfrak{g} = C_{\mathfrak{g}}(T) \bigoplus_{\alpha \in \Phi_\varphi(G,T)} \mathfrak{g}_\alpha,$$

其中

$$\mathfrak{g}_\alpha = \{X \in \mathfrak{g} \mid t \cdot X = \alpha(t) X\}.$$

1.2.7　生成元

要研究一个群的结构可从生成元的性质开始, 以下命题提出一个生成元集合.

命题 1.2.17　设 G 为连通群, T 为环面, $\varphi : T \to \mathrm{Aut}(G)$ 为同态, 对 $\alpha \in \Phi_\varphi(G,T)$, 设 $T_\alpha = (\mathrm{Ker}\,\alpha)^0$, 设 G' 为由

$$\{C_G(T_\alpha) \mid \alpha \in \Phi_\varphi(G,T)\}$$

所生成的 G 的子群. 若 $G \neq C_G(T)$, 则 $G = G'$.

证明　设

$$\mathfrak{g}_0 = C_{\mathfrak{g}}(T) = \mathfrak{L}(C_G(T)),$$

则

$$\mathfrak{g} = \mathfrak{g}_0 \bigoplus_{\alpha \in \Phi_\varphi(G,T)} \mathfrak{g}_\alpha.$$

这样由 $G \neq C_G(T)$ 可知 $\mathfrak{g} \neq \mathfrak{g}_0$ 从而 $\Phi_\varphi(G,T) \neq \emptyset$.

对于 $\alpha \in \Phi_\varphi(G,T)$, 有 $\mathfrak{L}(C_G(T_\alpha)) = C_{\mathfrak{g}}(T_\alpha) \supseteq \mathfrak{g}_0 + \mathfrak{g}_\alpha$, 因而

$$\mathfrak{L}(G') \supseteq \mathfrak{g}_0 \bigoplus_{\alpha \in \Phi_\varphi(G,T)} \mathfrak{g}_\alpha = \mathfrak{g} = \mathfrak{L}(G).$$

由 $G' \subseteq G = G^0$ 可得 $G = G'$. □

第二章　代数群的根系

2.1　代数群的根

2.1.1　Borel 子群

定义 2.1.1　称 G 的极大连通可解子群为 G 的 Borel **子群**. 由 G 的 Borel 子群所组成的集合记为 $\mathfrak{B}_G$. 对 G 的任一子群 H, 设 $\mathfrak{B}_G^H = \{B \in \mathfrak{B}_G \mid B \supset H\}$.

例 2.1.1　$T(n,k) \in \mathfrak{B}_{\mathrm{GL}(n,k)}$.

定理 2.1.1　设 B 是 G 的 Borel 子群.

(1) (完备性定理) G/B 是射影簇 (见 [51] 定理 11.1; [169] p.134, 定理 21.3).

(2) (共轭性定理) G 的所有 Borel 子群均与 B 共轭 (见 [169] p.134, 定理 21.3).

(3) (稠密性定理) $G = \bigcup_{g \in G} gBg^{-1}$ (见 [51] 11.9; [169] p.139, 定理 22.2).

(4) (生成元定理) 取 G 任一极大环面 T, 则 G 可由 $\mathfrak{B}_G^T$ 生成 (见 [169] p.154, 推论 25.2C).

(5) (正规化子定理) $B = N_G(B)$ (见 [51] 11.16; [169] p.143, 定理 23.1).

定义 2.1.2　设 G 是连通简约代数群, P 是 G 的子群, 如果 P 包含 G 的一个 Borel 子群, 就称 P 是**抛物子群** (parabolic subgroup) (见 [51] §11.2).

我们只证明以上的 (1) 与 (2). 为此, 我们复习一下 Grassmann 簇与旗簇的概念. k 上 n 维向量空间 V 的 d 维子空间的集合记为 $G(d,n)$. 用 $\langle v_1, v_2, \cdots, v_d\rangle$ 记以 $\{v_1, v_2, \cdots, v_d\}$ 为基的子空间, 定义 Plücker 映射

$$p : G(d,n) \longrightarrow \mathbb{P}(\wedge^d V)$$
$$\langle v_1, v_2, \cdots, v_d\rangle \longmapsto [v_1 \wedge v_2 \wedge \cdots \wedge v_d].$$

则 p 是一一映射, p 的像集是射影空间 $\mathbb{P}(\wedge^d V)$ 中 C_n^{d+1} 个二次超曲面的交集, 因此 $G(d,n)$ 是一个射影簇 (参见 [135], 第一章 §5; [51] §10.3).

V 的**旗簇** (flag variety) 是

$$\mathfrak{F}(V) = \{(V_1, \cdots, V_n) \in G(1,n) \times \cdots \times G(n,n) \mid V_i \subsetneq V_{i+1},\ 1 \leqslant i < n\}.$$

不难验证 $\mathfrak{F}(V)$ 是 $G(1,n) \times \cdots \times G(n,n)$ 的闭子集, 故也是射影簇 (见 [169] p.15).

证明 设 S 为 $\mathfrak{B}_G$ 中维数最大的元, 根据定理 1.2.10, 存在表示 $G\to \mathrm{GL}(V)$ 及 1 维空间 $V_1\subseteq V$ 使 $S=\{g\in G\mid g\cdot V_1=V_1\}$, 故 S 作用在 V/V_1 上. 由定理 1.2.5(1), 可得 V 的 2 维子空间 $V_2\supset V_1$, 使得 $S\cdot(V_2/V_1)=V_2/V_1$. 如此继续下去便可得一个旗 (假设 $\dim V=n$)

$$f=(V_1\subsetneqq V_2\subsetneqq\cdots\subsetneqq V_n=V)\in\mathfrak{F}(V),$$

使得 $S\cdot V_i\subseteq V_i\ (1\leqslant i\leqslant n)$, 透过表示 $G\to\mathrm{GL}(V)$, G 作用在 $\mathfrak{F}(V)$ 上: 对于 $g\in G$,

$$g\cdot(V_1\subsetneqq V_2\subsetneqq\cdots\subsetneqq V_n)=(g\cdot V_1\subsetneqq g\cdot V_2\subsetneqq\cdots\subsetneqq g\cdot V_n).$$

这样, 以上的 f 的稳定子群显然是 S, 于是有双射 $G/S\longleftrightarrow G\cdot f$. 另一方面, 对任一旗 $\tilde f=(\widetilde{V_1}\subsetneqq\widetilde{V_2}\subsetneqq\cdots\subsetneqq\widetilde{V_n})$, 存在 V 的基 $\{v_1,\cdots,v_n\}$ 使 $\widetilde{V_1}=kv_1$, $\widetilde{V_2}=kv_1+kv_2,\ldots$, 对应这个基, $\tilde f$ 的稳定子群 $\widetilde S$ 必与 $T(n,k)$ 的一个子群同构, 故 $\widetilde S$ 亦为可解群, 于是 $\dim\widetilde S\leqslant\dim S$. 这就告诉我们 $G\cdot f$ 是维数最小的轨道, 所以根据定理 1.2.3, $G\cdot f$ 是闭集. 由于旗簇 $\mathfrak{F}(V)$ 是射影簇, 因此 $G\cdot f$ 是射影簇. 由定理 1.2.10(2)(i), G/S 是拟射影簇, 因此也是射影簇.

现在让 B 作用在 G/S 上: 对于 $b\in B$, $g\in G$, $b\cdot(gS)=bgS$. 由固定点定理 1.2.4, 知有 $gS\in G/S$ 使 $BgS=gS$, 所以 $g^{-1}Bg\subseteq S$. 但 $g^{-1}Bg$ 与 S 均为 Borel 子群, 由 Borel 子群的极大性得 $g^{-1}Bg=S$. 现在定理是显然了. □

推论 2.1.2 *若 H 为 G 的连通子群, 则 H 是 G 的 Borel 子群当且仅当 H 可解及 G/H 完备.*

证明 充分性: 根据固定点定理 1.2.4, 知 B 在 G/H 上的作用有固定点, 即存在 $g\in G$, 使 $g^{-1}Bg\subseteq H$. 但 $g^{-1}Bg\in\mathfrak{B}_G$ 是 Borel 子群, 由 Borel 子群的极大性得 $g^{-1}Bg=H$, 即 $H\in\mathfrak{B}_G$. □

命题 2.1.3 *映射*

$$\begin{aligned}\varphi: G/B&\longrightarrow\mathfrak{B}_G\\ gB&\longmapsto gBg^{-1}\end{aligned}$$

是双射.

证明 由 Borel 子群的共轭性定理可知 φ 是满映射. 另一方面, 若 $\varphi(gB)=\varphi(g_1B)$, 则 $gBg^{-1}=g_1Bg_1^{-1}$. 于是 $g_1^{-1}g\in N_G(B)=B$ (正规化子定理), 即 $gB=g_1B$ 说明 φ 又是一一映射. □

G 可以通过左平移作用在 G/B 上: 对 $x \in G$, 令 $\lambda_x(gB) = xgB$. 另一方面, G 亦通过共轭作用在 $\mathfrak{B}_G$ 上: 对于 $x \in G$, $S \in \mathfrak{B}_G$, 令 $\gamma_x(S) = xSx^{-1}$. 显然对于 $x \in G$ 下图可交换:

$$\begin{array}{ccc} G/B & \xrightarrow{\varphi} & \mathfrak{B}_G \\ {\scriptstyle\lambda_x}\downarrow & & \downarrow{\scriptstyle\gamma_x} \\ G/B & \xrightarrow{\varphi} & \mathfrak{B}_G \end{array}$$

事实上我们有

$$\begin{array}{ccc} gB & \stackrel{\varphi}{\longmapsto} & gBg^{-1} \\ {\scriptstyle\lambda_x}\downarrow & & \downarrow{\scriptstyle\gamma_x} \\ xgB & \stackrel{\varphi}{\longmapsto} & xgBg^{-1}x^{-1} \end{array}$$

为了方便, 我们常称 $\mathfrak{B}_G$ 为 G 的 Borel 簇, 并简记 $\mathfrak{B}_G$ 为 $\mathfrak{B}$.

命题 2.1.4 设 G 是连通代数群, $B \in \mathfrak{B}_G$, $\sigma \in \mathrm{Aut}(G)$. 若对任意的 $b \in B$ 都有 $\sigma(b) = b$, 则 $\sigma = \mathrm{id}$.

证明 定义一个映射

$$\begin{aligned} \varphi : G &\longrightarrow G \\ g &\longmapsto \sigma(g)g^{-1}. \end{aligned}$$

根据命题假设, σ 在 B 上是恒等映射, 故 φ 可以诱导映射 $\overline{\varphi} : G/B \to G$ 使下图可交换:

$$\begin{array}{ccc} G & \xrightarrow{\pi} & G/B \\ & {\scriptstyle\varphi}\searrow & \downarrow{\scriptstyle\overline{\varphi}} \\ & & G \end{array}$$

由于 G/B 是射影簇, $\overline{\varphi}(G/B)$ 完备且是 G 的闭子集. 而 G 是仿射簇, 所以 $\overline{\varphi}(G/B)$ 必须是一个点 $e \in G$. 也就是说 $\varphi(G) = e$. 由 $\varphi(g) = \sigma(g)g^{-1} = e$ 得 $\sigma(g) = g$, 即 $\sigma = \mathrm{id}$. □

命题 2.1.5 设 G 是连通代数群, $B \in \mathfrak{B}_G$, 则

$$Z(G)^0 \subseteq Z(B) \subseteq Z(G).$$

证明 (1) $Z(G)^0$ 连通交换正规, 因而连通可解, 存在 $B' \in \mathfrak{B}_G$ 使 $Z(G)^0 \subseteq B'$. 而有 $g \in G$ 使 $gB'g^{-1} = B$, 于是 $Z(G)^0 = gZ(G)^0g^{-1} \subseteq gB'g^{-1} = B$, 可得 $Z(G)^0 \subseteq Z(B)$.

(2) 对任意的 $b \in Z(B)$ 定义 G 的内自同构:

$$\begin{aligned}\varphi_b : G &\longrightarrow G\\ g &\longmapsto bgb^{-1}.\end{aligned}$$

显然有 $\varphi_b|_B = \mathrm{id}$, 根据命题 2.1.4, $\varphi_b|_G = \mathrm{id}$. 也就是说对任意的 $g \in G$, $bgb^{-1} = g$, 即 $b \in Z(G)$. 所以 $Z(B) \subseteq Z(G)$. □

2.1.2　环面的共轭定理

定理 2.1.6　设 G 是连通代数群, 则 G 的所有极大环面均是共轭的.

证明　对 G 的极大环面 T, T'.

(1) 因为 T 是可换群, 所以 $\mathscr{D}(T) = (T,T) = e$, 即 T 是可解群. 这样必存在一个 Borel 子群 B 使 $T \subseteq B$.

同样, 对 T', 存在 Borel 子群 B' 使 $T' \subseteq B'$.

(2) 我们知道 G 的所有 Borel 子群是共轭的, 因此有 $g \in G$, 使 $B = gB'g^{-1}$.

(3) 由 $B = gB'g^{-1}$ 可得 $gT'g^{-1} \subseteq B$. 由于映射 $x \mapsto gxg^{-1}$ 是由 g 确定的内自同构 $\mathrm{Int}\, g$, 因此 $gT'g^{-1}$ 仍是 G 的一个极大环面. 所以 T 与 $gT'g^{-1}$ 都是 B 的极大环面.

(4) B 是可解群, 它的所有极大环面均共轭, 即存在 $b \in B$, 使 $T = bgT'g^{-1}b^{-1} = (bg)T'(bg)^{-1}$, 于是 T 与 T' 在 G 内共轭. □

此定理说明: 在 G 的内自同构下, G 的极大环面 "基本上" 只有一个.

2.1.3　Weyl 群

定理 2.1.7　设 G 是连通代数群, T 是 G 的任一极大环面,

$$W = W(G,T) = N_G(T)/C_G(T),$$

则 W 是有限群.

证明　(1) 因为 $C_G(T) \lhd N_G(T)$, 所以 $W = N_G(T)/C_G(T)$ 是群.

(2) 对 $N_G(T)^0$, 定义

$$\begin{aligned}\varphi : N_G(T)^0 \times T &\longrightarrow T\\ (n,t) &\longmapsto ntn^{-1}.\end{aligned}$$

显然 φ 是代数簇的态射.

因为 T 是环面, 即可对角化, 这样可用刚性定理, 得 $n \mapsto \varphi_n$ 是恒等映射, 其中 $\varphi_n(t) = \varphi(n,t) = ntn^{-1}$. 特别对单位元 $e \in N_G(T)^0$ 有

$$\varphi_n = \varphi_e,$$

即

$$ntn^{-1} = ete^{-1} = t, \quad \forall t \in T, n \in N_G(T)^0.$$

所以 $n \in C_G(T)$, 得

$$N_G(T)^0 \subseteq C_G(T)^0 = C_G(T).$$

反之, 显然有 $C_G(T)^0 \subseteq N_G(T)^0$, 所以 $C_G(T)^0 = N_G(T)^0$.

(3) 因为

$$N_G(T) \supseteq C_G(T) = C_G(T)^0 = N_G(T)^0,$$

而指数

$$[N_G(T) : N_G(T)^0] < \infty,$$

即有 $[N_G(T) : C_G(T)] < \infty$. 所以 $W = N_G(T)/C_G(T)$ 是有限群. □

定理 2.1.6 指出 G 的任意两个极大环面 T, T' 必共轭, 即存在 $g \in G$ 使 $T = gT'g^{-1}$. 这样得

$$N_G(T) \cong N_G(T'), \qquad C_G(T) \cong C_G(T'),$$

所以

$$W(G,T) \cong W(G,T').$$

这就是说, 在同构的意义下, 群 $W(G,T)$ 与极大环面 T 的选择无关, 它是由 G 与极大环面唯一确定的. 我们称 $W = W(G,T)$ 为群 G 的 Weyl 群.

补充　定理 2.1.7 对 G 的任何环面 S 都成立，这是因为证明中实际上只用了刚性定理, 而刚性定理仅要求群是可对角化的就行了. 这就是说, $W(G,S) = N_G(S)/C_G(S)$ 也是有限群.

命题 2.1.8　*设 $\varphi : G \to G'$ 为连通代数群的满同态.*

(1) $\mathfrak{B}_G \to \mathfrak{B}_{G'}$: $B \mapsto \varphi(B)$ 为满映射.

(2) 分别以 $\mathfrak{T}_G, \mathfrak{T}_{G'}$ 记 G, G' 的极大环面集合, 则 $\mathfrak{T}_G \to \mathfrak{T}_{G'}$: $T \mapsto \varphi(T)$ 为满映射.

(3) 对 $T \in \mathfrak{T}_G$, 设 $T' = \varphi(T)$, 则 $\mathfrak{B}_G^T \to \mathfrak{B}_{G'}^{T'}$ 为满映射.

(4) φ 诱导满映射 $W(G,T) \to W(G',T')$.

证明　参见 [169] p.196, p.148, 命题 24.1B. □

2.1.4　根

定义 2.1.3　若 S 为代数群, 则称代数群同态 $\chi: S \to \mathrm{GL}(1,k)$ 为 S 的**特征标** (character).

记 $X(S)$ 为由 S 的所有特征标组成的集合.

同时, 对 $\chi_1,\chi_2 \in X(S)$ 以及任意的 $s \in S$, 定义 $\chi_1\chi_2(s) = \chi_1(s)\chi_2(s)$, 则得 $X(S)$ 是交换群. 通常我们把该群的运算记为加法 (它是交换群), 即

$$(\chi_1+\chi_2)(s) = \chi_1(s)\chi_2(s).$$

于是 $X(S)$ 就是一个 $\mathbb{Z}$ 模, 进而对任何域 $k \supset \mathbb{Z}$, 还可以考虑张量积 $X(S) \otimes_{\mathbb{Z}} k$.

定理 2.1.9　设 T 是任一环面, V 是有限维向量空间.

$$\pi: T \longrightarrow \mathrm{GL}(V)$$

是代数群同态. 则必存在 $\chi_1,\chi_2\cdots,\chi_n \in X(T)$ 使

$$V = \bigoplus_{i=1}^{n} V_{\chi_i},$$

其中

$$V_{\chi_i} = \{v \in V \mid \pi(t)\cdot v = \chi_i(t)v\ \forall t \in T\}.$$

证明　(1) T 是环面, 所以它是可换群, 任一 $t \in T$ 都是半单元. 而同态像 $\pi(T) \subseteq \mathrm{GL}(V)$ 也是可换的, 且任一 $\pi(t)$ 是半单线性变换. 因此可设 $a_1,a_2,\cdots,a_r$ 是 $\pi(t)$ 的特征根,

$$W_i = \mathrm{Ker}(\pi(t)-a_iI).$$

由于 $\pi(t)$ 是半单线性变换, 所以

$$V = W_1 \oplus W_2 \oplus \cdots \oplus W_r.$$

(2) 下面我们对维数 $\dim V$ 用归纳法来证该定理.

当 $\dim V = 1$, 则定理显然成立.

假设定理对任何维数 $< \dim V$ 的空间 W 成立. 这时

i) 若 $r=1$, $W_1 = V$, 即对任意的 $t \in T$,

$$\pi(t) = \begin{pmatrix} a & & & 0 \\ & a & & \\ & & \ddots & \\ 0 & & & a \end{pmatrix} = aI$$

是纯量阵. 因此我们可以定义

$$\chi_i(t) = a, \qquad \forall t \in T, 1 \leqslant i \leqslant n.$$

于是

$$V = \bigoplus_{i=1}^{n} V_{\chi_i}.$$

定理成立.

ii) 否则, $r > 1$, 由 (1), $V = W_1 \oplus \cdots \oplus W_r$, 且 $\dim W_j < \dim V$, $1 \leqslant j \leqslant r$.

因为 $\pi(T)$ 是 V 上可换线性变换集合, 所以对任一 $t' \in T$, $\pi(t')$ 必稳定每一子空间 W_j, 即 $\pi(T)|_{W_j} \subseteq \mathrm{GL}(W_j)$. 现在 $\dim W_j < \dim V$, 可用归纳法假设, 存在 $\chi_{js} \in X(T)$ $(s = 1, 2, \cdots, r_j)$, 使

$$W_j = W_{\chi_{j1}} \oplus \cdots \oplus W_{\chi_{jr_j}}.$$

所以

$$V = \bigoplus_{j=1}^{r} W_j = \bigoplus_{j=1}^{r} \bigoplus_{s=1}^{r_j} W_{\chi_{js}}. \qquad \square$$

现在, 对连通代数群 G, 若 $\mathfrak{g}$ 是 G 的李代数, 取极大环面 $T \subseteq G$, 则 $\mathrm{Ad}\colon T \to \mathrm{GL}(\mathfrak{g})$ 是 T 在 $\mathfrak{g}$ 上的一个表示, 于是由定理 2.1.9, 得 $\mathfrak{g} = \bigoplus \mathfrak{g}_\alpha$, $\alpha \in X(T)$. 其中

$$\mathfrak{g}_\alpha = \{X \in \mathfrak{g} \mid \mathrm{Ad}\, t \cdot X = \alpha(t) X, \quad \forall t \in T\}.$$

特别是 $0 \in X(T)$ 是指对任意的 $t \in T$, $0(t) = 1$. 所以

$$\mathfrak{g}_0 = \{X \in \mathfrak{g} \mid \mathrm{Ad}\, t \cdot X = X, \quad \forall t \in T\} = C_{\mathfrak{g}}(T).$$

定义 2.1.4 以 $\Phi(G, T)$ 表示所有使 $\mathfrak{g}_\alpha \neq 0$ 的 $\alpha \neq 0$ 之集合, 并称这样的特征标 α 为 (G, T) 的**根** (root). 于是

$$\mathfrak{g} = \mathfrak{g}_0 \bigoplus_{\alpha \in \Phi(G,T)} \mathfrak{g}_\alpha.$$

补充 设 H 是 G 的闭子群, 极大环面 $T \subseteq N_G(H)$, 即对任何 $t \in T$, $tHt^{-1} \subseteq H$. 设 $\mathfrak{h}$ 是 H 的李代数. 这样, T 在 $\mathfrak{h}$ 上有伴随表示:

$$\mathrm{Ad}: T \longrightarrow \mathrm{GL}(\mathfrak{h}),$$

且

$$\mathfrak{h} = \mathfrak{h}_0 \bigoplus_{\alpha} \mathfrak{h}_\alpha, \qquad \mathfrak{h}_\alpha = \{X \in \mathfrak{h} \mid \operatorname{Ad} t \cdot X = \alpha(t)X\ \forall t \in T\} \subseteq \mathfrak{g}_\alpha.$$

显然这里的 $\alpha \in \Phi(G,T)$.

对 α, 我们定义 $\mathfrak{g}'_\alpha$, 它满足 $\mathfrak{g}_\alpha = \mathfrak{h}_\alpha \oplus \mathfrak{g}'_\alpha$. 记

$$\Phi(G/H,T) = \{\alpha \in \Phi(G,T) \mid \mathfrak{g}'_\alpha \neq 0\},$$

这样,

$$\mathfrak{g} = (\mathfrak{h} + \mathfrak{g}_0) \bigoplus_{\alpha \in \Phi(G/H,T)} \mathfrak{g}'_\alpha.$$

下面我们来定义 $W = W(G,T) = N_G(T)/C_G(T)$ 在 $X(T)$ 上的作用, 设 $w = nC_G(T)$, $n \in N_G(T)$, 对任意的 $\chi \in X(T)$,

$$(w \cdot \chi)(t) = \chi(w^{-1} \cdot t) = \chi(n^{-1}tn).$$

容易看出, 这样定义 w 在 $X(T)$ 上的作用与 $w = nC_G(T)$ 中代表元 n 的选法无关. 事实上, 若还有 $w = n'C_G(T) = nC_G(T)$, 则 $n' = nc$, 其中 $c \in C_G(T)$. 这时, $n'^{-1}tn' = (nc)^{-1}t(nc) = c^{-1}n^{-1}tnc$. 因 $n \in N_G(T)$, 故 $n^{-1}tn \in T$, 又 $c \in C_G(T)$, 所以 $c^{-1}(n^{-1}tn)c = n^{-1}tn$.

我们既然定义了 W 在 $X(T)$ 上的作用, 就可以进一步得到:

命题 2.1.10　*W 可以作用在 $\Phi(G,T)$ 上, 即对根 $\alpha \in \Phi(G,T)$, 任何 $w \in W$ 都使 $w \cdot \alpha \in \Phi(G,T)$.*

证明　由上面的说明, $w \cdot \alpha \in X(T)$ 是显然的. 现在我们进一步可证: 若令 $w = nC_G(T)$, 则 $\operatorname{Ad}(n) \cdot \mathfrak{g}_\alpha = \mathfrak{g}_{w\cdot\alpha}$.

事实上, 对 $v \in \mathfrak{g}_\alpha$, 欲证 $\operatorname{Ad}(n) \cdot v \in \mathfrak{g}_{w\cdot\alpha}$, 即欲证对任意的 $t \in T$, $\operatorname{Ad}(t) \cdot (\operatorname{Ad}(n) \cdot v) = (w \cdot \alpha)(t)(\operatorname{Ad}(n) \cdot v)$.

我们来计算:

$$\begin{aligned}\operatorname{Ad}(t) \cdot (\operatorname{Ad}(n) \cdot v) &= \operatorname{Ad}(n) \cdot \operatorname{Ad}(n^{-1}) \cdot \operatorname{Ad}(t) \cdot (\operatorname{Ad}(n) \cdot v) \\ &= \operatorname{Ad}(n) \cdot (\operatorname{Ad}(n^{-1}tn) \cdot v) = \alpha(n^{-1}tn) \operatorname{Ad}(n) \cdot v \\ &= (w \cdot \alpha)(t)(\operatorname{Ad}(n) \cdot v).\end{aligned}$$ □

我们的目的是证明集合 $\Phi(G,T)$ 是根系及这个根系的 Weyl 群就是 $W(G,T)$, 以后的几节就是为这个结果的证明作准备.

现在让我们复习一下根系的定义. 设 E 为向量空间, $\alpha \in E$, $w : E \to E$ 为 E 的线性变换. 设

$$H_w = \{\lambda \in E \mid w(\lambda) = \lambda\}.$$

若 $w(\alpha) = -\alpha$ 及 $\dim H_w = \dim E - 1$, 则我们说 w 是一个关于 α 的**反射** (reflection).

定义 2.1.5　设 E 是实数域 $\mathbb{R}$ 上的有限维向量空间, Ψ 是 E 中向量的集合, 如果

(R1) Ψ 是有限集, 且 Ψ 生成 E 及 $0 \notin \Psi$;

(R2) 若 $\alpha \in \Psi$ 及 $n\alpha \in \Psi$ $(n \in \mathbb{R})$, 则 $n = \pm 1$;

(R3) 对任意的 $\alpha \in \Psi$, 存在关于 α 的反射 w_α 使 $w_\alpha(\Psi) \subseteq \Psi$;

(R4) 若 $\alpha, \beta \in \Psi$, 则 $w_\alpha(\beta) - \beta = n_\alpha \alpha$, 其中 $n_\alpha \in \mathbb{Z}$,

则称 Ψ 是一个**根系** ([51] §14.7).

在 $\mathrm{GL}(E)$ 中, $\{w_\alpha \mid \alpha \in \Psi\}$ 生成一个子群 $W(\Psi)$, 称它为根系 Ψ 的 Weyl 群.

定义 2.1.6　若根系 Ψ 的子集 $\Delta = \{\alpha_1, \cdots, \alpha_l\}$ 满足下列条件:

(1) $E = \mathbb{R}\alpha_1 \oplus \mathbb{R}\alpha_2 \oplus \cdots \oplus \mathbb{R}\alpha_l$,

(2) 对 $\alpha \in \Psi$, 必存在 $c_1, c_2, \cdots, c_l \in \mathbb{Z}^+$, 使

$$\alpha = \sum_{i=1}^{l} c_i \alpha_i \quad 或 \quad \alpha = -\sum_{i=1}^{l} c_i \alpha_i.$$

则称 Δ 为 Ψ 的**基**. 称 Δ 中的根 α_i $(i = 1, 2, \cdots, l)$ 为 Ψ 的**单根** (simple root). 若根的分解式 $\alpha = \sum_{i=1}^{l} c_i \alpha_i$ 中的系数 $c_i \geqslant 0$, 称 α 是**正根**, 否则, 称为**负根**.

显然, 一个根是正根还是负根与基 Δ 的选取有关.

定义 2.1.7　记

$$H_\alpha = \{\beta \in E \mid \beta \text{ 垂直于 } \alpha\},$$

称 $E - \bigcup_{\alpha \in \Psi} H_\alpha$ 的每个连通分支为 Ψ 的 Weyl **房**. 记 $\mathfrak{C} = \{\Psi \text{ 的 Weyl 房}\}$.

定理 2.1.11　(1) W 单可迁地作用在 $\mathfrak{C}$ 上.

(2) $\mathfrak{C} \longleftrightarrow \{$根系 Ψ 的基$\}$.

证明　参见 [169] p.229. □

2.1.5　例

例 2.1.2　$G=\mathrm{SL}(2,k)=\left\{\left.\begin{pmatrix} x & y \\ z & w \end{pmatrix}\right| \det=1\right\}$,

$$\mathfrak{g}=\mathfrak{sl}(2,k)=\left\{\left.\begin{pmatrix} a & b \\ c & d \end{pmatrix}\right| a+d=0\right\},$$

$$T=\left\{t=\left.\begin{pmatrix} a & 0 \\ 0 & a^{-1} \end{pmatrix}\right| a\in k^*\right\}$$

是代数群 G 的一个极大环面, 则

$$\mathfrak{g}=kH+kX+kY=\mathfrak{g}_0\oplus\mathfrak{g}_\alpha\oplus\mathfrak{g}_{-\alpha},$$

其中

$$H=\begin{pmatrix} 1 & 0 \\ 0 & -1 \end{pmatrix},\quad X=\begin{pmatrix} 0 & 1 \\ 0 & 0 \end{pmatrix},\quad Y=\begin{pmatrix} 0 & 0 \\ 1 & 0 \end{pmatrix}.$$

由于

$$\begin{aligned}\mathrm{ad}(t)X&=\begin{pmatrix} a & 0 \\ 0 & a^{-1} \end{pmatrix}\begin{pmatrix} 0 & 1 \\ 0 & 0 \end{pmatrix}\begin{pmatrix} a & 0 \\ 0 & a^{-1} \end{pmatrix}^{-1}\\&=\begin{pmatrix} 0 & a^2 \\ 0 & 0 \end{pmatrix}=a^2\begin{pmatrix} 0 & 1 \\ 0 & 0 \end{pmatrix}=a^2X,\end{aligned}$$

所以根 $\alpha\in\Psi(G,T)$: $\alpha:\begin{pmatrix} a & 0 \\ 0 & a^{-1} \end{pmatrix}\mapsto a^2$. 易见

$$\mathfrak{g}_0=kH,\quad \mathfrak{g}_\alpha=kX,\quad \mathfrak{g}_{-\alpha}=kY.$$

例 2.1.3　同样, 对

$$G=\mathrm{SL}(3,\mathbb{C}),\qquad \mathfrak{g}=\mathfrak{sl}(3,\mathbb{C}),$$

$$T=D(3,\mathbb{C})\cap\mathrm{SL}(3,\mathbb{C}),$$

$$\Psi(G,T)=\{\pm\alpha_1,\pm\alpha_2,\pm(\alpha_1+\alpha_2)\},$$

其中

$$\alpha_1:\begin{pmatrix}t_1 & & 0\\ & t_2 & \\ 0 & & t_3\end{pmatrix}\mapsto t_1t_2^{-1},\qquad X_{\alpha_1}=\begin{pmatrix}0&1&0\\0&0&0\\0&0&0\end{pmatrix}\in\mathfrak{g},$$

$$\alpha_2:\begin{pmatrix}t_1 & & 0\\ & t_2 & \\ 0 & & t_3\end{pmatrix}\mapsto t_2t_3^{-1},\qquad X_{\alpha_2}=\begin{pmatrix}0&0&0\\0&0&1\\0&0&0\end{pmatrix}\in\mathfrak{g},$$

$$\alpha_3=\alpha_1+\alpha_2:\begin{pmatrix}t_1 & & 0\\ & t_2 & \\ 0 & & t_3\end{pmatrix}\mapsto t_1t_3^{-1},\quad X_{\alpha_3}=\begin{pmatrix}0&0&1\\0&0&0\\0&0&0\end{pmatrix}\in\mathfrak{g},$$

$$\mathfrak{g}_0=\mathfrak{h}=\left\{t=\begin{pmatrix}t_1 & & 0\\ & t_2 & \\ 0 & & t_3\end{pmatrix}\middle|\ t_i\in\mathbb{C},\sum t_i=0\right\},$$

$$\mathfrak{g}=\mathfrak{g}_0\oplus\mathbb{C}X_{\alpha_1}\oplus\mathbb{C}X_{\alpha_2}\oplus\mathbb{C}X_{\alpha_3}\oplus\mathbb{C}X_{-\alpha_1}\oplus\mathbb{C}X_{-\alpha_2}\oplus\mathbb{C}X_{-\alpha_3},$$

$$\Delta=\{\alpha_1,\alpha_2\}\subseteq\Psi(G,T)$$

就是 Ψ 的一个基.

2.2　环面在 Borel 簇上的作用

2.2.1　固定点

设 G 为简约连通代数群, $\mathfrak{B}=\{B\mid B$ 为 G 的 Borel 子群$\}$, $S\subset B\subset G$, 其中 S,B 分别为 G 的环面子群及 Borel 子群, G/B 为商簇, 则存在 G/B 与 $\mathfrak{B}$ 之间的双射对应:

$$\varphi:gB\mapsto gBg^{-1},\qquad \forall g\in G.$$

今分别定义 S 在 G/B、$\mathfrak{B}$ 上的态射作用为

$$\begin{aligned}S\times G/B &\longrightarrow G/B\\ (x,gB)&\longmapsto (xg)B,\\ S\times\mathfrak{B}&\longrightarrow \mathfrak{B}\\ (x,gBg^{-1})&\longmapsto (xg)B(xg)^{-1}.\end{aligned}$$

显见 φ 关于 S 的这两种作用是等变的.

记

$$X = \{x \in G/B \mid s \cdot x = x, \forall s \in S\},$$

$$\mathfrak{B}^S = \{B' \in \mathfrak{B} \mid B' \supseteq S\} = \{y \in \mathfrak{B} \mid s \cdot y = y, \forall s \in S\}.$$

命题 2.2.1　X 为 G/B 的闭子集.

证明　对任意取定的 $s \in S$, 定义映射

$$\begin{aligned} \varphi_s : G/B &\longrightarrow G/B \times G/B \\ x &\longmapsto (s \cdot x, x). \end{aligned}$$

显然 $\varphi_s = \tau_s \times 1$ 作为射影簇 G/B 到自身的态射之积, 也是一个态射, 这里 $\tau_s : x \mapsto s \cdot x$, 1 为恒等态射. 且由簇的性质, 对角元集 $D = \{(x, x) \mid x \in G/B\}$ 为 $G/B \times G/B$ 的闭子集. 所以

$$\varphi_s^{-1}(D) = \{x \in G/B \mid s \cdot x = x\}$$

是 G/B 中闭子集.

$$X = \bigcap_{s \in S} \varphi_s^{-1}(D)$$

也是 G/B 的闭子集. □

设 $X = \bigcup_{i=1}^r Y_i$, Y_i 是 X 的不可约分支, $Y = Y_1$ 为含 $y_0 = \overline{B}$ 的分支, $\mathfrak{Y} = \{Y_i\}_{1 \leqslant i \leqslant r}$. 记 $C = C_G(S)$ 为 S 在 G 的中心化子. 因为对任意的 $c \in C$, $s \in S$, $x \in X$, 有

$$s \cdot (c \cdot x) = (sc) \cdot x = (cs) \cdot x = c \cdot (s \cdot x) = c \cdot x \in X,$$

所以 C 对 G/B 的自然作用保持 X 稳定, 故诱导出 C 在 X 上的自然作用.

命题 2.2.2　C 对 X 的自然作用保持 Y 稳定, 且在 Y 上可迁.

证明　(1) C 置换 $\mathfrak{Y}$.

对任意的 $c \in C$,

$$\begin{aligned} \varphi_c : X &\longrightarrow X \\ x &\longmapsto c \cdot x \end{aligned}$$

为态射. 若 $Y_i \in \mathfrak{Y}$, 则 Y_i 不可约, $\varphi_c(Y_i)$ 也不可约. 可断定 $\varphi_c(Y_i)$ 必为 X 的不可约分支. 否则, 存在 $Y_j \supsetneqq \varphi_c(Y_i)$, 这等价于 $\varphi_{c^{-1}}(Y_j) \supsetneqq Y_i$, 且因 $\varphi_{c^{-1}}$ 也为态射, $\varphi_{c^{-1}}(Y_j)$ 不可约, 这与 Y_i 的极大性矛盾. 所以 $\varphi_c(Y_i) \in \mathfrak{Y}$.

另外, 如果 $\varphi_c(Y_i) = \varphi_c(Y_j)$, 则 $\varphi_{c^{-1}}(\varphi_c(Y_i)) = \varphi_{c^{-1}}(\varphi_c(Y_j))$, 因此 $Y_i = Y_j$. 可见 φ_c 置换 $\mathfrak{Y}$. 所以 C 也置换 $\mathfrak{Y}$. 令

$$C_Y = \{c \in C \mid c \cdot Y = Y\},$$

显然它是 C 的一个子群.

(2) C_Y 是 C 的闭子群且 $[C : C_Y] < \infty$.

对 $y \in Y$, 定义态射

$$\begin{aligned}\varphi_y : C &\longrightarrow X \\ c &\longmapsto c \cdot y.\end{aligned}$$

则 $C_Y = \bigcap_{y\in Y} \varphi_y^{-1}(Y)$. 由于 Y 为 X 的闭子集, $\varphi_y^{-1}(Y)$ 是 C 的闭子集, C_Y 也是 C 的闭子集. 若 $c_1, c_2 \in C$ 使 $c_1Y = c_2Y$, 则 $c_2^{-1}c_1Y = Y$, $c_2^{-1}c_1 \in C_Y$, $c_1 \in c_2C_Y$, 得 $c_1C_Y = c_2C_Y$. 这样就得到了 C/C_Y 到 $\mathfrak{Y}$ 里的一一对应, 因而 $|C/C_Y| \leqslant |\mathfrak{Y}| < \infty$, 即 $[C : C_Y] < \infty$.

(3) $C = C_Y$, 因而 C 保持 Y 稳定.

C_Y 是 C 的具有限指数的闭子群, 由 1.1.1 节知 $C_Y \supseteq C^0$, 但由命题 1.2.14, $C = C^0$, 因此 $C = C_Y$, C 保持 Y 稳定.

(4) 考虑自然映射 $\pi : G \to G/B$, 记 $Z = \pi^{-1}(Y)$.

(i) $CB \subseteq Z$. 事实上, 对任意的 $c \in C$, $b \in B$, $\pi(cb) = cb\overline{B} = c\overline{B} \in cY$.

(ii) Z 为 G 的不可约闭子集.

Z 为闭子集是显然的.

如果 Z 为可约的, 则必存在两个非空开集 Z_1, Z_2, 使 $Z_1 \cap Z_2 = \emptyset$. 因 π 为开映射, 故 $\pi(Z_1)$, $\pi(Z_2)$ 为 G/B 的非空开集, 当然也是 Y 的非空开集. 由 Y 的不可约性知 $\pi(Z_1) \cap \pi(Z_2) \neq \emptyset$. 设 $y \in \pi(Z_1) \cap \pi(Z_2)$, 则 $\pi^{-1}(y)$ 作为与 B 同构的簇也不可约. 显然 $Z_1 \cap \pi^{-1}(y)$、$Z_2 \cap \pi^{-1}(y)$ 皆为 $\pi^{-1}(y)$ 的非空开集, 故有非空交. 于是 $Z_1 \cap Z_2 \neq \emptyset$, 矛盾. 所以 Z 不可约.

(iii) $z \in Z \implies B \supseteq z^{-1}Sz$.

这是因为此时 $\pi(z) = z\overline{B} \in Y$, $zBz^{-1} \in \mathfrak{B}^S$, 得 $zBz^{-1} \supseteq S$, $B \supseteq z^{-1}Sz$.

(iv) $Z \subseteq N_G(S)B$.

记 $B_u = \{b \in B \mid b \text{ 为幂幺元}\}$, 它是 B 的正规连通闭子群. 对 $z \in Z$,

$$\begin{aligned}\varphi_z : S \longrightarrow \quad &B \quad \longrightarrow B/B_u \cong T \\ s \longmapsto z^{-1}&sz \longmapsto \overline{z}^{-1}\overline{sz}\end{aligned}$$

是态射. 因为 Z 连通, 由刚性定理 (定理 1.2.2), 对任意的 $z_1, z_2 \in Z$, $\varphi_{z_1} = \varphi_{z_2}$. 特别, 因为 $\pi(e) = \overline{B} \in Y$, 可知 $e \in Z$. 所以对任意的 $z \in Z$ 有 $\varphi_e = \varphi_z$. 这样对 $s \in S$ 有 $\overline{s} = \varphi_e(s) = \varphi_z(s) = \overline{z}^{-1}\overline{sz}$, 即 $s \equiv z^{-1}sz \pmod{B_u}$. 因此对任意的 $z \in Z$ 有 $z^{-1}Sz \subseteq SB_u$.

又因 SB_u 可分解为 S 与 B_u 的半直积, 可解, 且 S 为 SB_u 的极大环面. 所以 S、$z^{-1}Sz$ 均为 SB_u 的极大环面. 因而存在 $v \in B_u$ 使 $v^{-1}z^{-1}Szv = S$, $zv \in N_G(S)$, $z \in N_G(S)B_u$, 证得 $Z \subseteq N_G(S)B_u \subseteq N_G(S)B$.

(5) G 可迁地作用在 Y 上, 即 $C \cdot B = Y$.

$CB \subseteq Z \subseteq N_G(S)B$, 但 $W(G,S) = N_G(S)/C$ 有限, 因此 $[N_G(S)B : CB] < \infty$. 由于 Z 连通, $Z \subseteq (N_G(S)B)^0 = N_G(S)^0 B = C^0 B = CB \subseteq Z$, 故 $Z = CB$, $Y = Z \cdot B = CB \cdot B = C \cdot B$. □

推论 2.2.3 设 $B \in \mathfrak{B}^S$,

$$C_B(S) = \{b \in B \mid bsb^{-1} = s \ \forall s \in S\} = C_G(S) \cap B,$$

则 $C_B(S)$ 为 $C = C_G(S)$ 的 Borel 子群.

证明 由于 $\overline{B} \in Y$, 且

$$C_B(S) = B \cap C = \{g \in G \mid g\overline{B} = \overline{B}\} \cap C = \{c \in C \mid c \cdot \overline{B} = \overline{B}\}.$$

所以 C 在 Y 上的自然作用诱导出 $C/C \cap B$ 在 Y 上的作用, 且由前者的可迁性推出后者的单可迁性. 所以 $C/C \cap B$ 与 Y 在态射 $\varphi : c(C \cap B) \mapsto c \cdot \overline{B}$ 下成双射对应. 且易证 φ 关于 C 的作用是等变的, 同时 $C/C \cap B$ 与 Y 皆不可约, 另外, $Y \subseteq X \subseteq G/B$, Y 作为射影簇 G/B 的闭子集也完备, 所以 $C/C \cap B$ 也完备. 又因 $C \cap B$ 可解, 由推论 2.1.2, $C \cap B$ 为 C 的 Borel 子群. □

推论 2.2.4 若 B' 为 C 的 Borel 子群, 则存在 $B \in \mathfrak{B}$ 使 $C \cap B = B'$.

证明 因为 B' 连通可解且 $B' \subseteq C \subseteq G$, 故存在 $B \in \mathfrak{B}$ 使 $B \supseteq B'$, 所以 $B' \subseteq B \cap C$. 另一方面, $B \cap C$ 连通可解, B' 是 C 的 Borel 子群, 因此 $B' \supseteq B \cap C$, 即 $B' = B \cap C$. □

2.2.2　正则环面

定义 2.2.1 设 S 为 G 的环面子群, 若 $\mathfrak{B}^S$ 有限, 则称 S 是**正则环面**, 否则, 称 S 为**奇异环面**.

命题 2.2.5 设 T 为 G 的极大环面, 则 T 正则.

证明 (1) 记 $C = C_G(T)$, 则 C 为连通幂零子群 (见 [169] p.137, 推论 21.4), 故存在 $B \in \mathfrak{B}$, 使 $B \supseteq C$. 现设 $B_1 \in \mathfrak{B}^T$, 则存在 $g \in G$, 使 $B_1 = gBg^{-1} \supseteq T$. 显然 T、gTg^{-1} 皆为 B_1 的极大环面, 所以存在 $b \in B_1$ 使 $T = (bg)T(bg)^{-1}$. 但 $C = C_G(T)$, 对任意的 $g \in G$ 有 $gCg^{-1} = C_G(gTg^{-1})$. 于是

$$(bg)C(bg)^{-1} = C_G(bgT(bg)^{-1}) = C_G(T) = C.$$

由 $B \supseteq C$ 知 $B_1 = gBg^{-1} \supseteq gCg^{-1}$. 因此 $B_1 \supseteq (bg)C(bg)^{-1} = C$, $B_1 \in \mathfrak{B}^C$, 可得 $\mathfrak{B}^T \subseteq \mathfrak{B}^C$. 但一般地, 由 $T \subseteq C$ 可得 $\mathfrak{B}^T \supseteq \mathfrak{B}^C$. 因此 $\mathfrak{B}^T = \mathfrak{B}^C$.

设 $W = W(G,T) = N_G(T)/C$, 其中 $N_G(T) = \{g \in G \mid gTg^{-1} \subseteq T\}$. $N_G(T)$ 以通常的方式作用在 $\mathfrak{B}$ 上, 且保持 $\mathfrak{B}^T$ 稳定. 因 $\mathfrak{B}^T = \mathfrak{B}^C$, C 在 $\mathfrak{B}^T$ 上的作用是平凡的. 故可定义 W 在 $\mathfrak{B}^T$ 上的作用: 对任意的 $w = nC \in W$, $B \in \mathfrak{B}^T$, 令

$$w \cdot B = nBn^{-1}.$$

因 $C \lhd N_G(T)$, 这样的定义是适当的.

(2) *W 在 $\mathfrak{B}^T$ 上的作用是单可迁的.*

i) 可迁性.

只要证: 对任意的 $B, B_1 \in \mathfrak{B}^T$, 总存在 $w \in W$, 使 $w \cdot B_1 = B$.

由 $B, B_1 \in \mathfrak{B}^T$ 可知存在 $g \in G$ 使 $B = gB_1g^{-1}$ 及 $T \subseteq B$, $T \subseteq B_1$. 因而 $gTg^{-1} \subseteq gB_1g^{-1} = B$, 故存在 $b \in B$, 使 $T = bgT(bg)^{-1}$, 于是 $bg \in N_G(T)$. 但 $bgB_1(bg)^{-1} = b(gB_1g^{-1})b^{-1} = bBb^{-1} = B$. 如取 $w = (bg)C \in W(G,T)$, 就有 $w \cdot B_1 = B$.

ii) 单性.

对任意的 $B \in \mathfrak{B}^T$, 设 $W_B = \{w \in W \mid w \cdot B = B\}$. 现只要证 $W_B = \{\overline{1}\}$ 即可.

若 $w = nC \in W_B$, 则 $nBn^{-1} = B$, $n \in N_G(B) = B$. 记 $N_B(T) = \{b \in B \mid bTb^{-1} \subseteq T\}$, $C_B(T) = \{b \in B \mid bt = tb\ \forall t \in T\}$, 则由命题 1.2.15 得 $N_G(T) = C_G(T)$.

显然由 $n \in N_B(T) = C_B(T) \subseteq C_G(T)$ 可以推出 $n \cdot C = 1 \cdot C$, 所以 $w = \overline{1}$, 即 $W_B = \{\overline{1}\}$.

(3) *T 正则.*

由 (2), $W = W(G,T)$ 在 $\mathfrak{B}^T$ 上的作用为单可迁的. 这说明 $|W| = |\mathfrak{B}^T|$. 但根据刚性定理, W 是有限集, 故 $\mathfrak{B}^T$ 也为有限集. 所以 T 正则. □

命题 2.2.6　*设 S 是 G 的环面子群, 则 S 正则当且仅当 $C_G(S)$ 可解.*

证明　沿用上面的符号, X 与 $\mathfrak{B}^S$ 在 G/B 与 $\mathfrak{B}$ 之间的映射 φ 下成双射对应. X 为射影簇 G/B 的闭子集. Y 为 X 的含 $\overline{B}$ 的不可约分支. 由推论 2.2.4, $C = C_G(S)$ 以 $C \cap B$ 为其 Borel 子群. 由命题 1.2.14 知 C 是连通的. 所以 S 正则当且仅当 $\mathfrak{B}^S$ 有限, 这等价于 $\dim X = 0$, 也等价于 $\dim Y = 0$. 但由命题 2.2.2, C 可迁地作用在 Y 上, 记 $y_0 = \overline{B} \in Y$, 则映射

$$\begin{aligned} \varphi_{y_0}: C &\longrightarrow Y \\ c &\longmapsto c \cdot y_0 \end{aligned}$$

为 C 到 Y 上的满态射, 且因如 $c\cdot y_0=y_0$, 则 $cBc^{-1}=B$, $c\in N_G(B)=B$, 于是 $C\cap B\supseteq\{c\in C\mid c\cdot y_0=y_0\}$. 而一般地, $C\cap B\subseteq\{c\in C\mid c\cdot y_0=y_0\}$ 成立, 因此

$$C\cap B=\{c\in C\mid c\cdot y_0=y_0\}=\varphi_{y_0}^{-1}(y_0).$$

由 Y 作为 C 轨道的光滑性知:

$$\dim Y=\dim C-\dim C\cap B.$$

所以

$$S\text{ 正则}\iff\dim C-\dim C\cap B=0\iff C=C\cap B\iff C\text{ 可解}.\quad\square$$

推论 2.2.7 设 S 为 G 的正则环面, 则 $\bigcap_{B\in\mathfrak{B}^S}B\supseteq C_G(S)$.

证明 记 $C=C_G(S)$. 现只要证: 若 $B\in\mathfrak{B}^S$ 必有 $B\supseteq C$.

因 S 正则, 故 C 可解. 由推论 2.2.3, 对任意的 $B\in\mathfrak{B}^S$, $C\cap B$ 是 C 的 Borel 子群. 由 $C=C\cap B$ 即可得到 $B\supseteq C$. □

推论 2.2.8 设 T 为 G 的极大环面, S 为 G 的正则环面, $S\subseteq T$, 则 $\mathfrak{B}^T=\mathfrak{B}^S$.

证明 记 $C=C_G(S)$, 由推论 2.2.7 知: $\mathfrak{B}^S=\mathfrak{B}^C$. 由 $S\subseteq T\subseteq C$ 可知 $\mathfrak{B}^S\supseteq\mathfrak{B}^T\supseteq\mathfrak{B}^C=\mathfrak{B}^S$, 因此 $\mathfrak{B}^T=\mathfrak{B}^S$. □

2.2.3 奇异环面

令 T 为 G 的极大环面, 设 $I(T)=\left(\bigcap_{B\in\mathfrak{B}^T}B\right)^0$, $\Psi=\Phi(G/I(T),T)$, 即

$$\mathfrak{g}=\mathfrak{L}(I(T))\bigoplus_{\alpha\in\Psi}\mathfrak{g}'_\alpha,$$

其中 $\mathfrak{g}_\alpha=\mathfrak{g}'_\alpha\oplus\mathfrak{h}_\alpha$, $\mathfrak{L}(I(T))=\mathfrak{L}(I(T))_0\bigoplus\mathfrak{h}_\alpha$.

命题 2.2.9 设 S 为 G 的环面子群, T 是包含 S 的极大环面. 则 S 奇异当且仅当存在 $\alpha\in\Psi$, 使 $S\subseteq T_\alpha$, 其中 $T_\alpha=(\operatorname{Ker}\alpha)^0$, $\dim T_\alpha=\dim T-1$.

证明 必要性. S 奇异, 故 $C_G(S)$ 不可解. 所以存在极大环面 $T\supseteq S$. 显然, $I(T)$ 可解. 因 C 连通, $\dim C\gneqq\dim(C\cap I(T))$. 据命题 1.2.16,

$$\mathfrak{L}(C\cap I(T))=\mathfrak{L}(C_{I(T)}(S))=C_{\mathfrak{L}(I(T))}(S)=C_{\mathfrak{g}}(S)\cap\mathfrak{L}(I(T)),$$

但

$$\dim C_{\mathfrak{g}}(S)=\dim C\gneqq\dim(C\cap I(T))=\dim(C_{\mathfrak{g}}(S)\cap\mathfrak{L}(I(T))),$$

所以

$$C_{\mathfrak{g}}(S) = \{X \in \mathfrak{g} \mid \mathrm{Ad}(s)X = X,\ \forall s \in S\} \nsubseteq \mathfrak{L}(I(T)),$$

即存在 $X \in C_{\mathfrak{g}}(S) \setminus \mathfrak{L}(I(T))$. 因为

$$\mathfrak{g} = \mathfrak{L}(I(T)) \bigoplus_{\alpha\in\Psi} \mathfrak{g}'_\alpha,$$

所以可写 $X = y + \sum_{\alpha\in\Psi} X_\alpha$, 其中 $y \in \mathfrak{L}(I(T))$, $X_\alpha \in \mathfrak{g}'_\alpha$, 且必存在一个 $\alpha_0 \in \Psi$ 使 $X_{\alpha_0} \neq 0$. 对任意的 $s \in S$, 有

$$X = \mathrm{Ad}(s)X = \mathrm{Ad}(s)\left(y + \sum_{\alpha\in\Psi} X_\alpha\right) = \mathrm{Ad}(s)y + \sum_{\alpha\in\Psi} \mathrm{Ad}(s)X_\alpha.$$

因此

$$\sum_{\alpha\in\Psi} X_\alpha = \sum_{\alpha\in\Psi} \mathrm{Ad}(s)X_\alpha = \sum_{\alpha\in\Psi} \alpha(s)X_\alpha.$$

于是对任意的 $s \in S$ 有 $\alpha_0(s)X_{\alpha_0} = X_{\alpha_0}$, 即 $\alpha_0(s) = 1\ \forall s \in S$, $S \subseteq \mathrm{Ker}\,\alpha_0$. 特别因为 S 是连通子群, $S \subseteq (\mathrm{Ker}\,\alpha_0)^0 = T_{\alpha_0}$.

充分性. 只要证 $S \subseteq T_\alpha$ 及 S 正则不能同时成立.

由 $S \subseteq T_\alpha$ 可得 $C_G(S) \supseteq C_G(T_\alpha)$, $C_{\mathfrak{g}}(S) \supseteq \mathfrak{g}'_\alpha$. 设 T 为 G 的含 S 的极大环面, 因 S 正则, 由推论 2.2.8,

$$\mathfrak{B}^{C_G(S)} = \mathfrak{B}^S = \mathfrak{B}^T.$$

所以

$$C_G(S) \subseteq \left(\bigcap_{B\in\mathfrak{B}^{C_G(S)}} B\right)^0 = \left(\bigcap_{B\in\mathfrak{B}^T} B\right)^0 = I(T),$$

从而

$$C_{\mathfrak{g}}(S) = \mathfrak{L}(C_G(S)) \subseteq \mathfrak{L}(I(T)).$$

但 $\mathfrak{g}'_\alpha \subseteq C_{\mathfrak{g}}(S)$, 导致 $\left(\sum_{\alpha\in\Psi} \mathfrak{g}'_\alpha\right) \cap \mathfrak{L}(I(T)) \supsetneqq \{0\}$, 这与直和分解 $\mathfrak{g} = \mathfrak{L}(I(T)) \bigoplus_{\alpha\in\Psi} \mathfrak{g}'_\alpha$ 矛盾. □

2.2.4　秩

定义 2.2.2　设 T 为代数群 G 的极大环面, 称 $\dim T$ 为 G 的**秩**, 记为 $\operatorname{rank} G$.

因 G 的所有极大环面在 G 中共轭, 故具有相同的维数, 所以这样定义的 G 的秩是有意义的.

命题 2.2.10　设 T 为 G 的极大环面, $\alpha \in \Psi$, $T_\alpha = (\operatorname{Ker}\alpha)^0 \subseteq T$, $Z_\alpha = C_G(T_\alpha)$, $G_\alpha = Z_\alpha/R(Z_\alpha)$, 则 $\operatorname{rank}(G_\alpha) = 1$.

证明　因为

$$T_\alpha \subseteq C_{Z_\alpha}(Z_\alpha)^0 \subseteq R(Z_\alpha),$$

所以对自然态射 $\pi : Z_\alpha \to G_\alpha = Z_\alpha/R(Z_\alpha)$, $\pi(T_\alpha) = \overline{0}$, 又因 $\dim T_\alpha + 1 = \dim T$, $\pi(T)$ 是 G_α 的极大环面 (命题 2.1.8), 所以 $\dim \pi(T) \leqslant 1$.

又因 T_α 奇异, $Z_\alpha = C_G(T_\alpha)$ 不可解, 故 $G_\alpha = Z_\alpha/R(Z_\alpha)$ 为连通不可解代数群. 因此 G_α 有非平凡半单元, 由推论 1.2.6, 它被包含在 G_α 的某个极大环面 $\overline{T'}$ 中, 显然 $\dim \pi(T) = \dim \overline{T'} \geqslant 1$. 所以 $\dim \pi(T) = 1$, 即 $\operatorname{rank} G_\alpha = 1$. □

2.3　单参数群的作用

2.3.1　单参数子群

定义 2.3.1　设 T 是一个环面, 同态 $\lambda : \mathrm{GL}(1) \to T$ 称为 T 的**单参数子群**, 记 $Y(T) = \{\lambda : \mathrm{GL}(1) \to T \text{ 是同态}\}$.

对 $\mu, \lambda \in Y(T)$, 定义 $(\mu + \lambda)(t) = \mu(t)\lambda(t)$ 对 $t \in \mathrm{GL}(1)$. 这样 $Y(T)$ 成为一个 $\mathbb{Z}$ 模.

命题 2.3.1　$X(T)$ 和 $Y(T)$ 互相对偶, 亦即存在非退化双 $\mathbb{Z}$ 线性映射 $\langle \cdot, \cdot \rangle : X(T) \times Y(T) \to \mathbb{Z}$.

证明　(1) 对 $\chi \in X(T)$, $\lambda \in Y(T)$, 显然 $\chi \circ \lambda \in X(\mathrm{GL}(1))$, 这里 $\chi \circ \lambda : \mathrm{GL}(1) \xrightarrow{\lambda} T \xrightarrow{\chi} \mathrm{GL}(1)$.

(2) 对 $\varphi \in X(\mathrm{GL}(1))$, 设 $k[\mathrm{GL}(1)] = k[T_1, T_2]/(T_1T_2 - 1) = k[T, T^{-1}]$, 其中 $T_1 = T$, $T_2 = T^{-1}$. 则像命题 1.1.3(2) 一样, 可以证明存在 $m \in \mathbb{Z}$, 使 $\varphi^*(T) = T^m$, 即对 $a \in \mathrm{GL}(1)$, $\varphi(a) = a^m$, 这时便设 $\mathrm{d}(\varphi) = m$. 显然

$$\begin{aligned} \mathrm{d} : X(\mathrm{GL}(1)) &\longrightarrow \mathbb{Z} \\ \varphi &\longmapsto m \end{aligned}$$

是一个双射.

(3) 由 (2) 得

$$\begin{aligned} X(T) \times Y(T) &\longrightarrow \mathbb{Z} \\ (\chi, \lambda) &\longmapsto \langle \chi, \lambda \rangle = m, \end{aligned}$$

这里 $\chi\lambda(t) = t^m\ \forall t \in \mathrm{GL}(1)$. 显然, 如此定义的 $\langle \cdot, \cdot \rangle$ 是双 $\mathbb{Z}$ 线性映射.

(4) 由 $X(T)$ 是无挠模, 可设 $\chi_1, \cdots, \chi_r$ 是 $X(T)$ 的基. 令 $\lambda_j \in Y(T)$ 使 $\langle \chi_i, \lambda_j \rangle = \delta_{ij}$, $1 \leqslant i, j \leqslant r$. 若 $\chi = \sum_{i=1}^r a_i \chi_i \in X(T)$ 对任意的 $\lambda \in Y(T)$ 满足 $\langle \chi, \lambda \rangle = 0$, 则对 $1 \leqslant j \leqslant r$ 有 $\langle \chi, \lambda_j \rangle = a_j = 0$. 因此 (3) 中定义的双 $\mathbb{Z}$ 线性映射 $\langle \cdot, \cdot \rangle$ 是非退化的. □

2.3.2 单参数群在 $\mathbb{P}(V)$ 上的作用

考虑关于 GL(1) 作用在 $\mathbb{P}(V)$ 上的问题.

对环面 $T \subseteq \mathrm{GL}(V)$, 存在 $v_1, \cdots, v_n$, 它们是 V 的基, 也是 T 的特征向量. 于是, 存在 $\gamma_1, \cdots, \gamma_n \in X(T)$, 使得任意的 $t \in T$ 可以写成

$$t = \begin{pmatrix} \gamma_1(t) & & & \\ & \gamma_2(t) & & \\ & & \ddots & \\ & & & \gamma_n(t) \end{pmatrix}.$$

这样, 对 $v = \sum_{i=1}^n a_i v_i \in V$, 即有 $t \cdot v = \sum_{i=1}^n a_i \gamma_i(t) v_i$.

由 2.3.1 节, 我们可得

$$\begin{aligned} Y(T) &\longrightarrow \mathbb{Z}^n \\ \lambda\ &\longmapsto (m_1, m_2, \cdots, m_n), \end{aligned}$$

其中 $m_i = \langle \gamma_i, \lambda \rangle$, $1 \leqslant i \leqslant n$.

GL(1) 透过 λ 作用在 V 上.

对 $t \in \mathrm{GL}(1)$, $v = \sum_{i=1}^n a_i v_i \in V$. 定义

$$\begin{aligned} t \cdot v = \lambda(t) v &= \sum_{i=1}^n a_i \gamma_i(\lambda(t)) v_i \\ &= \sum_{i=1}^n a_i t^{\langle \gamma_i, \lambda \rangle} v_i = \sum_{i=1}^n a_i t^{m_i} v_i. \end{aligned}$$

把 $\mathbb{P}^1$ 作用在 $\mathbb{P}(V)$ 上.

$$\begin{aligned}\mathbb{P}^1 &= \{(a_0,a_1) \mid (a_0,a_1) \neq (0,0)\} \\ &= \{(a_0,a_1) \mid a_1 \neq 0\} \cup \{(a_0,a_1) \mid a_0 \neq 0\} \\ &= U_0 \cup U^0,\end{aligned}$$

其中

$$\begin{aligned}U_0 &= \{(a_0,a_1) \mid a_0a_1 \neq 0\} \cup \{(0,a_1) \mid a_1 \neq 0\} \\ &= k^* \cup \{0\}, \\ U^0 &= \{(a_0,a_1) \mid a_0a_1 \neq 0\} \cup \{(a_0,0) \mid a_0 \neq 0\} \\ &= k^* \cup \{\infty\}.\end{aligned}$$

显然, $U_0 \cap U^0 = k^*$.

对任意取定的 $v = \sum_{i=1}^n a_iv_i \in V$, $v \neq 0$, 记 $I = \{i \mid a_i \neq 0\}$, $m^0 = \max_{i\in I}(m_i)$, $m_0 = \min_{i\in I}(m_i)$, $I_0 = \{i \mid m_i = m_0\}$, $I^0 = \{i \mid m_i = m^0\}$, 显然, $[v] = [t^{-m_0}v] = [t^{-m^0}v]$. 我们定义

$$\begin{aligned}\lambda_0 : U_0 &\longrightarrow \mathbb{P}(V) \\ 0 \neq t &\longmapsto \left[\textstyle\sum_{i=1}^n a_it^{m_i-m_0}v_i\right], \\ 0 &\longmapsto \left[\textstyle\sum_{i\in I_0} a_iv_i\right], \\ \lambda^0 : U^0 &\longrightarrow \mathbb{P}(V) \\ \infty \neq t &\longmapsto \left[\textstyle\sum_{i=1}^n a_it^{m_i-m^0}v_i\right], \\ \infty &\longmapsto \left[\textstyle\sum_{i\in I^0} a_iv_i\right].\end{aligned}$$

对 $t \in \mathrm{GL}(1) = k^* = U_0 \cap U^0$, 有

$$\begin{aligned}\lambda_0(t)[v] &= \left[\sum_{i=1}^n a_it^{m_i-m_0}v_i\right] = \left[t^{-m_0}\left(\sum_{i=1}^n a_it^{m_i}v_i\right)\right] \\ &= [t^{-m_0}\lambda(t)v] = [\lambda(t)v], \\ \lambda^0(t)[v] &= \left[\sum_{i=1}^n a_it^{m_i-m^0}v_i\right] = \left[t^{-m^0}\left(\sum_{i=1}^n a_it^{m_i}v_i\right)\right] \\ &= [t^{-m^0}\lambda(t)v] = [\lambda(t)v].\end{aligned}$$

所以 $\lambda_0(t) = \lambda^0(t)$.

把 λ_0, λ^0 合起来记作 $\lambda_v : \mathbb{P}^1 \to \mathbb{P}(V)$.

命题 2.3.2　设 $T \subseteq \mathrm{GL}(V)$ 为环面, $\lambda \in Y(T)$, 则

(1) $\mathrm{GL}(1)$ 透过 λ 作用在 $\mathbb{P}(V)$ 上.

(2) 对任意的 $[v] \in \mathbb{P}(V)$, $\lambda(0)[v], \lambda(\infty)[v] \in {}^{\lambda}\mathbb{P}(V) = \{[v] \in \mathbb{P}(V) \mid \lambda(t) \cdot [v] = [v], \forall t \in \mathrm{GL}(1)\}$, 其中 $\lambda(0)[v] = \lambda_v(0)$, $\lambda(\infty)[v] = \lambda_v(\infty)$.

(3) $[v] \in {}^{\lambda}\mathbb{P}(V)$ 当且仅当 $\lambda(0)[v] = \lambda(\infty)[v]$.

(4) 若 $[v] \notin {}^{\lambda}\mathbb{P}(V)$, 则对任意的 $t \neq 0, \infty$ 有 $\lambda(t)[v] \notin {}^{\lambda}\mathbb{P}(V)$.

(5) 若从 $\gamma_i \neq \gamma_j$ 可得 $m_i \neq m_j$, 则 ${}^{T}\mathbb{P}(V) = {}^{\lambda}\mathbb{P}(V)$.

证明　(1) 显然可定义:

$$\begin{aligned} \mathrm{GL}(1) \times \mathbb{P}(V) &\longrightarrow \mathbb{P}(V) \\ (t, [v]) &\longmapsto \lambda(t) \cdot [v] = [\lambda(t) \cdot v]. \end{aligned}$$

(2) 对任意的 $t \in \mathrm{GL}(1)$ 及 $[v] \in \mathbb{P}(V)$,

$$\begin{aligned} \lambda(t) \cdot \lambda(0)[v] &= \lambda(t) \cdot \left[\sum_{i \in I_0} a_i v_i\right] = \left[\sum_{i \in I_0} a_i t^{m_i} v_i\right] \\ &= \left[t^{m_0} \sum_{i \in I_0} a_i v_i\right] = \left[\sum_{i \in I_0} a_i v_i\right] = \lambda(0)[v], \\ \lambda(t) \cdot \lambda(\infty)[v] &= \lambda(t) \cdot \left[\sum_{i \in I^0} a_i v_i\right] = \left[\sum_{i \in I^0} a_i t^{m_i} v_i\right] \\ &= \left[t^{m^0} \sum_{i \in I^0} a_i v_i\right] = \left[\sum_{i \in I^0} a_i v_i\right] = \lambda(\infty)[v]. \end{aligned}$$

所以 $\lambda(0)[v], \lambda(\infty)[v] \in {}^{\lambda}\mathbb{P}(V)$.

(3) $[v] \in {}^{\lambda}\mathbb{P}(V)$ 等价于对任意的 $t \in \mathrm{GL}(1)$ 有 $\lambda(t)[v] = [v]$, 即 $[\sum_{i=1}^{n} a_i t^{m_i} v_i] = [\sum_{i=1}^{n} a_i v_i]$. 这等价于 $m^0 = m_0$, 即 $I_0 = I^0 = I$, 这又等价于 $[\sum_{i \in I_0} a_i v_i] = [\sum_{i \in I^0} a_i v_i]$, 即 $\lambda(0)[v] = \lambda(\infty)[v]$.

(4) 用反证法. 若 $[v] \notin {}^{\lambda}\mathbb{P}(V)$, 且存在 $t \neq 0, \infty$ 使 $\lambda(t)[v] \in {}^{\lambda}\mathbb{P}(V)$, 则对任意的 $t' \in \mathrm{GL}(1)$,

$$\begin{aligned} \lambda(t')[v] &= [\lambda(t')v] = [\lambda(t')\lambda(t)^{-1}\lambda(t)v] \\ &= [\lambda(t)^{-1}\lambda(t')\lambda(t)v] = \lambda(t)^{-1}(t' \cdot [\lambda(t)v]) \\ &= \lambda(t)^{-1} \cdot [\lambda(t)v] = [\lambda(t)^{-1}\lambda(t)v] = [v]. \end{aligned}$$

于是 $[v] \in {}^{\lambda}\mathbb{P}(V)$, 与 $[v] \notin {}^{\lambda}\mathbb{P}(V)$ 矛盾.

(5) 不失一般性, 可把 $\{\gamma_1, \cdots, \gamma_n\}$ 排成:

$$\gamma_{11} = \gamma_{12} = \cdots = \gamma_{1l_1},$$

$$\gamma_{21} = \gamma_{22} = \cdots = \gamma_{2l_2},$$

$$\cdots\cdots\cdots\cdots$$

$$\gamma_{k1} = \gamma_{k2} = \cdots = \gamma_{kl_k}.$$

把 $\{v_1, \cdots, v_n\}$ 也作相应排列, 于是 $[v] \in {}^T\mathbb{P}(V)$ 等价于对任意的 $t \in T$ 有 $t \cdot [v] = [v]$, 即 $\left[\sum_{i,j} a_{ij}\gamma_{ij}(t)v_{ij}\right] = \left[\sum_{i,j} a_{ij}v_{ij}\right]$. 后者等价于存在 i, $1 \leqslant i \leqslant k$, 使 $[v] = \left[\sum_{j=1}^{l_i} a_{ij}v_{ij}\right]$. 这又等价于对任意的 $s \in \mathrm{GL}(1)$, $\left[\sum_{i,j} a_{ij}s^{m_{ij}}v_{ij}\right] = \left[\sum_{i,j} a_{ij}v_{ij}\right]$, 即 $s \cdot [v] = [v]$, 也就是说 $[v] \in {}^\lambda\mathbb{P}(V)$. □

2.3.3　环面在射影簇上的固定点

定理 2.3.3　若环面 $T \subseteq \mathrm{GL}(V)$ 作用在 $X \subseteq \mathbb{P}(V)$ 上, 其中 X 为不可约闭子集, X 不是 $\mathbb{P}(V)$ 的任何超平面的子集, 则

(1) 若 $\dim X \geqslant 1$, 则 $|{}^TX| \geqslant 2$.

(2) 若 $\dim X \geqslant 2$, 则 $|{}^TX| \geqslant 3$.

证明　取 V 的基 $v_1, \cdots, v_n$, 使得对任意的 $t \in T$,

$$t = \begin{pmatrix} \gamma_1(t) & & & \\ & \gamma_2(t) & & \\ & & \ddots & \\ & & & \gamma_n(t) \end{pmatrix},$$

其中 $\gamma_1, \cdots, \gamma_n \in X(T)$.

由于 $\langle\cdot,\cdot\rangle : X(T) \times Y(T) \to \mathbb{Z}$ 是非退化的, 存在 $\lambda \in Y(T)$, 使 $\gamma_i \neq \gamma_j$ 可以导出 $m_i \neq m_j$.

(1) 因为 $\dim X \geqslant 1$, 所以 X 是无限的.

(i) 若 ${}^TX = \{x \in X \mid t \cdot x = x, \forall t \in T\} = X$, 则 $|{}^TX| \geqslant 2$.

(ii) 若 ${}^TX \neq X$, 则存在 $[v_1] \in X \setminus {}^TX \subseteq \mathbb{P}(V)$. 不妨设 $m_1 = m^0 \geqslant m_2 \geqslant \cdots \geqslant m_n$. 因 ${}^T\mathbb{P}(V) = {}^\lambda\mathbb{P}(V)$, 还可设 $T = \lambda(\mathrm{GL}(1))$.

由 $[v_1] \notin {}^\lambda X$, 故 $\lambda(0)[v_1] \neq \lambda(\infty)[v_1]$. 又因 $[v_1] \in \mathbb{P}(V)$, $\lambda(0)[v_1]$, $\lambda(\infty)[v_1] \in {}^\lambda\mathbb{P}(V)$.

考虑 $k^* = \mathrm{GL}(1)$ 作用在 X 上, 对 $t \in \mathrm{GL}(1)$, $[v] \in X$, 即有 $\lambda(t)[v] \in X$. 于是对任意的 $t \in U_0 \setminus \{0\}$, 有 $\lambda(t)[v] \in X$, 即 $\{\lambda(t)[v] \mid t \in U_0 \setminus \{0\}\} \subseteq X$. 又因 X 是闭集, 所以 $\lambda(0)[v] \in X$. 同理, $\lambda(\infty)[v] \in X$. 故 $|^T X| \geqslant 2$.

(2) 因为 $\dim X \geqslant 2$, 所以 X 是无限的.

(i) 若 $^T X = X$, 则显然 $|^T X| \geqslant 3$.

(ii) 若 $^T X \neq X$, 则不妨设 $T = \lambda(\mathrm{GL}(1))$, $m_1 = m^0 \geqslant m_2 \geqslant \cdots \geqslant m_n$, $W = \langle v_2, \cdots, v_n \rangle$. $X \cap \mathbb{P}(W) = Y_1 \cup \cdots \cup Y_r$, 其中 Y_i, $1 \leqslant i \leqslant r$, 为连通分支. $\dim Y_i = \dim X - 1$, T 作用在 Y_i 上, 记 $Y = Y_1$. 因 $X \not\subseteq \mathbb{P}(W)$, $X \cap \mathbb{P}(W) \neq X$. 存在 $[v] \in X$, $[v] \notin \mathbb{P}(W)$, 即 $v = \sum_{i=1}^n a_i v_i$, $a_1 \neq 0$. 因为 $\lambda(\infty)[v] = \left[\sum_{i \in I^0} a_i v_i\right]$, $1 \in I^0$, 所以 $\lambda(\infty)[v] \in {}^T X \setminus \mathbb{P}(W)$, $\lambda(\infty)[v] \notin {}^T Y$, 故 $|^T X| \geqslant |^T Y| + 1 \geqslant 2 + 1 = 3$. □

2.3.4 正则单参数子群

设 T 是 G 的一个极大环面, T 作用在 $X = G/B$ 上.

定义 2.3.2 设 $\lambda \in Y(T)$, $^\lambda X = \{x \in X \mid \lambda(t) \cdot x = x\}$, 如果 $|^\lambda X| < \infty$, 则称 λ 是正则的.

命题 2.3.4 若 $\lambda \in Y(T)$ 是正则的, 则

(1) V 有基 $\{v_1, \cdots, v_n\}$ 使 T 对角化, 即对 $t \in T$,

$$t = \begin{pmatrix} \gamma_1(t) & & & \\ & \gamma_2(t) & & \\ & & \ddots & \\ & & & \gamma_n(t) \end{pmatrix},$$

其中 $\gamma_1, \cdots, \gamma_n \in X(T)$.

(2) $m_1 > m_2 \geqslant \cdots \geqslant m_n$, 即 $I^0 = \{1\}$.

证明 (1) 显然.

(2) 设 $m^0 = m_1 = \cdots = m_r > m_{r+1} \geqslant \cdots \geqslant m_n = m_0$, $W = \langle v_2, \cdots, v_n \rangle$. 则由 $X \not\subseteq \mathbb{P}(W)$ 可得存在 $[v] = \left[\sum_{i=1}^n a_i v_i\right] \in X$, $a_1 \neq 0$, 于是 $\lambda(\infty)[v] = \left[\sum_{i=1}^r a_i v_i\right] \in {}^\lambda X$.

我们断言 $r = 1$, 即 $I^0 = \{1\}$. 否则, 若 $r > 1$, 则因

$$X \not\subseteq \mathbb{P}(W) \bigcup_{\text{有限个 } b_j} \left\{ [v] \in \mathbb{P}(V) \,\middle|\, v = \sum a_i v_i, \frac{a_2}{a_1} = b_j \right\},$$

X 含无限个 $[v'] = [v_1 + bv_2 + \cdots]$ 使 b 互异. 因此 $^\lambda X$ 有无限个 $\lambda(\infty)[v']$, 与 λ 正则的假设矛盾. □

命题 2.3.5　若 λ 正则, 则存在唯一的 $x_\lambda \in {}^\lambda X$ 及 x_λ 的邻域 U, 使得

(1) 对任意的 $x \in U$, $\lambda(\infty)x = x_\lambda$,

(2) $\dim(X - U) = \dim X - 1$,

(3) 存在超平面 $H \subseteq \mathbb{P}(V)$, 使 $U = X - (X \cap H)$.

证明　利用命题 2.3.4 的证明, 取 $x_\lambda = [v_1]$, $U = X - (X \cap \mathbb{P}(W))$, 有关条件显然满足. □

2.3.5　Weyl 房

记 $Y(T)_{\text{reg}} = \{\lambda \in Y(T) \mid \lambda \text{ 正则}\}$. 这样

$$\begin{array}{ccccc} Y(T)_{\text{reg}} & \longrightarrow & {}^T(G/B) & \longleftrightarrow & \mathfrak{B}^T \\ \lambda & \longmapsto & x_\lambda & \longleftrightarrow & x_\lambda B x_\lambda^{-1}, \end{array}$$

其中 x_λ 由命题 2.3.5 确定. 所以有映射

$$\begin{array}{rcl} \mathscr{B} : Y(T)_{\text{reg}} & \longrightarrow & \mathfrak{B}^T \\ \lambda & \longmapsto & \mathscr{B}(\lambda) = x_\lambda B x_\lambda^{-1}. \end{array}$$

对于 $B' \in \mathfrak{B}^T$, 记

$$\mathfrak{C}(B') = \mathscr{B}^{-1}(B') = \{\lambda \in Y(T)_{\text{reg}} \mid \mathscr{B}(\lambda) = B'\},$$

称为 Weyl 房 (Weyl chamber). 记 $\mathfrak{C}_G = \{\mathfrak{C}(B') \mid B' \in \mathfrak{B}^T\}$. 我们知道, $|\mathfrak{C}_G| < \infty$.

$W = W(G,T) = N_G(T)/C_G(T)$ 在 $\mathfrak{B}^T$ 和 $Y(T)$ 上的作用为

$$w \cdot B' = nB'n^{-1},$$

$$w \cdot \lambda = \text{Int}(n)\lambda, \text{ 即 } (w \cdot \lambda)(t) = n\lambda(t)n^{-1},$$

其中 $w = nC_G(T) \in W$, $B' \in \mathfrak{B}^T$, $\lambda \in Y(T)$, $t \in \text{GL}(1)$.

命题 2.3.6　(1) 下图交换:

$$\begin{array}{ccc} Y(T)_{\text{reg}} & \xrightarrow{\mathscr{B}} & \mathfrak{B}^T \\ {\scriptstyle W}\downarrow & & \downarrow{\scriptstyle W} \\ Y(T)_{\text{reg}} & \xrightarrow{\mathscr{B}} & \mathfrak{B}^T \end{array}$$

即 $w \cdot \mathscr{B}(\lambda) = \mathscr{B}(w \cdot \lambda)$.

(2) $\mathscr{B}$ 为满映射.

(3) W 在 $\mathfrak{C}$ 上是单可迁作用的.

证明 (1) 根据下图

$$\begin{array}{ccccc} Y(T)_{\mathrm{reg}} & \longrightarrow & {}^{T}(G/B) & \longleftrightarrow & \mathfrak{B}^{T} \\ \lambda & \longmapsto & x_\lambda & \longleftrightarrow & \mathscr{B}(\lambda)= x_\lambda B x_\lambda^{-1}, \end{array}$$

对于 $\lambda \in Y(T)_{\mathrm{reg}}$,

$$\begin{aligned} \lambda_v : \mathbb{P}^1 &\longrightarrow \quad \mathbb{P}(V) \\ t &\longmapsto \quad \lambda(t)[v], \\ w \cdot \lambda_v : \mathbb{P}^1 &\longrightarrow \quad \mathbb{P}(V) \\ t &\longmapsto n\lambda(t)n^{-1}[v]. \end{aligned}$$

我们知道, 对任意的 $y \in U$, $\lambda(\infty)y = x_\lambda$, 则对任意的 $x \in nU$, 有 $y \in U$, 使 $x = ny$,

$$(w \cdot \lambda)(\infty)x = n\lambda(\infty)n^{-1}ny = n\lambda(\infty)y = nx_\lambda,$$

也就是说

$$\mathscr{B}(w \cdot \lambda) = (nx_\lambda)B(nx_\lambda)^{-1} = n(x_\lambda B x_\lambda^{-1})n^{-1}.$$

根据 ${}^{T}(G/B)$ 与 $\mathfrak{B}^T$ 之间的双射对应关系:

$$\begin{array}{ccc} {}^{T}(G/B) & \longleftrightarrow & \mathfrak{B}^{T} \\ x_\lambda & \longleftrightarrow & \mathscr{B}(\lambda) = x_\lambda B x_\lambda^{-1}, \\ nx_\lambda & \longleftrightarrow & n\mathscr{B}(\lambda)n^{-1} = w \cdot \mathscr{B}(\lambda), \end{array}$$

可得

$$\mathscr{B}(w \cdot \lambda) = n\mathscr{B}(\lambda)n^{-1} = w \cdot \mathscr{B}(\lambda),$$

即所给的图交换.

(2) 对 $\lambda \in Y(T)_{\mathrm{reg}}$, 由于 W 在 $\mathfrak{B}^T$ 上的作用是单可迁的,

$$\mathscr{B}(Y(T)_{\mathrm{reg}}) \supseteq \mathscr{B}(W \cdot \lambda) = W \cdot \mathscr{B}(\lambda) = \mathfrak{B}^T,$$

所以 $\mathscr{B}$ 是满映射.

(3) 因为 $\lambda, \lambda' \in \mathfrak{C}(B') \in \mathfrak{C}$, 故 $w \cdot \lambda, w \cdot \lambda' \in \mathfrak{C}(w \cdot B')$. 由 $\mathscr{B}(\lambda) = \mathscr{B}(\lambda') = B'$, $w \in W$, 得 $\mathscr{B}(w \cdot \lambda) = w \cdot \mathscr{B}(\lambda) = w \cdot B' = w \cdot \mathscr{B}(\lambda') = \mathscr{B}(w \cdot \lambda')$, 所以 $w \cdot \mathfrak{C}(B') = \mathfrak{C}(w \cdot B')$. 即下图交换.

$$\begin{array}{ccc} \mathfrak{C} & \longleftrightarrow & \mathfrak{B}^T \\ {\scriptstyle W}\updownarrow & & \updownarrow{\scriptstyle W} \\ \mathfrak{C} & \longleftrightarrow & \mathfrak{B}^T \end{array}$$

□

命题 2.3.7　对任意一个 $\lambda_0 \in Y(T)_{\mathrm{reg}}$ 可以找到一组 $\{\beta_i\} \subseteq X(T/T \cap R(G))\backslash\{0\}$ 使得: $\mathscr{B}(\lambda_0) = \mathscr{B}(\lambda')$ $(\lambda' \in Y(T)_{\mathrm{reg}})$ 当且仅当对所有的 i, $\langle\beta_i, \lambda'\rangle > 0$.

证明　由命题 2.3.4, 对 λ_0 可以找到 $\gamma_1, \cdots, \gamma_n \in X(T)$, 使

$$m_1 = \langle\gamma_1, \lambda_0\rangle > m_2 = \langle\gamma_2, \lambda_0\rangle \geqslant \cdots \geqslant m_n = \langle\gamma_n, \lambda_0\rangle$$

及

$$\begin{aligned} \mathbb{P}(V) \supseteq X &\longleftrightarrow \quad \mathfrak{B} \\ [v_1] = x_\lambda &\longleftrightarrow \mathfrak{B}(\lambda_0). \end{aligned}$$

现对 λ' 作如同命题 2.3.4 中的证明, 即得

存在 i, 使

$$m_i' = \langle\gamma_i, \lambda'\rangle > m_j' = \langle\gamma_j, \lambda'\rangle, \qquad 1 \leqslant j \leqslant n, j \neq i,$$

及

$$x_{\lambda'} = [v_i] \longleftarrow \mathscr{B}(\lambda').$$

$\mathscr{B}(\lambda_0) = \mathscr{B}(\lambda')$ 等价于 $x_{\lambda_0} = x_{\lambda'}$, 等价于 $[v_1] = [v_i]$, 等价于 $i = 1$, 等价于 $m_1' > m_j'$, $2 \leqslant j \leqslant m$, 等价于 $\langle\gamma_1, \lambda'\rangle > \langle\gamma_j, \lambda'\rangle$, 等价于 $\langle\gamma_1 - \gamma_j, \lambda'\rangle > 0$.

于是我们取 $\beta_j = \gamma_1 - \gamma_j$, 因 $m_1' > m_j'$, 所以 $\beta_j \neq 0$. 令 $\beta_j \in X(T)$. 再证 $\beta_j|_{T\cap R(G)} = 0$, $2 \leqslant j \leqslant n$.

这是因为对任何 $\lambda \in Y(T \cap R(G))$, 有 $\lambda(\mathrm{GL}(1))\cdot\overline{B} = \overline{B}$ 对任意的 $\overline{B} \in G/B$, 这等价于 $\lambda(0)B = \lambda(\infty)B$, 等价于 $m_0 = m^0$, 等价于 $\langle\gamma_1, \lambda\rangle = \langle\gamma_2, \lambda\rangle = \cdots = \langle\gamma_n, \lambda\rangle$, 等价于 $\langle\beta_j, \lambda\rangle = 0$, $2 \leqslant j \leqslant n$.

由 $\lambda \in Y(T \cap R(G))$ 的任意性及 $X(T \cap R(G))$ 与 $Y(T \cap R(G))$ 的对偶性, 另外, 对偶 $\langle\cdot,\cdot\rangle$ 是非退化的, 因此得 $\beta_j|_{T\cap R(G)} = 0$.

于是, $\beta_j \in X(T/T \cap R(G)) \setminus \{0\}$. □

命题 2.3.8　若 $B' \in \mathfrak{B}^T$, 则存在 $\{\beta_i\} \subseteq X(T/T \cap R(G)) \setminus \{0\}$ 使

$$\mathfrak{C}(B') = \{\lambda \in X(T)_{\mathrm{reg}} \mid \langle\beta_i, \lambda\rangle > 0, \ \forall i\}.$$

证明　由于

$$\mathfrak{C}(B') = \{\lambda \in X(T)_{\mathrm{reg}} \mid \mathscr{B}(\lambda) = B'\},$$

及存在 $\lambda_0 \in X(T)_{\mathrm{reg}}$ 使 $B' = \mathscr{B}(\lambda_0)$. 直接用上面的命题 2.3.7 即得结论. □

2.4　半单秩为 1 的群

定义 2.4.1　G 为连通代数群, 若 $\operatorname{rank}(G/R(G))=1$, 则说 G 的半单秩是 1.

据命题 2.2.10, Z_α 的半单秩是 1. 我们将会看到 G 是由这些 Z_α "造" 出来的. 所以我们便需要先解决半单秩为 1 的群的结构.

最简单的半单秩为 1 的群就是 $\mathrm{PGL}(2,k)$, 直接用矩阵计算便可得这个群的结构:

设 $G=\mathrm{PGL}(2,k)$, 则

(1) $1\to\{\pm1\}\to\mathrm{SL}(2,k)\to G\to 1$ 是正合列,

(2) G 半单,

(3) $(G,G)=G$,

(4) 若 T 为 G 的一个极大环面, 则 $T=C_G(T)$.

定理 2.4.1　设 G 是连通代数群, T 是 G 的极大环面, 则以下条件等价:

(1) G 的半单秩是 1,

(2) $|W(G,T)|=2$,

(3) $|\mathfrak{B}^T|=2$,

(4) $\dim G/B=1$,

(5) $G/B\cong\mathbb{P}^1$,

(6) 存在满态射 $\varphi:G\to\mathrm{PGL}(2,k)$ 使 $(\operatorname{Ker}\varphi)^0=R(G)$.

证明　(1)⇒(2). 由 G,T 可得到 $G'=G/R(G)$, $T'=T/T\cap R(G)$, T' 是 G' 的极大环面.

$$\begin{array}{ccc}\mathfrak{B}_G^T & \longleftrightarrow & \mathfrak{B}_{G'}^{T'}\\ \updownarrow & & \updownarrow\\ W=W(G,T) & & W(G',T')=W'\end{array}\tag{2.1}$$

从 (1) 得 $\dim T'=1$, $T'\cong\mathrm{GL}(1)$. 因 $W'\subseteq\operatorname{Aut}(T')\cong\operatorname{Aut}\mathrm{GL}(1)=\mathbb{Z}/2\mathbb{Z}$, 故得 $|W'|\leqslant 2$. 另一方面, G' 不可解, 由定理 1.2.7, $\dim G'/B'\geqslant 1$. 因此 $|\mathfrak{B}_{G'}^{T'}|\geqslant 2$, 从而 $|W'|\geqslant 2$, 得到 $|W'|=2$. 从图 (2.1) 知 $|W|=|W'|=2$.

(2)⇔(3). 因为 $\mathfrak{B}_G^T\leftrightarrow W(G,T)$, 等价性是显然的.

(3)⇒(4). 已知 $\dim G/B\geqslant 1$, 若是 $\dim G/B\geqslant 2$, 则由定理 2.3.3, $|\mathfrak{B}_G^T|\geqslant 3$, 但这和 (3) 矛盾, 故必须 $\dim G/B=1$.

(4)⇒(5). 我们知,

$$\begin{array}{ccc}\mathrm{GL}(1) & \longrightarrow & V-\{0\}\ni v\\ \cap\!\!\mid & & \\ \mathbb{P}^1 & \xrightarrow{\lambda_v} & X\subset\mathbb{P}(V),\end{array}$$

这里 $X = G/B = G\cdot[v]$. 由于 X 不可约, $\mathbb{P}^1$ 完备, $\dim X = 1$, 所以 $\lambda_v(\mathbb{P}^1) = X$, λ_v 定义一个同构: $\mathbb{P}^1 \cong G/B$.

(5)⇒(6). 对 $g \in G$, 可定义

$$\begin{aligned}\Psi_g : G/B &\longrightarrow G/B\\ xB &\longmapsto gxB.\end{aligned}$$

于是有同态

$$\begin{aligned}\Psi : G &\longrightarrow \mathrm{Aut}(G/B)\\ g &\longmapsto \Psi_g.\end{aligned}$$

设 $I = \bigcap_{B'\in\mathfrak{B}} B'$, 我们要证明以下序列正合:

$$1 \to I \to G \xrightarrow{\Psi} \mathrm{Aut}(G/B) \to 1.$$

$\Psi_g = \mathrm{id}$ 等价于对任意的 xB 有 $gxB = xB$, 即对任意的 $B' \in \mathfrak{B}$ 有 $gB'g^{-1} = B'$, 这等价于对任意的 $B' \in \mathfrak{B}$ 有 $g \in N_G(B') = B'$, 即 $g \in \bigcap_{B'\in\mathfrak{B}} B' = I$. 这就证明了序列的左半部分是正合的.

再证 $I^0 = R(G)$. 对任意的 $g \in G$, 有

$$gIg^{-1} = \bigcap_{B'\in\mathfrak{B}} gB'g^{-1} = \bigcap_{B'\in\mathfrak{B}} B' = I,$$

因此 I 正规且可解, 于是 $I^0 \subseteq R(G)$. 另一方面, 存在 $B \in \mathfrak{B}$, $R(G) \subseteq B$. 从而对任意的 $B' \in \mathfrak{B}$ 有 $B' = gBg^{-1} \supseteq gR(G)g^{-1} = R(G)$, 由 $R(G)$ 的连通性可得 $R(G) \subseteq \left(\bigcap_{B'\in\mathfrak{B}} B'\right)^0 = I^0$. 所以 $R(G) = I^0$.

由假设, $\mathrm{Aut}(G/B) \cong \mathrm{Aut}(\mathbb{P}^1) \cong \mathrm{PGL}(2)$. 因此剩下只要证右半个正合列:

$$G \xrightarrow{\varphi} \mathrm{PGL}(2) \to 1.$$

由于 $\overline{\varphi} : G/R(G) \to \mathrm{PGL}(2)$ 的核 I/I^0 有限, 记 $G' = G/R(G)$, 则 $\dim\varphi(G) = \dim G'$. 因为最简单的半单群 $\mathrm{PGL}(2)$ 的维数等于 3, 因此 G' 作为半单群, 有

$$3 \leqslant \dim G' = \dim\varphi(G) \leqslant \dim \mathrm{PGL}(2) = 3,$$

从 $\mathrm{PGL}(2)$ 的不可约性就能得到 $\varphi(G) = \mathrm{PGL}(2)$.

(6)⇒(1). 因 $\mathrm{PGL}(2)$ 的秩等于 1, 从正合列可得 $\mathrm{rank}(G/R(G)) = 1$. □

命题 2.4.2 设 T 是连通代数群 G 的一个极大环面, $B \in \mathfrak{B}_G^T$, $S \subseteq T$, $\dim S = \dim T - 1$, S 是奇异环面. 则

(1) $|W(C_G(S), T)| = 2$.

(2) $\{\lambda \text{ 正则} \mid \mathscr{B}_G(\lambda) = B\} = \mathfrak{C}(B) \subseteq \mathfrak{C}(C_B(S)) = \{\lambda \text{ 正则} \mid \mathscr{B}_{C_G(S)}(\lambda) = C_B(S)\}$.

(3) 设 $\mathfrak{B}_{C_G(S)}^T = \{C, C'\}$, 则存在 $0 \neq \alpha \in X(T/S) \subseteq X(T)$ 使对任意的 $B \in \mathfrak{B}^T$ 有

(i) $C_B(S) = C$ 当且仅当对任意的 $\lambda \in \mathfrak{C}(B)$, $\langle \alpha, \lambda \rangle > 0$, 或

(ii) $C_B(S) = C'$ 当且仅当对任意的 $\lambda \in \mathfrak{C}(B)$, $\langle \alpha, \lambda \rangle < 0$.

(4) $\dim(C_B(S)_u / C_B(S)_u \cap I(T)_u) \leqslant 1$, 其中 $I(T) = \bigcap_{B \in \mathfrak{B}_G^T} B$.

(5) 设 $Q \subseteq T$, Q 是奇异环面, $\dim Q = \dim T - 1$, $Q \neq S$, 则

(i) 存在 $B' \in \mathfrak{B}^T$ 使 $C_{B'}(S) = C_B(S)$, $C_{B'}(Q) \neq C_B(Q)$.

(ii) $C_{I(C_B(S))}(Q) \subseteq I(T)$, 其中 $I(C_B(S)) = \bigcap_{B' \in \mathfrak{B}_G^{C_B(S)}} B'$.

证明 (1) 由假设 S 是极大奇异环面, 故存在 $\alpha \in \Phi(G/I(T), T)$ 使 $S = T_\alpha$. 由命题 2.2.10 知 $C_G(S) = Z_\alpha$ 的半单秩是 1, 因此由定理 2.4.1 得 $|W(C_G(S), T)| = 2$.

(2) 见下图:

$$
\begin{array}{ccccccc}
\mathfrak{C}(B) & \subseteq & Y(G,T)_{\text{reg}} & \xrightarrow{\mathscr{B}_G} & \mathfrak{B}^T & \ni & B \\
 & & \cap & & & & \downarrow \\
\mathfrak{C}(C_B(S)) & \subseteq & Y(C_G(S),T)_{\text{reg}} & \xrightarrow{\mathscr{B}_{C_G(S)}} & \mathfrak{B}_{C_G(S)}^T & \ni & C_B(S) = B \cap C_G(S)
\end{array}
$$

我们欲证 $\mathfrak{C}(B) \subseteq \mathfrak{C}(C_B(S))$.

(i) 看交换图

$$
\begin{array}{ccc}
G & \xrightarrow{\pi} & G/B \\
{\scriptstyle i}\uparrow & & \uparrow{\scriptstyle j} \\
C_G(S) & \xrightarrow{\pi^S} & C_G(S)/C_B(S)
\end{array}
$$

其中 $j(\pi^S(g)) = g\pi(e)$.

(ii) 现证 j 是单态射: 若 $j(\pi^S(g)) = 1$, 则 $g\pi(e) = \pi(e)$, 即 $g \in B \cap C_G(S) = C_B(S)$, 从而 $\pi^S(g) = 1$, j 确是单的.

(iii) 若 $\lambda \in \mathfrak{C}(B)$, 则 $\mathscr{B}_G(\lambda) = B$, 根据 2.3.5 节的讨论以及命题 2.3.5, $\pi(e) = x_\lambda$, 且存在 x_λ 的开邻域 U 使得对任意的 $x \in U \subseteq G/B$ 有 $\lambda(\infty)x = x_\lambda$.

于是存在 $C_G(S)/C_B(S)$ 里的开集 U^S, 使 $\pi^S(e) \in U^S$, 且 $\lambda(\infty)U^S = \pi^S(e)$.

$$
\begin{array}{ccccccc}
G & \supseteq & \mathscr{U} & \xrightarrow{\pi} & U & \subseteq & G/B \\
 & & \uparrow{\scriptstyle i} & & \uparrow{\scriptstyle j} & & \\
C_G(S) & \supseteq & \mathscr{U} \cap C_G(S) & \xrightarrow{\pi^S} & U^S & \subseteq & C_G(S)/C_B(S)
\end{array}
$$

所以对群 $C_G(S)$ 来说, $\pi^S(e)$ 就是 $x_\lambda = \mathscr{B}_{C_G(S)}(\lambda)$, 可见

$$
\begin{array}{ccccc}
\mathfrak{B}_G^T & \ni & B & = & \mathscr{B}_G(\lambda) \\
 & & \downarrow & & \downarrow \\
\mathfrak{B}_{C_G(S)}^T & \ni & C_B(S) & = & \mathscr{B}_{C_G(S)}(\lambda)
\end{array}
$$

即 $\lambda \in \mathfrak{C}(C_B(S))$.

(3) 由 (1) 知 $|\mathfrak{B}_{C_G(S)}^T| = |W(C_G(S), T)| = 2$, 可设 $\mathfrak{B}_{C_G(S)}^T = \{C, C'\}$. 由命题 2.3.8, 对每一个 $C_G(S)$ 的 Weyl 房, 存在 $\{\beta_i\} \subseteq X(T/T \cap R(C_G(S))) \setminus \{0\}$, 使这个 Weyl 房是 $\{\lambda \in Y(C_G(S), T)_{\mathrm{reg}} \mid \langle \beta_i, \lambda \rangle > 0,\ \forall i\}$. 但 $T \cap R(C_G(S)) = S$, 另外从假设 $\dim T/S = 1$ 可得 $\{\beta_i\} \subseteq X(T/S) \cong \mathbb{Z}$. 因此可取 $\{\beta_i\} = \{\alpha\}$ 或 $\{-\alpha\}$, 其中 α 是 $X(T/S)$ 的生成元, 这就是说 $C_G(S)$ 的任何一个 Weyl 房是

$$\{\lambda \in Y(C_G(S), T)_{\mathrm{reg}} \mid \langle \alpha, \lambda \rangle > 0\}$$

或

$$\{\lambda \in Y(C_G(S), T)_{\mathrm{reg}} \mid \langle \alpha, \lambda \rangle < 0\}.$$

但是

$$\mathfrak{C} \cup \mathfrak{C}' = Y(C_G(S), T)_{\mathrm{reg}} \twoheadrightarrow \mathfrak{B}_{C_G(S)}^T = \{C, C'\},$$

其中

$$\mathfrak{C} = \{\lambda \text{ 正则} \mid \mathscr{B}_{C_G(S)}(\lambda) = C\},$$

$$\mathfrak{C}' = \{\lambda \text{ 正则} \mid \mathscr{B}_{C_G(S)}(\lambda) = C'\}.$$

因 $\mathfrak{B}_G^T \twoheadrightarrow \mathfrak{B}_{C_G(S)}^T$, 故对任意的 $B \in \mathfrak{B}_G^T$, $C_B(S) = C$ 或 C'.

另外, $C_B(S) = C$ 当且仅当 $\mathfrak{C} = \{\lambda \text{ 正则} \mid \langle \alpha, \lambda \rangle > 0\}$, 这就证明了 (3).

(4) (i) 由假设, 存在 $\alpha \in \Phi(G/I(T), T)$ 使 $S = T_\alpha$. 故 $C_G(S)$ 的半单秩是 1, 存在同态 $\varphi : C_G(S) \to \mathrm{PGL}(2)$ 使以下序列正合：

$$1 \to \operatorname{Ker} \varphi \to C_G(S) \xrightarrow{\varphi} \mathrm{PGL}(2) \to 1,$$

其中 $(\operatorname{Ker} \varphi)^0 = R(C_G(S))$.

(ii) 由于 $C_B(S)$ 是 $C_G(S)$ 的 Borel 子群, $\varphi(C_B(S))$ 是 PGL(2) 的 Borel 子群. 但 PGL(2) 的任一 Borel 子群同构于

$$B_0 = \left\{ \begin{bmatrix} 1 & x \\ 0 & y \end{bmatrix} \middle| \, x \in k, y \in k^* \right\},$$

故

$$(B_0)_u = \left\{ \begin{bmatrix} 1 & x \\ 0 & 1 \end{bmatrix} \middle| \, x \in k \right\} \cong k.$$

于是 $\varphi(C_B(S)_u) = \varphi(C_B(S))_u \cong k$.

(iii) $\varphi(C_B(S)_u) \cong C_B(S)_u / C_B(S)_u \cap R(C_B(S))_u \cong k$.

(iv) 但

$$R(C_G(S)) \subseteq \left(\bigcap_{B \in \mathfrak{B}_G^S} B \right)^0 \subseteq \left(\bigcap_{B \in \mathfrak{B}_G^T} B \right)^0 = I(T)_u,$$

因此 $\dim(C_B(S)_u / C_B(S)_u \cap I(T)_u) \leqslant 1$.

(5) (i) 固定 B 使 $C_B(S) = C$ (C 如 (3) 中所定义). 则 $C_{B'}(S) = C_B(S) = C$ 当且仅当存在 $\beta \in X(T/S) \subseteq X(T)$ 使得对任意的 $\lambda \in \mathfrak{C}(B')$ 有 $\langle \beta, \lambda \rangle > 0$. 同样地, $C_{B'}(Q) = C_B(Q) = C$ 当且仅当存在 $\gamma \in X(T/Q) \subseteq X(T)$ 使得对任意的 $\lambda \in \mathfrak{C}(B')$ 有 $\langle \gamma, \lambda \rangle > 0$. 而因 $S \neq Q$, 故 $(\operatorname{Ker} \beta)^0 \neq (\operatorname{Ker} \gamma)^0$, 即 β 与 γ 在 $X(T)$ 里线性无关, 从而存在 $\lambda' \in Y(G,T)_{\mathrm{reg}}$, 使得 $\langle \beta, \lambda' \rangle > 0$ 及 $\langle \gamma, \lambda' \rangle < 0$. 取 $B' = \mathscr{B}_G(\lambda')$, 则因对任意的 $\lambda \in \mathfrak{C}(B')$ 有 $\langle \beta, \lambda \rangle > 0$, 因此 $C_{B'}(S) = C_B(S)$. 又因 $\langle \gamma, \lambda' \rangle < 0$, 因此 $C_{B'}(Q) \neq C_B(Q)$.

(ii) 先用一个引理.

引理 2.4.3 若 G 的半单秩是 1, $B_0 \neq B_1 \neq B_\infty \in \mathfrak{B}_G$, $I = \bigcap_{B \in \mathfrak{B}_G} B$, 则

(1) $B_0 \cap B_1 / I \cong \mathrm{GL}(1)$,

(2) $B_0 \cap B_1 \cap B_\infty = I$.

证明 (1)

$$\begin{array}{ccccccccc} 1 & \longrightarrow & \operatorname{Ker}\varphi & \longrightarrow & G & \xrightarrow{\varphi} & \mathrm{PGL}(2) & \longrightarrow & 1 \\ & & & & & \searrow & \| & & \\ & & & & & & \mathrm{Aut}(\mathbb{P}^1) & & \\ & & & & & & \| & & \\ & & & & & & \mathrm{Aut}(G/B) & & \end{array}$$

$B_0 \neq B_1 \neq B_\infty$ 对应于 $\mathbb{P}^1$ 中 3 个不同的点 $x_0 \neq x_1 \neq x_\infty$.

$g \in \operatorname{Ker}\varphi$ 当且仅当对任意的 $yB \in G/B$ 有 $g \cdot yB = yB$. 这等价于 $g \in \bigcap_{y \in G} yBy^{-1} = \bigcap_{B \in \mathfrak{B}_G} B = I$, 也就是说 $\operatorname{Ker}\varphi = I$.

若把 φ 的像看成 $\operatorname{Aut}(\mathbb{P}^1)$ 的元素, 则

$$B_0 \cap B_1 = \{g \in G \mid \varphi(g) \cdot x_0 = x_0,\ \varphi(g) \cdot x_1 = x_1\},$$

也即

$$\varphi(B_0 \cap B_1) = \{g \in \operatorname{Aut}(\mathbb{P}^1) \mid g \cdot x_0 = x_0,\ g \cdot x_1 = x_1\} \cong \mathrm{GL}(1).$$

因此 $B_0 \cap B_1 / I \cong \mathrm{GL}(1)$.

(2) 类似地,

$$\begin{aligned} B_0 \cap B_1 \cap B_\infty / I &\cong \{g \in \operatorname{Aut}(\mathbb{P}^1) \mid g \cdot x_0 = x_0,\ g \cdot x_1 = x_1,\ g \cdot x_\infty = x_\infty\} \\ &= \{e\}, \end{aligned}$$

所以 $B_0 \cap B_1 \cap B_\infty = I$. □

(iii) 取 B' 使 $C_B(S) = C_{B'}(S)$, $C_B(Q) \neq C_{B'}(Q)$, 由于 $C_G(S)$ 的半单秩是 1, 注意到 $C_B(Q), C_{B'}(Q)$ 都是 $C_G(Q)$ 的 Borel 子群, 从上述引理 2.4.3,

$$C_B(Q) \cap C_{B'}(Q) / \bigcap_{B \in \mathfrak{B}^Q_{C_G(Q)}} B \cong \mathrm{GL}(1),$$

所以

$$C_B(Q) \cap C_{B'}(Q) = T \cdot R(C_G(Q))_u \subseteq I(T).$$

另外, 因 $C_B(S) = C_{B'}(S)$, $I(C_B(S)) = \bigcap_{B'' \in \mathfrak{B}_G^{C_B(S)}} B'' \subseteq B \cap B'$, 可得

$$C_{I(C_B(S))}(Q) \subseteq C_{B \cap B'}(Q) = C_B(Q) \cap C_{B'}(Q) \subseteq I(T).$$ □

2.5　幺　　根

本节目的在于证明 $I(T)_u = R_u(G)$.

设 $G = \mathrm{PGL}(2) = \mathrm{GL}(2)/S$,

$$S = \left\{ \begin{pmatrix} a & 0 \\ 0 & a \end{pmatrix} \middle| \ a \in k^* \right\},$$

$$\mathrm{GL}(2) \longrightarrow \mathrm{PGL}(2) : \begin{pmatrix} a & b \\ c & d \end{pmatrix} \longmapsto \begin{bmatrix} a & b \\ c & d \end{bmatrix}.$$

$T = \left\{ \begin{bmatrix} a & 0 \\ 0 & 1 \end{bmatrix} \middle| \, a \in k^* \right\}$ 是 PGL(2) 的一个极大环面.

$\alpha \in X(T)$ 如下定义：对于 $t = \begin{bmatrix} a & 0 \\ 0 & 1 \end{bmatrix}$, $\alpha(t) = a$, 即 $\alpha\left(\begin{bmatrix} a & 0 \\ 0 & d \end{bmatrix}\right) = ad^{-1}$.
这样, $(-\alpha)\left(\begin{bmatrix} a & 0 \\ 0 & d \end{bmatrix}\right) = a^{-1}d$.

可定义

$$\begin{aligned} u_\alpha : \mathbb{G}_{\mathrm{a}} = k &\longrightarrow G \\ b &\longmapsto \begin{bmatrix} 1 & b \\ 0 & 1 \end{bmatrix}, \\ u_{-\alpha} : \mathbb{G}_{\mathrm{a}} = k &\longrightarrow G \\ b &\longmapsto \begin{bmatrix} 1 & 0 \\ b & 1 \end{bmatrix}. \end{aligned}$$

设 $U_\alpha = u_\alpha(\mathbb{G}_{\mathrm{a}})$, $U_{-\alpha} = u_{-\alpha}(\mathbb{G}_{\mathrm{a}})$,

$$B = \left\{ \begin{bmatrix} a & b \\ 0 & 1 \end{bmatrix} \middle| \, a \in k^*, b \in k \right\},$$

$$B' = \left\{ \begin{bmatrix} a & 0 \\ b & 1 \end{bmatrix} \middle| \, a \in k^*, b \in k \right\}.$$

显然 $B = T \cdot U_\alpha$, $B' = T \cdot U_{-\alpha}$. $\mathfrak{B}^T_{\mathrm{PGL}(2)} = \{B, B'\}$.

命题 2.5.1　设 G 是连通简约群, 半单秩等于 1, T 为 G 的一个极大环面. 用 $\mathfrak{g}, \mathfrak{b}, \mathfrak{b}', \mathfrak{t}$ 分别表示 G, B, B', T 的李代数, 则

(1) $I(T) = \left(\bigcap_{B \in \mathfrak{B}^T_G} B\right)^0 = B \cap B' = T$,

$I^0 = \left(\bigcap_{B \in \mathfrak{B}_G} B\right)^0 = Z(G)^0$, $C_G(T) = T$.

(2) 存在同构 $\theta : k = \mathbb{G}_{\mathrm{a}} \to B_u$ 及 $\alpha \in X(T/T \cap I)$, 使 $t\theta(b)t^{-1} = \theta(\alpha(t)b)$, 其中 $t \in T$, $b \in \mathbb{G}_{\mathrm{a}}$. $\Phi(B, T) = \{\alpha\}$, $\mathfrak{b} = \mathfrak{t} \oplus \mathfrak{g}_\alpha$, 其中

$$\mathfrak{g}_\alpha = \{X \in \mathfrak{g} \mid \mathrm{Ad}(t)X = \alpha(t)X, \ \forall t \in T\}.$$

B_u 是 G 的唯一 T 不变连通子群, 以 $\mathfrak{g}_\alpha$ 为它的李代数. $\dim \mathfrak{g}_\alpha = 1$.

(3) 对 $(B', -\alpha)$ 也有如 (2) 相同的结果.

(4) $\mathfrak{b} \cap \mathfrak{b}' = \mathfrak{t}$, $\mathfrak{b} + \mathfrak{b}' = \mathfrak{g} = \mathfrak{t} \oplus \mathfrak{g}_\alpha \oplus \mathfrak{g}_{-\alpha}$, $\Phi(G,T) = \{\alpha, -\alpha\}$.

(5) $\mathfrak{C}(B) = \{\lambda \in Y(T) \mid \langle \alpha, \lambda \rangle > 0\}$, $\mathfrak{C}(B') = \{\lambda \in Y(T) \mid \langle \alpha, \lambda \rangle < 0\}$.

证明　第一步. 因 G 的半单秩是 1, 故存在 2 维向量空间 V 及正合序列

$$1 \to I \to G \xrightarrow{\varphi} \mathrm{PGL}(V) \to 1,$$

其中 $I^0 = R(G)$. 通过坐标变换可假设

$$\varphi(T) = \left\{ \begin{bmatrix} a & 0 \\ 0 & 1 \end{bmatrix} \middle| \, a \in k^* \right\}.$$

这样

$$\varphi(\mathfrak{B}_G^T) = \{\varphi(B), \varphi(B')\} = \mathfrak{B}_{\mathrm{PGL}(V)}^{\left\{\begin{bmatrix} a & 0 \\ 0 & 1 \end{bmatrix}\right\}} = \left\{ \left\{ \begin{bmatrix} a & b \\ 0 & 1 \end{bmatrix} \right\}, \left\{ \begin{bmatrix} a & 0 \\ b & 1 \end{bmatrix} \right\} \right\}.$$

可假设

$$\varphi(B) = \left\{ \begin{bmatrix} a & b \\ 0 & 1 \end{bmatrix} \right\}, \qquad \varphi(B') = \left\{ \begin{bmatrix} a & 0 \\ b & 1 \end{bmatrix} \right\}.$$

第二步. 从第一步可知有正合序列

$$1 \to I \cap B_u \to B_u \xrightarrow{\varphi} \left\{ \begin{bmatrix} 1 & b \\ 0 & 1 \end{bmatrix} \right\} \to 1.$$

因 G 简约, $I^0 = R(G)$ 是环面, 故 $I^0 \cap B_u = \{e\}$, 于是 $I \cap B_u$ 有限, $\dim B_u = \dim \left\{ \begin{bmatrix} 1 & b \\ 0 & 1 \end{bmatrix} \right\} = 1$.

因 B_u 是一维连通幂幺群, 故存在同构 $\varphi : B_u \to \left\{ \begin{bmatrix} 1 & b \\ 0 & 1 \end{bmatrix} \right\}$. 这样即可定义同构 $\theta = \varphi^{-1}\psi^{-1} : \mathbb{G}_\mathrm{a} \to B_u$:

$$B_u \xrightarrow{\varphi} \left\{ \begin{bmatrix} 1 & b \\ 0 & 1 \end{bmatrix} \right\} \xrightarrow{\psi} \mathbb{G}_\mathrm{a}$$

$$\begin{bmatrix} 1 & b \\ 0 & 1 \end{bmatrix} \longmapsto b.$$

第三步. 对 $t \in T$, $\theta(b) \in B_u$, $b \in \mathbb{G}_{\mathrm{a}}$, 可以定义一个 T 在 $\mathbb{G}_{\mathrm{a}}$ 上的作用:

$$\begin{aligned} t \cdot b = \theta^{-1}(t\theta(b)t^{-1}) &= \psi\varphi\left(t\varphi^{-1}\left(\begin{bmatrix}1 & b\\ 0 & 1\end{bmatrix}\right)t^{-1}\right) \\ &= \psi\left(\varphi(t)\begin{bmatrix}1 & b\\ 0 & 1\end{bmatrix}\varphi(t)^{-1}\right). \end{aligned}$$

若 $\varphi(t) = \begin{bmatrix}a & 0\\ 0 & 1\end{bmatrix}$, 定义 $\alpha(t) = a$, 显然 $\alpha \in X(T)$. 于是

$$t \cdot b = \psi\left(\begin{bmatrix}1 & ab\\ 0 & 1\end{bmatrix}\right) = ab = \alpha(t)b.$$

这样, $\theta^{-1}(t\theta(b)t^{-1}) = \alpha(t)b$, 可得 $t\theta(b)t^{-1} = \theta(\alpha(t)b)$. 还有, $t \in I \cap T$ 可得 $\varphi(t) = 1$, 从而 $\alpha(t) = 1$. 也就是说 $\alpha \in X(T/T \cap I)$.

第四步. 对 B'_u 也可作同样的运算, 即可定义同构 $\theta' = \varphi'^{-1}\psi'^{-1} : \mathbb{G}_{\mathrm{a}} \to B'_u$:

$$B'_u \xrightarrow{\varphi'} \left\{\begin{bmatrix}1 & 0\\ b & 1\end{bmatrix}\right\} \xrightarrow{\psi'} \mathbb{G}_{\mathrm{a}}.$$

$$\theta'^{-1}(t\theta'(b)t^{-1}) = \psi'\left(\begin{bmatrix}1 & 0\\ a^{-1}b & 1\end{bmatrix}\right) = a^{-1}b = -\alpha(t)b.$$

第五步. 从前面

$$\begin{array}{ccc} \mathbb{G}_{\mathrm{a}} & \xrightarrow[\approx]{\theta} & B_u \\ {\scriptstyle \alpha(t)}\downarrow & & \downarrow{\scriptstyle \mathrm{Int}\,(t)} \\ \mathbb{G}_{\mathrm{a}} & \xrightarrow[\approx]{\theta} & B_u \end{array} \quad \Longrightarrow \quad \begin{array}{ccc} \mathfrak{L}(\mathbb{G}_{\mathrm{a}}) & \xrightarrow[\approx]{\mathrm{d}\theta} & \mathfrak{L}(B_u) \\ {\scriptstyle \alpha(t)}\downarrow & & \downarrow{\scriptstyle \mathrm{Ad}(t)} \\ \mathfrak{L}(\mathbb{G}_{\mathrm{a}}) & \xrightarrow[\approx]{\mathrm{d}\theta} & \mathfrak{L}(B_u) \end{array}$$

可见

$$\mathfrak{L}(B_u) = \{\mathrm{d}\theta(X) \mid X \in \mathfrak{L}(\mathbb{G}_{\mathrm{a}})\},$$

$$\mathrm{Ad}(t)\mathrm{d}\theta(X) = \mathrm{d}\theta(\alpha(t)X) = \alpha(t)\mathrm{d}\theta(X).$$

因此 $\mathfrak{L}(B_u) \subseteq \mathfrak{g}_\alpha$. 同样, $\mathfrak{L}(B'_u) \subseteq \mathfrak{g}_{-\alpha}$, 但 $B = T \cdot B_u$, $\mathfrak{b} = \mathfrak{t} \oplus \mathfrak{L}(B_u)$. 由于 $B_u \cong \mathbb{G}_{\mathrm{a}}$, $\dim \mathfrak{L}(B_u) = 1$. 同样有 $\mathfrak{b}' = \mathfrak{t} \oplus \mathfrak{L}(B'_u)$. $\dim \mathfrak{L}(B'_u) = 1$. 所以 $\mathfrak{b} \cap \mathfrak{b}' \supseteq \mathfrak{t}$.

第六步. $\varphi : B_u \to \left\{\begin{bmatrix} 1 & b \\ 0 & 1 \end{bmatrix}\right\}$, $\varphi' : B'_u \to \left\{\begin{bmatrix} 1 & 0 \\ b & 1 \end{bmatrix}\right\}$. 由于 $\varphi(B_u \cap B'_u) = \{e\}$ 且 φ 在 B_u 上是同构, 故 $B_u \cap B'_u = \{e\}$, $B \cap B' = T(B_u \cap B'_u) = T$. 另外从定义,

$$T \subseteq I(T) = \left(\bigcap_{B \in \mathfrak{B}_G^T} B\right)^0 = (B \cap B')^0 \subseteq B \cap B' = T.$$

因此 $T = B \cap B' = I(T)$. 再由第五步, $\mathfrak{b} \cap \mathfrak{b}' = \mathfrak{t}$.

第七步. 算维数: $\dim(\mathfrak{b} + \mathfrak{b}') = \dim(\mathfrak{t} \oplus \mathfrak{L}(B_u) \oplus \mathfrak{L}(B'_u)) = \dim(\mathfrak{t}) + 2$. 又因

$$1 \longrightarrow G \xrightarrow{\varphi} \mathrm{PGL}(2) \longrightarrow 1$$

是正合列, 所以

$$\dim \mathfrak{t} = \dim T = \dim I + \dim \varphi(T) = \dim I + 1.$$

于是

$$\dim(\mathfrak{b} + \mathfrak{b}') = \dim I + 3 = \dim I + \dim \mathrm{PGL}(2) = \dim G = \dim \mathfrak{g}.$$

考虑到 $\mathfrak{b} + \mathfrak{b}' \subseteq \mathfrak{g}$, 就有 $\mathfrak{g} = \mathfrak{b} + \mathfrak{b}'$. 这样,

$$\mathfrak{g} = C_{\mathfrak{g}}(T) \bigoplus_{\beta \in \Phi(G,T)} \mathfrak{g}_\beta = \mathfrak{b} + \mathfrak{b}' = \mathfrak{t} \oplus \mathfrak{L}(B_u) \oplus \mathfrak{L}(B'_u).$$

第八步.

$$\begin{array}{ccc} C_G(T) & \xrightarrow{\varphi} & C_{\mathrm{PGL}(2)}\left(\left\{\begin{bmatrix} a & 0 \\ 0 & 1 \end{bmatrix}\right\}\right) \\ \bigcup & & \| \\ T & \longrightarrow & \left\{\begin{bmatrix} a & 0 \\ 0 & 1 \end{bmatrix}\right\}. \end{array}$$

$T \subseteq C_G(T) \subseteq T \cdot \operatorname{Ker} \varphi$, 已知 $\operatorname{Ker} \varphi = I$, $I^0 = R(G)$ 是环面, 可证 $I^0 = R(G) \subseteq T$ (这是因为存在 T' 使 $R(G) \supseteq T'$, 又知 $R(G) \lhd G$, 故存在 $g \in G$ 使 $T = gT'g^{-1} \subseteq gR(G)g^{-1} = R(G)$). $[T \cdot \operatorname{Ker} \varphi : T] \leqslant [I : I^0] < \infty$. 已知 $C_G(T)$ 连通, 得 $C_G(T) = T$. 于是

$$C_{\mathfrak{g}}(T) = \mathfrak{L}(C_G(T)) = \mathfrak{L}(T) = \mathfrak{t}.$$

第九步. 回头看证明中的第七步, 由

$$\mathfrak{g} = \mathfrak{t} \bigoplus_{\beta\in\Phi(G,T)} \mathfrak{g}_\beta = \mathfrak{t} \oplus \mathfrak{L}(B_u) \oplus \mathfrak{L}(B'_u)$$

及

$$\mathfrak{L}(B_u) \subseteq \mathfrak{g}_\alpha, \qquad \mathfrak{L}(B'_u) \subseteq \mathfrak{g}_{-\alpha},$$

可得

$$\Phi(G,T) = \{\alpha, -\alpha\}, \qquad \mathfrak{g}_\alpha = \mathfrak{L}(B_u), \qquad \mathfrak{g}_{-\alpha} = \mathfrak{L}(B'_u),$$

且 $\dim \mathfrak{g}_\alpha = \dim \mathfrak{g}_{-\alpha} = 1$. □

命题 2.5.2 设 G 是连通幂零群, $\dim G > 0$, H 是 G 的连通闭子群. 若 $\dim H = \dim G - 1$, 则 $H \lhd G$.

证明 第一步. 若 $\dim H < \dim N_G(H)$, 则 $\dim N_G(H) = \dim G$, $N_G(H) = G$. 显然 $H \lhd G$.

第二步. 对 $\dim G$ 作归纳法. $\dim G = 1$ 当然成立. 若 $\dim G > 0$, 因 G 幂零, 设 $Z(G)^0 = Z$, 则 $\dim Z > 0$, $\dim(G/Z) < \dim G$. 分两种情形: $Z \subseteq H$ 或 $Z \nsubseteq H$. 若 $Z \nsubseteq H$, 则 $H \subsetneqq ZH \subseteq N_G(H)$. 于是 $\dim H < \dim N_G(H)$. 若 $Z \subseteq H$, 则对 G/Z 用归纳法假设, 可得 $\dim N_{G/Z}(H/Z) > \dim H/Z$, 从而 $\dim N_G(H) > \dim H$. □

定理 2.5.3 若 G 是连通群, T 是 G 的极大环面, 则

$$I(T)_u = R_u(G).$$

证明 第一步. 定义

$$I(T) = \left(\bigcap_{B\in\mathfrak{B}_G^T} B \right)^0.$$

由于

$$R_u(G) \subseteq \left(\bigcap_{B\in\mathfrak{B}_G} B_u \right)^0,$$

因此 $R_u(G) \subseteq I(T)_u$.

第二步. 由定义, $R_u(G)$ 是 G 的极大连通正规幂幺子群, 但 $I(T)_u$ 是连通幂幺的, 若可以证明 $I(T)_u \lhd G$, 就能导出 $I(T)_u \subseteq R_u(G)$, 从而证明定理.

第三步. 分别对 G 及 B 应用定理 2.1.1(4), 可得 G 由 $\{B \mid B \in \mathfrak{B}_G^T\}$ 生成. 又可证明 B 是由 $\{C_B(S) \mid S \subseteq T,\ \dim S = \dim T - 1\}$ 生成 (参见 [169]

p.158, 定理 26.1 的证明). 这样要是可以证明 $(C_B(S))_u \subseteq N_G(I(T)_u)$, 由于 $C_B(S) = T \cdot (C_B(S))_u$ 且 $T \subseteq N_G(I(T)_u)$, 就能导出 $C_B(S) \subseteq N_G(I(T)_u)$, 从而得到 $I(T)_u \subseteq G$.

现在把问题分成两个情形：S 正则和 S 奇异.

第四步. 若 S 正则, 根据命题 2.2.6, 推论 2.2.7 与 2.2.8, $C_G(S)$ 可解及对任意的 $B \in \mathfrak{B}^S = \mathfrak{B}^T$ 有 $C_G(S) \subseteq B$, 因此

$$C_B(S) = B \cap C_G(S) \subseteq C_G(S) \subseteq \left(\bigcap_{B \in \mathfrak{B}^T} B\right)^0 = I(T),$$

于是 $(C_B(S))_u \subseteq I(T)_u$, 即得 $(C_B(S))_u \subseteq N_G(I(T)_u)$.

第五步. 若 S 奇异, 显然 $(C_B(S))_u \subseteq B_u$. 若 $B' \in \mathfrak{B}_G^{C_B(S)}$, 即 $B' \supseteq C_B(S)$, 则也有 $(C_B(S))_u \subseteq B'_u$, 从而

$$(C_B(S))_u \subseteq I_B^S = \left(\bigcap_{B' \in \mathfrak{B}_G^{C_B(S)}} B'\right)^0.$$

定义 $H = (I_B^S \cap B_u)^0$, 显然 $H \supseteq (C_B(S))_u$. 于是若能证明 $H \subseteq N_G(I(T)_u)$, 就能得到 $(C_B(S))_u \subseteq N_G(I(T)_u)$.

第六步. 若可以证明：$I(T)_u \subseteq H$, H 连通幂零且 $\dim H > 0$, $\dim H \leqslant \dim I(T)_u + 1$, 则根据命题 2.5.2, $I(T)_u \lhd H$, 从而 $H \subseteq N_G(I(T)_u)$.

显然 H 连通, 幂幺 (因 $H \subseteq B_u$), 因此幂零. 此外,

$$I(T) = \left(\bigcap_{B' \in \mathfrak{B}_G^T} B'\right)^0 \subseteq B,$$

可得 $I(T)_u \subseteq B_u$. 又

$$I_B^S = \left(\bigcap_{B' \in \mathfrak{B}_G^{C_B(S)}} B'\right)^0,$$

注意到 $C_B(S) \supseteq T$, 因而 $I(T) \subseteq I_B^S$, 即 $I(T)_u \subseteq H$.

第七步. 我们证 $T \subseteq N_G(H)$.

对 $t \in T$, 知 $tB_ut^{-1} \subseteq B_u$, 及对 $\mathfrak{B}_G \ni B' \supseteq C_B(S) \supseteq T$, 则

$$tB't^{-1} \supseteq t(C_B(S))t^{-1} = C_B(S),$$

因此 $tI_B^S t^{-1} \subseteq I_B^S$. 这样可定义

$$\begin{aligned} T \times H &\longrightarrow \quad H \\ (t,h) &\longmapsto tht^{-1}. \end{aligned}$$

由命题 1.2.17, H 可由

$$\{C_H(Q) \mid T \supseteq Q, Q \text{ 是环面}, \dim Q = \dim T - 1\}$$

生成. 这样又把问题分成 $Q \neq S$ 及 $Q = S$ 两种情形.

第八步. $Q \neq S$ 的情形.

当 Q 正则时, 利用 (4), $(C_B(Q))_u \subseteq I(T)_u$, 可得 $(C_H(Q))_u \subseteq I(T)_u$.

当 Q 奇异时, 根据 2.4 节的讨论, $C_{I_B^S}(Q) \subseteq I(T)$. 又因 $H \subseteq I_B^S$, $C_H(Q) \subseteq I(T)$. 由 H 幂幺可知 $(C_H(Q))_u \subseteq I(T)_u$.

总之, 当 $Q \neq S$ 时, $C_H(Q) \subseteq I(T)_u$. 显然

$$C_H(S)/(C_H(S) \cap I(T)_u) \longrightarrow H/I(T)_u$$

是满同态.

第九步. 证: $(C_B(S))_u = C_H(S)$.

一方面, 由 $(C_B(S))_u \subseteq H$ 可以得到 $(C_B(S))_u \subseteq C_H(S)$. 反之, 由于 $H \subseteq B_u \subseteq B$, H 幂幺, 因此 $C_H(S) \subseteq (C_B(S))_u$.

第十步. 根据 2.4 节, $\dim(H/I(T)_u) \leqslant \dim(C_H(S)/C_H(S) \cap I(T)_u) \leqslant \dim((C_B(S))_u/(C_B(S))_u \cap I(T)_u) \leqslant 1$, 因此 $\dim H \leqslant \dim I(T)_u + 1$. □

推论 2.5.4 设 G 是连通群, 则

(1) $I(T) = T \cdot R_u(G)$.

(2) 若 $S \subseteq T$ 是环面, 则 $R_u(C_G(S)) = C_{R_u(G)}(S)$.

(3) 若 $S \subseteq T$ 是正则环面, 则 $(C_G(S))_u = C_{R_u(G)}(S)$.

(4) $C_G(T) = T \cdot C_{R_u(G)}(T)$.

证明 (1) $I(T)$ 可解, 故 $I(T) = T \cdot (I(T))_u = T \cdot R_u(G)$.

(2) 证 "$\supseteq$". 先证 $C_{R_u(G)}(S)$ 是 $C_G(S)$ 的正规子群. 为此, 取任意的 $g \in C_G(S)$, $c \in C_{R_u(G)}(S)$. 由 $R_u(G) \lhd G$ 可得 $gcg^{-1} \in R_u(G)$. 于是对任意的 $s \in S$ 有 $(gcg^{-1})s(gcg^{-1})^{-1} = g(c(g^{-1}sg)c^{-1})g^{-1} = g(csc^{-1})g^{-1} = gsg^{-1} = s$, 即 $gcg^{-1} \in C_{R_u(G)}(S)$. 正规性得证. 又因 $C_{R_u(G)}(S)$ 是连通幂幺群, 因此 $C_{R_u(G)}(S) \subseteq R_u(C_G(S))$.

再证 "$\subseteq$". $R(C_G(S))=\left(\bigcap_{B'\in\mathfrak{B}_{C_G(S)}}B'\right)^0$. 又知 $\mathfrak{B}_{C_G(S)}=\{C_{B'}(S)\mid B'\in\mathfrak{B}_G^S\}$. 所以对任意的 $B'\in\mathfrak{B}_G^S$, 都有 $R_u(C_G(S))\subseteq C_{B'}(S)$. 于是

$$R_u(C_G(S))=\left(\bigcap_{B'\in\mathfrak{B}_G^S}C_{B'}(S)\right)^0\subseteq I(T)=\left(\bigcap_{B'\in\mathfrak{B}_G^T}B'\right)^0,$$

即 $R_u(C_G(S))\subseteq I(T)_u=R_u(G)$. 因此 $R_u(C_G(S))$ 中的元素既属于 $R_u(G)$ 又与 S 的元素可换, 必含于 $C_{R_u(G)}(S)$, 即

$$R_u(C_G(S))\subseteq C_{R_u(G)}(S).$$

(3) 由 S 正则可知 $C_G(S)$ 可解, 因此 $(C_G(S))_u$ 可解, $(C_G(S))_u=R_u(C_G(S))$, 由 (2) 即得 $(C_G(S))_u=C_{R_u(G)}(S)$.

(4) T 极大必正则, 因此

$$C_G(T)=T\cdot(C_G(T))_u=T\cdot(C_{R_u(G)}(T)).\qquad\square$$

2.6 代数群的结构

本节中总是假定 G 是简约代数群, T 是 G 的一个固定的极大环面, B 为包含 T 的 Borel 子群. G,B,T 的李代数分别用 $\mathfrak{g},\mathfrak{b},\mathfrak{t}$ 表示. 本节的目的是说明 G 是由半单秩为 1 的子群 Z_α $(\alpha\in\Phi(G,T))$ 所造出来的, 以及证明 $\Phi(G,T)$ 是一个以 $W(G,T)$ 为 Weyl 群的根系.

2.6.1 根空间分解

命题 2.6.1 (1) $\Phi(G,T)=\Phi(G/I(T),T)$.

(2) $\mathfrak{g}=\mathfrak{t}\bigoplus_{\alpha\in\Phi(G,T)}\mathfrak{g}_\alpha$.

证明 (1) 因 $I(T)_u=R_u(G)=\{e\}$, 所以 $I(T)=T\cdot I(T)_u=T$, 立即推出 (1).

(2) $\mathfrak{g}=C_{\mathfrak{g}}(T)\bigoplus_{\alpha\in\Phi(G,T)}\mathfrak{g}_\alpha$, 而

$$C_{\mathfrak{g}}(T)=\mathfrak{L}(C_G(T))=\mathfrak{L}(T\cdot C_G(T)_u),$$

$(C_G(T))_u=C_{R_u(G)}(T)=\{e\}$, 所以 $C_{\mathfrak{g}}(T)=\mathfrak{L}(T)=\mathfrak{t}$, 由此得

$$\mathfrak{g}=\mathfrak{t}\bigoplus_{\alpha\in\Phi(G,T)}\mathfrak{g}_\alpha.\qquad\square$$

2.6.2 半单秩为 1 的子群

命题 2.6.2 对 $\alpha \in \Phi(G,T)$, 设 $T_\alpha = (\operatorname{Ker}\alpha)^0$, $Z_\alpha = C_G(T_\alpha)$. 则

(1) G 是由 Z_α $(\alpha \in \Phi(G,T))$ 生成的.

(2) Z_α 是简约群, 半单秩为 1.

(3) $\mathfrak{L}(Z_\alpha) = \mathfrak{t} \oplus \mathfrak{g}_\alpha \oplus \mathfrak{g}_{-\alpha}$, 且 $\dim \mathfrak{g}_\alpha = 1$, $\Phi(G,T) = -\Phi(G,T)$.

证明 (1) 根据命题 1.2.17 知 (1) 成立.

(2) 因 $\Phi(G/I(T),T) = \Phi(G,T)$, 对 $\alpha \in \Phi(G,T)$, T_α 是奇异环面, 所以 Z_α 半单秩为 1. 另一方面,

$$R_u(Z_\alpha) = R_u(C_G(T_\alpha)) = C_{R_u(G)}(T_\alpha) = \{e\},$$

所以 Z_α 为简约群.

(3) 令 $\mathfrak{z} = \mathfrak{L}(Z_\alpha)$, 则因 Z_α 为半单秩 1 的简约群,

$$\mathfrak{z} = C_{\mathfrak{z}}(T) \bigoplus_{\gamma \in \Phi(Z_\alpha,T)} \mathfrak{z}_\gamma = \mathfrak{t} \oplus \mathfrak{z}_\gamma \oplus \mathfrak{z}_{-\gamma}$$

且

$$\dim \mathfrak{z}_\gamma = \dim \mathfrak{z}_{-\gamma} = 1.$$

又, $Z_\alpha \subseteq G$, 所以对任意的 $\beta \in \Phi(G,T)$, $\mathfrak{g}_\beta \subseteq \mathfrak{z}$ 当且仅当 $\beta(T_\alpha) = 1$ 当且仅当 $T_\alpha \subseteq T_\beta$. 由此推出

$$\mathfrak{z} = \mathfrak{t} \bigoplus_{T_\beta \supseteq T_\alpha} \mathfrak{g}_\beta.$$

于是得到

$$\mathfrak{z}_\gamma \oplus \mathfrak{z}_{-\gamma} = \bigoplus_{T_\beta \supseteq T_\alpha} \mathfrak{g}_\beta \supseteq \mathfrak{g}_\alpha \oplus \mathfrak{g}_{-\alpha},$$

其中至少 $\mathfrak{g}_\alpha$ 非空, 于是推及 $\gamma = \alpha$ 或 $-\gamma = \alpha$, 由维数关系, $\mathfrak{z}_\alpha = \mathfrak{g}_\alpha$ 或 $\mathfrak{z}_{-\alpha} = \mathfrak{g}_\alpha$. 由此知道 $\mathfrak{g}_{-\alpha}$ 非空, 并且

$$\mathfrak{z} = \mathfrak{t} \oplus \mathfrak{g}_\alpha \oplus \mathfrak{g}_{-\alpha}, \qquad \dim \mathfrak{g}_\alpha = 1.$$

因而从 $\alpha \in \Phi(G,T)$ 可以推出 $-\alpha \in \Phi(G,T)$, 即 $\Phi(G,T) = -\Phi(G,T)$. □

2.6.3　单参数子群

命题 2.6.3　设 $\alpha \in \Phi(G,T)$, 则

(1) 在 G 内存在唯一的 T 不变连通子群 $\mathfrak{g}_\alpha$, 使 $\mathfrak{L}(U_\alpha) = \mathfrak{g}_\alpha$.

(2) 存在同构 $\varepsilon_\alpha : \mathbb{G}_{\mathrm{a}} \to U_\alpha$, 使对于 $t \in T$, $x \in \mathbb{G}_{\mathrm{a}}$, 有 $t\varepsilon_\alpha(x)t^{-1} = \varepsilon_\alpha(\alpha(t)x)$.

(3) 若 $\sigma \in W(G,T) = N_G(T)/C_G(T)$, $\sigma = nC_G(T)$, 则 $nU_\alpha n^{-1} = U_{\sigma(\alpha)}$.

证明　先证 (1) 和 (2). 设 $B_{\pm\alpha}$ 是 Z_α 的 Borel 子群, 使 $\mathfrak{L}(B_{\pm\alpha}) = \mathfrak{t} \oplus \mathfrak{g}_{\pm\alpha}$. U_α 的存在性不难建立, 只要令 $U_\alpha = (B_\alpha)_u$ 即可. 为证其唯一性, 设 V 是 G 的连通子群, $T \subseteq N_G(V)$ 及 $\mathfrak{L}(V) = \mathfrak{g}_\alpha$. 由于 $\dim \mathfrak{g}_\alpha = 1$, 所以 $\dim V = 1$, 可见 $V \cong \mathrm{GL}(1)$ 或 $\mathbb{G}_{\mathrm{a}}$. 如果 $V \cong \mathrm{GL}(1)$, 则 V 是一个环面. 因为 $T \subseteq N_G(V)$, 所以对任意的 $t \in T$, $\mathrm{Int}(t) : V \to V$ 定义了一个作用 $T \times V \to V$. 用刚性定理, 对任意的 $t \in T$, $\mathrm{Int}(t)|_V = \mathrm{Int}(e)|_V$, 即 $\mathrm{Int}(t)|_V = \mathrm{id}$. 所以 $\mathrm{Ad}(t)|_{\mathfrak{L}(V)} = \mathrm{id}$. 但

$$\mathfrak{L}(V) = \mathfrak{g}_\alpha = \{X \in \mathfrak{g} \mid \mathrm{Ad}(t)X = \alpha(t)X \ \forall t \in T\},$$

其中 $\alpha \neq 0$. 这引起矛盾, 所以 V 不是 $\mathrm{GL}(1)$.

V 一定和 $\mathbb{G}_{\mathrm{a}}$ 同构. 设 $\varepsilon : \mathbb{G}_{\mathrm{a}} \to V$ 为这个同构. 这样可以建立一个交换图:

$$\begin{array}{ccc} \mathbb{G}_{\mathrm{a}} & \xrightarrow{\ \varepsilon\ } & V \\ {\scriptstyle \varepsilon^{-1}\mathrm{Int}(t)\varepsilon}\downarrow & & \downarrow{\scriptstyle \mathrm{Int}(t)} \\ \mathbb{G}_{\mathrm{a}} & \xrightarrow{\ \varepsilon\ } & V \end{array}$$

映射 $t \mapsto \varepsilon^{-1}\mathrm{Int}(t)\varepsilon$ 定义了一个同态 $\gamma : T \to \mathrm{GL}(1) \cong \mathrm{Aut}(\mathbb{G}_{\mathrm{a}})$, $\gamma \in X(T)$. 对所有的 $x \in \mathbb{G}_{\mathrm{a}}$, $\gamma(t)x = \varepsilon^{-1}\mathrm{Int}(t)\varepsilon(x)$, 所以 $\varepsilon(\gamma(t)x) = t\varepsilon(x)t^{-1}$.

从上面的交换图马上可以得出关于李代数的交换图:

$$\begin{array}{ccc} \mathfrak{L}(\mathbb{G}_{\mathrm{a}}) & \xrightarrow{\ \mathrm{d}\varepsilon\ } & \mathfrak{L}(V) \\ {\scriptstyle 乘\,\gamma(t)}\downarrow & & \downarrow{\scriptstyle \mathrm{Ad}(t)} \\ \mathfrak{L}(\mathbb{G}_{\mathrm{a}}) & \xrightarrow{\ \mathrm{d}\varepsilon\ } & \mathfrak{L}(V) \end{array}$$

于是,

$$\mathrm{Ad}(t)X = \mathrm{d}\varepsilon(\gamma(t)\mathrm{d}\varepsilon^{-1}(X)) = \gamma(t)X, \qquad \forall t \in T, X \in \mathfrak{L}(V).$$

但 $\mathfrak{L}(V) = \mathfrak{g}_\alpha$, $\mathrm{Ad}(t)X = \alpha(t)X$, 所以 $\alpha = \gamma$, 由此,

$$t\varepsilon(x)t^{-1} = \varepsilon(\alpha(t)x), \qquad \forall t \in T_\alpha.$$

对于 $v \in V$, 存在 $x \in \mathbb{G}_{\mathrm{a}}$ 使 $\varepsilon(x) = v$, 所以

$$tvt^{-1} = t\varepsilon(x)t^{-1} = \varepsilon(\alpha(t)x) = \varepsilon(x) = v.$$

可见对任意的 $t \in T_\alpha, v \in V, t = vtv^{-1}$. 所以 $V \subseteq C_G(T_\alpha) = Z_\alpha$, 而 $T \subseteq N_G(V)$ 使我们可以作半直积 $T \ltimes V$, 它是 Z_α 内的一个含 T 的可解子群. 所以 $T \ltimes V \subseteq B_\alpha$ 或 $B_{-\alpha}$, 因为 Z_α 内含 T 的 Borel 子群只有这两个. 又,

$$\mathfrak{L}(T \ltimes V) = \mathfrak{t} \oplus \mathfrak{L}(V) = \mathfrak{t} \oplus \mathfrak{g}_\alpha,$$

所以 $T \ltimes V$ 不在 $B_{-\alpha}$ 中, 从而 $T \ltimes V \subseteq B_\alpha$, $V \subseteq (B_\alpha)_u = U_\alpha$. 但 $\dim V = \dim U_\alpha = 1$, 且 U_α 连通, 所以 $V = U_\alpha$. 以上证明了命题中的 (1) 与 (2).

再证 (3). 显然 $nU_\alpha n^{-1}$ 是 T 不变的, 连通的, 又

$$\mathfrak{L}(nU_\alpha n^{-1}) = \mathrm{Ad}\, n\mathfrak{L}(U_\alpha) = \mathrm{Ad}\, n\mathfrak{g}_\alpha = \mathfrak{g}_{\sigma(\alpha)} = \mathfrak{L}(U_{\sigma(\alpha)}).$$

由本命题的 (1), $nU_\alpha n^{-1} = U_{\sigma(\alpha)}$. □

推论 2.6.4　G 由 T 与 U_α $(\alpha \in \Phi(G,T))$ 生成.

证明　已知 G 由 Z_α 生成, 但 Z_α 由 $B_\alpha, B_{-\alpha}$ 生成, 而 $B_{\pm\alpha} = T \ltimes U_{\pm\alpha}$. □

2.6.4　Weyl 房

命题 2.6.5　设 $B \in \mathfrak{B}^T$, 则

(1) $\mathfrak{b} = \mathfrak{t} \bigoplus_{\alpha \in \Phi(B,T)} \mathfrak{g}_\alpha$.

(2) 若 $\alpha \in \Phi(G,T)$, 则 $\Phi(B,T) \cap \{\alpha, -\alpha\}$ 只有一个元, 并且 $\Phi(G,T) = \Phi(B,T) \cup -\Phi(B,T)$.

(3) 存在满映射 $\mathscr{B} : Y(T)_{\mathrm{reg}} \to \mathfrak{B}^T$, 并且在 Z_α 内存在 Borel 子群 $B_\alpha \supseteq T$, 使得 $\langle \alpha, \lambda \rangle > 0 \iff \mathscr{B}(\lambda) \cap Z_\alpha = B_\alpha$.

(4) 设

$$\mathfrak{C}(B) = \{\lambda \in Y(T)_{\mathrm{reg}} \mid \mathscr{B}(\lambda) = B\},$$

则

$$\mathfrak{C}(B) = \{\lambda \in Y(T)_{\mathrm{reg}} \mid \langle \alpha, \lambda \rangle > 0\ \forall \alpha \in \Phi(B,T)\}.$$

(5) 存在 $B^- \in \mathfrak{B}^T_G$, 使 $B \cap B^- = T$; 设 $B = TU$, $B^- = TU^-$, 则

$$\mathfrak{g} = \mathfrak{b}^- + \mathfrak{b} = \mathfrak{u}^- \oplus \mathfrak{u}^+ \oplus \mathfrak{t}.$$

证明　(1) $\mathfrak{b} = C_{\mathfrak{b}}(T) \bigoplus_{\alpha\in\Phi(B,T)} \mathfrak{b}_\alpha$, 其中

$$\mathfrak{b}_\alpha = \{X \in \mathfrak{b} \mid \mathrm{Ad}(t)X = \alpha(t)X \ \forall t \in T\} \subseteq \mathfrak{g}_\alpha.$$

由于 $\dim \mathfrak{g}_\alpha = 1$, 对任意的 $\alpha \in \Phi(B,T)$, 有 $\mathfrak{b}_\alpha = \mathfrak{g}_\alpha$. 又,

$$C_{\mathfrak{b}}(T) = \mathfrak{L}(C_B(T)) = \mathfrak{L}(T) = \mathfrak{t}.$$

由此证明了 (1).

(2) $\Phi(B,T) \cap \{\alpha, -\alpha\} = \Phi(B,T) \cap \Phi(Z_\alpha, T)$. 但 $B \supseteq T$, 所以 $B \cap Z_\alpha = C_B(T_\alpha)$ 是 Z_α 的 Borel 子群, 即 $B \cap Z_\alpha \in \mathfrak{B}^T_{Z_\alpha}$, 所以 $\mathfrak{L}(B) \cap \mathfrak{L}(Z_\alpha) = \mathfrak{L}(B) \cap C_{\mathfrak{g}}(T_\alpha) = C_{\mathfrak{b}}(T_\alpha) = \mathfrak{L}(C_B(T_\alpha)) = \mathfrak{L}(B \cap Z_\alpha) = \mathfrak{t} \oplus \mathfrak{g}_\alpha$ 或 $\mathfrak{t} \oplus \mathfrak{g}_{-\alpha}$. 由此, $\Phi(B,T) \cap \{\alpha, -\alpha\} = \{\alpha\}$ 或 $\{-\alpha\}$.

上述结果对每个 $\alpha \in \Phi(G,T)$ 都成立, 所以, 对任意的 $\alpha \in \Phi(G,T)$, $\alpha \in \Phi(B,T)$ 或 $\alpha \in -\Phi(B,T)$, 从而

$$\Phi(G,T) = \Phi(B,T) \cup -\Phi(B,T).$$

(3) 参看 2.3 节.

(4) 对任意的 $\alpha \in \Phi(B,T)$, $\mathfrak{C}(B) \subseteq \mathfrak{C}(C_G(T_\alpha)) = \{\lambda \in Y(Z_\alpha, T)_{\mathrm{reg}} \mid \langle\alpha, \lambda\rangle > 0\}$. 所以

$$\mathfrak{C}(B) \subseteq \{\lambda \in Y(Z_\alpha, T)_{\mathrm{reg}} \mid \langle\alpha, \lambda\rangle > 0, \ \forall \alpha \in \Phi(B,T)\}.$$

反过来, 只要证 $\bigcap_{\alpha\in\Phi(B,T)} \mathfrak{C}(C_B(T_\alpha)) \subseteq \mathfrak{C}(B)$. 因为显然有

$$\begin{aligned}
&\{\lambda \in Y(G,T)_{\mathrm{reg}} \mid \langle\alpha, \lambda\rangle > 0, \ \forall \alpha \in \Phi(B,T)\}\\
\subseteq &\bigcap_{\alpha\in\Phi(B,T)} \{\lambda \in Y(Z_\alpha, T)_{\mathrm{reg}} \mid \langle\alpha, \lambda\rangle > 0, \}\\
\subseteq &\bigcap_{\alpha\in\Phi(B,T)} \mathfrak{C}(C_B(T_\alpha)),
\end{aligned}$$

任取 $\lambda \in \bigcap_{\alpha\in\Phi(B,T)} \mathfrak{C}(C_B(T_\alpha))$, 可以证明 $\lambda \in Y(G,T)_{\mathrm{reg}}$. 若此结论不成立, λ 不是正则的, $\mathrm{Im}\lambda$ 是奇异环面, 所以存在 $\alpha \in \Phi(G/I(T), T) = \Phi(G,T)$ 使 $\mathrm{Im}\lambda \subseteq T_\alpha$. 设 $\mathrm{Im}\lambda = S$, 则 $C_G(S) \supseteq C_G(T_\alpha) = Z_\alpha$, 所以 $C_{Z_\alpha}(S) = C_G(S) \cap Z_\alpha = Z_\alpha$ 是半单秩 1 的简约群, 可见 S 是 Z_α 的奇异环面, $\lambda \notin Y(Z_\alpha, T)_{\mathrm{reg}}$, 引起矛盾.

从 (3), 存在 $B' \in \mathfrak{B}^T$, 使 $B' = \mathscr{B}_G(\lambda)$, 但 $\mathscr{B}_{C_G(T_\alpha)}(\lambda) = C_B(T_\alpha)$, 故对任意的 $\alpha \in \Phi(B,T)$, $C_{B'}(T_\alpha) = C_B(T_\alpha)$, 前面的条件可以改为对任意的

$\alpha \in \Phi(G,T)$. 因 $T_\alpha = T_{-\alpha}$. B 与 B' 分别由 $\{C_B(T_\alpha) \mid \alpha \in \Phi(G,T)\}$ 与 $\{C_{B'}(T_\alpha) \mid \alpha \in \Phi(G,T)\}$ 生成, 所以 $B = B'$, $B = \mathscr{B}_G(\lambda)$, 即 $\lambda \in \mathfrak{C}(B)$.

(5) 设 $\lambda \in Y(T)_{\mathrm{reg}}$, 使 $B = \mathscr{B}_G(\lambda)$. 设 $B^- = \mathscr{B}_G(-\lambda)$, 则所有结论可证: 由 (4) 的结果立即可知 $\Phi(B^-,T) = -\Phi(B,T)$; 另一方面 $\mathfrak{b} \cap \mathfrak{b}^- = \mathfrak{t}$ 也是显然的, 因此 $\mathfrak{t} = \mathfrak{L}(T) \subseteq \mathfrak{L}(B \cap B^-) \subseteq \mathfrak{b} \cap \mathfrak{b}^- = \mathfrak{t}$, 迫使 $\mathfrak{L}(B \cap B^-) = \mathfrak{t}$, 由此推及 $B \cap B^- = T$; 令 $B_u = U$, $B_u^- = U^-$, 则最后的结论也得出. □

2.6.5 根系

命题 2.6.6 令 $\langle\Phi\rangle$ 表由 $\Phi(G,T)$ 生成的 $X(T)$ 的子群.

(1) $[X(T/Z(G)^0) : \langle\Phi\rangle]$ 有限.

(2) 若 $\alpha, \beta \in \Phi$, α, β 线性相关, 则 $\beta = \pm\alpha$.

(3) 对任意的 $B \in \mathfrak{B}^T$, 在 $X(T)$ 上存在一个全序结构, 使 $\Phi(B,T)$ 为正元.

(4) 设 $V = X(T/Z(G)^0) \otimes_{\mathbb{Z}} \mathbb{Q}$, 则 Φ 为 V 内的抽象根系. 该根系的 Weyl 群与 $W(G,T) = N_G(T)/C_G(T)$ 同构.

证明 (1) G 是简约群, $R(G) = Z(G)^0 = Z$ 是一个环面, $C_G(Z) = G$, $C_{\mathfrak{g}}(Z) = \mathfrak{g}$, $Z \subseteq T_\alpha$, 故 $Z \subseteq (\cap T_\alpha)^0$. 反包含也是显然的, 所以 $Z = (\cap T_\alpha)^0$. 若 $\lambda \in Y(T)$ 使对所有的 $\alpha \in \Phi(G,T)$ 有 $\langle \alpha, \lambda \rangle = 0$, 则 $\mathrm{Im}\lambda \subseteq T_\alpha$, 推及 $\mathrm{Im}\lambda \subseteq Z$. 所以作为 $Y(T/Z)$ 的元素, $\lambda = 0$. 所以 $X(T/Z)$ 的子群 $\langle\Phi\rangle$ 与 $X(T/Z)$ 具有相同的秩. 从而 $[X(T/Z) : \langle\Phi\rangle]$ 有限.

(2) α, β 线性相关, 则存在 $m, n \in \mathbb{Z}$, 不同时为零, 使 $m\alpha = n\beta$, 于是 $T_\alpha = T_\beta$, $\beta \in \Phi(Z_\alpha, T) = \{\alpha, -\alpha\}$, 最终得到 $\beta = \pm\alpha$.

(3) 取 $\{\lambda_1, \lambda_2, \cdots, \lambda_r\}$ 为 $Y(T)$ 的一个基, 使 $B = \mathscr{B}_G(\lambda_1)$, 对 $0 \neq \alpha \in X(T)$, 若序列 $\langle \alpha, \lambda_1 \rangle, \langle \alpha, \lambda_2 \rangle, \cdots, \langle \alpha, \lambda_r \rangle$ 中第一个非零的数是正数, 称 $\alpha > 0$. 这样, 得到 $X(T)$ 上的一个全序. 若 $\alpha \in \Phi(B,T)$, 则 $\langle \alpha, \lambda_1 \rangle > 0$, 所以 $\alpha > 0$.

(4) 暂时假设已经证明了 $\Phi(G,T)$ 是根系, 先证 $W(G,T)$ 同构于这个根系的 Weyl 群 $W(\Phi)$. 容易看出 $W(G,T) \supseteq W(\Phi)$. 因为上文所说的 $\sigma_\alpha \in W(G,T)$, 而 σ_α 生成了 $W(\Phi)$. 再回忆及 $W(G,T)$ 单传递地作用在集合 $\{\mathfrak{C}(B)\}$ 上以及 $W(\Phi)$ 单传递作用在空间 V 的 Weyl 房上, 所以只要证明这两种 Weyl 房之间有一个一一对应即可. 但由于 $X(T/Z(G)^0)$ 与 $Y(T/Z(G)^0)$ 之间的对偶配对 $\langle \chi, \lambda \rangle$ (它可以扩充为 $X(T/Z(G)^0) \otimes_{\mathbb{Z}} \mathbb{Q}$ 与 $Y(T/Z(G)^0) \otimes_{\mathbb{Z}} \mathbb{Q}$ 之间的对偶积, 使它们成为对偶线性空间). 这种一一对应是显然的.

现回头证 $\Phi(G,T)$ 是根系, 即满足定义 2.1.5 中的 (R1) 至 (R4).

(R1) Φ 有限, 张成 V, 不含 0, 都是显然的.

(R2), (R3) 对任意的 $\alpha \in \Phi(G,T)$, $W(Z_\alpha, T) = N_{Z_\alpha}(T)/C_{Z_\alpha}(T) = N_{Z_\alpha}(T)/T \subseteq N_G(T)/T = N_G(T)/C_G(T) = W(G,T)$, 所以 $W(Z_\alpha, T)$ 可

以看成 $W(G,T)$ 的子群. 我们知道, $W(G,T)$ 只有两个元素, 以 σ_α 记其生成元, 则 $\sigma_\alpha^2 = 1$, $\sigma_\alpha(\alpha) = -\alpha$. 取 $\lambda \in Y(T)$ 使 $\sigma_\alpha(\lambda) = -\lambda$, 令 $H_\alpha = \{\chi \in V \mid \langle \chi, \lambda \rangle = 0\}$, 则 σ_α 在超平面 H_α 上是恒等变换, 所以 σ_α 是反射.

σ_α 使 Φ 不变是显然的, 因为它可以看成 $W(G,T)$ 的元素. 而对每个 $\sigma = nT \in W(G,T)$, $\sigma(\beta)$ $(\beta \in \Phi(G,T))$ 所对应的根空间是 $\mathfrak{g}_{\sigma(\beta)} = \operatorname{Ad} n(\mathfrak{g}_\beta)$ (见命题 2.1.10 的证明).

(R4) 由于 $Z(G)^0 = R(G)$, 所以可以假定 G 是半单的. 然后证明对任意的 $\alpha, \beta \in \Phi$, $\sigma_\alpha(\beta) - \beta$ 是 α 的整数倍.

如上指出, 对 $nT = \sigma_\alpha \in W$, $\sigma_\alpha(\beta)$ 实际上由公式 $\operatorname{Ad} n(\mathfrak{g}_\beta) = \mathfrak{g}_{\sigma_\alpha(\beta)}$ 所决定. 又由以上关于 (R3) 的讨论知道实际上可设 $n \in N_{Z_\alpha}(T)$. 故若能证明

$$\operatorname{Ad} Z_\alpha \left(\sum_{k\in\mathbb{Z}} \mathfrak{g}_{\beta+k\alpha} \right) \subseteq \sum_{k\in\mathbb{Z}} \mathfrak{g}_{\beta+k\alpha},$$

则 (R4) 便得证.

由推论 2.6.4 知 Z_α 是由 $T, U_\alpha, U_{-\alpha}$ 所生成. 显然 T 稳定 $\sum_{k\in\mathbb{Z}} \mathfrak{g}_{\beta+k\alpha}$. 所以只需要证明

$$\operatorname{Ad} U_\alpha \left(\sum_{k\in\mathbb{Z}} \mathfrak{g}_{\beta+k\alpha} \right) \subseteq \sum_{k\in\mathbb{Z}} \mathfrak{g}_{\beta+k\alpha},$$

这又可以由以下命题推出.

命题 2.6.7 设 G 为简约群, T 为 G 的极大环面. $\rho : G \to \mathrm{GL}(V)$ 是有理表示, 对 $\chi \in X^*(T)$, 使

$$V_\chi = \{v \in V \mid \rho(t)v = \chi(t)v,\ \forall t \in T\},$$

则对 $\alpha \in \Phi(G,T)$. 我们有

$$\rho(U_\alpha)V_\chi \subseteq \sum_{k\in\mathbb{Z}^+} V_{\chi+k\alpha}.$$

证明 因 T 可对角化, 故 $V = \sum V_\chi$. 设 $\{v_1, v_2, \cdots, v_n\}$ 为 V 的基, v_i 为 $\rho(T)$ 的特征向量. 换句话说, 对应于这个基, $\rho(T)$ 的矩阵是对角矩阵. 对 $t \in T$, 常简写为 $\rho(t) = \operatorname{diag}(t_1, \cdots, t_n)$.

考虑同构

$$\mathbb{G}_a \xrightarrow{\varepsilon_\alpha} U_\alpha \xrightarrow{\rho} \rho(U_\alpha),$$

显然 $\rho\varepsilon_\alpha(x)$ 的系数必为多项式, 即有

$$\rho\varepsilon_\alpha(x)_{ij} = c_0 + c_1 x + \cdots + c_m x^m \quad (c_l \in k).$$

所以

$$\rho\varepsilon_\alpha(\alpha(t)x)_{ij} = c_0 + c_1(\alpha(t)x) + \cdots + c_m(\alpha(t)x)^m.$$

又

$$\rho\varepsilon_\alpha(\alpha(t)x)_{ij} = \rho(t\varepsilon_\alpha(x)t^{-1})_{ij} = t_i t_j^{-1}(c_0 + c_1 x + \cdots + c_m x^m),$$

因此

$$c_0(1 - t_i t_j^{-1}) + c_1(\alpha(t) - t_i t_j^{-1})x + \cdots + c_m(\alpha(t)^m - t_i t_j^{-1})x^m = 0, \quad \forall x \in k.$$

这使得 x 的所有系数都等于零, 即若 $c_l \neq 0$, 则 $\alpha^l = \gamma$, 其中 $\gamma(t) = t_i t_j^{-1}$. 因为 $\alpha \neq 0$, 所以最多只有一个 $c_l \neq 0$. 这就告诉我们, 存在 $c_{ij} \in k$, $k_{ij} \in \mathbb{Z}^+$ 使

$$\rho\varepsilon_\alpha(x)_{ij} = c_{ij}x^{k_{ij}},$$

故

$$\rho(t\varepsilon_\alpha(x)t^{-1})_{ij} = \alpha(t)^{k_{ij}}\rho\varepsilon_\alpha(x)_{ij}.$$

现设 $v_j \in V_\chi$, 则对 $t \in T$,

$$\begin{aligned}\rho(t)\rho\varepsilon_\alpha(x)v_j &= \rho(t\varepsilon_\alpha(x)t^{-1})\rho(t)v_j \\ &= \chi(t)\textstyle\sum_i \alpha(t)^{k_{ij}}\rho\varepsilon_\alpha(x)_{ij}v_i.\end{aligned} \tag{2.2}$$

另一方面,

$$\rho\varepsilon_\alpha(x)v_j = \sum_i \rho\varepsilon_\alpha(x)_{ij}v_i. \tag{2.3}$$

若 v_i 在上式的右边出现, 及 $v_i \in V_{\chi_i}$, 则

$$\rho(t)\rho\varepsilon_\alpha(x)v_j = \sum_i \chi_i(t)\rho\varepsilon_\alpha(x)_{ij}v_i.$$

与 (2.2) 比较, 立刻知道：若 v_i 在 (2.3) 中出现, 则 $\chi_i = \chi + k_{ij}\alpha$. 定理从此得证.

□

第三章　概齐次向量空间

3.1　概齐次向量空间及其相对不变量

概齐次向量空间的理论是在 20 世纪 70 年代由日本数学家佐藤 (M. Sato), 新谷 (T. Shintani) 和木村 (T. Kimura) 等发展起来的.

定义 3.1.1　设 G 是特征数为 0 的域 k 上的一个连通代数群, V 是有限 n 维 k 向量空间. $\rho: G \to \mathrm{GL}(V)$ 是 G 的有理线性表示. G 通过 ρ 作用在 V 上. 如果 V 中有一个 Zariski 开的 G 轨道 Ω, 就称 (G, ρ, V) 是一个**概齐次向量空间** (prehomogeneous vector space). Ω 亦称**大轨道**. 大轨道里的点称为概齐次向量空间的**一般点**. $S = V - \Omega$ 称为**奇异集**. S 里的轨道称为**奇异轨道**.

从这个定义可以看出, 概齐次线性空间由 $(\rho(G), V)$ 完全确定.

定义 3.1.2　设 f 是 V 上有理函数, 如果存在 G 的一个有理特征标 χ 使得

$$f(\rho(g)x) = \chi(g)f(x), \qquad g \in G, x \in V,$$

则称 f 是一个**相对不变量** (relative invariant), χ 称为 f 的特征标.

当 (G, ρ, V) 是一个概齐次向量空间时, f 被它的特征标 χ 确定到相差一个非零常数倍. 对于任意的 $t \in k^*$, $f(tx)$ 也是特征标 χ 的相对不变量, 因此与 $f(x)$ 相差一个常数倍, 这说明相对不变量是齐次的. G 的有理特征标构成 Abel 群, 因此也可定义线性相关性. 不难验证线性无关特征标对应的相对不变量是代数无关的.

命题 3.1.1　设 (G, ρ, V) 是一个概齐次向量空间, S 的余维数 1 的不可约分支为 $S_1, \cdots, S_r$, 并设 S_i 的方程为 $f_i(x) = 0$. 则 f_i 是代数无关的相对不变量, 而且所有相对不变量都具有以下形式:

$$cf_1^{n_1} \cdots f_r^{n_r}, \qquad c \in k^*, n_i \in \mathbb{Z}.$$

对于 $x \in V$, 记 x 在 G 内的稳定子群为

$$G_x = \{g \in G \mid \rho(g)x = x\}.$$

Ω 内两个一般点的稳定子群是共轭的. 把由 G_x 以及 G 的换位子生成的子群记为 G_1, 则 G 的特征标 χ 与一个相对不变量关联的充分必要条件是 χ 局限在 G_1 上

是平凡的. 这样的特征标构成一个子群 $X_1(G)$, 这是以命题中的 χ_i 为基的自由 Abel 群.

设 V^* 是 V 的对偶空间, ρ^* 是 ρ 的逆步表示. 但 (G,ρ^*,V^*) 不一定是概齐次向量空间.

我们先看一个例子.

例 3.1.1 设 $G=\mathrm{GL}_n(\mathbb{C})\times\mathrm{GL}_n(\mathbb{C})$, $V=M_n(\mathbb{C})$. G 在 V 上的作用定义为

$$\rho((A,B))X=AXB^T,\qquad A,B\in\mathrm{GL}_n(\mathbb{C}),X\in M_n(\mathbb{C}).$$

显然 $\mathrm{rank}(AXB^T)=\mathrm{rank}(X)$, 两个方阵在同一个 G 轨道里的充分必要条件是它们有相同的秩. 因此 V 中共有 $n+1$ 个 G 轨道. 其中以 $\mathrm{rank}(X)=n$ 的轨道 Ω 为最大:

$$\Omega=\{X\in M_n(\mathbb{C})\mid\det(X)\neq 0\}$$

是 V 的一个 Zariski 开子集. 我们把奇异矩阵的集合 $V-\Omega$ 记为 S, S 是由 $\det(X)=0$ 定义的不可约超曲面. 设 $P(X)=\det(X)$, 可得

$$P(\rho((A,B))X)=\det(AB)P(X).$$

称 P 是一个相对不变量, 对应的特征标为

$$\chi((A,B))=\det(AB).$$

不难证明相对不变多项式一定为 cP^r, 其中 $c\in\mathbb{C}$, $r\in\mathbb{N}$.

另一方面, 通过双线性型 $\mathrm{Tr}(XY)$ 可以把 V 的对偶空间等同于 V. ρ 的逆步线性变换 ρ^* 可以定义为

$$\rho^*((A,B))X=B^{-T}XA^{-1},$$

这个逆步表示具有与 ρ 相同的性质. (G,ρ^*,V) 也是概齐次向量空间, 它的奇异集 $S^*=S$, 相对不变量 $Q=P$.

现在我们把 G 和 G_1 的李代数记为 $\mathfrak{g}$, $\mathfrak{g}_1$. 设 ω 是在 $\mathfrak{g}_1$ 上取零值的 $\mathfrak{g}$ 的线性形式. 若 $x\in\Omega$, 由于 $\rho(G)x=\Omega$ 是开集, 可得 $\rho(\mathfrak{g})x=V$. 线性映射

$$\begin{aligned}\mathfrak{g}/\mathfrak{g}_1&\longrightarrow\quad V\\ A\ &\longmapsto\rho(A)x\end{aligned}$$

是既单又满的. 由于线性形式 ω 在 $\mathfrak{g}_x$ 上取零值, 可以用以下公式

$$\langle\varphi_\omega(x), \rho(A)x\rangle = \omega(A) \tag{3.1}$$

定义 V 上一个线性形式 $\varphi_\omega(x)$. 这样就确定了一个有理映射 $\varphi_\omega : \Omega \to V$. 又因 ω 在 $[\mathfrak{g}, \mathfrak{g}]$ 上恒等于零, 故对任意的 $g \in G$, $\omega(\mathrm{Ad}(g)A) = \omega(A)$. 对任意的 $x \in \Omega$, 有

$$\begin{aligned}\langle\rho^*(g^{-1})\varphi_\omega(\rho(g)x), \rho(\mathrm{Ad}(g)A)x\rangle &= \langle\varphi_\omega(\rho(g)x), \rho(g)\rho(\mathrm{Ad}(g)A)x\rangle \\ &= \langle\varphi_\omega(\rho(g)x), \rho(A)\rho(g)x\rangle \\ &= \omega(A) = \omega(\mathrm{Ad}(g)A),\end{aligned}$$

这样就有 $\rho^*(g^{-1})\varphi_\omega(\rho(g)x) = \varphi_\omega(x)$, 也就是

$$\varphi_\omega(\rho(g)x) = \rho^*(g)\varphi_\omega(x). \tag{3.2}$$

因此 φ_ω 的像是 V 的一个 G 轨道.

定义 3.1.3　设 (G, ρ, V) 是概齐次向量空间, 如果存在特征标 χ 的相对不变量 f, 使得 $\varphi_{\mathrm{d}\chi}$ 的微分在某个一般点处是一一的, 则称这个概齐次向量空间是正则的 (regular).

命题 3.1.2　若 (G, ρ, V) 是正则概齐次向量空间, 它的对偶空间 (G, ρ^*, V^*) 也是正则概齐次向量空间.

证明　设 $\mathrm{d}\varphi_{\mathrm{d}\chi}$ 在一般点 $x \in \Omega$ 处是一一的. 记 $y = \varphi_{\mathrm{d}\chi}(x)$. 由 (3.2) 式知 $\Omega^* = \varphi_{\mathrm{d}\chi}(\Omega)$ 是 V^* 的一个 G 轨道. 又因微分映射 $\mathrm{d}\varphi_{\mathrm{d}\chi}$ 在 x 是一一的, 可得 $\dim\Omega^* = \dim\Omega = \dim V$, 因此 Ω^* 是 V^* 的一个大轨道, 而且 $\varphi_{\mathrm{d}\chi}$ 把 Ω 一一地映射到 Ω^* 上. 这就证明了 (G, ρ^*, V^*) 是概齐次向量空间. 如果 $g \in G_y$, 则从 (3.2) 式可得 $\varphi_{\mathrm{d}\chi}(\rho(g)x) = \varphi_{\mathrm{d}\chi}(x)$, 由 $\varphi_{\mathrm{d}\chi}$ 的一一性知 $\rho(g)x = x$, 即 $G_y \subseteq G_x$. 又因 $\dim G_y = \dim G_x$, 所以 $G_y = G_x$. 这样, 它们有相同的李代数. 从而由 ρ^* 诱导的子代数 $\mathfrak{g}_1^*$ 与 $\mathfrak{g}_1$ 相同. 存在 V^* 内有理映射 $\varphi^*_{-\mathrm{d}\chi}$ 使得

$$\langle\rho^*(A)y, \varphi^*_{-\mathrm{d}\chi}(y)\rangle = -\mathrm{d}\chi(A),$$

公式 (3.1) 可以写成

$$\langle\rho^*(A)y, x\rangle = -\mathrm{d}\chi(A).$$

由于 $\rho^*(\mathfrak{g})y = V^*$, 比较上面两个等式, 可得 $\varphi^*_{-\mathrm{d}\chi}(y) = x$. 也就是说 $\varphi_{\mathrm{d}\chi}$ 与 $\varphi^*_{-\mathrm{d}\chi}$ 互逆. 注意到 $\mathrm{d}\chi^* = -\mathrm{d}\chi$, 可见 (G, ρ^*, V^*) 也是正则概齐次线性空间. □

命题 3.1.3　如果 (G,ρ,V) 是概齐次向量空间，则 (G,ρ,V) 正则当且仅当存在一个相对不变量 f，其 Hesse 行列式 $H_f(x)=\det\left(\frac{\partial^2 f}{\partial x_i \partial x_j}\right)$ 在某个一般点不等于零.

证明　设 f 是特征标为 χ 的相对不变量，经过简单的计算可以得到

$$\varphi_{\mathrm{d}\chi}=\frac{\mathrm{d}f}{f}.$$

由 Euler 恒等式可以验证，若 $r=\deg(f)>1$，则在 V^* 里取 V 的对偶基，可得

$$\det(\mathrm{d}\varphi_{\mathrm{d}\chi}(x))=\frac{H_f(x)}{(1-r)f(x)^n}.$$ □

以后考虑 G 为简约群的情形. 如果 ρ 是不可约表示，则 $\rho(G)$ 也是简约群.

定理 3.1.4　设 G 是简约群，(G,ρ,V) 是概齐次向量空间. 则以下 3 个条件是等价的：

(1) (G,ρ,V) 是正则的；

(2) 对于大轨道上的点 $x\in\Omega$，G_x 是简约群；

(3) S 是超曲面.

命题 3.1.5　设 G 是简约群，(G,ρ,V) 是不可约正则概齐次向量空间. 则 S 是一个不可约的超曲面. 在不计非零常数因子的条件下，此概齐次向量空间的不可约相对不变多项式是唯一的，而且所有的相对不变量都是这个多项式的幂.

3.2　与概齐次向量空间相关联的 ζ 函数

现在设 $k=\mathbb{C}$，G 是简约群，(G,ρ,V) 是不可约正则概齐次向量空间. 从而 S 是一个不可约的超曲面. 假设 S 的定义多项式是 $P(x)$，则 P 是不可约的相对不变量，并设 $d=\deg P$. 记 P 的特征标为 χ. (G,ρ^*,V^*) 也是不可约正则概齐次向量空间. 把它的大轨道记为 Ω^*，奇异集记为 S^*，则 S^* 也是一个不可约的超曲面，记 S^* 的定义多项式是 Q，则 $\deg Q=d$. P 与 Q 都是 G 的相对不变量，满足

$$P(\rho(g)x)=\chi(g)P(x),\qquad \forall g\in G,\ x\in V,$$

$$Q(\rho^*(g)x^*)=\chi(g)^{-1}Q(x^*),\qquad \forall g\in G,\ x^*\in V^*.$$

设 $x=(x_1,\cdots,x_n)$，定义微分算子

$$P(\partial)=P\left(\frac{\partial}{\partial x_1},\cdots,\frac{\partial}{\partial x_n}\right),$$

可以证明, 对 P 与 Q 乘以适当的常数因子后, 存在 d 次多项式 $b(s)$ 使得

$$Q(\partial)P^s = b(s)P^{s-1}$$

以及

$$P(\partial)Q^s = \overline{b}(s)Q^{s-1},$$

这里 $\overline{b}(s) = \overline{b(\overline{s})}$. 而且 d 是 $2n$ $(n = \dim V)$ 的因子,

$$\det \rho(g)^2 = \chi(g)^{\frac{2n}{d}}.$$

再设 (G, ρ, V) 定义在实数域上, 也就是说 G 和 V 都有一个实形式 $G_{\mathbb{R}}$ 与 $V_{\mathbb{R}}$, 使得 $\rho(G_{\mathbb{R}})V_{\mathbb{R}} = V_{\mathbb{R}}$. 并记 $\Omega_{\mathbb{R}} = \Omega \cap V_{\mathbb{R}}$, $S_{\mathbb{R}} = S \cap V_{\mathbb{R}}$. 此时相对不变多项式 P 与 Q 都可以取成实系数的. 于是 $b(s)$ 也是实系数的, $b(s) = \overline{b}(s)$. 再设 $G_{\mathbb{R}}$ 的单位连通分支是 $G_{\mathbb{R}}^0$, $\Omega_{\mathbb{R}}$ 的连通分支是 $V_1, \cdots, V_l$, 它们也是 $G_{\mathbb{R}}^0$ 在 $V_{\mathbb{R}}$ 内的开轨道. P 在每个连通分支上都有确定的符号. 令

$$P(x) = \varepsilon_i |P(x)|, \qquad x \in V_i,\ \varepsilon_i = \pm 1.$$

适当选取 $V_{\mathbb{R}}$ 的基, 可以把 $\Omega_{\mathbb{R}}$ 分解成 l 个 $G_{\mathbb{R}}^0$ 轨道 $V_1^*, \cdots, V_l^*$, 而且可以假设

$$Q(x^*) = \varepsilon_i |Q(x^*)|, \qquad x^* \in V_i^*.$$

保持与前式相同的符号 ε_i.

对于正整数 m, 令

$$b_m(s) = b(s)b(s-1)\cdots b(s-m+1).$$

可得

$$Q(\partial)^m |P(x)|^s = \varepsilon_i^m b_m(s) |P(x)|^{s-m}, \qquad x \in V_i,\ s \in \mathbb{C}$$

$$P(\partial)^m |Q(x^*)|^s = \varepsilon_i^m b_m(s) |Q(x^*)|^{s-m}, \qquad x^* \in V_i^*,\ s \in \mathbb{C}$$

对于 $V_{\mathbb{R}}$ 上 Schwartz 函数的空间 $\mathscr{S}(V_{\mathbb{R}})$ 中的任意函数 f, 定义

$$\Phi_i(f, s) = \int_{V_i} f(x)|P(x)|^s \mathrm{d}x, \qquad 1 \leqslant i \leqslant l,\ \mathrm{Re}(s) > 0.$$

类似地, 对 $f^* \in \mathscr{S}(V_{\mathbb{R}}^*)$, 定义

$$\Phi_i^*(f^*, s) = \int_{V_i^*} f^*(x^*)|Q(x^*)|^s \mathrm{d}x^*, \qquad 1 \leqslant i \leqslant l,\ \mathrm{Re}(s) > 0.$$

显然 $\Phi_i(f,s)$ 与 $\Phi_i^*(f^*,s)$ 在右半平面关于 s 全纯, 另可证明它们可以解析延拓为整个复平面上的亚纯函数, 而且满足

$$\Phi_i(Q(\partial)^m f,s)=(-1)^{dm}\varepsilon_i^m b_m(s)\Phi_i(f,s-m),$$

$$\Phi_i^*(P(\partial)^m f^*,s)=(-1)^{dm}\varepsilon_i^m b_m(s)\Phi_i^*(f^*,s-m),$$

其中 m 取正整数值.

对任意的 $f\in\mathscr{S}(V_{\mathbb{R}})$ 以及 $f^*\in\mathscr{S}(V_{\mathbb{R}}^*)$, 定义它们的 Fourier 变换为

$$\hat{f}(x^*)=\int f(x)\mathrm{e}^{2\pi\mathrm{i}(x,x^*)}\mathrm{d}x$$

与

$$\hat{f}^*(x)=\int f^*(x^*)\mathrm{e}^{2\pi\mathrm{i}(x,x^*)}\mathrm{d}x^*.$$

设

$$b(s)=b_0(s-c_1)\cdots(s-c_d),\qquad b_0\in\mathbb{R}-\{0\},$$

$$\gamma(s)=\prod_{i=1}^{d}\Gamma\left(s+c_i+\frac{n}{d}\right). \tag{3.3}$$

则可得到以下定理:

定理 3.2.1 *存在次数不超过 d 的多项式 u_{ij},u_{ij}^* $(1\leqslant i,j\leqslant l)$, 使得*

$$\Phi_i\left(\hat{f}^*,s-\frac{n}{d}\right)=\gamma\left(s-\frac{n}{d}\right)(2\pi)^{-ds}|b_0|^s\mathrm{e}^{\frac{\pi\mathrm{i}ds}{2}}\sum_{j=1}^{l}u_{ij}(\mathrm{e}^{-\pi\mathrm{i}s})\Phi_j^*(f^*,-s),$$

$$\Phi_i^*\left(\hat{f},s-\frac{n}{d}\right)=\gamma\left(s-\frac{n}{d}\right)(2\pi)^{-ds}|b_0|^s\mathrm{e}^{\frac{\pi\mathrm{i}ds}{2}}\sum_{j=1}^{l}u_{ij}^*(\mathrm{e}^{-\pi\mathrm{i}s})\Phi_j(f,-s).$$

再假设概齐次线性空间 (G,ρ,V) 定义在 $\mathbb{Q}$ 上, 使得 $V_{\mathbb{Q}}$ 有一个 $\mathbb{Z}$ 形式 $V_{\mathbb{Z}}\subset V_{\mathbb{Q}}$, 并记

$$G_{\mathbb{Z}}=\{g\in G_{\mathbb{Q}}\mid \rho(g)V_{\mathbb{Z}}=V_{\mathbb{Z}}\}.$$

多项式 P,Q 可被取成有理系数的, 而且可以假设对偶空间 (G,ρ^*,V^*) 也有同样的性质.

设

$$G^1=\{g\in G\mid \chi(g)=1\},$$

由于 χ 是 G 的定义在 $\mathbb{R}$ 上的有理特征标, 因此 G^1 也是定义在 $\mathbb{R}$ 上的简约代数群. 设 $\Gamma=G_{\mathbb{R}}^1\cap G_{\mathbb{Z}}$, $V_{\mathbb{Z}}'=V_{\mathbb{Z}}-V_{\mathbb{Z}}\cap S$.

我们再假设以下积分

$$\int_{G^1_{\mathbb{R}}/\Gamma}\sum_{x\in V'_{\mathbb{Z}}} f(\rho(g)x)\mathrm{d}g \tag{3.4}$$

对于 $f\in\mathscr{S}(V_{\mathbb{R}})$ 绝对收敛, 并且定义了一个缓增的广义函数. 这个假设实际上是要除去某些小维数的情形. 最后再假定 $S_{\mathbb{R}}$ 只有有限多个 $G^1_{\mathbb{R}}$ 轨道. 这些假设保证了当 $\mathrm{Re}(s)\gg 0$ 时所出现的那些积分的收敛性.

对 $x\in V'_{\mathbb{Q}}=V_{\mathbb{Q}}-V_{\mathbb{Q}}\cap S$, 记 x 在 $G_{\mathbb{R}}$ 里的稳定子群为 G_x, 显然有 $G_x\subset G^1_{\mathbb{R}}$. 记 $\Gamma_x=\Gamma\cap G_x$. 并设

$$\mu(x)=\mathrm{vol}(G_x/\Gamma_x). \tag{3.5}$$

$\mu(x)$ 称为在 x 点的密度. 对于 $V_{\mathbb{Q}}$ 里的一个 Γ 不变格 L, 记 $L_i=L\cap V_i$ $(1\leqslant i\leqslant l)$, $L'=L\cap V'_{\mathbb{Q}}=\bigcup_{i=1}^{l}V_i$. 这样就可以定义 Dirichlet 级数

$$\xi_i(s,L)=\sum_{x\in L_i/\Gamma}\mu(x)|P(x)|^{-s},\qquad 1\leqslant i\leqslant l,$$

以及

$$\xi_i^*(s,L^*)=\sum_{x^*\in L_i^*/\Gamma}\mu^*(x^*)|Q(x^*)|^{-s},\qquad 1\leqslant i\leqslant l.$$

定理 3.2.2 设 (G,ρ,V) 是满足上述条件的概齐次线性空间, 则函数 $\xi_i(s,L)$ 以及 $\xi_i^*(s,L^*)$ $(1\leqslant i\leqslant l)$ 当 $\mathrm{Re}(s)\gg 0$ 时有定义且解析, 它们可以解析延拓成 $\mathbb{C}$ 上亚纯函数, 并且满足以下函数方程:

$$\begin{aligned}\xi_i^*\left(\frac{n}{d}-s,L^*\right)&=\mathrm{vol}(V_{\mathbb{R}}^*/L^*)^{-1}(2\pi)^{-ds}\gamma\left(s-\frac{n}{d}\right)|b_0|^s\mathrm{e}^{\frac{\pi\mathrm{i}ds}{2}}\\&\quad\times\sum_{j=1}^{l}u_{ji}(\mathrm{e}^{-\pi\mathrm{i}s})\xi_j(s,L),\\ \xi_i\left(\frac{n}{d}-s,L\right)&=\mathrm{vol}(V_{\mathbb{R}}/L)^{-1}(2\pi)^{-ds}\gamma\left(s-\frac{n}{d}\right)|b_0|^s\mathrm{e}^{\frac{\pi\mathrm{i}ds}{2}}\\&\quad\times\sum_{j=1}^{l}u^*_{ji}(\mathrm{e}^{-\pi\mathrm{i}s})\xi_j^*(s,L^*).\end{aligned}$$

这些 Dirichlet 级数 $\xi_i(s,L)$ 以及 $\xi_i^*(s,L^*)$ $(1\leqslant i\leqslant l)$ 被称为**与概齐次向量空间相关联的 ζ 函数**.

定理证明的思路如下：对于 $f\in\mathscr{S}(V_{\mathbb{R}})$, $f^*\in\mathscr{S}(V_{\mathbb{R}}^*)$, 考虑积分

$$Z(f,L,s)=\int_{G^0_{\mathbb{R}}/\Gamma}\chi(g)^s\sum_{x\in L'}f(\rho(g)x)\mathrm{d}g,$$

$$Z^*(f^*,L^*,s)=\int_{G_{\mathbb{R}}^0/\Gamma}\chi(g)^{-s}\sum_{x^*\in L^{*\prime}}f(\rho^*(g)x^*)\mathrm{d}g.$$

然后证明

$$Z(f,L,s)=\sum_{i=1}^{l}\xi_i(s,L)\Phi_i\left(f,s-\frac{n}{d}\right),$$

$$Z^*(f^*,L^*,s)=\sum_{i=1}^{l}\xi_i^*(s,L^*)\Phi_i^*\left(f^*,s-\frac{n}{d}\right).$$

对 $f\in\mathscr{S}(V_{\mathbb{R}}^*)$, 由 Poisson 公式,

$$\sum_{x^*\in L^*}f^*(x^*)=\mathrm{vol}(V_{\mathbb{R}}^*/L^*)^{-1}\sum_{x\in L}\hat{f}^*(x),$$

可以推导得

$$Z^*\left(f^*,L^*,\frac{n}{d}-s\right)=\mathrm{vol}(V_{\mathbb{R}}^*/L^*)^{-1}Z(\hat{f}^*,L,s).$$

然后利用定理 3.2.1 的结论, 就能得到定理 3.2.2.

例 3.2.1 我们继续研究例 3.1.1. 由 Capelli 恒等式, 可得

$$Q(\partial)P(x)^s=b(s)P(x)^{s-1},$$

其中

$$b(s)=s(s+1)\cdots(s+n-1).$$

根据公式 (3.3), 有

$$\gamma(s)=\Gamma(s+1)\Gamma(s+2)\cdots\Gamma(s+n).$$

在 (G,ρ,V) 里可以定义一个 $\mathbb{R}$ 结构:

$$G_{\mathbb{R}}=\{(A,\overline{A})\mid A\in\mathrm{GL}_n(\mathbb{C})\},$$

$$V_{\mathbb{R}}=\{X\in V\mid \overline{X}^T=X\},$$

$$G_{\mathbb{R}}^0=G_{\mathbb{R}}.$$

通过映射

$$\begin{aligned}G_{\mathbb{R}}&\longrightarrow \mathrm{GL}_n(\mathbb{C})\\(A,\overline{A})&\longmapsto A,\end{aligned}$$

可以把 $G_{\mathbb{R}}$ 等同于 $\mathrm{GL}_n(\mathbb{C})$, 则对 $A \in \mathrm{GL}_n(\mathbb{C})$, 有 $\rho(A)X = AX\overline{A}^T$, $\chi(A) = |\det A|^2$, 而且

$$G_{\mathbb{R}}^1 = \{A \in \mathrm{GL}_n(\mathbb{C}) \mid |\det A| = 1\}.$$

此外 $\Omega_{\mathbb{R}} = V_{\mathbb{R}} - S_{\mathbb{R}}$ 有连通分支分解

$$\Omega_{\mathbb{R}} = V_0 \cup V_1 \cup \cdots \cup V_n,$$

其中 V_i 是有 i 个正特征值, $n-i$ 个负特征值的 n 阶 Hermite 矩阵的集合.

现在设 K 是虚二次域, $K_{\mathbb{Z}}$ 是 K 的整数环. 则存在 (G, ρ, V) 的 $\mathbb{Q}$ 结构:

$$G_{\mathbb{Q}} = \{(A, \overline{A}) \mid A \in \mathrm{GL}_n(K)\},$$

$$G_{\mathbb{Z}} = \{(A, \overline{A}) \mid A \in \mathrm{GL}_n(K_{\mathbb{Z}})\},$$

$$V_{\mathbb{Q}} = \{X \in M_n(K) \mid \overline{X}^T = X\},$$

$$V_{\mathbb{Z}} = \{X \in M_n(K_{\mathbb{R}}) \mid \overline{X}^T = X\},$$

且 $\Gamma = G_{\mathbb{Z}}$.

可以证明: (G, ρ, V) 及它的 $\mathbb{Q}$ 结构满足 (3.4) 所述的条件. 设 $L \in V_{\mathbb{Q}}$ 是一个 $G_{\mathbb{Z}}$ 不变格, $L_i = V_i \cap L$. 则可定义 Dirichlet 级数:

$$\xi_i(s, L) = \sum_{X \in L_i/\Gamma} \mu(X) |\det X|^{-s},$$

其中 $\mu(X)$ 由公式 (3.5) 定义.

佐藤和新谷[320] 证明了 $\xi_i(s, L)$ 以及 $\xi_i(s, L^*)$ $(0 \leqslant i \leqslant n$, L^* 是 L 的对偶格) 在 $\mathrm{Re}\, s > n$ 时绝对收敛, 而且可以解析延拓成整个复平面上的亚纯函数, 它们满足函数方程

$$\xi_i(n-s, L) = v(V_{\mathbb{R}}/L)^{-1}(2\pi)^{-ns} \prod_{k=0}^{n-1} \Gamma(s-k) \mathrm{e}^{\frac{\pi i n s}{2}}$$

$$\times \sum_{j=1}^{n} u_{ji}(\mathrm{e}^{-\pi i s}) \xi_j(s, L^*),$$

其中

$$u_{ij}(z) = (-1)^{(n-i)(n-1)} \pi^{\frac{n(n-1)}{2}} \sum_{k=\max(0, i+j-n)}^{\min(i,j)} C_j^k C_{n-j}^{i-k} z^{i+j-2k}, \quad 0 \leqslant i, j \leqslant n.$$

函数 $\xi_i(s, L)$ 只在 $s = n, n-1, \cdots, 1$ 处有单极点.

与不定二次型相关联的 Epstein ζ 函数以及 Siegel 的 Dirichlet 级数都是与概齐次向量空间相关联的 ζ 函数的例子. 新谷还定义了与二元整三次型关联的 ζ 函数, 并得到了与判别式等于 n 的不可约整二元三次型的类数有关的一些渐近公式.

第四章　代数群的算术性质

4.1　典　型　群

设 Ω 是代数闭域, Ω 在素域上的超越次数为无限, 取 $\mathrm{GL}(n,\Omega)$ 内的代数群 G, 则有 $\Omega[G]=\Omega[T]/I$, $I=\{f\in\Omega[T]\mid f(g)=0\ \forall g\in G\}$ 为多项式环 $\Omega[T]$ 的理想. 现设有域 $k\subseteq\Omega$ (k 不一定代数闭), 及 I 的生成元 $f_1,\cdots,f_m\in k[T]$, 则我们说 G 是定义在 k 上, 或说 G 是 k 群并用符号 G/k 记这件事. 同样, 若代数群同态 $\varphi:G_1\to G_2$ 是由 $k[T]$ 中的多项式给出及 G_1,G_2 均在 k 上定义, 则我们说 φ 在 k 上定义, 常记这事实为 $\varphi:G_1\to G_2/k$ 或 $G_1\xrightarrow[k]{\varphi}G_2$, 以 $\mathrm{Aut}_k\,G$ 记定义在 k 上的 G 的自同构. 若 G 在 k 上定义, 则 G 的 k 有理点是指

$$G(k)=G\cap\mathrm{GL}(n,k).$$

若 σ 是域 Ω 的自同构及 $g=(g_{ij})\in G\subseteq\mathrm{GL}(n,\Omega)$, 我们以 ${}^{\sigma}G$ 记 $\{{}^{\sigma}g\mid g\in G\}$, 其中 ${}^{\sigma}g=({}^{\sigma}g_{ij})$.

如果我们用群概形的语言就不必假设有 Ω 使 $G\subseteq\mathrm{GL}(n,\Omega)$.

4.1.1　殆单代数群

设 $\overline{k}$ 为 k 的代数闭包.

定理 4.1.1　设 G,G' 为 $\overline{k}$ 上半单代数群, T,T' 分别为 G,G' 的极大环面, 如果有一同构 $\varphi_T:T\to T'$, 使

$$\varphi_T^t:\Phi(G',T')\to\Phi(G,T)$$

为一同构, 则 φ_T 可以扩张为 $\varphi_G:G\to G'$, 这是一个代数群的同构.

证明　参见 [169] p.197, 定理 32.1. □

定义 4.1.1　设 G 是代数群, 如果 $G/\overline{k}$ 是中心有限的, 且所有真正规 $\overline{k}$ 子群含于 $G/\overline{k}$ 的中心, 则称 G 是 $\overline{k}$ 上**殆单代数群** (almost simple algebraic group).

命题 4.1.2　G 为 $\overline{k}$ 上单连通半单代数群, 则存在 $\overline{k}$ 上殆单单连通代数群 G_i $(1\leqslant i\leqslant r)$, 使

$$G\cong G_1\times\cdots\times G_r.$$

证明　参见 [169] p.167, 定理 27.5. □

4.1.2　非交换上同调

我们知道, 若 A 为交换群, 群 G 作用于 A 上, 则可以定义上同调群 $H^n(G,A)$. 若 A 为非交换群, 我们现在对 $n=0,1$ 作相应的定义.

定义 4.1.2　设群 G 作用在群 A 上,

(1) $H^0(G,A)={}^GA=\{a\in A\mid g\cdot a=a,\ \forall g\in G\}$,

(2) $H^1(G,A)$ 可如下定义:

映射 $G\to A: s\mapsto a_s$ 若对任意的 $s,t\in G$, 满足

$$a_{st}=a_s({}^sa_t),$$

则称 (a_s) 为 G 的系数在 A 中的 1 **上闭链**, 以 $Z^1(G,A)$ 记 G 的系数在 A 中的所有上闭链的集合.

如果 $(a_s),(b_s)$ 是两个 1 上闭链, 且存在 $c\in A$ 使

$$b_s=c^{-1}a_s\,{}^sc,\qquad \forall s\in G,$$

则称这两个上闭链等价. 易证这确实是一个等价关系. 以 $[a_s]$ 记 (a_s) 所在的等价类, 则定义

$$H^1(G,A)=\{[a_s]\mid (a_s)\in Z^1(G,A)\},$$

称为 G 的系数在 A 中的 1 **上同调群**.

$H^1(G,A)$ 的单位元就是单位上同调 $1:G\to A:s\mapsto 1$. 我们同样可以有正合列的概念.

命题 4.1.3　设

$$1\longrightarrow A\xrightarrow{k}B\xrightarrow{p}C\longrightarrow 1$$

是一个 G 群正合列, 则

(1) 存在映射 i_0,p_0,δ_0,v_1,p_1, 使以下序列正合:

$$\begin{aligned}1\longrightarrow H^0(G,A)\xrightarrow{i_0}H^0(G,B)\xrightarrow{p_0}H^0(G,C)\\ \xrightarrow{\delta_0}H^1(G,A)\xrightarrow{v_1}H^1(G,B)\xrightarrow{p_1}H^1(G,C).\end{aligned}$$

(2) 若

$$1\longrightarrow A\xrightarrow{k}B\underset{j}{\overset{p}{\rightleftarrows}}C\longrightarrow 1$$

为分裂正合列 (此即: $p\circ j=\mathrm{id}|_C$), 则

$$H^1(G,B)\xrightarrow{p_1}H^1(G,C)\longrightarrow 1$$

为正合的.

4.1.3　k 形

定义 4.1.3　设 L/k 是一个域扩张, $\tilde{G}$ 为一个定义在 L 上的代数群. 若 G 为定义在 k 上的代数群, 且存在定义在 L 上的同构 $f:\tilde{G}\to G$, 则称 G 为 $\tilde{G}$ 的一个 k 形 (或 L/k 形).

例 4.1.1　由

$$\mathrm{SU}(1,1)=\{g\in M_2(\mathbb{C})\mid {}^t\bar{g}Jg^{-1}=J\},$$

其中 $J=\begin{pmatrix}0&1\\-1&0\end{pmatrix}$. 设 $G(\mathbb{R})=\mathrm{SU}(1,1)$, $\tilde{G}(\mathbb{R})=\mathrm{SL}(2,\mathbb{R})$. 则 $\mathrm{SU}(1,1)/\mathbb{R}\ncong\mathrm{SL}(2)/\mathbb{R}$, 但 $\mathrm{SU}(1,1)/\mathbb{C}=\mathrm{SL}(2)/\mathbb{C}$.

设 L/k 是一个 Galois 扩张, $\mathrm{Gal}\,(L/k)$ 为 Galois 群. 记

$$S(L/k,\tilde{G})=\{G\mid G\text{ 是 }\tilde{G}\text{ 的一个 }L/k\text{ 形}\}.$$

若 $G,G'\in S(L/k,\tilde{G})$, 并有定义在 k 上的同构 $h:G\to G'$, 则称 G 与 G' 等价, 并把 G 所在的等价类记为 $[G]$. 记

$$\mathscr{S}(L/k,\tilde{G})=\{[G]\mid G\in S(L/k,\tilde{G})\}.$$

对 $s\in\mathrm{Gal}\,(L/k)$ 及同构 $f:G_1\to G_2/L$, 定义

$${}^sf(g)=sf(s^{-1}\cdot g),\qquad\forall g\in G_1,$$

则 ${}^sf$ 为 $G_1\to G_2$ 的同态, 特别对 $f\in\mathrm{Aut}_L(\tilde{G})$, ${}^sf\in\mathrm{Aut}_L(\tilde{G})$. 这样, $\mathrm{Aut}_L(\tilde{G})$ 为一个 $\mathrm{Gal}\,(L/k)$ 群. 注意到群 $\mathrm{Aut}_L(\tilde{G})$ 未必交换, 应用 4.1.2 节中的非交换上同调理论, 我们有 1 上同调集 $H^1(\mathrm{Gal}\,(L/k),\mathrm{Aut}_L(\tilde{G}))$.

对 $G\in S(L/k,\tilde{G})$, 我们有同构 $f:\tilde{G}\to G/L$. 定义映射

$$\begin{aligned}a:\mathrm{Gal}\,(L/k)&\longrightarrow\mathrm{Aut}_L(\tilde{G})\\ s\ &\longmapsto f^{-1}\circ{}^sf.\end{aligned}$$

我们以 a_s 记 $a(s)=f^{-1}\circ{}^sf$.

命题 4.1.4

$$a_s\in Z^1(\mathrm{Gal}\,(L/k),\mathrm{Aut}_L(\tilde{G})).$$

证明　对 $s,t\in \mathrm{Gal}(L/k)$,

$$\begin{aligned} a_{st} &= f^{-1}\circ {}^{st}f = f^{-1}\circ {}^{s}f\circ {}^{s}f^{-1}\circ {}^{st}f \\ &= (f^{-1}\circ {}^{s}f)^{s}(f^{-1}\circ {}^{t}f) \\ &= a_s\circ {}^{s}a_t. \end{aligned}$$

□

若 $[G]=[G_1]\in \mathscr{S}(L/k,\tilde{G})$, 则有同构

$$f:\tilde{G}\longrightarrow G/L,\qquad f_1:\tilde{G}\longrightarrow G_1/L$$

及

$$h:G_1\longrightarrow G/k.$$

从 f 定义:

$$a_s=f^{-1}\circ {}^{s}f.$$

从 f_1 定义:

$$b_s=f_1^{-1}\circ {}^{s}f_1.$$

设 $c=f^{-1}hf_1\in \mathrm{Aut}_L(\tilde{G})$, 则由

$$\begin{aligned} (f^{-1}hf_1)^{-1}(f^{-1}\,{}^{s}f)({}^{s}f^{-1}\,{}^{s}h\,{}^{s}f_1) &= (f_1^{-1}h^{-1}f)(f^{-1}\,{}^{s}f)({}^{s}f^{-1}h\,{}^{s}f_1) \\ &= f^{-1}\,{}^{s}f_1 \end{aligned}$$

(注意到 h 定义于 k, 故 ${}^{s}h=h$), 得

$$c^{-1}a_s\,{}^{s}c=b_s.$$

这就是说,

$$[a_s]=[b_s]\in H^1(\mathrm{Gal}(L/k),\mathrm{Aut}_L(\tilde{G})).$$

因此我们可以定义映射

$$\begin{aligned} \theta:\mathscr{S}(L/k,\tilde{G}) &\longrightarrow H^1(\mathrm{Gal}(L/k),\mathrm{Aut}_L(\tilde{G})) \\ [G] &\longmapsto [a_s]. \end{aligned}$$

命题 4.1.5　*θ 是双射.*

证明　先证 θ 是单的：设 $[G'],[G]\in \mathscr{S}(L/k,\tilde{G})$, 且 $\theta([G])=\theta([G'])$. 则有同构

$$f:\tilde{G}\longrightarrow G/L,\qquad f_1:\tilde{G}\longrightarrow G'/L$$

及

$$\theta([G]) = [a_s], \qquad a_s = f^{-1}\,{}^s f,$$

$$\theta([G']) = [b_s], \qquad b_s = f_1^{-1}\,{}^s f_1.$$

从 $[a_s] = [b_s]$ 可以得出：存在 $c \in \mathrm{Aut}_L(\tilde{G})$，使 $c^{-1} a_s\, {}^s c = b_s$. 从 $c^{-1} f^{-1}\, {}^s f\, {}^s c = f_1^{-1}\, {}^s f_1$ 可得 $fcf_1^{-1} = {}^s(fcf_1^{-1})$. 由 $s \in \mathrm{Gal}(L/k)$ 的任意性，fcf_1^{-1} 定义在 k 上.

于是 $fcf_1^{-1} : G' \to G$ 为 k 上代数群同构，$[G] = [G']$.

θ 的满射性证明略去. □

4.1.4 典型群

设 $\overline{k}$ 为完全域，也是 k 的代数封闭域. $\overline{k}/k$ 是 Galois 扩张. 设 $\mathrm{Gal}(\overline{k}/k)$ 作用在群 A 上.

Galois 群 $\mathrm{Gal}\,(\overline{k}/k)$ 为完全不连通的紧拓扑群，这时在 1 上闭链 $a \in Z^1(\mathrm{Gal}\,(\overline{k}/k), A)$ 的定义中我们再加上以下条件：

- $\mathrm{Gal}\,(\overline{k}/k)$ 有开正规子群 H 及有映射 $\mathrm{Gal}\,(\overline{k}/k)/H \xrightarrow{b} A$，使 $a = b\pi$，其中 $\pi : \mathrm{Gal}\,(\overline{k}/k) \to \mathrm{Gal}\,(\overline{k}/k)/H$ 为自然同态.

加了这个条件之后，以上两小节的结果仍然成立. 我们以 $H^1(k, A)$ 记 $H^1(\mathrm{Gal}\,(\overline{k}/k), A)$.

设 $\tilde{G}$ 是定义在 $\overline{k}$ 上的殆单单连通代数群.

$\tilde{G}/Z(\tilde{G})$ 是由 Dynkin 图决定的. 因 $\overline{k}$ 是代数闭域，故有分裂正合列：

$$1 \longrightarrow \mathrm{Ad}(\tilde{G}) \xrightarrow{i} \mathrm{Aut}_{\overline{k}}(\tilde{G}) \underset{p}{\overset{\lambda}{\rightleftarrows}} \mathrm{Dyn}(\tilde{G}) \longrightarrow 1$$

其中 $\mathrm{Dyn}(\tilde{G})$ 是 $\tilde{G}$ 的 Dynkin 图的自同构群，$\mathrm{Ad}(\tilde{G})$ 是 $\tilde{G}$ 的伴随群，所以有正合列：

$$H^1(k, \mathrm{Ad}(\tilde{G})) \xrightarrow{i_1} H^1(k, \mathrm{Aut}_{\overline{k}}(\tilde{G})) \xrightarrow{p_1} H^1(k, \mathrm{Dyn}(\tilde{G})) \longrightarrow 1.$$

$\mathrm{Gal}\,(\overline{k}/k)$ 在 $\mathrm{Dyn}(\tilde{G})$ 上的作用是平凡的，s 在 a_s 上的作用是平凡的，${}^s a_s = a_s$，$a_{st} = a_s \cdot a_t$. $H^1(k, \mathrm{Dyn}(\tilde{G})) \cong \mathrm{Hom}(\mathrm{Gal}\,(\overline{k}/k), \mathrm{Dyn}(\tilde{G}))$.

设 $\tilde{G}$ 的 Dynkin 图是 X_n（如：$A_n, B_n, \cdots$），取 $[G] \in \mathscr{S}(\overline{k}/k, \tilde{G})$，则 $\theta([G]) \in H^1(k, \mathrm{Aut}_{\overline{k}}(\tilde{G}))$，故 $p_1\theta([G]) \in H^1(k, \mathrm{Dyn}(\tilde{G})) = \mathrm{Hom}(\mathrm{Gal}\,(\overline{k}/k), \mathrm{Dyn}(\tilde{G}))$. 由 Galois 理论，知 $\mathrm{Ker}\, p_1\theta([G])$ 决定一个扩张 L/k 使 $\mathrm{Gal}\,(\overline{k}/L) = \mathrm{Ker}\, p_1\theta([G])$.

$$\begin{array}{ccc} \overline{k} & \text{———} & 1 \\ \cup & & \cap \\ L & \text{———} & \operatorname{Ker} p_1\theta([G]) \\ \cup & & \cap \\ k & \text{———} & \operatorname{Gal}(\overline{k}/k) \end{array}$$

进一步由于 $\operatorname{Im} p_1\theta([G]) \subseteq \operatorname{Dyn}(\tilde{G})$, $\operatorname{Im} p_1\theta([G])$ 有限, 因此 $[\operatorname{Gal}(\overline{k}/k) : \operatorname{Ker} p_1\theta([G])] = [L:k] < \infty$. 设 $m = [L:k]$, 称 G 的类型为 ${}^mX_n$.

定义 4.1.4　若 G 为 k 上单连通代数群, 在 $\overline{k}$ 上殆单且 G 的类型是 ${}^1A_n, {}^2A_n, B_n, C_n, {}^1D_n, {}^2D_n$, 则称 G 为**典型群**.

在下一节我们将利用单代数的理论把 G 明显的 "造" 出来.

4.2　单　代　数

关于代数的算术的名著是文献 [102]. 可惜难得见, 又没有中译本或英译本. [311] 及 [400] Part II 亦详述代数的算术.

4.2.1　中心单代数

设 k 为域, A 为 k 上有幺代数. $Z(A)$ 记 A 的中心.

定义 4.2.1　如果 A 没有真双边理想, 称 A 为**单代数**.

设 M 为 A 模, 令

$$\operatorname{Ann} M = \{a \in A \mid ax = 0 \quad \forall x \in M\}.$$

命题 4.2.1　(1) 设 A 是 k 代数, M 是不可约 A 模, $\operatorname{Ann} M = 0$, $D = \operatorname{End}(M)$, 则 $A \cong M_n(D)$.

(2) 若 A 是单 k 代数, 则存在 k 上可除代数 D, 使 $A \cong M_n(D)$, 这时 n, D 是由 A 决定的.

证明　参见 [24] 第三章 §3, [179] vol. II. □

定义 4.2.2　设 A 是 k 代数, $Z(A) = k \cdot 1_A = k$, 则 A 是**中心代数**.

命题 4.2.2　A 是中心 k 代数, 对 $a, b \in A$, 设

$$\begin{aligned} f(a,b) : A &\longrightarrow A \\ x &\longmapsto axb. \end{aligned}$$

这样可以定义

$$\begin{aligned} F : A \otimes_k A^{\mathrm{op}} &\longrightarrow \operatorname{End}_k(A) \\ a \otimes b &\longmapsto f(a,b) \end{aligned}$$

(这里 A^{op} 表示 A 的反代数). 则 F 为双射当且仅当 A 是中心单 k 代数.

证明 设 $\dim_k A = N$, 则 $\dim_k A \otimes_k A^{\rm op} = N^2 = \dim_k \operatorname{End}_k(A)$. 显然 F 是 k 线性的, 故 F 是一一映射当且仅当 F 是单的, 当且仅当 F 是满的.

必要性. 若 A 不是单代数, 则存在 $0 \neq I \neq A$, I 是 A 的双边理想. 于是对任意的 $a, b \in A$, $aIb \subseteq I$, 即 $f(a,b) \in \operatorname{End}_k I$, 从而 $F(A \otimes_k A^{\rm op}) \subseteq \operatorname{End}_k I \subsetneq \operatorname{End}_k A$. 这说明 F 不是满的, 因而 F 不是一一映射.

充分性. 已知 A 是单代数, 为证 F 是一一的, 我们来计算 $\operatorname{Ker} F$.

把 A 看作 k 向量空间并记为 M, 对 $c = a \otimes b \in A \otimes_k A^{\rm op}$, $x \in M$ 定义 $c \cdot x = axb = F(c)(x)$, 这样 M 成为 $A \otimes_k A^{\rm op}$ 模, 而

$$\operatorname{Ann}(M) = \{c \in A \otimes_k A^{\rm op} \mid c \cdot x = 0\ \forall x \in M\} = \operatorname{Ker} F.$$

现在证: (1) M 是不可约 $A \otimes_k A^{\rm op}$ 模; (2) $\operatorname{End}_{A \otimes_k A^{\rm op}}(M) = k$.

(1) 设 $M' \subseteq M$ 是子模, 则对任意的 $a, b \in A$, $x \in M'$, 有 $(a \otimes b) \cdot x \in M'$, 即 $AM'A \subseteq M'$, 因此 M' 是 A 的双边理想, 于是 $M' = 0$ 或 M, 所以 M 不可约.

(2) 设 $\varphi \in \operatorname{End}_{A \otimes_k A^{\rm op}}(M)$, 则对任意的 $c \in A \otimes_k A^{\rm op}$, $x \in M$, $\varphi(c \cdot x) = c \cdot \varphi(x)$, 即 $\varphi(axb) = a\varphi(x)b$. 令 $x = 1_A$, 再分别取 $(a,b) = (a,1)$ 及 $(1,a)$, 则 $a\varphi(1_A) = \varphi(a) = \varphi(1_A)a$, 即 $\varphi(1_A) \in Z(A) = k$, 且对任意的 $x \in M$ 有 $\varphi(x) = x\varphi(1_A)$, 说明 φ 由 $\varphi(1_A) \in k$ 完全确定. 这就证明了 $\operatorname{End}_{A \otimes_k A^{\rm op}}(M) = k$.

设 $\mathscr{A} = A \otimes_k A^{\rm op}/\operatorname{Ann}(M)$, 则 M 是不可约 $\mathscr{A}$ 模, $\operatorname{Ann}_{\mathscr{A}}(M) = 0$. 根据命题 4.2.1, $\mathscr{A} \cong M_n(D) = M_n(k)$, 因而 $\dim_k M = n$, $\dim_k \mathscr{A} = n^2 = (\dim_k M)^2$. 已知 $\dim_k M = \dim_k A = N$, 因此 $\dim_k \mathscr{A} = N^2 = \dim_k A \otimes_k A^{\rm op}$. 这就得出 $\operatorname{Ann}(M) = 0 = \operatorname{Ker} F$, F 是单的, 也是一一映射. □

推论 4.2.3 (1) 若 L/k 是域扩张, 则 $A_L = A \otimes_k L$ 是单代数的充分必要条件是 A 是单代数.

(2) 若 L/k 是代数闭扩张, 则 A 为单代数的充分必要条件是 $A_L \cong M_n(L)$.

(3) 如果 A 是单 k 代数, 则 $\dim_k A$ 是一个正整数的平方.

(4) 若 A, B 是中心单代数, 则 $A \otimes_k B$ 也是中心单代数.

(5) 若 A 是中心单代数, 又设 $\dim_k A = n^2$, 若有域 $L \supseteq k$, $F: A \to M_n(L)$ 为 k 代数同态, 则 $F_L: A_L = A \times_k L \to M_n(L)$ 是同构.

命题 4.2.4 A 为中心单代数.

(1) 对任意的自同构 $\varphi \in \operatorname{Aut}_k A$, 必存在可逆元 $a \in A$, 使得对任意的 $x \in A$ 有 $\varphi(x) = a^{-1}xa$ (Skolem-Noether 定理).

(2) 若 L 是 k 的一个可离闭域, 则存在 L 同构 $A_L \cong M_n(L)$.

(3) 对任何 $L \subseteq k$, 以及两个同构 $F_L, F'_L: A_L \to M_n(L)$, 则存在 $Y \in \operatorname{GL}(n, L)$, 使 $F'_L = Y^{-1}F_LY$, 而 Y 除了差 L^* 中的一个因子外, 是唯一确定的.

证明 (1), (2) 略.

(3) 作 $F'_L \circ F_L^{-1} \in \mathrm{Aut}(M_n(L))$. 由 (1), 存在 $Y \in \mathrm{GL}(n, L)$, 使对任意的 $X \in M_n(L)$, $F'_L \circ F_L^{-1}(X) = Y^{-1}XY$. 对任意的 $a \in A$, 存在 $X \in M_n(L)$, 使得 $a = F_L^{-1}(X)$, 这样, $F'_L = Y^{-1}F_LY$. □

定义 4.2.3 若 L/k 是域扩张, A 是 k 代数, $F : A \to M_n(L)$ 是 k 线性代数同态 (即是 $F(1_A) = 1_n$, $F(ab) = F(a)F(b)$), 则称 F 为 A 的一个 L **表示**. 此时, 如果 $\dim_k A = n^2$, 则 F 的扩张 $F_L : A_L \to M_n(L)$ 是同构.

这等价于要求: 有 k 代数同态 $F : A \to M_n(L)$ 使得 $F_L : A_L \cong M_n(L)$.

命题 4.2.5 若 k 是无限域, A 是中心单 k 代数, $\dim_k A = n^2$, 则存在 k 线性函数 $\tau : A \to k$ 及多项式函数 $\nu : A \to k$, $\deg \nu = n$, 使对任何域扩张 L/k 及 A 的 L 表示 F, 有

$$\tau(a) = \mathrm{tr}\, F(a), \qquad \nu(a) = \det F(a).$$

(称 ν 为 A 的已约范数.)

证明 第一步. 设 L 是 k 的可离封闭域, 则存在 $F_L : A_L \to M_n(L)$. 这样,

$$\begin{aligned} \tau^{F_L} : A_L &\longrightarrow L \\ a &\longmapsto \mathrm{tr}\, F_L(a), \\ \nu^{F_L} : A_L &\longrightarrow L \\ a &\longmapsto \det F_L(a). \end{aligned}$$

(i) τ^{F_L} 和 ν^{F_L} 与 F_L 无关: 这是因为对另一个 L 表示 $F'_L : A_L \to M_n(L)$, 存在 $Y \in \mathrm{GL}(n, L)$ 使 $F'_L = Y^{-1}F_LY$, 因此 $\tau^{F_L} = \tau^{F'_L}$, $\nu^{F_L} = \nu^{F'_L}$.

(ii) F_L 同构必得 $\tau, \nu \neq 0$.

取 A 的基 $\{a_1, \cdots, a_N\}$, $N = n^2$.

对任意的 $a \in A_L$, $a = \sum_{i=1}^N x_i a_i$, $x_i \in L$. 这样 $\tau^{F_L} = \tau$, $\nu^{F_L} = \nu$ 可以看成以 x_i 为变元, 系数在 L 里的多项式函数.

对任意的 $\sigma \in \mathrm{Aut}(L/k)$, 把 σ 作用在多项式函数的系数上, 可以定义 $\tau^\sigma, \nu^\sigma, F_L^\sigma$.

现在对任意的 $a \in A_L$, $\tau^\sigma(a) = \mathrm{tr}(F_L^\sigma(a))$, $\nu^\sigma(a) = \det(F_L^\sigma(a))$. 但 $F_L^\sigma : A_L \cong M_n(L)$ 仍是 L 表示, 因此

$$\mathrm{tr}(F_L^\sigma(a)) = \mathrm{tr}(F_L(a)), \qquad \det(F_L^\sigma(a)) = \det(F_L(a)).$$

于是 $\tau^\sigma = \tau$, $\nu^\sigma = \nu$, 说明 τ, ν 的系数在 k 中, 这样就可以定义多项式函数 $\tau, \nu : A \to k$.

第二步. 若 E 是一个域, E 包含 k 的一个可离封闭域, 则命题对 A 的 E 表示亦成立.

第三步. 设 L/k 是任一扩张, 则 L 必 k 同构于第二步中的域 E 的一个子域. 因此命题对 A 的 L 表示也成立. □

推论 4.2.6　设 A 是中心单 k 代数, $\dim_k A = n^2$. 对 $a \in A$, $x \mapsto ax$ 及 $x \mapsto xa$ 是 $\mathrm{End}_k A$ 的元, 它们的行列式是 $\nu(a)^n$.

证明　只要对 $A = M_n(k)$ 证明. 对 $M_n(k)$ 的基 $(e_{11}, \cdots, e_{nn})$, 其中

$$e_{ij} = \begin{pmatrix} 0 & \cdots & 0 \\ \vdots & 1 & \vdots \\ 0 & \cdots & 0 \end{pmatrix}$$

只有第 i 行第 j 的元素是 1, 其余均为 0. $x \mapsto ax$ 的阵是 $\mathrm{diag}(\underbrace{a, \cdots, a}_{n})$, $\det a = \nu(a)$. □

定义 4.2.4　设 A 是 k 代数, $I : A \to A$ 是一一线性变换, 满足

(1) 对任意的 $x, y \in A$, $I(xy) = I(y)I(x)$;

(2) $I^2 = \mathrm{id}_A$.

则称 I 是一个**对合**.

如果对所有的 $z \in Z(A)$, $I(z) = z$, 则称 I 是**第一种对合**, 否则, 称 I 是**第二种对合**.

显然对 $z \in Z(A)$, $I(z) \in Z(A)$.

命题 4.2.7　设 A 为单 k 代数, 域扩张 L/k 为 A 的中心, I 及 J 为 A 的对合, 对 $c \in L$, $I(c) = J(c)$.

(1) 若 I 为第一种对合, 则存在 $a \in A^*$, $I(a) = \pm a$ 及对任意的 $x \in A$,

$$J(x) = aI(x)a^{-1}.$$

(2) 若 I 为第二种对合, 则存在 $a \in A^*$, $I(a) = a$ 及对任意的 $x \in A$,

$$J(x) = aI(x)a^{-1}.$$

证明　显然 JI^{-1} 是中心单 L 代数的自同构, 故由 Skolem-Noether 定理得 $a \in A^*$, 使得对任意的 $x \in A$, 有 $JI^{-1}(x) = axa^{-1}$. 于是

$$J(x) = aI(x)a^{-1}.$$

所以对任意的 $x \in A$,

$$x = JJ(x) = aI(aI(x)a^{-1})a^{-1}$$
$$= aI(a)^{-1}x(aI(a)^{-1})^{-1},$$

即是说 $aI(a)^{-1} \in L$ (A 的中心). 取 $c \in L$ 使 $I(a) = ca$, 则 $a = I(I(a)) = I(ca) = I(a)I(c) = cI(c)a$. 因此 $cI(c) = 1$.

若 I 为第一种对合, 则 $c \in L$ 可得 $I(c) = c$, $c^2 = cI(c) = 1$, 从而 $c = \pm 1$, 证得 (1).

若 I 为第二种对合, 则设 $F = \{b \in L \mid I(b) = b\}$. 由 $I^2 = 1$, 得 $[L : F] = 2$. 所以 $cI(c) = 1$ 得出 $N_{L/F}(c) = 1$ (范数). 由 Hilbert 定理 90, 得 $d \in L^*$ 使 $c = I(d)d^{-1}$. 因此 $I(a) = ca = I(d)d^{-1}a$ 即 $I(d^{-1}a) = d^{-1}a$. 因 $d \in L$, 若取 $a' = d^{-1}a$ 则 $J(x) = aI(x)a = a'I(x)a'^{-1}$ 及 $I(a') = a'$, 证得 (2). □

4.2.2 典型群与单代数

以后我们使用以下的记号: $\overline{k}$ 表示域 k 的代数封闭域; G/k 表示代数群是定义在域 k 上的.

注 (1) 对代数群 $\tilde{G}/\overline{k}$, 存在双射 $\theta : \mathscr{S}(k, \tilde{G}) \to H^1(k, \mathrm{Aut}_{\overline{k}}(\tilde{G}))$. 同样可以证明, 对任何的 $\overline{k}$ 代数 $\tilde{A}$, 存在双射 $\mathscr{S}(k, \tilde{A}) \to H^1(k, \mathrm{Aut}_{\overline{k}}(\tilde{A}))$, 这里, 若 $[A] \in \mathscr{S}(k, \tilde{A})$, 则 A 是 k 代数且有 k 同构 $\tilde{A} \to A_{\overline{k}}$; 又若 $[A_1] = [A]$, 则存在 k 同构 $A_1 \cong A$.

(2) 若 $[a_s] \in H^1(k, \mathrm{Aut}_{\overline{k}}(\tilde{G}))$, 则有 $[G] \in \mathscr{S}(k, \tilde{G})$, 使 $\theta([G]) = [a_s]$, 这时我们说用 $[a_s]$ 扭转 (twisting) $\tilde{G}$ 得到 G.

本节利用 Galois 上同调群的理论来讨论代数群的分类问题.

$\tilde{G}$ 是 SL_{n+1} 的情况

(1) 若 G 的类型是 ${}^1A_n$ 时,

(i) 因为 $[\mathrm{Gal}(\overline{k}/k) : \mathrm{Ker}\, p_1\theta([G])] = 1$, 所以 $p_1\theta([G]) = 1 : \mathrm{Gal}(\overline{k}/k) \to \mathrm{Dyn}(A_n)$. 于是 $\mathrm{Aut}(G)$ 没有图自同构.

(ii) $p_1\theta([G]) \in \mathrm{Ker}\, p_1 = \mathrm{Im}\, i_1$, 看正合列

$$1 \longrightarrow \mathrm{Ad}(\mathrm{SL}_{n+1}) \xrightarrow{i} \mathrm{Aut}_{\overline{k}}(\mathrm{SL}_{n+1}) \xrightarrow{p} \mathrm{Dyn}(A_n) \longrightarrow 1$$

及

$$i_1 : H^1(k, \mathrm{Ad}(\mathrm{SL}_{n+1})) \longrightarrow H^1(k, \mathrm{Aut}_{\overline{k}}(\mathrm{SL}_{n+1}))$$
$$[a_s] \longmapsto [i(a_s)],$$

可把 $\theta([G])$ 看成 $H^1(k, \mathrm{Ad}(\mathrm{SL}_{n+1}))$ 的元.

(iii) 因为

$$\mathrm{Ad}(\mathrm{SL}_{n+1}) = \mathrm{PGL}_{n+1} = \mathrm{Aut}_{\overline{k}}(M_{n+1}(\overline{k})),$$

所以

$$\theta([G]) \in H^1(k, \mathrm{Aut}_{\overline{k}}(M_{n+1}(\overline{k})),$$

用 $\theta([G])$ 扭转 $M_{n+1}(\overline{k})$ 得到 k 代数 A. 这就是说, 存在 k 同构 $f: M_{n+1}(\overline{k}) \to A \otimes_k \overline{k}$. 又设 $a_s = f^{-1} \circ {}^s f$, 则 $[a_s] = \theta([G])$. 由于 $M_{n+1}(\overline{k})$ 是中心单 $\overline{k}$ 代数, f 是 k 同构, 所以 $A_{\overline{k}} = A \otimes_k \overline{k}$ 是中心单 $\overline{k}$ 代数, 从而 A 是中心单代数且 $Z(A) = k$.

(iv) 由 $f: M_{n+1}(\overline{k}) \to A \otimes_k \overline{k}$ 及 $\mathrm{SL}_{n+1}(k) = \{X \in M_{n+1}(k) \mid \det X = 1\} \subseteq M_{n+1}(\overline{k})$, $H(\overline{k}) = \{a \in A_{\overline{k}} \mid \nu(a) = 1\} \subseteq A \otimes_k \overline{k}$, 得到 $f: \mathrm{SL}_{n+1}(k) \to H(k)$.

因为 ν 是 k 上多项式函数, 所以 $H = H(k) = \{a \in A \mid \nu(a) = 1\}$ 是 k 代数群. 又因为 $\theta([H]) = [a_s] = \theta([G])$, 得到 $[H] = [G]$, 从而 $H \cong_k G$.

(v) 结论是: 若 G 的类型是 ${}^1A_n$ 时, 则存在中心单 k 代数 A 使 $G(\overline{k}) = \{x \in A \otimes_k \overline{k} \mid \nu x = 1\}$, 其中 ν 为 A 的已约范数.

(2) 若 G 的类型是 ${}^2A_n$ 时,

(i) 因为 $[\mathrm{Gal}(\overline{k}/k) : \mathrm{Ker}\, p_1\theta([G])] = 2$, 所以 $\mathrm{Im}(p_1\theta([G])) \cong \mathrm{Gal}(\overline{k}/k)/\mathrm{Ker}\, p_1\theta([G])$. 从而 $|\mathrm{Im}(p_1\theta([G]))| = |\mathrm{Dyn}(A_n)| = 2$, $\mathrm{Dyn}(A_n) \cong S_2$ (2 个元素的对称群), 于是 $1 \neq p_1\theta([G]): \mathrm{Gal}(\overline{k}/k) \to \mathrm{Dyn}(A_n)$.

(ii) 在 $M_{n+1}(\overline{k}) \oplus M_{n+1}(\overline{k})$ (简记为 $M_{n+1} \oplus M_{n+1}(\overline{k})$) 里, 有 $I: (x, y) \mapsto ({}^t y, {}^t x)$. 若 $(a, b) \in Z(M_{n+1} \oplus M_{n+1}(\overline{k})) = \overline{k} \oplus \overline{k}$, 及 $I(a, b) = (a, b)$, 得 $a = b$, 从而 ${}^I(\overline{k} \oplus \overline{k}) = \{I(a, b) = (a, b)\} = \{(a, a) \mid a \in \overline{k}\} = \overline{k}$, 所以 I 是 $M_{n+1} \oplus M_{n+1}(\overline{k})$ 的一个第二种对合. 由 Skolem-Noether 定理得

$$\begin{aligned}&\mathrm{Aut}_{\overline{k}}(M_{n+1} \oplus M_{n+1})\\&= \langle (X, Y) \mapsto (Y, X); (X, Y) \mapsto (A^{-1}XA, B^{-1}YB) \mid A, B \in \mathrm{GL}(n+1, \overline{k}) \rangle.\end{aligned}$$

(iii) 令 $\mathrm{Aut}_{\overline{k}}(M_{n+1} \oplus M_{n+1}, I) = \{g \in \mathrm{Aut}_{\overline{k}}(M_{n+1} \oplus M_{n+1}) \mid gI = Ig\} = \langle (X, Y) \mapsto (Y, X); (X, Y) \mapsto (A^{-1}XA, ({}^tA^{-1})^{-1}Y({}^tA^{-1})) \mid A \in \mathrm{SL}(n+1, \overline{k}) \rangle$, 这是由于

(a) $(X, Y) \mapsto (Y, X)$ 显然在 $\mathrm{Aut}_{\overline{k}}(M_{n+1} \oplus M_{n+1}, I)$ 中.

(b) 若

$$g: (X, Y) \mapsto (A^{-1}XA, B^{-1}YB), \qquad A, B \in \mathrm{GL}(n+1, \overline{k}),$$

则

$$gI(X, Y) = g({}^tY, {}^tX) = (A^{-1t}YA, B^{-1t}XB),$$

$$Ig(X,Y)=I(A^{-1}XA,B^{-1}YB)=({}^tB{}^tY{}^tB^{-1},{}^tA{}^tX{}^tA^{-1}).$$

于是 $A^{-1t}YA={}^tB{}^tY{}^tB^{-1}$, 即 ${}^tYA{}^tB=A{}^tB{}^tY$, 从而 $A^tB=a1$ (1 是单位阵), $a\in\overline{k}$. 同样, 由 $B^{-1t}XB={}^tA{}^tX{}^tA^{-1}$ 得到 $B^tA=b1$, $b\in\overline{k}$. 所以 $(A,B)I(A,B)=(A^tB,B^tA)=(a1,b1)$. 但是, $I((A,B)I(A,B))=(A,B)I(A,B)$, 故由 $(a1,b1)=(b1,a1)$ 得 $(a,b)=(b,a)\in\overline{k}\oplus\overline{k}$, 所以 $a=b$. 又因为 $\overline{k}$ 是代数封闭域, 可不妨假设 $a=b=1$, 从而 $A^tB=B^tA=1$, 得到 $B={}^tA^{-1}$, 即有 $g:(X,Y)\mapsto(A^{-1}XA,({}^tA^{-1})^{-1}Y({}^tA^{-1}))$, $A\in\mathrm{SL}(n+1,\overline{k})$.

(iv) 已知

$$\mathrm{Aut}_{\overline{k}}(\mathrm{SL}_{n+1})=\langle X\mapsto{}^tX^{-1};X\mapsto A^{-1}XA\mid A\in\mathrm{SL}(n+1,\overline{k})\rangle.$$

利用单映射

$$\begin{aligned}\varphi:\mathrm{SL}(n+1,\overline{k})&\hookrightarrow M_{n+1}\oplus M_{n+1}(\overline{k})\\ X&\mapsto(X,{}^tX^{-1}),\end{aligned}$$

得同构

$$\begin{array}{ccl}\mathrm{Aut}_{\overline{k}}(\mathrm{SL}(n+1,\overline{k}))&\longrightarrow&\mathrm{Aut}_{\overline{k}}(M_{n+1}\oplus M_{n+1},I)\\ (X\mapsto{}^tX^{-1})&\longmapsto&((X,Y)\mapsto(Y,X))\\ (X\mapsto A^{-1}XA)&\longmapsto&((X,Y)\mapsto(A^{-1}XA,({}^tA^{-1})^{-1}Y({}^tA^{-1}))).\end{array}$$

(v) 假定 G 是 ${}^2A_n$ 型.

$\theta([G])\in H^1(k,\mathrm{Aut}_{\overline{k}}(\mathrm{SL}(n+1,\overline{k})))=H^1(k,\mathrm{Aut}_{\overline{k}}(M_{n+1}\oplus M_{n+1},I))$, 用 $\theta([G])$ 扭转 $(M_{n+1}\oplus M_{n+1},I)$, 得到 (A,J), 其中 A 是中心单 k 代数, J 是 A 的对合. 又有 $f:M_{n+1}\oplus M_{n+1}(\overline{k})\to A_{\overline{k}}$, 使 $\theta([G])$ 对应于上闭链 $a_s=f^{-1}\circ{}^2f$. 此时 φ 把 $\mathrm{SL}(n+1)$ 映为 $\{Z\in M_{n+1}\oplus M_{n+1}(\overline{k})\mid Z\cdot I(Z)=1,\nu(Z)=1\}$, 而这个群在 $\theta([G])$ 下扭转为 $H(\overline{k})=\{a\in A_{\overline{k}}\mid a\cdot J(a)=1,\nu(a)=1\}$.

我们的结论是: 若 G 是 ${}^2A_n$ 型, 则有单 k 代数 A, A 上有第二种对合 J 使得 $G\cong_k H$, 而其中 H 是一个 k 代数群, $H=H(k)=\{a\in A\mid a\cdot J(a)=1,\nu(a)=1\}$.

(vi) 我们以下证明 A 的中心是 k 的二次扩张.

引理 4.2.8 设 S_n 是 n 个元素的对称群, k 是域, $A=k^n$, 则

$$H^1(k,S_n)=\{\text{所有维数为 } n^2 \text{ 的可离交换 } k \text{ 代数的 } k \text{ 同构类}\},$$

其中 S_n 被看成 $\mathrm{Aut}_{\overline{k}}(A_{\overline{k}})$.

证明 第一步. $\mathrm{Aut}_{\overline{k}}(A)=\{g:\overline{k}^n\to\overline{k}^n\mid\overline{k}$自同构$\}=\{g:(x_1,\cdots,x_n)\mapsto(x_{g(1)},\cdots,x_{g(n)})\mid g\in S_n\}$.

第二步. $H^1(k,S_n)=H^1(k,\mathrm{Aut}_{\overline{k}}(A_{\overline{k}}))=\mathscr{S}(k,\overline{k}^n)=\{$ 所有维数为 n^2 的可离交换 k 代数的 k 同构类 $\}$. □

现在我们来看 $p_1\theta([G])\in H^1(\mathrm{Gal}(\overline{k}/k),\mathrm{Dyn}(A_n))$, 这里 $\mathrm{Dyn}(A_n)=S_2$. 由 (vi), 用 $\theta([G])$ 扭转 $k\oplus k$, 得到 $Z(A_k)$, 由引理可得: $Z(A_{\overline{k}})\cong B_{\overline{k}}$, 这里 B 是一个可离交换 k 代数. 但 $H^1(k,S_2)$ 只有两个元素: [1] 由 $k\oplus k$ 决定, 另外一个元素是由 $\overline{k}/k$ 的任何一个二次扩张所决定, 故 B 其实是 k 的一个二次扩张, 从而 $Z(A)$ 是 k 的一个二次扩张.

$\tilde{G}$ 为 Sp_{2n} 的情况

(1) 设 $2n\times 2n$ 矩阵

$$J=\left(\begin{array}{ccc|ccc} & & & 0 & & 1\\ & 0 & & & \cdot^{\cdot^{\cdot}} & \\ & & & 1 & & 0\\ \hline 0 & & -1 & & & \\ & \cdot^{\cdot^{\cdot}} & & & 0 & \\ -1 & & 0 & & & \end{array}\right).$$

则 $\mathrm{Sp}(2n,\overline{k})=\{x\in\mathrm{SL}(2n,\overline{k})\mid XJ^tX=J\}$.

(2) G 的类型是 C_n 时, 推出 $\theta([G])\in H^1(k,\mathrm{Aut}_{\overline{k}}(\mathrm{Sp}(2n,\overline{k})))$.

(3) $\mathrm{Aut}_{\overline{k}}(\mathrm{Sp}(2n,\overline{k}))$ 是等于 $\mathrm{Sp}(2n,\overline{k})$ 的内自同构群.

我们看 k 代数 $M_{n+1}(\overline{k})$, 可以定义一个对合 $I:X\mapsto J^tXJ^{-1}$.

$$\mathrm{Aut}_{\overline{k}}(M_{n+1}(\overline{k}))=\{X\mapsto A^{-1}XA\mid A\in\mathrm{SL}(n+1,\overline{k})\}.$$

令

$$\mathrm{Aut}_{\overline{k}}(M_{n+1}(\overline{k}),I)=\{g\in\mathrm{Aut}_{\overline{k}}(M_{n+1}(\overline{k}))\mid gI=Ig\},$$

则

$$\mathrm{Aut}_{\overline{k}}(M_{n+1}(\overline{k}),I)\cong\mathrm{Aut}_{\overline{k}}(\mathrm{Sp}(2n,\overline{k})).$$

这是由于

$$gI(X)=g(J^tXJ^{-1})=A^{-1}J^tXJ^{-1}A,$$
$$Ig(X)=I(A^{-1}XA)=J^tA^tX^tA^{-1}J^{-1}.$$

由 $Ig(X)=gI(X)$, 得到 $A^{-1}J^tXJ^{-1}A=J^tA^tX^tA^{-1}J^{-1}$, 所以 ${}^tAJXJ^{-1t}A^{-1}=JA^{-1}XAJ^{-1}$, 即 $AJ^{-1t}AJ\in Z(M_{n+1}(\overline{k}))$, 但因 $J^{-1}=-J$, 所以 $AJ^tAJ^{-1}=$

$AJ^{-1t}AJ \in Z(M_{n+1}(\overline{k}))$, 即 $A \cdot I(A) \in Z(M_{n+1}(\overline{k}))$, $A \cdot I(A) = a1$, $a \in \overline{k}$. 由 $\overline{k}$ 是代数封闭域可不妨设 $a = 1$, 故 $A \cdot I(A) = 1$. 所以 $\mathrm{Aut}_{\overline{k}}(M_{n+1}(\overline{k}), I) \cong \mathrm{Aut}_{\overline{k}}(\mathrm{Sp}(2n, \overline{k}))$.

(4) 从 $\theta([G]) \in H^1(k, \mathrm{Aut}_{\overline{k}}(\mathrm{Sp}(2n, \overline{k})))$ 可推出

$$\theta([G]) \in H^1(k, \mathrm{Aut}_{\overline{k}}(M_{n+1}(\overline{k}), I)),$$

用 $\theta([G])$ 扭转 $(M_{n+1}(\overline{k}), I)$, 得 A, J. 于是由 $(M_{n+1}(\overline{k}), I) \to (A_{\overline{k}}, J)$, 及由 $\mathrm{Sp}(2n, \overline{k}) \subseteq (M_{n+1}(\overline{k}), I)$,

$$H(\overline{k}) = \{a \in A_{\overline{k}} \mid aJ(a) = 1\} \subseteq (A_{\overline{k}}, J),$$

得到 $\mathrm{Sp}(2n, \overline{k}) \to H(\overline{k})$.

(5) 结论: $\tilde{G}$ 为 $\mathrm{Sp}(2n, \overline{k})$ 的情况, 有中心单 $\overline{k}$ 代数 A 及 A 的第一种对合 I, 使

$$G(\overline{k}) = \{X \in A_{\overline{k}} \mid X \cdot I(X) = 1\}.$$

$\tilde{G}$ 为 $\mathrm{Spin}_{2n}(q)$ 的情况

(1) q 是非退化二次型, 它的 Witt 指标最大, 则 $\mathrm{Spin}(q)$ 的 Dynkin 图是 B_n, D_n 型的. 而且可以证明若典型群的类型是 $B_n, {}^1D_n, {}^2D_n$ $(n > 3)$ 时, G 是 $G' \cong \mathrm{SO}(q)$ 的二次覆盖. 所以只要找 $\mathrm{SO}(q)$ 的 k 形.

(2) $\mathrm{Aut}_{\overline{k}}(\mathrm{SO}_n(q)) \cong \mathrm{Aut}_{\overline{k}}(M_n(\overline{k}), I)$, 把 X 映到 $I(X) = a^tXa^{-1}$, 这里 a 是非退化二次型 q 的矩阵.

(3) 仿前一段的方法, 可得到下述结论:

存在中心单 k 代数 A 及 A 的第一类对合 J, 使

(i) 在 $\overline{k}$ 上, $(M_n(\overline{k}), I) \cong (A, J)$, 其中 $I(X) = a^tXa^{-1}$. a 为 q 的矩阵;

(ii) G 为 $G'(\overline{k}) = \{X \in A_{\overline{k}} \mid X \cdot J(X) = 1, \nu(X) = 1\}$ 的二次覆盖.

综上所述, 得到 Weil 定理

定理 4.2.9　*G 为 k 上典型群, G 是绝对殆单单连通的, $\mathrm{char}\, k = 0$, 则*

(1) G 为 SL_{n+1} 时: (i) 有中心单 $\overline{k}$ 代数 A, 使

$$G(\overline{k}) = \{X \in A_{\overline{k}} \mid \nu(X) = 1\}, \text{ 或}$$

(ii) 有单 $\overline{k}$ 代数 A, A 的中心为 k 的二次扩张, A 有一个第二种对合 I, 使

$$G(\overline{k}) = \{X \in A_{\overline{k}} \mid X \cdot I(X) = 1, \nu(X) = 1\}.$$

(2) G 为 Sp_{2n} 时: 有中心单 $\overline{k}$ 代数 A 及 A 的第一种对合 I, 使

$$G(\overline{k}) = \{X \in A_{\overline{k}} \mid X \cdot I(X) = 1\}.$$

(3) G 为 $\mathrm{Spin}_n(q)$ 时：$n > 6$, q 是非退化二次型, Witt 指标为 $[\frac{n}{2}]$, 矩阵为 a, 则有中心单 $\overline{k}$ 代数 A 及 A 的第一种对合 J, 使 (i) 在 k 上, $(M_n, I) \cong (A, J)$, 其中 $I(X) = a^t X a^{-1}$, 及 (ii) G 为

$$G'(\overline{k}) = \{X \in A_{\overline{k}} \mid X \cdot J(X) = 1, \nu(X) = 1\}$$

的二次覆盖.

4.2.3　在代数数域上的典型群

当 k 为代数数域时, 上一段的 Weil 定理可以改进为

定理 4.2.10　设 G 为 k 上典型群, G 是绝对殆单单连通的, 则有以下三种情形.

(1) (i) 有中心单 k 代数 A, 使

$$G(\overline{k}) = \{X \in A_{\overline{k}} \mid \nu(X) = 1\}, \text{ 或}$$

(ii) 有单 k 代数 A, A 的中心为 k 的二次扩张, A 有一个第二种对合 I, 使

$$G(\overline{k}) = \{X \in A_{\overline{k}} \mid X \cdot I(X) = 1, \nu(X) = 1\}.$$

(2) (i) 有非退化斜对称矩阵 S 使

$$G = \mathrm{Sp}_{2n}(S) = \{X \in M_{2n} \mid X \cdot I(X) = 1\}, \qquad I(X) = S^{-1t} X S.$$

(ii) 有 k 上的 4 元数代数 D 及 D 上的 Hermite 型 h 使 $G = \mathrm{SU}(h)$.

(3) (i) $G = \mathrm{Spin}_n(q)$, 或

(ii) 有 k 上的 4 元数代数及 D 上的斜 Hermite 形 h 使 $G = \mathrm{Spin}_n(h)$.

关于这定理的证明我们作以下的补充.

关于 (1)(ii)：我们知道对任意正整数 n, 及 k 的二次扩张必存在单 k 代数 A 使 $\dim_L A = n^2$ 并满足 (1)(ii) 中的条件. (参见 [24] 定理 10.22.)

关于 (2) 及 (3)：首先, 如果单 k 代数 A 有第一种对合, 则 $A \cong M_m(D)$, 其中 D 为 k 或为 k 上的可除四元代数. (参见 [24] 定理 10.20.)

对 $\alpha, \beta \in K^*$, 取一个 4 维 k 空间 V 及 V 的一个基 $\{1, X_1, X_2, X_3\}$, 用下表定义乘法,

	1	X_1	X_2	X_3
1	1	X_1	X_2	X_3
X_1	X_1	$\alpha 1$	X_3	αX_2
X_2	X_2	$-X_3$	$\beta 1$	$-\beta X_1$
X_3	X_3	$-\alpha X_3$	βX_1	$-\alpha\beta 1$

则 V 便成为一个代数, 称为四元代数 (quaternion algebra), 并以 $(\frac{\alpha,\beta}{k})$ 记这个代数. (事实上利用类域论可以证明四元代数完全局部决定, 参看 [278].)

当 $A \cong M_m(k)$ 及 I 为 A 的第一种对合时, 对 $X \in M_m(k)$, $X \mapsto {}^tX$ 为 A 的对合. 用命题 4.2.7, 得 $a \in \mathrm{GL}(m,k)$ 使 ${}^ta = \pm a$ 及 $I(X) = a{}^tXa^{-1}$. 当 ${}^ta = -a$ 时 m 偶数, G 便是 $\mathrm{Sp}(a)$, 及 G 的类型是 C_n $(n = \frac{m}{2})$, 当 ${}^ta = a$, G 便是由 a 所定义的二次型 q 的特殊正交群 $\mathrm{SO}(q)$, 而 G 的类型便是 B_l $(2l+1=m)$ 或 D_l $(2l=m)$.

当 $A = M_m(D)$, D 为可除四元数时, 以 $d \mapsto \overline{d}$ 记 D 的标准对合, 则 $X = (x_{ij}) \mapsto X^* = {}^t(\overline{x_{ij}})$ 是 A 的对合, 再用命题 4.2.7, 便得 $a \in M_m(D)^*$, 使 $a^* = \pm a$ 及 $I(X) = aX^*a^{-1}$. 当 $a = {}^*a$ 时, 即 a 定义一个 D 上的 Hermite 型 h, 这时 $X \cdot I(X) = 1$, 因此 $X \in U(h) = \mathrm{SU}(h)$, 经过维数的计算便知 G 的类型是 C_n. 当 ${}^*a = -a$ 时, 同样可知 G 的类型是 D_l 及 $G = \mathrm{Spin}(h)$, h 为 D 上的斜 Hermite 形, 详细的计算我们留给读者了.

我国在典型群方面有出色的工作, 见 [8]. 在实数域上的代数群是李群, 关于李群和它的齐性空间可看书末文献中所列的陆启铿、龚昇、谷超豪、许以超和严志达的著作.

系统的介绍代数群分类的有 [381] 与 [383] 两篇文章. 但 Tits 从来没有发表系统详细的证明. [317] 及 [318] 有部分证明. 至于对称空间理论可以看 [164], [319] 及 [269]. 另外还有人用 Jordan triple system 来研究对称空间, 可参看相关文献.

4.3　算术子群

已给定义在有理数域 $\mathbb{Q}$ 上的代数群 G. 设有 $G(\mathbb{Q})$ 的子群 Γ. 如果存在嵌入态射 $G \hookrightarrow \mathrm{GL}_n$ 使得 $\Gamma \cap \mathrm{GL}_n(\mathbb{Z})$ 是 Γ 及 $G(\mathbb{Q})$、$\mathrm{GL}_n(\mathbb{Z})$ 的有限指数子群, 即 $[\Gamma : \Gamma \cap \mathrm{GL}_n(\mathbb{Z})] < \infty$ 和 $[G(\mathbb{Q})$、$\mathrm{GL}_n(\mathbb{Z}) : \Gamma \cap \mathrm{GL}_n(\mathbb{Z})] < \infty$, 则我们称 Γ 为**算术子群** (arithmetic subgroup, 见 [172]).

以下我们将介绍几个和算术子群有关的概念：玉河数, 志村簇, 互反律, L 函数. 这一节用了一些不是代数的概念. 初学的读者当不以此为难. 一个初学的人常不知有什么可以学. 希望读者把在本书见到的未学过的东西看作可学的题目, 多找参考文献学习.

4.3.1 玉河数

设 k 是代数数域 (即 k 是有理数域 $\mathbb{Q}$ 的有限 Galois 扩张). 以 v 记 k 的素除子, 以 k_v 记 k 在 v 的完满化. k_v 的整数环记作 O_v (见 [400] Chap. III §1).

设 G 是定义在 k 上的连通线性代数群 (即是说 G 的有理函数环是 k 代数; 关于簇的定义域可参看：[398] 及 [268] Chap. 2 §4). 此时我们可以把 G 看作线性群 GL_n 的子群. 这样 G 便成为仿射空间 $\mathbb{A}^{n^2+1}$ 的闭代数子集.

以 $\mathbf{A}$ 记 k 的 adele 环 (见 [398] IV). 群 G 的 adele 群 $G_{\mathbf{A}}$ 是指 $\mathbb{A}^{n^2+1}$ 内满足定义 G 的方程的点所组成的群. 以 $\mathbf{A}$ 的拓扑定义仿射空间 $\mathbb{A}^{n^2+1}$ 的拓扑为直积拓扑. 在 $G_{\mathbf{A}}$ 上取从 $\mathbb{A}^{n^2+1}$ 所诱导的拓扑, 则 $G_{\mathbf{A}}$ 为局部紧拓扑群 (关于拓扑群可以看 [9]).

因为 k 是 $\mathbf{A}$ 的离散子群 ([400] IV §2), 所以代数群 G 的 k 有理点所组成的群 G_k 是 G 的 adele 群的离散子群.

设 V 为定义在 k 上的 n 维代数簇. 设 P 为 V 上的光滑点. 则在 V 内 P 的开邻域 U 上有局部坐标 $x_1, \cdots, x_n$. 这样, V 上的 n 次微分形式 ω 在 U 上可以写为

$$\omega = f(x)\mathrm{d}x_1 \wedge \cdots \wedge \mathrm{d}x_n,$$

其中 $f(x)$ 为在 P 有定义的 V 的有理函数. 如果 f 及 x_i 均在 k 上定义, 我们说 ω 是在 k 上定义的.

回到连通线性代数群 G. 左平移 $\lambda_a : x \mapsto ax$ $(a \in G)$ 为 G 上的态射. 这态射作用在 G 上的微分形式 $\omega \mapsto \lambda_a^* \omega$. 设 G 的维数是 n. 在 G 上存在定义在 k 上的、在所有左平移下不变的 n 次非零微分形式 ω. 除 k 内的常数因子外, ω 是唯一决定的.

以 G_{k_v} 记 G 的 k_v 有理点集.

我们把 f 写成系数在 k 内, 并以 $t_i = x_i - x_i(P)$ 为变元的形式幂级数. 取 P 在 G_{k_v} 内的邻域 U 使得 $\varphi : x \mapsto (t_1, \cdots, t_n)$ 定义一个从 U 到 k_v^n 内零点的一个邻域 U' 的同胚, 并且以上由 f 所给出的幂级数在 U' 上收敛. 在 U' 上有正测度 $|f(t)|_v \mathrm{d}t_1 \cdots \mathrm{d}t_n$ (其中 $\mathrm{d}t_1 \cdots \mathrm{d}t_n$ 是指积测度 $\mu_v \times \cdots \times \mu_v$, 而 μ_v 是局部紧域 k_v 的 Haar 测度). 在 U 上我们可以定义测度 ω_v 如下：对有紧支集的连续函数 g, 设

$$\int_U g\omega_v = \int_{U'} g(\varphi^{-1}(t))|f(t)|_v \mathrm{d}t_1 \cdots \mathrm{d}t_n.$$

利用积分的 Jacobi 变元公式可知 ω_v 扩张为 G_{k_v} 上的测度.

由所有的代数群同态 $G \to \mathbb{G}_{\mathrm{m}}$ 所组成的群记为 $\hat{G}$. 在 $\hat{G}$ 内所有定义在 k 上的元组成 $\hat{G}_k$. 存在有限 Galois 扩张 F/k 使得 $\hat{G} = \hat{G}_F$. 以 $\mathrm{Gal}(F/k)$ 记扩张 F/k 的 Galois 群, 则 $\hat{G}$ 是 $\mathrm{Gal}(F/k)$ 模. 群 $\mathrm{Gal}(F/k)$ 在 $\hat{G}$ 上的表示的特征记作 χ_G. 这个表示所定义的 Artin L 函数 (见 [226] Chap. 12 §2) 记为 $L(s, \chi_G)$. 以 $L_v(s, \chi_G)$ 记这个 L 函数在 v 的因子. 设 r 为 $\hat{G}_k$ 的秩, 以 ρ_G 记 $\lim_{s\to 1}(s-1)^r L(s, \chi_G)$. 以 Δ_k 记域 k 的判别式. 在 $G_{\mathbf{A}}$ 上我们取测度

$$\mathrm{d}G_{\mathbf{A}} = \frac{1}{\rho_G |\Delta_k|^{\frac{n}{2}}} \prod_{v|\infty} \omega_v \prod_{v<\infty} L_v(1, \chi_G)\omega_v.$$

设

$$G_{\mathbf{A}}^1 = \{x \in G_{\mathbf{A}} \mid \|\chi(x)\| = 1 \text{ 对 } \chi \in \hat{G}_k\},$$

则 $G_{\mathbf{A}}/G_{\mathbf{A}}^1$ 同构于 $\mathbb{R}^r$. 所以在 $G_{\mathbf{A}}/G_{\mathbf{A}}^1$ 上我们取测度 $\mathrm{d}(G_{\mathbf{A}}/G_{\mathbf{A}}^1)$ 同构于 $\mathbb{R}^r$ 的测度. 因为 k 是 $\mathbf{A}$ 的离散子群, 在 G_k 上我们取 $\mathrm{d}G_k$ 为离散测度. 这样由

$$\mathrm{d}G_{\mathbf{A}} = \mathrm{d}(G_{\mathbf{A}}/G_{\mathbf{A}}^1)\mathrm{d}(G_{\mathbf{A}}^1/G_k)\mathrm{d}G_k$$

决定出 $G_{\mathbf{A}}^1/G_k$ 的测度 $\mathrm{d}(G_{\mathbf{A}}^1/G_k)$. 我们定义 G 的**玉河数** (Tamagawa number) 为

$$\tau(G) = \int_{G_{\mathbf{A}}^1/G_k} \mathrm{d}(G_{\mathbf{A}}^1/G_k).$$

作为最简单的例子, 我们有 $\tau(\mathbb{G}_{\mathrm{a}}) = 1$, $\tau(\mathbb{G}_{\mathrm{m}}) = 1$ (见 [400] V §4). 当 G 是典型群时, Weil 作了很多计算. 当 G 是单连半单时, Weil 猜想 $\tau(G) = 1$. 黎景辉 [219] 证明了当 G 是拟裂 (quasi-split) 时, Weil 的猜想是对的. 在这个基础上, Kottwitz[208] 完全证明了 Weil 的猜想. 这两个证明都是用自守形式理论.

当我们把定义域换为其他域时, 没有人知道怎样证明 Weil 的猜想. 比如代数数域换为函数域 $F(t_1, \cdots, t_n)$, 尤其当 F 是有限域, 或是复数域时, 这便是个很有意义的问题了. 更一般地, 当我们把本篇中常用的假设: k 是代数封闭域取消, 改换为其他的域, 如以上的 $F(t_1, \cdots, t_n)$, 则这一篇的那些结果是否仍成立呢? Grothendieck 在 [147] 就作过这样的考虑. 当定义域 k 是实数域时, $G_{\mathbb{R}}$ 是个实李群, 于是便有李群的丰富性质. 当定义域 k 是局部紧完备域时 (如 p 进数域 $\mathbb{Q}_p$), G_k 便有类似 $G_{\mathbb{R}}$ 的性质, 这时有 Bruhat-Tits 所开发的 building 理论, Parshin 正在发展二维完备域上的 building 理论.

当我们把线性代数群 G 换为椭圆曲线或 Abel 簇, 亦可以定义玉河数. 要了解这样的玉河数就要了解著名的 Birch-Swinnerton-Dyer 猜想了. 这是科雷研

究所 (Clay Institute) 悬赏百万美元的问题! 更一般地还有 Bloch-Kato[45] 关于 Grothendieck motive 的玉河数猜想. 这都是现在算术几何的中心问题.

最早是玉河坦夫 (Tamagawa Tsuneo) 与 Kneser 把经典的 Minkowski-Siegel 关于二次型的质量公式 (Mass formula) 改用 adele 的语言来写出, 而得出玉河数这个概念. 今日人们推出精确质量公式 (如 [342] 与 [343]). 与此密切有关的是所谓 Siegel-Weil 公式 (如 [215] 及 [174]).

玉河数的计算可以看作离散子群的基本区的体积计算. 关于离散子群可看 [393], [346], 及两本著名的教科书 [303] (讲 Weil 的变形理论) 和 [410] (讲 Margulic 得 Fields 奖的工作: 离散子群的 Selberg 猜想的证明). 但是请注意, 玉河数的研究并不单是计算体积的问题, 而是在这个数所包含的算术内容. 比如前面所讲的: 正交群的玉河数等于 2 是等价于 Minkowski-Siegel 的二次型质量公式, 又如群 G 的玉河数与 G 所作用的齐性空间的整数点的分布的关系. 更一般的, 如 Bloch-Kato 猜想. 正如我们不单只想计算 Riemann ζ 函数在整数点的值, 我们更想知道这些值的算术内容, 比如与代数 k 群的关系 (如 Lichtenbaum[239] 猜想).

与玉河数有密切关系的是代数齐性空间的整数点的个数的渐近估值. 关于这方面可参看 [58], [257] 及 [125].

关于代数群还有好些算术性质. 比如代数群的上同调 (见 Borovoi[56] 等关于 endoscopy 的工作), 又如 R 等价 (见 [85] 及 [57]). R 等价是 Manin 在他的关于三次方程的很有创见的书 [244] 中引入的. 又如 Waldschmidt[388] 关于代数群的 diophantine 逼近. 最近 Bhargava[44] 从研究代数群在实向量空间的整数点的作用与代数数域的理想类的关系而引入新的格点对应.

4.3.2　志村簇

设 G 是半单李群, 设 G 的中心是有限的. 设 K 为 G 的极大紧子群. 则 $\mathfrak{X} = G/K$ 是对称黎曼空间. 设 $\mathfrak{X}$ 是 Hermite 空间. 设 Γ 是 G 的算术子群, 则 Baily-Borel 证明 $\Gamma \setminus \mathfrak{X}$ 是 $\mathbb{C}$ 上拟投射簇. 然后 Shimura[345] 和他的学生 Miyake[255] 和 Shih[338] 证明当 G 是典型群时 $\Gamma \setminus \mathfrak{X}$ 是定义在一个代数数域 E 上, 並且决定了 Galois 群在 $\Gamma \setminus \mathfrak{X}$ 的特殊点的作用. 这些 $\Gamma \setminus \mathfrak{X}$ 便是我们所谓的志村簇 (Shimura variety). 今日我们一般是用以下的 Deligne[96],[97] 的定义.

我们引入一个定义在 $\mathbb{R}$ 上的代数环面 S 使得 $S(\mathbb{R}) = \mathbb{C}^\times$. 设有 $\mathbb{R}$ 有理表示 $h : S \to \mathrm{GL}(V)$, 其中 V 为有限维 $\mathbb{R}$ 向量空间. 则 $V \otimes_{\mathbb{R}} \mathbb{C} = \oplus_{p,q \in \mathbb{Z}} V^{p,q}$, 其中

$$V^{p,q} = \{v \in V \mid h(z)v = z^{-p}\overline{z}^{-q}v,\ \forall z \in S(\mathbb{R})\}.$$

我们称集合 $\{(p,q) \in \mathbb{Z}^2 \mid V^{p,q} \neq \emptyset\}$ 为 (h, V) 的**型号** (type).

我们假设 G 是定义在 $\mathbb{Q}$ 上的简约代数群, 考虑所有由 S 到 $G_{\mathbb{R}}$ 的实代数群同态. $G(\mathbb{R})$ 以共轭作用在这些同态上, 设 X 是这些同态的一个 $G(\mathbb{R})$ 共轭类. 我们要求 (G, X) 满足以下公理:

(1) 对所有 $h \in X$, 则 $(h, \mathrm{Lie}(G_{\mathbb{R}}))$ 的形号是 $\{(-1,1),(0,0),(1,-1)\}$ (其中 $\mathrm{Lie}(G_{\mathbb{R}})$ 是 $G_{\mathbb{R}}$ 的李代数).

(2) $h(\sqrt{-1})$ 是 $G_{\mathbb{R}}^{\mathrm{ad}}$ 的 Cartan 对合 (其中 G^{ad} 是 G 的伴随群).

(3) G^{ad} 内不存在左因子 H 使得 h 在 H 上投射为平凡映射.

设 $\mathbb{A}_f = \mathbb{Q} \otimes \varprojlim_n \mathbb{Z}/n\mathbb{Z}$. 对每一 $G(\mathbb{A}_f)$ 的开紧子群 K, 设

$$Sh_K(G, X) = G(\mathbb{Q}) \setminus X \times (G(\mathbb{A}_f)/K).$$

我们称 $(Sh_K(G, X))_K$ 为 (G, X) 所决定的**志村簇**(Shimura variety)(见 [97]§2.1).

从这个定义我们是很难理解这种结构的. Deligne 在他的文章中也没有说清楚, 但我们可以这样想, 他在发表研究 Shimura 的工作 [96] Griffiths 横截性时, 正在研究 Hodge 结构, 在 [134] 里, Griffiths 透过很多例子指出 Hermite 空间是代数簇的周期的模空间 (period space). 他还发现了一组紧复流形的上同调必须满足的一个微分条件, 我们称这个条件为**Griffiths 横截性** (Griffiths transversality), 他称此为**无穷小周期关系** (infinitesimal period relation) (见 [95] 定理 3.6, [11] §8.4.7). 现在我们可以回到前面三个公理. 公理 (1) 是等价于 Griffiths 横截性, 而公理 (2) 是等价于要求 h 所决定的 Hodge 结构是可以极化的 (polarizable). 证明见 [97] 命题 1.1.14. Deligne 把他关于 Hodge 理论的工作发表为他的博士论文 [98]. 公理 (3) 是等价于 $G^{\mathrm{ad}}(\mathbb{R})$ 没有紧因子, 而这个条件是来自算术子群的定理:

定理 4.3.1(Borel 稠密定理)　*设 G 为 $\mathbb{Q}$ 上半单群, G 没有紧因子, Γ 为 $G(\mathbb{Q})$ 的算术子群. 则 Γ 为 G 的 Zariski 稠密子群.*

定理 4.3.2(强逼近定理)　*设 G 为 $\mathbb{Q}$ 上单连通半单群, G 没有紧因子, 则 $G(\mathbb{Q})$ 为 $G(\mathbb{A}_f)$ 的稠密子群.*

两个定理的证明请参看 [301]. 要了解志村簇还得多看例子. 最基本的例子是 $G = \mathrm{GL}_2$. 详情见 Shimura 著名的教科书 [344]. 这本书的结果翻译为概形和李群的无穷维表示也不是三言两语的事 (也许看看 [11] 和 [10] 有点帮助). 另一个基本的例子是 G 是一个四元代数的可逆元群, 这是 Shimura 和 Langlands 常用的群, 在他们之后很多人的文章里也出现过 (见 [96] 4.9, 4.13). 不过, 在这些人的文章中遇上技术问题时也是 “如是我闻” 而已. 比如说: 某个模函子是可表的, 他们都是引自 [259], 但实际上 Mumford 书中並没有一个他们所说的定理. 读者只好自我领会或求教于人了. 当然, 在明白了现有的定理后就可以开始做很多工作, 而不必顾虑这些定理的详细证明.

Langlands[230] 推广了经典的复乘理论, 提出共轭志村簇的猜想, 并从此推出任一志村簇必有**规范模形** (canonical model). 这个猜想由 Borovoi, Milne 和 K-Y. Shih 证出 (详情见 Michigan 大学的 J. Milne 的网页的多份笔记).

关于志村簇的一个问题是计算志村簇的 ζ 函数, 这项工作是由 Ihara, Shimura 开始的. 今人多跟随 Langlands[232],[233]. Carayol, Casselman, Gorgon, Hales, Haines, Kottwitz, Laumon, Milne, Reimann, Rapoport, Rogawski, Zink 都有这方面的文章. 这些计算是和特征 $p > 0$ 的 Abel 簇的模空间的结构有关. 近年 Oort 和翟敬立在这方面有新的发展.

另一个方向是研究志村簇的代数链的周期 (periods of algebraic cycles). 这个问题是与微分几何 (如 Griffiths 学派), 代数 K 理论 (如 Bloch 及其随人) 和自守形式理论 (如 Shimura, Manin) 有密切关系. 中心的问题是: Hodge 猜想. 科雷研究所悬红 100 万美元 (见 http://www.claymath.org/millennium/). 沿着 Hodge 的想法, Tate[370] 提出关于代数链的 Tate 猜想: 代数链群的秩等于 L 函数极点的阶. 除带 CM 的 Abel 簇外, 只有在两个情形下证明了 Tate 猜想: 开志村面 ([160]) 和闭志村面 ([220]). 至于计算代数链的周期有很多文章, 可以看 Yoshida, Tong-Wang[384], Kudla-Rapoport[216], Jacquet 和他的合作人的文章 [178] 和他们所引的文献.

还有一个热门的方向: 就是 p 进对称空间与 p 进自守形式理论. 这是由 Drinfeld, Katz[190] 和 Serre[335] 发起的. 有三本新书讲这方面的工作: [306], [131] 和 [165]. 近日 Kisin-黎景辉 [197] 用 Berthelot-Raynaud 的刚性解析几何 ([126]) 走出另一条路. 至于这些工作和 Schneider-Teitelbaum 的 p 进表示理论, Breuil 的 p 进 Hodge 理论和 Christol-Mebkhout 的 p 进微分方程理论的关系则是近日频频会议的话题, 文章还有待出现呢!

4.3.3　Hilbert 第 12 问题

为了帮助读者了解上一小节关于志村簇的讨论, 我们将在本节介绍 Hilbert 第 12 问题, 并且更深入地讲解志村簇. 尽管以下材料不是简单看看就能弄明白的, 不过我们希望这能成为一个开端, 使我们理解是什么在推动代数群的发展, 又见到这些好像是多头各方面的发展, 实际上是有个基本的中心的.

(Ⅰa) Hilbert 第 12 问题

设 F 是代数数域, 问: 怎样刻画 F 的交换扩张? 这是 Hilbert 的第 9 个问题. 基本上已知这一问题的答案是类域论 (class field theory) 的主要内容, 其中心定理是以下 4.3.3 的**互反律** (reciprocity law). 讲类域论有几种方法: 1) 解析方法, 用 L 函数理论: 见 Takagi (高木贞治) 的著名教科书 (日文) 和 Hasse 的讲义 (德文). 2) 用群论: 见 Neukirch 的书. 3) 用单代数: 见 Deuring 的代数书 (德文) 和

Chevalley, Weil 的讲义. 4) 用 Galois 上同调：见 Artin, Tate 的不完全讲义 (没有第一章的!). 5) 用 Grothendieck 的 étale 上同调：见 Artin-Mazur 讲义 (没有发表的). 众议是：市面流行的其他教本是有问题的!

定理 4.3.3 *代数数域的交换 Artin L 函数都是 Hecke L 函数.*

以 F^{ab} 记 F 的极大交换扩张, $\mathbb{A}_F^\times$ 记 F 的乘值量群 (idele group, 亦记为 J_F, 定义见第三篇 3.1.7 节), C_F 记 F 的 (乘值量) 类群 $\mathbb{A}_F^\times/F^\times$, C_F^0 记 C_F 的单位元的连通分支, 则从以上定理 4.3.3 可以推出存在同构

$$C_F/C_F^0 \longrightarrow \mathrm{Gal}(F^{\mathrm{ab}}/F) :\ s \mapsto [s], \tag{4.1}$$

其中 $\mathrm{Gal}(F^{\mathrm{ab}}/F)$ 是扩张 F^{ab}/F 的 Galois 群. 根据 Galois 理论, 利用这个同构就可以找到 F 的任一个交换扩张 E/F 的 Galois 群, 也可以说是找到了 E. 不过这个同构并没有给出 E 的明显构造方法.

当 F 是有理数数域 $\mathbb{Q}$ 时, 类域论告诉我们

$$\mathbb{Q}^{\mathrm{ab}} = \mathbb{Q}(e_N(1))_{N\in\mathbb{Z}_+^\times}.$$

这就是说 $\mathbb{Q}$ 的极大交换扩张是由 1 的 N 次根 $e_N(1) = \exp\frac{2\pi i}{N}$ 所生成 ($\mathbb{Z}_+^\times$ 是指正整数集). 而上面的同构 (4.1) 则是说：对 $s \in \mathbb{A}_{\mathbb{Q}}^\times$,

$$e_N(1)^{[s]} = e_N(s^{-1}). \tag{4.2}$$

请注意两点：(i) $e_N(1)$ 只不过是指数函数的特殊值; (ii) 以上的 (4.2) 是一个明显的互反律.

Hilbert 的第 12 个问题可以表述为：如果把 $\mathbb{Q}$ 换为任意的代数数域 F, 可否找到一些解析函数 f 使在某些点的值生成 F 的极大交换扩张 F^{ab}. 进一步, 我们要求有像 (4.2) 的明显互反律 (explicit reciprocity law).

(Ⅰb) 椭圆模函数

$\mathbb{Q}$ 以外的最简单代数数域就是二次扩张, 当 K 是虚二次扩张时, Hilbert 的第 12 个问题早在 20 世纪初由 Kronecker, Weber, Tagaki 及 Hasse 等人的工作解决了. 这时我们用椭圆模函数代替指数函数.

设 L 为 $\mathbb{C}$ 内的格, 以 $j(L)$ 记椭圆曲线 $\mathbb{C}/L$ 的 j 不变量, 以 $f_{a,b,N}^k(L)$ $(k = 1,2,3)$ 记 Weber-Fricke 函数 (我们假设 $\Delta(L) \neq 0$ 及 $(a,b) \neq (0,0) \bmod N$). 椭圆曲线的 n 阶点的坐标可由 Weber-Fricke 函数算出. 对 z 在上半复平面内, 以 $\langle z\rangle$ 记格 $z\mathbb{Z}\times\mathbb{Z}$, 则 j 和 $f_{a,b,N}^k$ 可看成上半复平面上的函数：$j(z) = j(\langle z\rangle)$, $f_{a,b,N}^k(z) = f_{a,b,N}^k(\langle z\rangle)$. 这样 j 是一个一阶的模函数而 $f_{a,b,N}^k$ 是 N 阶的模函数. 这些函数的定义如下：

设 L 的基是 $\{\omega_1,\omega_2\}$, 定义

$$g_2(L)=60\sum_{\omega\in L\setminus\{0\}}\frac{1}{\omega^4},$$

$$g_3(L)=140\sum_{\omega\in L\setminus\{0\}}\frac{1}{\omega^6},$$

$$\Delta(L)=g_2^3(L)-27g_3^2(L),$$

$$\wp(z,L)=\frac{1}{z^2}+\sum_{\omega\in L\setminus\{0\}}\left(\frac{1}{(z-\omega)^2}-\frac{1}{\omega^2}\right),\qquad j(L)=\frac{1728g_2^3(L)}{\Delta(L)},$$

$$f^1_{a,b,N}(L)=\frac{g_2(L)g_3(L)}{\Delta(L)}\wp\left(\frac{a\omega_1+b\omega_2}{N},L\right),$$

$$f^2_{a,b,N}(L)=\frac{g_2(L)^2}{\Delta(L)}\wp\left(\frac{a\omega_1+b\omega_2}{N},L\right)^2,$$

$$f^3_{a,b,N}(L)=\frac{g_3(L)}{\Delta(L)}\wp\left(\frac{a\omega_1+b\omega_2}{N},L\right)^3.$$

对 $\alpha=\begin{pmatrix}a&b\\c&d\end{pmatrix}\in\mathrm{SL}(2,\mathbb{Z})$, $z\in\mathbb{C}$, $\mathrm{Im}\,z>0$, 我们设

$$\alpha(z)=\frac{az+b}{cz+d},$$

则

$$j(\alpha(z))=j(z).$$

若

$$\alpha\in\Gamma(N)=\{\alpha\in\mathrm{SL}(2,\mathbb{Z})\mid\alpha\equiv1\bmod N\},$$

则

$$f^k_{a,b,N}(\alpha(z))=f^k_{a,b,N}(z).$$

关于这些模函数和模形式的理论可以看 [15] 及 [17].

现设 F 是虚二次扩张. 固定 F 内的一个分式理想 $\mathfrak{a}$, 可以把 $\mathfrak{a}$ 看成 $\mathbb{C}$ 内的格. 在 $\mathfrak{a}$ 内可找到一个基 $\{\omega_1,\omega_2\}$ 使 $z=\omega_1\omega_2^{-1}$ 在上半复平面上, 则 $F=\mathbb{Q}(z)$, $F\cong\mathrm{End}_{\mathbb{Q}}(\mathbb{C}/\mathfrak{a})$ (即椭圆曲线 $\mathbb{C}/\mathfrak{a}$ 以 F 为**复乘** (complex multiplication)). 利用公式

$$x\left(\begin{pmatrix}z\\1\end{pmatrix}\right)=q(x)\begin{pmatrix}z\\1\end{pmatrix}$$

及注意到 $xI \subseteq I$, 我们可以定义一个单同态

$$q : F^{\times} \longrightarrow \mathrm{GL}(2,\mathbb{Q})_{+}$$

使 z 为 $q(F^{\times})$ 的固定点 (此时常称 z 为代数环面 $q(F^{\times})$ 所决定的**特殊点** (special point)). 对 $s \in \mathbb{A}_F^{\times}$, $q(s)$ 可以写成 rt, 其中 $r \in \mathrm{GL}(2,\mathbb{Q})_{+}$, $t \in \mathrm{GL}(2,F_{\infty})_{+}\prod \mathrm{GL}(2,\mathbb{Z}_p)$. 把 t 写成 (t_{∞},t_p), 这样则存在 $\beta \in M_2(\mathbb{Z})\cap \mathrm{GL}(2,\mathbb{Q})_{+}$ 使

$$t_p \equiv \beta \bmod N\cdot M(2,\mathbb{Z}_p).$$

若 $(a,b)\beta=(c,d)$, 则设

$$(f_{a,b,N}^{k})^{\nu(s)} = f_{c,d,N}^{k}.$$

设 $g_2(\mathfrak{a})g_3(\mathfrak{a}) \neq 0$ 及 $2k$ 是椭圆曲线的自同构群的阶. 则由类域论可推出虚二次扩张 F 的极大交换扩张 F^{ab} 是由模函数 j 和 $f_{a,b,N}^{k}$ 的特殊值所生成的参见 [344]:

$$F^{\mathrm{ab}} = F(j(\mathfrak{a}),\ f_{a,b,N}^{k}(\mathfrak{a})), \qquad a,b\in\mathbb{Z}, N\in\mathbb{Z}_{+}^{\times} \tag{4.3}$$

(其中 $(a,b)\not\equiv(0,0) \bmod N$), 而且有以下的明显互反律, 对 $s\in\mathbb{A}_F^{\times}$,

$$j(\mathfrak{a})^{[s]} = j(s^{-1}\mathfrak{a}),$$

$$f_{a,b,N}^{k}(\mathfrak{a})^{[s]} = (f_{a,b,N}^{k})^{\nu(s^{-1})}(\mathfrak{a}).$$

这一个虚二次扩张的理论有四个部分:

1) 定义在上半复平面上关于 SL(2) 的同余子群的模函数;

2) 虚二次扩张 $F/\mathbb{Q}$;

3) 由 F 的理想所决定在上半复平面内 $\mathrm{GL}(2,\mathbb{Q})_{+}$ 的子群的不动点;

4) 椭圆曲线及它的自同态环和 N 阶点.

这显然只是一个一维的情形, 在高维数的情形, 以上四个部分可分别推广如下:

1′) 定义在有界对称域 H 上, 关于代数群 G 的算术子群的自守函数;

2′) 代数数域;

3′) $G(\mathbb{Q})$ 的离散子群在 H 内的不动点;

4′) 交换簇的 PEL 结构, Hodge 结构, Motif 结构.

以上的公式让我们看见志村簇的一个基本性质：即是 Galois 群的作用.

(Ⅰc) 志村簇

在这个小节, 我们谈一个最重要的现代例子.

设 F 是全实代数数域 (即是说：若 $F/\mathbb{Q}$ 的次数是 g, 则有 g 个不相等的嵌入 $F \hookrightarrow \mathbb{R}$), B 是 F 上的全不定 (即 $B \otimes \mathbb{R} = \mathrm{GL}_2(\mathbb{R})^g$) 四元数代数, I 是 B 的主对合, G 是定义在有理数域 $\mathbb{Q}$ 上的代数群, G 的有理点是

$$G(\mathbb{Q}) = \{a \in \mathrm{GL}(n, B) \mid a \cdot {}^t a^I = v(a)1\},$$

其中 ${}^t a$ 是转置, $v : G \to F^\times$ 是同态. 设

$$G^u = \{a \in G \mid v(a) = 1\}.$$

取 $G^u(\mathbb{R})$ 的一个极大紧子群 K.

n 次 Siegel 上半平面 H_n 的元素是 $n \times n$ 复矩阵 Z, 并且虚部 $\mathrm{Im}\, Z$ 是正定的. 则有界对称域 $G^u(\mathbb{R})/K$ 与 H_n^g 同构, 其中 $g = [F : \mathbb{Q}]$ (F 的次数), 以 $G(\mathbb{A})$ 记 G 的 adele 点, G_0 记 $G(\mathbb{A})$ 的有限部分, $G_{\infty+}$ 记 $G(\mathbb{A})$ 无限部分包含单位元的连通分支, 对 G_0 的任一个开紧子群 S_0, 我们考虑 $G(\mathbb{A})$ 的子群 $G_{\infty+}$, S_0. 以 Z 记由这些 $G(\mathbb{A})$ 的子群所组成的集合.

Shimura 证明了：(i) 对每一个 $S \in Z$, 存在一个关于 $\Gamma_S = G(\mathbb{Q}) \cap S$ 的自守函数 f_S, 使这个函数诱导出一个双正则同构 $H_n^g/\Gamma_S \overset{\varphi_S}{\to} V_S$, 其中 V_S 是拟投影簇; (ii) 对 $S, T \in Z$, 若有 $x \in G_{\infty+} \cdot G_0$ 使 $xSx^{-1} \subset T$, 则有簇同态 $J_{\Gamma_S}(x) : V_S \to V_\Gamma^{\sigma(x)}$.

在 H_n^g 内有一些特别点, 每一个这样的点都是 $G(\mathbb{Q})$ 的某一个子群的唯一不动点对. Shimura 证明存出代数数域 P', 这 P' 是由有限个全实域的虚二次扩张所合成, 而且对 $S \in Z$, 有

(iii) $P'(\varphi_S(z))/P'$ 是交换扩张; (iv) 存在映射 $e : P'^\times \to G$, 使对 $u \in \mathbb{A}_{P'}^\times$,

$$\varphi_T(z)^{[u]} = J_{TS}(e(u)^{-1})\varphi_y(z),$$

这里的 (iii) 是相应于 Ⅰa 中的公式 (4.2), (iv) 可以看成明显互反律, 而 $\{V_S \mid S \in Z\}$ 就是志村簇.

(Ⅱa) 自守 L 函数

以下我们将使用表示论的语言, 没有学过的读者可以看看 [10].

要推广 Ⅰa 的定理 4.3.3, 可以先看怎样推广 Hecke L 函数. 设 χ 是 C_F 的特征标, 则 $\chi = (\chi_p)$, 其中 χ_p 是完备域 F_p 的特征标. 若 π 生成 F_p 的素理想, 则设 $\chi(p) = \chi_p(\pi)$. 这样 Hecke 的 L 函数是由以下公式定义:

$$L(s, \chi) = \prod_p (1 - \chi(p)(N_p)^{-s})^{-1}.$$

其中 s 是复数. 以 O_F 记 F 的代数整数环, 则 N_p 是指环 O_F/p 的阶数. 可以证明：当 $\mathrm{Re}\, s > 1$ 时, $L(s,\chi)$ 是解析函数; $L(s,\chi)$ 可以延拓为半纯函数, 而且存在函数 $\varepsilon(s,\chi)$ 使 $L(s,\chi)$ 满足函数方程:

$$L(s\chi) = \varepsilon(s,\chi)L(1-s,\chi^{-1}).$$

显然 $F^\times$ 只不过是最简单的代数群 $\mathrm{GL}(1,F)$. 若把 $\mathrm{GL}(1,F)$ 换为既约代数群, 则相应于 χ 就是 G 的自守表示 π. 对 G 的 L 群 ${}^LG$ (又称 associated group) 的有限维表示 r, Langlands 用 Euler 积定义了 L 函数 $L(s,\pi,r)$, 并证明了当 $\mathrm{Re}\, s$ 足够大时, $L(s,\pi,r)$ 绝对收敛. 同时还猜想 $L(s,\pi,r)$ 可以延拓为半纯函数, 而且存在函数 $\varepsilon(s,\pi,r)$ 使

$$L(s,\pi,r) = \varepsilon(s,\pi,r)L(s,\widetilde{\pi},r),$$

其中 $\widetilde{\pi}$ 是与 π 逆步的表示. 这是自守形式理论中非常重要的猜想!

(Ⅱb) 局部 L 函数

G 的自守表示 π 是 $G(\mathbb{A})$ 的容许表示. π 可以写成限制张量积 $\otimes\pi_p$, 其中 π_p 是 $G(F_p)$ 的容许表示, 上一节的 $L(s,\pi,r)$ 是局部 L 函数 $L(S,\pi_p,r_p)$ 的积, 其中 $r=\otimes r_p$. 本节讨论这些局部的 L 函数. 假设 F 是局部域.

以 $\Pi(G(F))$ 记由 $G(F)$ 的不可约容许表示 (的无限小等价类) 所组成的集合. 设

$$\Pi(F) = \bigcup_{n\geqslant 1} \Pi(\mathrm{GL}(n,F)).$$

则 $\Pi(F)$ 是交换范畴. **Langlands 猜想**：假如可以用 Tannaka 对偶, 则有 $\mathbb{C}$ 上既约代数群 $G_{\Pi(F)}$ 及双射映射 $\Pi(\mathrm{GL}(n,F)) \leftrightarrow \mathrm{Rep}(G_{\Pi(F)})_n$, 其中 $\mathrm{Rep}(G_{\Pi(F)})_n$ 是指 $G_{\Pi(F)}$ 的 n 维表示的等价类所组成的集合. 以 $\Phi(G(F))$ 记所有 $\mathrm{Gal}(\overline{F}/F)$ 上的容许同态 $\varphi: G_{\Pi(F)} \to {}^LG$. Langlands 猜想：存在满映射 $\Pi_G: \Pi(G(F)) \to \Phi(G(F))$ 使对 $\varphi \in \Phi(G(F))$, $\Pi_G^{-1}(\varphi)$ 内的表示为 L 不可辨别. 这时, 若 $\pi \in \Pi_G^{-1}(\varphi)$, 则取 $L(s,\pi,r)$ 为 Artin L 函数 $L(s,r\circ\varphi)$.

(Ⅱc) L 同态

设 G 及 H 均为既约 F 群, G 为**拟裂群** (quasi-split), 及 $u: {}^LH \to {}^LG$ 为 L 同态. 设 $\pi = \otimes\pi_p$ 是 $H(\mathbb{A})$ 的不可约容许表示, $\widetilde{\pi} = \otimes\widetilde{\pi}_p$ 是 $G(\mathbb{A})$ 的不可约容许表示. 若对每一个 P, 存在 $\varphi \in \Phi(H(F_P))$ 使 $\pi_P \in \Pi_H^{-1}(\varphi)$ 及 $\widetilde{\pi}_P \in \Pi_G^{-1}(u\circ\varphi)$, 则说 π 升为 $\widetilde{\pi}$, 这时便有 $L(s,\widetilde{\pi},r) = L(s,\pi,r\circ u)$. 以 $A(G/F)$ 记 $G(\mathbb{A})$ 的所有不可约自守表示的等价类. Langlands 猜想：存在一个映射 $u_*: A(H/F) \to A(G/F)$ 使 π 升为 $u_*(\pi)$.

例如若取 $H=\{1\}$, $G=\mathrm{GL}_n$. 则当 $n=1$ 时, 以上的猜想便是 I a 的定理 4.3.3. 当 $n=2$ 时, 这个猜想是与 Artin 猜想等价. 又若设 E/F 为有限 Galois 扩张, H 为 F 裂群, $G=R_{E/F}H$, 则以上的猜想便是换基 (Base change) 问题. 又若取 $G=\mathrm{GL}_2$, H 为 F 上的一个四元数代数的可逆元, 则这猜想已解决.

(IIIa) Hasse-Weil 函数

设 d 为 $\geqslant 1$ 的整数, X 为 $\mathbb{Z}[1/d]$ 上的光滑固有概形 (proper scheme). 对素数 $p\nmid d$, X 在 p 的 ζ 函数可由下式决定:

$$\log Z_p(s,X)=\sum_{m=1}^{\infty}\frac{1}{mp^{ms}}(\#X(F_{p^m})),$$

其中 F_{p^m} 是指只有 p^m 个元的域. 除了有限个因子外, X 的 Hasse-Weil ζ 函数 $Z(s,X)$ 是积 $\prod_{p\nmid d}Z_p(s,X)$. 代数几何和数论的工作者一直对这个函数很有兴趣.

对任意光滑完备簇的 ζ 函数, 我们所知很少. 假如 V_S 是 **I c** 中的代数簇, Langlands 猜想 V_S 的 ζ 函数除了有限个因子外, 是可以写成 **IIa** 中的 L 函数的乘积.

(IIIb) Shimura 簇的 ζ 函数

取 F,B,G 如 I c, 并设 $n=1$. 这时 ${}^LG$ 是半直积 $\mathrm{GL}(2,\mathbb{C})^g\rtimes\mathrm{Gal}(\overline{\mathbb{Q}}/\mathbb{Q})$. 作表示 $\rho:{}^LG\to\otimes_1^g\mathbb{C}^2$ 如下: ρ 在 $\mathrm{GL}(2,\mathbb{C})^g$ 上是对每一个因子的标准表示, ρ 在 $\mathrm{Gal}(\overline{\mathbb{Q}}/\mathbb{Q})$ 上是把因子排列. Langlands 证明了以下的

定理 4.3.4　除了有限个因子外, V_S 的 HasseWeil ζ 函数是 $\Pi_\pi L(s-g/2,\pi,\rho)^{m(\pi)}$, 其中 π 为 G 的自守表示, 整数 $m(\pi)\geqslant 0$.

证明分三部分, 首先用代数几何学的方法 (Grothendieck-Lefschetz 固定点定理) 算出 $\log Z(s,V_s)$ 的系数, 再用 Selberg 迹公式算 $L(s-g/2,\pi,\rho)$, 最后利用局部轨道积分 (及 Bruhat-Tits building 的理论) 来比较两边的结果.

(IIIc) 标准 L 函数

现取 $G=\mathrm{GL}(n)$, 则 ${}^LG=\mathrm{GL}(n,\mathbb{C})\times\mathrm{Gal}(K/F)$, 其中 K/F 为一个足够大的 Galois 扩张. 设 pr_1 为对第一个因子的投射 ${}^LG\to\mathrm{GL}(n,\mathbb{C})$, π 为 $\mathrm{GL}(n)$ 的任一自守表示, 则称 IIa 的自守 L 函数 $L(s,\pi,\mathrm{pr}_1)$ 为标准 L 函数, 并简记之为 $L(s,\pi)$. 对于这些 L 函数, IIa 中的猜想是正确的.

设 G 是既约代数群, r 是 ${}^LG$ 的 n 次表示 ($r:{}^LG\to\mathrm{GL}(n)$). 若有 L 同态 $u:{}^LG\to{}^L\mathrm{GL}(n)$ 使 $r=\mathrm{pr}_1\circ u$, 则 IIc 中 Langlands 猜想的函子性原理 (principle of functoriality) 说 $L(s,\pi,r)=L(s,u_*(\pi))$. 如果可以这样做的话, 我们可以利用标准 L 函数的性质来研究自守 L 函数.

假如著名的 Hodge 猜想是正确的话. 则 Grothendieck 的 motif 理论告诉我们：对每一个 motive M, 有 L 函数 $L(s, M)$ (见 [45]), 这样 IIIa 的猜想 (reciprocity principle) 就是说：$L(s, M)$ 可以写成几个自守 L 函数的积.

我们可以作一个简图：

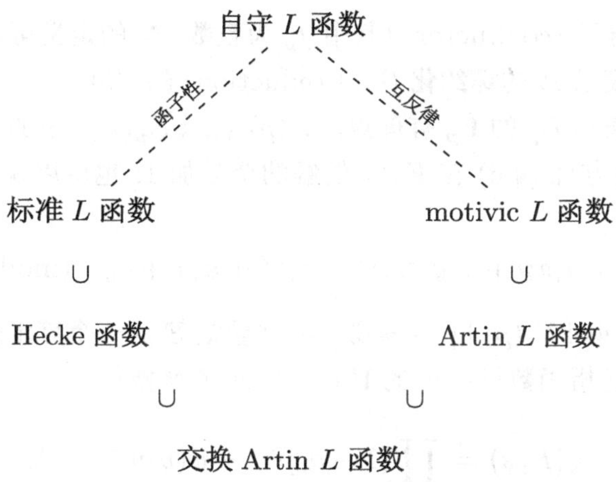

(IVa) 椭圆曲线的 ζ 函数

设 $\mathbb{Q}$ 为有理数域, E 是在 $\mathbb{Q}$ 上定义的椭圆曲线. 则有满足以下条件的 Weierstrass 方程定义 E：

$$y^2 + a_1xy + a_3y = x^3 + a_2x^2 + a_4x + a_6, \tag{4.4}$$

所要求的条件如下：

(i) 方程 (4.4) 中的系数 $a_i \in \mathbb{Z}$ (整数);

(ii) 对每一个整数 p, 判别式

$$\begin{aligned}\Delta = \Delta(a_1, \cdots, a_6) = &-(a_1^2 + 4a_2)^2[(a_1^2 + 4a_2)a_6 - a_1a_3a_4 + a_2a_3^2 - a_4^2] \\ &-8(a_1a_3 + 2a_4)^3 - 27(a_3^2 + 4a_6)^2 + 9(a_1^2 + 4a_2)(a_1a_3 + 2a_4)(a_3^2 + 4a_6)\end{aligned} \tag{4.5}$$

的 p 阶为最小. 对 $a \in \mathbb{Z}$, 以 $\overline{a}$ 表示 a 在 $\mathbb{Z}/p\mathbb{Z}$ 的像. 方程

$$y^2 + \overline{a}_1xy + a_3y = x^3 + \overline{a}_2x^2 + \overline{a}_4x + \overline{a}_6 \tag{4.6}$$

给出一条定义在 F_p $(= \mathbb{Z}/p\mathbb{Z})$ 上的代数曲线, 以 E_p 表示之, 称 E_p 为 E 对模 p 的**约化** (reduction mod p).

如果 $p \nmid \Delta(a_1, \cdots, a_6)$ (p 不能除尽 Δ), 则 $\overline{E}_p$ 仍然是一条椭圆曲线; 否则 $\overline{E}_p$ 是一条只有一个奇点, 亏格为零的代数曲线. 设

$$N = N(E) = \prod_{p|\Delta} p^{f_p},$$

称 N 为 E 的**前导子** (conductor) (其中 f_p 为整数, N 的定义可参考 [347] App C §16). N 是用来度量 E 的**坏约化** (bad reduction) 的程度.

以 $\overline{E}_p(\mathbf{F}_p)$ 表示 $\overline{E}_p$ 的 $\mathbf{F}_p$ 有理点, $N_1(p)$ 表示 $\overline{E}_p(\mathbf{F}_p)$ 里的元素个数. 这就是说, $N_1(p)$ 是不定方程 (4.6) 在 $\mathbf{F}_p$ 上的解的个数加 1; 也可以说成, $N_1(p)$ 是同余方程

$$y^2 + a_1xy + a_3y \equiv x^3 + a_2x^2 + a_4x + a_6 \pmod p$$

的解的个数加 1, 集 $\{N_1(p) \mid p \text{ 为素数}\}$ 可以看做 E 的一个算术数据. 我们把这些数据存储在一个解析函数里：E 的 Hasse-Weil ζ 函数是

$$\zeta(E, s) = \prod_{p<\infty} (1 - a_p p^{-s} + \psi(p) p^{1-2s})^{-1}, \tag{4.7}$$

其中 $s \in \mathbb{C}$, $a_p = 1 + p - N_1(p)$,

$$\psi(p) = \begin{cases} 0, & \text{若 } p \mid N(E), \\ 1, & \text{若 } p \nmid N(E). \end{cases}$$

设 $p \nmid N(E)$, a_1 和 a_2 为满足以下方程的复数:

$$1 - a_p u + pu^2 = (1 - a_1 u)(1 - a_2 u),$$

则根据椭圆曲线的黎曼假设

$$|a_1| = |a_2| = p^{1/2}, \tag{4.8}$$

由此容易证明无穷乘积 (4.7) 在右半平面 $\mathrm{Re}(s) > \frac{3}{2}$ 上决定一个解析函数. 现在我们可以写下 Weil 在 1967 年提出的

猜想甲：设 E 是定义在 $\mathbb{Q}$ 上的椭圆曲线, N 为 E 的前导子; χ 是一个对模 m 之原 Dirichlet 特征标 (参看 [6] 第 7 章 §3), 其中 $(m, N) = 1$. 设

$$\zeta(E, s) = \sum_{n=1}^{\infty} c_n n^{-s}$$

为 $\zeta(E,s)$ 的 Dirichlet 级数展开. 定义

$$\zeta(E,\chi,s)=\sum_{n=1}^{\infty}c_n\chi(n)n^{-s} \tag{4.9}$$

及

$$L(E,\chi,s)=(m^2N)^{s/2}(2\pi)^{-s}\Gamma(s)\zeta(E,\chi,s), \tag{4.10}$$

则 $L(E,\chi,s)$ 是一个整函数 (其中 $\Gamma(s)$ 是经典的 Γ 函数), 在 $\mathbb{C}$ 的垂直带上有界, 而且满足以下的函数方程

$$L(E,\chi,s)=w\frac{g(\chi)}{g(\overline{\chi})}\chi(-n)L(E,\overline{\chi},2-s),$$

其中 $g(\chi)=\sum_{y=1}^{m}\chi(y)\mathrm{e}^{2\pi\mathrm{i}y/m}$ 为高斯和, $w=\pm1$.

作为以上猜想的一个实验数据, 我们介绍一个例子:

设 E 是由方程

$$y^2+y=x^3-x^2,$$

所定义的椭圆曲线, E 的判别式是 -11, E 的前导子是 11. 可以证明 E 与以下的 Fricke 曲线 E' 同源 (isogenous):

$$y^2=-44x^3+56x^2-20x+1,$$

因而 $\zeta(E,s)=\zeta(E',s)$. 另一方面, 设 $\mathfrak{H}$ 为上半复平面,

$$\Gamma_0(11)=\left\{\begin{pmatrix}a & b\\ c & d\end{pmatrix}\in \mathrm{SL}(2,\mathbb{Z})\ \middle|\ c\equiv 0 \bmod 11\right\},$$

则 Fricke 曲线为**模簇** (modular variety) $\Gamma_0(11)\setminus\mathfrak{H}$ 之**模型** (model). 进一步设

$$\sum_{n=1}^{\infty}c_n\mathrm{e}^{2\pi\mathrm{i}nz},\quad c_1=1,$$

为在 $\Gamma_0(11)$ 上权 $=2$ 的唯一**尖形式** (cusp form), 则

$$\zeta(E,s)=\sum_{n=1}^{\infty}c_nn^{-s},$$

这样根据模形式的 Hecke 理论, 猜想甲在 $\chi=1$ 的情形下成立.

(Ⅳb) 模形式理论

F. Klein 曾说过, 在他年轻的时候 (19 世纪下半叶), 模函数 (modular function) 理论是一门热门的学问, 但这个理论被遗忘了. 直至最近由于 Weil, Siegel,

Langlands, Selberg, Shimura 等人的工作, 才把整个局面完全反转过来, 引起许多有为的数学工作者的兴趣 (如 Serre, Deligne, Drinfeld, Faltings, Lafforgue, Borcherds, Margulis 等 (都得过 Fields 奖)), 而介绍模形式的书更如雨后春笋.

我们不打算全面介绍模形式理论, 而只是简介与椭圆曲线有关的内容.

以 $\mathrm{GL}_2^+(\mathbb{R})$ 表示如下之群:

$$\left\{\alpha=\begin{pmatrix} a & b \\ c & d \end{pmatrix} \in \mathrm{GL}_2(\mathbb{R}) \,\middle|\, \det\alpha>0\right\}.$$

$\mathrm{GL}_2^+(\mathbb{R})$ 作用在上半复平面 $\mathfrak{H}$ 上:

$$a(z)=\frac{az+b}{cz+d}, \qquad z\in\mathfrak{H}, \alpha\in\mathrm{GL}_2^+(\mathbb{R}).$$

设

$$\Gamma_0(N)=\left\{\alpha=\begin{pmatrix} a & b \\ c & d \end{pmatrix} \in \mathrm{SL}_2(\mathbb{Z}) \,\middle|\, c\equiv 0 \bmod N\right\}.$$

设 $f(z)$ 为 $\mathfrak{H}$ 上的函数, k 为非负整数, 及

$$\alpha=\begin{pmatrix} a & b \\ c & d \end{pmatrix} \in \mathrm{GL}_2^+(\mathbb{R}),$$

定义

$$(f|_k\alpha)(z)=(ad-bc)^{\frac{k}{2}}(cz+d)^{-k}f(\alpha(z)).$$

一个在 $\Gamma_0(N)$ 上权为 k 的模形式是指一个满足以下条件定义在 $\mathfrak{H}$ 上的函数 $f(z)$:

$$f|_k\gamma=f, \qquad \text{对所有 } \gamma\in\Gamma_0(N)$$

(f 还要满足一些解析条件).

因为 $\begin{pmatrix} 1 & 1 \\ 0 & 1 \end{pmatrix} \in \Gamma_0(N)$, 以上条件说明 $f(z+1)=f(z)$. 于是有 Fourier 展开:

$$f(z)=\sum_{n=0}^{\infty}a_n \mathrm{e}^{2\pi i n z}.$$

如果 f 在无穷远点取值 0, 则称 f 为**尖形式** (cusp form), 此时 $a_0=0$. 由权为 k 的尖形式所组成的线性空间记为 $S_k(\Gamma_0(N))$. 用 f 的 Fourier 系数所决定的 Dirichlet 级数 $\sum_{n=1}^{\infty}a_n n^{-s}$ 称为 f 的 L 函数並记为 $L(f,s)$. 在尖形式中有一组

所谓**标准原形** (normalized primitive form). 按 Hecke-Weil 的定理, 前面的猜想甲是和以下的猜想乙等价.

猜想乙: 设 E 为一定义在 $\mathbb{Q}$ 上, 前导子为 N 的椭圆曲线. $\zeta(E,s) = \sum a_n n^{-s}$ 为 E 的 ζ 函数. 则函数

$$f(z) = \sum_{n=1}^{\infty} a_n \mathrm{e}^{2\pi \mathrm{i} n z}$$

是 $S_2(\Gamma_0(N))$ 内的一个标准原形, 而且

$$L(f,s) = L(E,s).$$

利用模形式与 $\mathrm{GL}(2,\mathbb{A})$ 的自守表示的关系, 我们可把猜想乙改写为

猜想丙: 设 E 为一定义在 $\mathbb{Q}$ 上的椭圆曲线, 则存在一个 $\mathrm{GL}(2,\mathbb{A})$ 的尖性表示 $\pi(E)$, 使得 $L(\pi(E), s-\frac{1}{2}) = L(E,s)$.

从 Langlands 纲领的观点来看这个等价是很自然的. 从椭圆曲线 E 得出 E 的上同调群, 进而决定一组 Galois 群 $\mathrm{Gal}(\overline{\mathbb{Q}}_p/\mathbb{Q}_p)$ 的二维表示 σ_p. 按 Langlands 纲领所猜想的 Langlands 对应则从 $\{\sigma_p\}$ 应得出自守表示 $\pi(E)$.

话虽然是这样说, 但实际上有很多技术上的问题. 比如给出一组 $\mathrm{GL}(2,\mathbb{Q}_p)$ 的无限维表示 π_p, 怎样决定 $\otimes\pi_p$ 是 $\mathrm{GL}(2,\mathbb{A})$ 的自守表示呢? 现在已由 Wiles 及他的学生们所证明的 Shimura-Taniyama-Weil 猜想 (即定义在 $\mathbb{Q}$ 上的椭圆曲线都是模曲线) 实际上就是猜想丙. 他们的证明所用的方法便是以下一篇群概形为基础的, 我们第一篇亦到此为止.

第二篇 群 概 形

本篇所讨论的是这样的结构：考虑概形同态 $G \to S$, 其中 G 带有群结构. 我们称 G 为 S 群概形. 这种结构带有丰富的算术内容. 我们将分别讨论两个重要的情形, 一是 G 为有限群概形, 二是 G 为 Abel 概形.

在第一篇我们讨论了域 k 上的线性代数群 G. 我们可以看作为研究 $G \to \operatorname{Spec} k$. 此时概形 $\operatorname{Spec} k$ 的集合只是一点. 在实际应用的情况下, 有必要考虑一族代数群 $\{G_s\}_{s\in S}$. 例如当我们研究模形式时便是如此. 这时直观上把 S 看作参数空间, 对 S 的每一个点 s 给出一个代数群 G_s. 我们还可以要求 S 有代数概形的结构. 如此便得到概形 S 上的群概形 $G \to S$ 这个概念. 这并不是一个简单的推广. 例如 $\mathbb{Z}$ 是整数环, $S = \operatorname{Spec} \mathbb{Z}$ 时, 对于不同的点 $p \in S$, G_p 的特征是不同的! 我们有必要使用 Grothendieck 的概形理论, 这是不能避免的. 在第一篇我们只是简单的介绍代数簇的基本概念进而讨论线性代数群. 从这一篇开始, 我们假定读者有概形理论的基本知识.

我们将从仿射群概形开始, 然后把群概形看作一个函子 (读者可参看 [11] 第一章). 第 1 章是比较难的一章, 我们将应用 Grothendieck 拓扑理论 (背景知识可参见本书附录). 其余是念近代数论必要的知识.

概形的学习在我国还不是十分普遍. 所以本章的写法与前章有点不同. 我们经常有重复, 对高能力的读者来说比较累赘, 但对初学的人肯定有好处.

第一章　群概形的初等性质

1.1　有　限　性

在未开始本章的正题之前, 我们先说明几个 “有限性” 的概念, 以免日后混淆.

1.1.1　模的有限性

定义 1.1.1　设 R 是环. 我们说一个 R 模是**有限生成**的 (finitely generated), 如果存在有限秩的自由 R 模 F_0 以及正合序列

$$F_0 \longrightarrow M \longrightarrow 0.$$

若 $F = \bigoplus_{i=1}^n Rx_i$, 在同态 $F_0 \to M$ 下 x_i 映为 m_i $(i = 1, \cdots, n)$, 则定义中的条件是说 M 中存在有限子集 $\{m_1, \cdots, m_n\}$, 使得 M 的任一元素 m 皆可表为 $m_1, \cdots, m_n$ 的 R 线性组合 $m = \sum_{i=1}^n r_i m_i$ $(r_i \in R, \forall\, 1 \leqslant i \leqslant n)$. 有限生成 R 模常被称为 “有限 R 模”. 这时所谓 “有限 $\mathbb{Z}$ 模” 指的并不一定是有限交换群. 通常, 有限群是指此群本身是一个有限集! 因此我们将不用 “有限 R 模” 这个容易混淆的术语, 而是用有限生成 R 模.

定义 1.1.2　我们说一个 R 模是**有限展示**的 (finitely presented), 如果存在有限秩的自由 R 模 F_0 和 F_1 以及正合序列

$$F_1 \xrightarrow{\rho} F_0 \xrightarrow{\gamma} M \longrightarrow 0.$$

设 $G = \operatorname{Im} \rho$, 则定义 1.1.2 中的正合序列可以写为以下两个正合序列

$$\begin{aligned} &F_1 \longrightarrow G \longrightarrow 0, \\ &0 \longrightarrow G \longrightarrow F_0 \xrightarrow{\gamma} M \longrightarrow 0. \end{aligned}$$

若 $F_0 = \bigoplus_{i=1}^n Rx_i$, $\gamma(x_i) = m_i$ $(1 \leqslant i \leqslant n)$, 则 F_0 的元素 $\sum_{i=1}^n r_i x_i$ $(r_i \in R, 1 \leqslant i \leqslant n)$ 属于 G (视为 $\operatorname{Ker} \gamma$) 当且仅当 $\sum_{i=1}^n r_i m_i = 0$. 这就是说 G 是 M 的生成元 $m_1, \cdots, m_n$ 之间的全部线性关系. 所以, M 是有限展示的 R 模的含义是: 不仅 M 是有限生成的, 而且生成元之间的 R 线性关系也是有限的.

1.1.2 有限型态射

定义 1.1.3 我们说概形态射 $f: X \to Y$ 在点 $x \in X$ 处是**有限型**的 (finite type), 如果存在 $f(x)$ 的仿射开邻域 V 和 x 的仿射开邻域 U, 使得 $f(U) \subset V$ 并且 $\mathscr{O}_X(U)$ 是有限型 $\mathscr{O}_Y(V)$ 代数 (即存在有限多个变元 $T_1, \cdots, T_n$ 以及 $\mathscr{O}_Y(V)$ 代数的满同态 $\mathscr{O}_Y(V)[T_1, \cdots, T_n] \twoheadrightarrow \mathscr{O}_X(U)$). 称 f 是**局部有限型**的 (locally of finite type), 如果 f 在所有的 $x \in X$ 处都是有限型的 (参见 [145]₁ 1.3 节). 称概形态射 $f: X \to Y$ 是**有限型**的 (finite type), 如果存在 Y 的仿射开覆盖 $\{V_\alpha\}$, 使得对于任一 α, 存在 X 的有限多个仿射开子概形 U_{α_i} $(1 \leqslant i \leqslant n_\alpha)$, 使得 $f^{-1}(V_\alpha) = \bigcup_{i=1}^{n_\alpha} U_{\alpha_i}$ 并且 $\mathscr{O}_X(U_{\alpha_i})$ 是有限型 $\mathscr{O}_Y(V_\alpha)$ 代数 (参见 [142] 6.3 节, [145]₁ 1.5 节).

1.1.3 拟紧态射和有限展示态射

定义 1.1.4 我们说概形态射 $f: X \to S$ 是**拟紧的** (quasi-compact), 如果对于 S 的任一开拟紧子集 V, $f^{-1}(V)$ 都是 X 的拟紧子集 (参见 [145]₁ (1.1.1)).

f 是拟紧的充分必要条件是: 对于 S 的任一仿射开子集 V, $f^{-1}(V)$ 都是 X 的有限多个仿射开子集的并集. 所以, 若 X 是 Noether 概形, 则由 X 到 S 的浸入是拟紧态射.

定义 1.1.5 我们说概形态射 $f: X \to S$ 是**局部有限展示的** (locally finitely presented), 如果对于 X 的任一点 x, 存在 x 的仿射开邻域 $U = \operatorname{Spec} B$ 以及 $f(x)$ 的仿射开邻域 $V = \operatorname{Spec} A$, 使得 $f(U) \subset V$ 并且由 F 决定的 A 代数 B 是有限展示的 (即 B 同构于 $A[T_1, \cdots, T_n]/\mathfrak{a}$, 其中 $\mathfrak{a}$ 是多项式环 $A[T_1, \cdots, T_n]$ 的有限生成理想 (参见 [145]₁ (1.4.1)). 称概形态射 f 为**有限展示的** (finitely presented), 如果 f 是局部有限展示的, 并且 f 和 f 所决定的对角态射 $\Delta: X \to X \times_S X: x \mapsto (x, x)$ 都是拟紧的 (参见 [145]₁ (1.6.1)).

容易证明: 拟紧开浸入 (open immersion) 必是有限展示的.

1.1.4 有限态射

定义 1.1.6 称概形态射 $f: X \to Y$ 是**拟有限的** (quasi-finite), 如果 f 是有限型的并且对于任一 $y \in Y$, 纤维 $f^{-1}(y)$ 是有限集 (参见 [143] (6.2.3)).

定义 1.1.7 称概形态射 $f: X \to Y$ 是**有限的** (finite), 如果存在 Y 的仿射开覆盖 $\{U_\alpha\}$, 使得 $f^{-1}(U_\alpha)$ 都是 X 的仿射子概形, 并且环 $\mathscr{O}_X(f^{-1}(U_\alpha))$ 是有限生成 $\mathscr{O}_Y(U_\alpha)$ 模 (参见 [143] §6). 概形态射 $f: X \to Y$ 称为**局部有限自由的** (locally finite free), 如果 f 是有限态射, 并且上面所说的 $\mathscr{O}_X(f^{-1}(U_\alpha))$ 是有限生成自由 $\mathscr{O}_Y(U_\alpha)$ 模. 换句话说, $\mathscr{O}_X$ 是局部自由有限秩 $\mathscr{O}_Y$ 模. 此时, 对于 $y \in U_\alpha$, 令 $[X:Y](y)$ 为 $\mathscr{O}_Y(U_\alpha)$ 模 $\mathscr{O}_X(f^{-1}(U_\alpha))$ 的秩 (则 $[X:Y]$ 为 Y 上的局部常值函数), 我们称函数 $[X:Y]$ 为 X 在 Y 上的**阶** (order), 又称它为态射 f 的**秩** (rank).

定义 1.1.8　设 $f: X \to S$ 是概形态射. 我们说 f 是**平坦的** (flat), 如果对于任一 $x \in X$, 茎 $\mathscr{O}_{X,x}$ 是平坦的 $\mathscr{O}_{S,f(x)}$ 模 (参见 [142] (0.6.7.1), $[145]_2$ (2.1.1)). 平坦满态射称为**忠实平坦的** (faithfully flat) (参见 [142] (0.6.7.8)).

设 S 为局部 Noether 概形. 由于有限展示模是平坦的当且仅当它是局部自由的, 所以概形态射 $X \to S$ 是有限平坦的当且仅当 $\mathscr{O}_X$ 是局部自由有限秩的 $\mathscr{O}_S$ 模.

命题 1.1.1　(1) 设 $X \to Y \to S$ 为概形态射, 其中 $X \to Y$ 有限平坦, 并且阶 $[X:Y]$ 为常值 $m > 0$. 则 $X \to S$ 有限平坦当且仅当 $Y \to S$ 有限平坦. 此时有等式 $[X:S] = [X:Y][Y:S]$.

(2) 若概形态射 $X_i \to S$ $(i = 1, 2)$ 是有限平坦的, 则 $[X_1 \times_S X_2 : S] = [X_1 : S][X_2 : S]$.

(3) 若概形态射 $X \to S$ 是有限平坦的, T 为任一 S 概形. 则 $X \times_S T : T] \to T$ 是有限平坦的, 并且 $[X \times_S T : T] = [X : T]$.

1.2　S 群概形

1.2.1　S 概形

固定一个概形 S. 我们以 $\mathfrak{Sch}/S$ 记 S 概形范畴, 其对象为概形态射 $X \to S$ (称为 S 概形), 由对象 $X \to S$ 到 $Y \to S$ 在范畴 $\mathfrak{Sch}/S$ 内的态射 (称为 S 态射) 是指概形态射的交换图

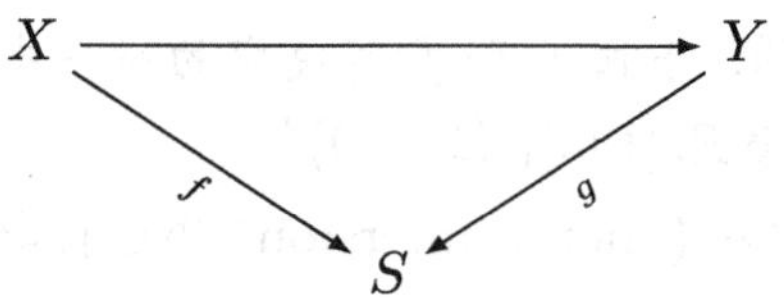

我们以 $\mathrm{Hom}_S(X, Y)$ 记所有由 X 到 Y 的 S 态射组成的集合.

若 X, T 是 S 概形, 则称 S 态射 $T \to X$ 为 X 的 T 点. X 的所有 T 点组成的集合记为 $X(T)(= \mathrm{Hom}_S(T, X))$. 又若 $T = \mathrm{Spec}\, B$, 则以 $X(B)$ 记 $X(T)$.

1.2.2　S 群概形

定义 1.2.1　概形 S 上的一个**群概形** (group scheme) 是指一个概形态射 $\pi: G \to S$, 同时具有 S 态射 $\mu: G \times_S G \to G$, $\iota: G \to G$, $\varepsilon: S \to G$, 满足以下条件:

(1) 结合律. 即下面的图交换

$$\begin{array}{ccc} G\times_S G\times_S G & \xrightarrow{1_G\times\mu} & G\times_S G \\ {\scriptstyle \mu\times 1_G}\downarrow & & \downarrow{\scriptstyle \mu} \\ G\times_S G & \xrightarrow{\quad\mu\quad} & G \end{array}$$

(2) 单位律. 即下面的图交换

$$\begin{array}{ccccc} & G\times_S G & & & \\ \overset{\approx}{\nearrow} & & \overset{\varepsilon\times 1_G}{\searrow} & & \\ G & & & G\times_S G & \xrightarrow{\mu} G \\ \underset{\approx}{\searrow} & & \underset{1_G\times\varepsilon}{\nearrow} & & \\ & G\times_S G & & & \end{array}$$

(3) 逆律. 以 Δ 记对角态射: $\Delta: G\to G\times_S G$: $g\to(g,g)$, 则由图

$$G \xrightarrow{\ \Delta\ } G\times_S G \underset{\iota\times 1_G}{\overset{1_G\times\iota}{\rightrightarrows}} G\times_S G \xrightarrow{\ \mu\ } G$$

得到的两个合成态射 $G\to G$ 都等于 $\varepsilon\circ\pi$. 此时我们又称 G 是范畴 $\mathfrak{Sch}/S$ 中的**一个群对象** (group object).

当我们说到 S 群概形 $G\xrightarrow{\pi}S$ 具有某种性质时, 是指态射 π 具有该性质. 例如, 说 G 是有限 S 群概形, 意即 π 是有限概形态射.

对于 S 群概形 G, 与通常一样, 如果有 S 概形态射 $T\to G$, 则以 $G(T)$ 记 $\mathrm{Hom}_S(T,G)$, 并称 $G(T)$ 的元素为 G 的 T **值点** (T-valued point).

1.2.3　S 群同态

定义 1.2.2　设 (G,μ) 和 (G',μ') 是 S 群概形. 如果 S 态射 φ: $G\to G'$ 使得下面的图交换:

$$\begin{array}{ccc} G\times G & \xrightarrow{\varphi\times\varphi} & G'\times G' \\ {\scriptstyle \mu}\downarrow & & \downarrow{\scriptstyle \mu'} \\ G & \xrightarrow{\quad\varphi\quad} & G' \end{array}$$

则称 φ 是 S 群同态.

1.2.4 几点说明

群概形的一个重要的例子就是椭圆曲线. 它在高维情形下的推广是 Abel 概形. 另外一类重要的群概形是本章所要讨论的仿射群概形.

一个群概形 G 包含了若干复杂的资料. 研究 G 的一个方法是把 G “线性化”, 即从 G 出发构造出一些线性的资料. 当今所谓的 “Dieudonné 理论” 就是当基概形的特征 $p>0$ 时这种方法的体现之一. 虽然我们不能在本书中详细介绍这个理论, 我们在这里举一个重要的例子.

以 $\mathbb{Z}_p$ 记 p 整数环. 引入两个变元 F (“Frobenius”) 和 V (“Verschiebung”). 定义 Dieudonné 环 $D=\mathbb{Z}_p[F,V]/(FV-p)$. 一个有限 Honda 系统是指一个偶对 (L,M), 其中 M 是 D 模, 它作为 $\mathbb{Z}_p$ 模是长度有限的, L 是 M 的 $\mathbb{Z}_p$ 子模, 并且下面的合成态射是同构:

$$L/p \longrightarrow M/p \longrightarrow M/FM.$$

定理 1.2.1(Fontaine) 阶为 p 的方幂的有限平坦 $\mathbb{Z}_p$ 群概形范畴等价于有限 Honda 系统范畴.

A. Wiles 在他的 Fermat 大定理的证明中就要用这个定理.

1.3 仿射群概形和 Hopf 代数

从现在起, 除非有特别的声明, 我们所说的环都是指有乘法单位元的交换环, 环同态都是指把单位元映到单位元的同态.

1.3.1 Hopf 代数

定义 1.3.1 设 R 是环. 一个 R 代数 A 称为 Hopf **代数** (Hopf algebra), 如果存在三个 R 模同态

$$m:\ A\longrightarrow A\otimes_R A,\quad e:\ A\longrightarrow R,\quad i:\ A\longrightarrow A$$

使得下面的三个图交换:

$$\begin{array}{ccc} A\otimes A\otimes A & \xleftarrow{\ \mathrm{id}\otimes m\ } & A\otimes A \\ \Big\uparrow{\scriptstyle m\otimes \mathrm{id}} & & \Big\uparrow{\scriptstyle m} \\ A\otimes A & \xleftarrow{\ \ m\ \ } & A \end{array}$$

$$\begin{array}{ccc} R\otimes A & \xleftarrow{e\otimes \mathrm{id}} & A\otimes A \\ {\scriptstyle\approx}\uparrow & & \uparrow{\scriptstyle m} \\ A & \xleftarrow{=} & A \end{array}$$

$$\begin{array}{ccc} A & \xleftarrow{(i,\mathrm{id})} & A\otimes A \\ \uparrow & & \uparrow{\scriptstyle m} \\ R & \xleftarrow{e} & A \end{array}$$

若 $a \in A$, $m(a) = \sum b_j \otimes c_j$, 则第二、三图交换分别是指以下二等式成立:

$$a = \sum e(b_i)c_j, \qquad e(a) = \sum i(b_j)c_j.$$

称 m 为**余乘法** (comultiplication), e 为**增广映射** (augmentation map), i 为**余逆映射** (coinverse). e 的核称为 A 的**增广理想** (augmentation ideal). 若 R 从右边作用在 A 上, 则上述等式中的第一个应写为 $a = \sum b_i e(c_j)$, 第二个等式类似地改变.

1.3.2　仿射群概形

设 (A, m, e, i) 是环 R 上的 Hopf 代数. 如果令 $G = \operatorname{Spec} A$, $S = \operatorname{Spec} R$, 则由 m, e, i 所决定的 R 态射 $\mu: G \times_S G \to G$, $\varepsilon: S \to G$ 和 $\iota: G \to G$ 满足 S 群概形定义中所要求的交换图, 所以 G 是 S 群概形.

定义 1.3.2　由 Hopf 代数所决定的群概形称为**仿射群概形** (affine group scheme). 上述的由 R 上的 Hopf 代数 A 所决定的 S 群概形称为 R 群概形 (R-group scheme).

1.3.3　群概形的值点群

设 (A, m, e, i) 是环 R 上的 Hopf 代数, G 为 R 群概形. 又设 B 为 R 代数, 则 $G(B) = \mathrm{Hom}_{R\text{代数}}(A, B)$ 在下述的运算下构成群: 对于 $x, y \in G(B)$, 定义 $x \cdot y$ 为 $(x, y)m$. 这就是说, 对于 $a \in A$, 若 $m(a) = \sum a_i \otimes a_i'$, 则

$$(x \cdot y)(a) = \sum x(a_i)y(a_i').$$

1.3.4　闭子群概形

设 J 为 R Hopf 代数 (A, m, e, i) 的理想. 如果 J 满足以下条件

(1) $m(J) \subset J \otimes A + A \otimes J$,

(2) $i(J) \subset J$,

(3) $e(J) = 0$,

则 A 的 Hopf 代数结构诱导出 A/J 的 Hopf 代数结构. 于是 $\mathrm{Spec}(A/J)$ 是 G 的**闭子群概形** (closed subgroup scheme). 可以这样地理解条件 (1): 对于任意的 R 代数 B, 若 $x,y \in G(B)$ 使得 $x(a) = 0 = y(a)$ $(\forall\, a \in J)$, 则 $(x \cdot y)(a) = 0$ $(\forall\, a \in J)$.

1.3.5　有限平坦 R 群概形

设 R 是环, $G = \mathrm{Spec}(A)$ 是有限平坦 R 群概形, 则 Hopf 代数 A 是有限秩自由 R 模. 令 $A^* = \mathrm{Hom}_{R模}(A, R)$, 则 A 的 Hopf 代数的余乘法 m 给出 A^* 的 (不一定交换) 乘法:

$$m^*:\ A^* \otimes_R A^* \longrightarrow (A \otimes_R A)^* \longrightarrow A^*.$$

由于

$$G(R) = \mathrm{Hom}_{R代数}(A, R) \subset \mathrm{Hom}_{R模}(A, R) = A^*,$$

所以群 $G(R)$ 的乘法正是 A^* 的乘法, 并且 $G(R)$ 正是 A^* 的可逆元所组成的群.

现在取 R 代数 B. 由于

$$\mathrm{Hom}_{R模}(A, B) = \mathrm{Hom}_{B模}(A \otimes_R B, B) = \mathrm{Hom}_{R模}(A, R) \otimes_R B,$$

所以

$$G(B) = \mathrm{Hom}_{R代数}(A, B) \subset \mathrm{Hom}_{R模}(A, R) \otimes_R B.$$

于是可以把 $f \in A \otimes_R B$ 看作 $G(B)$ 的函数, 即对于 $x \in G(B)$, $f(x) = \langle x, f \rangle$, 这个 $\langle\ ,\ \rangle$ 的含义是: 对于 $\varphi \in \mathrm{Hom}_R(A, R)$ 和 $a \in A$, $\langle \varphi, a \rangle$ 是指值 $\varphi(a)$.

对于 $\lambda \in G(B)$, 定义**右平移** (right translation) $\tau_\lambda f$ 如下:

$$(\tau_\lambda f(x)) = f(x\lambda),$$

其中 $x\lambda$ 是在 $\mathrm{Hom}_R(A, R) \otimes_R B$ 内所作的乘法.

命题 1.3.1　设 $G = \mathrm{Spec}(A)$ 是有限平坦 R 群概形.

(1) 设 $\varphi:\ A \to A$ 为 R 线性映射, 则它的对偶 $\varphi^*:\ A^* \to A^*$ 满足以下的等式:

$$(\mathrm{id}_{A^*} \otimes \varphi)(\mathrm{id}) = (\mathrm{id}_A \otimes \varphi^*)(\mathrm{id}),$$

其中 id 为 $G(A) \subset A^* \otimes_R A$ 的单位元.

(2) 设 $\lambda \in G(R)$, 令 $\tau = \mathrm{id}_{A^*} \otimes \tau_\lambda$, 其中 $\tau_\lambda:\ A \to A$ 为右平移. 以 ρ 记 $\mathrm{id} \in G(A) \subset A^* \otimes_R A$ 在 $A^* \otimes_R A$ 上的右乘作用, 以 l 记 $\lambda \otimes 1$ 在 $A^* \otimes_R A$ 上的右乘作用, 则有左 A^* 模 $A^* \otimes_R A$ 的自同构的等式

$$\tau\rho\tau^{-1}\rho^{-1} = l.$$

证明　(1) 利用同构 $A^* \otimes_R A \cong \mathrm{End}_R(A) \cong \mathrm{End}_R(A^*)$ 证得.

(2) 在 (1) 中取 $\varphi = \tau_\lambda$, 则 $\tau(\mathrm{id}) = \mathrm{id} \cdot (\lambda \otimes 1)$. 因为 τ_λ 是环同态, 所以 τ 是环同态. 因此, 对于 $x \in A^* \otimes_R A$, 有

$$\tau\rho(x) = \tau(x \cdot \mathrm{id}) = \tau(x) \cdot \tau(\mathrm{id}) = \tau(x) \cdot \mathrm{id} \cdot (\lambda \otimes 1) = l\rho\tau(x). \qquad \square$$

命题 1.3.2　*设 $G = \mathrm{Spec}(A)$ 是有限平坦交换 R 群概形, G 的阶为 $n = [G : R]$. 又设 B 为任一 R 代数, 则对于任一 $\lambda \in G(B)$, 有 $\lambda^n = 1$.*

证明　左 A^* 模 $A^* \otimes_R A \approx \mathrm{End}_R(A^*)$ 是 n 秩自由模. 对于 $\lambda \in G(B) \subset A^* \otimes_R A$, 以 $\lambda \otimes 1$ 右乘所得到的 $A^* \otimes_R A$ 的自同构可以看作 $\lambda I_n \in \mathrm{GL}_n(A^*)$ (I_n 为 n 阶单位矩阵). 由于 G 是交换群概形, 故 A^* 是交换代数, 因此可以计算行列式. 由上面的命题知 λI_n 可以写成换位子 $\tau\rho\tau^{-1}\rho^{-1}$, 所以它的行列式等于 1. 另一方面, $\det(\lambda I_n) = \lambda^n$, 所以 $\lambda^n = 1$. 这对于 $\lambda \in G(B) \subset \mathrm{Hom}_R(A, R)_R \otimes_R B$ 也同样成立. $\square$

1.3.6　任意概形上的 Hopf 数

我们可以把仿射概形的基由 R (即 $\mathrm{Spec}\, R$) 推广为任意概形.

固定一个基概形 S. 则 S 上的仿射概形是 $\mathrm{Spec}\, \mathscr{A}$, 其中 $\mathscr{A}$ 是一个拟凝聚 $\mathscr{O}_S$ 代数层 (参见 [143] 1.3 节). 像前面一样可以定义 Hopf $\mathscr{O}_S$ 代数, 这就是说要给出余乘法 $m : \mathscr{A} \to \mathscr{A} \otimes_{\mathscr{O}_S} \mathscr{A}$, **余单位** (co-unit) (亦称为**增广态射** (augmentation morphism)) $e : \mathscr{A} \to \mathscr{O}_S$ 以及**余逆元** (co-inverse) (亦称为**对映态射** (antipodal morphism)) $i : \mathscr{A} \to \mathscr{A}$ (这里的 m, e 和 i 均是 $\mathscr{O}_S$ 代数同态), 使得下面的五个图交换:

(1)
$$\begin{CD} \mathscr{A}\otimes_{\mathscr{O}_S}\mathscr{A}\otimes_{\mathscr{O}_S}\mathscr{A} @<{\mathrm{id}\otimes m}<< \mathscr{A}\otimes_{\mathscr{O}_S}\mathscr{A} \\ @A{m\otimes\mathrm{id}}AA @AA{m}A \\ \mathscr{A}\otimes_{\mathscr{O}_S}\mathscr{A} @<{m}<< \mathscr{A} \end{CD}$$

(2)
$$\begin{CD} \mathscr{O}_S\otimes_{\mathscr{O}_S}\mathscr{A} @<{e\otimes\mathrm{id}}<< \mathscr{A}\otimes_{\mathscr{O}_S}\mathscr{A} \\ @A{\approx}AA @AA{m}A \\ \mathscr{A} @<{=}<< \mathscr{A} \end{CD} \qquad \begin{CD} \mathscr{A}\otimes_{\mathscr{O}_S}\mathscr{O}_S @<{\mathrm{id}\otimes e}<< \mathscr{A}\otimes_{\mathscr{O}_S}\mathscr{A} \\ @A{\approx}AA @AA{m}A \\ \mathscr{A} @<{=}<< \mathscr{A} \end{CD}$$

(3)
$$\begin{CD} \mathscr{A}\otimes_{\mathscr{O}_S}\mathscr{A} @<{i\times\mathrm{id}}<< @<<< \mathscr{A}\otimes_{\mathscr{O}_S}\mathscr{A} \\ @V{p}VV @. @AA{m}A \\ \mathscr{A} @<{u}<< \mathscr{O}_S @<{e}<< \mathscr{A} \end{CD}$$

$$
\begin{array}{ccc}
\mathscr{A} \otimes_{\mathscr{O}_S} \mathscr{A} & \xleftarrow{\mathrm{id}\times i} & \mathscr{A} \otimes_{\mathscr{O}_S} \mathscr{A} \\
{\scriptstyle p}\downarrow & & \uparrow{\scriptstyle m} \\
\mathscr{A} \xleftarrow{\ u\ } & \mathscr{O}_S & \xleftarrow{\ e\ } \mathscr{A}
\end{array}
$$

其中 $u: \mathscr{O}_S \to \mathscr{A}$ 是 $\mathscr{A}$ 作为 $\mathscr{O}_S$ 代数的结构态射, p 是 $\mathscr{A}$ 代数的乘积.

像以前一样, 显然 $G = \operatorname{Spec}\mathscr{A}$ 是 S 群概形.

1.4 例

1.4.1 群概形 $M_{\mathbb{Z}}$

设 M 为 (抽象) 有限交换群. 以 $\mathbb{Z}^M$ 记所有从 M 到 $\mathbb{Z}$ 的函数组成的环. 对于任一 $x \in M$, 定义 $\mathbb{Z}^M$ 中的元素

$$
e_x(y) = \begin{cases} 0, & 若\ y \neq x, \\ 1, & 若\ y = x \end{cases} \quad (y \in M),
$$

则 $\{e_x \mid x \in M\}$ 构成 $\mathbb{Z}^M$ 的基. 易见 $e_x^2 = e_x$, $e_x e_y = 0\ (y \neq x)$, $\sum e_x = 1$. 定义同态

$m: \mathbb{Z}^M \to \mathbb{Z}^M \otimes \mathbb{Z}^M$ 为 $m(e_z) = \sum_{z=xy} e_x \otimes e_y\ \ (z \in M)$,

$e: \mathbb{Z}^M \to \mathbb{Z}^M$ 为 $e(e_x) = 1$ (若 x 是 M 的单位元), $e(e_x) = 0$ (若 x 不是 M 的单位元),

$i: \mathbb{Z}^M \to \mathbb{Z}^M$ 为 $i(e_x) = e_{(x^{-1})}$,

则 $\operatorname{Spec}\mathbb{Z}^M$ 构成仿射群概形. 我们用 $M_{\mathbb{Z}}$ 记此群概形. 对于任意概形 S, 我们以 M_S 记 $M_{\mathbb{Z}} \times_{\mathbb{Z}} S$ (换基). 称 M_S 为 M 所决定的**常值群概形** (constant group scheme).

事实上, 不假设 M 是有限群也可以定义常值 S 群概形. 此时可以取 M_S 为概形直和 $\coprod_{s\in S} M_s$, 其中的 M_s 与 M 等同. 详情见 [11] (1.4.3).

设 n 为大于 1 的整数. 依照以上所述立得 S 群概形 $(\mathbb{Z}/n\mathbb{Z})_S$.

1.4.2 群概形 $D[M]$

设 M 为 (抽象) 交换群 (以乘法记群运算). M 在整数环上的群代数记为 $\mathbb{Z}[M]$. 以 $D[M]$ 记 $\operatorname{Spec}\mathbb{Z}[M]$, 则对于任一概形 T, 有

$$
\begin{aligned}
D(M)(T) &= \operatorname{Hom}_{\mathfrak{Sch}}(T, D(M)) = \operatorname{Hom}_{\mathrm{Alg}}(\mathbb{Z}[M], \Gamma(T, \mathscr{O}_T)) \\
&= \operatorname{Hom}_{\mathfrak{Gr}}(M, \Gamma(T, \mathscr{O}_T)^*),
\end{aligned}
$$

其中 $\Gamma(T,\mathscr{O}_T)^*$ 是 $\Gamma(T,\mathscr{O}_T)$ 的可逆元素乘法群, $\mathrm{Hom}_{\mathfrak{Sch}}$ 是指概形态射集合, $\mathrm{Hom}_{\mathrm{Alg}}$ 指代数同态集合, $\mathrm{Hom}_{\mathfrak{Gr}}$ 指群同态集合. 容易验证在下面的同态下 $D[M]$ 构成 $\mathbb{Z}$ 上的群概形:

$$x \overset{m}{\longmapsto} x\otimes x, \quad x \overset{e}{\longmapsto} 1, \quad x \overset{i}{\longmapsto} x^{-1} \qquad (\forall\, x\in M).$$

又设 S 为任意概形. 作 $D[M]$ 与 S 的纤维积 (亦称 “换基”)

$$\begin{array}{ccc} D[M]_S & \longrightarrow & D[M] \\ \downarrow & & \downarrow \\ S & \longleftarrow & \operatorname{Spec}\mathbb{Z} \end{array}$$

得到 S 上的群概形. 此时 $D[M]_S = \operatorname{Spec}\mathscr{O}_S[M]$, 其中 $\mathscr{O}_S[M] = \mathscr{O}_S\otimes_{\mathbb{Z}}\mathbb{Z}[M]$ (参见 [143] 1.3 节). $D[M]$ 在 S 上是平坦的. $D[M]_S\to S$ 是光滑 (lisse) 态射的充分必要条件是 $\forall\, s\in S$, 不存在 $x\in M$ 使得 $x^p=1$ (p 为 S 在 s 处的剩余域 $\kappa(s)$ 的特征). $D[M]_S\to S$ 是有限 (finite) 态射当且仅当 M 是有限群 (参见 $[147]_{\mathrm{II}}$ VIII, Prop 2.1).

$D(M)$ 的第一个例子是 $D(\mathbb{Z})$. 因为群 $\mathbb{Z}$ 的运算要改写为乘法, 所以 $\mathbb{Z}[\mathbb{Z}]$ 是 $\mathbb{Z}[T,T^{-1}]$, 其中 T 是变元. 我们以 $\mathbb{G}_{\mathrm{m}}$ 记 $D(M)$. 于是 $\mathbb{G}_{\mathrm{m}} = \operatorname{Spec}\mathbb{Z}[T,T^{-1}]$. 对于任意概形 T, 有

$$\mathbb{G}_{\mathrm{m}}(T) = \mathrm{Hom}_{\mathrm{Alg}}(\mathbb{Z}[T,T^{-1}],\quad \Gamma(T,\mathscr{O}_T)) = \Gamma(T,\mathscr{O}_T)^*.$$

以 μ_n 记 $D(\mathbb{Z}/n\mathbb{Z})$ (将 $\mathbb{Z}/n\mathbb{Z}$ 的运算写为乘法), 称之为 n 次单位根群. 我们有

$$\mu_n(T) = \mathrm{Hom}_{\mathfrak{Gr}}(\mathbb{Z}/n\mathbb{Z},\Gamma(T,\mathscr{O}_T)^*) = \{f\in\Gamma(T,\mathscr{O}_T)\mid f^n=1\}.$$

将 $\mathbb{Z}(\mathbb{Z}/n\mathbb{Z})$ 写成 $\mathbb{Z}[x]/(x^n-1)$, 则有 $\mu_{nS} = \operatorname{Spec}\mathscr{O}_S[x]/(x^n-1)$.

当 M 是有限群时, 利用 $\mathbb{Z}[M] = \mathrm{Hom}_{\mathbb{Z}}(\mathbb{Z}^M,\mathbb{Z})$ 得到对偶

$$M_{\mathbb{Z}}(S) \xrightarrow{\sim} \mathrm{Hom}_{\mathfrak{GrSch}/S}(D(M)_S,(G_{\mathrm{m}})_S),$$

其中 $\mathrm{Hom}_{\mathfrak{GrSch}/S}$ 表示 S 群概形态射集合 (参见 $[147]_{\mathrm{II}}$, VIII, Th. 1,2, Grothendieck 给出的证明没有假定 M 是有限的!).

设 $\mathbb{G}_{\mathrm{a}} = \operatorname{Spec}\mathbb{Z}[t]$. 对于任一概形 S, 有 S 群概形 $(\mathbb{G}_{\mathrm{a}})_S = \mathbb{G}_{\mathrm{a}}\times_{\mathbb{Z}} S = \operatorname{Spec}(\mathscr{O}_S[t])$ (参见 [143] 1.3 节). 此时群结构由以下公式决定:

$$m(t) = t\otimes 1 + 1\otimes t, \qquad e(t) = 0.$$

我们亦可以考虑如下定义的群函子：

$$\mathbb{G}_{\mathrm{a}}: (\mathfrak{Sch})^{\circ} \longrightarrow \mathfrak{Gr}$$
$$T \longmapsto \Gamma(T, \mathscr{O}_T),$$

其中右边取环的加法群结构. 由于

$$\mathbb{G}_{\mathrm{a}}(T) = \mathrm{Hom}(T, \mathbb{G}_{\mathrm{a}}) = \mathrm{Hom}_{\mathrm{Alg}}(\mathbb{Z}[t], \Gamma(T, \mathscr{O}_T)) \cong \Gamma(T, \mathscr{O}_T),$$

故知 $\mathbb{G}_{\mathrm{a}}$ 为可表函子, 并且可以取 $\mathbb{G}_{\mathrm{a}} = \mathrm{Spec}\,\mathbb{Z}[t]$. 这样又得到群概形 $\mathbb{G}_{\mathrm{a}}$.

设概形 S 的特征为 $p > 0$ (即 $\mathscr{O}_S$ 是 $\mathbb{F}_p$ 代数). 任意取定一个整数 $n > 0$. 对于任一 S 概形 T, 令

$$(\alpha_{p^n})_S(T) = \{x \in \Gamma(T, \mathscr{O}_T) \mid x^{p^n} = 0\}.$$

易见 $(\alpha_{p^n})_S = \mathrm{Spec}(\mathscr{O}_S[t]/t^{p^n})$ 是 S 群概形, 群结构由以下同态决定

$$m(t) = t \otimes 1 + 1 \otimes t, \qquad e(t) = 0.$$

1.4.3　可对角化群

定义 1.4.1　*设 S 是概形, G 是 S 群概形. 如果存在交换 (抽象) 群 M, 使得 G 与 $D(M)_S$ 同构, 则称 G 为***可对角化群** *(diagonalizable group).*

若对于 fpqc 拓扑 G 是局部可对角化的, 则称 G 为**乘性群** (multiplicative group). 这里的所谓"局部可对角化"的含义是：对于任意的 $s \in S$, 存在 s 的开邻域 U 和拟紧忠实平坦态射 $S' \to U$, 使得关于 $S' \to U \to S$ 换基所得到的 $G \times_S S'$ 为可对角化 S' 群.

如果 $G \xrightarrow{\pi} S$ 是乘性 S 群, 则 π 是忠实平坦仿射态射 (参见 [145]$_2$ Prop(2.7.1)), 并且对于任意的 $s \in S$, 存在剩余域 $\kappa(s)$ 的扩域 k, 使得 $G \times_S \mathrm{Spec}(k)$ 是可对角化的 k 群. 于是, 对于 $G \to S$ 是乘性 S 群, G 是有限 S 群概形的充分必要条件是：对于任意的 $s \in S$, 存在域扩张 $k \supset \kappa(s)$ 和有限交换群 M 以及 k 上的群同构 $G \times_S \mathrm{Spec}(k) \xrightarrow{\sim} D(M)_k$.

取定域 k, 设 $G = \mathrm{Spec}\,A$, A 是有限生成 k 代数. 如果 G 是可对角化的 k 群, 则不难看出 G 同构于有限个 $\mathbb{G}_{\mathrm{m}}$ 和 μ_n 的直积. 事实上, 我们可以设 $A = k[M]$. 取 A (作为 k 代数) 的有限生成元集, 将此有限集的每个元素写成 M 的元素的线性组合, 即得到有限集 $U \subset M$, 使得 U 生成代数 $k[M]$. 设 M' 是由 U 生成的 M 的子群, 则显然有 $k[M'] = k[M]$, 所以 $M' = M$. 这就是说 M 是有限生成的交换群. 由于 $k[M_1 \oplus M_2] = k[M_1] \otimes k[M_2]$, 所以只要考虑 $M = \mathbb{Z}$ 和 $M = \mathbb{Z}/n\mathbb{Z}$ 的情形. 若 $M = \mathbb{Z}$, 我们可以取 $\{e_n \mid n \in \mathbb{Z}\}$ 为 $k[\mathbb{Z}]$ 的基, 并且可以要求 $e_m \cdot e_n = e_{m+n}$. 令 $x = e_1$, 则得到 $k[\mathbb{Z}] = k[x, x^{-1}]$ 和 $\mathbb{G}_{\mathrm{m}} = \mathrm{Spec}\,k[x, x^{-1}]$. 若 $M = \mathbb{Z}/n\mathbb{Z}$, 则取基为 $1 = e_0, e_1, \cdots, e_{n-1} = e_1^{n-1}$ ($e_1^n = 1$). 于是得到 $\mu_n = \mathrm{Spec}\,k[\mathbb{Z}/n\mathbb{Z}]$.

1.4.4 群概形 GL_n

设 R 是环, n 为正整数. 令 $A = R[x_{11}, x_{12}, \cdots, x_{nn}, t]/(t\det(x_{ij}) - 1)$. 在 A 中引入 Hopf 代数运算:

$$\begin{aligned} m(x_{ij}) &= \sum_{k=1}^{n} x_{ik} \otimes x_{kj}, \\ e(x_{ij}) &= \delta_{ij}, \\ i(x_{ij}) &= (-1)^{i+j} t \det(x_{rs})_{r\neq j, s\neq i}. \end{aligned}$$

由 A 得到的 R 群概形 $\operatorname{Spec} A$, 记为 $(\mathrm{GL}_n)_R$.

设 B 为 (交换) R 代数. 以 $\mathrm{GL}_n(B)$ 记 B 上的 $n \times n$ 可逆矩阵乘法群. 则有双射:

$$\begin{aligned} \mathrm{Hom}_{R\text{代数}}(A, B) &\longrightarrow \mathrm{GL}_n(B) \\ f &\longmapsto f(x_{ij}). \end{aligned}$$

所以 R 群概形 $(\mathrm{GL}_n)_R$ 的 B 点集合就是 $\mathrm{GL}_n(B)$.

1.4.5 幂幺群概形

设 k 是域. 在 $A = k[x_{11}, x_{12}, \cdots, x_{nn}]$ 中定义余乘法

$$m(x_{ij}) = x_{ij} \otimes 1 + 1 \otimes x_{ij} + \sum_{i<k<j} x_{ik} \otimes x_{kj}.$$

以 U_n 记由此余乘法定义的 k 群概形 $\operatorname{Spec} A$. 则 $\mathrm{U}_n(k)$ 可以看作 k 上 $n \times n$ 上三角幂幺矩阵, 即对角线的元素皆为 1, 对角线下的元素皆为 0 的矩阵.

命题 1.4.1 *设 $G = \operatorname{Spec} A$ 为 k 仿射群概形, 并且 A 为有限生成 k 代数. 如果 G 同构于 U_n 的某个闭子群, 则 Hopf 代数 (A, m) 内存在子空间 $C_0 \subset C_1 \subset C_2 \subset \cdots$, 使得 $C_0 = k$, $\bigcup C_l = A$ 以及 $m(C_l) \subseteq \sum_{r=0}^{l} C_r \otimes C_{l-r}$.*

证明 设 G 所同构的 U_n 的闭子群来自 Hopf 代数 $A = B/I$. 如果 Hopf 代数 B 内有满足命题要求的子空间 C_r, 则 C_r 在 A 中的像亦满足同样的条件. 因此只需对于 U_n 证明本命题. 此时我们设 x_{ij} 的权为 $j - i$, 则单项式 $\prod x_{ij}^{n_{ij}}$ 的权是 $\sum n_{ij}(j-i)$. 令 C_l 为权不超过 l 的单项式所生成的子空间, 则 $C_0 = k$, $\bigcup C_l = A$, $C_i C_j \subseteq C_{i+j}$. 我们现在来证明

$$m(C_l) \subseteq \sum_{r=0}^{l} C_r \otimes C_{l-r}.$$

对于单项式中所含的变元个数作归纳法. 若 $x_{ij} \in C_l$, 则显然 $m(x_{ij}) \in \sum_{r=0}^{l} C_r \otimes C_{l-r}$. 设对于单项式 $P \in C_r$, $Q \in C_s$ 我们所要证明的结论已经成立, 则 $m(PQ) = m(P)m(Q)$ 属于

$$\Big(\sum_{i=0}^{r} C_i \otimes C_{r-i}\Big)\Big(\sum_{j=0}^{s} C_j \otimes C_{s-j}\Big) \subseteq \sum_{i,j} C_iC_j \otimes C_{r-i}C_{s-j}$$
$$\subseteq \sum_{i,j} C_{i+j} \otimes C_{r+s-i-j}. \qquad \square$$

设 k 是代数封闭域. 我们称 k 群概形 G 是**幂幺群** (unipotent group), 如果 G 有合成列, 其因子群同构于 $(\mathbb{G}_{\mathrm{a}})_k$. 即 G 有子群 G_i $(0 \leqslant i \leqslant n)$, 满足条件: $G_0 = G$, $G_n = \{1\}$, G_{i+1} 是 G_i 的正规子群, 并且 $G_i/G_{i+1} \cong (\mathbb{G}_{\mathrm{a}})_k$ (参见 $[147]_2$ XVII, §1). 我们称 S 群概形 G 为**幂幺群**, 如果其几何纤维是幂幺群, 即, 设 Ω 代数封闭域, 则在 $\operatorname{Spec}\Omega \to G$ 下的拉回 G_Ω 为幂幺群.

设 k 为域, G 为交换仿射有限型 k 群概形, 则 G 包含一个极大乘性子群 M, 并存在交换仿射幂幺 k 群概形和正合序列

$$0 \longrightarrow M \longrightarrow G \longrightarrow U \longrightarrow 0$$

(参见 [147] XVII, 7.2 节).

1.5　增广理想与微分模

1.5.1　增广理想

给定一个环 R. 以 S 记 $\operatorname{Spec} R$.

设 $G = \operatorname{Spec} A$ 是仿射 R 群概形. 则 A 为 Hopf R 代数. 设 $e: A \to R$ 为增广映射. 以 I 记 e 的核 (即增广理想). 由于图

$$A \underset{\rho}{\overset{e}{\rightleftarrows}} R$$

中的同态满足 $e \circ \rho = \mathrm{id}_R$ (其中 ρ 为 A 作为 R 代数的结构同态), 所以正合序列

$$0 \longrightarrow I \longrightarrow A \xrightarrow{e} R \longrightarrow 0$$

分裂. 于是有直和 $A = R \cdot 1 \oplus I$. 因此

$$A \otimes A = R \oplus (I \otimes 1) \oplus (1 \otimes I) \oplus (I \otimes I).$$

通过直接计算可知, 对于 $f \in I$, 有

$$m(f) - f \otimes 1 - 1 \otimes f \in \mathrm{Ker}(e \otimes \mathrm{id}) \cap \mathrm{Ker}(\mathrm{id} \otimes e) = I \otimes A \cap A \otimes I = I \otimes I.$$

由此可见 I 决定 G 的闭子群概形 $\mathrm{Spec}(A/I)$. 另一方面, $e:\ A \to R$ 对应于单位态射 $\varepsilon:\ S \to G$, 而 $\mathrm{Spec}(A/I)$ 是 ε 的像, 所以 $\mathrm{Spec}(A/I)$ 是 G 的单位.

设 n 是整数. 我们利用 $G = \mathrm{Spec}\, A$ 的群的乘法来定义 $[n]:\ A \to A$ 如下: 对于 $f \in A$,

$$([n]f)(x) = f(x^n), \qquad x \in G(A).$$

1.5.2 环的特征为素数的情形

引理 1.5.1 设 $G = \mathrm{Spec}\, A$ 为有限自由 R 群概形. 又设有素数 p 使得 $pR = 0$. 则增广理想 I 满足条件 $[p]I \subset I^p$.

证明 设 $U = (u_{ij})$ 为 $n \times n$ 矩阵, 其中 u_{ij} 为独立变量. 取 $B = R[u_{ij}, 1/\det U]$. 则 $\mathrm{Spec}\, B$ 即是 $(\mathrm{GL}_n)_R$.

由于 $G = \mathrm{Spec}\, A$ 为有限自由 R 群概形, 这就是说 A 是有限秩的自由 R 模, 设 R 模 A 的秩是 n, 取 A 的 R 基 $\{f_1, \cdots, f_n\}$, 以 m 记 Hopf 代数的余乘法. 设

$$m(f_j) = \sum_{i=1}^{n} f_i \otimes a_{ij}, \qquad a_{ij} \in A.$$

定义 R 代数同态

$$\begin{aligned} \varphi^\sharp:\ B &\longrightarrow A \\ u_{ij} &\longmapsto a_{ij}, \qquad (1 \leqslant i, j \leqslant n), \end{aligned}$$

则 $\varphi^\sharp$ 是满同态. 于是 $\varphi^\sharp$ 决定了概形的浸入 $\varphi:\ G \to (\mathrm{GL}_n)_R$.

以 J 记 $(\mathrm{GL}_n)_R$ 的增广理想, 则 J 为 B 内由 v_{ij} 生成的理想, 其中 v_{ij} 为矩阵 $U - I_n$ 的分量, 即 $v_{ij} = u_{ij} - \delta_{ij}$ (δ_{ij} 为 Kronecker 符号).

由 $U^p = ([p](u_{ij}))$ 以及 $pR = 0$ 得到

$$([p](v_{ij})) = ([p](u_{ij})) - (\delta_{ij}) = U^p - I_n = (U - I_n)^p = (v_{ij})^p.$$

所以 $[p]J \subset J^p$. 于是我们有交换正合图

$$\begin{array}{ccccccccc} 0 & \longrightarrow & J & \longrightarrow & B & \longrightarrow & R & \longrightarrow & 0 \\ & & \downarrow & & \downarrow{\scriptstyle \varphi^\sharp} & & \| & & \\ 0 & \longrightarrow & I & \longrightarrow & A & \longrightarrow & R & \longrightarrow & 0 \end{array}$$

故 $\varphi^\sharp(J) = I$. 由此立得 $[p]I \subset I^p$. □

1.5.3 微分模

设 A 为 Hopf R 代数. 对于 A 模 M, 以 $\mathrm{Der}_R(A,M)$ 记由所有 R 导子 (R-derivation) $D:\ A\to M$ 所组成的 A 模, 以 $\Omega^1_{A/R}$ 记由 A 的 R 微分 (R-differential) 所组成的 A 模. 则有泛 R 导子 $\mathrm{d}_{A/R}:\ A\to\Omega^1_{A/R}$, 并且有模同构:

$$\mathrm{Hom}_A(\Omega^1_{A/R},M)\xrightarrow{\sim}\mathrm{Der}_R(A,M)$$
$$f\longmapsto f\circ\mathrm{d}_{A/R}.$$

此时由于 A 是 Hopf R 代数, 我们可以用增广理想 I 来计算 R 微分 $\Omega^1_{A/R}$.

命题 1.5.2 设 A 为 Hopf R 代数, m 为 A 的余乘法, I 为 A 的增广理想. 令

$$\pi:\ A=R\cdot 1+I\longrightarrow I/I^2$$
$$r1+a\longmapsto a+I^2,$$

$\psi:\ M\otimes A\to M$ 为 M 作为 A 模的结构同态. 则

(1) 有 同构

$$\mathrm{Hom}_{R模}(I/I^2,M)\longrightarrow\mathrm{Der}_R(A,M)$$
$$\lambda\longmapsto\psi\circ((\lambda\circ\pi)\otimes\mathrm{id})\circ m.$$

(2) R 微分模 $\Omega^1_{A/R}\cong(I/I^2)\otimes_R A$, 泛 R 导子 $\mathrm{d}_{A/R}:\ A\to\Omega^1_{A/R}$ 如下: 对于 $a\in A$, 如果 $m(a)=\sum b_j\otimes c_j$, 则 $\mathrm{d}_{A/R}(a)=\sum\pi(b_j)\otimes c_j$.

(3) 如果 R 是域, 则 $\Omega^1_{A/R}$ 是自由 A 模.

证明 我们先作一些背景计算.

第一步. 设 B 为 R 代数, N 为 B 模, $C=B\oplus N$. 定义 C 中的乘法为

$$(b,n)(b',n')=(bb',bn'+b'n),$$

则 C 构成 B 代数. 设 A 为 R 代数, 则有单同态

$$\mathrm{Hom}_R(A,C)\rightarrowtail\mathrm{Hom}_R(A,B)\times\mathrm{Hom}_{\mathbb{Z}}(A,N)$$
$$\Phi\longmapsto(\varphi,D),$$

其中 φ 为 Φ 与 C 在 B 上的投射的复合, $D\in\mathrm{Der}_R(A,N_\varphi)$ (N_φ 表示 N 在 $\varphi:\ A\to B$ 下构成的 A 模).

第二步. 现在进一步设 A 是 Hopf R 代数. 通过计算可知: 由 A 所决定的 $\mathrm{Hom}_R(A,C)$ 的群运算为

$$(\varphi,D)(\varphi',D')=(\varphi\varphi',D_{\varphi'}+D'_{\varphi}),$$

其中 $\varphi\varphi'$ 的含义为：若 $a \in A$, $m(a) = \sum b_j \otimes c_j$, 则 $(\varphi\varphi')(a) = \sum \varphi(b_j)\varphi'(c_j)$, D'_φ 是下述三个映射的复合：

$$A \xrightarrow{m} A \times A \xrightarrow{D' \otimes \varphi} N \otimes B \xrightarrow{\rho} N$$

(这里的 $\rho:\ N \otimes B \to N$ 是 B 模 N 的结构同态), $D_{\varphi'}$ 的定义类似. 令

$$\begin{aligned} j:\ C = B \oplus N &\longrightarrow B \\ (b, n) &\longmapsto b, \end{aligned}$$

则 j 诱导出群同态

$$\begin{aligned} j_*:\ \mathrm{Hom}_R(A, C) &\longrightarrow \mathrm{Hom}_R(A, B) \\ (\varphi, D) &\longmapsto \varphi. \end{aligned}$$

以 H 记 $\mathrm{Ker}\, j_*$. 由于图

$$C \underset{\iota}{\overset{j}{\rightleftarrows}} B$$

中的同态满足 $j \circ \iota = \mathrm{id}_B$ (其中 ι 为 $B \to C = B \oplus N$: $b \to (b, 0)$), 所以有半直积：

$$\mathrm{Hom}_R(A, C) = H \rtimes \mathrm{Hom}_R(A, B).$$

我们把 $\mathrm{Hom}(A, B)$ 的元素 φ 看作 $\mathrm{Hom}(A, C)$ 的元素 $(\varphi, 0)$. 注意到群 $\mathrm{Hom}(A, B)$ 的单位元为 $e_B = f \circ e:\ A \xrightarrow{e} R \xrightarrow{f} B$ (e 是增广映射, f 是 R 代数 B 的结构同态), 即知 $H = \{(e_B, D) \mid D \in \mathrm{Der}_R(A, N_{e_B})\}$. 容易验证

$$\begin{aligned} \mathrm{Der}_R(A, N_{e_B}) &\longrightarrow H \\ D &\longmapsto (e_B, D) \end{aligned}$$

是群同构. 另一方面, 对于 $\varphi \in \mathrm{Hom}_R(A, B)$, 由 $(\varphi, 0)(e_B, D) = (\varphi, D_\varphi)$ 知陪集 $H(\varphi, 0) = \{(\varphi, D_\varphi) \mid D_\varphi \in \mathrm{Der}_R(A, N_\varphi\}$. 于是有双射

$$\begin{aligned} \mathrm{Der}_R(A, N_{e_B}) &\longrightarrow \mathrm{Der}_R(A, N_\varphi) \\ D &\longmapsto D_\varphi\,. \end{aligned}$$

第三步. 设 $\beta:\ A \to R$ 是 R 代数同态, $J = \mathrm{Ker}\,\beta$, N_β 为 N 在 β 下构成的 A 模, 我们断言：同态

$$\begin{aligned} \pi:\ A = R \cdot 1 + J &\longrightarrow J/J^2 \\ r1 \oplus a &\longmapsto a + I^2 \end{aligned}$$

诱导出同构

$$\mathrm{Der}_R(A, N_\beta) \cong \mathrm{Hom}_R(J/J^2, N).$$

事实上, 对于 $D \in \mathrm{Der}_R(A, N_\beta)$, $a, b \in J = \mathrm{Ker}\,\beta$, 有 $D(ab) = \beta(a)D(b) + \beta(b)D(a) = 0$, 故 $D(J^2) = \{0\}$. 所以 D 定义了 R 线性映射 $J/J^2 \to N$. 反过来, 若 $\lambda \in \mathrm{Hom}_R(J/J^2, N)$, 则 $\lambda \circ \pi \in \mathrm{Der}_R(A, N_\beta)$. 这就证明了我们的断言.

现在回到我们的命题的证明. 在第三步中取 $B = A$, $\beta = e$ (A 的增广映射), $\varphi = \mathrm{id}$, $N = M$ (则 $N_\varphi = M_{\mathrm{id}} = M$), 就有同构

$$\mathrm{Hom}_R(I/I^2, M) \xrightarrow{\sim} \mathrm{Der}_R(A, M_e) \xrightarrow{\sim} \mathrm{Der}_R(A, M),$$

在此同构下 $\lambda \in \mathrm{Hom}_R(I/I^2, M)$ 映为 $\psi \circ ((\lambda \circ \pi) \otimes \mathrm{id}) = m$. 这就证明了结论 (1). 由于 $\lambda \mapsto \psi \circ (\lambda \otimes \mathrm{id})$ 给出双射

$$\mathrm{Hom}_R(I/I^2, M) \longrightarrow \mathrm{Hom}_A((I/I^2) \otimes_R A, M),$$

并且 R 微分模 $\Omega^1_{A/R}$ 代表函子 $M \mapsto \mathrm{Der}_R(A, M)$, 所以结论 (2) 成立. 结论 (3) 是结论 (2) 的直接推论. □

我们继续使用命题 1.5.2 的证明中的记号. 设 $D \in \mathrm{Der}_R(A, A)$, $\varphi \in \mathrm{Hom}_R(A, B)$, 则 $\varphi \circ D \in \mathrm{Der}_R(A, B_\varphi)$. 根据命题 1.5.2, 有

命题 1.5.3 设 A 为 Hopf R 代数, 对于 $D \in \mathrm{Der}_R(A, A)$, 以下五个条件等价:

(1) 对于任意的 R 代数 B 以及任意的 $\varphi, \psi \in \mathrm{Hom}_R(A, B)$, 有 $(\varphi \cdot \psi) \circ D = (\varphi \circ D)_\psi$ (这里 $\varphi \cdot \psi$ 是由 Hopf 代数 A 所决定的群 $\mathrm{Hom}_R(A, B)$ 中的乘法);

(2) 对于任意的 R 代数 B 以及任意的 $\psi \in \mathrm{Hom}_R(A, B)$, 有 $\psi \circ D = (e_B \circ D)_\psi$;

(3) 对于任意的 R 代数 B 以及任意的 $\psi \in \mathrm{Hom}_R(A, B)$, 有 $D = (e_A \circ D)_\psi$, 即 $D = \psi \circ ((e_A \circ D) \otimes \mathrm{id}) \circ m$;

(4) 对于任意的 R 代数 B 以及任意的 $\psi \in \mathrm{Hom}_R(A, B)$, 如果 $D = \psi \circ ((\lambda \circ \pi) \otimes \mathrm{id}) \circ m$, $\lambda \in \mathrm{Hom}(I/I^2, A)$, 则 $\lambda \circ \pi = e_A \circ D$;

(5) 对于任意的 R 代数 B 以及任意的 $\psi \in \mathrm{Hom}_R(A, B)$, 如果 $D = \psi \circ ((\lambda \circ \pi) \otimes \mathrm{id}) \circ m$, $\lambda\colon\ I/I^2 \to A$ 是 R 线性的, 则 $\lambda(I/I^2) \subset R \cdot 1 \subset A = R \cdot 1 + I$.

定义 1.5.1 满足命题 1.5.3 的 D 称为 A 的**右不变导子** (right invariant derivation).

1.5.4　域上的 Hopf 代数

设 R 为域 k, A 为有限 Hopf k 代数, I 为 A 的增广理想. 则 $A/I \cong k$, I/I^2 是有限维 k 向量空间. 取 I 的元素 $x_1, \cdots, x_r$ 使得它们在 I/I^2 内的像 $\{\overline{x}_1, \cdots, \overline{x}_r\}$ 为 k 向量空间 I/I^2 的基.

令 $\pi: A = R \cdot 1 + I \to I/I^2$ 如前. 对于 $i = 1, \cdots, r$, 定义映射

$$\lambda_i: I/I^2 \longrightarrow k \subset k \cdot 1 + I$$
$$\overline{x}_j \longmapsto \delta_{ij} \qquad (j = 1, \cdots, r).$$

考虑导子 $D_i = \psi \circ ((\lambda_i \circ \pi) \otimes \mathrm{id}) \circ m$. 按定义, 若 $a \in A$, $m(a) = \sum b_j \otimes c_j$, 则 $D_i(a) = \sum (\lambda_i \pi(b_j)) c_j$. 于是

$$eD_i(a) = \sum (\lambda_i \pi(b_j)) e(c_j) = \lambda_i \pi\Big(\sum (b_j) e(c_j)\Big) = \lambda_i \pi(a),$$

即有 $eD_i(x_j) = \delta_{ij}$, 或者说 $D_i(x_j) \equiv \delta_{ij} \pmod I$.

任何导子 D 都满足条件 $D(ab) = D(a)b + aD(b)$, 所以 $D(I^m) \subset I^{m-1}$. 这样, 在分次环

$$\mathrm{gr}_I(A) = \bigoplus_{m=0}^{\infty} I^m / I^{m=1} = k[\overline{x}_1, \cdots, \overline{x}_r]$$

上 D_i 诱导出次数为 -1 的导子 $\overline{D}_i$. 这里请注意：因为 $k = A/I$ 是域, 故 I 是 A 的极大理想. I 作为 $G = \operatorname{Spec} A$ 的点是 G 的单位 ε, $\operatorname{Spec}(\mathrm{gr}_I(A))$ 正是闭点 ε 的切锥. G 在 ε 正则的充要条件是此切锥等于 G 在 ε 的切空间.

1.5.5　与多项式环的关系

设 k 是域, A 为有限 Hopf k 代数, I 为 A 的增广理想, $\overline{x}_i$ 同上. 设 $X_1, \cdots, X_r$ 为独立变量. 以 $k[X]$ 记 $k[X_1, \cdots, X_r]$. 定义 k 代数同态

$$\varphi: k[X] \longrightarrow \mathrm{gr}_I(A)$$
$$X_i \longmapsto \overline{x}_i.$$

设 $P(X) = P(X_1, \cdots, X_r)$ 是 n 次齐次多项式, 则 $\varphi(P(X)) \in I^n/I^{n+1}$. 另一方面,

$$D_i(P(x)) = \sum_{i=1}^{r} \frac{\partial P}{\partial X_j}(x) D_i(x_j),$$

其中 $x = (x_1, \cdots, x_r)$. 若 $\frac{\partial P}{\partial X_j} \neq 0$, 则 $\frac{\partial P}{\partial X_j}$ 是 $n-1$ 次齐次多项式, 所以 $\frac{\partial P}{\partial X_j}(x) \in I^{n-1}$. 又有 $D_i(x_j) \equiv \delta_{ij} \pmod I$, 故 $D_i P(x) \equiv \frac{\partial P}{\partial X_i}(x) \pmod{I^n}$. 于是有 $D_i \circ \varphi = \varphi \circ \frac{\partial}{\partial X_i}$. 这说明 $\frac{\partial}{\partial X_i}(\operatorname{Ker} \varphi) \subset \operatorname{Ker} \varphi$.

引理 1.5.4　如果 k 是特征 0 的域, 则 φ 是同构; 如果 k 是特征 $p>0$ 的域, 则 φ 是诱导出同构

$$k[X_1,\cdots,X_r]/(X_1^p,\cdots,X_r^p)\xrightarrow{\sim}\mathrm{gr}_I(A)/(\overline{x}_i^p,\cdots,\overline{x}_r^p).$$

证明　若 k 的特征为 0, 令 $J=\mathrm{Ker}\,\varphi$; 若 k 的特征为 $p>0$, 令 $J=\varphi^{-1}(\overline{x}_i^p,\cdots,\overline{x}_r^p)$. 则 J 为 $k[X]$ 的齐次理想, 且 $J\neq k[X]$, $\frac{\partial}{\partial X_i}J\subset J$.

设 $P=\sum c_{m_1\cdots m_r}X_1^{m_1}\cdots X_r^{m_r}\in J$, 则 $(\frac{\partial}{\partial X_1})^{m_1}\cdots(\frac{\partial}{\partial X_r})^{m_r}P\in J$. 由于 J 是齐次理想, 所以 J 含有此多项式的 0 次项

$$\Big(\big(\frac{\partial}{\partial X_1}\big)^{m_1}\cdots\big(\frac{\partial}{\partial X_r}\big)^{m_r}P\Big)(0,\cdots,0)=m_1!\cdots m_r!c_{m_1\cdots m_r}.$$

现在设 k 的特征为 0, 则所有的 $m_1!\cdots m_r!$ 都不等于 0, 于是 $c_{m_1\cdots m_r}\in J$. 但是 $1\notin J$, 所以 $c_{m_1\cdots m_r}=0$. 这说明 $J=0$, 即 φ 是同构.

现在考虑 k 的特征 $p>0$ 的情形. 此时只有当 $m_j<p$ 时 $m_j!\neq 0$. 所以当 $m_j<p$ $(\forall\, j=1,\cdots,r)$ 时同样可得 $c_{m_1\cdots m_r}=0$. 但是此时 J 包含 $(X_1^p,\cdots,X_r^p)$, 故 $J=(X_1^p,\cdots,X_r^p)$. □

1.5.6　域上的有限维 Hopf 代数

命题 1.5.5　设特征 0 的域 k 上的 Hopf 代数 A 是有限维局部 k 代数, 则 $A=k$.

证明　A 的增广理想 I 为 A 的极大理想. 由于 A 是有限维局部 k 代数, 故 A 是 Artin 环, 所以 I 是幂零理想. 于是 $\mathrm{gr}_I(A)$ 是有限维 k 代数. 但 $\varphi: k[X]\to\mathrm{gr}_I(A)$ 是同构, 所以 $k[X]$ 是有限维 k 代数, 而这只能当 $r=0$ 时才成立. 于是 $I=I^2$. 因为 I 幂零, 故存在正整数 n 使得 $I^n=0$. 于是 $I^{n-1}\subseteq I^{n-2}\cdot I=I^{n-2}\cdot I^2\subseteq I^n=0$. 归纳下去即得 $I=0$. □

1.6　Cartier 对偶

1.6.1　对偶群

设 R 为环, $G=\mathrm{Spec}\,A$ 为交换有限平坦 R 群概形. 令 $A^*=\mathrm{Hom}_{R\text{模}}(A,R)$, 则 Hopf R 代数 A 的余乘法决定 A^* 的乘法. 因为 G 是交换的, 所以 A^* 是交换环.

代数 A 的乘法决定 A^* 的余乘法, R 代数 A 的结构态射 $R\to A$ $(r\mapsto r\cdot 1_A)$ 给出 A^* 的余单位, A 的余逆的对偶就是 A^* 的余逆. 这样 A^* 就成为一个 Hopf 代数. 于是可以定义交换 R 群概形 $G^*=\mathrm{Spec}(A^*)$.

定义 1.6.1　称上述的 G^* 为 G 的 **Cartier 对偶群** (Cartier dual group).

固定基概形 S. 设 $G = \operatorname{Spec}\mathscr{A}$ 是 S 群概形, 即 $\mathscr{A}$ 是 Hopf $\mathscr{O}_S$ 代数. 与群 G 的乘法 $\mu: G\times G\to G$, 单位元 $\varepsilon: S\to G$, 逆元 $\iota: G\to G$ 相对应的是 $\mathscr{A}$ 的 Hopf 代数运算是: 余乘法 $m: \mathscr{A}\to\mathscr{A}\otimes\mathscr{A}$, 余单位 $e: \mathscr{A}\to\mathscr{O}_S$, 余逆元 $i: \mathscr{A}\to\mathscr{A}$. 我们假设 $G = \operatorname{Spec}A$ 是交换群, 这就等价于 $\mathscr{A}$ 是 “余交换” 的, 即是说 $\sigma\circ m = m$, 其中 σ 是换位映射 $\sigma(a\otimes b) = b\otimes a$.

我们增加假设 $\mathscr{A}$ 作为 $\mathscr{O}_S$ 模是局部自由有限秩 $\mathscr{O}_S$ 模. 引入

$$\mathscr{A}^* = \mathscr{H}om_{\mathscr{O}_S\text{ 模}}(\mathscr{A},\mathscr{O}_S).$$

则自然同态 $\mathscr{A}\to(\mathscr{A}^*)^*$ 和 $\mathscr{A}^*\otimes_{\mathscr{O}_S}\mathscr{A}^*\to(\mathscr{A}\otimes_{\mathscr{O}_S}\mathscr{A})^*$ 为同构.

利用 $\mathscr{A}_S$ 的 Hopf 代数结构引入

$$p_{\mathscr{A}^*}: \mathscr{A}^*\otimes_{\mathscr{O}_S}\mathscr{A}^*\longrightarrow(\mathscr{A}\otimes_{\mathscr{O}_S}\mathscr{A})^*\xrightarrow{m^*}\mathscr{A}^*,$$

则 $p_{\mathscr{A}^*}$ 和 $e^*: \mathscr{O}_S\to\mathscr{A}^*$ 在 $\mathscr{A}^*$ 上决定 (交换) $\mathscr{O}_S$ 代数结构, 并且利用

$$\begin{aligned} m_{\mathscr{A}^*}&: \mathscr{A}^*\xrightarrow{m^*}(\mathscr{A}\otimes_{\mathscr{O}_S}\mathscr{A})^*\longrightarrow\mathscr{A}^*\otimes_{\mathscr{O}_S}\mathscr{A}^*,\\ e_{\mathscr{A}^*}&: \mathscr{A}^*\xrightarrow{u^*}\mathscr{O}_S,\\ i_{\mathscr{A}^*}&: \mathscr{A}^*\xrightarrow{i^*}\mathscr{A}^*,\end{aligned}$$

便得知 $m_{\mathscr{A}^*}, e_{\mathscr{A}^*}, i_{\mathscr{A}^*}$ 决定 Hopf $\mathscr{O}_S$ 代数 $\mathscr{A}^*$. 留意当我们说 m, e 是 $\mathscr{O}_S$ 代数同态时, 意味着 m, e 把 $\mathscr{O}_S$ 代数的乘法单位元映为单位元, 亦即要求下图交换

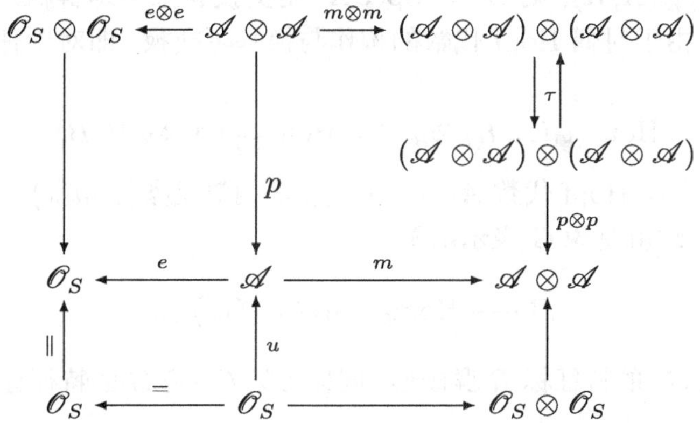

其中 $\tau(a_1\otimes a_2\otimes a_3\otimes a_4) = a_1\otimes a_3\otimes a_2\otimes a_4$. p 是 $\mathscr{A}$ 作为代数的乘法, u 是 $\mathscr{A}$ 作为 $\mathscr{O}_S$ 代数的结构态射. 如果我们将此图中的 $\mathscr{A}$ 换成 $\mathscr{A}^*$ 并将箭头反向, 便知同样条件在 $\mathscr{A}^*$ 中成立.

我们知道：概形态射 $\operatorname{Spec}\mathscr{A} \to S$ (假设 S 是局部 Noether 概形) 是有限平坦的当且仅当 $\mathscr{A}$ 是局部自由有限秩 $\mathscr{O}_S$ 模. 所以我们从交换有限平坦仿射群概形 $\operatorname{Spec}\mathscr{A}$ 出发, 得到的 $\operatorname{Spec}\mathscr{A}^*$ 也是交换有限平坦仿射群概形. $\operatorname{Spec}\mathscr{A}^*$ 称为 $\operatorname{Spec}\mathscr{A}$ 的 **Cartier 对偶** (Cartier dual).

1.6.2　特征标群概形

设 G 为 S 群概形. 我们称 S 群概形同态 $\chi: G \to (\mathbb{G}_\mathrm{m})_S$ 为 G 的**特征标** (character). G 的特征标组成 $(\mathbb{G}_\mathrm{m})_S$ 的 G 点 $\operatorname{Hom}_{\mathfrak{Sch}/S}(G, (\mathbb{G}_\mathrm{m})_S) = \mathbb{G}_\mathrm{m}(G)$ 的子群 $\operatorname{Hom}_{\mathfrak{Gr}/S}(G, (\mathbb{G}_\mathrm{m})_S)$.

如果 $S = \operatorname{Spec} R$, $G = \operatorname{Spec} A$, 按照同态的要求, G 的特征标对应于同态 $R \to A$. 于是 χ 决定了 A 的一个满足下述条件的可逆元 x: $m(x) = (x \otimes 1)(1 \otimes x) = x \otimes x$.

考虑函子

$$\mathfrak{Sch}/S \longrightarrow \mathfrak{Ab}$$
$$T \longmapsto \operatorname{Hom}_{\mathfrak{Gr}/T}(G_T, (\mathbb{G}_\mathrm{m})_T).$$

如果存在交换 S 群概形 G' 表示这个函子, 则称 G' 为 G 的**特征标群概形** (character group scheme). 若 G' 为 G 的特征标群概形, 则有同态

$$G'(T) = \operatorname{Hom}_{\mathfrak{Gr}/T}(G_T, (\mathbb{G}_\mathrm{m})_T) \longrightarrow \operatorname{Hom}_{\mathfrak{Gr}}(G(T), \mathbb{G}_\mathrm{m}(T)),$$

由此得到配对 $G'(T) \times G(T) \to \mathbb{G}_\mathrm{m}(T)$. 它定义了一个函子 $G' \times G \to \mathbb{G}_\mathrm{m}$.

设有 R 代数 A 使得 $G = \operatorname{Spec} A$ 为交换有限平坦 R 群概形. 像以前一样, 令 $A^* = \operatorname{Hom}_{R模}(A, R)$, 则 $G^* = \operatorname{Spec} A^*$ 是交换有限平坦群概形, G^* 是 G 的 Cartier 对偶. 由于对偶 Hopf 代数的构作与换基可交换, 即对于任一 R 代数 B, 有

$$\operatorname{Hom}_{R模}(A, R) \otimes_R B = \operatorname{Hom}_{B模}(A \otimes_R B, B),$$

所以 $G(B)$ 等于 B Hopf 代数 $A^*_B := A^* \otimes_R B$ 内满足条件 $m(x) = x \otimes x$ 的可逆元所组成的群. 这就是说 G 表示函子

$$B \longmapsto \operatorname{Hom}_{\mathfrak{Gr}/B}(G^*_B, (\mathbb{G}_\mathrm{m})_B).$$

也就是说 G 是 G^* 的特征标 R 群概形. 同样可见 G^* 是 G 的特征标 R 群概形. 由 B 线性配对

$$A^*_B \times A_B \longrightarrow B$$

得到 Cartier 配对

$$G(B) \times G^*(B) \longrightarrow \mathbb{G}_\mathrm{m}(B) = B^\times.$$

作为一个练习，我们把以上的讨论推广到概形 S 上.

设 G 为交换有限平坦 S 群概形. 把 G 写为 $\operatorname{Spec}\mathscr{O}_G$, 其中 $\mathscr{O}_G$ 为局部自由 $\mathscr{O}_S$ 代数. 令

$$\mathscr{O}_G^* = \operatorname{Hom}_{\mathscr{O}_S\text{模}}(\mathscr{O}_G, \mathscr{O}_S),$$

则 $\mathscr{O}_G^*$ 是 $\mathscr{O}_S$ 模, 且 $G^* = \operatorname{Spec}\mathscr{O}_S^*$ 是交换有限平坦 S 群概形. G^* 是 G 的 Cartier 对偶, 并且 $(G^*)^* \cong G$. 另外, 从 "层 –Hom" 的观点来看, 由

$$\mathscr{H}om_S(A,B)(T) = \operatorname{Hom}_T(A\times_S T, B\times_S T)$$

可见

$$G^* = \mathscr{H}om_{\mathrm{Gr}/S}(G, \mathbb{G}_{\mathrm{m}}),$$

G^* 是 G 的特征标群概形. 即是说：对任意的 $T\in \mathfrak{Sch}/S$, 我们有

$$\operatorname{Hom}_{\mathfrak{Gr}/T}(G\times_S T, \mathbb{G}_{\mathrm{m}}\times_S T) = \operatorname{Hom}_S(T, G^*).$$

此公式又称作 Cartier 特征标群公式.

像上面一样我们可以定义 Cartier 配对 $G\times G^* \to \mathbb{G}_{\mathrm{m}}$ 如下：取 S 的开覆盖 $\{U\}$ 使得局部自由层 $\mathscr{O}_G$ 在每一个开集 U 上的限制都同构于 $(\mathscr{O}_S|_U)^n$. 设 $e_1,\cdots,e_n$ 为 $\mathscr{O}_G|_U$ 的 $\mathscr{O}_S|_U$ 基, $e_1^*,\cdots,e_n^*$ 为 $\mathscr{O}_G^*|_U$ 中的对偶基. 我们把 $\mathbb{G}_{\mathrm{m}}$ 看作 $\operatorname{Spec}(\mathscr{O}_S[X,X^{-1}])$. 这样, 根据对偶的定义即知 Cartier 配对由以下的映射决定：

$$\begin{aligned}\mathscr{O}_S[X,X^{-1}]|_U &\longrightarrow \mathscr{O}_G|_U\otimes_{\mathscr{O}_S|_U}\mathscr{O}_G|_U,\\ X &\longmapsto \sum_{i=1}^n e_i\otimes e_i^*.\end{aligned} \tag{$*$}$$

注意：在同构 $\mathscr{O}_{G^*}\otimes_{\mathscr{O}_S}\mathscr{O}_G \xrightarrow{\sim} \mathscr{H}om_{\mathscr{O}_S}(\mathscr{O}_G,\mathscr{O}_G)$ 下 $\sum e_i\otimes e_i^*$ 映为 $\mathscr{O}_S$ 模的恒等映射 $\mathscr{O}_G\to\mathscr{O}_G$ (因为映射 $(*)$ 与 e_i 的选择无关).

1.6.3　例子

(1) 设 M 为 (抽象) 有限交换群, $\mathbb{Z}^M$ 为从 M 到 $\mathbb{Z}$ 的函数组成的环, $\mathbb{Z}[M]$ 为 M 的群代数. 常值群概形 $\underline{M}$ 是 $\operatorname{Spec}\mathbb{Z}^M$. 对角群概形 $D(M)$ 是 $\operatorname{Spec}\mathbb{Z}[M]$. 由于有同构 $\mathbb{Z}[M]\cong \operatorname{Hom}_{\mathbb{Z}\text{模}}(\mathbb{Z}^M,\mathbb{Z})$, 所以常值群概形 $\underline{M}$ 的 Cartier 对偶是对角群概形 $D(M)$. 利用换基即知：对于任一概形 S, $\underline{M}_S$ 的 Cartier 对偶是对角群概形 $D(M)_S$.

(2) 设 N 为正整数, N 次单位根群概形 μ_N 是 $D(\mathbb{Z}/N\mathbb{Z})$. 由上面的例 (1) 知：对于任一概形 S, 常值群概形 $(\underline{\mathbb{Z}/N\mathbb{Z}})_S$ 的 Cartier 对偶是 $(\mu_N)_S$.

(3) 在例 (2) 中假设 $\mathscr{O}_S$ 的特征为 $p>0$, $N=p$, 我们来计算 Cartier 配对. 任一函数 $f:\ \mathbb{Z}/p\mathbb{Z}\to\mathbb{Z}$ 等同于一组整数 $(f(0),f(1),\cdots,f(p-1))$. 因此可以把 f 看作 $f(0)X^0+f(1)X^1+\cdots+f(p-1)X^{p-1}$ (X 是变元). 于是

$$(\underline{\mathbb{Z}/p\mathbb{Z}})_S=\operatorname{Spec}\mathscr{O}_S[X]/(X^p-X).$$

我们又把 $\mathbb{Z}$ 的加法运算改写为乘法, 即把群代数 $\mathbb{Z}[\mathbb{Z}]$ 写为 $\mathbb{Z}[T,T^{-1}]$ (T 为变元). 这样就有

$$(\mu_p)_S=\operatorname{Spec}\mathscr{O}_S[Y]/(Y^p-1).$$

显然 $1,X,\cdots,X^{p-1}$ 是 $\operatorname{Spec}\mathscr{O}_S[X]/(X^p-X)$ 作为 $\mathscr{O}_S$ 模的基. 设这组基的对偶基为 $f_0,f_1,\cdots,f_{p-1}$ ($\in\operatorname{Hom}_{\mathscr{O}_S\text{模}}(\mathscr{O}_S[X]/(X^p-X),\mathscr{O}_S)$).

在下面的讨论中我们取 $\mathscr{O}_S$ 为 $\mathbb{Z}/p\mathbb{Z}$. 把 f_1 看作 $\frac{\mathrm{d}}{\mathrm{d}X}$, 则 $f_i=\frac{1}{i!}f_1^i$ ($i=0,1,\cdots,p-1$). 引入**截尾指数** (truncated exponential)

$$\exp^-(t)=1+t+\frac{t^2}{2!}+\cdots+\frac{t^{p-1}}{(p-1)!}.$$

则 $\exp^-(f_1)(X^j)=(X+1)^j$ ($0\leqslant j\leqslant p-1$). 直接验算可知 $(\exp^-(f_1))^2(X^j)=(X+2)^j,\cdots$. 因为 $\mathbb{Z}/p\mathbb{Z}$ 的特征为 p, 所以 $(\exp^-(f_1))^p=\mathrm{id}$. 故 $Y=\exp^-(f_1)$. 综上所述, Cartier 配对

$$\underline{\mathbb{Z}/N\mathbb{Z}}\times\mu_p\longrightarrow\operatorname{Spec}((\mathbb{Z}/N\mathbb{Z})[T,T^{-1}]$$

由环同态

$$T\longmapsto\sum_{j=0}^{p-1}X^j\otimes f_j$$

所决定. 因为 $Y=\exp^-(f_1)$, 故 f_1 可以写为 $f_1=\log^-(Y)$ (**截尾对数** (truncated logarithm)). 于是

$$\sum_{j=0}^{p-1}X^j\otimes f_j=\sum_{j=0}^{p-1}X^j\otimes\frac{f_1^j}{j!}=\exp^-(X\otimes f_1).$$

所以 Cartier 配对是 $T\mapsto\exp^-(X\otimes\log^-(Y))$.

1.7 Frobenius 与 Verschiebung

给定一个范畴 $\mathfrak{C}$. 以 $\mathfrak{C}^0$ 记 $\mathfrak{C}$ 的反范畴, 以 $\mathfrak{C}^\wedge$ 记函子范畴 $\operatorname{Funct}(\mathfrak{C}^0,\mathfrak{Sets})$. 像通常一样, 用 Yoneda 引理, 我们可以通过态射 $X\mapsto\operatorname{Hom}(\bullet,X)=h_X$ 把 $\mathfrak{C}$ 看作 $\mathfrak{C}^\wedge$ 的全忠实子范畴.

设有 $\mathfrak{C}^\wedge$ 内的态射 $F \xrightarrow{p} E$ 和 $G \xrightarrow{q} E$. 我们称 $\mathfrak{C}^\wedge$ 内的交换图

$$\begin{CD} P @>{p_2}>> G \\ @V{p_1}VV @VV{q}V \\ F @>{p}>> E \end{CD}$$

为 p 与 q 的**纤维积** (fibre product), 如果对于任一态射 $H \to E$, 都有双射

$$\begin{aligned} \mathrm{Hom}_E(H,P) &\longleftrightarrow \mathrm{Hom}_E(H,F) \times \mathrm{Hom}_E(H,G) \\ h &\longmapsto (p_1h, p_2h). \end{aligned}$$

p 与 q 的纤维积记为 $F \times_E G$ 或 $F \times_{p,q} G$.

在本节中我们固定一个素数 p. 以 p 个元素的有限域 $\mathbb{F}_p$ 的素谱 $\mathrm{Spec}\,\mathbb{F}_p$ 为基概形的概形范畴记为 $\mathfrak{Sch}/\mathbb{F}_p$. 在 $\mathfrak{Sch}/\mathbb{F}_p$ 中的概形 S 的结构态射 $S \to \mathrm{Spec}\,\mathbb{F}_p$ 与环同态 $\mathbb{F}_p \to \Gamma(S, \mathscr{O}_S)$ 是等同的. 这样的 S 称为特征 p 的概形.

设 S 为特征 p 的概形 (即是说 $\mathscr{O}_S$ 是 $\mathbb{F}_p$ 代数). 定义概形态射 $f = f(S) : S \to S$ 如下: 对于 $s \in S$, 令 $f(s) = s$; 对于 S 的开子集 U, 令同态 $\Gamma(U, \mathscr{O}_S) \leftarrow \Gamma(U, \mathscr{O}_S)$ 把 x 映为 x^p. 称 f 为**绝对 Frobenius** (absolute Frobenius).

设 $q: X \to S$ 为 $\mathfrak{Sch}/\mathbb{F}_p$ 的任一态射. 以 $X^{(p/S)}$ 记纤维积 $S \times_{f,q} X$, 以 $\pi(X/S)$ 记 $p_2: X^{(p/S)} \to X$. 于是由交换图

$$\begin{CD} X @>{f(X)}>> X \\ @V{q}VV @VV{q}V \\ S @>{f(S)}>> S \end{CD}$$

得到 S 态射 $F(X/S): X \to X^{(p/S)}$ 使得 $f(X) = \pi(X/S) \circ F(X/S)$ (见下图).

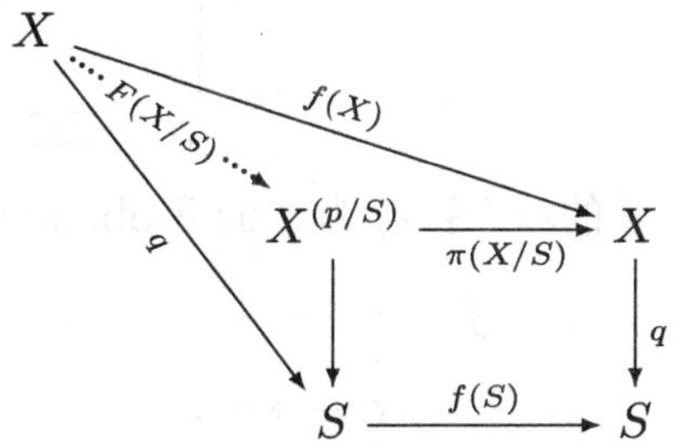

称 $F(X/S)$ 为**相对 Frobenius** (relative Frobenius), 又称为**几何 Frobenius** (geometric Frobenius), 而 $\pi(X/S)$ 称为**算术 Frobenius** (arithmetic Frobenius).

我们先讨论以上构造过程的函子性质 (functoriality).

首先我们指出函子 $p_s: X \mapsto X^{(p/S)}$ 是通过用绝对 Frobenius $f: S \to S$ 换基得到的. 而换基与直和及反向极限可交换, 所以 $X^{(p/S)}$ 保持 X 的代数结构 (如 X 是群, 则 $X^{(p/S)}$ 也是群), 同时也保持在换基下不变的性质.

由态射 $X \xrightarrow{g} Y$ 可得交换图

$$\begin{array}{ccc} X & \xrightarrow{f(X)} & X \\ \Big\downarrow{\scriptstyle g} & & \Big\downarrow{\scriptstyle g} \\ Y & \xrightarrow{f(Y)} & Y \end{array}$$

这就是说有函子态射 f : id $\to$ id (这里的 id 是指范畴上的恒等函子 (identity functor)).

关于映射 $X \mapsto F(X/S)$ 有交换图

$$\begin{array}{ccc} X & \xrightarrow{F(X/S)} & X^{(p/S)} \\ \Big\downarrow{\scriptstyle g} & & \Big\downarrow{\scriptstyle g^{(p/S)}} \\ Y & \xrightarrow{F(Y/S)} & Y^{(p/S)} \end{array}$$

这就是说我们有函子态射 $F(\bullet/S)$: id $\to p_s$. 又有以下的交换图, 其中的三个方形皆为卡氏图 (cartesian square):

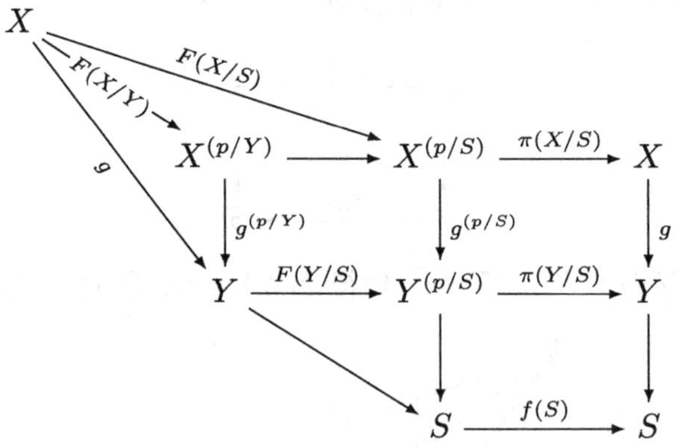

以下设 k 是特征 $p > 0$ 的域. 令 f_k 为 k 的 Frobenius 映射:

$$f_k: k \longrightarrow k$$
$$a \longmapsto a^p.$$

设 A 是 k 代数. 定义

$$f_A: A \longrightarrow A$$
$$x \longmapsto x^p.$$

用 k 的 Frobenius 映射 f_k 将 A 换基, 得到

$$A^{(p)} = k \otimes_k A.$$

在这里张量积 $k\otimes_k$ 是用 $f_k : k \to k$ 把 k 看作 k 代数, 即 $A^{(p)}$ 的元素满足 $a \otimes by = ab^p \otimes y$ $(a, b \in k,\ x \in A)$. 令 $X = \operatorname{Spec} A$, $X^{(p)} = \operatorname{Spec} A^{(p)}$.

设 B 是任一 k 代数. 利用 $f_k : k \to k$ 更改 B 的 k 代数结构如下：对于 $x \in B$, $a \in k$, 定义 $a \cdot x$ 为原来 B 中的 $a^p x$. 这样得到的 k 代数记为 $B_{(p)}$. 这样,

$$\begin{aligned} f(B) : B &\longrightarrow B_{(p)} \\ x &\longmapsto x^p \end{aligned}$$

就成为 k 线性映射. 于是有

$$\operatorname{Hom}_{k\text{代数}}(A^{(p)}, B) = \operatorname{Hom}_{k\text{代数}}(A, B_{(p)}),$$

即 $X^{(p)}(B) = X(B_{(p)})$. 另一方面, $f(B)$ 诱导出态射 $F_X(B) : X(B) \to X(B_{(p)})$, 即 $F_X(B) : X(B) \to X^{(p)}(B)$. 这样得到的态射 $F_X : X \to X^{(p)}$ 称为**相对 Frobenius 态射** (relative Frobenius morphism) (此映射把一点的坐标映为它的 p 次方).

现在设 G 是 k 群概形. 函子 $G \mapsto G^{(p)}$ 以及态射 $F_G : G \to G^{(p)}$ 均与乘积可交换. 所以 $G^{(p)}$ 也是群概形, 并且 F_G 是群同态.

下面我们给出一个例子.

命题 1.7.1　设 k 是特征 $p > 0$ 的域, $G = \operatorname{Spec}(k[x_1, \cdots, x_r])$ 是有限平坦 k 群概形. 又设群 G 的单位态射 $\varepsilon : \operatorname{Spec} k \to G$ 由代数同态 $e : k[x_1, \cdots, x_r] \to k$ 给出. 令 $I = \operatorname{Ker} e$. 如果 $I = (x_1, \cdots, x_r)$, 则 Frobenius 态射的核 $\operatorname{Ker} F_G$ 是 $\operatorname{Spec}(k[x_1, \cdots, x_r]/(x_1^p, \cdots, x_r^p))$ (它是 G 的有限平坦闭正规子群概形).

取定一个特征 $p > 0$ 的概形 S. 设 X 为 S 概形. 令

$$\mathscr{U}^p(X) = \bigcup \underbrace{U \times_S U \times_S \cdots \times_S U}_{p\text{次}},$$

其中的 U 取遍 X 的所有仿射开子概形. 现在我们在 X 中取这样的仿射开子概形 U：U 在 S 中的像为 S 的仿射开子概形 W. 设 $W = \operatorname{Spec} k$, $U = \operatorname{Spec} A$. 以 $\otimes_k^p A$ 记 A 的 p 次张量积. $\otimes_k^p A$ 中的对称张量子代数记为 $\Sigma^p A$. 用所有这样的 U 和 W 构造

$$\mathscr{V}^p(X) = \bigcup \operatorname{Spec}(\Sigma^p A).$$

以 $q(X)$ 记自然态射 $\mathscr{U}^p(X) \to \mathscr{V}^p(X)$. 设 $\mathfrak{S}$ 为对称化算子:

$$\mathfrak{S}:\ \otimes_k^p A \longrightarrow \otimes_k^p A$$
$$a_1 \otimes \cdots \otimes a_p \longmapsto \sum_{\sigma} a_{\sigma(1)} \otimes \cdots \otimes a_{\sigma(p)},$$

其中 σ 取遍 p 个文字的对称群的所有元素. 令

$$X^{[p/S]} = \bigcup \operatorname{Spec}(\Sigma^p A/\mathfrak{S}(\otimes_k^p A))$$

(以上诸概形均以粘合的方法得以构造). 以 δ 记对角态射:

$$\delta : X \longrightarrow \mathscr{U}^p(X).$$

δ 在 U 上的限制由 k 代数同态 η 所决定, 其中

$$\eta:\ \otimes_k^p A \longrightarrow A$$
$$a_1 \otimes \cdots \otimes a_p \longmapsto a_1 a_2 \cdots a_p.$$

由于 $\eta(\mathfrak{S}(a_1 \otimes \cdots \otimes a_p)) = p! a_1 a_2 \cdots a_p = 0$, 所以 $q(X) \circ \delta(X)$ 有如下图所示的分解:

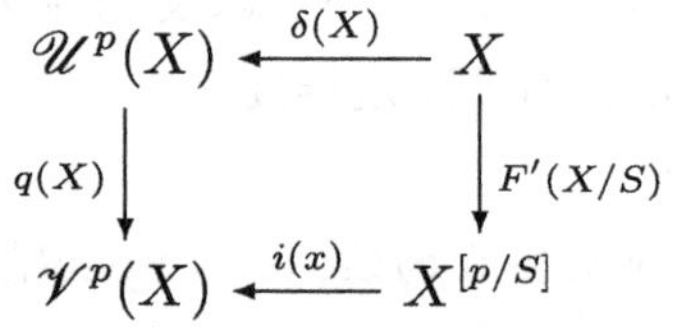

仍然取 $W = \operatorname{Spec} k \subset S$, $U = \operatorname{Spec} A \subset X$ 如上. 以 π 记 k 的自同态 $x \mapsto x^p$. 则 $U^{(p/S)} = \operatorname{Spec}(k \otimes_\pi A)$ (其中的 k 的 k 代数结构由 π 给出). 考虑 k 代数同态交换图:

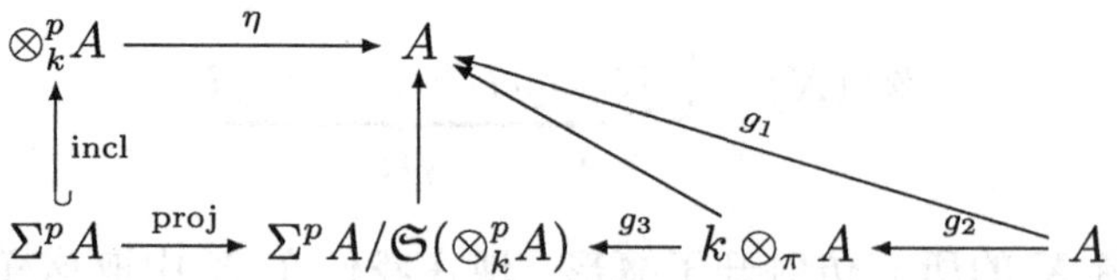

其中 g_1 是 $a \mapsto a^p$, g_2 是 $a \mapsto 1 \otimes a$, g_3 是 $\lambda \otimes a \mapsto \lambda a \otimes a \cdots \otimes a \mod \mathfrak{S}(\otimes_k^p A)$. 由同态 g_3 通过黏合所得到的态射记为

$$\varphi(X):\ X^{[p/S]} \longrightarrow X^{(p/S)}.$$

则上图中部给出以下分解：

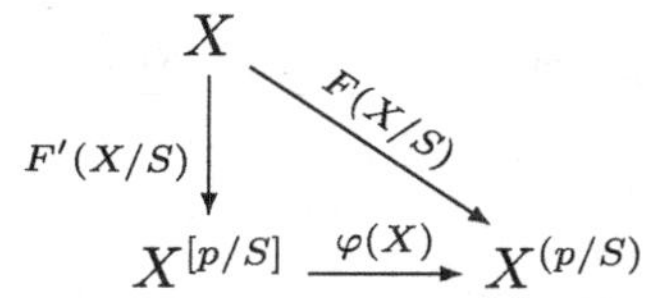

设 M 是自由 k 模. 则同态

$$k\otimes_{\pi} M \longrightarrow \Sigma^{p}M/\mathfrak{S}(\otimes_{k}^{p}M)$$

$$\lambda\otimes m\longmapsto \lambda m\otimes\cdots\otimes m$$

为双射. 如果只假定 M 是 k 平坦的, 则此结果仍然成立, 其原因是：平坦模是自由模的正向极限. 所以, 当 X 是平坦 S 概形时, $\varphi(X)$ 是同构.

现在设 M 是平坦 S 交换群概形. 利用群 G 的乘法可以定义态射：

$$\mu(G):\mathscr{U}^{p}(G)\xrightarrow{\text{incl}}\overbrace{G\times_{S}G\times_{S}\cdots\times_{S}G}^{p\text{个}}\longrightarrow G.$$

于是存在态射 $\gamma(G):\mathscr{V}^{p}(G)\to G$ 使得 $\mu(G)$ 分解为 $\mu(G)=\gamma(G)\circ q(G)$. 另一方面, 对于任一 S 概形 T, 映射

$$G(T)\xrightarrow{\delta(G)(T)}\mathscr{U}^{p}(G)(T)\xrightarrow{\mu(G)(T)}G(T)$$

把 $x\in G(T)$ 映为 $p\cdot x$ (注意：这里把群运算写作加法). 即是说 $\mu(G)\circ\delta(G)=p\cdot\mathrm{id}_{G}$. 由于 G 是 S 平坦的, 所以 $\varphi(G)$ 是同构. 于是可以定义态射 $V(G/S):G^{(p/S)}\to G$ 为

$$V(G/S)=\gamma(G)\circ i(G)\circ\varphi(G)^{-1}.$$

我们称 $V(G/S)$ 为**Verschiebung**. 由定义立得

$$V(G/S)\circ F(G/S)=p\cdot\mathrm{id}_{G}.$$

可以验证 $V(G/S)$ 和 $F(G/S)$ 都是群同态. 为此应当留意 $G\to V(G/S)$ 和 $G\to F(G/S)$ 都是函子态射.

为了一目了然, 我们作下图：

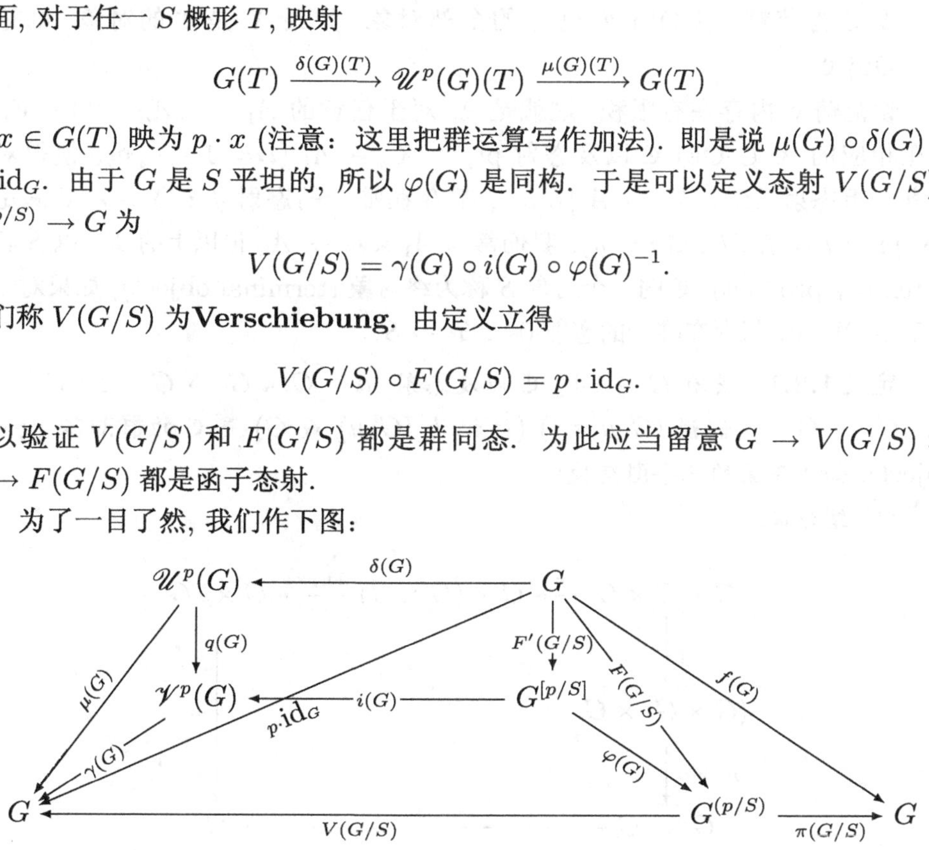

考虑下图：

$$
\begin{array}{ccc}
G^{(p/S)} & \xrightarrow{\mathscr{V}(G/S)} & G \\
\Big\downarrow {\scriptstyle F(G/S)^{(p/S)}} & & \Big\downarrow {\scriptstyle F(G/S)} \\
(G^{(p/S)})^{(p/S)} & \xleftarrow[V(G^{(p/S)}/S)]{} & G^{(p/S)}
\end{array}
$$

因为 $F(G/S)^{(p/S)}$ 可以看作是由 $F(G/S)$ 通过 $S \xrightarrow{f(S)} S$ 得出的，所以 $F(G/S)^{(p/S)} = F(G^{(p/S)}/S)$. 于是有

$$
F(G/S) \circ V(G/S) = V(G^{(p/S)}/S) \circ F(G^{(p/S)}/S) = p \cdot \mathrm{id}_{G^{(p/S)}}.
$$

1.8　群　函　子

1.8.1　群对象

设 $\mathfrak{C}$ 为范畴. 以 Obj $\mathfrak{C}$ 记 $\mathfrak{C}$ 的全部对象. 如果 X 是 $\mathfrak{C}$ 的对象，则记为 $X \in \mathrm{Obj}\ \mathfrak{C}$.

设范畴 $\mathfrak{C}$ 内存在有限积，这就是说，对于任意的 $A_1, \cdots, A_n \in \mathrm{Obj}\ \mathfrak{C}$，都存在相应的 $X \in \mathrm{Obj}\ \mathfrak{C}$ 以及态射 $\mathrm{pr}_i : X \to A_i$ $(i = 1, \cdots, n)$，使得对于任意一组态射 $\{f_i : Y \to A_i\}_{1 \leqslant i \leqslant n}$，都存在唯一的态射 $f : Y \to X$ 满足条件：$\mathrm{pr}_i \circ f = f_i$ $(\forall\, 1 \leqslant i \leqslant n)$. 我们常以 $A_1 \times \cdots \times A_n$ 记以上的 X. 以 S 记空积 (empty product). $\mathfrak{C}$ 的一个对象 S 称为**终对象** (terminal object)，如果对于任一 $T \in \mathrm{Obj}\ \mathfrak{C}$，都存在唯一的态射 $0_T : T \to S$.

定义 1.8.1　设有 $G \in \mathrm{Obj}\ \mathfrak{C}$ 以及态射 $\mu : G \times G \to G$, $\varepsilon : S \to G$, $\iota : G \to G$. 我们说 $(G, \mu, \varepsilon, \iota)$ (简记为 (G, μ) 或 G) 是 $\mathfrak{C}$ 的**群对象** (group object)，如果下面的三个图交换：

(1) 结合律.

$$
\begin{array}{ccccc}
G \times G \times G & \xrightarrow{=} & G \times (G \times G) & \xrightarrow{\mathrm{id}_G \times \mu} & G \times_S G \\
\Big\| \Big\downarrow & & & & \Big\downarrow \\
(G \times G) \times G & & & & \Big\downarrow {\scriptstyle \mu} \\
\Big\downarrow {\scriptstyle \mu \times \mathrm{id}_G} & & & & \Big\downarrow \\
G \times_S G & & \xrightarrow{\quad\quad \mu \quad\quad} & & G
\end{array}
$$

(2) 左单位律.

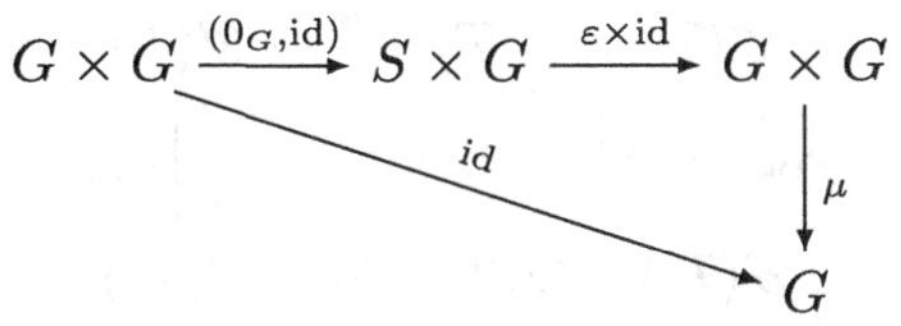

(3) 左逆律.

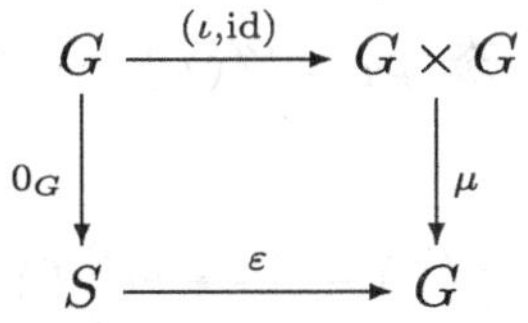

若群对象 (G,μ) 又满足以下的交换图, 则称之为**交换群对象** (commutative group object):

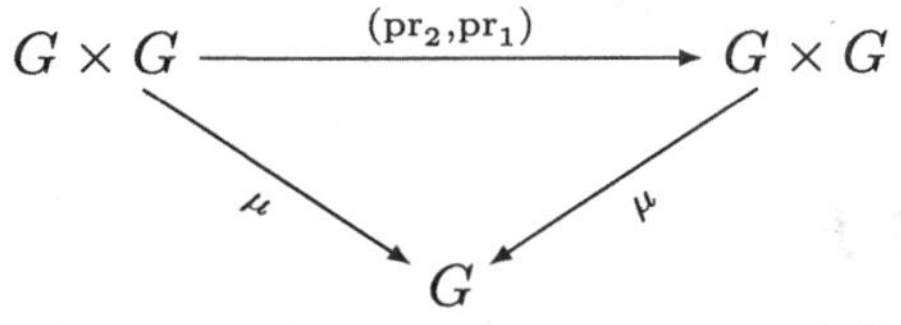

$\mathfrak{C}$ 的群对象又称为$\mathfrak{C}$ 群 ($\mathfrak{C}$-group).

定义 1.8.2 设 (G,μ) 和 (G',μ') 是 $\mathfrak{C}$ 群. 称 $\mathfrak{C}$ 中的态射 $\varphi: G\to G'$ 为 $\mathfrak{C}$ **群同态** (homomorphism), 如果下面的图交换:

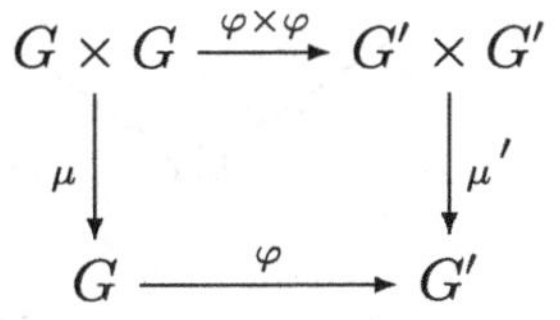

对于 $X,T\in\mathrm{Obj}\,\mathfrak{C}$, 按代数几何的习惯, 我们常称 $\mathrm{Hom}_{\mathfrak{C}}(T,X)$ 的元素为 X 的 T 点, 并以 $X(T)$ 记集合 $h_X(T)=\mathrm{Hom}_{\mathfrak{C}}(T,X)$.

1.8.2 群函子

以 $\mathfrak{Gr}$ 记群范畴. 这就是说: 任一 $G\in\mathrm{Obj}\,\mathfrak{Gr}$ 为群; 对于 $G,G'\in\mathrm{Obj}\,\mathfrak{Gr}$, $\mathrm{Hom}_{\mathfrak{Gr}}(G,G')$ 的元素是 G 到 G' 的群同态.

设范畴 $\mathfrak{C}$ 内存在有限乘积. 由 $\mathfrak{C}$ 到 $\mathfrak{Gr}$ 的反变函子 $\mathscr{G}:\ \mathfrak{C}\to\mathfrak{Gr}$ 称为 $\mathfrak{C}$ **群函子** (group functor). 这就是说, 对于 $T\in\mathrm{Obj}\,\mathfrak{C}$, $\mathscr{G}(T)$ 是群 (即有群运算 $\mu_T:\mathscr{G}(T)\times\mathscr{G}(T)\to\mathscr{G}(T)$), 并且若 $u:T'\to T$ 是 $\mathfrak{C}$ 内的态射, 则

$\mathscr{G}(u):\mathscr{G}(T)\to\mathscr{G}(T')$ 是群同态, 即下面的图交换:

$$\begin{array}{ccc}
\mathscr{G}(T)\times\mathscr{G}(T) & \xrightarrow{\mu_T} & \mathscr{G}(T) \\
{\scriptstyle \mathscr{G}(u)\times\mathscr{G}(u)}\big\downarrow & & \big\downarrow{\scriptstyle \mathscr{G}(u)} \\
\mathscr{G}(T')\times\mathscr{G}(T') & \xrightarrow{\mu_{T'}} & \mathscr{G}(T')
\end{array}$$

所谓 $\mathfrak{C}$ 群函子同态是指函子态射 $\varphi:\ \mathscr{G}\ \to\ \mathscr{G}'$. 这就是说: 对于每一个 $T\ \in\ \mathrm{Obj}\,\mathfrak{C}$, 都给定一个群同态 $\varphi_T\ :\mathscr{G}(T)\ \to\ \mathscr{G}'(T)$, 使得对于任一 $\mathfrak{C}$ 态射 $u:T'\to T$, 下面的图都交换:

$$\begin{array}{ccc}
\mathscr{G}(T) & \xrightarrow{\varphi_T} & \mathscr{G}'(T) \\
{\scriptstyle \mathscr{G}(u)}\big\downarrow & & \big\downarrow{\scriptstyle \mathscr{G}(u)} \\
\mathscr{G}(T') & \xrightarrow{\varphi_{T'}} & \mathscr{G}'(T')
\end{array}$$

φ_T 又常记为 φ_*.

1.8.3　可表群函子

像前面一样, 我们将 $\mathrm{Hom}_{\mathfrak{C}}(T,G)$ 记为 $h_G(T)$. 以 $\mathfrak{Sets}$ 记集合范畴.

命题 1.8.1　*设范畴 $\mathfrak{C}$ 内存在有限乘积.*

(1) 若 G 是 $\mathfrak{C}$ 的群对象, 则 $h_G:\ \mathfrak{C}\to\mathfrak{Sets}$ 有分解:

$$h_G:\quad \begin{array}{ccc}
\mathfrak{C} & \longrightarrow & \mathfrak{Sets} \\
& \searrow \quad \swarrow & \\
& \mathfrak{Gr} &
\end{array}$$

即 h_G 是群函子.

(2) 若 $G\in\mathfrak{C}$ 使得有 (1) 中所示的分解, 则 G 是 $\mathfrak{C}$ 的群对象.

注　这就是说 "可表群函子" 与 "群对象" 一一对应.

证明　(1) 设 (G,μ) 是 $\mathfrak{C}$ 的群对象. 对于任一 $T\in\mathrm{Obj}\,\mathfrak{C}$ 以及 $g_1,g_2\in G(T)$, 根据纤维积的定义, g_1,g_2 对映于唯一的 $g_0\in(G\times G)(T)$. 令 $\mu_T(g_1,g_2)=\mu(g_0)$. 这就定义了 $\mu_T:G(T)\times G(T)\to G(T)$. 由群对象定义中的交换图即知 $G(T)$ 是群.

对于 $\mathfrak{C}$ 中的态射 $u:T\to T'$, 有

$$h_G(u):\ G(T)\longrightarrow G(T'),$$
$$g\longmapsto g\circ u.$$

由交换图

$$\begin{array}{ccccc} G(T)\times G(T) & \rightleftarrows & (G\times G)(T) & \xrightarrow{\mu_T} & G(T) \\ \downarrow & & \downarrow & & \downarrow{\scriptstyle h_G(u)} \\ G(T')\times G(T') & \rightleftarrows & (G\times G)(T') & \xrightarrow{\mu_{T'}} & G(T') \end{array}$$

即知 $h_G(u)$ 是群同态.

(2) 设 h_G 为群函子. 则对应于 $T \in \mathrm{Obj}\,\mathfrak{C}$ 有群运算 $\mu_T: G(T)\times G(T)\to G(T)$. 于是我们可以定义 G 的乘律

$$\mu = \mu_{G\times G}(\mathrm{pr}_1,\mathrm{pr}_2): G\times G \longrightarrow G.$$

以 S 记 $\mathfrak{C}$ 的空积, 以 ε 记群 $G(S)$ 的单位元. 对于任一 $T\in \mathrm{Obj}\,\mathfrak{C}$, 群 $G(T)$ 的取逆运算定义了态射 $G(T)\to G(T)$ $(g\mapsto g^{-1})$, 即决定了一个函子态射 $h_G\to h_G$. 由于 h 是全忠实的, 所以此函子态射决定了 $\mathfrak{C}$ 内的态射 $\iota: G\to G$. 读者自行证明 $(G,\mu,\varepsilon,\iota)$ 是 $\mathfrak{C}$ 的群对象. □

1.8.4　可表群层

设 $G\xrightarrow{\pi} S$ 为群概形, $T\xrightarrow{t} S$ 为 S 概形. 则对于任意的 $g_1,g_2\in G(T)$, 有 $\pi\circ g_i = t$ $(i=1,2)$. 根据纤维积的定义, (g_1,g_2) 决定唯一的 $g_0: T\to G\times_S G$ 使得下图交换:

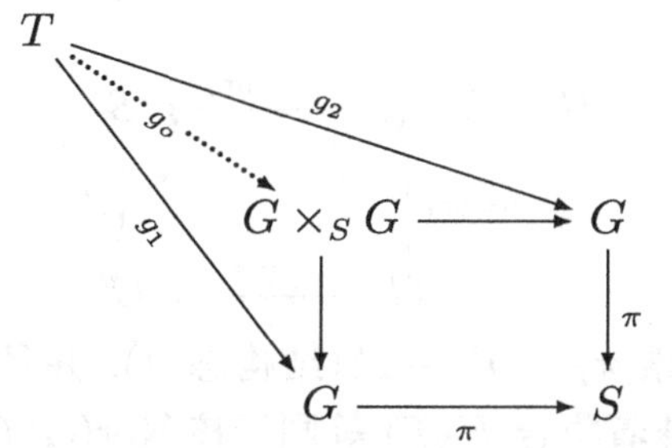

我们定义 $\mu_T(g_1,g_2)$ 为 $\mu\circ g_0$, 其中 μ 为 G 的乘律. 前面已经证明 $(G(T),\mu_t)$ 是群. 反之, 如果 S 概形 X 使得函子 $T\to \mathrm{Hom}_S(T,X)$ 把 S 概形范畴 $\mathfrak{Sch}/S$ 映到群范畴 $\mathfrak{Gr}$, 则 X 是 S 上的群概形. 另一方面, $\mathrm{Hom}_S(\bullet,X)$ 是 $\mathfrak{Sch}/S$ 上的一个 fpqc 层 (所以也是 fppf 层). 因此我们就不必区分一个 S 群概形、一个 S 概形上的可表群函子、一个 S 概形上的可表群层了! 这也说明了 S 群层是 S 群概形的推广. 为了便于使用同调代数, 我们希望所考虑的范畴是 Abel 范畴. 不幸的是, 除了基概形是域的情形外, 交换群概形范畴一般不是 Abel 范畴. 但是, 对于任意给定的 Grothendieck 拓扑, 交换层范畴是 Abel 范畴, 并且有足够的内射对象. 给定基概形 S, 在 S 上取 fppf 拓扑, 以 $\mathfrak{Ab}_S$ 记 S 上的交换层所组成的 Abel 范畴. 此

时交换 S 群概形范畴是 $\mathfrak{Ab}_S$ 的全子范畴 (full subcategory). 这就是的我们能够应用同调代数了. 例如, 我们可以利用导出函子定义两个交换 S 群概形 F,G 的 $\mathscr{E}xt^i(F,G)$.

1.8.5 核

在同调代数中经常要考虑态射的核 (kernel) 和余核 (cokernel). 我们先用群函子定义核.

设范畴 $\mathfrak{C}$ 内存在有限乘积和纤维积. 设 G 和 G' 为 $\mathfrak{C}$ 群函子, $\varphi: G \to G'$ 为群函子同态. 如果存在 $\mathfrak{C}$ 群函子 H 和群同态 $\alpha: H \to G$, 使得对于 $\mathfrak{C}$ 内的任一对象 T, 序列

$$0 \longrightarrow H(T) \xrightarrow{\alpha_*} G(T) \xrightarrow{\varphi_*} G'(T)$$

都正合, 则我们称 $\alpha: H \to G$ 为 φ 的**核** (kernel).

命题 1.8.2 (1) *群同态必有核.*

(2) *核在同构意义下是唯一的.*

(3) *如果 $\alpha: H \to G$ 是 $\varphi: G \to G'$ 的核, 则对于 $\mathfrak{C}$ 内任一群函子 H', 下面的序列必正合:*

$$0 \longrightarrow \mathrm{Hom}(H',H) \xrightarrow{\alpha_*} \mathrm{Hom}(H',G) \xrightarrow{\varphi_*} \mathrm{Hom}(H',G').$$

证明 取纤维积

$$\begin{array}{ccc} H = G \times_{G'} S & \xrightarrow{\mathrm{pr}_2} & S \\ {\scriptstyle \alpha=\mathrm{pr}_1}\downarrow & & \downarrow{\scriptstyle \varepsilon'} \\ G & \xrightarrow{\varphi} & G' \end{array}$$

因为 $S(T)$ 只有一个元素 $\pi_T: T \to S$ (结构态射), 并且 $\varepsilon' \circ \pi_T = \varepsilon_T$ 是 $G'(T)$ 的单位元, 所以上图意味着集合 $H(T)$ 等同于核 $\mathrm{Ker}(G(T) \to G'(T))$. 其余证明从略. □

群同态的余核 (cokernel) 的概念将要在下一节予以介绍 (见 1.9.1). 在这里我们只是告诉读者一个不幸的事实: 函子 $T \mapsto \mathrm{Coker}(\varphi_T) = G'(T)/\varphi(G(T))$ 经常是不可表示的 (就如同交换群层同态余核预层不一定是层一样).

我们可以把有关余核的问题纳入所谓 "群作用" 的较大的框架内. 在群论中, 我们说一个群 G 作用在集合 X 上, 即是说有映射 $\varphi: G \times X \to X$, 满足条件: (1) $\varphi(1,x) = x$, (2) $\varphi(g_1, \varphi(g_2, x)) = \varphi(g_1 g_2, x)$. 对于给定的 $x \in X$, 我们称集合 $\{\varphi(g,x) \mid g \in G\}$ 为 x 的轨道. 以 $G\backslash X$ 记所有轨道组成的集合. 我们说 $x, y \in X$ 是等价的, 如果存在 $g \in G$ 使得 $y = \varphi(g,x)$. 这样, x 的轨道就是 x 所

在的等价类, 而 $G\backslash X$ 就是等价类的集合. 若 H 是 G 的子群, 则 H 在 G 上的 (左) 乘作用的轨道就是 H 在 G 中的 (右) 陪集. 如果 H 是 G 的正规子群, 则陪集的集合 $H\backslash G$ 就是含入同态 $H \hookrightarrow G$ 的余核. 现在假设 G 和 X 都是 S 概形, φ 是 S 概形态射. 在下一节我们将引入 "轨道" $Y = G\backslash X$ 的概念 (见 1.9.1). 一个自然的问题是: 在 $Y = G\backslash X$ 上是否存在 S 概形结构, 使得自然投射 $\pi: X \to Y$ 是 S 概形满射, 并且在结构层上由 π 所决定的环同态 $\mathscr{O}_Y \to \pi_*\mathscr{O}_X$ 给出同构 $\mathscr{O}_Y \to (\pi_*\mathscr{O}_X)^G$, 其中 $(\pi_*\mathscr{O}_X)^G$ 是 $\pi_*\mathscr{O}_X$ 中的 G 不变元组成的子层. 当 S 是代数封闭域 k 时, 这个问题可以用初等线性代数解决. 但是对于一般的概形 S, 此问题不一定有解 (参见 [259] §3). 因此, 如果我们希望把代数封闭域 k 上的代数群理论推广到一般概形上就会遇到困难. 例如, 在 k 上定义幂幺代数群 (参见 $[147]_{\mathrm{II}}$ XVII.1) 就会用到 "商群" 这个概念了! 下面我们将把群概形看作层, 然后解决求商的问题.

1.9 商 概 形

1.9.1 群作用与余核

设群概形 G 作用在概形 X 上. 我们要考虑的问题是: 何时轨道集合 $G\backslash X$ 有概形结构. 也可以把问题说成: 何时商层 $G\backslash X$ 是可表的.

以下我们总是设基概形 S 是局部 Noether 的.

设有 S 群概形 $(G, \mu, \varepsilon, \iota)$ (μ 为乘律, ε 为单位律, ι 为逆律) 及 S 概形 X. 我们说 G **作用** (act) 在 X 上, 如果有 S 概形态射 $u: G \times_S X \to X$, 使得以下两图交换:

$$
\begin{array}{ccc}
G \times_S G \times_S X & \xrightarrow{\mu \times \mathrm{id}_X} & G \times_S X \\
\Big\downarrow{\scriptstyle \mathrm{id}_G \times u} & & \Big\downarrow{\scriptstyle \mu} \\
G \times_S X & \xrightarrow{\quad u \quad} & X
\end{array}
\qquad\qquad
\begin{array}{ccc}
S \times_S X & & \\
\Big\downarrow{\scriptstyle \varepsilon \times \mathrm{id}_X} & \searrow{\scriptstyle \approx} & \\
G \times_S X & \xrightarrow{\quad u \quad} & X
\end{array}
$$

我们说 G 在 X 上的作用是**自由的** (free), 如果对于任一 S 概形 T, 由 (u, pr_2) 所决定的映射 $(G \times_S X)(T) \to (X \times_S X)(T)$ 是单射, 这里 pr_2 是纤维积 $G \times_S X$ 到 X 的投射 (这对应于通常的条件: $g \cdot x = x \Rightarrow g = e$). 进一步地, 如果这个单射是闭浸入, 则我们称此作用为**严格自由作用** (strictly free action).

设有如上的 G 作用在 X 上, 则 $u((\mathrm{pr}_2)^{-1}(x))$ 称为 $x \in X$ 的**轨道** (orbit).

我们说 S 概形态射 $p: X \to Y$ 是 (u, pr_2) 的**余核** (cokernel), 又称为作用 $u: G \times_S X \to X$ 的 **范畴商** (categorical quotient), 并以 $G\backslash X$ 记 Y, 又称 $G \backslash X$ 为**商概形** (quotient scheme), 如果

(1) $p\circ u=p\circ \mathrm{pr}_2$ (我们把这个条件说成：p 在每个轨迹上取常值),

(2) 对任意的 S 概形 T, 若有 S 概形态射 $f:X\to T$ 在每个轨迹上取常值, 则存在唯一的 S 概形态射 $h:Y\to T$ 使 $f=h\circ p$.

1.9.2 有限群求商定理

定理 1.9.1 设 S 是局部 Noether 概形, G 为 S 群概形, X 为 S 概形, S 概形态射 $u:G\times_S X\to X$ 定义了 G 在 X 上的作用. 假设

(1) G 是局部自由有限 S 群概形,

(2) 对任意的 $x\in X$, 有 X 内开仿射子集包含 $u((\mathrm{pr}_2)^{-1}(x))$.

则

1) 在 $\mathfrak{Sch}/S$ 内存在 (u,pr_2) 的余核 (Y,p) (我们常把 Y 记作 $G\setminus X$).

2) p 是整态射, 并且如果 X 是仿射概形, 则 Y 是仿射概形.

3) $(u,\mathrm{pr}_2):G\times_S X\to X\times_Y X$ 是满射.

4) 若 G 在 X 上的作用是自由的, 则 3) 中的态射 (u,pr_2) 是同构, 并且 $p:X\to Y$ 是局部自由有限态射.

5) 若 G 是有限平坦 S 概形, X/S 是有限型, G 在 X 上的作用是严格自由的, 则

(i) $p:X\to Y$ 是有限平坦的.

(ii) 对于任一 S 概形 T, $G(T)\backslash X(T)\to Y(T)$ 是单射.

(iii) 如果 $S=\mathrm{Spec}\,R$, $G=\mathrm{Spec}\,B$, $X=\mathrm{Spec}\,A$, $\mathrm{pr}_2^\sharp$, $u^\sharp:\ A\to B\otimes_R A$, $A_0=\{a\in A\mid \mathrm{pr}_2^\sharp(a)=u^\sharp(a)\}$, 则 $Y=\mathrm{Spec}(A_0)$.

本章余下部分的目的之一是证明这个定理. 我们将从 Grothendieck 的 “有限关系求商” 定理 (theorem on quotient by finite relation) 推出这个定理. 此定理原见 [140], Th.5.3. 当 S 是域时, 在 [264], §12 中证明了此定理.

1.9.3 商群

以下是前面定理的一个重要的特殊情形.

设 G 是 S 群概形, H 是 G 的有限平坦子群概形. 同样可以把群运算 $\mu:\ G\times_S G\to G$ 限制到 $G\times_S H$ 上, 得到 H 在概形 G 上的作用 $u:\ G\times_S H\to G$. 按 “有限群求商” 定理, 得到的余核记作 $p:\ G\to G/H$. 称 G/H 为 (H 在 G 中的) **左陪集概形** (left coset scheme).

阶函数满足等式 $[G:G/H]=[H:S]$. 若 $[H:S]$ 取常值, 则 $G\to S$ 是有限平坦的当且仅当 $G/H\to S$ 是有限平坦的. 并且此时有等式

$$[G:S]=[G:(G/H)][(G/H):S].$$

我们以 $[G:H]$ 记 $[(G/H):S]$, 则以上的等式就成为

$$[G:S]=[G:H][H:S].$$

我们可以定义 G 在 G/H 上的作用

$$\begin{aligned} L:\ G\times(G/H) &\longrightarrow G/H\\ (x,p(y)) &\longmapsto p\mu(x,y), \end{aligned}$$

则有交换图

$$\begin{array}{ccc} G\times G & \xrightarrow{\mathrm{id}\times p} & G\times(G/H)\\ {\scriptstyle\mu}\downarrow & & \downarrow{\scriptstyle L}\\ G & \xrightarrow{\ \ p\ \ } & G/H \end{array}$$

如果 H 为 G 的正规子群, 即 H 在 G/H 上的作用平凡 (即 $L(h,p(y))=p(y)$, $\forall\, h\in H$, $y\in G$), 则在图

$$(G\times_S H)\times_S(G/H)\ \underset{\mathrm{pr}_1\times\mathrm{id}}{\overset{u\times\mathrm{id}}{\rightrightarrows}}\ G\times_S(G/H)\xrightarrow{\ L\ }G/H$$

中有 $L\circ(u\times\mathrm{id})=L\circ(\mathrm{pr}_1\times\mathrm{id})$. 另一方面, 在图

$$(G\times_S H)\times_S(G/H)\ \underset{\mathrm{pr}_1\times\mathrm{id}}{\overset{u\times\mathrm{id}}{\rightrightarrows}}\ G\times_S(G/H)\xrightarrow{p\times\mathrm{id}}(G/H)\times_S(G/H)$$

中有 $(p\times\mathrm{id})\circ(u\times\mathrm{id})=(p\times\mathrm{id})\circ(\mathrm{pr}_1\times\mathrm{id})$. 于是有态射 $(G/H)\times_S(G/H)\overset{m}{\to}G/H$ 使得下图交换:

$$\begin{array}{ccccc} (G\times_S H)\times_S(G/H) & \underset{\mathrm{pr}_1\times\mathrm{id}}{\overset{u\times\mathrm{id}}{\rightrightarrows}} & G\times_S(G/H) & \xrightarrow{p\times\mathrm{id}} & (G/H)\times_S(G/H)\\ & & & {\scriptstyle L}\searrow & \downarrow{\scriptstyle m}\\ & & & & G/H \end{array}$$

命题 1.9.2　在上面的交换图中,

(1) m 使 G/H 成为 S 群概形.

(2) $p:\ G\to G/H$ 为 S 群同态.

(3) $H=\mathrm{Ker}\,p$, p 是有限忠实平坦态射.

(4) S 概形态射序列 $0\to H\to G\to G/H$ 是正合的.

1.9.4 群胚

假设范畴 $\mathfrak{C}$ 内有乘积及纤维积.

我们说 $\mathfrak{C}$ 内的态射图

$$X_1 \underset{d_0}{\overset{d_1}{\rightrightarrows}} X_0 \xrightarrow{p} Y$$

是**正合的** (exact), 如果

(1) $p \circ d_0 = p \circ d_1$,

(2) 对于任意的 $T \in \mathrm{Obj}\,\mathfrak{C}$, 有集合映射的正合图

$$T(X_1) \leftleftarrows T(X_0) \xleftarrow{T(p)} T(Y),$$

在这里, $T(Z) = \mathrm{Hom}_{\mathfrak{C}}(Z, T)$, "正合" 是指 $T(p)$ 决定双射

$$\{f \in T(x_0) \mid f \circ d_0 = f \circ d_1\} \xleftarrow{T(p)} T(Y).$$

在这种情形下, 我们亦说 (Y, p) 是 (d_0, d_1) 的**余核** (cokernel), 并且记为

$$(Y, p) = \mathrm{Coker}(d_0, d_1).$$

若一个范畴内的任一态射均为同构, 则称此范畴为一个**群胚** (groupoid).

设有 $\mathfrak{C}$ 内的态射图

$$X_2 \xrightarrow{d_1'} X_1 \underset{d_0}{\overset{d_1}{\rightrightarrows}} X_0.$$

对于 $\mathfrak{C}$ 内的任一对象 T, 有

$$X_1(T) \underset{d_0(T)}{\overset{d_1(T)}{\rightrightarrows}} X_0(T).$$

此时我们可以把 $X_1(T)$ 看作一个范畴 $X_*(T)$ 的所有态射组成的类. 如果把态射称为箭, 则对于 $f \in X_1(T)$, 我们以 $d_1(T)(f)$ 作为箭头, $d_0(T)(f)$ 作为箭尾. 在 $\mathfrak{C}$ 内有纤维积 $(X_1, d_1) \times_{X_0} (X_1, d_0)$, 并且有双射

$$((X_1, d_1) \times_{X_0} (X_1, d_0))(T) \xrightarrow{\sim} (X_1(T), d_1(T)) \times_{X_0(T)} (X_1(T), d_0(T)).$$

此双射的值域中的元素 (g, f) 满足条件 $d_0 f = d_1 g$, 这正好是考虑合成 $g \circ f$ 的条件. 为此我们假设已给态射

$$d_1' : (X_1, d_1) \times_{X_0} (X_1, d_0) \longrightarrow X_1,$$

并定义 (g,f) 的合成为 $d_1'(T)(g,f)$. 此时自然地取范畴 $X_*(T)$ 的对象类为 $X_0(T)$.

我们称图形

$$(X_1,d_1)\times_{X_0}(X_1,d_0)\xrightarrow{d_1'}X_1\underset{d_0}{\overset{d_1}{\rightrightarrows}}X_0$$

为$\mathfrak{C}$ **群胚** ($\mathfrak{C}$-groupoid), 如果对于任一 $T\in\operatorname{Obj}\mathfrak{C}$, 上面定义的 $X_*(T)$ 都是群胚, 并且当我们把 T 看作变元时 X_* 是一个函子 (或说 X_* 关于 T 有函子性质).

我们略微推广上面的定义. 称图形

$$X_2 \overset{d_0',d_1',d_2'}{\Rrightarrow} X_1 \overset{d_0,d_1}{\rightrightarrows} X_0$$

为一个$\mathfrak{C}$ **群胚**, 如果

(1) 存在 $s:\ X_0\to X_1$ 满足 $d_1\circ s=\mathrm{id}_{x_0}$, $d_0\circ s=\mathrm{id}_{x_0}$,

(2) 以下三个图为卡氏图:

$$\begin{array}{ccc} X_2 & \xrightarrow{d_0'} & X_1 \\ {\scriptstyle d_2'}\downarrow & & \downarrow{\scriptstyle d_1} \\ X_1 & \xrightarrow{d_0} & X_0 \end{array}\qquad \begin{array}{ccc} X_2 & \xrightarrow{d_1'} & X_1 \\ {\scriptstyle d_0'}\downarrow & & \downarrow{\scriptstyle d_0} \\ X_1 & \xrightarrow{d_0} & X_0 \end{array}\qquad \begin{array}{ccc} X_2 & \xrightarrow{d_1'} & X_1 \\ {\scriptstyle d_2'}\downarrow & & \downarrow{\scriptstyle d_1} \\ X_1 & \xrightarrow{d_1} & X_0 \end{array}$$

(3) 下图交换:

$$\begin{array}{ccc} X_1\times_{d_1,d_0}X_1\times_{d_1,d_0}X_1 & \xrightarrow{d_1'\times X_1} & X_1\times_{d_1,d_0}X_1 \\ {\scriptstyle X_1\times d_1'}\downarrow & & \downarrow{\scriptstyle d_1'} \\ X_1\times_{d_1,d_0}X_1 & \xrightarrow{d_1'} & X_1 \end{array}$$

可以证明: 对于 $T\in\operatorname{Obj}\mathfrak{C}$, 令 $\operatorname{Obj}X_*(T)=X_0(T)$, $\operatorname{Mor}X_*(T)=X_1(T)$. 若 $f,g\in X_1(T)$ 使得 $d_0\circ f=d_1\circ g$, 则根据第一个卡氏图, g 和 f 决定一个 $h\in X_2(T)$. 令 $g\circ f$ 为 $d_1'(h)$, 则 $X_*(T)$ 成为一个群胚.

我们给出群胚的一个例子. 设 $\mathfrak{S}$ 是一个范畴, $\mathfrak{C}$ 为 $\mathfrak{S}$ 到集合范畴 $\mathfrak{Sets}$ 的所有函子组成的函子范畴 $\mathfrak{C}=[\mathfrak{S},\mathfrak{Sets}]$. 取 $X_0\in\operatorname{Obj}\mathfrak{C}$. 设有 $X_0\times X_0$ 的子函子 X_1, 使得对于任一 $T\in\mathfrak{C}$, $X_0(T)\times X_0(T)$ 的子集 $X_1(T)$ 在 $X_0(T)$ 上给出一个等价关系 "$\equiv$" (即是说: 对于 $x,y\in X_0(T)$, $x\equiv y$ 当且仅当 $(x,y)\in X_1(T)$). 接下去我们定义 $X_0\times X_0\times X_0$ 的子函子 X_2 如下:

$$X_2(T)=\{(x,y,z)\mid x,y,z\in X_0(T),(x,y),(y,z)\in X_1(T)\}.$$

又定义 $d_0'(x,y,z)=(x,y)$, $d_1'(x,y,z)=(x,z)$, $d_2'(x,y,z)=(y,z)$, $d_0(x,y)=x$, $d_1(x,y)=y$. 不难验证我们得到的结构是一个群胚.

另一个例子：设在 $\mathfrak{C}$ 的所有对象都是集合 (设 $\mathfrak{C}$ 的纤维积是集合的纤维积), 设有 $\mathfrak{C}$ 群胚

$$X_2 \overset{d_0',d_1',d_2'}{\Rrightarrow} X_1 \underset{s}{\overset{d_0,d_1}{\rightleftarrows}} X_0.$$

我们在集合 X_0 上定义一个关系 "$\equiv$" 如下：对于 $x,y\in X_0$, $x\equiv y$ 当且仅当存在 $f\in X_1$ 使得 $d_1f=x$ 且 $d_0f=y$. 可以证明 "$\equiv$" 是一个等价关系. 即

(1) 若 $x\equiv y$, $y\equiv z$, 则 $x\equiv z$ (事实上, 由假设有 $f,g\in X_0$ 使得 $d_1f=x$, $d_0f=y=d_1g$, $z=d_0g$. 由第一个卡氏图得到 $e\in X_2$ 使得 $d_0'e=g$ 及 $d_2'e=f$. 于是 $d_1(d_1'e)=d_1d_2'e=d_1f=x$, $d_0(d_1'e)=d_0d_0'e=d_0g=z$. 故 $x\equiv z$).

(2) $x\equiv x$ (由 $d_1(sx)=x$, $d_0(sx)=x$ 立得).

(3) 若 $x\equiv y$, 则 $y\equiv x$ (这等价于说 "X_* 的态射 $x\xrightarrow{f} y$ 是同构", 即存在逆 $y\xrightarrow{f^{-1}} x$. 事实上, 由第二个卡氏图知有唯一的 h 使得 $f\circ h=s\circ d_0\circ f$ (看作 1_y). 由第三个卡氏图知有唯一的 g 使得 $g\circ f=s\circ d_1\circ f$ (看作 1_x)).

这就说明了 "$\equiv$" 是等价关系.

再引入一个术语. 我们说两个态射 $d_0,d_1: X_1\to X_0$ 是一个**等价对** (equivalence couple), 如果对于所有的对象 T,

$$(d_0\boxtimes d_1)(T):\ X_1(T)\longrightarrow X_0(T)\times X_0(T)$$

是单射并且 $(d_0\boxtimes d_1)(T)(X_1(T))$ 决定 $X_0(T)$ 的一个等价关系, 这里

$$(d_0\boxtimes d_1)(T)(x)=(d_1(T)(x),d_0(T)(x)).$$

1.10 有限关系求商

1.10.1 Grothendieck 的有限关系求商定理

定理 1.10.1(有限关系求商) 设有 $\mathfrak{Sch}/S$ 群胚

$$X_2 \overset{d_0',d_1',d_2'}{\Rrightarrow} X_1 \overset{d_0,d_1}{\rightrightarrows} X_0.$$

假设 (1) d_1 是有限局部自由态射,

(2) 对于任一 $x\in X_0$, 存在 X_0 的仿射开子集包含 $d_1(d_0^{-1}(x))$.

则

(1) 在 $\mathfrak{Sch}/S$ 内存在 (d_0, d_1) 的余核 (Y, p), 而且 (Y, p) 是 (d_0, d_1) 在赋环空间范畴内的余核.

(2) p 是整态射. 如果 X_0 是仿射概形, 则 Y 是仿射概形.

(3) $X_1 \to X_0 \times_Y X_0$: $x_1 \mapsto (d_0 x_1, d_1 x_1)$ 是满射.

(4) 若 (d_0, d_1) 是一个等价对, 则 (3) 中的态射 $X_1 \to X_0 \times_Y X_0$ 是同构, 并且 p : $X_0 \to Y$ 是局部自由有限态射.

1.10.2　群胚的构作

推论 1.10.2　在有限关系求商定理的条件下, 设局部自由有限 S 群概形 G 作用在 S 概形 X 上. 则我们可以构造一个 S 群胚如下: 取 X_0 为 X, X_1 为 $G \times X_0$, X_2 为 $G \times G \times X_0$. 对于任一 S 概形 T, 若 $x \in X_0(T)$, $g, h \in G(T)$, 则令

$$
\begin{aligned}
&d_0(g, x) = gx,\\
&d_1(g, x) = x,\\
&d_0'(h, g, x) = (h, gx),\\
&d_1'(h, g, x) = (hg, x),\\
&d_2'(h, g, x) = (g, x)
\end{aligned}
$$

即可.

在下面两小节我们给出有限关系求商定理的证明.

1.10.3　归结为仿射的情形

第一步. 设 $U^{(n)}$ 是 X_0 的最大开子集使得 d_1 在 $U^{(n)}$ 上是有限局部自由 n 秩的. 根据 $\mathfrak{C}$ 群胚定义中的第一、三个卡氏图可知, $d_0^{-1}(U^{(n)})$ 和 $d_1^{-1}(U^{(n)})$ 都是 X_1 的最大开子集 (记为 $U_1^{(n)}$) 使得 d_2' 在 $U_1^{(n)}$ 上是有限局部自由 n 秩的. 用 $(U^{(n)}, U_1^{(n)})$ 构造出来的群胚记为 $X_*^{(n)}$. 因为 X 是这样的 $U^{(n)}$ 的直和 ($U^{(n)}$ 在 X 中既开又闭), 所以群胚 X_* 也是 $X_*^{(n)}$ 的直和. 这样, 我们在假设 "d_1 是局部自由 n 秩" 下证明定理即可.

第二步. 我们现在作这样的假设: 若 d_1 是局部自由 n 秩及 X_0 是仿射概形, 则定理成立.

首先证明定理 1.10.1 结论中的 (1).

在 X_0 上定义一个关系 "$\sim$": 对于 $x, y \in X_0$, $x \sim y$ 当且仅当存在 $z \in X_1$ 使得 $d_1 z = y$ 且 $d_0 z = x$. 则 $\sim$ 是一个等价关系. 令 $Y = X_0/\sim$ 并赋予商拓扑, 则有正合序列

$$
\mathscr{O}_Y \longrightarrow p_*(\mathscr{O}_{X_0}) \rightrightarrows p_*(d_{0*}\mathscr{O}_{X_1}) = p_*(d_{1*}\mathscr{O}_{X_1})
$$

(其中 $p\colon X_0 \to Y$ 为自然投射), 即 (Y,p) 是 (d_0,d_1) 在赋环空间范畴中的余核.

为了证明结论 (1), 我们只要证明 Y 是概形以及 $p\colon X_0 \to Y$ 是概形态射. 这是局部的问题. 对于任一 $y \in Y$, 设 $x \in X_0$ 使得 $p(x) = y$. 取 X_0 内的仿射开子集 $V \supseteq d_1(d_0^{-1}(x))$. 令 $F = X_0 \setminus V$. 因为 d_1 是整态射, 所以 $d_1(d_0^{-1}(F))$ 是闭集. 令 $V' = X_0 \setminus d_1(d_0^{-1}(F))$, 则 V' 是 V 内最大的饱和开集 ("饱和" 是指: 若 $x \in V'$, $y \in X_0$, $x \sim y$, 则 $y \in V'$). 因为 V' 是有限集 $d_1(d_0^{-1}(x))$ 的邻域, 故在结构层 $\mathscr{O}_V(V)$ 内存在 f, 使得 f 在 $V \setminus V'$ 上等于 0 并且 $d_1(d_0^{-1}(x))$ 含于开集 $V_f = \{x \in V \mid f(x) \neq 0\}$ (参见 [60] II §1, Prop.2). 令 $Z(f) = V' \setminus V_f$, 则 $d_0^{-1}(Z(f)) = \{x \in d_0^{-1}(V') = d_1^{-1}(V') \mid d_0^*(f)(x) = 0\}$. 另一方面, d_1 所决定的态射 $d_0^{-1}(V') = d_1^{-1}(V') \to V'$ 是局部自由 n 秩的, 故可以定义范数 $\mathrm{N}_{d_1}\colon \mathscr{O}(d_1^{-1}(V')) \to \mathscr{O}(V')$. 此时有 $d_1(d_0^{-1}(Z(f))) = \{x \in Z(f) \mid \mathrm{N}_{d_1}(d_0^*(f))(x) = 0\}$ (比如用后面证明的第 II 部分之 (2)). 设 $(V_f)'$ 是 V_f 内最大的饱和开集, 则 $(V_f)' = \{x \in V_f \mid \mathrm{N}_{d_1}(x) \neq 0\}$, 所以 $(V_f)'$ 是仿射子集.

取 $U = (V_f)'$, 则 U 是点 x 的饱和仿射开邻域. 按假设, 定理在 X_0 是仿射概形时成立, 即知 $p(U)$ 为 Y 的开仿射子集以及 $p \mid U$ 为概形态射. 这就证明了 (1).

其余各条结论证明类似.

1.10.4　仿射情形的证明

设 X_0 是仿射概形, d_1 是局部自由 n 秩态射.

设 $X_i = \operatorname{Spec} A_i$ $(i = 0,1,2)$, $d_i = \operatorname{Spec} \delta_i$, $d_i' = \operatorname{Spec} \delta_i'$, $\sigma = \operatorname{Spec} s$.

由群胚的定义, 有图

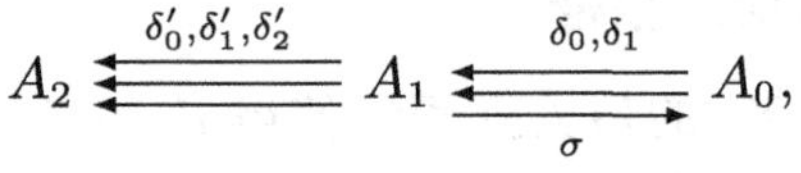

其中各映射满足相应的余卡氏图 (cocartesian square).

设 $B = \{a \in A_0 \mid \delta_0 a = \delta_1 a\}$. 则 B 为 A_0 的子环.

第一步. **断言** A_0 是 B 的整扩张. 证明如下:

任取 $a \in A_0$, 则 $\delta_0 a \in A_1$. 在 δ_1 下 A_1 是 n 秩的自由代数. 故 $\delta_0 a$ 有特征多项式 (即线性映射 $u\colon A_1 \to A_1$, $u(x) = (\delta_0 a)x$ 的特征多项式):

$$P_{\delta_1}(T, \delta_0 a) = T^n - c_1 T^{n-1} + \cdots + (-1)^n c_n.$$

由 $\mathfrak{C}$ 群胚定义中的第一个卡氏图我们有相应的余卡氏图

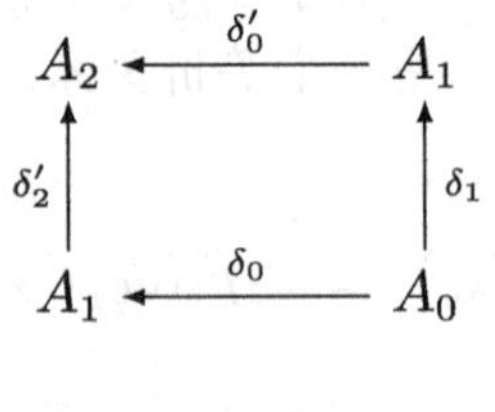

这就是说 $A_2 = (A_1,\delta_1)\otimes_{A_0}(A_1,\delta_0)$. 用同态 $A_1 \xleftarrow{\delta_0} A_0$ 换基, 由映射 u 就得到同态 $\tilde{u}: A_2 \to A_2$ (此时 A_2 通过 $A_1 \xrightarrow{\delta_2'} A_2$ 看作 A_1 代数): 对于 $y \in A_2$, $\tilde{u}(y) = (\widetilde{\delta_0 a})y$, 其中 $\widetilde{\delta_0 a}$ 是 $\delta_0 a$ 在 A_2 中的像, 即 $\widetilde{\delta_0 a} = \delta_0'(\delta_0 a)$. 从以上讨论我们得出

$$\delta_0(P_{\delta_1}(T,\delta_0 a)) = P_{\delta_2'}(T,(\delta_0'\delta_0)a).$$

同样, 第三个卡氏图有相应的余卡氏图

$$\begin{array}{ccc} A_2 & \xleftarrow{\delta_1'} & A_1 \\ {\scriptstyle\delta_2'}\uparrow & & \uparrow{\scriptstyle\delta_1} \\ A_1 & \xleftarrow{\delta_1} & A_0 \end{array}$$

与上面相同的讨论得到

$$\delta_1(P_{\delta_1}(T,\delta_0 a)) = P_{\delta_2'}(T,(\delta_1'\delta_0)a).$$

第二个卡氏图相应的余卡氏图为

$$\begin{array}{ccc} A_2 & \xleftarrow{\delta_1'} & A_1 \\ {\scriptstyle\delta_0'}\uparrow & & \uparrow{\scriptstyle\delta_0} \\ A_1 & \xleftarrow{\delta_0} & A_0 \end{array}$$

即有 $\delta_0'\delta_0 = \delta_1'\delta_0$. 于是

$$\delta_0(P_{\delta_1}(T,\delta_0 a)) = \delta_1(P_{\delta_1}(T,\delta_0 a)).$$

这就是说上述特征多项式的系数 c_i $(0 \leqslant i < n)$ 满足 $\delta_0 c_i = \delta_1 c_i$.

根据 Cayley-Hamilton 定理, 我们有

$$\delta_0(a)^n - \delta_1(c_1)\delta_0(a)^{n-1} + \cdots + (-1)^n\delta_1(c_n) = 0.$$

因为 $\delta_1 c_i = \delta_0 c_i$, 所以

$$\delta_0(a)^n - \delta_0(c_1)\delta_0(a)^{n-1} + \cdots + (-1)^n\delta_0(c_n) = 0.$$

由 $\mathfrak{C}$ 群胚的定义知 $\sigma\circ\delta_0 = \mathrm{id}_{A_0}$, 故 $\delta_0: A_0 \to A_1$ 是单同态. 于是我们得到

$$a^n - c_1 a^{n-1} + \cdots + (-1)^n c_n = 0.$$

这说明 a 是 B 上的整元素. 由 $a \in A_0$ 的任意性即知 A_0 是 B 上的整扩张. 这就证明了第一步的断言.

第二步. **断言**. 设 x, y 为 A_0 的素理想. 如果 $x \cap B = y \cap B$, 则存在 A_1 的素理想 z 使得 $x = \delta_0^{-1}z$, $y = \delta_1^{-1}z$. 证明如下:

由 B 的定义, 有正合图

$$A_1 \underset{\delta_1}{\overset{\delta_0}{\leftleftarrows}} A_0 \xleftarrow{\ i\ } B,$$

其中 i 为包含同态. 我们用反证法. 假设结论不成立, 即: 若 z 为 A_1 的素理想, $y = \delta_1^{-1}z$, 则 $x \neq \delta_0^{-1}z$. 这样, 由于 δ_0 和 δ_1 限制在 B 上相等, 所以 $(\delta_0^{-1}z) \cap B = (\delta_1^{-1}z) \cap B$, 即 $x \cap B = y \cap B$. 又已证 A_0 是 B 上的整扩张, 所以 $x \not\subseteq \delta_0^{-1}z$ (用 Cohen-Seidenberg 定理, 见 [60] V §2, Prop.1, Cor.1). 故存在 $a \in x$ 但 $\delta_0 a \notin z$. 设 n 为 A_1 作为 (A_0, δ_1) 模的秩, 则满足 $\delta_1^{-1}z = y$ 的 (A_1 的) 素理想 z 的个数不超过 n (见 [60] II §1, Prop.2). 所以 $a \in x$ 并且对于任一满足 $\delta_1^{-1}z = y$ 的 (A_1 的) 素理想 z 皆有 $\delta_0 a \notin z$. 根据将要在下面证明的引理即知范数 $\mathrm{N}_{\delta_1}(\delta_0 a) \notin y$. 注意 $\mathrm{N}_{\delta_1}(\delta_0 a)$ 就是第一步的断言中的 c_n, 并且已经证明了 $c_n \in B$. 因为 $a \in x$, 所以 $\mathrm{N}_{\delta_1}(\delta_0 a) \in B \cap x = B \cap y$. 这与 $\mathrm{N}_{\delta_1}(\delta_0 a) \notin y$ 矛盾. 这就证明了第二步的断言.

引理 1.10.3　*设 $i: A \to A'$ 为环同态, 使得 A' 成为秩 n 的投射 A 模. 对于 $b \in A'$, 以 N 记 b 的范数 $\mathrm{N}_{A'/A}(b)$, 以 $V(b)$ 记 $\{\mathfrak{q} \in \operatorname{Spec} A' \mid b \in \mathfrak{q}\}$, 以 $V(\mathrm{N})$ 记 $\{\mathfrak{p} \in \operatorname{Spec} A \mid \mathrm{N} \in \mathfrak{p}\}$. 则在 i 决定的态射 $\operatorname{Spec}(i): \operatorname{Spec} A' \to \operatorname{Spec} A$ 下, $\operatorname{Spec}(i)(V(b)) = V(\mathrm{N})$.*

证明　对于 A 的素理想 $\mathfrak{p}$, 以 $\mathfrak{q}_1, \cdots, \mathfrak{q}_n$ 记 A' 中满足条件 $i^{-1}(\mathfrak{q}) = \mathfrak{p}$ 的所有素理想. 以 $\mathrm{N}_\mathfrak{p}$ 记 N 在 $A_\mathfrak{p}$ 内的像, 以 $b_\mathfrak{p}$ 记 b 在 $A'_\mathfrak{p}$ 内的像. 由于 N (或 $\mathrm{N}_\mathfrak{p}$) 是自同态 $A' \to A': x \mapsto xb$ (或 $A'_\mathfrak{p} \to A'_\mathfrak{p}: x \mapsto xb_\mathfrak{p}$) 的行列式, 所以有以下等价条件:

$$\mathfrak{p} \notin V(\mathrm{N}) \Leftrightarrow \mathrm{N}_\mathfrak{p}\text{可逆} \Leftrightarrow b_\mathfrak{p}\text{可逆} \Leftrightarrow b \notin \mathfrak{q}_i\ (\forall\, i) \Leftrightarrow \mathfrak{q}_i \notin V(b)\ (\forall\, i).$$

这就完成了引理 1.10.3 的证明.

第三步. **定理中结论 (1) 的证明**. 设 $Y = \operatorname{Spec} B$, $p = \operatorname{Spec} i$. 我们先证明 $(Y, p) = \operatorname{Coker}(d_0, d_1)$ 在赋环空间范畴中成立.

由第二步的断言知

$$\operatorname{Spec} B = \{x \cap B = y \cap B \mid x, y \in X_0, \text{且存在 } z \in X_1 \text{ 使得 } d_1 z = y, d_0 z = x\}.$$

因为 A_0 是 B 的整扩张, 故 p 是闭满射 (Cohen-Seidenberg 定理), 所以 Y 的拓扑是 X_0 在 p 下的商拓扑. 又由于 p, d_0 和 d_1 均为仿射态射, 故下面的环层序列正合:

$$\mathscr{O}_Y \longrightarrow p_*(\mathscr{O}_{X_0}) \rightrightarrows p_*((d_0)_*\mathscr{O}_{X_1}) \xrightarrow{\sim} p_*((d_1)_*\mathscr{O}_{X_1}),$$

即 $(Y, p) = \mathrm{Coker}(d_0, d_1)$.

下一步我们证明 $(Y, p) = \mathrm{Coker}(d_0, d_1)$ 在概形范畴中成立. 为此, 设有概形态射 $f:\ X_0 \to T$ 满足 $f \circ d_0 = f \circ d_1$. 根据上面证明的结果, 有赋环空间态射 $r:\ Y \to T$ 使得 $f = r \circ p$. 只要证明 r 是概形态射. 这就需要证明: 对于任一 $y \in Y$, r 诱导的同态 $\mathscr{O}_{r(y)} \to \mathscr{O}_y$ 是局部同态. 事实上, 由于 p 是满射, 故存在 $x \in X_0$ 使得 $y = p(x)$, 并且 $\mathscr{O}_{f(x)} \to \mathscr{O}_x$ 和 $\mathscr{O}_y \to \mathscr{O}_x$ 都是局部同态. 这就完成了定理中结论 (1) 的证明.

第四步. 由第一步和第三步立得定理中的结论 (2).

第五步. **定理中结论 (3) 的证明**. 我们以

$$d_0 \boxtimes d_1 : X_1 \longrightarrow X_0 \times_Y X_0$$

记以 d_0、d_1 为分量的态射. 暂时使用以下的记号: 如果 $p:\ P \to Q$ 是概形态射, 当我们只把它看作集合映射时 (即把 P 的概形结构忘掉), 记作 $\underline{p}:\ \underline{P} \to \underline{Q}$. 这样, 我们就有集合映射的分解:

$$\begin{array}{ccc} \underline{X_1} & \xrightarrow{\underline{d_0 \boxtimes d_1}} & \underline{X_0 \times_Y X_0} \\ & \searrow^{\underline{d_0} \boxtimes \underline{d_1}} & \downarrow q \\ & & \underline{X_0} \times_{\underline{Y}} \underline{X_0} \end{array}$$

由第二步知 $\underline{d_0} \boxtimes \underline{d_1}$ 是满射. 又易见: 若 $\{v\} = q^{-1}(q(v))$, $v \in \underline{X_0 \times_Y X_0}$, 则 $v \in \underline{d_0 \boxtimes d_1}(\underline{X_1})$. 事实上, 考虑条件

(∗)　　　　如果 $v \in \underline{X_0 \times_Y X_0}$, $w = pv$, 则剩余域 $\kappa(w) = \kappa(v)$.

如果 (∗) 成立, 则 $\{v\} = q^{-1}(q(v))$, 所以 $v \in \underline{d_0 \boxtimes d_1}(\underline{X_1})$. 如果 (∗) 不成立, 则存在局部环 $(C, \mathfrak{m})$ 与平坦局部同态 $f:\ \mathscr{O}_w \to C$ 使得有 $\kappa(w)$ 代数同构 $C/\mathfrak{m} \cong \kappa(v)$. 设 $Y' = \mathrm{Spec}\, C$, 态射 $\pi:\ Y' \to Y$ 由 f 所诱导. 若投射 $(X_0 \times_Y X_0) \times_Y Y' \to X_0 \times_Y X_0$ 把 v' 映到 v, 则 $\kappa(v') = \kappa(v)$. 将 $(X_0 \times_Y X_0) \times_Y Y'$ 与 $(X_0 \times_Y Y') \times_{Y'} (X_0 \times_Y Y')$ 等同起来, 用 $\pi:\ Y' \to Y$ 换基后, $X_0 \times_Y Y'$ 记为 $\widetilde{X}_0$, $d_0 \boxtimes d_1$ 记为 $\tilde{d}_0 \boxtimes \tilde{d}_1$, 则存在 $u' \in \widetilde{X}_1 = X_1 \times_Y Y'$ 使得 $\tilde{d}_0 \boxtimes \tilde{d}_1(u') = v'$. 令 u 为 u' 在 X_1 中的像, 则 $v = d_0 \boxtimes d_1(u)$.

第六步. **定理中结论 (4) 的证明**. 只要证明: 对于 B 的任一素理想 $\mathfrak{q}$, $A_{0\mathfrak{q}}$ 是秩 n 的自由 $B_{\mathfrak{q}}$ 模, 并且有双射

$$\begin{aligned} A_{0\mathfrak{q}} \otimes_{B_{\mathfrak{q}}} A_{0\mathfrak{q}} &\longrightarrow A_{1\mathfrak{q}} \\ a \otimes a' &\longmapsto (\delta_{0\mathfrak{q}} a) \otimes (\delta_{1\mathfrak{q}} a'). \end{aligned}$$

事实上, 若此结果成立, 则 $A_0 \otimes_B A_0 \to A_1$ 为双射. 又已知 $B \to A_0$ 是忠实平坦的, 而 (A_1, δ_1) 是 n 秩自由 A_0 模, 所以 A_0 是 n 秩自由 B 模 ([60], I 3.6 节, Prop.12).

这样, 只要用 $A_{i\mathfrak{q}}$ 代替 A_i, 就可以假设 B 是局部环. 此时 A_0 是半局部环, 其原因如下: 设 $\mathfrak{m}$ 是 A_0 的一个极大理想. 由第二步知 A_0 的所有极大理想是 $\delta_0^{-1}(\mathfrak{n})$, 其中 $\mathfrak{n}$ 取遍 A_1 中满足 $\delta_1^{-1}(\mathfrak{n}) = \mathfrak{m}$ 的素理想. 而这样的素理想 $\mathfrak{n}$ 的个数不超过 $n = [A_1 : A_0]$, 所以 A_0 只有有限多个极大理想.

用第五步中同样的方法, 在忠实平坦换基后可以假设 B 的剩余域是无限域.

引理 1.10.4 设 B 为局部环, 其极大理想为 $\mathfrak{m}$, $B/\mathfrak{m}$ 为无限域. 设 A 为半局部环, A 的根记为 $\mathfrak{r}$. 设 $i: B \to A$ 为环同态, 满足 $i(\mathfrak{m}) \subseteq \mathfrak{r}$. 又设 M 为秩 n 的自由 A 模, N 为 M 的 B 子模. 如果 $AN = M$, 则在 N 内存在 M 的 A 基.

证明 对于 $m \in M$, 以 $\overline{m}$ 记 m 在同态 $M \to M/\mathfrak{r}M$ 下的像. 则 $m_1, \cdots, m_t \in M$ 是 M 在 A 上的基当且仅当 $\overline{m}_1, \cdots, \overline{m}_t$ 是 $M/\mathfrak{r}M$ 在 $A/\mathfrak{r}$ 上的基. 因此可以将 M, N, A, B 分别用 $M/\mathfrak{r}M$, $N/(N \cap \mathfrak{r}M)$, $A/\mathfrak{r}$, $B/\mathfrak{m}$ 代替. 即无妨假定 B 是无限域, A 的根为 0. 于是可设 $A = k_1 \times \cdots \times k_l$, 其中 k_i/B 都是域扩张. 对 M 的 A 秩 n 作归纳法. $n = 0$ 时结论显然成立 (此时 $M = \{0\}$). 现在设结论对于 $n-1$ 成立. $M = k_1^n \times \cdots \times k_l^n$. 由于 $AN = M$, 故存在 $x_j \in N$ 使得 x_j 在 $M = k_1^n \times \cdots \times k_l^n$ 的第 j 个分量非零 $(j = 1, \cdots, l)$. 由于 B 为无限域, 故存在 x_j $(1 \leqslant j \leqslant l)$ 的 B 线性组合 x 使得 x 在 $M = k_1^n \times \cdots \times k_l^n$ 的所有分量均非零. 对 M/Ax 用归纳假设即可. 引理证毕.

现在回到第六步. 在引理 1.10.4 中取 B 为 B, A 为 A_0, M 为 A_1 在 $\delta_1: A_0 \to A_1$ 下构成的 A_0 模, $N = \delta_0(A_0)$ (注意 N 符合引理 1.10.4 的条件. 这因为 $d_0 \boxtimes d_1: X_1 \to x_0 \times_Y X_0$ 是单态射, 所以 $A_0 \otimes_B A_0 \to A_1: a \otimes a' \mapsto \delta_1 a \otimes \delta_0 a'$ 是满射, 于是 $N = \delta_0(A_0)$ 生成 A_0 模 A_1). 由引理 1.10.4 知存在 $c_1, \cdots, c_n \in A_0$ 使得 $\delta_0(c_1), \cdots, \delta_0(c_n)$ 构成 A_0 模 A_1 的基. 如果能够证明 $c_1, \cdots, c_n$ 是 B 模 A_0 的基, 则同态 $A_0 \otimes_B A_0 \to A_1$ 把 $\{1 \otimes c_i\}_{1 \leqslant i \leqslant n}$ 映为基 $\{\delta_0(c_i)\}_{1 \leqslant i \leqslant n}$, 于是便知此同态为双射, 即完成了第六步.

为了证明 $c_1, \cdots, c_n$ 是 B 模 A_0 的基, 我们以 e_i $(j = 1, \cdots, n)$ 记 B^n $(= B \otimes_{\mathbb{Z}} \mathbb{Z}^n)$ 的自然基. 考虑交换图

$$
\begin{array}{ccccc}
A_2 & \overset{\delta_1'}{\underset{\delta_0'}{\longleftleftarrows}} & A_1 & \xleftarrow{\ \delta_0\ } & A_0 \\
\uparrow{\scriptstyle u_2} & & \uparrow{\scriptstyle u_1} & & \uparrow{\scriptstyle u_0} \\
A_1^n & \overset{\delta_1^n}{\underset{\delta_0^n}{\longleftleftarrows}} & A_0^n & \xleftarrow{\ i^n\ } & B^n
\end{array}
$$

其中

$$
\begin{aligned}
&u_0\big(\sum e_j b_j\big) = \sum c_j b_i, \quad b_j \in B,\\
&u_1\big(\sum e_j a_j^0\big) = \sum \delta_0(c_j)\delta_1(a_j^0), \quad a_j^0 \in A_0,\\
&u_2\big(\sum e_j a_j^1\big) = \sum \delta_0'\delta_0(c_j)\delta_2'(a_j^1), \quad a_j^1 \in A_1.
\end{aligned}
$$

由于 $\{\delta_0(c_j)\}_{1\leqslant j\leqslant n}$ 是 A_0 模 A_1 的基, 所以 u_1 是双射. 根据 $\mathfrak{C}$ 群胚定义中的第一个余卡氏图

$$
\begin{array}{ccc}
A_2 & \xleftarrow{\ \delta_0'\ } & A_1 \\
\uparrow{\scriptstyle \delta_2'} & & \uparrow{\scriptstyle \delta_1} \\
A_1 & \xleftarrow{\ \delta_0\ } & A_0
\end{array}
$$

A_2 等于张量积 $A_1 \otimes_{A_0} A_1$. 由于 u_2 是由 u_1 通过换基 $A_1 \xleftarrow{\delta_0} A_0$ 得到的, 所以 u_2 也是双射. 最后, 在上面含有 u_0, u_1, u_2 的交换图中的行是正合的, 所以 u_1、u_2 是双射蕴含着 u_0 是双射. 这就证明了定理中的 (4). 从而完成了定理 1.10.1 的全部证明. □

现在我们来证明 “有限群求商” 定理, 即定理 1.9.1.

设有 S 群概形作用 $u: G\times_S X \to X$. 以 $\mu: G\times_S G \to G$ 记群运算, $\mathrm{pr}_{2,3}: G\times_S(G\times_S X)$ 为对第二个因子投影.

现更换符号如下: $X_0 = X$, $X_1 = G\times_S X$, $X_2 = G\times_S G\times_S X$, $d_0 = u$, $d_1 = \mathrm{pr}_2: S\times_S X \to X$, $d_0' = \mathrm{pr}_{2,3}$, $d_1' = \mu\times \mathrm{id}_X$, $d_2' = \mathrm{id}_G \times u$. 则容易验证

$$
X_2 \overset{d_0',d_1',d_2'}{\Rrightarrow} X_1 \overset{d_0,d_1}{\rightrightarrows} X_0
$$

是一个 $\mathfrak{Sch}/S$ 群胚. 此时, 若作用 u 是自由的, 则 (d_0, d_1) 是等价对. 显然, 我们想要证明的 “有限群求商” 定理不过是 “有限关系求商” 定理的特例.

再看一个特殊情形: 设 $S = \mathrm{Spec}\, R$, $G = \mathrm{Spec}\, A$, $X = \mathrm{Spec}\, B$ 是仿射概形. 作用 u 由环同态 $\tilde{u}: B \to A\otimes_R B$ 给出. 令 $B_0 = \{b\in B \mid \tilde{u}(b) = 1\otimes b\}$. 则 $Y = \mathrm{Spec}\, B_0$.

第二章　ETALE 群概形

2.1　ETALE 态射

2.1.1　étale 态射的定义

定义 2.1.1　设 $f: Y \to X$ 为概形的有限展示态射, 则关于 f 的以下三个性质等价. 如果 f 满足这三条性质, 我们就称 f 为概形的 étale **态射** (étale morphism).

(1) 设

$$0 \longrightarrow \varepsilon \longrightarrow A \longrightarrow A_0 \longrightarrow 0$$

为任一环正合序列 (其中理想 ε 是幂零的), $\operatorname{Spec} A \to X$ 为概形态射. 则任一 X 态射 $\operatorname{Spec} A_0 \to Y$ 可以唯一地扩充为态射 $\operatorname{Spec} A \to Y$ (见下图):

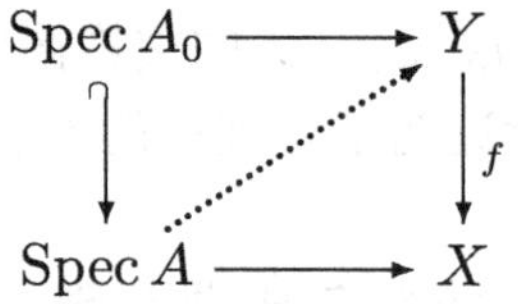

(2) f 是平坦的并且微分层 $\Omega^1_{Y/X} = 0$;

(3) 对于任一 $y \in Y$, 存在 $f(y)$ 的邻域 $\operatorname{Spec} A$, y 的邻域 $\operatorname{Spec} B$, 使得 $B = A[t_1, \cdots, t_n]/(f_1, \cdots, f_n)$, 其中 Jacobi 行列式 $\det \frac{\partial(f_1,\cdots,f_n)}{\partial(t_1,\cdots,t_n)}$ 在 B 中可逆.

关于此三条件等价性的证明见 $[145]_4$ 17.6.2; [252] Chap.I §3; [194] Chap.I §1.

2.1.2　étale 态射的剩余域

定义 2.1.1 中关于微分层的条件 (2) 有如下解释. 设 $f: Y \to X$ 为有限型概形态射. 则 $\Omega^1_{Y/X} = 0$ 当且仅当对于任一 $y \in Y$, $\mathscr{O}_{Y,y}/\mathfrak{m}_{f(y)}\mathscr{O}_{Y,y}$ 是剩余域 $\kappa(f(y))$ 的有限可分域扩张. 在仿射概形的情形下, 这就是说: 设 $\varphi: A \to B$ 是有限型环同态, 则 $\Omega_{B/A} = 0$ 当且仅当对于任一 $\mathfrak{q} \in \operatorname{Spec} B$, $\mathfrak{p} = f^{-1}(\mathfrak{q})$ 生成 $B_\mathfrak{q}$ 的极大理想, 并且剩余域 $\kappa(\mathfrak{q})$ 是 $\kappa(\mathfrak{p})$ 的有限可分扩张. 更特殊的情形是: 当 k 是域, 而环 B 是有限生成 k 模时, 我们说 B 是可分 k 代数 (separable k-algebra), 如果 B 同构于直积 $\prod_{i=1}^n K_i$, 其中每一个 K_i/k 都是有限可分域扩张. 这样, 设 $k \to B$ 是有限 k 代数, 则 $\Omega_{B/k} = 0$ 当且仅当 B 是可分 k 代数.

2.1.3 有限 étale 态射

作为 étale 态射的一个重要情形, 我们有

定义 2.1.2 概形态射 $f: Y \to X$ 称为**有限 étale 态射** (finite étale morphism), 如果 f 是有限平坦态射并且 $\Omega^1_{Y/X} = 0$.

若 $f: Y \to X$ 有限 étale 态射, 则对于任一 $x \in X$, 纤维 $Y_x := Y \times_X \{x\}$ 可以写作 $\mathrm{Spec}\, B$, 其中 B 为剩余域 $\kappa(x)$ 上的可分代数. 这也等于说 B 不含幂零元并且对于任一 $y \in Y$, 剩余域 $\kappa(y)/\kappa(x)$ 是可分扩张. 我们以 S_{red} 记概形 S 的约化概形 (reduced scheme), 以 $[K:k]_{\mathrm{sep}}$ 记域扩张的可分次数. 则此时下面的不等号皆为等号:

$$\begin{aligned}(x) &:= [Y_x : \{x\}] \\ &\geqslant [(Y_x)_{\mathrm{red}} : \{x\}] \\ &= \sum_{y \in Y_x} [\kappa(y) : \kappa(x)] \\ &\geqslant \sum_{y \in Y_x} [\kappa(y) : \kappa(x)]_{\mathrm{sep}}.\end{aligned}$$

设 Ω 为代数封闭域. 对于 $s \in S$, 每一个域嵌入 $\alpha^\sharp: \kappa(s) \to \Omega$ 决定在 s 的**几何点** (geometric point of S centered at s) $\alpha: \mathrm{Spec}\, \Omega \to S$. 对于 S 概形 $X \xrightarrow{f} S$, X 在 α 上的几何点所组成的集合记为

$$X(\alpha) := \{\mathrm{Spec}\, \Omega \xrightarrow{\beta} X \mid f \circ \beta = \alpha\}.$$

可以证明此集合的元素个数为

$$\# X(\alpha) = \sum_{x \in X_s} [\kappa(x) : \kappa(s)]_{\mathrm{sep}}.$$

所以, 如果 X 是有限平坦 S 概形, α 是在 $s \in S$ 的几何点, 则

$$\# X(\alpha) \leqslant [X : S](s).$$

此时 X 在 S 上 étale 的充要条件是这个不等式是等式.

2.1.4 étale 群概形

定义 2.1.3 如果概形 étale 态射 $G \to S$ 是 S 群概形, 则我们称 G 为 **étale S 群概形** (étale S-group scheme).

设 G/S 是有限平坦 S 群概形, 则 $G = \operatorname{Spec}\mathscr{A}$, 其中 $\mathscr{A}$ 是交换 Hopf $\mathscr{O}_S$ 代数层并且 $\mathscr{A}$ 作为 $\mathscr{O}_S$ 模是局部自由有限秩的. 设 $e: \mathscr{A} \to \mathscr{O}_S$ 是 Hopf 代数的增广映射, $\mathscr{I} = \operatorname{Ker} e$ 为增广理想, 则单位截面 $\varepsilon(S) = \operatorname{Spec}(\mathscr{A}/\mathscr{I})$.

一个有限平坦 S 群概形是 étale 群概形当且仅当 $\Omega^1_{G/S} = 0$. 由增广理想与微分模的关系 (见命题 1.5.2) 知: $\Omega^1_{G/S} = 0$ 等价于 $\mathscr{I} = \mathscr{I}^2$. 此时对于 $x \in \operatorname{Spec}(\mathscr{A}/\mathscr{I})$, 有 $(\mathscr{A}_x/\mathscr{I}_x) \otimes_{\mathscr{A}_x} \mathscr{I}_x = (\mathscr{I}/\mathscr{I}^2)_x = 0$. 由 Nakayama 引理得 $\mathscr{I}_x = 0$. 所以 $G \setminus \varepsilon(S)$ 是 $\mathscr{I}$ 的支集. 因为 $\mathscr{I}$ 的支集是闭集, 所以 $\varepsilon(S)$ 是开集. 由此易知下面的结论:

引理 2.1.1　设 G/S 是有限平坦群概形, 则 G 是 étale 群概形当且仅当单位截面 $\varepsilon(S)$ 是开集.

设 k 是域. 易见: 有限 k 群概形 $G = \operatorname{Spec} A$ 是 étale 群概形的充要条件是 A 是可分 k 代数.

有限交换 k 群概形是乘性的当且仅当 G 的 Cartier 对偶 G^* 是 étale. 这是因为我们可以先换基到代数封闭域后, 再利用 μ_n 的 Cartier 对偶是 $\mathbb{Z}/n\mathbb{Z}$.

2.2　基　本　群

2.2.1　范畴 $(\mathfrak{FEt}/S)$

固定一个概形 S. 我们假设 S 非空并且是连通的. 以 $(\mathfrak{FEt}/S)$ 记有限 étale S 概形范畴. $(\mathfrak{FEt}/S)$ 的对象是有限 étale 概形态射 $X \xrightarrow{f} S$; 若又有 $(\mathfrak{FEt}/S)$ 的对象 $X' \xrightarrow{f'} S$, 则在 $(\mathfrak{FEt}/S)$ 中由第一个对象到由第二个对象的态射是满足 $f' \circ u = f$ 的概形态射 $u: X \to X'$.

在 S 内取定一个点 s. 以 $\kappa(s)$ 记 s 的剩余域. 取定 $\kappa(s)$ 的一个代数闭包 Ω. 设 $\alpha: \operatorname{Spec}\Omega \to S$ 为到 s 的几何点, 即有交换图

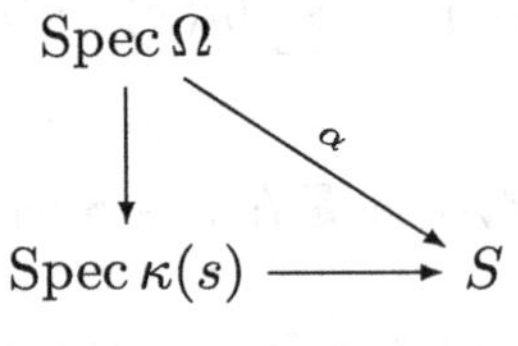

若 $X \in (\mathfrak{FEt}/S)$, 以 $X(\alpha)$ 记所有在 α 上的 X 的几何点 $\operatorname{Spec}\Omega \xrightarrow{\beta} X$ 组成的有限集, 即 $X(\alpha)$ 的元素为使得下图交换的 S 态射 $\operatorname{Spec}\Omega \xrightarrow{\beta} X$:

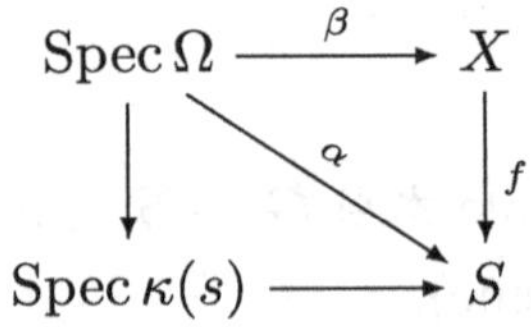

我们也可以说 $X(\alpha)$ 的元素是指 $f^{-1}(s)$ 的一个点 x 加上一个 $\kappa(s)$ 单同态 $\kappa(s)\to\Omega$. 显然 $X\to X(\alpha)$ 决定了一个从 $(\mathfrak{FEt}/S)$ 到集合范畴 $\mathfrak{Sets}$ 的一个函子 F.

2.2.2 基本群

定义 2.2.1 概形 S 在几何点 α 的**基本群** (fundamental group) $\pi=\pi_1(S,\alpha)$ 定义为函子

$$\begin{aligned} F:\ (\mathfrak{FEt}/S) &\longrightarrow \mathfrak{Sets} \\ X &\longmapsto X(\alpha) \end{aligned}$$

的自同构群.

这里所说的“函子 F 的自同构”是指自然变换 $\sigma:\ F\to F$, 即对于每个 $X\in(\mathfrak{FEt}/S)$, 给出集合的双射 $X(\alpha)\xrightarrow{\sigma_X}X(\alpha)$, 使得对于任一 $(\mathfrak{FEt}/S)$ 态射 $X\xrightarrow{u}X'$ 都有交换图

$$\begin{array}{ccc} X(\alpha) & \xrightarrow{\sigma_X} & X(\alpha) \\ {\scriptstyle u(\alpha)}\downarrow & & \downarrow{\scriptstyle u(\alpha)} \\ X'(\alpha) & \xrightarrow{\sigma_{X'}} & X'(\alpha) \end{array}$$

其中 $F(u)$ 定义为: 对于 $\beta\in X(\alpha)$, $u(\alpha)(\beta)=u\circ\beta$. 以 ω_X 记子群 $\{\sigma\in\pi\mid\sigma_X=\mathrm{id}_{X(\alpha)}\}$. 以 $\{\omega_X\mid X\in(\mathfrak{FEt}/S)\}$ 作为 π 基本邻域系来定义 π 上的拓扑, 则 π 成为投射有限群 (参见 [146] V, p.19).

我们说 π 连续地作用在有限集 Y 上, 如果对于任一 $y\in Y$, $\{\sigma\in\pi\mid\sigma y=y\}$ 皆为开集. 具有连续 π 作用的有限集组成的范畴记作 (F-π-$\mathfrak{Sets}$). 根据定义, 对于 $X\in(\mathfrak{FEt}/S)$, 有 $X(\alpha)\in$ (F-π-$\mathfrak{Sets}$).

定理 2.2.1(Grothendieck) 函子

$$\begin{aligned} (\mathfrak{FEt}/S) &\longrightarrow (\text{F-}\pi\text{-}\mathfrak{Sets}) \\ X &\longmapsto X(\alpha) \end{aligned}$$

为范畴等价.

证明 见 [146] V, §4, Th.4.1.

2.2.3 函子 $(\mathfrak{FEt}/S)\to(\text{F-}\pi\text{-}\mathfrak{Sets})$ 的性质

以上定义的函子 $X\mapsto X(\alpha)$ 有以下性质:

(1) $F(X)=\emptyset$ 当且仅当 $X=\emptyset$, 集合 $F(S)$ 只有一个元素.

(2) 对于 $X,Y,Z\in(\mathfrak{FEt}/S)$, 有 $F(X\times_Z Y)=F(X)\times_{F(Z)}F(Y)$.

(3) $F(X\coprod Y)=F(X)\coprod F(Y)$, 把 $X\in(\mathfrak{FEt}/S)$ 写成它的连通分支的无交并, 则相应的 $F(X)$ 便可看作在 π 作用下的轨道的并集.

(4) 设 $X\in(\mathfrak{FEt}/S)$, 又设 G 为有限群, G 的元素为 X 的 S 自同构. 则存在商概形 X/G 使得 $X/G\in(\mathfrak{FEt}/S)$, 并且自然态射 $X\xrightarrow{p}X/G$ 为有限 étale 概形满射. 同时 G 通过 $\operatorname{Spec}\Omega\to X\xrightarrow{g}X\ (g\in G)$ 作用在 $F(X)$ 上, 并且有交换图

$$\begin{array}{ccccc}
\operatorname{Spec}\Omega & \longrightarrow & X & \xrightarrow{\quad g\quad} & X\\
 & & & {\scriptstyle p}\searrow\quad\swarrow{\scriptstyle p} & \\
 & & & X/G &
\end{array}$$

从 p 得出的 $F(p):\ F(X)\to F(X/G)$ 所决定的映射 $\tilde{p}:\ F(X)/G\to F(X/G)$ 是双射.

(5) 如果 $(\mathfrak{FEt}/S)$ 态射 $u:\ X\to Y$ 使得 $F(u):\ F(X)\to F(Y)$ 为双射, 则 u 是 S 同构.

(6) 设 $\varphi:\ T\to S$ 为概形态射, 则有换基函子 $(\mathfrak{FEt}/S)\to(\mathfrak{FEt}/T):\ X\mapsto X_T=X\times_S T$. 由此可得同态 $\varphi_*:\ \pi_1(T,\beta)\to\pi_1(S,\varphi\circ\beta)$. 利用同态 φ_*, 可以把 $\pi_1(S,\varphi\circ\beta)$ 看作 $\pi_1(T,\beta)$ 集, 即下图交换

$$\begin{array}{ccc}
(\mathfrak{FEt}/S) & \longrightarrow & (\mathfrak{FEt}/T)\\
\downarrow{\scriptstyle F} & & \downarrow{\scriptstyle F}\\
(\text{F-}\pi_1(S,\varphi\circ\beta)\text{-}\mathfrak{Sets}) & \longrightarrow & (\text{F-}\pi_1(T,\beta)\text{-}\mathfrak{Sets})
\end{array}$$

上面的 φ_* 的定义如下：对于 $\sigma\in\pi_1(T,\beta)$, 我们要定义函子同构 $f_*\sigma\in\pi_1(S,\varphi\circ\beta)$. 即是说对于 $X\in(\mathfrak{FEt}/S)$, 要定义 $(f_*\sigma)_X:\ X(\varphi\circ\beta)\to X(\varphi\circ\beta)$. 设 $x\in X(\varphi\circ\beta)$, 即有

$$\begin{array}{ccc}
\operatorname{Spec}\Omega & \xrightarrow{\ x\ } & X\\
\downarrow{\scriptstyle\beta} & & \downarrow{\scriptstyle f}\\
T & \xrightarrow[\ \varphi\ ]{} & S
\end{array}$$

进行换基

$$\begin{array}{ccccc}
\operatorname{Spec}\Omega & & & &\\
 & \overset{x_T}{\searrow}\ \ {\scriptstyle\beta}\searrow & & \overset{x}{\searrow} & \\
 & & X_T & \xrightarrow{\ \varphi_T\ } & X\\
 & & \downarrow & & \downarrow{\scriptstyle f}\\
 & & T & \xrightarrow[\ \varphi\ ]{} & S
\end{array}$$

就得到几何点 $x_T \in X_T(\beta)$. 在 σ 下便得到 $\sigma_{X_T}(x_T) \in X_T(\beta)$, 即有

$$\begin{array}{ccccc} \operatorname{Spec}\Omega & \xrightarrow{\sigma_{X_T}(x_T)} & X_T & \xrightarrow{\varphi_T} & X \\ & \searrow^{\beta} & \downarrow & & \downarrow f \\ & & T & \xrightarrow[\varphi]{} & S \end{array}$$

我们就定义 $(f_*\sigma)_X(x)$ 为 $\varphi_T \circ (\sigma_{X_T}(x_T))$.

(7) 设有 S 的几何点 α, α', 则函子 $X \to X(\alpha)$ 和 $X \to X(\alpha')$ 等价, 并且有同构

$$\pi_1(S,\alpha) \xrightarrow{\sim} \pi_1(S,\alpha').$$

(8) 设 R 为 Hensel 局部环, $S = \operatorname{Spec} R$, $\mathfrak{m}$ 为 R 的极大理想, $k = R/\mathfrak{m}$, $s = \operatorname{Spec} k$ 为 S 的闭点, Ω 为 k 的代数闭包, $\alpha:\ \operatorname{Spec}\Omega \to S$ 为 s 上的几何点. 则由包含态射 $\{s\} \hookrightarrow S$ 所诱导的同态 $\pi_1(\{s\},\alpha) \to \pi_1(S,\alpha)$ 为同构.

2.2.4 例子

我们来看一些例子.

设 k 是域. 取定 k 的一个代数闭包 Ω. 以 k_s 记 k 在 Ω 内的可分闭包.

(1) 如前, 设 S 为取定的基概形, $s \in \operatorname{Spec} S$. 设 $k = \kappa(s)$, 则几何点 α 由 $\overline{\alpha}:\ k \hookrightarrow \Omega$ 所决定. 此时自同构群 $\operatorname{Aut}_k(\Omega)$ 左作用在 Ω 上, 于是右作用在 $\operatorname{Spec}\Omega$ 上. 对于 $X \in (\mathfrak{FEt}/S)$, $\operatorname{Aut}_k(\Omega)$ 左作用在 $X(\alpha) = \operatorname{Hom}_{\mathfrak{Sch}/S}(\operatorname{Spec}\Omega, X)$ 上. 这就是说, 对于每一个 $X \in (\mathfrak{FEt}/S)$ 和 $a \in \operatorname{Aut}_k(\Omega)$, 我们有双射 $a_X:\ X(\alpha) \to X(\alpha)$. 这样便得到同态 $\operatorname{Aut}_k(\Omega) \to \pi_1(S,\alpha)$.

现在假设 $S = \{s\} = \operatorname{Spec} k$. 则 $(\mathfrak{FEt}/S)$ 中的连通有限 étale S 概形为 $X = \operatorname{Spec} K$, 其中 K/k 为有限可分域扩张. 此时 $X(\alpha) = \operatorname{Hom}_k(K, \Omega_s)$. 于是同态 $\operatorname{Aut}_k(\Omega) \to \pi_1(S,\alpha)$ 分解为

$$\operatorname{Aut}_k(\Omega) \twoheadrightarrow \operatorname{Gal}(k_s/k) \longrightarrow \pi_1(S,\alpha).$$

设 $\{K_i/k \mid i \in I\}$ 为 k_s 内的所有有限 Galois 扩张, 则有 $\operatorname{Gal}(k_s/k) = \varprojlim \operatorname{Gal}(K_i/k)$. 另一方面, $F(\operatorname{Spec} K_i) \cong \operatorname{Hom}_k(K, k_s) = \operatorname{Gal}(K_i/K)$, 所以上面的同态 $\operatorname{Gal}(k_s/k) \to \pi_1(S,\alpha)$ 是同构的. 若 X 是具有连续的 $\pi = \operatorname{Gal}(k_s/k)$ 作用的有限集, 则我们以 $M_\pi(X, k_s)$ 记所有与 π 交换的映射 $X \to k_s$ 所组成的 k 代数. 在现在的假设下, 前面 Grothendieck 所证明的范畴等价 (见定理 2.2.1) $(\mathfrak{FEt}/S) \to (\text{F-}\pi\text{-}\mathfrak{Sets})$: $X \mapsto X(\alpha)$ 的逆函子是 $X \mapsto \operatorname{Spec}(M_\pi(X, k_s))$.

(2) 设 k 为特征零的代数封闭域. 令 $K=k((t))$ 为以 t 为变元的形式幂级数环的分式域, 即 $K=\{\sum_{n\geqslant n_0}a_nt^n\mid n_0\in\mathbb{Z},a_i\in k\}$. 则 K 是完备离散赋值域. 对于整数 $n\geqslant 1$, 令 $K_n=k((t^{\frac{1}{n}}))$, 则 K 的代数闭包是 $\bigcup K_n$ (见 [333] IV. Prop.8), 并且有群同构

$$\begin{aligned}\mathrm{Gal}(K_n/K)&\longrightarrow \mu_n\\ \sigma&\longmapsto \sigma(t^{\frac{1}{n}})/t^{\frac{1}{n}}.\end{aligned}$$

于是, 令 $X=\operatorname{Spec}K$, 就有

$$\pi_1(X,\alpha)=\varprojlim \mathrm{Gal}(K_n/K)=\varprojlim \mu_n\cong\hat{\mathbb{Z}}.$$

我们把这个 $X=\operatorname{Spec}K$ 比喻为通常拓扑学中平面上的有孔的圆盘 $\{(x,y)\mid 0<x^2+y^2<1\}$.

2.2.5　有限étale 群概形

我们把等价 $(\mathfrak{FEt}/S)\to(\text{F-}\pi\text{-}\mathfrak{Sets})$, $\pi=\pi_1(S,\alpha)$ 应用到 étale 群概形的情形. 设 S 是 Noether 概形. 则函子 $G\mapsto S(\alpha)$ 决定一个从有限 étale S 群概形范畴到具有连续 $\pi_1(S,\alpha)$ 作用的有限群范畴的范畴等价. 利用这个等价立即得出

命题 2.2.2　如果有限 étale S 群 G 的阶 $[G:S]=n$, T 为任一 S 概形. 则任一 $x\in G(T)$ 均满足 $x^n=1$.

设 k 是域. 则有限 étale k 群概形对应于具有 $\mathscr{G}=\mathrm{Gal}(k_s/k)$ 连续作用的交换有限群. 特别的情形是: 在有限交换群 M 上取平凡的 $\mathscr{G}$ 作用, 即知常值群概形是 étale. 其特例是 $(\mathbb{Z}/n\mathbb{Z})_k$.

这里的 "连续" 的含义来自 $\mathscr{G}$ 的拓扑: $\mathscr{G}$ 可以写作 $\mathscr{G}=\varprojlim(\mathrm{Gal}(L/k))$, 其中 L 取遍 k 上的有限 Galois 扩张. $\mathscr{G}$ 在集合 X 上的作用是连续的是指存在子集的集合 $\{X_\alpha\}$ 使得 $X=\bigcup X_\alpha$, 并且存在有限 Galois 扩张 L_α/k 使得子群 $\mathrm{Gal}(\Omega_S/L_\alpha)$ 在 X_α 上的作用是平凡的.

2.2.6　Hensel 环

设 $(A,\mathfrak{m})$ 为局部环, 以 k 记剩余域 $A/\mathfrak{m}$. 同态 $A\to k$: $a\mapsto\overline{a}$ 决定多项式环的同态

$$\begin{aligned}A[T]&\longrightarrow k[T]\\ f(T)&\longmapsto \overline{f}[T],\end{aligned}$$

其中, 若 $f[T]=a_nT^n+\cdots+a_n$, 则 $\overline{f}[T]=\overline{a}_nT^n+\cdots+\overline{a}_n$.

我们称局部环 $(A,\mathfrak{m})$ 为 **Hensel 局部环** (henselian local ring), 如果以下条件成立: 对于任一 $f[T]=T^n+a_{n-1}T^{n-1}+\cdots+a_1T+a_0\in A[T]$, 若 $\overline{f}=g_0h_0$,

其中 $g_0 = T^m + b_{m-1}T^{m-1} + \cdots + b_0 \in k[T]$, $g_0 = T^l + c_{l-1}T^{l-1} + \cdots + c_0 \in k[T]$, 则存在 g, $h \in A[T]$ 使得 $\overline{g} = g_0$, $\overline{h} = h_0$ 并且 $f = gh$.

域和完备离散赋值环都是 Hensel 局部环的例子.

我们称局部环 Hensel 局部环为**严格 Hensel 局部环** (strict henselian local ring), 如果其剩余域 $k = k_s$ (k_s 表示的 k 的可分闭包).

2.2.7 分歧群

设 R 为离散赋值环 (简记为 DVR), R 的特征为零, 其剩余域的特征为 $p > 0$. 设 K 为 R 的分式域, K_s 为 K 的可分闭包. 如果 R 为严格 Hensel 局部环, 则 $\mathrm{Gal}(K_s/K)$ 等于 K 的**惯性群** (inertia group) I.

强分歧群 (wildly ramified group) I_p 是 I 的投射 p 子群 (pro-p-subgroup). 有投射有限群 (profinite group) 的正合序列:

$$0 \longrightarrow I_p \longrightarrow \mathrm{Gal}(K_s/K) \longrightarrow I_t \longrightarrow 0.$$

I_t 称为**弱分歧群** (tamely ramified group), 其元素的阶与 p 互素.

我们解释一下这个正合序列. 对于每个与 p 互素的正整数 n, 在 K_s 内存在 K 的唯一的 n 次 Galois 扩张 K_n, 并且有同构

$$i_n : \mathrm{Gal}(K_n/K) \xrightarrow{\sim} \mu_n(K),$$

使得

$$\sigma(x') = x'(i_n(\sigma))^{v'(x')}(1 + u'), \qquad \forall\, x' \in K_n,\ \sigma \in \mathrm{Gal}(K_n/K),$$

其中 v' 为 K_n 上的正规化赋值, $u' \in K_n$ 满足 $v'(u') \geqslant 1$. 如果 $m \mid n$, 则有交换图

$$\begin{array}{ccccc} \mathrm{Gal}(K_n/K) & \xrightarrow{i_n} & \mu_n(K) & & \omega \\ \downarrow{\scriptstyle c} & & \downarrow{\scriptstyle \varphi_{n,m}} & & \downarrow \\ \mathrm{Gal}(K_m/K) & \xrightarrow{i_m} & \mu_m(K) & & \omega^{n/m} \end{array}$$

其中 c 为限制映射. 上面所说的 I_t 就对应于 $\varprojlim \mu_n(K)$.

以 k_q 记 k 内由 $q = p^n$ 个元素组成的子域, 则 $k_q^\times = \mu_{q-1}(k)$. 故可以把 I_t 与 $\varprojlim\limits_{q=p^n} k_q$ 等同. 这里的反向极限时关于范数映射 $\mathrm{Norm}_{k_{q'}/k_q} : k_{q'} \to k_q$ $(q' = q^{r'})$ 所取的: 对于 $x' \in k_{q'}$,

$$\mathrm{Norm}_{k_{q'}/k_q}(x') = x'^{(1+q+\cdots+q^{r'-1})} = x'^{(q^{r'}-1)/(q-1)} = x'^{(q'-1)/(q-1)}.$$

设 G 是交换 étale K 群概形. 设乘 p 是 G 的零映射. 则 G 的 K_s 点 $G(K_s)$ 是素域 $\mathbb{F}_p$ 上的有限维向量空间 V, 并且 Galois 群 $\mathrm{Gal}(K_s/K)$ 线性作用在 V 上. 反过来, 设 V 为 $\mathbb{F}_p$ 上有限维向量空间, 并且有表示 $\rho:\ \mathrm{Gal}(K_s/K) \to \mathrm{Aut}\ V$, 则存在满足以上条件的 G 使得 V 是 $G(K_s)$.

设 G 是 K 上的单群概形, 使得 ρ 是不可约表示. 因为 V 是 $\mathbb{F}_p$ 上的非零向量空间, 所以投射 p 子群 I_p 在 V 内的不变向量子空间 $V^{I_p} \neq \{0\}$ (见 [333] p.146), 并且 $\rho(V^{I_p}) \subseteq V^{I_p}$. 因为 ρ 不可约, 所以 $V = V^{I_p}$, 即 I_p 在 V 上的作用是平凡的. 也就是说 ρ 是弱分歧的.

我们应用 R 是严格 Hensel 环的假设, 则在表示 $\rho:\ I_t \to \mathrm{Aut}\ V$ 下 $\{\sigma \in \mathrm{Aut}\ V \mid \sigma\rho(\tau) = \rho(\tau)\sigma,\ \forall\ \tau \in I_t\}$ 是一个有限域 F. 因为 I_t 是交换群, 故必有 $\rho(I_t) \subset F$. 而 ρ 不可约, 故 V 是 F 上的一维向量空间.

现在 G 设交换有限 étale K 群概形, 并且存在正整数 m 使得乘 p^m 为的零映射. 设 G_i 为 G 的 Jordan-Hölder 合成列的因子. 则对每一个 i, 存在特征 p 的有限域 F_i, 使得对于 K 群概形 G_i, 有环同态 $F_i \to \mathrm{End}(G_i)$.

2.3 连 通 分 支

2.3.1 基本概念

一个概形 X 的连通分支 U 是指: 当我们把 X 看作拓扑空间时, U 是 X 的连通分支.

称交换环 A 的元素 a 为幂等元, 如果 $a^2 = a$. 以 I 记 A 内的幂等元所组成的集合. $\mathrm{Spec}\,A$ 内所有既开又闭的子集组成的集合记为 C. 可以证明 $I \to C$: $a \mapsto \{\mathfrak{p} \mid a \in \mathfrak{p}\}$ 为双射. 于是知: $\mathrm{Spec}\,A$ 为连通的充要条件是 $I = \{0, 1\}$.

设 G 为域 k 上的群概形. 以 e 记单位态射 $\varepsilon:\ \mathrm{Spec}\,k \to C$ 的像中的唯一元素. 定义 G 的单位元连通分支 G^0 为概形 G 内包含单位元 e 的连通分支. 则 G^0 为的正规子群概形.

现在设 A 为局部 Artin 环, G 为 A 群概形. 假设 G 在 A 上是局部有限的. 像前面一样, G 的单位元 e 是指单位态射 $\varepsilon:\ \mathrm{Spec}\,k \to C$ 的像中的唯一元素. 以 G^0 记概形 G 内包含单位元 e 的连通分支. 则 G^0 为 G 的开子集. 在 G^0 上具有 G 所诱导的概形结构, 在此结构下 G^0 为 G 的开正规子群概形 (参见 $[147]_{\mathrm{I}}$ $\mathrm{VI_A}$, (2.3)).

像前面一样, 由群所组成的范畴记为 $\mathfrak{Gr}$. 设 S 为概形, G 为局部有限展示 S 群概形. 对于 $s \in S$, 以 $\kappa(s)$ 记 s 的剩余域, 以 G_s 记 $G \otimes_S \kappa(s)$, 即 G 在 s 上的

纤维 (这里的 $\otimes\kappa(s)$ 是指以 $\operatorname{Spec}\kappa(s) \to S$ 换基). 则 G_s 为域 $\kappa(s)$ 上的群概形. 因此可以定义 G_s 的单位元连通分支 G_s^0. 我们引进 S 群函子

$$G^0 : \mathfrak{Sch}/S \longrightarrow \mathfrak{Gr}$$

如下：若有概形态射 $T \to S$, 则取

$$G^0(T) = \{u \in \operatorname{Hom}_S(T, G) \mid \forall\, s \in S, u_s(T_s) \subset G_s^0\}.$$

问题是：G^0 是否可表为群概形. 如果对任一 g 属于单位态射的像 $\varepsilon(S)$, G 在点 g 光滑 (lisse), 则函子 G^0 可以由的开正规子 S 群概形来表示 (参见 $[147]_{\mathrm{I}}$ $\mathrm{VI_B}$, (4.4)).

2.3.2 与 Hensel 局部环相关的连通分支

设 $(R, \mathfrak{m})$ 是 Hensel 局部环, 以 S 记 $\operatorname{Spec} R$. 设 A 是有限 R 代数, 则 $A = \prod_{i=1}^r A_i$, 其中 A_i 是 Hensel 局部 R 代数. 以 T 记 $\operatorname{Spec} A$, T_i 记 $\operatorname{Spec} A_i$, 则 $T = \coprod_{i=1}^r T_i$ (无交并), T_i 为 T 的开子概形. 因为 T_i 是连通的, 所以 T_i 是 T 的连通分支.

以 k 记剩余域 $R/\mathfrak{m}$, $s = \operatorname{Spec}(k)$ 为 $S = \operatorname{Spec} R$ 的闭点. 以 $\overline{k}$ 记 k 的一个代数闭包. 设 $\pi = \operatorname{Aut}_k(\overline{k}) = \operatorname{Gal}(k_s/k)$ (k_s 是 k 的可分闭包). π 在 $\overline{k}$ 上的作用诱导出 π 在以下集合上的作用：

$$T(\alpha) = \operatorname{Hom}_{R\text{代数}}(A, \overline{k}) = \coprod_i \operatorname{Hom}_k(k_i, \overline{k}),$$

其中 $k_i = \kappa(t_i)$, t_i 是 T_i 的闭点.

从有限 S 概形 T 到有限 π 集合的函子与取积及取无交并运算交换.

2.3.3 轨道与连通分支

命题 2.3.1 在以上的记号下有

(1) π 在 $T(\alpha)$ 上的作用的轨道是 $T_i(\alpha)$, 所以 T 是连通的当且仅当 π 在 $T(\alpha)$ 上只有一个轨道 (即 π 在 $T(\alpha)$ 上的作用是传递的), 这就是说把 T 写作它的连通分支的无交并等同于把 $T(\alpha)$ 写作 π 的轨道的并集.

(2) $T_i \times_S T_j$ 是连通的当且仅当 $T_i(\alpha)$ 或 $T_j(\alpha)$ 只有一个点, 当且仅当 k_i/k 或 k_j/k 是纯不可分扩张.

(3) 闭纤维 $T_s = T \times_S \{s\}$ 的连通分支是 $\{T_i\}_s$.

2.3.4　有限平坦群概形的单位连通分支

命题 2.3.2　设 R 是 Hensel 局部环, 以 S 记 $\operatorname{Spec} R$. 设 G 为有限 S 群概形. 以 $\varepsilon: S \to G$ 记 G 的单位截面. 包含 $\varepsilon(S)$ 的 G 的连通分支记作 G^0. 则 G^0 为 G 的既开又闭的正规子群. 若 G 为有限平坦群概形, 则 G^0 亦为平坦群概形.

证明　像前面一样, 所谓 G 为 S 上的有限群概形是指 $G = \operatorname{Spec} A$, 其中 A 是有限 R 代数, 并且 $A = \prod_{i=1}^r A_i$, $\operatorname{Spec} A_i$ 为 G 的连通分支. 设 G^0 为 G_1. 因为 $S = \operatorname{Spec} R$ 是 $G^0 = \operatorname{Spec} A_1$ 的闭子概形, A_1 是 Hensel 局部 R 代数, 所以 S 与 G^0 的剩余域均是 k. 由命题 2.3.1 的 (2) 便知 $G_i \times_S G^0$ 是连通的. 在群运算 $\mu: G \times_S G \to G$ 下 $G_i \times_S G^0$ 映为连通集 $G_i G^0$, 但 $G_i G^0 \supseteq G_i \varepsilon(S) = G_i$, 所以 $G_i G^0 = G_i$. 于是 $G^0 G^0 = G^0$. 又 $\varepsilon(S)$ 在求逆运算 $\iota: G \to G$ 下不变, 即有交换图

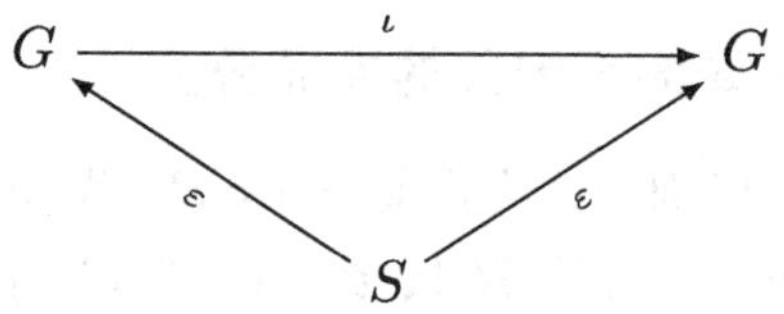

于是 $\iota G^0 = G^0$. 这样我们就证明了 G^0 是 G 的既开又闭的子群概形.

考虑映射

$$\begin{aligned} \psi: G \times_S G^0 &\longrightarrow G \\ (g, g^0) &\longmapsto g g^0 g^{-1}. \end{aligned}$$

由于 $G \times_S G^0 = \coprod G_i \times_S G^0$, 故对每一个 i, $\psi(G_i \times_S G^0)$ 是连通的并且包含 $\varepsilon(S)$. 所以 $\psi(G_i \times_S G^0) \subseteq G^0$. 这就是说 G^0 是 G 的正规子群.

G 是平坦 S 概形即 A 是平坦 R 代数, 所以 $G_i = \operatorname{Spec} A_i$ 是平坦 S 概形. 故 G^0 是平坦群概形. □

2.4　连通 étale 序列

2.4.1　单位截面的连通分支

定理 2.4.1　设 R 是 Hensel 局部环. 以 S 记 $\operatorname{Spec} R$. 设 G 为有限 S 群概形. 以 $\varepsilon: S \to G$ 记 G 的单位截面. 包含 $\varepsilon(S)$ 的 G 的连通分支记作 G^0. 则

(1) 存在 Hensel 局部 R 代数 A, 使得 A 与 R 的剩余域相同, 并且 $G^0 = \operatorname{Spec} A$.

(2) G^0 为 G 的闭子群概形. G^0 为 G 的平坦正规子群.

(3) 商群 G/G^0 存在 (记之为 G^{et}). G^{et} 为 étale S 群概形.

(4) *存在正合序列*

$$0 \longrightarrow G^0 \longrightarrow G \xrightarrow{p} G^{\mathrm{et}} \longrightarrow 0.$$

称此序列为 G *的* **连通 étale 序列** (connected étale sequence). *此序列由以下条件决定: 若有同态* $G \xrightarrow{\varphi} H$, *其中* H *为* étale S *群概形, 则* φ *的核包含* G^0, *并有同态* $G^{\mathrm{et}} \xrightarrow{\psi} H$ *使得* $\varphi = \psi \circ p$.

证明 由前一节命题 2.3.2 知 G^0 为 G 的有限平坦正规闭子群, 又根据有限群求商定理 (定理 1.9.1) 知, 存在商群概形 $G/G^0 = G^{\mathrm{et}}$. 因为 $G^0 = \operatorname{Spec} A$, 所以 $[G^0 : S]$ 取常值 $\operatorname{rank}_R A$. 因此从 $G \to S$ 有限平坦, 得知 $G^{\mathrm{et}} \to S$ 有限平坦, 并且有等式

$$[G : S] = [G^{\mathrm{et}} : S][G^0 : S].$$

由于 G^0 是 G 的开子概形, 单位截面 $G^0/G^0 = S$ 是 $G/G^0 = G^{\mathrm{et}}$ 的开子概形, 因此 $G^{\mathrm{et}} \to S$ 是 étale 态射 (用引理 2.1.1).

设 φ 是从一个连通 S 概形到一个 étale S 概形 H 的群同态, 则 φ 的像含于 H 的单位连通分支 H^0 内, 而 H 是 étale, 所以 H^0 等于单位截面, 故 φ 是平凡的. 于是, 若有 $\varphi: G \to H$, H étale, 则 $\operatorname{Ker}\varphi \supseteq G^0$. 因此有 $\psi: G/G^0 = G^{\mathrm{et}} \to H$ 使得下图交换. 定理 2.4.1 证毕. □

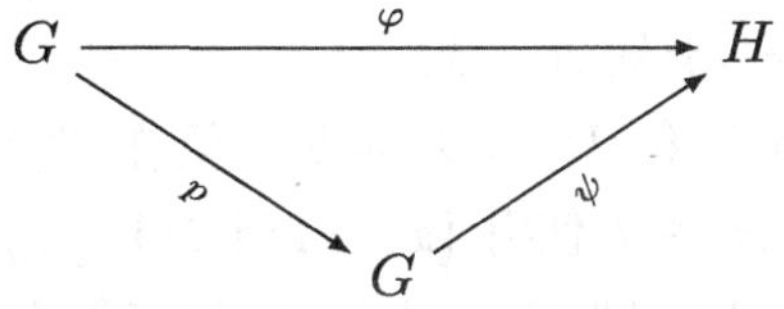

同上, 设 R 是 Hensel 局部环, $\mathfrak{m}$ 是 R 的极大理想, $k = R/\mathfrak{m}$, $s = \operatorname{Spec} k$ 为 $S = \operatorname{Spec} R$ 的闭点. 则包含态射 $\{s\} \hookrightarrow S$ 诱导出群同构

$$\pi = \pi_1(\{s\}, \alpha) \longrightarrow \pi_1(S, \alpha),$$

其中 $\alpha: \operatorname{Spec} \overline{k} \to S$ 为 s 上的几何点, $\overline{k}$ 为 k 的代数闭包. 于是

$$(\mathfrak{FEt}/S) \longrightarrow (\mathfrak{FEt}/S)$$
$$Y \longmapsto Y_s$$

是范畴等价, 所以有限 étale S 群概形 H 完全由有限 π 群 $H(\alpha)$ 唯一决定.

我们现在来考虑 $G^{\mathrm{et}}(\alpha)$. 由于 $G \to G^{\mathrm{et}}$ 是有限态射, 所以 $G(\alpha) \to G^{\mathrm{et}}(\alpha)$ 是满射. 另一方面 $\operatorname{Ker}(G(\alpha) \to G^{\mathrm{et}}(\alpha)) = G^0(\alpha)$ 只有一个元素, 所以 $G(\alpha) \to G^{\mathrm{et}}(\alpha)$ 是单射. 于是 $G(\alpha)$ 同构于 $G^{\mathrm{et}}(\alpha)$. 这就是说 G^{et} 由 π 群 $G(\alpha)$ 完全决定.

2.4.2　一些特殊情形

命题 2.4.2　设 R 是 Hensel 局部环, $\mathfrak{m}$ 是 R 的极大理想, $S = \operatorname{Spec} R$, G 为有限平坦 S 群概形.

(1) 如果 $R/\mathfrak{m}$ 的特征为 0, 则 $G^0 = S$, $G = G^{\text{et}}$; 如果 $R/\mathfrak{m}$ 的特征为 $p > 0$, 则 G^0 的阶是 p 的方幂.

(2) 如果 $[G:S]$ 在 S 上可逆, 则 $G = G^{\text{et}}$.

(3) 如果 $R = k$ 是域, $n = [G:S]$, 则对任意的 k 代数 B, 任一 $x \in G(B)$ 均满足 $x^n = 1$.

(4) 如果 $R = k$ 是完全域 (即 $R^p = R$), 则正合序列

$$0 \longrightarrow G^0 \longrightarrow G \rightleftarrows G^{\text{et}} \longrightarrow 0$$

分裂, 并且有半直积 $G = G^0 \rtimes G^{\text{et}}$.

注　域自然是 Hensel 局部环, 所以, 按 (2), 如果 k 是特征 0 的域, 则任一有限平坦 k 群概形必是 étale 群概形.

证明　(1) 我们可以假设 $G = G^0$, $R = k$ 是域.

先考虑 k 的特征为 0 的情形. 此时有 $G = \operatorname{Spec} A$, 其中 A 是有限维局部 k 代数. 则 Hopf 代数 A 的增广理想 I 是极大理想并且是幂零的, 而 k 的特征为 0, 所以分次代数 $\operatorname{gr}_I(A) = k$. 于是 $A = k$.

如前可假设 $G = G^0$ 和 $R = k$ 是域. 现在设 k 的特征为 $p > 0$. 设 $\dim_k(I/I^2) = r$, $x_1, \cdots, x_r \in I$ 使得 $\{x_i \mod I^2\}_{1 \leqslant i \leqslant r}$ 为 I/I^2 的基.

设 $B = A/(x_1^p, \cdots, x_r^p)$. 则 $H = \operatorname{Spec} B$ 为有限平坦群概形. H 的阶是 p^r. H 为 G 的正规子群概形.

因为域 k 上的有限维向量空间是平坦 k 模, 所以 G 的闭子群概形 H 是平坦的. 又因为 H 是相对 Frobenius 态射 $F_G: G \to G^{(p)}$ 的核, 所以 H 是 G 的正规子群.

假如 $r = 0$, 即有 $[G:k] = 1$, 则得 (2). 如果 $r > 0$, 则 $[H:k] = p^r > 1$. 而 $[G:k] = [H:k][(G/H):k] = p^r[(G/H):k]$, 对于 $[(G/H):k]$ 用归纳假设即知 (1) 为真.

(2) 由 $[G:S]$ 在 S 上可逆知 $[G^0:S] = 1$, 故 $G = G^{\text{et}}$.

(3) 设 G, H, G/H 都是有限平坦群概形. 如果 H 和 G/H 满足 (3) 中所要证明的结论, 则 G 亦满足该结论. 而有限 étale 群概形已经满足该结论, 所以我们只需考虑连通群概形的情形, 即我们可以假定 $G = G^0$, $R = k$ 是域.

若域 k 特征为 0, 由本命题的结论 (1) 可推出 (3).

若域 k 的特征为 $p > 0$, 设 G 的阶为 $q = p^m$. 设 I 是 G 的增广理想, 则 $[p]I \subseteq I^p$. 重复应用这个事实, 我们得出 $[q]I \subseteq I^q$. 而 $G = \operatorname{Spec} A$ 的阶是 q, 所以局部环的合成列

$$R \supset I \supset I^2 \supset \cdots$$

的长度为 q. 于是 $I^q = 0$. 故 $[q]I = 0$.

G 的单位映射 $\operatorname{Spec} k \xrightarrow{\varepsilon} G$ 决定正合序列

$$0 \longrightarrow I \longrightarrow A \xrightarrow{e} k \longrightarrow 0.$$

这就是说 G 的单位元 1_G 可以看作 G 的闭子概形 $\operatorname{Spec}(A/I)$. 把 $G(B)$ 写成 $G(B) = A^* \otimes_R B$, 由此将 $f \in A$ 看作 $G(B)$ 的函数: $f(x) = \langle x, f\rangle$ $(x \in G(B))$. 于是有 $g(1_G) = 0$ $(\forall\, g \in I)$. 把 A 看作 $R{\cdot}1{+}I$. 由 $[q]I = 0$ 即得 $[q]f(x) = [0]f(x)$ $(\forall\, g \in I)$. 于是 $x^q = 1_G$.

(4) 设域 k 的特征为 $p > 0$, $G = \operatorname{Spec} A$ 是有限 k 群概形. 以 N 记 A 的幂零根, 则 $G_{\text{red}} = \operatorname{Spec}(A/N)$ 是约化概形. 由于我们假设 k 是完全域, 所以 $G_{\text{red}} \to \operatorname{Spec} k$ 是 étale.

我们从交换态射图 (参见 [142] (5.15))

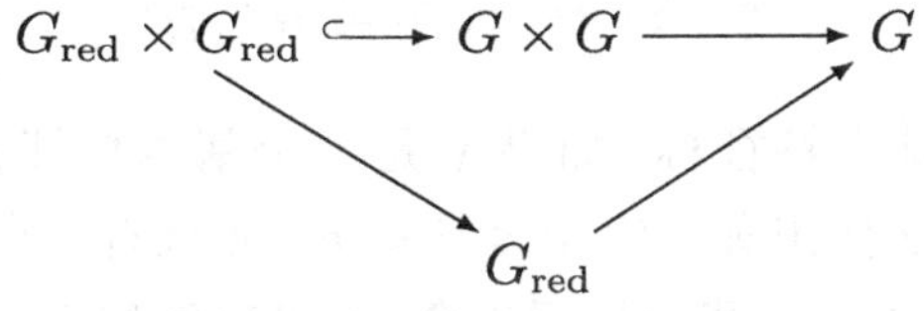

得到 G_{red} 的 k 群结构. 以 $\alpha = \operatorname{Spec}(\overline{k})$ 记 $\operatorname{Spec} k$ 的几何点. 由同构 $G_{\text{red}} = G(\alpha) = G^{\text{et}}(\alpha)$ 即知图

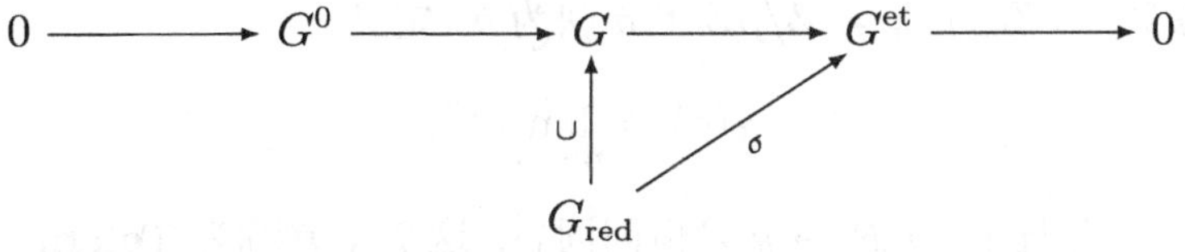

中态射 σ 是同构. 于是得到半直积 $G \cong G^0 \rtimes G_{\text{red}}$. □

2.5 模 概 形

在本节我们设 R 是离散赋值环, K 是 R 的分式域, $\mathfrak{m}$ 是 R 的极大理想, π 是 $\mathfrak{m}$ 的生成元, $k = R/\mathfrak{m}$ 是剩余域. 我们假设 K 的特征是 0, k 的特征是 $p > 0$, v 是 R 的赋值, $v(\pi) = 1$, $e = v(p)$ 是绝对分歧指数.

2.5.1 Raynaud 模概形

固定一个基概形 S.

定义 2.5.1 给定环 F, 设 G 是一个交换 S 群概形. 如果有环同态 $F \to \operatorname{End} G$, 则称为 S 上的 F **模概形** (module scheme).

设 G 是 S 上的 F 模概形. 若 $T \to T'$ 为 S 概形态射, 则有 F 模同态 $G(T) \to G(T')$. 又若 $G = \operatorname{Spec} A$, 把 $t \in F$ 看作自同态 $t: G \to G$, 则 t 对应于 Hopf 代数自同态 $[t]: A \to A$. 对于任一 S 概形 T, $x \in G(T)$, $f \in A$, 则有

$$([t]f)(x) = f(tx).$$

设 F 为有限域, G 为 F 模概形. 如果 $|G| = |F|$, 则称 G 为 **Raynaud F 模概形** (Raynaud F-module scheme).

2.5.2 基本特征标

设 F 为含 q 个元素的有限域 ($q = p^r$), 以 $\mu = \mu_{q-1}(\overline{K})$ 记 K 的代数闭包 $\overline{K}$ 中的 $q-1$ 次单位根群. 令 $M = \operatorname{Hom}(F^\times, \mu)$. 对于 $\chi \in M$, 定义 $\chi(0) = 0$. 假设 $\mu \subset R$, $\chi \in M$. 如果

$$F \xrightarrow{\chi} R \longrightarrow k = R/\pi R$$

是域同态, 则称 χ 为基本特征标. 如果 χ 是一个基本特征标, 由于 F 是有限域, 所以任一基本特征标必然形如 χ^{p^i}, $0 \leqslant i < r$. 并且有 $\chi^{p^r} = \chi$. 所以基本特征标的集合可以写作 $\{\chi_i\}_{i \in \mathscr{I}}$, 其中指标集合 $\mathscr{I}$ 可以看作 $\mathbb{Z}/r\mathbb{Z}$ 上的齐性空间使得 $\chi_{i+1} = \chi_i^p$.

例如设 $R = \mathbb{Z}_p$ 为 p 进整数环. 设 $r = 1$, $F = Z/p\mathbb{Z}$. 对于 $\overline{a} \in F$, 取 $a \in \mathbb{Z}_p$ 使得在同态 $\mathbb{Z}_p \to \mathbb{Z}_p/p\mathbb{Z}_p = \mathbb{Z}/p\mathbb{Z}$ 下 a 映为 $\overline{a}$. 定义

$$\chi(\overline{a}) = \lim_{n \to \infty} a^{p^n},$$

则 $\chi(F^\times) \subseteq \mu$ 并且 $F \xrightarrow{\chi} R \to k$ 是恒同同态. 这个 χ 常称为 **Teichmüller 特征标** (Teichmüller character). 它是基本特征标.

2.5.3 增广理想的分解

设 $G = \operatorname{Spec} A$ 是一个 Raynaud F 模概形. 由于 $|G| = |F|$, 所以 $G(\overline{K})$ 是一维 F 向量空间. $G(\overline{K})$ 所决定的常值群概形 $G(\overline{K})_{\overline{K}}$ 就是 $G_{\overline{K}} = \operatorname{Spec}(A \otimes_R \overline{K})$. 所以 $G_{\overline{K}}$ 在 F 上同构于常值群概形 $F_{\overline{K}}$. 这样就可以把 $A \otimes_R \overline{K}$ 看作 F 上的 $\overline{K}$ 值函数. 利用基本特征 $\{\chi_i\}_{i \in \mathscr{I}}$, F 上的 $\overline{K}$ 值函数环构成 $\overline{K}$ 向量空间, $\prod_{i \in \mathscr{I}} \chi_i^{\nu_i}$,

$0 \leqslant i \leqslant p-1$ 是它的一组 $\overline{K}$ 基 (即是 $A \otimes_R \overline{K}$ 的 $\overline{K}$ 基). 对于 $\chi \in M$, 定义 $A \otimes_R \overline{K}$ 的同态

$$i_\chi = \frac{1}{q-1} \sum_{s \in F^\times} \chi^{-1}(s)[s].$$

则 $i_\chi^2 = i_\chi$, 不同的 i_χ 两两正交, 并且 $i_\chi(I) \subset I$ (I 为 Hopf 代数 A 的增广理想). 因为 $R \supset \mu \cup \{1/(q-1)\}$, G 是 F 模, 所以有限交换群 $F^\times$ 作用在 I 上. 由这个作用我们得到

$$I = \bigoplus_{\chi \in M} I_\chi,$$

其中

$$I_\chi = i_\chi(I) = \{f \in I \mid [s]f = \chi(s)f, \forall\, s \in F^\times\}.$$

因为 $I_\chi \otimes \overline{K} = \overline{K}_\chi$, 所以 R 模 I_χ 的秩等于 1. 取 X_i 为 I_{χ_i} 的 R 基, 则 $X_i = c_i \chi_i$ (c_i 为 $\overline{K}^\times$ 的某个元素). 由 I_χ 的定义知 $I_\chi^p \subset I_{\chi^p}$. 又因为 $\chi_i^p = \chi_{i+1}$, 所以 $X_i^p = \delta_i X_{i+1}$, 其中 $\delta_i = c_i^p / c_{i+1} \in R$. 以 B 记由 X_i 所生成的 A 的 R 子代数. 则单项式

$$\prod_{i \in \mathscr{I}} X_i^{\nu_i} = \prod_{i \in \mathscr{I}} c_i^{\nu_i} \prod_{i \in \mathscr{I}} \chi_i^{\nu_i}$$

是 B 的基.

令 $A^* = \mathrm{Hom}_R(A, R)$, 把 $A^* \otimes \overline{K}$ 看作群代数 $\overline{K}[F]$, 对于 $s \in F$, 以 λ^s 记 $\overline{K}[F]$ 中对应于 s 的元素, 则 $\lambda^{s+t} = \lambda^s \lambda^t$, 并且对于 $f \in A$, 有 $\lambda^s(f) = f(s)$. 对于 $\chi \in M$, 令

$$e_\chi = \frac{1}{q-1} \sum_{s \in F} \chi^{-1}(s)(\lambda^s - 1) \in K[F].$$

则对于 $\chi_i, \chi_j \in M$, 有 $e_{\chi_i}(\chi_j) = \delta_{ij}$. 可以验证 Hopf 代数 $A^* \times \overline{K} = \overline{K}[F]$ 的增广理想以 $\{e_\chi\}_{\chi \in M}$ 为基.

现在取 $Y_i = c_i^{-1} e_{\chi_i}$. 则 $I_{\chi_i}^* = RY_i$, 并且存在 $\gamma_i \in R$ 使得 $Y_i^p = \gamma_i Y_{i+1}$. 设 $\chi = \prod \chi_i^{\nu_i}$, 其中 $0 \leqslant \nu_i \leqslant p-1$ 不全为 0. 则有 R 的元素 w_χ, w_i 使得

$$\left(\prod Y_i^{\nu_i}\right)\left(\prod X_i^{\nu_i}\right) = \left(\prod e_{\chi_i}^{\nu_i}\right)\left(\prod X_i^{\nu_i}\right) = \left(\prod e_{\chi_i}^{\nu_i}\right)(X) = w_\chi$$

和

$$\gamma_i \delta_i = Y_i^p(\chi_i^p) = e_{\chi_i}^p(\chi_{i+1}) = w_i.$$

在下一小节我们将证明 w_χ 在 R 中可逆. 于是

$$R[\{Y_i \mid i \in \mathscr{I}\}] = \{\lambda \in K[Y_i] \mid \langle \lambda, f \rangle \in R, \forall\, f \in R[\{X_i \mid i \in \mathscr{I}\}]\}.$$

由于 $R[X_i] \subset A$, $R[Y_i] \subset A^*$, 又有

$$A^* = \{\lambda \in A^* \otimes K \mid \langle \lambda, f \rangle \in R, \forall f \in A\},$$

所以 $A = R[\{X_i \mid i \in \mathscr{I}\}]$.

2.5.4　w_χ 和 w_i 的计算

我们来计算 w_χ.

我们以 $m: A \to A \otimes A$ 记 Hopf 代数的余乘法, 以 $p: A \otimes A \to A$ 记 A 的代数乘法. 对 $\chi', \chi'' \in M$, 有

$$m_{\chi', \chi''}: I_{\chi'\chi''} \longrightarrow I_{\chi'} \otimes I_{\chi''},$$
$$p_{\chi', \chi''}: I_{\chi'} \otimes I_{\chi''} \longrightarrow I_{\chi'\chi''}.$$

由于 I_χ 的 R 秩为 1, 所以存在 $w_{\chi', \chi''} \in R$ 使得 $I_{\chi'\chi''}$ 的自同态 $p_{\chi', \chi''} \circ m_{\chi', \chi''}$ 等于用 $w_{\chi', \chi''}$ 作乘法, 或写作

$$p_{\chi', \chi''} \circ m_{\chi', \chi''} = w_{\chi', \chi''}.$$

把 $F_R = \operatorname{Spec} A$ 看作 F 模, 则 $s \in F$ 决定一个同态 $[s]: A \to A$. 对于 $s, t \in F$, 由模的定义知

$$p \circ ([s] \otimes [t]) \circ m = [s+t].$$

所以对于 $\chi \in M$, $s, t \in F^\times$, 在 I_χ 上有

$$\chi(s+t) = \chi(s) + \chi(t) + \sum_{\chi'\chi''=\chi} \chi'(s)\chi''(t) w_{\chi', \chi''}.$$

这是因为对于 $f \in I_\chi$, 有 $m(f) = f \otimes 1 + 1 \otimes f + \sum f' \otimes f''$, 其中的求和是对于所有 $\chi'\chi'' = \chi$ 所作的, 而 $f' \in I_{\chi'}$, $f'' \in I_{\chi''}$.

固定 χ_1, χ_2 使得 $\chi_1\chi_2 = \chi$. 上式两端乘以 $\chi_1^{-1}(s)\chi_2^{-1}(t)$, 然后对 s, t 求和, 得

$$\sum_{s,t \in F^\times} \chi_1^{-1}(s)\chi_2^{-1}(t)\chi(s+t) = \sum_{s,t \in F^\times} (\chi_2(st^{-1}) + \chi_2(ts^{-1})) + (q-1)^2 w_{\chi_1,\chi_2}.$$

(注意 $|F^\times| = q - 1$ 以及在项 $\chi(s+t)$ 中只需取 $s + t \neq 0$.) 由

$$1 = \frac{s}{s+t} + \frac{t}{s+t},$$

可设 $s = ru$, $t = rv$, $u + v = 1$, $r \in F^\times$, 则得

$$(q-1)w_{\chi_1,\chi_2} = \sum_{u+v=1} \chi_1^{-1}(u)\chi_2^{-1}(v) - \sum_{g\in F^\times}(\chi_1(g) + \chi_2(g)).$$

我们分三种情形来计算 w_{χ_1,χ_2}.

(1) $\chi_1 \neq 1 \neq \chi_2$. 则

$$\begin{aligned} w_{\chi_1,\chi_2} &= \frac{1}{q-1}\sum_{u+v=1} \chi_1^{-1}(u)\chi_2^{-1}(v) \\ &= \frac{(\chi_1\chi_2)(-1)}{q-1}\sum_{u+v+1=0} \chi_1^{-1}(u)\chi_2^{-1}(v) \\ &= \frac{(\chi_1\chi_2)(-1)}{q-1} J(\chi_1^{-1}, \chi_2^{-1}), \end{aligned}$$

其中 J 是 Jacobi 和：$J(\chi', \chi'') = \sum_{u+v+1=0} \chi'(u)\chi''(v)$.

(2) $\chi_1 = 1$, $\chi_2 = \chi \neq 1$. 则

$$w_{1,\chi} = w_{\chi,1} = \frac{1}{q-1}\Big(\sum_{u+v=1,\ u\neq o} \chi^{-1}(v) - (q-1)\Big) = -\frac{q}{q-1}.$$

(3) $\chi_1 = \chi_2 = 1$. 则

$$w_{1,1} = \frac{1}{q-1}(q-2-2(q-1)) = -\frac{q}{q-1}.$$

考虑由有限域 F 所定义的常值 R 概形 F_R. 同上, $F_R = \operatorname{Spec} A$. 把 A 看作 F 上的 R 值函数环. 对于 $a \in F$, 以 ε_a 记集合 $\{a\}$ 的特征函数. 则 $\{\varepsilon_a \mid a \in F\}$ 为 R 模 A 的基. 我们有 $\varepsilon_a^2 = \varepsilon_a$, $\varepsilon_a\varepsilon_b = 0$ $(a \neq b)$. Hopf 代数的余乘法是

$$m(\varepsilon_a) = \sum_{a'+a''=a} \varepsilon_{a'} \otimes \varepsilon_{a''},$$

而且 $\{\varepsilon_a \mid a \neq 0\}$ 生成增广理想 I. 由 $t \in F^\times$ 所决定的同态 $[t]: A \to A$ 把 ε_a 映为 $\varepsilon_{t^{-1}a}$.

M 由乘性群同态 $\chi: F^\times \to \mu_{q-1} \subset R$ 所组成. 于是 I 由 $\varepsilon_\chi := \sum_{a\in F}\chi(a)\varepsilon_a$ 所生成. 易见

$$\varepsilon_{\chi'}\varepsilon_{\chi''} = \varepsilon_{\chi'\chi''}, \tag{2.1}$$

$$m(\varepsilon_\chi) = \varepsilon_\chi \otimes 1 + 1 \otimes \varepsilon_\chi + \sum_{\chi'\chi''=\chi} w_{\chi',\chi''}\varepsilon_{\chi'} \otimes \varepsilon_{\chi''}. \tag{2.2}$$

常值 R 群概形 F_R 的 Cartier 对偶 $D(F)_R = \operatorname{Spec} A^*$, 其中 $A^* = \operatorname{Hom}_{R\text{模}}(A, R)$. 我们以 $\{\lambda^a \mid a \in F\}$ 记 R 模 A^* 的基, 则 $\lambda^a\lambda^b = \lambda^{a+b}$, $m(\lambda^a) = \lambda^a \otimes \lambda^b$, $\lambda^a(\varepsilon_b) = \delta_{ab}$. Hopf 代数 A^* 的增广理想 $I^* = \{\sum r_a\lambda^a \mid \sum r_a = 0\}$.

对于 $t \in F$, 有同态 $[t]^* : A^* \to A^*$, 其定义为 $[t]^*(\lambda^a) = \lambda^{ta}$. Hopf 代数 A^* 的增广理想 I^* 内的 I^*_χ 的生成元是 $e_\chi = \sum \chi^{-1}(a)\lambda^a$ (当 $\chi \neq 1$) 或 $e_1 = \sum \lambda^a - \lambda^0$ (当 $\chi = 1$). I^* 的基 $\{e_\chi\}$ 对偶于 I 的基 $\{(q-1)\varepsilon_\chi\}$. 于是由上面的 (2.1)、(2.2) 式得到

$$e_{\chi'}e_{\chi''} = (q-1)w_{\chi',\chi''}e_{\chi'\chi''}, \tag{2.3}$$

$$m^*(e_\chi) = e_\chi \otimes 1 + 1 \otimes e_\chi + \frac{1}{q-1}\sum_{\chi'\chi''=\chi} e_{\chi'} \otimes e_{\chi''}. \tag{2.4}$$

设 ζ 为一个 p 次本原单位根. 令 $\widetilde{R} = R[\zeta]$. 取定一个加性同态 $\psi:\ F^+ \to \mu_p(\widetilde{R})$. 考虑 F 模概形的 R 态射

$$\begin{aligned} F_{\widetilde{R}} &\longrightarrow D(F)_{\widetilde{R}} \\ a &\longmapsto a\psi, \end{aligned}$$

在这里我们把 $a\psi:\ F \to \mu_p(\tilde{D}) \subset \tilde{D}^\times$ 看作 $D(F)_{\widetilde{R}}(R) = \operatorname{Hom}_{\mathfrak{Gr}}(F, \tilde{D}^\times)$ 的元素. 对应于此态射的代数同态是

$$\begin{aligned} A^* \otimes_R \widetilde{R} &\xrightarrow{u} A \otimes_R \widetilde{R} \\ \lambda^a &\longmapsto \sum_{t\in F}\psi(ta)\varepsilon_\lambda. \end{aligned}$$

于是有 $u(e_\chi) = g(\chi)\varepsilon_\chi$, 其中 g 是 Gauss 和:

$$\begin{aligned} g(1) &= -q, \\ g(\chi) &= \sum_{a\in F}\chi^{-1}(a)\psi(a), \qquad \chi \neq 1. \end{aligned} \tag{2.5}$$

从公式 (2.2)、(2.4) 得出

$$w_{\chi',\chi''} = \frac{1}{q-1}\frac{g(\chi')g(\chi'')}{g(\chi'\chi'')}. \tag{2.6}$$

对于 $\chi_1, \cdots, \chi_n \in M$, 利用 Hopf 代数的代数乘法及余乘法可以定义:

$$\begin{aligned} p_{\chi_1,\cdots,\chi_n} &: I_{\chi_1} \otimes \cdots \otimes I_{\chi_n} \longrightarrow I_{\chi_1\cdots\chi_n}, \\ m_{\chi_1,\cdots,\chi_n} &: I_{\chi_1\cdots\chi_n} \longrightarrow I_{\chi_1} \otimes \cdots \otimes I_{\chi_n}. \end{aligned}$$

则 $p_{\chi_1,\cdots,\chi_n}\circ m_{\chi_1,\cdots,\chi_n}$ 等于用元素 $w_{\chi_1,\cdots,\chi_n}$ 作乘法. 由乘法和余乘法的结合律可得

$$p_{\chi_1',\cdots,\chi_n',\chi_1'',\cdots,\chi_n''}=p_{\chi_1'\cdots\chi_n',\chi_1''\cdots\chi_n''}\circ(p_{\chi_1',\cdots,\chi_n'}\otimes p_{\chi_1'',\cdots,\chi_n''}),$$

$$m_{\chi_1',\cdots,\chi_n',\chi_1'',\cdots,\chi_n''}=(m_{\chi_1',\cdots,\chi_n'}\otimes m_{\chi_1'',\cdots,\chi_n''})\circ m_{\chi_1'\cdots\chi_n',\chi_1''\cdots\chi_n''}.$$

于是由 (2.6) 式得到相应的

$$w_{\chi_1,\cdots,\chi_n}=\frac{1}{(q-1)^{n-1}}\frac{g(\chi_1)\cdots g(\chi_n)}{g(\chi_1\cdots\chi_n)}. \tag{2.7}$$

因为 $g(\chi)g(\chi^{-1})=q\chi(-1)$ 对于任意的 $\chi\neq 1$ 成立, 所以有

$$w_{\chi_1,\cdots,\chi_n}w_{\chi_1^{-1},\cdots,\chi_n^{-1}}=\left(\frac{q}{(q-1)^2}\right)^{n-1}. \tag{2.8}$$

设 $\eta:\ \mathbb{Z}/p\mathbb{Z}\to\mu_p(\widetilde{R})$ 为非平凡特征标, 令前面的加性同态 $\psi=\eta\circ\mathrm{tr}$, 其中 $\mathrm{tr}:\ F\to\mathbb{Z}/p\mathbb{Z}$ 为迹映射. 则 Gauss 和有性质 $g(\chi^p)=g(\chi)$. 于是我们得到

$$w_{\chi_1^p,\cdots,\chi_n^p}=w_{\chi_1,\cdots,\chi_n}. \tag{2.9}$$

以 C 记有理数域 $\mathbb{Q}$ 的代数闭包 $\overline{\mathbb{Q}}$ 内在 $\mathbb{Q}$ 上添加 $(q-1)$ 次单位根所得到的扩域 $(q=p^r)$, 以 $\mathscr{F}r$ 记 $\mathrm{Gal}(C/\mathbb{Q})$ 中在 p 处的 Frobenius 元. 令 $R_1=\{x\in\widetilde{R}\mid\mathscr{F}r(x)=x\}$. 由 (2.9) 式即知 $w_{\chi_1,\cdots,\chi_n}\in R_1$.

现在设 $\chi=\prod_{i=1}^{l}\chi_i^{\nu_i}$, 其中 l 为基本特征标的个数, χ_i 为基本特征标, $0\leqslant\nu_i\leqslant p-1$. 以 w_χ 记 $w_{\underbrace{\chi_1,\cdots,\chi_1}_{\nu_1个},\cdots,\underbrace{\chi_l,\cdots,\chi_l}_{\nu_l个}}$, 又以 w_i 记 $w_{\underbrace{\chi_i,\cdots,\chi_i}_{p个}}$ (这里的 w_χ 和 w_i 与上一小节末尾所定义的相同). 由 (2.9) 式知 w_i 与 i 无关, 我们以 w 记 w_i 的公共值. 由 (2.8) 式得知 w_χ 和 w 在局部环 $(R_1)_{(p)}$ 中可逆.

设 $k=R/\pi R$ 为剩余域. 域 F 在概形上 $D(F)_R$ 的作用把增广理想 I^* 映入 I^*, 所以 F 作用在 I^*/I^{*2} 上, 也就作用在 $\mathrm{Hom}_R(I^*/I^{*2},k)$ 上.

另一方面, 对于任一 R 概形 T, 有 $D(F)_R(T)=\mathrm{Hom}_{\mathfrak{Gr}}(F^+,\Gamma(T,\mathscr{O}_T^\times))$. 取 T 为 $k[\varepsilon]/\varepsilon^2$, 我们便得到 $\mathrm{Hom}_R(I^*/I^{*2},k)=\mathrm{Hom}_{\mathfrak{Gr}}(F^+,k^+)$.

现在加进 F 模结构. 如果 $h:\ F^+\to k^+$ 是群同态, 则 $h(1)=1$, 并且 h 为 F^+ 作用下的特征向量当且仅当 h 是乘性的. 亦即 $h:\ F\to k$ 为域同态. 于是 $F^\times$ 在 $\mathrm{Hom}_R(I^*/I^{*2},k)$ 上 (从而在 I^*/I^{*2} 上) 的作用的特征标是基本特征标 χ_i. 这就是说: 令 e_i 为 e_{χ_i}, $\overline{e}_i$ 为 e_i 在 I^*/I^{*2} 中的像, 则 $\{\overline{e}_i\}$ 为 $I^*/I^{*2}\otimes_R k$ 的基. 因为 $D(F)_R\otimes_R k$ 同构于 μ_p^l, 所以 k 代数 $A^*\otimes_R k$ 以 $\{\overline{e}_i\}$ 为生成元, 并且满足条件 $(\overline{e}_i)^p=0$ (参见 [147] XVII, Appendice II).

以上的讨论说明

$$\prod e_i^{\nu_i} \not\equiv 0 \mod p, \qquad e_i^p \equiv 0 \mod p.$$

与 (2.3) 式比较我们得知 w_χ 在 R_1 内可逆以及 $w \equiv 0 \mod p$.

下一步我们考虑这样的 $\chi' = \prod \chi_i^{\nu_i'}$, $\chi'' = \prod \chi_i^{\nu_i''}$, 它们满足条件 $\chi' \neq 1 \neq \chi''$, $\chi'\chi'' = \chi_i$. 所以存在 j 使得 $\nu_j' + \nu_j'' \geqslant p$. 在 $A^* \otimes_R k$ 中有 $(\overline{e}_k)^p = 0$. 由 (2.3) 即知 $w_{\chi',\chi''} \equiv 0 \mod p$. 于是由 (2.2) 即得

$$m(\varepsilon_{\chi_i}) \equiv 1 \otimes \varepsilon_{\chi_i} + \varepsilon_{\chi_i} \otimes 1 \mod p.$$

重复作 n 次余乘法, 有

$$m_n:\ A \longrightarrow \underbrace{A \otimes \cdots \otimes A}_{n+1\text{次}},$$

则有

$$m_n(\varepsilon_{\chi_i}) \equiv \varepsilon_{\chi_i} \otimes 1 \otimes \cdots \otimes 1 + \cdots + 1 \otimes \cdots \otimes \varepsilon_{\chi_i} \mod p. \tag{2.10}$$

同上, 设 $\chi = \prod_{i=1}^{l} \chi_i^{\nu_i}$. 取 $n = \sum \nu_i$. 因为 m_n 是代数同态, 由 (2.10) 式即知 $m_n(\varepsilon_\chi) = m_n\left(\prod_{i=1}^{l} \varepsilon_{\chi_i}^{\nu_i}\right)$ 的展开式中 $\varepsilon_{\chi_1}^{\otimes \nu_1} \otimes \cdots \varepsilon_{\chi_l}^{\otimes \nu_l}$ 的系数 $\equiv \nu_1! \cdots \nu_l! \mod p$. 另一方面, 由 (2.1) 式以及 w_χ 的定义, 此系数又等于 w_χ. 于是得到

$$w_\chi \equiv \nu_1! \cdots \nu_l! \mod p.$$

同样计算 $m_p(\varepsilon_{\chi_i}^p)$ 的展开式中 $\varepsilon_{\chi_i}^{\otimes p}$ 的系数, 得出

$$w \equiv p! \mod p.$$

由于 $(p-1)! \equiv -1 \mod p$, 我们得知 $w = pv$, 其中 v 为 R_1 中的可逆元, 并且 $v \equiv -1 \mod p$.

2.5.5 Raynaud-Oort-Tate 公式

定理 2.5.1 假设 $\mu \subset R$. 设 $\{\chi_i\}_{i\in\mathscr{I}}$ 为有限域 F 的基本特征标集合.

(1) 设 R 中存在一组元素 $\{\delta_i\}_{i\in\mathscr{I}}$ 满足 $0 \leqslant v(\delta_i) \leqslant e(= v(p))$. 令 $A = R[\{X_i \mid i \in \mathscr{I}\}]/(\{X_i^p - \delta_i X_{i+1} \mid i \in \mathscr{I}\})$. 则在 $G = \operatorname{Spec} A$ 上存在唯一的 F 模结构使得 $[s]X_i = \chi_i(s) X_i\ \forall\, i \in \mathscr{I}$, $s \in F$, 并且 G 是 Raynaud F 模概形.

(2) R 上的任一 Raynaud F 模概形必形如 (1) 所述.

(3) 设 Raynaud F 模概形 $G = \operatorname{Spec} A$ 和 $G' = \operatorname{Spec} A'$ 分别由 $X_i^p = \delta_i X_{i+1}$ 和 $X_i'^p = \delta_i' X_{i+1}'$ 决定, 则有 F 模概形同态, 它对应于 $A \to A'$: $X_i \mapsto a_i X_i'$, 其中 $\{a_i\}_{i\in\mathscr{I}} \subset R$ 满足条件 $a_{i+1}\delta_i = a_i^p \delta_i'$.

证明

(1) 对于 $j \in \mathscr{I}$, 令

$$\Delta_j = \prod_{k=0}^{r-1} \delta_{j-i-k}^{p^k},$$

$$\overline{K}_{(j)} = \{x \in \overline{K} \mid x^q = \Delta_j x\}.$$

则 $G(\overline{K}) \to \overline{K}_{(j)}$ $P \mapsto X_j(P)$ 是双射. 由此可见 $G(\overline{K})$ 有唯一的 1 维 F 向量空间结构使得

$$X_j(sP) = \chi_j(s)X_j(P), \qquad \forall\ s \in F,\ P \in G(\overline{K}).$$

取 $0 \neq P \in G(\overline{K})$. 设 $c_i = X_i(P)$. 引入同态

$$\varphi : \mathscr{G} = \mathrm{Gal}(\overline{K}/K) \longrightarrow F^\times,$$

使得 $\chi(\varphi(\sigma)) = c_i^{\sigma-1}$. 这样便得到 $\mathscr{G}$ 在 1 维 F 向量空间 $G(\overline{K})$ 上的作用. 由 $G = \operatorname{Spec} A$, 利用同构 $F \to G(\overline{K})$: $s \mapsto sP$ 把 A 看作 F 上的函数, 即 $X_i \in A$ 对应于 $c_i\chi_i$. 由 F 所决定的常值 $\overline{K}$ 群概形 $F_{\overline{K}} = \mathrm{Spec}(\mathbb{Z}^F \otimes_{\mathbb{Z}} \overline{K})$. 可以同前面 2.5.3 节中一样验证: 在代数余乘法 $m : (\mathbb{Z}^F \otimes_{\mathbb{Z}} \overline{K}) \to (\mathbb{Z}^F \otimes_{\mathbb{Z}} \overline{K}) \otimes (\mathbb{Z}^F \otimes_{\mathbb{Z}} \overline{K})$ 下 A 映入 $A \otimes A$. 这样就证明了 G 是群概形.

(2) 见 2.5.3 节.

(3) 直接验证即可. □

2.6 拓　展

像上节一样, 在本节我们仍然设 R 是离散赋值环, K 是 R 的分式域, $\mathfrak{m}$ 是 R 的极大理想, π 是 $\mathfrak{m}$ 的生成元, $k = R/\mathfrak{m}$ 是剩余域. 我们假设 K 的特征是 0, k 的特征是 $p > 0$, v 是 R 的赋值, $v(\pi) = 1$, $e = v(p)$ 是绝对分歧指数.

2.6.1 提升与拓展

我们将 $\operatorname{Spec} R$ 上的概形简称为 R 概形. 设 X 为 R 概形. 通过包含映射 $R \hookrightarrow K$ 换基所得的 K 概形 X_K 称为 X 的**一般纤维** (generic fibre), 通过投射 $R \to k$ 换基所得的 k 概形 X_k 称为 X 的**闭纤维** (closed fibre).

在数论中经常出现以下两个问题:

(1) 对于给定的 k 的概形 X_1, 求平坦 R 概形 X, 使得 $X_k \cong X_1$. 此时我们说 X_1 **提升** (lift) 至 R, 又说 X 是 X_1 的**形变** (deformation), 也有的说 X 是 X_1 在 R 上的**模型** (model).

(2) 对于给定的 K 的概形 X_0, 求平坦 R 概形 X, 使得 $X_K \cong X_0$. 此时我们说 X 是 X_0 至 R 的**拓展** (prolongation).

设 X 为有限型 R 概形, $X_K = X \otimes_R K$ 为它的一般纤维, Y_0 为 X_K 的闭子概形. 我们称 X 内包含 Y_0 的最小闭子概形 Y 为 Y_0 在 X 内的**概形闭包** (schematic closure). 因为 Y_0 是 X 的闭子概形, 所以 $Y_0 = Y \otimes_R K$. 设 $U = \operatorname{Spec} A$ 为 X 的仿射开子概形, 使得 $X_K \cap U = U_0 = \operatorname{Spec} A_0$ $(A_0 = A \otimes_R K)$. 如果 $Y_0 \cap U_0 = \operatorname{Spec}(A_0/I_0)$, 其中 I_0 为 A_0 的理想, 则 $Y \cap U = \operatorname{Spec}(A/I)$, 其中 I 为 I_0 在映射 $A \to A \otimes_R K$ 下的逆像. 因此 $A/I \to A_0/I_0$ 是单射, 所以 A/I 是无扭的, 并且 Y 在 R 上平坦. 由此得到结论：概形闭包的构作与在 R 上取纤维可交换. 于是, 如果 X 是 R 群概形, Y_0 是 X_K 的子群概形, 则 Y 是 X 的闭子群概形, Y 在 R 上平坦. 进一步, 如果 X 在 R 上有限, 则 Y 亦有限, 并且对于 fppf 拓扑, 商 X/Y 可由 R 上的有限概形所表示.

2.6.2 群概形的拓展

设 $G_0 = \operatorname{Spec} A_0$ 是交换有限 K 群概形. G_0 至 R 的**拓展** (prolongation) 是指一个交换有限平坦 R 群概形 G 使得 $G_K \cong G_0$. 此时 G 必同构于 $\operatorname{Spec} A$, 其中 A 是 A_0 的某个有限 R 子代数, 满足 $A \otimes_R K = A_0$ 并且 A_0 的 Hopf 代数结构诱导出 A 的 Hopf 代数结构. 如果 G_0 是单群 (即 $G(\overline{K})$ 是单 $\operatorname{Gal}(\overline{K}/K)$ 模), 则我们称 G 是**单群** (simple group).

令 $A_0^* = \operatorname{Hom}_K(A_0, K)$, $G_0^* = \operatorname{Spec}(A_0^*)$ 为 G_0 的 Cartier 对偶. 设

$$A^* = \{\lambda \in A_0^* \mid \lambda(f) \in R, \forall f \in A\}.$$

则 $A^* \cong \operatorname{Hom}_{R模}(A, R)$. Hopf 代数 A_0 的余乘法 $m: A_0 \to A_0 \otimes_K A_0$ 在 A 上诱导出 Hopf 代数的条件是 $m(A) \subset A \otimes_R A$. 这个条件等价于 $A^* \supset A^*A^*$ (用 m^* 作乘法). 于是我们得到下面的引理.

2.6.3 Hopf 代数拓展的充要条件

引理 2.6.1 设 A_0 为交换 Hopf K 代数, A 为 A_0 的有限 R 子模, 满足 $A \supset R$ 及 $A \otimes_R K = A_0$. 则 $\operatorname{Spec} A$ 为 $\operatorname{Spec} A_0$ 至 R 的拓展的充要条件是 $A \supset A \cdot A$ (代数的乘法) 及 $A^* \supset A^*A^*$ (用 m^* 作乘法).

2.6.4 拓展的界

设 $G'' = \operatorname{Spec} A''$、$G' = \operatorname{Spec} A'$ 为 G_0 至 R 的两个拓展. 如果存在 G_0 态射 $G'' \to G'$ (即 $A'' \supset A'$), 则我们记 $G'' \geqslant G'$.

设 $G_i = \operatorname{Spec} A_i$ $(i = 1, 2)$ 为 $G_0 = \operatorname{Spec} A_0$ 至 R 的两个拓展. 令 A 为 A_1 和 A_2 生成的 R 代数, 则 $m(A) = m(A_1)m(A_2) \subset (A_1 \otimes A_1)(A_2 \otimes A_2) = A_1A_2 \otimes A_1A_2 = A \otimes A$. 所以 $G = \operatorname{Spec} A$ 是 G_0 的拓展中 G_1 和 G_2 的最小上界, 即 $G = \sup(G_1, G_2)$. 应用 Cartier 对偶则得最大下界 $\inf(G_1, G_2) = (\sup(G_1^*, G_2^*))^*$.

我们称 K 代数 A_0 的一个子环 B 为 A_0 的**阶** (order), 如果 $B \supset R$ 并且 $B \otimes_R K = A_0$. 因为 K 的特征为 0, 故 G_0 是 étale (即 A_0 是可分 K 代数), 所以 R 在 A_0 内的整闭包 (integral closure) 是 A_0 的极大阶. 由于决定 $G_0 = \operatorname{Spec} A_0$ 的拓展 $G = \operatorname{Spec} A$ 的环 A 必是 A_0 的阶, 所以从上面的讨论可以推出下面的引理.

2.6.5 极大与极小拓展

引理 2.6.2 *如果存在 G_0 的拓展, 则 G_0 必有极大拓展 G^+ 和极小拓展 G^-.*

2.6.6 G_0 的合成列

命题 2.6.3 *设 G 为 G_0 的拓展. 又设 $\{G_0^{(j)}\}_{0 \leqslant j \leqslant n}$ 是 G_0 的合成列 (即 $G_0^{(j)}/G_0^{(j-1)}$ 是非零单群). 则*

(1) 存在 $G_0^{(j)}$ 的唯一拓展 $G^{(j)}$ 使得 $G_0^{(j)} \subset G_0^{(j+1)}$ 诱导出 $G^{(j)} \subset G^{(j+1)}$. 进而言之, $G^{(j+1)}/G^{(j)}$ 是 $G_0^{(j+1)}/G_0^{(j)}$ 的拓展.

(2) 设又有 G_0 的拓展 H 使得 $G \geqslant H$, 则 $G^{(j+1)}/G^{(j)} \geqslant H^{(j+1)}/H^{(j)}$. 如果 $G^{(j+1)}/G^{(j)} = H^{(j+1)}/H^{(j)}$ $(\forall\, j)$, 则 $G = H$.

证明 (0) 我们首先考虑一个基本的情形. 设有限 K 群概形的正合序列

$$0 \longrightarrow G_0' \longrightarrow G_0 \longrightarrow G_0'' \longrightarrow 0$$

来自于 K 代数序列

$$A_0' \twoheadleftarrow A_0 \hookleftarrow A_0''.$$

设 $G = \operatorname{Spec} A$ 是 G_0 的拓展. 设 A' 为 A 在 A_0' 中的像, 则 $G' = \operatorname{Spec} A'$ 是 G_0' 的唯一拓展使得 $G_0' \hookrightarrow G_0$ 诱导出 $G' \hookrightarrow G$, 并且 $G'' := G/G'$ 是 $G_0'' := G_0/G_0'$ 的拓展.

(1) 用 (0) 对的 G 阶作归纳即可证明结论 (1).

(2) 对合成列的长度 n 做归纳可以将 (2) 化为 $n = 2$ 的情形. 此时有图:

$$\begin{array}{ccccccccc}
0 & \longrightarrow & G^{(1)} & \longrightarrow & G & \longrightarrow & G/G^{(1)} & \longrightarrow & 0 \\
 & & \downarrow & & \downarrow & & \downarrow & & \\
0 & \longrightarrow & H^{(1)} & \longrightarrow & H & \longrightarrow & H/H^{(1)} & \longrightarrow & 0
\end{array}$$

其中行为正合序列我们需要证明的是：如果左、右的竖直态射为同构，则中间的竖直态射亦为同构. 这可以从以下的事实推出：有限平坦 R 群概形范畴是 $\operatorname{Spec} R$ 上的交换层范畴的全子范畴.

2.6.7　拓展作为 Raynaud 模概形

设 G_0 是交换有限 K 群概形，$\overline{K}$ 是 K 的一个代数闭包，$\mathscr{G}$ 是 Galois 群 $\operatorname{Gal}(\overline{K}/K)$. 则 G_0 完全由 $\mathscr{G}$ 模 $G_0(\overline{K})$ 所决定 (见 2.2 节).

命题 2.6.4　设 G_0 是交换有限 K 群概形，$G_0(\overline{K})$ 是单 $\mathscr{G}$ 模. 又设有交换群 $\mathscr{G}_t$ 和满同态 $\mathscr{G} \twoheadrightarrow \mathscr{G}_t$ 使得 $\mathscr{G}$ 在 $G_0(\overline{K})$ 上的作用可分解：

$$\begin{array}{ccc} \mathscr{G} & \longrightarrow & \operatorname{Aut}(G_0(\overline{K})) \\ & \searrow \quad \nearrow & \\ & \mathscr{G}_t & \end{array}$$

如果 G 是 G_0 的拓展，则 $\operatorname{End}(G_0) = \operatorname{End}(G^+) = \operatorname{End}(G^-)$ 是有限域. 将此有限域记为 F，则 G、G^+、G^- 均是 Raynaud F 模概形.

2.6.8　拓展 G_0 的充要条件

命题 2.6.5　设 F 是有限域，$|F| = q$，$q = p^r$. 令 $\mu = \mu_{q-1}(\overline{K})$. 设 χ_i : $F^\times \to \mu$ 是基本特征标. 设 G_0 是 K 上的 Raynaud F 模概形. 设 $\mathscr{G} = \operatorname{Gal}(\overline{K}/K)$ 在 $G_0(\overline{K})$ 上的作用决定的特征标为 $\varphi : \mathscr{G} \to F^\times$，则存在 G_0 至 R 的拓展 G 的充要条件是：存在 $\Delta \in K^\times$ 满足 $v(\Delta) = \sum_{k=0}^{r-1} n_k p^k$ (n_k 是 $0 \leqslant n_k < e$ 的整数)，使得

$$\chi_i(\varphi(\sigma)) = (\Delta^{\frac{1}{q-1}})^{\sigma - 1}.$$

证明　如有必要可以用 G^+ 代替 G. 于是可以假设 G 是 R 上的 Raynaud F 模概形. 由 Raynaud 定理知 G 由方程 $X_i^p = \delta_i X_{i+1}$ 所决定. 对于 $P \in G(\overline{K})$，令 $x_i = X_i(P)$. 由 $x_i^p = \delta_i x_{i+1}$ 得到 $x_i^q = \Delta_i x_i$，其中 $\Delta_i = \prod_{k=0}^{r-1} \delta_{i-1-k}^{p^k}$. 取 $P \neq 0$，则 $x_i \neq 0$，于是 $x_i^{q-1} = \Delta_i$. 另外，$x_i^\sigma = \chi_i(\varphi(\sigma)) x_i$ (其中 $\sigma \in \mathscr{G}$)，所以 $\Delta = \Delta_i$ 满足命题的要求. □

2.6.9　一般纤维的拓展

命题 2.6.6　假设 $e < p - 1$. 设 G 是交换平坦 R 群概形，$|G| = q = p^r$. 则除同构外，G 是一般纤维 G_K 的唯一拓展.

证明 假若 G 不是唯一的, 则 $G^+ > G^-$. 基环扩张不改变这个不等式. 所以可设 R 是严格 Hensel 局部环. 设 $\mathscr{P}$ 是 $\mathscr{G}$ 的子群, 它的不动域是 K 的极大弱分歧扩张, 则 $\mathscr{G}/\mathscr{P}$ 是交换群. 因为 $|G| = p^r$, 所以如果 $G(\overline{K})$ 是单 $\mathscr{G}$ 模, 则 $\mathscr{P}$ 在 $G(\overline{K})$ 上的作用平凡, 即 $\mathscr{G}$ 透过 $\mathscr{G}/\mathscr{P}$ 作用在 $G(\overline{K})$ 上. 利用命题 2.6.3 (2) 我们可以假设 $G(\overline{K})$ 是单 $\mathscr{G}$ 模. 于是可以应用命题 2.6.4 得知 G^+ 和 G^- 是 Raynaud F 模概形, 其中 $F = \mathrm{End}(G_K)$. 因为 R 是严格 Hensel 环, 所以 $\mu \subset R$. 故 G^+ 和 G^- 的结构可由 Raynaud 定理给出. 又知同态 $G^+ \to G^-$ 决定一组 $a_i \in R$, $a_i \neq 0$ 满足 $\delta_i = a_i^p a_{i+1}^{-1} \delta_i'$. 选取 i 使得 $v(a_i)$ 取最大值. 则由 $0 \leqslant v(\delta_i)$, $v(\delta_i') \leqslant e$ 知 $e \geqslant (p-1)v(a_i)$. 但 $p - 1 > e$, 所以 $v(a_i) = 0$. 这说明所有的 a_i 皆为 R 的可逆元. 于是 $G^+ = G^-$. □

第三章　Abel 概形

在本篇中我们介绍 Abel 概形的基本概念. Abel 概形和第一篇所讲的线性代数群是不同的群概形. 域上的线性代数群是仿射簇, 而域上的 Abel 概形是射影簇. 它们之间有重要的联系, 例如 Abel 概形的模空间的自同构群是线性代数群.

我们在这里只是讲一些初等的理论, 希望能帮助大家阅读几位获 Fields 奖的学者的工作, 如 [259], [111] 和 [104].

本篇所讲的是定义在任一概形 S 上的 Abel 概形. 为了更好地理解本篇的内容, 读者应当同时学习当 S 是域的情形. 我们建议阅读 Mumford 的优秀作品 [264].

3.1　刚性引理

为了处理由 $S = \operatorname{Spec} k$ (k 是域) 过渡到一般的概形时发生的某些问题, 我们需要所谓的刚性引理(rigidity lemma).

命题 3.1.1(刚性引理)　给定一个图表:

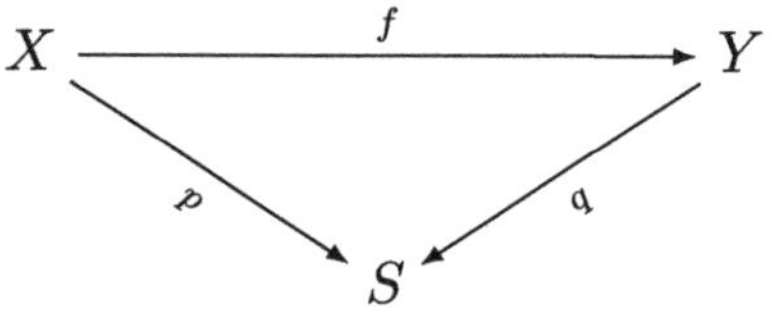

设 S 是连通的, 并且对于所有的 $s \in S$ 有 $H^0(X_s, \mathscr{O}_{X_s}) \cong \kappa(s)$ (X_s 表示 p 在 s 处的纤维). 又设下面三个条件之一成立:

(1) X 在 S 上有一个截面 ε, 且 S 由一个点组成,

(2) X 在 S 上有一个截面 ε, 且 p 是既开又闭的映射,

(3) p 是平坦的和固有的,

如果对于某一个点 $s \in S$, $f(X_s)$ 是集合论意义下的一个点, 则存在 q 的一个截面 $\eta\colon S \to Y$, 使得 $f = \eta \circ p$.

证明　我们关于条件 (1), (2), (3) 依次证明本定理的结论. 首先设条件 (1) 成立. 定义连续映射 $\eta\colon S \to Y$ 为 $\eta = f \circ \varepsilon$. 则有连续映射的等式 $f = \eta \circ p$. 容易验证 $p_*(\mathscr{O}_X) \cong \mathscr{O}_S$. 但是 f 是由底空间的映射和同态

$$\mathscr{O}_Y \longrightarrow f_*(\mathscr{O}_X) \cong \eta_*(p_*(\mathscr{O}_X)) \cong \eta_*(\mathscr{O}_S)$$

所定义. 而这样的同态恰是使得 η 成为环层空间的一个态射所需要的额外的结构, 所以 η 实际上是局部环层空间的态射. 由 [142] 的 1.8 节 即知 η 是概形的态射.

现在设 (2) 成立. 令 $\eta = f \circ \varepsilon$. 我们来比较 f 和 $\eta \circ p$. 设 Z 为使得 $f = \eta \circ p$ 成立的 X 的最大的子概形, 即 $Z = (f, \eta \circ p)^{-1}(\Delta)$, 其中 $\Delta \subset Y \times_S Y$ 为对角线子概形. 我们只要证明 $Z = X$. 在上部分的证明中我们已经证明了: 对于任一 $t \in S$, 如果 Z 作为集合包含 $p^{-1}(t)$, 以 T 记 S 在 t 处的任一 Artin 子概形, 则 Z 包含子概形 $p^{-1}(T)$. 这意味着 Z 含有 $p^{-1}(t)$ 的某个开邻域 U. 由于 p 是闭映射, 故 Z 含有形如 $p^{-1}(U_0)$ 的开邻域, 其中 U_0 是 t 的某个开邻域. 特别地, Z 包含形如 $p^{-1}(U_0)$ 的开集, 其中 U_0 是 s 的某个开邻域. 令 U_1 为满足 $Z \supset p^{-1}(U_1)$ 的 S 的最大开子集, 则有

$$\begin{aligned} t \in U_1 &\Longleftrightarrow p^{-1}(t) \subset Z \\ &\Longleftrightarrow p^{-1}(t) \text{ 与 } X - Z \text{ 无交} \\ &\Longleftrightarrow t \notin p(X - Z). \end{aligned}$$

由于 p 是开的, 而 Z 是闭的, 所以 $p(X - Z)$ 是开的. 由上式即知 U_1 是闭的. 即 U_1 是 S 的既开又闭的非空子集. 而 S 连通, 故 $S = U_1$. 于是 $Z = X$.

现在我们设 (3) 成立. 通过一个忠实平坦的基扩张 S'/S (即 $S' = X$), 我们可以假定 X'/S' 有一个截面. 由条件 (2) 知 f' : $X' \to Y'$ 形如 $\eta' \circ p'$. 由于这个性质唯一地决定 η', 并且 f' 下降为态射 f, 由此立得 η' 下降为 η : $S \to Y$(参见 [146] I.8, Th.5.2). 由 $f' = \eta' \circ p'$ 即知 $f = \eta \circ p$. □

推论 3.1.2　给定一个图表

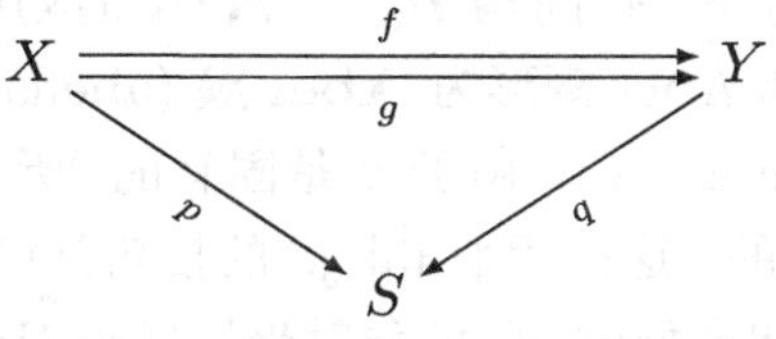

设 G 是 S 上的一个群概形, S 是连通的, p 是平坦、固有的, 以及对于所有的点 $s \in S$, 都有 $H^0(X_s, \mathscr{O}_{X_s}) \cong \kappa(s)$. 如果对于某一个点 $s \in S$, 由 X_s 到 G_s 的态射 f_s 到 g_s 是相等的, 则有一个截面 η : $S \to G$ 使得

$$f = (\eta \circ p) \cdot (g),$$

其中的“·”表示 G 的 X 值点的乘法.

证明　对 $f \cdot g^{-1}$ 应用命题 1.1.1 即可. □

推论 3.1.3　给定一个图表:

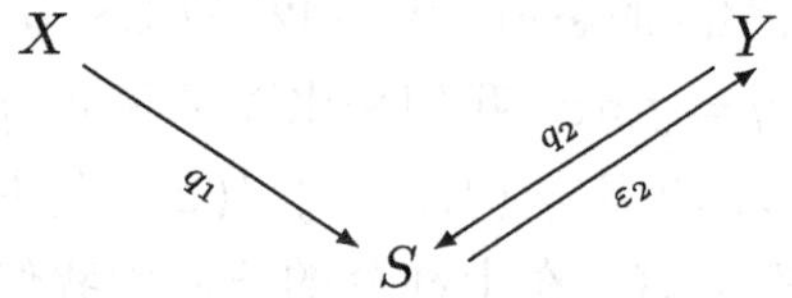

其中 ε_2 是关于 q_2 的一个截面. 设 q_1 是固有和平坦的, Y 是连通的, 并且对所有的 $s \in S$, 都有 $H^0(X_s, \mathscr{O}_{X_s}) \cong \kappa(s)$. 又设 G 是 S 上的一个群概形, $f: X \times_S Y \to G$ 是一个 S 态射. 则存在 S 态射 $g: X \to G$ 和 $h: Y \to G$ 使得

$$f = (g \circ p_1) \cdot (h \circ p_2),$$

其中 p_1 和 p_2 是 $X \times_S Y$ 到 X 和 Y 的典范投射.

证明　对于由 $X \times_S Y$ 到 $G \times_S Y$ 的态射 (f, p_2) 和 $[f \circ (1_x, \varepsilon_2 \circ q_1)] \times 1_y$ 应用推论 1.1.2 即可. □

3.2　初等性质

如果概形态射 $f: X \to Y$ 是已分的 (separated)、有限型和泛闭的 (universally closed), 就称 f 是**固有态射** (proper morphism) (见 [27] II.4). 当 Y 是 $\operatorname{Spec} k$, k 是代数闭域时, 我们说 X 是**完备簇** (complete variety). 当 k 是复数域时, X 是紧簇.

定义 3.2.1　设 S 是一个 Noether 概形. 一个群概形 $\pi: X \to S$ 称为 **Abel 概形** (abelian scheme), 如果 π 是光滑、固有的, 并且 π 的几何纤维都是连通的.

在定义 3.2.1 的记号下, 有同构 $\mathscr{O}_S \cong \pi_* \mathscr{O}_X$ (应用 $[144]_2$ 7.8.8). 当 $S = \operatorname{Spec} k$, k 是域时, 我们称 Abel 概形为 **Abel 簇** (abelian variety). 一维的 Abel 簇便是 **椭圆曲线** (elliptic curve). 由于 π 是固有的, 所以是拟紧的; 又 π 是光滑的, 所以是局部有限展示的. 这样用 [145] §8 的技巧就可以推出 π 是有限展示的. 应当注意: 当 G 是线性代数群时, G 的仿射坐标环是 Hopf 代数, 但是 Abel 簇的齐次坐标环不是 Hopf 代数. Mumford[261] 详细研究了这种环的 结构.

推论 3.2.1　设 $\pi: X \to S$ 是 Abel 概形, G 是 S 上的任一群概形. 如果 $f: X \to G$ 是一个 S 态射, 并且 f 将 X 的恒等元映为 G 的恒等元, 则 f 是一个同态.

证明　对 $f \circ \mu: X \times_S X \to G$ 应用推论 3.1.3 (这里 μ 是 X 的群律). □

推论 3.2.2　如果 X 是 S 上的 Abel 概形, 则 X 是一个交换群概形.

证明　对于 X 到 X 的取逆态射应用推论 3.2.1. □

推论 3.2.3　如果 X 是一个概形 S 上的 Abel 概形, 则对于给定的恒等元 $\varepsilon\colon S \to X$, X 只有一个 S 上的群概形结构.

证明　对于 X 上的两个 S 群律应用推论 3.2.1. □

引理 3.2.4　设 X 和 Y 是 S 上的群概形. 如果 X 在 S 上是平坦的, Y 在 S 上是光滑的, 则由 X 到 Y 的满同态 $f\colon X \to Y$ 是平坦的.

证明　由于 X 和 Y 在 S 上都是平坦的, 根据 [145] 的 §17, 只要证明对于任一 $s \in S$, s 处的纤维的态射 $f_s\colon X_s \to Y_s$ 是平坦的. 事实上, 因为 f_s 是满的, 且 Y_s 是正则的, 由 [146] I.4 中的推论 6.11 知 f_s 在 Y_s 的一个非空子集 V 上是平坦的. 而 f_s 与平移可交换, 故 f_s 在 V (在群概形 Y_s 中的) 任意平移上平坦. 于是 f_s 处处平坦. □

因为 Abel 概形是交换群概形, 所以我们可以考虑两个 Abel 概形之间的同态, Abel 概形同态 $f\colon A \to B$ 的核 $\operatorname{Ker} f$ 可以看作 B 的单位截面 ε_B 的拉回, 即

$$\begin{array}{ccc}
\operatorname{Ker} f = A \times_B S & \xrightarrow{\mathrm{pr}_2} & S \\
{\scriptstyle \mathrm{pr}_1}\downarrow & & \downarrow{\scriptstyle \varepsilon_B} \\
A & \xrightarrow{f} & B
\end{array}$$

不难看出: $\operatorname{Ker} f \xrightarrow{\mathrm{pr}_2} S$ 是 S 群概形, $\operatorname{Ker} f \xrightarrow{\mathrm{pr}_1} A$ 是闭浸入 (因为 ε_B 是闭浸入).

我们称 Abel 簇的同态 $f\colon A \to B$ 为**同源** (isogeny), 如果 f 为满射并且 f 的核 $\operatorname{Ker} f$ 是有限群概形. 我们称群概形 $\operatorname{Ker} f$ 的阶为 f 的**次数** (degree), 并记为 $\deg f$.

由 Abel 簇 A 的自同态所组成的环 $\operatorname{End} A$ 具有非常丰富的性质. 例如 $\operatorname{End} A \otimes_{\mathbb{Z}} \mathbb{Q}$ 是 $\mathbb{Q}$ 上的有限维半单代数, A 上的丰沛可逆层决定代数 $\operatorname{End} A \otimes_{\mathbb{Z}} \mathbb{Q}$ 的对合 (称为 Rosati 对合, 见 [264] §20, 189).

设 n 为正整数. 由 $a \mapsto \underbrace{a + a + \cdots + a}_{n\text{个}}$ 所定义的概形 A 上的自同态记为 n_A, 称之为 n 乘. 以 A_n 或 $A[n]$ 记核 $\operatorname{Ker}(n_A)$.

命题 3.2.5　设 A 为 S 上相对维数为 g 的 Abel 概形. 则

(1) n_A 是有限平坦满同态.

(2) A_n 是 S 上的有限平坦群概形, A_n 的阶为 n^{2g}.

(3) n_A (和 A_n) 是 étale 当且仅当 S 的任一剩余域的特征均与 n 互素.

证明　因为 π 是固有态射, 而图:

$$\begin{array}{ccc}
A & \xrightarrow{n_A} & A \\
& {\scriptstyle \pi}\searrow \quad \swarrow{\scriptstyle \pi} & \\
& S &
\end{array}$$

交换, 故 n_A 是固有态射 (见 [143] (5.4.3) (i)). 由 [264] §6 Application 2, p.62 知 n_A 的纤维是有限的, 所以 n_A 为有限态射 (见 $[144]_1$ Prop.4.4.2). 由维数的考虑知 n_A 为满射 (见上述的 [264] p.62). 根据引理 3.2.4, 我们得知 n_A 为平坦态射. 由 [264] p.64 的命题知本命题的结论 (2)、(3) 为真. □

我们称 $\varinjlim_n A_{p^n}$ 为 Abel 概形 A 的 **p-Barsotti-Tate 群** (p-Barsotti-Tate group), 它的高度 为 $2g$.

3.3 形 变

设是 R 一个代数整数环, 或是一个 Dedekind 整环, 或者更一般地, 是一个 Dedekind 概形 (即维数不超过 1 的 Noether 正规概形). 设 K 是 R 的分式域, $\mathfrak{p}$ 是 R 的一个素理想, $R_\mathfrak{p}$ 是 R 在 $\mathfrak{p}$ 处的完备化, $k_\mathfrak{p}$ 是 $R_\mathfrak{p}$ 的剩余域. 设 X 是 R 概形. 令 $X_K = X \otimes_R K$, $X_{k_\mathfrak{p}} = X \otimes_R k_\mathfrak{p}$. X_K 通常称为 X 的**一般纤维** (generic fibre), $X_{k_\mathfrak{p}}$ 称为 X 在 $\mathfrak{p}$ 处的**闭纤维** (closed fibre). 在数论中常常要考虑 X, X_K, $X_{k_\mathfrak{p}}$ 三者以及定义在这三者之上的代数结构之间的关系. 比如, 对于给定的 K 上的概形 Y_η, 寻求 R 概形 Y 使得 $Y \otimes_R K = Y_\eta$. 此时我们称 Y 为 Y_η 的R **模型** (R-model). Y 也被称为 Y_η 的**扩张** (extension) 或拓展**拓展** (prolongation). 又比如给定 $k_\mathfrak{p}$ 上的概形 Z_0, 寻求 R 概形 Z 使得 $Z \otimes_R k_\mathfrak{p} = Z_0$. 此时我们称 Z 为 Z_0 的 **形变** (deformation). Z 也被称为 Z_0 的**提升** (lifting). 这些问题一般都是不可解的! 但是这些问题的解答对于数论和编码都有重要的意义.

对于 Abel 概形我们又有如下的术语. 设 K 为域, v 为 K 上的离散赋值, $\mathscr{O}_v$ 为 v 的赋值环, $\mathfrak{m}_v$ 为 $\mathscr{O}_v$ 的极大理想, κ_v 为剩余域 $\mathscr{O}_v/\mathfrak{m}_v$. 设 A 为 K 上的 Abel 簇. 我们说 A 在 v 处有**好约化** (good reduction), 如果存在 $\mathscr{O}_v$ 上 Abel 的概形 A_v 使得 $A \cong A_v \times_{\mathscr{O}_v} K$ (即 A_v 是 A 的 $\mathscr{O}_v$ 模型) (参见 $[151]_1$ IX 2.2.9.1, p.335). 如果存在 K 的有限扩张 K' 以及 v 在 K' 上的一个扩张 v', 使得 $A \times_K K'$ 在 v' 处有好约化, 则称 A 在 v 处有**潜在好约化** (potential good reduction). 进一步, 设有一维局部 Noether 正则整概形 S, 其有理函数域记为 K. 我们说 K 上的 Abel 簇 A_K 在 S 上有**半稳定约化** (semi-stable reduction), 如果存在 S 上的光滑概形 A 使得 $A_K \cong A \times_S K$, 并且对于任一 $s \in S$ 都有正合序列

$$0 \longrightarrow T_s \longrightarrow A_s^0 \longrightarrow B_s \longrightarrow 0,$$

其中 A_s^0 是 A 在 s 处的纤维 A_s 的单位连通分支, B_s 是 Abel 概形, T_s 是环面 (torus) (参见 $[151]_1$ IX 3.4, p.349).

我们先就椭圆曲线的情形说明上述术语. 设 K 是局部域, v 为 K 的离散赋值, $\mathscr{O}_v$ 为 v 的赋值环, π 是 $\mathscr{O}_v$ 的极大理想的生成元, 剩余域 κ_v 是素特征的有限

域. 设 E 为 K 上的椭圆曲线. 则 E 的最小 Weierstrass 方程定义了 $\mathscr{O}_v$ 上的概形 E_v. 于是 $\widetilde{E} = E_v \times_{\mathscr{O}_v} \kappa_v$ 就是 $E \mod \pi$ 的约化 (reduction mod π, 见 [347] VII §1,2). 此时有两种可能: $\widetilde{E}$ 有尖点 (cusp, 此时我们说 E 有加性约化) 或 E 有半稳定约化, 在 E 有半稳定约化时又有两种可能: $\widetilde{E}$ 有结点 (node, 此时我们说 E 有乘性约化) 或 $\widetilde{E}$ 光滑 (即 E 有好约化) (参见 [347] VII §5). 若 E 有好约化, 则 $\widetilde{E}[p^n] \cong \mathbb{Z}/p^n\mathbb{Z}$ $(n \geqslant 1)$ 或 $\widetilde{E}[p^n] = \{0\}$; 在第一种情形我们说 E 有通常好约化 (ordinary good reduction), 在第二种情形则说有超奇异好约化 (supersingular good reduction) (见 [347] V Theorem 3.1, p.137). 上述的各种情形可以列表如下:

$$\begin{cases} \text{加性约化} \\ \text{半稳定约化} \begin{cases} \text{乘性约化} \\ \text{好约化} \begin{cases} \text{通常} \\ \text{超奇异} \end{cases} \end{cases} \end{cases}$$

对于一般的 Abel 概形, 情况就比较复杂了. 我们来列举一些结果. 这些结果都是 20 世纪 60 年代的定理, 不过证明都在多年、甚至二十多年后才有人发表. 这给我国的学生与教师带来的困难是不可形容的.

I. Mumford (1968) 有这样的定理:

定理 3.3.1 *设 k 是特征 $p \neq 0$ 的域, X_0 是 k 上的 Abel 簇. 则存在特征 0 的整环, 环的满同态 $R \to k$ 和 R 上的 Abel 概形 X, 使得 $X \otimes_R k \cong X_0$.*

这个定理的含意是: 特征 p 的簇必可提升至特征 0. 证明见 [275] p.430.

II. 设 R 为 Dedekind 整环, K 为 R 的分式域, X_η 是光滑分离有限型 K 概形, X 是光滑分离有限型 R 概形. 我们说 X 是 X_η 的 **Néron 模型** (Néron model), 如果 $X \otimes_R K = X_\eta$, 并且对于任意光滑 R 概形和任意 K 态射 $u_\eta : Y \otimes_R K \to X_\eta$, 都存在 R 态射 $u : Y \to X$ 使得 $u \otimes_R K = u_\eta$. Néron(1964)-Raynaud(1966) 有以下的定理:

定理 3.3.2 *K 上的 Abel 簇必有 R 上的 Néron 模型.*

证明 见 [59] p.19 Thm.3. □

III. 设域 K 有离散赋值 v, K_s 为 K 的可分闭包, $\overline{v}$ 是 v 到 K_s 的某一扩张. 以 $I(\overline{v})$ 记 $\overline{v}$ 的惯性群. 设 Galois 群 $\mathrm{Gal}(K_s/K)$ 作用在集合 S 上. 我们说 S 在 v 处是**非分歧的** (unramified), 如果 $I(\overline{v})$ 在 S 上的作用是平凡的 (即 $g \cdot s = s,\ \forall g \in I(\overline{v}),\ s \in S$).

设 A 为 K 上的 Abel 簇. 对于与 K 的特征互素的整数 m, 令 $A_m = \mathrm{Hom}(\mathbb{Z}/m\mathbb{Z}, A(K_s))$, 即是说: A_m 是 A 的 K_s 点, 其阶整除 m. 设 l 是素数, l 不等于 K 的特征. 令

$$T_l(A) = \varprojlim_n A_{l^n} = \mathrm{Hom}(\mathbb{Q}_l/\mathbb{Z}_l, A(K_s)).$$

则 $\mathrm{Gal}(K_s/K)$ 在 A_m 上的连续作用导致连续的 l 进表示

$$\rho_l:\ \mathrm{Gal}(K_s/K) \longrightarrow \mathrm{Aut}(T_l(A)).$$

我们假设 l 不等于剩余域 κ 的特征. 在 [336] 中证明了以下定理:

定理 3.3.3 (1) (Néron-Ogg-Šafarevič 条件) *A 在 v 处有好约化当且仅当 $T_l(A)$ 在 v 处非分歧.*

(2) *A 在 v 处有潜在好约化当且仅当 $\rho_l(I(\overline{v}))$ 是有限的.*

IV. 设 K 为有理数域 $\mathbb{Q}$ 的有限扩张, $\overline{K}$ 为 K 的代数闭包. 设 l 为素数, $\mathrm{Gal}(\overline{K}/K)$ 在 Tate 模 $T_l(A)$ 上的作用所决定的表示记为 ρ. Faltings 证明了以下定理:

定理 3.3.4 (1) *ρ 所决定的表示 $T_l(A)\otimes_{\mathbb{Z}_l}\mathbb{Q}_l$ 是半单的.*

(2) *映射 $\mathrm{End}_K(A)\otimes_{\mathbb{Z}}\mathbb{Z}_l \to \mathrm{End}_\rho(T_l(A))$ 是同构.*

这个定理本来是 Tate 的猜想. 对于有限域上的 Abel 簇相应的结果是 Tate 的定理 (见 [371]). 在函数域的情形是 Zarhin 1974 年的工作. 从这个定理 Faltings 推出了下面 Šafarevič 的猜想:

定理 3.3.5 *设有限集 S 的元素为 K 的赋值的等价类. 设 d 为正整数. 对于 K 上的 Abel 簇 A, 如果要求 A 在 S 外有好约化, 并且具有次数为 d 的极化, 则这样的 A 只组成有限个同构类.*

这是 Faltings 获得 Fields 奖的工作, 发表在 [111]. 与此有关的有 Fontaine 的定理: 不存在定义在 $\mathbb{Q}$ 上维数不小于 1 的 Abel 簇 A, 使得 A 对于所有的 p 有好约化.

V. 设 S 是一维 Noether 正则连通概形, K 为 S 的有理分式域, A_K 为 K 上的 Abel 簇. Grothendieck 证明了: *存在 K 的有限 Galois 扩张 K', 使得 $A_K\otimes_K K'$ 在 S' 上有半稳定约化*, 其中 S' 为 S 在 K' 中的正规化 (normalization).

这个定理是 Serre 在 1964 年提出的猜想, Grothendieck 同年证出, 发表在 1972 年: $[151]_1$ IX Thm. 3.6, p.351. (参看 [291] 及 [34].)

VI. 固定一个域 k. 设 W 为以 k 为剩余域的 Noether 局部环 (例如, 若 k 为特征 $p\neq 0$ 的完全域, W 为 k 的 Witt 环).

考虑范畴 $\mathfrak{C}_W$, 其对象为局部 Artin W 代数 R 连同一个使得下图交换的同构 $k\cong R/\mathfrak{m}_R$ ($\mathfrak{m}_R$ 为 R 的极大理想).

$$\begin{array}{ccc} W & \longrightarrow & R \\ \downarrow & & \downarrow \\ k & \xrightarrow{\ \cong\ } & R/\mathfrak{m}_R \end{array}$$

$\mathfrak{C}_W$ 内的态射是指从 R 到 R' 的局部 W 代数同态.

又引入范畴 $\hat{\mathfrak{C}}_W$, 其对象是完备局部 Noether W 代数 $\mathscr{O}$, 使得对于任意正整数 n, 均有 $\mathscr{O}/\mathfrak{m}_{\mathscr{O}}^n \in \mathfrak{C}_W$.

固定 k 上的 Abel 簇 X_0. 对于 $R \in \mathfrak{C}_W$, 令 $\mathcal{M}(R)$ 为所有同构类 (X, φ) 组成的集合, 其中 X 为 R 上的 Abel 概形, $\varphi:\ X \otimes_R k \to X_0$ 为同构 ($\mathcal{M}(R)$ 称为 Abel 簇的**局部参模** (local moduli)). Grothendieck (1960) 有以下的定理:

定理 3.3.6 *存在自然同构*

$$\mathrm{Hom}_{\hat{\mathfrak{C}}_W}(W[[t_{1,1}, \cdots t_{g,g}]], R) \xrightarrow{\sim} \mathcal{M}(R),$$

其中 $R \in \mathfrak{C}_W$, $g = \dim X_0$.

这个定理意味着函子 $\mathcal{M}:\ \mathfrak{C} \to \mathfrak{Sets}$ 在范畴 $\hat{\mathfrak{C}}_W$ 内可表. 证明见 [289] p.273.

VII. 设素数 p 在环 R 内幂零, I 为 R 的幂零理想. 令 $R_0 = R/I$. R 上的 Abel 概形所组成的范畴记作 $\mathfrak{A}(R)$. 引入范畴 $\mathrm{Def}(R, R_0)$, 它的对象是 (A_0, G, η), 其中 A_0 是 R_0 上的 Abel 概形, G 是 R 上的 p-Barsotti-Tate 群, η 是 R_0 上的 p-Barsotti-Tate 群同构:

$$G \otimes_R R_0 \overset{\eta}{\cong} A_0[p^\infty],$$

这里我们以 $A_0[p^\infty]$ 记 A_0 的 p-Barsotti-Tate 群 $\varinjlim_n A_0[p^n]$. Serre-Tate (1964) 证明了以下的定理:

定理 3.3.7 *函子*

$$\begin{aligned} \mathfrak{A}(R) &\longrightarrow \mathrm{Def}(R, R_0) \\ A &\longmapsto (A \otimes_R R_0, A[p^\infty], \eta) \end{aligned}$$

是范畴等价, 其中 η *是自然同构*

$$A[p^\infty] \otimes_R R_0 \overset{\eta}{\cong} (A_0 \otimes_R R_0)[p^\infty].$$

此定理的证明见 [189] p.143 或 [250] Thm(2.3), p.166.

设 k 为特征 $p > 0$ 的域, $\overline{k}$ 为 k 的代数闭包. 我们说 k 上的 g 维 Abel 簇是**通常的** (ordinary), 如果 A 上的阶整除 p 的 $\overline{k}$ 有理点的个数是 p^g (见 [347] p.137, [94], [168]).

设 k 是特征 $p > 0$ 的代数封闭域. 以 $\mathfrak{C}$ 记以 k 为剩余域的局部 Artin 环所组成的范畴. 对于给定的 k 上的 Abel 簇, 定义函子

$$\begin{aligned} \mathcal{M}:\ \mathfrak{C} &\longrightarrow \mathfrak{Sets} \\ R &\longmapsto (\widetilde{A}, \varphi), \end{aligned}$$

其中 $\widetilde{A}$ 为 R 上的 Abel 概形, $\varphi: \widetilde{A} \otimes_R k \to A$ 为同构, 即 $\widetilde{A}$ 为已给定 k 上的 Abel 簇 A 的提升. 按本小节定理 3.3.7, 给定 A/k 后, 判断 $\widetilde{A}/R$ 是否为 A/k 的提升等价于判断 p-Barsotti-Tate 群 $\widetilde{A}[p^\infty]$ 是否为 $A[p^\infty]$ 的提升.

以 A^t 记 A 的对偶 Abel 簇 (参见 [264] §13). 如果 A 是通常的, 则 A^t 也是通常的. 此时 Tate 模 $T_p(A)$ 和 $T_p(A^t)$ 均是自由 $\mathbb{Z}_p$ 模, 并且存在自然同构

$$A[p^\infty] \cong \mathrm{Hom}(T_p(A^t), \hat{\mathbb{G}}_{\mathrm{m}}) \times (T_p(A) \otimes_{\mathbb{Z}_p} \mathbb{Q}_p/\mathbb{Z}_p).$$

由此可以推出函子 $\mathcal{M}$ 同构于 $\mathfrak{C}$ 上的函子

$$R \longmapsto \mathrm{Hom}_{\mathbb{Z}_p}(T_p(A) \otimes T_p(A^t), \hat{\mathbb{G}}_{\mathrm{m}}(R)).$$

于是得知：通常的 Abel 簇的局部参模空间 $\mathcal{M}$ 是群概形 (见本小节的定理 3.3.7).

按 [263] 知, 任一 Abel 簇必是一组二次多项式的公共解. 可以说 Abel 簇是 "二次" 的. 但是没有办法决定一个 Abel 簇的二次多项式, 故亦不知一个 Abel 簇有多少个有理点, 亦不知已给一个 Abel 簇是否一个模空间的点. 一个办法是把问题线性化：就是把问题化作一个线性代数的问题. 我们可以把这个流程记录如下：

$$\text{Abel 簇} \overset{(1)}{\longleftrightarrow} \ p \text{ 可除群} \ \overset{(2)}{\longleftrightarrow} \ \text{形式群}$$
$$\overset{(3)}{\longleftrightarrow} \text{Dieudonné 模} \overset{(4)}{\longleftrightarrow} \text{DISPLAY}$$

其中 DISPLAY 是 Zink 的理论, 见 [412]. 我们没有见过任何文章或书详细地将整个过程写出来. 或许是不愿意花时间把这个技术说清楚, 读者只能从文献中摸索了. 上面的 (1) 就是 Serre-Tate 定理, 可是他们从未发表过证明, Tate 有好几篇著名的文章是多年后才发表的. 比如他的 "Rigid analytic geometry", "Finite flat group scheme" 等. 又如他的 1959 年的文章直至 1995 年 (他退休后) 才发表为 "Non-archimedean elliptic functions". 第 (2) 步是指 Tate[373] 命题 1. 至于 (3), 我们在上一章 2.7.3 节介绍过有关文献. (4) 的原始想法来自 Mumford (没有发表), 现在只可看 Zink 的文章了.

从这些定理可以看出有限群概形, p-Barsotti-Tate 群, Tate 模对于 Abel 簇的研究的重要性.

最后还应当提醒读者留意 B. Mazur 和他的学派所发展的形变环的理论. 从这个理论在 Fermat 最后定理的证明中的应用就可以理解形变对于 Galois 表示的重要性.

以下我们介绍 Grothendieck 的一个定理.

定理 3.3.8 设 S 是连通的、局部 Noether 的概形, $\pi: X \to S$ 为一个光滑射影态射, $\varepsilon: S \to X$ 是 π 的一个截面. 如果对于 S 的某个几何点 s, π 的纤维 X_s 是以 $\varepsilon(s)$ 为恒等元的 Abel 簇, 则 X 是 S 上的以 ε 为恒等元的 Abel 概形.

此定理的证明将分为三步. 第一步是:

命题 3.3.9　设 $S=\mathrm{Spec}(A)$, 其中 A 是 Artin 局部环. 设 $\mathfrak{M}$ 是 A 的极大理想, I 是 A 的理想, 满足条件 $\mathfrak{M}\cdot I=(0)$. 又设 $\pi:\ X\to S$ 为一个光滑固有态射, $\varepsilon:\ S\to X$ 是一个截面. 令 $S_0=\mathrm{Spec}(A/I)$, $x_0=X\times_S S_0$. 如果 X_0 是 S_0 上的以 $\varepsilon|_{S_0}$ 为恒等元的 Abel 概形, 则 X 是 S 上的以 ε 为恒等元的 Abel 概形.

证明　令 $k=A/\mathfrak{M}$, $\overline{X}=X\times_S\mathrm{Spec}(k)$, 再令

$$\begin{aligned}\mu_0:\ X_0\times_{S_0}X_0&\longrightarrow X_0\\(x,y)&\longmapsto x-y,\end{aligned}$$

其中 x,y 为 X_0 的 T 值点, T 为 S 上的任一概形. 以 $\overline{\mu}$ 记 μ_0 在 $\overline{X}\times\overline{X}$ 上的限制. 我们首先将 μ_0 扩充为某个态射 $\mu:\ X\times_S X\to X$. 根据 [146] I.3 中的推论 5.2, 如果 $\mathscr{J}$ 是 $\overline{X}$ 的切层, 则存在一个障碍

$$\beta\in H^1(\overline{X}\times\overline{X},\ \overline{\mu}^*(\mathscr{J})\otimes_k I),$$

它的消失是扩充 μ 的存在性的充分必要条件. 考虑 $g_1,g_2:\ X_0\to X_0\times_{S_0}X_0\to X_0$, 其定义为 $g_1(x)=(x,e)$, $g_2(x)=(x,x)$ (x 为 X_0 的 T 值点, T 为 S 上的任一概形). 令 $\overline{g}_i=g_1|_{\overline{X}}$ ($i=1,2$). 则 $\mu_0\circ g_1=1_{X_0}$, $\mu_0\circ g_2=(\varepsilon\circ\pi)|_{X_0}$. 所以 $\mu_0\circ g_1$ 和 $\mu_0\circ g_2$ 确实扩充为 X 到 X 的态射, 因而相应于这两个扩充的的障碍

$$\beta_1,\ \beta_2\in H^1(\overline{X},\ \overline{\mu}\circ\overline{g}_i{}^*(\mathscr{J})\otimes_k I)$$

都为零. 但是, 根据障碍简单的函子性质, 在任何情形总有 $\beta_i=\overline{g}_i{}^*(\beta)$, 所以 $g_1^*\beta=g_2^*\beta=0$.

现在, 注意到 $\mathscr{J}$ 是平凡的向量丛: 事实上

$$\mathscr{J}\cong\mathscr{O}_{\overline{X}}\otimes H^0(\overline{X},\mathscr{J}).$$

于是, 由 Kunneth 公式, 有

$$\begin{aligned}H^1(\overline{X}\times\overline{X},\ \overline{\mu}^*(\mathscr{J})\otimes_k I)&\cong H^1(\overline{X}\times\overline{X},\mathscr{O}_{\overline{X}\times\overline{X}})\otimes H^0(\overline{X},\mathscr{J})\otimes I\\&=\{p_1^*H^1(\overline{X},\mathscr{O}_{\overline{X}})\oplus p_2^*H^1(\overline{X},\mathscr{O}_{\overline{X}})\}\otimes H^0(\overline{X},\mathscr{J})\otimes I.\end{aligned}$$

由此即知, 如果对于任意 α 都有 $g_1^*\alpha=g_2^*\alpha=0$, 则 $\alpha=0$. 特别地, $\beta=0$. 因此 μ 存在.

应当注意的是 μ_0 的扩充 μ 并不唯一. 还是根据 [146] I.3 中的推论 5.2, 所有扩充的集合是 $H^0(\overline{X}\times\overline{X},\ \overline{\mu}^*\mathscr{J}\otimes_I)$ ($\cong H^0(\overline{X},\mathscr{J})\otimes I$) 下的一个主齐性空间.

根据同样的结果，μ_0 的所有限定恒等元 $(\varepsilon_0,\varepsilon_0)(S)\subset X_0\times_{S_0}X_0$ 的扩充的集合也是 $\cong H^0(\overline{X},\mathscr{J})\otimes I$ 下的一个主齐性空间. 所以对于 μ_0 的每个限定恒等元的扩充存在 μ_0 的唯一的扩充. 我们要求扩充 μ 将 $X\times_S X$ 的恒等元映为 X 的恒等元, 即 $\mu_0(\varepsilon,\varepsilon)=\varepsilon$, 这就唯一地决定了 μ_0.

下面只需再证明 μ 确实定义了 X 上的群律. 当然, 我们可以用 μ 形式地定义乘法和取逆, 然后验证群律所要求的各个等式. 但是所有这些等式都形如 $h_1=h_2$, 其中

$$h_i:\overbrace{X\times_S\cdots\times_S X}^{l\text{个}X}\longrightarrow X\quad(i=1,2)$$

是若干个 μ, 投射, 对角以及恒同态射的合成. 对于任何情形, 读者可自行验证 $h_1\circ(\varepsilon,\cdots,\varepsilon)=h_2\circ(\varepsilon,\cdots,\varepsilon)=\varepsilon$. 进而言之, 由于 μ_0 定义了 X_0 上的群律, 所以 $h_1=h_2$ 定义了子概形 $X_0\times_{S_0}X_0$ 上的群律. 由推论 3.1.2 即知 $h_1=h_2$. □

第二步是:

命题 3.3.10 *令 F 为如下定义的局部 Noether S 概形范畴上的函子 F: 对于 $f:T\to S$,*

$$F(T)=\{T\text{ 上的以 }(\varepsilon\circ f,\ 1_T):T\longrightarrow X\times_S T\text{ 为恒等元在 }X\times_S T\text{ 上的所有 Abel 概形的结构组成的集合}\},$$

则 F 被 S 的一个开集 U 所表示.

证明 任一概形 Y/T (这里 Y 在 S 上是光滑射影的) 上的一个 Abel 概形的结构实际上与满足若干等式的态射 $\mu:Y\times_T Y\longrightarrow Y$ (例如 $\mu\circ(\eta,\eta)=\eta$) 是一回事 (这里的 $\mu(x,y)=x-y$ 与前面相同). 作为 Hilbert 概形存在性的推论, 我们知道存在表示由概形 $Y\times_T Y$ 到 Y 的所有函子的概形 $\mathrm{Hom}_T(Y\times_T Y,Y)$ (参见 [141] exposé 221). 所以一个 Abel 概形的结构是 $\mathrm{Hom}_T(Y\times_T Y,Y)$ 的一种特殊的截面. 如果 $Y=X\times_S T$, 则这种截面的集合同构于下述 S 态射的集合:

$$f:T\longrightarrow \mathrm{Hom}_S(X\times_S X,X).$$

我们断言: 上面提到的若干等式成立当且仅当 f 可通过某个闭子概形 $Z\subset \mathrm{Hom}_S(X\times_S X,X)$ 分解. 注意, 这里所说的任一等式都形如 $\gamma_1\circ f=\gamma_2\circ f$, 其中

$$\gamma_i:\mathrm{Hom}_S(X\times_S X,X)\longrightarrow \mathrm{Hom}_S(\overbrace{X\times_S\cdots\times_S X}^{l\text{个}X},X)$$

是某种典范态射, 它表示取某个 μ 以及与自身, 投射, 对角线态射等合成的过程. 这样的过程总是给出第一个概形所表示的函子到第二个概形所表示

的函子的态射. 由 [142] Chap.0, §8 知: 任一这样的态射总可由某个概形的态射得到. 取 Z 为子概形 $(\gamma_1, \Gamma_2)^{-1}(\Delta_l)$ (在概形论意义下) 的交, 其中 Δ_l 为 $\big(\mathrm{Hom}_S(\overbrace{X \times_S \cdots \times_S X}^{l\text{个}X}, X)\big)^2$ 的对角线.

由此即知: 命题 3.3.3 等价于投射 $\varpi : Z \to S$ 是一个开浸入. 但是命题 3.3.2 恰是 ϖ 的光滑性的判定准则 ([146] I.3 的定理 3.1). 由推论 3.2.3 知 ϖ 是几何上的单射, 即对于任一代数封闭域 Ω, $F(\mathrm{Spec}\,\Omega)$ 最多含有一个元素. 由 [146] I.1 的定理 5.1 和 [146] I.2 的推论 1.4 即知 ϖ 是开浸入. □

第三步是:

命题 3.3.11 设 R 是离散赋值环, K 是 R 的分式域, k 是剩余域, X 是光滑固有 R 概形, 并且 X 的一般纤维是 Abel 簇, 它的单位 $e \in X(R)$. 则 X 是 Abel R 概形.

证明 设 X^0 是 X_K 和 X_k 内包含 e 的连通分支的并概形. 则 X^0 是 X 的开子概形. 由 $[145]_3$ (15.7.10) 知 $X^0 \to \mathrm{Spec}\,R$ 是固有态射. 所以 X^0 是分离 R 概形 X 的闭子概形. 但 X 是平坦 R 概形并且具有连通 K 纤维, 所以 X 是连通的. 于是 $X^0 = X$. 由于域上的有限型连通概形若有有理点则必然是几何连通的, 所以 X 有几何连通纤维.

余下需要证明: 可以把 X_K 上的群律扩充到 X 上. 首先, 由固有性的赋值判别准则我们得知 X 有以下性质: 对于 $S = \mathrm{Spec}\,R$ 的任一闭点 s 和任一局部 étale $\mathscr{O}_{S,s}$ 代数 R', 必有满射 $X(R') \to X_K(K')$, 其中 K' 为 R' 的分式域. 然后根据 [59] 中的 4.3/2, 4.3/4 (的证明), 4.3/5 得知 X_K 上的群律可以扩充为 X 上的双有理群律. 最后用同书的 5.1/5 得到结论: 此双有理群律可以扩充为 X 上的群律, 于是证明了 X 是 Abel R 概形. □

此命题原见 [205]. 其证明用的是 Weil 1948 的语言. 这里的证明是 Conrad 给出的.

要完成定理 3.3.8 的证明, 我们只要证明命题 3.3.10 中的集合 U 是闭的. 为此我们将引用以下的所谓 "局部可构造集 (见 $[144]_1$ Chap.0 (9.1.11), $[145]_3$ §9) 的闭性的特殊化 (specialization) 判别准则".

命题 3.3.12 设 X 是局部 Noether 概形, U 是 X 的可构造集. 如果对于任意离散赋值环 R 和任意概形态射 $S = \mathrm{Spec}\,R \xrightarrow{f} X$, $f(s_0) \in U$ 都蕴含 $f(s_1) \in U$ (其中 s_0 和 s_1 分别为 S 的一般点 (generic point) 和闭点), 则 U 是 X 的闭集.

证明 因为这里考虑的都是局部性质, 所以我们可以假定 X 是拟紧、分离的, 以及 U 的闭包是 X. 于是只要证明作为拓扑空间而言 $U = X$. 因为 U 是可构造的, U 在 X 内稠密, 所以 U 必包含 X 的所有一般点.

我们引用赋值准则：对于局部 Noether 概形 Y 内的任意一对点 (y,η)，如果 y 在 η 的闭包内，则必存在离散赋值环 R 以及态射 $S = \operatorname{Spec} R \xrightarrow{f} Y$，使得 $f(s_0)=\eta$，$f(s_1)=y$.

因为概形 X 内任一点必在的某个一般点的闭包内，所以如果我们令 η 取遍 X 的所有一般点，由赋值准则立见 U 包含 X 的所有点，即 $U = X$. □

3.4 p 可除群

3.4.1 BT 群

固定基概形 S. 设 G 为交换 S 群概形.

以 $G(n)$ 记 $\operatorname{Ker}(p^n \cdot \mathrm{id}_G)$，即态射 $x \to p^n \cdot x$ 的核. 如果 $G = \varinjlim G(n)$，我们称 G 为 p **扭群** (p-torsion group) 或 p **群** (p-group). 如果 $p \cdot \mathrm{id}_G : G \to G$ 为满同态，则称 G 为 p **可除群** (p-divisible group). 如果 (1) G 是 p 扭群，(2) G 是 p 可除群，(3) $G(1)$ 是局部自由有限 S 群概形 (即是说 fppf 层 $G(n)$ 可由局部自由有限 S 群概形所表示)，则 G 称为 **p-Barsotti-Tate 群** (p-Barsotti-Tate group) (简称为 **BT 群** (BT group)，参见 [139] Chap. III.4). 注意常有作者称 BT 群为 p 可除群 (如 Tate)! 对于任一 $s \in S$，$G(n)$ 在点 s 的纤维有秩 $p^{nh(s)}$，其中 $h(s)$ 是 S 上的局部常值函数. 当 $h(s)$ 取常值 h 时，我们说 G 的**高度** (height) 为 h.

关于 BT 群的一篇非常重要的文章是 [373]. 补充资料：[309]，以及 Shankar Sen 的多篇文章. 关于这方面的一本名著是 [119].

3.4.2 Dieudonné 环

设 k 是特征 $p > 0$ 的完全域. 以 $W(k)$ 记 k 的 Witt 向量环. 以 σ 记绝对 Frobenius，即对于 $a \in K$，$\sigma a = a^p$，对于 $(a_0, a_1, \cdots) \in W(k)$，$\sigma(a_0, a_1, \cdots) = (a_0^p, a_1^p, \cdots)$. 我们引入 Dieudonné 环 $D_k = W(k)[F, T]$. 它是 F 和 V 由生成的环，满足以下的生成关系：$FV - VF = p$，以及对于任意的 $\underline{a} \in W(k)$，有 $F(\underline{a}) = \sigma(\underline{a})F$，$V\sigma(\underline{a}) = \underline{a}V$ (如果 $k \neq \mathbb{F}_p$，D_k 不是交换环).

如果一个 D_k 模 M 看作 $W(k)$ 模时有有限长度 (length)，我们就称 M 为**有限 D_k 模** (finite D_k-module). 如果一个 M 看作 $W(k)$ 模时是无扭的，我们就称 M 为**自由 D_k 模** (free D_k-module).

令 $M^* = \operatorname{Hom}_{W(k)}(M, W(k))$. 对于 $u \in M^*$，$m \in M$，设 $(Fu)(m) = \sigma(u(Vm))$，$(Vu)(m) = \sigma^{-1}(u(Fm))$.

定理 3.4.1 设 k 是特征 $p > 0$ 的完全域. 则函子 $G \mapsto M(G)^*$ 在以下两个情形下是范畴等价：

(1) 从 p 扭有限 k 群范畴到有限 D_k 模范畴,

(2) 从 p-Barsotti-Tate k 群范畴到有限秩自由 D_k 模范畴.

当我们把基概形从 $\operatorname{Spec} k$ 换成一般的概形时, 则没有这样的等价. Berthelot, Bloch, Kato, Messing, de Jong 等人研究过此类等价性问题.

3.4.3 晶体

上面的定理告诉我们：从一个 p-BT k 群可以得出线性资料 (M, F), 其中 $M = M(G)$ 是一个有限秩自由 $W(k)$ 模, $F : M \to M$ 是 σ 线性单映射 (即 $F(\underline{a}x) = \sigma(\underline{a})F(x)$) 使得 $pM \subseteq FM$. 人们引入以下的定义:

定义 3.4.1 一个 k 上的**晶体** (crystal) (又称 F **格** (F-lattice)) 是指一个偶对 (M, F), 其中 M 是一个有限秩自由 $W(k)$ 模, $F : M \to M$ 是 σ 线性单同态. 以记 K 的 $W(k)$ 分式域 $\operatorname{Frac}(W(k))$. 一个 k 上的**等晶体** (isocrystal) (又称 F **空间** (F-space)) 是指一个偶对 (V, F), 其中 V 是一个有限维 K 向量空间, $F : V \to V$ 是 σ 线性同构.

从 k 上的一个 Abel 簇 A 出发, 我们得到它的 p 扭点概形 $A(\infty)$. 它是一个 k 上的晶体. 因为从典型群得出的 Shimura 簇是 Abel 簇的模空间, 而 Shimura 簇是 Langlands 理论的中心研究对象, 我们可知晶体理论的重要性了.

3.4.4 等晶体

设 $\lambda = \frac{s}{r} > 0$ 为有理数, 其中 r, s 为互素的正整数. 令

$$E^\lambda = \mathbb{Q}_p[T]/(T^r - p^s).$$

定义

$$F\left(\sum_{i=0}^{r-1} a_i T^i\right) = \sum_{i=0}^{r-2} \sigma(a_i)T^{i+1} + p^s\sigma(a_{r-1}).$$

则 (E^λ, F) 为 $\mathbb{F}_p$ 等晶体 (熟知 $\mathbb{Z}_p = W(\mathbb{F}_p)$). 设 k 为特征 p 的完全域. 令

$$E_k^\lambda = \operatorname{Frac}(W(k)) \otimes_{\mathbb{Q}_p} E^\lambda.$$

将 F 通过 $W(k)$ 线性扩充定义到 E_k^λ 上, 则得到 k 等晶体 (E_k^λ, F). 对于有理数 $\lambda < 0$, 取 E_k^λ 为 $E_k^{-\lambda}$ 的对偶空间. 我们设 (E_k^0, F) 为 $(\operatorname{Frac}(W(k)), x \to \sigma(x))$.

命题 3.4.2 设 k 为特征 p 的代数封闭域. 则

(1) E_k^λ 为单等晶体 (即不存在子等晶体 V 使得 $0 \neq V \subsetneqq E_k^\lambda$).

(2) 任一 k 等晶体 E 必同构于直和 $\bigoplus_{i=1}^n (E_k^{\lambda_i})^{m_{\lambda_i}}$ (m_{λ_i} 为正整数, $\lambda_i = \frac{s_i}{r_i}$ 为有理数, r_i, s_i 为互素的整数, $r_i > 0$)

E 的**斜率序列** (slope sequence) 是指

$$(\underbrace{\lambda_1, \cdots, \lambda_1}_{m_{\lambda_1}r_1\text{个}}, (\leqslant)\lambda_2, \lambda_2, \cdots, \lambda_n)$$

(包括重数按升值排列, 此序列的长度是 $m = \sum m_{\lambda_i} r_i = \dim_{\mathrm{Frac}(W(k))} E$). E 的 Newton **多边形** (Newton polygon) 是指平面上的多边形 $OA_1A_2\cdots A_m$, 其顶点 A_i 的横坐标是 i, 纵坐标是斜率序列中前 i 项之和.

现在取 $0 < \lambda < 1$, $\lambda = \frac{s}{r}$, r, s 为互素的正整数. 以 $W(p)$ 记 $\varinjlim(\mathrm{Ker}\, p^n : W(k) \to W(k))$, 其中 k 为特征 p 的完全域. 以下的正合序列决定 p-BT k 群 G_k^λ:

$$0 \longrightarrow G_k^\lambda \longrightarrow W(p) \xrightarrow{F^r - V^s} W(p).$$

取 G_k^0 为 $(\mathbb{Q}_p/\mathbb{Z}_p)\bigotimes k$, G_k^1 为 $\mu_k(p) = \varinjlim(\mu_{p^n}/k)$. 则 $M(G_k^\lambda)\bigotimes \mathbb{Q}_p = E_k^\lambda$, G_k^λ 的高度等于 r, G_k^λ 的维数等于 s.

命题 3.4.3 设 k 为特征 p 的代数封闭域. 则任一 p-Barsotti-Tate k 群必同源 (isogenous) 于 $\prod_\lambda (G_k^\lambda)^{m_\lambda}$.

关于以上结论的详情可看 [100], 亦可参看以下重要文章: [207], [213] 及 [305].

3.4.5 Dieudonné 模

很自然地我们希望把前述的结果从域上推广到概形上. 目前这是依靠 Grothendieck 所发明的晶体上同调理论进行的. 关于这个理论可以参看: [40], [43], 亦可阅读 [13].

以下假定读者有此理论的初步知识. 我们就 Dieudonné 晶体理论作个摘要.

固定一个素数 p.

设 Σ 为概形, Σ 上给定了 PD 结构. S 为 Σ 概形. 假设 Σ 的 PD 结构可以扩展到 S 上. 又设 p 在 S 上局部幂零. 以下分六个步骤介绍 Dieudonné 模晶体.

I. 设 Σ 为 $\mathrm{Spec}\,\mathbb{Z}$ 或 $\mathrm{Spec}(\mathbb{Z}/p^n)$. 设 Σ 概形 S 的特征为 p. 以 f_S 记 S 的 Frobenius 自同态. 如果 G 是 S 上的交换层, 则以 $G^{(p)}$ 记 $f_S^*(G)$.

以 $\mathrm{CRIS}(S/\Sigma)$ 记晶体拓扑, 以 $f_{S/\,\mathrm{CRIS}}$ 记晶体拓扑的 Frobenius 自同态. 如果 E 是 $\mathrm{CRIS}(S/\Sigma)$ 上的层, 则以 E^σ 记 $f_{S/\,\mathrm{CRIS}}^*(E)$.

设 G 是 S 上的交换层, $F: G \to G^{(p)}$ 为 Frobenius 同态, $V: G^{(p)} \to G$ 为 Verschiebung 同态. 则有同态

$$F : \mathscr{E}xt^i_{S/\Sigma}(\underline{G}, E)^\sigma \longrightarrow \mathscr{E}xt^i_{S/\Sigma}(\underline{G}, E^\sigma),$$
$$V : \mathscr{E}xt^i_{S/\Sigma}(\underline{G}, E^\sigma) \longrightarrow \mathscr{E}xt^i_{S/\Sigma}(\underline{G}, E)^\sigma.$$

II. 设 F 是晶体拓扑 $\mathrm{CRIS}(S/\Sigma)$ 的层. 如果 F 是 $\mathscr{O}_{S/\Sigma}$ 模, 并且从 $\mathrm{CRIS}(S/\Sigma)$ 的任一态射 $u: (U', T', \delta') \to (U, T, \delta)$ 所得出的态射 $u^*: F_{(U,T,\delta)} \to F_{(U',T',\delta')}$ 均为同构, 则我们说 F 是 $\mathscr{O}_{S/\Sigma}$ **模晶体** (module crystal).

III. 设 $\Sigma = \mathrm{Spec}(\mathbb{Z}_p)$ ($\mathbb{Z}_p$ 为 p 进整数环), $\mathscr{J} = p\mathscr{O}_\Sigma$, 在 $\mathscr{J}$ 上 PD 的结构为 $\gamma_n(x) = \frac{x^n}{n!}$. 设 S 为特征为 p 的 Σ 概形. 设 $f: A \to S$ 为 Abel 概形. 则有

定理 3.4.4　(1) $R^1 f_{\mathrm{CRIS}*}(\mathscr{O}_{A/\Sigma})$ 是秩为 $2n$ 的局部自由 $\mathscr{O}_{S/\Sigma}$ 模, 其中 n 是 f 的相对维数, 并且 $R^1 f_{\mathrm{CRIS}*}(\mathscr{O}_{A/\Sigma})$ 为 $\mathscr{O}_{S/\Sigma}$ 模晶体.

(2) $\mathscr{E}xt^1_{S/\Sigma}(\underline{A}, \mathscr{O}_{S/\Sigma}) \cong R^1 f_{\mathrm{CRIS}*}(\mathscr{O}_{A/\Sigma})$.

我们以 $\mathbb{D}(A)$ 记 $\mathscr{E}xt^1_{S/\Sigma}(\underline{A}, \mathscr{O}_{S/\Sigma})$. 则有 Frobenius 同态 $F: \mathbb{D}(A)^\sigma \to \mathbb{D}(A)$ 和 Verschiebung 同态 $V: \mathbb{D}(A) \to \mathbb{D}(A)^\sigma$. 我们称 $(\mathbb{D}(A), F, V)$ 为 A 的 **Dieudonné 晶体** (Dieudonné crystal).

为了证明 $R^1 f_{\mathrm{CRIS}*}(\mathscr{O}_{A/\Sigma})$ 是一个晶体, 我们作以下的考虑. 暂时以 F 记 $R^1 f_{\mathrm{CRIS}*}(\mathscr{O}_{A/\Sigma})$. 按晶体的定义, 对 $\mathrm{CRIS}(S/\Sigma)$ 内任一态射 $u: (U', T', \delta') \to (U, T, \delta)$, 需要证明有同构 $u^* F_T \to F_{T'}$. 可以假设 T 是仿射. 设 $A_U = A \times_S U$ 及 $f_{A_U/T}: A_U \to U \to T$. 我们知有拓扑投射 (projection of topos):

$$(f_{A_U/T})_*: (A_U/T, \delta)_{\mathrm{CRIS},\tau} \longrightarrow T_\tau,$$

可以计算 $(f_{\mathrm{CRIS}})_*$ 如下:

$$R^* f_{\mathrm{CRIS}*}(\mathscr{O}_{A/\Sigma})_T \cong R^*(f_{A_U/T})_*(\mathscr{O}_{A_U/T}).$$

因为 $U \to T$ 是零浸入 (nilimmersion), 所以 A_U 可以提升为 T 上的 Abel 概形 $\widetilde{A}$:

$$\begin{array}{ccc} A_U & \dashrightarrow & \widetilde{A} \\ \downarrow & & \downarrow{\scriptstyle \tilde{f}} \\ U & \longrightarrow & T \end{array}$$

并且有标准同构

$$R^*(f_{A_U/T})_*(\mathscr{O}_{A_U/T}) = \mathbb{R}^* \widetilde{f}_*(\Omega^\bullet_{\widetilde{A}/T}).$$

现在可以用换基同构:

$$\begin{array}{ccc} A' & \longrightarrow & \widetilde{A} \\ {\scriptstyle f'}\downarrow & & \downarrow{\scriptstyle \tilde{f}} \\ T' & \xrightarrow{u} & T \end{array}$$

$$\mathbb{L}u^* R^* \widetilde{f}_*(\Omega^\bullet_{\widetilde{A}/T}) = \mathbb{R}^* f'_*(\Omega^\bullet_{A'/T'}).$$

加上 $R^q f_*(\Omega^p_{A'/T})$ 局部自由, 或直接用前面, 得到

$$u^* R^1 \widetilde{f}_*(\Omega^\bullet_{\widetilde{A}/T}) = R^1 f'_*(\Omega^\bullet_{A'/T'}).$$

设 G 为交换 S 群概形, 则按以下规则得 $\mathrm{CRIS}(S/\Sigma)_\tau$ 上的层记为 $\underline{G}$:

$$\underline{G}(U, T, \delta) = \mathrm{Hom}_S(U, G).$$

我们以 $\mathfrak{Ab}_{S/\Sigma}$ 记 $\mathrm{CRIS}(S/\Sigma)$ 上的交换层.

利用 Eilenberg-Maclane 代数的方法作同调代数得知有复形 $C_\bullet \to \underline{G} \to 0$ 使得当 $n \leqslant 2$ 有

$$\mathscr{E}xt^n_{S/\Sigma}(\underline{G}, F) \cong \mathscr{E}xt^n_{S/\Sigma}(C_\bullet, F).$$

对 $F \in \mathfrak{Ab}_{S/\Sigma}$ 成立 (参看 [42] §2.2.2 及 (2.1.6.1)). 这复形是这样定义:

$$C_0 = \mathbb{Z}[\underline{G}], \qquad C_1 = \mathbb{Z}[\underline{G}^2],$$

$$C_2 = \mathbb{Z}[\underline{G}^3] \times \mathbb{Z}[\underline{G}^2],$$

$$C_3 = \mathbb{Z}[\underline{G}^4] \times \mathbb{Z}[\underline{G}^3] \times \mathbb{Z}[\underline{G}^3] \times \mathbb{Z}[\underline{G}^2] \times \mathbb{Z}[\underline{G}].$$

$\partial_1 : C_1 \to C_0$ 是

$$\partial_1[x, y] = -[y] + [x + y] - [x].$$

$\partial_2 : C_2 \to C_1$ 由下面公式定义:

$$\partial_2[x, y, z] = -[y, z] + [x + y, z] - [x, y + z] + [x, y],$$

$$\partial_2[x, y] = [x, y] - [y, x].$$

最后 $\partial_3 : C_3 \to C_2$ 定义为

$$\partial_3[x, y, z, w] = -[y, z, w] + [x + y, z, w] - [x, y + z, w] + [x, y, z + w] - [x, y, z],$$

$$\partial_3[x, y, z] = -[y, z] + [x + y, z] - [x, z] - [x, y, z] + [x, z, y] - [z, x, y],$$

$$\partial_3[x, y] = [x, y] + [y, x],$$

$$\partial_3[x] = [x, x].$$

这些公式并不显然 (参见 [42] §2.1.5).

我们有收敛谱序列

$$E_1^{p,q} = \mathscr{E}xt^q_{S/\Sigma}(C_p, F) \Rightarrow \mathscr{E}xt^n_{S/\Sigma}(C_\bullet, F) = H^n.$$

设 $C_p = \prod_\alpha \mathbb{Z}[\underline{G}^{n_\alpha}]$, $f_{n_\alpha}: G^{n_\alpha} \to S$. 则

$$\mathscr{E}xt^q_{S/\Sigma}(C_p, F) = \bigoplus_\alpha R^q(f_{n_\alpha})_{\mathrm{CRIS}\,*}((f_{n_\alpha})^*_{\mathrm{CRIS}}(F)).$$

如此便有

$$E_1^{p,q} = \bigoplus_\alpha R^q(f_{n_\alpha})_{\mathrm{CRIS}\,*}((f_{n_\alpha})^*_{\mathrm{CRIS}}(F)) \Rightarrow \mathscr{E}xt^n_{S/\Sigma}(\underline{G}, F).$$

我们现在开始考虑 $\mathscr{E}xt^n_{S/\Sigma}(\underline{A}, \mathscr{O}_{S/\Sigma})$. 先写下谱序列的运算

$$d_r^{p,q}: E_r^{p,q} \longrightarrow E_r^{p+r,q-r+1},$$

及

$$E_r^{p,q} = \mathrm{Ker}(d_r^{p,q})/\,\mathrm{Im}(d_r^{p-r,q+r-1}).$$

现算 $q=0$ 的项, 有正合序列

$$E_1^{0,0} \longrightarrow E_1^{1,0} \longrightarrow E_1^{2,0} \longrightarrow E_1^{3,0},$$

注意, 在这里 $C_1 = \mathbb{Z}[A^2]$, A^2 仍然是 Abel 概形, 而光滑固有几何连通的 H^0 是等于系数. 所以 $E_1^{1,0} = \mathscr{O}_{S/\Sigma}$. 同样从 C_3 的每一个因子得一个 $\mathscr{O}_{S/\Sigma}$. 这样 $E_1^{3,0} = \mathscr{O}^5_{S/\Sigma}$. 从 ∂_i 的定义我们得 $E_1^{*,0}$ 的序列 (例如：从 ∂_1 知 $d_1^{0,0} = -\mathrm{id} + \mathrm{id} - \mathrm{id}$):

$$\mathscr{O}_{S/\Sigma} \xrightarrow{-\mathrm{id}} \mathscr{O}_{S/\Sigma} \xrightarrow{0} (\mathscr{O}_{S/\Sigma})^2 \xrightarrow{d_1^{2,0}} (\mathscr{O}_{S/\Sigma})^5,$$

其中

$$d_1^{2,0}(f,g) = (f, f+g, -f+g, -2g, -g).$$

所以 $d_1^{2,0}$ 是单射. 因此 $E_2^{2,0} = 0$. 另外由于 $d_1^{1,0} = 0$ 及 $d^{0,0} = -\mathrm{id}$, 知 $E_2^{1,0} = 0$.

现在来看边界序列

$$\begin{array}{ccccccccc} \longrightarrow & E_2^{1,0} & \longrightarrow & H^1 & \longrightarrow & E_2^{0,1} & \longrightarrow & E_2^{2,0} & \longrightarrow \cdots \\ & \| & & & & & & \| & \\ & 0 & & & & & & 0 & \end{array}$$

于是便得到

$$\mathscr{E}xt^1_{S/\Sigma}(\underline{A}, \mathscr{O}_{S/\Sigma}) \cong R^1 f_{\mathrm{CRIS}\,*}(\mathscr{O}_{A/\Sigma}).$$

现在计算 $E_1^{*,1}$. 按 Künneth 公式有

$$R^1 f_{n_\alpha\,\mathrm{CRIS}\,*}(\mathscr{O}_{A^{n_\alpha}/\Sigma}) = \bigoplus_{n_\alpha} R^1 f_{\mathrm{CRIS}\,*}(\mathscr{O}_{A/\Sigma}).$$

记 $R^1 f_{\mathrm{CRIS}\,*}(\mathscr{O}_{A/\Sigma})$ 为 M. 例如

$$E_1^{1,1} = \mathscr{E}xt^1_{S/\Sigma}(C_1, \mathscr{O}_{S/\Sigma}) = R^1 f_{1\,\mathrm{CRIS}\,*}(\mathscr{O}_{A^2/\Sigma}) = M^2.$$

算得 $E_1^{0,1} \to E_1^{1,1} \to E_1^{2,1} \to \cdots$ 为

$$M \xrightarrow{0} M^2 \xrightarrow{d_1^{1,1}} M^3 \oplus M^2 \longrightarrow \cdots$$

其中 $d_1^{1,1} = (\partial^1, \partial^2)$, 而 $\partial^1(m_1, m_2) = (-m_1, 0, m_2)$. 所以 $d_1^{1,1}$ 为单射. 于是 $E_2^{1,1} = 0$. 由 $d_1^{0,1} = 0$ 知 $E_2^{0,1} = 0$.

IV. 固定 Σ 概形 S. 设 S 的特征为 p. 我们把 S 概形 X 看作由 X 所表示的 fppf 层 $\mathrm{Hom}(\bullet, X)$.

所谓 S 群是指定义在 $(\mathfrak{Sch}/S)_{\mathrm{fppf}}$ 上取值为交换群的 fppf 层. 按照上面的看法, 我们不区分可表 S 群和 S 群概形.

设 G 为局部自由有限 S 群. 假设 G 为 p 扭群. 则存在 Abel S 概形 A^0, A^1 及局部在 S 上的正合序列

$$0 \longrightarrow G \longrightarrow A^0 \longrightarrow A^1 \longrightarrow 0.$$

于是有正合序列

$$\mathscr{E}xt^1_{S/\Sigma}(\underline{A}^1, \mathscr{O}_{S/\Sigma}) \longrightarrow \mathscr{E}xt^1_{S/\Sigma}(\underline{A}^0, \mathscr{O}_{S/\Sigma}) \longrightarrow \mathscr{E}xt^1_{S/\Sigma}(\underline{G}, \mathscr{O}_{S/\Sigma}) \longrightarrow 0.$$

定理 3.4.5 设 G 为局部自由有限 S 群, 则 $\mathscr{E}xt^1_{S/\Sigma}(\underline{G}, \mathscr{O}_{S/\Sigma})$ 为局部有限展示 $\mathscr{O}_{S/\Sigma}$ 模晶体.

我们以 $\mathbb{D}(G)$ 记 $\mathscr{E}xt^1_{S/\Sigma}(\underline{G}, \mathscr{O}_{S/\Sigma})$, 并称之为 G 的 **Dieudonné 晶体** (Dieudonné crystal).

V. 取 Σ 概形 S 如上. 设 G 为 S 群. 如果 G 是 p-BT 群, 则有 $\mathrm{CRIS}(S/\Sigma)$ 上的交换群层正合序列

$$0 \longrightarrow \underline{G}(n) \longrightarrow \underline{G} \xrightarrow{p^n} \underline{G} \longrightarrow 0,$$

从而有正合序列

$$\to \mathscr{E}xt^q_{S/\Sigma}(\underline{G}, E) \xrightarrow{p^n} \mathscr{E}xt^q_{S/\Sigma}(\underline{G}, E) \to \mathscr{E}xt^q_{S/\Sigma}(\underline{G}(n), E) \to \mathscr{E}xt^{q+1}_{S/\Sigma}(\underline{G}, E) \to$$

定理 3.4.6 如果 G 是 p-BT 群, 则 $\mathscr{E}xt^1_{S/\Sigma}(\underline{G}, \mathscr{O}_{S/\Sigma})$ 是 $\mathscr{O}_{S/\Sigma}$ 模晶体. 进一步, 如果 G 有高度 h, 则 $\mathscr{E}xt^1_{S/\Sigma}(\underline{G}, \mathscr{O}_{S/\Sigma})$ 是秩为 h 的局部自由 $\mathscr{O}_{S/\Sigma}$ 模.

我们以 $\mathbb{D}(G)$ 记 $\mathscr{E}xt^1_{S/\Sigma}(\underline{G},\mathscr{O}_{S/\Sigma})$, 并称之为 G 的 **Dieudonné 模** (Dieudonné module).

设 A/S 为 Abel 概形, d 是 A/S 的相对维数. 令 $A(\infty)=\varinjlim A(n)$. 则 $A(\infty)$ 是高度为 $2d$ 的 BT 群.

定理 3.4.7 $\mathscr{E}xt^1_{S/\Sigma}(\underline{A},\mathscr{O}_{S/\Sigma})\cong\mathscr{E}xt^1_{S/\Sigma}(\underline{A(\infty)},\mathscr{O}_{S/\Sigma})$. 所以用 A 或用 $A(\infty)$ 定义的 Dieudonné 晶体是一样的.

注 我们有正合序列

$$\longrightarrow\mathscr{H}om(G(n),\mathscr{O}_{S/\Sigma})\longrightarrow\mathscr{E}xt^1_{S/\Sigma}(G,\mathscr{O}_{S/\Sigma})\xrightarrow{\varphi}\mathscr{E}xt^1_{S/\Sigma}(G,\mathscr{O}_{S/\Sigma})$$
$$\longrightarrow\mathscr{E}xt^1_{S/\Sigma}(G(n),\mathscr{O}_{S/\Sigma})\longrightarrow\mathscr{E}xt^2_{S/\Sigma}(G,\mathscr{O}_{S/\Sigma})\longrightarrow\cdots$$

利用 $\mathscr{E}xt^2_{S/\Sigma}(G,\mathscr{O}_{S/\Sigma})=0$, 以及对于给定的 (U,T,δ), 存在 n 使得 $p^n\mathscr{O}_T=0$, 于是对于此 n, $\varphi=p^n$ 是零映射, 即得 $\mathscr{E}xt^1(G,\mathscr{O}_{S/\Sigma})_{(U,T)}\cong\mathscr{E}xt^1(G(n),\mathscr{O}_{S/\Sigma})_{(U,T)}$. 这就使我们从有限群的结果推出 p 可除群的结果.

VI. 设 A 为交换环. 它的 Witt 向量环 $W(A)$ 的加法和乘法是由一组整系数多项式 S_m, P_m 定义的, 即对于 $(a_0,a_1,\cdots)$, $(b_0,b_1,\cdots)\in W(A)$, $(a_0,a_1,\cdots)+(b_0,b_1,\cdots)=(s_0,s_1,\cdots)$, $(a_0,a_1,\cdots)\cdot(b_0,b_1,\cdots)=(p_0,p_1,\cdots)$, 其中

$$s_m=S_m(a_0,a_1,\cdots,a_m;b_0,b_1,\cdots,b_m),$$
$$p_m=P_m(a_0,a_1,\cdots,a_m;b_0,b_1,\cdots,b_m).$$

我们又有 Witt 余向量群 $CW(A)$. 它的元素是向量

$$\underline{a}=(a_{-n})_{n\in\mathbb{N}}=(\cdots,a_{-n},\cdots,a_{-1},a_0),$$

满足以下条件: $a_{-n}\in A$ ($\forall\, n\in\mathbb{N}$), 且存在 (依赖于 $\underline{a}$ 的) 整数 $r,s\geqslant 0$ 使得 $\mathfrak{a}^s=0$, 其中 $\mathfrak{a}$ 是由集合 $\{a_{-n}\mid n\geqslant r\}$ 所生成的 A 的理想. $CW(A)$ 中加法的定义如下: 设 $\underline{a}=(\cdots,a_{-n},\cdots,a_{-1},a_0)$ 和 $\underline{b}=(\cdots,b_{-n},\cdots,b_{-1},b_0)$ 为 $CW(A)$ 的元素, 记 $\underline{a}+\underline{b}=(\cdots,c_{-n},\cdots,c_{-1},c_0)$, 则

$$c_{-n}:=\lim_{m\to\infty}S_m(a_{-m-n},\cdots,a_{-1-n},a_{-n};b_{-m-n},\cdots,b_{-1-n},b_{-n}).$$

我们扩展 CW 的定义. 先定义 CW 预层. 设 X 为 S 概形. 取 $CW(X)$ 为所有满足以下条件的向量 $(a_{-n})_{n\in\mathbb{N}}$: $a_{-n}\in\Gamma(X,\mathscr{O}_X)$ ($\forall n$), 且对于任意 $x\in X$, 存在邻域 U_x 和整数 $r,s\geqslant 0$ 使得 $\mathfrak{a}^s|_{U_x}=0$, 其中 $\mathfrak{a}$ 是由集合 $\{a_{-n}\mid n\geqslant r\}$ 所生成的理想. 层化这个预层所得到的层仍记为 CW.

如果 G 是 S 群, 则以 $M(G)$ 记 $\mathrm{Hom}_S(G,CW)$, 并称 $M(G)$ 为 G 的 Dieudonné 模.

定理 3.4.8　*设 k 是完全域, $S = \operatorname{Spec} k$, G 是局部自由有限 S 群或是 Barsotti-Tate S 群, 则有同构 $M(G)^{\sigma} \cong \Gamma(S/\Sigma, \mathbb{D}(G))$.*

关于这方面的工作可以看 de Jong[93] 以及他在这方面的多篇文章, 如 [193].

第四章　对偶 Abel 概形

本章的主要内容是讨论 Abel 概形的 Picard 群, 利用它来定义 Abel 概形的对偶. 下章将证明双对偶定理. 由于我们所要处理的 Abel 概形是定义在任意概形 (不一定是域) 上的, 所以我们要克服若干技术困难, 以推广 [264] 中 §8 和 §13 的结果. 我们先要考虑可逆层的刚化以及除子对应. 我们知道, 由抽象的交换群所组成的范畴是 Abel 范畴的标准例子, 但是对于固定的概形 S, 由 S 上的交换群概形所组成的范畴不是 Abel 范畴. 因此我们不能用上同调这样的常见工具. 赋予 Grothendieck 拓扑的交换层范畴是 Abel 范畴. 我们将用此解决 Abel 概形的对偶问题. 关于 Picard 群的一些背景知识读者亦可以参考 [11] 第六章.

4.1　Picard 群

4.1.1　定义

设 X 为概形. 以 X 上的可逆层的同构类为元素的集合记为 $\operatorname{Pic} X$. 以张量积为乘法, 以 $\mathscr{O}_X$ 所在的同构类为恒等元, 对于可逆层 L, 以同态层 $\mathscr{H}om(L, \mathscr{O}_X)$ 所在的同构类为 L 所在的同构类 $[L]$ 的逆元 (即 $[L]^{-1}$), 则 $\operatorname{Pic} X$ 构成交换群, 称为 X 的 Picard 群.

4.1.2　定义的上同调解释

熟知乘性群函子

$$\mathbb{G}_{\mathrm{m}} : \mathfrak{Sch}/\mathbb{Z} \longrightarrow \mathfrak{Gr}$$
$$T \longmapsto \Gamma(T, \mathscr{O}_T^*)$$

是可表函子, 并由 $\operatorname{Spec}\mathbb{Z}[t, t^{-1}]$ 所表示 (t 为变元). 对于任一概形 T, 我们把 $\mathbb{G}_{\mathrm{m}}(T)$ 视为 $\mathscr{O}_T$ 模 $\mathscr{O}_T$ 的自同构群.

设 L 为 X 上的可逆层. 取 X 的开覆盖 $\{U_i\}$, 使得有 $\mathscr{O}_{U_i}$ 模同构

$$\varphi_i : L|_{U_i} \xrightarrow{\approx} \mathscr{O}_{U_i}.$$

于是 $\varphi_i \circ \varphi_j^{-1}$ 为 $\mathscr{O}_{U_i \cap U_j}$ 的自同构, 即 $\varphi_i \circ \varphi_j^{-1} \in \mathbb{G}_{\mathrm{m}}(U_i \cap U_j)$.

反之, 若有 $\theta_{i,j} \in \mathbb{G}_{\mathrm{m}}(U_i \cap U_j)$ 满足黏合条件:

$$\theta_{i,j} \circ \theta_{j,i} = 1, \qquad \theta_{i,k} = \theta_{i,j} \circ \theta_{j,k},$$

则可以把 $\mathscr{O}_{U_i}$ 和 $\mathscr{O}_{U_j}$ 沿 $U_i \cap U_j$ 黏合起来, 从而给出可逆层 L, 即是说, 若 $x \in U_i \cap U_j$, 我们用 $\theta_{i,j}:\ (\mathscr{O}_{U_j})_x \to (\mathscr{O}_{U_i})_x$ 把 $(\mathscr{O}_{U_j})_x$ 和 $(\mathscr{O}_{U_i})_x$ 等同起来 (见 [142] 0.3.3.1).

这里黏合的条件是：$\theta_{i,j}$ 是 Čech 上闭链. 由上面的讨论可知有同构

$$\mathrm{Pic}\, X \cong H^1_{\mathrm{Zar}}(X, \mathbb{G}_{\mathrm{m}}).$$

另一方面, 由 Grothendieck 拓扑结构的上同调群的定义, 亦有 $H^1_{\mathrm{Zar}}(X, \mathbb{G}_{\mathrm{m}}) = H^1(X, \mathscr{O}_X^*)$.

4.1.3 相对 Picard 函子

我们又可以这样看黏合条件：以 X' 记无交并 $\coprod_i U_i$, 则有自然态射 $p:\ X' \to X$, 即 $p|_{U_i}$ 是 $U_i \hookrightarrow X$. 显然 p 是 fpqc 态射. 由于 $U_i \times_X U_j = U_i \cap U_j$, 我们得到

$$X' \times_X X' = \coprod_{i,j} U_i \cap U_j \overset{p_1}{\underset{p_2}{\rightrightarrows}} X' \xrightarrow{\quad p \quad} X,$$

其中第一个因子的投射 p_1 是 $U_i \cap U_j \hookrightarrow U_i$, 而 p_2 是 $U_i \cap U_j \hookrightarrow U_j$. 这时

$$\theta_{i,j}:\ \mathscr{O}_{U_j}|_{U_i \cap U_j} \longrightarrow \mathscr{O}_{U_i}|_{U_i \cap U_j}$$

所满足的黏合条件就是它的下降资料 (参见 [11] §3.3).

在 [146] VIII, §1 中, Grothendieck 证明了这样的下降定理：设 $p:\ S' \to S$ 为忠实平坦拟紧态射, 则由 $\mathscr{F} \mapsto p^*\mathscr{F}$ 定义的函子是从 “拟凝聚 S 模” 至 “拟凝聚 S' 模和下降资料” 的范畴等价.

我们知道 $H^1_{\mathrm{fpqc}}(X, \mathbb{G}_{\mathrm{m}})$ 的任一元素定义 X 上的一个拟凝聚层 L, 并且 L 关于 fpqc 拓扑局部同构于 $\mathscr{O}_X$, 即有 fpqc 覆盖 $\{U_i \overset{\alpha_i}{\to} X\}$, 使得有同构 $\varphi_i:\ \alpha_i^* L \cong \alpha_i^* \mathscr{O}_X$. 如上面讨论的那样, α_i 给出 fpqc 态射 $p:\ X' := \coprod U_i \to X$. 此时 $\theta_{i,j} := \varphi_i \varphi_j^{-1}$ 必满足黏合条件. 而此黏合条件正是下降资料. 所以, 按 Grothendieck 的下降定理, L 是 X 上 (关于 Zariski 拓扑) 的可逆层, 即 L 决定了 $H^1_{\mathrm{Zar}}(X, \mathbb{G}_{\mathrm{m}})$ 中的一个元素. 这样我们有以下的自然单态射：

$$H^1_{\mathrm{Zar}}(X, \mathbb{G}_{\mathrm{m}}) \hookrightarrow H^1_{\text{ét}}(X, \mathbb{G}_{\mathrm{m}}) \hookrightarrow H^1_{\mathrm{fppf}}(X, \mathbb{G}_{\mathrm{m}}) \hookrightarrow H^1_{\mathrm{fpqc}}(X, \mathbb{G}_{\mathrm{m}}).$$

固定一个基概形 S. 对于给定的 S 概形 $X \overset{f}{\to} S$, 将小 fppf 位形 X_{fppf} 上的预层 $T \mapsto \mathrm{Pic}(X \times_S T) = H^1(X \times_S T, \mathbb{G}_{\mathrm{m}})$ 作层化, 得到的 X_{fppf} 上的 fppf 层记为 $\underline{\mathrm{Pic}}_{X/S}$, 称之为 ($X$ 在 S 上的) **相对 Picard 函子**. 通过高次直像的计算可知

$$\underline{\mathrm{Pic}}_{X/S} = R^1 f_{*\,\mathrm{fppf}}(\mathbb{G}_{\mathrm{m}}).$$

我们把 $\underline{\mathrm{Pic}}_{X/S}$ 的 S 值点, 即群 $\underline{\mathrm{Pic}}_{X/S}(S)$, 记为 $\mathrm{Pic}_S(X)$, 于是便得

$$\mathrm{Pic}_S(X) = H^0(S, R^1 f_{*\,\mathrm{fppf}}(\mathbb{G}_{\mathrm{m}})).$$

4.2　可逆层的刚化

4.2.1　记号

设 E 为 n 个元素组成的有限集, S 为概形, $f_i:\ X_i \to S\ (i \in E)$ 为 S 概形, $e_i:\ S \to X_i$ 为 X_i 在 S 上的截面. 设 $J \subset I \subset E$ 为 E 的子集. 我们引入以下记号 ($\emptyset$ 表示空集):

1) $X_I = \prod_{i\in I} X_i$, 以 X 记 X_E, $X_\emptyset$ 为 S.

2) $\pi^I_J:\ X_I \to X_J$ 为投射到 J 因子, 以 π_J 记 $\pi^E_J:\ X \to X_J$.

3) 由 $e_i\ (i \in I - J)$ 所决定的浸入记为 s^I_J:

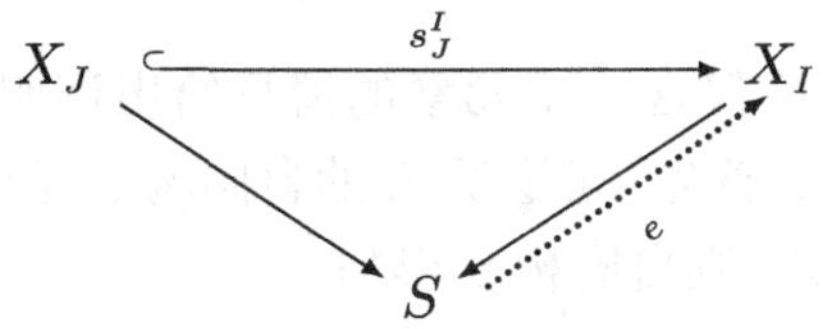

其中 $e = \prod_{i\in I-J} e_i$, 以 s_J 记 s^E_J, $s_\emptyset$ 为 $\prod_{i\in E} e_i$.

4) 以 P_J 记 $s_J \circ \pi_J:\ X \to X$. 易见 $P_J \circ P_J = P_J$.

4.2.2　刚化的定义

定义 4.2.1　设 L 为 X 上的可逆层. L (在 X 上) 相对于 $\{e_i\}$ 的**刚化** (rigidification) 是指以下的一组资料: 对于每个子集 $I \subsetneqq E$, 给定同构 $\alpha_I:\ \mathscr{O}_{X_I} \xrightarrow{\sim} s^*_I(L)$, 且这些同构满足相容性条件, 即对于任意的 $J \subset I \subsetneqq E$, 有 $(s^I_J)^*(\alpha_I) = \alpha_J$.

在 X 上相对于 $\{e_i \mid i \in E\}$ 的可刚化的可逆层的同构类组成 $\mathrm{Pic}\,X$ 的子群, 记为 $\mathrm{Pic}_{e_i, i\in E}\,X$.

当 E 只有一个元素时, S 概形 $f:\ X \to S$ 上的可逆层 L 的刚化是指同构 $\alpha:\ \mathscr{O}_S \xrightarrow{\sim} e^*(L)$. 如果 (L,α) 和 (M,β) 都是相对于 e 的可逆层的刚化, 则二者之间的同构是指可逆层的同构 $u:\ L \xrightarrow{\sim} M$, 使得 $e^*(u)\alpha = \beta$. 当 E 不只含一个元素时, 我们作如下的推广: $u:\ (L,\alpha) \xrightarrow{\sim} (M,\beta)$ 为同构是指同构 $u:\ L \xrightarrow{\sim} M$ 满足条件 $s^*_I(u)\alpha_I = \beta_I\ (\forall\, I \subsetneqq E)$.

4.2.3　泛有

定义 4.2.2　设 $f: X \to S$ 为 S 概形. 我们说**泛有** $f_*\mathscr{O}_X = \mathscr{O}_S$, 如果下面的两个条件成立: (1) 由 f 所决定的结构态射 $\mathscr{O}_S \to f_*(\mathscr{O}_X)$ 是同构, (2) $f_*(\mathscr{O}_X)$ 的"构造与换基交换"(formation commutes with base change), 即是说, 由任何卡氏图:

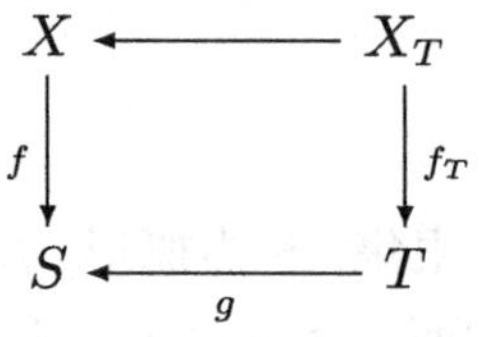

所决定的态射 $g^*f_*(\mathscr{O}_X) \to (f_T)_*(\mathscr{O}_{X_T})$ 为同构 (此卡氏图的含义即是 $X_T = X \times_S T$).

4.2.4　刚化可逆层的自同构群

命题 4.2.1　设 (L, α) 是刚化可逆层. 假设泛有 $(f_i)_*\mathscr{O}_{X_i} = \mathscr{O}_S$, 则 (L, α) 的自同构群只含有恒等元.

证明　我们只对于 E 仅含一个元素的情形给出证明 (其余的证明类似). 此时有同构 $\alpha: \mathscr{O}_S \to e^*L$. 首先, 可逆层 L 的自同构 u 是由乘 $b \in \Gamma(X, \mathscr{O}_X^*)$ 给出的, 即: 若 $U \subset X$ 为开集, 则自同构 u 形如

$$u:\ L(U) \longrightarrow L(U)$$
$$v \longmapsto bv.$$

于是 $e^*(u)$ 由 e^*b 所决定. 但刚化可逆层的自同构要求 $e^*(u) \cdot \alpha = \alpha$, 故必有 $e^*b = 1$. 由假设 $\mathscr{O}_S \to f_*(\mathscr{O}_X)$ 为同构, 即有同构 $\Gamma(S, \mathscr{O}_S^*) \to \Gamma(S, f_*(\mathscr{O}_X^*)) = \Gamma(X, \mathscr{O}_X^*)$. 于是存在 $a \in \Gamma(S, \mathscr{O}_S^*)$ 使得 $b = f^*(a)$. 这时有 $1 = e^*b = (fe)^*(a)$, 而 $fe = \mathrm{id}$, 于是 $a = 1$, 故 $b = 1$. □

设 $E = \{1,2\}$, 则有 $X = X_1 \times_S X_2$, 而 $s_1: X_1 \to X$ 是 $(e_2)_{X_1}$, 即由下图所决定的虚箭头所示的态射:

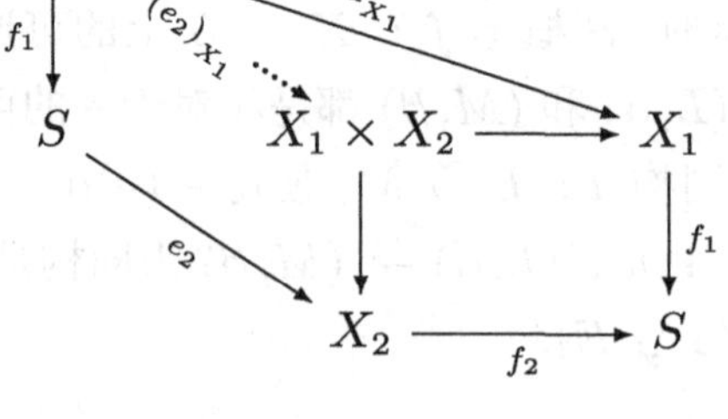

(在前面我们把上图简记为 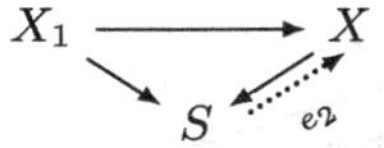

). 同样, $s_2: X_2 \to X$ 是 $(e_1)_{X_2}$, 而 $s_\emptyset = e_1 \times e_2$. $X_1 \times_S X_2$ 上的可逆层 L 的刚化是指同构 $\alpha_1: \mathscr{O}_{X_1} \xrightarrow{\sim} s_1^*L$, $\alpha_2: \mathscr{O}_{X_2} \xrightarrow{\sim} s_2^*L$ 及 $\alpha_\emptyset: \mathscr{O}_S \xrightarrow{\sim} s_\emptyset^*L$, 并且对于 $i = 1, 2$, 有 $(e_i)^*(\alpha_i) = \alpha_\emptyset$ (在这里, $s_\emptyset^i = e_i$). 于是 $\mathrm{Pic}_{e_1,e_2}(X_1 \times_S X_2)$ 即是 $\mathrm{Pic}(X_1 \times_S X_2)$ 的子群, 其元素为相对于 $\{e_1, e_2\}$ 刚化的可逆层同构类.

4.2.5 可刚化的充要条件

引理 4.2.2 设 L 是 X 上的可逆层. 对于 $I \subset E$, 将 $L \otimes P_I^*(L^{-1})$ 记为 $(1 - P_I)(L)$, 则以下等式成立:

(1) $s_I^*((1 - P_I)(L)) = \mathscr{O}_{X_I}$,

(2) $(1 - P_I) \circ (1 - P_J) = (1 - P_J) \circ (1 - P_I) = 1 - P_I - P_J + P_{I \cap J}$.

引理 4.2.3 设 E 有 n 个元素. 以 r 记 $\prod_I (1 - P_I)$, 其中 I 跑遍 E 的 $n-1$ 元子集, $\prod_I$ 表示算子的合成. 设 L 是 X 上的可逆层. 则有

(1) $r(L) = \bigotimes_{I \subset E} P_I^*(L^{(-1)^{n-\#I}})$ (其中 $\#I$ 表示 I 的元素个数), 并且 $r(L)$ 相对于 e_i $(i \in E)$ 为刚化的,

(2) $r \circ r = r$. 并且, 如果 L 相对于 e_i $(i \in E)$ 为刚化的, 则 $r(L) \cong L$.

设 F 是 E 的子集, 则有 E 的子集 I_j, $1 \leqslant j \leqslant n - \#F$, $\#I_j = n - 1$, 使得 $F = \bigcap_j I_j$.

设 $J \subseteq E$, $\#J \leqslant n - 1$. 又设 $I \subseteq E$, $\#I = n - 1$ 并且 $J \supseteq I$. 令

$$N = \prod_{\substack{K \subset E \\ \#K = n-1 \\ K \neq I}} (1 - P_K)L,$$

则 $r(L) = (1 - P_I)N$. 于是

$$s_J^* r(L) = (s_J^I)^* s_I^* (1 - P_I) N = (s_J^I)^* \mathscr{O}_{X_I} = \mathscr{O}_{X_J}.$$

这就是说 $r(L)$ 相对于 e_i 为刚化的.

引理 4.2.4 设 L 是 X 上的可逆层. 则 L 相对于 e_i $(i \in E)$ 可刚化的充分必要条件是: 若 $I \subset E$, $\#I = \#E - 1$, 则 $s_I^*(L) \cong \mathscr{O}_{X_I}$.

4.3 除子对应

4.3.1 除子对应函子

固定基概形 S. 设 X_1, X_2 为 S 概形. 由纤维积出发有态射 $(\pi_1)_T$ 如下:

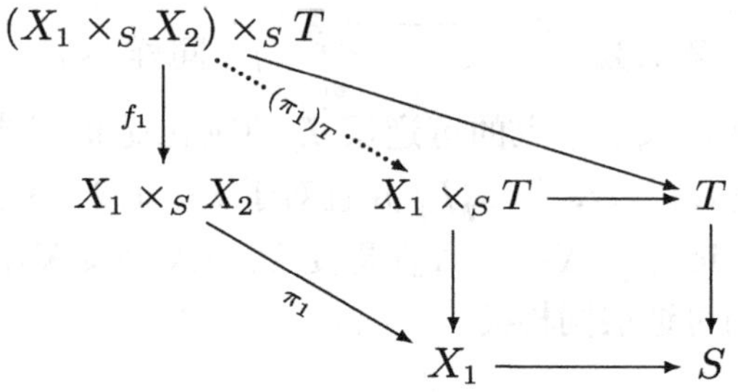

类似地有 $(\pi_2)_T$. 考虑以 T 为变元的函子 (即预层) 的态射:

$$\begin{aligned} \mathrm{Pic}\,(X_1\times_S T)\times \mathrm{Pic}\,(X_2\times_S T) &\longrightarrow \mathrm{Pic}\,(X_1\times_S X_2)\times_S T) \\ (L_1,L_2) &\longmapsto (\pi_1)_T^*(L_1)\otimes(\pi_2)_T^*(L_2). \end{aligned}$$

层化之后便得到典范同态:

$$\mathrm{can}:\ \underline{\mathrm{Pic}}_{X_1/S}\times\underline{\mathrm{Pic}}_{X_2/S}\longrightarrow\underline{\mathrm{Pic}}_{X_1\times_S X_2/S}.$$

此同态的 fppf 层余核记为 $\underline{\mathrm{Corr}}_{(X_1,X_2)/S}$, 即: $\underline{\mathrm{Corr}}_{(X_1,X_2)/S}$ 是把预层

$$T\longmapsto \mathrm{Pic}\,((X_1\times_S X_2)\times_S T)\ /\ \mathrm{Im}\,(\mathrm{Pic}\,(X_1\times_S T)\times\mathrm{Pic}\,(X_1\times_S T))$$

层化所得的 fppf 层. 以 $\mathrm{Corr}_S(X_1,X_2)$ 记 $\underline{\mathrm{Corr}}_{(X_1,X_2)/S}(S)$. 称 $\underline{\mathrm{Corr}}_{(X_1,X_2)/S}$ 为**除子对应函子** (divisorial correspondence functor). 由 $\underline{\mathrm{Corr}}_{(X_1,X_2)/S}$ 的定义知有 fppf 层正合序列:

$$\underline{\mathrm{Pic}}_{X_1/S}\times\underline{\mathrm{Pic}}_{X_2/S}\xrightarrow{\mathrm{can}}\underline{\mathrm{Pic}}_{X_1\times_S X_2/S}\longrightarrow\underline{\mathrm{Corr}}_{(X_1,X_2)/S}\longrightarrow 0.$$

我们将证明 $\mathrm{Corr}_S(X_1,X_2)$ 与层同态群同构. 详言之, 考虑满足下述条件的层同态 $\varphi:\ X_1\to\underline{\mathrm{Pic}}_{X_2/S}$: φ 把 X_1 的截面 e_1 映为 $\underline{\mathrm{Pic}}_{X_2/S}$ 的单位截面. 所有这样的 φ 组成的集合记为 $\mathrm{Hom}_{e_1}(X_1,\underline{\mathrm{Pic}}_{X_2/S})$. 我们将证明此集合 (构成的群) 与 $\mathrm{Corr}_S(X_1,X_2)$ 同构.

4.3.2　Picard 群的正合序列

命题 4.3.1　设 $f:\ X\to S$ 是拟紧分离态射, 并且满足 $f_*(\mathscr{O}_X)=\mathscr{O}_S$. 则

(1) 有正合序列

$$0\longrightarrow\mathrm{Pic}\,(S)\longrightarrow\mathrm{Pic}\,(X)\longrightarrow\mathrm{Pic}_S\,(X).$$

(2) 设 f 有截面 $e:\ S\to X$, 则有正合序列

$$0\longrightarrow\mathrm{Pic}\,(S)\longrightarrow\mathrm{Pic}\,(X)\longrightarrow\mathrm{Pic}_S\,(X)\longrightarrow 0,$$

并且态射 $\mathrm{Pic}_e\,(X)\hookrightarrow\mathrm{Pic}\,(X)\to\mathrm{Pic}_S\,(X)$ 的合成为同构, 此同构使得上面的正合序列分裂.

(3) 设 f 有截面 $e: S \to X$, 并且泛有 $f_*(\mathscr{O}_X) = \mathscr{O}_S$, 则对于任一 S 概形 T, 有

$$\mathrm{Pic}_T\,(X_T) = \mathrm{Pic}\,(X_T)\,/\,\mathrm{Pic}\,(T) = H^0(T,\ R^1_{\mathrm{Zar}}(f_T)_*(\mathscr{O}^*_{X_T})),$$

其中

$$\begin{array}{ccc} X_T = X \times_S T & \longrightarrow & X \\ \Big\downarrow{\scriptstyle f_T} & & \Big\downarrow{\scriptstyle f} \\ T & \longrightarrow & S \end{array}$$

证明 (1) 按 [145] 1.7.21, 由于 $f_*(\mathscr{O}_X) = \mathscr{O}_S$ 在平坦换基 $S' \to S$ 下不变, 故若在 S 上取小 fppf 位形, 则有 $f_*((\mathbb{G}_{\mathrm{m}})_X) = (\mathbb{G}_{\mathrm{m}})_S$. 应用 Leray 谱序列, 即有正合序列

$$\begin{aligned} 0 \longrightarrow H^1(S,\ \mathbb{G}_{\mathrm{m}}) \longrightarrow H^1(X,\ \mathbb{G}_{\mathrm{m}}) \longrightarrow H^0(S,\ R^1 f_{*,\ \mathrm{fppf}}\mathbb{G}_{\mathrm{m}}) \\ \longrightarrow H^2_{\mathrm{fppf}}(S,\ (\mathbb{G}_{\mathrm{m}})_S) \longrightarrow H^2_{\mathrm{fppf}}(X,\ (\mathbb{G}_{\mathrm{m}})_X). \end{aligned} \qquad (*)$$

换句话说, 即有正合序列

$$\begin{aligned} 0 \longrightarrow \mathrm{Pic}\,(S) \longrightarrow \mathrm{Pic}\,(X) \longrightarrow \mathrm{Pic}_S\,(X) \\ \longrightarrow H^2_{\mathrm{fppf}}(S,\ (\mathbb{G}_{\mathrm{m}})_S) \longrightarrow H^2_{\mathrm{fppf}}(X,\ (\mathbb{G}_{\mathrm{m}})_X). \end{aligned} \qquad (**)$$

于是 (1) 得证.

(2) 利用 f 的截面 e 容易构造态射 $H^2(S,\ (\mathbb{G}_{\mathrm{m}})_S) \to H^2(X,\ (\mathbb{G}_{\mathrm{m}})_X)$ 的左逆态射, 故此态射为单射. 由序列 $(**)$ 便得到正合序列

$$0 \longrightarrow \mathrm{Pic}\,(S) \longrightarrow \mathrm{Pic}\,(X) \longrightarrow \mathrm{Pic}_S\,(X) \longrightarrow 0.$$

设 L 为 X 上的可逆层. 由 $e^*(L \otimes f^*e^*(L^{-1})) = \mathscr{O}_S$ 知 $L \otimes f^*e^*(L^{-1})$ 为相对于 e 的刚化. 又 L 与 $L \otimes f^*e^*(L^{-1})$ 在 $\mathrm{Pic}_S\,(X)$ 中的像相同, 故二态射的合成 $\mathrm{Pic}_e\,(X) \hookrightarrow \mathrm{Pic}\,(X) \to \mathrm{Pic}_S\,(X)$ 为满射. 由 (1) 知此二态射的合成是单射, 于是 (2) 得证.

(3) 可由 (1) 和 (2) 推出. □

4.3.3 除子对应与 Picard 群的关系

命题 4.3.2 固定概形 S. 对于 $i = 1, 2$, 设态射 $f_i: X_i \to S$ 有截面 $e_i: S \to X_i$, 并且泛有 $(f_i)_*(\mathscr{O}_{X_i}) = \mathscr{O}_S$. 则

(1) 典范映射 $\mathrm{Pic}_S\,(X_1) \times \mathrm{Pic}_S\,(X_2) \xrightarrow{\mathrm{can}} \mathrm{Pic}_S\,(X_1 \times_S X_2)$ 为单射.

(2) 以下的两个典范同态 u, v 均为同构:

$$\mathrm{Pic}_{(e_1,e_2)}(X_1 \times_S X_2) \xrightarrow{u} \mathrm{Pic}_S(X_1 \times_S X_2) / \mathrm{Pic}_S(X_1) \times \mathrm{Pic}_S(X_2)$$
$$\xrightarrow{v} \mathrm{Corr}_S(X_1, X_2).$$

由此所得到的同构

$$\mathrm{Corr}_S(X_1, X_2) \xrightarrow{w} \mathrm{Pic}_{(e_1,e_2)}(X_1 \times_S X_2)$$

可以描述如下：设 $\mathscr{L} \in \mathrm{Corr}_S(X_1, X_2)$, $\mathscr{L}$ 决定的同构类 $[L] \in \mathrm{Pic}_S(X_1 \times_S X_2)$, 则 $w(\mathscr{L}) = [r(L)]$, 其中 r 是刚化映射, $r(L) = P_{12}^*(L) \otimes P_1^*(L^{-1}) \otimes P_2^*(L^{-1}) \otimes P_\emptyset^*(L)$.

(3) 存在以下典范同构：

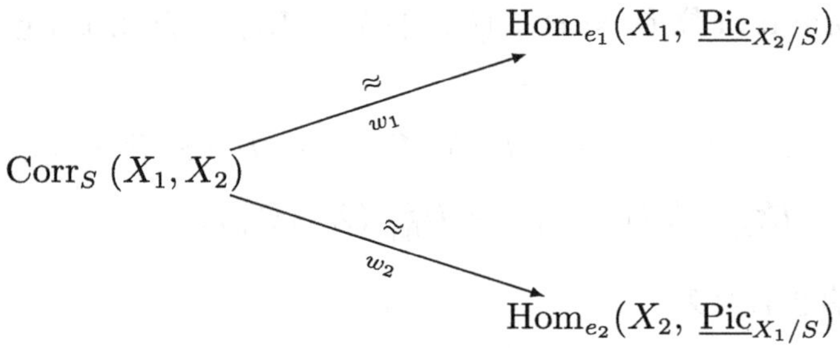

证明 由命题 4.3.1 知 $\mathrm{Pic}_S(X) = \mathrm{Pic}(X) / \mathrm{Pic}(S)$, 于是 (1) 为真. 亦知 u 为同构. 又知 $\underline{\mathrm{Pic}}_{X_2/S}(X_1)$ 等于 $X_1 \times_S X_2$ 上的所有可逆层 L 的等价类 (其中 L 满足 $s_1^*(L) \cong \mathscr{O}_{X_1}$, $s_1: X_1 \to X_1 \times_S X_2$ 看作 $X_1 \times_S X_2 \xrightarrow{\pi_1} X_1$ 的截面).

从另一角度来看, $\underline{\mathrm{Pic}}_{X_2/S}(X_1) = \mathrm{Hom}(X_1, \underline{\mathrm{Pic}}_{X_2/S})$. 而 $\varphi: X_1 \to \underline{\mathrm{Pic}}_{X_2/S}$ 作为层态射是函子态射, 即对于任一 S 概形 T, 有

$$\varphi_T: \mathrm{Hom}(T, X_1) = X_1(T) \longrightarrow \underline{\mathrm{Pic}}_{X_2/S}(T) = \mathrm{Pic}(X_2 \times_S T).$$

此时 Hom_{e_1} 的条件便是要求 $\varphi_S(e_1) = \mathscr{O}_{X_2}$. 如果 φ 对应于 $X_1 \times_S X_2$ 上的可逆层 L, 则这个条件就是 $s_2^*(L) \cong \mathscr{O}_{X_2}$:

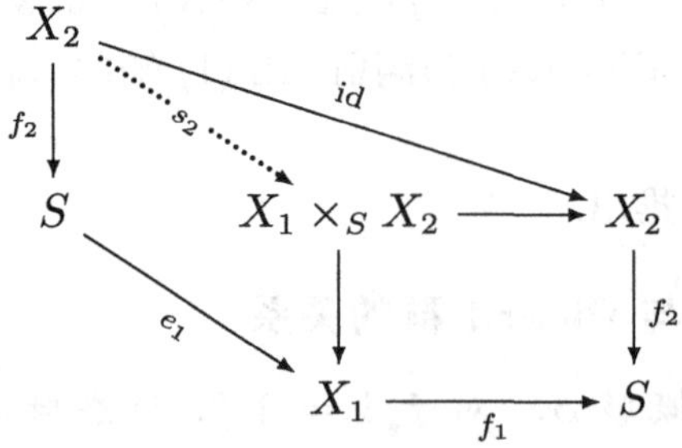

从上面的讨论以及 $\mathrm{Pic}_{(e_1,e_2)}$ 的定义我们得到典范态射：

$$\mathrm{Pic}_{(e_1,e_2)}(X_1 \times_S X_2) \longrightarrow \mathrm{Hom}_{e_1}(X_1, \underline{\mathrm{Pic}}_{X_2/S}).$$

此态射是同态, 其原因是：在 $X_1 \times_S X_2$ 上的可逆层对于 e_1, e_2 为刚化的充要条件是 $s_i^* L \cong \mathscr{O}_{X_i}$ $(i = 1, 2)$. 这个同构与换基相容, 于是我们得知以下两个函子作为 fppf 层同构：

$$T \longmapsto \mathrm{Pic}_{((e_1)_T, (e_2)_T)}((X_1 \times_S X_2)_T),$$

$$T \longmapsto \mathrm{Hom}_{(e_1)_T}((X_1)_T, \underline{\mathrm{Pic}}_{(X_2)_T/T}).$$

这意味着 v 及 w_1 为同构. 这就说明了 (2), (3) 为真. □

如果我们把 $\mathrm{Corr}_S\,(X_1, X_2)$ 的元素看作 $X_1 \times_S X_2$ 上的可逆层 L (加上刚化条件 $s_i^* L \cong \mathscr{O}_{X_i}$ $(i = 1, 2)$), 则 $r(L) \cong L$. 另外, 可以考虑 $r : \mathrm{Pic}_S\,(X_1 \times_S X_2) \to \mathrm{Pic}_{(e_1, e_2)}(X_1 \times_S X_2)$, 则有 $\mathrm{Ker}\, r = \mathrm{can}(\mathrm{Pic}_S\,(X_1) \times \mathrm{Pic}_S\,(X_2))$.

4.3.4 赋值准则

固定一个基概形 S. 我们把 S 概形范畴 $\mathfrak{Sch}/S$ 上的 fppf 层所组成的范畴记为 $(\mathscr{F}/S)_{\mathrm{fppf}}$. 如果我们把 S 概形 X 等同于 fppf 层： $\bullet \mapsto \mathrm{Hom}_S(\bullet, X)$, 则 $\mathfrak{Sch}/S$ 是 $(\mathscr{F}/S)_{\mathrm{fppf}}$ 的全子范畴.

我们说 "概形态射的性质 (P) 在基变换下不变" 是指：对于任一概形的纤维积

$$\begin{array}{ccc} T \times_Y X & \longrightarrow & X \\ {\scriptstyle f_T}\downarrow & & \downarrow{\scriptstyle f} \\ T & \longrightarrow & Y \end{array}$$

如果 f 有性质 (P), 则 f_T 亦有性质 (P).

例如, 态射的性质 "忠实平坦有限展示" 在基变换下不变 (参见 $[145]_1$ 1.6.2 (iii), $[145]_2$ 2.2.13 (i)).

设 F, G 是从 $\mathfrak{Sch}/S$ 到 $\mathfrak{Sets}$ 的反变函子, (P) 是一个在基变换下不变的概形态射的性质, $u : F \to G$ 是函子态射. 我们称 "u 有性质 (P)", 如果 u 满足以下条件：对于任意 S 概形 T 和 $\mathfrak{Sch}/S$ 上的函子态射 $v : T \to G$, 作函子纤维积

$$\begin{array}{ccc} T \times_G F & \longrightarrow & F \\ {\scriptstyle u_T}\downarrow & & \downarrow{\scriptstyle u} \\ T & \xrightarrow{\ v\ } & G \end{array}$$

则 $T \times_G F$ 必是概形, 并且 u_T 有性质 (P).

设有函子 $F : (\mathfrak{Sch}/S)^o \to \mathfrak{Sets}$. 我们称 F 是**形式非分歧的**(formally unramified), 如果对于任意的 $\mathscr{O}_S$ 代数 $\mathscr{A}$ 及 $\mathscr{A}$ 的理想 $\mathfrak{g}$ (满足 $\mathfrak{g}^2 = 0$), 皆有单射 $F(\mathrm{Spec}\,\mathscr{A}) \to F(\mathrm{Spec}(\mathscr{A}/\mathfrak{g}))$ (见 $[145]_4$ 17.1.2 (iii)).

我们说 F 满足**可分性赋值准则**(valuative criterion for separateness), 如果对于 S 上的任一离散赋值环 $\mathscr{A}$, $F(\operatorname{Spec}\mathscr{A}) \to F(\eta)$ 为单射 (η 为 $\operatorname{Spec}(\mathscr{A})$ 的一般点).

我们说 F 满足**固有性赋值准则**(valuative criterion for properness), 如果对于 S 上的任一离散赋值环 $\mathscr{A}$, $F(\operatorname{Spec}\mathscr{A}) \to F(\eta)$ 是同构 (η 为 $\operatorname{Spec}(\mathscr{A})$ 的一般点). (见 [143] 7.3.8, [145] 18.10.20).

4.3.5　除子对应函子的可表性

定理 4.3.3　*设 $f_i: X_i \to S$ $(i=1,2)$ 是固有平坦态射, 并且泛有 $(f_i)_*(\mathscr{O}_{X_i}) = \mathscr{O}_S$. 则函子 $\underline{\mathrm{Corr}}_{(X_1,X_2)/S}$ 可由 S 上的群概形 $\mathrm{Corr}_{(X_1,X_2)/S}$ 来表示, 进而言之, 此群概形在 S 上是局部有限生成、非分歧及可分的.*

这个定理可由 Grothendieck 的定理 (见 [270] Th. 1) 直接得出. 由 Grothendieck 的定理推导定理需要证明函子 $\underline{\mathrm{Corr}}_{(X_1,X_2)/S}$ 是形式非分歧的并且满足可分性赋值准则 (见 [307] Chap.III §4). 作为此定理的推论有: S 上的群概形 $\mathrm{Corr}_{(X_1,X_2)/S}$ 的单位截面 (identity section) 是既开又闭的浸入. 这个推论的一个重要结果是下面的 "立方定理 (theorem of the cube)".

4.3.6　立方定理

定理 4.3.4(立方定理)　*设优先集 E 含有至少三个元素. 设 $f_i: X_i \to S$ $(i \in E)$ 是固有平坦态射, 并且泛有 $(f_i)_*(\mathscr{O}_{X_i}) = \mathscr{O}_S$ 以及 f_i 有截面 $e_i: S \to X_i$. 则 $X = \prod_{i\in E} X_i$ 上相对于 e_i $(i \in E)$ 刚化的可逆层均与 $\mathscr{O}_X$ 同构. 换句话说,*

$$\mathrm{Pic}_{(e_i,\ i\in E)}(X) = 0.$$

证明　先考虑 $E=\{1,2,3\}$ 的情形. 记 $X = X_1 \times_S X_2 \times_S X_3$, $X_{i_1 i_2} = X_{i_1} \times_S X_{i_2}$ $(i_1, i_2 \in E)$. 以 C 记表示函子 $\underline{\mathrm{Corr}}_{(X_1,X_2)/S}$ 的 S 群概形.

设 L 为 X 上的可逆层, L 相对于 e_i $(i=1,2,3)$ 刚化. 我们需要证明 L 同构于 $\mathscr{O}_X$.

由 C 的定义, 有

$$\begin{aligned}\mathrm{Hom}_S(T, C) &= \underline{\mathrm{Corr}}_{(X_1,X_2)/S}(T) \\ &= \mathrm{Pic}\,(X_1 \times_S X_2 \times_S T) \,/\, \mathrm{Pic}\,(X_1 \times_S T) \otimes \mathrm{Pic}\,(X_2 \times_S T).\end{aligned}$$

所以 L 所在的同构类 (视为 $\mathrm{Pic}\,(X_1 \times_S X_2 \times_S X_3)$ 的元素) 决定了 $\mathrm{Hom}_S(X_3, C)$ 的一个元素, 记此元素为 $u: X_3 \to C$. 以 I 记 C 的单位截面. 根据 $\underline{\mathrm{Corr}}_{(X_1,X_2)/S}$ 可表性定理的推论, I 为 C 的既开又闭的子集. 以 Z 记 X_3 的既开又闭的子集 $u^{-1}(I)$.

以 $i: S \to C$ 记 S 群概形 C 的单位截面. 则 i 作为 $\underline{\mathrm{Corr}}_{(X_1,X_2)/S}(S) = \mathrm{Pic}_{(e_1,e_2)}(X_1 \times_S X_2)$ 的单位对应于 $\mathscr{O}_{X_1\times_S X_2}$ 所在的同构类. 另外, u 是 S 同态, u 对应于 X 上的可逆层 L, 于是 $S \xrightarrow{e_3} X_3 \xrightarrow{u} C$ 对应于 s_{12}^*L, 其中 s_{12} 由 e_3 所决定, 如下图所示:

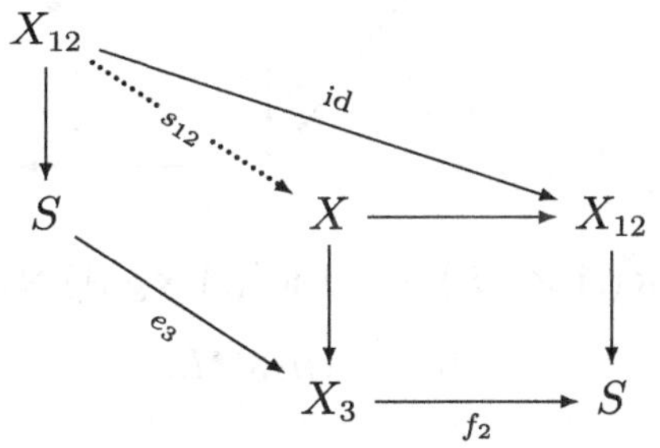

但从 L 相对于 e_i $(1 \leqslant i \leqslant 3)$ 是刚化的定义知 $s_{12}^*L \cong \mathscr{O}_{X_1\times_S X_2}$, 于是有 $ue_3(S) \subseteq i(S) = I$, 即有 $e_3(S) \subseteq Z$. 由 $f_3e_3 = \mathrm{id}_S$ 即知 $\forall\, s \in S$, $Z \cap f_3^{-1}(s) \neq \emptyset$.

从泛有 $(f_3)_*(\mathscr{O}_{X_3}) = \mathscr{O}_S$ 知: f_3 在任意 $s \in S$ 处的纤维 $f_3^{-1}(s)$ 是连通的. 由于 Z 既开又闭, 又有 $Z \cap f_3^{-1}(s) \neq \emptyset$, 故必有 $Z \cap f_3^{-1}(s) = f_3^{-1}(s)$. 即有 $Z \supseteq f_3^{-1}(S) = X_3$. 于是 $Z = X_3$. 即 u 分解为 $X_3 \to I \to C$ (I 为 C 的单位截面).

现在注意 u 属于

$$\mathrm{Hom}_S(X_3, C) = \mathrm{Pic}\,(X_1 \times_S X_2 \times_S X_3)\,/\,\mathrm{Pic}\,(X_1 \times_S X_3) \otimes \mathrm{Pic}\,(X_2 \times_S X_3).$$

所以对应于 u 的 L 应同构于 $\mathrm{Pic}\,(X_1 \times_S X_2 \times_S X_3)$ 的单位元 $\mathscr{O}_X \mod (s_{13}^*L \otimes s_{23}^*L)$. 但 L 是刚化的, 故有 $s_{13}^*L \cong \mathscr{O}_{X_{13}}$, $s_{23}^*L \cong \mathscr{O}_{X_{23}}$, 于是得到我们所要结论 $L \cong \mathscr{O}_X$.

若 E 有 n 个元素 $(n > 3)$, 我们以 $n-3$ 个 X_i 的积代替 S, 问题便归结为比较小的 n 的情形, 用归纳法即可证明本定理. □

4.4 对偶概形

4.4.1 对偶 Abel 概形

固定基概形 S. 设 A 为 Abel S 概形. 以 $m: A \times_S A \to A$ 记 A 的 “加法”. 设 T 为 S 概形, 则下图决定态射 m_T:

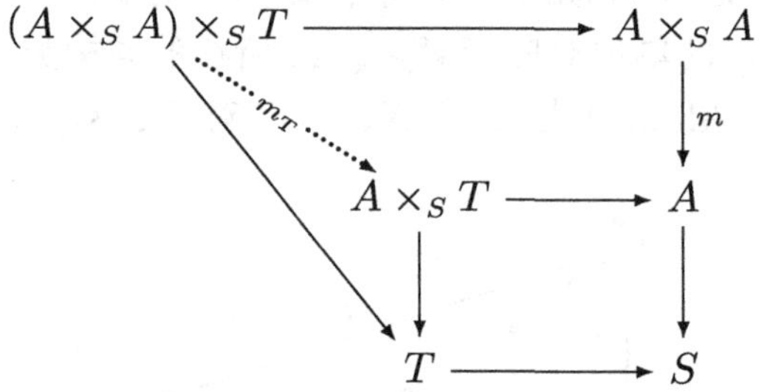

由此得到态射

$$\mathrm{Pic}(A\times_S T)\longrightarrow \mathrm{Pic}((A\times_S A)\times_S T)$$

$$L\longmapsto (m_T)^*L.$$

层化后便得态射

$$m^*:\ \underline{\mathrm{Pic}}_{A/S}\longrightarrow \underline{\mathrm{Pic}}_{A\times_S A/S}.$$

以 φ 记以下复合同态:

$$\underline{\mathrm{Pic}}_{A/S}\xrightarrow{m^*}\underline{\mathrm{Pic}}_{A\times_S A/S}\longrightarrow \underline{\mathrm{Corr}}_{(A,A)/S}.$$

以 $\underline{\mathrm{Pic}}^0_{A/S}$ 记 $\mathrm{Ker}(\varphi)$.

按 [31], Theorem 7.3, $\underline{\mathrm{Pic}}_{A/S}$ 可以用 S 上局部有限展示的代数空间来表示. 我们用 $\mathrm{Pic}_{A/S}$ 记这个代数空间, 则 $\mathrm{Pic}_{A/S}$ 有开子空间 $\mathrm{Pic}^0_{A/S}$ 表示 $\underline{\mathrm{Pic}}^0_{A/S}$. 可以证明 $\mathrm{Pic}^0_{A/S}$ 是 Abel 代数空间. 按 Raynaud 的定理 (见 [116] I, Theorem 1.9), 如果 $X\to S$ 是 Abel 代数空间, S 是概形, 则 $X\to S$ 是 Abel 概形. 所以 $\mathrm{Pic}^0_{A/S}$ 是 Abel 概形. 我们记此 Abel 概形为 $\hat{A}$ 或 A^t, 并称之为 A 的**对偶 Abel 概形** (dual abelian scheme). 对此我们作两点说明. 第一, 不同于 [259] 中所说的那样, 我们不假设 A/S 是射影概形. 事实上, 存在非射影的 Abel 概形 (见 [307] Chap.XIII 3.2 节). 第二, 如同 Mumford 一样, 我们引用了相当困难的 "可表性" 定理. 尽管如此, 我们还是可以直接从定义出发来研究 $\hat{A}$ 的很多初等性质.

按定义我们有

$$\underline{\mathrm{Pic}}^0_{A/S}(A\times_S T)=\mathrm{Hom}_S(T,\mathrm{Pic}^0_{A/S}),$$

或可写成

$$\underline{\mathrm{Pic}}^0_{A/S}(A\times_S A^t)=\mathrm{Hom}_S(A^t,A^t).$$

我们把对应于 $\mathrm{id}:\ A^t\to A^t$ 的 $A\times_S A^t$ 上的可逆层记作 $\mathscr{P}_A$, 并称之为 A 的 **Poincaré 层** (Poincaré sheaf). $\mathscr{P}_A$ 是沿着 $e\times_S A^t$ 和 $A^t\times_S e$ 刚化的.

为了避免混淆, 我们把上面一些记号的定义重复一下. $\mathrm{Pic}(X)$ 是 (抽象) 群, 由 X 上的可逆层的同构类所组成. $\underline{\mathrm{Pic}}_{X/S}$ 是 $\mathfrak{Sch}/S$ 上的 fppf 层. 群 $\mathrm{Pic}_S(X)$ 是指 $\underline{\mathrm{Pic}}_{X/S}(S)$. $\mathrm{Pic}_{X/S}$ 是指表示层 $\underline{\mathrm{Pic}}_{X/S}$ 的代数空间 (如果它存在的话).

4.4.2 Picard 函子到除子对应函子的态射

命题 4.4.1 设 $A \xrightarrow{p} S$ 为 Abel 概形, $m: A \times A \to A$ 为 A 的群运算, $e: S \to A$ 为 A 的单位截面, φ 为同态

$$\underline{\mathrm{Pic}}_{A/S} \xrightarrow{m^*} \underline{\mathrm{Pic}}_{A \times_S A/S} \xrightarrow{\mathrm{proj}} \underline{\mathrm{Corr}}_{(A,A)/S}.$$

又设 L 为 A 上的可逆层, φ 在 L 的取值记为 $\varphi(L)$.

(1) 把 $\underline{\mathrm{Corr}}_{(A,A)/S}(S) = \mathrm{Corr}_S(A, A)$ 与 $\mathrm{Pic}_{e,e}(A \times_S A)$ 等同, 则有

$$\varphi(L) = m^*(L) \otimes \pi_1^*(L^{-1}) \otimes \pi_2^*(L^{-1}) \otimes \pi_\emptyset^* e^*(L),$$

其中的态射由下图给出:

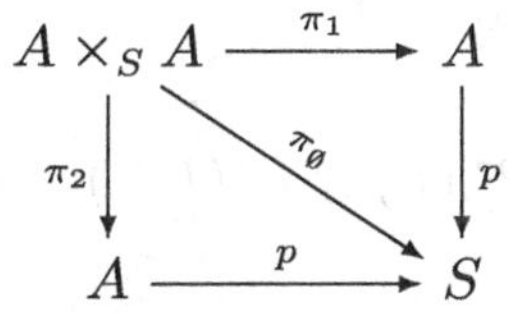

进而言之, 如果 L 相对于 e 是刚化的, 则有

$$\varphi(L) = m^*(L) \otimes \pi_1^*(L^{-1}) \otimes \pi_2^*(L^{-1}).$$

(2) 把 $\mathrm{Corr}_S(A, A)$ 与 $\mathrm{Hom}_{\mathrm{Gr}}(A, \underline{\mathrm{Pic}}_{A/S})$ 等同, 则 $\varphi(L)$ 对应于同态

$$\begin{aligned} \varphi_L:\ A &\longrightarrow \underline{\mathrm{Pic}}_{A/S} \\ a &\longmapsto [T_a^*(L) \otimes L^{-1}], \end{aligned}$$

其中 T_a 为

$$\begin{aligned} T_a:\ A &\longrightarrow A \\ x &\longmapsto x + a. \end{aligned}$$

以下将 $T_a^*(L)$ 记为 L_a. 若 $T \in \mathfrak{Sch}/S$ 和 $a \in A(T)$, 则

$$\varphi_L(a) \in \underline{\mathrm{Pic}}_{A/S}(T) = \mathrm{Pic}(A \times_S T).$$

(3) 下面的五个条件等价:

(i) $L = \mathscr{O}_A$,

(ii) $\varphi_L = 0$,

(iii) $m^*(L) \otimes \pi_1^*(L^{-1}) \otimes \pi_2^*(L^{-1}) \otimes \pi_\emptyset^* e^*(L) = \mathscr{O}_{A \times_S A}$,

(iv) L 在 $\underline{\mathrm{Pic}}_{A/S}$ 中的像在平移下不变,

(v) 对于任意 S 概形 T 和任意的 $a \in A(T)$, 存在 T 上的可逆层 M 和同构 $(L_T)a \otimes L_T^{-1} \cong (p_T)^*(M)$, 其中 L_T 为 X_T 上的可逆层, X_T 和 p_T 如下图所示:

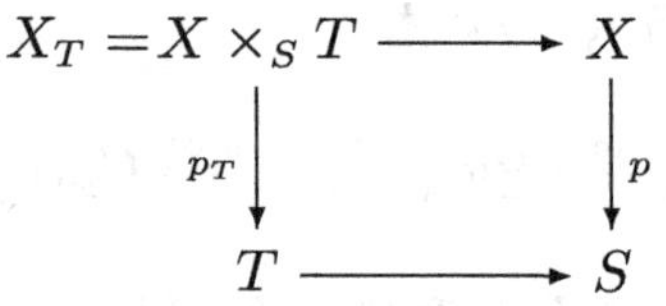

(4) $\mathrm{Ker}(\varphi)$ 是 $\underline{\mathrm{Pic}}_{A/S}$ 的既开又闭的子群.

(5) 态射 φ_L 分解为 $A \to \mathrm{Ker}(\varphi)(S) \to \mathrm{Pic}_{A/S}$, 即是说 $\varphi_L : A \to A^t$.

证明　(1) 由 $\mathrm{Corr}_S(A, A)$ 到 $\mathrm{Pic}_{(e,e)}(A \times_S A)$ 的同构是通过相对于 $E = \{1, 2\}$ 的刚化映射 $r(\mathscr{L})$ 定义的, 于是

$$r(\mathscr{L}) = r(L) = P_{12}^*(L) \otimes P_1^*(L^{-1}) \otimes P_2^*(L^{-1}) \otimes P_\emptyset^*(L),$$

而 $P_{12} = \mathrm{id}_{A \times_S A}$, $P_\emptyset = s_\emptyset \circ \pi_\emptyset$, $P_i = s_i \circ \pi_i$ $(i = 1, 2)$, 见下面的两个图:

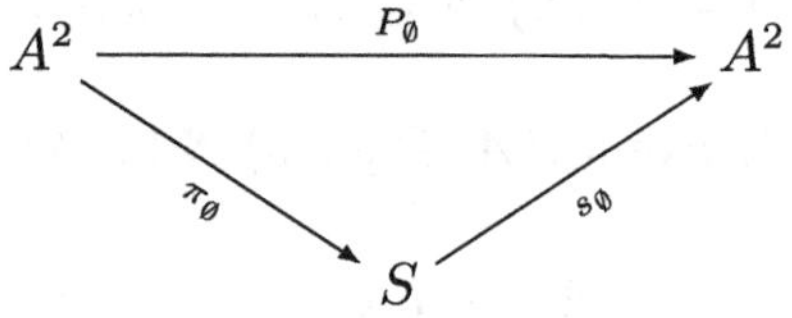

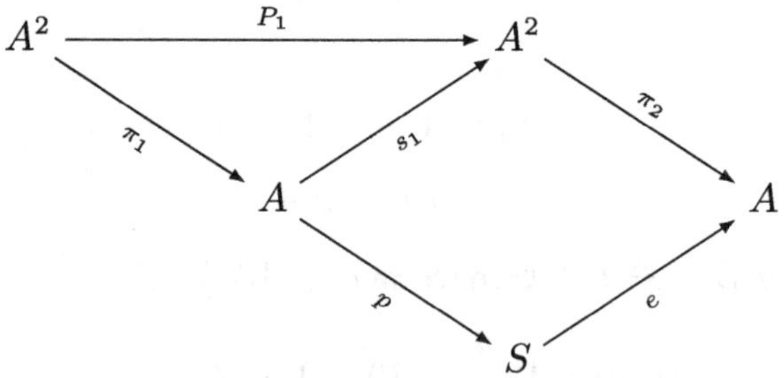

由于 $ms_1 = \mathrm{id}$ (即是 $a \mapsto (a, 0) \mapsto a + 0 = a$), 所以 $P_1^*(\mathscr{L}) = \pi_1^* s_1^* m^*(L) = \pi_1^*(L)$. 同样, $P_2^*(\mathscr{L}) = \pi_2^*(L)$. 又由于 $ms_\emptyset = e$ (即是 $0 + 0 = 0$), 所以 $P_\emptyset^*(\mathscr{L}) = \pi_\emptyset^* e^*(L)$. 综合以上计算就得出 $\varphi(L)$ 的公式.

(2) 可由 (1) 推出. 事实上, 同态 $\varphi_L : A \to \underline{\mathrm{Pic}}_{A/S}$ 是 $\underline{\mathrm{Pic}}_{A/S}(A)$ 的点, 这个点是指 $A \times_S A$ 上的可逆层 $M = m^*(L) \otimes \pi_1^*(L^{-1}) \otimes \pi_2^*(L^{-1})$. 设 $u : T \to A$ 为

S 态射. 考虑以下的卡氏图:

$$\begin{array}{ccccc} A_T & \xrightarrow{v} & A \times_S A & \xrightarrow{\pi_2} & A \\ {\scriptstyle p_T}\downarrow & & \downarrow{\scriptstyle \pi_1} & & \downarrow{\scriptstyle p} \\ T & \xrightarrow{u} & A & \xrightarrow{p} & S \end{array}$$

由同态 $(\varphi_L)_T: \operatorname{Hom}(T,\ A) = A(T) \to \underline{\operatorname{Pic}}_{A/S}(T) = \operatorname{Pic}_T A_T$ 得出的 $(\varphi_L)_T(u)$ 是可逆层

$$v^*(M) = (L_T)_u \otimes p_T^* u^*(L^{-1}) \otimes L_T^{-1},$$

它在 $\operatorname{Pic}_T(A_T) = \operatorname{Pic}(A_T) \,/\, \operatorname{Pic}(T)$ 中等于 $(L_T)_u \otimes L_T^{-1}$.

(3) 由上面证明的 (1) 知 (i) 与 (iii) 等价; 由上面证明的 (2) 知 (i), (ii), (iv) 等价; (iv) 与 (v) 显然等价.

(4) 成立的原因是: $\underline{\operatorname{Corr}}_{A,A)/S}$ 的单位截面是既开又闭的浸入.

(5) 是 (4) 的推论. □

4.4.3 极化

按命题 4.4.1, 设 $A \to S$ 是 Abel 概形, $A^t \to S$ 是 A 的对偶 Abel 概形, L 是 A 的可逆层, 则有同态 $\varphi_L: A \to A^t$. 我们引入以下重要的定义.

定义 4.4.1 设 $A \to S$ 是 Abel 概形. A 的**极化** (polarization) 是指一个 S 同态 $\lambda: A \to A^t$, 使得对于 S 的任一几何点 $\bar{s}$, 存在 $A_{\bar{s}}$ 上的丰沛可逆层 (ample invertible sheaf), 使得 $\varphi_{L_{\bar{s}}} = \lambda_{\bar{s}}: A_{\bar{s}} \to A_{\bar{s}}^t$. 若 λ 是同构, 则称 λ 为**主极化** (principal polarization).

4.4.4 小结

我们总结一下以上的讨论, 设 S 为概形, A 为 S 上的 Abel 概形. 设 L 为 A 上相对于单位 e 刚化的可逆层. 以 A^t 记 A 的对偶 Abel S 概形. 则 L 自然决定同态

$$\varphi_L\ : A \longrightarrow A^t,$$

使得对于任意的 $x \in A$, $\varphi_L(x)$ 等于 A 上由 $T_x^* L \otimes L^{-1}$ 所决定的可逆层同构类, 其中

$$T_x:\ A \longrightarrow A$$
$$a \longmapsto ax.$$

我们常以 $K(L)$ 记 φ_L 的核 $\operatorname{Ker}\varphi_L$. 它是 A 的闭子群概形 (比较 [264] §6, p.60, §13, p.131).

4.4.5　Θ 群

设 A 为 Abel S 概形, L 为 A 上的相对丰沛可逆层. 对于 S 概形 $f: T \to S$, 以 A_T 记 $A \times_S T$ (换基), 即有

$$\begin{array}{ccc} A_T = A \times_S T & \xrightarrow{\tilde{f}} & A \\ \downarrow{\scriptstyle \pi_T} & & \downarrow{\scriptstyle \pi} \\ T & \xrightarrow{f} & S \end{array}$$

任一截面 $\alpha: T \to A_T$ 决定一个平移 $T_\alpha: A_T \to A_T$. 对于 α 我们要求有 T 上的可逆层 M, 使得

$$T_\alpha^* \tilde{f}^* L \cong \tilde{f}^* L \otimes \pi_T^* M.$$

这样的 α 组成一个群, 记之为 $\mathscr{K}(L)(T)$. 易证 $\mathscr{K}(L): \mathfrak{Sch}/S \to \mathfrak{Gr}$ 是一个群函子. 显然 $\mathscr{K}(L)$ 是同态 $\varphi_L: A \to A^t$ 的核. 由引理 1.2.4 知 φ_L 是平坦的. 当 S 是域时, 即 A 是 Abel 簇, 则 $\mathscr{K}(L)$ 是有限群, φ_L 是同源 (见 [264] p.66, 77, 124). 即我们现在的同态 φ_L 是拟有限的、固有的, 于是得知 φ_L 是有限展示、有限平坦态射, 所以 φ_L 的核 $\mathscr{K}(L)$ 是 S 上的有限平坦群概形.

另一方面我们引入偶对 (α, φ), 其中 $\alpha: T \to A_T$ 为 $\mathscr{K}(L)(T)$ 内满足以下条件的元:

$$T_\alpha^*(\tilde{f}^* L) \cong \tilde{f}^* L,$$

而 $\varphi: \tilde{f}^* L \to T_\alpha^*(\tilde{f}^* L)$ 是同构. 所有这样的偶对 (α, φ) 组成一个群, 记为 $\mathscr{G}(L)(T)$. 于是便得到群函子 $T \mapsto \mathscr{G}(L)(T)$. 这个群的运算如下所述: 设 (α, φ),(β, ψ) 为 $\mathscr{G}(L)(T)$ 的元, 则从

$$\tilde{f}^* L \xrightarrow{\varphi} T_\alpha^*(\tilde{f}^* L) \xrightarrow{T_\alpha^* \psi} T_\alpha^*(T_\beta^*(\tilde{f}^* L)) = T_{\alpha+\beta}^*(\tilde{f}^* L)$$

得到的合成 $T_\alpha^* \psi \circ \varphi$ 为同构, 因此我们可以定义

$$(\beta, \psi) \circ (\alpha, \varphi) = (\alpha + \beta, T_\alpha^* \psi \circ \varphi).$$

现取 $\mathscr{K}(L)(T)$ 的任一元 $\alpha: T \to A_T$. 令

$$M = \pi_{T*}(T_\alpha^*(\tilde{f}^* L) \otimes (\tilde{f}^* L)^{-1}).$$

则有

$$T_\alpha^*(\tilde{f}^* L) \cong (\tilde{f}^* L) \otimes \pi_T^* M.$$

以 $M^{\times}$ 记 M 的非零截面 ($M^{\times}$ 为 $\mathbb{G}_{\mathrm{m}}$ 的扭子群). 此时用 $M^{\times}$ 的元作乘法定义了从 $\tilde{f}^*L$ 到 $T^*_{\alpha}(\tilde{f}^*L)$ 的同构. 我们可以证明函子 $T \mapsto \mathscr{G}(L)(T)$ 是由 S 上的有限展示平坦群概形 $\mathscr{G}(L)$ 所表示的, 并且有群概形正合序列

$$0 \longrightarrow \mathbb{G}_{\mathrm{m},S} \longrightarrow \mathscr{G}(L) \longrightarrow \mathscr{K}(L) \longrightarrow 0.$$

(见 [264] §23, Thm 1, p.225.) 我们称 $\mathscr{G}(L)$ 为 Θ **群** (Θ-group). 这个群是 Mumford 构造出来的, 用以代替 Θ 函数.(见 [264] §23 及 [261].)

第五章　群　扩　张

本章介绍群扩张 (这不同于域扩张) 和 Mumford 的双扩张理论, 除了证明 Abel 概形的双对偶定理之外, 我们还讨论挠子, 双挠子和立方结构.

5.1　扩张和双扩张

我们在本节先介绍抽象群的扩张和双扩张的概念. 这时因为没有概形的结构, 所以是比较简单的.

5.1.1　群扩张的基本概念

在同调代数我们学过函子 Ext 作为函子 Hom 的右导函子. 我们这里作为复习讲 Ext^1 的体现.

设 T 和 A 为交换群. 从 T 得 A 的**扩张** ξ (extension of A by T) 是指一个正合序列

$$\xi: \quad 0 \longrightarrow T \xrightarrow{i} E \xrightarrow{\pi} A \longrightarrow 0.$$

假如不设 A 是交换群, 并要求 T 在群 E 的中心, 则我们说 ξ 是**中心扩张** (central extension).

我们说两个扩张 ξ, ξ' 是等价的, 如果有交换图:

$$\begin{array}{cccccccccc}
\xi: & 0 & \longrightarrow & T & \longrightarrow & E & \longrightarrow & A & \longrightarrow & 0 \\
 & & & \| & & \downarrow{\cong} & & \| & & \\
\xi': & 0 & \longrightarrow & T & \longrightarrow & E' & \longrightarrow & A & \longrightarrow & 0
\end{array}$$

我们称 ξ 为**分裂扩张** (split extension), 如果 ξ 等价于 $0 \to T \xrightarrow{(0,1)} A \oplus T \to A \to 0$.

设有

$$\xi: \quad 0 \longrightarrow T \longrightarrow E \xrightarrow{\pi} A \longrightarrow 0$$

和

$$\xi': \quad 0 \longrightarrow T \longrightarrow E' \xrightarrow{\pi'} A \longrightarrow 0,$$

取

$$E \times_A E' = \{(e, e') \in E \times E' \mid \pi e = \pi' e'\},$$

即有交换图：

$$\begin{array}{ccc} E\times_A E' & \longrightarrow & E' \\ \downarrow & & \downarrow{\scriptstyle \pi'} \\ E & \xrightarrow{\ \pi\ } & A \end{array}$$

在 $E\times_A E'$ 有子群：$T\times 0,\ 0\times T,\ \nabla_T$. 其中 $\nabla_T=\{(-t,t)\mid t\in T\}$ 为 T 的斜对角. 在 $E\times_A E'/\nabla_T$ 中, $T\times 0$ 与 $0\times T$ 等同. 由于

$$E\times_A E'/0\times T\cong(E\times_A E'/\nabla_T)/((0\times T)\nabla_T/\nabla_T)$$

和 $E'/T\cong A$, 我们得正合序列

$$\eta:\quad 0\longrightarrow T\longrightarrow E\times_A E'/\nabla_T\longrightarrow A\longrightarrow 0.$$

我们称 η 的等价类为扩张 ξ 和 ξ' 的等价类的 Baer 和.

5.1.2 两个记号

函子 Ext 作为 Hom 的右导函子有以下两个性质：(1) 如果 P 为 $\mathbb{Z}$ 投射模, 则对 $i>0$ 有 $\mathrm{Ext}^i(P,T)=0$. (2) 对任意交换群 A,T 和 $i\geqslant 2$, $\mathrm{Ext}^i(A,T)=0$.

现设有用 T 得到的 A 的扩张

$$\xi:\ 0\longrightarrow T\longrightarrow E\longrightarrow A\longrightarrow 0.$$

因为 Ext 是 Hom 的导函子, 从正合序列 ξ 用连接同态 ∂ 得长正合序列, 其中一部分为

$$\mathrm{Hom}(E,T)\longrightarrow\mathrm{Hom}(T,T)\xrightarrow{\ \partial\ }\mathrm{Ext}^1(A,T),$$

以 $\Theta(\xi)$ 记 $\partial(\mathrm{id})\in\mathrm{Ext}^1(A,T)$.

用 T 得 A 的所有扩张的等价类所组成的集合, 暂时记作 $\mathscr{E}(A,T)$.

5.1.3 群扩张与 Ext

定理 5.1.1 设 A,T 为交换群.

(1) $\Theta:\mathscr{E}(A,T)\to\mathrm{Ext}^1(A,T)$ 为双射.

(2) 以 η 记 ξ,ξ' 的 Baer 和, 则有

$$\Theta(\eta)=\Theta(\xi)+\Theta(\xi').$$

(3) Θ 把分裂扩张映射为 $0\in\mathrm{Ext}^1(A,T)$.

证明　(1) 固定正合序列

$$0 \longrightarrow M \xrightarrow{j} P \longrightarrow A \longrightarrow 0,$$

其中 P 为投射 $\mathbb{Z}$ 模. 对函子 $\mathrm{Hom}(-,T)$ 取右导函子而得长正合序列

$$\mathrm{Hom}(P,T) \longrightarrow \mathrm{Hom}(M,T) \xrightarrow{\partial} \mathrm{Ext}^1(A,T) \longrightarrow \mathrm{Ext}^1(P,T) = 0.$$

即 ∂ 为满射. 对任意 $x \in \mathrm{Ext}^1(A,T)$, 存在 $\tau \in \mathrm{Hom}(M,T)$, 使得 $\partial(\tau) = x$. 取 E 为同态

$$\begin{aligned} M &\longrightarrow P \oplus T \\ m &\longmapsto (j(m), -\tau(m)) \end{aligned}$$

的余核, 则有交换图:

$$\begin{array}{cccccccccc} & 0 & \longrightarrow & M & \xrightarrow{j} & P & \longrightarrow & A & \longrightarrow & 0 \\ & & & \downarrow{\scriptstyle \tau} & & \downarrow{\scriptstyle \delta} & & \| & & \\ \xi: & 0 & \longrightarrow & T & \xrightarrow{i} & E & \longrightarrow & A & \longrightarrow & 0 \end{array}$$

其中 $E \to A$ 是这样决定的：因为 E 是 j, τ 的推出 (push-out), 故有交换图:

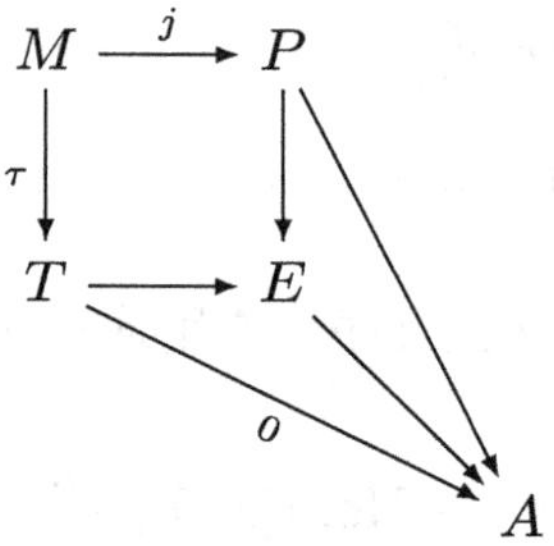

从两个正合序列的交换图我们得出 (∂ 的自然性):

$$\begin{array}{ccccccc} \mathrm{Hom}(P,T) & \longrightarrow & \mathrm{Hom}(M,T) & \xrightarrow{\partial} & \mathrm{Ext}^1(A,T) & \longrightarrow & 0 \\ \uparrow & & \uparrow & & \| & & \\ \mathrm{Hom}(E,T) & \longrightarrow & \mathrm{Hom}(T,T) & \longrightarrow & \mathrm{Ext}^1(A,T) & & \end{array}$$

所以得见 $\Theta(\xi) = \partial(\mathrm{id}_T) = x$. 如此得证 Θ 为满射. 补充一点：如果另有 $\tau' \in \mathrm{Hom}(M,T)$, 满足 $\partial(\tau') = x$, 则有 $f \in \mathrm{Hom}(P,T)$ 使得 $\tau' = \tau + fj$. 现取 E' 为 j 和 τ' 的的推出, 则由同态 $\tau : T \to E$ 和 $\delta + if : P \to E$ 所诱导出的同态 $E' \to E$ 为同构 (E 及 E' 均为推出). 并且用这同构便得 ξ 与 ξ' 等价. 即是说：从 $x \in \mathrm{Ext}^1(A,T)$ 出发, 可得到等价类 $[\xi]$. 以 $\psi : x \mapsto [\xi]$ 记这个映射.

现从正合序列 $\xi: 0 \to T \to E \to A \to 0$ 出发, 加上前面固定的 $0 \to M \xrightarrow{j} P \to A \to 0$. 由于 P 是 $\mathbb{Z}$ 投射的:

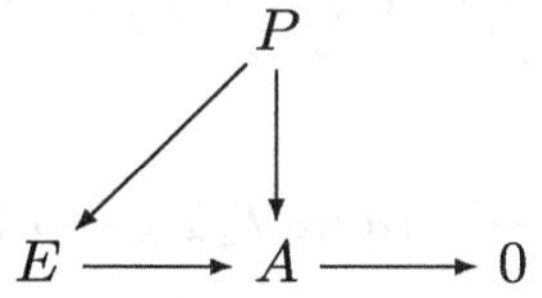

所以存在 $\tau: P \to E$ 使得下图交换:

$$\begin{array}{cccccccccc} & 0 & \longrightarrow & M & \xrightarrow{j} & P & \longrightarrow & A & \longrightarrow & 0 \\ & & & \downarrow{\scriptstyle\gamma} & & \downarrow{\scriptstyle\tau} & & \| & & \\ \xi: & 0 & \longrightarrow & T & \longrightarrow & E & \longrightarrow & A & \longrightarrow & 0 \end{array}$$

现可证这个 E 是 j, γ 的推出, 所以 $\psi(\Theta(\xi)) = \xi$. 这便证明了 Θ 是单射.

(2) 现设又有

$$\begin{array}{cccccccccc} & 0 & \longrightarrow & M & \xrightarrow{j} & P & \longrightarrow & A & \longrightarrow & 0 \\ & & & \downarrow{\scriptstyle\gamma'} & & \downarrow{\scriptstyle\tau'} & & \| & & \\ \xi': & 0 & \longrightarrow & T & \longrightarrow & E' & \longrightarrow & A & \longrightarrow & 0 \end{array}$$

则从 $\tau: P \to E$ 和 $\tau': P \to E'$ 诱导出 $\tau'': P \to E \times_A E'$ 和 $\overline{\tau}: P \to E \times_A E'/\nabla_T$, 其中 $\overline{\tau}$ 限制至 M 是由 $\gamma + \gamma': M \to T$ 所诱导. 我们有图:

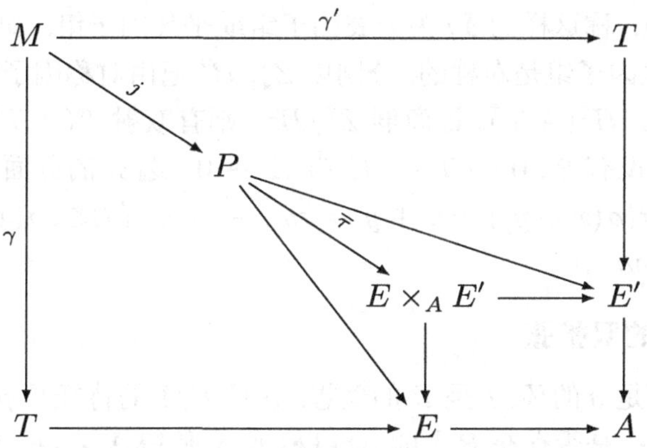

所以

$$\begin{array}{cccccccccc} & 0 & \longrightarrow & M & \longrightarrow & P & \longrightarrow & A & \longrightarrow & 0 \\ & & & \downarrow{\scriptstyle\gamma+\gamma'} & & \downarrow{\scriptstyle\overline{\tau}} & & \| & & \\ \eta: & 0 & \longrightarrow & T & \longrightarrow & E \times_A E'/\nabla_T & \longrightarrow & A & \longrightarrow & 0 \end{array}$$

是交换图，于是 $\Theta(\eta) = \partial(\gamma + \gamma')$，其中有同态 $\partial : \mathrm{Hom}(M, T) \to \mathrm{Ext}^1(A, T)$. 由 $\partial(\gamma + \gamma') = \partial(\gamma) + \partial(\gamma') = \Theta(\xi) + \Theta(\xi')$.

(3) 可由以下事实推出：如果 $\mathrm{Ext}^1(A, T) = 0$，则用 T 得 A 的扩张均分裂. 从正合序列 ξ 得正合序列

$$\mathrm{Hom}(E, T) \xrightarrow{\alpha} \mathrm{Hom}(T, T) \longrightarrow \mathrm{Ext}^1(A, T).$$

由假设 $\mathrm{Ext}^1(A, T) = 0$，得 α 为满射. 于是有 $\sigma \in \mathrm{Hom}(E, T)$ 使 $\alpha(\sigma) = \mathrm{id}_T$，即 $i\sigma = \mathrm{id}_T$，即 σ 为 $E \to A$ 的截面. 所以 $E \cong A \oplus T$，即 ξ 为分裂扩张. □

5.1.4 一点说明

可以把 Ext^n 的定义推广至没有足够投射对象或内射对象的 Abel 范畴. 见：[296].

5.1.5 群扩张与上同调

设 A, T 为交换群. 一个**因子组** (factor system or 2-cocycle) 是指满足以下等式的映射 $F : A \times A \to T$:

$$f(x + y, z) + f(x, y) = f(x, y + z) + f(y, z) \qquad (x, y, z \in A).$$

设有映射 $g : A \to T$，考虑

$$\delta g(x, y) = g(x + y) - g(x) - g(y),$$

则 δg 是个因子组. 称这样的 δg 为分裂因子组或平凡因子组. 如果满足 $f(x, y) = f(y, x)$，则我们说因子组是对称的，分别以 Z_s^2，B^2 记由对称因子组，分裂因子组所生成的交换群. 以 $H^2(A, T)_s$ 记商群 Z_s^2/B^2. 则有双射 $\mathscr{E}(A, T) \longleftrightarrow H^2(A, T)_s$ ([69], XIV §4). 设有 $\xi : 0 \to T \to E \xrightarrow{\pi} A \to 0$. 选 π 的截面 $\sigma : A \to E$ 使得 $\sigma(1) = 1$. 于是 $\pi(\sigma(x + y)) = x + y = \pi\sigma x + \pi\sigma y$. 故此 $\delta\sigma(x, y) \in T$. 这样我们可以把 ξ 映作 $\delta\sigma$.

5.1.6 群的双扩张

设 R 为特征是 0 的环，I 是 R 的理想，并且 R/I 的特征是 p. 设 $\overline{X}$ 为 R/I 上的 Abel 概形. 问：是否存在 R 上的 Abel 概形 X 使得 $X \times_R R/I = \overline{X}$. Mumford 在解决这个问题时发现这样的一种结构：设 X 是定义在代数封闭域 k 上的 Abel 簇，X^t 是 X 的对偶簇，P 是 $X \times_k X^t$ 上的 Poincaré 线丛，则 $P(k)$ 是从 $k^\times$ 得 $X(k) \times X^t(k)$ 的双扩张 (见 [262]). Mumford 利用双扩张这个概念来说清楚一个 Abel 概形的形式群和它的对偶 Abel 概形的形式群之间的关系.

设 P, Q, G 为交换群, 从 G 得 (P, Q) 的**双扩张** (bi-extension of (P, Q) by G) 是指一个装上以下结构的集合 E:

(1) G 自由的作用在 E 上.

(2) 有满映射 $\pi : E \to P \times Q$ 诱导出从轨迹集合 $E/G \to P \times Q$ 的双射.

(3) 有映射 $+_1 : E \times_P E \to E$, $+_2 : E \times_Q E \to E$, 其中

$$E \times_P E = \{(x_1, x_2) \mid \mathrm{pr}_1 \pi x_1 = \mathrm{pr}_1 \pi x_2\},$$

$$E \times_Q E = \{(x_1, x_2) \mid \mathrm{pr}_2 \pi x_1 = \mathrm{pr}_2 \pi x_2\},$$

并且满足以下条件:

(i) 对任一 $p \in P$, 设 $E_p^1 = \pi^{-1}(p \times Q)$, 则 $(E_p^1, +_1)$ 为交换群, π 定义 $E_p^1 \xrightarrow{\pi_p} Q$ 的群同态, G 在 E_p^1 上作用并与 $\mathrm{Ker}\ \pi_p$ 同构.

(ii) 对任一 $q \in Q$, 设 $E_q^2 = \pi^{-1}(P \times q)$, 则 $(E_q^2, +_2)$ 为交换群, π 定义 $E_q^2 \xrightarrow{\pi_q} P$ 的群同态, G 在 E_q^2 上作用并与 $\mathrm{Ker}\ \pi_q$ 同构.

(iii) 设有 $x, y, u, v \in E$ 使得

$$\pi(x) = (p_1, q_1), \qquad \pi(y) = (p_1, q_2),$$

$$\pi(u) = (p_2, q_1), \qquad \pi(v) = (p_2, q_2),$$

则

$$(x +_1 y) +_2 (u +_1 v) = (x +_2 u) +_1 (y +_2 v).$$

5.1.7 双扩张与上同调

取 π 的 (集合) 截面 s, 即有 $E \underset{\pi}{\overset{s}{\rightleftarrows}} P \times Q$, $\pi s = \mathrm{id}_{P \times Q}$. 利用 s 和 G 在 E 上的作用, 我们得同构

$$E \cong G \times P \times Q,$$

使得 G 在 E 上的作用对应于 $g \cdot (g_1, p, q) = (g + g_1, p, q)$. 这时在 E 中的 $+_1, +_2$ 便对应于

$$(g, p, q) +_1 (g', p, q') = (g + g' + \varphi(p, q, q'), p, q + q'),$$

$$(g, p, q) +_2 (g', p', q) = (g + g' + \psi(p, p', q), p + p', q).$$

为了保证 $(E_p^1, +_1)$ 是交换群, 我们必须有:

(1) $\varphi(p, q + q', q'') + \varphi(p, q, q') = \varphi(p, q, q' + q'') + \varphi(p, q', q'')$ (群的结合律), $\varphi(p, q, q') = \varphi(p, q', q)$ (群的运算是交换的).

同样亦有必要:

(2) $\psi(p + p', p'', q) + \psi(p, p', q) = \psi(p, p' + p'', q) + \psi(p', p'', q)$, $\psi(p, p', q) = \psi(p', p, q)$.

最后 φ, ψ 还需要满足条件：

(3) $\varphi(p+p',q,q') - \varphi(p,q,q') - \varphi(p',q,q') = \psi(p,p',q+q') - \psi(p,p',q) - \psi(p,p',q')$.

以上 (1), (2), (3) 为 φ, ψ 的**上闭链条件** (co-cycle condition).

如果我们把截面 s 换作 $s+t$, 其中 $t: P \times Q \to E$. 这时对应于 $s+t$, 我们得到 φ', ψ'. 可以验证：

$$\varphi'(p,q,q') - \varphi(p,q,q') = t(p,q+q') - t(p,q) - t(p,q'),$$

$$\psi'(p,p',q) - \psi(p,p',q) = t(p+p',q) - t(p,q) - t(p',q).$$

这便是**上边缘条件** (co-boundary condition).

这样, 由一个从 G 得 (P,Q) 双扩张 E, 我们获得**上同调类** (φ,ψ) (cohomology class). 于是所有这样的 E 组成一个交换群, 我们记作 Bi-ext$(P \times Q, G)$.

5.2　代数群的扩张

5.2.1　一些范畴之间的关系

设 S 为局部 Noether 概形. 以 $\mathfrak{Sch}/S$ 记由 S 概形所组成的范畴. 以 $(\mathfrak{Sch}/S)^\wedge$ 记 $\mathfrak{Sch}/S$ 上的预层 (反变函子) 所组成的范畴. 在 $\mathfrak{Sch}/S$ 上我们取 fpqc 拓扑 (见附录)：对 $X \in \mathfrak{Sch}/S$, X 的覆盖是指一组 S 概形态射 $\{Y_i \to X\}_{i\in I}$ (I 可以是无限集), 它满足以下的条件：有 X 的开子概形 $X_i \subset X$, $\bigcup X_i = X$ (集), 有忠实平坦拟紧态射 $Y_i \to X_i$. 这样可得态射 $\coprod Y_i \to X$. 这样的态射生成 $\mathfrak{Sch}/S$ 的 fpqc 拓扑. 定义在位形 $(\mathfrak{Sch}/S)_{(\text{fpqc})}$ 上的**集层** (sheaf of sets) 范畴记为 $(\mathfrak{Sch}/S)^\sim$ (用 [148] 的术语, $(\mathfrak{Sch}/S)^\sim$ 是一个 topos). 在 $(\mathfrak{Sch}/S)_{(\text{fpqc})}$ 上的交换群层所组成的范畴记作 $\mathfrak{F}_S$. 以 $\mathfrak{Gr}_S$ 记 S 上的拟紧分离交换群概形所定义的范畴. 我们有

$$\begin{array}{ccccc} \mathfrak{Sch}/S & \subset & (\mathfrak{Sch}/S)^\sim & \subset & (\mathfrak{Sch}/S)^\wedge \\ \cup & & \cup & & \\ \mathfrak{Gr}_S & \subset & \mathfrak{F}_S & & \end{array}$$

5.2.2　交换群概形的正合序列

我们先讨论一些序列的正合性质.

设有交换 S 群概形 $T, E, A (\in \mathfrak{Gr}_S)$. 我们说序列

$$0 \longrightarrow T \stackrel{i}{\longrightarrow} E \stackrel{p}{\longrightarrow} A \longrightarrow 0$$

在 $\mathfrak{Gr}_S$ 内正合, 如果 i, p 是群同态, $T = \mathrm{Ker}\ p$, 和

$$T \times E \underset{\mathrm{pr}_2}{\overset{\mu_E \cdot (i, 1_E)}{\rightrightarrows}} E \xrightarrow{p} A$$

在 $\mathfrak{Sch}/S$ 内正合 ($\mu_E : E \times E \to E$ 为 E 的群运算).

($X \underset{g}{\overset{f}{\rightrightarrows}} Y \xrightarrow{p} Z$ 在 $\mathfrak{Sch}/S$ 内正合是指: 对任一在 $\mathfrak{Sch}/S$ 内之 $Y \xrightarrow{h} T$ 使得 $hf = hg$, 必有唯一 $Z \xrightarrow{e} T$ 使得 $h = ep$.)

5.2.3 忠实平坦群同态的核

命题 5.2.1 设 $E, A \in \mathfrak{Gr}_S$ 和 $p : E \to A$ 是忠实平坦群同态. 取 $T = \mathrm{Ker}\ p$, 则 (1) T 是平坦, (2) 序列 $0 \to T \to E \xrightarrow{p} A \to 0$ 同时在 $\mathfrak{F}_S$ 和 $\mathfrak{Gr}_S$ 内正合.

证明 从卡氏图:

$$\begin{array}{ccc} T & \longrightarrow & E \\ \downarrow & & \downarrow{\scriptstyle p} \\ S & \xrightarrow{0} & A \end{array}$$

(即 $T = E \times_A S$) 及 p 平坦, 得出 (1).

据 [142], 6.6.4(v), p 是拟紧的. 于是 p 是 fpqc 覆盖, 故此 p 是 $(\mathfrak{Sch}/S)^\sim$ 内的满射 (见附录). 由于 $\mathfrak{F}_S$ 是 Abel 范畴, 我们得知所求序列在 $\mathfrak{F}_S$ 内正合. 至于在 $\mathfrak{Gr}_S$ 内的正合性我们引用 [147] VIII, 5.2. □

5.2.4 交换群层的满态射

命题 5.2.2 设 $p : E \to A$ 是 $\mathfrak{F}_S$ 内的满态射. 则 p 为 $(\mathfrak{Sch}/S)^\sim$ 内的满态射.

证明 以 $T \xrightarrow{i} E$ 记 $\mathrm{Ker}\ p$. 在 $\mathfrak{Sch}/S$ 内取 $\mathrm{Coker}\,(\mathrm{pr}_2, \mu_E \cdot (i, 1_E))$, 记为 $A \xrightarrow{q} C$. 则 C 为 $\mathfrak{Sch}/S$ 内的群对象 ([147]$_1$ IV.5.2.1). 于是在 $\mathfrak{F}_S$ 内有交换图:

$$\begin{array}{ccccccc} T & \longrightarrow & E & \xrightarrow{p} & A & \longrightarrow & 0 \\ & & & {\scriptstyle q}\searrow & \downarrow{\scriptstyle g} & & \\ & & & & C & & \end{array}$$

和在 $(\mathfrak{Sch}/S)^\sim$ 内有交换图:

$$\begin{array}{ccccc} T \times E & \underset{\mathrm{pr}_2}{\overset{\mu_E \cdot (i, 1_E)}{\rightrightarrows}} & E & \xrightarrow{q} & C \\ & & & {\scriptstyle p}\searrow & \downarrow{\scriptstyle h} \\ & & & & A \end{array}$$

其中 h 是集层态射. 我们需要证明 h 是群层同态 (即是 $\mathfrak{F}_S$ 内的态射). 为此考虑 $\mathfrak{Sch}/S$ 内图:

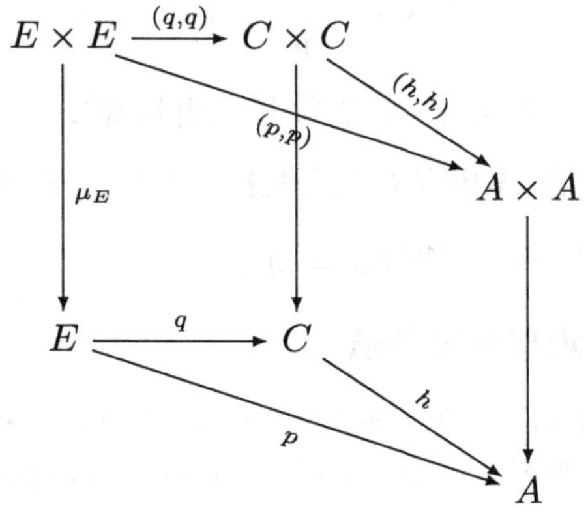

因为 q,p 为同态:

$$\mu_E\cdot(h,h)\cdot(q,q)=\mu_E\cdot(p,p)=p\cdot\mu_E=h\cdot q\cdot\mu_E=h\cdot\mu_C(q,q).$$

因为 q 是 $\mathfrak{Sch}/S$ 内的满, 故 (q,q) 是满射. 于是从上得 $\mu_E\cdot(h,h)=h\cdot\mu_C$. 如此得知 h 为群层同态.

由 $q=gp=ghq$ 和 q 是 $(\mathfrak{Sch}/S)^\sim$ 内满态射, 故亦是 $\mathfrak{F}_S$ 内满射. 于是得 $gh=1_C$. 因为 g 和 h 是同态, p 是 $\mathfrak{F}_S$ 内满射, 由 $p=hq=hgp$ 得 $hg=1_A$. 由 Coker 的定义, 我们得 $A=C$, 即是说 p 是 $(\mathfrak{Sch}/S)^\sim$ 内的满射. □

5.2.5 平坦概形满射

命题 5.2.3 *设 $E,A\in\mathfrak{Gr}_S$, $E\xrightarrow{p}A$ 为 $\mathfrak{F}_S$ 内满射, p 为平坦概形态射, 则 p 是忠实平坦态射.*

证明 以 T 为 $\operatorname{Ker}p$, 即 $T=E\times_A S\in\mathfrak{Gr}_S$. 因为在 $(\mathfrak{Sch}/S)^\sim$ 内 p 为满射, 所以 p 为 fpqc 覆盖 ([147]$_1$ IV.4.4.3). 于是有 S 态射 $X\xrightarrow{y}E$ 使得 $x=yp:X\xrightarrow{y}E\xrightarrow{p}A$ 是忠实平坦拟紧态射 (加细). 取纤维积:

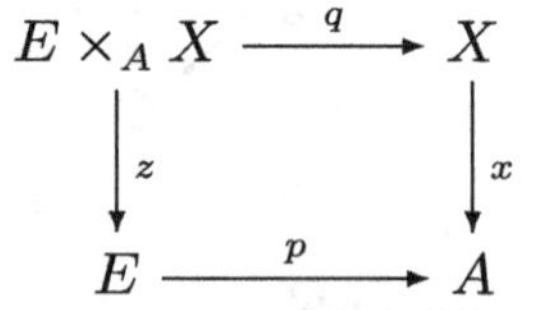

则 $T\times_A X\cong E\times_A X$. 于是由 $T\to S$ 是忠实平坦拟紧态射得知 q 亦是.

由 x 得知 z 是忠实平坦 ([145]$_2$ 2.2.13i).

由 xq 及 z 是忠实平坦得 p 是忠实平坦 ([145]$_2$ 2.2.13iii). □

5.2.6 交换群层的正合序列

命题 5.2.4 设有 $\mathfrak{F}_S$ 内正合序列 $0 \to T \xrightarrow{i} E \xrightarrow{p} A \to 0$, $T, A \in \mathfrak{Gr}_S$ 和 $T \to S$ 是仿射态射, 则 $E \in \mathfrak{Gr}_S$.

证明 由假设, p 是 $\mathfrak{F}_S$ 内满射. 由 fpqc 拓扑性质, 此说是有 $X \in \mathfrak{Sch}/S$ 和交换图:

$$\begin{array}{ccc} & & X \\ & \swarrow^{y} & \downarrow{\scriptstyle x} \\ E & \xrightarrow[p]{} & A \end{array}$$

其中 x 是忠实平坦拟紧态射. 于是 $E \times_A X \cong T \times X \in \mathfrak{Sch}/S$.

由 $T \to S$ 是仿射态射得 $E \times_A X \xrightarrow{q} X$ 是仿射态射. 以 y 记 $E \times_A X$. 考虑图:

$$\begin{array}{ccc} Y & \longrightarrow & E \\ {\scriptstyle q}\downarrow & & \downarrow \\ X & \xrightarrow[x]{} & A \end{array}$$

按 [141], 190-19, thm 2 = Sem. Bourbaki 1959/1960, n°190, 对于仿射态射 q 来说, x 是有效下降态射, 即有 $Z \in \mathfrak{Sch}/S$, 使得 $x^*Z = Y$. 这就是说 Z 同构于 E, 即 $E(\in \mathfrak{F}_S)$ 为可表, 也就是我们在命题中指 $E \in \mathfrak{Gr}_S$ 的意思. □

5.2.7 正合序列的等价类

给定 $T, A \in \mathfrak{Gr}_S$. 假定 $T \to S$ 为平坦. 我们考虑正合序列 $\xi : 0 \to T \xrightarrow{i} E \xrightarrow{p} A \to 0$, 其中 $E \in \mathfrak{Gr}_S$ 和 p 是忠实平坦拟紧. 我们称两个这样的正合序列 ξ, ξ' 为等价, 若有交换图:

$$\begin{array}{lccccccccc} \xi: & 0 & \longrightarrow & T & \xrightarrow{i} & E & \xrightarrow{p} & A & \longrightarrow & 0 \\ & & & \| & & \downarrow\approx & & \| & & \\ \xi': & 0 & \longrightarrow & T & \longrightarrow & E' & \longrightarrow & A & \longrightarrow & 0 \end{array}$$

这些等价类所组成的集合记作 $\mathrm{Ext}_S(A, T)$.

5.2.8 两种等价类的一一对应

命题 5.2.5 设 $T, A \in \mathfrak{Gr}_S$ 和 $T \to S$ 是仿射平坦. 则有双射 $\mathrm{Ext}_S(A, T) \to \mathrm{Ext}_{\mathfrak{F}_S}(A, T)$.

注　在这里我们把 A,T 看作交换群层, 然后在 Abel 范畴 $\mathfrak{F}_S$ 内计算 $\mathrm{Ext}_{\mathfrak{F}_S}(A,T)$.

证明　由命题 5.2.1, $\mathrm{Ext}_S(A,T)$ 内的 $0\to T\to E\to A\to 0$ 定义 $\mathrm{Ext}_{\mathfrak{F}_S}(A,T)$ 内元素, 故知可把 $\mathrm{Ext}_S(A,T)$ 看成 $\mathrm{Ext}_{\mathfrak{F}_S}(A,T)$ 的子集, 再由命题 5.2.4, 5.2.3 知 $\mathrm{Ext}_{\mathfrak{F}_S}(A,T)$ 内的正合序列中间的层可表. 故此序列确实在 $\mathrm{Ext}_S(A,T)$ 内. □

5.3　挠　　子

5.3.1　定义

固定概形 S. 设 G 是 S 概形. 我们称一个 S 概形 P 为 G **主齐性纤维丛** (principal homogeneous bundle) 或 S 上的 G **挠子** (G-torsor over S), 如果透过 S 态射 $\alpha: P\times_S G\to P$, G 作用在 P 上, 并且有开集 U_i 满足 $\bigcup U_i=S$ 和对每个 i 有忠实平坦拟紧态射 $S_i'\to U_i$, 使得 $P_i'=P\times_S S_i'$ 带上作用 $G_i'=G\times_S S_i'$ 同构于 G_i' 带上平移作用 G_i'. 我们可以把 G 看作 $(\mathfrak{Sch}/S)^\sim$ 内的元. 同样地, 我们称带 G 作用的集层 $P\in(\mathfrak{Sch}/S)^\sim$ 为 S 上的 G 挠子, 如果如上: $P|_{S_i'}$ 同构于 G' (作为 $(\mathfrak{Sch}/S_i')^\sim$ 内的元). ([146] XI.4.1, $[147]_1$ IV.5.1, $[147]_2$ VIII §4). 我们说 P 是**局部平凡的** (locally trivial), 如果可以选 $S_i'=U_i\xrightarrow{\mathrm{id}}U_i$. ([146] XI.4.7)

5.3.2　挠子的充要条件

命题 5.3.1　*设 $G\to S$ 平坦和拟紧, G 作用在 S 概形 P 上. 则 P 为 S 上的 G 挠子当且仅当: (1) $\mathrm{pr}_1\times\alpha: P\times_S G\to P\times_S P$ 是同构和 $P\to S$ 是忠实平坦拟紧态射.*

证明　设 P 是 S 上 G 挠子. 引用定义中的记号. 设 $S'=\coprod S_i$, $P'=P\times_S S'$, $G'=G\times_S S'$. 则 $S'\approx_S G'$. 从 $G'\to S'$ 是忠实平坦拟紧得知 $P'\to S'$, 于是 $P\to S$ 亦是忠实平坦拟紧的 ($[145]_2$ 2.6, 2.7). 同样地按下降理论, 从 $(P\times_S G)_{S'}\to(P\times_S P)_{S'}$ 为同构得知 $P\times_S G\to P\times_S P$ 亦同构.

反过来, 取 $P\to S$ 为 fpqc 覆盖. 则 (1) 给出这覆盖的同构, 这就是定义中所要求的 $P'=P\times_S P\approx G'=G\times_S P$. □

5.3.3　挠子与正合序列

设 A,T 为 (拟紧分离) 交换 S 群概形. 取 $\mathrm{Ext}(A,T)$ 中的元 $\xi: 0\to T\xrightarrow{i}E\xrightarrow{p}A\to 0$. 则 ξ 亦为 $\mathfrak{F}_S$ 中的正合序列 (fpqc 拓扑). 所以有忠实平坦拟紧 S 态

射 $X \xrightarrow{x} A$ 使得下图交换

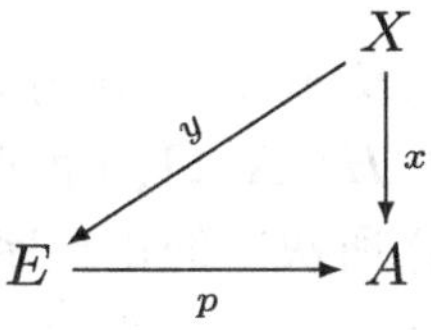

(意谓：取 fpqc 覆盖后"得"p 的截面), 并且 $E \times_A X \approx T \times_A X$. 按定义这就等于说：$E$ 是 A 上的 T 挠子.

5.3.4　挠子与上同调

我们以 $H^1(S,G)$ 记所有 S 上的 G 挠子的同构类所组成的集合. 由 S 上的局部平凡 G 挠子的同构类所组成的子集与上同调群 $H^1(S,\mathcal{O}_S(G))$ 成一一对应, 其中 $\mathcal{O}_S(G)$ 是由 G 在 S 上的截面所决定的层. ([146] XI, 4.7; [136] Prop. 5.1.1; [329].) 而且 $0 \in H^1(S,\mathcal{O}_S(G))$ 对应于平凡 G 挠子.

5.4　Abel 概形的扩张

5.4.1　本原上同调类

设 A_i 是 Abel S 概形. 以 $\mathrm{pr}_i : A_1 \times A_2 \to A_i$ 记投射. 设 $\sigma_1 = 1 \times 0 : A_1 \to A_1 \times A_2$, $\sigma_2 = 0 \times 1$. 若 $f : A \to B$ 是态射, 则有同态 $f^* : H^1(B,\mathcal{O}_B^\times) \to H^1(A,\mathcal{O}_A^\times)$. 因为 $\mathrm{pr}_i \circ \sigma_i = \mathrm{id}$, $\mathrm{pr}_i \circ \sigma_j$ $(i \neq j)$ 是常态射, 我们便得

$$\sigma_i^* \circ \mathrm{pr}_i^* = 1, \qquad \sigma_j^* \circ \mathrm{pr}_i^* = 0 \quad (i \neq j).$$

于是 σ_i^* 为 $(\mathrm{pr}_1^*, \mathrm{pr}_2^*) : H^1(A_1,\mathcal{O}_{A_1}^\times) \times H^1(A_2,\mathcal{O}_{A_2}^\times) \to H^1(A_1 \times A_2, \mathcal{O}_{A_1 \times A_2}^\times)$ 的左逆元. 这就是说, $H^1(A_1,\mathcal{O}_{A_1}^\times) \times H^1(A_2,\mathcal{O}_{A_2}^\times)$ 是 $H^1(A_1 \times A_2,\mathcal{O}_{A_1 \times A_2}^\times)$ 的直和因子.

以 $\mu : A \times A \to A$ 记 A 的运算. 设 $x \in H^1(A,\mathcal{O}_A^\times)$, 则 $\mu^*(x) \in H^1(A \times A,\mathcal{O}_{A \times A}^\times)$. 我们把 $\mu^*(x) = y + z$, 其中 $y \in (\mathrm{pr}_1^*, \mathrm{pr}_2^*)(H^1(A,\mathcal{O}_A^\times)^2)$, 由于 $\mu \circ \sigma_i = \mathrm{id}$, 可见 $y = \mathrm{pr}_1^* x + \mathrm{pr}_2^* x$.

我们说 x 是本原上同调类, 如果 $\mu^* x = \mathrm{pr}_1^* x + \mathrm{pr}_2^* x$. 设有同态 $\varphi : A \to B$, 则 φ^* 把 A 的本原上同调类映作 B 的本原上同调类. 又若有同态 $\varphi, \psi, \theta : A \to B$ 使得 $\theta = \varphi + \psi$, 即是说 $\theta = \mu_B \circ (\varphi, \psi)$. 如果 x 是 A 的本原上同调类, 则 $\theta^* x = \varphi^* x + \psi^* x$ (事实上有 $\theta^* x = \chi^* \mu_B^* x = \chi^*(\mathrm{pr}_1^* x + \mathrm{pr}_2^* x) = \varphi^* x + \psi^* x$). 于是对 $i_A : A \to A : a \mapsto -a$ 有 $i_A^* x = -x$.

5.4.2 正合序列与本原上同调类

命题 5.4.1 设 X 是 Abel S 概形. 则有单射 $\eta_{X/S}: \mathrm{Ext}_S(X, \mathbb{G}_{\mathrm{mS}}) \to H^1(X, \mathcal{O}_X^\times)$. 并且 $\eta_{X/S}$ 的像等于 $H^1(X, \mathcal{O}_X^\times)$ 内所有的本原上同调类.

证明 取 $\xi \in \mathrm{Ext}_S(X, \mathbb{G}_{\mathrm{mS}})$ 所决定的正合序列

$$0 \to \mathbb{G}_{\mathrm{mS}} \to Y \xrightarrow{p} X \to 0,$$

其中 p 是忠实平坦拟紧态射. 这时, Y 是 X 上的 $\mathbb{G}_{\mathrm{m}}$ 挠子. 按 $[147]_2$ VIII Cor. 4.5, 所有 $\mathbb{G}_{\mathrm{m}}$ 挠子均是局部平凡. 所以决定 $H^1(X, \mathcal{O}_X(\mathbb{G}_{\mathrm{mS}})) = H^1(X, \mathcal{O}_X^\times)$ 内的一个元 $\eta_{X/S}(\xi)$. 可以验证 $X, S \mapsto \eta_{X/S}$ 是个函子, 所以 η 是同态.

如果 $\eta_{X/S}(\xi) = 0$, 则 $Y \xrightarrow{p} X$ 是平凡 $\mathbb{G}_{\mathrm{m}}$ 挠子. 所以可以选取 p 的截面 $Y \xleftarrow{q} X$ 使得下图交换.

$$\begin{array}{ccc} Y & \xleftarrow{\quad q \quad} & X \\ & {\scriptstyle 0}\nwarrow \quad \nearrow{\scriptstyle 0} & \\ & S & \end{array}$$

于是因为 X 是 Abel 概形, 所以 q 是群同态. 因此 ξ 是分裂扩张, 即 $\xi = 0$. 这就证明了 $\eta_{X/S}$ 是单射.

取 $\xi \in \mathrm{Ext}_S(X, \mathbb{G}_{\mathrm{mS}})$. 设 $x = \eta_{X/S}(\xi)$. 因为 $X, S \mapsto \eta_{X/S}$ 是函子, 于是与 f^* 交换. 其中 $f: X \to A$ 是同态. 以 $\mu: X \times X \to X$ 记群运算. 所以

$$\begin{aligned} \mu^*(x) &= \mu^*\eta(\xi) = \eta\mu^*\xi = \eta(\mathrm{pr}_1^*\xi + \mathrm{pr}_2^*\xi) \\ &= \mathrm{pr}_1^*\eta\xi + \mathrm{pr}_2^*\eta\xi = \mathrm{pr}_1^* x + \mathrm{pr}_2^* x. \end{aligned}$$

于是得知 η 的像为本原上同调类.

反过来, 设有本原上同调类 $x \in H^1(X, \mathcal{O}_X^\times)$, 置 $Y \xrightarrow{p} X$ 为对应于 x 的 $\mathbb{G}_{\mathrm{m}}$ 挠子. 以 $\mu: X \times X \to X$ 把 Y 拉回为 Y':

$$\begin{CD} Y' @>>> Y \\ @VVV @VVV \\ X \times X @>{\mu}>> X \end{CD}$$

另一方面利用同态 $\mu: \mathbb{G}_{\mathrm{m}} \times \mathbb{G}_{\mathrm{m}} \to \mathbb{G}_{\mathrm{m}}$ 换群得 $\mathbb{G}_{\mathrm{m}} \times \mathbb{G}_{\mathrm{m}}$ 挠子 $Y \times Y$. 由假设 x 是本原上同调得知 Y' 与 $Y \times Y$ 同构. 用以上所得态射 $Y \times Y \to Y' \to Y$ 得 $Y \times Y \to Y$ 使下图交换,

$$\begin{CD} Y \times Y @>{g}>> Y \\ @V{(p,p)}VV @VV{p}V \\ X \times X @>{\mu}>> X \end{CD}$$

并且 $g(y+t,y'+t')=g(y,y')+t+t'$ ($y,y'\in Y$, $t,t'\in\mathbb{G}_\mathrm{m}$, $y+t$ 指 t 作用在 y 上). 取 $e\in Y$ 使 $p(e)=X$ 的单位元. 在适当地用 $\mathbb{G}_\mathrm{m}$ 的元平移后, 可以假设 $g(e,e)=e$. 这样只要证明 Y 是群概形, 便知 Y 是从 $\mathbb{G}_\mathrm{m}$ 得 X 的扩张.

以下证明 Y 是群概形.

首先证明: $g(y,e)=g(e,y)=y$, $y\in Y$.

由 $pg(y,e)=py+pe=py$, 即 $g(y,e)-y\in\mathbb{G}_\mathrm{m}$, 故得态射 $h:Y\to\mathbb{G}_\mathrm{m}$ 使得 $g(y,e)=y+h(y)$. 由 $g(y+t,e)=g(y,e)+t$ 得 $h(y+t)=h(y)$ 对所有 $t\in\mathbb{G}_\mathrm{m}$ 成立. 于是 h 分解为 $Y\to X\xrightarrow{\overline{h}}\mathbb{G}_\mathrm{m}$. 但 $X\to S$ 是固有态射而 $\mathbb{G}_\mathrm{m}\to S$ 是仿射, 所以 $\overline{h}$ 为常值映射. 由 $g(e,e)=e$ 得 $h(e)=1$. 所以 $h(y)=1$, 即 $g(y,e)=y$ (留意在这里 $y+t$ 是指 t 作用在 y 上, 即是 $y+1$ 是 $y\cdot 1=y$).

其次证明: 对所有 $y,y'\in Y$ 有 $g(y,y')=g(y',y)$.

如前计算 $pg(y,y')$ 得知有态射 $k:Y\times Y\to\mathbb{G}_\mathrm{m}$ 使得 $g(y,y')=g(y',y)+k(y,y')$. 由 $g(y+t,y')=g(y,y')+t$, 见 $k(y+t,y')=k(y,y')$. 同样的, 知 $k(y,y'+t)=k(y')$. 于是 k 分解为 $Y\times Y\xrightarrow{(p,p)}X\times X\xrightarrow{\overline{k}}\mathbb{G}_\mathrm{m}$. 同理 $\overline{k}$ 为常射, 并且 $k(y,y')=1$.

显然, 对所有 $y,y',y''\in Y$ 有 $g(y,g(y',y''))=g(g(y,y'),y'')$. 同样 $g(y,g(y',y''))=g(g(y,y'),y'')+l(y,y,y')$, 然后如上得 $l(y,y',y'')=1$.

最后证明: 存在态射 $i:Y\to Y$ 使得 $g(y,i(y))=e$.

记逆运算为 $i_X:X\to X:x\mapsto -x$, $i_\mathbb{G}:\mathbb{G}_\mathrm{m}\to\mathbb{G}_\mathrm{m}:t\mapsto t^{-1}$. 我们的 $\mathbb{G}_\mathrm{m}$ 挠子 $Y\xrightarrow{p}X$ 是由 $x\in H^1(X,\mathbb{G}_\mathrm{m}(X))$ 所决定. 显然 $i_{\mathbb{G}*}(x)=-x$. 又由于 x 是本原上同调类, 便得 $i_X^*(x)=-x$.

因为 $i_X^*(x)=i_{\mathbb{G}*}(x)$, 故有态射 $Y\xrightarrow{i}Y$ 使下图交换,

$$\begin{array}{ccc} Y & \xrightarrow{\ i\ } & Y \\ {\scriptstyle p}\downarrow & & \downarrow{\scriptstyle p} \\ X & \xrightarrow{\ i_X\ } & X \end{array}$$

并且 $i(y+t)=i(y)-t$, 其中 $y\in Y$, $t\in\mathbb{G}_\mathrm{m}$. 可以假设 $i(e)=e$. 则如第 (2) 步一样可以证明 $g(y,i(y))=e$ 对所有 $y\in Y$ 成立. □

5.4.3 Abel 概形态射平凡的一个充分条件

引理 5.4.2 设 X,Y 为 Abel S 概形. 如果同态 $f:X\to Y$ 满足条件: S 每一连通分支均有一点 s 使得 $f(x_s)=0\in Y_s$, 则 $f=0$.

证明 由本篇第 三 章 3.1 节刚性引理知有截面 $\eta:S\to Y$ 使 $f=\eta\circ p$, 其中 $p:X\to S$. 所有 $\eta=(S\xrightarrow{0}X\xrightarrow{p}S\xrightarrow{\eta}Y)=0f=0$, 因为 f 同态, 所以 $f=0_p=0$. □

5.4.4　对偶保持加法

引理 5.4.3　设 X, Y 为 Abel S 概形. 又 $f, g \in \mathrm{Hom}_S(X, Y)$. 则 $(f+g)^t = f^t + g^t : Y^t \to X^t$.

证明　设 $s = (f+g)^t - f^t - g^t$. 对任意 $T \to S$ 有 $(f^t)_T = (f_T)^t$ (换基). 所以对 $s : \mathrm{Spec}(k) \hookrightarrow S$ (k 是个域) 有

$$\rho_s = (f_s + g_s)^t - f_s^t - g_s^t.$$

根据域上 Abel 簇的对偶理论, 有 $\rho_s = 0$ (见 [225], p. 125). 所以由 5.4.3 可得 $s = 0$. □

5.4.5　Picard 层的值群的正合序列

设 X 为 Abel S 概形. 记 $\mathrm{Pic}(X) = H^1(X, \mathcal{O}_X^\times)$. 把预层 $T \mapsto \mathrm{Pic}(X \times_S T)$ 层化得 $\underline{\mathrm{Pic}}_{X/S}$. 此层在 S 所取值是群 $\underline{\mathrm{Pic}}_{X/S}(S)$. 记此为 $\mathrm{Pic}_S(X)$.

当 X 是 Abel S 概形时, 可以用 Grothendieck 的结果 ([141] Cor 2.4) 得正合序列

$$0 \longrightarrow \mathrm{Pic}\ S \longrightarrow \mathrm{Pic}\ X \longrightarrow \mathrm{Pic}_S(X) \longrightarrow 0.$$

对 $T \in \mathfrak{Sch}/S$, 置 $X_T = X \times_S T$, 由于 $X_T \times_T T = X \times_S T$, 我们得 $\underline{\mathrm{Pic}}_{X_T/T}(T) = \underline{\mathrm{Pic}}_{X/S}(T)$ 和正合序列

$$0 \longrightarrow \mathrm{Pic}\ T \longrightarrow \mathrm{Pic}(X_T) \longrightarrow \underline{\mathrm{Pic}}_{X/S}(T) \longrightarrow 0$$

(留意: 层化后, $\underline{\mathrm{Pic}}_{X/S}(T)$ 不再是预层 $T \mapsto \mathrm{Pic}(X \times_S T)$). 利用态射 $(0, 1_T) : T \to X \times_S T$ 得同态 $\underline{\mathrm{Pic}}_{X/S}(T) \to \mathrm{Pic}(X_T)$ 分裂以上正合序列. 于是有同态 $\sigma = \sigma_{X,T/S} : \underline{\mathrm{Pic}}_{X/S}(T) \to \mathrm{Pic}(X \times_S T)$. 我们可以定义单射

$$\alpha_X : \mathrm{Hom}_S(S, {}^tX) \subset \underline{\mathrm{Pic}}_{X/S}(S) \overset{\sigma}{\hookrightarrow} \mathrm{Pic}\ X.$$

5.4.6　本原上同调的充要条件

命题 5.4.4　$\mathrm{Pic}\ X$ 的元 ξ 是本原上同调当且仅当 $\xi \in \mathrm{Im}(\alpha_X)$.

证明　考虑 (代数空间) 同态

$$\varphi = m_X^* - \mathrm{pr}_1^* - \mathrm{pr}_2^* : \mathrm{Pic}_{X/S} \longrightarrow \mathrm{Pic}_{X \times X/S},$$

其中 $m_X : X \times X \to X$ 是 X 的群运算. 由 X^t 的定义知 $X^t = \mathrm{Ker}\ \varphi$.

我们知 $X, T, S \mapsto \sigma_{X,T/S}$ 是函子. 而 $\mathrm{Hom}_S(S, {}^tX) = X^t(S)$. 所以 $\mathrm{Im}(\alpha_X)$ 的元均是本原上同调类.

反过来, 用 $(0,1_S): S \to X\times S$. 设 $\xi \in \mathrm{Pic}\ X$. 记 $(0,1_S)^*\xi = \zeta \in \mathrm{Pic}\ S$. 假设 ξ 是本原上同调类, 则得 $\zeta = \zeta+\zeta$. 故此 $\zeta = 0$. 于是知 $\xi \in \mathrm{Im}(\underline{\mathrm{Pic}}_{X/S}(S) \xrightarrow{\sigma} \mathrm{Pic}\ X)$. 设 $\lambda \in \underline{\mathrm{Pic}}_{X/S}(S)$ 使得 $\xi = \sigma(\lambda)$. 由 $\underline{\mathrm{Pic}}_{X/S}(S) = \mathrm{Hom}_S(S, \mathrm{Pic}_{X/S})$ 及 ξ 是本原同构类, 得

$$(S \xrightarrow{\lambda} \mathrm{Pic}_{X/S} \xrightarrow{\varphi} \mathrm{Pic}_{X\times X/S}) = 0.$$

由于 $\mathrm{Ker}\ \varphi = X^t$, 得 $\lambda \in \mathrm{Hom}_S(S, X^t)$, 所以 $\xi \in \mathrm{Im}(\alpha_X)$.

由 5.4.2 和 5.4.6, 我们得以下定理.

5.4.7 Weil-Barsotti 公式

定理 5.4.5(Weil-Barsotti 公式) 设 X 为 Abel S 概形, 则有函子同构 $X, S \mapsto \beta_{X/S}$, 使得有以下交换图:

$$\begin{array}{ccc} \mathrm{Hom}_S(S, X^t) & \xrightarrow[\approx]{\beta_{X/S}} & \mathrm{Ext}_S(X, \mathbb{G}_{\mathrm{m}S}) \\ & {\scriptstyle\sigma}\searrow \quad \swarrow{\scriptstyle\eta} & \\ & \mathrm{Pic}(X) & \end{array}$$

5.4.8 Abel 概形的正合交换图

定理 5.4.6 设 $\varphi: X \to Y$ 是 Abel S 概形满同态, 并且 $N = \mathrm{Ker}\ \varphi$ 是有限平坦 S 群概形. 则有正合序列

$$0 \to N^D \to Y^t \xrightarrow{\varphi^t} X^t \to 0.$$

从 φ 到这个序列是个函子, 即是说: 设 $\psi: X_1 \to Y_2$ 有同样性质, 并且有交换图:

$$\begin{array}{ccc} X & \xrightarrow{\varphi} & Y \\ \downarrow & & \downarrow \\ X_1 & \xrightarrow{\psi} & Y_1 \end{array}$$

则有行为正合序列的交换图:

$$\begin{array}{ccccccccc} 0 & \longrightarrow & (\mathrm{Ker}\ \varphi)^D & \longrightarrow & Y^t & \xrightarrow{\varphi^t} & X^t & \longrightarrow & 0 \\ & & \uparrow & & \uparrow & & \uparrow & & \\ 0 & \longrightarrow & (\mathrm{Ker}\ \psi)^D & \longrightarrow & Y_1^t & \xrightarrow{\psi^t} & X_1^t & \longrightarrow & 0 \end{array}$$

证明 置 $M=\mathrm{Ker}(\varphi^t)$. 取 $T\in\mathfrak{Sch}/S$. 用纤维积得正合序列

$$0\longrightarrow M_T\longrightarrow Y_T^t\xrightarrow{\varphi_T^t}X_T^t.$$

同理并按 5.2.3, 得正合序列

$$0\longrightarrow N_T\longrightarrow X_T\xrightarrow{\varphi_T}Y_T\longrightarrow 0.$$

由于 $X\xrightarrow{f}S$ 是 Abel 概形, 得 $f_*\mathcal{O}_X\approx\mathcal{O}_S$, 于是有同构

$$(\varphi_T^t)^*:\mathrm{Hom}_T(Y_T,\mathbb{G}_{\mathrm{mT}})\xrightarrow{\sim}\mathrm{Hom}_T(X_T,\mathbb{G}_{\mathrm{mT}})$$

(两边均同构于 $\mathcal{O}_S(S)^*$). 所以从以上正合序列的长正合序列, 得正合序列

$$0\longrightarrow\mathrm{Hom}_T(N_T,\mathbb{G}_{\mathrm{mT}})\xrightarrow{\delta}\mathrm{Ext}_T(Y_T,\mathbb{G}_{\mathrm{mT}})\xrightarrow{\varphi_T^*}\mathrm{Ext}_T(X_T,\mathbb{G}_{\mathrm{mT}}).$$

由 Weil-Barsotti 公式得交换图

$$\begin{array}{ccccccc}
0 & \longrightarrow & \mathrm{Hom}_T(N_T,\mathbb{G}_{\mathrm{mT}}) & \xrightarrow{\delta} & \mathrm{Ext}_T(Y_T,\mathbb{G}_{\mathrm{mT}}) & \xrightarrow{\varphi_T^*} & \mathrm{Ext}_T(X_T,\mathbb{G}_{\mathrm{mT}}) \\
 & & \uparrow & & \approx\uparrow\beta_{Y_T} & & \approx\uparrow\beta_{X_T} \\
0 & \longrightarrow & \mathrm{Hom}_T(T,M_T) & \longrightarrow & \mathrm{Hom}_T(T,Y_T^t) & & \mathrm{Hom}_T(T,X_T^t)
\end{array}$$

从此得同构

$$\delta=\delta_{\varphi_T}:\mathrm{Hom}_T(T,M_T)\xrightarrow{\sim}\mathrm{Hom}_T(N_T,\mathbb{G}_{\mathrm{mT}}).$$

据 Cartier 特征标群公式得同构

$$\begin{array}{ccccc}
\mathrm{Hom}_T(T,M_T) & \xrightarrow{\delta_{\varphi_T}} & \mathrm{Hom}_T(N_T,\mathbb{G}_{\mathrm{mT}}) & \xrightarrow{\psi} & \mathrm{Hom}_T(T,N_T^D) \\
{*}\Vert & & & & \Vert \\
\mathrm{Hom}_S(T,M) & & \xrightarrow{\qquad\approx\qquad} & & \mathrm{Hom}_S(T,N^D)
\end{array}$$

(*: 用 [142] 3.3.14, 在此把 $(N^D)_T$ 等同于 $(N_T)^D$). 于是得同构

$$\lambda_\varphi:N^D=(\mathrm{Ker}\ \varphi)^D\xrightarrow{\sim}M=\mathrm{Ker}\,(\varphi^t).$$

所以对 $s\in S$, 有满射 $\varphi_s^t:Y_s^t\to X_s^t$. 于是 φ^t 为满射. 因此按 3.2.3 节 和 5.2.3 节知

$$0\longrightarrow N^D\longrightarrow Y^t\xrightarrow{\varphi^t}X^t\longrightarrow 0$$

是正合序列. □

5.4.9 具有有限纤维的 Abel 概形满同态的核

引理 5.4.7 设 $f: X \to Y$ 是 Abel S 概形的满同态, 并且 f 的核 $K = \mathrm{Ker}\,(f)$ 的纤维是有限集. 则 K 是有限平坦 S 概形.

证明 K 是 X 的闭子概形. $K \to S$ 是拟有限和固有态射. 所以 $K \to S$ 是有限 ($[144]_1$ 4.4.2), 并且是平坦 (第三章引理 1.2.4). □

5.4.10 κ 函子

设 X 为 Abel S 概形. 对应于

$$1_{X^t} \in \mathrm{Hom}_S(X^t, X^t) \subset \underline{\mathrm{Pic}}_{X/S}(X^t)$$

在 $\underline{\mathrm{Pic}}_{X/S}(X^t)$ 内的元素记为 ξ_X. 我们已定义同态

$$\sigma = \sigma_{X,X^t/S} : \underline{\mathrm{Pic}}_{X/S}(X^t) \longrightarrow \mathrm{Pic}(X \times_S X^t).$$

置 $\mathcal{P}_X = \sigma(\xi_X) \in \mathrm{Pic}(X \times_S X^t)$ (Poincaré 丛). 以 $\mathcal{P}'_X \in \mathrm{Pic}(X^t \times_S X)$ 记交换因子后所得的元. 由

$$0 \longrightarrow \mathrm{Pic}(X) \longrightarrow \mathrm{Pic}(X^t \times_S X) \longrightarrow \underline{\mathrm{Pic}}_{X^t/S}(X) \longrightarrow 0$$

得 $\rho_X = \mathcal{P}'_X \mod \mathrm{Pic}(X)$ 在 $\underline{\mathrm{Pic}}_{X^t/S}(X) = \mathrm{Hom}_S(X, \mathrm{Pic}_{X^t/S})$ 中. 此决定态射

$$\kappa_X : X \longrightarrow \mathrm{Pic}_{X^t/S}\,.$$

5.4.11 κ 函子的性质

引理 5.4.8 (1) $X \mapsto \kappa_X$ 是函子. κ_X 可分解为 $X \xrightarrow{\kappa_X} X^{tt} \to \mathrm{Pic}_{X^t/S}$. κ_X 为同态.

(2) 下图交换.

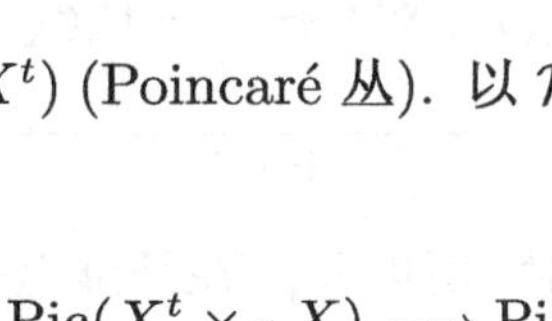

(3) κ_{X^t} 与 $(\kappa_X)^t$ 为同构.

证明 (1) 由构造过程得知 $X \mapsto \kappa_X$ 为函子. $\mathcal{P}_X$ 限制至 $0 \times X^t$ 为零. 所以 κ_X 与零截面交换. 故 κ_X 可分解成 $X \to X^{tt} \to \mathrm{Pic}_{X^t/S}$. 由此得知 κ_X 为同态 (用推论 3.2.1).

(2) 有交换图

$$\begin{array}{ccc} \mathrm{Pic}(X^t \times X) & \longrightarrow & \underline{\mathrm{Pic}}_{X/S}(X^t) \\ \Big\downarrow{\scriptstyle (0,1)^*} & & \Big\downarrow{\scriptstyle (\mathcal{O}_{X^t})^*} \\ \mathrm{Pic}\, X = \mathrm{Pic}(S \times X) & \xrightarrow{\sim} & \underline{\mathrm{Pic}}_{X/S}(S) \end{array}$$

故知 $\mathcal{P}_X$ 制限至 $X \times 0$ 为零. 所以

$$\begin{array}{ccccc} \underline{\mathrm{Pic}}_{X^t/S}(X) & \xrightarrow{\sigma} & \mathrm{Pic}(X^t \times_S X) & \longrightarrow & \underline{\mathrm{Pic}}_{X/S}(X^t) \\ \kappa_X & \longmapsto & & & 1_{X^t} \end{array}$$

此时 (2) 所求的交换图由下图推出:

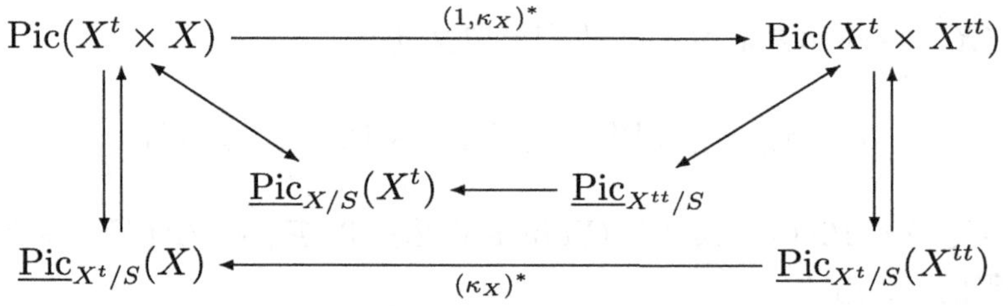

(3) 由 (2) 得 κ_{X^t} 是单射. 所以 κ_{X^t} 在纤维上是单射. 在 Abel 簇上 (3) 成立. 于是 κ_{X^t} 在纤维上是满射. 因此 κ_{X^t} 是忠实平坦 (用 3.2.4).

这便得证 κ_{X^t} 在 $\mathfrak{F}_S$ (fpqc 交换群层范畴) 内是同构. 因此 κ_{X^t} 是同构 (用引理 3.2.4). □

5.4.12 双对偶定理

定理 5.4.9(双对偶定理 (Biduality)) $\kappa_X : X \to X^{tt}$ 是同构.

证明 (Cartier-Nishi-Oort) 设 S 是域时 κ_X 是同构 (见 [264], §13, Cor. p.132). 所以对 $s \in S$, 在纤维上有 $(\kappa_X)_s : X_s \to (X^{tt})_s$ 是满射. 因此 κ_X 是忠实平坦 (用第三章引理 1.2.4).

由引理 5.4.7 得 K 是在 S 上有限平坦. 按 5.2.3 得正合序列

$$0 \longrightarrow K \longrightarrow X \xrightarrow{\kappa_X} X^{tt} \longrightarrow 0.$$

用 5.4.8 得正合序列

$$0 \longrightarrow K^D \longrightarrow X^{ttt} \xrightarrow{\kappa_{X^t}} X^t \longrightarrow 0.$$

由于 5.4.11 (3) 得 $K^D = 0$. 所以 $K \cong K^{DD} = 0$, 得证 κ_X 为同构. □

5.5　群概形的双扩张

5.5.1　双挠子

我们选定一个 Grothendieck 拓扑 (如固定基概形 S, 选 S 上的 fpqc 拓扑). 用这个拓扑所定义的**集层** (sheaf of sets) 所组成的范畴记作 $\mathcal{T}$ (用 $[148]_1$ 的术语, 这是一个 topos).

我们常以 $0_{\mathcal{T}}$ 记这个范畴的一个**终对象** (final 或 terminal object), 即是说, $\mathcal{T}$ 的每个对象 F 有唯一态射 $F \to 0_{\mathcal{T}}$. 在 $(\mathfrak{Sch}/S)_{\text{fpqc}}$ 中的终对象是 id_S 或 S.

设有群 $A, B \in \mathcal{T}$. 设透过态射 $F \times B \to E$ 从右作用在 $E \in \mathcal{T}$ 上. 又设 A 从左作为 B 自同构作用 E 上 (即有群同态 $A \to \mathrm{Aut}_B E$). 则以下条件等价:

(1) E 是右 B 挠子和左 A 挠子,

(2) E 是右 B 挠子和有同构 $A \to \mathrm{Aut}_B E$.

如果以上条件成立, 则我们说 E 是 A-B **双挠子** (bi-torsor). 当 $A = B = G$, 我们就简称 E 为 G 双挠子 ([130] §1.5.3).

取 $\mathcal{T}$ 内交换群 P, Q, G. 以 e 或 $0_{\mathcal{T}}$ 记 $\mathcal{T}$ 内终对象. 有卡氏交换图:

$$\begin{array}{ccc} P & \longleftarrow & P \times Q \\ \downarrow & & \downarrow \\ e & \longleftarrow & Q \end{array}$$

又定义 G_P, G_Q:

$$\begin{array}{ccc} G & \longleftarrow & G_P \\ \downarrow & & \downarrow \\ e & \longleftarrow & P \end{array} \qquad\qquad \begin{array}{ccc} G & \longleftarrow & G_Q \\ \downarrow & & \downarrow \\ e & \longleftarrow & Q \end{array}$$

我们把 $G_{P\times Q}$ 等同于 $(G_P)_{P\times Q}$ 和 $(G_Q)_{P\times Q}$:

$$\begin{array}{ccc} G & \longleftarrow & G_{P\times Q} \\ \downarrow & & \downarrow \\ e & \longleftarrow & P \times Q \end{array}$$

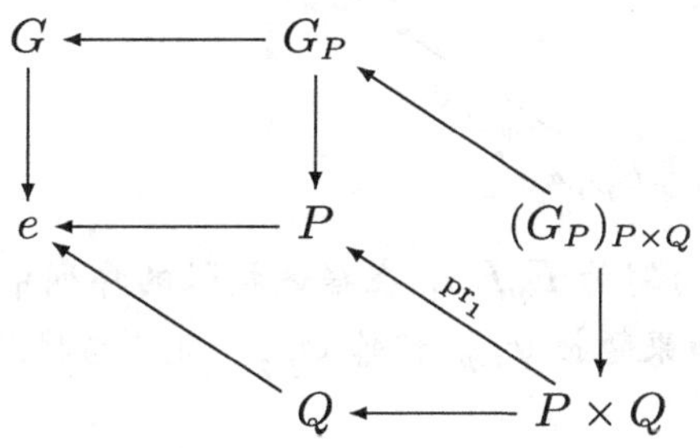

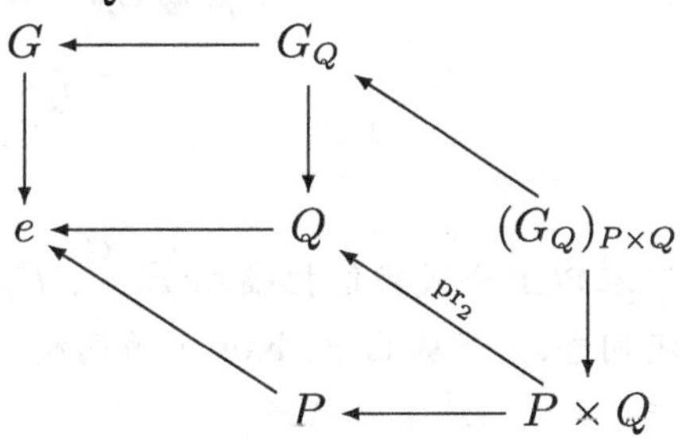

在本节将不会用两个群 P, Q 的直积群结构. 我们将把 $P \times Q$ 看作 P 群 Q_P 或 Q 群 P_Q. 意思是这样: Q_P 看作从 $Q \to e$ (透过 $e \leftarrow P$) 的逆像:

$$\begin{CD} Q @<<< Q_P \\ @VVV @VVV \\ e @<<< P \end{CD}$$

是带有 P 从左的作用. 同理我们有 $(G_P)_{Q_P} = G_{P\times Q}$.

设有群 $G \in \mathcal{T}$ 从右作用在 $P\ (\in \mathcal{T})$ 上和从左作用在 $Q\ (\in \mathcal{T})$ 上. 则 G 对角作用在 $P \times Q$ 上:

$$\begin{aligned} P \times Q \times G &\longrightarrow P \times Q \\ (p, q, g) &\longmapsto (pg, g^{-1}q). \end{aligned}$$

由 $P \times G$ 用 G 对角作用所得的商记为 $P \overset{G}{\wedge} Q$, 称为**缩积** (produit contracté). 用直极限得知 $P \overset{G}{\wedge} Q$ 在 $\mathcal{T}$ 内存在并且表示函子 $T \mapsto \mathrm{Hom}(P \times Q, T)^G$, 其中 $\mathrm{Hom}(\bullet)^G$ 是指 G 不变同态. (见 [130] III §1–1.3). 我们常把 $P \overset{G}{\wedge} Q$ 写作 PQ (见 $[151]_1$ VII, 1.14 p7).

5.5.2　群扩张和双挠子

定理 5.5.1　给定群 $P, Q \in \mathcal{T}$ 和态射 $j : E \to P$, 存在群运算使 E 是从 G 得 P 的扩张

$$1 \longrightarrow G \xrightarrow{i} E \xrightarrow{j} P \longrightarrow 1$$

当且仅当 E 是 G_P 双挠子和对任意对象 $T \in \mathcal{T}$ 存在与换基相容的双挠子同构

$$\varphi_{p,p'} : E_p E_{p'} \xrightarrow{\sim} E_{pp'} \qquad (p, p' \in P(T)),$$

并且 (5.1) 图交换.

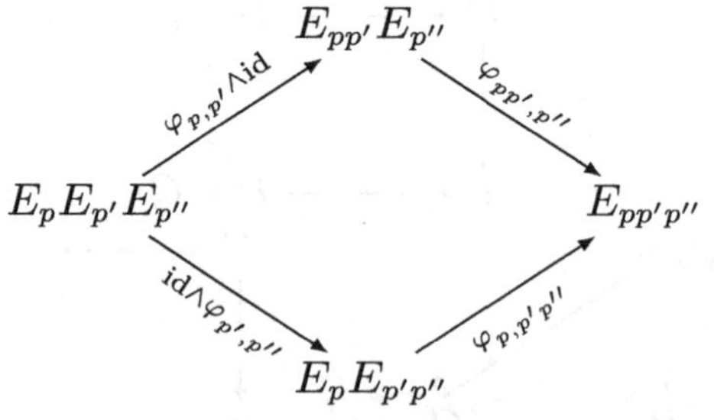

(5.1)

在以上公式我们把缩积 $E_p \overset{G_T}{\wedge} E_{p'}$ 简写为 $E_pE_{p'}$. 在描述扩张的序列中: j 是群满同态, i 是从 G 到 $\mathrm{Ker}\ j$ 的同构. 如果暂把 $\varphi_{p,p'}$ 记作 $\varphi^T_{p,p'}$. 则 "与换基相容" 是指: $T \mapsto \varphi^T_{p,p'}$ 是函子.

证明 设有运算使 E 为从 G 得 P 的扩张. 则利用 i, G 从左和右作用在 E 上: $x \mapsto i(g)xi(g')$, $x \in E(T)$, $g, g' \in G(T)$, $T \in \mathrm{Obj}\,\mathcal{T}$. 利用 $e \leftarrow P$ 换基从 $\mathcal{T}$ 得 $\mathcal{T}_P$. 用 j 把 E 看作 $\mathcal{T}_P$ 的对象, 则 E 为 $\mathcal{T}_P$ 内的 G_P 双挠子.

不单如此, 我们还需顾及 E 的群运算. 取截面 $p, p' : e \to P$. 则 E 的群运算诱导出态射 $\varphi : E_p \times E_{p'} \to E_{pp'}$, 并满足以下等式:

$$\varphi(gx, x') = g\varphi(x, x'), \qquad \varphi(x, x'g') = \varphi(x, x')g',$$

$$\varphi(xg, x') = \varphi(x, gx'),$$

其中 T 为 $\mathcal{T}$ 的任意对象, $g, g' \in G(T)$, $x \in E_p(T)$, $x' \in E_{p'}(T)$, E_p 如下定出:

$$\begin{array}{ccc} E_p & \longrightarrow & E \\ \downarrow & & \downarrow{\scriptstyle j} \\ e & \xrightarrow{\;p\;} & P \end{array}$$

以上第三等式指出 φ 可分解如下

$$E_p \times E_{p'} \xrightarrow{\pi} E_p \overset{G}{\wedge} E_{p'} \xrightarrow{\varphi_{p,p'}} E_{pp'},$$

其中 π 为对商投射, 这样 E 的运算满足结合律就等同要求 $\varphi_{p,p'}$ 满足定理中的交换图 (5.1) 了.

以上应对 P 的任意点讨论, 即对任意 $\mathcal{T}$ 的对象 T, 换基从 $\mathcal{T}$ 得 $\mathcal{T}_T$ (在 $\mathcal{T}_T$ 中 T 为终对象). 考虑 P 的 T 值点 $p, p' : T \to P$. 如上得 $\varphi_{p,p'}$. 这时我们还需要求 $\varphi_{p,p'}$ 的构造与换基 $T' \to T$ 相容. 这等同以下的要求: 置 $T = P \times P$, $p = \mathrm{pr}_1 : P \times P \to P$, $P' = \mathrm{pr}_2$, $\mu : P \times P \to P$ 为 P 的群运算, 则我们有双挠子的同构

$$\varphi : \mathrm{pr}_1^* E \wedge \mathrm{pr}_2^* E_2 \xrightarrow{\sim} \mu^* E.$$

余下证明我们留给读者. (参考 [151]$_1$ VII p.8).

5.5.3 群的双扩张

设 P, Q, G 为 $\mathcal{T}$ 内交换群. E 为 $G_{P\times Q}$ 挠子. 同时 E 是从 G_P 得 Q_P 的扩张. E 又是从 G_Q 得 P_Q 的扩张. 即是说对 $\mathcal{T}$ 的任一对象 T 和任意 $p, p' \in P(T)$, $q \in Q(T)$, 有 G_T 挠子同构

$$\varphi_{p,p';q} : E_{p,q}E_{p',q} \xrightarrow{\sim} E_{pp',q}.$$

此时, $(p,q) \in (P\times Q)(T) = P(T)\times Q(T)$, 卡氏图定义:

$$\begin{array}{ccc} E_{p,q} & \longrightarrow & E \\ \downarrow & & \downarrow \\ T & \xrightarrow{(p,q)} & P\times Q \end{array}$$

我们要求 $\varphi_{p,p';q}$ 与换基相容并且要求下图交换 (结合律):

$$\begin{array}{ccccc} & & E_{pp',q}E_{p'',q} & & \\ & \nearrow^{\varphi_{p,p';q}\wedge \mathrm{id}} & & \searrow^{\varphi_{pp',p'';q}} & \\ E_{p,q}E_{p',q}E_{p'',q} & & & & E_{pp'p'',q} \\ & \searrow_{\mathrm{id}\wedge\varphi_{p',p'';q}} & & \nearrow_{\varphi_{p,p'p'';q}} & \\ & & E_{p,q}E_{p'p'',q} & & \end{array}$$

(交换律)

$$\begin{array}{ccc} E_{p,q}E_{p',q} & \xrightarrow{\varphi_{p,p';q}} & E_{pp',q} \\ {\scriptstyle \mathrm{sym}}\downarrow & & \downarrow{\scriptstyle \mathrm{id}} \\ E_{p',q}E_{p,q} & \xrightarrow{\varphi_{p',p;q}} & E_{p'p,q} \end{array}$$

同时对 $p\in P(T)$, $q,q'\in Q(T)$ 有 G_T 挠子同构

$$\psi_{p;q,q'}: E_{p,q}E_{p,q'} \xrightarrow{\sim} E_{pp',q},$$

并有交换图:

$$\begin{array}{ccccc} & & E_{p,qq'}E_{p,q''} & & \\ & \nearrow^{\psi_{p;q,q'}\wedge \mathrm{id}} & & \searrow^{\psi_{p;qq',q''}} & \\ E_{p,q}E_{p,q'}E_{p,q''} & & & & E_{p,qq'q''} \\ & \searrow_{\mathrm{id}\wedge\psi_{p;q',q''}} & & \nearrow_{\psi_{p;q,q'q''}} & \\ & & E_{p,q}E_{p,q'q''} & & \end{array}$$

$$\begin{array}{ccc} E_{p,q}E_{p,q'} & \xrightarrow{\psi_{p;q,q'}} & E_{p,qq'} \\ {\scriptstyle \mathrm{sym}}\downarrow & & \downarrow{\scriptstyle \mathrm{id}} \\ E_{p,q'}E_{p,q} & \xrightarrow{\psi_{p;q',q}} & E_{p,q'q} \end{array}$$

我们说以上两个在 E 中的扩张结构相容, 如果对 T 的任意对象 T, 任意 $p,p'\in P(T)$, $q,q'\in Q(T)$ 有交换图:

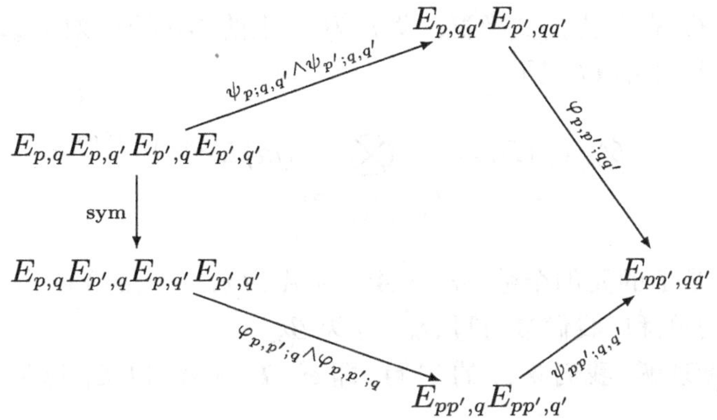

当以上所有条件都满足时我们说 E 是从 G 得 (P,Q) 的**双扩张** (bi-extension) (见 [151]$_1$ VII, Def. 2.1). 由这样的双扩张所决定的范畴我们记作 $\mathrm{BIEXT}(P,Q;G)$ (见 [151]$_1$ VII, (2.4.1)).

5.5.4 挠子的刚化

设有 $\mathcal{T}$ 的对象 P, 又设 P 有截面 $e_P : e \to P$. 设 G 为 $\mathcal{T}$ 内的群, E 为 G_P 挠子. E 关于 e_P 的**刚化** (rigidification) 是指 G 挠子 e_P^*E 的**平凡化** (trivialization), 即 e_P^*E 的一个截面.

又设有 $\mathcal{T}$ 的对象 Q 和 Q 的截面 e_Q. 现设 E 为 $G_{P\times Q}$ 挠子. 用 e_Q 得 $P\times Q \to P$ 的截面 $e_{P\times Q/P}$. 设 α 为 $e_{P\times Q/P}^*E \to P$ 的截面. 同样用 e_P 得 $P\times Q \to Q$ 的截面 $e_{P\times Q/Q}$. 设 β 为 $e_{P\times Q/Q}^*E \to Q$ 的截面. 如果 (α,β) 是 $(e_P\times e_Q)^*E$ 的截面. 我们称 (α,β) 为 E 关于 (e_P,e_Q) 的**双刚化** (birigidification). 双刚化 $G_{P\times Q}$ 挠子所决定的范畴我们记作 $\mathrm{TORSBIRIG}(P,Q;G)$ ([151]$_1$, VII, 1.3 节).

利用双扩张 E 的单位截面可以得到 E 的双刚化. 于是有函子

$$\mathrm{BIEXT}(P,Q;G) \longrightarrow \mathrm{TORSBIRIG}(P,Q;G)$$

([151]$_1$, VII, 2.2, 2.9). 当 $G=\mathbb{G}_\mathrm{m}$ 时, Grothendieck ([151]$_1$, VIII, 7.5) 给出一些条件使这个函子是范畴等价. (这是他在 [151] 的两篇共 190 页的文章的最后的一个结果.)

5.6 立方挠子

5.6.1 一般情形

我们选定一个 Grothendieck 拓扑. 用这个拓扑所定义的集层所组成的范畴记作 $\mathcal{T}$ (用 [148]$_1$ 的术语这是一个 topos).

设 A 和 G 是 $\mathcal{T}$ 内的交换群. 设 L 为 A 上的 G 挠子. 对 $n \geqslant 0$, 我们用以下公式定义在 A^n 上的 G 挠子

$$\mathscr{D}_{n,A,G}(L) = \bigotimes_{\substack{I \subset \{1,\cdots,n\} \\ I \neq \emptyset}} (m_I^* L)^{\otimes(-1)^{n+\operatorname{Card} I}}$$

其中 $\operatorname{Card} I$ 是 I 的元的个数, $m_I : A^n \to A : (x_1, \cdots, x_n) \mapsto \sum_{i \in I} x_i = x_I$, 而 $\otimes$ 是指 G 挠子的和. 我们常简写 $\mathscr{G}_{n,A,G}$ 为 $\mathscr{D}_n$.

为了方便理解, 我们取 A 的 T 点, 即 $x : T \to A$. 以 L_x 记 T 上 G 挠子 $x^* L$. 如此,

$$\mathscr{D}_n(L)_{(x_1,\cdots,x_n)} = \bigotimes_{\substack{I \subset \{1,\cdots,n\} \\ I \neq \emptyset}} L_{x_I}^{\otimes(-1)^{n+\operatorname{Card} I}}.$$

$\mathscr{D}_n(L)$ 有以下的性质.

(1) 加性: 如果 L 和 M 为 A 上的 G 挠子, 则有 A^n 上的 G 挠子的自然同构

$$\mathscr{D}_n(L \otimes M) \xrightarrow{\sim} \mathscr{D}_n(L) \otimes \mathscr{D}_n(M).$$

(2) $A \mapsto \mathscr{D}_{n,A,G}(L)$ 是函子 (functoriality in A):

如果 $\varphi : A' \to A$ 是 $\mathcal{T}$ 内交换群同态, 定义

$$\varphi^{(n)} : A^n \longrightarrow A^n : (x_1, \cdots, x_n) \longmapsto (\varphi(x_1), \cdots, \varphi(x_n)),$$

则有自然同构

$$\mathscr{D}_n(\varphi^* L) \xrightarrow{\sim} (\varphi^{(n)})^* \mathscr{D}_n(L).$$

(3) $G \mapsto \mathscr{D}_{n,A,G}(L)$ 是函子: 如果 $\psi : G \to G'$ 是 $\mathcal{T}$ 内交换群同态, 用 ψ 换群从 L 得 A 上 G' 挠子 L^ψ. 则有 A^n 上 G' 挠子自然同构

$$\mathscr{D}_n(L^\psi) \xrightarrow{\sim} \mathscr{D}_n(L)^\psi.$$

(4) $L \mapsto \mathscr{D}_{n,A,G}(L)$ 是函子: 如果 $u : L \to M$ 是 A 上 G 挠子同态, 则有 A^n 上 G 挠子自然同构

$$\mathscr{D}_n(u) : \mathscr{D}_n(L) \xrightarrow{\sim} \mathscr{D}_n(M).$$

(5) 对称性: 以 $\mathfrak{S}_n$ 记 n 个元上的对称群. 对 $\gamma \in \mathfrak{S}_n$, 则 γ 对 A^n 的因子置换, 我们仍记此为 $\gamma : A^n \to A^n$. 我们有 G 挠子的自然同构

$$\chi_\gamma : \mathscr{D}_n(L) \xrightarrow{\sim} \gamma^* \mathscr{D}_n(L).$$

(6) 以 G_A 记 A 上的平凡 G 挠子 $G\times A$. 有同然同构

$$\mathscr{D}_n(G_A)\xrightarrow{\sim}G_{A^n}.$$

(7) 平凡化 (trivialization)：$L\to A$ 的截面 σ 对应于 L 的平凡化, 即同构 $u_\sigma:G_A\to L:g\cdot a\mapsto g\cdot\sigma a$, 其中 G_A 为平凡挠子 $G\times A$. 按性质 (4), (6), 从 σ 得挠子 $\mathscr{D}_n(L)\to A^n$ 的截面 $\mathscr{D}_n(\sigma)$, 并且有

$$\mathscr{D}_n(f\sigma)=\mathscr{D}_n(f)\mathscr{D}_n(\sigma),$$

其中 $f:A\to G$ 为 $\mathcal{T}$ 内态射.

(8) 刚化 (rigidification)：以 $0_{\mathcal{T}}$ 记 $\mathcal{T}$ 的终对象, 以 $e_A:0_{\mathcal{T}}\to A$ 为 "零截面". 对 $1\leqslant i\leqslant n$, 以 $\eta_i:A^{n-1}\to A$ 记在 A^n 的 i 位为 e_A 的态射. 则有自然同构

$$\eta_i^*\mathscr{D}_n(L)\xrightarrow{\sim}p^*e_A^*(L)^{\otimes(-1)^{n+1}},$$

其中 $p:A^{n-1}\to 0_{\mathcal{T}}$ 为结构态射, 并且 η_i 与 η_j 在 $\eta_i(A^{n-1})\cap\eta_j(A^{n-1})$ 上等同.

5.6.2 平方挠子

本小节我们考虑 $\mathscr{D}_2$. 按定义,

$$\mathscr{D}_2(L)_{x,y}=L_{x+y}\otimes L_x^{-1}\otimes L_y^{-1}.$$

$\mathscr{D}_2$ 的对称性是指有同构

$$\xi_{x,y}:\mathscr{D}_2(L)_{x,y}\xrightarrow{\sim}\mathscr{D}_2(L)_{y,x},$$

并满足：$\xi_{x,x}=\mathrm{id}$ 和 $\xi_{x,y}\circ\xi_{y,x}=\mathrm{id}$. 从直接计算得

$$\varphi_{x,y,z}:\mathscr{D}_2(L)_{x+y,z}\otimes\mathscr{D}_2(L)_{x,y}\xrightarrow{\sim}\mathscr{D}_2(L)_{x,y+z}\otimes\mathscr{D}_2(L)_{y,z}$$

(两边同构于 $L_{x+y+z}\otimes L_x^{-1}\otimes L_y^{-1}\otimes L_z^{-1}$). 此时 $p^*e_A^*L^{-1}=L_0^{-1}$, 其中 L_0 是 L 在原点 0 的纤维. 而刚性则由以下两个同构给出

$$\mathscr{D}_2(L)_{0,y}\overset{\rho_y}{\xrightarrow{\sim}}L_0^{-1}\overset{\rho_x}{\xleftarrow{\sim}}\mathscr{D}_2(L)_{x,0}.$$

同构 ξ,φ,ρ 相容是指下图交换：

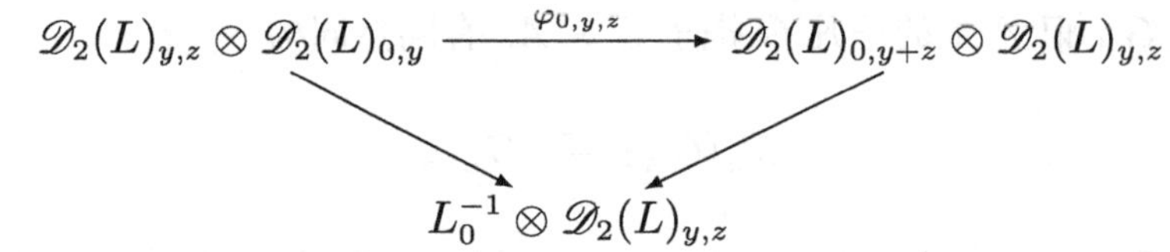

从 ρ_y, ρ_x 可得 $p^* e_A^* L$ 两个截面, 即有态射 $\varepsilon_1, \varepsilon_2 : A \to L_0 = e_A^* L$. 从以上相容性推得 $\varepsilon_1(0) = \varepsilon_2(0)$. 记此作 $\varepsilon : 0_T \to L_0$.

引理 5.6.1 设 L 为 A 上 G 挠子. 则 $\mathscr{D}_2(L) \to A \times A$ 的截面一一对应于 L 上的运算 $L \times L \stackrel{*}{\longrightarrow} L$, 并满足条件

$$\varepsilon_1(x) * \tilde{x} = \tilde{x}, \qquad \tilde{x} * \varepsilon_2(x) = \tilde{x},$$

其中 $x \in A$, $\tilde{x} \in L$ 在 x 上.

证明 给出截面 $\sigma : \mathscr{D}_2(L) \longleftarrow A \times A$. 对 $(x, y) \in A^2$, 有 $L_{x+y} \otimes L_x^{-1} \otimes L_y^{-1}$ 的平凡化. 即有同构 $L_x \otimes L_y \to L_{x+y}$, 于是得运算 $L \times L \to L : (a, b) \mapsto a * b$. 透过 $L \to A$, 此运算与 A 的群律相容. 并且对 $a \in L$, $b \in L$, $g \in G$, 有

$$(ga) * b = a * (gb) = g(a * b).$$

反过来, 从 $*$ 得用以下公式定义截面:

$$\sigma(\pi(a), \pi(b)) = a * b \otimes a^{-1} \otimes b^{-1},$$

其中 $a, b \in L$, $\pi : L \to A$ 为结构同态. □

命题 5.6.2 给定 A 上的 G 挠子 L. 则 $\mathscr{D}_2(L) \to A \times A$ 的截面 σ 满足:

对称条件: $\sigma(y, x) = \xi_{x,y}(\sigma(x, y))$,

和

2 上闭链条件: $\varphi_{x,y,z}(\sigma(x + y, z) \otimes \sigma(x, y)) = \sigma(x, y + z) \otimes \sigma(y, z)$ 当且仅当对应于 σ 的运算 $L \times L \stackrel{*}{\longrightarrow} L$ 是交换的和满足结合律. 此时 $(L_0, *)$ 与群 G 同构. 亦即 $(L, *)$ 是从 G 得 A 的扩张.

5.6.3 立方挠子

设 L 为 A 上的 G 挠子. 考虑 $\mathscr{D}_3(L)$. 按定义

$$\mathscr{D}_3(L)_{x,y,z} = L_{x+y+z} \otimes L_{x+y}^{-1} \otimes L_{x+z}^{-1} \otimes L_{y+z}^{-1} \otimes L_x \otimes L_y \otimes L_z.$$

对称性是指对 $\gamma \in \mathfrak{S}_3$, $(x_1, x_2, x_3) \in A^3$ 有同构

$$(\chi_\gamma)_{x_1,x_2,x_3} : \mathscr{D}_3(L)_{x_1,x_2,x_3} \xrightarrow{\sim} \mathscr{D}_3(L)_{x_{\gamma(1)},x_{\gamma(2)},x_{\gamma(3)}}.$$

直接计算得同构

$$\psi_{x,y,z,t} : \mathscr{D}_3(L)_{x+y,z,t} \otimes \mathscr{D}_3(L)_{x,y,t} \xrightarrow{\sim} \mathscr{D}_3(L)_{x,y+z,t} \otimes \mathscr{D}_3(L)_{y,z,t}.$$

定义 5.6.1　我们说 A 上的 G 挠子 L 是立方挠子或说有**立方结构** (cubical structure), 如果 $\mathscr{D}_3(L) \to A^3$ 有满足以下条件的截面 τ:

(i) τ 在对称群 $\mathfrak{S}_3$ 下不变, 即, 对 $\gamma \in \mathfrak{S}_3$, 有

$$\chi_\gamma(\tau) = \gamma^*(\tau).$$

(ii) τ 满足上闭链条件:

$$\psi_{x,y,z,t}(\tau(x+y,z,t) \otimes \tau(x,y,t)) = \tau(x,y+z,t) \otimes \tau(y,z,t).$$

立方挠子 (L,τ) 的平凡化是指 $L \to A$ 的截面 σ 使得 $\mathscr{D}_3(\sigma) = \tau$.

从直接计算得同构

$$\mathscr{D}_2(L)_{x+y,z} \otimes \mathscr{D}_2(L)^{-1}_{x,z} \otimes \mathscr{D}_2(L)^{-1}_{y,z} \xrightarrow[\sim]{(\alpha_1)_{x,y,z}} \mathscr{D}_2(L)_{x,y,z}$$

$$\mathscr{D}_2(L)_{x,y+z} \otimes \mathscr{D}_2(L)^{-1}_{x,y} \otimes \mathscr{D}_2(L)^{-1}_{x,z} \xrightarrow[\sim]{(\alpha_2)_{x,y,z}} \mathscr{D}_2(L)_{x,y,z}$$

设 τ 为 $\mathscr{D}_3(L) \to A^3$ 的截面. 则用 α_1, α_2 得 $\mathscr{D}_2(L)_{x+y,z} \otimes \mathscr{D}_2(L)^{-1}_{x,z} \otimes \mathscr{D}_2(L)^{-1}_{y,z}$ 和 $\mathscr{D}_2(L)_{x,y+z} \otimes \mathscr{D}_2(L)^{-1}_{x,y} \otimes \mathscr{D}_2(L)^{-1}_{x,z}$ 的截面 σ_1 和 σ_2. 此时有

$$\alpha_1\sigma_1 = \tau = \alpha_2\sigma_2. \tag{5.2}$$

如前一小节, 从 σ_1, σ_2 得挠子 $\mathscr{D}_2(L)$ 上的运算:

$$*_1 : \mathscr{D}_2(L)_{x,z} \otimes \mathscr{D}_2(L)_{y,z} \longrightarrow \mathscr{D}_2(L)_{x+y,z},$$

$$*_2 : \mathscr{D}_2(L)_{x,y} \otimes \mathscr{D}_2(L)_{x,z} \longrightarrow \mathscr{D}_2(L)_{x,y+z}.$$

命题 5.6.3　设有 A 上的 G 挠子. 则 L 的立方结构一一对应于从 G 得 (A, A) 的双扩张 $(\mathscr{D}_2(L), *_1, *_2)$, 其中由 $*_1, *_2$ 所决定的截面满足条件 5.2.

证明　见 [63] 2.5 节. □

固定基概形 S, 取 $(\mathfrak{Sch}/S)_{(\mathrm{fppf})}$ 拓扑. 我们把概形 X 上的 $\mathbb{G}_\mathrm{m}$ 挠子看作 X 上的可逆层 $\mathcal{L}$ 使得 $L = \mathbf{Isom}(\mathcal{O}_X, \mathcal{L})$.

设 A 为 Abel S 概形, 由 A 上的立方 $\mathbb{G}_\mathrm{m}$ 挠子所决定的范畴记为 $\mathrm{CUB}(A, \mathbb{G}_\mathrm{m})$. 由 A 上关于 A 的单位截面刚化的 $\mathbb{G}_\mathrm{m}$ 挠子所决定的范畴记为 $\mathrm{TORSRIG}(A, \mathbb{G}_\mathrm{m})$. 则忘记函子

$$\mathrm{CUB}(A, \mathbb{G}_\mathrm{m}) \longrightarrow \mathrm{TORSRIG}(A, \mathbb{G}_\mathrm{m})$$

是范畴等价. 证明用 Grothendieck 的结果 ([151]$_1$ VIII, 7.5), 详情见 [256] Chap. I 2.6 节.

第三篇　环面的算术

本篇的目的是讨论代数数域 K 上的环面的算术. 最简单的环面就是 $K^{\times}$, 而类域论便是 $K^{\times}$ 的重要的算术理论. 在本篇中我们将把 $K^{\times}$ 的一些算术性质推广到环面上去. 在第一篇中我们已经看到环面对于线性代数群的结构——因而对于它的算术具有重要的影响; 另一方面, 与作为射影交换群的 Abel 簇相对照, 环面是仿射交换群. 基于这两个原因, 我们有必要了解环面的算术. 这方面的早期成果是由 Tate, Ono 和 Langlands 作出的.

Bloch-Kato[45] 提出了著名的 motive 的玉河数猜想, 并画了以下的图:

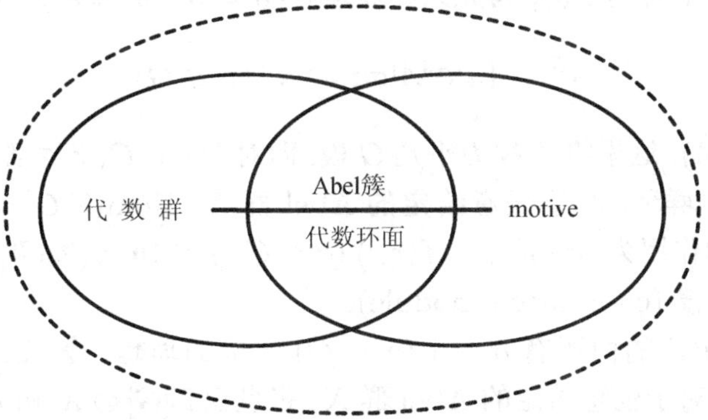

他们把外围虚线的圈称做 grand unification. 我们在他们的圈里加了一条线 "——" 以代表自守形式理论中的 Fontaine-Mazur[123] 猜想. 也许从这个图读者可以了解这部书中的结构吧.

第一章　群的上同调

本篇的主题是环面的上同调群. 作为预备我们先给出有关同调代数的背景知识. 读者可以参看 [23] 和 [12].

1.1　基本性质

1.1.1　诱导模和上诱导模

设 G 是群. 以下我们所说的 G 模都是指左模. 如果 A 是一个 G 模, 我们在 A 上可以定义一个右模结构, 为此只要规定 $a \cdot \sigma = \sigma^{-1}a$ $(a \in A,\ \sigma \in G)$. 令

$$A^G = \{a \in A | \sigma a = a,\ \forall\, \sigma \in G\}.$$

则有 $\mathrm{Hom}_G(\mathbb{Z}, A)$, 这里将 $\mathbb{Z}$ 视为平凡 G 模, 即对于 $g \in G$, $n \in \mathbb{Z}$, 规定 $g \cdot n = n$. 以 $\mathbb{Z}[G]$ 记 G 的群环. 对于任意给定的 Abel 群 X, $\mathrm{Hom}(\mathbb{Z}[G], X)$ 构成一个 G 模: G 在其上的作用为 $(\sigma f)(r) = f(r\sigma)$ $(\sigma \in G,\ f \in \mathrm{Hom}(\mathbb{Z}[G], X),\ r \in \mathbb{Z}[G])$. 此模称为**上诱导模** (co-induced module).

以 I_G 记 $\mathbb{Z}[G]$ 的由所有 $\sigma - 1$ $(\sigma \in G)$ 生成的理想. 令 $A_G = A/I_GA$. 则 $\mathbb{Z} \otimes_G A \cong A_G$. 对于任意给定的 Abel 群 X, 张量积 $\mathbb{Z}[G] \otimes X$ 构成一个 G 模: G 在其上的作用为 $\sigma(r \otimes x) = \sigma r \otimes x$ $(\sigma \in G,\ r \in \mathbb{Z}[G],\ x \in X)$. 此模称为**诱导模** (induced module).

对于有限群 G, 以 N_G 记 $\mathbb{Z}[G]$ 中的元素 $\sum_{\sigma\in G}\sigma$. 用 N_G 作乘法定义了 A 上的自同态 $\mathrm{N}_G:\ A \to A$. 显然 $I_GA \subseteq \mathrm{Ker}\,\mathrm{N}_G$, $\mathrm{Im}\,N_G \subseteq A^G$. 如果 H 是 G 的指数有限的子群, $G/H = \{\sigma_1 H, \cdots, \sigma_m H\}$, 则 $\mathrm{N}_{G/H}(a) = \sum_{i=1}^m \sigma_i a$ 定义了一个同态 $\mathrm{N}_{G/H}:\ A^H \to A^G$. 此同态不依赖于陪集代表 $\{\sigma_i\}$ 的选取. 显然 $\mathrm{N}_G = \mathrm{N}_{G/H} \circ \mathrm{N}_H$, 于是 $\mathrm{N}_GA \subset \mathrm{N}_HA$.

1.1.2　同调群和上同调群

设 R 是环. 由 R 模所组成的范畴记为 ${}_R\mathrm{Mod}$. 若 A, B 是 R 模, 则从 A 到 B 的 R 模同态所组成的群记为 $\mathrm{Hom}_R(A, B)$. 取定一个 R 模 A. 考虑函子

$$\begin{aligned} D:\ {}_R\mathrm{Mod} &\longrightarrow {}_R\mathrm{Mod} \\ C &\longmapsto \mathrm{Hom}_R(A, C), \end{aligned}$$

则 D 是左正合共变函子, 故可以取 D 的右导出函子 R^nD. 我们以 $\operatorname{Ext}_R^n(A,C)$ 记 $R^nD(C)$. 另一方面, 考虑张量积. 同样取定 R 模 A. 定义函子

$$\begin{aligned} T:\ {}_R\operatorname{Mod} &\longrightarrow \mathfrak{Ab} \\ B &\longmapsto A\otimes_R B, \end{aligned}$$

则 T 是右正合共变函子, 故可以取 T 的左导出函子 L^nD. 我们以 $\operatorname{Tor}_n^R(A,B)$ 记 $L^nT(B)$.

设 A 为 G 模. 将 $\mathbb{Z}$ 看作平凡 G 模, 即对于 $g\in G$, $n\in\mathbb{Z}$, 定义 g 在 n 上的作用为 $g\cdot n=n$. 则 G 的取值在 A 中的**同调群** (homology group) 以及**上同调群** (cohomology group) 分别定义为

$$\begin{aligned} H_n(G,A) &= \operatorname{Tor}_n^{\mathbb{Z}[G]}(\mathbb{Z},A), \\ H^n(G,A) &= \operatorname{Ext}_{\mathbb{Z}[G]}^n(\mathbb{Z},A), \quad n\geqslant 0 \end{aligned}$$

(参见 [69] Chap. XII). 特别地, $H_0(G,A)=A_G$, $H^0(G,A)=A^G$. 有限群 G 的 **Tate 上同调群** (Tate cohomology group) $\hat{H}^n(G,A)$ $(n\in\mathbb{Z})$ 定义为

$$\begin{aligned} \hat{H}^n(G,A) &= H^n(G,A), \quad n\geqslant 1, \\ \hat{H}^0(G,A) &= A^G/\operatorname{Im}\mathrm{N}_G, \\ \hat{H}^{-1}(G,A) &= \operatorname{Ker}\mathrm{N}_G/I_GA, \\ \hat{H}^{-n}(G,A) &= H_{n-1}(G,A), \quad n\geqslant 2. \end{aligned}$$

以后凡是见到 $\hat{H}^n(G,A)$, 除特别声明外, 我们总是假定 G 是有限群.

函子 $H_n(G,-)$, $H^n(G,-)$ 和 $\hat{H}^n(G,-)$ 的第一个重要性质是: 从任一 G 模的正合列

$$0\longrightarrow A\longrightarrow B\longrightarrow C\longrightarrow 0$$

出发, 我们可以构造长正合列

$$\begin{aligned} &\cdots\longrightarrow H_n(G,A)\longrightarrow H_n(G,B)\longrightarrow H_n(G,C)\xrightarrow{\partial} H_{n-1}(G,A)\longrightarrow\cdots \\ &\cdots\longrightarrow H^n(G,A)\longrightarrow H^n(G,B)\longrightarrow H^n(G,C)\xrightarrow{\delta} H^{n+1}(G,A)\longrightarrow\cdots \\ &\cdots\longrightarrow \hat{H}^n(G,A)\longrightarrow \hat{H}^n(G,B)\longrightarrow \hat{H}^n(G,C)\xrightarrow{\hat{\delta}} \hat{H}^{n+1}(G,A)\longrightarrow\cdots. \end{aligned}$$

上同调函子与直积可交换, 即

$$H^n\left(G,\prod_\alpha A_\alpha\right)\cong\prod_\alpha H^n(G,A_\alpha)$$

(参见 [69] Chap. V §9 Th 9.4: $H^n(G,-)$ 是 RH 型的).

同调函子与直和以及直极限可交换, 即

$$H_n(G, \sum_\alpha A_\alpha) \cong \sum_\alpha H_n(G, A_\alpha),$$

$$H_n(G, \varinjlim A_\alpha) \cong \varinjlim H_n(G, A_\alpha)$$

(参见 [69] Chap. V §9 Th 9.4, 9.4*: $H_n(G,-)$ 是 LΣ 和 LΣ* 型的). 由于 $\hat{H}^n(G,-)$ 可被视为上同调, 所以它与直积可交换, 而它又可被视为同调, 故也与直和以及直极限可交换.

1.1.3　同调群和上同调群的计算

群 H_n, H^n, $\hat{H}^n$ 可以用下述的标准复形来计算:

$$P_\bullet: \qquad \cdots \longrightarrow P_2 \xrightarrow{\mathrm{d}} P_1 \xrightarrow{\mathrm{d}} P_0 \xrightarrow{\varepsilon} \mathbb{Z} \longrightarrow 0,$$

其中 $\Gamma_i - \mathbb{Z}[G^{i+1}]$, 即 Γ_i 是以 $\underbrace{G \times \cdots \times G}_{i+1\text{个}}$ 为基的自由 $\mathbb{Z}$ 模, G 在每个基元素上的作用为

$$\sigma(\sigma_0, \sigma_1, \cdots, \sigma_i) = (\sigma\sigma_0, \sigma\sigma_1, \cdots, \sigma\sigma_i),$$

同态 $\mathrm{d}: P_i \to P_{i-1}$ 由熟知的下述公式给出:

$$\mathrm{d}(\sigma_0, \cdots, \sigma_i) = \sum_{j=0}^{i} (-1)^j (\sigma_0, \cdots, \sigma_{j-1}, \sigma_{j+1}, \cdots, \sigma_i),$$

映射 $\varepsilon: P_0 \to \mathbb{Z}$ 将每个生成元 (σ_0) 映为 $1 \in \mathbb{Z}$. 于是有

$$H_n(G, A) = H_n(P_\bullet \otimes_G A),$$

$$H^n(G, A) = H^n(\mathrm{Hom}_G(P_\bullet, A)).$$

令 $P_n = \mathrm{Hom}(P_{n-1}, \mathbb{Z})$, 再进行连接, 得到复形

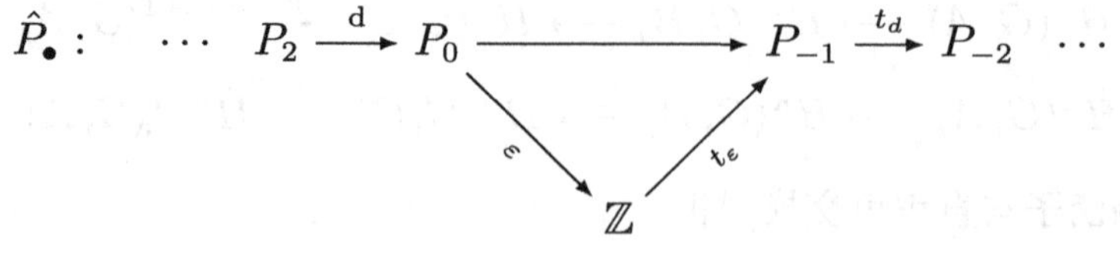

则有

$$\hat{H}^n(G, A) = H^n(\mathrm{Hom}_G(\hat{P}_\bullet, A))$$

(根据以下的引理：如果 A 是 G 模, C 是有限生成自由 G 模, 则有同构 f : $A \otimes_G C \to \mathrm{Hom}_G(\mathrm{Hom}(C,\mathbb{Z}),A)$, 其定义为 $f(a\otimes c)(\varphi)=\sum_{\sigma\in G}\varphi(\sigma c)\sigma a$, 其中 $a\in A$, $c\in C$, $\varphi\in\mathrm{Hom}(C,\mathbb{Z})$).

我们也可以用非齐次复形来计算 H_n, H^n 以及 $\hat{H}_n$.

对于 $i>0$, 令 N_i 为以 $\{[\sigma_1,\cdots,\sigma_i]\mid\sigma_1,\cdots,\sigma_i\in G\}$ 为基的自由 G 模, 即 N_i 的任一元素是有限和 $\sum r[\sigma_1,\cdots,\sigma_i]$ $(r\in\mathbb{Z}[G])$. 令 N_0 为由 $[\,]$ 生成的自由 G 模. 规定 $\partial([\,])=0$ 以及

$$\begin{aligned}&\partial[\sigma_1,\cdots,\sigma_i]\\ =&\sigma_1[\sigma_2,\cdots,\sigma_i]+\sum_{j=1}^{i-1}(-1)^j[\sigma_1,\cdots,\sigma_j\sigma_{j+1},\cdots,\sigma_i]+(-1)^i[\sigma_1,\cdots,\sigma_{i-1}].\end{aligned}$$

则下述对应:

$$\begin{aligned}\sigma&\longmapsto\sigma[\,],\\ [\sigma_0,\cdots,\sigma_i]&\longmapsto\sigma_0[\sigma_0^{-1}\sigma_1,\sigma_1^{-1}\sigma_2,\cdots,\sigma_{i-1}^{-1}\sigma_i]\end{aligned}$$

定义了使得下面的图交换的同构 f : $P_i\to N_i$:

$$\begin{array}{ccc}P_i & \xrightarrow{d} & P_{i-1}\\ \downarrow{\scriptstyle f} & & \downarrow{\scriptstyle f}\\ N_i & \xrightarrow{\partial} & N_{i-1}\end{array}$$

1.1.4　维数移动

应用上一小节的复形 $P_\bullet$ 容易证明：对于 $n\geqslant 1$, 如果 A 是诱导 G 模, 则 $H_n(G,A)=0$; 如果 A 是上诱导 G 模, 则 $H^n(G,A)=0$. 事实上, 如果 A 是上诱导模, 比如说 $A=\mathrm{Hom}(\mathbb{Z}[G],X)$, 其中 X 是 Abel 群, 则对于任一 G 模 B, 我们有同构

$$\mathrm{Hom}_G(B,A)\xrightarrow{\sim}\mathrm{Hom}(B,X),$$

其定义为：如果 φ : $B\to A$ 是一个 G 同态, 则 φ 的像为由 $b\mapsto\varphi(b)(1)$ 所定义的映射 $B\to X$, 其中 1 是 G 的恒等元. 所以复形 $\mathrm{Hom}_G(P_\bullet,A)$ 等同于

$$0\longrightarrow\mathrm{Hom}(P_0,X)\longrightarrow\mathrm{Hom}(P_1,X)\longrightarrow\cdots$$

此复形在第一个位置以后都是正合的 (因为 P_i 是 $\mathbb{Z}$ 自由的), 故 $H^n(G,A)=0$ $(\forall\, n\geqslant 1)$. 诱导模的情形类似.

一个直接的推论是下述的所谓**维数移动** (dimension-shifting) 引理：设 A 为 G 模，则我们有满同态 $\mu:\ \mathbb{Z}[G]\otimes_{\mathbb{Z}} A \to A$：$\sigma\otimes a \mapsto \sigma a$ 和单同态 $\iota:\ A \to \mathrm{Hom}_{\mathbb{Z}}(\mathbb{Z}[G], A)$：$a \mapsto \iota_a$，其中 $\iota_a(\sigma) = \sigma a$. 进一步，对于 $n \geqslant 2$，我们有同构

$$H_n(G,A) \cong H_{n-1}(G, \mathrm{Ker}\,\mu),$$
$$H^n(G,A) \cong H^{n-1}(G, \mathrm{Coker}\,\iota)$$

(参见 [175], p.20). 通常，如果我们能够先证明关于 $n=1$ 的一个结果，则可以用上述同构做归纳法从而得到关于一般的 n 的结果.

我们再陈述一个关于上同调消失的结果.

对于一个 G 模 A，我们可以考虑以下的性质：(i) A 是自由的，(ii) A 是投射的，(ii′) A 是内射的，(iii) A 是弱投射的 (参见 [69] p.200)，(iv) A 是**上同调平凡的** (cohomologically trivial)，即对于 G 的所有子群 H 和所有整数 n，都有 $\hat{H}^n(H,A)=0$. 下面的蕴涵关系是已经知道的：

$$\begin{array}{ccccccc} \text{(i)} & \Longrightarrow & \text{(ii)} & \Longrightarrow & \text{(iii)} & \Longrightarrow & \text{(iv)} \\ & & & & \Uparrow & & \\ & & & & \text{(ii}'\text{)} & & \end{array}$$

进而言之，设 G 模 A, B 之一是上同调平凡的，(i) 如果 A 或 B 是 $\mathbb{Z}[G]$ 无扭的，则 $A\otimes B$ 是上同调平凡的，如果 A 是 $\mathbb{Z}[G]$ 自由的，或 A 有限生成并且是 $\mathbb{Z}[G]$ 无扭的，则 $\mathrm{Hom}(A,B)$ 是上同调平凡的 (参见 Rim [1]).

1.1.5　Shapiro 引理与限制 - 膨胀序列

设 $f:\ G' \to G$ 是群同态，则它诱导出标准复形的同态 $P'_\bullet \to P_\bullet$. 因此对于任一 G 模 A，有同态

$$f^*:\ H^n(G,A) \longrightarrow H^n(G',A),$$
$$f_*:\ H_n(G',A) \longrightarrow H_n(G,A),$$

在这里我们通过 f 把 A 视为 G' 模.

对于 G 的子群 H，取 $f:\ H \to G$ 为含入映射. 此时的 f^* 称为**限制同态** (restriction homomorphism)，记为

$$\mathrm{Res}:\ H^n(G,A) \longrightarrow H^n(H,A), \tag{1.1}$$

同时称 f_* 为**上限制同态** (corestriction homomorphism)，记为

$$\mathrm{Cor}:\ H_n(H,A) \longrightarrow H_n(G,A). \tag{1.2}$$

设 $[G:H]<\infty$, $\{\xi_j\}$ 是 G 关于 H 的陪集 $H\backslash G$ 的完全代表系. 1.1.3 中的标准 G 复形 $P_\bullet$ 也是自由 H 复形. 映射

$$P_i \otimes_G A \longrightarrow P_i \otimes_H A$$
$$x \otimes a \longmapsto \sum_i \xi_j x \otimes \xi_j a$$

诱导出 (同调函子) 态射

$$\mathrm{Res}:\ H_n(G,A) \longrightarrow H_n(H,A),$$

使得 $\mathrm{Res}:\ H_0(G,A)\to H_0(H,A)$ 由映射

$$a \longmapsto \sum_j \xi_j a$$

给出 (显然此映射与 ξ_j 的选取无关). 此同态与 (1.1) 式一起定义了上同调函子的同态

$$\mathrm{Res}:\ \hat{H}^n(G,A) \longrightarrow \hat{H}^n(H,A) \qquad (n\in\mathbb{Z}).$$

类似地, 如果 G/H 是有限集, 则映射 $\mathrm{N}_{G/H}:\ A^H \to A^G$ 可以扩充为上同调函子

$$\mathrm{Cor}:\ H^n(H,A) \longrightarrow H^n(G,A).$$

结合 (1.2) 式, 我们得到同态

$$\mathrm{Cor}:\ \hat{H}^n(H,A) \longrightarrow \hat{H}^n(G,A) \qquad (n\in\mathbb{Z}).$$

将 Res 和 Cor 联合起来, 我们 $\mathrm{Cor}\circ\mathrm{Res}=[G:H]$. 又如果令 B 为 H 模, A 为与 $\mathrm{Ind}_H^G B$ 同构的 G 模, 则有 **Shapiro 引理**, 即：存在一对 H 同态

$$A \underset{i}{\overset{j}{\rightleftarrows}} B$$

使得 $j\circ i$ 是 H 上的恒同映射, 并且 $A=\sum_{\sigma\in G/H}\sigma iB$. 于是下面的两个映射

$$\hat{H}^n(G,A) \underset{\mathrm{Cor}\circ i}{\overset{j\circ\mathrm{Res}}{\rightleftarrows}} \hat{H}^n(H,B)$$

是自然的互逆的同构 (见 [167], Lem. 1.1).

对于给定的 $\tau\in G$, G 的内自同构 $\sigma\mapsto\tau\sigma\tau^{-1}$ 使得 A 成为一个新的 G 模, 记为 A^τ, 并且有同态

$$\hat{H}^n(G,A) \longrightarrow \hat{H}^n(G,A^\tau).$$

另一方面, $A^\tau \to A$: $a \mapsto \tau^{-1}a$ 诱导出同态

$$\hat{H}^n(G, A^\tau) \longrightarrow \hat{H}^n(G, A).$$

用维数移动一类的讨论可以证明：上面的两个同态的复合是 $\hat{H}^n(G, A)$ 上的恒同映射.

设 H 是 G 的正规子群, $f: G \to G/H$ 是典范同态. 对于任一 G 模 A, 我们有 G/H 模 A^H, 因此有同态 $H^n(G/H, A^H) \to H^n(G, A^H)$. 将此同态与由 $A^H \to A$ 诱导的同态复合, 我们得到所谓的**膨胀同态** (inflation homomorphism)：

$$\mathrm{Inf}: \ H^n(G/H, A^H) \longrightarrow H^n(G, A).$$

现在我们证明关于限制 – 膨胀序列的命题.

命题 1.1.1　设 H 是 G 的正规子群, A 是 G 模. 则

(1)　下面的序列正合:

$$0 \longrightarrow H^1(G/H, A^H) \xrightarrow{\mathrm{Inf}} H^1(G, A) \xrightarrow{\mathrm{Res}} H^1(H, A).$$

(2)　对于 $n \geqslant 1$, 如果 $H^i(H, A) = 0$ ($\forall\, 1 \leqslant i \leqslant n-1$), 则下面的序列正合:

$$0 \longrightarrow H^n(G/H, A^H) \xrightarrow{\mathrm{Inf}} H^n(G, A) \xrightarrow{\mathrm{Res}} H^n(H, A).$$

(3)　在 (ii) 中所述的条件下, 有

$$H^i(G/H, A^H) \cong H^i(H, A), \qquad 1 \leqslant i \leqslant n-1.$$

证明　直接计算上闭链可以证明 (1). 详述如下:

第 1 步. 在 $H^1(G/H, A^H)$ 处正合. 设 $f: G/H \to A^H$ 是一个 1 上闭链. 则 f 诱导出 $\overline{f}: G \to G/H \to A$. 它是一个 1 上闭链, 其所在的类是 f 的类的膨胀. 如果 $\overline{f}$ 是一个上边缘, 则存在 $a \in A$ 使得 $\overline{f}(\sigma) = \sigma a - a$ ($\forall\, \sigma \in G$). 但是 $\overline{f}$ 在 H 的陪集上取常值, 所以 $\sigma a - a = \sigma\tau a - a$ ($\forall\, \tau \in H$). 于是 $\tau a = a$ ($\forall\, \tau \in H$), 即 $a \in A^H$. 故 f 是上边缘.

第 2 步. $\mathrm{Res} \circ \mathrm{Inf} = 0$. 设 $\varphi: G \to A$ 是一个 1 上闭链, 则 $\varphi|_H: H \to A$ 的类是 φ 的类的限制. 如果 $\varphi = \overline{f}$, 则 $\overline{f}|_H$ 显然是常值映射, 且取值为 $f(1) = 0$.

第 3 步. 在 $H^1(G, A)$ 处正合. 设 $\varphi: G \to A$ 是一个 1 上闭链, 它在 H 上的限制是一个上边缘. 则存在 $a \in A$ 使得 $\varphi(\tau) = \tau a - a$ ($\forall\, \tau \in H$). 从 φ 中减去上边缘 $\sigma \mapsto \sigma a - a$, 则简化到 $\varphi|_H = 0$ 的情形. 由

$$\varphi(\sigma\tau) = \varphi(\sigma) + \sigma \cdot \varphi(\tau)$$

知 (取 $\tau \in H$) φ 在 H 的陪集上取常值, 故 (取 $\sigma \in H, \tau \in G$) φ 的像含于 A^H. 所以 φ 是一个上闭链 $G/H \to A^H$ 的膨胀. 这样就完成了 (1) 的证明.

用维数移动可以证明 (2). 我们把 (2) 归结为 $n = 1$ 的情形, 这就是结论 (1).

令 $A^* = \mathrm{Hom}(\mathbb{Z}[G], A)$. 则有自然的单射 $\iota: A \to A^*$, 它将 $a \in A$ 映为 ι_a, 其中 ι_a 的定义为 $\iota_a(\sigma) = \sigma a$. 于是我们有 G 模的正合序列

$$0 \longrightarrow A \longrightarrow A^* \longrightarrow A' \longrightarrow 0,$$

其中 $A' = A^*/A$. G 模 A^* 作为 H 模是上诱导的 (因为 $\mathbb{Z}[G]$ 是自由 $\mathbb{Z}[H]$ 模), 所以

$$H^i(H, A') = H^{i+1}(H, A) = 0 \qquad (1 \leqslant i \leqslant n-2).$$

此外, 因为 $H^1(H, A) = 0$, 所以序列

$$0 \longrightarrow A^H \longrightarrow (A^*)^H \longrightarrow (A')^H \longrightarrow 0$$

正合, 同时 $(A^*)^H$ 是上诱导模 (因为 $(A^*)^H \cong \mathrm{Hom}(\mathbb{Z}[G/H], A)$). 所以在交换图

$$\begin{array}{ccccccc}
0 \longrightarrow & H^{n-1}(G/H, (A')^H) & \longrightarrow & H^{n-1}(G, A') & \longrightarrow & H^{n-1}(H, A') \\
& \downarrow{\scriptstyle\delta} & & \downarrow{\scriptstyle\delta} & & \downarrow{\scriptstyle\delta} \\
0 \longrightarrow & H^n(G/H, A^H) & \longrightarrow & H^n(G, A) & \longrightarrow & H^n(H, A)
\end{array}$$

中三个竖直的箭头都是同构. 对于 A' 应用归纳假设, 知此图的上面一行正合. 于是下面一行也正合. 这就证明了 (2).

(3) 是 (2) 的直接推论. □

1.2 低维同调群和上同调群

在本节我们将计算一些低维的同调群和上同调群, 得到一些精确的公式, 并建立限制映射与转移的联系, 以及 H^2 与群扩张的联系.

1.2.1 一维同调群的计算

$P_i \otimes_G A$ 的一个元素 x 可以被视为取值在 A 中的一个函数 $x(\sigma_1, \cdots, \sigma_{i+1})$, 它只在 G^{i+1} 的有限多个元素处取值不为零. 于是有

$$\begin{aligned}
\mathrm{d}x(\sigma_1, \cdots, \sigma_i) = &\sum_{\sigma \in G} \sigma^{-1} x(\sigma, \sigma_1, \cdots, \sigma_i) \\
&+ \sum_{j=1}^{i} (-1)^j \sum_{\sigma \in G} x(\sigma_1, \cdots, \sigma_j \sigma, \sigma^{-1}, \sigma_{j+1}, \cdots, \sigma_i) \\
&+ (-1)^{j+1} \sum_{\sigma \in G} x(\sigma_1, \cdots, \sigma_i, \sigma).
\end{aligned}$$

特别地, G 的取值在 A 中的 1 闭链是一个函数 $x: G \to A$, 满足: 对于几乎所有的 $\sigma \in G$ 都有 $x(\sigma) = 0$ 以及

$$\mathrm{d}x = \sum_{\sigma \in G} (\sigma^{-1} - 1)x(\sigma) = 0.$$

另一方面, 一个在恒等元之外取值皆为零的 1 闭链是边缘. 事实上, 如果 $x(1) = x$ 且 $x(\sigma) = 0\ (\forall\, \sigma \neq 1)$, 令 $y(1,1) = x$, $y(\tau,\sigma) = 0\ (\forall\, (\tau,\sigma) \neq (1,1))$, 则

$$\mathrm{d}y(\sigma) = \sum_{\tau \in G} \tau^{-1} y(\tau,\sigma) - \sum_{\tau \in G} y(\sigma\tau^{-1},\tau) + \sum_{\tau \in G} y(\sigma,\tau) = y(1,\sigma) = x(\sigma).$$

设 $0 \to A \to B \to C \to 0$ 是 G 模正合序列, $x: G \to C$ 是 G 的取值在 C 中的 1 闭链. 对于每个 $\sigma \in G$, 将 $x(\sigma)$ 提升为 $\tilde{x}(\sigma) \in B$ (如果 $x(\sigma) = 0$, 则取 $\tilde{x}(\sigma) = 0$). 则 $\mathrm{d}\tilde{x}$ 在 C 中的像为零, 故 $\mathrm{d}\tilde{x}$ 为 A 的元素. $\mathrm{d}\tilde{x}$ 在 $H_0(G,A)$ 中的类就是 x 的类在映射

$$\delta: H_1(G,C) \longrightarrow H_0(G,A)$$

下的像.

增广同态 $\varepsilon: \mathbb{Z}[G] \to \mathbb{Z}$: $\sum n_\sigma \mapsto \sum n_\sigma$ 的核记为 I_G. 则有正合序列

$$0 \longrightarrow I_G \longrightarrow \mathbb{Z}[G] \xrightarrow{\varepsilon} \mathbb{Z} \longrightarrow 0.$$

对于任一 $\mathbb{Z}$ 自由的 G 模, 我们有正合序列

$$0 \longrightarrow I_G \otimes A \longrightarrow \mathbb{Z}[G] \otimes A \longrightarrow A \longrightarrow 0. \tag{1.3}$$

由此我们得到同调正合序列

$$\begin{aligned} H_1(G,\mathbb{Z}[G]\otimes A) \longrightarrow H_1(G,A) &\xrightarrow{\delta} H_0(G, I_G \otimes A) \\ \longrightarrow H_0(G,\mathbb{Z}[G]\otimes A) &\xrightarrow{\varepsilon_*} H_0(G,A) \longrightarrow 0. \end{aligned}$$

但是 $H_0(G,\mathbb{Z}[G]\otimes A) = \mathbb{Z} \otimes_G (\mathbb{Z}[G] \otimes_{\mathbb{Z}} A) = \mathbb{Z} \otimes_G A = H_0(G,A)$, 特别地, $\operatorname{Ker} \varepsilon_* = 0$, 所以 δ 是满射. 由于 $\mathbb{Z}[G] \otimes A$ 是诱导模, 故 $H_1(G,\mathbb{Z}[G]\otimes A) = 0$. 这样我们得到同构

$$H_1(G,A) \xrightarrow[\sim]{\delta} H_0(G, I_G \otimes A) = I_G \otimes A.$$

现在我们进一步假设 A 是平凡 G 模, 则 $I_G \otimes A$ 的由 $(\sigma-1)\tau \otimes a - (\sigma-1) \otimes \tau a = (\sigma-1)\tau \otimes a - (\sigma-1) \otimes a$ 生成的子群实际上是由 $(\sigma-1)(\tau-1) \otimes a$ 生成的. 这

就是说 $I_G \otimes_G A \cong I_G/I_G^2 \otimes A$. 另一方面, 如果以 G' 记 G 的换位子群, 则映射 $\sigma \mapsto \sigma - 1$ 诱导出乘法群 G/G' 到加法群 I_G/I_G^2 的同构. 于是我们得到

$$H_1(G, A) \cong G/G' \otimes A. \tag{1.4}$$

在 G 是交换群的特殊情形则有 $G \otimes A \cong H_1(G, A)$. 在此同构下 $\sigma \otimes a$ 对应于在 σ 处取值为 a 而在其他处取值为零的 1 闭链所在的类.

1.2.2　子群与商群的一维同调群

在本小节我们对于 H_1 考虑群变化.

首先我们对于 H_1 考虑限制同态. 我们有交换图

$$
\begin{array}{ccccccc}
H_1(G,\mathbb{Z}) & \xrightarrow[\sim]{\delta} & H_0(G,I_G) & = & I_G/I_G^2 & \xleftarrow{\sim} & G/G' \\
\downarrow{\scriptstyle\mathrm{Res}} & & \downarrow{\scriptstyle\mathrm{Res}} & & & & \vdots\,{\scriptstyle\mathrm{Ver}} \\
H_1(H,\mathbb{Z}) & \xrightarrow{\delta} & H_0(H,I_G) & = & I_G/I_HI_G & & \\
\uparrow{\scriptstyle\mathrm{id}} & & & & \uparrow & & \downarrow \\
H_1(H,\mathbb{Z}) & \xrightarrow{\delta} & H_0(H,I_H) & = & I_H/I_H^2 & \xleftarrow{\sim} & H/H'
\end{array}
$$

对于 $\sigma \in G$, σ 在 I_G/I_G^2 中的像是 $\sigma - 1$, 而 $\mathrm{Res}(\sigma - 1)$ 是类 $\sum \xi_i(\sigma - 1) \mod I_HI_G$. 对于每个 i, 存在一个指标 $j(i)$ 和一个元素 $c_i \in H$ 使得

$$\xi_i\sigma = c_i\xi_{j(i)},$$

所以

$$
\begin{aligned}
\mathrm{Res}(\sigma - 1) &\equiv \sum_i c_i\xi_{j(i)} - \sum_i \xi_i \mod I_HI_G \\
&\equiv \sum_i (c_i - 1)\xi_{j(i)} \mod I_HI_G \\
&\equiv \sum_i (c_i - 1) \mod I_HI_G.
\end{aligned}
$$

另一方面, $\prod c_i$ 在同态 $H \to I_H/I_H^2 \to I_G/I_HI_G$ 下的像是 $\sum(c_i - 1)$ 在 I_G/I_HI_G 中的类. 这样我们得知 σ 在 H/H' 中的像是 $\prod c_i$ 所在的类. 此映射经典地被称为**转移** (transfer) (Verlagerung). 这就是下面的命题:

命题 1.2.1　设 θ: $H\backslash G \to G$ 是 $H\backslash G$ 的一个代表系. 对于任意的 $\sigma \in G$ 和 $\tau \in H\backslash G$, 令 $c_{\tau,\sigma}$ 为由下式决定的 H 中的元素:

$$\theta(\tau) \cdot \sigma = c_{\tau,\sigma}\theta(\tau \cdot \sigma).$$

则转移 $\mathrm{Ver}: G/G' \to H/H'$ 将 σ 映为 $\prod_{\tau \in H\backslash G} c_{\tau,\sigma}$ 在 H/H' 中所代表的陪集.

在本小节的余下部分我们固定一个正合序列

$$1 \longrightarrow C \xrightarrow{i} W \xrightarrow{j} G \longrightarrow 1, \tag{1.5}$$

其中 C 是交换群, i 是含入映射. 任一 G 模 A 通过 j 被视为 W 模, 因此也是 C 模. 当然 C 的作用是平凡的.

对于 C 上的取值在 A 中的 1 闭链 $x:\ a \mapsto x(a)$, 我们定义相应的 W 上的 1 闭链, 它在 C 之外取值为零, 在 C 上等于 x. 对于 W 上的取值在 A 中的 1 闭链 $x:\ w \mapsto x(w)$, 我们定义相应的 G 上的 1 闭链

$$\sigma \longmapsto \sum_{j(w)=\sigma} x(w).$$

命题 1.2.2　上面定义的映射使得下述同调群序列正合:

$$H_1(C,A) \longrightarrow H_1(W,A) \longrightarrow H_1(G,A) \longrightarrow 0. \tag{1.6}$$

证明　取定 C 在 W 中的右陪集完全代表系 $\{w_\sigma \mid \sigma \in G\}$. 对于 G 上的任一 1 闭链 $x:\ \sigma \mapsto x(\sigma)$, 定义群 W 上的 1 闭链 y 如下: y 在 w_σ 处取值为 $x(\sigma)$, 而在 W 的其他元素处取值为零. 则 y 的像是 x. 这说明序列 (1.6) 在 $H_1(G,A)$ 处正合.

在 $H_1(W,A)$ 两边的二映射的复合为零的原因是: 在群的恒等元之外都等于零的 1 闭链是边缘.

余下要证明的是 $H_1(W,A) \to H_1(G,A)$ 的核含于 $H_1(C,A) \to H_1(W,A)$ 的像. 我们有交换图

$$\begin{array}{ccccc} & & H_2(W,A) & \longrightarrow & H_2(G,A) \\ & & \downarrow & & \downarrow \\ H_1(C,A) & \longrightarrow & H_1(W,A) & \longrightarrow & H_1(G,A) \end{array}$$

设 $x:\ w \mapsto x(w)$ 是 W 上的一个 1 闭链, 它在 G 中的像 $\sigma \mapsto \sum_{j(w)=\sigma} x(w)$ 是 $y(\sigma,\tau)$ 的边缘. 令 $z(u,v)$ 是 W 上的 2 链, 其定义为

$$z(u,v) = \begin{cases} y(\sigma,\tau), & \text{如果 } u = w_\sigma,\ v = w_\tau, \\ 0, & \text{其他情形}. \end{cases}$$

则

$$\mathrm{d}z(u) = \sum_\sigma w_\sigma^{-1} z(w_\sigma, u) - \sum_\sigma z(uw_\sigma, w_\sigma^{-1}) + \sum_\sigma z(u, w_\sigma).$$

设 $x' = x - \mathrm{d}z$, 则

$$\sum_{\sigma(w)=\tau} x'(w) = \sum_{\sigma(w)=\tau} x(w) - \Big(\sum_{\sigma} \sigma^{-1} y(\sigma,\tau) - \sum_{\sigma} y(\tau\sigma^{-1},\sigma) + \sum_{\sigma} y(\tau,\sigma)\Big) = 0.$$

令

$$z'(u,v) = \begin{cases} x'(w_\sigma, a), & \sigma \in G,\ a \in C, \\ 0, & \text{其他情形}. \end{cases}$$

则

$$\begin{aligned} \mathrm{d}z'(u) &= \sum_{\sigma} w_\sigma^{-1} z'(w_\sigma, u) - \sum_{\sigma} z'(w_\sigma, w_\sigma^{-1}u) + \sum_{a} z'(u,a) \\ &= \sum_{\sigma} w_\sigma^{-1} z'(w_\sigma, u) - x'(u) \qquad (u \in W). \end{aligned}$$

于是 $x' + \mathrm{d}z'$ 的支集含于 C. 由于 x 所在的类 $=$ $x' + \mathrm{d}z$ 所在的类 $=$ x' 所在的类 $=$ $x' + \mathrm{d}z'$ 所在的类, 我们得知 x 所在的类 在 $H_1(G,A)$ 的像中. 这就证明了序列 (1.6) 的正合性. □

与序列 (1.6) 有关的一个重要的结果是: 映射 $H_1(C,A) \to H_1(W,A)$ 与 $\mathrm{Res}: H_1(W,A) \to H_1(C,A)$ 的合成通过映射 N_G 分解 (参见 1.1 节), 此即

命题 1.2.3 下面的图交换:

$$\begin{array}{ccc} H_1(C,A) & \longrightarrow & H_1(W,A) \\ \Big\downarrow{\scriptstyle \mathrm{N}_G} & & \Big\downarrow{\scriptstyle \mathrm{Res}} \\ \mathrm{N}_G(H_1(C,A)) & \longrightarrow & H_1(C,A) \end{array} \tag{1.7}$$

证明 由正合序列出发 (参见 1.2.1 节 的 (1.3) 式), 我们得到交换图

$$\begin{array}{ccc} H_1(W,A) & \longrightarrow & H_0(W, I_W \otimes A) \\ \Big\downarrow{\scriptstyle \mathrm{Res}} & & \Big\downarrow{\scriptstyle \mathrm{Res}} \\ H_1(C,A) & \longrightarrow & H_0(C, I_W \otimes A) \end{array}$$

其中水平的箭头是同构 (参见 1.2.1 节). 如果 $x: w \mapsto x(w)$ 是 W 上的取值在 A 中的 1 闭链, 则它的同调类在 $H_0(W, I_W \otimes A)$ 中的像是类

$$\sum_{w} (w^{-1} - 1)(1 \otimes x(w)).$$

限制到 C 上我们得到

$$\sum_{\sigma} \sum_{w} \Big(w_\sigma w^{-1}(1 \otimes x(w)) - w_\sigma(1 \otimes x(w)) \Big)$$

所在的类. 对于 $\tau \in G$, $w \in W$, 有唯一的 $c_{\tau,w} \in C$ 和唯一的 $\sigma \in G$, 使得 $w_\tau w = c_{\tau,w} w_\sigma$. 于是上述求和等于

$$\sum_\tau \sum_w (c_{\tau,w}^{-1} - 1)(1 \otimes x(w)),$$

它又等于

$$\sum_{c\in C}\Big((c^{-1}-1)\sum_{c_{\tau,w}=c} w_\tau(1\otimes w_\tau x(w))\Big).$$

由于 $(w_\tau - 1)\otimes w_\tau x(w) \in I_W \otimes A$, 所以上式同调于

$$\sum_{c\in C}\Big((c^{-1}-1)\sum_{c_{\tau,w}=c} 1\otimes w_\tau x(w)\Big).$$

此式是 $H_1(C, A)$ 中 1 闭链

$$y:\ c \longmapsto \sum_{c_{\tau,w}=c} w_\tau x(w)$$

所在的同调类. 如果 x 的支集含于 C, 则

$$y(c) = \sum_{w_\tau b w_\tau^{-1}=c} w_\tau x(b) = \sum_\tau \tau x(\tau^{-1}(c)) = \sum_\tau {}^\tau x(c).$$

于是 (1.7) 交换. □

1.2.3　一维和二维上同调的计算

如果我们应用非齐次复形 $N_\bullet$ 来计算上同调群, 则有以下结果.

一个映射 $\varphi:\ G \to A$ 如果满足条件

$$\varphi(\sigma\tau) = \varphi(\sigma) + \sigma\varphi(\tau), \tag{1.8}$$

则称之为一个 1 **上闭链** (1-cocycle) 或**交叉同态** (crossed homomorphism). 对于任一 $a \in A$, 我们称映射

$$\varphi:\ G \longrightarrow A$$
$$\sigma \longmapsto -a + \sigma a$$

为一个 1 **上边缘** (1-coboudary) 或**主交叉同态** (principal crossed homomorphism). 一个 2 **上闭链** (2-cocycle) 或**因子集** (factor set) 是指一个映射 $\psi:\ G\times G \to A$ 使得

$$\sigma_1\psi(\sigma_2,\sigma_3) - \psi(\sigma_1\sigma_2,\sigma_3) + \psi(\sigma_1,\sigma_2\sigma_3) - \psi(\sigma_1,\sigma_2) = 0, \tag{1.9}$$

并且 $\psi(\sigma,1)=0=\varphi(1,\sigma)$. 对于任一满足 $\varphi(1)=0$ 的映射 $\varphi: G\to A$, 定义映射 $G\times G\to A$ 为

$$\psi(\sigma_1,\sigma_2)=\sigma_1\varphi(\sigma_2)-\varphi(\sigma_1\sigma_2)+\varphi(\sigma_1),$$

这样的映射称为一个 2 **上边缘** (2-coboudary) 或**分裂因子集** (split factor set). 令 $Z^i(G,A)$ (相应地, $B^i(G,A)$) 为 i 上闭链 (相应地, i 上边缘) 生成的 Abel 群, 则有

$$H^1(G,A)=Z^1(G,A)/B^1(G,A),$$
$$H^2(G,A)=Z^2(G,A)/B^2(G,A).$$

1.2.4　群扩张与二维上同调

在本小节中我们考虑群扩张和上同调, 将用乘法记群和模的运算. 我们在第二篇第三章亦讨论了这个概念. 为了以后的计算设立一些符号, 这里重复一些定义.

设 G 是一个群 (不一定是有限的), C 是一个乘法群. 所谓从 C 得 G 的一个**群扩张** (group extension) 是指一个群同态的正合序列

$$1\longrightarrow C\xrightarrow{\ i\ }W\xrightarrow{\ j\ }G\longrightarrow 1. \tag{1.10}$$

此正合序列决定了一个同构 $W/iC\cong G$.

为了分析一个扩张 W 的结构, 我们对于任一 $\sigma\in G$ 取定一个代表元素 $w_\sigma\in W$ 使得 $jw_\sigma=\sigma$. 这样, W 的任一元素 w 就可以唯一地表示为

$$w=i(c)w_\sigma,\qquad \sigma\in G,\ \ c\in C.$$

实际上, $\sigma=jw$, $c=i^{-1}(ww_\sigma^{-1})$. 对于 $\sigma,\tau\in G$, 存在 $c_{\sigma,\tau}\in C$, 使得

$$w_\sigma w_\tau=c_{\sigma,\tau}w_{\sigma\tau}. \tag{1.11}$$

这些元素 $c_{\sigma,\tau}=w_\sigma w_\tau w_{\sigma\tau}^{-1}$ 称为扩张 (1.10) 的一个**因子集** (factor set).

以 $\operatorname{Aut}C$ 记 C 的自同构群. W 中的共轭作用导致群同态 $\psi: G\to\operatorname{Aut}C$. 在此同态下每个 $\psi(\sigma)$ 在任一 c 上的作用由下式给出:

$$i(\psi(\sigma)c)=w_\sigma(ic)w_\sigma^{-1}.$$

此作用不依赖于 w_σ 的选取. 我们称 (1.10) 是 C 被 G 的具有算子 ψ 的扩张. 此时 C 在 ψ 下成为 G 模.

对于给定的任一同态 $\psi:\ G \to \mathrm{Aut}\, C$, 至少存在一个 C 被 G 的具有算子 ψ 的扩张, 即具有以下乘法的半直积 $C \rtimes_\psi G$:

$$(c,\sigma)(b,\tau) = (c\psi(\sigma)b, \sigma\tau), \tag{1.12}$$

其中 (c,σ), (b,τ) 为 $C \rtimes_\psi G$ 的底集合 $C \times G$ 中的元素. 正合序列

$$1 \longrightarrow C \xrightarrow{i} C \rtimes_\psi G \xrightarrow{j} G \longrightarrow 1$$

由 $i(c) = (c,1)$ 和 $j(c,\sigma) = \sigma$ 给出. 并且 j 有右逆 s, 其定义为 $s(\sigma) = (1,\sigma)$.

给定另一个群扩张 (C' 交换)

$$1 \longrightarrow C' \xrightarrow{i'} W' \xrightarrow{j'} G' \longrightarrow 1. \tag{1.13}$$

由序列 (1.10) 到序列 (1.13) 的一个同态是指一组使得下面图交换的同态 α, β, γ:

$$\begin{array}{ccccccccc} 1 & \longrightarrow & C & \longrightarrow & W & \longrightarrow & G & \longrightarrow & 1 \\ & & \downarrow{\scriptstyle\alpha} & & \downarrow{\scriptstyle\beta} & & \downarrow{\scriptstyle\gamma} & & \\ 1 & \longrightarrow & C' & \longrightarrow & W' & \longrightarrow & G' & \longrightarrow & 1 \end{array} \tag{1.14}$$

设 ψ 和 ψ' 分别是与序列 (1.10) 和序列 (1.13) 相关的算子. 则 G 通过 γ 作用在 C' 上: 对于 $\sigma \in G$ 和 $c' \in C'$, σ 在 c' 上作用的结果等于 $\psi'(\gamma\sigma)(c')$. 容易验证

$$\alpha(\psi(\sigma)c) = \psi'(\gamma\sigma)(\alpha c). \tag{1.15}$$

进一步, 如果 $C = C'$, $\alpha = 1_G$, $G = G'$, $\gamma = 1_G$, 我们则称扩张 W 和 W' 为等价的. 此时 (非交换的) 短的五引理保证 β 是同构. C 的所有被 G 的具有算子 ψ 的扩张的等价类组成的集合记为 $\varepsilon(G, C, \psi)$.

序列 (1.10) 所示的扩张被称为分裂的, 如果存在一个同态 $s:\ G \to W$ 使得 $js = 1_G$. 半直积扩张 $C \rtimes_\psi G$ 是分裂的. 反之如果序列 (1.10) 在 $s:\ G \to W$ 下是分裂的, 则它在下述同构 β 下等价于半直积 $C \rtimes_\psi G$:

$$\begin{aligned} \beta:\ W &\longrightarrow C \rtimes_\psi G \\ w &\longmapsto (i^{-1}(w(sjw)^{-1}), jw). \end{aligned}$$

详言之, 即有

$$\begin{aligned} wv(sj(wv))^{-1} &= w(sjw)^{-1}(sjw)v(sjv)^{-1}(sjw)^{-1} \\ &= w(sjw)^{-1} i(\psi(jw) i^{-1}(v(sjv)^{-1})). \end{aligned}$$

命题 1.2.4 对于给定的同态 $\psi: G \to \mathrm{Aut}\, C$, 有

(1) 扩张 (1.10) 的因子集 $\{c_{\sigma,\tau}\}$ 是一个 2 上闭链.

(2) 将 C 的每个被 G 的具有算子 ψ 的扩张对应到它的因子集的映射

$$\varepsilon(G, C, \psi) \longrightarrow H^2_\psi(G, C)$$

是双射 (这里 H^2_ψ 表示 C 在 ψ 下作为 G 模的二维上同调群).

(3) 在 (2) 中所述的双射下, 分裂的扩张对应于 H^2_ψ 的零元素.

命题 1.2.5 给定扩张 (1.10) 和 (1.13) 以及同态 $\alpha: C \to C'$, $\gamma: G \to G'$. 设 $\{c_{\sigma,\tau}\}$ (相应地, $\{b_{\sigma,\tau}\}$) 是 (1.10) (相应地, (1.13)) 的关于选定的陪集代表 w_σ (相应地, v_σ) 的因子集. 则存在一个同态 $\beta: W \to W'$ 使得图 (1.14) 交换的充分必要条件是

(1) α 是 G 同态, 这里 G 通过 γ 作用在 C' 上,

(2) $\alpha c_{\sigma,\tau}$ 和 $b_{\gamma\sigma,\gamma\tau}$ 作为 G 的取值在 C' 中的上闭链是同调的.

进一步, 如果两个 β 相差由某个元素 $c' \in C'$ 引起的 W' 的内自同构, 我们就称这两个 β 是等价的. $H^1(G, C')$ 传递地作用在这些等价类上, 并且没有不动点. 特别地, 如果 $H^1(G, C') = 0$, 则所有的 β 都彼此等价.

下面我们证明以上的两个命题. 在证明之前我们对于符号做一些约定.

把序列 (1.10) 中的 C 与 iC 等同, 我们无妨设 C 为 W 的正规子群. 于是有同构 $W/C \cong G$. 我们还将在下文中不再写出 C 作为 G 模时的算子 ψ, 即 G 把在 C 上的作用写为

$$\sigma(c) = {}^\sigma c = w_\sigma c w_\sigma^{-1}. \tag{1.16}$$

我们将用 i, j 代替 (1.13) 中的 i', j'.

命题 1.2.4 的证明 由 W 中的乘法的结合律可以得到因子集 $c_{\sigma,\tau}$ 满足的条件. 事实上, 一方面我们有

$$w_\rho(w_\sigma w_\tau) = w_\rho c_{\sigma,\tau} w_{\sigma\tau} = {}^\rho c_{\sigma,\tau} w_\rho w_{\sigma\tau} = {}^\rho c_{\sigma,\tau} c_{\rho,\,\sigma\tau} w_{\rho\sigma\tau},$$

另一方面

$$(w_\rho w_\sigma) w_\tau = c_{\rho,\,\sigma} w_{\rho\sigma} w_\tau = c_{\rho,\,\sigma} c_{\rho\sigma,\tau} w_{\rho\sigma\tau}.$$

比较以上二式, 得到

$${}^\rho c_{\sigma,\tau} c^{-1}_{\rho\sigma,\tau} c_{\rho,\,\sigma\tau} c^{-1}_{\rho,\,\sigma} = 1.$$

这说明 $c_{\sigma,\tau}$ 是 G 上的取值在 (乘法) G 模 C 中的 2 上闭链. 这就证明了命题 1.2.4 的 (1).

由命题 1.2.5 中的 (2) 我们将看到：由陪集代表 w_σ 的不同选取所得到的上闭链都同调于 $c_{\sigma,\tau}$. 进而 C 的被 G 的具有相同算子 ψ 的两个等价的扩张对应于 $H^2_\psi(G,C)$ 中的同一个上同调类.

W 中的乘法可以用 C 和 G 中的乘法, G 在 C 上的作用和因子集 $c_{\sigma,\tau}$ 表出. 事实上, 如果 $w = cw_\sigma$ 和 $v = bw_\tau$ 是 W 的两个元素, 则有

$$wv = cw_\sigma bw_\tau = cw_\sigma bw_\sigma^{-1}w_\sigma w_\tau = c\,{}^\sigma b w_\sigma w_\tau,$$

或

$$wv = (c\,{}^\sigma b\, c_{\sigma,\tau})(w_{\sigma\tau}). \tag{1.17}$$

这启示我们如何反过来构造由上同调群到群扩张的对应, 即从给定的算子 $G \to \operatorname{Aut} C$ 和相应于该算子的 G 上的取值在 C 中的 2 上闭链出发, 如何构造一个群扩张, 使得上述的 2 上闭链是由此群扩张得到的. 我们定义 W 的元素为形如 $c \star w_\sigma$ $(c \in C, \sigma \in G)$ 的符号, W 的乘法为 (被 $c_{\sigma,\tau}$ 扭动的半直积)：

$$(c \star w_\sigma)(b \star w_\tau) = (c\,{}^\sigma b\, c_{\sigma,\tau}) \star (w_{\sigma\tau}). \tag{1.18}$$

此乘法的结合律是 2 上边缘关系 $(\partial c)_{\rho,\,\sigma,\tau} = 1$ 和指数形状的表达式 ${}^\sigma c$ 的通常性质的直接推论. 对于固定的 $\alpha,\ \beta \in W$, 容易看出方程

$$\alpha\xi = \beta, \qquad \eta\alpha = \beta$$

在 W 中有解. 于是 W 构成一个群. W 中的单位元和逆元的确切表达式为

$$\begin{aligned} 1 &= c_{1,1}^{-1} \star w_1, \\ (c \star w_\sigma)^{-1} &= {}^{\sigma^{-1}}c^{-1}_{\sigma^{-1},\,\sigma} c_{1,1}^{-1} \star w_{\sigma^{-1}}. \end{aligned} \tag{1.19}$$

定义映射

$$j:\ W \longrightarrow G$$
$$c \star \sigma \longmapsto \sigma.$$

则 j 是满同态. j 的核由所有形如 $c \star w_1$ 的元素组成. 此子群在对应 $c \leftrightarrow (cc_{1,1}^{-1} \star w_1)$ 下同构于 C. 因此我们可以将此子群与 C 等同起来, 即令 $c = cc_{1,1}^{-1} \star w_1$, 同时令 $w_\sigma = 1 \star w_\sigma$. 这样, 我们有

$$\begin{aligned} cw_\sigma &= (cc_{1,1}^{-1} \star w_1)(1 \star w_\sigma) = cc_{1,1}^{-1}c_{1,\sigma} \star w_\sigma = c \star w_\sigma, \\ w_\sigma c &= (1 \star w_\sigma)(cc_{1,1}^{-1} \star w_1) = {}^\sigma c\,{}^\sigma c_{1,1}^{-1} c_{\sigma,1} \star w_\sigma = {}^\sigma c \star w_\sigma = {}^\sigma c w_\sigma, \\ w_\sigma w_\tau &= (1 \star w_\sigma)(1 \star w_\tau) = c_{\sigma,\tau} \star w_{\sigma\tau} = c_{\sigma,\tau} w_{\sigma\tau}. \end{aligned}$$

这说明：作为构造 W 的出发点的 G 在 C 上的作用和 2 上闭链 $c_{\sigma,\tau}$ 恰是从我们刚刚得到的群扩张 W 导出的. 这就证明了命题 1.2.4 的 (2).

最后, 显然半直积 $C \rtimes G$ 以平凡函数 $c_{\sigma,\tau}=1$ 作为它的一个因子集, 由此得到命题 1.2.4 的 (3). 这就完成了命题 1.2.4 的证明. □

命题 1.2.5 的证明 沿用上面的记号. 因为把 i 视为含入映射, 所以 α 是 β 在 C 上的限制. 设已经给定 β, 则对于任一 $w=cw_\sigma\in W$, 有

$$\beta w=\beta(cw_\sigma)=(\beta c)(\beta w_\sigma)=(\alpha c)(\beta w_\sigma).$$

所以, 为了完全刻画 β, 只要给出元素 βw_σ. 由于

$$j(\beta w_\sigma)=\gamma j w_\sigma=\gamma\sigma=j(v_{\gamma\sigma}),$$

故存在 $c'_\sigma\in C'$ 使得

$$\beta w_\sigma=c'_\sigma v_{\gamma\sigma}.$$

于是 β 被由 G 到 C' 的函数 $\sigma\mapsto c'_\sigma$ 所刻画.

由于 β 是同态, 故必有

$$\beta(w_\sigma c w_\sigma^{-1})=(\beta w_\sigma)(\alpha c)(\beta w_\sigma)^{-1},$$
$$\beta(w_\sigma w_\tau)=\beta(w_\sigma)\beta(w_\tau).$$

以上二式等于说

$$\alpha({}^\sigma c)={}^{\gamma\sigma}(\alpha c),$$
$$\alpha c_{\sigma,\tau}=b_{\gamma\sigma,\gamma\tau}({}^{\gamma\sigma}c'_\tau c'^{-1}_{\sigma\tau}c'_\sigma).$$

如果我们令 G 通过 γ 作用在 C' 上, 则第一个等式意味着 α 是一个 G 同态, 而第二个等式意味着 G 的取值在 C' 中的 2 上闭链 $\alpha(c_{\sigma,\tau})$ 与 $b_{\gamma\sigma,\gamma\tau}$ 相差 G 的取值在 C' 中的 1 上链 c'_σ 的上边缘, 即 $\alpha_*[c_{\sigma,\tau}]=\gamma^*[b_{\sigma,\tau}]$.

反之, 容易验证命题 1.2.5 中的条件 (1), (2) 保证 β 的存在性.

对于给定的 α 和 γ, 为了计算不同的 β 的个数, 我们来考虑 1 上闭链 $c'_\sigma=(\beta w_\sigma)v_{\gamma\sigma}^{-1}$ 共有多少. 这些 1 上闭链能够刻画 β. 如果 β 和 $\tilde\beta$ 是两个 β, 则像我们已经看到的那样, 它们相应的 c' 和 $\tilde c$ 有相同的上边缘, 所以他们的商

$$d_\sigma=\tilde c_\sigma c'^{-1}_\sigma=(\tilde\beta w_\sigma)v_{\gamma\sigma}^{-1}v_{\gamma\sigma}(\beta w_\sigma)^{-1}=(\tilde\beta w_\sigma)(\beta w_\sigma)^{-1}$$

是 G 的取值在 C' 中的 1 上闭链. 易见这个上闭链不依赖于陪集代表 w_σ 的选取：事实上如果我们用 cw_σ 代替 w_σ $(c\in C)$, 则 d_σ 变为 $(\alpha c)d_\sigma(\alpha c)^{-1}=d_\sigma$. 所以 1 上闭链 $d=d_\sigma$ 在同态的集合 $\{\beta\}$ 上有一个自然的作用, 其定义为

$(d\cdot\beta)(w_\sigma)=d_\sigma(\beta w_\sigma)$ (群作用所要求的 $d'(d\beta)=(d'd)\beta$ 显然成立). 由以上的讨论知道这个作用显然是传递的, 并且没有不动点. 这就是说: 如果 β_0 是一个 β, 则对应 $d\leftrightarrow d\beta_0$ 是所有的 d 和所有的 β 之间的一一对应.

最后我们只要证明 1 上边缘 $(\partial b)_\sigma={}^{\gamma\sigma}bb^{-1}$ 在 β 上的作用的结果是 β 与 W' 的内自同构 $w\mapsto b^{-1}wb$ 的复合. 事实上, 我们有

$$((\partial b)\cdot\beta)w_\sigma=(b^{-1})({}^{\gamma\sigma}b)(\beta w_\sigma)=b^{-1}(\beta w_\sigma)b.$$

这就完成了命题 1.2.5 的证明. □

1.3 上 积

1.3.1 上积的定义和性质

设 A, B 是 G 模, 则 $A\otimes B$ 具有 $G\times G$ 模结构 (只要定义 $(\sigma,\tau)(a\otimes b)=\sigma a\otimes\tau b$). 对于 $a\in H^p(G,A)$ 和 $b\in H^q(G,B)$, 有 $a\otimes b\in H^{p+q}(G\times G,A\otimes B)$. 设 $\Delta:\ G\to G\times G$ 是对角映射, 则 $\Delta^*(a\otimes b)$ 是 $H^{p+q}(G,A\otimes B)$ 的一个元素, 称之为 a 与 b 的**上积** (cup product), 记为 $a\cup b$ (此处 $A\otimes B$ 有 G 模结构, 由 $\sigma(a\otimes b)=\sigma a\otimes\sigma b$ 给出). 事实上对于所有的整数 p, q 和所有的 G 模 A, B, 存在唯一的一族同态

$$\begin{aligned}\hat H^p(G,A)\otimes\hat H^q(G,B)&\longrightarrow\hat H^{p+q}(G,A\otimes B)\\ a\otimes b&\longmapsto a\cup b,\end{aligned}$$

满足以下条件:

(C1) 这些同态关于 A 和 B 是函子性的, 即它们是关于 (A,B) 的共变双函子的态射.

(C2) 对于 $p=q=0$, 它们由自然的乘积

$$A^G\otimes_{\mathbb Z}B^G\longrightarrow(A\otimes_{\mathbb Z}B)^G$$

所诱导.

(C3) 如果 $0\to A\to A'\to A''\to 0$ 是 G 模的正合序列, 并且 $0\to A\otimes B\to A'\otimes B\to A''\otimes B\to 0$ 也正合, 则对于 $a''\in\hat H^p(G,A'')$ 和 $b\in\hat H^q(G,B)$, 有

$$(\delta a'')\cup b=\delta(a''\cup b)\ (\in\hat H^{p+q+1}(G,A\otimes B)).$$

(C4) 如果 $0 \to B \to B' \to B'' \to 0$ 是 G 模的正合序列, 并且 $0 \to A \otimes B \to A \otimes B' \to A \otimes B'' \to 0$ 也正合, 则对于 $a \in \hat{H}^p(G, A)$ 和 $b'' \in \hat{H}^q(G, B'')$, 有

$$a \cup (\delta b'') = (-1)^p \delta(a \cup b'') \ (\in \hat{H}^{p+q+1}(G, A \otimes B)).$$

上积的下述性质容易由维数移动定理导出:

(1) $(a \cup b) \cup c = a \cup (b \cup c)$ (将 $(A \otimes B) \otimes C$ 与 $A \otimes (B \otimes C)$ 等同).

(2) $a \cup b = (-1)^{\dim a \cdot \dim b} b \cup a$ (将 $A \otimes B$ 与 $B \otimes A$ 等同).

(3) $\mathrm{Res}(a \cup b) = \mathrm{Res}(a) \cup \mathrm{Res}(b)$.

(4) $\mathrm{Cor}(a \cup \mathrm{Res}(b)) = \mathrm{Cor}(a) \cup b$.

更一般地, 设 A, B, C 是 G 模, $\varphi:\ A \times B \to C$ 是 G 模同态. 例如

$$\begin{aligned} A \times \mathrm{Hom}(A, B) &\longrightarrow B \\ (a, f) &\longmapsto f(a). \end{aligned}$$

如果我们把上积与 φ 所诱导的上同调同态 φ^* 复合起来, 则有

$$\begin{aligned} \hat{H}^p(G, A) \otimes \hat{H}^q(G, B) &\longrightarrow \hat{H}^{p+q}(G, C) \\ a \otimes b &\longmapsto \varphi^*(a \cup b). \end{aligned}$$

$\varphi^*(a \cup b)$ 称为 a 和 b 相对于 φ 的**上积** (cup product).

作为上积计算的一个例子, 我们将证明: 如果 G 是有限循环群, A 是有限 G 模, 则所有的 $\hat{H}^n(G, A)$ $(n \in \mathbb{Z})$ 有相同的阶. 这个结果可以由下面将要给出的两个命题得到.

设 G 是阶为 m 的循环群, α 是 G 的一个生成元. 则 G 有一个特别简单的完全化解 $K_\bullet$: $K_\bullet$ 中的每个 K_i 都同构于 $\Lambda = \mathbb{Z}[G]$, 若 i 为偶数, 则 $\mathrm{d}:\ K_{i+1} \to K_i$ 是用 $T = \sigma - 1$ 作乘法, 若 i 是奇数, 则 $\mathrm{d} = \mathrm{N}$ (或说用 N 作乘法). T 的核为 $\Lambda^G = \mathrm{N} \cdot \Lambda = \mathrm{Im}\,\mathrm{N}$, T 的像是 $I_G = \mathrm{Ker}\,\mathrm{N}$. 所以对于任意 G 模 A, 复形 $\mathrm{Hom}_G(K_\bullet, A)$ 为

$$\cdots A \overset{\mathrm{N}}{\leftarrow} A \overset{T}{\leftarrow} A \overset{\mathrm{N}}{\leftarrow} A \overset{T}{\leftarrow} \cdots$$

故

$$\begin{aligned} \hat{H}^{2n}(G, A) &= \hat{H}^0(G, A) = A^G/\mathrm{N}A, \\ \hat{H}^{2n+1}(G, A) &= \hat{H}^{-1}(G, A) = {}_{\mathrm{N}}A/I_G A, \end{aligned}$$

其中 ${}_{\mathrm{N}}A$ 是 $\mathrm{N}:\ A \to A$ 的核.

特别地, $H^2(G, \mathbb{Z}) = \mathbb{Z}^G/\mathrm{N}\mathbb{Z} = \mathbb{Z}/m\mathbb{Z}$ 是 m 阶循环群.

命题 1.3.1　设 G 是 m 阶循环群. 则对于任意的 $n \in \mathbb{Z}$ 和所有的 G 模 A, 用 $H^2(G,\mathbb{Z})$ 的一个生成元作上积得到的映射

$$\hat{H}^n(G,A) \longrightarrow \hat{H}^{n+2}(G,A)$$

同构.

证明　正合序列

$$\begin{cases} 0 \longrightarrow I_G \longrightarrow \Lambda \longrightarrow \mathbb{Z} \longrightarrow 0 \\ 0 \longrightarrow \mathbb{Z} \xrightarrow{\mathrm{N}} \Lambda \xrightarrow{T} I_G \longrightarrow 0 \end{cases} \tag{1.20}$$

给出同构

$$\hat{H}^0(G,\mathbb{Z}) \xrightarrow{\delta} \hat{H}^1(G,I_G) \xrightarrow{\delta} \hat{H}^2(G,\mathbb{Z}).$$

由于 (1.20) 式中的两个序列都在 $\mathbb{Z}$ 上分裂, 所以它们与 A 作张量积后仍保持正合. 所以我们只要证明用 $\hat{H}^0(G,\mathbb{Z})$ 的生成元作上积导致 $\hat{H}^n(G,A)$ 的自同构. 由维数移动定理我们只要证明 $n=0$ 的情形. 因为 $\hat{H}^0(G,\mathbb{Z})=\mathbb{Z}/m\mathbb{Z}$, 所以 $\hat{H}^0(G,\mathbb{Z})$ 的生成元 b 由与 m 互素的一个整数 β 所表示. 用 b 作上积就是用 β 作乘法. 这显然是一个自同构. □

命题 1.3.2　设 G 是有限阶循环群, A 是有限 G 模. 则 $\hat{H}^0(G,A)$ 和 $\hat{H}^1(G,A)$ 有相同的阶.

证明　考虑正合序列

$$0 \longrightarrow A^G \longrightarrow A \xrightarrow{T} A \longrightarrow A_G \longrightarrow 0,$$

$$0 \longrightarrow \hat{H}^1(A) \longrightarrow A_G \xrightarrow{\mathrm{N}} A^G \longrightarrow \hat{H}^0(A) \longrightarrow 0.$$

由第一个序列知 A^G 和 A_G 的阶相等. 再由第二个序列即知 $\hat{H}^0(G,A)$ 和 $\hat{H}^1(G,A)$ 的阶相同. □

1.3.2　对偶定理

在本小节中我们综述 Tate 和 Nakayama 的一些定理.

设 A,B,C 是 G 模, $\varphi: A\times B \to C$ 是 G 模同态. 又设 $q\in\mathbb{Z}$, $a\in\hat{H}^q(G,A)$. 对于的 G 任一子群 G' 和任一 G 模 D, 令

$$f(q,n,G',D):\ \hat{H}^n(G',B\otimes D) \longrightarrow \hat{H}^{n+q}(G',C\otimes D)$$

为用 $\mathrm{Res}_{G/G'}(a)$ 作上积所给出的同态 (相对于映射 $A\otimes(B\otimes D)\to C\otimes D$).

定理 1.3.3　设对于任意素数 p 和 G 的所有 p-Sylow 子群 G_p，都存在整数 n_p 使得 $f(q,n,G',\mathbb{Z})$ 在 $n=n_p$ 时是满射，在 $n=n_p+1$ 时是双射，在 $n=n_p+2$ 时是单射. 则对于所有的整数 n, G 的所有的子群 G', 所有满足 $\mathrm{Tor}(B,D)=\mathrm{Tor}(C,D)=0$ 的 G 模 D, $f(q,n,G',D)$ 都是双射.

我们建议读者参看 [333] IX § 8 中给出的此定理的证明. 我们将要用到此定理的下述的直接推论.

推论 1.3.4　如果对于 $n=-1,\ 0,\ 1$ 和 G 的所有 Sylow 子群 G', $f(2,n,G',\mathbb{Z})$ 都是双射，则对于所有的自由 G 模 D, $f(2,n,G,D)$ 是双射.

设 G, p, G_p 如上. 一个 G 模 A 称为**类模** (class module), 如果存在一个类 $a\in H^2(G,A)$, 使得对于任意素数 p，下述两个条件成立:

(1)　$H^1(G_p,A)=0$,

(2)　$H^2(G_p,A)$ 由 $\mathrm{Res}_{G/G_p}(a)$ 生成, 并且它的阶等于 G_p 的阶.

这样的类 a 称为**基本类** (fundamental class).

设是 A 类模. 我们在定理 1.3.3 中取 $B=\mathbb{Z}$, $C=A$, $q=2$, $n_p=-1$. 对于 $n=-1$, $f(2,n,G_p,\mathbb{Z})$ 的满性来自类模的条件 (1). 对于 $n=0$, $\hat{H}^0(G_p,\mathbb{Z})$ 是循环群, 其阶等于 G_p 的阶, 所以条件 (2) 保证 $f(2,n,G_p,\mathbb{Z})$ 是双射. 对于 $n=1$, 由 $H^1(G_p,\mathbb{Z})=\mathrm{Hom}(G_p,\mathbb{Z})=0$ 知 $f(2,n,G_p,\mathbb{Z})$ 是单射. 所以定理 1.3.3 的所有假设条件都被满足. 于是我们有下面的推论:

推论 1.3.5　设 A 是类模, a 是一个基本类. 如果 D 是 G 模, 使得 $\mathrm{Tor}(A,D)=0$ (即 D 无扭或是平凡 G 模 $\mathbb{Z}$), 则对于 G 的所有子群 H 和所有整数 n, 用 $\mathrm{Res}_{G/H}(a)$ 作上积诱导出同构：

$$\hat{H}^n(H,D)\longrightarrow \hat{H}^{n+2}(H,A\otimes D).$$

为了叙述下面的定理, 我们引入对偶群的概念.

对于 Abel 群 A, 我们称 $A^*=\mathrm{Hom}(A,\mathbb{Q}/\mathbb{Z})$ 为 A 的**对偶群** (dual group). 如果 A 是 G 模, 则在 $(\sigma\alpha)(a)=\alpha(\sigma^{-1}a)$ ($\sigma\in G$, $\alpha\in A^*$, $a\in A$) 下 A^* 也是 G 模. 此时双线偶对

$$\langle\ ,\ \rangle:\ A^*\times A\longrightarrow \mathbb{Q}/\mathbb{Z}$$

$$\langle\alpha,a\rangle=\alpha(a)$$

是 G 同态. 我们有相对于 $\langle\ ,\ \rangle$ 的上积

$$\hat{H}^{-n}(G,A^*)\times\hat{H}^{n-1}(G,A)\longrightarrow\hat{H}^{-1}(G,\mathbb{Q}/\mathbb{Z}).$$

由平凡 G 模的正合序列

$$0\longrightarrow\mathbb{Z}\longrightarrow\mathbb{Q}\longrightarrow\mathbb{Q}/\mathbb{Z}\longrightarrow 0$$

我们得到

$$\hat{H}^{-1}(G,\mathbb{Q}/\mathbb{Z}) \cong H^0(G,\mathbb{Z}) = \mathbb{Z}/n\mathbb{Z} \cong (\mathbb{Q}/\mathbb{Z})_n,$$

其中 $n=|G|$, $(\mathbb{Q}/\mathbb{Z})_n$ 是 $\mathbb{Q}/\mathbb{Z}$ 中阶整除 n 的元素组成的子群. 我们将此同构记为

$$\kappa^{-1}:\ \hat{H}^{-1}(G,\mathbb{Q}/\mathbb{Z}) \longrightarrow (\mathbb{Q}/\mathbb{Z})_n.$$

将 $\varphi\in\hat{H}^{-n}$ 映为同态 $\beta\mapsto\kappa^{-1}(\varphi\cup\beta)$ 的映射是一个同构:

$$\hat{H}^{-n}(G,A^*) \cong (\hat{H}^{n-1}(G,A))^*.$$

进一步, 如果 A 是 $\mathbb{Z}$ 自由的, 则我们有交换图

$$\begin{array}{ccccc}
\hat{H}^{n-1}(G,\mathrm{Hom}(A,\mathbb{Q}/\mathbb{Z})) & \times & \hat{H}^{-n}(G,A) & \longrightarrow & \hat{H}^{-1}(G,\mathbb{Q}/\mathbb{Z}) \\
\downarrow{\scriptstyle\delta} & & \downarrow{\scriptstyle 1} & & \downarrow{\scriptstyle\delta} \\
\hat{H}^{n}(G,\mathrm{Hom}(A,\mathbb{Z})) & \times & \hat{H}^{-n}(G,A) & \longrightarrow & \hat{H}^{0}(G,\mathbb{Z})
\end{array}$$

其中竖直箭头都是同构, 而底下的一行决定了一个正合对偶, 在此对偶下 $\hat{H}^n(G,\mathrm{Hom}(A,\mathbb{Z}))$ 同构于 $(\hat{H}^{-n}(G,A))^*$.

现在我们叙述对偶定理.

定理 1.3.6 设 M 是 $\mathbb{Z}$ 自由的 G 模, A 是一个类模. 则相对于自然偶对

$$\mathrm{Hom}(M,A)\times M \longrightarrow A$$

的上积决定一个正合偶对

$$\hat{H}^n(G,\mathrm{Hom}(M,A))\times\hat{H}^{2-n}(G,M) \longrightarrow \hat{H}^2(G,A).$$

此偶对诱导出同构

$$\hat{H}^n(G,\mathrm{Hom}(M,A)) \cong (\hat{H}^{2-n}(G,M))^*.$$

此定理的证明可以参看 [225] Chap. IV §5, 7, [175] p.23.

1.3.3 上积的计算和应用

在低维的情形我们可以确切地计算上积.

命题 1.3.7 设 A, B 是 G 模.

(1) 对于 $a \in A^G$, 令 $f_a\colon B \to A \otimes B$ 为由 $b \mapsto a \otimes b$ 给出的 G 同态. 则上积

$$\hat{H}^0(G,A) \otimes \hat{H}^n(G,B) \longrightarrow \hat{H}^n(G,A\otimes B)$$

由

$$[a] \cup [x] = f_a^*([x])$$

给出, 其中 $[a]$ 表示 a 所在的类, $[x] \in \hat{H}^n(G,B)$.

(2) 上积

$$\hat{H}^1(G,A) \otimes \hat{H}^{-1}(G,B) \longrightarrow \hat{H}^0(G,A\otimes B)$$

由

$$[f] \cup [b] = [\sum_{\sigma\in G} f(\sigma) \otimes \sigma b]$$

给出, 其中 $b \in B$ 满足 $\mathrm{N}_G b = 0$, f 是 G 的取值在 A 中的 1 上闭链.

(3) 上积

$$\hat{H}^1(G,A) \otimes \hat{H}^{-2}(G,B) \longrightarrow \hat{H}^{-1}(G,A\otimes B)$$

由

$$[f] \cup [x] = [\sum_{\sigma\in G} f(\sigma) \otimes x(\sigma)]$$

给出, 其中 f 是 G 的取值在 A 中的 1 上闭链, x 是 G 的取值在 B 中的 1 闭链.

(4) 上积

$$\hat{H}^{-2}(G,A) \otimes \hat{H}^2(G,B) \longrightarrow \hat{H}^0(G,A\otimes B)$$

由

$$[x] \cup [f] = [\sum_{\sigma,\tau\in G} \tau x(\sigma) \otimes f(\tau,\sigma)]$$

给出, 其中 f 是 G 的取值在 B 中的 2 上闭链, x 是 G 的取值在 A 中的 1 闭链.

详情参见 [333] Chap. XI Annexe.

设 A 是 $\mathbb{Z}$ 自由的 G 模, Q 是一个平凡 G 模. 则上面的命题中的情形 (3) 给出一个偶对

$$H^1(G,\mathrm{Hom}(A,Q)) \times H_1(G,A) \longrightarrow H_0(G,Q) = Q,$$

因而有同态

$$\Phi\colon H^1(G,\mathrm{Hom}(A,Q)) \longrightarrow \mathrm{Hom}(H_1(G,A),Q). \qquad (1.21)$$

命题 1.3.8　如果 Q 是 $\mathbb{Z}$ 内射的, 则 Φ 是同构.

证明　设 f 是 G 的取值在 $\mathrm{Hom}(A, Q)$ 中的 1 上闭链, x 是 G 的取值在 A 中的 1 闭链, 则 (1.21) 式之前的偶对将 $([f], [x])$ 映为

$$\sum_{\sigma\in G}\langle f(\sigma), x(\sigma)\rangle.$$

如果 $\Phi([f]) = 0$, 则

$$x \longmapsto \sum_{\sigma\in G}\langle f(\sigma), x(\sigma)\rangle$$

是由 1 链群到 Q 的一个同态, 它在 1 闭链上取之为零. 所以它定义了 0 维边缘到 Q 的一个映射. 此映射可以扩充为由 A 到 Q 的一个同态 f'. 于是对于所有的 1 链 x,

$$\sum_{\sigma\in G}\langle f(\sigma) - \mathrm{d}f'(\sigma), x(\sigma)\rangle$$

都等于零. 这意味着 $f = \mathrm{d}f'$, 即 $[f] = 0$. 这就证明了 Φ 是单射. 反之, 设 Ψ 是由 $H_1(G, A)$ 到 Q 的一个同态, 则 Ψ 决定了由 1 闭链群到 Q 的一个同态. 此同态可以扩充为由 1 链群到 Q 的同态 Ψ'. 对于 $\sigma \in G$, 令 $f(\sigma)$ 为 $\mathrm{Hom}(A, Q)$ 中由 $\langle f(\sigma), \hat{\lambda}\rangle = \Psi'(x)$ 所定义的元素, 其中 x 是一个 1 链, 满足条件 $x(\sigma) = \hat{\lambda}$ 以及 $x(\tau) = 0$ $(\forall\, \tau \neq \sigma)$. 则对于任意 1 链, 有

$$\Psi'(x) = \sum_{\sigma\in G}\langle f(\sigma), x(\sigma)\rangle.$$

对于 $\sigma_1, \sigma_2 \in G$, 令 x 是一个 2 链, 其定义为 $x(\sigma_1, \sigma_2) = \hat{\lambda}$ 以及 $x(\tau, \sigma) = 0$ $(\tau \neq \sigma_1$ 或 $\sigma \neq \sigma_2)$. 则

$$\mathrm{d}x(\sigma) = \sum_{\tau\in G}\tau^{-1}x(\tau, \sigma) - \sum_{\tau\in G}x(\sigma\tau^{-1}, \tau) + \sum_{\tau\in G}x(\sigma, \tau).$$

此式右端的第一的求和当 $\sigma = \sigma_2$ 时等于 $\sigma_1^{-1}\hat{\lambda}$, 而对于其余的 σ 都等于零. 第二的求和当 $\sigma = \sigma_1\sigma_2$ 时等于 $\hat{\lambda}$, 而对于其余的 σ 都等于零. 第三的求和当 $\sigma = \sigma_1$ 时等于 $\hat{\lambda}$, 而对于其余的 σ 都等于零. 于是

$$\begin{aligned}0 = \Psi'(\mathrm{d}x) &= \langle f(\sigma_2), \sigma_1^{-1}\hat{\lambda}\rangle - \langle f(\sigma_1\sigma_2), \hat{\lambda}\rangle + \langle f(\sigma_1), \hat{\lambda}\rangle\\ &= \langle \sigma_1 f(\sigma_2) - f(\sigma_1\sigma_2) + f(\sigma_1), \hat{\lambda}\rangle.\end{aligned}$$

这意味着 f 是一个上闭链, $\Psi = \Phi(f)$. 这就证明了 Φ 是满射. 因此 Φ 是同构. □

作为此命题的一个应用, 我们来计算映射 $H_1(C, A) \to H_1(W, A)$ 的核 (见命题 1.2.2 中的 (1.6) 式).

命题 1.3.9　设 G 是有限群, C 是 G 的一个类模, $\alpha \in H^2(G,C)$ 是一个基本类,

$$1 \longrightarrow C \xrightarrow{i} W \xrightarrow{j} G \longrightarrow 1$$

是属于类 α 的一个群扩张. 又设 A 是 $\mathbb{Z}$ 自由的 G 模, Z 是范数映射

$$\mathrm{N}_G:\ H_1(C,A) \longrightarrow H_1(C,A)$$

的核. 则序列

$$0 \longrightarrow Z \longrightarrow H_1(C,A) \longrightarrow H_1(W,A) \longrightarrow H_1(G,A) \longrightarrow 0 \tag{1.22}$$

正合.

证明　根据命题 1.2.2, 我们只要证明 Z 是映射的核. 这等价于证明伴随映射

$$\mathrm{Hom}(H_1(W,A),\mathbb{Q}/\mathbb{Z}) \longrightarrow \mathrm{Hom}(H_1(C,A),\mathbb{Q}/\mathbb{Z})$$

的像由在 Z 上取值为零的同态组成. 应用命题 1.3.8 给出的同构 Φ (它具有函子性质), 我们只要证明映射

$$\mathrm{Res}:\ H^1(W,\mathrm{Hom}(A,\mathbb{Q}/\mathbb{Z})) \longrightarrow H^1(C,\mathrm{Hom}(A,\mathbb{Q}/\mathbb{Z})) \tag{1.23}$$

的像由在 Φ 下对应于在 Z 上取值为零的同态的元素组成. 这个证明由以下三步给出.

第一步. 首先证明: 一个 1 上闭链 $\psi:\ C \to \mathrm{Hom}(A,\mathbb{Q}/\mathbb{Z})$ 属于 (1.23) 式的像当且仅当存在由 W 到半直积 $\mathrm{Hom}(A,\mathbb{Q}/\mathbb{Z}) \rtimes G$ 的同态 ψ' 使得下图交换:

$$\begin{array}{ccccccccc}
0 & \longrightarrow & C & \xrightarrow{\ i\ } & W & \xrightarrow{\ j\ } & G & \longrightarrow & 0 \\
 & & \downarrow{\scriptstyle \psi} & & \downarrow{\scriptstyle \psi'} & & \downarrow{\scriptstyle \mathrm{id}} & & \\
0 & \longrightarrow & \mathrm{Hom}(A,\mathbb{Q}/\mathbb{Z}) & \longrightarrow & \mathrm{Hom}(A,\mathbb{Q}/\mathbb{Z}) \rtimes G & \longrightarrow & G & \longrightarrow & 0
\end{array} \tag{1.24}$$

事实上, 如果 ψ 是 W 的取值在 $\mathrm{Hom}(A,\mathbb{Q}/\mathbb{Z})$ 中的 1 上闭链 f 的限制, 则定义 $\psi'(w) = f(w) \times j(w)$ 就使得图 (1.24) 交换. 反之, 如果图 (1.24) 交换, 则由 $\psi'(w) = f(w) \times j(w)$ 所定义的 f 是一个上闭链, 它在 C 上的限制就是 ψ.

第二步. 根据命题 1.2.5, 对于给定的 ψ, 存在 ψ' 使得图 (1.24) 交换当且仅当以下两个条件成立: (i) ψ 是 G 同态, (ii) $\psi(\alpha) = 0$ (注意图 (1.24) 的底行是分裂的). 令 $\varphi = \Phi(\psi)$. 如果 φ 在 Z 上取值为零, 则条件 (i) 是成立的 (因为 Φ 是 G 同态).

第三步. 最后证明 $\psi(\alpha)=0$ 当且仅当 ψ 在 Z 上取值为零. 考虑图:

$$\begin{array}{ccc} A\otimes C & \xrightarrow{\mathrm{id}\otimes\psi} & A\otimes \mathrm{Hom}(A,\mathbb{Q}/\mathbb{Z}) \\ \downarrow & & \downarrow \\ H_1(C,A) & \xrightarrow{\psi} & \mathbb{Q}/\mathbb{Z} \end{array}$$

其中左边的竖直箭头将 $a\otimes c$ 映为在 c 处取值为 a 而在 C 的其他元素处取值皆为零的 1 闭链所在的类. 继续用 ψ 作用, 我们得到 $\langle\psi(c),a\rangle$, 这正是在此图中由 $a\otimes c$ 出发沿着另一条路线得到的结果. 这说明此图示交换的. 如果 ψ (因而 φ) 是 G 不变的, 则此图导致下面的交换图:

$$\begin{array}{ccc} \hat{H}^{-3}(G,A)\otimes\hat{H}^2(G,C) & \longrightarrow & \hat{H}^{-3}(G,A)\otimes\hat{H}^2(G,\mathrm{Hom}(A,\mathbb{Q}/\mathbb{Z})) \\ \downarrow{\scriptstyle\mu} & & \downarrow{\scriptstyle\nu} \\ \hat{H}^{-1}(G,H_1(C,A)) & \longrightarrow & \hat{H}^{-1}(G,\mathbb{Q}/\mathbb{Z}) \end{array}$$

其中的竖直箭头由上积给出. 由图的交换性易见 $\psi(\alpha)=0$ 当且仅当 $\nu(\beta\otimes\psi(\alpha))=0\ (\forall\,\beta)$. 另一方面, 由于 α 是类模 C 的基本类, 由 Tate 和 Nakayama 的定理知: 映射 $\gamma\mapsto\mu(\gamma\otimes\alpha)$ 是由 $\hat{H}^{-3}(G,A)$ 到 $\hat{H}^{-1}(G,H_1(C,A))$ 的同构. 于是 $\psi(\alpha)=0$ 当且仅当此图的底行的箭头是 0. 由 $\hat{H}^{-1}$ 的定义即知这当且仅当 ψ 在 Z 上取值为零. □

1.4　连续上同调

在本小节我们假定 G 是投射有限拓扑群. 设 $\{U_i\}_{i\in I}$ 是 G 的所有开正规子群. 在指标集 I 上定义偏序为 : $i\leqslant j$ 当且仅当 $U_i\supseteq U_j$. 则 $G\cong\varprojlim G/U_i$.

设 A 是 G 模, 则以下三条等价:

(1) $A=\bigcup_{i\in I}A^{U_i}$.

(2) A 的任一元素在 G 中的稳定子群都是 G 的开子群.

(3) G 模结构映射 $G\times A\to A$ 连续, 这里 A 的拓扑为离散拓扑.

满足以上条件的模称为**离散 G 模** (discrete G-module). 我们将只考虑这样的模. 显然有 $A=\varinjlim A^{U_i}$. 我们以 $\mathcal{M}(G)$ 记离散 G 模和连续同态的范畴.

范畴 $\mathcal{M}(G)$ 是 Abel 范畴, 并且有足够的内射. 于是我们可以 (通过范畴 $\mathcal{M}(G)$ 中的右导出函子) 定义 G 关于 A 的上同调群为

$$H^n(G,A)=\mathrm{Ext}^n_G(\mathbb{Z},A)\qquad(n\geqslant 0)$$

(参见 [103] p.5). 定义 $H^n(G,A)$ 的另一条路线是应用维数移动：令 $M(G,A)$ 为由 G 到 A 的所有连续函数组成的群, 在 $M(G,A)$ 上定义模结构为

$$\sigma\varphi(\tau)=\varphi(\tau\sigma),\qquad \sigma,\tau\in G,\ \ \varphi\in M(G,A),$$

则 $M(G,A)$ 是离散 G 模. 如果我们将 $a\in A$ 映为 $\iota_a\in M(G,A)$, 其中 ι_a 的定义为 $\iota_a(\sigma)=\sigma a$, 则有正合序列

$$0\longrightarrow A\xrightarrow{\ \iota\ } M(G,A)\longrightarrow \operatorname{Coker}\iota\longrightarrow 0.$$

现在我们可以令

$$\begin{aligned}&H^0(G,A)=A^G,\\&H^1(G,A)=H^0(G,\operatorname{Coker}\iota)/\operatorname{Im}H^0(G,M(G,A)),\\&H^{n+1}(G,A)=H^n(G,\operatorname{Coker}\iota)\qquad\quad (n\geqslant 1).\end{aligned}$$

我们可以用连续 (标准的非齐次) 上链来计算上同调群. 令 $C^i=C^i(G,A)$ 为由 G^i 到 A 的所有连续映射组成的加法群. 定义上边缘 $d:\ C^i\to C^{i+1}$ 如下：

$$\begin{aligned}&(\mathrm{d}\varphi)(\sigma_1,\cdots,\sigma_{i+1})=\sigma_1\varphi(\sigma_2,\cdots,\sigma_{i+1})\\&+\sum_{j=1}^{i}(-1)^j\varphi(\sigma_1,\cdots,\sigma_j\sigma_{j+1},\cdots,\sigma_{i+1})+(-1)^{i+1}\varphi(\sigma_1,\cdots,\sigma_i).\end{aligned}$$

这样就得到一个复形 $C^\bullet$, 其同调群恰好是 $H^n(G,A)$.

由事实 $C^n(G,A)=\varinjlim C^n(G/U_i,A^{U_i})$ 出发我们还有一个定义上同调群的方法：对于任意的 $i\leqslant j$, 有膨胀同态

$$\lambda_i^j:\ H^n(G/U_i,A^{U_i})\longrightarrow H^n(G/U_j,A^{U_j})$$

(注意 G/U_i 是有限群). 如果 $i\leqslant j\leqslant k$, 则 $\lambda_j^k\lambda_i^j=\lambda_i^k$. 我们可以定义 $H^n(G,A)$ 为关于同态 $\{\lambda_i^j|i,j\in I\}$ 的直极限 $\varinjlim H^n(G/U_i,A^{U_i})$.

作为 (G,A) 的函子, 这些上同调群具有有限群的上同调群的所有性质. 我们将不讨论这些细节.

第二章 代数环面

在第一篇第一章 1.1 节和第四章 4.1 节我们说明了什么是定义在域 K 上的线性代数群 G 的 K 有理点. 由 G 的 K 有理点组成的群记为 $G(K)$. 由 G 上的多项式函数所组成的 K 代数记为 $K[G]$.

设 G 是一个 K 群. 对于 $x \in G$ 和 $f \in K[G]$, 所谓 f 被 x 的右平移定义为

$$(\rho_x f)(y) = f(yx) \quad (y \in G).$$

一个基本的事实是: $K[G]$ 有一个有限维子空间 V, 它在 ρ_x 下稳定 ($\forall\, x \in G$), 并且 $\rho\colon\ G \to \mathrm{GL}(V)$ 是一个忠实表示. 此即

线性化 (linearization): *任一 K 群都同构于某个 $\mathrm{GL}(n)$ 的定义在 K 上的闭子群* (参见 [47] 1.10 节).

我们常以 $\mathbb{G}_{\mathrm{m}}$ 记 $\mathrm{GL}(1)$. 代数群 G 的一个**特征标** (character) 是指代数群的个同态 $\chi\colon\ G \to \mathbb{G}_{\mathrm{m}}$. 如果 χ_1, χ_2 是 G 的特征标, 定义 $(\chi_1+\chi_2)(g) = \chi_1(g)\chi_2(g)$ $(g \in G)$, 则 $\chi_1 + \chi_2$ 也是 G 的特征标. G 的所有特征标的集合 $X(G)$ 构成一个交换群. 对于一个 K 群 G, 我们用 $X_K(G)$ 记 G 的定义在 K 上的特征标群.

2.1 代数环面

在本节中我们假定 K 是特征 p 的代数封闭域.

2.1.1 可对角化的代数群

以 $D(n)$ 记一般线性群的对角子群. 显然 $D(n)$ 同构于 $\underbrace{\mathbb{G}_{\mathrm{m}} \times \cdots \times \mathbb{G}_{\mathrm{m}}}_{n\text{个}}$. 我们称一个代数群 G 是**可对角化的** (diagonalizable), 如果它同构于 $D(n)$ 的某个闭子群 (n 为某正整数).

引理 2.1.1 *设 G 是一个抽象群, X 是由 G 到 $K^\times$ 的所有同态组成的集合. 则 X 是由 G 到 K 的所有函数组成的 K 线性空间的线性无关的子集.*

证明 假如引理不成立, 设 n 是满足以下条件的最小的正整数: 存在线性相关的 $\chi_1, \cdots, \chi_n \in X$. 则有 $\chi = \sum_{i=1}^{n-1} a_i\chi_i + \chi_n = 0$ $(a_i \in K^\times)$. 由于 $\chi_1 \neq \chi_n$, 故存在 $g_0 \in G$ 使得 $\chi_1(g_0) \neq \chi_n(g_0)$. 于是对于所有的 $g \in G$, 有

$$0 = \chi(g_0 g) - \chi_n(g_0)\chi(g) = \sum_{i=1}^{n-1} a_i(\chi_i(g_0) - \chi_n(g_0))\chi_i(g).$$

这给出一个非平凡的线性相关关系, 矛盾于 n 的最小性. □

命题 2.1.2　设 G 是代数群, 满足条件: $K[G]$ 作为 K 模由 $X(G)$ 张成,

(1) 如果 H 是 G 的闭子群, 则 H 由 $X(H)$ 张成, 并且 H 是 G 的某些特征标的核的交.

(2) 如果 $\pi: G \to \mathrm{GL}(n)$ 是任一表示, 则 π 共轭于 $D(n)$ 的某个子群.

证明　(1) 限制映射 ψ: $K[G] \to K[H]$ 是将 G 的特征标映为 H 的特征标的满同态. 所以 $K[H]$ 由 H 的特征标张成. 进一步, 如果 $\chi_i \in X(G)$, $a_i \in K$ 满足条件: $\sum a_i\chi_i$ 在 H 上为零, 对 H 应用引理 2.1.1 即知所有的 χ_i 在 H 上为零. 所以 $\mathrm{Ker}\,\psi$ 被限制映射 $X(G) \to X(H)$ 的核张成. 而 $\mathrm{Ker}\,\psi$ 恰是 $K[G]$ 中在 H 上为零的元素组成的理想, 故 H 是 G 的某些特征标的核的交.

(2) 由于 $K[G]$ 是有限生成 K 代数, 并且由 $X(G)$ 张成, 所以 $K[G]$ 作为 K 代数由某些特征标 $\chi_1, \cdots, \chi_n$ 生成. 于是映射

$$\begin{aligned}\psi: G &\longrightarrow \mathbb{G}_\mathrm{m} \times \cdots \times \mathbb{G}_\mathrm{m}\\ g &\longmapsto (\chi_i(g), \cdots, \chi_n(g))\end{aligned}$$

是代数群的单同态. 故 G 是由半单元素组成的交换群. 由于半单矩阵的交换集合都可对角化, 所以 $\pi(G)$ 可对角化. □

推论 2.1.3　设 G 是代数群, 则下述条件等价:

(1) G 可对角化.

(2) G 是半单元组成的交换群.

(3) $K[G]$ 由特征标线性张成.

(4) G 在任一有理表示 $\pi: G \to \mathrm{GL}(n)$ 下的像共轭于 $D(n)$ 的某个子群.

2.1.2　代数环面的定义

我们已经看到可对角化的代数群有大量的特征标. 确切地说, 我们有

命题 2.1.4　$X((\mathbb{G}_\mathrm{m})^n) \cong \mathbb{Z}^n$.

证明　由于 $K[\mathbb{G}_\mathrm{m}] = K[x,t]/(xt-1) = K[x, \frac{1}{x}]$, 所以 $K[\mathbb{G}_\mathrm{m}]$ 在 K 上的基为单项式的集合 $\{x^k \mid k \in \mathbb{Z}\}$. 这些单项式恰是 $K[\mathbb{G}_\mathrm{m}]$ 的特征标. $K[(\mathbb{G}_\mathrm{m})^n]$ 同构于 n 个 $K[\mathbb{G}_\mathrm{m}]$ 的张量积. 所以 $\{x_1^{k_1} \cdots x_n^{k_n} \mid (k_1, \cdots, k_n) \in \mathbb{Z}^n\}$ 组成 $K[(\mathbb{G}_\mathrm{m})^n]$ 的基. 这些单项式都是 $(\mathbb{G}_\mathrm{m})^n$ 的特征标, 而由引理 2.1.1 知 $(\mathbb{G}_\mathrm{m})^n$ 没有其他的特征标. □

命题 2.1.5　设 G 是可对角化的代数群. 则是没有 p 扭部分的有限生成的 Abel 群. 进一步, 如果 G 是连通的, 则 G 是无扭的.

证明　如果 $G \subseteq D(n) \cong (\mathbb{G}_{\mathrm{m}})^n$, 则 $X(G)$ 是 $X((\mathbb{G}_{\mathrm{m}})^n) \cong \mathbb{Z}$ 的同态像, 即 $X(G) \cong \mathbb{Z}^r \times A$, 其中 A 是 $X(G)$ 的扭子群. 由于 K 的特征为 p, 所以 K 中没有 p 次单位根, 故 A 没有 p 扭部分.

进一步, 如果 G 是连通的, 则对于任意的 $\chi \in X(G)$, G 在 $\mathbb{G}_{\mathrm{m}}$ 中的像 $\chi(G)$ 是连通的. 而 $\mathbb{G}_{\mathrm{m}}$ 的连通子群只有它本身和 1, 所以只要 $\chi \neq 1$, 必有 $\chi^k \neq 1$ $(\forall\, k \in \mathbb{Z})$. □

命题 2.1.6　设 G 是可对角化的代数群, G^0 是 G 的单位连通分支. 则

(1) $G = G^0 \times H$, 其中 G^0 同构于某个 $D(n)$, H 是一个阶与 p 互素的有限群.

(2) 对于 $x \in G$, 定义同态

$$\begin{aligned}\psi_x:\ X(G) &\longrightarrow \mathbb{G}_{\mathrm{m}}\\ \chi &\longmapsto \chi(x),\end{aligned} \tag{2.1}$$

则在映射 $x \mapsto \psi_x$ 下 $G(K)$ 等同于 $\mathrm{Hom}(X(G), K^\times)$.

证明　(1) 我们可以设 G 是某个 $D(n)$ 的闭子群. 则含入映射 $G^0 \hookrightarrow D(n)$ 诱导出满的限制映射 $\psi: X(D(n)) \to X(G^0)$. 由于 G^0 连通, 由命题 2.1.5 知 $X(G^0)$ 是自由的 (设其秩为 r), 所以 ψ 分裂, 即 $X(D(n)) = \mathrm{Ker}\,\psi \oplus \mathbb{Z}^r$. 在 $\mathrm{Ker}\,\psi$ 的基 $\{\chi_1, \cdots, \chi_{n-r}\}$ 上添加 $\mathbb{Z}^r$ 的基 $\{\chi_{n-r+1}, \cdots, \chi_n\}$ 得到的 $X(D(n))$ 基. 则 $D(n)$ 的自同构 $x \mapsto \mathrm{diag}(\chi_1(x), \cdots, \chi_n(x))$ 将 G^0 满射到群 $\{\mathrm{diag}(a_1, \cdots, a_n) | a_1 = \cdots = a_{n-r} = 1\}$ 上. 设 $D' = \{\mathrm{diag}(a_1, \cdots, a_n) \mid a_{n-r+1} = \cdots = a_n = 1\}$, 则 $D(n) = G^0 \times D'$. 于是 $G = G^0 \times H$, 其中 $H = G \cap D'$. 显然 $H \cong G/G^0$ 是有限群. 最后由于 1 是 K 中唯一的 p 次单位根, 所以 $D(n)$ 的元素的阶与 p 互素, 于是 H 的阶与 p 互素.

(2) 由于 H 是有限群, 所以在 (2.1) 式给出的映射下 H 与 $\mathrm{Hom}(X(H), K^\times)$ 等同. 对于 $D(r, K)$ 也是如此. 故有

$$\mathrm{Hom}(X(G), K^\times) = \mathrm{Hom}(X(G^0), K^\times) \times \mathrm{Hom}(X(H), K^\times) = G^0 \times H = G. \ \square$$

推论 2.1.7　对于代数群 T, 下述三个条件等价:

(1) T 同构于 $D(n)$.

(2) T 是连通可对角化的 n 维群.

(3) $K[T]$ 由 $X(T)$ 张成, 而 $X(T)$ 同构于 $\mathbb{Z}^n$.

证明　由于不可约簇的乘积仍然不可约, 故有 (1)⇒(2). 反之, 在上命题中取 $G^0 = T$ 就得到 (2)⇒(1). 根据命题 2.1.4 和推论 2.1.3 有 (2)⇒(3). 最后, $X(T)$ 张成 $K[T]$ 蕴含 T 可对角化, 于是 $T = T^0 \times H$, 其中 H 有限. 而 $X(T) = X(T^0) \times X(H)$ 无扭, 故 H 平凡, T 连通, 即有 (3)⇒(2). □

如果一个代数群满足此命题的三个等价条件之一, 我们就称之为一个**代数环面** (algebraic torus), 或简称为**环面** (torus).

2.1.3 可对角群的零化子

设 G 是一个可对角化群. 对于 $A \subseteq G$ 和 $B \subseteq X(G)$, 我们定义它们的零化子:

$$A^{\perp} = \{\chi \in X(G) | \chi(a) = 1, \forall\, a \in A\},$$

$$B^{\perp} = \{g \in G | \chi(g) = 1, \forall\, \chi \in B\}.$$

命题 2.1.8 $A \mapsto A^{\perp}$ 和 $B \mapsto B^{\perp}$ 定义了 G 的闭子群 A 的集合与 $X(G)$ 之间的映射, 此映射在 G 的闭子群的集合与集合 $\{X(G)$ 的子模 $B \mid X(G)/B$ 是 p 无扭的$\}$ 之间是互反的双射. 进一步, 有典范同构 $\mathrm{Hom}(G/A, K^{\times}) \cong A^{\perp}$ 和 $\mathrm{Hom}(A, K^{\times}) \cong X(G)/A^{\perp}$.

证明 为了证明命题中所说的映射是双射, 只要证明 $A^{\perp\perp} = A$ 和 $B^{\perp\perp} = B$. 显然有 $A \subseteq A^{\perp\perp}$. 另一方面, 对于可对角化群 G 应用 Chevalley 定理, 我们得到同态 $\pi: G \to D(n)$, 其核为 $\mathrm{Ker}\,\pi = A$. 由此易见 $A^{\perp\perp} \subseteq A$. 令 $G' = \mathrm{Hom}(X(G)/B, K^{\times})$. 我们可以将有限型的 p 无扭 Abel 群视为 $X(G')$. 则 $B^{\perp\perp}/B$ 是 G' 中所有元素的核的交, 且等于零. 令 H 是使得 $X(H) = X(G)/A^{\perp}$ 的可对角化群. 则 $H = \mathrm{Hom}(X(G)/A^{\perp}, K^{\times}) = A^{\perp\perp} = A$, 即有 $X(G)/A^{\perp} = X(A)$. 最后, $\mathrm{Hom}(G/A, K^{\times}) = A^{\perp}$ 是显然的. □

2.1.4 环面及特征标的同态

设 $\psi: T \to T'$ 是环面的同态, 则映射

$$\begin{aligned} {}^t\psi:\ X(T') &\longrightarrow X(T) \\ \chi' &\longmapsto \chi \circ \psi \end{aligned}$$

是 $\mathbb{Z}$ 模同态. 具体地说, 设 $f: T \to (\mathbb{G}_{\mathrm{m}})^d$ 和 $f': T' \to (\mathbb{G}_{\mathrm{m}})^{d'}$ 是两个同构. 令 $\varphi = f'\psi f^{-1}$, 则 ${}^t\varphi$ 是由 $X((\mathbb{G}_{\mathrm{m}})^{d'})$ $(\cong \mathbb{Z}^{d'})$ 到 $X((\mathbb{G}_{\mathrm{m}})^{d})$ $(\cong \mathbb{Z}^{d})$ 的同态. 我们可以假定 f 和 f' 的选择使得 ${}^t\varphi$ 是对角的 (假若不是对角的, 用初等因子理论可以将 ${}^t\varphi$ 对角化如下: 令 g 和 g' 分别是 $(\mathbb{G}_{\mathrm{m}})^d$ 和 $(\mathbb{G}_{\mathrm{m}})^{d'}$ 的自同构, 使得 ${}^tg^{-1}\,{}^t\varphi\,{}^tg'$ 是对角的. 用 fg 和 $f'g'$ 分别代替 f 和 g 即可). 令 χ_i $(1 \leqslant i \leqslant d)$ 是 $X((\mathbb{G}_{\mathrm{m}})^d)$ 的典范基 (即 $\chi_i(x_1, \cdots, x_d) = x_i$), χ'_i $(1 \leqslant i \leqslant d')$ 是 $X((\mathbb{G}_{\mathrm{m}})^{d'})$ 的典范基. 则存在整数 $e \leqslant d$ 使得 ${}^t\varphi(\chi'_i) = n_i\chi_i$ 或 1 (当 $i \leqslant e$ 或 $i > e$ 时). 我们称 ψ 是**可分的** (separable), 如果 $n_i \not\equiv 0 \mod p$ $(\forall\, 1 \leqslant i \leqslant e)$.

反之, 如果有同态 $\varphi: X(T') \to X(T)$, 则存在同态 $\psi: T \to T'$ 使得 $\varphi = {}^t\psi$. 事实上, 在上面的记号下, 矩阵 (m_{ij}) 对应于 ψ, 其中 m_{ij} 满足 $\varphi(\chi'_i) = \sum_{j=1}^{d} m_{ij}\chi_j$ $(1 \leqslant i \leqslant d')$. 令 $x'_i = \prod_{j=1}^{d} x_j^{m_{ij}}$. 则把 $(x_1, \cdots, x_d)$ 映为 $(x'_1, \cdots, x'_{d'})$ 的映射就是我们所要求的同态 ψ.

上面的讨论给出了下面的命题：

命题 2.1.9　设 T 和 T' 是两个环面, $\psi: T \to T'$ 是同态. 则

(1) 映射 $\psi \mapsto {}^t\psi$ 定义了一个同构

$$\mathrm{Hom}(T,T') \cong \mathrm{Hom}(X(T'),X(T)).$$

(2) ψ 是同构当且仅当 ${}^t\psi$ 是同构.

(3) $(\mathrm{Im}\,\psi)^{\perp} = \mathrm{Ker}\,{}^t\psi$, 故 ψ 是满射当且仅当 ${}^t\psi$ 是单射.

(4) $\mathrm{Ker}\,\psi = (\mathrm{Im}\,{}^t\psi)^{\perp}$, 指数 $[\mathrm{Ker}\,\psi^{\perp} : \mathrm{Im}\,{}^t\psi]$ 是 p 的方幂, ψ 是单射当且仅当 $[X(T) : {}^t\psi(X(T'))]$ 是 p 的方幂.

(5) ψ 是可分的 $\Leftrightarrow$ $\mathrm{Cok}\,{}^t\psi$ 是 p 无扭的.

2.2　Galois 模

本节将讨论由环面所决定的 Galois 模的性质. 如果把环面换成半单线性代数群, 相应地就要讨论该线性代数群所决定的 Shimura 簇的各种上同调所决定的模, 这就是研究由模形式所决定的 Galois 表示的性质. 这比本节的内容要困难得多, 相应地得到的结果当然也更辉煌. 例如 Deligne 证明 Ramanujan 猜想, Langlands 证明二维可解的 Artin 猜想和 Wiles 证明 Fermat 最后定理. 可以说在近代数论中 Galois 模是中心的研究对象.

2.2.1　环面的分裂

一个定义在域 F 上的环面 T 被称为在域扩张 K/F 上**分裂** (split), 如果存在定义在 K 上的一个同构 $T \to D(n)$. 显然这等价于说 $X(T) = X_K(T)$. 由于 T 定义在 F 上, 所以存在定义 F 在上的嵌入 $T \hookrightarrow \mathrm{GL}(n)$. 以 F_s 记 F 的可分闭包, 则 $T(F_s)$ 是一组交换的半单自同态, 所以在某个 $g \in \mathrm{GL}(n, F_s)$ 的共轭作用下可以被对角化. 这意味着存在一个同构 $f: T(F_s) \to D(d, F_s)$ (d 为某个正整数), 这个 f 是定义在有限可分扩张 K/F 上的, K 是在 F 上添加 g 的所有特征值得到的扩域. 一个已知的结果是: 可分点是稠密的 (例如参见 [46] p.52). 这就是说 $T(F_s)$ 在 T 中稠密. 于是 f 可以扩充为定义在 K 上的同构 $T \xrightarrow{\sim} D(d)$. 这就是下面的命题:

命题 2.2.1　设 T 是定义在域 F 上的环面, 则 T 在 F 的某个有限可分扩张上分裂.

2.2.2 分裂环面与 Galois 模

设 G 是群, M 和 M' 是 G 模. 对于 $\sigma \in G$, $x \in M$, 我们用 $\sigma(x)$ 或 ${}^{\sigma}x$ 记 x 在 σ 下的像. 令

$$M^G = \{x \in M |\ {}^{\sigma}x = x, \forall\, \sigma \in G\}.$$

同态群 $\mathrm{Hom}(M, M')$ 在

$${}^{\sigma}\varphi(x) = \sigma(\varphi(\sigma^{-1}(x))), \quad \sigma \in G, \qquad \varphi \in \mathrm{Hom}(M, M'), \quad x \in M$$

下成为 G 模. 于是 G 同态群 $\mathrm{Hom}_G(M, M')$ 就是 $(\mathrm{Hom}(M, M'))^G$. 我们有

$$\varphi(\sigma(x)) = \sigma(\varphi(x)), \quad \sigma \in G, \qquad x \in M, \quad \varphi \in \mathrm{Hom}_G(M, M').$$

由命题 2.2.1 知: 定义在 F 上的环面 T 总会在某个有限 Galois 扩张 K/F 上分裂. 我们令 $G = \mathrm{Gal}(K/F)$. 则 G 作用在 $T(K)$ 上 (即作用在的 $T(K)$ 点的坐标上). G 也作用在 $X(T)$ 上, 其定义为 $\chi \mapsto {}^{\sigma}\chi$ ($\chi \in X(T)$, $\sigma \in G$). 于是 $T(K)$ 和 $X(T)$ 都成为 G 模.

命题 2.2.2 设 T 和 T' 是定义在域 F 上的两个环面, 它们在有限 Galois 扩张 K/F 上分裂. 令 $G = \mathrm{Gal}(K/F)$.

(1) 对于 $x \in T(F)$, 令 $\psi_x(\chi) = \chi(x)$. 则映射 $x \mapsto \psi_x$ 定义了一个 G 同构

$$T(F) \cong \mathrm{Hom}(X(T), K^{\times}).$$

(2) 设 $f: T \xrightarrow{\sim} (\mathbb{G}_{\mathrm{m}})^d$ 是一个 K 同构. 在 $X((\mathbb{G}_{\mathrm{m}})^d)$ 上定义模结构为: $\chi \mapsto {}^t g_{\sigma}(\chi)$, 其中 $g_{\sigma} = {}^{\sigma}f \circ f^{-1}$. 则 ${}^t f: X((\mathbb{G}_{\mathrm{m}})^d) \to X(T)$ 是一个 G 同构. 进一步, 如果关于 $X((\mathbb{G}_{\mathrm{m}})^d)$ 的典范基 $\{\chi_i | 1 \leqslant i \leqslant d\}$ 我们有

$${}^t g_{\sigma}(\chi_i) = \sum_{j=1}^{d} g_{ij}(\sigma)\chi_j \qquad (1 \leqslant i \leqslant d),$$

则 $x \in T(F)$ 当且仅当 ${}^{[g_{\sigma}]}y = {}^{\sigma}y$, 其中 $\sigma \in G$, $[g_{\sigma}] = [g_{ij}(\sigma)]$, $y = f(x)$.

(3) 映射 $\alpha \mapsto {}^t\alpha$ 定义了同构

$$\mathrm{Hom}_F(T, T') \cong \mathrm{Hom}_G(X(T'), X(T)).$$

证明 (1) 只要证明 $x \mapsto \psi_x$ 是 G 同态. 我们有

$${}^{\sigma}\psi_x(\chi) = {}^{\sigma}(\psi_x({}^{\sigma^{-1}}\chi)) = {}^{\sigma}({}^{\sigma^{-1}}\chi(x)) = \chi({}^{\sigma}x) = \psi_{{}^{\sigma}x}(\chi),$$

即 ${}^{\sigma}\psi_x = \psi_{{}^{\sigma}x}$. 所以 $x \mapsto \psi_x$ 是 G 同态.

(2) 由 (1) 我们有

$$\begin{aligned} x \in T(F) &\Leftrightarrow \psi_x \in \mathrm{Hom}_G(X(T), K^\times) \\ &\Leftrightarrow \psi_x \circ {}^t f \in \mathrm{Hom}_G(X((\mathbb{G}_\mathrm{m})^d), K^\times) \\ &\Leftrightarrow \prod_{j=1}^{d} (\psi_x \circ {}^t f(\chi_j))^{g_{ij}(\sigma)} = {}^\sigma(\psi_x \circ {}^t f(\chi_i)) \\ &\Leftrightarrow {}^{[g_\sigma]}y = {}^\sigma y \quad (y = f(x)). \end{aligned}$$

(3) 一方面有

$$\begin{aligned} &\alpha \in \mathrm{Hom}_F(T, T') \\ &\Rightarrow {}^\sigma\alpha = \alpha \\ &\Rightarrow {}^\sigma({}^t\alpha)(\chi') = {}^\sigma({}^t\alpha({}^{\sigma^{-1}}\chi')) = {}^\sigma({}^{\sigma^{-1}}\chi' \circ \alpha) = \chi' \circ {}^\sigma\alpha = \chi' \circ \alpha = {}^t\alpha(\chi') \\ &\Rightarrow {}^t\alpha \in \mathrm{Hom}_G(X(T'), X(T)), \end{aligned}$$

反之

$$\begin{aligned} {}^\sigma({}^t\alpha) = {}^t\alpha \Rightarrow\ & \chi' \circ {}^\sigma\alpha = \chi' \circ \alpha \quad (\forall\, \chi' \in X(T')) \\ \Rightarrow\ & {}^\sigma\alpha = \alpha \quad (\text{因为 } X(T')^\perp = \{1\}) \\ \Rightarrow\ & \alpha \in \mathrm{Hom}_F(T, T'). \end{aligned}$$

□

命题 2.2.3 设 T 是定义在域 F 上的环面并且在 K 上分裂. 令

$$X_*(T) = \mathrm{Hom}_K(\mathbb{G}_\mathrm{m}, T).$$

则 $T(K) \cong X_*(T) \otimes_\mathbb{Z} K^\times$.

证明 把 T 视为定义在 K 上的环面, 则有 $T \cong (\mathbb{G}_\mathrm{m})^d$. 于是

$$T(K) \cong \mathbb{G}_\mathrm{m}(K)^d = (K^\times)^d.$$

又有同构

$$K^\times \otimes_\mathbb{Z} \mathrm{Hom}_K(\mathbb{G}_\mathrm{m}, T) \cong K^\times \otimes_\mathbb{Z} \mathbb{Z}^d \cong (K^\times)^d.$$

在上面的两个同构下, 映射

$$\begin{aligned} K^\times \otimes_\mathbb{Z} \mathrm{Hom}_K(\mathbb{G}_\mathrm{m}, T) &\longrightarrow T(K) \\ x \otimes f &\longmapsto f(x) \end{aligned}$$

等同于 $(K^\times)^d$ 上的恒同映射. 这就证明了本命题. □

注 (1) $\mathrm{Gal}(K/F)$ 作用在 $X_*(T)$ 上, 其定义为: ${}^\sigma f({}^\sigma x) = {}^\sigma(f(x))$ (其中 $f \in X_*(T)$, $\sigma \in \mathrm{Gal}(K/F)$). 在此作用下命题 2.2.3 中的同构是 $\mathrm{Gal}(K/F)$ 模同构.

(2) 由命题 2.2.2 和 2.2.3 容易导出 $\mathbb{Z}$ 上的对偶偶对:

$$\langle\ ,\ \rangle:\ X(T) \times X_*(T) \longrightarrow \mathbb{Z}$$
$$\langle \chi, \lambda \rangle = m,$$

其中 m 满足 $\chi \circ \lambda(x) = x^m$.

(3) 显然有

$$X_*(T) = \mathrm{Hom}(X(T), \mathbb{Z}).$$

命题 2.2.4 *设 K/F 是有限 Galois 扩张, $G = \mathrm{Gal}(K/F)$, M 是有限生成的无扭 G 模. 则在 F 同构意义下存在唯一的定义在 F 上的环面 T, 使得 T 在 F 上分裂并且有模同构 $X(T) \cong M$.*

证明 唯一性来自于命题 2.2.2 的 (3).

以 $\overline{F}$ 记 F 的代数闭包, 以 $\overline{F}[M]$ 记 M 上的取值在 $\overline{F}$ 中的具有有限支集的函数组成的向量空间. 在 $\overline{F}[M]$ 中定义一个乘法 (卷积) 为

$$f_1 f_2(x) = \sum_{y \in M} f_1(y) f_2(y^{-1}x), \qquad f_1, f_2 \in \overline{F}[M].$$

显然 $\overline{F}[M]$ 是一个既约的有限生成的交换 $\overline{F}$ 代数. 进一步, $\overline{F}[M]$ 具有 Hopf 代数结构, 它的余乘法 μ^* 由对角线映射 $M \to M \times M$ 所诱导, 余逆 ι^* 由 M 的取逆映射 $x \mapsto x^{-1}$ 所诱导. 于是存在仿射代数群 T 使得 $\overline{F}[T] = \overline{F}[M]$.

我们将 $T(\overline{F})$ 与 $\mathrm{Hom}_{\overline{F}\text{代数}}(\overline{F}[M], \overline{F})$ 等同. 则乘法由下式给出

$$\overline{F}[M] \xrightarrow{\mu^*} \overline{F}[M] \otimes \overline{F}[M] \xrightarrow{x \otimes y} \overline{F} \otimes \overline{F} \xrightarrow{m} \overline{F},$$

其中 $m(a \otimes b) = ab$. 任一 $x \in M$ 决定 T 的一个特征标 $\chi_x : T \to \mathbb{G}_\mathrm{m}$, 其定义为 $\chi_x(t) = t(x)$. 反之, 设 $\chi : T \to \mathbb{G}_\mathrm{m}$ 是一个特征标. 定义 $\chi^* : \overline{F}[\mathbb{G}_\mathrm{m}] \to \overline{F}[T] = \overline{F}[M]$ 为 $\chi^*(\psi) = \psi \circ \chi$, 则 χ^* 是一个 $\overline{F}$ 代数同态, 因而诱导出群同态 $\mathbb{Z} = X(\mathbb{G}_\mathrm{m}) \to M$. 但 $\mathrm{Hom}(\mathbb{Z}, M) \cong M$, 所以我们得到结论 $X(T) = M$. 因此 T 是环面. 由于 $\overline{F}[T] = F[M] \otimes_F \overline{F}$, 所以 T 是定义在 F 上的.

令 $\overline{G} = \mathrm{Gal}(F_s/F)$, $G' = \mathrm{Gal}(F_s/K)$, 则 $\overline{G}/G' = G$. 将 M 看作 $\overline{G}$ 模 (G' 作用平凡). 对于 $\sigma \in \overline{G}$, $x = \sum_{y \in M} x(y) y \in F_s[M]$ $(x(y) \in F_s)$, 令 ${}^\sigma x = \sum {}^\sigma x(y)\, {}^\sigma y$. 对于 $t \in \mathrm{Hom}_{F_s\text{代数}}(F_s[M], F_s)$, 令 $({}^\sigma t)(x) = \sigma(t(\sigma^{-1}(x)))$. 显然对于 $x \in M$ 有 ${}^\sigma \chi_x = \chi_{{}^\sigma x}$. 于是 $X_K(T) = X(T)$, 即 T 在 F 上分裂. □

下面的定理是命题 2.2.2 和命题 2.2.4 的直接推论.

定理 2.2.5 设 K/F 是有限 Galois 扩张, $G=\mathrm{Gal}(K/F)$. 令 $\mathcal{T}$ 为定义在 F 上, 在 K 上分裂的环面的范畴, $\mathcal{M}$ 为有限生成无扭 G 模的范畴, $\mathcal{X}$ 为将环面 T 映为 $X(T)$ 并将同态 $\psi: T\to T'$ 映为 ${}^t\psi$ 的函子. 则 $\mathcal{X}$ 给出了范畴 $\mathcal{T}$ 和 $\mathcal{M}$ 的等价.

命题 2.2.6 设 K/F 是有限可分扩张, T 是定义在 K 上的环面. 则存在定义在 F 上的环面 $\tilde{T}$ 和定义在 K 上的同态 $\rho: \tilde{T}\to T$ 使得

(1) 对于任意定义在 F 上的环面 T' 和定义在 K 上的同态 $\psi: T'\to T$, 存在定义在 F 上的同态 $\varphi: T'\to\tilde{T}$ 使得 $\psi=\rho\varphi$; 偶对 $\{\tilde{T},\rho\}$ 在 F 同构下是唯一的. 进一步, 我们有同构

(2) $\tilde{T}(F)\cong T(K)$ 和

(3) $X_F(\tilde{T})\cong X_K(T)$.

证明 我们应用定理 2.2.5 把本命题转化为特征标模的问题.

设 L/F 是有限 Galois 扩张, $L\supseteq K$, 使得 T 在 L 上分裂. 记 $G=\mathrm{Gal}(L/F)$, $H=\mathrm{Gal}(L/K)$. 令 $\tilde{M}=\mathbb{Z}[G]\otimes_{\mathbb{Z}[H]}X(T)$. 设 $\tilde{T}$ 为定义在 F 上的环面使得 $X(\tilde{T})=\tilde{M}$ (见命题 2.2.3), 同态 $\rho: \tilde{T}\to T$ 由 ${}^t\rho(\chi)=1\otimes\chi$ 所定义. 则我们有同构

$$\begin{aligned}\mathrm{Hom}_G(X(\tilde{T}),X(T'))&\cong\mathrm{Hom}_{\mathbb{Z}[G]}(\mathbb{Z}[G]\otimes_{\mathbb{Z}[G]}X(T),X(T'))\\&\cong\mathrm{Hom}_{\mathbb{Z}[G]}(X(T),\mathbb{Z}[G]\otimes_{\mathbb{Z}[G]}X(T'))\\&\cong\mathrm{Hom}_H(X(T),X(T')).\end{aligned}$$

因此映射

$$\begin{aligned}\mathrm{Hom}_G(X(\tilde{T}),X(T'))&\longrightarrow\mathrm{Hom}_H(X(T),X(T'))\\{}^t\psi&\longmapsto{}^t\psi\circ{}^t\rho\end{aligned}$$

是满射. 这就证明了 (1). 应用同构

$$\begin{aligned}\mathrm{Hom}_G(X(\tilde{T}),L^\times)&\longrightarrow\mathrm{Hom}_H(X(T),L^\times)\\f&\longmapsto f\circ{}^t\rho,\end{aligned}$$

由命题 2.2.2 (1) 我们得到本命题的 (2). 另一方面, 如果我们将 G 写成 H 的陪集的无交并: $G=\bigcup_{i=1}^n\xi_iH$, 则 $X(\tilde{T})=\bigoplus_{i=1}^n\xi_i({}^t\rho(X(T)))$. 于是映射

$$\chi\longmapsto\sum_{i=1}^n{}^{\xi_i}({}^t\rho(\chi))$$

诱导出同构 $X(T)^H\cong X(\tilde{T})^G$, 即 (3) 得证. □

设 H 是群 G 的子群, $G=\bigcup_{i=1}^{n}\xi_i H$ 是陪集分解. 如果 M 是 H 模 (H 在 M 上的整表示), 则诱导模 $\operatorname{Ind}_H^G(M)$ 是 $\operatorname{Hom}_H(\mathbb{Z}[G],M)$, 它的 G 模结构定义为 $(\sigma\psi)(r)=\psi(r\sigma)$, 其中 $\sigma\in G$, $\psi\in\operatorname{Hom}_H(\mathbb{Z}[G],M)$, $r\in\mathbb{Z}[G]$ (注意: 如果 $\sigma\in H$, 则 $\sigma(\psi(r))=\psi(\sigma r)$).

引理 2.2.7 映射

$$
\begin{aligned}
I:\ \operatorname{Hom}_H(\mathbb{Z}[G],M) &\longrightarrow \mathbb{Z}[G]\otimes_{\mathbb{Z}[H]}M\\
\psi &\longmapsto \sum_{i=1}^{n}\xi_i^{-1}\otimes\psi(\xi_i)
\end{aligned}
$$

是同构, 其逆由下式给出:

$$
I^{-1}(\sigma\otimes m)(\tau)=\begin{cases}\tau\sigma m, & \text{如果 } \tau\sigma\in H,\\ 0, & \text{否则}.\end{cases}
$$

命题 2.2.6 中给出的偶对 $(\tilde{T},\rho)$ (或简单地, $\tilde{T}$) 记为 $\mathrm{R}_{K/F}(T)$. 我们称 $\mathrm{R}_{K/F}(T)$ 是对 T 作**基域限制** (restricting ground field) (由 K 到 F) 所得到的. 显然有

$$
X(\mathrm{R}_{K/F}(T))=\operatorname{Ind}_H^G X(T),
$$

这里 T 在 Galois 扩张 L/F 上分裂, $G=\operatorname{Gal}(L/F)$, $H=\operatorname{Gal}(L/K)$.

2.3 同 源

2.3.1 同源及其基本性质

设 T, T' 是两个环面. 由 T 到 T' 的**同源** (isogeny) 是指具有有限核的满同态 $\alpha:\ T\to T'$. 我们用 $\nu(\alpha)$ (相应地, $\nu_s(\alpha)$) 记 α 的次数 (相应地, $\nu(\alpha)$ 的可分部分). 设 f 和 f' 分别是 T 和 T' 到 $(\mathbb{G}_{\mathrm{m}})^d$ 的同构. 令

$$
\varepsilon={}^{t}(f'\circ\alpha\circ f^{-1})={}^{t}f^{-1}\circ{}^{t}\sigma\circ{}^{t}f', \tag{2.2}
$$

则 ε 是 $X((\mathbb{G}_{\mathrm{m}})^d)$ 的自同态, 因而是 $X(\mathbb{G}_{\mathrm{m}})^d_{\mathbb{Q}}$ 的线性变换. 用初等因子理论将 ε 对角化后立见 $\nu(\alpha)=|\det\varepsilon|=[\operatorname{Cok}{}^{t}\alpha]$, $\nu_s(\alpha)=e=|\operatorname{Ker}\alpha|$, 其中 e 被 $|\det\varepsilon|=p^m e$, $(p,e)=1$ 决定, p 是定义域的特征. 于是有

$$
\alpha \text{ 可分 } \Leftrightarrow \nu(\alpha)\not\equiv 0 \mod p \Leftrightarrow |\operatorname{Ker}\alpha|=|\operatorname{Cok}{}^{t}\alpha|.
$$

我们将用 δ_T (相应地, $\delta_{X(T)}$) 记 T (相应地, $X(T)$) 的恒同映射. 对于 $z\in\mathbb{Z}$, $z\delta_T$ 意为映射 $x\mapsto x^z$, $x\in T$. 下面的命题说明同源关系是对称的.

命题 2.3.1 设 T, T' 是定义在 F 上的两个环面, $\alpha: T \to T'$ 是 F 同源. 则存在 F 同源 $\beta: T' \to T$ 满足 $\beta \circ \alpha = \nu(\alpha)\delta_T$ 和 $\alpha \circ \beta = \nu(\alpha)\delta_{T'}$. 如果 α 是可分的, 则 β 也是可分的.

证明 设 K/F 为有限 Galois 扩张使得 T 和 T' 在其上都分裂. 则有 ${}^\sigma\alpha = \alpha$ $(\forall\ \sigma \in G = \mathrm{Gal}(K/F))$. 设 ε 为 (2.2) 式所定义的 $X((\mathbb{G}_\mathrm{m})^d)$ 的自同态. 令 $\eta = \nu(\alpha)\varepsilon^{-1}$, 则 η 也是 $X((\mathbb{G}_\mathrm{m})^d)$ 的自同态. ${}^t\beta = {}^tf' \circ \eta \circ {}^tf^{-1}$ 决定了环面的同态 $\beta: T' \to T$ (见命题 2.2.6 (1)). β 是定义在 K 上的. 等式 $\beta \circ \alpha = \nu(\alpha)\delta_T$ 和 $\alpha \circ \beta = \nu(\alpha)\delta_{T'}$ 显然成立. 于是

$$^\sigma\beta \circ \alpha = {}^\sigma\beta \circ {}^\sigma\alpha = {}^\sigma(\beta \circ \alpha) = {}^\sigma(\nu(\alpha)\delta_T) = \nu(\alpha)\delta_T = \beta \circ \alpha.$$

由于 α 为满射, 所以上式意味着 ${}^\sigma\beta = \beta$ $(\forall\ \sigma \in G)$, 所以 β 是 F 同源. 由 $\nu(\beta)\nu(\alpha) = \nu(\beta \circ \alpha) = \nu(\nu(\alpha)\delta_T) = \nu(\alpha)^d$ 知本命题的最后一句话成立. □

在命题 2.3.1 的观念下, 如果 T' (相应地 T) F 同源于 T (相应地 T'), 我们经常写 $T \rightleftharpoons T'$ (在 F 上).

推论 2.3.2 设 F' 是 F 的扩域, 则 $X_{F'}(T)$ 与 $X_{F'}(T)$ 有相同的秩.

证明 由于 $\alpha: T \to T'$ 是满同态, 所以 ${}^t\alpha: X(T') \to X(T)$ 是单同态, 故有 $\mathrm{rank}\ X_{F'}(T') \leqslant \mathrm{rank}\ X_{F'}(T)$. 对于 β 作同样的考虑, 即有 $\mathrm{rank}\ X_{F'}(T') = \mathrm{rank}\ X_{F'}(T)$.

命题 2.3.3 设 T, T' 是定义在 F 上的两个环面, K/F 为有限 Galois 扩张使得 T 和 T' 在其上都分裂. 令 $G = \mathrm{Gal}(K/F)$. 则有

$$T \rightleftharpoons T' \ (\text{在 } F \text{ 上}) \iff X(T)_\mathbb{Q} \cong X(T')_\mathbb{Q} \ (\text{作为 } G \text{ 模}).$$

证明 设 $f: T \xrightarrow{\sim} (\mathbb{G}_\mathrm{m})^d$ 是同构. 令 $g_\sigma = {}^\sigma f \circ f^{-1}$. 则 ${}^tg_\sigma$ 在 $X((\mathbb{G}_\mathrm{m})^d)$ 上的作用对应于 σ 在 $X(T)$ 上的作用. 令 f', g'_σ 为关于 T' 的相应于 T 的 f, g_σ.

设 $\alpha: T \to T'$ 为一个 F 同源. 由于 ${}^\sigma\alpha = \alpha$, 所以有

$$^tg_\sigma\varepsilon = \varepsilon\, {}^tg'_\sigma. \tag{2.3}$$

于是由 (2.2) 式我们得到

$$^t({}^\sigma f) \circ {}^t(f^{-1}) \circ {}^t\alpha = {}^t\alpha \circ {}^\sigma({}^tf') \circ ({}^tf')^{-1}. \tag{2.4}$$

即 ${}^t\alpha$ (视为线性变换 $X(T')_\mathbb{Q} \to X(T)_\mathbb{Q}$) 给出一个同构. 反之, 设有同构 $\gamma: X(T')_\mathbb{Q} \to X(T)_\mathbb{Q}$ 使得 ${}^t({}^\sigma f) \circ {}^t(f^{-1}) \circ \gamma = \gamma \circ {}^\sigma({}^tf') \circ ({}^tf')^{-1}$. 用适当的整数乘 γ, 我们得到 (2.4) 式, 其中 α 为某个同源. 而 (2.4) 式蕴含着 (2.3) 式. 这说明 ${}^\sigma\alpha = \alpha$. □

命题 2.3.4　设 T, T', K/F, G 同上, $T \rightleftharpoons T'$ (在 F 上), 并且 $[K:F] \not\equiv 0 \bmod p$ (p 为 F 的特征). 则 T 和 T' 是可分 F 同源的.

证明　设 $\alpha: T \to T'$ 是 F 同源. 则有 (2.3) 式. 我们的目的是用另一个 ε^* 代替 (2.3) 式中的 ε, 这个 ε^* 要满足 $\det \varepsilon^* \not\equiv 0 \bmod p$. 我们将要把 ${}^t g_\sigma$ 和 ${}^t g'_\sigma$ 视为整数矩阵, 并且用 ${}^t g_\sigma^{(p)}$ 和 ${}^t g_\sigma'^{(p)}$ 记这两个矩阵 $\bmod p$ 的约化. 由 (2.3) 式知: 对于任意的 σ 有 ${}^t g_\sigma^{(p)}$ 和 ${}^t g_\sigma'^{(p)}$ 相同的特征根, 所以它们有相同的不可约部分 (参见 [62] 2. Lemma). 由假设有 $|G| \not\equiv 0 \bmod p$, 所以这两个模表示 $\mathbb{F}_p$ 等价. 但由于矩阵 ${}^t g_\sigma^{(p)}$ 和 ${}^t g_\sigma'^{(p)}$ 的系数都在 $\mathbb{F}_p$ 中, 所以此二矩阵 $\mathbb{F}_p$ 等价 (参见 [30], II §16). 换句话说, 存在整数矩阵 ε_1 (或 $X((\mathbb{G}_{\mathrm{m}})^d)$ 的自同态) 使得 $\det \varepsilon_1 \not\equiv 0 \bmod p$ 并且 $g_\sigma \varepsilon_1 \equiv \varepsilon_1 g'_\sigma \bmod p$. 为了证明本命题, 我们只要找到一个整数矩阵 η 使得

$$p({}^t g_\sigma \eta - \eta\, {}^t g'_\sigma) = {}^t g_\sigma \varepsilon_1 - \varepsilon_1\, {}^t g'_\sigma, \tag{2.5}$$

这因为 $\varepsilon^* = \varepsilon_1 - p\eta$ 将 (归纳地) 符合我们在证明开始所提出的目的的要求. 为了做到这一点, 用下式定义 ζ_σ:

$${}^t g_\sigma \varepsilon_1 - \varepsilon_1\, {}^t g'_\sigma = p\zeta_\sigma. \tag{2.6}$$

ζ_σ 满足

$${}^t g_\sigma \zeta_\tau - \zeta_{\sigma\tau} + \zeta_\sigma\, {}^t g'_\sigma = 0.$$

两端右乘 ${}^t g'_{\tau^{-1}}$ 并对 $\tau \in G$ 求和, 即得

$${}^t g_\sigma \mu - \mu\, {}^t g'_\sigma = |G|\zeta_\sigma, \quad \text{其中 } \mu = -\sum_{\tau \in G} \zeta_\tau\, {}^t g'_{\tau^{-1}}. \tag{2.7}$$

设 a, b 为使得 $a|G| + bp = 1$ 的整数. 令 $\eta = a\mu + b\varepsilon_1$, 则由 (2.6), (2.7) 式知 η 满足所要的关系:

$${}^t g_\sigma \eta - \eta\, {}^t g'_\sigma = \zeta_\sigma.$$

□

我们再作一个补充说明. 设 $\alpha: T \to T'$ 是 F 同源, K 为使得 T 和 T' 在其上都分裂的域. 对于 T, 令 $\tilde{T} = \mathrm{R}_{K/F} T$. 则有同构

$$\Theta: X_K(T) \cong X_F(\tilde{T}). \tag{2.8}$$

对于 T' 有相应的 $\tilde{T}'$ 和 Θ'. 令 $\tilde{\alpha} = \mathrm{R}_{K/F}(\alpha)$ (即 $\mathrm{R}_{K/F}$ 在 α 的图上作用的结果 (参见 [401] Chap. 1,1.3 节)), 则 $\tilde{\alpha}$ 是 F 同源, 并且有

$$\Theta \circ {}^t\alpha = {}^t\tilde{\alpha} \circ \Theta'. \tag{2.9}$$

其证明留给读者.

2.3.2 环面与乘法群概形

设 G 是有限群, H 是子群. 考虑 H 在 $\mathbb{C}$ 上的一个表示. 令 M 为表示模. 以 Γ 和 $\tilde{\Gamma}$ 分别记群代数 $\mathbb{C}[H]$ 和 $\mathbb{C}[G]$. 令 $\tilde{M} = M \otimes_\Gamma \tilde{\Gamma}$. 则 $\tilde{M}$ 是关于 G/H 的由 M 诱导的 G 的表示模. 对于 M 的特征标 χ, 以 χ^* 记的诱导特征标, 即

$$\chi^* = \frac{1}{|H|}\sum_{\rho\in G}\chi'(\rho\tau\rho^{-1}), \qquad \tau \in G, \tag{2.10}$$

其中 χ' 表示 χ 在 G 上的扩充, 它在 H 之外取值为 0. 我们称 M (或 χ) 为有理的, 如果 $\chi(\tau) \in \mathbb{Q}$ $(\forall\, \tau \in H)$. 例如设 $M = M_{\mathbb{C}} = \mathbb{C} \otimes_{\mathbb{Z}} M$, M 是有限生成无扭 H 模, 则 M 是有理的. 如果 χ 是有理的, 则由 (2.10) 式知 χ^* 也是有理的.

设 χ_i $(1 \leqslant i \leqslant h)$ 是 G 的不可约特征标. 则 χ_i 的共轭的和是有理的. 我们将用 Ξ_i $(1 \leqslant i \leqslant h')$ 记用这种方式由不可约特征标得到的有理特征标. 以 X 记 G 的有理特征标生成的 $\mathbb{Z}$ 模, 则 Ξ_i 构成 X 的一组基.

令 H_ν $(1 \leqslant \nu \leqslant r)$ 为 G 的所有循环子群的共轭类的表示. 我们用 X_L 记由 $(X_1^{(\nu)})^*$ $(1 \leqslant \nu \leqslant r)$ 生成的 $\mathbb{Z}$ 模, 其中 $X_1^{(\nu)}$ 为 H_ν 的主特征标. 显然 $X_1 \subseteq X$. 但是已经知道 $[X : X_1]$ 是有限的 (参见 [31] Hilfsätze). 于是有 $h' = r$. 数量 $N(G) = [X : X_1]$ 仅依赖于 G.

现在设 T 是定义在 F 上的环面, T 在有限 Galois 扩张 K/F 上分裂, $G = \mathrm{Gal}(K/F)$. 设 χ 是 $X(T)_{\mathbb{C}}$ 的特征标 ($X(T)_{\mathbb{C}}$ 为 G 模 $X(T)$ 的纯量扩张). 由于 $\chi \in X$, 故 $N(G)\chi \in X_1$, 因此有

$$N(G)\chi + \sum_\lambda n_\lambda(\chi_1^{(\lambda)})^* = \sum_\mu n_\mu(\chi_1^{(\mu)})^*, \tag{2.11}$$

其中 n_λ 和 n_μ 是由 χ 唯一决定的非负整数. 令 d 为 $N(G)$, n_λ, n_μ 的最大公因子, $N(G) = dm$, $n_\lambda = dm_\lambda$, $n_\mu = dm_\mu$, 则有

$$m\chi + \sum_\lambda m_\lambda(\chi_1^{(\lambda)})^* = \sum_\mu m_\mu(\chi_1^{(\mu)})^*, \tag{2.12}$$

其中 $(m, m_\lambda, m_\mu) = 1$. 令 F_ν 是对应于 H_ν 的域. 如果考虑 $\mathbb{G}_{\mathrm{m}}$ 在 F_ν 上分裂的情形, 则 $X(\mathbb{G}_{\mathrm{m}})$ 成为平凡 H_ν 模, $\chi_1^{(\nu)}$ 是 $X(\mathbb{G}_{\mathrm{m}})$ 的特征标. 因为 $X(\mathrm{R}_{F_\nu/F}(\mathbb{G}_{\mathrm{m}}))$ 是 $X(\mathbb{G}_{\mathrm{m}})$ 关于 G/H_ν 的诱导模, 由命题 2.2.6 (3) 即知

$$(m)X(T) + \sum_\lambda m_\lambda X(\mathrm{R}_{F_\lambda/F}(\mathbb{G}_{\mathrm{m}}))_{\mathbb{Q}} \cong \sum_\mu m_\mu X(\mathrm{R}_{F_\mu/F}(\mathbb{G}_{\mathrm{m}}))_{\mathbb{Q}}.$$

根据命题 2.3.3 就得到

$$T^m \times \prod_\lambda(\mathrm{R}_{F_\lambda/F}(\mathbb{G}_{\mathrm{m}}))^{m_\lambda} \rightleftharpoons \prod_\mu(\mathrm{R}_{F_\mu/F}(\mathbb{G}_{\mathrm{m}}))^{m_\mu} \qquad (\text{在 } F \text{ 上}).$$

综上所述, 再应用命题 2.3.4 于 $[K : F] \not\equiv 0 \bmod p$ 的情形, 就得到

定理 2.3.5 (Ono[280]) 设 T 是定义在 F 上的环面, T 在有限 Galois 扩张 K/F 上分裂, $G=\mathrm{Gal}(K/F)$. 令 F_ν 取遍所有使得 K/F_ν 循环的在 F 上的同构类的代表. 则存在唯一确定的整数 m, m_λ, m_μ 满足 $(m,m_\lambda,m_\mu)=1$ 并且使得

$$T^m\times\prod_\lambda(\mathrm{R}_{F_\lambda/F}(\mathbb{G}_\mathrm{m}))^{m_\lambda}\rightleftharpoons\prod_\mu(\mathrm{R}_{F_\mu/F}(\mathbb{G}_\mathrm{m}))^{m_\mu}\quad(\text{在 }F\text{ 上}).\tag{2.13}$$

特别地, 如果基域的特征不整除 $[K:F]$, 则 (2.13) 式中的同源可以取为可分的.

注 如果 K 和 K' 都是使得 T 分裂的 F 上的 Galios 扩张, 则 $K\cap K'$ 也是. 因此我们可以取这样的最小的域. 此时可以认为 m, m_λ, m_μ 被 T 和 F 所确定.

2.4 例

我们将给出代数环面的一些例子. 其中最明显的应当是 $(\mathbb{G}_\mathrm{m})^d$.

例 2.4.1 设 L/K 是域的 n 次可分扩张. 我们定义一个代数群 $L^\times$ 如下: $(L^\times)(\overline{K})$ 为 $L\otimes_K\overline{K}$ 的单位群, 这里 $\overline{K}$ 为 K 的代数闭包. 取定 L/K 的一组基就得到相应的 $L\otimes_K\overline{K}$ 在 $\overline{K}$ 上的一组基. 在这组基下, 用 $L\otimes_K\overline{K}$ 的一个单位作乘法就得到 $\mathrm{GL}(n,\overline{K})$ 的一个元素. 这使得 $(L^\times)(\overline{K})$ 成为 $\mathrm{GL}(n,\overline{K})$ 的一个闭子群. 由于 $L\otimes_K\overline{K}\cong\underbrace{\overline{K}\oplus\cdots\oplus\overline{K}}_{n\text{ 个}}$ (这里我们应用了 L/K 的可分性), 所以 $(L^\times)(\overline{K})\cong(\overline{K}^\times)^n$, 这说明 $L^\times$ 是一个代数环面. K 的任一包含 L 的 Galois 扩张都是 $L^\times$ 的分裂域. 用基域限制的语言来说, 显然有 $L^\times=\mathrm{R}_{L/K}(\mathbb{G}_\mathrm{m})$. $L^\times$ 的特征标模 $X(L^\times)$ 同构于由陪集 $\mathrm{Gal}(K_s/K)/\mathrm{Gal}(K_s/L)$ 生成的 $\mathrm{Gal}(K_s/K)$ 模.

例 2.4.2 设 L/K 如上. 定义代数群 G 满足要求:

$$G(\overline{K})=\{x\text{ 是 }L\otimes_K\overline{K}\text{ 的单位, 且 }\mathrm{N}_x=1\},$$

即 $G(\overline{K})$ 由 $(\overline{K}^\times)^n$ 中使得 $x_1\cdots x_n=1$ 的元素 $(x_1,\cdots,x_n)$ 组成. 所以 G 是代数环面, 它在 $\overline{K}$ 上同构于 $\mathbb{G}_\mathrm{m}^{n-1}$. (关于其他的例子, 见 [279].)

例 2.4.3 关于一个非退化的二次型 q 的 SO_2 是一个代数环面.

设 V 是相应的二次空间, e_1, e_2 是 V 的一组正交基. 则 V 的正交群由下述形状的矩阵组成:

$$\begin{pmatrix}\lambda_1 & \lambda_2\\ -c\lambda_2 & \lambda_1\end{pmatrix},\qquad\begin{pmatrix}\lambda_1 & \lambda_2\\ c\lambda_2 & -\lambda_1\end{pmatrix},$$

其中 $\lambda_1,\ \lambda_2 \in K$ 且 $\lambda_1^2 + c\lambda_2^2 = 1$. 所以 V 的特殊正交群由上述第一种矩阵组成. 此群同构于 K 的二次扩张 $K[x]/(x^2+c)$ 中的范数为 1 的元素组成的群. 所以 SO_2 是代数环面.

例 2.4.4　如果 h 是 K 上的四元可除代数 C 上的一个斜 Hermite 型, 则特殊酉群 $\mathrm{SU}_1(C/K,h)$ 是代数环面.

第三章　代数数域上的环面

本章将讨论数域上的环面的上同调. 最简单的环面是 $\mathbb{G}_{\mathrm{m}}$, 它的 K 有理点是 $K^{\times}$. 所以我们从代数数域的上同调出发 (这种上同调早年受 Tate 的影响, 日后变为 Grothendieck 的 étale 上同调了), 如同 Tate 和 Ono 所作的那样, 将 $\mathbb{G}_{\mathrm{m}}(K) = K^{\times}$ 上的结果推广到环面上是自然的. 如果 K 上的环面 T 在 K 上是分裂的, 则 $T \cong \mathbb{G}_{\mathrm{m}}^n$, 这时所谓 "推广" 就是由 $\mathbb{G}_{\mathrm{m}}$ 到它的直积的推广. 但是对于一般的环面还需要考虑 Galois 群的作用 (包括 Galois 上同调).

3.1　代　数　数

在本节我们回顾代数数轮中的某些事实. 详情见 [400], [3].

3.1.1　代数数与代数整数

一个代数数域是指有理数域的一个有限扩张 K, K 的元素称为代数数.

一个代数数 x 称为整的 (或代数整数), 如果 x 满足形如

$$x^m + a_1 x^{m-1} + \cdots + a_m = 0, \qquad a_i \in \mathbb{Z}$$

的方程. 一个代数数域 K 中的全体代数整数组成一个环, 记为 O_K. O_K 是秩为 $n = [K:\mathbb{Q}]$ 的自由 $\mathbb{Z}$ 模. O_K 是一个整环, 其中每个理想可以唯一地分解为素理想的乘积.

3.1.2　赋值

K 的一个绝对值, 或**赋值** (valuation), 是满足下述三条性质的一个映射 $v\colon K \to \mathbb{R} \cup \{0\}$:

(1)　$v(x) = 0$ 当且仅当 $x = 0$,

(2)　$v(xy) = v(x)v(y)$,

(3)　存在一个常数 $C > 0$ 使得 $v(x+y) \leqslant C \max\{v(x), v(y)\}$, $\forall\, x, y \in K$.

我们称 v 为平凡赋值, 如果 $v(0) = 0$, $v(x) = 1$ $(\forall\, x \neq 0)$. 在 $C = 1$ 时, v 的赋值环为 $R_v = \{x \in K \mid v(x) \leqslant 1\}$.

如果 $\mathfrak{p}$ 是 O_K 的一个素理想, 则有如下的与 $\mathfrak{p}$ 相关的绝对值 $v_{\mathfrak{p}}$: 对于 $x \in K^{\times}$, 如果

$$xO_K = \mathfrak{p}^r \mathfrak{a}, \quad (\mathfrak{p}, \mathfrak{a}) = 1,$$

则定义

$$v_{\mathfrak{p}}(x) = (\mathrm{N}\mathfrak{p})^{-r},$$

其中 $\mathrm{N}\mathfrak{p} = |O_K/\mathfrak{p}|$. 这里的整数 r 常记为 $\mathrm{ord}_{\mathfrak{p}}(x)$.

设 $x \mapsto x^{(i)}$ $(1 \leqslant i \leqslant n)$ 是 K 到 $\mathbb{C}$ 的全部嵌入, 其中前 r_1 个将 K 映入 $\mathbb{R}$, 后 r_2 对复共轭将 K 严格地映入 $\mathbb{C}$ (则 $r_1 + 2r_2 = n$), 对于 $j > r_1$, 第 j 个与第 $j + r_2$ 个互为复共轭. 对于 $x \in K$, 令 $v_{\infty,\,i} = |x^{(i)}|$ (如果 $1 \leqslant i \leqslant r_1$), $v_{\infty,\,i} = |x^{(i)}|^2$ (如果 $r_1 < i \leqslant r_1 + r_2$), 其中 $|\ |$ 表示 $\mathbb{C}$ 的通常的绝对值. 容易证明 $v_{\mathfrak{p}}$ 和 $v_{\infty,\,i}$ 都是 K 的赋值. 这些赋值 $v_{\mathfrak{p}}$ 和 $v_{\infty,\,i}$ 称为 K 的**正规化赋值** (normalized valuation).

设 v 是 K 的一个赋值. 相应于 v 有 K 上的一个度量, 即 $d(x, y) = v(x - y)$. 在此度量诱导的拓扑下 K 成为一个拓扑域. K 的两个赋值 v_1 和 v_2 称为等价的, 如果它们在 K 上诱导的拓扑相同. 代数数域 K 上的任一赋值都等价于上述的正规化赋值之一. 我们称 K 的赋值的一个等价类 (或一个正规化赋值) 为 K 的一个**素除子** (prime divisor).

弱逼近定理 (weak approximation theorem)　*设 v_i $(1 \leqslant i \leqslant N)$ 是 K 的互不等价的非平凡赋值. 对于每个 i, 令 K_i 为由 K 的元素组成具有由 v_i 诱导的拓扑的拓扑空间. 则 K 在对角线映射下的像在 $\prod_{i=1}^{N} K_i$ 中稠密.*

3.1.3　赋值的完备化

K 关于赋值 v 的完备化是指一个有序对 $(\tilde{K}, \rho)$, 其中 $\tilde{K}$ 是一个度量空间, $\rho\colon K \to \tilde{K}$ 是一个等距映射, 满足下述两个条件:

(1)　$\tilde{K}$ 是完备的度量空间 (即任意 Cauchy 序列都收敛),

(2)　$\rho(K)$ 在 $\tilde{K}$ 中稠密.

两个完备化 $(\tilde{K}_1, \rho_1)$ 和 $(\tilde{K}_2, \rho_2)$ 称为等价的, 如果存在一个等距映射 $\eta\colon \tilde{K}_1 \to K_2$ 使得下面图交换:

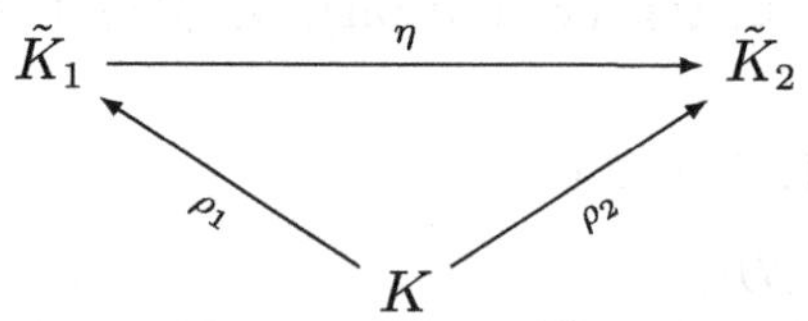

K 的完备化的一个等价类称为 K 的一个**位** (place). 由 K 的完备化 $(\tilde{K}, \rho)$ 所决定的位称为实的, 如果 $\tilde{K}$ 同构于 $\mathbb{R}$; 称为虚的, 如果 $\tilde{K}$ 同构于 $\mathbb{C}$. 这两种位都称作无限的或阿氏的 (Archimidean), 其余的位都称作有限的或非阿的. 可以证明位和素除子是互相对应的, 我们将不区分它们. 对于 K 的位 v, 我们用 $x \mapsto |x|_v$ 记相应的正规化赋值. 定义 K 上的距离函数为 $d(x, y) = |x - y|^{\alpha}$, 其中如果 v 为虚

的, 则 $\alpha=\frac{1}{2}$, 否则 $\alpha=1$. K 关于这样的度量的完备化记为 K_v. 有理数域 $\mathbb{Q}$ 关于素数 p 所定义的赋值 v_p 的完备化记为 $\mathbb{Q}_p$.

对于 K 的有限位 v, 令

$$O_v=\{x\in K_v \mid |x|_v\leqslant 1\},$$
$$U_v=\{x\in K_v \mid |x|_v=1\},$$
$$P_v=\{x\in K_v \mid |x|_v<1\},$$

则 O_v 是 K_v 的唯一的极大紧子环, U_v 是 O_v 的可逆元素乘法群, P_v 是 O_v 的唯一的极大理想. 存在 $\pi_v\in P_v$, 使得 $P_v=\pi_v O_v$. 我们称这样的 π_v 为 K_v 的**单值化参数** (uniformizing parameter) 或**素元** (prime element). $k(v)=O_v/P_v$ 称为 K_v 的剩余域, 它是有限域, 其阶数称为 K_v 的模.

我们经常把代数数域称为整体域, 而把代数数域的完备化称为局部域.

3.1.4　分歧指数与剩余次数

设 F 是一个整体域, K 是 F 的有限代数扩张, w 是 K 的一个位. 令 ρ 为 K 到它在 w 处的完备化 K_w 的自然嵌入. 则 K_w 是 $\rho(F)$ 在 K_w 中的闭包的有限代数扩张. ρ 在 F 上诱导出到此闭包的一个嵌入, 此嵌入决定了 F 的一个位 v. 我们称 v 在 w 之下, 也称 w 在 v 之上, 记为 $w\mid v$. 在这种情形下我们经常把 F_v 与 F 在 K_v 中的闭包等同起来.

设 π (相应地, π') 为 F_v (相应地, K_w) 的素元, q (相应地, q') 为 F_v (相应地, K_w) 的模. 整数 $\mathrm{ord}_w(\pi)$ 称为扩张 K_w/F_v 的分歧阶或**分歧指数** (ramification index), 记为 $e(K_w/F_v)$. 满足 $q'=q^f$ 的整数 f 称为 K_w 在 F_v 上的模次数或**剩余类次数** (residue class degree), 记为 $f(K_w/F_v)$. 我们有 $[K_w:F_v]=e(K_w/F_v)f(K_w/F_v)$.

我们称 F 的一个素除子 v 在 n 次扩张 K/F 中完全分裂, 如果 K 中有 n 个在 v 之上的素除子. 此时有 $e(K_w/F_v)=f(K_w/F_v)=1$ (w 为 K 的在 v 之上的任一素除子). 我们称 v 在 K/F 中不分解, 如果其中只有一个素除子 w 在 v 之上且 $e(K_w/F_v)=1$. 此时有 $f(K_w/F_v)=n$. 我们称 K 的一个素除子 w 在 K/F 中分歧, 如果 $e(K_w/F_v)>1$, 其中 v 是 F 的在 w 之下的素除子. 我们称 v 在 K/F 中分歧, 如果存在 K 的在 v 之上的素除子 w, 使得 w 在 K/F 中分歧.

3.1.5　分解群与惯性群

设 K 是 F 的有限 Galois 扩张. 记 $G=\mathrm{Gal}(K/F)$.

设 w 是 K 的一个素除子. 对于 $\sigma\in G$, 定义 $|a|_{\sigma w}=|\sigma^{-1}a|_w$ ($a\in K$). 则 σw 也是 K 的素除子. 若又有 $\tau\in G$, 则有 $\sigma(\tau w)=(\sigma\tau)w$. 设 R_w 为 w 的赋值

环, 则有 $\sigma R_w = R_{\sigma w}$. 用 σ 作用关于 w 的 Cauchy 序列得到关于 σw 的 Cauchy 序列; 反过来, 用 σ^{-1} 作用关于 σw 的 Cauchy 序列得到关于 w 的 Cauchy 序列. 于是, 根据连续性, 有同构 $\sigma_w: K_w \xrightarrow{\sim} K_{\sigma w}$. 如果 w 是在 F 的素除子 v 之上的, 则 σw 也在 v 之上. 此时同构 σ_w 是 F_v 同构. 显然有 $\sigma_{\tau w} \circ \tau_w = (\sigma\tau)_w$. 如果 w 和 w' 是在 F 的同一素除子 v 之上的, 则存在 $\sigma \in G$, 使得 $\sigma w = w'$.

w 的分解群 G_w 是如下定义的 G 的子群:

$$G_w = \{\sigma \in G | \sigma w = w\}.$$

注意

$$G_{\tau\sigma} = \{\sigma \in G | \sigma\tau w = \tau w\},$$

于是 w 的分解群在相差一个共轭的意义下被 v 所确定. 根据前面所述, 如果 $\sigma \in G_w$, 则 σ 是 K_w 的 F_v 自同构. 所以我们有由 G_w 到 $\mathrm{Gal}(K_w/F_v)$ 的单同态 i. 进一步, i 是同构.

令 $k(v)$ (相应地, $k(w)$) 为 F (相应地, K) 关于 v (相应地, w) 的剩余域. 则有满同态

$$G(K_w/F_v) \longrightarrow G(k(w)/k(v))$$
$$\sigma \longmapsto \overline{\sigma},$$

其中 $\overline{\sigma}$ 的定义为

$$\overline{\sigma}(x \mod P_w) = \sigma(x) \mod P_w.$$

以 $\mathfrak{p}_v$ (相应地, $\mathfrak{P}_w$) 记对应于 F (相应地, K) 的有限素除子 v (相应地, w) 的素理想. 由于 $R_w/\mathfrak{P}_w \cong k(w)$, $R_v/\mathfrak{p}_w \cong k(v)$, 所以上面的满同态导致正合序列

$$1 \longrightarrow I_w \longrightarrow G_w \xrightarrow{j} \mathrm{Gal}((R_w/\mathfrak{P}_w)/(R_v/\mathfrak{p}_w)) \longrightarrow 1,$$

其中

$$j\sigma(x \mod \mathfrak{P}_w) = \sigma(x) \mod \mathfrak{P}_w, \quad (\sigma \in G_w),$$

$$I_w = \{\sigma \in G_w \mid \sigma(x) \equiv x \mod \mathfrak{P}_w, \forall\, x \in R_w\}.$$

I_w 称为 w 的**惯性群** (inertia group), 它的阶为 $e(K_w/F_v)$.

设 w 是 K 的在 F 的素除子 v 之上非分歧的有限素除子 (事实上几乎所有的素除子都是非分歧的). 则

$$G \supset G_w \cong G(K_w/F_v) \cong G(k(w)/k(v)).$$

由于剩余类域是有限域, 所以 Galois 群 $G(k(w)/k(v))$ 是循环群, 生成元为

$$x \longmapsto x^{\mathrm{N}_v},$$

其中 $\mathrm{N}_v = |k(v)|$ 为绝对范数. 由此即知在 G_w 中有唯一的元素 σ_w 满足

$$a^{\sigma_w} \equiv a^{\mathrm{N}_v} \mod \mathfrak{P}_w, \quad \forall\, a \in R_w.$$

这个 σ_w 称为关于素除子 w 的 **Frobenius 自同构** (Frobenius automorphism). 由 σ_w 的定义立得

$$\sigma_{\tau w} = \tau^{-1}\sigma_w\tau.$$

所以在共轭的意义下 Frobenius 自同构被 v 唯一决定.

3.1.6 adele 环

设 K 是一个代数数域. 我们沿用前面的符号. 以 S_K 记 K 的所有素除子的集合, 以 S_∞ 记 K 的所有无限素除子的集合. 设 S 是 S_K 的包含 S_∞ 的有限子集. 对于这样的 S, 令

$$\mathbb{A}_K(S) = \prod_{v\in S} K_v \times \prod_{v\notin S} O_v,$$

并在 $\mathbb{A}_K(S)$ 上赋予乘积拓扑. $\mathbb{A}_K(S)$ 称为 K 的 **S-adele 环** (ring of S-adeles). K 的 **adele 环** (ring of adeles) $\mathbb{A}_K$ 定义为 $\mathbb{A}_K(S)$ 的直极限, 其中 S 取遍 S_K 的包含 S_∞ 的所有有限子集 (此有限子集集合上的序由包含关系所定义). $\mathbb{A}_K$ 是局部紧的. 事实上, 所有的 $\mathbb{A}_K(S)$ 的开集构成 $\mathbb{A}_K$ 的开集. 如果 L/K 是有限 Galois 扩张, 则 $\mathbb{A}_L$ 典范地 (同时是代数地和拓扑地) 同构于 $\mathbb{A}_K \otimes_K L$. 在这里我们通过对角线映射 $x \mapsto (x, x, \cdots)$ 把 K 嵌入到 $\mathbb{A}_K$ 中 (注意: 对于几乎所有的 $v \in S_K \setminus S_\infty$ 有 $|x|_v \leqslant 1$, 因此 $(x, x, \cdots) \in \mathbb{A}_K$). 这样的 $(x, x, \cdots)$ $(x \in K)$ 称为**主 adele** (principal adele). 在此意义下, K 在 $\mathbb{A}_K$ 中离散. $\mathbb{A}_K/K$ 在商拓扑下是紧的.

强逼近定理 (strong approximation theorem) 固定 K 的一个位 v_0. 令 $S'_K = S_K \setminus \{v_0\}$. 对于 S'_K 的任一包含 $S_\infty \setminus \{v_0\}$ 的有限子集 S', 定义

$$\mathbb{B}_K(S') = \prod_{v\in S'} K_v \times \prod_{v\in S'_K\setminus S'} O_v.$$

以 $\mathbb{B}$ 记 $\mathbb{B}_K(S')$ 的直极限 (直观地说, $\mathbb{B}$ 就是在 $\mathbb{A}_K$ 的直积因子中任意去掉一个). 则在对角线映射下 K 在 $\mathbb{B}$ 中的像在 $\mathbb{B}$ 中稠密.

3.1.7　idele 群

设 S 是 S_K 的包含 S_∞ 的有限子集. 令

$$J_K(S) = \prod_{v\in S} K_v^\times \times \prod_{v\notin S} U_v,$$

在 $J_K(S)$ 上赋予乘积拓扑. K 的 **idele 群** (group of ideles) J_K 定义为 $J_K(S)$ 的直极限, 其中 S 取遍 S_K 的包含 S_∞ 的所有有限子集. J_K 是 $\mathbb{A}_K$ 的可逆元素组成的乘法群, 所以 J_K 也记为 $\mathbb{A}_K^\times$ (但是 J_K 有更细的拓扑). $K^\times$ 在 J_K 中离散.

对于任一 $a = (a_v) \in J_K$, 我们记

$$|a| = |a|_{\mathbb{A}_K} = \prod_v |a_v|_v,$$

此式右端的乘积中 v 取遍的 K 所有的位. 映射 $|\ |: J_K \to \mathbb{R}_+^\times$ 是连续的, 并且在 $K^\times$ 上取常值 1 (即所谓 “乘积公式”).

令 $J_K^1 = \{a \in J_K \mid |a| = 1\}$. 则 J_K^1 是紧的, 而且 J_K 是 J_K^1 和 $\mathbb{R}_+^\times$ 的直积.

3.1.8　Dirichlet 单位定理

设 S 是 S_K 的包含 S_∞ 的有限子集. K 的元素 x 称为一个 S 单位, 如果 $|x|_v = 1\ (\forall\, v \notin S)$.

如果 $S = S_\infty$, 则 S 单位就是 O_K 的单位. 以 $U_K(S)$ 记 K 的 S 单位群, 以 W_K 记 O_K 的有限阶单位组成的群. 显然 W_K 就是 K 中的单位根群, 并且 $W_K \subseteq U_K(S)\ (\forall\, S)$.

定理 3.1.1 (Dirichlet 单位定理)

(1) W_K 是有限群.

(2) $V_K(S) = U_K(S)/W_K$ 是秩为 $s-1$ 的自由 Abel 群 ($s = |S|$).

(3) $U_K(S) = W_K \times V_K(S)$.

3.2　Galois 上同调

本节将着眼于 Galois 群的上同调. 我们先考虑类域论中有关上同调群的一些结果.

3.2.1　Galois 群的上同调

设 K/F 是域的 Galois 扩张, 其群为 $G = \mathrm{Gal}(K/F)$. 设 $\{K_i \mid i \in I\}$ 为含于 K 的 F 上的有限 Galois 扩张的全体. 令 $U_i = \mathrm{Gal}(K_i/F)$, 则 $G = \varprojlim G/U_i$ 是投射有限群.

G 在 K 的加法群上的作用使得 K 成为 G 模. 由于 $K^{U_i} = K_i$ 以及 $K = \bigcup K_i$, 所以 K 是离散 G 模. 进一步, K_i 是 $G(K_i/F)$ 模, 并且 $G(K_i/F) \cong G/U_i$. 于是有

$$H^n_{\mathrm{ct}}(G, K) \cong \varinjlim H^n(G(K_i/F), K_i), \tag{3.1}$$

其中 H^n_{ct} 表示连续上同调.

如果 K/F 是有限 Galois 扩张, 则由正规基定理知: K 作为 $F[G]$ 模是由一个元素生成的自由模. 所以它同时是 F 上的上诱导模和诱导模. 因此 Tate 上同调群 $\hat{H}^n(G(K/F), K) = 0$ $(\forall\, n \in \mathbb{Z})$. 由 (3.1) 式即知对于任意的 Galois 扩张 K/F, 都有

$$H^n(G(K/F), K) = 0, \qquad \forall\, n \geqslant 1.$$

3.2.2　Hilbert 定理 90

我们用域 K 的乘法群 $K^\times$ 代替上一小节中的加法群 K, 则 $(K^\times)^{U_i} = K_i^\times$, $K^\times = \bigcup K_i^\times$ 是离散 G 模. 我们有

$$H^n_{\mathrm{ct}}(G, K^\times) \cong \varinjlim H^n(G(K_i/F), K_i^\times). \tag{3.2}$$

但是其余的讨论有很大的差异.

命题 3.2.1 (Hilbert 定理 90) $H^1_{\mathrm{ct}}(G(K/F), K^\times) = 0$.

证明　根据 (3.2) 式我们只要对于 K/F 有限的情形证明本命题. 设 f 是 G 的取值在 $K^\times$ 中的 1 上闭链. 由 Dedekind 关于自同构无关性的定理知, 存在 $c \in K^\times$ 使得

$$b = \sum_{\sigma \in G} f(\sigma)\sigma(c) \neq 0.$$

用 $\tau \in G$ 作用此式, 得到

$$\begin{aligned}
\tau(b) &= \sum_{\sigma \in G} (\tau f(\sigma))(\tau\sigma(c)) \\
&= \sum_{\sigma \in G} f^{-1}(\tau) f(\tau\sigma) \cdot \tau\sigma(c) \quad (\text{因为 } f(\tau\sigma) = f(\tau)\tau f(\sigma)) \\
&= f^{-1}(\tau) \sum_{\nu \in G} f(\nu) \cdot \nu(c) \\
&= f^{-1}(\tau) b.
\end{aligned}$$

于是 $f(\tau) = b \cdot \tau(b)$, 即 f 是 1 上边缘. □

3.2.3　局部域的乘法群和单位群的 Galois 上同调群

在本小节我们设 F 为一个代数数域在一个有限位 v 处的完备化, $\overline{F}$ 为 F 的代数闭包. 我们把 O_v, U_v, P_v 分别记为 O_F, U_F, P_F. 局部类域论的一个重要结果是

定理 3.2.2　*存在同构, 即所谓"不变量"映射:*

$$\mathrm{inv}_F: H^2(G(\overline{F}/F), \overline{F}^\times) \longrightarrow \mathbb{Q}/\mathbb{Z}. \tag{3.3}$$

如果 K/F 是 $\overline{F}$ 中的 n 次扩张,

$$\mathrm{Res}_{F/K}: H^2(G(\overline{F}/F), \overline{F}^\times) \longrightarrow H^2(G(\overline{F}/K), \overline{F}^\times)$$

是限制同态, 则有

$$\mathrm{inv}_K \circ \mathrm{Res}_{F/K} = n \circ \mathrm{inv}_F\,. \tag{3.4}$$

证明　参见 [331] §1 Theorem 2, 3.

进一步, 有

定理 3.2.3　*如果 K/F 是 $\overline{F}$ 中的 n 次扩张, 则 $H^2(G(K/F), \overline{K}^\times)$ 是循环群, 其生成元 $u_{K/F} \in H^2(G(\overline{F}/F), \overline{F}^\times)$ 的不变量是 $\frac{1}{n}$.*

证明　参见 [331] §1 Theorem 3 Cor. 2.

设 K/F 是 n 次 Galois 扩张, $G = G(K/F)$. 又设 H 是 G 的 m 阶子群. 由 Hilbert 定理 90 我们有 $H^1(H, K^\times) = 0$. 设 F' 为 H 的不动域, 则 $H = G(K/F')$. 于是 $H^2(H, K^\times)$ 是由 $u_{K/F}$ 生成的 m 阶循环群. 如果

$$\mathrm{Res}_{F/K}: H^2(G(\overline{F}/F), \overline{F}^\times) \longrightarrow H^2(G(\overline{F}/F^\times), \overline{F}^\times)$$

是限制同态, 则有

$$u_{K/F'} = \mathrm{Res}(u_{K/F}). \tag{3.5}$$

这个等式来自于不变量的计算:

$$\mathrm{inv}_{F'}(\mathrm{Res}\, u_{K/F}) = [F':F]\,\mathrm{inv}(u_{K/F}) = [F':F]\frac{1}{n} = \frac{1}{m} = \mathrm{inv}_{F'}(u_{K/F'}).$$

因此 G 模 $K^\times$ 是一个以 $u_{K/F}$ 为基本类的类模. 现在我们可以应用 Tate-Nakayama 定理 (见 1.3.2 节), 从而得到

定理 3.2.4 对于所有的整数 $n \in \mathbb{Z}$, 由上积给出的映射 $\alpha \mapsto \alpha \cup u_{K/F}$ 是由 $\hat{H}^n(G,\mathbb{Z})$ 到 $\hat{H}^{n+2}(G,K^\times)$ 的同构. 进一步, 我们有交换图

$$\begin{array}{ccc} \hat{H}^n(G,\mathbb{Z}) & \xrightarrow{\cup u_{K/F}} & \hat{H}^{n+2}(G,K^\times) \\ \Big\downarrow{\scriptstyle \mathrm{Res}} & & \Big\downarrow{\scriptstyle \mathrm{Res}} \\ \hat{H}^n(H,\mathbb{Z}) & \xrightarrow{\cup u_{K/F'}} & \hat{H}^{n+2}(H,K^\times) \end{array}$$

$$\begin{array}{ccc} \hat{H}^n(G,\mathbb{Z}) & \xrightarrow{\cup u_{K/F}} & \hat{H}^{n+2}(G,K^\times) \\ \Big\uparrow{\scriptstyle \mathrm{Cor}} & & \Big\uparrow{\scriptstyle \mathrm{Cor}} \\ \hat{H}^n(H,\mathbb{Z}) & \xrightarrow{\cup u_{K/F'}} & \hat{H}^{n+2}(H,K^\times) \end{array} \tag{3.6}$$

下面我们叙述一个关于单位群的上同调的结果.

命题 3.2.5 设 K/F 是群为 G 的有限 Galois 扩张. 则

(1) 存在 U_K 的开子群 V 使得 $\hat{H}^n(G,V)=0\ (\forall\, n\in\mathbb{Z})$.

(2) 如果非分歧, 则 $\hat{H}^n(G,U_K)=0\ (\forall\, n\in\mathbb{Z})$.

证明 请参看 [331] §1 Prop. 1, 3.

最后我们用上同调做一些计算.

命题 3.2.6 设 F 是非阿局部域, K/F 是非分歧 Galois 扩张, $G=G(K/F)$. 如果 A 是有限生成 $\mathbb{Z}$ 自由模同时又是 G 模, 则范数映射 $\mathrm{N}=\mathrm{N}_G$ 诱导出满同态

$$\mathrm{N}:\ \mathrm{Hom}(A,U_K)\longrightarrow \mathrm{Hom}_G(A,U_K).$$

证明 对于 $n\geqslant 1$, 令 $U_K^n=\{x\in U_K|x\cong 1 \bmod P_K^n\}$. 这些群都是 G 不变的. 所以我们只要验证

$$\mathrm{N}:\ \mathrm{Hom}(A,U_K/U_K^1)\longrightarrow \mathrm{Hom}_G(A,U_K/U_K^1),$$

$$\mathrm{N}:\ \mathrm{Hom}(A,U_K^n/U_K^{n+1})\longrightarrow \mathrm{Hom}_G(A,U_K^n/U_K^{n+1})$$

都是满同态.

令 $k_K=O_K/P_K$ 为 O_K 的剩余域. U_K^n/U_K^{n+1} 作为 G 模与 k_K 同构. 于是我们考虑

$$\mathrm{N}:\ \mathrm{Hom}(A,k_K)\longrightarrow \mathrm{Hom}_G(A,k_K).$$

设 $k_F=O_F/P_F$, 则 k_K 作为 G 模同构于 $\mathbb{Z}[G]\otimes k_F$. 而 $\mathrm{Hom}(A,\mathbb{Z}[G]\otimes k_F)$ 同构于 $\mathbb{Z}[G]\otimes \mathrm{Hom}(A,k_F)$, 所以

$$\hat{H}^0(G,\mathbb{Z}[G]\otimes \mathrm{Hom}(A,k_F))=0,$$

即 N 是满同态.

U_K/U_K^1 作为 G 模与乘法群 $k_K^\times$ 同构. 所以我们考虑

$$\mathrm{N}:\ \mathrm{Hom}(A,k_K^\times)\longrightarrow \mathrm{Hom}_G(A,k_K^\times).$$

此映射的满性等价于 $\hat{H}^0(G,\mathrm{Hom}(A,k_F^\times))=0$. 由于 G 是循环群且 $\mathrm{Hom}(A,k_K^\times)$ 有限, 故所有的 $\hat{H}^p(G,\mathrm{Hom}(A,k_F^\times))$ 有相同的阶. 我们将证明

$$\hat{H}^1(G,\mathrm{Hom}(A,k_F^\times))=H^1(G,\mathrm{Hom}(A,k_F^\times))$$

是 0. 令 $\overline{k}_K$ 为 k_K 的代数闭包, $\mathscr{F}$ 是 Frobenius 自同构 $\sigma_o:\ x\mapsto x^{|k_K|}$ 生成的 $\mathrm{Gal}(\overline{k}_K/k_K)$ 的子群. 则序列

$$0\longrightarrow H^1(G,\mathrm{Hom}(A,k_F^\times))\longrightarrow H^1(\mathscr{F},\mathrm{Hom}(A,\overline{k}_F^\times))$$

正合. 我们只要证明此序列中右端的群为 0. $\mathscr{F}$ 上的 1 上闭链 f 由 $f(\sigma_0)$ 所决定. 为证明 f 是上边缘, 只要证明存在 $\varphi\in\mathrm{Hom}(A,k_F^\times)$ 使得 $f(\sigma_0)=\sigma_0\varphi-\varphi$. 设 $\lambda_1,\cdots,\lambda_n$ 为 A 的一组基. 令

$$\sigma_0^{-1}\lambda_i=\sum_{j=1}^n a_{ji}\lambda_j.$$

矩阵 (a_{ij}) 是整数矩阵, 因而它的特征值都是代数整数. 于是, 如果 k_K 的元素个数为 q, 则矩阵 $(qa_{ij}-\delta_{ij})$ 非奇异 (这里 δ_{ij} 为 Kronecker 符号). 我们可以将此非奇异阵写成乘积 $(b_{ij})(m_i\delta_{ij})(c_{ij})$, 其中 (b_{ij}) 和 (c_{ij}) 都是整数可逆矩阵, 并且其逆矩阵 (b'_{ij}) 和 (c'_{ij}) 也都是整数矩阵, $m_1,\cdots,m_n$ 都是非零整数. 令 $f(\sigma_0)=\psi$, 并且令 $\psi(\lambda_i)=\alpha_i$. 如果 $\varphi(\lambda_i)=\beta_i$, 则

$$(\sigma_0\varphi)(\lambda_i)=\sum_{j=1}^n\sigma_0(\varphi(\sigma_0^{-1}\lambda_i))=\prod_{j=1}^n\beta_j^{qa_{ji}}.$$

于是方程 $\psi=\sigma_0\varphi-\varphi$ 等价于以下 n 个方程

$$\alpha=\prod_{j=1}^n\beta_j^{qa_{ji}-\delta_{ji}}.$$

记 $\gamma_i=\prod_{h=1}^n\alpha_h^{c'_{hi}}$, $\delta_j=\prod_{h=1}^n\beta_h^{b'_{hj}}$, 则上述 n 个方程等价于

$$\gamma_i=\delta_i^{m_i}.$$

由此方程可以解出 $\delta_1,\cdots,\delta_n$. 令

$$\beta_j=\prod_{h=1}^n\delta_h^{b'_{hj}},$$

我们就得到了原来方程的解. □

3.2.4　半局部理论和整体不变量

设 K/F 是域的 Galois 扩张, 其 Galois 群为 $G=G(K/F)$. 我们将考察 G 在 J_K 的卡氏积结构上的作用. 设 $x\in J_K$, 则 $x=(x_w)$, 其中 w 取遍 S_K 中的位. G 的元素 σ 诱导出 $\sigma_w: K_w\to K_{\sigma w}$ 使得 $(\sigma x)_{\sigma w}=\sigma_w x_w$, 即有下面的交换图:

$$\begin{array}{ccc} K_w^\times & \xrightarrow{\sigma_w} & K_{\sigma w}^\times \\ {\scriptstyle i_w}\downarrow & & \downarrow{\scriptstyle i_{\sigma w}} \\ J_K & \xrightarrow{\sigma} & J_K \end{array} \qquad\qquad \begin{array}{ccc} K_w^\times & \xrightarrow{\sigma_w} & K_{\sigma w}^\times \\ {\scriptstyle j_w}\uparrow & & \uparrow{\scriptstyle j_{\sigma w}} \\ J_K & \xrightarrow{\sigma} & J_K \end{array}$$

这里 i_w 将 $x\in K_w$ 映为 J_K 中 w 分量为 x 而其他分量为 1 的元素, j_w 是到 w 分量的投影.

下面的命题是 Shapiro 引理的直接推论:

命题 3.2.7(半局部理论)　*设 $v\in S_F$, $w\in S_K$, w 在 v 上. 则存在自然的逆同构*

$$H^n(G,\prod_{w|v}K_w^\times)\underset{j_{w_0}\circ\mathrm{Res}}{\overset{\mathrm{Cor}\,\circ i_{w_0}}{\rightleftarrows}}H^n(G_{w_0},K_{w_0}^\times) \tag{3.7}$$

以及

$$H^n(G,\prod_{w|v}U_w)\underset{j_{w_0}\circ\mathrm{Res}}{\overset{\mathrm{Cor}\,\circ i_{w_0}}{\rightleftarrows}}H^n(G_{w_0},U_{w_0}),$$

其中 U_w 是 K_w 中的单位群.

这样对于在 v 之上的所有的 w, 上同调群 $H^n(G_w,K_w^\times)$ 都典范同构. 由于 v 上不同的 w 所对应的 K_w 都同构, 所以为方便起见, 我们用 K^v 记任一 K_w (w 在 v 之上). 我们也用 $G^v=G(K^v/F_v)$ 记局部 Galois 群, 用 $H^n(G^v,(K^v)^\times)$ 记任一上同调群 $H^n(G_w,K_w^\times)$.

命题 3.2.8　*$\hat{H}(G,J_K)$ 同构于直和 $\coprod_{v\in S_F}\hat{H}^n(G^v,(K^v)^\times)$.*

证明　易见 $J_K=\varinjlim J_K(S)$, 其中

$$J_K(S)=\prod_{v\in S}(\prod_{w|v}K_w^\times)\times\prod_{v\notin S}(\prod_{w|v}U_w),$$

S 取遍 S_F 的包含 (在中 K/F) 分歧的位和阿氏位的有限子集. 由于有限群的上同调与直极限可交换, 任意上同调与乘积可交换, 所以我们只要考察各个部分的上同调就足够了. 由命题 3.2.5 知: 如果 S 包含所有分歧的位, 则 $\prod_{v\notin S}(\prod_{w|v}U_w)$ 有平凡的上同调. 所以我们得到

$$\hat{H}^n(G,J_K(S))\cong\prod_{v\in S}\hat{H}^n(G^v,(K^v)^\times).$$

令 $S \to S_F$, 即有

$$\hat{H}(G, J_K) \cong \coprod_{v \in S_F} \hat{H}^n(G^v, (K^v)^\times). \qquad \square$$

推论 3.2.9　(1)　$H^1(G, J_K) = 0$.

(2)　$H^2(G, J_K) \cong \coprod_{v \in S_F} (\frac{1}{n_v}\mathbb{Z}/\mathbb{Z})$, 其中 $n_v = [K^v : F_v]$.

证明　(1)　应用 Hilbert 定理 90.

(2)　应用定理 3.2.3. □

对于任一 $v \in S_K$, 我们用 inv_v 记 $\mathrm{inv}_K v$. 对于 $\alpha \in H^2(G, J_K)$, 用 $\mathrm{inv}_v(\alpha)$ 记 $\mathrm{inv}_v(j^v(\alpha))$, 其中 j^v 是由 $H^2(G, J_K)$ 到 $H^2(G^v, (K^v)^\times)$ 上的投射. 由命题 3.2.5 知: 除了有限多个 v 之外, 都有 $\mathrm{inv}_v(\alpha) = 0$. 所以我们可以定义映射 ("不变量"):

$$\mathrm{inv} = \sum_{v \in S_F} \mathrm{inv}_v : \ H^2(G, J_K) \longrightarrow \mathbb{Q}/\mathbb{Z}.$$

3.2.5　idele 类群的 Galois 上同调

我们定义 K 的 idele 类群 C_K 为 $J_K/K^\times$, 对于任意 $S \subseteq S_K$, 定义 K 的 S-idele 类群为 $J_K(S)/U_K(S)$. 对于任意 Galois 扩张 K/F (其 Galois 群为 G), 由正合序列

$$1 \longrightarrow K^\times \longrightarrow J_K \longrightarrow C_K \longrightarrow 1, \tag{3.8}$$

可得到正合序列

$$\cdots \longrightarrow H^1(G, C_K) \longrightarrow H^2(G, K^\times) \xrightarrow{\gamma} H^2(G, J_K) \xrightarrow{\varepsilon} H^2(G, C_K) \longrightarrow \cdots. \tag{3.9}$$

可以证明存在交换图:

$$\begin{array}{ccc} H^2(G, J_K) & \xrightarrow{\varepsilon} & H^2(G, C_K) \\ & \searrow^{\mathrm{inv}} & \downarrow \beta \\ & & \mathbb{Q}/\mathbb{Z} \end{array}$$

(参见 [378] §11.2). 对于 $u \in H^2(G, C_K)$, 我们将用 $\mathrm{inv}(u)$ 记 $\beta(u)$. 整体类域论的一个重要定理是

定理 3.2.10　设 K/F 是 n 次 Galois 扩张, $G = G(K/F)$. 则

(1)　$H^1(G, C_K) = 0$.

(2)　$H^2(G, C_K)$ 是 n 阶循环群, 并且它有典范生成元 $u_{K/F}$ 使得

$$\mathrm{inv}(u_{K/F}) = \frac{1}{n}.$$

请参见 [378] 9.1 节, 11.2 节.

我们再叙述两个结果.

定理 3.2.10 和 Tate-Nakayama 定理的一个直接推论是

定理 3.2.11　用基本类 $u_{K/F}$ 作上积给出同构

$$\hat{H}^n(G(K/F),\mathbb{Z}) \cong \hat{H}^{n+2}(G(K/F),C_K), \quad \forall\, n \in \mathbb{Z}.$$

这样的同构使得: 对于域扩张 $K \supset F' \supset F$ (K/F Galois, $G = G(K/F)$, $G' = G(K/F')$), 下面图交换:

$$\begin{array}{ccc} \hat{H}^n(G,\mathbb{Z}) & \xrightarrow{\sim} & \hat{H}^{n+2}(G,C_K) \\ \Big\downarrow{\scriptstyle \mathrm{Res}} & & \Big\downarrow{\scriptstyle \mathrm{Res}} \\ \hat{H}^n(G',\mathbb{Z}) & \xrightarrow{\sim} & \hat{H}^{n+2}(G',C_K) \end{array}$$

$$\begin{array}{ccc} \hat{H}^n(G,\mathbb{Z}) & \xrightarrow{\sim} & \hat{H}^{n+2}(G,C_K) \\ \Big\uparrow{\scriptstyle \mathrm{Cor}} & & \Big\uparrow{\scriptstyle \mathrm{Cor}} \\ \hat{H}^n(G',\mathbb{Z}) & \xrightarrow{\sim} & \hat{H}^{n+2}(G',C_K) \end{array} \tag{3.10}$$

命题 3.2.12　(1)　(3.9) 式中的 γ 是单射, 并且有正合序列

$$0 \longrightarrow H^2(G,K^\times) \longrightarrow \coprod_{v\in S_F} H^2(G^v,(K^v)^\times).$$

(2)　如果 $\alpha \in H^2(G,K^\times)$, 则 $\mathrm{inv}(\alpha) = 0$.

证明　由 $H^1(G,C_K) = 0$ 我们得到 (1). 关于 (2) 请见 [370]. □

3.2.6　Tate 定理

设 F 为代数数域. 固定一个有限 Galois 扩张 K/F. 令 $G = \mathrm{Gal}(K/F)$. 设 S 是 K 的位的有限集合, 满足以下四条性质:

(S1)　S 在 G 下稳定,

(S2)　S 包含所有的阿氏位,

(S3)　包含所有在 F 上分歧的位,

(S4)　S 足够大, 使得 K 的任一理想类含有一个理想, 其支集含于 S.

设 Y 为 S 由生成的自由 Abel 群. 则我们有同态

$$b:\, Y \longrightarrow \mathbb{Z}$$

$$\sum n_w w \longmapsto \sum n_w.$$

令 $X = \operatorname{Ker} b$. 定义 G 在 Y 上的作用为

$$\sigma(\sum n_w w) = \sum n_{(\sigma^{-1}w)} w, \qquad \sigma \in G.$$

则有 G 模的正合序列

$$0 \longrightarrow X \xrightarrow{b'} Y \xrightarrow{b} \mathbb{Z} \longrightarrow 0. \tag{3.11}$$

令 $S' = S_K \setminus S$. 用 U, J, C 分别记 $U_K(S')$, $J_K(S')$, $C_K(S')$. 则有另一个正合序列

$$0 \longrightarrow U \xrightarrow{a'} J \xrightarrow{a} C \longrightarrow 0. \tag{3.12}$$

我们的目标是证明 **Tate 定理** (Tate's theorem). 此定理说：通过 2 维数移动, 序列 (3.12) 诱导出的上同调序列同构于比较简单的序列 (3.11) 所导出的上同调序列. 确切地说, 我们有

定理 3.2.13 *存在上同调类*

$$\alpha_3 \subset \hat{H}^2(G, \operatorname{Hom}(X, U)), \quad \alpha_2 \in \hat{H}^2(G, \operatorname{Hom}(Y, J)), \quad \alpha_1 \in \hat{H}^2(G, \operatorname{Hom}(\mathbb{Z}, C)) \tag{3.13}$$

使得下面的图交换:

$$\begin{array}{ccccccccc}
\cdots \longrightarrow & \hat{H}^n(G,X) & \longrightarrow & \hat{H}^n(G,Y) & \longrightarrow & \hat{H}^n(G,\mathbb{Z}) & \longrightarrow & \hat{H}^{n+1}(G,X) & \longrightarrow \cdots \\
 & \downarrow{\scriptstyle \alpha_3^n} & & \downarrow{\scriptstyle \alpha_2^n} & & \downarrow{\scriptstyle \alpha_1^n} & & \downarrow{\scriptstyle \alpha_3^{n+1}} & \\
\cdots \longrightarrow & \hat{H}^{n+2}(G,U) & \longrightarrow & \hat{H}^{n+2}(G,J) & \longrightarrow & \hat{H}^{n+2}(G,C) & \longrightarrow & \hat{H}^{n+3}(G,U) & \longrightarrow \cdots
\end{array} \tag{3.14}$$

其中竖直箭头 α_i^n $(i = 1, 2, 3,\ n \in \mathbb{Z})$ 是用 α_i 作上积得到的同构.

证明　此定理的证明要分为几步.

第一步. 构造 α_1.

我们令 α_1 为 $\hat{H}^2(G, C)$ 中的基本类 α 在典范同构 $C \xrightarrow{\sim} \operatorname{Hom}(\mathbb{Z}, C)$ 下的像. 我们知道对于所有的 $n \in \mathbb{Z}$, 用 α_1 作上积得到的映射 $\alpha_1^n: \hat{H}^n(G, \mathbb{Z}) \to \hat{H}^{n+2}(G, C)$ 都是同构.

第二步. 构造 α_2.

以 S_* 记 F 的在 S 之下的位的集合. 定义映射 $h: S_* \to S$: $h(v) = w$, 其中 $w \mid v$. 对于 S 中的 w 以及任一 G 模, 令

$$\begin{aligned} j_w: \operatorname{Hom}(Y, M) &\longrightarrow M \\ f &\longmapsto f(w), \end{aligned}$$

则为 G_w 同态 (G_w 是 w 的分解群).

引理 3.2.14　*对于任意 G 模 M, 存在典范同构*

$$\hat{H}^n(G, \mathrm{Hom}(Y, M)) \xrightarrow{\sim} \prod_{v \in S_*} \hat{H}^n(G_{h(v)}, M),$$

左端的元素 θ 在此同构下的像的 $v(\in S_*)$ 分量为 $j_{h(v)} \circ \mathrm{Res}\,\theta$.

证明　注意：对于给定的 F 的位 v, K 的位于 v 之上的所有的位在 G 作用下构成一个轨道. 于是 $Y_v = \sum_{w|v} \mathbb{Z}w$ 是 G 模. 因为 Y 是 Y_v $(v \in S_*)$ 的直和, 所以

$$\mathrm{Hom}(Y, M) \cong \prod_{v \in S_*} \mathrm{Hom}(Y_v, M).$$

由于上同调与直积可交换, 我们得到

$$\hat{H}^n(G, \mathrm{Hom}(Y, M)) \cong \prod_{v \in S_*} \hat{H}^n(G, \mathrm{Hom}(Y_v, M)).$$

考虑映射

$$\mathrm{Hom}(Y_v, M) \underset{i}{\overset{j}{\rightleftarrows}} M,$$

其中 $j(f) = f(h(v))$, $(i(x)) \sum n_w w = n_{h(v)} x$ $(x \in M)$. 根据上面我们所说的注意, 有

$$\mathrm{Hom}(Y_v, M) = \sum_{\tau \in\, G/G_{h(v)}} \tau(i(M)).$$

由 Shapiro 引理即知本引理为真. 引理 3.2.14 证毕.

对于 K 的任一位 w, 令 α_w 为 $\hat{H}^2(G_w, K_w^\times)$ 中的局部基本类. 对于 $w \in S$, 令

$$i_w : K_w^\times \longrightarrow J$$

为典范嵌入, 它将 K_w 的非零元素 x 映为 w 分量为 x 其余分量为 1 的 idele. 此嵌入显然是 G_w 同态.

在引理 3.2.14 中取 M 为 J. 定义 α_2 为 $\hat{H}^2(G\,\mathrm{Hom}(Y, J))$ 中满足下述条件的唯一的元素：对于任意 $v \in S_*$, 都有 $\hat{H}^2(G_{h(v)}, J)$ 中的等式:

$$j_{h(v)}(\mathrm{Res}\,\alpha_2) = i_{h(v)} \alpha_{h(v)}. \tag{3.15}$$

第三步. 与 α_2 的定义无关. 此事实由下面的引理保证:

引理 3.2.15　*对于任一 $w \in S$, 在 $\hat{H}^2(G_w, J)$ 中有*

$$j_w(\mathrm{Res}\,\alpha_2) = i_w \alpha_w. \tag{3.16}$$

证明　设 $\tau\in G$ 使得 $w=\tau h(v)$. 则 $G_w=\tau G_{h(v)}\tau^{-1}$. 令自同构 τ 作用在上面的第 2 步的整个过程. 令 $\tau_*\alpha_2$ 为在自同构

$$\begin{aligned}(G,J)&\longrightarrow(G,J)\\(\sigma,x)&\longmapsto(\tau\sigma\tau^{-1},\tau^{-1}x)\end{aligned}$$

下的结构改变所给出的 α_2 的像. 类似地, 令 $\tau_*\alpha_w$ 为在自同构

$$\begin{aligned}(G_{h(v)},K^\times)&\longrightarrow(G_{h(v)},K^\times)\\(\sigma,x)&\longmapsto(\tau\sigma\tau^{-1},\tau^{-1}x)\end{aligned}$$

下的结构改变所给出的 $\alpha_{h(v)}$ 的像. 则相应于 (3.15) 式有

$$j_w\operatorname{Res}(\tau_*\alpha_2)=i_w(\tau_*\alpha_{h(v)}).$$

但是我们知道 $\tau_*\alpha_2=\alpha_2$ (见 1.1.5 节), 并且 $\tau_*\alpha_{h(v)}=\alpha_w$ (因为局部基本类是典范的, 见定理 3.2.3). 引理 3.2.15 证毕.

第四步. α_2^n 是同构.

对于 $w\in S$, 令 $i'_w:\mathbb{Z}\to Y$ 为由 $i'_w(n)=nw$ 所给出的 G 模单同态. 考虑图:

$$\begin{array}{ccc}\coprod\limits_{v\in S_*}\hat H^n(G_{h(v)},\mathbb{Z}) & \xrightarrow{\ i'\ } & \hat H^n(G,Y)\\ \Big\downarrow{\scriptstyle\coprod\alpha^n_{h(v)}} & & \Big\downarrow{\scriptstyle\alpha_2^n}\\ \coprod\limits_{v\in S_*}\hat H^{n+2}(G_{h(v)},K^\times_{h(v)}) & \xrightarrow{\ i\ } & \hat H^{n+2}(G,J)\end{array}\tag{3.17}$$

其中左边的竖直箭头是同构, 这是因为对于 K 的每个位 w, 用 α_w 作上积给出同构 $\alpha_w^n:\hat H^n(G_w,\mathbb{Z})\cong\hat H^{n+2}(G_w,K_w^\times)$. 底下的水平箭头 i 由映射:

$$\hat H^n(G_w,K_w^\times)\xrightarrow{\operatorname{Cor}\circ i_w}\hat H^n(G,J)$$

所诱导, 其中 $w=h(v)$, 因而是同构. 上面的水平箭头 i' 由映射:

$$\hat H^n(G_w,\mathbb{Z})\xrightarrow{\operatorname{Cor}\circ i'_w}\hat H^n(G,Y)$$

所诱导, 其中 $w=h(v)$. $Y=\sum Y_v$ 意味着 $\hat H^n(G,Y)=\coprod\hat H^n(G,Y_v)$. 显然 $Y_v=\sum_{\tau\in D/G_w}\tau(i'_w(\mathbb{Z}))$. 所以由 Shapiro 引理, 有 $\hat H^n(G,Y_v)=\hat H^n(G_w,\mathbb{Z})$.

现在, 为了证明 α_2^n 是同构, 只要证明图 (3.17) 交换. 为此只要证明：对于任一 $w=h(v)$ 以及任一 $\xi\in\hat H^n(G_w,\mathbb{Z}$, 都有

$$\alpha_2\cup(\operatorname{Cor}(i'_w(\xi)))=\operatorname{Cor}(i_w(\alpha_w\cup\xi)).$$

由上积的性质易见此式左端等于 $\mathrm{Cor}(\mathrm{Res}(\alpha_2 \cup i'_w(\xi)))$. 取 j_w 的一个截面 s. 由上积的函子性质得到交换图:

$$\begin{array}{ccc} \hat{H}^2(G_w, J) \otimes \hat{H}^n(G_w, \mathbb{Z}) & \longrightarrow & \hat{H}^{n+2}(G_w, J) \\ \Big\downarrow{\scriptstyle s\otimes i'_w} & & \Big\downarrow{\scriptstyle \mathrm{id}} \\ \hat{H}^2(G_w, \mathrm{Hom}(Y, J)) \otimes \hat{H}^n(G_w, Y) & \longrightarrow & \hat{H}^{n+2}(G_w, J) \end{array}$$

所以 $\alpha_2 \cup i'_w(\xi) = j_w(\mathrm{Res}(\alpha_2)) \cup \xi$, 它等于 $i_w(\alpha_w) \cup \xi$. 再由上积的函子性质有交换图:

$$\begin{array}{ccc} \hat{H}^2(G_w, K_w^\times) \otimes \hat{H}^n(G_w, \mathbb{Z}) & \longrightarrow & \hat{H}^{n+2}(G_w, K_w^\times) \\ \Big\downarrow{\scriptstyle i_w\otimes \mathrm{id}} & & \Big\downarrow{\scriptstyle i_w} \\ \hat{H}^2(G_w, J) \otimes \hat{H}^n(G_w, \mathbb{Z}) & \longrightarrow & \hat{H}^{n+2}(G_w, J) \end{array}$$

我们得到 $i_w(\alpha_w) \cup \xi = i_w(\alpha_w \cup \xi)$.

对于群的行正合交换图:

$$\begin{array}{ccccccccc} \text{(I)} & 0 & \longrightarrow & X & \xrightarrow{h'} & Y & \xrightarrow{h} & \mathbb{Z} & \longrightarrow 0 \\ & & & \Big\downarrow{\scriptstyle f_3} & & \Big\downarrow{\scriptstyle f_2} & & \Big\downarrow{\scriptstyle f_1} & \\ \text{(II)} & 0 & \longrightarrow & U & \xrightarrow{g'} & J & \xrightarrow{g} & C & \longrightarrow 0 \end{array}$$

我们 $\mathrm{Hom}((\mathrm{I}), (\mathrm{II}))$ 以记群同态的三元组 $f = (f_1, f_2, f_3)$. 定义同态:

$$\begin{array}{ccc} \mathrm{Hom}((\mathrm{I}), (\mathrm{II})) & \xrightarrow{u_1} & \mathrm{Hom}(\mathbb{Z}, C) \\ \Big\downarrow{\scriptstyle u_2} & & \Big\downarrow{\scriptstyle (b,1)} \\ \mathrm{Hom}(Y, J) & \xrightarrow{(1,a)} & \mathrm{Hom}(Y, C) \end{array}$$

为 $u_i(f) = f_i \ (i = 1, 2, 3)$ 以及 $(w, v)(f) = v \circ f \circ w$. 由于 Y 是 $\mathbb{Z}$ 自由的, 所以 $(1, a)$ 为满射.

第五步. 存在唯一的 $\tilde{\alpha} \in \hat{H}^2(G, \mathrm{Hom}((\mathrm{I}), (\mathrm{II})))$ 使得 $u_1(\tilde{\alpha}) = \alpha_1$ 且 $u_2(\tilde{\alpha}) = \alpha_2$.

由于序列

$$\begin{aligned} 0 \longrightarrow \mathrm{Hom}((\mathrm{I}), (\mathrm{II})) &\xrightarrow{(u_1, u_2)} \mathrm{Hom}(\mathbb{Z}, C) \times \mathrm{Hom}(Y, J) \\ &\xrightarrow{(b,1)-(1,a)} \mathrm{Hom}(Y, C) \longrightarrow 0 \end{aligned} \tag{3.18}$$

正合, 为了证明 $\tilde{\alpha}$ 的存在性, 我们只要证明 $\hat{H}^2(G, \mathrm{Hom}(Y, C))$ 中的等式

$$(b, 1)\alpha_1 = (1, a)\alpha_2.$$

由第二步中的引理 3.2.14, 我们只要在 $\hat{H}^2(G_w, C)$ 中验证

$$j_w \operatorname{Res}((b,1)\alpha_1) = j_w \operatorname{Res}((1,a)\alpha_2), \quad \forall\, w \in S.$$

在图:

$$\begin{array}{ccccc}
\hat{H}^2(G,\operatorname{Hom}(Y,J)) & \xrightarrow{(1,a)} & \hat{H}^2(G,\operatorname{Hom}(Y,C)) & \xleftarrow{(b,1)} & \hat{H}^2(G,\operatorname{Hom}(Z,C)) \\
\downarrow{\scriptstyle \operatorname{Res}} & & \downarrow{\scriptstyle \operatorname{Res}} & & \Big\downarrow \\
\hat{H}^2(G_w,\operatorname{Hom}(Y,J)) & & \hat{H}^2(G_w,\operatorname{Hom}(Y,C)) & & \Big\downarrow \\
\downarrow{\scriptstyle j_w} & & \downarrow{\scriptstyle j_w} & & \Big\downarrow \\
\hat{H}^2(G_w,J) & \xrightarrow{\quad a \quad} & \hat{H}^2(G_w,C) & \xleftarrow{\quad \operatorname{Res} \quad} & \hat{H}^2(G,C)
\end{array}$$

中左边的矩形是交换的, 这来源于 Res 和 j_w 的自然性. 所以有 $j_w \operatorname{Res}(1,a)\alpha_2 = a(j_w \operatorname{Res}\alpha)$. 另一方面我们有 $j_w \operatorname{Res}(b,1)\alpha_1 = \operatorname{Res}\alpha$, 其原因是: 根据定义, α_1 在同构 $\operatorname{Hom}(\mathbb{Z}, C) \to C$ 下映为 α 以及图:

$$\begin{array}{ccc}
\operatorname{Hom}(Y,C) & \xleftarrow{(b,1)} & \operatorname{Hom}(\mathbb{Z},C) \\
 & {\scriptstyle j_w}\searrow & \downarrow \\
 & & C
\end{array}$$

交换. 于是 $\tilde{\alpha}$ 的存在性就归结为证明 $\hat{H}^2(G_w, C)$ 中的等式

$$\operatorname{Res}\alpha = a(j_w \operatorname{Res}\alpha_2). \tag{3.19}$$

设 K/F' 是以 G_w 为群的 Galois 扩张. 令 v' 为 F' 的在 w 之下的位. 则 K/F' 在 v' 处的局部次数等于整体次数 $n' = [K : F']$, 并且 w 是 K 的唯一的在 v' 之上的位. 由 (3.16) 式我们知道: $\operatorname{inv}_{w'}(j_w \operatorname{Res}\alpha_2)$ 当 $w' = v'$ 时等于 $\frac{1}{n'}$ 而在其他的 w' 处等于 0, 于是 $\operatorname{inv}(a j_w \operatorname{Res}\alpha_2) = \frac{1}{n'}$. 另一方面由于限制映射将基本类映为基本类, 所以 $\operatorname{Res}\alpha$ 是整体基本类, 并且 $\operatorname{inv}(\operatorname{Res}\alpha) = \frac{1}{n'}$. 而基本类是不变量为扩张次数的倒数的典范类, 故 (3.19) 式成立.

由第二步的引理 3.2.14 有

$$\hat{H}^1(G, \operatorname{Hom}(Y,C)) \cong \prod_{v \in S_*} \hat{H}^1(G_{h(v)}, C) = 0.$$

由此即知 α 是唯一的.

第六步. 构造 α_3.

引理 3.2.16 令 $\alpha_3 = u_3(\tilde{\alpha})$, 则图 (3.14) 交换.

证明 我们有交换图:

$$\begin{array}{ccccccc}
 & & & & & & 0 \\
 & & & & & & \big\downarrow \\
 & & \mathrm{Hom}((\mathrm{I}),(\mathrm{II})) & & \xrightarrow{\quad u_1 \quad} & & \mathrm{Hom}(\mathbb{Z},C) \\
 & & \big\downarrow u_3 & \searrow^{u_2} & & & \big\downarrow (b,1) \\
 & & & & \mathrm{Hom}(Y,J) & \xrightarrow{(1,a)} & \mathrm{Hom}(Y,C) \\
 & & & & \big\downarrow (b',1) & & \big\downarrow (b',1) \\
0 & \longrightarrow & \mathrm{Hom}(x,U) & \longrightarrow & \mathrm{Hom}(X,J) & \xrightarrow{(1,a)} & \mathrm{Hom}(X,C)
\end{array} \tag{3.20}$$

并且对于 $i=1,2,3$, 有

$$\alpha_i = u_i(\tilde{\alpha}),$$

$$\alpha_i^n(\xi) = \alpha_i \cup \xi = \tilde{\alpha} \cup \xi.$$

此图的交换性来自上积的函子性质.

第七步. 最后, 对于图 (3.14) 应用五引理即知 α_3^n 是同构.

Tate 的这个定理容易推广到 Galois 模上. 设 M 是无扭 G 模, 令 $(\mathrm{I})\otimes M$ (相应地, $(\mathrm{II})\otimes M$) 为正合序列 (I) (相应地, (II)) 在 $\mathbb{Z}$ 上与 M 作张量积所得到的结果. 由于 M 无扭, 所以这两个新的序列仍然正合. 令 G 作用在它们上, 其定义为 $\sigma(x\otimes y) = \sigma x \otimes \sigma y$. 则显然偶对

$$\mathrm{Hom}((\mathrm{I}),(\mathrm{II})) \times ((\mathrm{I})\otimes M) \longrightarrow (\mathrm{II})\otimes M$$

是 G 偶对, 并且用上面构造出来的典范类 α 作上积给出下面图中的竖直箭头:

$$\begin{array}{ccccccccc}
\cdots & \longrightarrow & \hat{H}^n(G,X\otimes M) & \longrightarrow & \hat{H}^n(G,Y\otimes M) & \longrightarrow & \hat{H}^n(G,\mathbb{Z}\otimes M) & \longrightarrow & \cdots \\
 & & \big\downarrow & & \big\downarrow & & \big\downarrow & & \\
\cdots & \longrightarrow & \hat{H}^{n+2}(G,U\otimes M) & \longrightarrow & \hat{H}^{n+2}(G,J\otimes M) & \longrightarrow & \hat{H}^{n+2}(G,C\otimes M) & \longrightarrow & \cdots
\end{array} \tag{3.21}$$

此图类似于图 (3.14). □

定理 3.2.17 图 (3.21) 中的竖直箭头是同构.

证明 根据 Tate-Nakayama 定理我们只需证明这些竖直箭头在 $M=\mathbb{Z}$ 时是同构, 但是要把 G 换成的任一子群 G'. 这由我们已经证明的结果和下面的命题所保证:

命题 3.2.18　设 G' 为 G 的子群. 则典范类 $\alpha' \in H^2(G', \mathrm{Hom}((\mathrm{I}), (\mathrm{II})))$ 是 α 的限制.

证明　根据由 (3.14) 式给出的 α 以及 α' 的定义, 我们只要在将 α 换为 α_1 和 α_2 的情形证明本命题即可, 这是整体基本类在限制映射下变为其他基本类的基础性质. 为了对于 α_2 验证本命题, 我们用 r_i 记由下面图所诱导的限制映射:

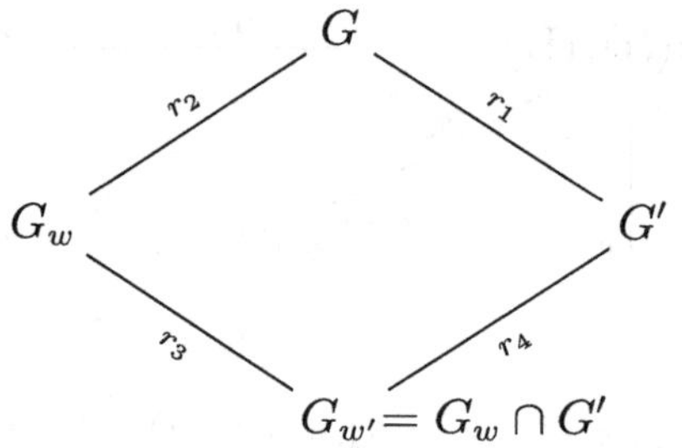

于是对于任意 $w \in S$, 有

$$j_w r_4 r_1 \alpha_2 = j_w r_3 r_2 \alpha_2 = r_3 j_w r_2 \alpha_2 = i_w r_3 \alpha_w.$$

因为关于 G_w 的局部基本类的限制 $r_3\alpha_w$ 是关于 G'_w 的基本类, 于是得到我们所要的结果 $\alpha'_2 = r_1\alpha_2$. □

(3.17) 式中的同构 i 和 i' 也可以类似地扩充. 我们不再给出证明.

命题 3.2.19　对于任意的自由 G 模 M 和所有整数 n, 有同构

$$\coprod_{v \in S_*} \hat{H}^n(G_{h(v)}, M \otimes \mathbb{Z}) \cong \hat{H}^n(G, M \otimes Y), \tag{3.22}$$

$$\coprod_{v \in S_*} \hat{H}^n(G_{h(v)}, M \otimes K_{h(v)}^{\times}) \cong \hat{H}^n(G, M \otimes J). \tag{3.23}$$

3.2.7　Galois 上同调的对偶定理

现在我们讨论 Galois 上同调的对偶定理. 以 μ_n 记 n 次单位根群, 令 $\mu = \bigcup_{n \in \mathbb{N}} \mu_n$.

定理 3.2.20(局部 Tate 对偶定理 (local Tate duality theorem))　设 K 为 $\mathbb{Q}_p$ 的有限扩张, $\overline{K}$ 为 K 的代数闭包. 令 $G_K = \mathrm{Gal}(\overline{K}/K)$. 设 A 为有限 G_K 模. 则对于 $i = 0, 1, 2$, 上积

$$H^i(G_K, \mathrm{Hom}(A, \mu)) \times H^{2-i}(G_K, A) \xrightarrow{\cup} H^2(G_K, \mu) \cong \mathbb{Q}/\mathbb{Z}$$

决定有限交换群的同构

$$H^i(G_K, \mathrm{Hom}(A, \mu)) \xrightarrow{\sim} \mathrm{Hom}(H^{2-i}(G_K, A), \mathbb{Q}/\mathbb{Z}).$$

定理 3.2.21(整体对偶定理 (global duality theorem)) 设 K 为 $\mathbb{Q}$ 的有限扩张, S 为 S_K 的包含 S_∞ 的有限子集, 以 K_S 记 K 上在 S 外非分歧的极大代数扩张. 令 $G_S = \mathrm{Gal}(K_S/K)$. 设 A 是 G_S 模, 并且作为 $\mathbb{Z}$ 模是有限生成的. 则对于 $i = 0, 1, 2$, 上积

$$\hat{H}^i(G_S, \mathrm{Hom}(A, C_K(S))) \times \hat{H}^{2-i}(G_S, A) \xrightarrow{\cup} H^2(G_S, C_K(S))$$

决定拓扑群同构

$$\hat{H}^0(G_S, \mathrm{Hom}(A, C_K(S))) \xrightarrow{\sim} \mathrm{Hom}_{\mathrm{ct}}(\hat{H}^2(G_S, A), \mathbb{R}/\mathbb{Z}).$$

如果进一步假设 A 为自由 $\mathbb{Z}$ 模, 则有拓扑群同构

$$\hat{H}^{-1}(G_S, \mathrm{Hom}(A, C_K(S))) \xrightarrow{\sim} \mathrm{Hom}_{\mathrm{ct}}(\hat{H}^3(G_S, A), \mathbb{R}/\mathbb{Z}).$$

以上对偶定理的证明见 [274], [152] 及 [254].

设 K 为数域, p 为素数, $p > 2$, M 为有限 p 准素 G_S 模. 对于 $v \in S$, 以 K_v 记 K 在 v 处的完备化. 设 w 为 v 在 K_S 上的一个扩充. 以 $K_{S,w}$ 记 K 在 K_S 内所有有限扩张在 w 处的完备化的并集. 由

$$G_v = \mathrm{Gal}(\overline{K}_v/K_v) \longrightarrow \mathrm{Gal}(K_{S,w}/K_v) \longrightarrow \mathrm{Gal}(K_S/K) = G_S$$

得到限制映射

$$\mathrm{Res}_v^i : H^i(G_S, M) \longrightarrow H^i(G_v, M).$$

由此得到映射

$$\alpha_M : H^0(G_S, M) \longrightarrow \bigoplus_{v \in S} H^0(G_v, M),$$

$$\beta_M : H^1(G_S, M) \longrightarrow \bigoplus_{v \in S} H^1(G_v, M),$$

$$\gamma_M : H^2(G_S, M) \longrightarrow \bigoplus_{v \in S} H^2(G_v, M).$$

利用 Tate 对偶得到映射

$$\widehat{\alpha_M} : \bigoplus_{v \in S} H^2(G_v, \mathrm{Hom}(M, \mu_{p^\infty})) \longrightarrow \mathrm{Hom}_{\mathrm{ct}}(H^0(G_S, M), \mathbb{Q}_p/\mathbb{Z}_p),$$

$$\widehat{\beta_M} : \bigoplus_{v \in S} H^1(G_v, \mathrm{Hom}(M, \mu_{p^\infty})) \longrightarrow \mathrm{Hom}_{\mathrm{ct}}(H^1(G_S, M), \mathbb{Q}_p/\mathbb{Z}_p),$$

$$\widehat{\gamma_M} : \bigoplus_{v \in S} H^0(G_v, \mathrm{Hom}(M, \mu_{p^\infty})) \longrightarrow \mathrm{Hom}_{\mathrm{ct}}(H^2(G_S, M), \mathbb{Q}_p/\mathbb{Z}_p).$$

由类域论可得非退化偶对

$$\operatorname{Ker}\beta_m \times \operatorname{Ker}\widehat{\alpha_M} \longrightarrow \mathbb{Q}_p/\mathbb{Z}_p,$$

被称为 **Poitou-Tate 对偶** (Poitou-Tate duality).

在以下的定理中我们记 $M^D = \operatorname{Hom}(M, \mu_{p^\infty})$, $A^\wedge = \operatorname{Hom}(A, \mathbb{Q}_p/\mathbb{Z}_p)$.

定理 3.2.22 *存在同态* $\delta_M: H^2(G_S, M^D)^\wedge \to H^1(G_S, M)$ *使得下面的序列正合:*

$$\begin{array}{ccccccc}
0 & \longrightarrow & H^0(G_S, M) & \xrightarrow{\alpha_M} & \bigoplus_{v\in S} H^0(G_v, M) & \xrightarrow{\widehat{\gamma_{M^D}}} & H^2(G_S, M^D)^\wedge \\
 & & & & & & \downarrow \delta_M \\
 & & H^1(G_S, M^D)^\wedge & \xleftarrow{\widehat{\beta_{M^D}}} & \bigoplus_{v\in S} H^1(G_v, M) & \xleftarrow{\beta_M} & H^1(G_S, M) \\
 & & \downarrow \widehat{\delta_{M^D}} & & & & \\
 & & H^2(G_S, M) & \xrightarrow{\gamma_M} & \bigoplus_{v\in S} H^2(G_v, M) & \xrightarrow{\widehat{\alpha_M}} & H^0(G_S, M^D)^\wedge \longrightarrow 0
\end{array}$$

此序列称为 **Poitou-Tate 序列**.

现在设对于 $v \in S$ 给定 $H^1(G_v, M)$ 的子群 $W_v(M)$. 由 Tate 对偶

$$H^1(G_v, M) \times H^1(G_v, M^D) \longrightarrow \mathbb{Q}_p/\mathbb{Z}_p$$

所决定的 $W_v(M)$ 的正交补记为 $W_v(M^D)$. 定义映射

$$\varphi_M: H^1(G_S, M) \xrightarrow{\beta_M} \bigoplus_{v\in S} H^1(G_v, M) \longrightarrow \bigoplus_{v\in S} H^1(G_v, M)/W_v(M)$$

和

$$\eta_M: H^2(G_S, M^D)^\wedge \longrightarrow \operatorname{Ker}\varphi_M,$$

并将 β_M 的限制记为

$$\rho_M: \operatorname{Ker}\varphi_M \longrightarrow \bigoplus_{v\in S} W_v(M).$$

则有下面的正合序列:

$$\begin{array}{ccccccc}
0 & \longrightarrow & \operatorname{Ker}\varphi_M & \longrightarrow & H^1(G_S, M) & \xrightarrow{\varphi_M} & \bigoplus_{v\in S} H^1(G_v, M)/W_v(M) \\
 & & & & & & \downarrow \widehat{\rho_{M^D}} \\
 & & \bigoplus_{v\in S} H^2(G_v, M) & \xleftarrow{\gamma_M} & H^2(G_S, M) & \xleftarrow{\widehat{\eta_{M^D}}} & (\operatorname{Ker}\varphi_{M^D})^\wedge \\
 & & \downarrow \widehat{\alpha_{M^D}} & & & & \\
 & & H^0(G_S, M^D)^\wedge & \longrightarrow & 0 & &
\end{array}$$

此序列称为 Cassels 序列. 在 Wiles 给出的 Fermat 最后定理的证明中用到这个序列时, 取 $W_v(M)=0$.

在本篇的余下部分我们将把以上关于数域上的上同调的结果推广到环面上去. 类似的结果对于椭圆曲线也成立, 详情请见: [73], [74], [249], [84], [133] 及 [368].

3.3 环面的 adele 点

3.3.1 环面的局部点

在本小节我们用 F 表示一个代数数域在一个位 v 处的完备化, 用 O_F, U_F, P_F 分别记 O_v, U_v, P_v. 设 T 是定义在 F 上的一个环面, T 在有限扩张 K/F 上分裂, $G=\mathrm{Gal}(K/F)$. 令 ψ 是在 2.1.1 节中定义的同构

$$\psi:\ T\cong \mathrm{Hom}(X(T),\mathbb{G}_{\mathrm{m}}).$$

对于 $\mathbb{G}_{\mathrm{m}}$ 的任一子群 H, $\mathrm{Hom}(X(T),H)$ 可以被典范地看作 $\mathrm{Hom}(X(T),\mathbb{G}_{\mathrm{m}})$ 的子群. 以下我们总是将 $\mathrm{Hom}(X(T),H)$ 视为 $\mathrm{Hom}(X(T),\mathbb{G}_{\mathrm{m}})$ 的子群. 由命题 2.2.2 我们有

$$T(K)=\psi^{-1}(\mathrm{Hom}(X(T),K^{\times})),$$
$$T(F)=\psi^{-1}(\mathrm{Hom}_G(X(T),K^{\times})).$$

现在我们定义群

$$T(O_K)=\psi^{-1}(\mathrm{Hom}(X(T),U_K)), \tag{3.24}$$
$$T(O_F)=\psi^{-1}(\mathrm{Hom}_G(X(T),U_K)). \tag{3.25}$$

显然 $T(O_F)=T(O_K)\cap T(F)$, 即 $T(O_F)=T(O_K)^G$. 又显然有

$$T(O_K)=\{x\in T(K)\mid \xi(x)\in U_K,\ \forall\,\xi\in X(T)\}. \tag{3.26}$$

进而有

$$T(O_F)=\{x\in T(F)\mid \xi(x)\in U_F,\ \forall\,\xi\in X_F(T)\}. \tag{3.27}$$

事实上, 设 $x\in T(F)$ 满足 $\xi(x)\in U_F$ $(\forall\,\xi\in X_F(T))$. 则对于任意的 $\eta\in X(T)$, 有 $\mathrm{N}_{K/F}\eta(x)=\prod_{\sigma\in G}(\eta(x))^{\sigma}=(\sum_{\sigma\in G}{}^{\sigma}\eta)(x)\in U_F$. 由于

$$|y|_K^{[K:F]}=|\mathrm{N}_{K/F}|_F,\quad \forall\,y\in K.$$

我们得知 $\eta(x) \in U_K$, 即 $x \in T(F) \cap T(O_K) = T(O_F)$. 这就证明了 (3.27) 式中的 "$\supseteq$". 另一方向的包含关系是明显的. (注意, 如果我们将 T 与对角群 $D(d) \subset \mathrm{GL}(d)$ 等同, 则对于有限位 v, $T(O_K)$ 是 $T(K)$ 中系数在赋值环 $O_K(=\{x \in K \mid |x|_K \leqslant 1\})$ 中且行列式在 O_K 中可逆的元素组成的群.) 令 F 为 K 同构 $T \cong (\mathbb{G}_{\mathrm{m}})^d$, 则 f 诱导出同构

$$T(K) \cong (K^\times)^d, \qquad T(O_K) \cong (U_K)^d. \tag{3.28}$$

这意味着 $T(K)$ 是局部紧的, 并且 $T(O_K)$ 是 $T(K)$ 的唯一极大紧子群. 易见 $T(F)$ 是局部紧的, $T(O_F)$ 是 $T(F)$ 的唯一极大紧子群.

设 $\xi_i\,(1 \leqslant i \leqslant r)$ 是 $X(F)$ 的一组基. 定义映射 $\psi:\ T(F) \to (\mathbb{R}_+^\times)^r$ 为

$$\psi(x) = (|\xi_1(x)|, \cdots, |\xi_r(x)|). \tag{3.29}$$

则 ψ 诱导出同构

$$T(F)/T(O_F) \cong \begin{cases} (\mathbb{R}_+^\times)^r, & v \text{ 无限}, \\ \mathbb{Z}^r, & v \text{ 有限}. \end{cases}$$

3.3.2 环面的 adele 点

设 F 是数域, T 是定义在 F 上的环面. 当不致引起混淆时, 我们将下标 F 省略掉, 例如记 $\mathbb{A} = \mathbb{A}_F$, $J = J_F$, $T(O_v) = T(O_{F_v})$ 等等. 对于包含 S_∞ 的 F 位的有限集 S, 令

$$T_S = \prod_{v \in S} T(F_v), \qquad T(\mathbb{A}(S)) = T_S \times \prod_{v \notin S} T(O_v).$$

T 的 adele 群 $T(\mathbb{A})$ 定义为 $T(\mathbb{A}(S))$ 关于 S 的直极限. 从典范等同的观点来看, 我们有

$$T(\mathbb{A}) = \mathrm{Hom}(X(T), J).$$

回顾 F 的 **idele 类群** (idele class group) $C = C_F$ 由下面的正合序列所定义:

$$1 \longrightarrow F^\times \longrightarrow J \longrightarrow C \longrightarrow 1. \tag{3.30}$$

由于 $X(T)$ 是 $\mathbb{Z}$ 自由的, 所以有正合序列

$$0 \longrightarrow \mathrm{Hom}(X(T), F^\times) \longrightarrow \mathrm{Hom}(X(T), J) \longrightarrow \mathrm{Hom}(X(T), C) \longrightarrow 0,$$

或

$$0 \longrightarrow T(F) \longrightarrow T(\mathbb{A}) \longrightarrow \mathrm{Hom}(X(T), C) \longrightarrow 0. \tag{3.31}$$

如果我们令 $C_F(T) = T(\mathbb{A}_F)/T(F)$, 则有

$$C_F(T) = \mathrm{Hom}(X(T), C_F). \tag{3.32}$$

令

$$T(O(S)) = T(F) \cap T(\mathbb{A}(S)),$$

并称之为 S 单位群. S_∞ 单位群 $T(O(S_\infty))$ 将简单地称为 T 的单位群.

以后我们将用同样的符号来记 alele 化的态射. 例如, 如果 $\xi \in X_F(T)$, 我们将同样用 ξ 记映射 $T(\mathbb{A}) \to J$ (其定义为 $\xi(x) = (\xi(x_v))$).

令

$$T(\mathbb{A})^1 = \{x \in T(\mathbb{A}) | \xi(x) \in J_F^1,\ \forall\, \xi \in X_p(T)\},$$
$$T(\mathbb{A}(S))^1 = T(\mathbb{A})^1 \cap T(\mathbb{A}(S)),$$
$$T_S^1 = T(\mathbb{A})^1 \cap T_S.$$

命题 3.3.1　$T(\mathbb{A})/T(\mathbb{A})^1 \cong (\mathbb{R}_+^\times)^{r(T)}$, 其中 $r(T)$ 为 $X_F(T)$ 的秩.

证明　设 ξ_i $(1 \leqslant i \leqslant r(T))$ 为 $X(T)$ 的一组基. 则映射

$$\Phi:\ x \longmapsto (|\xi_1(x)|_{\mathbb{A}}, \cdots, |\xi_{r(T)}(x)|_{\mathbb{A}})$$

是由 $T(\mathbb{A})$ 到 $(\mathbb{R}_+^\times)^{r(T)}$ 的同态, 其核为 $T(\mathbb{A})^1$. 因此我们只要证明是满射.

令 $\mathscr{L}(T)$ 为 T 的李代数, $\mathrm{d}\xi_i$ 为 ξ_i 的微分, $\exp: \mathscr{L}(T) \to T$ 为指数映射 (参见 [47]). 易见 $\{\mathrm{d}\xi_i \mid 1 \leqslant i \leqslant r(T)\}$ 在 $\mathbb{Q}$ 上线性无关. 事实上, 设 $\sum_i a_i \mathrm{d}\xi_i = 0$, 其中 $a_i \in \mathbb{Q}$. 无妨设 $a_i \in \mathbb{Z}$. 则有 $\mathrm{d}(\sum_i a_i\xi_i) = 0$. 于是 $\sum_i a_i\xi_i = 0$. 但 ξ_i $(1 \leqslant i \leqslant r(T))$ $\mathbb{Z}$ 线性无关, 故 $a_i = 0$ $(\forall\, i)$. 所以 $\{\mathrm{d}\xi_i \mid 1 \leqslant i \leqslant r(T)\}$ 在 $\mathbb{Q}$ 上线性无关.

选取 $X_j \in \mathscr{L}(T)$ 使得 $\mathrm{d}\xi_i(X_j) = \delta_{ij}$. 则有 $\xi_i(\exp tX_j) = \exp(t\,\mathrm{d}\xi_i(x_j)) = \exp(t\delta_{ij})$ $(\forall\ t \in \mathbb{R})$. 对于 $a = (a_1, \cdots, a_{r(T)}) \in (\mathbb{R}_+^\times)^{r(T)}$, 取 $t_i \in \mathbb{R}$ 使得 $\exp\ t_i = a_i$. 固定 F 的一个无穷位 v, 令 $x_v = \prod_i \exp\ t_iX_i \in T(F_v)$, $x = (x_v, 1, 1, \cdots) \in T(\mathbb{A})$. 则 $\Phi(x) = a$. □

命题 3.3.2　$T(\mathbb{A}) = T(\mathbb{A})^1 \cdot T(\mathbb{A}(S_\infty))$.

证明　由于 $T(\mathbb{A}(S_\infty))$ 是 $T(\mathbb{A})$ 的开子群, 所以 $T(\mathbb{A})^1T(\mathbb{A}(S_\infty))$ 在中 $T(\mathbb{A})$ 开, 并且商空间 $T(\mathbb{A})/T(\mathbb{A})^1T(\mathbb{A}(S_\infty))$ 离散. 另一方面, 此商空间是空间 $T(\mathbb{A})/T(\mathbb{A})^1$ 的连续像, 而 $T(\mathbb{A})/T(\mathbb{A})^1$ 连通 (见命题 3.3.1), 所以必有 $T(\mathbb{A}) = T(\mathbb{A})^1 \cdot T(\mathbb{A}(S_\infty))$. □

定理 3.3.3 (Ono[283]). $T(\mathbb{A})^1/T(F)$ 是紧致的.

证明　设 K/F 是有限 Galois 扩张, T 在 K 上分裂. 把 J_F 嵌入到 $J_K = J_F \otimes_F K$ 中, 也把 $T(\mathbb{A}_F)$ 嵌入到 $T(\mathbb{A}_K)$ 中. 由于 T 在 K 上分裂, 所以有同构 $f: T \to (\mathbb{G}_\mathrm{m})^d$. 于是 $T(\mathbb{A}_K) \cong (J_K)^d$. 定义映射 $N: (J_K)^d \to (\mathbb{R}_+^\times)^d$, 它将 $(a_1, \cdots, a_d)$ 映为 $(|a_1|_{\mathbb{A}_K}, \cdots, |a_d|_{\mathbb{A}_K})$. 令 $\chi_i\ (1 \leqslant i \leqslant d)$ 为 $X((\mathbb{G}_\mathrm{m})^d)$ 的典范基. 则对于 $x \in T(\mathbb{A}_K)$ 显然有

$$N \circ f(x) = 1, \qquad |\chi_i \circ f(x)|_{\mathbb{A}_K} = 1.$$

由于 $\chi_i \circ f\ \ (1 \leqslant i \leqslant d)$ 是 $X(T) \supset X_F(T)$ 的基, 所以

$$f(T(\mathbb{A}_F)^1) = f(T(\mathbb{A}_F)) \cap (J_K^1)^d.$$

于是我们有

$$f(T(\mathbb{A}_F)^1)(K^\times)^d = f(T(\mathbb{A}_F))(K^\times)^d \cap (J_K^1)^d.$$

因为在 $(J_K)^d$ 中 $f(T(\mathbb{A}_F))$ 是闭的而 $(K^\times)^d$ 是离散的, 所以 $f(T(\mathbb{A}_F))^1(K^\times)^d$ 在 $(J_K^1)^d$ 中闭. 由于 $J_K^1/K^\times$ 紧, 所以 $f(T(\mathbb{A}_F))^1(K^\times)^d/(K^\times)^d$ 也紧. 显然映射 f 诱导自然的连续同态 $\tilde{f}: T(\mathbb{A})^1/T(F) \to (J_K^1/K^\times)^d$, 其像为 $f(T(\mathbb{A}_F))^1(K^\times)^d/(K^\times)^d$, 于是得到定理的结论. □

推论 3.3.4　$h = [T(\mathbb{A}) : T(F)T(\mathbb{A}(S_\infty))] < \infty$.

证明　根据定理 3.3.3, 存在包含 $T(\mathbb{A})^1$ 关于 $T(F)$ 的陪集的代表系的紧集 C. 再由命题 3.3.2 知任一 $x \in T(\mathbb{A})$ 可以写为 $x = c\,t\,x_\infty$, 其中 $c \in C$, $t \in T(F)$, $x_\infty \in T(\mathbb{A}(S_\infty))$. 于是 C 也包含 $T(\mathbb{A})$ 关于 $T(F)T(\mathbb{A}(S_\infty))$ 的陪集的代表系. 但 $T(\mathbb{A}(S_\infty)$ 在 $T(\mathbb{A}))$ 中开, 所以 $T(F)T(\mathbb{A}(S_\infty))$ 也在 $T(\mathbb{A})$ 中开. 这说明 $T(\mathbb{A})/T(F)T(\mathbb{A}(S_\infty))$ 离散. 而离散的紧集是有限集, 所以 $h < \infty$. □

命题 3.3.5　*存在 F 的位的有限子集 S, 使得 $T(\mathbb{A}) = T(F)T(\mathbb{A}(S))$.*

证明　设 $x_i\ (1 \leqslant i \leqslant h)$ 是 $T(\mathbb{A})$ 关于 $T(F)T(\mathbb{A}(S_\infty))$ 的陪集的代表系. 令 M 为 F 的位的集合 S_F 的子集,

$$M = \bigcup_{i=1}^{h} \{v \in S_F | x_{i,v} \notin T(O_v)\}.$$

则 M 是有限集. 令 $S = M \cup S_\infty$, 则 $x_i \in T(\mathbb{A}(S))$. 于是有 $T(\mathbb{A}) = T(F)T(\mathbb{A}(S))$. □

说明:　用约化群代替环面 T 也有类似的结果. (参见 [46] 与 [258].)

3.4 算术群

3.4.1 算术子群的定义

设 G 是 $\mathbb{Q}$ 上的线性代数群, Γ 是 G 的有理点群 $G(\mathbb{Q})$ 的子群. 如果对于任意代数嵌入 $G \hookrightarrow \mathrm{GL}_n$ (n 为任意正整数) Γ 和 $G(\mathbb{Q}) \cap \mathrm{GL}_n(\mathbb{Z})$ **可公度** (commensurable) (两个子群 Γ_1 和 Γ_2 称为可公度的, 如果 $\Gamma_1 \cap \Gamma_2$ 在 Γ_1 和 Γ_2 中都指数有限), 则称 Γ 为**算术子群** (arithmetic subgroup). 为了验证 Γ 与 $G(\mathbb{Q}) \cap \mathrm{GL}_n(\mathbb{Z})$ 可公度, 事实上只要考虑一个嵌入 $G \hookrightarrow \mathrm{GL}_n$ 即可.

例 3.4.1 设 K 是数域, E 是 K 的单位群, 则 E 是 $T = \mathrm{R}_{K/F}(\mathbb{G}_\mathrm{m})$ 的一个算术子群.

令 $\overline{\mathbb{Q}}$ 为 $\mathbb{Q}$ 的代数闭包, U 为 $\overline{\mathbb{Q}}^\times$ 的子群, 其元素为 $\overline{\mathbb{Q}}$ 的代数单位. 令

$$\Gamma = \mathrm{Hom}_{\mathrm{Gal}(\overline{\mathbb{Q}}/\mathbb{Q})}(X(T), U).$$

则 Γ 是 $T(\mathbb{Q})$ 的算术子群, 并且 $T(\mathbb{Q})$ 的任一算术子群含于 Γ.

3.4.2 算术子群的零化

我们重新证明 Serre[330] 给出的零化算术子群的结果.

设 v 是 $\overline{\mathbb{Q}}$ 的一个复位. 则 $\overline{\mathbb{Q}}$ 关于 v 的完备化同构于 $\mathbb{C}$. v 处的分解群是二阶群, 它的非平凡元记为 ι_v (无穷位处的 Frobenius). 不同的复位 v 所对应的 ι_v 在群 $\mathrm{Gal}(\overline{\mathbb{Q}}/\mathbb{Q})$ 中共轭. 我们用 C_∞ 记它们组成的共轭类.

设 T 是定义在 $\mathbb{Q}$ 上的环面, $X(T)$ 是特征标群. 记 $Y = X(T) \otimes_\mathbb{Z} \mathbb{Q}$. 令 Λ 为 $\mathrm{Gal}(\overline{\mathbb{Q}}/\mathbb{Q})$ 的通过有限商的 $\mathbb{Q}$ 不可约表示类的集合. 对于每个 $\lambda \in \Lambda$, 令 Y_λ 为 Y 的与 λ 对应的同型 $\mathrm{Gal}(\overline{\mathbb{Q}}/\mathbb{Q})$ 子模, 即 Y 的所有与 λ 同构的子 $\mathrm{Gal}(\overline{\mathbb{Q}}/\mathbb{Q})$ 模的和. 则有直和分解

$$Y = \coprod_{\lambda \in \Lambda} Y_\lambda.$$

令 $Y^0 = Y_1$, 其中 1 是 $\mathrm{Gal}(\overline{\mathbb{Q}}/\mathbb{Q})$ 的单位表示; 令

$$Y^- = \sum_{\lambda \in \Lambda^-} Y_\lambda,$$

其中 $\Lambda^- = \{\lambda \in \Lambda | \lambda(\iota) = -1, \forall\, \iota \in C_\infty\}$. 令 Y^+ 为其余 Y_λ 的和. 则有

$$\begin{aligned}
&Y^0 = Y^G = \{y \in Y | (\sigma - 1)y = 0, \forall\, \sigma \in \mathrm{Gal}(\overline{\mathbb{Q}}/\mathbb{Q})\},\\
&Y^- = \{y \in Y | (\iota + 1)y = 0, \forall\, \iota \in C_\infty\},\\
&Y = Y^0 \oplus Y^- \oplus Y^+.
\end{aligned}$$

命题 3.4.1　设 Γ 是环面 T 的算术子群, $\overline{\Gamma}$ 是 Γ 的 Zariski 闭包, 则

$$Y(T/\overline{\Gamma}) = Y^0 \oplus Y^-. \tag{3.33}$$

(由于环面 $T/\overline{\Gamma}$ 是 T 的商, 所以我们将 $Y(T/\overline{\Gamma})$ 与 $Y(T)$ 的子模等同.)

证明　首先设 Y 是不可约的, 即 T 没有非零的真子环面.

如果 $Y = Y^0$, 则 T 同构于 $\mathbb{G}_{\mathrm{m}}$, 因此 Γ 有限. 这说明 $Y(T/\overline{\Gamma}) = Y(T)$, 所以 (3.33) 式成立. 如果 $Y = Y^-$, 则 $T(\mathbb{R}) = \mathrm{Hom}_H(X(T), \mathbb{C}^\times)$ 紧 (其中 $H = \{1, \iota\}$). 由于 Γ 是 $T(\mathbb{R})$ 的离散子群, 故有限. 于是同样有 (3.33) 式.

如果 $Y = Y^+$, 则 $T(\mathbb{R})$ 不是紧的. 而由 Ono 的定理 (定理 3.3.3) 知 $T(\mathbb{R})/\Gamma$ 紧, 所以 Γ 是无限的. 于是 $\overline{\Gamma}$ 是 T 的维数至少为 1 的代数子群. $\overline{\Gamma}$ 的连通分支是 T 的非平凡子群, 故 $\overline{\Gamma} = T$, 于是 $Y(T/\overline{\Gamma}) = 0$. 所以也有 (3.33) 式.

对于一般的情形的证明容易从不可约的情形导出. 例如取一个环面 $T' \to T$, 使得 T' 分裂为不可约环面的直积. 再注意到 Γ 与 $T' \to T$ 的像 (是 T 的一个算术子群) 可公度即可. □

3.5　环面的上同调

3.5.1　分裂环面有理点群表达为张量积

设 K/F 是有限 Galois 扩张, 其 Galois 群为 G. 设 N 是有限秩的 $\mathbb{Z}$ 模同时是 G 模. 令 $N^\wedge = \mathrm{Hom}(N, \mathbb{Z})$. 则对于任意 G 模 C, 有典范同构

$$N^\wedge \otimes C \cong \mathrm{Hom}(N, \mathbb{Z}) \otimes \mathrm{Hom}(\mathbb{Z}, C) \cong \mathrm{Hom}(N, C). \tag{3.34}$$

设 T 是 F 环面, 它在 K 上分裂. 则 $T(K)$ 是 G 模. 于是我们可以考虑上同调群 $H^n(G, T(K))$. 由 (3.34) 式有

$$T(K) = \mathrm{Hom}(X(T), K^\times) = X(T)^\wedge \otimes_{\mathbb{Z}} K^\times. \tag{3.35}$$

这使得我们可以应用 Tate-Nakayama 关于张量积的上同调的结果.

3.5.2　环面的 Galois 上同调

根据定理 3.2.2 和 3.2.3, 我们可以应用定理 1.3.3 的推论 1.3.5 ($X(T)^\wedge$ 无扭) 从而得到

命题 3.5.1　设 F 是一个代数数域在某个有限位处的完备化. 则用 $K^\times$ 的基本类作上积给出同构

$$H^n(G, X(T)^\wedge) \cong H^{n+2}(G, T(K)).$$

如果 F 是一个代数数域, Y 是由 S_F 生成的自由群, $b:\ Y\to\mathbb{Z}$ 是由 $b(\sum n_w)=\sum n_v$ 所给出的同态, X 是 b 的核. 则由 Tate 的定理 (定理 3.2.17) 我们得到

命题 3.5.2　下面的图交换, 并且竖直箭头是由作上积给出的同构:

$$\begin{array}{ccccccccc} \cdots \longrightarrow & \hat{H}^n(G, X\otimes X(T)^\wedge) & \longrightarrow & \hat{H}^n(G, Y\otimes X(T)^\wedge) & \longrightarrow & \hat{H}^n(G, X(T)^\wedge) & \longrightarrow \cdots \\ & \downarrow & & \downarrow & & \downarrow & \\ \cdots \longrightarrow & \hat{H}^{n+2}(G, T(K)) & \longrightarrow & \hat{H}^{n+2}(G, T(\mathbb{A}_K)) & \longrightarrow & \hat{H}^{n+2}(G, C_K(T)) & \longrightarrow \cdots \end{array} \tag{3.36}$$

3.5.3　正合偶对

由 $C_K(T)=\mathrm{Hom}(X(T),C_K)$ 我们得到自然偶对

$$C_K(T)\times X(T)\longrightarrow C_K.$$

由 Tate-Nakayama 对偶定理 (定理 1.3.6) 知关于这个偶对的上积决定一个正合偶对

$$\hat{H}^n(G,C_K(T))\times \hat{H}^{2-n}(G,X(T))\longrightarrow \hat{H}^2(G,C_K).$$

由于对于所有的 $n\in\mathbb{Z}$, $\hat{H}^{2-n}(G,X(T))$ 都有限, 所以 $\hat{H}^n(G,C_K(T))$ 也都有限, 并且有 (非典范的) 同构

$$\hat{H}^n(G,C_K(T))\cong \hat{H}^{2-n}(G,X(T)),\quad \forall\, n\in\mathbb{Z}. \tag{3.37}$$

3.5.4　环面的 Galois 上同调正合序列

取正合序列

$$0\longrightarrow T(K)\longrightarrow T(\mathbb{A}_K)\longrightarrow C_K(T)\longrightarrow 0 \tag{3.38}$$

(参见 3.3 节 的 (3.31) 式) 的上同调, 我们得到正合序列

$$\begin{aligned} 0 \longrightarrow & H^0(G,T(K))\longrightarrow H^0(G,T(\mathbb{A}_K))\longrightarrow H^0(G,C_K(T))\longrightarrow \\ & H^1(G,T(K))\stackrel{\beta}{\longrightarrow} H^1(G,T(\mathbb{A}_K))\longrightarrow\cdots \end{aligned}$$

即

$$0\to T(F)\to T(\mathbb{A}_F)\to C_K(T)^G\to H^1(G,T(K))\stackrel{\beta}{\to} H^1(G,T(\mathbb{A}_K))\to\cdots$$

或

$$0 \longrightarrow C_F(T) \xrightarrow{\alpha} C_K(T)^G \longrightarrow H^1(G, T(K)) \xrightarrow{\beta} H^1(G, T(\mathbb{A}_K)) \longrightarrow \cdots \tag{3.39}$$

另一方面, 取序列 (3.38) 的 Tate 上同调, 我们得到正合序列

$$\begin{aligned} 0 \longrightarrow & \hat{H}^0(G, T(K)) \longrightarrow \hat{H}^0(G, T(\mathbb{A}_K)) \xrightarrow{\gamma} \hat{H}^0(G, C_K(T)) \longrightarrow \\ & H^1(G, T(K)) \xrightarrow{\beta} H^1(G, T(\mathbb{A}_K)) \longrightarrow \cdots \end{aligned} \tag{3.40}$$

由 (3.39) 式和 (3.40) 式即知

$$\operatorname{Coker} \alpha \cong \operatorname{Ker} \beta \cong \operatorname{Coker} \gamma.$$

由于 $\hat{H}^0(G, C_K(T))$ 有限 (见 (3.37) 式), 所以 $\operatorname{Coker} \alpha$ 有限.

3.5.5 特殊的域扩张下的结果

我们给出与上一小节类似的映射的更多的结果.

设 K/F 是有限 Galois 扩张, 其 Galois 群为 G. 用 S_K (相应地, S_F) 记 K (相应地 F) 的位的集合. 令映射 $h: S_F \to S_K$ 将 S_F 中的位 v 映为 S_K 中位于 v 之上的一个位 w.

定理 3.5.3 设 T 是定义在 F 上的一个代数环面, T 在有限 Galois 扩张 K/F 上分裂. 如果 K/F 是循环扩张, 或存在 F 的一个位 v 使得 $K \otimes_F F_v$ 是域 (即 v 在 K 上的扩充只有一个). 则对于任意 $n \in \mathbb{Z}$, 典范映射

$$\hat{H}^n(G, T(K)) \longrightarrow \prod_{v \in S_F} \hat{H}^n(G_{h(v)}, T(K_{h(v)})) \tag{3.41}$$

为单射.

证明 由命题 2.2.3 我们知道 $T(K) \cong X_*(T) \otimes K^\times$ (其中 $X_*(T) = \operatorname{Hom}(\mathbb{G}_{\mathrm{m}}, T)$) 为 G 模同构, 于是 $\hat{H}^n(G, T(K)) \cong \hat{H}^n(G, X_*(T) \otimes K^\times)$. 类似地我们有 $\hat{H}^n(G_{h(v)}, T(K_{h(v)})) \cong \hat{H}^n(G_{h(v)}, X_*(T) \otimes K_{h(v)}^\times)$. 因此我们只需证明映射

$$\hat{H}^n(G, X_*(T) \otimes K^\times) \longrightarrow \prod_{v \in S_F} \hat{H}^n(G_{h(v)}, X_*(T) \otimes K_{h(v)}^\times)$$

是单射. 在 3.2.6 节的 (3.23) 式给出的同构中取 $M = X_*(T)$, 即知我们只需证明映射

$$\hat{H}^n(G, X_*(T) \otimes K^\times) \longrightarrow \hat{H}^n(G, X_*(T) \otimes J)$$

为单射. 由同一小节的图 (3.21) 知这等价于证明

$$\hat{H}^{n-2}(G, X_*(T) \otimes X) \longrightarrow \hat{H}^{n-2}(G, X_*(T) \otimes Y)$$

为单射. 再应用图 (3.21), 我们只要证明映射

$$\hat{H}^{n-3}(G, X_*(T) \otimes Y) \longrightarrow \hat{H}^{n-3}(G, X_*(T) \otimes \mathbb{Z})$$

是满射. 我们将证明对于所有的 $n \in \mathbb{Z}$

$$\hat{H}^{n}(G, X_*(T) \otimes Y) \longrightarrow \hat{H}^{n}(G, X_*(T) \otimes \mathbb{Z})$$

都是满射. 事实上, 由假设我们知道存在 F 的一个位 v, 其分解群 $G_{h(v)} = G$. 在上述同一小节的 (3.22) 式中取 $M = X_*(T)$, 则该式左端的一个分量是 $\hat{H}^n(G, X_*(T) \otimes \mathbb{Z})$. 这就证明了本定理. □

定理 3.5.4 *设 T 是定义在 F 上的一个代数环面, T 在有限 Galois 扩张 K/F 上分裂. 设 S 是 F 的位的有限集合, S 包含 F 的所有无穷位. 如果对于所有的 $v \in S$, 分解群 $G_{h(v)}$ 都是循环群, 则典范映射*

$$\hat{H}^n(G, T(K)) \longrightarrow \prod_{v \in S} \hat{H}^n(G_{h(v)}, T(K_{h(v)})) \tag{3.42}$$

为满射.

推论 3.5.5 *在上面的记号下典范映射*

$$\hat{H}^n(\mathrm{Gal}(\overline{F}/F), T(\overline{F})) \longrightarrow \prod_{v \notin S_\infty} \hat{H}^n(\mathrm{Gal}(\overline{F}_v/F), T(\overline{F}_v)) \tag{3.43}$$

为满射.

定理 3.5.4 的证明　(3.42) 式的右端含于 $\bigoplus_v \hat{H}^n(G_{h(v)}, T(K_{h(v)}))$ 中. 应用 3.2.6 节的图 (3.21) 和 (3.23) 式, 我们只需证明如下的事实：对于任一 $v \in S$, 给定 $\alpha_v \in \hat{H}^n(G_{h(v)}, T(K_{h(v)}))$, 则对于每个 $v \notin S$, 存在 $\alpha_v \in \hat{H}^n(G_{h(v)}, T(K_{h(v)}))$, 使得整体的元素 $(\alpha_v) \in \bigoplus_v \hat{H}^n(G_{h(v)}, T(K_{h(v)}))$, 并且在映射 $\hat{H}^n(G, X_*(T) \otimes J) \to \hat{H}^n(G, X_*(T) \otimes C)$ 下的像为零. 这等价于：给定 $\bigoplus_v \hat{H}^{n-2}(G_{h(v)}, T_* \otimes Y)$ 中相应于 $v \in S$ 的有限多个分量, 存在其他的分量, 使得所得到的 $\bigoplus_v \hat{H}^{n-2}(G_{h(v)}, T_* \otimes Y)$ 的元素在映射

$$\hat{H}^{n-2}(G_{h(v)}, T_* \otimes Y) \longrightarrow \hat{H}^{n-2}(G_{h(v)}, T_* \otimes \mathbb{Z})$$

下的像为零. 我们将证明这个结果对于所有的 n 都成立.

由于 $G_{h(v)}$ 是循环群 ($\forall\, v \in S$), 根据 Frobenius 的一个定理, 对于任一 $v \in S$, 我们可以选取 K 的一个位 $\overline{v}$, 使得 $\overline{v}$ 不在 S 中的任一满足 $G_v = G_{h(v)}$ 的 v 之上. 这种选取有无穷多种. 设 $\overline{v} = h(\hat{v})$, 其中 $\hat{v}$ 是 F 的位. 我们可以进一步设所有的 $\hat{v}$ 都两两不同. 以 S' 记这样得到的 $\hat{v}$ 的集合. 现在设对于 $v \in S$ 给定了 $\beta_v \in \hat{H}^n(G_{h(v)}, X_*(T))$, 我们定义 $(x_v) \in \hat{H}^n(G_{h(v)}, X_*(T)) \cong \hat{H}^n(G, X_*(T) \otimes Y)$ 符合以下要求:

$$\begin{aligned} x_v &= \beta_v, & &\text{如果 } v \in S, \\ x_{\hat{v}} &= -\beta_v, & &\text{如果 } h(\hat{v}) = \overline{v},\ v \in S, \\ x_v &= 0, & &\text{如果 } v \notin S \cup S'. \end{aligned}$$

则此元素在映射 $\hat{H}^n(G_{h(v)}, T_* \otimes Y) \to \hat{H}^n(G_{h(v)}, T_* \otimes \mathbb{Z})$ 下的像为零. 这就证明了定理 3.5.4. □

3.5.6 环面的自同构群的 Galois 上同调

设 G 是群, G 作用在 (不一定交换的) 群 A 上. 由 G 到 A 的一个映射 $\sigma \mapsto a_\sigma$ 被称为 G 的取值在 A 中的一个 1 上闭链, 如果

$$a_{\sigma\tau} = a_\sigma\, {}^{\sigma}a_\tau, \quad \forall\, \sigma, \tau \in G. \tag{3.44}$$

我们用 $Z^1(G, A)$ 记所有 1 上闭链的集合. 两个 1 上闭链称为上同调的, 如果存在 $c \in A$ 使得

$$b_\sigma = c^{-1} a_\sigma\, {}^{\sigma}c, \quad \forall\, \sigma \in G. \tag{3.45}$$

这是 1 上闭链集合上的一个等价关系. 此等价关系下的等价类的集合记为 $H^1(G, A)$. 如果 A 是交换的, 则这里的 H^1 就是通常的 H^1.

像前面一样, 设 T 是定义在域 F 上的一个环面, T 在有限 Galois 扩张 K/F 上分裂, 我们将考虑 $H^1(\mathrm{Gal}(K/F), \mathrm{Aut}_K T)$. 这需要另外一个概念.

设 G_1 是定义在 K 上的一个代数群. F 为 K 的一个子域. 一个有序对 (G, f) 称为 G 的 K/F **形式** (K/F-form), 如果 G 是定义在 F 上的代数群, f 是由 G_1 到 G 的 K 同构. 两个 K/F 形式 (G, f) 和 (G', f') 称为 F 等价的, 如果存在由 G 到 G' 的 F 同构. 我们用 $\varepsilon(K/F, G_1)$ 记 G_1 的 K/F 形式的 F 同构类.

设 $\langle (G, f) \rangle$ 是 G_1 的 K/F 形式的一个 F 同构类, 它包含 K/F 形式 (G, f). 对于 $\sigma \in \mathrm{Gal}(K/F)$, 令 $\varphi_\sigma = f^{-1} \circ {}^{\sigma}f$. 则

$$\varphi_{\sigma\tau} = f^{-1} \circ {}^{\sigma\tau}f = (f^{-1} \circ {}^{\sigma}f) \circ {}^{\sigma}(f^{-1} \circ {}^{\tau}f) = \varphi_\sigma \circ {}^{\sigma}\varphi_\tau.$$

这就是说 $\sigma \mapsto \varphi_\sigma$ 是 $\mathrm{Gal}(K/F)$ 的取值在 $\mathrm{Aut}_K G_1$ 中的一个 1 上闭链.

如果 (G', f') 是另一个 K/F 形式, $\varphi'_\sigma = (f')^{-1} \circ ({}^\sigma f')$, 以及 $\rho: G' \to G$ 是一个 F 同构. 令 $\psi = f^{-1}\rho f'$. 则 $\psi \in \mathrm{Aut}_K(G_1)$. 进一步有

$$^\sigma\psi = {}^\sigma f^{-1} \circ {}^\sigma\rho \circ {}^\sigma f' = \varphi_\sigma^{-1}\psi\varphi'_\sigma,$$

即

$$\varphi'_\sigma = \psi^{-1} \circ \varphi_\sigma \circ {}^\sigma\psi, \tag{3.46}$$

亦即 (φ_σ) 和 (φ'_σ) 是上同调的. 于是我们可以定义映射

$$\begin{aligned} \theta: \varepsilon(K/F, G_1) &\longrightarrow H^1(\mathrm{Gal}(K/F), \mathrm{Aut}_K G_1) \\ \langle (G, f)\rangle &\longmapsto \langle(\varphi_\sigma)\rangle, \end{aligned}$$

其中

$$\varphi_\sigma = f^{-1} \circ {}^\sigma f. \tag{3.47}$$

命题 3.5.6 如果 T 是定义在一个完全域 F 上的环面, 并且在有限 Galois 扩张 K/F 上分裂, 则映射

$$\theta: \varepsilon(K/F, T) \longrightarrow H^1(\mathrm{Gal}(K/F), \mathrm{Aut}_K(T))$$

为双射.

证明 首先证明 θ 是单射. 设 $\theta(\langle(T_1, f)\rangle) = \theta(\langle(T'_1, f')\rangle)$. 即存在 $\psi \in \mathrm{Aut}_K T$ 使得 (3.46) 式成立. 令 $\rho = f \circ \psi \circ (f')^{-1}$. 显然 $\rho: T'_1 \to T$ 是同构, 并且有

$$\begin{aligned} {}^\sigma\rho &= {}^\sigma f \circ {}^\sigma\psi \circ {}^\sigma(f')^{-1} \\ &= (f \circ \varphi_\sigma) \circ (\varphi_\sigma^{-1} \circ \psi \circ \varphi'_\sigma) \circ ((\varphi'_\sigma)^{-1} \circ (f')^{-1}) = f \circ \psi \circ (f')^{-1} = \rho. \end{aligned}$$

这说明是定义在 F 上的. 于是 $\langle(T_1, f)\rangle = \langle(T'_1, f')\rangle$.

下面证明 θ 是满射. 令 $(\tilde{T}, \rho) = \mathrm{R}_{K/F}(T)$ (参见命题 2.2.6). 对于给定的 $(\varphi_\sigma) \in Z^1(\mathrm{Gal}(K/F), \mathrm{Aut}_K(T))$, 定义

$$T_1 = \{x \in \tilde{T} \mid \rho(x) = \varphi_\sigma({}^\sigma\rho(x)),\ \forall\, \sigma \in \mathrm{Gal}(K/F)\}.$$

(φ_σ) 是 1 上闭链意味着 ${}^\sigma T_1 = T_1$ $(\forall\, \sigma \in \mathrm{Gal}(K/F))$. 这说明 T_1 是定义在 F 上的. 于是 $\rho|_{T_1}: T_1 \to T$ 是 K 同构. 令 $f = (\rho|T_1)^{-1}$, 则 (T_1, f) 是 T 的一个 K/F 形式. 显然有 $\theta(\langle(T_1, f)\rangle) = \langle(\varphi_\sigma)\rangle$. □

3.5.7 环面扩张与上同调

我们来考虑上同调和环面扩张.

环面同态的一个序列

$$0 \longrightarrow T' \xrightarrow{\iota} T \xrightarrow{\pi} T'' \longrightarrow 0 \tag{3.48}$$

称为 (严格) **正合的** (exact), 如果 $\operatorname{Ker}\iota = 0$, $\operatorname{Im}\iota = \operatorname{Ker}\pi$, $\operatorname{Im}\pi = T''$ 并且 ι 和 π 是可分的. 此时可以将 T' 视为 T 的子群, 并将 T'' 与 T/T' 等同.

如果序列 (3.48) 正合, 则 T 和序列 (3.48) 一起被称为 T' 被 T'' 的一个**扩张** (extension). 进一步, 如果序列在 F 上正合, 则此扩张称为定义在 F 上的. 在不至于引起混淆的情况下我们也称之为 T' 被 T'' 的 F 扩张.

T' 被 T'' 的两个扩张 T, S 称为 F 等价的, 如果存在 F 同态 $f: T \to S$ 使得下面的图交换:

$$\begin{array}{ccccccccc} 0 & \longrightarrow & T' & \longrightarrow & T & \longrightarrow & T'' & \longrightarrow & 0 \\ & & \big\downarrow{\scriptstyle \mathrm{id}} & & \big\downarrow{\scriptstyle f} & & \big\downarrow{\scriptstyle \mathrm{id}} & & \\ 0 & \longrightarrow & T' & \longrightarrow & S & \longrightarrow & T'' & \longrightarrow & 0 \end{array}$$

T' 被 T'' 的 F 扩张的等价类的集合记为 $\operatorname{Ext}_F(T'', T')$. 给定正合序列 (3.48) 和环面同态 $f: T' \to S'$, $g: S'' \to T''$, 定义 $f_*(T)$ 为 $T \times S'$ 关于有序对 $(x^{-1}, f(x))$ 组成的子群的商, 这里 x 取遍 T' 的元素. 典范映射 $S' \to T \times S'$ 和 $T \times S' \to T$ 与取商复合定义了正合序列

$$0 \longrightarrow S' \longrightarrow f_*(T) \longrightarrow T'' \longrightarrow 0.$$

我们定义 $S'' \times T$ 的子群 $g^*(T) = \{(y, x) \in S'' \times T \mid g(y) = \pi(x)\}$. 则有正合序列

$$0 \longrightarrow T' \longrightarrow g^*(T) \longrightarrow S'' \longrightarrow 0.$$

设 $T_1, T_2 \in \operatorname{Ext}_F(T'', T')$. 则 $T_1 \times T_2 \in \operatorname{Ext}_F(T'' \times T'', T' \times T')$. 令 $\Delta: T'' \to T'' \times T''$ 为对角线映射, $\mu: T' \times T' \to T'$ 为乘法映射. 定义

$$T_1 * T_2 = \Delta^* \mu_*(T_1 \times T_2) \in \operatorname{Ext}_F(T'', T'),$$

称之为 Baer 乘法. 在此乘法下 $\operatorname{Ext}_F(T'', T')$ 成为一个交换群 (参见 [334] VII, §1, no.1).

设正合序列 (3.48) 是定义在 F 上的. 我们称 F 有理映射 $\sigma: T'' \to T$ 为一个 F 交叉截面, 如果 $\pi\sigma = \mathrm{id}$. 我们用 $\operatorname{Ext}^*_F(T'', T')$ 记 $\operatorname{Ext}_F(T'', T')$ 中具有 F 交叉截面的扩张组成的子集.

如果我们取 $g^*(T)$ 为上述的 $S'' \times T$ 的子群, 则映射

$$\begin{aligned}\sigma'' :\ S'' &\longrightarrow g^*(T)\\ y &\longmapsto (y, \sigma g y)\end{aligned}$$

是一个交叉截面. 类似地如果 $f_*(T)$ 是上述的 $T \times S'$ 的商, 则映射

$$\begin{aligned}\sigma' :\ T'' &\longrightarrow f_*(T)\\ x &\longmapsto \overline{(\sigma x, 1)}\end{aligned}$$

(其中 $\overline{(\sigma x, 1)}$ 意为取商) 是一个交叉截面. 可以证明 $\mathrm{Ext}_F^*(T'', T')$ 构成 $\mathrm{Ext}_F(T'', T')$ 的子群 (参见 [313] Proposition 8).

现在我们转移到环面的特征标群.

命题 3.5.7 序列 (3.48) 正合当且仅当它的对偶

$$0 \longleftarrow X(T') \xleftarrow{{}^t\iota} X(T) \xleftarrow{{}^t\pi} X(T'') \longleftarrow 0 \tag{3.49}$$

正合.

证明 注意当序列 (3.49) 正合时, $\mathrm{Coker}\ {}^t\iota = 0$ 是平凡 p 无扭的; 又有 $X(T') \cong X(T)/\mathrm{Ker}\ {}^t\iota = \mathrm{Coker}\ {}^t\pi$ 是 $\mathbb{Z}$ 自由的, 当然也是 p 无扭的. 于是由命题 2.1.9 即得本命题. □

设 K/F 是有限 Galois 扩张, $G = \mathrm{Gal}(K/F)$. 以 $\mathcal{T}(K/F)$ 记定义在 F 上并且在 K 上分裂的环面的范畴. 此范畴的对偶范畴记为 $\mathcal{M}(K/F)$, 其对象都是有限生成的自由 $\mathbb{Z}$ 模, 同时是 G 模 (参见定理 2.2.5).

命题 3.5.8 如果序列 (3.48) 在 F 上正合, 则

$$T \in \mathcal{T}(K/F) \iff T' \text{ 和 } T'' \in \mathcal{T}(K/F).$$

证明 取有限 Galois 扩张 L/F 使得 $L \supseteq K$ 且 $T, T', T'' \in \mathcal{T}(L/F)$. 则 (3.49) 式作为 $G(L/F)$ 模序列是正合的. 设 $T \in \mathcal{T}(K/F)$, 这意味着 $G(L/F)$ 的子群 $G(L/K)$ 在 $X(T)$ 上作用平凡. 对于任一 $\xi' \in X(T')$, 我们有

$$\xi' = {}^t\iota(\xi) = {}^t\iota({}^\sigma\xi) = {}^\sigma({}^t\iota(\xi)) = {}^\sigma\xi', \quad \forall\, \sigma \in G(L/K).$$

因此 $T' \in \mathcal{T}(K/F)$. 对于任一 $\xi'' \in X(T'')$, 我们有

$${}^t\pi(\xi'') = {}^\sigma({}^t\pi(\xi'')) = {}^t\pi({}^\sigma\xi''), \quad \forall\, \sigma \in G(L/K).$$

由于 ${}^t\pi$ 是单射, 所以 $\xi'' = {}^\sigma\xi''$ $(\forall\, \sigma \in G(L/K))$. 于是 $T'' \in \mathcal{T}(K/F)$. 反之, 设 $T', T'' \in \mathcal{T}(K/F)$. 对于任一 $\xi \in X(T)$ 以及 $\sigma \in G(L/K)$, 设 $\sigma^N = 1$. 则 ${}^t\iota({}^\sigma\xi) = {}^\sigma({}^t\iota(\xi)) = {}^t\iota(\xi)$, 因此 ${}^\sigma\xi - \xi \in \operatorname{Ker}{}^t\iota = \operatorname{Im}{}^t\pi$. 令 ${}^\sigma\xi - \xi = {}^t\pi(\xi'')$. 由于 ${}^\sigma({}^t\pi(\xi'')) = {}^t\pi({}^\sigma\xi'') = {}^t\pi(\xi'')$, 故有 ${}^{\sigma^{i+1}}\xi - {}^{\sigma^i}\xi = {}^t\pi(\xi'')$ $(0 \leqslant i \leqslant N-1)$. 于是我们得到 $N\,{}^t\pi(\xi'') = 0$. 由于 $X(T)$ 是 $\mathbb{Z}$ 自由的并且 ${}^t\pi$ 是单射, 所以有 $\xi'' = 0$, 即 ${}^\sigma\xi = \xi$. 这意味着 $T \in \mathcal{T}(K/F)$. □

现在设 $T', T'' \in \mathcal{T}(K/F)$. 由命题 3.5.8 知 $T \in \mathcal{T}(K/F)$ $(\forall\, T \in \operatorname{Ext}_F(T'', T'))$. 过渡到特征标模, 即映射 $T \to X(T)$ 给出集合 $\operatorname{Ext}_F(T'', T')$ 和 $\mathrm{E}(X(T'), X(T''))$ 之间的双射, 这里 $\mathrm{E}(X(T'), X(T''))$ 是通常 G 模意义下的 $X(T'')$ 被 $X(T')$ 扩张的等价类的集合. 集合 $\mathrm{E}(X(T'), X(T''))$ 在 Baer 乘法下构成一个交换群, 此群同构于 $\operatorname{Ext}^1_G(X(T'), X(T''))$ (参见 [69] Ch. XIV, 1). $\mathcal{T}(K/F)$ 和 $\mathcal{M}(K/F)$ 之间的典范对偶给出同构

$$\operatorname{Ext}_F(T'', T') \cong \operatorname{Ext}^1_G(X(T'), X(T'')). \tag{3.50}$$

命题 3.5.9 *存在同构*

$$\operatorname{Ext}^1_G(X(T'), X(T'')) \cong H^1(G, \operatorname{Hom}_{\mathbb{Z}}(X(T'), X(T''))). \tag{3.51}$$

证明 任意给定 $X(T) \in \operatorname{Ext}^1_G(X(T'), X(T''))$. 此即给定了 G 同态的一个正合序列

$$0 \longrightarrow X(T') \longrightarrow X(T) \longrightarrow X(T'') \longrightarrow 0, \tag{3.52}$$

我们得到一个序列

$$0 \longrightarrow \operatorname{Hom}_{\mathbb{Z}}(X(T'), X(T'')) \longrightarrow \operatorname{Hom}_{\mathbb{Z}}(X(T), X(T'')) \longrightarrow \operatorname{Hom}_{\mathbb{Z}}(X(T''), X(T'')) \longrightarrow 0.$$

此序列分裂 (因为序列 (3.52) 在 $\mathbb{Z}$ 上分裂). 由此我们有上同调序列

$$\cdots \longrightarrow \operatorname{Hom}_G(X(T), X(T'')) \longrightarrow \operatorname{Hom}_G(X(T''), X(T'')) \xrightarrow{\delta} H^1(G, \operatorname{Hom}_{\mathbb{Z}}(X(T'), X(T''))) \longrightarrow \cdots$$

将给定的 $X(T)$ 对应于此同调序列中 $X(T'')$ 上的恒同映射在 δ 下的像 $\varepsilon = \delta(\mathrm{id}|_{X(T'')})$, 就给出 (3.51) 式所示的同构. □

推论 3.5.10 *我们有同构*

$$\operatorname{Ext}_F(T'', T') \cong H^1(G, \operatorname{Hom}_{\mathbb{Z}}(X(T'), X(T''))) \tag{3.53}$$

和

$$\operatorname{Ext}_F(T'', \mathbb{G}_{\mathrm{m}}) \cong H^1(G, X(T'')). \tag{3.54}$$

现在设 x'' 是定义在 F 上的 X'' 的一般点. 令 K 为 T' 在 F 上的有限 Galois 分裂域. 我们可以把 $G=\mathrm{Gal}(K/F)$ 与由常数域扩张 K/F 所诱导的函数域扩张 $K(x'')/F(x'')$ 的 Galois 群等同起来.

命题 3.5.11　*存在正合序列*

$$0\longrightarrow \mathrm{Ext}_F^*(T'',T')\longrightarrow \mathrm{Ext}_F(T'',T')\longrightarrow H^1(G,T'(K(x''))). \tag{3.55}$$

证明　考虑下面的交换正合图:

$$\begin{array}{ccccccccc}
 & & & & & & \mathrm{Ext}(T'',T') & & \\
 & & & & & & \downarrow{\scriptstyle\cong} & & \\
\cdots\longrightarrow & \mathrm{Hom}_G(\widehat{T},\widehat{T''}) & \longrightarrow & \mathrm{Hom}_G(\widehat{T''},\widehat{T''}) & \xrightarrow{\delta} & H^1(G,\mathrm{Hom}_{\mathbb{Z}}(\widehat{T'},\widehat{T''})) & \longrightarrow\cdots \\
 & \downarrow{\scriptstyle\alpha_1} & & \downarrow{\scriptstyle\alpha_2} & & {\scriptstyle\alpha_3}\downarrow & \\
\cdots\longrightarrow & \mathrm{Hom}_G(\widehat{T},L^\times) & \xrightarrow{\beta} & \mathrm{Hom}_G(\widehat{T''},L^\times) & \xrightarrow{\delta} & H^1(G,\mathrm{Hom}_{\mathbb{Z}}(\widehat{T'},L^\times)) & \longrightarrow\cdots \\
 & \downarrow{\scriptstyle\cong} & & \downarrow{\scriptstyle\cong} & & {\scriptstyle\cong}\downarrow & \\
\cdots\longrightarrow & T(F(x'')) & \xrightarrow{\pi} & T''(F(x'')) & \longrightarrow & H^1(G,T'(K(x''))) & \longrightarrow\cdots
\end{array}$$

其中 $\widehat{S}$ 表示 $X(S)$ $(S=T,T',T'')$, $L=K(x'')$. T'' 的特征标在一般点 x'' 处的取值诱导出典范同态 ξ'': $\widehat{X''}\to L^\times$. 上图中的竖直箭头 α_i 就是由 ξ'' 所诱导的. 由定义知, $T\in\mathrm{Ext}_F(T'',T')$ 有一个 F 交叉截面当且仅当 ξ'' 在 π 的像中, 即当且仅当 ξ'' 在 β 的像中. 由正合性, 这又当且仅当 $\delta\xi''=0$. 由于 $\xi''=\alpha_2(\mathrm{id}|_{\widehat{T''}})$, 右边的方块的交换性说明 $\delta\xi''=\alpha_3\varepsilon$, 其中 $\varepsilon\in H^1(G,\mathrm{Hom}_{\mathbb{Z}}(\widehat{T'},\widehat{T''}))$ 是我们的扩张 T 所在的类. □

命题 3.5.12　*设 T',T'' 是定义在 F 上的环面. 如果 $T'\in\mathcal{T}(K/F)$ 并且 $X(T)$ 是 $G(K/F)$ 投射的, 则每个 $T\in\mathrm{Ext}_F(T'',T')$ 都有交叉截面.*

证明　由于 $X(T')$ 是 $G=G(K/F)$ 投射的, 所以

$$T'(K(x''))=\mathrm{Hom}(X(T'),K(x'')^\times)$$

是弱投射的 (x'' 是 X'' 的一般点). 于是 $H^n(G,T'(K(x'')))=0$ $(\forall\, n>0)$. □

3.5.8　环面正合序列的 adele 点

最后我们给出有关环面的正合序列的 adele 点的一些结果. 我们固定一个定义在域 F 上并且在有限 Galois 扩张 K/F 上分裂的环面的正合序列

$$0\longrightarrow T'\xrightarrow{\iota}T\xrightarrow{\pi}T''\longrightarrow 0 \tag{3.56}$$

记 $G = \mathrm{Gal}(K/F)$. 对于任一 G 模 A, 用 $H^n(A)$ 记 $H^n(G, A)$.

与序列 (3.56) 相对应的是对偶正合序列

$$0 \longrightarrow X(T'') \xrightarrow{t_\pi} X(T) \xrightarrow{t_\iota} X(T') \longrightarrow 0 \tag{3.57}$$

此序列作为 G 模序列是正合的. 由于 $X(T)$, $X(T')$, $X(T'')$ 都是 $\mathbb{Z}$ 自由的, 所以对于任一 $\mathbb{Z}$ 模 A, 下面的序列正合:

$$0 \longrightarrow \mathrm{Hom}(X(T'), A) \longrightarrow \mathrm{Hom}(X(T), A) \longrightarrow \mathrm{Hom}(X(T''), A) \longrightarrow 0. \tag{3.58}$$

在典范的等同

$$T(K) = \mathrm{Hom}(X(T), K^\times), \quad 和 \quad T(\mathbb{A}_K) = \mathrm{Hom}(X(T), J_K)$$

的意义下, 我们有正合序列

$$0 \longrightarrow T'(K) \longrightarrow T(K) \longrightarrow T''(K) \longrightarrow 0,$$
$$0 \longrightarrow T'(\mathbb{A}_K) \longrightarrow T(\mathbb{A}_K) \longrightarrow T''(\mathbb{A}_K) \longrightarrow 0.$$

在序列 (3.58) 中取 $A = C_K$, 则得到正合序列

$$0 \longrightarrow C_K(T') \longrightarrow C_K(T) \longrightarrow C_K(T'') \longrightarrow 0. \tag{3.59}$$

取 (3.59) 式的上同调, 则得到正合序列

$$\begin{aligned} 0 \longrightarrow C_K(T')^G \longrightarrow C_K(T)^G \xrightarrow{\pi^*} C_K(T'')^G& \\ \longrightarrow H^1(C_K(T')) \longrightarrow H^1(C_K(T)) \longrightarrow \cdots& \end{aligned} \tag{3.60}$$

由此我们得到

$$\mathrm{Coker}\, \pi^* \cong \mathrm{Ker}(H^1(C_K(T')) \longrightarrow H^1(C_K(T))). \tag{3.61}$$

另一方面, 由正合序列

$$\begin{aligned} 0 \longrightarrow \hat{H}^0(C_K(T')) \longrightarrow \hat{H}^0(C_K(T)) \longrightarrow \hat{H}^0(C_K(T''))& \\ \longrightarrow H^1(C_K(T')) \longrightarrow H^1(C_K(T)) \longrightarrow \cdots& \end{aligned}$$

知

$$\mathrm{Ker}(H^1(C_K(T')) \longrightarrow H^1(C_K(T))) \cong \mathrm{Coker}(\hat{H}^0(C_K(T)) \longrightarrow \hat{H}^0(C_K(T''))).$$

其中右端的群是有限群 (因为 $\hat{H}^0(C_K(T))$ 是有限群 (见 3.5.3 节). 于是我们得知 $\operatorname{Coker}\pi^*$ 是有限群.

对于任一同态 α, 令

$$q(\alpha)=\frac{|\operatorname{Coker}\alpha|}{|\operatorname{Ker}\alpha|}.$$

我们将证明 Ono 的下述定理 (见 [281]):

定理 3.5.13　令 μ 为典范映射 $T''(F)/\pi(T(F))\longrightarrow T''(\mathbb{A}_F)/\pi(T(\mathbb{A}_F))$. 则

(1) $|\operatorname{Coker}\mu|<\infty$。

(2) $|\operatorname{Ker}\mu|<\infty$。

(3) $g(\mu)$

$$=\frac{|\operatorname{Ker}(H^1(T(K))\to H^1(T(\mathbb{A}_K))|\cdot|\operatorname{Ker}(H^1(C_K(T'))\to H^1(C_K(T)))|}{|\operatorname{Ker}(H^1(T'(K))\to H^1(T'(\mathbb{A}_K))|\cdot|\operatorname{Ker}(H^1(T''(K))\to H^1(T''(\mathbb{A}_K))|}.$$

证明　考虑下面的图:

$$\begin{array}{ccccccccc}
0 & \longrightarrow & \operatorname{Ker}\pi=T'(F) & \longrightarrow & \operatorname{Ker}\pi_{\mathbb{A}}=T'(\mathbb{A}_F) & \xrightarrow{\nu} & \operatorname{Ker}\tilde{\pi} & & \\
 & & \downarrow & & \downarrow & & \downarrow & & \\
0 & \longrightarrow & T(F) & \longrightarrow & T(\mathbb{A}_F) & \longrightarrow & C_F(T) & \longrightarrow & 0\\
 & & \downarrow{\scriptstyle\pi} & & \downarrow{\scriptstyle\pi_{\mathbb{A}}} & & \downarrow{\scriptstyle\tilde{\pi}} & & \\
0 & \longrightarrow & T''(F) & \longrightarrow & T''(\mathbb{A}_F) & \longrightarrow & C_F(T'') & \longrightarrow & 0\\
 & & \downarrow & & \downarrow & & \downarrow & & \\
 & & \operatorname{Coker}\pi & \xrightarrow{\mu} & \operatorname{Coker}\pi_{\mathbb{A}} & \longrightarrow & \operatorname{Coker}\tilde{\pi} & \longrightarrow & 0
\end{array}$$

其中的所有同态都是自然的. 此图的交换性与正合性都是容易验证的 (参见 [69] Chap. III, Lemma 3.2). 于是由蛇形引理有正合序列

$$0\to T'(F)\to T'(\mathbb{A}_F)\xrightarrow{\nu}\operatorname{Ker}\tilde{\pi}\to\operatorname{Coker}\pi\xrightarrow{\mu}\operatorname{Coker}\pi_{\mathbb{A}}\to\operatorname{Coker}\tilde{\pi}\to 0$$

由此得知

$$\operatorname{Coker}\mu\cong\operatorname{Coker}\tilde{\pi}, \tag{3.62}$$

$$\operatorname{Ker}\mu\cong\operatorname{Coker}\nu. \tag{3.63}$$

其次应用序列的一部分可以得到下面的正合交换图:

$$
\begin{array}{ccccccccc}
0 & \longrightarrow & \operatorname{Ker}\tilde{\pi} & \xrightarrow{\varepsilon} & \operatorname{Ker}\pi^* = C_K(T')^G & \xrightarrow{\nu} & \operatorname{Ker}\lambda & & \\
 & & \downarrow & & \downarrow & & \downarrow & & \\
0 & \longrightarrow & C_F(T) & \longrightarrow & C_K(T)^G & \longrightarrow & \operatorname{Coker}\alpha & \longrightarrow & 0 \\
 & & \downarrow{\scriptstyle \tilde{\pi}} & & \downarrow{\scriptstyle \pi^*} & & \downarrow{\scriptstyle \lambda} & & \\
0 & \longrightarrow & C_F(T'') & \longrightarrow & C_K(T'')^G & \longrightarrow & \operatorname{Coker}\alpha'' & \longrightarrow & 0 \\
 & & \downarrow & & \downarrow & & \downarrow & & \\
 & & \operatorname{Coker}\tilde{\pi} & \xrightarrow{\mu} & \operatorname{Coker}\pi^* & \longrightarrow & \operatorname{Coker}\lambda & \longrightarrow & 0
\end{array}
$$

于是有正合序列

$$0 \to \operatorname{Ker}\tilde{\pi} \to \operatorname{Ker}\pi^* \to \operatorname{Ker}\lambda \to \operatorname{Coker}\tilde{\pi} \to \operatorname{Coker}\pi^* \to \operatorname{Coker}\lambda \to 0,$$

或

$$0 \longrightarrow \operatorname{Coker}\varepsilon \longrightarrow \operatorname{Ker}\lambda \longrightarrow \operatorname{Coker}\tilde{\pi} \longrightarrow \operatorname{Coker}\pi^* \longrightarrow \operatorname{Coker}\lambda \longrightarrow 0. \quad (3.64)$$

我们已经知道 $\operatorname{Coker}\alpha$, $\operatorname{Coker}\alpha''$ 都是有限的 (见 3.5.4 节 的末尾), 所以 $\operatorname{Ker}\lambda$, $\operatorname{Coker}\lambda$ 是有限的. 于是有

$$q(\lambda) = \frac{|\operatorname{Coker}\lambda|}{|\operatorname{Ker}\lambda|} = \frac{|\operatorname{Coker}\alpha''|}{|\operatorname{Coker}\alpha|}. \quad (3.65)$$

另一方面我们又知道 $\operatorname{Coker}\pi^*$ 有限 (见 (3.61) 式). 由 (3.64) 式即知 $\operatorname{Cor}\varepsilon$ 和 $\operatorname{Coker}\tilde{\pi}$ 有限. 换句话说, (3.64) 式中出现的所有的群都有限. 于是有

$$|\operatorname{Coker}\varepsilon| \cdot |\operatorname{Coker}\tilde{\pi}| \cdot |\operatorname{Coker}\lambda| = |\operatorname{Ker}\lambda| \cdot |\operatorname{Coker}\pi^*|. \quad (3.66)$$

特别地由 (3.62) 式我们有 $\operatorname{Coker}\mu \cong \operatorname{Coker}\tilde{\pi}$. 这就证明了 (1).

其次考虑图 (其中 $G = \operatorname{Gal}(K/F)$)

$$
\begin{array}{ccccccccc}
 & & & & 0 & & & & \\
 & & & & \searrow & & & & \\
 & & & & \operatorname{Ker}\tilde{\pi} & & & & \\
 & & & {\scriptstyle \nu}\nearrow & & \searrow{\scriptstyle \varepsilon} & & & \\
0 \longrightarrow & \operatorname{Ker}\pi & \longrightarrow & \operatorname{Ker}\pi_{\mathbb{A}} & \xrightarrow{\quad\delta\quad} & \operatorname{Ker}\pi^* & \longrightarrow & H^1 & \\
 & \| & & \| & & \| & & & \\
 & T'(F) & & T'(\mathbb{A}_F) & & C_K(T')^G & & &
\end{array}
$$

显然有 $\delta = \varepsilon \circ \nu$. 由于 $\operatorname{Coker}\delta$ 有限且 ε 是单射, 所以 $\operatorname{Coker}\nu$ 和 $\operatorname{Coker}\varepsilon$ 有限. 因此

$$|\operatorname{Coker}\delta| = |\operatorname{Coker}\nu||\operatorname{Coker}\delta|.$$

由 (3.63) 式即知 $\operatorname{Ker}\mu$ 有限, 这就证明了 (2), 并且

$$|\operatorname{Ker}\mu| = |\operatorname{Coker}\nu| = \frac{|\operatorname{Coker}\delta|}{|\operatorname{Coker}\delta|}. \tag{3.67}$$

由 (3.62), (3.65), (3.66), (3.67) 式我们得到

$$\begin{aligned} q(\mu) = \frac{|\operatorname{Coker}\mu|}{|\operatorname{Ker}\mu|} &= \frac{|\operatorname{Coker}\varepsilon|}{|\operatorname{Coker}\delta|}\frac{|\operatorname{Ker}\lambda|}{|\operatorname{Coker}\lambda|}\frac{|\operatorname{Coker}\pi^*|}{|\operatorname{Coker}\varepsilon|} \\ &= \frac{|\operatorname{Coker}\alpha|}{|\operatorname{Coker}\delta||\operatorname{Coker}\alpha''|}|\operatorname{Coker}\pi^*|. \end{aligned}$$

由此立得结论 (3). □

第四章　Tamagawa 数

本章将研究代数环面的一个算术不变量 ——Tamagawa (玉河恒夫) 数. 我们这里将再次介绍 [280] 及 [281] 的某些结果. 关于简约代数群的 Tamagawa 数的理论, 建议读者参看综述文章 [285], [286], [246] 及 [83]. Cassels 在他的介绍椭圆曲线的著名文章 [75] 里讨论了椭圆曲线的 Tamagawa 数. 关于 Tamagawa 数的当今难题：Bloch-Kato 猜想 (见 [45]). Kottwitz 在 [214] 讨论了环面复形的 Tamagawa 数.

这里的环面都是定义在代数数域 F 上的, 并且在一个有限 Galois 扩张 K/F 上分裂.

4.1　测　　度

4.1.1　Tamagawa 测度

迄今为止, 我们只用到了环面的拓扑与上同调. 现在我们将使用环面的测度. 当环面是 $K^\times$ 时, 这些测度的计算是 Tate 的博士论文 (见 [76]).

首先我们要在局部紧域 F_v 以及局部紧环 J_F 上把测度正规化 (关于拓扑群的测度论可见：[9], 第二章).

我们按以下的原则选择 F_v 上的 Haar 测度 $\mathrm{d}x_v$：

(M1) 若 v 是非阿的, $F_v \supseteq \mathbb{Q}_p$, 取 Haar 测度 $\mathrm{d}x_v$ 使得以下等式成立：

$$\int_{O_v} \mathrm{d}x_v = N\delta_v^{-\frac{1}{2}},$$

其中 δ_v 是扩张 $F_v/\mathbb{Q}_p$ 的相对微分.

(M2) 若 $F_v = \mathbb{R}$, 取 $\mathrm{d}x_v$ 等于通常的 Haar 测度.

(M3) 若 $F_v = \mathbb{C}$, 取 $\mathrm{d}x_v$ 等于通常 Haar 测度的 2 倍.

然后再把 $F_v^\times$ 上的测度正规化, 使其满足

(M4) 若 v 是非阿的, 则

$$\mathrm{d}^\times x_v = NP_v(NP_v - 1)^{-1}\frac{\mathrm{d}x_v}{|x|_v}.$$

(M5) 若 v 是阿基米德的, 则

$$\mathrm{d}^{\times}x_v = \frac{\mathrm{d}x_v}{|x|_v}.$$

设 J_F^S 是 J_F 的子群, 它由 $J_F(S)$ 内满足 $a_v = 1$ (对所有的 $v \in S$) 的元素 $a = (a_v)$ 组成. 则 J_F^S 典范同构于直积 $\prod_{v \notin S} U_v$, 且 $J_F(S)$ 可被表成有限直积 $J_F(S) = \left(\prod_{v\in S} K_v^{\times}\right) \times J_F^S$. 我们可在 $J_F(S)$ 上定义一个测度 $\mathrm{d}\mu_S = \left(\prod_{v\in S} \mathrm{d}^{\times}x_v\right) \cdot \mathrm{d}\mu^S$, 这里的 $\mathrm{d}\mu^S$ 是 J_F^S 上的直积测度 $\prod_{v\notin S} \mathrm{d}^{\times}x_v$. 由于对几乎所有的 v 有 $\int_{U_v} \mathrm{d}^{\times}x_v = N\delta_v^{-\frac{1}{2}}$, 上述测度是有意义的. 因为 $J_F(S)$ 是 J_F 的开子群, 可以确定 J_F 上的一个 Haar 测度 $\mathrm{d}\mu$ 使得在 $J_F(S)$ 上有 $\mathrm{d}\mu = \mathrm{d}\mu_S$. 不难验证, 如果 $S \subset S'$, 那么由 S' 构造出的 $\mathrm{d}\mu_{S'}$ 与由 S 构造出的 $\mathrm{d}\mu_S$ 在 $J_F(S)$ 上重合. 因此我们在 J_F 上选取的 $\mathrm{d}\mu$ 不依赖于集合 S. 把 $\mathrm{d}\mu$ 像征性地记为 $\prod_v \mathrm{d}^{\times}x_v$, 且称之为 J_F 上的典范限制直积测度. 用 F 的 Dedekind ζ 函数 $\zeta_F(s)$ 在 $s = 1$ 处的留数去除 $\mathrm{d}\mu$, 就可得到 J_F 上的 **Tamagawa 测度** (Tamagawa measure), 即 $\mathrm{d}^{\times}x = \left(\mathrm{Res}_{s=1}\zeta_F(s)\right)^{-1} \mathrm{d}\mu$.

现在选取一个 $v_0 \in S_\infty$. 用以下方式

$$t \longmapsto (\underset{\substack{\uparrow \\ v_0}}{t}, 1, 1, \cdots) \qquad (v_0 \text{ 是实的})$$

或

$$t \longmapsto (\underset{\substack{\uparrow \\ v_0}}{t^{\frac{1}{2}}}, 1, 1, \cdots) \qquad (v_0 \text{ 是复的})$$

把 $\mathbb{R}_+^{\times}$ 嵌入 J_F 作为闭子群. 则我们有同构

$$J_F \cong J_F^1 \times \mathbb{R}_+^{\times}. \tag{4.1}$$

选取 J_F^1 上的一个 Haar 测度 $\mathrm{d}^{\times}y$ 使得

$$\mathrm{d}^{\times}x = \mathrm{d}^{\times}y \frac{\mathrm{d}t}{t}.$$

则众所周知有

$$\int_{J_F^1/F^{\times}} \mathrm{d}^{\times}y = 1, \qquad \int_{\mathbb{A}_f/F} \mathrm{d}x = 1, \tag{4.2}$$

这里的 $\mathrm{d}x$ 是典范限制直积测度 $\prod \mathrm{d}x_v$. (参见 Tate 的 thesis, 即 [76] 的 Chap. XV)

4.1.2　非奇异簇上的局部测度

设 V 是定义在 F 上的 d 维非奇异簇, ω 是定义在 F 上的代数 d 形式, 满足

(1) V 上处处均有 $\omega \neq 0$,

(2) ω 在 V 上全纯, 也就是说, 在点 $x^0 \in V$ 处选取局部坐标 $(x_1, \cdots, x_d)$ 后, 有

$$\omega = f(x)\mathrm{d}x_1 \wedge \cdots \wedge \mathrm{d}x_d,$$

其中 $f(x)$ 是在 x^0 的邻域内有定义的有理函数, 它可被写成形式幂级数:

$$f(x) = \sum a_{(i)}(x_1 - x_1^0)^{i_1} \cdots (x_d - x_d^0)^{i_d}. \tag{4.3}$$

现在假设 $x^0 \in V(F_v)$. 则 f 是一个系数在 F_v 内的幂级数. 由于 x^0 是简单点, 根据隐函数定理, 存在 x^0 在 $V(F_v)$ 内的一个邻域 U, 使得

(1) $\psi : x \mapsto (x_1 - x_1^0, \cdots, x_d - x_d^0)$ 是 U 到 F_v^d 的原点的一个 v 进邻域上的同态,

(2) 幂级数展开 (4.3) 在 $\psi(U)$ 内收敛.

我们在 $\psi(U)$ 内有正测度 $|f(x)|_v(\mathrm{d}x_1)_v \cdots (\mathrm{d}x_n)_v$. 通过 ψ^{-1} 把它拉回到 U, 就可得到 U 上正测度 ω_v. 不难看出, 这两个测度在两个邻域 U 和 U' 重叠的地方是相同的, 因此我们得到了 $V(F_v)$ 上一个正确定义的测度 ω_v.

4.1.3　环面的 adele 点群上的典范测度

设 T 是定义在 F 上的 d 维环面, 并且在 K 上分裂. 设 ξ_i, $1 \leqslant i \leqslant d$, 是 $X(T) = X_K(T)$ 的基. 则以下微分形式 (它在 ξ_i 的不同取法下至多差一个符号):

$$\omega_T = \wedge_{i=1}^d \xi_i^{-1}\mathrm{d}\xi_i$$

是不变的, 且定义在 K 上. ω_T 称为 T 上的典范型. 如果 ω 是定义在 F 上的任意不变微分形式, 且在 T 上是最高次的, 则根据唯一性, 存在 $\gamma \in K$ 使得 $\omega = \gamma\omega_T$.

设 $\alpha : T \to T'$ 是 F 同源, 并设 ω' 是定义在 F 上的 T' 的不变微分形式. 假设 T' 也在 K 上分裂, ξ_i' $(1 \leqslant i \leqslant d)$ 是 $\chi(T')$ 的基. 由上述, 我们有 $\omega' = \gamma'\omega_{T'}$, $\gamma' \in K$. 我们把从 ω' 通过 α 得到的 T 上微分形式记为 $\delta\alpha(\omega')$. 显然 $\delta\alpha(\omega')$ 是不变的, 且定义在 F 上, 但它可能是平凡的. 由表达式 $\omega' = \gamma'\omega_{T'}$, 我们得到

$$\delta\alpha(\omega') = \gamma'\delta\alpha(\omega_{T'}) = \gamma' \wedge_i {}^t\alpha(\xi_i')^{-1}\mathrm{d}({}^t\alpha(\xi_i')) = \gamma'\nu(\alpha)\omega_T.$$

(参看 2.3.1 节) 因此 $\delta\alpha(\omega')$ 是非平凡的当且仅当 α 是可分的. 在这种情形下, $\omega^* = \gamma'\omega_T$ 也在 F 上有定义. 换句话说, 乘以分裂域里的一个因子后, 典范型 $\omega_T, \omega_{T'}$ 的定义域可以下降到 F.

设 μ_v 是定义在 $T(F_v)$ 上的 Haar 测度, 使得无限乘积 $\prod_{v<\infty}\mu_v(T(O_v))$ 绝对收敛, 则称形式乘积 $\prod_v \mu_v$ 绝对收敛, 它定义了 $T(\mathbb{A}_F)$ 上的一个 Haar 测度.

现在取 T 上一个具有最高次数且定义在 F 上的不变微分形式 ω. 则 ω 典范地诱导了 $T(F_v)$ 上的一个 Haar 测度 (参见 4.1.2 节). 由于 $\prod_v \omega_v(T(O_v))$ 并不总绝对收敛, 我们引入一组校正因子. 也就是说, 如果有一组数 $\Gamma=\{c_v\}$, 使得 $\mu_v=c_v\omega_v$ 在 $T(\mathbb{A})$ 上给出一个绝对收敛乘积 $\mu=\prod_v\mu_v$, 则称 Γ 是 ω 的校正因子. 根据 F 上的微分形式在相差 $F^\times$ 的一个因子的意义下唯一, 再利用 F 内的乘积公式, Γ 可以用作 F 上定义的任意微分形式的校正因子. 在这个情形下, 我们令

$$\omega_{A,F}=\prod_v c_v\omega_v,$$

且称之为 $T(\mathbb{A})$ 上关于 Γ 的典范测度.

4.1.4　典范校正因子组

我们要引进 ω 的一组校正因子.

假设 K_w/F_v 是一个不分歧 Galois 扩张, 使得 T 在上分裂. 则 Galois 群 $G_v=\mathrm{Gal}(K_w/F_v)$ 可被典范地等同于 $G_{(v)}=\mathrm{Gal}(k(w)/k(v))$. 根据命题 2.2.4, 当我们把 $G_{(v)}$ 等同于 G_v 时, 利用特征标模 $X(T^{(v)})$ 等于 $X(T)$ 这个条件, 可以定义 T 的模 v 约化 $T^{(v)}$. 由于我们有

$$T(O_v)=\mathrm{Hom}_{G_v}(X(T),U_v),$$

$$T^{(v)}(k(v))=\mathrm{Hom}_{G_v}(X(T),k(w)^\times),$$

典范同态 $U_v\to k(w)^\times=U_v/U_v^{(1)}$ 诱导了同态 $T(O_v)\to T^{(v)}(k(v))$. 利用上同调的平凡性以及通常的长正合列论证, 可以导出正合列:

$$0\longrightarrow T^{(1)}(O_v)\longrightarrow T(O_v)\longrightarrow T^{(v)}(k(v))\longrightarrow 0 \tag{4.4}$$

(这里如果 r 是一个正整数, 则令

$$U_v^{(r)}=\{\alpha\in U_v\mid \alpha\equiv 1 \mod p_v^r\},$$

$$T^{(r)}(O_v)=\psi^{-1}(\mathrm{Hom}(X(T),U_v^{(r)}))$$

ψ 是第三篇第二章命题 2.2.2(i) 给出的映射).

然后计算 $[T^{(v)}(k(v))]$. 假设 $[k(v)]=q$. 则 $G_{(v)}$ 是由 Frobenius 映射 $\sigma_v: x\mapsto x^q$ 生成的. 利用第二章命题 2.2.2(ii) 的符号, $x\in T^{(v)}(k(v))$ 当且仅当

$$\prod_j y_j^{g_{ij}(\sigma_v)}=y_i^q,\qquad 1\leqslant i\leqslant d,$$

其中 $y=f(x)$. 利用初等因子理论把 $q\cdot I-(g_{ij}(\sigma_v))$ 对角化, 可以得到

$$[T^{(v)}(k(v))]=\det\left(qI-{}^tg_{\sigma_v}\right). \tag{4.5}$$

另一方面, 根据 [401], Ch.2, Th.2.2.5, 设 S' 是一个充分大的位集, S' 包含 S_∞ 以及所有使 K/F 分歧的有限位, 则对于 S' 以外的 v, 有

$$[T^{(v)}(k(v))]=q^d\int_{T(O_v)}\omega_v. \tag{4.6}$$

现在设 $L(s,\chi_T,K/F)$ 是命题 2.2.2(ii) 给出的 $G=\mathrm{Gal}(K/F)$ 的表示 $\sigma\mapsto {}^tg_\sigma$ 所确定的 Artin L 函数, 其中 χ_T 是 G 模 $X(T)$ 的特征标 (参看 [226] 或 [76] Chap. VIII). 对 $v\notin S'$, 据定义, $L(s,\chi,K/F)$ 的 Euler 乘积展开的 v 分量为

$$L(s,\chi,K/F)=\det\left(I-q^{-s\,t}g_{\sigma_v}\right)^{-1}. \tag{4.7}$$

如果我们令

$$c_v=\begin{cases}1, & 若\ v\in S_\infty,\\ L_v(1,\chi,K/F), & 若\ v\notin S_\infty.\end{cases}$$

则由 (4.5), (4.6) 和 (4.7), 对 $v\notin S'$, 有

$$\int_{T(O_v)}c_v\omega_v=1.$$

所以 $\Gamma=\{c_v\}$ 是一个校正因子组. 我们称这个 Γ 为典范校正因子组.

4.1.5 玉河数

记 $r_T=\operatorname{rank}X_F(T)$, 由公式

$$\rho(\chi_T)=\lim_{s\to1}(s-1)^{r_T}L(s,\chi_T,K/F) \tag{4.8}$$

可定义一个数 $\rho(\chi_T)=\rho(\chi_T,K/F)$. 利用典范校正因子组 $\{c_v\}$, 由公式

$$\mathrm{d}T_{\mathbb{A}}=\rho(\chi_T)^{-1}\prod_v c_v\omega_v \tag{4.9}$$

可定义 adele 群 $T(\mathbb{A})=T(\mathbb{A}_f)$ 上的典范测度 $\mathrm{d}T_{\mathbb{A}}$. 测度 $\mathrm{d}T_{\mathbb{A}}$ 既与 ω 的选取无关, 又与分裂域 K 无关. 设 $\mathrm{d}(T(\mathbb{A})/T^1(\mathbb{A}))$ 是利用 $X_F(T)$ 的一个基所定义的测度, $\mathrm{d}T(F)$ 是典范离散测度, 它在每个点上的测度是 1, 则使得下式能够成立

$$\mathrm{d}T_{\mathbb{A}}=\mathrm{d}(T(\mathbb{A})/T^1(\mathbb{A}))\mathrm{d}(T^1(\mathbb{A})/T(F))\mathrm{d}T(F)$$

的紧群 $T^1(\mathbb{A})/T(F)$ 的测度 ($T^1(\mathbb{A})/T(F)$ 是 $T(\mathbb{A})/T(F)$ 的唯一极大紧子群), 称为 T 在 F 上的**玉河数**, 即 **Tamagawa 数** (Tamagawa number) $\tau(T)=\tau_F(T)$.

由 (4.2), 我们有 $\tau_F(\mathbb{G}_{\mathrm{m}})=1$, 这里 $\omega=\frac{\mathrm{d}x}{x}$.

设 ξ_i, $1\leqslant i\leqslant r$, $r=r_T$ 是模 $X_F(T)$ 的一个基. 设 $\psi: T(\mathbb{A})\to\mathbb{R}_+^r$ 是一个映射, 定义为

$$\psi: x\mapsto(|\xi_1(x)|,\cdots,|\xi_r(x)|),$$

这里的 $|*|$ 是 idele 模. 这个映射诱导了同构 $\tilde{\psi}: T(\mathbb{A})/T^1(\mathbb{A})\cong(\mathbb{R}_+^\times)^r$. 记 $(\mathbb{R}_+^\times)^r$ 上的典范测度为 $\mathrm{d}t$, 即

$$\mathrm{d}t=\frac{\mathrm{d}t_1}{t_1}\cdots\frac{\mathrm{d}t_r}{t_r}.$$

把通过 $\tilde{\psi}$ 从 $\mathrm{d}t$ 得到的 $T(\mathbb{A})/T^1(\mathbb{A})$ 上的测度记为 $\mathrm{d}t_T$. 由于 $T^1(\mathbb{A})/T(F)$ 是紧的, 数 $\tau(T)$ 可以表示成比值:

$$\tau(T)=\frac{\int_{T(\mathbb{A})/T(F)}b(\psi(x))\mathrm{d}T_{\mathbb{A}}}{\int_{(\mathbb{R}_+^\times)^r}b(t)\mathrm{d}t},\tag{4.10}$$

这里 b 是 $(\mathbb{R}_+^\times)^r$ 上的任意可积函数.

4.1.6 不变量 $h(T)$ 和 $i(T)$

我们再引入环面的两个不变量, 并叙述 Ono[281] 的主定理.

设 F 是任意的域. 取一个环面 $T\in\mathcal{T}(K/F)$. 我们断言第一个上同调群 $H^1(G(K/F),X(T))$ 与 K 的选取无关. 为了证明这一点, 只需证明对满足 $L\supset K$ 的两个 Galois 分裂域 L,K, 有 $H^1(G(L/F),X(T))\cong H^1(G(K/F),X(T))$. 在这种情形下, 有以下正合列 (膨胀 – 限制序列):

$$\begin{aligned}0\longrightarrow H^1(G(K/F),X(T)^{G(L/K)})&\xrightarrow{\text{inf}}H^1(G(L/F),X(T))\\&\xrightarrow{\text{res}}H^1(G(L/K),X(T)).\end{aligned}$$

由于 $G(L/K)$ 平凡地作用于 $X(T)$ 上, 立即可见 "inf" 导出了所需的同构. 所以我们可令

$$h(T)=h_F(T)=[H^1(G(K/F),X(T))].$$

在 3.5 节 公式 (3.39) 我们考虑了单射

$$\alpha: C_F(T)\longrightarrow C_K(T)^G,\qquad G=\mathrm{Gal}(K/F),$$

并且证明了

$$\mathrm{Coker}\,\alpha\cong\mathrm{Ker}(H^1(T(K))\longrightarrow H^1(T(\mathbb{A}_K))$$

是有限的. 以下用 $H^1(T(K))$ 记 $H^1(G(K/F),T(K))$ 等. 现在我们要验证这个群与分裂域 K 的选取无关. 为此, 取一个有限 Galois 分裂域 L/F 使得 $L\supset K$. 考虑以下具有正合行的交换图:

$$\begin{array}{ccccccccc}
0 & \longrightarrow & H^1(G(K/F),T(L)^{G(L/K)}) & \longrightarrow & H^1(G(L/F),T(L)) & \longrightarrow & H^1(G(L/K),T(L)) & \longrightarrow & \cdots \\
 & & \big\downarrow & & \big\downarrow & & \big\downarrow & & \\
0 & \longrightarrow & H^1(G(K/F),T(\mathbb{A}_L)^{G(L/K)}) & \longrightarrow & H^1(G(L/F),T(\mathbb{A}_L)) & \longrightarrow & H^1(G(L/K),T(\mathbb{A}_L)) & \longrightarrow & \cdots
\end{array}$$

这里我们有 $T(L)^{G(L/K)}=T(K)$, $T(\mathbb{A}_L)^{G(L/K)}=T(\mathbb{A}_K)$. 此外, 根据 Hilbert 定理 90, 我们有 $H^1(G(L/K),T(L))=H^1(G(L/K),T(\mathbb{A}_L))=0$. 因此可得同构

$$\mathrm{Ker}(H^1(T(K))\longrightarrow H^1(T(\mathbb{A}_K)))\cong \mathrm{Ker}(H^1(T(L))\longrightarrow H^1(T(\mathbb{A}_L))),$$

并且可以令

$$i(T)=i_F(T)=[\mathrm{Coker}\,\alpha]=[\mathrm{Kcr}(H^1(T(K))\longrightarrow H^1(T(\mathbb{A}_K)))].$$

定理 4.1.1(Ono) $\tau(T)i(T)=h(T)$.

注意: 不变量 $\tau(T)$ 是纯算术的, $h(T)$ 是纯代数的, 而 $i(T)$ 则介乎其间. Ono 的这个定理给出了它们的联系.

4.2 函子性质

4.2.1 具有函子性质的集合 Φ

设 F 是代数数域, $\overline{F}$ 是 F 的代数闭包. Galois 群 $G(F)=G(\overline{F}/F)$ 连续地作用在 $X(T)$ 上 (关于 $G(F)$ 的 Krull 拓扑以及 $X(T)$ 的离散拓扑).

用 $\mathcal{T}(F)$ 记定义在 F 上的环面的范畴, $\mathcal{M}(F)$ 记有限生成 $\mathbb{Z}$ 自由的连续 $G(F)$ 模的范畴. 则 $\mathcal{T}(F)$ (或相应地, $\mathcal{M}(F)$) 是 $\mathcal{T}(K/F)$ (或相应地, $\mathcal{M}(K/F)$) 的并集, 其中 K 取遍所有的有限 Galois 子扩域. 由对偶性可知映射 $T\to X(T)$ 给出了 $\mathcal{T}(F)$ 与 $\mathcal{M}(F)$ 的对偶间的同构. 设 F_0 是 F 的子域, 使得 F/F_0 是有限可分的. 与 Weil 映射

$$R_{F/F_0}:\mathcal{T}(F)\longrightarrow\mathcal{T}(F_0)$$

对应的是诱导映射

$$\mathrm{Ind}_{F_0}^{F}:M\longrightarrow\mathbb{Z}[G(F_0)]\otimes_{\mathbb{Z}[G(F)]}M,\qquad M\in\mathcal{M}(F).$$

现在我们把满足下述条件的映射 f 的集合记为 Φ, 对于每个代数数域 F, 映射 f 指定一个定义在 $\mathcal{T}(F)$ 上的正值函数 f_F, 它具有以下性质:

(Φ1) 对于某个 $K, T \in \mathcal{T}(K/F)$, 且 $X(T)$ 是 $G(K/F)$ 投射时, 有 $f_F(T) = 1$,

(Φ2) $f_F(T \times T') = f_F(T) f_F(T')$,

(Φ3) $f_{F_0} \circ \mathrm{R}_{F/F_0} = f_F$.

如果 T 定义在 F 上, 则对 $f \in \Phi$, 我们认为 $f(T)$ 取值 $f_F(T)$. 对于模 $M \in \mathcal{M}(F)$ 以及 $f \in \Phi$, 我们令 ${}^t f(M) = f(T)$, 其中 $M = X(T)$, $T \in \mathcal{T}(F)$. 根据典范对偶性, 这个定义是有意义的. 本节的目的是证明 $\tau(T)$, $h(T)$, $i(T)$ 均属于 Φ.

4.2.2 玉河数的函子性质

考虑 $\tau(T)$. 对 $\Gamma = \{c_v\}$, 令

$$\gamma(T, K/F) = \frac{\int_{T(\mathcal{A})/T(F)} b(\psi(x)) \mathrm{d}\omega_{\mathcal{A},\Gamma}}{\int_{(\mathbb{R}_+^\times)^r} b(t) \mathrm{d}t}.$$

从 (4.9), (4.10), 我们得到

$$\tau_F(T) = \frac{\gamma(T, K/F)}{\rho(\chi_T, K/F)}. \tag{4.11}$$

从 L 函数的定义立即可得

$$\rho(\chi_T + \chi_{T'}, K/F) = \rho(\chi_T, K/F) \rho(\chi_{T'}, K/F).$$

我们也有 $X(T \times T') = X(T) + X(T')$, $X_K(T \times T') = X_K(T) + X_K(T')$. 再考虑到乘积上的测度 $\omega_{\mathbb{A},\Gamma}$ 是这样的测度的乘积, 可得

$$\gamma(T \times T', K(F)) = \gamma(T, K/F) \gamma(T', K/F).$$

从 (4.11) 就可得到 (Φ2): $\tau(T \times T') = \tau(T) \tau(T')$.

记 $G_0 = \mathrm{Gal}(K/F_0)$, $T_0 = R_{F/F_0}(T)$. 回忆起 2.2 节末尾的 $X(T_0) = \mathrm{Ind}_G^{G_0} X(T)$. 这意味着 $\chi_{T_0} = \mathrm{Ind}_G^{G_0} \chi_T$. 现在

$$\rho(\chi_{T_0}, K/F_0) = \rho(\chi_T, K/F)$$

可从

$$L(s, \chi_{T_0}, K/F_0) = \rho(\chi_T, K/F) \tag{4.12}$$

以及出现在 χ_{T_0} 及 χ_T 内的主特征标的个数相同 (可从 Frobenius 互反性得出) 这些事实得到. 等式 (4.12) 也蕴含 T_0 的典范校正因子 $\Gamma_0=\{c_{v_0}\}$ 与 T 的因子 $\Gamma=\{c_v\}$ 通过关系式 $c_{v_0}=\prod_{v|v_0}c_v$ 相互联系. 设 $\{\sigma_i\}$ 是 F 到 $\overline{F_0}$ 的同构. 定义

$$\omega_0=\wedge_{\sigma_i}(\tilde{\rho}^{\sigma_i})^*\omega^{\sigma_i},$$

其中 $\tilde{\rho}:T_0\to T$ 是命题 2.2.6 给出的同态.

按照 [401], Ch.1, 1.3 节, 存在典范同构

$$T_0((F_0)_{v_0})\cong\prod_{v|v_0}T(F_v), \tag{4.13}$$

$$T_0(\mathbb{A}_0)\cong T(\mathbb{A}), \tag{4.14}$$

(这里 $\mathbb{A}_0=\mathbb{A}_{F_0}$, $\mathbb{A}=\mathbb{A}_F$). 此外, (4.13) 以及极大紧性蕴含

$$T_0(O_{(F_0)_{v_0}})\cong\prod_{v|v_0}T(O_{F_v}). \tag{4.15}$$

从 (4.14) 可得

$$T_0^1(\mathbb{A}_0)\cong T^1(\mathbb{A}), \tag{4.16}$$

由命题 2.2.6 可得

$$X_{F_0}(T_0)\cong X_F(T). \tag{4.17}$$

我们也知道典范同构 (4.14) 关于 $\omega_{\mathbb{A},\Gamma}$ 与 $(\omega_0)_{\mathbb{A}_0,\Gamma_0}$ 是保测度的 (参见 [401], Ch.2, Th.2.3.2). 注意到 (4.17) 也蕴含典范同构

$$T_0(\mathbb{A}_0)/T_0^1(\mathbb{A}_0)\cong T(\mathbb{A})/T^1(\mathbb{A})$$

关于相应的测度 $\mathrm{d}t_{T_0}$, $\mathrm{d}t_T$ 是保测度的. 所以必须有

$$\gamma(R_{F/F_0}(T),K/F_0)=\gamma(T,K/F).$$

因此

$$\tau_{F_0}(R_{F/F_0}(T))=\tau_F(T)$$

(对于可分的 F/F_0). 这就是 (Φ3).

为证 (Φ1), 取一个 $T\in\mathcal{T}(K/F)$ 使得 T 是 $G(K/F)$ 投射的. 令 $G=G(K/F)$. 用 $\mathcal{P}$ (相应地, $\mathcal{F}$) 记所有有限生成的 $\mathbb{Z}[G]$ 投射 (相应地, $\mathbb{Z}[G]$ 自由) 模的集合, 用 $\mathcal{C}(\mathbb{Z}[G])$ 记投射类群 (参见 [312] §6). 假设 $M,M'\in\mathcal{P}$ 在同一个投射类. 根据定义, 存在 $F,F'\in\mathcal{F}$ 使得 $M+F\cong M'+F'$. 与 F,F' 对应的环面是某些 $R_{K/F}(\mathbb{G}_{\mathrm{m}})$ 的乘积. 由于 $\tau(R_{K/F}(\mathbb{G}_{\mathrm{m}}))=1$, 立即可得 ${}^t\tau(M)={}^t(M')$. 所以 ${}^t\tau$ 是一个类函数. 此外, 容易看出, ${}^t\tau$ 给出了从 $\mathcal{C}(\mathbb{Z}[G])$ 到正实数乘法群 $\mathbb{R}_+^\times$ 内的同态. 由于 $\mathcal{C}(\mathbb{Z}[G])$ 是有限群 (参见 [365] Prop. 9.1), 因此对所有的 $M\in\mathcal{P}$ 有 ${}^t\tau(M)=1$, 即 $\tau(T)=1$. 这样我们验证了 $\tau\in\Phi$.

4.2.3 $h(T)$ 和 $i(T)$ 的函子性质

显然 $h_F(T)$ 满足条件 ($\Phi 1$) 和 ($\Phi 2$). ($\Phi 3$) 则可从 "半局部理论" 得到.

为了验证 $i \in \Phi$, 首先假设 $T \in \mathcal{T}(K/F)$ 以及 $X(T)$ 是 $G(K/F)$ 投射的. 则 $T(K) = \mathrm{Hom}(X(T), K^\times)$ 是弱 $G(K/F)$ 投射的, 这样就得到了 ($\Phi 1$). ($\Phi 2$) 是显然的. 最后选 K 使得 $T \in \mathcal{T}(K/F)$ 且 K/F_0 是 Galois 扩张. 令 $G_0 = \mathbb{Z}[G(K/F_0)]$, $G = \mathbb{Z}[G(K/F)]$. 则有自然同构:

$$\begin{aligned} H^1(G(K/F_0), R_{F/F_0}(T)(K)) &= H^1(G(K/F_0), \mathrm{Hom}(\mathrm{Ind}_{F_0}^F(X(T), K^\times))) \\ &= H^1(G(K/F_0), \mathrm{Hom}(G_0 \otimes_G X(T), K^\times)) \\ &\cong H^1(G(K/F_0), \mathrm{Hom}_\Gamma(G_0, \mathrm{Hom}(X(T), K^\times))) \\ &\cong H^1(G(K/F), \mathrm{Hom}(X(T), K^\times)) \\ &= H^1(G(K/F), T(K)). \end{aligned}$$

类似地可有

$$H^1(G(K/F_0), R_{F/F_0}(T)(\mathbb{A}_K)) \cong H^1(G(K/F), T(\mathbb{A}_K)).$$

立即可得 ($\Phi 3$).

4.3 正合列的不变量

4.3.1 环面正合列的 h 不变量

我们要把不变量 τ, h, i 扩展到环面的正合序列. 设

$$0 \longrightarrow T' \xrightarrow{\iota} T \xrightarrow{\pi} T'' \longrightarrow 0 \tag{4.18}$$

是定义在代数数域 F 上的环面的正合列, 记为 E. 对于映射 $f \in \Phi$ (见 4.2.1 节), 我们定义函数 $f(E)$ 为一个交错积:

$$f(E) = \frac{f(T')f(T'')}{f(T)}.$$

4.3.2 环面正合列的玉河数

让我们考察 $\tau(E)$. 先证明一个引理.

引理 4.3.1 $\pi(T(\mathbb{A}_F))$ 在 $T''(\mathbb{A}_F)$ 内是开的.

证明　我们必须对几乎所有的 v 证明 $\pi(T(O_v)) = T''(O_v)$. 这可从以下论断推导出来：当有限位 v 关于 K/F 不分歧时，$\pi: T(O_v) \to T''(O_v)$ 是满的. 这里的 K 是 T, T', T'' 在 F 上的公共 Galois 分裂域. 以 w 记 K 在 v 上的位，且令 $G_v = \mathrm{Gal}(K_w/F_v)$. 已给的 G_v 模序列引出了一个正合列：

$$0 \longrightarrow \mathrm{Hom}(X(T'), U_w) \longrightarrow \mathrm{Hom}(X(T), U_w) \longrightarrow \mathrm{Hom}(X(T''), U_w) \longrightarrow 0,$$

这里 U_w 表示 K_w 的单位群. 过渡到上同调，可得正合列

$$\begin{aligned} 0 &\longrightarrow \mathrm{Hom}_{G_v}(X(T'), U_w) \longrightarrow \mathrm{Hom}_{G_v}(X(T), U_w) \\ &\longrightarrow \mathrm{Hom}_{G_v}(X(T''), U_w) \longrightarrow H^1(G_v, \mathrm{Hom}(X(T'), U_w)) \longrightarrow \cdots \end{aligned}$$

回忆起 $\mathrm{Hom}_{G_v}(X(T), U_w) = T(O_v)$. 由于 U_w 的上同调是平凡的，从 Nakayama 的结果可知 $\mathrm{Hom}(X(T'), U_w)$ 也是具有平凡上同调 (参见第一章 1.1.4 节). 特别，$H^1(G_v, \mathrm{Hom}(X(T'), U_w)) = 0$ 以及 $\pi: T(O_v) \to T''(O_v)$ 是满的.

现在回到 (4.18)，根据定理 3.5.13，有以下两个有限性性质：

(A1) $[T''(\mathbb{A}) : \pi(T(\mathbb{A}))T''(F)]$ 有限，

(A2) $[\pi T(\mathbb{A}) \cap T''(F) : \pi T(F)]$ 有限.

设 T, T', T'' 是 $\mathcal{T}(K/F)$ 内的环面，$G = G(K/F)$. 分别取 $X_F(T)$, $X_F(T')$, $X_F(T'')$ 的基 $(\xi_i)_{1\leqslant i\leqslant r}$，$(\xi'_i)_{r''+1\leqslant i\leqslant r}$，$(\xi''_i)_{1\leqslant i\leqslant r''}$，使得 $\xi_i = {}^t\pi(\xi''_i)$，$1 \leqslant i \leqslant r''$. 则有

$${}^t\iota(\xi_i) = \sum_{j=r''+1}^{r} c_{ij}\xi'_j, \qquad r''+1 \leqslant i \leqslant r,$$

以及

$$[\mathrm{Coker}\,{}^t\iota^G] = \pm\det(c_{ij}).$$

从 (4.10) 可得

$$\tau(E) = \frac{\int_{T'(\mathbb{A})/T'(F)} b'(\psi'(x'))\mathrm{d}T'_{\mathbb{A}} \int_{(\mathbb{R}_+^\times)^r} b(t)\mathrm{d}t \int_{T''(\mathbb{A})/T''(F)} b''(\psi''(x''))\mathrm{d}T''_{\mathbb{A}}}{\int_{(\mathbb{R}_+^\times)^r} b'(t')\mathrm{d}t' \int_{T(\mathbb{A})/T(F)} b(\psi(x))\mathrm{d}T_{\mathbb{A}} \int_{(\mathbb{R}_+^\times)^{r''}} b''(t'')\mathrm{d}t''}. \tag{4.19}$$

引入函数

$$P^{(s)}(t) = P^{(s)}(t_1, \cdots, t_s) = \prod_{i=1}^{s} 2t_i\mathrm{e}^{-\pi t_i^2}.$$

根据众所周知的公式

$$\int_0^\infty \mathrm{e}^{-a^2x^2}\mathrm{d}x = \frac{\sqrt{\pi}}{2a}, \qquad (a > 0), \tag{4.20}$$

我们有

$$\int_{\mathbb{R}_+^\times} P^{(s)}(t)\mathrm{d}t = 1.$$

令 $b(t) = P^{(r)}(t)$, $b'(t') = P^{(r')}(t')$, 以及 $b''(t'') = P^{(r'')}(t'')$. 则 (4.19) 式成为

$$\tau(E) = \frac{\int_{T'(\mathbb{A})/T'(F)} b'(\psi'(x'))\mathrm{d}T'_{\mathbb{A}} \int_{T''(\mathbb{A})/T''(F)} b''(\psi''(x''))\mathrm{d}T''_{\mathbb{A}}}{\int_{T(\mathbb{A})/T(F)} b(\psi(x))\mathrm{d}T_{\mathbb{A}}}.$$

由于 $\pi(T(\mathbb{A}))$ 在 $T''(\mathbb{A})$ 内开 (引理 4.3.1), $\mathrm{d}T''(\mathbb{A})$ 诱导了 $\pi(T(\mathbb{A}))$ 上的一个 Haar 测度, 记为 $\mathrm{d}\pi(T_{\mathbb{A}})$. 从正合列

$$0 \longrightarrow T'(\mathbb{A})/T'(F) \xrightarrow{\tilde{\iota}} T(\mathbb{A})/T(F) \xrightarrow{\tilde{\pi}} (T''(\mathbb{A})/T''(F)) \longrightarrow 0 \quad (4.21)$$

可以看出, $\mathrm{d}T'_{\mathbb{A}}$, $\mathrm{d}T_{\mathbb{A}'}$, $\mathrm{d}\pi(T_{\mathbb{A}})$ 拓扑上彼此匹配.

请注意 (4.10) 里出现的符号具有以下性质: $\mathrm{d}_T = \mathrm{d}_{T'} + \mathrm{d}_{T''}$, $\chi_T = \chi_{T'} + \chi_{T''}$, $\rho(\chi_T) = \rho(\chi_{T'})\rho(\chi_{T''})$, 以及对所有有限的 v 有 $L_v(1,\chi_T) = L_v(1,\chi_{T'})L_v(1,\chi_{T''})$. 我们有

$$\begin{aligned} I &= \int_{T(\mathbb{A})/T(F)} b(\psi(x))\mathrm{d}T_{\mathbb{A}} \\ &= \int_{\pi(T(\mathbb{A}))/\pi(T(F))} \mathrm{d}\pi(T_{\mathbb{A}}) \int_{T'(\mathbb{A})/T'(F)} b(\psi(x\iota(x')))\mathrm{d}T'_{\mathbb{A}}. \end{aligned} \quad (4.22)$$

由于我们选取的基满足 $\xi_i = {}^t\pi(\xi''_i)$, $1 \leqslant i \leqslant r''$, 我们有

$$\begin{aligned} \psi(\iota(x')) &= (1,\cdots,\|\xi_{r''+1}(\iota(x'))\|,\cdots,\|\xi_r(\iota(x'))\|) \\ &= (1,\cdots,i,\cdots,\prod_j \|\xi'_j(x')\|^{c_{ij}},\cdots). \end{aligned}$$

所以若令

$$a(t') = b(\psi(x)(1,\cdots,1,\cdots,\prod_j t_j'^{\,c_{ij}},\cdots)),$$

就有

$$\begin{aligned} \int_{T'(\mathbb{A})/T'(F)} b(\psi(x_1(x')))\mathrm{d}T'_{\mathbb{A}} &= \int_{T'(\mathbb{A})/T'(F)} (\psi'(x'))\mathrm{d}T'_{\mathbb{A}} \\ &= \tau(T')\int_{(\mathbb{R}_+^\times)^{r'}} a(t')\mathrm{d}t' \\ &= \int_{T'(\mathbb{A})/T'(F)} b'(\psi'(x'))\mathrm{d}T'_{\mathbb{A}} \int_{(\mathbb{R}_+^\times)^{r'}} a(t')\mathrm{d}t'. \end{aligned} \quad (4.23)$$

设 $u_i = \prod_j {t'_j}^{c_{ij}}$, $r''+1 \leqslant i \leqslant r$, 以及 $t_i = \|\xi_i(x)\|$, $1 \leqslant i \leqslant r''$. 则我们有

$$\begin{aligned}(t') &= P^{(r)}(t_1, \cdots, t_{r''}, \cdots, t_i \prod_j {t'_j}^{c_{ij}}, \cdots)\\ &= \prod_{i=1}^{r''} 2t_i \mathrm{e}^{-\pi t_i^2} \prod_{i=r''+1}^{r} 2t_i u_i \mathrm{e}^{-\pi t_i^2 u_i^2}\\ &= P^{(r'')}(t_1, \cdots, t_{r''}) P^{(r')}(t_{r''+1}u_{r''+1}, \cdots, t_r u_r).\end{aligned}$$

从 (4.20) 式可得

$$\int_{(\mathbb{R}_+^\times)^{r'}} a(t')\mathrm{d}t' = \frac{P^{(r'')}(t_1, \cdots, t_{r''})}{[\mathrm{Coker}^{t_1 G}]}. \tag{4.24}$$

从 (4.22), (4.23), (4.24) 可得

$$I = \frac{\int_{T'(\mathbb{A})/T'(F)} b'(\psi'(x'))\mathrm{d}T'_{\mathbb{A}}}{[\mathrm{Coker}\,{}^t\iota^G]} \int_{\pi(T(\mathbb{A}))/\pi(T(F))} b''(\psi''(\pi(x)))\mathrm{d}\pi(T_{\mathbb{A}}),$$

所以

$$\tau(E) = [\mathrm{Coker}\,{}^t\iota^G] \frac{\int_{T''(\mathbb{A})/T''(F)} b''(\psi''(x''))\mathrm{d}T''_{\mathbb{A}}}{\int_{\pi(T(\mathbb{A}))/\pi(T(F))} b''(\psi''(\pi(x)))\mathrm{d}\pi(T_{\mathbb{A}})}.$$

根据假设 (A1), (A2), 可以得到

$$\begin{aligned}&\int_{\pi(T(\mathbb{A}))/\pi(T(F))} b''(\psi''(\pi(x)))\mathrm{d}\pi(T_{\mathbb{A}})\\ &\quad= \frac{[\pi(T(\mathbb{A})) \cap T''(F) : \pi(T(F))]}{[T''(\mathbb{A}) : \pi(T(\mathbb{A}))T''(F)]} \int_{T''(\mathbb{A})/T''(F)} b''(\psi''(x''))\mathrm{d}T''_{\mathbb{A}}\end{aligned}$$

以及

$$\tau(E) = [\mathrm{Coker}\,{}^t\iota^G] \frac{[T''(\mathbb{A}) : \pi(T(\mathbb{A}))T''(F)]}{[\pi(T(\mathbb{A})) \cap T''(F) : \pi(T(F))]}.$$

回想起 $\mu : T''(F)/\pi(T(F)) \to T''(\mathbb{A})/\pi(T(\mathbb{A}))$ 以及 $q(\mu) = [\mathrm{Coker}\,\mu][\mathrm{Ker}\,\mu]^{-1}$. 我们最终得到

$$\tau(E) = [\mathrm{Coker}\,{}^t\iota^G] q(\mu). \tag{4.25}$$

4.3.3　环面正合列的 i 不变量

利用 $i(E)$ 的定义, 定理 3.5.13 可以表示成

$$q(\mu) = \frac{[\mathrm{Ker}(H^1(C_K(T')) \longrightarrow H^1(C_K(T)))]}{i(E)}. \tag{4.26}$$

把由以下正合列

$$0 \longrightarrow X(T'') \xrightarrow{{}^t\pi} X(T) \xrightarrow{{}^t\iota} X(T') \longrightarrow 0, \tag{4.27}$$

诱导的映射称为 ξ, η:

$$H^1(\hat{T}'') \xrightarrow{\xi} H^1(\hat{T}) \xrightarrow{\eta} H^1(\hat{T}').$$

则有

$$[\mathrm{Coker}\, {}^t\iota^G] = [\mathrm{Ker}\, \xi]. \tag{4.28}$$

另一方面, 由 Nakayama 对偶性, 可见

$$\mathrm{Ker}(H^1(C_K(T')) \longrightarrow H^1(C_K(T))) \cong \mathrm{Coker}\, \eta. \tag{4.29}$$

综合 (4.26), (4.28), (4.29), 注意到 $\Im\xi = \mathrm{Ker}\, \eta$, 可得

$$\begin{aligned}
[\mathrm{Coker}\, {}^t\iota^G] q(\mu) &= \frac{1}{i(E)}[\mathrm{Ker}\, \xi][\mathrm{Coker}\, \eta] \\
&= \frac{1}{i(E)} \frac{[\mathrm{Ker}\, \xi]}{[\mathrm{Coker}\, \xi]} \frac{[\mathrm{Coker}\, \eta]}{[\mathrm{Ker}\, \eta]} [\mathrm{Coker}\, \xi][\mathrm{Ker}\, \eta] \\
&= \frac{1}{i(E)} \frac{q(\eta)}{q(\xi)} [\mathrm{Coker}\, \xi][\mathrm{Ker}\, \eta] \\
&= \frac{1}{i(E)} \frac{h(T'')}{h(T)} \frac{h(T')}{h(T)} \frac{h(T)}{[\Im\xi]} [\mathrm{Ker}\, \eta] \\
&= \frac{h(E)}{i(E)}.
\end{aligned}$$

上述结果再加上 (4.25), 就能得出以下定理.

定理 4.3.2 设

$$0 \longrightarrow T' \longrightarrow T \longrightarrow T'' \longrightarrow 0 \tag{4.30}$$

是定义在代数数域上的环面的正合列. 则

$$\tau(E) = \frac{h(E)}{i(E)}.$$

4.3.4　环面范畴的 Grothendieck 群

设 $\mathcal{T}(K/F)$ 是定义在代数数域 F 上, 且在有限 Galois 扩张 K/F 内分裂的环面的范畴. 用 $\mathcal{K}$ 记 $\mathcal{T}(K/F)$ 的 Grothendieck 群. $\mathcal{K}$ 是用生成元与关系式描述的. 生成元就是符号 $\{T\}$, 这里的 T 是 $\mathcal{T}(K/F)$ 中的每个环面. 对于每个正合列

$$0 \longrightarrow T' \longrightarrow T \longrightarrow T'' \longrightarrow 0,$$

有一个关系式

$$\{T\} = \{T'\} + \{T''\}.$$

4.3.5　定理 4.1.1 的证明

对 $T \in \mathcal{T}(K/F)$, 令

$$\alpha(T) = \frac{\tau(T)i(T)}{h(T)}.$$

则定理 4.3.2 意味着 α 诱导了从 $\mathcal{K}$ 到正实数乘法群 $\mathbb{R}_+^\times$ 内的一个同态. 我们仍把这个同态记为 α, 并且通过典范对偶, 把 $\mathcal{K}$ 等同于 $\mathcal{M}(K/F)$ 的 Grothendieck 群, 这里的 $\mathcal{M}(K/F)$ 是有限生成 $\mathbb{Z}$ 自由 $\mathbb{Z}[G(K/F)]$ 模. 把这样的模与 $\mathbb{Q}$ 作张量积诱导了同态 $\theta : \mathcal{K} \to \mathcal{K}^{\mathbb{Q}}$, 这里的 $\mathcal{K}^{\mathbb{Q}}$ 是 $G(K/F)$ 的 $\mathbb{Q}$ 表示的 Grothendieck 群. 根据 [366] Th.3.8, θ 的核是有限的. 由于 $\mathbb{R}_+^\times$ 是无扭的, 所以在 $\operatorname{Ker}\theta$ 上 α 是恒同映射. 如果 T 和 T' 是同源的, 则 $\mathbb{Q} \otimes X(T) \cong \mathbb{Q} \otimes X(T')$ (参见命题 2.3.3), 因此 $[T] - [T'] \in \operatorname{Ker}\theta$, 从而 $\alpha(T) = \alpha(T')$. 再由定理 2.3.5 以及性质 $(\Phi 2)$, 我们得到

$$\alpha(T)^m \prod_{\lambda} \alpha(R_{F_\lambda/F}(\mathbb{G}_{\mathrm{m}}))^{m_\lambda} = \prod_{\mu} \alpha(R_{F_\mu/F}(\mathbb{G}_{\mathrm{m}}))^{m_\mu}.$$

这里由 $(\Phi 1)$, $(\Phi 3)$, 我们有 $\alpha(R_{F_\nu/F}(\mathbb{G}_{\mathrm{m}})) = 1$. 因此 $\alpha(T)^m = 1$, $\alpha(T) = 1$. 这样我们就证明了定理 4.1.1.

第五章　Langlands 的环面定理

对于整体域 F 上的简约群 G 的一个不可约容许自守表示 π, [229] 建立一个 L 函数. 这些函数的定义用到了 G 的 L 群 ${}^LG/F$ 的概念, 也需要 ${}^LG/F$ 的一个有限维表示 r. 表示 π 是 F 的位上的张量积 $\pi = \otimes_v \pi_v$, 其中 π_v 是 $G(F_v)$ 的不可约容许表示. 经限制后, r 定义了 ${}^LG/F$ 的一个表示 r_v. 这样, L 函数就是局部因子的 Euler 积 $\prod_v L(s,\pi_v,r_v)$. 人们希望对于 π_v 能典范地关联 F_v 到 ${}^LG/F$ 内的修正 Weil 群的表示 φ_v (参见：[50] Chap. III, [230] p.209). 然后就能得到

$$L(s,\pi_v,r_v) = L(s,\tau_v \circ \varphi_v),$$

这里的右边是 Weil 群的 L 函数的局部因子.

本章将研究上述问题在 G 是代数环面时的情形. 这里将给出 Langlands[228] 的证明. 本章可以说是了解 Langlands 纲领的交换情形, 也可以说是这个观点的第一试点. 对了解一般情形所引起的问题是有帮助的.

5.1　Weil 群与 L 群

5.1.1　Weil 群

若 K 是代数数域 (一个整体域), C_K 是 K 的理想类群. 如果 K 是一个代数数域 (一个局部域) 的完备化, C_K 就是 K 的乘法群.

如果 F 是一个局部域或整体域, K/F 是 Galois 群为 $G_{K/F}$ 的 Galois 扩张, 则 (相对) **Weil 群** (Weil group) $W_{K/F}$ 是 $G_{K/F}$ 通过 C_K 的一个扩张

$$0 \longrightarrow C_K \xrightarrow{i} W_{K/F} \xrightarrow{j} G_{K/F} \longrightarrow 0, \tag{5.1}$$

使得其因子集的类是基本类 $\alpha \in H^2(G_{K/F}, C_K)$.

假设 F 与 F' 是整体或局部域, K 是 F 的 Galois 扩张, K' 是 F' 的 Galois 扩张, φ 是 K 到 K' 内的同构, 它把 F 映到 F' 内. 如果 F 和 F' 同为整体或局部域, 则还要求 F' 在 F 的像上可分; 如果 F 是整体域而 F' 是局部域, 则要求 F' 在 F 的像的闭包上可分. 在这些条件下, 对于 φ 可以关联一个同态

$$\varphi_W : W_{K'/F'} \longrightarrow W_{K/F},$$

从而对离散 $G_{K/F}$ 模 A, 可以关联连续上同调群上的映射

$$\varphi_W^* : H^1_{\mathrm{ct}}(W_{K/F}, A) \longrightarrow H^1_{\mathrm{ct}}(W_{K'/F'}, A). \tag{5.2}$$

5.1.2　环面的 L 群

设 F 是局部或整体域, T 是定义在 F 上的代数环面且在以 $G_{K/F}$ 为 Galois 群的 Galois 扩张上分裂, $X(T)$ 是 T 的 (代数) 特征标的 $G_{K/F}$ 模. 令 $X_*(T) = \mathrm{Hom}(X(T), \mathbb{Z})$. 我们首先对 T 关联 $\mathbb{C}$ 上一个代数环面 ${}^LT^0$ 使得 $X({}^LT^0) = X_*(T)$. $G_{K/F}$ 自然地作用在 $X_*(T)$ 上, 且 ${}^LT^0(\mathbb{C}) = \mathrm{Hom}(X_*(T), \mathbb{C}^\times)$. T 的 L 群 (L-group) 被定义成半直积

$$ {}^LT = {}^LT^0 \rtimes G_{K/F}. $$

有典范投影 $\nu : {}^LT \to G_{K/F}$ 以及正合序列

$$ 1 \longrightarrow {}^LT^0 \longrightarrow {}^LT \xrightarrow{\nu} G_{K/F} \longrightarrow 1. \tag{5.3} $$

5.1.3　从 Weil 群到 L 群的同态等价类

我们要考虑 $G_{K/F}$ 上的连续同态 $\varphi : W_{K/F} \to {}^LT$, 使得下图可交换

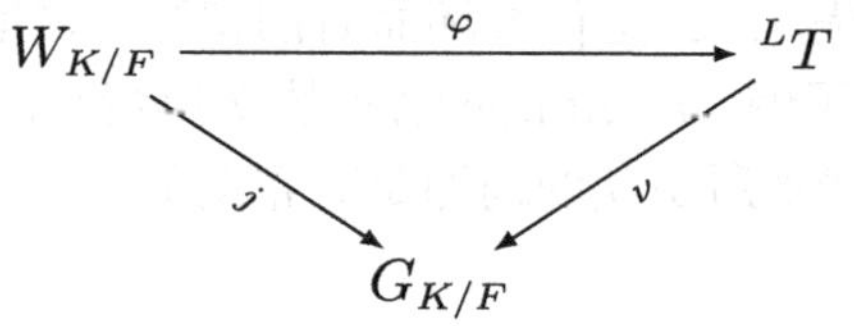

对于两个连续同态 φ 和 φ', 如果存在一个 $t \in {}^LT^0(\mathbb{C})$ 使得 $\varphi'(w) = t^{-1}\varphi(w)t$, 则称它们同构. 我们把这样的同态的等价类集合记为 $\Phi(T)$.

如果我们记 $\varphi(w) = (a(w), j(w))$, 其中 $a(w) \in {}^LT^0$, 则 $w \mapsto a(w)$ 是 $W_{K/F}$ (通过 j 作用在 ${}^LT^0$ 上) 到 ${}^LT^0$ 内的连续 1 上闭链. 我们有

$$ t^{-1} \cdot (t' \rtimes \sigma) \cdot t = t^{-1} \cdot t' \cdot {}^{\sigma}t \rtimes \sigma \qquad (t, t' \in {}^LT^0). \tag{5.4} $$

因此若 $\varphi'(w) = (a'(w), j(w))$, 则 φ 与 φ' 等价当且仅当 a 与 a' 上同调. 所以

$$ \Phi(T) \cong H^1_{\mathrm{ct}}(W_{K/F}, {}^LT^0). $$

5.1.4　不分歧的同态等价类

若 F 是一个局部域, 如果元素 $[\varphi] \in \Phi(T)$ 使得 φ 限制在惯性群上为平凡, 则称 $[\varphi]$ 是不分歧的. 我们把 $\Phi(T)$ 内的**不分歧元** (unramified element) 的集合记为 $\Phi_{\mathrm{unr}}(T)$.

如果我们进一步假设 K/F 不分歧, 则 $G_{K/F}$ 由 Frobenius 自同构 σ_0 生成. 不分歧的 φ 被 $\varphi(1 \times \sigma_0) = t \times \sigma_0$ 完全确定, 其中 $t \in {}^LT^0$ 被 ${}^LT^0$ 确定到共轭. 因此在这种情形里有

$$ \Phi_{\mathrm{unr}}(T) = ({}^LT^0 \rtimes \sigma) / \mathrm{Int}\, {}^LT^0, \tag{5.5} $$

其中 $\mathrm{Int}\, {}^LT^0$ 表示关于 ${}^LT^0$ 的共轭的群.

5.2　表示以及局部 L 函数

5.2.1　环面的表示

如果 F 是一个局部域, $T(F)$ 是局部紧 Abel 群. 从 Schur 引理 (参见 [9] 第四章 §1) 立即可得: $T(F)$ 在 Hilbert 空间里的 (拓扑) 不可约表示是一个特征标, 即连续同态 $T(F) \to \mathbb{C}^{\times}$.

在 2.2 节 我们已经证明, $T(F)$ 作为 $G_{K/F}$ 模等同于 $\mathrm{Hom}_{G_{K/F}}(X(T), K^{\times})$. 另一方面, 如果 K 是整体域, 则从正合列

$$1 \longrightarrow K^{\times} \longrightarrow J_K \longrightarrow C_K \longrightarrow 1$$

可得正合列

$$1 \longrightarrow T(F) \longrightarrow T(\mathbb{A}_F) \longrightarrow \mathrm{Hom}_{G_{K/F}}(X(T), C_K) \longrightarrow H^1(G_{K/F}, T(K)).$$

因此 $C_F(T) = T(\mathbb{A}_F)/T(F)$ 可被看作 $\mathrm{Hom}_{G_{K/F}}(X(T), C_K)$ 的子群 (见 3.3 节). 为了研究 $T(F)$ (F 局部域) 的表示或 $T(\mathbb{A}_F)/T(F)$ (F 整体域) 的表示, 我们要研究以下的群:

$$\Pi(T) = \mathrm{Hom}(\mathrm{Hom}_{G_{K/F}}(X(T), C_K), \mathbb{C}^{\times}).$$

5.2.2　Langlands 的环面定理

Langlands[228] 的第一个定理是

定理 5.2.1　*存在典范同构*

$$\Phi(T) \cong \Pi(T). \tag{5.6}$$

对这个定理稍微改进后得

定理 5.2.2　(1) *若 F 是局部域, 则 $H^1_{\mathrm{ct}}(W_{K/F}, {}^LT^0)$ 典范地同构于 $T(F)$ 的特征标群.*

(2) *若 F 是整体域, 则有从 $H^1_{\mathrm{ct}}(W_{K/F}, {}^LT^0)$ 到 $T(\mathbb{A}_F)/T(F)$ 的特征标群上的典范同态, 其核为有限, 且由以下的类 α 组成: 当 K' 是 K 关于某个赋值的完备化时, 有 $\varphi_W^*(\alpha) = 0$, 其中 F' 是 F 在 K' 内的闭包, $\varphi : K/F \to K'/F'$ 是嵌入.*

我们将在 5.3 节给出此定理的证明.

5.2.3　不分歧的同态等价类与特征标

首先明确一下本小节使用的符号：T 是定义在非阿局部域 F 上的环面，且在以 $G_{K/F}$ 为 Galois 群的不分歧扩张 K/F 上分裂．以 σ_0 记生成 $G_{K/F}$ 的 Frobenius 自同构.

如果 $T(F)$ 的一个特征标在 $T(O_F)=\mathrm{Hom}_{G_{K/F}}(X(T),U_K)$ 上平凡，则被称为不分歧的. $T(F)$ 的**不分歧特征标** (unramified character) 的集合记为 $\Pi_{\mathrm{unr}}(T)$.

序列

$$0 \longrightarrow U_K \longrightarrow C_K \xrightarrow{\nu} \mathbb{Z} \longrightarrow 0 \tag{5.7}$$

其中 $\nu(a)=1$ 当且仅当 a 生成 O_K 的素理想 P_K，作为 $G_{K/F}$ 模的序列分裂而且导出以下正合列

$$\begin{aligned}0 \longrightarrow \mathrm{Hom}_{G_{K/F}}(X(T),U_K) \longrightarrow \mathrm{Hom}_{G_{K/F}}(X(T),C_K)&\\ \longrightarrow \mathrm{Hom}_{G_{K/F}}(X(T),\mathbb{Z}) \longrightarrow 0.&\end{aligned}$$

我们立即可得

引理 5.2.3　$\mathrm{Hom}_{G_{K/F}}(X(T),C_K)=T(F)$ 的特征标如果在 $\mathrm{Hom}_{G_{K/F}}(X(T),U_K)=T(O_F)$ 上平凡，则它是 $\mathrm{Hom}_{G_{K/F}}(X(T),\mathbb{Z})=X_*(T)^{G_{K/F}}$ 的特征标，且被包含在 $\mathrm{Hom}(X(T),\mathbb{Z})=X_*(T)$ 内.

利用上述记号，我们叙述定理 5.2.2(1) 的推论.

推论 5.2.4　(1) $\Pi(T)$ 的一个元素 χ 不分歧当且仅当根据定理 5.2.2(i) 与它关联的 $H^1_{\mathrm{ct}}(W_{K/F},{}^LT^0)$ 的元素 $[f]$ 是以下的提升的像：

$$H^1_{\mathrm{ct}}(\mathbb{Z},{}^LT^0) \longrightarrow H^1_{\mathrm{ct}}(W_{K/F},{}^LT^0),$$

此提升由下面的正合列诱导

$$0 \longrightarrow U_K \longrightarrow W_{K/F} \xrightarrow{\mu} \mathbb{Z} \longrightarrow 0, \tag{5.8}$$

其中 μ 满足以下条件：$\mu(w)=1$ 蕴含 $j(w)=\sigma_0$.

(2) 此外，若 χ 平凡地扩张为 $X_*(T)$ 的一个特征标，且 $\mu(w_0)=1$，则对 $\lambda\in{}^LT^0(\mathbb{C})$ 有

$$f(w_0)(\lambda)=\chi(\lambda). \tag{5.9}$$

同构 $\Phi(T) \xrightarrow{\sim} \Pi(T)$ 诱导了不分歧元素集合 $\Phi_{\mathrm{unr}}(T)$ 与 $\Pi_{\mathrm{unr}}(T)$ 间的双射. 首先, 根据引理 5.2.3 有

$$\Pi_{\mathrm{unr}}(T) = \mathrm{Hom}(X_*(T)^{G_{K/F}}, \mathbb{C}^\times). \tag{5.10}$$

然后设 T_d 是 T 的极大子环面, 它在 F 上分裂. 群 $X_*(T)$ 可被等同于 $G_{K/F}$ 在 $X_*(T)$ 内的固定点集 $X_*(T)^{G_{K/F}}$. $X_*(T_d)$ 在 $X_*(T) = X^*({}^LT^0)$ 内的包含诱导一个满态射 ${}^LT^0 \to {}^L(T_d)^0$, 记为 ν.

映射 $A: t \mapsto t^{-1} \cdot {}^{\sigma_0}t$ 是 ${}^LT^0$ 的自同态, 它在 1 的微分 $\mathrm{d}A$ 是 $(\mathrm{d}\sigma_0 - \mathrm{id})$. 设

$$U = (\mathrm{Ker}\, A)^0, \qquad V = \mathrm{Im}\, A.$$

则 U 的每个点都在 σ_0 下保持不变, U (相应地, V) 的李代数是 $\mathrm{d}A$ 的核 (相应地, 像). 由于 $\mathrm{d}A$ 是半单的, 它们互相横截, 所以

$${}^LT^0 = U \cdot V, \quad 且\, U \cap V\, 有限.$$

此外,

$$V = \mathrm{Ker}\, \nu, \qquad \nu(U) = {}^L(T_d)^0.$$

设 $\nu' : {}^LT^0 \rtimes \sigma_0 \to {}^L(T_d)^0$ 定义为 $\nu'(t \times \sigma_0) = \nu(t)$ $(t \in {}^LT^0)$. 则对 $a \in {}^LT^0$,

$$s^{-1}(t \times \sigma_0) = s^{-1} \cdot t \cdot {}^{\sigma_0}s \times \sigma_0 = s^{-1} \cdot {}^{\sigma_0}s \cdot t \times \sigma_0.$$

所以 ν' 诱导映射

$$\overline{\nu} : ({}^LT^0 \rtimes \sigma_0)/\, \mathrm{Int}\, {}^LT^0 \longrightarrow \mathrm{Hom}(X_*(T)^{G_{K/F}}, \mathbb{C}\times). \tag{5.11}$$

显然 $\overline{\nu}$ 是满的. 设 $t, t' \in {}^LT^0$, 假设 $\nu'(t \rtimes \sigma_0) = \nu'(t' \rtimes \sigma_0)$. 则我们有 $\nu(t) = \nu(t')$, 因此 $t't^{-1} \in V$. 如果我们记 $t't^{-1} = s^{-1} \cdot {}^{\sigma_0}s$ 对某个 $s \in {}^LT^0$, 则我们可得 $t' \rtimes \sigma_0 = s^{-1}(t \rtimes \sigma_0)s$. 所以 $\overline{\nu}$ 是双射. 再考虑到 (5.10), (5.5), 我们得到从 $\Phi_{\mathrm{unr}}(T)$ 到 $\Pi_{\mathrm{unr}}(T)$ 上的典范同构.

5.2.4 *L* 群的有理表示的局部 *L* 函数

我们保持 5.2.3 节的记号. 设 $\tilde{\omega}$ 是素理想 P_K 的生成元.

假设 $\chi \in \Pi_{\mathrm{unr}}(T)$. 则 χ 可被看成 $\mathrm{Hom}_{G_{K/F}}(X(T), \mathbb{Z})$ 的一个特征标. 我们把这个特征标平凡地扩张为 $X_*(T)$ 的一个特征标, 这样就定义了 $t_\chi \in {}^LT^0(\mathbb{C}) = \mathrm{Hom}(X_*(T), \mathbb{C}^\times)$.

设 r 是复代数群 ${}^LT$ 的有理表示. 则我们可用下式定义一个局部 L 函数 $L(s,\chi,r)$ $(s\in\mathbb{C})$

$$L(s,\chi,r)=\frac{1}{\det(I-r(t_\chi\times\sigma_0)|\widetilde{\omega}|^s)}. \tag{5.12}$$

另一方面, 按照定理 5.2.2(i) 的推论, χ 确定了一个元素 $[f]\in H^1_{\text{ct}}(W_{K/F},{}^LT^0)$, 所以是 $\Phi(T):\varphi(w)=f(w)\times j(w)$ 的一个元素 φ. 因此 $r\circ\varphi$ 是 $W_{K/F}$ 的一个表示. 与这个表示关联的 L 函数定义为

$$L(s,r\circ\varphi)=\frac{1}{\det(I-r\circ\varphi(w_0)|\widetilde{\omega}|^s)}. \tag{5.13}$$

从定理 5.2.2(i) 的推论的 (ii) 立即可得

$$L(s,\chi,r)=L(s,r\circ\varphi). \tag{5.14}$$

5.3 定理 5.2.2 的证明

证明分成 3 步. 首先证明有一个 G 同构

$$H_1(C_K,X_*(T))^{G_{K/F}}\xrightarrow{\sim}\text{Hom}_{G_{K/F}}(X(T),C_K). \tag{5.15}$$

第二步证明从 $W_{K/F}$ 转换到 C_K 导致一个同构

$$\text{Res}:H_1(W_{K/F},X_*(T))\xrightarrow{\sim}H_1(C_K,X_*(T))^{G_{K/F}}. \tag{5.16}$$

最后证明与赋值映射 $(t,\lambda)\mapsto\lambda(t)$ $(t\in{}^LT^0,\ \lambda\in X_*(T))$ 相关联的配对

$$H^1_{\text{ct}}(W_{K/F},{}^LT^0)\times H_1(W_{K/F},X_*(T))\longrightarrow\mathbb{C}^\times$$

导出一个同构:

$$H^1_{\text{ct}}(W_{K/F},{}^LT^0)\xrightarrow{\sim}\text{Hom}(H_1(W_{K/F},X_*(T)),\mathbb{C}^\times). \tag{5.17}$$

为简化本小节使用的符号, 我们将用 C,W,G 作为 $C_K,W_{K/F},G_{K/F}$ 的简写. 因此我们有正合列

$$1\longrightarrow C\xrightarrow{i}W\xrightarrow{j}G\longrightarrow 1,$$

且我们可选取 W 内 C 的右陪集的代表 $\{w_\sigma\mid\sigma\in G\}$. 对给定的 $\sigma,\tau\in G$, 存在元素 $c_{\sigma,\tau}\in C$ 使得

$$w_\sigma w_\tau=c_{\sigma,\tau}w_{\sigma\tau},$$

而且基本类 $\alpha\in H^2(G,C)$ 是 2 上闭链的类 $c_{\sigma,\tau}$.

5.3.1 证明的第一步

从上积

$$\langle\ ,\ \rangle : X(T) \times X_*(T) \longrightarrow \mathbb{Z}, \qquad \langle \lambda, \hat{\lambda} \rangle = \hat{\lambda}(\lambda)$$

得出一个双线性映射

$$H^0(C, X(T)) \times H_1(C, X_*(T)) \longrightarrow H_1(C, \mathbb{Z}),$$

它与 G 在这 3 个群上的作用相交换. 由于 $H^0(C, X(T))$ 以及 $H_1(C, \mathbb{Z})$ 作为 G 模分别同构于 $X(T)$ 与 C. 我们有 G 同构

$$H_1(C, X_*(T)) \longrightarrow \mathrm{Hom}(X(T), C), \tag{5.18}$$

根据命题 1.3.7, 此同构把取值在 $X_*(T)$ 内的 1 闭链的类 y 映到以下同态的类

$$\lambda \longrightarrow \prod_{c \in C} c^{\langle \lambda, y(c) \rangle}. \tag{5.19}$$

由于 $X(T)$ 是某些个 $\mathbb{Z}$ 的直和, 这个映射是同构. 这样就证得 (5.15).

5.3.2 证明的第二步

由定义

$$H_1(C, X_*(T))^G / N_G(H_1(C, X_*(T))) = \hat{H}^0(G, H_1(C, X_*(T))).$$

利用同构 (5.18), 我们得到一个正合列

$$0 \to N_G(H_1(C, X_*(T))) \to H_1(C, X_*(T))^G \to \hat{H}^0(G, \mathrm{Hom}(X(T), C)) \to 0. \tag{5.20}$$

由第一章 1.3.3 节, 我们有正合列

$$0 \longrightarrow Z \longrightarrow H_1(C, X_*(T)) \longrightarrow H_1(W, X_*(T)) \longrightarrow H_1(G, X_*(T)) \longrightarrow 0, \tag{5.21}$$

其中 Z 是 $N_G : H_1(C, X_*(T)) \to H_1(C, X_*(T))$ 的核.

有一个明显的同构

$$X_*(T) \otimes C \xrightarrow{\sim} \mathrm{Hom}(X(T), C), \tag{5.22}$$

它把 $\hat{\lambda} \otimes c$ 映为同态 $\lambda \mapsto c^{\langle \lambda, \hat{\lambda} \rangle}$. 相关于这个配对, 我们有上积

$$H_1(G, X_*(T)) \times \hat{H}^2(G, C) \longrightarrow \hat{H}^0(G, \mathrm{Hom}(X(T), C)),$$

根据 Tate-Nakayama 定理, 与基本类 $\alpha \in \hat{H}^2(G, C)$ 的上积给出一个同构

$$E : H_1(G, X_*(T)) \xrightarrow{\sim} \hat{H}^0(G, \operatorname{Hom}(X(T), C)). \tag{5.23}$$

按照命题 1.3.7, 这个映射把 G 在 $X_*(T)$ 内的一个 1 闭链 z 映到同态的类

$$\lambda \longmapsto \prod_{\sigma,\tau} c_{\tau,\sigma}^{\langle \lambda, \tau z(\sigma) \rangle}. \tag{5.24}$$

如果我们把 (5.20), (5.21), (5.23) 的结果合在一起, 可以得到一个图:

$$\begin{array}{ccccc}
 & & & & 0 \\
 & & & & \downarrow \\
0 \to Z \to H_1(C, X_*(T)) & \longrightarrow & H_1(W, X_*(T)) & \longrightarrow & H_1(G, X_*(T)) \longrightarrow 0 \\
\downarrow{\scriptstyle N_G} & & \downarrow{\scriptstyle \mathrm{Res}} & & \downarrow{\scriptstyle E} \\
N_G(H_1(C, X_*(T))) & \longrightarrow & H_1(C, X_*(T))^G & \longrightarrow & \hat{H}^0(G, \operatorname{Hom}(X(T), C)) \to 0 \\
\downarrow & & & & \downarrow \\
0 & & & & 0
\end{array} \tag{5.25}$$

根据第一章命题 1.2.3, 左边的方块是交换的.

从 W 在 $X_*(T)$ 内的 1 闭链 $x : w \mapsto x(w)$ 着手, 对于 $\tau \in G$, $w \in W$, 存在 C 的唯一元素 $c_\tau(w)$ 以及唯一的 $\sigma \in G$, 使得 $w_\tau w = c_\tau(w) w_\sigma$. 则 x 在限制映射下的像是 1 闭链的类

$$y : c \longmapsto \sum_{c_\tau(w) = c} w_\tau x(w).$$

由 (5.19), 这个闭链在 $\hat{H}^0(G, \operatorname{Hom}(X(T), C))$ 里的像是以下同态的类

$$\lambda \longmapsto \prod_{\tau, w} c_\tau(w)^{\langle \lambda, w_\tau x(w) \rangle}. \tag{5.26}$$

如果 $w = c w_\tau$, $c \in C$, 则 $c_\tau(w) = w_\tau c w_\tau^{-1} c_{\tau,\sigma}$. 因此这个乘积等于

$$\left\{ \prod_{\sigma,\tau,c} (w_\tau c w_\tau^{-1})^{\langle \lambda, w_\tau x(c w_\sigma) \rangle} \right\} \left\{ \prod_{\sigma,\tau,c} c_{\tau,\sigma}^{\langle \lambda, w_\tau x(c w_\sigma) \rangle} \right\}.$$

第一个乘积是一个范数. 这意味着如果

$$z(\sigma) = \sum_c x(c w_\sigma),$$

则同态 (5.26) 上同调于

$$\lambda \longmapsto \prod_{\sigma,\tau} c_{\tau,\sigma}^{\langle\lambda,\tau z(\sigma)\rangle}. \tag{5.27}$$

但 z 是 x 在以下同态下的像

$$H_1(W, X_*(T)) \longrightarrow H_1(G, X_*(T)),$$

而且由 (5.24), $E(z)$ 是 (5.27) 的类. 所以我们已经证明 (5.25) 的右边方块是交换的.

把蛇引理应用于交换图 (5.25) 立即可得 (5.16) 是一个同构.

5.3.3 证明的第三步

由 (5.15) 和 (5.16) 可得 $H_1(W, X_*(T))$ 同构于 $\mathrm{Hom}_G(X(T), C)$. 这个同构可以用来把 $H_1(W, X_*(T))$ 转换成拓扑群.

因为 $\mathbb{C}^\times$ 是单射, 根据第一章命题 1.3.8, 我们得到同构

$$\Phi : H^1(W, {}^LT^0) \xrightarrow{\sim} \mathrm{Hom}(H_1(W, X_*(T)), \mathbb{C}^\times).$$

为证 (5.17), 我们只需验证 $\Phi([f])$ 连续当且仅当 f 是连续上闭链.

若 U 是由 C 中范数为 1 的元素构成, 我们有正合列

$$1 \longrightarrow U \longrightarrow C \longrightarrow M \longrightarrow 1$$

M 是 $\mathbb{Z}$ 或 $\mathbb{R}$, G 平凡地作用其上. 此序列作为 Abel 群的序列是分裂的, 且

$$0 \longrightarrow \mathrm{Hom}(X(T), U) \xrightarrow{\lambda} \mathrm{Hom}(X(T), C) \xrightarrow{\mu} \mathrm{Hom}(X(T), M) \longrightarrow 0$$

正合. 存在一个明显的映射

$$\begin{aligned} &N_G(\mathrm{Hom}(X(T), C)) \cap \mathrm{Hom}(X(T), U)/N_G(\mathrm{Hom}(X(T), U)) \\ &\qquad \longrightarrow \hat{H}^{-1}(G, \mathrm{Hom}(X(T), M))/\mu\hat{H}^{-1}(G, \mathrm{Hom}(X(T), C)). \end{aligned}$$

如果 $z = N_G x$ 属于 $\mathrm{Hom}(X(T), U)$, y 是 x 在 $\mathrm{Hom}(X(T), M)$ 内的像, 则 $N_G y = 0$. 我们把 z 映到 y 在右边群内的像. 此像与 x 无关, 且若 x 取在 $\mathrm{Hom}(X(T), U)$ 内时, 它是 0. 如果像是 0, 我们可以选 x 使得 $y = \sum_\sigma \sigma^{-1}v_\sigma - v_\sigma$. 如果 $\mathrm{Hom}(X(T), C)$ 内的 u_σ 映到 v_σ, 则 $x' = x - \sum \sigma^{-1}u_\sigma - u_\sigma$ 落在 $\mathrm{Hom}(X(T), U)$ 内, 且 $N_G x' = N_G x$. 因此映射是单射. 由于右边的群是有限的, 所以是左边的群. 由于 $\mathrm{Hom}(X(T), U)$ 是紧的, $N_G(\mathrm{Hom}(X(T), U))$

以及 $N_G(\mathrm{Hom}(X(T),C)) \cap \mathrm{Hom}(X(T),U)$ 在 $\mathrm{Hom}(X(T),U)$ 内闭. 由于 $\mathrm{Hom}_G(X(T),U)$ 是 $\mathrm{Hom}_G(X(T),C)$ 的开子群, 除非 K 是阿基米德的或是整体域, 而且

$$N_G(\mathrm{Hom}(X(T),C))\cap\mathrm{Hom}_G(X(T),U) = N_G(\mathrm{Hom}(X(T),C))\cap\mathrm{Hom}(X(T),U)$$

是闭的, $N_G(\mathrm{Hom}(X(T),C))$ 是在 $\mathrm{Hom}_G(X(T),C)$ 内闭. 由于它是有限指数的, 它也是开的. 在阿基米德的情形 (或整体域的情形, 例如取 $\mathbb{R}^+ \to J_Q \to J_K$ 的像), 以下序列

$$0 \longrightarrow U \longrightarrow C \longrightarrow M \longrightarrow 0$$

作为 G 模序列是分裂的, 且

$$\mathrm{Hom}_G(X(T),C) \longrightarrow \mathrm{Hom}_G(X(T),U) \times \mathrm{Hom}_G(X(T),M).$$

此外,

$$N_G(\mathrm{Hom}(X(T),M)) = \mathrm{Hom}_G(X(T),M),$$

所以在这个情形 $N_G(\mathrm{Hom}(X(T),C))$ 在 $\mathrm{Hom}_G(X(T),C)$ 内闭.

结果是：$\mathrm{Hom}_G(X(T),C)$ 的一个同态 φ, 或同样地, $H_1(C,X_*(T))^G$ 到 $\mathbb{C}^\times$ 内的同态是连续的当且仅当 $\varphi \circ N_G$ 是连续的. 当然, $H^1(W,{}^LT^0)$ 的元素是连续的当且仅当它在 C 的限制是连续的. 由于在下图中

$$\begin{array}{ccc} H^1(W,{}^LT^0) & \longleftrightarrow & \mathrm{Hom}(H_1(W,X_*(T)),C) \\ \downarrow & & \downarrow \\ H^1(C,{}^LT^0) & \longleftrightarrow & \mathrm{Hom}(H_1(C,X_*(T)),C) \end{array}$$

右边的竖直箭头是相伴于余限制的, 为使此图交换, 只需验证 $H^1(C,{}^LT^0)$ 内的 $[f]$ 连续当且仅当 $\mathrm{Hom}(H_1(C,X_*(T)),\mathbb{C}^\times)$ 或 $\mathrm{Hom}(X_*(T)\otimes C,\mathbb{C}^\times)$ 是连续的. 由于这个同态把 $\hat{\lambda}\otimes a$ 映到 $\langle\hat{\lambda},f(a)\rangle$, 这是显然的.

我们沿用 5.3 节的符号.

定理 5.2.2 的 (1) 就是定理 5.2.1 的局部情形.

然后我们考虑推论. 根据 μ 的定义, 我们知道 $\mu(w)=1$ 当且仅当 w 在 C 内的转换生成素理想 P_K. 由于范数映射

$$N_G : \mathrm{Hom}(X(T),U_K) \longrightarrow \mathrm{Hom}_G(X(T),U_K)$$

是满的 (第三章命题 3.2.6), 我们看到, 在同构

$$H_1(W,X_*(T)) \longleftrightarrow \mathrm{Hom}_G(X(T),C)$$

下, $H^1(U_K, X_*(T))$ 在 $H_1(W, X_*(T))$ 内的像对应于 $\mathrm{Hom}_G(X(T), U_K)$. 于是与 $H^1_{\mathrm{ct}}(W, {}^LT^0)$ 的元素相关联的特征标是不分歧的当且仅当此元素是下面的提升的像

$$H^1_{\mathrm{ct}}(\mathbb{Z}, {}^LT^0) \longrightarrow H^1_{\mathrm{ct}}(W, {}^LT^0). \tag{5.28}$$

$\mathbb{Z}$ 在 ${}^LT^0$ 上的作用是由 W 的作用确定的. 这就证明了推论的 (1).

如果 $\hat{\lambda}$ 是 $X_*(T)$ 的不变元, $w \in W$, 则存在 w 在 $X_*(T)$ 内的 1 闭链 x, 使得 $x(w) = \hat{\lambda}$, 且当 $u \neq w$ 时有 $x(u) = 0$. x 的类在 $\mathrm{Hom}(X(T), C)$ 内的像是同态

$$\lambda \longmapsto \prod_\tau c_\tau(w)^{\langle \lambda, \hat{\lambda} \rangle}. \tag{5.29}$$

注意 $\prod_\tau c_{\tau,w}$ 只是 w 到 C 内的转换. 回忆起正合列

$$0 \longrightarrow U_K \longrightarrow C \xrightarrow{\nu} \mathbb{Z} \longrightarrow 0,$$

其中 $\nu(x) = 1$ 当且仅当 c 生成素理想 P_K. 考虑到对 μ 有类似的性质, 当我们把 ν 作用于同态 (5.29) 时, 就能得到 $\mathrm{Hom}(X(T), \mathbb{Z})$ 内的同态

$$\lambda \longmapsto \langle \lambda, \mu(w)\hat{\lambda} \rangle. \tag{5.30}$$

若 χ 是不分歧的, 则与 χ 关联的, W 的在 ${}^LT^0$ 内取值的 1 上闭链 f 是提升映射 (5.28) 的像, 所以对应于 f 的同态 (5.30) 由一个 $\hat{\lambda} \in X_*(T)^G$ 及一个使 $\mu(w) = 1$ 的 $w \in W$ 给出. 此外,

$$f(w)(\hat{\lambda}) = \chi(\hat{\lambda}).$$

我们最后证明定理 5.2.2 的第二部分. 图

$$\begin{array}{ccccc} T(\mathbb{A}_K) & \longrightarrow & \mathrm{Hom}(X(T), C) & \longrightarrow & 0 \\ \downarrow{\scriptstyle N_G} & & \downarrow{\scriptstyle N_G} & & \\ T(\mathbb{A}_F) & \longrightarrow & \mathrm{Hom}_G(X(T), C) & & \end{array}$$

是交换的而且上面的行是正合的. 因此 $T(\mathbb{A}_F)/T(F)$ 包含 $N_G(\mathrm{Hom}(X(T), C))$, 而且是 $\mathrm{Hom}_G(X(T), C)$ 里的指数有限的闭子群.

如果 K' 是 K 关于某个赋值的完备化, F' 是 F 在 K' 内的闭包, 则存在映射 $T(F') \to T(\mathbb{A}_F)$, 从而得映射 $T(F') \to \mathrm{Hom}_G(X(T), C_K)$. $\mathrm{Hom}_G(X(T), C_K)$ 的特征标在 $T(\mathbb{A}_F)/T(F)$ 上平凡当且仅当对所有可能的 K', 它在 $T(F')$ 上的像是平凡的:

$$T(F') = \mathrm{hom}_{G'}(X(T), C_{K'}), \qquad G' = \mathrm{Gal}(K'/F'),$$

且若 $E = K \cap F'$, 自然映射 $C_{K'} \to C_K$ 给出了映射

$$\mathrm{Hom}_G(X(T), C_{K'}) \longrightarrow \mathrm{Hom}_{\mathrm{Gal}(K/E)}(X(T), C_K).$$

若 $\mathrm{Gal}(K/F)$ 是不交并 $\bigcup_{i=1}^{r} \sigma_i \,\mathrm{Gal}(K/E)$, 把它与从 $\mathrm{Hom}_{\mathrm{Gal}(K/E)}(X(T), C_K)$ 到 $\mathrm{Hom}_{\mathrm{Gal}(K/F)}(X(T), C_K)$ 内的映射 $\sum_{i=1}^{r} \sigma_i$ 复合, 可得从 $T(F')$ 到 $\mathrm{Hom}_{\mathrm{Gal}(K/F)}(X(T), C_K)$ 内的映射.

另一方面, 如果 φ 是嵌入 $K/F \to K'/F'$, 则映射 $\varphi_W : W_{K'/F'} \to W_{K/F}$ 确定了映射

$$H^1_{\mathrm{ct}}(W_{K/F'}, {}^LT^0) \longrightarrow H^1_{\mathrm{ct}}(W_{K'/F'}, {}^LT^0),$$

$$H^1_{\mathrm{ct}}(W_{K'/F'}, X_*(T)) \longrightarrow H^1_{\mathrm{ct}}(W_{K/F}, X_*(T)),$$

它们互相伴随. 我们只需验证下图可交换:

$$\begin{array}{ccc} H_1(W_{K'/F'}, X_*(T)) & \longrightarrow & H_1(W_{K/F'}, X_*(T)) \\ \big\downarrow & & \big\downarrow \\ \mathrm{Hom}_{G'}(X(T), C_{K'}) & \longrightarrow & \mathrm{Hom}_G(X(T), C_K) \end{array}$$

设 x' 是 $W_{K'/F'}$ 上取值在 $X_*(T)$ 内的 1 闭链, 设 x 是 $W_{K/F}$ 上 1 闭链, 它把 w 映到 $\sum_{w' \to w} x'(w')$. 限制于 $C_{K'}$ 把 x' 的类映到 y' 的类, 其中

$$y'(c') = \sum_{c_\tau(w') = c'} w_{\tau'} x'(w').$$

限制于 C_K 把 x 的类映到 y 的类, 其中

$$y(c) = \sum_{c_\tau(w) = c} w_\tau x(w).$$

y' 的类对应于同态

$$\lambda \longmapsto \prod_{\tau'} \prod_{w'} c_{\tau'}(w')^{\langle \lambda, w_{\tau'} x'(w') \rangle},$$

而 y 的类对应于同态

$$\lambda \longmapsto \prod_{\tau} \prod_{w} c_\tau(w)^{\langle \lambda, w_\tau x(w) \rangle}.$$

内积只需取在 $W_{K/E}$ 上.

如果 $\sigma - \sigma_i \tau$, $\tau \in \mathrm{Gal}(K/E)$, 我们取 $w_\sigma = w_{\sigma_i} w_\tau$. 则若 w 属于 $W_{K/E}$, 就有

$$w_{\sigma_i} w_\tau w = w_{\sigma_i} c_\tau(w) w_{\sigma_i}^{-1} w_{\sigma_i} w_\rho$$

对某个 $\rho \in \mathrm{Gal}(K/E)$. 因此与 y 对应的同态把 λ 映到

$$\sum_{i=1}^{r} \sigma_i(\varphi(\sigma_i^{-1}\lambda)),$$

如果 φ 是从 $X(T)$ 到 C_K 内的同态

$$\lambda \longmapsto \prod_{\tau\in\mathrm{Gal}(K/E)} \prod_{w\in W_{K/E}} c_\tau(w)^{\langle\lambda, w_\tau x(w)\rangle},$$

φ_W 是单射, 我们可利用它把 $W_{K'/F'}$ 等同于 $W_{K/E}$ 的子群. 我们也可把 $\mathrm{Gal}(K/E)$ 等同于 $\mathrm{Gal}(K'/F')$. 若 $\tau' \leftrightarrow \tau$, 我们取 $w_{\tau'} \leftrightarrow w_\tau$. 若 $w' \leftrightarrow w$,

$$c_{\tau'}(w') \longleftrightarrow c_\tau(w),$$

且上面的乘积可被写成

$$\prod_{\tau'}\prod_{w'} c_{\tau'}(w')^{\langle\lambda, w_{\tau'}x'(w')\rangle},$$

使得 φ 是对应于 y' 的同态. 因此图可交换, 定理 5.2.2 得证.

5.4　Taniyama 群的构造

人们希望 Shimura 簇 (特别是与 motive 关联) 的 Hasse-Weil ζ 函数能够 "表示" 成与自守表示关联的 L 函数的乘积, 从而作为与 'Weil' 群的表示关联的 L 函数的乘积. 这种对 ζ 函数的研究提出了关于 Shimura 簇的共轭的问题. 在形成这个问题的过程中, Langlands[230] 引入了 Taniyama 群的概念. 这个问题已被 Borovoi-Kazhdan-Milne-K. Y. Shih 解决 (见 [253]).

5.4.1　Serre 群

我们首先定义 Serre 群 $\mathcal{S}$.

设 $\overline{\mathbb{Q}}$ 是 $\mathbb{Q}$ 在 $\mathbb{C}$ 内的代数闭包, 设 $\iota \in \mathrm{Gal}(\overline{\mathbb{Q}}/\mathbb{Q})$ 是复数共轭. **Serre 群** $\mathcal{S}$ 是定义在 $\mathbb{Q}$ 上的环面. 只需构造 $\mathcal{S}$ 的有理特征标的模 $X(\mathcal{S})$. 我们从 $\mathrm{Gal}(\overline{\mathbb{Q}}/\mathbb{Q})$ 上的局部常数整值函数的模 M 着手, 这里的 Galois 群通过右平移作用其上. 我们令

$$X(\mathcal{S}) = \{\lambda \in M \mid (\sigma-1)(\iota+1)\lambda = (\iota+1)(\sigma-1)\lambda = 0,\ \forall\sigma\in\mathrm{Gal}(\overline{\mathbb{Q}}/\mathbb{Q})\}.$$

5.4.2 Taniyama 群

Taniyama 群 $\mathcal{T}$ 被定义为 Serre 群 $\mathcal{S}$ 通过 $\mathrm{Gal}(\overline{\mathbb{Q}}/\mathbb{Q})$ 在 $\mathbb{Q}$ 上的代数群扩张. 也就是正合列

$$1 \longrightarrow \mathcal{S} \longrightarrow \mathcal{T} \longrightarrow \mathrm{Gal}(\overline{\mathbb{Q}}/\mathbb{Q}) \longrightarrow 1 \tag{5.31}$$

这个扩张在 $\mathbb{Q}$ 上不分裂, 但它在每个 l 进域 $\mathbb{Q}_l$ 上可有典范分裂 $\mathrm{Gal}(\overline{\mathbb{Q}}/\mathbb{Q}) \to \mathcal{T}(\mathbb{Q}_l)$, 这可被用来给出 $\mathrm{Gal}(\overline{\mathbb{Q}}/\mathbb{Q}) \to \mathcal{T}(\mathbb{A}_f)$.

我们不想直接与 $\mathcal{S}$ 打交道, 而是选取 $\mathbb{Q}$ 的一个有限 Galois 扩张 L. 设 $\mathcal{S}^L$ 是 $\mathcal{S}$ 的商群, 它的有理特征标的格由 $X(\mathcal{S})$ 内所有在 $\mathrm{Gal}(\overline{\mathbb{Q}}/L)$ 下不变的函数构成, 且定义扩张

$$1 \longrightarrow \mathcal{S}^L \longrightarrow \mathcal{T}^L \longrightarrow \mathrm{Gal}(L^{\mathrm{ab}}/\mathbb{Q}) \longrightarrow 1 \tag{5.32}$$

以后再提升到 $\mathrm{Gal}(\overline{\mathbb{Q}}/\mathbb{Q})$, 然后取极限.

为了弄清该如何构造, 我们先假设扩张已被定义, 而且存在 $\mathcal{T}^L \to \mathrm{Gal}(L^{\mathrm{ab}}/\mathbb{Q})$ 的截面 $\tau \to a(\tau)$ 其中 $a(\tau) \in \mathcal{T}^L(L^{\mathrm{ab}})$. 给定 $\tau_1, \tau_2 \in \mathrm{Gal}(\overline{\mathbb{Q}}/\mathbb{Q})$, 存在元素 $d_{\tau_1,\tau_2} \in \mathcal{S}^L(L)$, 使得

$$a(\tau_1)a(\tau_2) = d_{\tau_1,\tau_2}a(\tau_1\tau_2). \tag{5.33}$$

$\mathcal{T}^L$ 内的共轭导出 $\mathrm{Gal}(L^{\mathrm{ab}}/\mathbb{Q})$ 在 $\mathcal{S}^L$ 上的代数作用, 我们记为 ${}^{\tau}d$ 或 $\tau(d)$, 其中 $d \in \mathcal{S}^L(L)$, $\tau \in \mathrm{Gal}(L^{\mathrm{ab}}/\mathbb{Q})$, 且

$$\tau_d = a(\tau)da(\tau)^{-1}.$$

则 d_{τ_1,τ_2} 满足以下方程

$${}^{\tau_1}d_{\tau_2,\tau_3}d^{-1}_{\tau_1\tau_2,\tau_3}d_{\tau_1,\tau_2\tau_3}d^{-1}_{\tau_1,\tau_2} = 1. \tag{5.34}$$

注意 Galois 群的元素起着两种不同的角色. 首先, 它们是 $\mathcal{T}^L$ 的商群的元素; 其次, 它们是 L^{ab} 的自同构, 因此作用于 $\mathcal{T}^L(L^{\mathrm{ab}})$ 上, 因为 $\mathcal{T}^L$ 定义在 $\mathbb{Q}$ 上. 在第一种角色里它们被记为 τ, 必要时会加一个下标, 在第二种角色里记为 ρ 或 σ. 当 $\mathrm{Gal}(L^{\mathrm{ab}}/\mathbb{Q})$ 以第二种角色作用时, 我们有

$$\rho(a(\tau)) = c_\rho(\tau)a(\tau),$$

其中 $c_\rho(\tau) \in \mathcal{S}^L(L)$. 当然有

$$c_{\rho\sigma}(a(\tau)) = \rho(c_\sigma(\tau))c_\rho(\tau). \tag{5.35}$$

对 (5.33) 式的两边用 ρ 作用, 可以得到把 Galois 群的两种角色联系起来的等式

$$d_{\tau_1,\tau_2}c_\rho(\tau_1)^{\tau_1}(c_\rho(\tau_2))=\rho(d_{\tau_1,\tau_2})c_\rho(\tau_1\tau_2). \tag{5.36}$$

然后我们考虑分裂性需要什么条件. 分裂的 $\mathrm{Gal}(L^{\mathrm{ab}}/\mathbb{Q})\to\mathcal{T}(\mathbb{A}_f)$ 具有形式 $\tau\mapsto b(\tau)a(\tau)$, 其中 $b(\tau)\in\mathcal{S}^L(\mathbb{A}_{L,f})$. 为了使它分裂, 必须有

$$b(\tau_1\tau_2)a(\tau_1\tau_2)=b(\tau_1)a(\tau_1)b(\tau_2)a(\tau_2).$$

由此我们得到

$$b(\tau_1)^{\tau_1}(b(\tau_2))d_{\tau_1,\tau_2}=b(\tau_1\tau_2). \tag{5.37}$$

如果要使 $b(\tau)a(\tau)$ 落在 $\mathcal{T}^L(\mathbb{A}_f)$ 内, 必须要

$$b(\tau)a(\tau)=\rho(b(\tau)a(\tau)),$$

所以

$$\rho(b(\tau))c_\rho(\tau)=b(\tau). \tag{5.38}$$

如果我们有 $\{c_\rho(\tau)\}$ 与 $\{d_{\tau_1,\tau_2}\}$, 以及 $\mathrm{Gal}(\overline{\mathbb{Q}}/\mathbb{Q})$ 作用在 $\mathcal{S}^L:(\tau,d)\mapsto{}^\tau d$ 使得 (5.34), (5.35) 与 (5.36) 被满足, 我们可以构造 $\mathbb{Q}$ 上的 $\mathcal{T}^L$, 以及截面 a. 满足 (5.37) 与 (5.38) 的任意一组 $\{b(\tau)\}$ 定义 $\mathbb{Q}_l$ 上的一个分裂.

我们的任务是构造 $\{b(\tau)\}$, $\{c(\tau)\}$ 与 $\{d_{\tau_1,\tau_2}\}$. 事实上, $\{b(\tau)\}$ 先被构造, $\{d_{\tau_1,\tau_2}\}$, $\{c(\tau)\}$ 将分别由 (5.37), (5.38) 定义. 然后等式 (5.34), (5.35) 与 (5.36) 将能很快得出.

5.4.3　典范余权

回想起 $X(\mathcal{S})$ 是 $\mathrm{Gal}(\overline{\mathbb{Q}}/\mathbb{Q})$ 上函数的模, 而且 $X(\mathcal{S})$ 的 Galois 模结构给出了 $\mathcal{S}$ 作为 $\mathbb{Q}$ 上的群的结构, 它是用右平移定义的. (前面提到的 Galois 的第二种角色). 我们仍然可以自由地使用左平移以定义 $\mathrm{Gal}(\overline{\mathbb{Q}}/\mathbb{Q})$ 在 $\mathcal{S}$ 上的代数作用, 而且正合列 (5.31) 的因子集将是 $\mathrm{Gal}(\overline{\mathbb{Q}}/\mathbb{Q})$ 取值在 $\mathcal{S}$ 内的 1 上闭链, 它被看作关于这个代数作用的 $\mathrm{Gal}(\overline{\mathbb{Q}}/\mathbb{Q})$ 模 (前面提到的 Galois 的第一种角色). 因此在余权的格 $X_*(\mathcal{S})=\mathrm{Hom}(X(\mathcal{S}),\mathbb{Z})$ 上, 我们也有 Galois 群的两个作用. 用右平移定义的作用记为 $\nu\mapsto\sigma\nu$, 而用左平移定义的作用记为 $\nu\mapsto\nu\tau$, 或 $\nu\mapsto{}^\tau\nu$.

用 $\mathcal{R}$ 表示群 $\mathrm{Res}_{\mathbb{C}/\mathbb{R}}\,\mathrm{GL}(1)$. 在 $\mathbb{C}$ 上有典范同构 $\mathrm{GL}(1)\times\mathrm{GL}(1)\cong\mathcal{R}$, 并且 $\mathcal{R}$ 的有理特征标的格典范同构于 $\mathbb{Z}\oplus\mathbb{Z}$. 同态 $h:\mathcal{R}\to\mathcal{S}$ 对偶于同态 $X(\mathcal{S})\to X(\mathcal{R})$, 它把 λ 映为 $(\lambda(1),\lambda(\iota))$, 且定义在 $\mathbb{R}$ 上. 把 h 限制在第一个因子可得 $\mathcal{S}$ 的一个余权 μ, 即典范余权. 如果 $\lambda\in X(\mathcal{S})$, 则 $\langle\lambda,\mu\rangle=\lambda(1)$.

由于 $\mathcal{S}^L$ 是 $\mathcal{S}$ 的商, μ 也定义了 $\mathcal{S}^L$ 的一个余权, 为方便起见, 仍记为 μ. 如果 ν 是 $\mathcal{S}^L$ 的任意一个余权, x 是 L 或 $\mathbb{A}_f$ 的一个可逆元, 则 x^ν 将是 $\mathcal{S}^L(L)$ 或 $\mathcal{S}^L(\mathbb{A}_f)$ 的一个元素, 且对所有的 $\lambda\in X(\mathcal{S}^L)$ 满足 $\lambda(x^\nu)=x^{\langle\lambda,\nu\rangle}$. 我们也有以下等式:

(1) $\langle\lambda,\sigma\mu\rangle=\lambda(\sigma^{-1})$,

(2) $\langle\lambda,{}^\tau\mu\rangle=\lambda(\tau)$,

(3) ${}^{\tau^{-1}}\mu=\tau\mu$,

(4) $\sigma(x^\mu)=\sigma(x)^{\sigma\mu}$,

(5) $\tau(x^\mu)=x^{{}^\tau\mu}$,

其中 $\tau,\sigma\in\mathrm{Gal}(L^{\mathrm{ab}}/\mathbb{Q})$. 知道这些公式是如何导出的也许是有益的. 首先我们看一下 $\mathrm{Gal}(L^{\mathrm{ab}}/\mathbb{Q})$ 是如何作用以使 $X(\mathcal{S}^L)$ 成为 Galois 模的. 对于 $\lambda\in X(\mathcal{S}^L)$, $\nu\in X_*(\mathcal{S}^L)$, $\sigma\in\mathrm{Gal}(L/\mathbb{Q})$, 我们有

$$(\sigma\lambda)(w)=\lambda(w\sigma),\qquad w\in\mathrm{Gal}(\overline{\mathbb{Q}}/\mathbb{Q}),$$

$$(\sigma\nu)(\lambda)=\nu(\sigma^{-1}\lambda),$$

且若 x 是 L 或 $\mathbb{A}_f(L)$ 的可逆元, 则

$$(\sigma\nu)(x)=\sigma(\nu(\sigma^{-1}(x))).$$

从最后一个等式即可得到 (iv). 至于 (i), 我们有

$$\langle\lambda,\sigma\mu\rangle=(\sigma\mu)(\lambda)=\mu(\sigma^{-1}\lambda)=(\sigma^{-1}\lambda)(1)=\lambda(\sigma^{-1}).$$

然后我们观察 $\mathrm{Gal}(L^{\mathrm{ab}}/\mathbb{Q})$ 在 $X(\mathcal{S}^L)$ 上的 "代数" 作用. 我们有

$${}^\tau\lambda(w)=\lambda(\tau^{-1}w),\qquad w\in\mathrm{Gal}(\overline{\mathbb{Q}}/\mathbb{Q}),$$

$${}^\tau\nu(\lambda)=\nu({}^{\tau^{-1}}\lambda),$$

以及

$$\langle\lambda,{}^\tau\mu\rangle=({}^\tau\mu)(\lambda)=\mu({}^{\tau^{-1}}\lambda)=({}^{\tau^{-1}}\lambda)(1)=\lambda(\tau).$$

这就证明了 (ii). 等式 (i) 与 (ii) 合起来就可得到 (iii). 类似地我们有

$$\langle{}^{\tau^{-1}}\lambda,\mu\rangle=\lambda(\tau).$$

若 x 是 L 或 $\mathbb{A}_f(L)$ 的可逆元, 则

$$\lambda(x^{{}^\tau\mu})=x^{\langle\lambda,{}^\tau\mu\rangle}=x^{\langle{}^{\tau^{-1}}\lambda,\mu\rangle}=\lambda(\tau(x^\mu)).$$

由此即得 (v).

5.4.4 Weil 群内的陪集代表元

取 $\mathbb{Q}$ 在 $\mathbb{C}$ 内的代数闭包 $\overline{\mathbb{Q}}$. 设 v 是 $\overline{\mathbb{Q}}$ 的一个赋值, 因此也是 $\mathbb{Q}$ 的赋值, 且设 $\mathbb{Q}_v$ 以及 $\overline{\mathbb{Q}}_v$ 是 $\mathbb{Q}$ 及 $\overline{\mathbb{Q}}$ 关于 v 的完备化. 若 F 是 $\mathbb{Q}$ 在 $\overline{\mathbb{Q}}$ 内的有限 Galois 扩张, 则有以下嵌入:

$$F_v^\times \hookrightarrow C_F, \tag{5.39}$$

$$\mathrm{Gal}(F_v/\mathbb{Q}_v) \hookrightarrow \mathrm{Gal}(F/\mathbb{Q}). \tag{5.40}$$

局部与整体 Weil 群 $W_{F_v/\mathbb{Q}_v}$ 与 $W_{F/\mathbb{Q}}$ 分别被定义为以下扩张:

$$1 \longrightarrow F_v^\times \longrightarrow W_{F_v/\mathbb{Q}_v} \longrightarrow \mathrm{Gal}(F_v/\mathbb{Q}_v) \longrightarrow 1$$

与

$$1 \longrightarrow C_F \longrightarrow W_{F/\mathbb{Q}} \longrightarrow \mathrm{Gal}(F/\mathbb{Q}) \longrightarrow 1.$$

我们可以把 (5.39) 与 (5.40) 嵌入以下交换图

$$\begin{array}{ccccccccc}
1 & \longrightarrow & F_v^\times & \longrightarrow & W_{F_v/\mathbb{Q}_v} & \longrightarrow & \mathrm{Gal}(F_v/\mathbb{Q}_v) & \longrightarrow & 1 \\
 & & \downarrow & & \downarrow{\scriptstyle I_F} & & \downarrow & & \\
1 & \longrightarrow & C_F & \longrightarrow & W_{F/\mathbb{Q}} & \longrightarrow & \mathrm{Gal}(F/\mathbb{Q}) & \longrightarrow & 1
\end{array}$$

此外我们可以适当选择中间的箭头, 使得它们与域扩张相容, 并且在取极限时导出 $I: W_{\mathbb{Q}_v} \to W_{\mathbb{Q}}$. $W_{\mathbb{Q}_v}$ 在 $W_{\mathbb{Q}}$ 内的像将被固定, 而 I_F 则被改变为 $w \mapsto xI_F(w)x^{-1}$, 其中 $x \in C_F$, $x\sigma(x)^{-1} \in F_v^\times$ (对所有的 $\sigma \in \mathrm{Gal}(F_v/\mathbb{Q}_v)$).

现在设 v 是由 $\overline{\mathbb{Q}} \subseteq \mathbb{C}$ 给出的赋值, 则 $\mathbb{Q}_v$ 将是 $\mathbb{R}$, $\overline{\mathbb{Q}}_v$ 将是 $\mathbb{C}$. 自然映射 $F_\infty^\times \to C_F$ 是一个嵌入, 我们有时可把 F_∞ 看成 C_F 的子群.

对于 C_L 在 $W_{L/\mathbb{Q}}$ 内的陪集, 我们选择一个代表元集 w_σ, $\sigma \in \mathrm{Gal}(L/\mathbb{Q})$, 使得下列条件被满足:

(C1) $w_1 = 1$;

(C2) 若 $\sigma \in \mathrm{Gal}(L_v/\mathbb{Q}_v)$, 则 $w_\sigma \in W_{L_v/\mathbb{Q}_v}$;

(C3) 若 $\rho \in \mathrm{Gal}(L/\mathbb{Q})$, 且 $\sigma \in \mathrm{Gal}(L_v/\mathbb{Q}_v)$, 则 $w_\rho w_\sigma = a_{\rho,\sigma} w_{\rho\sigma}$, 其中 $a_{\rho,\sigma} \in L_\infty^\times$.

为了叙述最后一个条件, 对于陪集 $\mathrm{Gal}(L/\mathbb{Q})/\mathrm{Gal}(L_v/\mathbb{Q}_v)$, 我们可以选代表元 η 的一个族 $\mathfrak{f}$, 且对 $\sigma \in \mathrm{Gal}(L_v/\mathbb{Q}_v)$, 令 $w_{\eta\sigma} = w_\eta w_\sigma$. 我们假设 $\mathfrak{f}$ 包含 1. 利用这个选择, 我们也有

(C4) 若 $\{a_{\rho,\sigma}\}$ 是由 $w_\rho w_\sigma = a_{\rho,\sigma} w_{\rho\sigma}$ 定义的上闭链, 则对 $\eta \in \mathfrak{f}$ 以及 $\sigma \in \mathrm{Gal}(L_v/\mathbb{Q}_v)$, 有 $a_{\eta,\sigma} = 1$.

5.4.5　$b_0(\tau)$ 的定义及性质

对于 $w \in W_{L/\mathbb{Q}}$, 设 $w_\sigma w = c_\sigma(w) w_{\sigma'}$, $c_\sigma(w) \in C_L$. 如果我们取一个元素 $\tau \in \mathrm{Gal}(\overline{\mathbb{Q}}/\mathbb{Q})$, 提升到 $W_{\mathbb{Q}}$, 然后投影到 $W_{L/\mathbb{Q}}$, 则能得到 $W_{L/\mathbb{Q}}$ 的一个元素 $w(\tau)$, 它在模去连通分支, 特别是模去 $L_\infty^\times$ 的条件下, 是唯一确定的. 如果 $w = w(\tau)$, 我们令

$$b_0(\tau) = \prod_{\sigma \in \mathrm{Gal}(L/\mathbb{Q})} c_\sigma(w)^{\sigma\mu}.$$

如果它落在 $C_L \otimes X_*(\mathcal{S}^L)$ 内, 则因 w 的定义不确定, 它的定义也不确定. 但是我们能证明, 如果取模 $L_\infty^\times \otimes X_*(\mathcal{S}^L)$ 的话, 它是有合适定义的, 不仅如此, 而且在域 L 的扩张下有很好的行为.

w 的不确定性在目前并无大碍, 因为我们仅可以自由地把 w 替换成 uw, 其中 $u = \lim_n u_n$, u_n 在 $L_\infty^\times U$ 的像里, U 是 L 的单位群的子群, 由强同余关系所定义. 我们可以记 $w = w(\tau) = c w_\tau$ 对某个 $c \in C_L$. 显然有 $w_\sigma w = c_\sigma(w) w_{\sigma\tau}$, 其中 $c_\sigma(\tau) = {}^\sigma c a_{\sigma,\tau}$. 对于 $u \in L_\infty^\times U \subseteq C_L$, 有 $uw = (uc) w_\tau$ 以及 $w_\sigma(uw) = c_\sigma(uw) w_{\sigma\tau}$, 其中

$$c_\sigma(uw) = {}^\sigma u c_\sigma(w).$$

由命题 3.4.1, 对所有的 $v \in U$, 我们有

$$\prod_{\sigma \in \mathrm{Gal}(\overline{\mathbb{Q}}/\mathbb{Q})} \sigma(v)^{\sigma\mu} = 1.$$

所以

$$\prod_\sigma c_\sigma(uw)^{\sigma\tau} = \left(\prod_\sigma \sigma(u)^{\sigma\mu}\right)\left(\prod_\sigma c_\sigma(w)^{\sigma\mu}\right)$$

在模 $L_\infty^\times \otimes X_*(\mathcal{S}^L)$ 下同余于 $\prod_\sigma c_\sigma(w)^{\sigma\tau}$.

假定代表元 w_σ 被替换成 $c_\sigma w_\sigma$, 并且 $a_{\rho,\sigma}$ 被替换成

$$a'_{\rho,\sigma} = e_\rho ({}^\rho e_\sigma) a_{\sigma,\rho} e_{\rho\sigma}^{-1}.$$

如果 $\sigma \in \mathrm{Gal}(L_v/\mathbb{Q}_v)$, 则 $e_\sigma \in L_v^\times$ 且 $\rho(e_\sigma) \in L_\infty^\times$. 由于 $a_{\rho,\sigma}$ 和 a' 必须同在 $L_\infty^\times$ 内, 当 $\sigma \in \mathrm{Gal}(L_v/\mathbb{Q}_v)$ 时, 我们推断 $e_\rho \equiv e_{\rho\sigma} \pmod{L_\infty^\times}$. 此外, $c_\sigma(w)$ 被替换成 $c'_\sigma(w) = e_\sigma e_{\sigma\tau}^{-1} c_\sigma(w)$, $b_0(\tau)$ 被替换成

$$b'_0(\tau) = \prod_\sigma c'_\sigma(w)^{\sigma\mu} = \left\{\prod_\sigma e_\sigma^{\sigma\mu} e_{\sigma\tau}^{-\sigma\mu}\right\} b_0(\tau).$$

其因子可被写成

$$\prod_{\sigma} e_{\sigma}^{\sigma(1-\tau^{-1})\mu} \equiv \prod_{\eta\in\mathfrak{f}} \prod_{\sigma\in \operatorname{Gal}(L_v/\mathbb{Q}_v)} e_{\eta}^{\eta\sigma(1-\tau^{-1})\mu} \pmod{L_{\infty}^{\times}}.$$

由于

$$\sum_{\sigma\in\operatorname{Gal}(L_v/\mathbb{Q}_v)} \sigma(1-\tau^{-1})\mu = (1+\iota)(1-\tau^{-1})\mu = 0,$$

这一改变对 $b_0(\tau)$ 没有影响. 由于这个理由, 我们用同一个符号表示 $\tau \in \operatorname{Gal}(\overline{\mathbb{Q}}/\mathbb{Q})$ 在 $\operatorname{Gal}(L/\mathbb{Q})$ 内的像. 以后我们仍然如此.

如果我们改变 I, 则 w 将替换成 xwx^{-1}, 其中 $x \in C_L$, 并且对所有的 $\sigma \in \operatorname{Gal}(L_v/\mathbb{Q})$, 有 $x\sigma(x)^{-1} \in L_v^{\times}$. 则 $c_{\sigma}(xwx^{-1}) = \sigma(x)\sigma\tau(x^{-1})c_{\sigma}(w)$, 且

$$\prod_{\sigma} \sigma(x)^{-\sigma\mu}\sigma\tau(x)^{\sigma\mu} = \prod_{\sigma} \sigma(x)^{\sigma(\tau^{-1}-1)\mu}.$$

由于当 $\sigma \in \operatorname{Gal}(L_v/\mathbb{Q}_v)$ 时 $\sigma(x) \equiv x \pmod{L_{\infty}^{\times}}$, 与前相同的论证可得 $b_0(\tau)$ 不改变.

最后假定 $L \subseteq L'$. 则 $b_0'(\tau) \in C_L \otimes X_*(\mathcal{S}^{L'})$ 与 $b_0(\tau) \in C_L \otimes X_*(\mathcal{S}^{L})$ 都有定义, 我们需要验证在从第一个群到第二个群的典范映射下, $b_0'(\tau)$ 被映到 $b_0(\tau)$. 对 $L_v = \mathbb{R}$ 或 $L_v = \mathbb{C}$ 这两种情形必须分别讨论. 首先假设 $L_v = \mathbb{C}$, 此时 $\operatorname{Gal}(L'/L) \cap \operatorname{Gal}(L_v'/\mathbb{Q}_v) = \{1\}$. 由于 $b_0(\tau)$ 和 $b_0'(\tau)$ 都与陪集代表元的选取无关, 我们可以选取对验证 $b_0(\tau)$ 是 $b_0'(\tau)$ 的像最有利的代表元. 设 $\mathbf{e}$ 是包含 1 的陪集 $\operatorname{Gal}(L'/L)\backslash \operatorname{Gal}(L'/\mathbb{Q})/\operatorname{Gal}(L_v'/\mathbb{Q}_v)$ 的代表元集. $\operatorname{Gal}(L'/\mathbb{Q})$ 的每个元素 σ 可被唯一地写成乘积 $\sigma = \zeta\eta\rho$, $\zeta \in \operatorname{Gal}(L'/L)$, $\eta \in \mathbf{e}$, $\rho \in \operatorname{Gal}(L_v'/\mathbb{Q}_v)$. 我们可假设 $w_{\sigma}' = w_{\rho}'w_{\eta}'w_{\rho}'$, 其中 $w_1' = 1$ 以及 $w_{\rho}' \in W_{L_v'/\mathbb{Q}_v}$. 设 w' 是相对于 L' 的 $w(\tau)$, w 是相对于 L 的 $w(\tau)$. 则在典范映射 $\pi : W_{L'/\mathbb{Q}} \to W_{L/\mathbb{Q}}$ 下, 元素 w' 被映到 w. 若 $\sigma \in \operatorname{Gal}(L/\mathbb{Q})$, 它被提升为形如 $\eta\sigma$ 的 $\operatorname{Gal}(L'/\mathbb{Q})$ 的唯一元素. 我们假定 w_{σ} 是 $w_{\eta}'w_{\rho}'$ 的像. 则若

$$w_{\eta}'w_{\rho}'w' = d_{\eta,rho}(w')w_{\eta'}'w_{\rho'}'$$

其中 $d_{\eta,\rho}(w') \in W_{L'/L}$, 那么 $c_{\sigma}(w) = \pi(d_{\eta,\rho}(w'))$. 另一方面, 如果 $\sigma_1 = \zeta\eta\rho$ 落在 $\operatorname{Gal}(L'/\mathbb{Q})$ 内, 则

$$w_{\zeta}'d_{\eta,\rho}(w') = c_{\sigma_1}(w')w_{\zeta}'.$$

所以根据 π 的定义,

$$c_{\sigma}(w) = \prod_{\sigma_1\to\sigma} c_{\sigma_1}(w').$$

立即可得 $b_0(\tau)$ 是 $b_0'(\tau)$ 的像.

如果 $L_v=\mathbb{R}$, 则 $X(\mathcal{S}^L)=\mathbb{Z}$, 且 Galois 群平凡地作用. 加入我们把 w_σ 换成 $e_\sigma w_\sigma$, $e_\sigma\in C_L$. 则 $c_\sigma(w)$ 被换成 $e_\sigma e_{\sigma\tau}^{-1}$. 由于

$$\prod_\sigma (e_\sigma e_{\sigma\tau}^{-1})^{\sigma\mu}=\prod_\sigma (e_\sigma e_{\sigma\tau}^{-1})^{\mu}=1,$$

它对 $b_0(\tau)$ 没有影响, 且在定义 $b_0(\tau)$ 时, 不需假设族 $\{w_\sigma\}$ 服从约束条件 (C1), (C2), (C3). 如果我们要定义 $b_0'(\tau)$, 在选取陪集代表元 w_σ', $\sigma\in\mathrm{Gal}(L'/\mathbb{Q})$ 时仍需非常小心. 不过由于我们仅对 $b_0'(\tau)$ 在 $\mathcal{S}^L$ 内的像感兴趣, 我们仍可忽略 (C1), (C2) 和 (C3). 我们选择陪集 $\mathrm{Gal}(L'/L)\backslash \mathrm{Gal}(L'/\mathbb{Q})$ 代表元的集合 $\mathbf{e}$, 记 $\sigma=\rho\eta$, $\rho\in\mathrm{Gal}(L'/L)$, $\eta\in\mathbf{e}$, 且取 $w_\sigma'=w_\rho' w_\eta'$. 如果 $\sigma\in\mathrm{Gal}(L/\mathbb{Q})$ 是 η 的像, 则取 $w_\sigma=\pi(w_\eta')$. 现在可以采用与前面同样的论证.

5.4.6 用 $b_0(\tau)$ 构作 Taniyama 群

现在我们可以进入最后一步.

首先设 $\tilde{b}(\tau)$ 是 $b_0(\tau)$ 到 $J_L\otimes X_*(\mathcal{S}^L)=\mathcal{S}^L(\mathbb{A}_L)$ 的提升, 且设 $b(\tau)$ 被投影到 $\mathcal{S}^L(\mathbb{A}_{L,f})$ 上的 $\tilde{b}(\tau)$. 元素 $b(\tau)$ 在模 $\mathcal{S}^L(L)$ 之下是有定义的. 让我们取定一种选取法.

然后我们要验证

$$d_{\tau_1,\tau_2}=b(\tau_1)^{\tau_1}(b(\tau_2))b(\tau_1\tau_2)^{-1}$$

在 $\mathcal{S}^L(L)$ 内. 在验证这一点时, 我们可用任何方式选取提升 $\tilde{b}(\tau_1)$, $\tilde{b}(\tau_2)$ 以及 $\tilde{b}(\tau_1\tau_2)$. 再选取 $c_\sigma(w_1)$ 与 $c_\sigma(w_2)$ 到 J_L 的提升 $\tilde{c}_\sigma(w_1)$ 与 $\tilde{c}_\sigma(w_2)$. 且取

$$\tilde{b}(\tau_1)=\prod_\sigma \tilde{c}_\sigma(w_1)^{\sigma\mu},\qquad \tilde{b}(\tau_2)=\prod_\sigma \tilde{c}_\sigma(w_2)^{\sigma\mu}.$$

由于 $c_\sigma(w_1w_2)=c_\sigma(w_1)c_{\sigma\tau_1}(w_2)$, 我们可取 $\tilde{c}_\sigma(w_1w_2)$ 为 $\tilde{c}_\sigma(w_1)\tilde{c}_{\sigma\tau_1}(w_2)$. 经过与 5.4.3 节相同的计算, 可以看到

$${}^{\tau}(\sigma\mu)=\sigma({}^{\tau}\mu)=(\sigma\tau^{-1})(\mu).$$

所以

$${}^{\tau_1}(\tilde{b}(\tau_2))=\prod_\sigma \tilde{c}_\sigma(w_2)^{\sigma\tau_1^{-1}\mu}=\prod_\sigma \tilde{c}_{\sigma\tau_1}(w_2)^{\sigma\mu}.$$

这蕴含元素 d_{τ_1,τ_2} 等于 1.

最后我们要验证元素

$$c_\rho(\tau)=\rho(b(\tau))^{-1}b(\tau)$$

在 $\mathcal{S}^L(L)$ 内. 为此, 只需证明对任意的 $w \in W_{L/\mathbb{Q}}$ 与 $\rho \in \mathrm{Gal}(L/\mathbb{Q})$, 以下元素

$$\left\{\prod_\sigma c_\sigma(w)^{\sigma\mu}\right\}\left\{\prod_\sigma \rho(c_\sigma(w))^{-\rho\sigma\mu}\right\} \tag{5.41}$$

在 $L_\infty^\times \otimes X_*(\mathcal{S}^L)$. 假定 $w = w_1 w_2$, w_1 投影到 $\tau_1 \in \mathrm{Gal}(L/\mathbb{Q})$. 则 $c_\sigma(w) = c_\sigma(w_1)c_{\sigma\tau_1}(w_2)$, 且 (5.41) 等价于

$$\left\{\prod_\sigma c_\sigma(w_1)^{\sigma\mu}\rho(c_\sigma(w_1))^{\rho\sigma\mu}\right\}\tau_1\left\{\prod_\sigma c_\sigma(w_2)^{\sigma\mu}\rho(c_\sigma(w_2))^{-\rho\sigma\mu}\right\}.$$

所以我们只需验证对 $w \in C_L$ 以及 $w = w_\tau$, (5.41) 在 $L_\infty^\times \otimes X_*(\mathcal{S}^L)$ 内. 若 $w \in C_L$, 则 $c_\sigma(w) = \sigma(w)$, 且 $\prod_\sigma \sigma(w)^{\sigma\mu} = \prod_\sigma \sigma(w)^{\rho\sigma\mu}$. 所以 (5.41) 等于 1. 若 $w = w_\tau$, 则 $c_\sigma(w) = a_{\sigma,\tau}$ 以及

$$\prod_\sigma a_{\sigma,\tau}^{\sigma\mu}\rho(a_{\sigma,\tau})^{-\rho\sigma\mu} = \prod_\sigma a_{\rho,\sigma}^{\rho\sigma(\tau^{-1}-1)\mu}. \tag{5.42}$$

从条件 (C3) 可得 $a_{\rho,\sigma} \equiv a_{\rho,\sigma\iota} \pmod{L_\infty^\times}$. 由于 $(1+\iota)(1-\tau^{-1})\mu = 0$, (5.42) 式的右边在 $L_\infty^\times \otimes X_*(\mathcal{S}^L)$ 内.

由于 $b(\tau)$ 表面上看依赖于 $\tau \in \mathrm{Gal}(\overline{\mathbb{Q}}/\mathbb{Q})$, 实际上只与 τ 在 $\mathrm{Gal}(L^{\mathrm{ab}}/\mathbb{Q})$ 里的像有关, 所以群 $\mathcal{T}^L$ 与 $\mathcal{T}$ 是完全确定的. 很容易看到, $b(\tau)$ 定义的不明确性对应于截口 $a(\tau)$ 选取中的不明确性.

参 考 文 献

[1] 曹锡华, 王建磐. 线性代数群表示导论. 北京: 科学出版社, 1987
[2] 冯克勤. 交换代数基础. 北京: 高等教育出版社, 1986
[3] 冯克勤. 代数数论. 北京: 科学出版社, 2000
[4] 龚昇. 典型群上的调和分析. 北京: 科学出版社, 1983
[5] 谷超豪. 齐性空间微分几何, 上海: 上海科学技术出版社, 1965
[6] 华罗庚. 数论导引. 北京: 科学出版社, 1957
[7] 华罗庚. 多复变函数论中的典型域的调和分析. 北京: 科学出版社, 1965
[8] 华罗庚, 万哲先. 典型群. 上海: 上海科学技术出版社, 1963
[9] 黎景辉, 冯绪宁. 拓扑群引论. 北京: 科学出版社, 1997
[10] 黎景辉, 蓝以中. 二阶矩阵群的表示与自守形式. 北京: 北京大学出版社, 1990
[11] 黎景辉, 赵春来. 模曲线导引. 北京: 北京大学出版社, 2002
[12] 李克正. 交换代数与同调代数. 北京: 科学出版社, 1999
[13] 李克正. 晶体上同调初步. 中科院研究生院讲义, 2002
[14] 李克正. 代数几何初步. 北京: 科学出版社, 2004
[15] 陆洪文. 模形式讲义. 北京: 北京大学出版社, 1999
[16] 陆启铿. 典型流形与典型域. 上海: 上海科学技术出版社, 1963
[17] 潘承彪. 模形式导引. 北京: 北京大学出版社, 2002
[18] 万哲先. 李代数. 北京: 科学出版社, 1964
[19] 许以超. 李群与 Hermite 对称空间. 北京: 科学出版社, 2001
[20] 严志达. 李群和微分几何. 北京: 人民教育出版社, 1960
[21] 严志达. 半单纯李群李代数表示论. 上海: 上海科技出版社, 1963
[22] 严志达, 许以超. Lie 群及其 Lie 代数. 北京: 高等教育出版社, 1985
[23] 周伯埙. 同调代数. 北京: 科学出版社, 1988
[24] A.A. 阿尔贝脱. 代数结构. 谢邦杰译. 北京: 科学出版社, 1963
[25] M.F. 阿蒂亚, I.G. 麦克唐纳. 交换代数导引. 冯绪宁, 刘木兰, 戴宗铎译. 北京: 科学出版社, 1982
[26] Ю.A. 德罗兹德, B.B. 基里钦柯. 有限维代数. 刘绍学, 张英伯译. 北京: 北京师范大学出版社, 1983
[27] R. 哈茨霍恩. 代数几何. 冯克勤, 刘木兰, 胥鸣伟译. 北京: 科学出版社, 1994
[28] J.E. 汉弗莱斯. 李代数及其表示理论导引. 陈志杰译. 上海: 上海科学技术出版社, 1981
[29] N. 贾柯勃逊. 李代数. 曹锡华译. 北京: 科学出版社, 1982
[30] (荷) 范德瓦尔登. 代数学. I. 丁石孙, 曾肯成, 郝鈵新译. 北京: 科学出版社, 1963; II. 曹锡华, 曾肯成, 郝鈵新译. 北京: 科学出版社, 1976
[31] Artin M. Algebraization of formal moduli I. In: Global Analysis, Papers in Honor of K. Kodaira. University of Tokyo Press. Princeton: Princeton University Press, 1969, 21–71
[32] Artin M. Algebraization of Formal Moduli II. Ann. of Math., 1970, 91: 88–135
[33] Artin M. Construction techniques for algebraic spaces. Actes Congres Int. Math., 1970, 1–497
[34] Artin M, Winters G. Degenerate fibres and stable reduction of curves. Topology, 1971, 10: 373–383

[35] Baily W L Jr, Borel A. Compactification of arithmetic quotients of bounded symmetric domains. Ann. Math., 1966, 84: 442–528

[36] Baker A, Wüstholz G. Logarithmic forms and group varieties. J. reine andew. Math., 1993, 442: 19–62

[37] Bashmakov M I. Cohomology of abelian varieties over a number field. Russian Math Survey, 1972, 27: 25–70

[38] Bernstein J, Gelbart S. An introduction to Langlands program. Boston: Birkhäuser, 2003

[39] Beilinson A A, Bernstein J, Deligne P. Faisceaux pervers. Astérisque, 1982, 100

[40] Berthelot P. Cohomologie Cristalline des Schémas de Caractéristique $p > 0$. Lect. Notes Math. 407. Berlin-Heidelberg-New York: Springer-Verlag, 1974

[41] Berthelot P. Géométrie rigide et cohomologie des variétés algégraiques de caractéristique p. Soc. Math. France, Mémoire, 1986, 23: 7–32

[42] Berthelot P, Breen L, Messing W. Théorie de Dieudonné cristalline II. Lect. Notes Math. 930. Berlin: Springer-Verlag, 1982

[43] Berthelot P, Ogus A. Notes on crystalline cohomology. Princeton: Princeton Univ. Press, 1978

[44] Bhargava M. Higher composition laws. Ann. Math., 2004, 159: 217–250, 865–886

[45] Bloch S, Kato K. L-functions and Tamagawa numbers of motives. In: Grothendieck Festschrift. I: 333–400. Boston: Birkhäuser, 1990

[46] Borel A. Groupes linéaires algébriques. Ann. Math., 1956, 64: 20–82

[47] Borel A. Some finiteness properties of adele groups over number fields. Publ. Math. IHES, 1963, 16: 5–30

[48] Borel A. Linear Algebraic groups. Benjamin, 1969

[49] Borel A. Introduction aux groupes arithmétiques. Publ. Inst. Math. de l'Univ. de Strasbourg. Paris: Hermann, 1969

[50] Borel A. Automorphic L-functions. Proc. Sym. Pure Math., 1979, 33:2, 27–61

[51] Borel A. Linear Algebraic Groups. Berlin: Springer-Verlag, 1991

[52] Borel A, Harish-Chandra. Arithmetic subgroups of algebraic groups. Bull. Amer. Math. Soc., 1961, 67: 579–583

[53] Borel A, Serre J.-P. Corners and arithmetic groups, Avec un appendice: Arrondissement des variétés à coins, par A. Douady et L. Hérault. Comment. Math. Helv., 1973, 48: 436–491

[54] Borel A, Tits J. Groupes réductifs. Publ. Math. IHES, 1965, 27: 55–150

[55] Borovoi M. The Brauer-Manin obstructions for homogeneous spaces with connected or abelian stabilizer. J. reine angew. Math., 1996, 473: 181–194

[56] Borovoi M. Abelian Galois cohomology of reductive groups. Mem. Amer. Math. Soc., 1998, 132:626, viii+50 pp

[57] Borovoi M, KunyavskiĭB. Formulas for the unramified Brauer group of a principal homogeneous space of a linear algebraic group. J. Algebra., 2000, 225: 804–821

[58] Borovoi M, Rudnick Z. Hardy-Littlewood varieties and semisimple groups. Inv. Math., 1995, 119: 37–66

[59] Bosch S, Lütkebohmert W, Raynaud M. Neron models. Berlin: Springer-Verlag, 1990

[60] Bourbaki N. Algèbre Commutative. Paris: Masson, 1961

[61] Braun H, Koecher M. Jordan Algebren. Berlin: Springer-Verlag, 1966
[62] Brauer R, Nesbitt C J. On the modular representations of groups of finite order, I. Toronto: Toronto Studies, 1937
[63] Breen L. Fonctions theêta et théorèm du cube. Lect. Notes Math., 980. Berlin: Springer-Verlag, 1983
[64] Breuil C. Groupes p-divisibles, Groupes finis et modules filtrés. Ann. Math., 2000, 152: 489–549
[65] Breuil C, Conrand B, Diamond F, Taylor R. On the modularity of elliptic curves over $\mathbb{Q}$: wild 3-adic exercises. J. Amer. Math. Soc., 2001, 14:4 843–939
[66] Bruhat F. Lectures on Lie groups and representations of locally compact groups. Tata Institute of Fundamental Research. Bombay, India, 1958
[67] Bruhat F, Tits J. Groupes reductifs sur un corps local. Publ. Math. IHES, 1972, 41: 5–252; 1984, 60: 5–184
[68] Bucur I, Deleanu A. Introduction to the theory of categories and functors. New York: Wiley, 1968
[69] Cartan E, Eilenberg S. Homological Algebra. Princeton: Princeton Univ. Press, 1956
[70] Carter R W. Simple Groups of Lie Type. John Wiley & Sons, 1972
[71] Carter R W. Finite Groups of Lie Type. John Wiley & Sons, 1985
[72] Cartier P. Isogenies and duality of abelain varieties. Ann. Math., 1960, 71: 315–351
[73] Cassels J U S. Arithmetic on curves of genus 1. J. reine angew. Math., 1959, 202: 52–99; 1960, 203: 174–208; 1962, 211: 95–112; 1964, 214: 65–70; 1964, 216: 150–158; 1965, 217: 180–189; Proc. London Math. Soc., 1962, 12: 259–296; J. London Math. Soc., 1963, 38: 244–248
[74] Cassels J U S. The dual exact sequence. J. reine angew. Math., 1964, 216: 150–158
[75] Cassels J U S. Diophantine equations with special reference to elliptic curves. J. Lond. Math. Soc., 1966, 41: 193–291
[76] Cassels J U S, Fröhlich A. Algebraic Number Theory. Washington D. C.: Thompson Book Co., 1967
[77] Chari V, Pressley A. A guide to quantum groups. Cambridge: Cambridge University Press, 1994
[78] Chen Z (陈志杰). A classification of irreducible prehomogeneous vector spaces over an algebraically closed field of characteristic p, I. Acta Math. Sinica (N. S.), 1986, 2: 168–177; II. Chin. Ann. Math. Ser. A., 1988, 9: 10–22
[79] Chernousov V I. The Hasse principle for groups of type E_8. (Russian) Dokl. Akad. Nauk SSSR, 1989, 306:5 1059–1063. translation in Soviet Math. Dokl. 1989, 39:3 592–596
[80] Chernousov V I. The kernel of the Rost invariant, Serre's conjecture II and the Hasse principle for quasi-split groups ${}^{3,6}D_4, E_6, E_7$. Math. Ann., 2003, 326:2 297–330
[81] Chernousov V I, Merkurjev A. R-equivalence in spinor groups. J. Amer. Math. Soc., 2001, 14:3 509–534
[82] Chevalley C. Séminaire Groupes de Lie algébriques. Paris, 1956/58
[83] Clozel L. Nombres de Tamagawa des groupes semi-simples. Sém. Bourbaki, 1988, 702
[84] Coates J, Sujatha R. Galois Cohomology of Elliptic Curves. Providence: Amer. Math. Soc., 2000

[85] Colliot-Thélène J.-L, Sansuc J.-J. La R-équivalence sur les tores. Ann. Sci. école Norm. Sup., (4) 1977, 10:2 175–229

[86] Colliot-Thélène J.-L, Sansuc J.-J. Principal homogeneous spaces under flasque tori: applications. J. Algebra, 1987, 106:1 148–205

[87] Colmez P. Periodes des varietes abeliennes a multiplication complexe. Ann. Math., 1993,138: 625–683

[88] Conrad B. Finite group schemes over bases with low ramification. Compos. Math., 1999, 119: 239–320

[89] Conrad B. Grothendieck Duality and Base Change. Lect. Notes Math. 1750. Berlin-Heidelberg-New York: Springer-Verlag, 2000

[90] de Jong A J. Finite locally free group schemes in characteristic p and Dieudonné modules. Inv. Math., 1993, 114:1 89–137

[91] de Jong A J. The moduli spaces of polarized abelian varieties. Math. Ann., 1993, 295:3 485–503

[92] de Jong A J. Crystalline Dieudonné module theory via formal and rigid geometry. Publ. Math. IHES, 1996, 82: 5–96

[93] de Jong A J. Barsotti-Tate groups and crystals. Proceedings ICM 1998 (Berlin), vol II, 259–265

[94] Deligne P. Variétés abéliennes ordinaires sur un corps fini. Inv. Math., 1960, 8: 238–343

[95] Deligne P. Travaux de Griffiths. Lect. Notes Math., 180, 213–237. Berlin-New York: Springer-Verlag, 1969

[96] Deligne P. Travaux de Shimura. Lect. Notes Math., 244, 123–165. Berlin-New York: Springer-Verlag, 1971

[97] Deligne P. Variété de Shimura. In: Proc. Symposium Pure Math., Providence: Amer. Math. Soc. 1979, 33: 247–289

[98] Deligne P. Théorie de Hodge I. Actes Congress international math., 1970, tom I, 425–430; II, Publ. Math. IHES, 40(1971), 5–57; III. Publ. Math. IHES, 1974, 44: 5–78

[99] Deligne P, Milne J S, Ogus A, Shih K.-Y. Hodge cycles, motives, and Shimura varieties. Lect. Notes Math., 900. Berlin-New York: Springer-Verlag, 1982

[100] Demazure M. Lectures on p-divisible groups. Lect. Notes Math., 302. Berlin: Springer-Verlag, 1972

[101] Demazure M, Gabriel P. Groupes algébriques 1. North Holland Pub. Co., 1960

[102] Deuring. Algebren. Berlin: Springer-Verlag, 1934

[103] Douady A. Cohomologie des groupes compacts totalement discontinus. Sém. Bourbaki, 1959/60, 189

[104] Drinfeld V G. Elliptic modules. Math USSR Sbornik, 1976, 23: 561–592

[105] Drinfeld V G. A proof of Langlands' global conjecture for GL(2) over a function field. Funkcional. Anal. i Priložen., 1977, 11:3 74–75

[106] Drinfeld V G. A proof of Petersson's conjecture for function fields. Uspehi Mat. Nauk, 1977, 32:2(194) 209–210

[107] Drinfeld V G. Two-dimensional l-adic representations of the fundamental group of a curve over a finite field and automorphic forms on GL(2). Amer. J. Math., 1983, 105:1 85–114

[108] Drinfeld V G. Coverings of p-adic symmetric sapces. Func. Ana. App., 1976, 10: 29–40

[109] Du J (杜杰), Rui H (芮和兵). Ariki-Koike algebras with semisimple bottoms. Math. Z., 2000, 234: 807–830

[110] Durdevich M, Makaruk H, Owczarek R. Generalized noiseless quantum codes utilizing quantum enveloping algebras. J. of Physics, A 2001, 34: 1423–1437

[111] Faltings G. Endlichkeitssatze für abelsche Varietaten über Zahlkorpern. Inv. Math., 1983, 73:3 349–366

[112] Faltings G. Arithmetic theory of Siegel modular forms. In: Number theory (New York, 1984–1985), 101–108. Lect. Notes Math., 1240. Berlin: Springer-Verlag, 1987

[113] Faltings G. Crystalline cohomology and p-adic Galois-representations. In: Algebraic analysis, geometry, and number theory (Baltimore, MD, 1988), 25–80. Baltimore: Johns Hopkins Univ. Press, 1989

[114] Faltings G. p-adic Hodge theory. J. Amer. Math. Soc., 1988, 1:1 255–299

[115] Faltings G. Moduli-stacks for bundles on semistable curves. Math. Ann., 1996, 304:3 489–515

[116] Faltings G, Chai C.-L. Degeneration of Abelian varieties. Berlin: Springer-Verlag, 1990

[117] Fogarty J. Invariant Theory. Benjamin, 1969

[118] Folland G B. A course in abstract harmonic analysis. Boca Raton: CRC Press, 1995

[119] Fontaine J.-M. Groupes p-divisibles sur les corps locaux. Astérisque, No. 47–48. Paris: Soc. Math. de France, 1977. i+262 pp

[120] Fontaine J.-M. Formes differentiells et modules of Tate des varietes abeliennes. Inv. Math., 1982, 65: 379–409

[121] Fontaine J.-M. Il n'y a pas de variété abélienne sur Z. Inv. Math., 1985, 81:3 515–538

[122] Fontaine J.-M. Périodes p-adiques. (Bures-sur-Yvette, 1988), Astérisque, 1994, 223

[123] Fontaine J.-M, Mazur B. Geometric Galois representations. In: Elliptic curves, modular forms, & Fermat's last theorem (Hong Kong, 1993), 41–78. Ser. Number Theory, I. Cambridge: Internat. Press, 1995

[124] Fossum R, Iversen B. On Picard groups of algebraic fibre space. J. Pure App. Alg., 1973, 3: 269–280

[125] Franke G, Manin Yu I, Tschinkel Yu. Rational points of bounded height on Fano varieties. Inv. Math., 1989, 95:421–435

[126] Fresnel J, van der Put M. Rigid analytic geometry and its applications. Boston: Birkhäuser, 2004

[127] Gaitsgory D, Braverman A. Geometric Eisenstein series. Inv. Math., 2002, 150:2 287–384

[128] Gaitsgory D, Frenkel E, Kazhdan D, Vilonen K. Geometric realization of Whittaker functions and the Langlands conjecture. J. Amer. Math. Soc., 1998, 11:2 451–484

[129] Gaitsgory D, Kazhdan D. Representations of algebraic groups over a 2-dimensional local field. Geom. Funct. Anal., 2004, 14:3 535–574

[130] Giraud J. Cohomologie non abélienne. Berlin: Springer-Verlag, 1971

[131] Goren E Z. Lectures on Hilbert Modular Varieties. CRM series, Providence: Amer. Math. Soc., 2002

[132] Goresky M, Harder G, MacPherson R, Nair A. Local intersection cohomology of Baily-Borel compactifications. Compos. Math., 2002, 134:3 243–268

[133] Greenberg R. Iwasawa theory for elliptic curves. Cetraro Lectures

[134] Griffiths P. Periods of integrals on algebraic manifolds, I. Amer. J. Math., 1968, 90: 568–626; II. Amer. J. Math., 1968, 90: 805–865; III. Publ. Math. IHES, 1970, 38: 125–180

[135] Griffiths P, Harris J. Principles of Algebraic Geometry. New York: John Wiley and Sons, 1978

[136] Grothendieck A. A general theory of fibre spaces with structure sheaf. University of Kansas, 1955

[137] Grothendieck A. Sur quelques points d'algebre homologique. Tôhoku Math J., 1957, 9: 119–221

[138] Grothendieck A. Techniques de construction en Géométrie analytique, IV: Formalisme général. Séminaire Cartan, n° 11(1960/61); V: Fibrés vectoriels. Séminaire Cartan, n° 12(1960/61)

[139] Grothendieck A. Groupes de Barsotti-Tate et cristaux de Dieudonné. Séminaire de Mathématiques Supérieures, No. 45 (été, 1970). Montréal: Les Presses de l'Université de Montréal, 1974. 155 pp

[140] Grothendieck A. Techniques de construction et théorèmes d'existence en géométrie algébrique, III, Préschemas quotients. Sḿ. Bourbaki, 6, Exp. No. 212, 99–118. Paris: Soc. Math. France, 1995

[141] Grothendieck A. Fondements de la Géométric Algébrique. Sém. Bourbaki, exp. n° 149(1956/57); 182(1958/59); 190(1959/60); 212(1960/61); 221(1960/61); 232(1961/62); 236(1961/62). New York: Benjamin, 1966

[142] Grothendieck A, Dieudonné J. Eléments de Géométrie Algébrique: Le Lengege des Schémas. Publ. Math. IHES, 1960, 4

[143] Grothendieck A, Dieudonné J. Eléments de Géométrie Algébrique: Etude Globale Élémentaire de Quelques Classes de Morphismes. Publ. Math. IHES, 1961, 8

[144] Grothendieck A, Dieudonné J. Eléments de Géométrie Algébrique: Etude Cohomologique des Faisceaux Cohérents. Publ. Math. IHES, 1961, 11; 1963, 17

[145] Grothendieck A, Dieudonné J. Eléments de Géométrie Algébrique: Etude Locale des Schémas et des Morphismes de Schémas. Publ. Math. IHES, 1964, 20; 1965, 24; 1966, 28; 1967, 32

[146] Grothendieck A, et al. Séminaire de Géométric Algébrique 1: Revêtments Etales et Groupe Fondamental. Lect. Notes Math., 224. Berlin-Heidelberg-New York: Springer-Verlag, 1971

[147] Grothendieck A, et al. Séminaire de Géométric Algébrique 3: Schémas en Groupes I, II, III. Lect. Notes Math., 151, 152, 153. Berlin-Heidelberg-New York: Springer-Verlag, 1970

[148] Grothendieck A, et al. Séminaire de Géométric Algébrique 4: Théorie des Topos et Cohomologie Etale. Lect. Notes Math., 269, 270, 305. Berlin-Heidelberg-New York: Springer-Verlag, 1972/73

[149] Grothendieck A, et al. Séminaire de Géométric Algébrique 5: Cohomologie l-adique et Fonctions L. Lect. Notes Math., 569, Berlin-Heidelberg-New York: Springer-Verlag, 1977

[150] Grothendieck A, et al. Séminaire de Géométric Algébrique 6: Théorie des Intersections

et Théorème de Riemann-Roch. Lect. Notes Math., 225, Berlin-Heidelberg-New York: Springer-Verlag, 1971

[151] Grothendieck A, et al. Séminaire de Géométric Algébrique 7: Groupes de Monodromie en Géométrie Algébrique. Lect. Notes Math., 288, 340, Berlin-Heidelberg-New York: Springer-Verlag, 1972/73

[152] Haberland K. Galois cohomology of algebraic number fields. Berlin: VEB Deutscher Verlag de Wissenschaften, 1978

[153] Haboush W J. Reductive groups are geometrically reductive. Ann. Math., (2) 1975, 102:1 67–83

[154] Haboush W J, Parshall B J. Algebraic groups and their generalizations: quantum and infinite-dimensional methods. Providence: Amer. Math. Soc., 1994

[155] Harder G. Über die Galoiskohomologie halbeinfacher Matrizengruppen, I. Math. Z., 1965, 90: 404–428

[156] Harder G. Über die Galoiskohomologie halbeinfacher Matrizengruppen, II. Math. Z., 1966, 92: 396–415

[157] Harder G. Halbeinfache Gruppenschemata über Dedekindringen. Inv. Math., 1967, 4: 165–191

[158] Harder G. Minkowskische Reduktionstheorie über Funktionenkörpern. Inv. Math., 1969, 7: 33–54

[159] Harder G. A Gauss-Bonnet formula for discrete arithmetically defined groups. Ann. Sci. école Norm. Sup., (4) 1971, 4: 409–455

[160] Harder G, Langlands R P, Rapoport M. Algebraische Zyklen auf Hilbert-Blumenthal-Flachen. J. reine angew. Math., 1986, 366: 53–120

[161] de la Harpe, P., Valette, A. La Propriété (T) de Kazhdan. Astérisque, 1989, 175

[162] Harris M, Taylor R. The geometry and cohomology of some simple Shimura varieties, With an appendix by Vladimir G. Berkovich. Annals of Mathematics Studies, 151. Princeton: Princeton Univ. Press, 2001

[163] Hartshorne R. Residues and Duality. Lect. Notes Math., 20. Berlin-Heidelberg-New York: Springer-Verlag, 1966

[164] Helgason S. Differential geometry, Lie groups and symmetric spaces. Boston: Academic Press, 1978

[165] Hida H. p-adic automorphic forms on Shimura varieties. Berlin: Springer-Verlag, 2004

[166] Hiroyuki Y. Absolute CM-periods. Providence: Amer. Math. Soc., 2003

[167] Hochschild G, Nakayama T. Cohomology in class field theory. Ann. of Math., 1952, 55: 348–366

[168] Howe E W. Principally polarized ordinary abelian varieties over finite fields. Trans. Amer. Math. Soc., 1995, 347:7 2301–2401

[169] Humphreys J E. Linear Algebraic Groups. Berlin: Springer-Verlag, 1975

[170] Humphreys J E. Ordinary and modular representations of Chevalley groups. Lect. Notes Math., 528. Berlin-New York: Springer-Verlag, 1976

[171] Humphreys J E. Hilbert's fourteenth problem. Amer. Math. Monthly, 1978, 85:5 341–353

[172] Humphreys J E. Arithmetic groups. Lect. Notes Math., 789. Berlin: Springer-Verlag, 1980

[173] Humphreys J E. Reflection groups and Coxeter groups. Cambridge Studies in Advanced Mathematics, 29. Cambridge: Cambridge University Press, 1990

[174] Ichino A. Regularized Siegel-Weil formula. J. reine angew. Math., 2001, 539: 201–234

[175] Iyanaga S. The theory of numbers. Amsterdam: North Holland Publishing Co, 1975.

[176] Jacquet H, Lai K F (黎景辉). A relative trace formula. Compos. Math., 1985, 54:2 243–310

[177] Jacquet H, Lai K F (黎景辉), Rallis S. A trace formula for symmetric spaces. Duke Math. J., 1993, 70:2 305–372

[178] Jacquet H, Lapid E, Rogawski J. Periods of automorphic forms. J. Amer. Math. Soc., 1999, 12:1 173–240

[179] Jacobson N. Basic Algebra I, II. New York: W. H. Freeman, 1989

[180] Jacobson N. Exceptional Lie algebras. Marcel-Dekker

[181] Jacobson N. Jordan algebras. Coll. Pub. volume 39. Providence: Amer. Math. Soc., 1968

[182] Jantzen J C. Representations of algebraic groups. Boston: Academic Press, 1987

[183] Jantzen J C. Lectures on quantum groups. Providence: Amer. Math. Soc., 1996

[184] Kac V G. Infinite dimensional Lie algebras. Cambridge: Cambridge Univ. Press, 1990

[185] Kaplansky I. Commutative Rings. Chicago: University of Chicago Press, 1970

[186] Kapranov M M. Eisenstein series and quantum affine algebras, Algebraic geometry. 7, J. Math. Sci., (New York) 1997, 84:5 1311–1360

[187] Kapranov M M. Analogies between the Langlands correspondence and topological quantum field theory. In: Functional analysis on the eve of the 21st century, Vol. 1 (New Brunswick, NJ, 1993), 119–151, Progr. Math., 131. Boston: Birkhäuser, 1995

[188] Kapranov M, Voevodsky V. Braided monoidal 2-categories and Manin-Schechtman higher braid groups. J. Pure Appl. Algebra, 1994, 92:3 241–267

[189] Katz N. Serre-Tate local moduli. Lect. Notes Math., 868, 138–202. Berlin: Springer-Verlag, 1981

[190] Katz N. p-adic properties of modular schemes and modular forms. Lect. Notes Math., 350, 69–190. Berlin-Heidelberg-New York: Springer-Verlag, 1973

[191] Katz N M, Mazur B. Arithmetic Moduli of Elliptic Curves. Princeton: Princeton Univ. Press, 1985

[192] Kempf G, Knudsen F, Mumford D, Saint-Donat B. Algebraic Spaces. Lect. Notes Math., 203, Berlin-Heidelberg-New York: Springer-Verlag, 1971

[193] Kempf G, Knudsen F, Mumford D, Saint-Donat B. Toroidal Embeddings I. Lect. Notes Math., 339, Berlin-Heidelberg-New York: Springer-Verlag, 1973

[194] Kiehl R, Freitag E. Etale cohomology and the Weil conjecture. New York: Springer-Verlag, 1988

[195] Kiehl R, Weissauer R. Weil conjectures, perverse sheaves, and l-adic Fourier transform. New York: Springer-Verlag, 2001

[196] Kimura T. Introduction to Prehomogeneous Vector Space. Providence: Amer. Math. Soc., 2003

[197] Kisin M, Lai K F (黎景辉). Overconvergent Hilbert Modular Forms. Amer. J. Math., 2005, 127

[198] Kitaev A Yu. Fault-tolerant quantum computation by anyons. arXiv:quant-

ph/9707021, 1997.
[199] Klimyk A, Schmudgen K. Quantum groups and their representations. Berlin: Springer-Verlag, 1997
[200] Kneser M. Starke Approximation in algebraischen Gruppen, I. J. reine angew. Math., 1965, 218: 190–203
[201] Kneser M. Galois-Kohomologie halbeinfacher algebraischer Gruppen über $\mathfrak{p}$-adischen Körpern, I. Math. Z., 1965, 88: 40–47
[202] Kneser M. Galois-Kohomologie halbeinfacher algebraischer Gruppen über $\mathfrak{p}$-adischen Körpern, II. Math. Z., 1965, 89: 250–272
[203] Kneser M. Lectures on Galois cohomology of classical groups, With an appendix by T. A. Springer-Verlag, Notes by P. Jothilingam. Tata Institute of Fundamental Research Lectures on Mathematics, No. 47. Bombay: Tata Institute of Fundamental Research, 1969, ii+158 pp.
[204] Koecher M. An elementary approach to bounded symmetric domains. Rice Univ. Lect. Notes, 1969
[205] Koizumi S. On specialization of the Albanese and Picard varieties. Mem. Coll. Sci. Univ. Kyoto, 1960, 32: 371–382
[206] Kottwitz R E. Rational conjugacy classes in reductive groups. Duke Math. J., 1982, 49:4 785–806
[207] Kottwitz R E. Isocrystals with additional structure. Compos. Math., 1985, 56:2 201–220
[208] Kottwitz R E. Tamagawa numbers. Ann. Math., 1988, 127: 629–646
[209] Kottwitz R E. Shimura varieties and λ-adic representations. In: Automorphic forms, Shimura varieties, and L-functions, Vol. I (Ann Arbor, MI, 1988), 161–209. Perspect. Math., 10. Boston: Academic Press, 1990
[210] Kottwitz R E. Points on some Shimura varieties over finite fields. J. Amer. Math. Soc., 1992, 5:2 373–444
[211] Kottwitz R E. On the λ-adic representations associated to some simple Shimura varieties. Inv. Math., 1992, 108:3 653–665
[212] Kottwitz R E. Points on some Shimura varieties over finite fields. J. Amer. Math. Soc., 1992, 5: 373–444
[213] Kottwitz R E. Isocrystals with additional structure, II. Compos. Math., 1997, 109:3 255–339
[214] Kottwitz R E, Shelstad D. Foundations of twisted endoscopy. Astérisque, 1999, 255
[215] Kudla S S, Rallis S. A regularized Siegel-Weil formula. Ann. Math., 1994, 140: 1–80
[216] Kudla S S, Rapoport M. Cycles on Siegel threefolds and derivatives of Eisenstein series. Ann. Sci. Ecole Norm. Sup., (4) 2000, 33:5 695–756
[217] Lafforgue L. Chtoucas de Drinfeld et correspondance de Langlands. Inv. Math., 2002, 147:1 1–241
[218] Lafforgue L. Chirurgie des grassmanniennes. CRM Monograph Series, 19. Providence: Amer. Math. Soc., 2003
[219] Lai K F (黎景辉). Tamagawa number of reductive algebraic groups. Compos. Math., 1980, 41:2 153–188
[220] Lai K F (黎景辉). Algebraic cycles on compact Shimura surface. Math. Z., 1985, 189:

593–602

[221] Lai K F (黎景辉). Lefschetz number and unitary groups. Bull. Aus. Math. Soc., 1991, 43: 193–209

[222] Lai K F (黎景辉), Voskuil H. p-adic automorphic functions for the unitary group in three variables. Algebra Colloq., 2000, 7:3 335–360

[223] Lai K F (黎景辉), Vostokov S V. Explicit pairing and class field theory of multidimensional complete fields. St. Petersburg Math. J., 2000, 11:4 611–624

[224] Lai K F (黎景辉), 杨杰明. Rational points in flag varieties over function fields. J. Numb. Th., 2002, 95: 142–147

[225] Lang S. Abelian varieties. New York: Wiley, 1959

[226] Lang S. Algebraic Number Theory. Addison-Wesley, 1970

[227] Lang S, Tate J. Principal homogeneous spaces over abelian varieties. Amer. J. Math., 1958, 80: 659–684

[228] Langlands R P. Representations of abelian algebraic groups. Pacific J. Math., 1997, Special Issue, 231–250

[229] Langlands R P. Problems in the theory of automorphic forms. Lect. Notes Math., 170, 18–86. Berlin: Springer-Verlag, 1970

[230] Langlands R P. Automorphic representations, Shimura varieties and motives. Proc. Sym. Pure Math., 1979, 33:2 205–246

[231] Langlands R P. Shimura varieties and the Selberg trace formula. Canadian J. Math., 1977, 29

[232] Langlands R P. On the zeta functions of some simple Shimura varieties. Canad. J. Math., 1969, 31: 1121–1216

[233] Langlands R P. Sur la mauvaise réduction d'une variété de Shimura. Astérisque, 1978, 65: 125–154

[234] Laumon G. Correspondance de Langlands géométrique pour les corps de fonctions. Duke Math. J., 1987, 54:2 309–359

[235] Laumon G. Faisceaux automorphes liés aux séries d'Eisenstein. In: Automorphic forms, Shimura varieties, and L-functions, Vol. I (Ann Arbor, MI, 1988), 227–281, Perspect. Math., 10. Boston: Academic Press, 1990

[236] Laumon G. Travaux de Frenkel, Gaitsgory et Vilonen sur la correspondance de Drinfeld-Langlands. Sém. Bourbaki, Vol. 2001/2002. Astérisque, 2003, 290: Exp. No. 906, ix, 267–284

[237] Lazard, M. Commutative formal groups. Lect. Notes Math., 443. Berlin-New York: Springer-Verlag, 1975

[238] Li K (李克正), Oort F. Moduli of Supersingular Abelian Varieties. Berlin-Heidelberg-New York: Springer-Verlag, 1998

[239] Lichtenbaum S. Values of zeta function at non-negative integers. Lect. Notes Math., 1068, 127–138. Berlin: Springer-Verlag, 1984

[240] Loos O. Bounded symmetric domains and Jordan Pairs. Univ. of California Irvine Lect. Notes, 1977

[241] Lubin J, Tate J. Formal moduli for one-parameter formal Lie groups. Bull. Soc. Math. France, 1966, 94: 49–59

[242] Lubotzley A. Discrete groups, expanding graphs and invariant measures. Boston:

Birkhäuser, 1994

[243] Lusztig G. Introduction to quantum groups. Boston: Birkhäuser, 1993

[244] Manin Yu I. Cubic Forms. Amsterdam: North Holland Pub. Co., 1974

[245] Manin Yu I. Theory of commutative formal groups over fields of finite characteristic. Uspehi Mat. Nauk, 1963, 18:6(114) 3–90

[246] Mars J G M. Les nombres de Tamagawa. Sém. Bourbaki, 1968/69, 351

[247] Matsumura H. Commutative Ring Theory. Cambridge: Cambridge University Press, 1986

[248] Mazur B, Messing W. Universal extensions and one dimensional crystalline cohomology. Lect. Notes Math., 370. Berlin-New York: Springer-Verlag, 1974

[249] McCallum W. Tate duality. Math. Ann., 1990, 288: 553–558

[250] Messing W. The crystals associated to Barsotti-Tate groups: with applications to abelian schemes. Lect. Notes Math., 264. Berlin-New York: Springer-Verlag, 1972, iii+190 pp

[251] Milne J S. Weil-Chatelet groups over local fields. Ann. Sci. école Norm. Sup., (4) 1970, 3: 273–284

[252] Milne J S. Etale Cohomology. Princeton: Princeton University Press, 1980

[253] Milne J S. The action of an automorphism of $\mathbb{C}$ on a Shimura variety and its special point. In: Arithemtic and Geometry, 239–265. Boston: Birkhäuser, 1983

[254] Milne J S. Arithmetic Duality Theorems. Boston: Academic Press, 1986

[255] Miyake K. Models of certain automorphic function feilds. Acta math., 1971, 126: 245–307

[256] Moret-Baily L. Pinceaux de varietes abeliennes. Astérisque, 1985, 129

[257] Morishita M, Watanabe T. On S-Hardy-Littlewood homogeneous spaces. Int. J. Math., 1998, 9: 723–757

[258] Mostow G D, Tamagawa T. On the compactness of arithmetically defined homogeneous spaces. Ann. of Math., (2) 1962, 76: 446–463

[259] Mumford D. Geometric Invariant Theory. Ergebnisse 34, Berlin-Heidelberg-New York: Springer-Verlag, 1965

[260] Mumford D. Lecture on Curves on an Algebraic surface. Annals of Math Studies 59, Princeton: Princeton University Press, 1966

[261] Mumford D. On the equations defining abelian varieties I, II, III. Inv. Math., 1966, 1: 287–354; 1967, 3: 71–135, 215–244

[262] Mumford D. Bi-extensions of formal groups. In: Algebraic Geometry, 307–322. Oxford: Oxford Univ. Press, 1969

[263] Mumford D. Varieties defined by quadratic equations. In: Questioni sulle varieta algebriche, corsi der C.I.M.E. Edizioni Cremonese, Roma, 1969

[264] Mumford D. Abelian Varieties. Tata Inst. Fund. Research Studies in Math vol. 5, Oxford: Oxford Univ. Press, 1970

[265] Mumford D. An analytic construction of degenerating abelian varieties over a complete local ring. Compos. Math., 1972, 24:3 239–272

[266] Mumford D. Curves and Their Jacobians. University of Michigan Press, 1976

[267] Mumford D. Tata Lectures on Theta, I. Progress in Math vol. 28. Boston: Birkhäuser, 1983

[268] Mumford D. The red book of varieties and schemes. Berlin: Springer-Verlag, 1988
[269] Mumford D. Smooth compactification of locally symmetric varieties. Massachusetts: Math. Sci. Press, 1975
[270] Murre J P. Representation of unramified functors, Applications (according to unpublished results of A. Grothendieck). Sém. Bourbaki, 9, Exp. No. 294, 242–261. Paris: Soc. Math. France, 1995
[271] Nagata M. Complete reducibility of rational representations of a matrix group. J. Math. Kyoto Univ., 1961, 1: 87–99
[272] Neeman A. Triangulated category. Princeton: Princeton Univ. Press, 2001
[273] Néron A. Model minimaux des variétés abéliennes. Publ. Math. IHES, 1964, 21
[274] Neukirch J, Schmidt A, Wingberg K. Cohomology of Number Fields. Berlin: Springer-Verlag, 2000
[275] Norman P, Oort F. Moduli of abelian varieties. Ann. Math., (2) 1980, 112:3 413–439
[276] Oesterlé J. Nombres de Tamagawa et groupes unipotents en caractéristique p. Inv. Math., 1984, 78:1 13–88
[277] Ogg A P. Cohomology of abelian varieties over function fields. Ann. Math., (2) 1962, 76: 185–212
[278] O'Meara O T. Introduction to quadratic forms. Berlin-Göttingen-Heidelberg: Springer-Verlag, 1963
[279] Ono T. On some arithmetic properties of linear algebraic groups. Ann. Math., 1959, 70: 266–290
[280] Ono T. Arithmetic of algebraic tori. Ann. Math., 1961, 74: 101–138
[281] Ono T. On the Tamagawa number of algebraic tori. Ann. Math., (2) 1963, 78: 47–73
[282] Ono T. On the relative theory of Tamagawa numbers. Ann. Math., (2) 1965, 82: 88–111
[283] Ono T. The Gauss-Bonnet theorem and the Tamagawa number. Bull. Amer. Math. Soc., 1965, 71: 345–348
[284] Ono T. On algebraic groups and discontinuous groups. Nagoya Math. J., 1966, 27: 279–322
[285] Ono T. On Tamagawa numbers, Proc. Sym. Pure Math., 1966, 9: 122–132
[286] Ono T. Appendix, to Weil, Adels and Algebraic Groups
[287] Oort F. Sur le schéma de Picard. Bull. Soc. Math France, 1962, 90: 1–14
[288] Oort F. Commutative group schemes. Lect. Notes Math., 15. Berlin: Springer-Verlag, 1966
[289] Oort F. Finite group schemes, local moduli for abelian varieties, and lifting problems. Compos. Math., 1971, 23: 265–296
[290] Oort F. Subvarieties of moduli space. Inv. Math., 1974, 24: 95–119
[291] Oort F. Good and stable reduction of abelian varieties. Manuscripta Math., 1974, 11: 171–197
[292] Oort F. Endomorphism algebras of abelian varieties. In: Algebraic geometry and commutative algebra, Vol. II, 469–502. Tokyo: Kinokuniya, 1988
[293] Oort F. CM-liftings of abelian varieties. J. Algebraic Geom., 1992, 1:1 131–146
[294] Oort F. A stratification of a moduli space of abelian varieties. In: Moduli of abelian varieties (Texel Island, 1999), 345–416, Progr. Math., 195. Basel: Birkhäuser, 2001

[295] Oort F. Newton polygons and formal groups: conjectures by Manin and Grothendieck. Ann. Math., (2) 2000, 152:1 183–206
[296] Oort F. Yoneda extensions in abelian categories. Math. Ann., 1964, 153: 227–235
[297] Oort F, Tate J. Group schemes of finite order. Ann. Sc Ecole Norm Sup., 1970, 3: 1–21
[298] Parshall B J. Cohomology of algebraic groups. In: The Arcata Conference on Representations of Finite Groups (Arcata, Calif., 1986), 233–248, Proc. Sympos. Pure Math., 47, Part 1. Providence: Amer. Math. Soc., 1987
[299] Parshall B, Wang J P (王建磐). Quantum linear groups. Mem. Amer. Math. Soc., 1991, 89:439, vi+157 pp
[300] Parshin A N. Bruhat Tits buildings over higher dimensional local fields. In: Invitation to higher local fields, (ed. I. Fesenko, M. Kurihara, Münster Conf. 1999)
[301] Platonov V, Rapinchuk A. Algebraic groups and number theory. New York: Academic Press, 1995
[302] Prasad G. Semisimple groups and arithmetic groups. Proc. International Congress of Math., 1990, 2: 821–832
[303] Raghunathan M S. Discrete subgroups of Lie groups. Berlin: Springer-Verlag, 1972
[304] Ramakrishna R. On a variation of Mazur's deformation functor. Compos. Math., 1993, 87: 269–286
[305] Rapoport M, Richartz M. On the classification and specialization and of F crystals with additional structures. Compos. Math., 1996, 103: 153–181
[306] Rapoport M, Zink Th. Period spaces for p-divisible groups. Annals of Mathematics Studies, 141. Princeton: Princeton Univ. Press, 1996
[307] Raynaud M. Faisceaux amples sur les schémas en groupes et les espaces homogènes. Lect. Notes Math., 119. Berlin-Heidelberg-New York: Springer-Verlag, 1970
[308] Raynaud M. Anneaux locaux hensélines. Lect. Notes Math., 169. Berlin-Heidelberg-New York: Springer-Verlag, 1970
[309] Raynaud M. Schémas en groupes de type $(p, \cdots, p)$. Bull. Soc. Math Frrance, 1974, 102: 241–280
[310] Reimann H, Zink T. Der Dieudonné modul einer polarisierten abelschen Mannigfaltigkeit vom CM-Typ. Ann. Math., (2) 1988, 128:3 461–482
[311] Reiner I. Maximal orders. Boston: Academic Press, 1975
[312] Rim D S. Modules over finite groups. Ann. Math., 1959, 69: 700–712
[313] Rosenlicht M. Some basic theorems on algebraic groups. Amer. J. Math., 1956, 78: 401–443
[314] Russo B. Structure of JB triples. In: Jordan algebras (Oberwolfach 1992), 209–280. Berlin: de Gruyter, 1994
[315] Saavedra N. Categories Tannakiennes, Lect. Notes Math., 265. Berlin: Springer-Verlag, 1972
[316] Sansuc J.-J. Groupe de Brauer et arithmétique des groupes algébriques linéaires sur un corps de nombres. J. reine angew. Math., 1981, 327: 12–80
[317] Satake I. Classification theory of semi-simple groups. Marcel Dekker, 1971
[318] Satake I. On classification of semisimple algebraic groups. In: Class field theory, (Tokyo, 1998), 197–216, Adv. Stud. Pure Math., 30. Tokyo: Math. Soc. Japan, 2001
[319] Satake I. Algebraic structures of symmetric domains. Princeton: Princeton University

Press, 1980

[320] Sato M, Shintani T. On zeta functions associated with prehomogeneous vector spaces. Ann. Math., 1974, 100: 131–170

[321] Schubert H. Categories. Berlin: Springer-Verlag, 1972

[322] Seligman G B. Modular Lie Algebras. Berlin: Springer-Verlag, 1967

[323] Sen S. On automorphisms of local fields. Ann. Math., (2) 1969, 90: 33–46

[324] Sen S. Lie algebras of Galois groups arising from Hodge-Tate modules. Ann. Math., (2) 1973, 97: 160–170

[325] Sen S. Continuous cohomology and p-adic Galois representations. Inv. Math., 1980/81, 62:1 89–116

[326] Sen S. The analytic variation of p-adic Hodge structure. Ann. Math., (2) 1988, 127:3 647–661

[327] Sen S. An infinite-dimensional Hodge-Tate theory. Bull. Soc. Math. France, 1993, 121:1 13–34

[328] Sen S. Galois cohomology and Galois representations. Inv. Math., 1993, 112:3 639–656

[329] Serre J.-P. Espaces fibrés algébriques. Sém. Chevalley, 1958, 2:Exp.1, Paris

[330] Serre J.-P. Abelian l-adic representations and elliptic curves. New York: Benjamin, 1968

[331] Serre J.-P. Local class field theory. in Cassels-Fröhlich[76]

[332] Serre J.-P. Proprietes galoisiennes des points d'ordere fini des coubes elliptiques. Inv. Math., 1972, 15: 259–331

[333] Serre J.-P. Local Fields. Berlin: Springer-Verlag, 1979

[334] Serre J.-P. Algebraic Groups and Class Fields. Berlin: Springer-Verlag, 1997

[335] Serre J.-P. Formes modulaires et fonctiones zeta p-adiques. Lect. Notes Math., 350, 191–268. Berlin: Springer-Verlag, 1973

[336] Serre J.-P, Tate J. Good reduction of abelian varieties. Ann. Math., (2) 1968, 88: 492–517

[337] Shi J Y (时俭益). Kazhdan-Lusztig cells in certain affine Weyl groups. Lect. Notes Math., 1179. Berlin: Springer-Verlag, 1986

[338] Shih K Y. Existence of certain canonical models. Duke Math. J., 1978, 45: 63–66

[339] Shimura G. Abelian varieties with complex multiplication and modular function. Princeton: Princeton University Press, 1961, 1997

[340] Shimura G. On analytic families of polarized abelain varieties and automorphic functions. Ann. Math., 1963, 78: 149–192

[341] Shimura G. Moduli and fibre systems of abelian varieties. Ann. Math., 1966, 83: 294–338

[342] Shimura G. An exact mass formula for orthogonal groups. Duke Math. J., 1999, 97: 1–66

[343] Shimura G. The number of representations of an integer by a quadratic form. Duke Math. J., 1999, 100: 59–92

[344] Shimura G. Introduction to the arithmetic theory of automorphic functions. Princeton: Princeton Univ. Press, 1971

[345] Shimura G. On canonical models of arithmetic quotients of bounded symmetric domains. Ann. of Math., 1970, 91: 144–222; 1970, 92: 528–549

[346] Siegel C L. Discontinuous groups. Ann. Math., 1943, 44: 674–689
[347] Silverman J H. The Arithmetic of Elliptic Curves. New York-Heidelberg-Berlin: Springer-Verlag, 1986
[348] Silverman J H. Advanced Topics in the Arithmetic of Elliptic Curves. New York-Heidelberg-Berlin: Springer-Verlag, 1994
[349] Slodowy P. Simple singularities and simple algebraic Groups. Lect. Notes Math., 815. Berlin: Springer-Verlag, 1980
[350] Spaltenstein N. Classes Unipotentes et Sous-groupes de Borel. Lect. Notes Math., 946. Berlin: Springer-Verlag, 1982
[351] Springer T A. Some arithmetical results on semi-simple Lie algebras. Publ. Math. IHES, 1966, 30: 115–141
[352] Springer T A. Trigonometric sums, Green functions of finite groups and representations of Weyl groups. Inv. Math., 1976, 36: 173–207
[353] Springer T A. Invariant theory. Lect. Notes Math., 585. Berlin-New York: Springer-Verlag, 1977
[354] Springer T A. Linear Algebraic Groups. Boston: Birkhäuser, 1981
[355] Springer T A, Steinberg R. Conjugacy classes. Lect. Notes Math., 131. Berlin: Springer-Verlag
[356] Srinivas V. Algebraic K-theory. Boston: Birkhäuser, 1996
[357] Srinivasan B. Representations of finite Chevalley Groups. Lect. Notes Math., 764. Berlin: Springer-Verlag, 1979
[358] Steinberg R. Variations on a theme of Chevalley. Pacific J. Math., 1959, 9: 875–891
[359] Steinberg R. Regular elements of semisimple algebraic groups. Publ. Math. IHES, 1965, 25: 49–80
[360] Steinberg R. Lectures on Chevalley groups. New Haven: Yale University, 1968, iii+277 pp
[361] Steinberg R. Endomorphisms of linear algebraic groups. Mem. Amer. Math. Soc., 80. Providence: Amer. Math. Soc., 1968
[362] Steinberg R. Conjugacy classes in algebraic groups. Lect. Notes Math., 366. Berlin-New York: Springer-Verlag, 1974
[363] Steinberg R. On the desingularization of the unipotent variety. Inv. Math., 1976, 36: 209–224
[364] Sugiura M. Conjugate classes of Cartan subalgebras in real semi-simple Lie algebras. J. Math. Soc. Japan, 1959, 11: 374–434; 1971, 23: 314–383
[365] Swan R G. Induced representations and projective modules. Ann. Math., 1960, 71: 552–578
[366] Swan R G. K-theory of finite groups and orders. Lect. Notes Math., 149. Berlin: Springer-Verlag, 1970
[367] Tate J T. The higher dimensional cohomology groups of class field theory. Ann. Math., 1952, 56: 294–297
[368] Tate J T. WC-groups over p-adic fields. Sém. Bourbaki, 10e année: 1957/1958. Exposé 156
[369] Tate J T. Principal homogeneous spaces for Abelian varieties. J. reine angew. Math., 1962, 209: 98–99

[370] Tate J T. Algebraic cycles and poles of zeta functions. In: 1965 Arithmetical Algebraic Geometry (Proc. Conf. Purdue Univ., 1963), 93–110. New York: Harper & Row
[371] Tate J T. Endomorphisms of abelian varieties over finite fields. Inv. Math., 1966, 2: 134–144
[372] Tate J T. The cohomology groups of tori in finite Galois extensions of number fields Nagoya Math. J., 1966, 27: 709–719
[373] Tate J T. p-divisible groups. In: 1967 Proc. Conf. Local Fields (Driebergen, 1966), 158–183. Berlin: Springer-Verlag
[374] Tate J T. Classes d'isogene des varieties abeliennes. Sém. Bourbaki, 352 (Springer Lect. Notes Math., 179)
[375] Tate J T. Conjectures on algebraic cycles in l-adic cohomology. In: Motives (Seattle, WA, 1991), 71–83, Proc. Sympos. Pure Math., 55, Part 1. Providence: Amer. Math. Soc., 1994
[376] Tate J T. Galois cohomology. In: Arithmetic algebraic geometry (Park City, UT, 1999), 465–479, IAS/Park City Math. Ser., 9. Providence: Amer. Math. Soc., 2001
[377] Tate J T. Number theoretic background. Proc Symp Pure Math., 1979, 33:2 3–26
[378] Tate J T. Global class field theory. In: Cassels-Fröhlich[76]
[379] Tate J T. Algebraic cycles and poles of zeta functions. In: Arithmetical Algebraic Geometry (Proc. Conf. Purdue Univ., 1963), 93–110. New York: Harper & Row, 1965
[380] Tate J T, Oort F. Group schemes of prime order. Ann. Sci. école Norm. Sup., (4) 1970, 3: 1–21
[381] Tits J. Classification of algebraic semi-simple groups. Proc Sym Pure Math AMS, 1966, 9: 33–62
[382] Tits J. Buildings of spherical type and finite BN-pairs. Lect. Notes Math., 386. Berlin: Springer-Verlag, 1974
[383] Tits J. Reductive groups over local fields. Proc Sym Pure Math. AMS, 1979, 33: 29–69
[384] Tong Y L, Wang S P. Period integrals in noncompact quotients of $\mathrm{SU}(p, 1)$. Duke Math. J., 1985, 52:3 649–688
[385] Verdier J.-L. Des catégories dérivées des catégories abéliennes. Astérisque, No.239, 1996
[386] Voevodsky V. Cycles, transfers and motivic homology theories. Princeton: Princeton Univ. Press, 2000
[387] Voskresenskii V E. Algebraic groups and their birational invariants. Providence: Amer. Math. Soc., 1998
[388] Waldschmidt M. Diophantine approximation on linear algebraic groups. Berlin: Springer-Verlag, 2000
[389] Wan C H (万哲先). On the automorphisms of symplectic group over a field of characteristic 2. Sci. Sinica, 1963, 12: 289–315
[390] Wan C H (万哲先). Introduction to Kac-Moody algebra. Singapore: World Scientific, 1991
[391] Waterhouse W C. Introduction to Affine Group Schemes. Berlin: Springer-Verlag, 1979
[392] Weibel C A. An introduction to homological algebra. Cambridge: Cambridge Univ. Press, 1994

[393] Weil A. Foundation of algebraic geometry. New York, 1946
[394] Weil A. Variétés abéliennes et courbes algébriques. Paris: Hermann, 1948
[395] Weil A. On Picard varieties. Amer. J. Math., 1952, 74: 865–893
[396] Weil A. On algebraic groups of transformations. Amer. J. Math., 1955, 77: 355–391
[397] Weil A. On algebraic groups and homogeneous spaces. Amer. J. Math., 1955, 77: 493–512
[398] Weil A. The field of definition of a variety. Amer. J. Math., 1956, 78: 509–524
[399] Weil A. Algebras with involutions and the classical groups. J. Indian Math. Soc. (N.S.), 1960, 24: 589–623
[400] Weil A. Basic Number Theory. Berlin: Springer-Verlag, 1974
[401] Weil A. Adeles and Algebraic Groups. Progress in Mathematics, Zurich: Birkhäuser, 1982
[402] Weyl H. Fundamental domains for lattice groups in division algebras I, II. In: Gesammelte Abhandlungen von Herman Weyl. Berlin: Springer-Verlag, 1968
[403] Wiles A. Modular elliptic curves and Fermat's Last theorem. Ann. Math., 1995, 141: 443–551
[404] Xi N H (席南华). Representations of affine Hecke algebras. Lect. Notes Math., 1587. Berlin: pringer-Verlag, 1994
[405] Xu F (徐飞). Representation masses of spinor genera. Duke Math. J., 2001, 110: 279–307
[406] Ye J (叶家琛). Filtrations of principal indecomposable modules of Frobenius kernels of reductive groups. Math. Z., 1985, 189: 515–527
[407] Zarhin J G. Isogenies of abelian varieties over fields of finite characteristics. Math. USSR Sb., 1974, 24: 451–461
[408] Zarhin J G. A remark on endomorphisms of abelian varieties over function fields. Math. USSR Izv., 1974, 8: 477–480
[409] Zariski O, and Semuel P. Commutative Algebra, vol. I & II. New York-Heidelberg-Berlin: Springer-Verlag, 1958
[410] Zimmer R J. Ergodic theory and semisimple groups. Boston: Birkhäuser, 1984
[411] Zink T. Cartiertheorie kommutativer formaler Gruppen. Leipzig: B. G. Teubner Verlagsgesellschaft, 1984
[412] Zink T. The display of a formal p-divisible group, Cohomologies p-adiques et applications arithmétiques, I. Astérisque, 2002, 278: 127–248

附录 A 同调代数简介

在本附录里我们介绍用范畴理论来处理同调代数的方法. 这个方法来自 Grothendieck 文章“Sur quelques points d’algebre homologique”, 然后在他的学生 Verdier 的博士论文“Des catégories dérivées des catégories abéliennes”发展成导出范畴 (derived category). 这个理论被 Grothendick 用在平展上同调中, 以后的重要发展则是 Belinson, Bernstein 和 Deligne 的工作. 我们这里使用通常的范畴记号, 例如 $\mathfrak{C}$ 是范畴, $\mathfrak{C}$ 的对象族与态射集分别记为 $\mathrm{Obj}\,\mathfrak{C}$ 与 $\mathrm{Mor}\,\mathfrak{C}$. 一些初等的范畴论内容可参见 [11].

A.1 剖分范畴

A.1.1 三角形

一个范畴 $\mathfrak{C}$ 称为**加性范畴** (additive category), 如果 $\mathfrak{C}$ 满足以下条件:

(1) 对于任意的 $X, Y \in \mathrm{Obj}\,\mathfrak{C}$, $\mathrm{Hom}_{\mathfrak{C}}(X, Y)$ 有交换群结构 (其运算记为 $+$), 并且态射合成具有以下性质:

$$(g_1 + g_2)f = g_1 f + g_2 f,$$

$$g(f_1 + f_2) = gf_1 + gf_2.$$

(2) $\mathfrak{C}$ 内存在零对象 0, 即 $\mathrm{Hom}_{\mathfrak{C}}(0, 0)$ 是零群.

(3) 对于任意的 $X_1, X_2 \in \mathrm{Obj}\,\mathfrak{C}$, 存在 $Y \in \mathrm{Obj}\,\mathfrak{C}$ 及态射

$$X_1 \underset{i_1}{\overset{p_1}{\rightleftarrows}} Y \underset{i_2}{\overset{p_2}{\rightleftarrows}} X_2$$

使得

$$p_1 i_1 = \mathrm{id}_{X_1}, \quad p_2 i_2 = \mathrm{id}_{X_2}, \quad p_2 i_1 = p_1 i_2 = 0, \quad i_1 p_1 + i_2 p_2 = \mathrm{id}_Y,$$

即 Y 同时为 X_1 与 X_2 的积和余积.

我们说两个加性范畴 $\mathfrak{C}$ 和 $\mathfrak{C}'$ 之间的函子 $F: \mathfrak{C} \to \mathfrak{C}'$ 是**加性函子** (additive functor), 如果对于任意的 $X, Y \in \mathrm{Obj}\,\mathfrak{C}$, $F: \mathrm{Hom}_{\mathfrak{C}}(X, Y) \to \mathrm{Hom}_{\mathfrak{C}'}(FX, FY)$ 是群同态, 即有 $F(f + g) = Ff + Fg$ $(\forall\, f, g \in \mathrm{Hom}_{\mathfrak{C}}(X, Y))$.

加性范畴 $\mathfrak{C}$ 的加性自同构 $T: \mathfrak{C} \to \mathfrak{C}$ 称为**平移函子** (translation functor). 以 $X[n]$ 记 $T^n(X)$, $f[n]$ 记 $T^n(f)$. 我们称形如以下的 $\mathfrak{C}$ 内的态射序列:

$$X \xrightarrow{u} Y \xrightarrow{v} Z \xrightarrow{w} X[1]$$

为 $\mathfrak{C}$ 的一个**三角形** (triangle). 而两个三角形之间的态射是指交换图:

$$\begin{array}{ccccccc} X & \xrightarrow{u} & Y & \xrightarrow{v} & Z & \xrightarrow{w} & X[1] \\ {\scriptstyle f}\downarrow & & {\scriptstyle g}\downarrow & & {\scriptstyle h}\downarrow & & \downarrow{\scriptstyle f[1]} \\ X' & \xrightarrow{u'} & Y' & \xrightarrow{v'} & Z' & \xrightarrow{w'} & X'[1] \end{array}$$

A.1.2　剖分范畴

剖分范畴 (triangulated category) 是指一个三元组 $(\mathfrak{C}, T, \Delta)$, 其中 $\mathfrak{C}$ 是加性范畴, $T: \mathfrak{C} \to \mathfrak{C}$ 是平移函子, Δ 是 $\mathfrak{C}$ 内的一组三角形 (称为**特异三角形** (distinguished triangle)), 具有以下性质 **TR1** $-$ **TR4**:

TR1 a) $X \xrightarrow{\text{id}} X \to 0 \to X[1]$ 是特异三角形 ($\forall\, X \in \operatorname{Obj} \mathfrak{C}$).

b) 如果 $X \to Y \to Z \to X[1]$ 与 $X' \to Y' \to Z' \to X'[1]$ 同构, 且 $X \to Y \to Z \to X[1]$ 是特异三角形, 则 $X' \to Y' \to Z' \to X'[1]$ 也是特异三角形.

c) $\mathfrak{C}$ 内的任一态射 $X \xrightarrow{u} Y$ 均可扩充为特异三角形 $X \xrightarrow{u} Y \to Z \to X[1]$.

TR2 三角形 $X \xrightarrow{u} Y \xrightarrow{v} Z \xrightarrow{w} X[1]$ 为特异三角形当且仅当 $Y \xrightarrow{v} Z \xrightarrow{w} X[1] \xrightarrow{-u[1]} Y[1]$ 为特异三角形.

TR3 若有特异三角形 $X \xrightarrow{u} Y \to Z \to X[1]$ 和 $X' \xrightarrow{u'} Y' \to Z' \to X'[1]$, 又有态射 $X \xrightarrow{f} X'$, $Y \xrightarrow{g} Y'$ 满足 $u'f = gu$, 则存在态射 $Z \xrightarrow{h} Z'$, 使得下图为三角形态射:

$$\begin{array}{ccccccc} X & \xrightarrow{u} & Y & \longrightarrow & Z & \longrightarrow & X[1] \\ {\scriptstyle f}\downarrow & & {\scriptstyle g}\downarrow & & {\scriptstyle h}\downarrow & & \downarrow{\scriptstyle f[1]} \\ X' & \xrightarrow{u'} & Y' & \longrightarrow & Z' & \longrightarrow & X'[1] \end{array}$$

为叙述 **TR3**, 我们引入八面体图. 设有图如下:

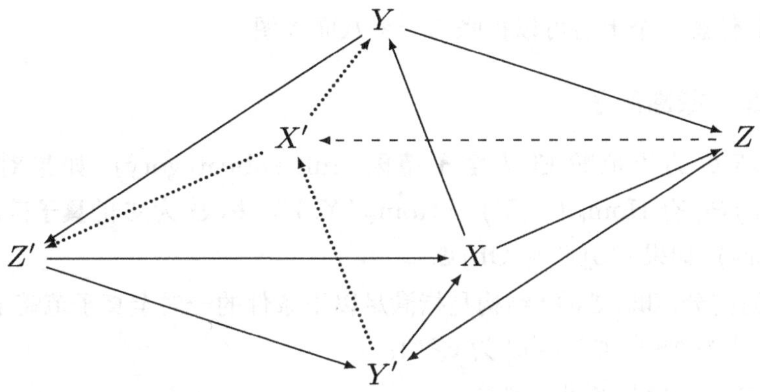

其上盖和下底如下面二图所示:

上盖:

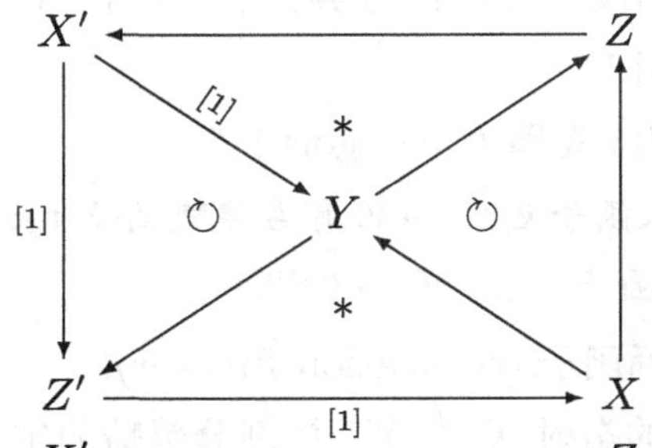

下底:

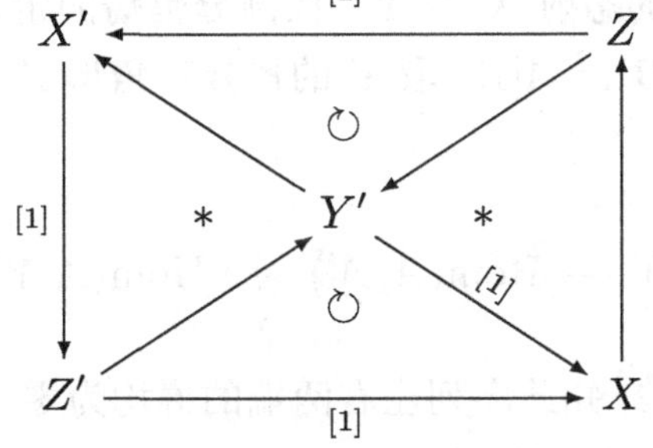

图中 $X' \xrightarrow{[1]} Z'$ 是指 $X' \to Z'[1]$, 有 $*$ 号的三角形是特异三角形, 有 ○ 的三角形是交换图. 又要求

$$Y \longrightarrow Z \longrightarrow Y' \quad \text{等于} \quad Y \longrightarrow Z' \longrightarrow Y'$$

及

$$Y' \longrightarrow X[1] \longrightarrow Y[1] \quad \text{等于} \quad Y' \longrightarrow X' \longrightarrow Y[1]$$

(即两对侧棱相等). 称这样的图为**八面体图** (octahedron diagram). 剖分范畴的最后一个条件是:

TR4 任意一个上盖可以扩张为一个八面体图.

A.1.3 截断函子

称范畴 $\mathfrak{C}$ 的子范畴 $\mathfrak{S}$ 为**全子范畴** (full subcategory), 如果对于任意的 $X, Y \in \operatorname{Obj}\mathfrak{S}$, 有 $\operatorname{Hom}_{\mathfrak{S}}(X,Y) = \operatorname{Hom}_{\mathfrak{C}}(X,Y)$. 称 $\mathfrak{S}$ 为 $\mathfrak{C}$ 的**真子范畴** (proper subcategory), 如果 $\operatorname{Obj}\mathfrak{S} \subsetneqq \operatorname{Obj}\mathfrak{C}$.

设 $\mathfrak{C}$ 为剖分范畴. $\mathfrak{C}$ 的 t 结构是指满足以下条件的一对全真子范畴 $\{\mathfrak{C}^{\leqslant 0}, \mathfrak{C}^{\geqslant 0}\}$ (记 $\mathfrak{C}^{\leqslant 0}[-n]$ 为 $\mathfrak{C}^{\leqslant n}$, $\mathfrak{C}^{\geqslant 0}[-n]$ 为 $\mathfrak{C}^{\geqslant n}$):

(1) $\mathfrak{C}^{\leqslant 0} \subset \mathfrak{C}^{\leqslant 1}$, $\mathfrak{C}^{\geqslant 0} \subset \mathfrak{C}^{\geqslant 1}$.

(2) 若 $X \in \operatorname{Obj}\mathfrak{C}^{\leqslant 0}$, $Y \in \operatorname{Obj}\mathfrak{C}^{\geqslant 1}$, 则 $\operatorname{Hom}(X,Y) = \{0\}$.

(3) 若 $X \in \operatorname{Obj}\mathfrak{C}$, 则存在特异三角形 $A \to X \to B \to A[1]$, 其中 $A \in \operatorname{Obj}\mathfrak{C}^{\leqslant 0}$, $B \in \operatorname{Obj}\mathfrak{C}^{\geqslant 1}$.

此时我们亦称 $\mathfrak{C}$ 为 **t 范畴** (t-category).

引理 A.1.1 *嵌入函子 $\mathfrak{C}^{\leqslant n} \to \mathfrak{C}$ 有右伴随函子 $\tau_{\leqslant n}: \mathfrak{C} \to \mathfrak{C}^{\leqslant n}$, 同时嵌入函子 $\mathfrak{C}^{\geqslant n} \to \mathfrak{C}$ 有左伴随函子 $\tau_{\geqslant n}: \mathfrak{C} \to \mathfrak{C}^{\geqslant n}$.*

称 $\tau_{\leqslant n}$, $\tau_{\geqslant n}$ 为**截断函子** (truncation functor).

证明 设有 $\mathfrak{C}$ 内的态射 $X \xrightarrow{f} Y$. 按剖分范畴的定义性质 (1) c), 取 X 的特异三角形 $A \to X \to B \to A[1]$. 取 Y 的特异三角形 $A' \to Y \to B' \to A'[1]$. 则有正合序列

$$\operatorname{Hom}(A, B'[-1]) \longrightarrow \operatorname{Hom}(A, A') \longrightarrow \operatorname{Hom}(A, Y) \longrightarrow \operatorname{Hom}(A, B')$$

由 t 范畴的定义性质 (2) 知此序列左右两端的群均为零. 于是 $A \to X \xrightarrow{f} Y$ 决定唯一的态射 $A \to A'$ 使得下图交换:

$$\begin{array}{ccccccc}
A & \longrightarrow & X & \longrightarrow & B & \longrightarrow & A[1] \\
\downarrow & & \downarrow{\scriptstyle f} & & & & \\
A' & \longrightarrow & Y & \longrightarrow & B' & \longrightarrow & A'[1]
\end{array}$$

定义 $\tau_{\leqslant 0}X = A$, $\tau_{\geqslant 1}X = B$, $\tau_{\leqslant 0}(f)$ 为以上被唯一决定的态射 $A \to A'$. 由于

$$\operatorname{Hom}_{\mathfrak{C}^{\leqslant 0}}(A, \tau_{\leqslant 0}Y) \cong \operatorname{Hom}_{\mathfrak{C}}(A, Y),$$

故 $\tau_{\leqslant 0}$ 为 $\mathfrak{C}^{\leqslant 0} \to \mathfrak{C}$ 的右伴随函子. 其余证明类似. □

A.1.4 上同调函子

称范畴 $\mathfrak{C}$ 的一个态射 l 为**单射** (monomorphism), 如果对于 $\mathfrak{C}$ 的任意两个态射 f 和 g, $lf = lg$ 蕴含 $f = g$. 称范畴 $\mathfrak{C}$ 的一个态射 r 为**满射** (epimorphism), 如果对于 $\mathfrak{C}$ 的任意两个态射 f 和 g, $fr = gr$ 蕴含 $f = g$.

称范畴 $\mathfrak{C}$ 的一个对象 0 为**零对象** (zero object), 如果对于 $\mathfrak{C}$ 的任意对象 X, 存在唯一的态射 $X \to 0$ 和唯一的态射 $0 \to X$. 对于任意的 $X, Y \in \operatorname{Obj}\mathfrak{C}$, 以 0_{XY} 记 $X \to 0 \to Y$.

设 $f: X \to Y$ 为 $\mathfrak{C}$ 内的态射. f 的**核** (kernel) 是指满足以下条件的态射 $K \xrightarrow{k} X$: (1) $fk = 0_{XY}k$, (2) 若有态射 $Z \xrightarrow{z} X$ 使得 $fz = 0_{XY}z$, 则存在唯一的态射 $Z \xrightarrow{w} K$ 使得 $z = kw$, 如图:

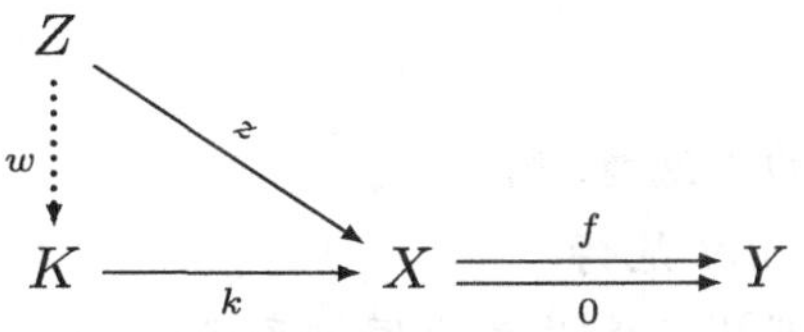

我们以 $\operatorname{Ker} f$ 或 K 记 k. 读者可根据上下文理解.

态射 $f: X \to Y$ 的**余核** (cokernel) 是指满足以下条件的态射 $Y \xrightarrow{c} C$: (1) $cf = c\,0_{XY}$, (2) 若有态射 $Y \xrightarrow{v} V$ 使得 $vf = v0_{XY}$, 则存在唯一的态射 $C \xrightarrow{w} V$ 使得 $v = wc$, 如图:

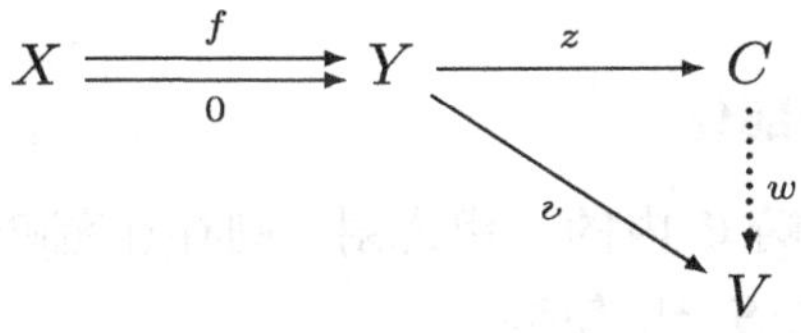

我们以 $\operatorname{Coker} f$ 或 C 记 c.

我们称加性范畴 $\mathfrak{C}$ 为 Abel **范畴** (abelian category), 如果 (1) $\mathfrak{C}$ 的任一态射均有核和余核, (2) $\mathfrak{C}$ 的任一单射必为 $\mathfrak{C}$ 某一态射的核, 且 $\mathfrak{C}$ 的任一满射必为 $\mathfrak{C}$ 某一态射的余核.

在 Abel 范畴 $\mathfrak{C}$ 内称态射序列 $X \to Y \to Z$ 为**正合序列** (exact sequence), 如果 (1) $gf = 0$, (2) (按核的定义) 由 (1) 所决定的分解 $f = (\operatorname{Ker} g)f'$ 中的 f' 为满射, 如图:

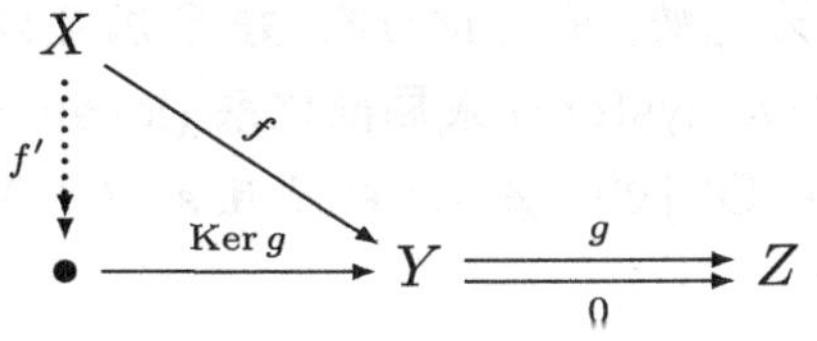

称序列

$$\cdots \longrightarrow A_{n-1} \xrightarrow{a_{n-1}} A_n \xrightarrow{a_n} A_{n+1} \xrightarrow{a_{n+1}} A_{n+2} \longrightarrow \cdots$$

为**正合的** (exact), 如果对于所有的 n, 序列 $A_{n-1} \xrightarrow{a_{n-1}} A_n \xrightarrow{a_n} A_{n+1}$ 都正合.

对于态射 $X \xrightarrow{f} Y$, 定义 $\mathrm{Im} f = \mathrm{Ker}\,(\mathrm{Coker}\, f) : Y' \to Y$. 则不难证明 $X \xrightarrow{f} Y \xrightarrow{g} Z$ 为正合序列当且仅当 $\mathrm{Im} f$ 是一个 $\mathrm{Ker}\, g$.

设 $\mathfrak{C}$ 为剖分范畴, $\mathfrak{A}$ 为 Abel 范畴. 称加性函子 $H : \mathfrak{C} \to \mathfrak{A}$ 为**上同调函子** (cohomological functor), 如果对于 $\mathfrak{C}$ 的任一特异三角形 $X \xrightarrow{u} Y \xrightarrow{v} Z \xrightarrow{w} X[1]$,

$$H(X) \xrightarrow{H(u)} H(Y) \xrightarrow{H(v)} H(Z)$$

为 $\mathfrak{A}$ 内的正合序列.

定理 A.1.2 设 $\mathfrak{C}$ 为 t 范畴. 则

(1) $\mathfrak{C}^{\geqslant 0} \cap \mathfrak{C}^{\leqslant 0}$ 为 Abel 范畴.

(2) $\tau_{\geqslant 0}\tau_{\leqslant 0} : \mathfrak{C} \to \mathfrak{C}^{\geqslant 0} \cap \mathfrak{C}^{\leqslant 0}$ 为上同调函子.

注 我们以 $H^0(X)$ 记 $\tau_{\geqslant 0}\tau_{\leqslant 0}(X)$, 以 $H^i(X)$ 记 $H^0(X[i])$. 以上定理说明 t 结构是同调代数的先有结构, 即是说有了 t 范畴就可以开始讨论同调代数了.

A.2 分式范畴

A.2.1 范畴的局部化

设 $S \subset \mathrm{Mor}\mathfrak{C}$ 为范畴 $\mathfrak{C}$ 内的一组态射. 则存在范畴 $\mathfrak{C}[S^{-1}]$ 以及 (关于 S 的局部化) 函子 $Q : \mathfrak{C} \to \mathfrak{C}[S^{-1}]$, 使得

(1) 所有的 $Q(s)$ $(s \in S)$ 均为同构,

(2) 若有函子 $F : \mathfrak{C} \to \mathfrak{D}$ 使得所有的 $F(s)$ $(s \in S)$ 均为同构, 则有唯一的函子 $G : C[S^{-1}] \to \mathfrak{D}$ 使得 $F = G \circ Q$.

我们可以 "形式地" 对于每一个 $s \in S$ 引入一个新的符号 s^{-1}, 然后定义适当的等价关系用以构造 $\mathfrak{C}[S^{-1}]$. 详情从略.

但是在这样形式地得出来的 $\mathfrak{C}[S^{-1}]$ 中很难作计算. 为了克服这个困难, 我们像构造分式环时一样引进乘性系.

定义 A.2.1 设 $\mathfrak{C}$ 为范畴, $S \subset \mathrm{Mor}\mathfrak{C}$. 若 S 满足以下条件, 则称 S 为 $\mathfrak{C}$ 的一个**乘性系** (multiplicative system) 或**局部化系** (localizing system).

(1) $\mathrm{id}_X \in S$ $(\forall X \in \mathrm{Obj}\,\mathfrak{C})$. 若 $s, t \in S$ 且 $s \circ t \in \mathrm{Mor}\mathfrak{C}$, 则 $s \circ t \in S$.

(2) $\mathfrak{C}$ 内的态射图:

$$\begin{array}{ccc} & & Z \\ & & \downarrow{\scriptstyle s} \\ X & \xrightarrow{f} & Y \end{array}$$

(其中 $s \in S$) 必可扩张为内态射交换图:

$$\begin{array}{ccc} W & \longrightarrow & Z \\ {\scriptstyle t}\downarrow & & \downarrow{\scriptstyle s} \\ X & \xrightarrow{f} & Y \end{array}$$

其中 $t \in S$. 同样 $\mathfrak{C}$ 内的态射图:

$$\begin{array}{ccc} & & Z \\ & & \uparrow{\scriptstyle u} \\ X & \xleftarrow[g]{} & Y \end{array}$$

(其中 $u \in S$) 必可扩张为内态射交换图:

$$\begin{array}{ccc} W & \longleftarrow & Z \\ {\scriptstyle v}\uparrow & & \uparrow{\scriptstyle u} \\ X & \xleftarrow[g]{} & Y \end{array}$$

其中 $v \in S$.

(3) 设 $f, g: X \to Y$ 为 $\mathfrak{C}$ 内的态射. 则存在 $s \in S$ 使得 $sf = sg$ 当且仅当存在 $t \in S$ 使得 $ft = gt$.

现在假定 S 为 $\mathfrak{C}$ 的乘性系. 固定 $X, Y \in \mathrm{Obj}\,\mathfrak{C}$. 以 (s, f) 记以下态射图:

$$\begin{array}{ccccc} & & X' & & \\ & {\scriptstyle s}\swarrow & & \searrow{\scriptstyle f} & \\ X & & & & Y \end{array}$$

其中 $s \in S$, $f \in \mathrm{Mor}\mathfrak{C}$. 我们引入 "$\sim$" 关系如下: $(s, f) \sim (t, g)$ 当且仅当存在 (r, h) 使得下图交换:

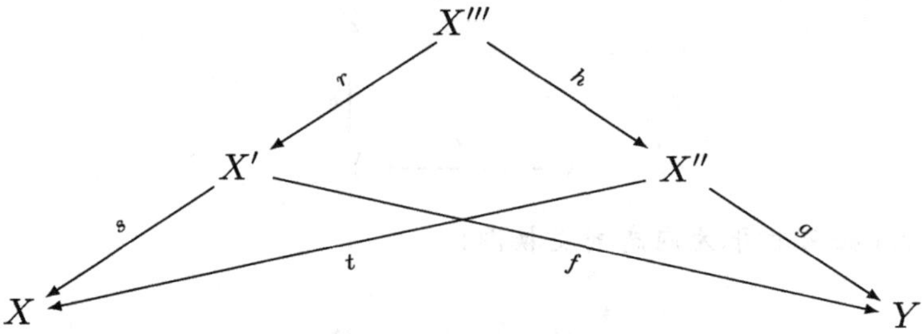

可以证明 $\sim$ 是等价关系. 我们以 $\langle s, f\rangle$ 或 $\langle X \stackrel{s}{\leftarrow} X' \stackrel{f}{\rightarrow} Y\rangle$ 记 (s, f) 的等价类. 设有态射:

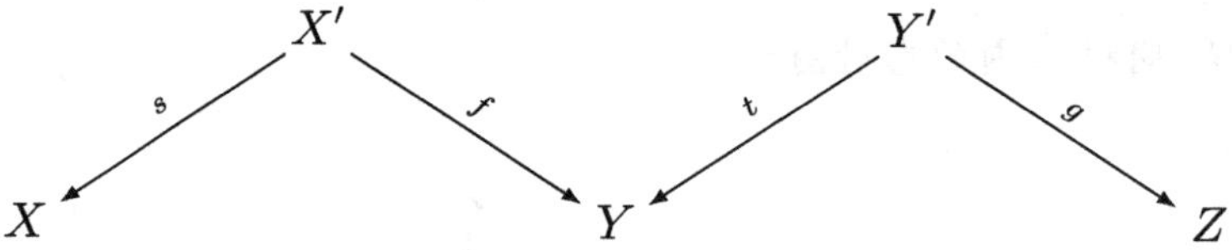

其中 $s, t \in S$. 按 S 的性质 (2), 有交换图:

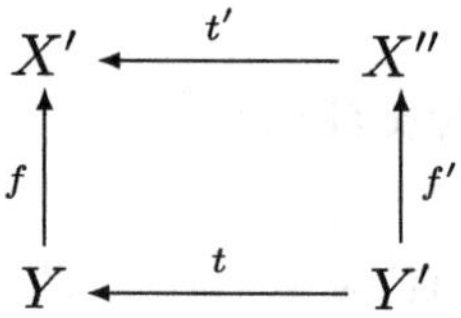

即有

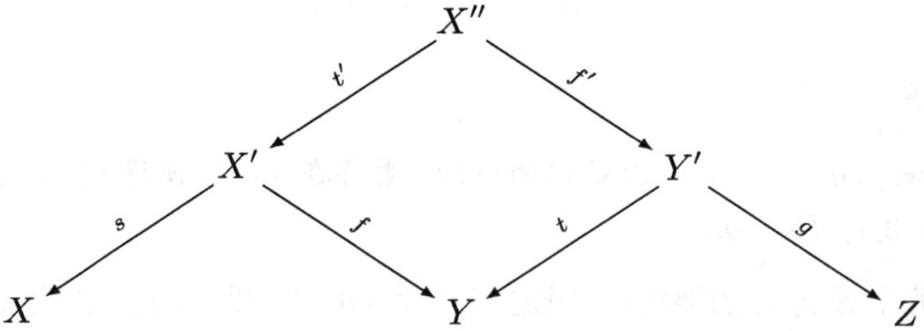

于是有

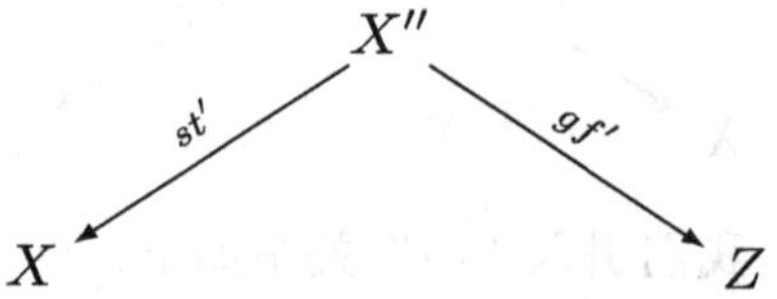

我们定义等价类的合成为

$$\langle t,g\rangle\circ\langle s,f\rangle=\langle st',gf'\rangle.$$

可以证明此定义与等价类的代表选取无关.

命题 A.2.1　设 S 为 $\mathfrak{C}$ 的乘性系. 则可取范畴 $\mathfrak{C}[S^{-1}]$ 的对象为 $\mathrm{Obj}\,\mathfrak{C}[S^{-1}]=\mathrm{Obj}\,\mathfrak{C}$. 对于 $X,Y\in\mathrm{Obj}\,\mathfrak{C}[S^{-1}]$, 取 $\mathrm{Hom}_{\mathfrak{C}[S^{-1}]}(X,Y)$ 为所有等价类 $\langle X\xleftarrow{s}X'\xrightarrow{f}Y\rangle$ 组成的类. $\mathfrak{C}[S^{-1}]$ 中态射的合成如上定义. 局部化函子 $Q:\mathfrak{C}\to\mathfrak{C}[S^{-1}]$ 在态射上的作用为

$$Q(X\xrightarrow{f}Y)=\langle X\xleftarrow{\mathrm{id}}X\xrightarrow{f}Y\rangle.$$

A.2.2　剖分范畴的局部化

设 $(\mathfrak{C},T,\Delta)$ 是剖分范畴. 又设 S 为 $\mathfrak{C}$ 的乘性系. 如果 S 满足以下两个条件, 则说 S 与剖分**相容** (compatible).

(1)　$s\in S$ 当且仅当 $T(s)\in S$.

(2)　若 $X\xrightarrow{u}Y\to Z\to X[1]$ 和 $X'\xrightarrow{u'}Y'\to Z'\to X'[1]$ 为 Δ 内二元素 (特异三角形), 如果有 S 的元素 (态射) $X\xrightarrow{f}X'$ 和 $Y\xrightarrow{g}Y'$ 满足 $u'f=gu$, 则在 S 内存在 $Z\xrightarrow{h}Z'$ 使得下图交换:

$$\begin{array}{ccccccc}
X & \xrightarrow{u} & Y & \longrightarrow & Z & \longrightarrow & X[1]\\
{\scriptstyle f}\downarrow & & {\scriptstyle g}\downarrow & & {\scriptstyle h}\,\vdots & & \downarrow{\scriptstyle f[1]}\\
X' & \xrightarrow{u'} & Y' & \longrightarrow & Z' & \longrightarrow & X'[1]
\end{array}$$

这时, 对于 $X\in\mathrm{Obj}\,\mathfrak{C}[S^{-1}]=\mathrm{Obj}\,\mathfrak{C}$, $T(X)$ 已有定义. 对于 $\mathrm{Hom}_{\mathfrak{C}[S^{-1}]}(X,Y)$ 的元素 $\langle X\xleftarrow{s}X'\xrightarrow{f}Y\rangle$ 可以定义 $T(\langle X\xleftarrow{s}X'\xrightarrow{f}Y\rangle)=\langle T(X)\xleftarrow{T(s)}T(X')\xrightarrow{T(f)}T(Y)\rangle$. 于是可以定义 $\mathfrak{C}[S^{-1}]$ 内的三角形. $Q:\mathfrak{C}\to\mathfrak{C}[S^{-1}]$ 为局部化函子. 以 $Q\Delta$ 记 Δ 在 Q 下的像. 我们定义 Δ_S 为 $\mathfrak{C}[S^{-1}]$ 内与 $Q\Delta$ 的任一元素同构的三角形所组成的类.

作为例子我们考虑 $\mathfrak{C}[S^{-1}]$ 的剖分范畴的性质 (1) c). 设 $\langle X\xleftarrow{s}X'\xrightarrow{f}Y\rangle$ 为 $\mathfrak{C}[S^{-1}]$ 内的态射. 根据剖分范畴的性质, 可以 f 把扩张为 $\mathfrak{C}$ 内的三角形:

$$X'\xrightarrow{f}Y\xrightarrow{v}Z\xrightarrow{w}X'[1]$$

在 $\mathfrak{C}[S^{-1}]$ 内三角形态射:

$$\begin{array}{ccccccc}
X' & \xrightarrow{f} & Y & \xrightarrow{v} & Z & \xrightarrow{w} & X[1]\\
{\scriptstyle s}\downarrow & & {\scriptstyle \mathrm{id}}\downarrow & & {\scriptstyle \mathrm{id}}\downarrow & & \downarrow{\scriptstyle s[1]}\\
X & \xrightarrow{\langle s,f\rangle} & Y' & \xrightarrow{Q(v)} & Z' & \xrightarrow{Q(w)} & X'[1]
\end{array}$$

为同构 (因为 s 在 $\mathfrak{C}[S^{-1}]$ 中可逆), 所以

$$X \xrightarrow{\langle s,f\rangle} Y' \xrightarrow{Q(v)} Z' \xrightarrow{Q(w)} X'[1]$$

为的 Δ_S 元素. 这就是说 $\mathfrak{C}[S^{-1}]$ 的任一态射可以扩张为 Δ_S 的元素.

命题 A.2.2 设剖分范畴 $(\mathfrak{C},T,\Delta)$ 内有与剖分相容的乘性系 S, 则 $(\mathfrak{C}[S^{-1}],T,\Delta_S)$ 为剖分范畴.

A.3 复形范畴

A.3.1 复形

设 $\mathfrak{A}$ 为 Abel 范畴. $\mathfrak{A}$ 的一个 (上链) **复形** (complex) 是指 $\mathfrak{A}$ 的一组对象 $X^\bullet=(X^n)_{n\in\mathbb{Z}}$, 并且配备有态射 $\mathrm{d}_X^n:\ X^n\to X^{n+1}$ 使得 $\mathrm{d}_X^{n+1}\mathrm{d}_X^n=0\ (\forall\, n\in\mathbb{Z})$. 一个**复形态射** (complex morphism) $f:\ X^\bullet\to Y^\bullet$ 是 $\mathfrak{A}$ 内的一组态射 $f^n:\ X^n\to Y^n$, 满足条件 $f^{n+1}\mathrm{d}_X^n=\mathrm{d}_X^n f^n$. 我们称 n 为 X_n 或 d_n 的**次数** (degree).

我们定义复形范畴 $C(\mathfrak{A})$ 的对象为 $\mathfrak{A}$ 的复形, $C(\mathfrak{A})$ 的态射为 $\mathfrak{A}$ 的复形态射. 我们说复形 $X^\bullet$ **有下界** (bounded below), 如果存在负整数 n_0 使得 $X^n=0$ $(\forall\, n\leqslant n_0)$. 以有下界的复形为对象的 $C(\mathfrak{A})$ 的全子范畴记为 $C^+(\mathfrak{A})$. 同样可以定义有上界的复形. 如果一个复形既有上界又有下界我们便称它为有界的. 以有上界的复形为对象的全子范畴记为 $C^-(\mathfrak{A})$. 以有界复形为对象的全子范畴记为 $C^b(\mathfrak{A})$.

A.3.2 同伦

设有 Abel 范畴 $\mathfrak{A}$ 的复形 $X^\bullet$, $Y^\bullet$ 以及 $\mathfrak{A}$ 的一组态射 $k=(k^n)$, 其中 $k^n:\ X^n\to Y^{n-1}$. 定义 $h^n\in\mathrm{Hom}_{\mathfrak{A}}(X^n,Y^n)$ 为

$$h^n=k^{n+1}\mathrm{d}_X^n+\mathrm{d}_Y^{n-1}k^n:\ X^n\longrightarrow Y^n.$$

则

$$(h^n)=h=k\mathrm{d}+\mathrm{d}k:\ X^\bullet\longrightarrow Y^\bullet$$

为复形态射. 我们称这样得到的 h 为同伦于零的, 记为 $h\sim 0$.

若 $h_1\sim 0$, $h_2\sim 0$, 则 $h_1+h_2\sim 0$. 若 $f\in\mathrm{Mor}C(\mathfrak{A})$, $h\sim 0$, $fh\in\mathrm{Mor}C(\mathfrak{A})$, 则 $fh\sim 0$. 同样, 若 $hf\in\mathrm{Mor}C(\mathfrak{A})$, 则 $hf\sim 0$. 这就是说同伦于零的复形态射的全体构成 $\mathrm{Mor}C(\mathfrak{A})$ 的“理想”.

我们称 $f,g\in\mathrm{Mor}C(\mathfrak{A})$ 为同伦的, 如果 $f-g\sim 0$.

A.3.3　锥和柱

设 $\mathfrak{A}$ 为 Abel 范畴, $C(\mathfrak{A})$ 为 $\mathfrak{A}$ 的复形范畴. 定义**平移函子** (translation functor) $T: C(\mathfrak{A}) \to C(\mathfrak{A})$ 如下：设 $X^\bullet = (X^i, D_X^i)$ 为复形, 则令 $(TX)^i = X^{i+1}$, $\mathrm{d}_{TX}^i = -\mathrm{d}_X^i$. 设有态射 $f = (f^i): X^\bullet \to Y^\bullet$, 则令 $(Tf)^i = f^{i+1}$. 像前面一样, 令 $X[n]^i = X^{n+i}$, $\mathrm{d}_{X[n]} = (-1)^n \mathrm{d}_X$.

设 $f: X^\bullet \to Y^\bullet$ 为复形态射. f 的一个**锥** (cone) 是指如下定义的复形 $C(f)$:

$$C(f)^i := X[1]^i \oplus Y^i,$$

$$\mathrm{d}_{C(f)}^i(x^{i+1}, y^i) := (-\mathrm{d}_X x^{i+1}, f(x^{i+1}) + \mathrm{d}_Y y^i).$$

复形态射 f 的**柱** (cylinder) 是指如下定义的复形 $\mathrm{Cyl}(f)$:

$$\mathrm{Cyl}(f)^i := X^i \oplus X[1]^i \oplus Y^i,$$
$$\mathrm{d}_{\mathrm{Cyl}(f)}^i(x^i, x^{i+1}, y^i) := (\mathrm{d}_X x^i - x^{i+1}, -\mathrm{d}_X x^{i+1}, f(x^{i+1}) + \mathrm{d}_Y y^i).$$

引理 A.3.1　设 $f: X^\bullet \to Y^\bullet$ 为复形态射. 则有 $C(\mathfrak{A})$ 内的行正合交换图

$$\begin{array}{ccccccccc}
 & & 0 & \longrightarrow & Y^\bullet & \xrightarrow{\bar{\pi}} & C(f) & \xrightarrow{\delta} & X[1]^\bullet \longrightarrow 0 \\
 & & & & \downarrow{\scriptstyle\alpha} & & \Vert & & \\
0 & \longrightarrow & X^\bullet & \xrightarrow{\bar{f}} & \mathrm{Cyl}(f) & \xrightarrow{\pi} & C(f) & \longrightarrow & 0 \\
 & & \Vert & & \downarrow{\scriptstyle\beta} & & & & \\
 & & X^\bullet & \xrightarrow{f} & Y^\bullet & & & &
\end{array}$$

并且 $\beta\alpha = \mathrm{id}_{Y^\bullet}$, $\alpha\beta \sim \mathrm{id}_{\mathrm{Cyl}(f)}$.

证明　我们具体写出图中上面两行的态射, 则容易验证图的行正合及交换性. 第一行：

$$\begin{array}{ccc}
y^i & \xrightarrow{\bar{\pi}} & (0, y^i) \\
\downarrow{\scriptstyle \mathrm{d}_Y} & & \downarrow{\scriptstyle \mathrm{d}_{C(f)}} \\
\mathrm{d}_Y y^i & \xrightarrow{\bar{\pi}} & (0, \mathrm{d}_Y y^i)
\end{array}
\qquad
\begin{array}{ccc}
(x^{i+1}, y^i) & \xrightarrow{\delta} & x^{i+1} \\
\downarrow{\scriptstyle \mathrm{d}_{C(f)}} & & \downarrow{\scriptstyle \mathrm{d}_{X[1]}} \\
(-\mathrm{d}_X x^{i+1}, f(x^{i+1}) + \mathrm{d}_Y y^i) & \xrightarrow{\delta} & -\mathrm{d}_X x^{i+1}
\end{array}$$

第二行：

$$\begin{array}{ccc}
x^i & \longrightarrow & (x^i, 0, 0) \\
\downarrow & & \downarrow \\
\mathrm{d}_X x^i & \longrightarrow & (\mathrm{d}_X x^i, 0, 0)
\end{array}$$

$$
\begin{array}{ccc}
(x^i, x^{i+1}, y^i) & \xrightarrow{\quad\pi\quad} & (x^{i+1}, y^i) \\
\Big\downarrow \mathrm{d}_{C(f)} & & \Big\downarrow \mathrm{d}_{X[1]} \\
(\mathrm{d}_X x^i - x^{i-1}, -\mathrm{d}_X x^{i+1}, f(x^{i+1}) + \mathrm{d}_Y y^i) & \xrightarrow{\pi} & (-\mathrm{d}_X x^{i+1}, f(x^{i+1}) + \mathrm{d}_Y y^i)
\end{array}
$$

设 $h^i:\ \mathrm{Cyl}(f)^i \to \mathrm{Cyl}(f)^{i-1}$ 为 $h(x^i, x^{i+1}, y^i) = (0, x^i, 0)$, 则 $\mathrm{d}h + h\mathrm{d} = \mathrm{id}_{\mathrm{Cyl}(f)} - \alpha\beta$. □

我们称以上引理所给出的

$$X^\bullet \xrightarrow{\overline{f}} \mathrm{Cyl}(f) \xrightarrow{\pi} C(f) \xrightarrow{\delta} X[1]^\bullet$$

为态射 $f:\ X^\bullet \to Y^\bullet$ 的柱锥三角形.

A.3.4　拟同构

设 $\mathfrak{A}$ 为 Abel 范畴, $C(\mathfrak{A})$ 为 $\mathfrak{A}$ 的复形范畴, $X^\bullet \in \mathrm{Obj}(C(\mathfrak{A}))$. 定义 $X^\bullet$ 的 n 次上同调为

$$H^n(X^\bullet) - \mathrm{Coker}(\mathrm{Im}(d_X^{n-1} \longrightarrow \mathrm{Ker}\,(d_X^n)).$$

显然 $H^n(X^\bullet) = H^0(X^\bullet[n])$. 易证 $H^n:\ C(\mathfrak{A}) \to \mathfrak{A}$ 为加性函子. 并且, 如果 $f:\ X^\bullet \to Y^\bullet$ 同伦于零, 则 $H^n(f)$ 为零态射.

我们称 $f:\ X^\bullet \to Y^\bullet$ 为**拟同构** (quasi-isomorphism), 如果对于所有的 n, $H^n(f)$ 是同构.

在 $C(\mathfrak{A})$ 内所有拟同构所组成的类不一定是乘性系. 所以在下一小节我们引入 $K(\mathfrak{A})$.

A.3.5　$K(\mathfrak{A})$

设 $\mathfrak{A}$ 为 Abel 范畴. 对于 $f:\ X^\bullet \to Y^\bullet \in \mathrm{Mor}\,C(\mathfrak{A})$, 以 $[f]$ 记 f 的同伦类 (即 $[f] = \{g \in \mathrm{Mor}\,C(\mathfrak{A}) \mid g \sim f\}$). 我们定义范畴 $K(\mathfrak{A})$ 如下：$\mathrm{Obj}\,K(\mathfrak{A}) = \mathrm{Obj}\,C(\mathfrak{A})$. 对于 $X^\bullet, Y^\bullet \in \mathrm{Obj}\,C(\mathfrak{A})$, 定义

$$\mathrm{Hom}_{K(\mathfrak{A})}(X^\bullet, Y^\bullet) = \{[f] \mid f \in \mathrm{Hom}_{C(\mathfrak{A})}(X^\bullet, Y^\bullet)\}.$$

从 $C^+(\mathfrak{A})$, $C^-(\mathfrak{A})$, $C^b(\mathfrak{A})$ 出发可以同样定义 $K^+(\mathfrak{A})$, $K^-(\mathfrak{A})$ 和 $K^b(\mathfrak{A})$.

如同在 $C(\mathfrak{A})$ 中一样我们同样定义 $K(\mathfrak{A})$ 上的平移函子 $T:\ K(\mathfrak{A}) \to K(\mathfrak{A})$.

我们说 $K(\mathfrak{A})$ 中的一个三角形是特异的, 如果它同构于某个态射 $[f]:\ X^\bullet \to Y^\bullet$ 的柱锥三角形. 这样得到的特异三角形所组成的类记为 Δ.

如果 $f, g \in \mathrm{Mor}\,C(\mathfrak{A})$ 是同伦的, 则 $H^n(f) = H^n(g)$. 因此可以定义 $H^n([f])$. 我们说 $[f]$ 是**拟同构** (quasi isomorphism), 如果对于所有的 n, $H^n([f])$ 是同构. $K(\mathfrak{A})$ 中全体拟同构所组成的类常记作 Qis.

定理 A.3.2 设 $\mathfrak{A}$ 为 Abel 范畴, 则

(1) $(K(\mathfrak{A}), T, \Delta)$ (如上) 为剖分范畴.

(2) Qis 为 $K(\mathfrak{A})$ 的乘性系, 并且与剖分相容.

以上定理对于 $K^+(\mathfrak{A})$, $K^-(\mathfrak{A})$ 和 $K^b(\mathfrak{A})$ 同样成立.

A.4 导出范畴

设 $\mathfrak{A}$ 为 Abel 范畴, Qis 为 $K(\mathfrak{A})$ 内的拟同构类. 按上面的定理我们可以对 $(K\mathfrak{A})$ 作关于 Qis 的局部化, 得出分式范畴 $K(\mathfrak{A})[\mathrm{Qis}^{-1}]$. 记此分式范畴为 $\mathfrak{D}(\mathfrak{A})$. 同样由 $K^*(\mathfrak{A})$ 可以得出 $\mathfrak{D}^*(\mathfrak{A})$, 其中 $*$ 分别为 $+, -, b$. 称 $\mathfrak{D}(\mathfrak{A})$ 和 $\mathfrak{D}^*(\mathfrak{A})$ 为**导出范畴** (derived category).

在 $\mathfrak{D}(\mathfrak{A})$ 内所有满足条件 $H^i(X^\bullet) = 0$ $(\forall\, i < n)$ 的复形 $X^\bullet$ 组成的 $\mathfrak{D}(\mathfrak{A})$ 的全子范畴, 记为 $\mathfrak{D}^{\geqslant n}(\mathfrak{A})$. 若把条件改为 $H^i(X^\bullet) = 0$ $(\forall\, i > n)$, 则所得到的全子范畴记为 $\mathfrak{D}^{\leqslant n}(\mathfrak{A})$.

定理 A.4.1 设 $\mathfrak{A}$ 为 Abel 范畴. 则

(1) 存在范畴 $\mathfrak{D}(\mathfrak{A})$ 及函子 $Q: C(\mathfrak{A}) \to \mathfrak{D}(\mathfrak{A})$ 使得

a) 如果 $f \in \mathrm{Mor}\, C(\mathfrak{A})$ 为拟同构, 则 $Q(f)$ 为同构,

b) 若有函子 $F: C(A) \to \mathfrak{D}$ ($\mathfrak{D}$ 为某范畴) 满足: F 将拟同构映为同构, 则存在唯一的函子 $G: \mathfrak{D}(\mathfrak{A}) \to \mathfrak{D}$ 使得 $F = G \circ Q$.

(2) $\mathfrak{D}(\mathfrak{A})$ 是剖分范畴.

(3) $\{\mathfrak{D}^{\leqslant 0}(\mathfrak{A}), \mathfrak{D}^{\geqslant 0}(\mathfrak{A})\}$ 决定 $\mathfrak{D}(\mathfrak{A})$ 的 t 结构.

(4) 函子

$$\begin{aligned} &\mathfrak{A} \longrightarrow C(\mathfrak{A}) \\ &X \longmapsto \ \cdots \longrightarrow 0 \longrightarrow X \longrightarrow 0 \longrightarrow \cdots \quad (X\ \text{在 0 次位置}) \end{aligned}$$

(此函子在 $\mathrm{Mor}(\mathfrak{A})$ 上的作用是自然定义的) 与 $Q: C(\mathfrak{A}) \to \mathfrak{D}(\mathfrak{A})$ 的合成

$$\mathfrak{A} \longrightarrow C(\mathfrak{A}) \xrightarrow{Q} \mathfrak{D}(\mathfrak{A})$$

给出同构 $\mathfrak{A} \xrightarrow{\sim} \mathfrak{D}^{\leqslant 0}(\mathfrak{A}) \cap \mathfrak{D}^{\geqslant 0}(\mathfrak{A})$.

按照此定理, 如果 $X \in \mathrm{Obj}\,\mathfrak{D}(\mathfrak{A})$, 我们就可以定义上同调 $H^i(X)$ 为 $\tau_{\geqslant 0}\tau_{\leqslant 0}(X[i])$ 了!

注 设有 Abel 范畴 $\mathfrak{A}$. 对于 $X \in \mathrm{Obj}\,\mathfrak{A}$, 经验地, 我们常常用 X 的分解 (例如内射分解) 来了解 X 的性质. 按照这个观点我们就 X 把看作它的所有分解. 这些分解是复形. 这时关于 X 的代数运算, 如 $\otimes$, Hom, 便要理解为相应的复形. 由

复形我们得出 (上) 同调 (群). 如果两个复形的同调是同构的, 我们应当把这两个复形视为同构的. 这就使得我们摹仿分式环的构作对复形态射拟同构类作局部化而得出导出范畴. 到达了这一步, 除非有需要具体计算同调, 我们的核心对象应当是导出范畴内的复形了. 这样同调代数应该生活在导出范畴之内. 同调代数的一个重要发现是：两个绝不相同的 Abel 范畴的导出范畴却可能是等价的剖分范畴!

A.5　导出函子

A.5.1　正合函子

设 $\mathfrak{A}$ 和 $\mathfrak{B}$ 均为 Abel 范畴. 我们说函子 $F:\ \mathfrak{A} \to \mathfrak{B}$ 是**左正合的** (left exact), 如果 F 把任意的正合序列 $0 \to A \to B \to C \to 0$ 映为正合序列 $0 \to FA \to FB \to FC$. 同样, 我们说 F 是**右正合的** (right exact), 如果 F 把上面的正合序列映为正合序列 $FA \to FB \to FC \to 0$. 我们说 F 是**正合函子** (exact functor), 如果 F 同时是左, 右正合函子. 我们指出：Abel 范畴必为加性范畴, 正合函子必为加性函子.

A.5.2　δ 函子

设 $(\mathfrak{C}, T, \Delta)$ 和 $(\mathfrak{C}', T', \Delta')$ 均为剖分范畴. 我们称函子 $F: \mathfrak{C} \to \mathfrak{C}'$ 为 **δ 函子** (δ-functor) (又有称为正合函子或剖分范畴函子), 如果

(1)　F 是加性函子,

(2)　$T'F = FT$,

(3)　如果 $X \to Y \to Z \to TX$ 属于 Δ, 则 $FX \to FY \to FZ \to FTX$ 属于 Δ' (此时我们亦说 F 保持特异三角形).

A.5.3　导出函子的用途

设 Abel 范畴 $\mathfrak{A}$ 的加性函子 $F:\ \mathfrak{A} \to \mathfrak{B}$ 可以扩展为函子 $KF:\ K(\mathfrak{A}) \to K(\mathfrak{B})$, 则 KF 为 δ 函子.

如果 F 又是正合函子, 则 F 把拟同构映为拟同构. 于是通过局部化就得到从 $\mathfrak{D}(\mathfrak{A})$ 到 $\mathfrak{D}(\mathfrak{B})$ 的函子. 但如果 F 只是左或右正合的, 则 F 不一定把拟同构映为拟同构. 在这种情况下我们只能求一个从 $\mathfrak{D}(\mathfrak{A})$ 到 $\mathfrak{D}(\mathfrak{B})$ 的函子, 使得它是 F 的最佳逼近. 这就是我们在下面要定义的导出函子.

A.5.4　导出函子

设 $\mathfrak{A}$ 和 $\mathfrak{B}$ 为 Abel 范畴, $F: \mathfrak{A} \to \mathfrak{B}$ 为加性左正合函子. F 的**右导出函子** (right derived functor) 是指满足以下泛性质的 (RF, ε_F), 其中 $RF: \mathfrak{D}^+(\mathfrak{A}) \to \mathfrak{D}^+(\mathfrak{B})$ 为 δ 函子, $\varepsilon_F: Q_{\mathfrak{B}} \circ K^+(F) \to RF \circ Q_{\mathfrak{A}}$ 为函子态射:

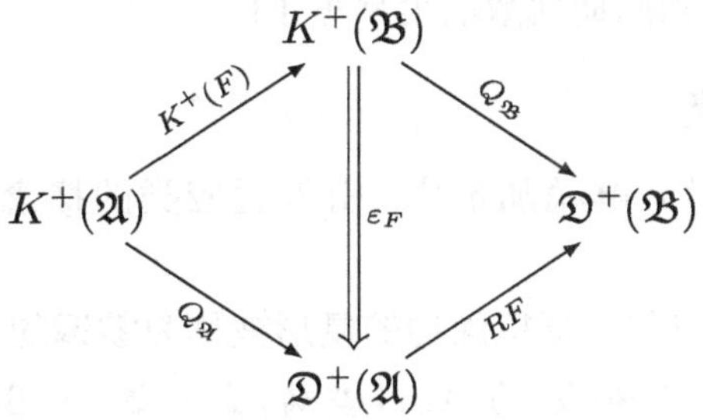

我们所要求的泛性质是: 对于任一 δ 函子 $G: \mathfrak{D}^+(\mathfrak{A}) \to \mathfrak{D}^+(\mathfrak{B})$ 和任一函子态射 $\varepsilon: Q_{\mathfrak{B}} \circ K^+(F) \to G \circ Q_{\mathfrak{A}}$, 存在唯一的函子态射 $\eta: RF \to G$ 使得下图交换:

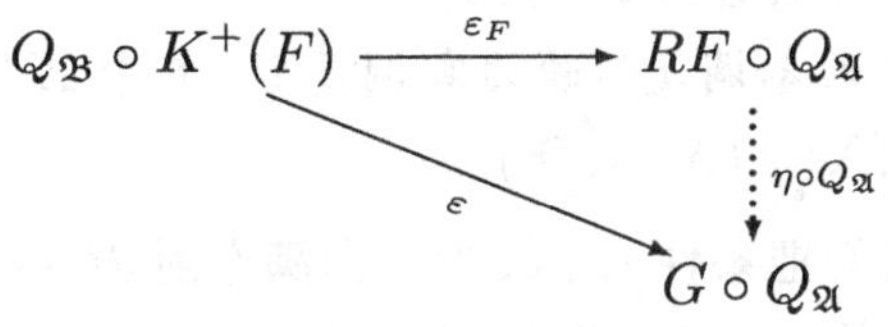

以上的泛性质可以叙述如下: 如果 $G: \mathfrak{D}^+(\mathfrak{A}) \to \mathfrak{D}^+(\mathfrak{B})$ 是 δ 函子, 则 ε_F 决定双射

$$\mathrm{Hom}(RF, G) \longrightarrow \mathrm{Hom}(Q_{\mathfrak{B}} \circ K^+(F), G \circ Q_{\mathfrak{A}}).$$

同样, 加性右正合函子 F 的**左导出函子** (left derived functor) 是 δ 函子 $LF: \mathfrak{D}^-(\mathfrak{A}) \to \mathfrak{D}^-(\mathfrak{B})$ 及函子态射 $\varepsilon_F: LF \circ Q_{\mathfrak{A}} \to Q_{\mathfrak{B}} \circ K^-(F)$ 使得下面的映射为双射:

$$\mathrm{Hom}(G, LF) \longrightarrow \mathrm{Hom}(G \circ Q_{\mathfrak{A}}, Q_{\mathfrak{B}} \circ K^-(F)).$$

以上的 $\mathfrak{B}$ 是 Abel 范畴, $\mathfrak{D}^+(\mathfrak{B})$ 是 t 范畴 (但一般不是 Abel 范畴). 于是有从 $\mathfrak{D}^+(\mathfrak{B})$ 到它的心 (法文: coeur) $\mathfrak{D}^+(\mathfrak{B})^{\leqslant 0} \cap \mathfrak{D}^+(\mathfrak{B})^{\geqslant 0}$ 的上同调函子 H^i.

另一方面, 我们可以把 $X \in \mathrm{Obj}\,\mathfrak{A}$ 看作复形

$$\cdots \longrightarrow 0 \longrightarrow X \longrightarrow 0 \longrightarrow \cdots,$$

其中 X 在 0 位. 这样可以把 $\mathfrak{A}$ 看作 $\mathfrak{D}^+(\mathfrak{A})$ 的全子范畴.

如果加性左正合函子 $F:\ \mathfrak{A}\to\mathfrak{B}$ 有右导出函子 $RF:\ \mathfrak{D}^+(\mathfrak{A})\to\mathfrak{D}^+(\mathfrak{B})$，则定义 $R^iF=H^i\circ RF$. 于是对于 $X\in\operatorname{Obj}\mathfrak{A}$, 就有 $R^iF(X)$:

$$\mathfrak{A}\longrightarrow\mathfrak{D}^+(\mathfrak{A})\xrightarrow{RF}\mathfrak{D}^+(\mathfrak{B})\xrightarrow{H^i}\mathfrak{D}^+(\mathfrak{B})^{\leqslant 0}\cap\mathfrak{D}^+(\mathfrak{B})^{\geqslant 0}.$$

这样我们便回到通常的同调代数的世界里了!

A.5.5 适应类

下面我们把内射分解稍加推广, 引入适应类的概念, 以帮助我们计算导出函子.

在 Abel 范畴中与零复形拟同构的复形被称为**零调的** (acyclic).

定义 A.5.1 设 $\mathfrak{A}$ 和 $\mathfrak{B}$ 为 Abel 范畴, $F:\mathfrak{A}\to\mathfrak{B}$ 为左正合函子. 我们称 $\mathfrak{R}\subseteq\operatorname{Obj}\mathfrak{A}$ 是一个 F **适应类** (F-adapted class), 如果

(1) $\mathfrak{R}$ 对于有限直和封闭.

(2) 对于任一 $X\in\operatorname{Obj}\mathfrak{A}$, 存在 $R\in\operatorname{Obj}\mathfrak{R}$ 和单态射 $X\to R$ (即 $0\to X\to R$ 正合. 此时我们说 $\mathfrak{A}$ 有足够的 $\mathfrak{R}$ 对象).

(3) F 把 $K^+(\mathfrak{R})$ 的零调复形映为零调复形, 其中 $K^+(\mathfrak{R})$ 为 $K^+(\mathfrak{A})$ 的子范畴, 其对象形如 $X^\bullet=(X^n)$ $(X^n\in\mathfrak{R})$.

若 F 是右正合的, 则我们把条件 (2) 改为: 由满态射 $R\to X$ (即 $R\to X\to 0$ 正合), 同时把条件 (3) 中的 $K^+(\mathfrak{A})$ 改为 $K^-(\mathfrak{A})$.

定理 A.5.1 设左正合函子 $F:\mathfrak{A}\to\mathfrak{B}$ 有 F 适应类. 以 $S_{\mathfrak{R}}$ 记 $K^+(\mathfrak{R})\cap\mathrm{Qis}$. 则

(1) $S_{\mathfrak{R}}$ 是 $K^+(\mathfrak{R})$ 的乘性系;

(2) $\operatorname{Obj}K^+(\mathfrak{A})$ 的任一元必与 $K^+(\mathfrak{R})$ 的某个元拟同构;

(3) 自然嵌入函子 $K^+(\mathfrak{R})[S_{\mathfrak{R}}^{-1}]\xrightarrow{\Psi}K^+(\mathfrak{A})[\mathrm{Qis}^{-1}]=\mathfrak{D}^+(\mathfrak{A})$ 是全忠实的. (这时又说 $K^+(\mathfrak{R})$ 是 $K^+(\mathfrak{A})$ 的**局部化子范畴** (localising subcategory).)

以上的 (2) 和 (3) 是说 Ψ 是范畴等价. 即是说存在函子 $\Phi:\ \mathfrak{D}^+(\mathfrak{A})\to K^+(\mathfrak{R})[S_{\mathfrak{R}}^{-1}]$ 及函子同构 $\alpha:\mathrm{id}_{K^+(\mathfrak{R})[S_{\mathfrak{R}}^{-1}]}\to\Phi\circ\Psi$ 和 $\beta:\mathrm{id}_{\mathfrak{D}^+(\mathfrak{A})}\to\Psi\circ\Phi$.

(4) F 把 $K^+(\mathfrak{A})$ 的拟同构映为 $K^+(\mathfrak{B})$ 的拟同构. 于是 F 定义了函子 $\overline{F}:\ K^+(\mathfrak{R})[S_{\mathfrak{R}}^{-1}]\to\mathfrak{D}^+(\mathfrak{B})$ 如下: $(\overline{F}(X^\bullet))^i=F(X^i)$. 设 $RF=\overline{F}\circ\Phi$, 则 $RF:\mathfrak{D}^+(\mathfrak{A})\to\mathfrak{D}^+(\mathfrak{B})$ 为 δ 函子.

对于任一 $X\in\operatorname{Obj}K^+(\mathfrak{A})=\operatorname{Obj}\mathfrak{D}^+(\mathfrak{A})$, 设 $Y=\Phi\circ Q_{\mathfrak{A}}(X)\in\operatorname{Obj}K^+(\mathfrak{R})[S_{\mathfrak{R}}^{-1}]=\operatorname{Obj}K^+(\mathfrak{R})$. 以函子同构 β 作用在 X 上, 得到 $D^+(\mathfrak{A})$ 内的同构:

$$\beta(X):X\longrightarrow\Psi\Phi(X).$$

我们把 $\Psi\Phi(X)$ 看作 Y, $\beta(X)$ 作为分式范畴 $D^+(\mathfrak{A})$ 内的态射是 $K^+(\mathfrak{A})$ 内的态射图

$$X \overset{s}{\leftarrow} X' \xrightarrow{f} Y,$$

其中 $s \in \mathrm{Qis}$. 于是便得到 $K^+(\mathfrak{B})$ 内的态射图

$$K^+(F)(X) \xleftarrow{K^+(F)(s)} K^+(F)(X') \xrightarrow{K^+(F)(s)} K^+(F)(Y),$$

其中 $K^+(F)(s) \in \mathrm{Qis}$. 这就给出了 $D^+(\mathfrak{B})$ 内的态射

$$\varepsilon_F(X) : Q_{\mathfrak{B}}K^+(F)(X) \to Q_{\mathfrak{B}}K^+(F)(Y) = \overline{F}Y = \overline{F}\Phi Q_{\mathfrak{A}}(X) = RF \circ Q_{\mathfrak{A}}(X).$$

(5) $\{\varepsilon_F(X) \mid X \in \mathrm{Obj}\, K^+(\mathfrak{A})\}$ 决定函子态射

$$\varepsilon_F :\ Q_{\mathfrak{B}} \circ K^+(F) \longrightarrow RF \circ Q_{\mathfrak{A}},$$

并且 (RF, ε_F) 为 F 的右导出函子.

A.5.6　导出函子的复合

设 $\mathfrak{A}$, $\mathfrak{B}$, $\mathfrak{C}$ 为 Abel 范畴, $F :\ \mathfrak{A} \to \mathfrak{B}$, $G :\ \mathfrak{B} \to \mathfrak{C}$ 为加性左正合函子. 设有 F 适应类 $\mathfrak{R}_F$ 和 G 适应类 $\mathfrak{R}_G$, 并假设 $F(\mathfrak{R}_F) \subseteq \mathfrak{R}_G$. 则右导出函子 RF, RG 和 $R(G \circ F)$ 存在, 并且自然函子态射 $R(G \circ F) \to RG \circ RF$ 为同构. 由这个同构便可推出一般的谱序列.

A.6　内 射 分 解

常用的适应类是内射 (或投射) 对象. 我们只讨论内射情形.

A.6.1　内射分解

我们称 Abel 范畴 $\mathfrak{A}$ 的对象 I 为**内射对象** (injective object), 如果以下条件成立: 对于 $\mathfrak{A}$ 内的任一单态射 $0 \to A \xrightarrow{f} B$ 及任一态射 $\alpha :\ A \to I$, 存在态射 $\beta :\ B \to I$ 使得 $\alpha = \beta \circ f$.

我们说 $\mathfrak{A}$ 有**足够内射对象** (enough injectives), 如果对于任一 $A \in \mathrm{Obj}\ \mathfrak{A}$, 存在内射对象 I 及单态射 $0 \to A \to I$.

设 $X \in \mathrm{Obj}\,\mathfrak{A}$. X 的一个**内射分解** (injective resolution) 是指一个复形 $I^\bullet \in C(\mathfrak{A})$ 满足条件: 若 $i < 0$, 则 $I^i = 0$, 所有的 I^i 均为内射对象以及有态射 $X \to I^0$ 使得下面的序列正合:

$$0 \longrightarrow X \longrightarrow I^0 \xrightarrow{\mathrm{d}_I^0} I^1 \xrightarrow{\mathrm{d}_I^1} I^2 \xrightarrow{\mathrm{d}_I^2} \cdots$$

若 $\mathfrak{A}$ 有足够内射对象, 则 $\mathfrak{A}$ 的任一对象都有内射分解.

A.6.2 复形态射与同伦

(1) 设 $X, Y, \in \operatorname{Obj}\mathfrak{A}$. 若 $X \to I^\bullet$, $Y \to J^\bullet$ 为内射分解, $f: X \to Y$ 为态射, 则存在复形态射 $R^\bullet: I^\bullet \to J^\bullet$ 使得下图交换:

$$\begin{array}{ccc} X & \longrightarrow & I^0 \\ {\scriptstyle f}\big\downarrow & & \big\downarrow{\scriptstyle R^0} \\ Y & \xrightarrow{\ t\ } & J^0 \end{array}$$

如果另有满足同样条件的复形态射 $R'^\bullet: I^\bullet \to J^\bullet$, 则 R 与 R' 同伦.

(2) 设 $f: Z^\bullet \to I^\bullet \in \operatorname{Mor} C(\mathfrak{A})$, $Z^\bullet$ 为零调, $I^\bullet \in C^+(\mathfrak{A})$, 所有的 I^i 均为内射, 则 f 同伦于零.

(3) 设 $s: I^\bullet \to Y^\bullet \in \operatorname{Mor} C(\mathfrak{A})$, 对于所有的 n, $H^n(s)$ 为同构, I^n 为内射, 则同伦类 $[s]$ 可逆.

A.6.3 内射对象子范畴

以 $\mathfrak{I}$ 记 Abel 范畴 $\mathfrak{A}$ 中所有内射对象所组成的子范畴. 像以前一样定义 $K^+(\mathfrak{I})$, 以 $S_\mathfrak{I}$ 记 $\operatorname{Mor} K^+(\mathfrak{I}) \cap \mathrm{Qis}$. 则

(1) $S_\mathfrak{I}$ 是乘性系, 并且 $S_\mathfrak{I}$ 的每个元素均为同构. 于是 $K^+(\mathfrak{I})[S_\mathfrak{I}^{-1}] = K^+(\mathfrak{I})$, 并且自然嵌入 $K^+(\mathfrak{I}) \to \mathfrak{D}^+(\mathfrak{A})$ 使得 $K^+(\mathfrak{I})$ 与 $\mathfrak{D}^+(\mathfrak{A})$ 的全子范畴等价.

(2) 如果进一步假设 $\mathfrak{A}$ 有足够内射对象, 则自然嵌入 $K^+(\mathfrak{I}) \to \mathfrak{D}^+(\mathfrak{A})$ 是范畴等价, 并且对于任一加性左正合函子 $F: \mathfrak{A} \to \mathfrak{B}$, $\mathfrak{I}$ 均为 F 适应类. 于是 F 的右导出函子存在, 并且可以如下计算: 对于 $X \in \operatorname{Obj}\mathfrak{A}$, 把 X 看作复形

$$\cdots \longrightarrow 0 \longrightarrow X \longrightarrow 0 \longrightarrow \cdots$$

其中 X 在 0 位, 取内射分解 $X \to I^\bullet$, 则 $RF(X) = FI^\bullet$.

A.7 $R\operatorname{Hom}^\bullet$ 函子

固定一个 Abel 范畴 $\mathfrak{A}$.

A.7.1 Hom$^\bullet$

设 $X^\bullet$, $Y^\bullet$ 为 $\mathfrak{A}$ 的复形. 定义 Abel 群范畴 $\mathfrak{Ab}$ 的复形 $\operatorname{Hom}^\bullet(X^\bullet, Y^\bullet)$ 如下:

$$\operatorname{Hom}^n(X^\bullet, Y^\bullet) = \prod_{i \in \mathbb{Z}} \operatorname{Hom}_\mathfrak{A}(X^i, Y^{i+n}),$$

以及

$$\mathrm{d}^n = \prod_{i\in\mathbb{Z}} (\mathrm{d}_X^{i-1} + (-1)^{n+1}\mathrm{d}_Y^{i+n}).$$

这样便有

$$H^n(\mathrm{Hom}^\bullet(X^\bullet, Y^\bullet)) = \mathrm{Hom}_{K(\mathfrak{A})}(X^\bullet, T^n Y^\bullet),$$

且有双 δ 函子

$$\mathrm{Hom}^\bullet:\ K(\mathfrak{A})^\circ \times K(\mathfrak{A}) \longrightarrow K(\mathfrak{Ab}).$$

引理 A.7.1 设 $X^\bullet \in \mathrm{Obj}\,K(\mathfrak{A})$, $Y^\bullet \in \mathrm{Obj}\,K^+(\mathfrak{A})$. 设 Y^i 为内射对象 $(\forall\, i)$. 如果 $Y^\bullet$ 或 $X^\bullet$ 为零调, 则 $\mathrm{Hom}^\bullet(X^\bullet, Y^\bullet)$ 为零调.

A.7.2 $R\,\mathrm{Hom}^\bullet$

假设 $\mathfrak{A}$ 有足够内射对象. 设 $X^\bullet \in \mathrm{Obj}\,K(\mathfrak{A})$, 则左正合函子

$$\mathrm{Hom}^\bullet(X^\bullet, \bullet):\ K^+(\mathfrak{A}) \longrightarrow K(\mathfrak{Ab})$$

有右导出函子

$$R_{\mathrm{II}}\,\mathrm{Hom}^\bullet(X^\bullet, \bullet):\ \mathfrak{D}^+(\mathfrak{A}) \longrightarrow \mathfrak{D}(\mathfrak{Ab}).$$

从这个函子的构造过程可以看出：如果有态射 $X^\bullet \to X'^\bullet$, 则有态射

$$R_{\mathrm{II}}\,\mathrm{Hom}^\bullet(X'^\bullet, \bullet)(Y^\bullet) \longrightarrow R_{\mathrm{II}}\,\mathrm{Hom}^\bullet(X^\bullet, \bullet)(Y^\bullet).$$

当 $X^\bullet \to X'^\bullet$ 是拟同构时此态射是同构. 于是函子

$$\begin{aligned} F:\ K(\mathfrak{A})^\circ &\longrightarrow \mathfrak{D}(\mathfrak{Ab}) \\ X^\bullet &\longmapsto R_{\mathrm{II}}\,\mathrm{Hom}^\bullet(X^\bullet, \bullet)(Y^\bullet) \end{aligned}$$

透过 $K(\mathfrak{A})^\circ \to \mathfrak{D}(\mathfrak{A})^\circ$ 诱导出 (平凡) 右导出函子 $RF:\ \mathfrak{D}(\mathfrak{A})^\circ \to \mathfrak{D}(\mathfrak{Ab})$. 我们把这个 RF 记为

$$R_{\mathrm{I}}R_{\mathrm{II}}\,\mathrm{Hom}^\bullet:\ \mathfrak{D}(\mathfrak{A})^\circ \times \mathfrak{D}^+(\mathfrak{A}) \longrightarrow \mathfrak{D}(\mathfrak{Ab}).$$

又以 $R\,\mathrm{Hom}^\bullet$ 简记此函子.

定理 A.7.2 $H^i(R\,\mathrm{Hom}^\bullet(X^\bullet, Y^\bullet)) = \mathrm{Hom}_{\mathfrak{D}(\mathfrak{A})}(X^\bullet, T^i(Y^\bullet))$.

A.7.3　投射情形

若假设 $\mathfrak{A}$ 有足够投射对象, 则如上一小节 (把箭头反向) 有函子

$$R_{\mathrm{II}}R_{\mathrm{I}}\,\mathrm{Hom}^\bullet:\ \mathfrak{D}^-(\mathfrak{A})^\circ\times\mathfrak{D}(\mathfrak{A})\longrightarrow\mathfrak{D}(\mathfrak{Ab}).$$

如果 $\mathfrak{A}$ 有足够内射对象和足够投射对象, 则两个函子 $R_{\mathrm{I}}R_{\mathrm{II}}\,\mathrm{Hom}^\bullet$ 和 $R_{\mathrm{II}}R_{\mathrm{I}}\,\mathrm{Hom}^\bullet$ 同时在 $\mathfrak{D}^-(\mathfrak{A})^\circ\times\mathfrak{D}^+(\mathfrak{A})$ 上有定义, 并且彼此自然同构.

A.7.4　Grothedieck 拓扑下的情形

现在设 $T=(\mathrm{Cat}\,T,\mathrm{Cov}\,T)$ 为 Grothedieck 拓扑. 于是可以定义交换层 $F:\ (\mathrm{Cat}\,T)^\circ\to\mathfrak{Ab}$. 拓扑 T 所决定的所有交换层组成 Abel 范畴 $\mathcal{A}_T$. 对于交换层 $F,G\in\mathrm{Obj}\,\mathcal{A}_T$, 有相应的交换层 $\mathscr{H}om(F,G)$ 和交换群 $\mathrm{Hom}(F,G)$.

因为 $\mathcal{A}_T$ 内有足够内射对象, 根据前面的讨论知有函子

$$R\,\mathrm{Hom}^\bullet:\ \mathfrak{D}(\mathcal{A}_T)^\circ\times\mathfrak{D}^+(\mathcal{A}_T)\longrightarrow\mathfrak{D}(\mathfrak{Ab}).$$

我们记 $H^i(R\,\mathrm{Hom}^\bullet(F^\bullet,G^\bullet))$ 为 $\mathrm{Ext}^i(F^\bullet,G^\bullet)$ (又称为 global hyperext).

如同定义 $\mathrm{Hom}^\bullet$ 一样可以定义 $\mathscr{H}om^\bullet$.

引理 A.7.3　*设 $F^\bullet$, $G^\bullet$ 为交换层复形, 其中 G^i 皆为内射层, 并且 $G^i=0$ $(\forall\, i\ll 0)$. 如果 $F^\bullet$ 或 $G^\bullet$ 为零调, 则 $\mathscr{H}om^\bullet(F^\bullet,G^\bullet)$ 为零调.*

如前面两节关于 Hom 的讨论一样, 可以证明存在函子

$$R_{\mathrm{I}}R_{\mathrm{II}}\mathscr{H}om^\bullet:\ \mathfrak{D}(\mathcal{A}_T)^\circ\times\mathfrak{D}^+(\mathcal{A}_T)\longrightarrow\mathfrak{D}(\mathfrak{Ab}).$$

此函子亦记为 $R\mathscr{H}om^\bullet$. 我们又记层 $H^i(\mathscr{H}om^\bullet(F^\bullet,G^\bullet))$ 为 $\mathscr{E}xt^i(F^\bullet,G^\bullet)$ (此交换层又称为 local hyperext). 若有交换层 F, G, 我们可以把 F 看作复形

$$\cdots\longrightarrow 0\longrightarrow F\longrightarrow 0\longrightarrow\cdots$$

(F 在零次位置), 则有交换层 $\mathscr{E}xt^i(F,G)$ (又称为 local ext).

本节参考资料: [68], [39], [163], [272], [321], [385], [386] 及 [392].

附录 B Grothendieck 拓扑

B.1 拓扑与层

给定范畴 Cat T, 考虑集合 Cov T. 此集合的元素是一组在范畴 Cat T 内的态射 $\{U_i \to U\}_{i \in I}$. 考虑以下条件:

(1) 如果 φ 是 Cat T 内的同构, 则 $\{\varphi\} \in \text{Cov } T$.

(2) 如果 $\{U_i \xrightarrow{\varphi_i} U\} \in \text{Cov } T$ 及 $\{V_{ij} \xrightarrow{\varphi_{ij}} U_i\} \in \text{Cov } T$, 则

$$\{V_{ij} \xrightarrow{\varphi_i \varphi_{ij}} U\} \in \text{Cov } T.$$

(3) 如果 $\{U_i \to U\} \in \text{Cov } T$, $V \to U$ 是 Cat T 内任一态射, 则纤维积 $U_i \times_U V$ 存在并且 $\{U_i \times_U V \xrightarrow{\text{pr}_2} V\} \in \text{Cov } T$.

当以上三个条件成立时, 我们说 (Cat T, Cov T) 是一个**位形** (site), 又说 Cov T 在 Cat T 上定义了 **Grothendieck 拓扑**, 这就如我们平常所说的拓扑空间 $(\mathscr{T}, \tau)$ 一样, 其中 $\mathscr{T}$ 是一个集合, τ 是一组 $\mathscr{T}$ 的子集, 满足开集条件; 我们也说 τ 是 $\mathscr{T}$ 的一个**拓扑** (topology). (“topos” 来自希腊文, “situs” 来自拉丁文). (在 $[147]_{\text{I}}$, Exp. IV, 4.2.5 中称这里定义的拓扑为 prétopologie)

以下我们有时候把 (Cat T, Cov T) 记为 $(\mathscr{C}, \mathscr{T})$. 如果 $\mathscr{T} \subseteq \mathscr{T}'$, 我们说拓扑 $(\mathscr{C}, \mathscr{T})$ 比 $(\mathscr{C}, \mathscr{T}')$ **弱** ($\mathscr{T}$ is weaker than $\mathscr{T}'$ 或 $\mathscr{T}$ is less fine than $\mathscr{T}'$).

当 $\{U_i \to U\} \in \text{Cov } T$ 时我们称 $\{U_i\}$ 为 U 的一个覆盖.

设 $\mathscr{C}$ 为有纤维积之范畴. 我们称 $\mathscr{C}$ 内的一组态射 $\{U_i \to U\}$ 为**泛有效满射** (universal effective epimorphisms), 如果对任意 $Z \in \text{Obj } \mathscr{C}$ 及任意 $\mathscr{C}$ 内态射 $U \to V$, 以下两图均为正合:

$$\text{Hom}(U, Z) \longrightarrow \prod \text{Hom}(U_i, Z) \rightrightarrows \prod \text{Hom}(U_i \times_U U_j, Z),$$

$$\text{Hom}(V, Z) \longrightarrow \prod \text{Hom}(U_i \times_U V, Z) \rightrightarrows \prod \text{Hom}(U_i \times_U V \times_U U_j, Z).$$

($[147]_{\text{I}}$ IV, §1)

设 Cat $T_{\mathscr{C}} = \mathscr{C}$, Cov $T_{\mathscr{C}}$ 为 $\mathscr{C}$ 内所有的泛有效满射, 则 (Cat$T_{\mathscr{C}}$, Cov $T_{\mathscr{C}}$) 为 Grothendieck 拓扑. 常称此为 $\mathscr{C}$ 的标准拓扑 (canonical topology).

一个 Grothendieck 拓扑的态射 $f: T \to T'$ 是指一个满足下列条件的一个函子 $f: \text{Cat } T \to \text{Cat } T'$：

(1) 如果 $\{U_i \xrightarrow{\varphi_i} U\} \in \text{Cov } T$, 则 $\{f(U_i) \xrightarrow{f(\varphi_i)} f(U)\} \in \text{Cov } T'$.

(2) 如果 $\{U_i \to U\} \in \text{Cov } T$ 和 $V \to U \in \text{Cov } T$, 则自然态射

$$f(U_i \times_U V) \longrightarrow f(U_i) \times_{f(U)} f(V)$$

对所有的 i 均为同构.

设有 Grothendieck 拓扑 $T = (\text{Cat } T, \text{Cov } T)$. 又设范畴 $\mathscr{C}$ 内存在乘积. 所谓 T 上取值于 $\mathscr{C}$ 的**预层** (presheaf) 是指一个从 Cat T 到 $\mathscr{C}$ 的**反变函子** (contravariant functor). 如果以下条件成立, 则称预层 $\mathcal{F}$ 为**层** (sheaf)：若 $\{U_i \xrightarrow{\varphi_i} U\} \in \text{Cov } T$, 则下图正合：

$$\mathcal{F}(U) \xrightarrow{\rho} \prod_i \mathcal{F}(U_i) \underset{p_2}{\overset{p_1}{\rightrightarrows}} \prod_{i,j} \mathcal{F}(U_i \times_U U_j)$$

(见 [11] §3.2). 当 $\mathscr{C}$ 为交换群范畴时, 我们称取值于 $\mathscr{C}$ 的层为交换层.

设有 T 上取值于 $\mathscr{C}$ 的预层 $\mathcal{F}, \mathcal{G}$. 从 $\mathcal{F}$ 到 $\mathcal{G}$ 的态射 $f: \mathcal{F} \to \mathcal{G}$ 是指反变函子的态射 (自然变换)：即是说对 Cat T 的每个对象 U 给出 $\mathscr{C}$ 内的态射 $f_U: \mathcal{F}(U) \to \mathcal{G}(U)$, 使得对 Cat T 内的任一态射 $i: U \to V$ 有以下交换图

$$\begin{array}{ccc} \mathcal{F}(V) & \xrightarrow{f_V} & \mathcal{G}(V) \\ {\scriptstyle \mathcal{F}(i)}\downarrow & & \downarrow{\scriptstyle \mathcal{G}(i)} \\ \mathcal{F}(U) & \xrightarrow{f_U} & \mathcal{G}(U) \end{array}$$

所有由 $\mathcal{F}$ 到 $\mathcal{G}$ 的态射所组成的集合记作 $\text{Hom}(\mathcal{F}, \mathcal{G})$.

给出交换预层 $\mathcal{F}$ 我们可以构造交换层 $\mathcal{F}^{++}$ (称为 $\mathcal{F}$ 的层化) 和态射 $i: \mathcal{F} \to \mathcal{F}^{++}$, 满足这样的条件：任一从 $\mathcal{F}$ 到交换层 $\mathcal{G}$ 的态射必可唯一的分解为 $\mathcal{F} \xrightarrow{i} \mathcal{F}^{++} \to \mathcal{G}$ (参见：[11] §3.2).

设 $\mathscr{T}$ 为 Grothendieck 拓扑. 由 $\mathscr{T}$ 上所有的交换层所组成的范畴记为 $\mathfrak{Ab}_{\mathscr{T}}$.

定理 B.1.1 $\mathfrak{Ab}_{\mathscr{T}}$ 是 Abel 范畴, 并且

(1) $\mathfrak{Ab}_{\mathscr{T}}$ 有足够的内射对象,

(2) 设有 $\mathcal{F}_i \in \mathfrak{Ab}_{\mathscr{T}}$, $i \in I$, 则 $\mathfrak{Ab}_{\mathscr{T}}$ 内存在直积 $\prod \mathcal{F}_i$ (这条件称为 Ab3*)

(3) 设有 $\mathcal{F}_i \in \mathfrak{Ab}_{\mathscr{T}}$, $i \in I$, 则 $\mathfrak{Ab}_{\mathscr{T}}$ 内存在直和 $\bigoplus \mathcal{F}_i$. 设有 $\mathcal{F} \in \mathfrak{Ab}_{\mathscr{T}}$ 和有向集 $\{\mathcal{F}_i\}$, 其中 $\mathcal{F}_i$ 为 $\mathcal{F}$ 的子层, 则对 $\mathcal{F}$ 的任一子集 $\mathcal{G}$ 有

$$\left(\sup_{i \in I} \mathcal{F}_i\right) \cap \mathcal{G} = \sup_{i \in I}(\mathcal{F}_i \cap \mathcal{G})$$

(这条件称为 Ab5).

注　从 $\mathcal{F}_i$ 是 $\mathcal{F}$ 的子层及直和存在, 知可取直和所决定之态射 $\bigoplus_{i\in I}\mathcal{F}_i\to\mathcal{F}$ 的像为 $\sup_{i\in I}\mathcal{F}_i$.

证明　我们先来证明 $\mathfrak{Ab}_{\mathscr{T}}$ 为 Abel 范畴.

第一步. 设 $\mathcal{F},\mathcal{G}\in\mathfrak{Ab}_{\mathscr{T}}$, 则 $\mathrm{Hom}(\mathcal{F},\mathcal{G})$ 为交换群, 其零元为这样的层: 对任一 $U\in\mathscr{T}$, $\Theta(U)=0$.

第二步. 设 $\mathcal{F}\to\mathcal{G}$ 为 $\mathfrak{Ab}_{\mathscr{T}}$ 内的态射. 定义预层 $\mathcal{K}$ 如下: 对 $U\in\mathscr{T}$, 设 $\mathcal{K}(U)=\mathrm{Ker}(\mathcal{F}(U)\to\mathcal{G}(U))$. 我们断定 $\mathcal{K}$ 是层. 原因是这样: 设 $\{U_i\to U\}\in\mathrm{Cov}\,T$, 则有交换图:

$$\begin{array}{ccccccc}
 & & 0 & & 0 & & 0\\
 & & \downarrow & & \downarrow & & \downarrow\\
 & & \mathcal{K}(U) & \longrightarrow & \prod\mathcal{K}(U_i) & \rightrightarrows & \prod\mathcal{K}(U_i\times_U U_j)\\
 & & \downarrow & & \downarrow & & \downarrow\\
0 & \longrightarrow & \mathcal{F}(U) & \longrightarrow & \prod\mathcal{F}(U_i) & \rightrightarrows & \prod\mathcal{F}(U_i\times_U U_j)\\
 & & \downarrow & & \downarrow & & \downarrow\\
0 & \longrightarrow & \mathcal{G}(U) & \longrightarrow & \prod\mathcal{G}(U_i) & \rightrightarrows & \prod\mathcal{G}(U_i\times_U U_j)
\end{array}$$

其中第二, 三行及所有的列为正合. 于是得知第一行亦是正合. 于是得证 $\mathcal{K}$ 为层. 由定义知有态射 $\mathcal{K}\to\mathcal{F}$. 余下证明 $\mathcal{K}\to\mathcal{F}$ 为 $\mathcal{F}\to\mathcal{G}$ 的核. 首先由定义, $\mathcal{K}$ 为预层态射 $\mathcal{F}\to\mathcal{G}$ 的核, 所以对任意预层 $\mathcal{X}$ 必得正合序列:

$$0\longrightarrow\mathrm{Hom}(\mathcal{X},\mathcal{K})\longrightarrow\mathrm{Hom}(\mathcal{X},\mathcal{F})\longrightarrow\mathrm{Hom}(\mathcal{X},\mathcal{G}),$$

于是必然对层 $\mathcal{X}$ 也是正合. 但是 Hom 的定义对预层和层是一样的 (即定义中并没有提及是预层或是层), 所以对任意层 $\mathcal{X}$ 以上序列仍然正合. 这就是说 $\mathcal{K}\to\mathcal{F}$ 为 $\mathcal{F}\to\mathcal{G}$ 的核了.

第三步. 给出态射 $f:\mathcal{F}\to\mathcal{G}\in\mathfrak{Ab}_{\mathscr{T}}$, 交换群同态 $f_U:\mathcal{F}(U)\to\mathcal{G}(U)$ 的余核 $(\mathrm{Coker}\,f_U)$ 是 $\mathcal{C}(U)=\mathcal{G}(U)/f_U(\mathcal{F}(U))$ (正确是指同态 $\mathcal{G}(U)\to\mathcal{C}(U)$). 于是对任意层 $\mathcal{X}$ 有正合序列:

$$\begin{array}{ccccccc}
\mathrm{Hom}(\mathcal{F},\mathcal{X}) & \longleftarrow & \mathrm{Hom}(\mathcal{G},\mathcal{X}) & \longleftarrow & \mathrm{Hom}(\mathcal{C},\mathcal{X}) & \longleftarrow & 0\\
\updownarrow & & \updownarrow & & \updownarrow & & \\
\mathrm{Hom}(\mathcal{F}^{++},\mathcal{X}) & & \mathrm{Hom}(\mathcal{G}^{++},\mathcal{X}) & & \mathrm{Hom}(\mathcal{C}^{++},\mathcal{X}) & &
\end{array}$$

其中每列的双射是层化 $\bullet \to \bullet^{++}$ 的性质. 但 $\mathcal{F}, \mathcal{G}$ 是层, 于是 $\mathcal{F} \cong \mathcal{F}^{++}$, $\mathcal{G} \cong \mathcal{G}^{++}$, 这样上图便给出以下正合序列:

$$\mathrm{Hom}(\mathcal{F}, \mathcal{X}) \longleftarrow \mathrm{Hom}(\mathcal{G}, \mathcal{X}) \longleftarrow \mathrm{Hom}(\mathcal{C}^{++}, \mathcal{X}),$$

即是说 $\mathcal{G} \to \mathcal{C}^{++}$ 是 $\mathrm{Coker}(\mathcal{F} \to \mathcal{G})$.

第四步. 有了 Ker 及 Coker, 我们便可取像为 $\mathrm{Im}\, f = \mathrm{Ker}\,\mathrm{Coker}\, f$, 余像为 $\mathrm{Coim}\ f = \mathrm{Coker}\ \mathrm{Ker}\, f$. 这就证明了 $\mathfrak{Ab}_{\mathscr{T}}$ 为 Abel 范畴.

现在我们证明 (2)、(3). 设有 $\mathcal{F}_i \in \mathfrak{Ab}_{\mathscr{T}}$, $i \in I$. 则显然预层 $U \to \prod_{i\in I} \mathcal{F}_i(U)$ 是层. 即 $\mathfrak{Ab}_{\mathscr{T}}$ 内存在直积. 另外, 取交换群直和 $\mathcal{S}(U) = \bigoplus_{i\in I} \mathcal{F}_i(U)$, 则对任何层 $\mathcal{X}$, 从自然单射 $\mathcal{F}_i \to \mathcal{S}$ 得双射

$$\mathrm{Hom}(\mathcal{S}, \mathcal{X}) \longrightarrow \prod_i \mathrm{Hom}(\mathcal{F}_i, \mathcal{X}),$$

由层化的性质 $\mathcal{S} \to \mathcal{S}^{++}$ 得双射

$$\mathrm{Hom}(\mathcal{S}^{++}, \mathcal{X}) \longrightarrow \prod_i \mathrm{Hom}(\mathcal{F}_i, \mathcal{X})$$

(从 $\mathcal{F}_i$ 是层知 $\mathcal{F}_i^{++} \cong \mathcal{F}_i$). 于是知道 $\mathcal{F}_i \to \mathcal{S}^{++}$ 是在 $\mathfrak{Ab}_{\mathscr{T}}$ 内 $\{\mathcal{F}_i\}_{i\in I}$ 的直和.

至于 $\mathfrak{Ab}_{\mathscr{T}}$ 内存在足够内射对象, 我们不证了. 这是 Abel 范畴的一个一般性的结果. 证明见 [137]. □

固定概形 S. 以 $\mathfrak{Sch}/S$ 记由 S 概形所组成的范畴. 我们说 $\mathfrak{Sch}/S$ 内的态射集合 $\{U_i \xrightarrow{\varphi_i} U\}_{i\in I}$ 为**满族** (surjective family), 如果 $U = \bigcup_{i\in I} \varphi_i(U_i)$. 若 I 是个有限集, 则说 $\{U_i \xrightarrow{\varphi_i} U\}$ 是个有限满族.

在 $\mathfrak{Sch}/S$ 内, 由所有这样的满族 $\{U_i \xrightarrow{\varphi_i} U \mid \varphi_i \text{ 开浸入}\}_{i\in I}$ 所构成的类记作 $\mathscr{C}_{\mathrm{Zar}}$. 在 $\mathfrak{Sch}/S$ 内, 由所有的有限满族 $\{U_i \xrightarrow{\varphi_i} U \mid \varphi_i \text{ 满足性质 P}\}_{i\in I}$ 所构成的类记作 $\mathscr{C}_{\mathrm{P}}$. 我们分别取 P 为: 忠实平坦及有限展示, 则得 $\mathscr{C}_{\mathrm{fppf}}$; 取 P 为忠实平坦及拟紧, 则得 $\mathscr{C}_{\mathrm{fpqc}}$.

在 $\mathfrak{Sch}/S$ 上装备上由 $\mathscr{C}_{\mathrm{Zar}} \cup \mathscr{C}_{\mathrm{P}}$ 所决定的 Grothendieck 拓扑后我们记它为 $(\mathfrak{Sch}/S)_{\mathrm{P}}$. 显然有

$$(\mathfrak{Sch}/S)_{\mathrm{fpqc}} \supseteq (\mathfrak{Sch}/S)_{\mathrm{fppf}} \supseteq (\mathfrak{Sch}/S)_{\mathrm{Zar}}$$

([147] IV, 6.3).

有了拓扑便可定义层 (见 [11] §3.2). 我们称 $\mathscr{C}_{\mathrm{P}}$ 上的层为 P 层. Grothendieck 的定理说: 若 $X \in \mathfrak{Sch}/S$, 则 $\mathrm{Hom}_S(\bullet, X)$ 是 fpqc 层 ([11] 定理 3.7). 由 P 层所组成的范畴记为 $(\mathscr{F}/S)_{\mathrm{P}}$. 则 Grothendieck 的定理说: 透过 $X \mapsto \mathrm{Hom}_S(\bullet, X) =$

h_X 我们可以把 $\mathfrak{Sch}/S$ 看作 $(\mathscr{F}/S)_{\text{fpqc}}$ 的**全子范畴** (full subcategory). 这是 “下降法” 的一个基本结论. 下一节我们将证明：如果 $f: X \to Y$ 是有限展示忠实平坦的概形态射, 则 $\tilde{F}: h_X \to h_Y$ 是 fppf 层满射. 如此命题人们都说是显然的, 读者看法如何?

我们补充一点, 以 P 记 fpqc 或 fppf. 以 T 记 $(\mathfrak{Sch}/S)_{\mathrm{P}}$. 则 $\mathrm{Cat}\, T = \mathfrak{Sch}/S$. 而 $\mathrm{Cov}\, T$ 的元素是 $(\mathfrak{Sch}/S)$ 内满足以下条件的态射集合 $\{U_{ij} \xrightarrow{\varphi_{ij}} U_i \xrightarrow{\varphi_i} U\}_{i\in I, j\in I_j}$, 其中 I_j 是有限集, $\varphi_i : U_i \to U$ 是 S 概形开浸入. $\bigcup_{i\in I}\varphi_i(U_i) = U$, $\varphi_{ij} \in \mathrm{P}$, $\bigcup_{j\in I_i}\varphi_{ij}(U_{ij}) = U_i$.

预层 $\mathcal{F}: (\mathfrak{Sch}/S)_{\mathrm{P}} \to \mathscr{C}$ (即函子 $\mathcal{F}: (\mathfrak{Sch}/S)^o \to \mathscr{C}$, 并假设范畴 $\mathscr{C}$ 内有乘积) 是层的充要条件是:

(1) $\mathcal{F}$ 是 $(\mathfrak{Sch}/S)_{\mathrm{Zar}}$ 层, 即是说, 如果 $\{U_i \xrightarrow{\varphi_i} U\}_{i\in I}$ 是 $\mathfrak{Sch}/S$ 内的一组**开浸入** (open immersion) 使得 $\bigcup \varphi_i(U_i) = U$, 则下图正合:

$$\mathcal{F}(U) \longrightarrow \prod_i \mathcal{F}(U_i) \rightrightarrows \prod_{i,j} \mathcal{F}(U_i \times_U U_j).$$

(2) 如果 $V \to U \in \mathrm{P}$, V 和 U 是仿射概形, 则以下图正合:

$$\mathcal{F}(V) \longrightarrow \mathcal{F}(U) \rightrightarrows \mathcal{F}(U \times_V U)$$

(参见 $[147]_{\mathrm{I}}$ IV, Prop. 6.3.1).

B.2　环上的 fppf 层

为了帮助理解前面所作的拓扑复习. 我们考虑以下特殊情形：固定交换环 R, 取概形 $S = \mathrm{Spec}\, R$. 常以 $\mathfrak{Sch}/R$ 记 $\mathfrak{Sch}/S$. 我们在本节考虑 R 上的 fppf 层 $\mathcal{F}$, 即 $\mathcal{F}: (\mathfrak{Sch}/R)^o_{\text{fppf}} \to \mathfrak{Sets}$, 其中 $\mathfrak{Sets}$ 是集合范畴. 若 A 是 R 代数, 我们又以 $\mathcal{F}(A)$ 记 $\mathcal{F}(\mathrm{Spec}\, A)$. 从 $(\mathfrak{Sch}/R)_{\text{fpqc}} \supseteq (\mathfrak{Sch}/R)_{\text{fppf}}$, 用 Grothendieck 定理, 我们把 R 概形 $X \in \mathfrak{Sch}/R$ 看成 R 上的 fppf 层. 即是说我们不区分 X 和层 $\mathrm{Hom}_R(\bullet, X)$. 这样 $X(A)$ 是指 $\mathrm{Hom}_R(\mathrm{Spec}\, A, X)$.

我们将用以下术语. 设 A 为 R 代数. 我们说一组 A 代数 $\{B_i\}_{i\in I}$ 为 fppf 覆盖 A, 如果：(1) I 是有限的, (2) 每一 B_i 是平坦有限展示的 A 代数, 及 (3) $\bigcup_{i\in I} \mathrm{Spec}\, B_i = \mathrm{Spec}\, A$. 在本节我们简写 fppf 覆盖为覆盖. 所以 “B 覆盖 A” 是说 B 是忠实平坦有限展示的 A 代数.

用以上术语. 一个预层 $\mathcal{F}: (\mathfrak{Sch}/S)^o \to \mathfrak{Sets}$ 是 fppf 层的充要条件是:

(1) 对任何有限个 R 代数 B_i, 标准映射 $\mathcal{F}(\prod_i B_i) \to \prod_i \mathcal{F}(B_i)$ 是双射.

(2) 对任何 R 代数 A 及任一忠实平坦有限展示的 A 代数 B, 序列

$$\mathcal{F}(A) \xrightarrow{\mathcal{F}(\varphi)} \mathcal{F}(B) \underset{\mathcal{F}(i_2)}{\overset{\mathcal{F}(i_1)}{\rightrightarrows}} \mathcal{F}(B \otimes_A B)$$

是正合的, 其中 $\varphi : A \to B$ 是 B 作为 A 代数的结构同态, $i_1(b) = b \otimes 1$, $i_2(b) = 1 \otimes b$.

考虑任意范畴 $\mathscr{C}, \mathscr{D}$. 设有函子 $T : \mathscr{C} \to \mathscr{D}$, $S : \mathscr{D} \to \mathscr{C}$. 可以构造函子 $\mathscr{D}^o \times \mathscr{C} \to \mathfrak{Sets} : (B, A) \mapsto \mathrm{Hom}_{\mathscr{C}}(SB, A)$. 留意从 $\mathscr{D}$ 内的 $B \to B'$ 和 $\mathscr{C}$ 内的 $A \to A'$, 我们得

$$\mathrm{Hom}_{\mathscr{C}}(SB', A) \longrightarrow \mathrm{Hom}_{\mathscr{C}}(SB, A) \longrightarrow \mathrm{Hom}_{\mathscr{C}}(SB, A').$$

同样可造函子 $\mathscr{D}^o \times \mathscr{C} \to \mathfrak{Sets} : (B, A) \mapsto \mathrm{Hom}_{\mathscr{D}}(B, TA)$. 如果这两个从 $\mathscr{D}^o \times \mathscr{C}$ 到 $\mathfrak{Sets}$ 的函子之间存在函子同构 $\rho_{BA} : \mathrm{Hom}_{\mathscr{C}}(SB, A) \to \mathrm{Hom}_{\mathscr{D}}(B, TA)$, 则我们说 S 是 T 的左伴随函子, 而说 T 是 S 的右伴随函子.

以 $\mathscr{P}/S$ 记 $\mathfrak{Sch}/S$ 上的预层 $(\mathfrak{Sch}/S)^o \to \mathfrak{Sets}$ 所组成的范畴. 以 $(\mathscr{F}/S)_{\mathrm{fppf}}$ 记 S 上的 fppf 层, 以 $i : (\mathscr{F}/S)_{\mathrm{fppf}} \to \mathscr{P}/S$ 记包含函子. 则可以证明 i 有左伴随函子 $++ : \mathscr{P}/S \to (\mathscr{F}/S)_{\mathrm{fppf}}$ 使得 $++$ 与有限反向极限交换. 见 [147] IV, 4.3, [11] §3.2. 若 $P \in \mathscr{P}/S$, 则称 P^{++} 为 P 的层化.

设 $\{\mathcal{F}_j\}$ 是 $(\mathcal{F}/S)_{\mathrm{fppf}}$ 的一个**反向族** (inverse family). 则可在 $\mathfrak{Sets}$ 内计算反向极限 $\varprojlim \mathcal{F}_j(T)$, 其中 $T \in \mathfrak{Sch}/S$. 可以证明预层 $\varprojlim i(\mathcal{F}_j) : T \mapsto \varprojlim \mathcal{F}_j(T)$ 是层, 并且可以定义 $(\mathscr{F}/S)_{\mathrm{fppf}}$ 内的反向极限 $\varprojlim \mathcal{F}_j$, 使得 $i(\varprojlim \mathcal{F}_j) = \varprojlim i(\mathcal{F}_j)$.

若有 $(\mathscr{F}/S)_{\mathrm{fppf}}$ 内的**正向族** (direct family) $\{\mathcal{F}_j\}$. 则预层 $\varinjlim i(\mathcal{F}_j) : T \mapsto \varinjlim \mathcal{F}_j(T)$ 不一定是层. 可以证明层化后 $(\varinjlim i(\mathcal{F}_j))^{++}$ 是 $\{\mathcal{F}_j\}$ 的正向极限. 即

$$\varinjlim \mathcal{F}_j = (\varinjlim i(\mathcal{F}_j))^{++}.$$

以上的讨论引出以下的定义.

设 $f : \mathcal{F} \to \mathcal{G}$ 为层态射 (注意: f 是函子态射). 则有预层态射 $i(f) : i(\mathcal{F}) \to i(\mathcal{G})$. 此时 f 的核 $\mathrm{Ker}\, f$ 是 $i(f)$ 的核 $\mathrm{Ker}\,(i(f))$, 因为 $\mathrm{Ker}\,(i(f))$ 是一个层. 但是 $i(f)$ 的像 $\mathrm{Im}\,(i(f))$ 不一定是层. 所以作为层态射的像必需取 $\mathrm{Im}\, f$ 为 $\mathrm{Im}\,(i(f))^{++}$ (层化 $\mathrm{Im}\,(i(f))$). 当 $\mathrm{Im}\, f = \mathcal{G}$ 时我们说 f 是层满射.

设有概形态射 $f : X \to Y$. 若把 X, Y 看作 fppf 层, 则 f 便定出层态射 $\tilde{f} : X \to Y$. 我们需要找寻一个条件用来决定何时 $\tilde{f}$ 是一个层满射. 可以证明以下的结果.

设 $f:\mathcal{F}\to\mathcal{G}$ 为 fppf 层态射，则 f 为层满射的充要条件是：对任一 R 代数 A 及任意 $\alpha\in\mathcal{G}(A)$ 存在 R 代数 B, fppf 覆盖 A 及 $\beta\in\mathcal{F}(B)$ 使得 $f(\beta)=\alpha_B\in\mathcal{G}(B)$, 在这里 α_B 是指 α 在 $\mathcal{G}(A)\to\mathcal{G}(B)$ 之下的像.

$$\begin{array}{ccccc} & & \mathcal{F}(B) & & \beta \\ & & \downarrow{\scriptstyle f} & & \downarrow \\ \mathcal{G}(A) & \longrightarrow & \mathcal{G}(B): & \alpha \longrightarrow & \bullet \end{array}$$

利用上面的关于层满射的充要条件不难证明：有限展示忠实平坦的概形态射为 fppf 层满射.

现在我们先来了解层满射的充要条件. 说 $f:\mathcal{F}\to\mathcal{G}$ 是满射是指预层的像的层化 $(\mathrm{Im}(i(f)))^{++}=\mathcal{G}$. 所以我们需要了解预层的层化过程.

我们引入一个条件. 设预层 $\mathcal{G}$ 是预层 $\mathcal{F}$ 的子预层. 如果：对任何 R 代数 C 及任一 $\alpha\in\mathcal{F}(C)$, 存在一组 C 代数 $\{B_i\}_{i\in I}$ 覆盖 C 使得对所有 $i\in I$, α 在 $\mathcal{F}(B_i)$ 内的像 α_{B_i} 属于 $\mathcal{G}(B_i)$. 我们就说 $\mathcal{G}$ 在 $\mathcal{F}$ 内满足条件 ◎.

以上关于层满射的充要条件是由以下条件推出：

设 $\mathrm{in}:\mathcal{G}\to\mathcal{F}$ 为预层的包含态射. 则层化后 $(\mathrm{in})^{++}:\mathcal{G}^{++}\to\mathcal{F}^{++}$ 为同构的充要条件是 $\mathcal{G}$ 在 $\mathcal{F}$ 内满足 ◎.

余下我们假定是使用 fppf 拓扑. 我们将对以上的条件提供证明.

为了了解 $\mathcal{P}^{++}$ 当知道这是运算 $\mathcal{P}\to\mathcal{P}^{+}$ 操作两次所得的. 因此第一步是了解 $\mathcal{P}^{+}$：设

$$\mathcal{P}:(\mathfrak{Sch}/R)^{o}\longrightarrow\mathfrak{Sets}$$

是一个预层. 则预层 $\mathcal{P}^{+}:(\mathfrak{Sch}/R)^{o}\to\mathfrak{Sets}$ 是这样的定义：对任一 R 代数 A, 取

$$\mathcal{P}^{+}(A)=\varinjlim \mathrm{Ker}\left(\prod_i \mathcal{P}(B_i)\rightrightarrows\prod_{i,j}\mathcal{P}(B_i\otimes_A B_j)\right),$$

其中 $\varinjlim$ 是对所有的 $\{B_i\}_{i\in I}$ fppf 覆盖 A 进行的 (见 [11] p.38).

首先我们证明：

$$\mathcal{P}^{+}(A)=\varinjlim \mathrm{Hom}_{\mathscr{P}}(\mathcal{G},\mathcal{P}),$$

其中我们对 $\tilde{A}$ 内满足条件 ◎ 的子预层 $\mathcal{G}$ 取正向极限.

从定义出发. B_i 的 A 代数结构态射 $A\to B_i$ 给出函子态射 $\tilde{B}_i\xrightarrow{\psi_i}\tilde{A}_i$. 设 $\mathcal{T}$ 为 $\tilde{B}_i$ (在预层范畴 $\mathscr{P}$ 内) 的直和 (I 为有限集). 取态射 $\psi:\mathcal{T}\to\tilde{A}$ 的分量为 ψ_i. 以 $\mathrm{Im}\,\psi$ 记 ψ 在 $\mathscr{P}$ 内的像. 则 ψ 决定态射 $\tilde{\psi}:\mathcal{T}\to\mathrm{Im}\psi$. 在 $\mathscr{P}$ 内有正合序列

$$\mathcal{T}\times_{\tilde{A}}\mathcal{T}\overset{\mathrm{pr}_1}{\underset{\mathrm{pr}_2}{\rightrightarrows}}\mathcal{T}\xrightarrow{\tilde{\psi}}\mathrm{Im}\,\psi.$$

再者 $\mathcal{T}\times_{\tilde{A}}\mathcal{T}=\bigoplus_{i,j}\tilde{B}_i\times_{\tilde{A}}\tilde{B}_j=\bigoplus_{i,j}(B_i\otimes B_j)^{\sim}$. 引用 Yoneda 引理, $\mathrm{Hom}_{\mathscr{P}}(\mathcal{T},\mathcal{P})=\prod_i\mathcal{P}(B_i)$ 对任一预层 $\mathcal{P}$ 成立. 于是有 $\mathfrak{Sets}$ 内正合序列

$$\mathrm{Hom}_{\mathscr{P}}(\mathrm{Im}\,\psi,\mathcal{P})\longrightarrow\prod_i\mathcal{P}(B_i)\rightrightarrows\prod_{i,j}\mathcal{P}(B_i\otimes_A B_j),$$

亦即是说: 在 $\mathcal{P}^+$ 的定义中的 Ker 可以表达为 $\mathrm{Hom}_{\mathscr{P}}(\mathrm{Im}\,\psi,\mathcal{P})$. 所以

$$\mathcal{P}^+=\varinjlim\mathrm{Hom}_{\mathscr{P}}(\mathrm{Im}\,\psi,\mathcal{P}).$$

在其中我们当把 $\mathrm{Im}\,\psi$ 看作的 $\tilde{A}$ 的子函子. 如此便引起下一步: 这个 $\mathrm{Im}\,\psi$ 有什么性质?

我们先证明:

预层 $\tilde{A}$ 的子预层 $\mathcal{G}$ 在 $\tilde{A}$ 内满足条件 ◎ 当且仅当: 存在 $\{B_i\}_{i\in I}$ fppf 覆盖 A 使得所有由结构态射 $A\to B_i$ 所决定的态射 $\tilde{B}_i\to\tilde{A}$ 均分解为 $\tilde{B}_i\to\mathcal{G}\to\tilde{A}$.

证明如下: 设 $\{B_i\}$ 有以上的性质. 现取任一 R 代数 C 及 $\alpha\in\tilde{A}(C)=\mathrm{Hom}_R(A,C)$. 求 C 的覆盖 $\{C_i\}$ 使得 $\alpha_{C_i}\in\mathcal{G}(C_i)$. 从 $\{B_i\}$ 得 $C_i=C\otimes_A B_i$. 则 C_i 为平坦 C 代数而且 $\{C_i\}$ 覆盖 C. α 在 $\tilde{A}(C_i)$ 的像为 $\alpha_{C_i}:A\xrightarrow{\alpha}C\to C_i$, 但 C_i 是在 A 上取张量积. 因此 α_{C_i} 亦可分解为 $A\xrightarrow{\psi_i}B_i\to C_i$ (这只是说: $\alpha(a)\otimes 1=1\otimes\psi_i(a)$). 如此由 $A\to B_i$ 所决定之态射 $\tilde{B}_i(C_i)\to\tilde{A}(C_i)$ 的像包含 α_{C_i}. 但从 $\{B_i\}$ 的假设性质, 我们便有分解:

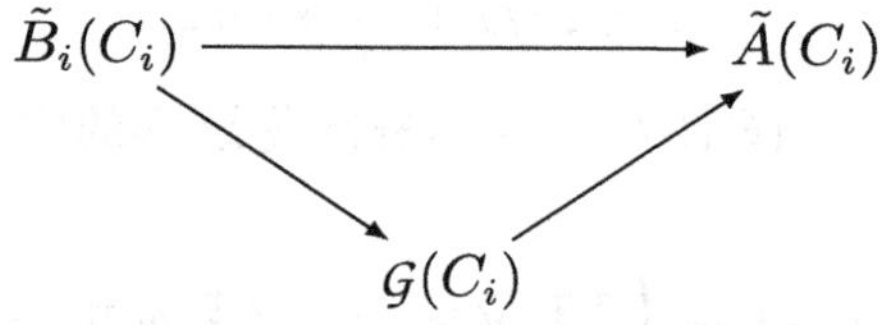

因知 $\alpha_{C_i}\in\mathcal{G}(C_i)$.

反过来, 若 $\mathcal{G}$ 在 $\tilde{A}$ 内满足 ◎, 取 α 为 $\mathrm{Id}_A\in\tilde{A}(A)$, 则按 ◎ 存在 $\{B_i\}$ 覆盖 A, 使得 α 在 $\tilde{A}(B_i)$ 的像 α_{B_i} 是属于 $\mathcal{G}(B_i)$. 但 α_{B_i} 是结构态射 $A\to B_i$, 于是决定态射 $\tilde{B}_i\to\tilde{A}$. 而说 $\alpha_{B_i}\in\mathcal{G}(B_i)=\mathrm{Hom}_{\mathscr{P}}(\tilde{B}_i,\mathcal{G})$, 即是有分解:

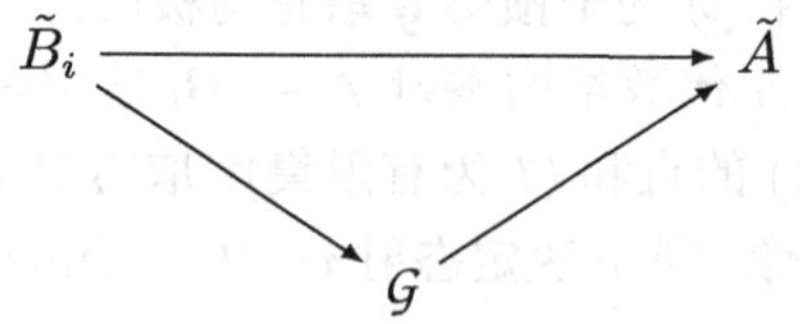

证毕.

从以上观察可推出：若 $\mathcal{P}$ 为预层, 则

$$\mathcal{P}^+(A) = \varinjlim \mathrm{Hom}_{\mathscr{P}}(\mathcal{G}, \mathcal{P}),$$

其中我们对 $\tilde{A}$ 内满足条件 ◎ 的子预层 $\mathcal{G}$ 取正向极限. 按此说法可以定义态射 $i_{\mathcal{P}} : \mathcal{P} \to \mathcal{P}^+$ 如下：若 A 为 R 代数. 则取 $i_{\mathcal{P}}(A)$ 为态射

$$\mathcal{P}(A) \cong \mathrm{Hom}_{\mathscr{P}}(\tilde{A}, \mathcal{P}) \subset \varinjlim_{\mathcal{G}} \mathrm{Hom}_{\mathscr{P}}(\mathcal{G}, \mathcal{P}).$$

可以证明对一预层 $\mathcal{P}$ 进行两次 + 的操作所得的预层 $(\mathcal{P}^+)^+$ 是一个层 ([11] §3.2).

我们证明：$i_{\mathcal{P}^+} : \mathcal{P}^+ \to \mathcal{P}^{++}$ 是单态射. 并且 $\mathcal{P}^+$ 在 $\mathcal{P}^{++}$ 内满足条件 ◎.

对 R 代数 A 有 $i_{\mathcal{P}^+}(A) : \mathcal{P}^+(A) \to \mathcal{P}^{++}(A)$. 说 $i_{\mathcal{P}^+}$ 是单态射是指：若 $v, w \in \mathcal{P}^+(A)$, $i_{\mathcal{P}^+}(v) = i_{\mathcal{P}^+}(w)$, 则 $v = w$. 要作证明, 便要利用 $\mathcal{P}^+(A)$ 的不同表现方式.

首先把 $\mathcal{P}^+(A) = \mathrm{Hom}_{\mathscr{P}}(\tilde{A}, \mathcal{P}^+)$. 这样说两个态射 $v, w : \tilde{A} \to \mathcal{P}^+$ 在 $\mathcal{P}^{++}(A)$ 中等同, 就是说在态射

$$i_{\mathcal{P}^+}(A) : \mathrm{Hom}_{\mathscr{P}}(\tilde{A}, \mathcal{P}^+) \longrightarrow \varinjlim \mathrm{Hom}_{\mathscr{P}}(\mathcal{G}, \mathcal{P}^+)$$

下的像等同, 即有 $\mathcal{G}$ 及 $v', w' \in \mathrm{Hom}_{\mathscr{P}}(\mathcal{G}, \mathcal{P})$ 使得 $i_{\mathcal{P}} \circ v' = v|_{\mathcal{G}}$, $i_{\mathcal{P}} \circ w' = w|_{\mathcal{G}}$ 及 $v|_{\mathcal{G}} = w|_{\mathcal{G}}$. 这里我们用了 $\mathcal{P}^+(A) = \varinjlim \mathrm{Hom}_{\mathscr{P}}(\mathcal{G}, \mathcal{P})$. 由于 $\mathcal{G}$ 是满足条件 ◎, 故有 $\{B_i\}_{i\in I}$ 覆盖 A 并且有分解：

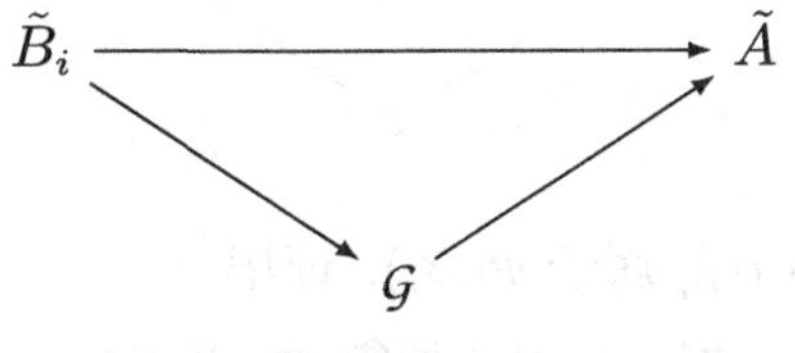

现在我们有图：

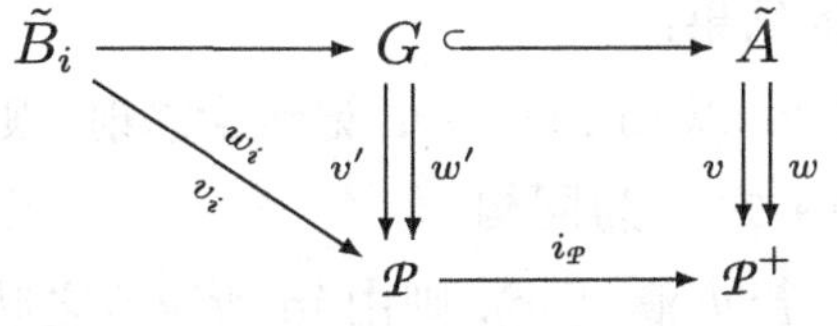

从 $i_{\mathcal{P}} \circ v_i = i_{\mathcal{P}} \circ w_i$ 知有 $\tilde{B}_i$ 内满足 ◎ 的子预层 $\mathcal{Z}_i$ 使得 $v_i|_{\mathcal{Z}_i} = w_i|_{\mathcal{Z}_i}$. 设 $\{C_{ij}\}_j$ 覆盖 B_i 使有分解 $\gamma_{ij} : \tilde{C}_{ij} \to \mathcal{Z}_i \to \tilde{B}_i$. 于是 $\gamma_{ij} \circ v_i = \gamma_{ij} \circ w_i$.

因为 $\{C_{ij}\}_{i,j}$ 覆盖 A, 所以 $\tilde{C}_{ij}$ 在 $\tilde{A}$ 的像的并集 $\mathcal{Z}$ 满足条件 ◎. 这时又有 $v'|_{\mathcal{Z}} = w'|_{\mathcal{Z}}$. 把 v, w 看成 $\mathcal{P}^+(A) = \varinjlim \mathrm{Hom}_{\mathscr{P}}(\mathcal{G}, \mathcal{P})$ 之元. 则 $v|_{\mathcal{Z}} = v'|_{\mathcal{Z}}$ 及 $w|_{\mathcal{Z}} = w'|_{\mathcal{Z}}$. 所以 $v = w$.

我们证明：如果 $i_{\mathcal{P}}:\mathcal{P}\to\mathcal{P}^+$ 是单态射, 则 $\mathcal{P}$ 在 $\mathcal{P}^+$ 内满足条件 ◎.

取任意 R 代数 A 及 $\alpha\in\mathcal{P}^+(A)$. 把 $\mathcal{P}^+(A)$ 看作 $\varinjlim \mathrm{Hom}_{\mathscr{P}}(\mathcal{G},\mathcal{P})$. 则有 $\tilde{A}$ 内满足 ◎ 的子预层 $\mathcal{G}$ 及 $\alpha'\in\mathrm{Hom}_{\mathscr{P}}(\mathcal{G},\mathcal{P})$, 使得 α' 代表 α. 这时若把 $\mathcal{P}^+(A)$ 看作 $\mathrm{Hom}_{\mathscr{P}}(\tilde{A},\mathcal{P}^+)$, α 看作态射 $\tilde{A}\to\mathcal{P}^+$, 则有交换图：

$$\begin{array}{ccc} \mathcal{G} & \hookrightarrow & \tilde{A} \\ {\scriptstyle\alpha'}\downarrow & & \downarrow{\scriptstyle\alpha} \\ \mathcal{P} & \xrightarrow{i_{\mathcal{P}}} & \mathcal{P}^+ \end{array}$$

从此看出 $\alpha^{-1}(i_{\mathcal{P}}(\mathcal{P}))\supseteq\mathcal{G}$. 因为 $\mathcal{G}$ 在 $\tilde{A}$ 内满足 ◎, 故此 $\alpha^{-1}(i_{\mathcal{P}}(\mathcal{P}))$ 在 $\tilde{A}$ 内满足 ◎. 于是存在 $\{B_i\}$ 覆盖 A 使其存有分解：

$$\begin{array}{ccc} \tilde{B}_i & \longrightarrow & \tilde{A} \\ & \searrow \quad \nearrow & \\ & \alpha^{-1}(i_{\mathcal{P}}(\mathcal{P})) & \end{array}$$

结合 $\alpha:\tilde{A}\to\mathcal{P}^+$, 便有

$$\begin{array}{ccc} \tilde{B}_i & \xrightarrow{\alpha_{B_i}} & \mathcal{P}^+ \\ & \searrow \quad \nearrow & \\ & \mathcal{P} & \end{array}$$

亦即是 α 在 $\mathcal{P}^+(B_i)$ 的像 α_{B_i} 属于 $\mathcal{P}(B_i)$. 证毕.

应用以上结果于 $i_{\mathcal{P}^+}:\mathcal{P}^+\to\mathcal{P}^{++}$ 便得 $\mathcal{P}^+$ 在 $\mathcal{P}^{++}$ 内满足 ◎.

我们可以证明这样的结果：

设预层 $\mathcal{T}$ 有子预层 $\mathcal{P}$. 以 $\mathrm{in}:\mathcal{P}\hookrightarrow\mathcal{T}$ 记包含态射. 则 $\mathcal{P}$ 在 $\mathcal{T}$ 内满足条件 ◎ 当且仅当 $(\mathrm{in})^{++}:\mathcal{P}^{++}\to\mathcal{T}^{++}$ 为同构.

先证明：设有层 $\mathcal{F}$. 若 $\mathcal{P}$ 满足 ◎, 则由 in 所决定之映射：

$$h(\mathrm{in}):\mathrm{Hom}_{\mathscr{P}}(\mathcal{T},\mathcal{F})\longrightarrow\mathrm{Hom}_{\mathscr{P}}(\mathcal{P},\mathcal{F})$$

为双射. 只要证明：任一 $\varphi:\mathcal{P}\to\mathcal{F}$ 可以唯一的扩张至 $\varphi':\mathcal{T}\to\mathcal{F}$, 即对任一 R 代数 A 及任一 $\alpha\in\mathcal{T}(A)$, 必需定义 $\varphi'_A(\alpha)\in\mathcal{F}(A)$. 由假设 $\mathcal{P}$ 在 $\mathcal{T}$ 内满足 ◎, 故

有 $\{B_i\}_{i\in I}$ 覆盖 A 使得 $\alpha_{B_i}:\mathcal{P}(B_i)$. 考虑图表:

$$\begin{array}{ccccc} & & \prod_i \mathcal{P}(B_i) & \underset{w'}{\overset{v'}{\rightrightarrows}} & \prod_{i,j}\mathcal{P}(B_i\otimes_A B_j) \\ & & \Big\downarrow{\scriptstyle \prod_i \varphi(B_i)} & & \Big\downarrow{\scriptstyle \prod_{i,j}\varphi(B_i\otimes_A B_j)} \\ \mathcal{F}(A) & \xrightarrow{u} & \prod_i \mathcal{F}(B_i) & \underset{w'}{\overset{v'}{\rightrightarrows}} & \prod_{i,j}\mathcal{F}(B_i\otimes_A B_j) \end{array}$$

下一行正合是因 $\mathcal{F}$ 是层. 在上行有

$$(\alpha_{B_i})_{B_i\otimes_A B_j}=\alpha_{B_i\otimes_A B_j}=(\alpha_{B_j})_{B_i\otimes_A B_j},$$

于是 v,w 在 $\prod\mathcal{F}(B_i)$ 的子集 $\{(\varphi(\alpha_{B_i}))_{i\in I}\}$ 上等值. 故存在唯一 $\alpha'\in\mathcal{F}(A)$. 取 $\varphi'_A(\alpha)=\alpha'$.

现在证明：若预层 $\mathcal{P}$ 在预层 $\mathcal{T}$ 内满足 ◎, 则包含态射诱导出同构 $\mathcal{P}^{++}\to\mathcal{T}^{++}$. 事实上因为层化函子 $++$ 是 $\mathscr{F}\to\mathscr{P}$ 的左伴随函子, 即是说有同构

$$\mathrm{Hom}_{\mathscr{F}}(\mathcal{P}^{++},\mathcal{F})\cong\mathrm{Hom}_{\mathscr{P}}(\mathcal{P},\mathcal{F}),$$

其中 $\mathcal{P}$ 为预层, $\mathcal{F}$ 为层, 利用上段结果构造交换图:

$$\begin{array}{ccc} \mathrm{Hom}_{\mathscr{F}}(\mathcal{T}^{++},\mathcal{F}) & \cong & \mathrm{Hom}_{\mathscr{P}}(\mathcal{T},\mathcal{F}) \\ \Big\downarrow & & \Big\downarrow{\scriptstyle h(\mathrm{in})} \\ \mathrm{Hom}_{\mathscr{F}}(\mathcal{P}^{++},\mathcal{F}) & \cong & \mathrm{Hom}_{\mathscr{P}}(\mathcal{P},\mathcal{F}) \end{array}$$

其中右直下箭头为双射. 故知左边箭头亦为双射. 因 $\mathcal{F}$ 是任意的层. 所以得出 $\mathcal{P}^{++}$ 与 $\mathcal{T}^{++}$ 同构.

反过来, 现设 $\mathcal{P}^{++}$ 与 $\mathcal{T}^{++}$ 同构, 将证子预层 $\mathcal{P}$ 在 $\mathcal{T}$ 内满足条件 ◎. 考虑以下图表:

$$\begin{array}{ccccc} \mathcal{P} & \longrightarrow & \mathcal{P}^{+} & \xrightarrow{i_{\mathcal{P}^+}} & \mathcal{P}^{++} \\ \Big\downarrow & & \Big\downarrow & & \Big\downarrow \\ \mathcal{T} & \longrightarrow & \mathcal{T}^{+} & \longrightarrow & \mathcal{T}^{++} \end{array}$$

前面已证明 $i_{\mathcal{P}^+}$ 是单射并且透过 $i_{\mathcal{P}^+}$ 把 $\mathcal{P}^+$ 看作 $\mathcal{P}^{++}$ 的子预层时, $\mathcal{P}^+$ 在 $\mathcal{P}^{++}$ 内满足条件 ◎. 据假设 $\mathcal{P}^{++}$ 与 $\mathcal{T}^{++}$ 同构. 把 $\mathcal{P}^+$ 看在 $\mathcal{T}^{++}$ 内. 设 $\mathcal{P}_1$ 为 $\mathcal{P}^+$ 在 $\mathcal{T}$ 内

之逆像. 我们断言 $\mathscr{P}$ 在 $\mathscr{P}_1$ 内满足 ◎. 为证此, 取 R 代数 A 及 $\alpha \in \mathscr{P}_1(A)$. 以 ξ 记 α 在 $\mathscr{P}^+(A)$ 的像. 按 $\mathscr{P}^+(A) = \varinjlim \mathrm{Hom}_{\mathscr{P}}(\mathcal{G}, \mathscr{P})$, 取 $\eta \in \mathrm{Hom}_{\mathscr{P}}(\mathcal{G}, \mathscr{P})$ 代表 ξ, 其中 $\mathcal{G}$ 在 $\tilde{A}$ 内满足 ◎. 把以上资料放在下图中:

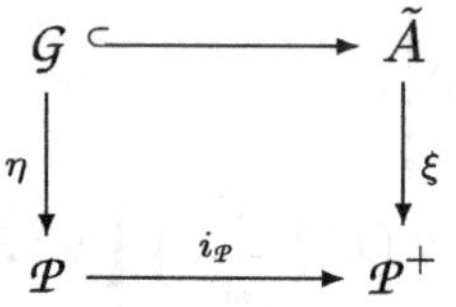

我们把 ξ 看作 $\mathscr{P}^+(A) = \mathrm{Hom}_{\mathscr{P}}(\tilde{A}, \mathscr{P}^+)$ 的元. 从此图看出 $\xi^{-1}(\mathscr{P}) \supseteq \mathcal{G}$, 而 $\mathcal{G}$ 在 $\tilde{A}$ 内满足 ◎. 所以 $\alpha^{-1}(\mathscr{P})$ 在 $\tilde{A}$ 满足 ◎. 按前面关于 $\tilde{A}$ 满足 ◎ 的子预层的讨论. 这就说有 $\{B_i\}$ 覆盖 A, 使得有分解:

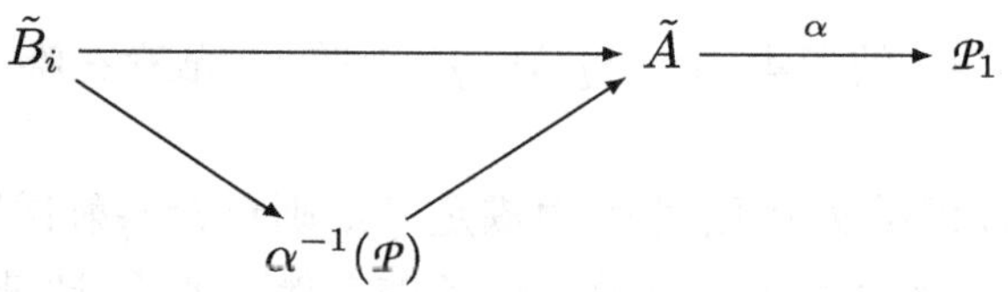

于是有分解:

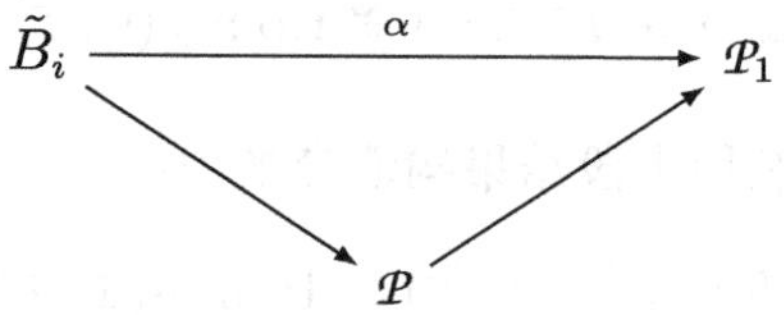

这就证明了 $\mathscr{P}$ 在 $\mathscr{P}_1$ 内满足 ◎.

现在总结: 假设 $\mathscr{P}^{++}$ 与 $\mathcal{T}^{++}$ 同构. $\mathscr{P}^+$ 在 $\mathscr{P}^{++}$ 内满足 ◎. 故 $\mathscr{P}^+$ 在 $\mathcal{T}^{++}$ 内满足 ◎. 作为逆像, 所以 $\mathscr{P}_1$ 在 $\mathcal{T}$ 内满足 ◎. 而已证 $\mathscr{P}$ 在 $\mathscr{P}_1$ 内满足 ◎, 因此, $\mathscr{P}$ 在 $\mathcal{T}$ 内满足 ◎.

作为推论可得:

设 $f: \mathcal{F} \to \mathcal{G}$ 为层态射. 则 f 为层满射的充要条件是: 对任一 R 代数 A 及任意 $\alpha \in \mathcal{G}(A)$, 存在代数 B 覆盖 A 及 $\beta \in \mathcal{F}(B)$ 使得 $f(\beta) = \alpha_B \in \mathcal{G}(B)$. 这里 α_B 是指 α 在 $\mathcal{G}(A) \to \mathcal{G}(B)$ 下之像.

把 f 看作预层态射时之像记为 $\mathrm{Im}\, f$. 则 f 为层满射是指 $(\mathrm{Im}\, f)^{++} = \mathcal{G}$. 按以上讨论, 这就等价于要求预层 $\mathrm{Im}\, f$ 在 $\mathcal{G}$ 内满足条件 ◎.

按 ◎, 已给 A 及 α, 存在 $\{B_i\}_{i\in I}$ 覆盖 A 及 $\beta_i \in \mathcal{F}(B_i)$ 使得 $f(\beta_i) = \alpha_{B_i}$. 所以若设 f 为层满射, 便取 $B = \prod B_i$ 及 β 等于 (β_i) 在同构 $\mathcal{F}(B) \xrightarrow{\sim} \prod \mathcal{F}(B_i)$ 下之逆像. 反过来, 存在 B 及 β 立得 f 是层满射.

进一步, 当我们把概形看作 fppf 层的时候, 便有以下推论.

设 $f: X \to Y$ 是概形态射. 则以下两条件等价:

(1) 把 X, Y 看作 fppf 层时所诱导出的层态射 $\tilde{f}$ 是层满射.

(2) 对任意点 $y \in Y$ 存在开邻域 $U(y) \overset{i}{\hookrightarrow} Y$, 有限展示忠实平坦的态射 $q(y): V(y) \to U(y)$ 及态射 $s(y): V(y) \to X$, 使得 $fs(y) = iq(y)$.

先证 (1) $\Rightarrow$ (2). 取 $U(y)$ 为 y 的开仿射邻域 $\operatorname{Spec} A$, A 为 R 代数. 包含态射 $i: U(y) = \operatorname{Spec} A \hookrightarrow Y$ 属于 $\operatorname{Hom}(\operatorname{Spec} A, Y) = Y(A)$. 由假设 $\tilde{f}$ 是层满射, 按前段推论, 知有代数 B 覆盖 A 及 $\beta \in X(B) = \operatorname{Hom}(\operatorname{Spec} B, X)$ 使 $\tilde{f}(\beta) = i_B$. 取 $V = \operatorname{Spec} B$, q 为结构同态 $A \to B$ 所决定的概形态射 $V \to U$. 则有

$$\begin{array}{ccc} V & \xrightarrow{\beta} & X \\ {\scriptstyle q}\downarrow & & \downarrow{\scriptstyle f} \\ U & \xrightarrow{i} & Y \end{array}$$

这就是 (2) 所求.

现证 (2) $\Rightarrow$ (1). 首先我们可以缩小 $U(y)$. 又可以把 V 换为它的有限个元的仿射覆盖. 然后再取这仿射覆盖的仿射概形的直和. 如此做法便可假设 $U(y)$ 及 V 均为仿射概形. 设 $U(y) = \operatorname{Spec} A(y)$, $V = \operatorname{Spec} A'(y)$.

为了证明 $\tilde{f}$ 是层满射, 我们需要证明: 对 R 代数 A 及 $\alpha \in Y(A)$, 存在 B 覆盖 A, $\beta \in X(B)$, 使 $\tilde{f}(\beta) = \alpha_B$.

取 $\operatorname{Spec} A$ 的覆盖 $\operatorname{Spec} A_{f_i}$ $(i = 1, \cdots, n)$ 使得 $\alpha \in Y(A) = \operatorname{Hom}(\operatorname{Spec} A, Y)$ 把每一 $\operatorname{Spec} A_{f_i}$ 影作形如 $U(y_i)$ 的开子集. 由假设 (2) 有交换图:

$$\begin{array}{ccccc} \operatorname{Spec}(A_{f_i} \otimes_{A(y_i)} A'(y_i)) & \longrightarrow & \operatorname{Spec} A'(y_i) & \xrightarrow{s(y_i)} & X \\ \downarrow & & \downarrow{\scriptstyle q(y_i)} & & \downarrow{\scriptstyle f} \\ \operatorname{Spec} A_{f_i} & \xrightarrow{\alpha} & \operatorname{Spec} A(y_i) & \hookrightarrow & Y \end{array}$$

（图中另有箭头 $\beta_i: \operatorname{Spec}(A_{f_i} \otimes_{A(y_i)} A'(y_i)) \to X$ 沿上方绕过.）

设 $B = \prod_i (A_{f_i} \otimes_{A(y_i)} A'(y_i))$ 及 $\beta = (\beta_i) \in X(B) = \prod_i X(A_{f_i} \otimes_{A(y_i)} A'(y_i))$. 则有

$$\begin{array}{ccc} \operatorname{Spec} B & \xrightarrow{\beta} & X \\ \downarrow & & \downarrow{\scriptstyle f} \\ \operatorname{Spec} A & \xrightarrow{\alpha} & Y \end{array}$$

命题 B.2.1 设 $f: X \to Y$ 为有限展示忠实平坦的概形态射. 则 f 所决定的层态射 $\tilde{f}: X \to Y$ 为层满射.

证明 对每一 $y \in Y$, 取开仿射邻域 $U(y)$.

存在有限个开仿射 $V_1, \cdots, V_n$ 在 $f^{-1}(U(y))$ 内使得 $\{f(V_i)\}$ 覆盖 $U(y)$. 以 $V'(y)$ 为概形 $V_1, \cdots, V_n$ 的直和. 以 $s(y): V'(y) \to X$ 记 $V_i \hookrightarrow X$ 所定之态射. 如此便得

$$\begin{array}{ccc} V & \longrightarrow & X \\ \downarrow & & \downarrow f \\ U & \longrightarrow & Y \end{array}$$

所需结论从前段等价关系得出.

B.3 Abel 范畴的上同调

称范畴 $\mathscr{C}$ 为**加性范畴** (additive category) 如果以下条件成立:

(1) 若 $A, B \in \mathrm{Obj}\,\mathscr{C}$, 则 $\mathscr{C}$ 内有直积 $A \prod B$ 和直和 $A \amalg B$.

(2) 若 $A, B \in \mathrm{Obj}\,\mathscr{C}$, 则 $\mathrm{Hom}_{\mathscr{C}}(A, B)$ 有交换群结构, 并且合成态射

$$\begin{aligned} \mathrm{Hom}_{\mathscr{C}}(A, B) \times \mathrm{Hom}_{\mathscr{C}}(B, C) &\longrightarrow \mathrm{Hom}_{\mathscr{C}}(A, C) \\ (f, g) &\longmapsto g \circ f \end{aligned}$$

是双线性. 我们以 0 记交换群 $\mathrm{Hom}_{\mathscr{C}}(A, B)$ 对加法的单位元.

(3) $\mathscr{C}$ 有零对象 Z, 即 Z 的恒等态射 1_Z 是 0.

如果加性范畴 $\mathscr{C}$ 还满足以下两个条件:

Ab1. $\mathscr{C}$ 的任一态射 u 必有核 $\mathrm{Ker}\, u$ 和余核 $\mathrm{Coker}\, u$.

Ab2. 从 $\mathscr{C}$ 的态射 u 必得同构 $\tilde{u}: \mathrm{Coim}\, u \to \mathrm{Im}\, u$, 其中 $\mathrm{Im}\, u = \mathrm{Ker}(\mathrm{Coker}\, u)$ 和 $\mathrm{Coim}\, u = \mathrm{Coker}(\mathrm{Ker}\, u)$.

则称 $\mathscr{C}$ 为 Abel 范畴.

设 $\mathscr{A}$ 为 Abel 范畴. $\mathscr{A}$ 的一个**上链复形** (cochain complex) 是指 $\mathscr{A}$ 的一组对象 $X^\bullet = (X^n)_{n \in \mathbb{Z}}$ 并设有态射 $\mathrm{d}_X^n: X^n \to X^{n+1}$ 使得对 $n \in \mathbb{Z}$ 有 $\mathrm{d}_X^{n+1} \circ \mathrm{d}_X^n = 0$. 一个复形态射 $f: X^\bullet \to Y^\bullet$ 是一组 $\mathscr{A}$ 的态射 $f^n: X^n \to Y^n$ 满足条件 $f^{n+1}\mathrm{d}_X^n = \mathrm{d}_Y^n f^n$.

我们定义复形 $X^\bullet$ 的 n 次上同调为

$$H^n(X^\bullet) := \mathrm{Coker}(\mathrm{Im}(\mathrm{d}_X^{n-1}) \longrightarrow \mathrm{Ker}(\mathrm{d}_X^n)).$$

设 $f : A^\bullet \to B^\bullet$ 是复形态射, 则 f 诱导自然态射 $H^n(f) : H^n(A^\bullet) \to H^n(B^\bullet)$. 如果有正合序列

$$0 \longrightarrow A^\bullet \longrightarrow B^\bullet \longrightarrow C^\bullet \longrightarrow 0,$$

则有自然态射 $\delta^n : H^n(C^\bullet) \to H^{n+1}(A^\bullet)$ 使得长正合序列

$$\cdots \to H^n(A^\bullet) \to H^n(B^\bullet) \to H^n(C^\bullet) \xrightarrow{\delta^n} H^{n+1}(A^\bullet) \to H^{n+1}(B^\bullet) \to \cdots$$

这些结果的证明如平常的同调代数一样亦是以下的蛇引理:

设 $\mathscr{C}$ 内有行为正合的交换图

$$\begin{array}{ccccccc} & & A & \longrightarrow & B & \longrightarrow & C & \longrightarrow & 0 \\ & & {\scriptstyle\alpha}\downarrow & & {\scriptstyle\beta}\downarrow & & {\scriptstyle\gamma}\downarrow & & \\ 0 & \longrightarrow & A' & \longrightarrow & B' & \longrightarrow & C' & & \end{array}$$

则有正合序列

$$0 \to \operatorname{Ker}\alpha \to \operatorname{Ker}\beta \to \operatorname{Ker}\gamma \to \operatorname{Coker}\alpha \to \operatorname{Coker}\beta \to \operatorname{Coker}\gamma \to 0$$

B.4　内射分解

常用的适应类是内射 (或投射) 对象. 我们只讨论内射情形.

我们称 Abel 范畴 $\mathscr{A}$ 的对象 I 为内射如果以下条件成立: 给出 $\mathscr{A}$ 内单态射 $0 \to A \xrightarrow{f} B$ 及态射 $\alpha : A \to I$, 则存在态射 $\beta : B \to I$ 使得 $\alpha = \beta \circ f$.

我们说 $\mathscr{A}$ 有**足够内射对象** (enough injectives), 如果对每个 $A \in \operatorname{Obj}\mathscr{A}$, 存在内射对象 I 及单态射 $0 \to A \to I$.

设 $X \in \operatorname{Obj}\mathscr{A}$. X 的一个内射分解是指一个复形 $I^\bullet \in C(\mathscr{A})$ 满足条件: 若 $i < 0$, 则 $I^i = 0$, 所有 I^i 均为内射对象, 及有态射 $X \to I^0$ 使得有正合序列

$$0 \longrightarrow X \longrightarrow I^0 \xrightarrow{\mathrm{d}_I^0} I^1 \xrightarrow{\mathrm{d}_I^1} I^2 \xrightarrow{\mathrm{d}_I^2} \cdots$$

若 $\mathscr{A}$ 有足够内射对象, 则 $\mathscr{A}$ 的任一对象均有内射分解.

定义 B.4.1　设 $\mathscr{A}, \mathscr{B}$ 为 Abel 范畴, 一个由 $\mathscr{A}$ 到 $\mathscr{B}$ 的 δ **函子**是指一组函子 $T = (T^0)_{n\geqslant 0}$ 及对每一个正合序列 $0 \to A' \to A \to A'' \to 0$ 有一组态射 $\delta^n : T^n(A'') \to T^{n+1}(A')$, 满足条件:

(1)

$$0 \to T^0(A') \to T^0(A) \to T^0(A'') \xrightarrow{\delta^0} T^1(A') \to \cdots$$
$$\cdots \to T^n(A') \to T^n(A) \to T^n(A'') \xrightarrow{\delta^n} T^{n+1}(A') \to \cdots$$

是正合序列.

(2) 若

$$\begin{array}{ccccccccc} 0 & \longrightarrow & A' & \longrightarrow & A & \longrightarrow & A'' & \longrightarrow & 0 \\ & & \downarrow & & \downarrow & & \downarrow & & \\ 0 & \longrightarrow & B' & \longrightarrow & B & \longrightarrow & B'' & \longrightarrow & 0 \end{array}$$

交换, 则

$$\begin{array}{ccc} T^n(A'') & \xrightarrow{\delta^n} & T^{n+1}(A') \\ \downarrow & & \downarrow \\ T^n(B'') & \xrightarrow{\delta^n} & T^{n+1}(B') \end{array}$$

亦交换.

定义 B.4.2　设 $T:\mathscr{A}\to\mathscr{B}$ 是 δ 函子, 若对任一 δ 函子 $S:\mathscr{A}\to\mathscr{B}$ 及任一自然变换 $f^0:T^0\to S^0$, 存在唯一的 $f^n:T^n\to S^n$ $(n\geqslant 1)$, 对任一正合序列 $0\to A'\to A\to A''\to 0$,

$$\begin{array}{ccc} T^n(A'') & \xrightarrow{\delta^n} & T^{n+1}(A') \\ {\scriptstyle f^n_{A''}}\downarrow & & \downarrow{\scriptstyle f^{n+1}_{A'}} \\ T^n(B'') & \xrightarrow{\delta^n} & T^{n+1}(B') \end{array}$$

为交换图, 则称 T 为**泛 δ 函子** (universal δ-functor).

定义 B.4.3　称加性函子 $F:\mathscr{A}\to\mathscr{B}$ 为**可抹的** (effaceable), 若对 $A\in \operatorname{Obj}\mathscr{A}$ 存在单态射 $0\to A\xrightarrow{u} M$, 使 $F(u)=0$.

引理 B.4.1　设 Abel 范畴 $\mathscr{A}$ 有足够内射对象. 函子 $F:\mathscr{A}\to\mathscr{B}$ 是可抹的当且仅当对 $\mathscr{A}$ 内任一内射对象 M 均有 $F(M)=0$.

证明　设 $\mathscr{F}$ 可抹的, M 是内射, 则有单射 $0\to M\xrightarrow{u} N$, 并且 $F(u)=0$. 因为 M 是内射故有 $N\xrightarrow{v} M$ 使得 $vu=1_M$. 于是 $1_{F(M)}=F(1_M)=F(v)F(u)=0$. 从此得 $F(M)=0$.

反之, 取对象 A. 则有内射对象 I 及单射 $0\to A\xrightarrow{u} I$. 于是 $F(A)\xrightarrow{F(u)} F(I)=0$. 即 $F(u)=0$.

命题 B.4.2　设 Abel 范畴 $\mathscr{A}$ 有足够内射现像. δ 函子 (T^n) 满足条件：对任意内射对象 Q 和 $i \geqslant 1$ 均有 $T^i(Q)=0$ 当且仅当 (T^n) 为泛 δ 函子.

证明　设有 δ 函子 (S^n) 及自然变换 $\varphi: T^0 \to S^0$. 设 $\psi^0=\varphi$, 定义 ψ^1 如下：取 $\mathscr{A}$ 对象 A, 则有单射 $A \xrightarrow{u} Q$, 即有正合序列：

$$0 \longrightarrow A \xrightarrow{u} Q \longrightarrow C \longrightarrow 0 \tag{B.1}$$

其中 Q 为内射对象, C 为 $\operatorname{Coker} u$. 由于 $T^1(Q)=0$，故有 $\psi^1_Q(A): T^1(A) \to S^1(A)$ 使下图交换：

$$\begin{array}{ccccccc}
T^0(Q) & \longrightarrow & T^0(C) & \xrightarrow{\delta^0_E} & T^1(A) & \longrightarrow & 0 \\
\downarrow{\scriptstyle \varphi(Q)} & & \downarrow{\scriptstyle \varphi(C)} & & \vdots{\scriptstyle \psi^1_Q(A)} & & \\
S^0(Q) & \longrightarrow & S^0(C) & \xrightarrow{\delta^0_E} & S^1(A) & &
\end{array}$$

其中 δ^0_E 是用正合序列 (B.1) 造成的. 我们需要证明 $\psi^1_Q(A)$ 是与 Q 无关. 为此另取正合序列：

$$0 \longrightarrow A \longrightarrow Q_1 \longrightarrow C_1 \longrightarrow 0, \tag{B.2}$$

则有 $\alpha: Q \to Q_1$, $\beta: C \to C_1$ 使下图交换

$$\begin{array}{ccccccccc}
0 & \longrightarrow & A & \longrightarrow & Q & \longrightarrow & C & \longrightarrow & 0 \\
& & \downarrow{\scriptstyle 1_A} & & \downarrow{\scriptstyle \alpha} & & \downarrow{\scriptstyle \beta} & & \\
0 & \longrightarrow & A & \longrightarrow & Q_1 & \longrightarrow & C_1 & \longrightarrow & 0
\end{array}$$

因为 $T^0(C) \xrightarrow{\delta^0_E} T^1(A)$ 是满射, 所以从 $\psi^1_Q(A)\delta^0_E = \psi^1_{Q_1}(A)\delta^0_E$ 便得 $\psi^1_Q(A) = \psi^1_{Q_1}(A)$. 为此考虑交换图：

$$\begin{array}{ccc}
T^0(C) & \xrightarrow{\delta^0_E} & T^1(A) \\
\downarrow{\scriptstyle T^0(\beta)} & \nearrow{\scriptstyle \delta^0_{E_1}} & \\
T^0(C_1) & &
\end{array}
\qquad
\begin{array}{ccc}
S^0(C) & \xrightarrow{\delta^0_E} & S^1(A) \\
\downarrow{\scriptstyle S^0(\beta)} & \nearrow{\scriptstyle \delta^0_{E_1}} & \\
S^0(C_1) & &
\end{array}$$

$$\begin{array}{ccc}
T^0(C) & \xrightarrow{\varphi(C)} & S^0(C) \\
\downarrow{\scriptstyle T^0(\beta)} & & \downarrow{\scriptstyle S^0(\beta)} \\
T^0(C_1) & \xrightarrow{\varphi(C_1)} & S^0(C_1)
\end{array}
\qquad
\begin{array}{ccc}
T^0(C_1) & \xrightarrow{\delta^0_{E_1}} & T^1(A) \\
\downarrow{\scriptstyle \varphi(C_1)} & & \downarrow{\scriptstyle \psi^1_{Q_1}(A)} \\
S^0(C_1) & \xrightarrow{\delta^0_{E_1}} & S^1(A)
\end{array}$$

于是有

$$\begin{aligned}\psi_Q^1(A)\delta_E^0 &= \delta_E^0\varphi(C) = \delta_{E_1}^0 S^0(\beta)\varphi(C) = \delta_{E_1}^0\varphi(C_1)T^0(\beta)\\ &= \psi_{Q_1}^1(A)\delta_{E_1}^0 T^0(\beta) = \psi_{Q_1}^1(A)\delta_E^0.\end{aligned}$$

从现在开始我们可以把 $\psi_Q^1(A)$ 记为 $\psi^1(A)$ (因为它的定义与 Q 无关). 我们需要证明如此得来的 ψ^1 是自然变换：取态射 $A \xrightarrow{u} B$, 我们需要证明

$$\begin{CD} T^1(A) @>{T^1(u)}>> T^1(B)\\ @V{\psi^1(A)}VV @VV{\psi^1(B)}V\\ S^1(A) @>{S^1(u)}>> S^1(B) \end{CD}$$

是交换. 取内射对象 Q, Q_1 使得

$$\begin{CD} 0 @>>> A @>>> Q @>>> C @>>> 0\\ @. @V{u}VV @. @. @.\\ 0 @>>> B @>>> Q_1 @>>> C_1 @>>> 0 \end{CD}$$

由于 Q_1 是内射对象, 故有 u_1 使下图交换.

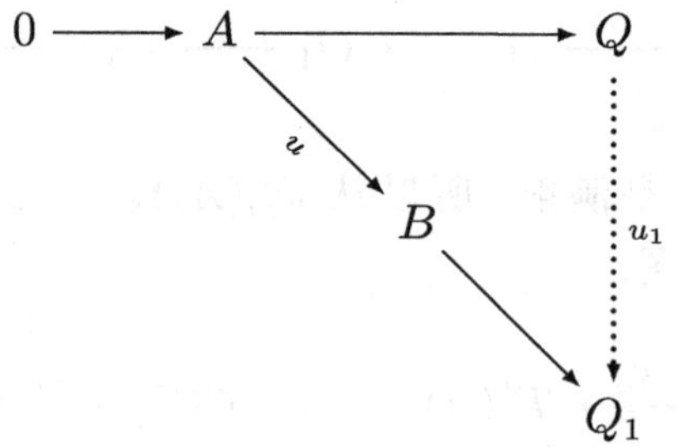

故此得到交换图：

$$\begin{CD} 0 @>>> A @>>> Q @>>> C @>>> 0\\ @. @V{u}VV @V{u_1}VV @V{u_2}VV @.\\ 0 @>>> B @>>> Q_1 @>>> C_1 @>>> 0 \end{CD}$$

考虑交换图:

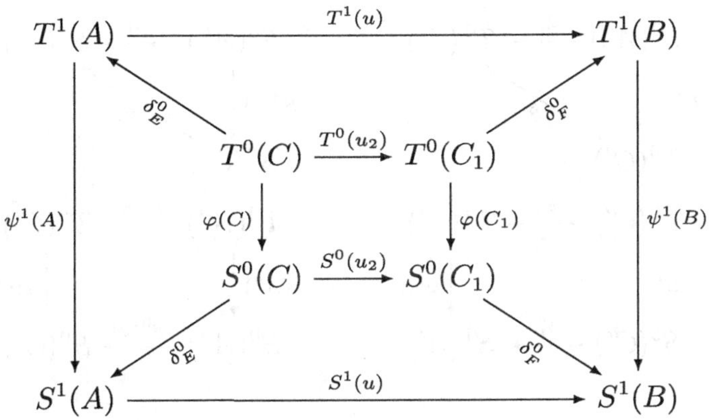

因为 δ_E^0 是满射 (有右逆元), 所以只要证明:

$$\psi^1(B)T^1(u)\delta_E^0 = S^1(u)\psi^1(A)\delta_E^0.$$

证明如下:

$$\begin{aligned}\psi^1(B)T^1(u)\delta_E^0 &= \psi^1(B)\delta_F^0 T^0(u_2) = \delta_F^0\varphi(C_1)T^0(u_2)\\ &= \delta_F^0 S^0(u_2)\varphi(C) = S^1(u)\delta_E^0\varphi(C) = S^1(u)\varphi^1(A)\delta_E^0.\end{aligned}$$

余下证明：如有正合序列:

$$0 \longrightarrow A' \longrightarrow A \longrightarrow A'' \longrightarrow 0$$

则有交换图

$$\begin{CD} T^0(A'') @>{\delta_U^0}>> T^1(A') \\ @V{\varphi(A'')}VV @VV{\psi^1(A')}V \\ S^0(A'') @>{\delta_U^0}>> S^1(A') \end{CD}$$

为此考虑正合序列:

$$0 \longrightarrow A' \longrightarrow Q \longrightarrow C' \longrightarrow 0$$

其中 Q 为内射对象. 则有交换图:

$$\begin{CD} 0 @>>> A' @>>> A @>>> A'' @>>> 0 \\ @. @V{1_{A'}}VV @VV{u}V @VV{v}V @. \\ 0 @>>> A' @>>> Q @>>> C' @>>> 0 \end{CD}$$

利用交换图

$$
\begin{array}{ccc}
T^0(A'') & \xrightarrow{\delta_U^0} & T^1(A') \\
{\scriptstyle T^0(v)}\downarrow & \nearrow {\scriptstyle \delta_V^0} & \\
T^0(C') & &
\end{array}
\qquad
\begin{array}{ccc}
S^0(A'') & \xrightarrow{\delta_U^0} & S^1(A') \\
{\scriptstyle S^0(v)}\downarrow & \nearrow {\scriptstyle \delta_V^0} & \\
S^0(C') & &
\end{array}
$$

$$
\begin{array}{ccc}
T^0(C') & \xrightarrow{\delta_V^0} & T^1(A') \\
{\scriptstyle \varphi(C')}\downarrow & & \downarrow{\scriptstyle \psi^1(A')} \\
S^0(C') & \xrightarrow{\delta_V^0} & S^1(A')
\end{array}
\qquad
\begin{array}{ccc}
T^0(A'') & \xrightarrow{T^0(v)} & T^0(C') \\
{\scriptstyle \varphi(A'')}\downarrow & & \downarrow{\scriptstyle \varphi(C')} \\
S^0(A'') & \xrightarrow{S^0(v)} & S^0(C')
\end{array}
$$

则有

$$
\begin{aligned}
\psi^1(A)\delta_U^0 &= \psi^1(A')\delta_V^0 T^0(v) = \delta_V^0 \varphi(C') T^0(v) \\
&= \delta_V^0 S^0(v)\varphi(A'') = \delta_U^0 \varphi(A'')
\end{aligned}
$$

正是所需.

到目前为止我们从 $\psi^0 = \varphi$ 出发得到 ψ^1. 显然我们可以重复上面的讨论从 ψ^1 得 ψ^2 等.

反过来部分的证明我们留给读者.

引理 B.4.3(马蹄引理 (Horse shoe lemma))　设有 Abel 范畴 $\mathscr{A}$ 内交换图:

$$
\begin{array}{ccccccccccc}
 & & 0 & & & & & & & & \\
 & & \downarrow & & & & & & & & \\
0 & \longrightarrow & A' & \xrightarrow{\varepsilon'} & I'^0 & \longrightarrow & I'^1 & \longrightarrow & I'^2 & \longrightarrow & \cdots \\
 & & {\scriptstyle \iota_A}\downarrow & & & & & & & & \\
 & & A & & & & & & & & \\
 & & {\scriptstyle \pi_A}\downarrow & & & & & & & & \\
0 & \longrightarrow & A'' & \xrightarrow{\varepsilon''} & I''^0 & \longrightarrow & I''^1 & \longrightarrow & I''^2 & \longrightarrow & \cdots \\
 & & \downarrow & & & & & & & & \\
 & & 0 & & & & & & & &
\end{array}
$$

其中两行是内射分解，列为正合．设 $I^n = I'^n \amalg I''^n$ 是直积，则得内射分解 $0 \to A \xrightarrow{\varepsilon} I^\bullet$，并有复形正合序列：

$$0 \longrightarrow I' \longrightarrow I \longrightarrow I'' \longrightarrow 0$$

及交换图：

$$\begin{array}{ccccc}
0 & \longrightarrow & A' & \xrightarrow{\varepsilon'} & I' \\
 & & \downarrow & & \downarrow \\
0 & \longrightarrow & A & \longrightarrow & I \\
 & & \downarrow & & \downarrow \\
0 & \longrightarrow & A'' & \xrightarrow{\varepsilon''} & I''
\end{array}$$

证明　由于 I'^0 是内射的，故有 $A \xrightarrow{j} I'^0$ 使

$$\begin{array}{ccc}
A' & \longrightarrow & I'^0 \\
\downarrow & \nearrow_{j} & \\
A & &
\end{array}$$

交换．从 j 及 $\varepsilon''\pi_A$，按直积定义得 $\varepsilon : A \to I^0$．如此则下图交换：

$$\begin{array}{ccccccccc}
 & & 0 & & 0 & & 0 & & \\
 & & \downarrow & & \downarrow & & \downarrow & & \\
0 & \longrightarrow & A' & \xrightarrow{\varepsilon'} & I'^0 & \longrightarrow & \operatorname{Coker} \varepsilon' & \longrightarrow & 0 \\
 & & \downarrow & & \downarrow & & \downarrow & & \\
 & & A & \xrightarrow{\varepsilon} & I^0 & \longrightarrow & \operatorname{Coker} \varepsilon & \longrightarrow & 0 \\
 & & \downarrow & & \downarrow & & \downarrow & & \\
0 & \longrightarrow & A'' & \xrightarrow{\varepsilon''} & I''^0 & \longrightarrow & \operatorname{Coker} \varepsilon'' & \longrightarrow & 0 \\
 & & \downarrow & & \downarrow & & \downarrow & & \\
 & & 0 & & 0 & & 0 & &
\end{array}$$

左边两列由已知和构造是正合序列．从蛇引理知右边一列是正合，并且 $\operatorname{Ker} \varepsilon = 0$．这样我们便得到了下图：

$$
\begin{array}{ccccccc}
 & & 0 & & & & \\
 & & \downarrow & & & & \\
0 & \longrightarrow & \operatorname{Coker}\varepsilon' & \longrightarrow & I'^1 & \longrightarrow & \cdots \\
 & & \downarrow & & & & \\
 & & \operatorname{Coker}\varepsilon & & & & \\
 & & \downarrow & & & & \\
0 & \longrightarrow & \operatorname{Coker}\varepsilon'' & \longrightarrow & I''^1 & \longrightarrow & \cdots \\
 & & \downarrow & & & & \\
 & & 0 & & & &
\end{array}
$$

也就是说我们回到起步点. 我们可以重复前面的步骤完成证明.

设 $\mathscr{A},\mathscr{B}$ 为 Abel 范畴, $F:\mathscr{A}\to\mathscr{B}$ 为左正合加性函子. F 的右导函子是指泛 δ 函子 $T - (T^n)$ 使得 $T^0=F$. 如果 T 存在则除自然同构外 T 是唯一的. 我们以 R^nT 记 T^n.

定理 B.4.4　设 $\mathscr{A},\mathscr{B}$ 为 Abel 范畴, 并且 $\mathscr{A}$ 有足够内射对象. 则任一左正合加性函子 $F:\mathscr{A}\to\mathscr{B}$ 均有右导函子.

证明　我们先从 F 构造函子 R^nF. 证明这 (R^nF) 是 δ 函子. 然后再证它是泛 δ 函子.

对每个 $\mathscr{A}$ 内的对象 A 选定内射分解 $0\to A\xrightarrow{\varepsilon} I^\bullet$. 然后设

$$R^nF(A)=H^n(FI^\bullet).$$

我们需要证明 R^nF 与内射分解 $0\to A\xrightarrow{\varepsilon} I$ 的选取无关. 即是：如果又有内射分解 $0\to A\xrightarrow{\eta} J$, 则有自然同构 $H^n(FI)\to H^n(FJ)$. 事实上

利用比较引理得复形映射 $f:J\to I$ 使下图交换：

$$
\begin{array}{ccc}
A & \xrightarrow{\ \eta\ } & J \\
{\scriptstyle \mathrm{id}_A}\downarrow & & \downarrow{\scriptstyle f} \\
A & \xrightarrow{\ \varepsilon\ } & I
\end{array}
$$

于是有映射 $f^*:H^nFJ\to H^nFI$. 同样亦有映射 $g:I\to J$ 使下图交换：

$$
\begin{array}{ccc}
A & \xrightarrow{\ \varepsilon\ } & I \\
{\scriptstyle \mathrm{id}_A}\downarrow & & \downarrow{\scriptstyle g} \\
A & \longrightarrow & J
\end{array}
$$

于是有映射 $g^* : H^nFI \to H^nFJ$. 从此推出 $g_*f_* = \mathrm{id}$, $f_*g_* = \mathrm{id}$. 所以 R^nF 是函子.

现在开始证明 $(R^nF)_{n\geqslant 0}$ 是 δ 函子.

首先, 因为 $0 \to F(A) \to F(I^0) \to F(I^1)$ 是正合. 所以 $R^0F(A) = F(A)$, 即 $R^0F = F$.

其次, 设有正合序列

$$0 \longrightarrow A' \longrightarrow A \longrightarrow A'' \longrightarrow 0$$

由选定的内射分解 $0 \to A \xrightarrow{\varepsilon'} I'$, $0 \to A \xrightarrow{\varepsilon''} I''$. 用马蹄引理扩展为

$$\begin{array}{ccccc}
 & & 0 & & 0 \\
 & & \downarrow & & \downarrow \\
0 & \longrightarrow & A' & \xrightarrow{\varepsilon'} & I' \\
 & & \downarrow & & \downarrow \\
0 & \longrightarrow & A & \xrightarrow{\varepsilon} & I \\
 & & \downarrow & & \downarrow \\
0 & \longrightarrow & A'' & \xrightarrow{\varepsilon''} & I'' \\
 & & \downarrow & & \downarrow \\
 & & 0 & & 0
\end{array}$$

其中 $0 \to A \xrightarrow{\varepsilon} I$ 为 A 的一个内射分解. 由于 $R^nF(A)$ 的计算与内射分解的选取无关. 我们可以用这个内射分解代替原来选定的. 由于 I'^n 内射, 所以

$$\begin{array}{ccccccccc}
0 & \longrightarrow & I'^n & \longrightarrow & I^n & \longrightarrow & I''^n & \longrightarrow & 0 \\
 & & & \searrow\!\!\!\!= & \vdots & & & & \\
 & & & & I'^n & & & &
\end{array}$$

即有分列正合序列. 因为 F 是加性函子, 所以

$$0 \longrightarrow F(I'^n) \rightleftarrows F(I^n) \longrightarrow F(I''^n) \longrightarrow 0$$

是分裂正合序列 ([69] II.1, Prop. 1.1). 所以

$$0 \longrightarrow F(I') \longrightarrow F(I) \longrightarrow F(I'') \longrightarrow 0$$

是复形正合序列. 于是得长正合序列

$$\cdots \longrightarrow R^nF(A') \longrightarrow R^nF(A) \longrightarrow R^nF(A'') \xrightarrow{\delta^n} R^{n+1}F(A') \longrightarrow$$

最后我们说: δ 是自然映射, 即是: 设已给交换图:

$$\begin{array}{ccccccccc} 0 & \longrightarrow & A' & \longrightarrow & A & \longrightarrow & A'' & \longrightarrow & 0 \\ & & \downarrow{\scriptstyle f'} & & \downarrow{\scriptstyle f} & & \downarrow{\scriptstyle f''} & & \\ 0 & \longrightarrow & B' & \xrightarrow[i_B]{} & B & \xrightarrow[\pi_B]{} & B'' & \longrightarrow & 0 \end{array}$$

则有交换图:

$$\begin{array}{ccc} R^nF(A'') & \xrightarrow{\delta^n} & R^{n+1}F(A') \\ \downarrow & & \downarrow \\ R^nF(B'') & \xrightarrow{\delta^n} & R^{n+1}F(B') \end{array}$$

证明留给读者.

如果 Q 是内射对象. 则正合序列

$$0 \longrightarrow Q \xrightarrow{1_Q} Q \longrightarrow 0 \longrightarrow 0 \longrightarrow \cdots \longrightarrow 0 \longrightarrow \cdots$$

是 Q 的内射分解. 因此, $R^iF(Q) = 0$ 对 $i \geqslant 1$. 我们已证明了 $(R^nF)_{n\geqslant 0}$ 是 δ 函子. 所以按前面命题得知 $(R^nF)_{n\geqslant 0}$ 是泛 δ 函子. □

B.5　位形的上同调

我们讲述上同调计算的主要定理. 我们将讨论以下三个问题: (1) 预层的 Čech 上同调, (2) 交换层的上同调, (3) 高次直像的计算.

(1) 已给 Grothendieck 拓扑 $\mathscr{T} = (\mathrm{Cat}\ T, \mathrm{Cov}\ T)$. 以 $\mathscr{P}$ 记定义在 Cat T 上的交换预层所组成的范畴. 则 $\mathscr{P}$ 为有足够内射对象的交换范畴. 因此可以对左正合函子求右导函子.

如果, $\mathfrak{A} = \{U_i \to U\}_{i\in I} \in \mathrm{Cov}\ T$, $\mathcal{F} \in \mathscr{P}$, 则设

$$H^0(\mathfrak{A}, \mathcal{F}) = \mathrm{Ker}(\prod_i \mathcal{F}(U_i) \rightrightarrows \prod_{i,j} \mathcal{F}(U_i \times_U U_j)).$$

这样便得到加性左正合函子 $H^0(\mathfrak{A}, \bullet)$:

$$\mathscr{P} \longrightarrow \mathfrak{Ab} : \mathcal{F} \longmapsto H^0(\mathfrak{A}, \mathcal{F}).$$

若 U 为 Cat T 的对象. 范畴 $\mathscr{I}_U$ 的对象为 Cov T 内的元素 $\{U_i \to U\}$. $\mathscr{I}_U$ 的态射是指覆盖的加细映射 ([11] §3.2). 我们定义

$$\check{H}^0(U,\mathcal{F}) = \varinjlim_{\mathscr{U}\in\mathscr{I}_U} H^0(\mathscr{U},\mathcal{F}).$$

可以证明如此得来的 $\mathscr{P} \to \mathfrak{Ab} : \mathcal{F} \longmapsto \check{H}^0(U,\mathcal{F})$ 是加性左正合函子. 于是它有右导函子 $R^q(\check{H}^0(U,\bullet))$. 我们称这个右导函子在预层 $\mathcal{F}$ 的取值 $R^q(\check{H}^0(U,\bullet))(\mathcal{F})$ 为 Čech 上同调群, 并记之为 $\check{H}^q(U,\mathcal{F})$.

如经典的上同调群一样, Čech 上同调群可以用 Čech 复形来计算. 给出 $\mathcal{F} \in \mathscr{P}$ 和 $\mathscr{U} = \{U_i \to U\}_{i\in I} \in$ Cov T. 由 $\mathscr{U}$ 得出**单纯复形** (simplicial complex) ($\hat{j} : U_{i_0} \times_U \cdots \times_U U_{i_{q+1}} \to U_{i_0} \times_U \cdots \times_U \hat{U}_{i_j} \cdots \times_U U_{i_{q+1}}$ 是指取消因子 U_{i_j}).

$$U \longleftarrow \{U_i\}_{i\in I} \underset{\hat{1}}{\overset{\hat{0}}{\leftleftarrows}} \{U_i \times_U U_j\}_{(i,j)\in I^2} \overset{\hat{0}}{\underset{\hat{2}}{\overset{\hat{1}}{\Lleftarrow}}} \{U_i \times_U U_j \times_U U_k\}_{(i,j,k)\in I^3} \Lleftarrow \cdots$$

用上 $\mathcal{F}$ 便得**上单纯复形** (cosimplicial complex).

$$\prod_i \mathcal{F}(U_i) \underset{\mathcal{F}(\hat{1})}{\overset{\mathcal{F}(\hat{0})}{\rightrightarrows}} \prod_{(i,j)} \mathcal{F}(U_i \times_U U_j) \overset{\mathcal{F}(\hat{0})}{\underset{\mathcal{F}(\hat{2})}{\overset{\mathcal{F}(\hat{1})}{\Rrightarrow}}} \prod_{(i,j,k)} (U_i \times_U U_j \times_U U_k) \Rrightarrow \cdots$$

我们引入符号

$$C^q(\mathscr{U},\mathcal{F}) = \prod_{(i_0,\cdots,i_q)\in I^{q+1}} \mathcal{F}(U_{i_0} \times_U \cdots \times_U U_{i_q}).$$

定义上边缘算子 $\mathrm{d}^q : C^q(\mathscr{U},\mathcal{F}) \to C^{q+1}(\mathscr{U},\mathcal{F})$ 如下:

$$(\mathrm{d}^q s)_{i_0,\cdots,i_{q+1}} = \sum_{j=0}^{q+1} (-1)^j \mathcal{F}(\hat{j})(s_{i_0,\cdots,\hat{i}_j,\cdots,i_{q+1}}).$$

如常可算出: $\mathrm{d}^{q+1} \circ \mathrm{d}^q = 0$, $q \geqslant 0$. 从这个复形 $\{C^q(\mathscr{U},\mathcal{F}), \mathrm{d}^q\}$ 计算得来的上同调群我们记为 $H^q(C^\bullet(\mathscr{U},\mathcal{F}))$.

利用 δ 函子的理论我们可以证明

$$\check{H}^q(U,\mathcal{F}) = \varinjlim_{\mathscr{U}\in\mathscr{I}_U} H^q(C^\bullet(\mathscr{U},\mathcal{F})).$$

(2) 已给 Grothendieck 拓扑 $\mathscr{T} = (\text{Cat } T, \text{Cov } T)$. 以 $\mathfrak{S}$ 记定义在 T 上的交换层所组成的范畴. 则 $\mathfrak{S}$ 为有足够内射对象的交换范畴. 因此, 如果 f 是从 $\mathfrak{S}$ 到 Abel 范畴的加性左正合函子, 则右导函子 $R^q f$ 存在.

现取 $U \in \mathrm{Cat}\, T$. 则函子

$$\Gamma_U : \mathfrak{S} \longrightarrow \mathfrak{Ab} : \mathcal{F} \longmapsto \mathcal{F}(U)$$

为加性左正合的. 于是有右导函子 $R^q\Gamma_U$. 我们称 $R^q\Gamma_U(\mathcal{F})$ 为第 q 个上同调群, 并记为 $H^q(U, \mathcal{F})$ (或为 $H^q(T; U, \mathcal{F})$ 或 $H^q_T(U, \mathcal{F})$).

利用 Čech 上同调的谱序列可得双射:

$$\check{H}^p(U, \mathcal{F}) \longrightarrow H^p(U, \mathcal{F})$$

对 $p = 0, 1$ 成立.

(3) 我们在本节讨论**高次直像** (higher direct image). 分以下两部分:

(i) 两个 Grothendieck 拓扑之间的态射 $\varphi : \mathscr{T} \to \mathscr{T}'$ 是指一个函子 $\varphi : \mathrm{Cat}\, T \to \mathrm{Cat}\, T'$, 满足以下条件:

(a) 如果 $\{U_i \xrightarrow{\varphi_i} U\} \in \mathrm{Cov}\, T$, 则

$$\{\varphi(U_i) \xrightarrow{\varphi(\varphi_i)} \varphi(U)\} \in \mathrm{Cov}\, T'.$$

(b) 如果 $\{U_i \to U\} \in \mathrm{Cov}\, T$ 和 $V \to U$ 为 $\mathrm{Cat}\, T$ 的态射, 则对所有 i,

$$\varphi(U_i \times_U V) \longrightarrow \varphi(U_i) \times_{\varphi(U)} \varphi(V)$$

均为态射.

我们继续前面的记号 $\mathscr{P}, \mathfrak{S}$ 等. 以 $i : \mathfrak{S} \to \mathscr{P}$ 记包含函子. 若 $\mathcal{F}$ 为预层, 则以 $\mathcal{F}^{++}$ 记 $\mathcal{F}$ (对拓扑 $\mathscr{T}$) 的层化. 以 $++ : \mathscr{P} \to \mathfrak{S}$ 记层化函子. 设 $\mathcal{F}' \in \mathscr{P}'$, 定义 $f^p\mathcal{F}'$ 如下: 对 $U \in \mathrm{Obj}\,(\mathrm{Cat}\, T)$, 取 $\varphi^p\mathcal{F}'(U) = \mathcal{F}'(\varphi(U))$. 从 $\varphi : \mathscr{T} \to \mathscr{T}'$ 我们得 $\varphi^p : \mathscr{P}' \to \mathscr{P}$. 这样我们便定义 $\varphi^s : \mathfrak{S}' \to \mathfrak{S}$ 为

$$\mathfrak{S}' \xrightarrow{i'} \mathscr{P}' \xrightarrow{\varphi^p} \mathscr{P} \xrightarrow{++} \mathfrak{S}.$$

可以证明 φ^s 为加性左正合.

利用 Leray 谱序列可以计算 φ^p 的左导函子 $R^q(\varphi^p) : \mathfrak{S}' \to \mathfrak{S}$ 如下: 对 $\mathcal{F}' \in \mathfrak{S}'$, $R^q(\varphi^p)(\mathcal{F}')$ 是预层 $U \longmapsto H^q(f(U), \mathcal{F}')$ 对应拓扑 $\mathscr{T}$ 的层化.

(ii) 作为以上的例子我们考虑 fppf 拓扑.

取概形 X. 我们定义小 fppf 位形 X_{fppf}. 我们取 $\mathrm{Cat}\,(X_{\mathrm{fppf}})$ 的对象为忠实平坦有限展示概形态射 $T \to X$. 取 $\mathrm{Cov}\,(X_{\mathrm{fppf}})$ 的元素为 $(\mathfrak{Sch}/X)_{\mathrm{fppf}}$ 的元素

$$\left\{\begin{array}{ccc} U_i & \longrightarrow & U \\ & \searrow \quad \swarrow & \\ & X & \end{array}\right\}$$

但要求 $U_i \to X$, $U \to X$ 均属于 $\mathrm{Cat}\,(X_{\mathrm{fppf}})$.

现设有概形态射 $f: X' \to X$, 则函子 $T \to X$ 映去 $T \times_X X' \to X'$ 定义拓扑态射 $\varphi: X_{\mathrm{fppf}} \to X'_{\mathrm{fppf}}$. 在 X_{fppf} 上的交换层范畴记作 $\mathfrak{S}$. 则有加性左正合函子 $\varphi^s: \mathfrak{S}' \to \mathfrak{S}$. 我们以 f_* 记这个函子并称它为**直像函子** (direct image functor). 按前所引命题, 则 $R^q f_* \mathcal{F}'$ 是 X_{fppf} 上的预层 $T \mapsto H^q(T \times_X X', \mathcal{F})$ 的层化.

附录 C　英汉术语对照表

abelian category	Abel 范畴 (397)
abelian scheme	Abel 概形 (190)
abelian variety	Abel 簇 (190)
absolute Frobenius	绝对 Frobenius (139)
act	作用 (149)
acyclic	零调的 (408)
adapted class	适应类 (408)
additive category	加性范畴 (393, 426)
additive functor	加性函子 (393)
adjoint representation	伴随表示 (10)
affine algebraic group	仿射代数群 (2)
affine group scheme	仿射群概形 (121)
algebraic torus	代数环面 (286)
almost simple algebraic group	殆单代数群 (82)
antipodal morphism	对映态射 (123)
arithmetic Frobenius	算术 Frobenius (139)
arithmetic subgroup	算术子群 (97)
augmentation ideal	增广理想 (121)
augmentation map	增广映射 (121)
augmentation morphism	增广态射 (123)
bad reduction	坏约化 (110)
Barsotti-Tate group	Barsotti-Tate 群 (192)
bi-extension	双扩张 (231, 249)
bi-torsor	双挠子 (245)
birigidification	双刚化 (249)
bounded below	有下界 (402)
BT group	BT 群 (200)
canonical model	规范模形 (102)
canonical topology	标准拓扑 (413)
Cartier dual	Cartier 对偶 (136)
Cartier dual group	Cartier 对偶群 (135)
categorical quotient	范畴商 (149)
central extension	中心扩张 (226)
character	特征标 (29, 136, 284)
character group scheme	特征标群概形 (136)

class module	类模 (277)
closed fibre	闭纤维 (183, 192)
closed subgroup scheme	闭子群概形 (122)
co-boundary condition	上边缘条件 (232)
co-cycle condition	上闭链条件 (232)
co-induced module	上诱导模 (256)
co-inverse	余逆元 (123)
co-unit	余单位 (123)
cocartesian square	余卡氏图 (156)
cochain complex	上链复形 (426)
cohomological functor	上同调函子 (398)
cohomologically trivial	上同调平凡的 (260)
cohomology class	上同调类 (232)
cohomology group	上同调群 (257)
coinverse	余逆映射 (121)
cokernel	余核 (149, 152, 397)
commensurable	可公度 (325)
commutative group object	交换群对象 (145)
compatible	相容 (401)
complete variety	完备簇 (190)
completely reducible	完全可约的 (20)
complex	复形 (402)
complex morphism	复形态射 (402)
complex multiplication	复乘 (104)
comultiplication	余乘法 (121)
conductor	前导子 (110)
cone	锥 (403)
connected	连通的 (3)
connected étale sequence	连通 étale 序列 (173)
constant group scheme	常值群概形 (124)
contravariant functor	反变函子 (414)
corestriction homomorphism	上限制同态 (261)
cosimplicial complex	上单纯复形 (437)
crystal	晶体 (201)
cubical structure	立方结构 (253)
cup product	上积 (274, 275)
cusp form	尖形式 (111)
cylinder	柱 (403)
deformation	形变 (183, 192)
degree	次数 (191, 402)
δ-functor	δ 函子 (406)
derivation	导子 (5, 6)

derived category	导出范畴 (405)
diagonalizable	可对角化 (17, 284)
diagonalizable group	可对角化群 (126)
Dieudonné crystal	Dieudonné 晶体 (206)
Dieudonné module	Dieudonné 模 (207)
dimension-shifting	维数移动 (260)
direct family	正向族 (418)
direct image functor	直像函子 (439)
Dirichlet unit theorem	Dirichlet 单位定理 (304)
discrete G-module	离散 G 模 (282)
distinguished triangle	特异三角形 (394)
divisorial correspondence functor	除子对应函子 (214)
dual abelian scheme	对偶 Abel 概形 (220)
dual group	对偶群 (278)
effaceable	可抹的 (428)
elliptic curve	椭圆曲线 (190)
enough injectives	足够内射对象 (409, 427)
equivalence couple	等价对 (154)
étale group scheme	étale 群概形 (163)
étale morphism	étale 态射 (162)
exact	正合的 (152, 332, 398)
exact functor	正合函子 (406)
exact sequence	正合序列 (398)
extension	扩张 (192, 226, 332)
F-space	F 空间 (201)
factor set	因子集 (269)
factor system	因子组 (230)
faithfully flat	忠实平坦的 (118)
fibre product	纤维积 (139)
final object	终对象 (144, 245)
finite D_k-module	有限 D_k 模 (200)
finite	有限的 (117)
finite étale morphism	有限 étale 态射 (163)
finite type	有限型 (117)
finitely generated	有限生成 (116)
finitely presented	有限展示 (116, 117)
flag variety	旗簇 (25)
flat	平坦的 (118)
formally unramified	形式非分歧的 (217)
free D_k-module	自由 D_k 模 (200)
free	自由的 (149)
Frobenius automorphism	Frobenius 自同构 (303)

full subcategory	全子范畴 (396, 417)
fundamental class	基本类 (277)
fundamental group	基本群 (165)
generic fibre	一般纤维 (183, 192)
geometric Frobenius	几何 Frobenius (139)
geometric point	几何点 (163)
geometrically reductive group	几何简约代数群 (20)
global duality theorem	整体对偶定理 (319)
good reduction	好约化 (192)
Griffiths transversality	Griffiths 横截性 (101)
group extension	群扩张 (269)
group functor	群函子 (146)
group object	群对象 (119, 145)
group of ideles	idele 群 (304)
group scheme	群概形 (118)
groupoid	群胚 (152)
height	高度 (200)
henselian local ring	Hensel 局部环 (169)
higher direct image	高次直像 (438)
homology group	同调群 (257)
homomorphism	同态 (145)
Hopf algebra	Hopf 代数 (121)
idele class group	idele 类群 (322)
identity component	单位元分支 (3)
induced module	诱导模 (256)
inertia group	惯性群 (169, 302)
infinitesimal period relation	无穷小周期关系 (101)
inflation homomorphism	膨胀同态 (262)
injective object	内射对象 (409)
injective resolution	内射分解 (409)
inverse family	反向族 (418)
isocrystal	等晶体 (201)
isogenous	同源 (111)
isogeny	同源 (191, 293)
kernel	核 (148, 397)
L-group	L 群 (356)
left coset scheme	左陪集概形 (150)
left derived functor	左导出函子 (407)
left exact	左正合的 (406)
lift	提升 (183)
lifting	提升 (192)
linear algebraic group	线性代数群 (2)

linearization	线性化 (284)
linearly reductive group	线性简约代数群 (20)
local moduli	局部参模 (195)
local Tate duality theorem	局部 Tate 对偶定理 (318)
localising subcategory	局部化子范畴 (408)
localizing system	局部化系 (398)
locally finite free	局部有限自由的 (117)
locally finitely presented	局部有限展示的 (117)
locally of finite type	局部有限型 (117)
locally trivial	局部平凡 (326)
model	模型 (111, 183, 192)
modular function	模函数 (111)
modular variety	模簇 (111)
module crystal	模晶体 (203)
module scheme	模概形 (176)
monomorphism	单射 (397)
multiplicative group	乘性群 (126)
multiplicative system	乘性系 (398)
Néron model	Néron 模型 (193)
Newton polygon	Newton 多边形 (202)
normalized primitive form	标准原形 (113)
normalized valuation	正规化赋值 (300)
octahedron diagram	八面体图 (395)
open immersion	开浸入 (417)
orbit	轨道 (149)
order	阶 (117, 185)
ordinary	通常的 (195)
p-Barsotti-Tate group	p Barsotti-Tate 群 (200)
p-divisible group	p 可除群 (200)
p-group	p 群 (200)
p-torsion group	p 扭群 (200)
parabolic subgroup	抛物子群 (25)
period space	周期的模空间 (101)
periods of algebraic cycles	代数链的周期 (102)
place	位 (301)
Poincaré sheaf	Poincaré 层 (220)
Poitou-Tate duality	Poitou-Tate 对偶 (320)
Poitou-Tate sequence	Poitou-Tate 序列 (320)
polarizable	可以极化的 (101)
polarization	极化 (223)
potential good reduction	潜在好约化 (192)
prétopologie	(413)

prehomogeneous vector space	概齐次向量空间 (72)
presheaf	预层 (414)
prime divisor	素除子 (300)
prime element	素元 (301)
principal adele	主 adele (303)
principal crossed homomorphism	主交叉同态 (269)
principal homogeneous bundle	主齐性纤维丛 (236)
principal polarization	主极化 (223)
pro-p-subgroup	投射 p 子群 (169)
produit contracté	缩积 (246)
profinite group	投射有限群 (169)
prolongation	拓展 (184, 192)
proper morphism	固有态射 (190)
proper subcategory	真子范畴 (396)
quasi-compact	拟紧的 (117)
quasi-finite	拟有限的 (117)
quasi-isomorphism	拟同构 (404)
quasi-split group	拟裂群 (107)
quotient scheme	商概形 (149)
radical	根基 (20)
ramification index	分歧指数 (301)
rank	秩 (42, 117)
Raynaud module scheme	Raynaud 模概形 (176)
reciprocity law	互反律 (102)
reduction mod p	模 p 约化 (109)
reductive group	简约代数群 (20)
reflection	反射 (32)
regular	正则 (74)
relative Frobenius	相对 Frobenius (139)
relative Frobenius morphism	相对 Frobenius 态射 (141)
relative invariant	相对不变量 (72)
relative Picard functor	相对 Picard 函子 (210)
residue class degree	剩余类次数 (301)
restricting ground field	基域限制 (293)
restriction homomorphism	限制同态 (261)
right derived functor	右导出函子 (407)
right exact	右正合的 (406)
right invariant derivation	右不变导子 (132)
right translation	右平移 (122)
rigidification	刚化 (211, 249)
rigidity lemma	刚性引理 (188)
ring of adeles	adele 环 (303)

root	根 (31)
schematic closure	概形闭包 (184)
semi-stable reduction	半稳定约化 (192)
semidirect product	半直积 (19)
semilocal theory	半局部理论 (309)
semisimple group	半单代数群 (20)
separable	可分的 (287)
separated	已分的 (190)
Serre group	Serre 群 (367)
Shapiro's lemma	Shapiro 引理 (261)
sheaf	层 (414)
sheaf of sets	集层 (232, 245)
Shimura variety	志村簇 (101)
simple group	单群 (184)
simple root	单根 (33)
simplicial complex	单纯复形 (437)
site	位形 (413)
situs	(413)
slope sequence	斜率序列 (202)
special point	特殊点 (105)
split	分裂 (288)
split extension	分裂扩张 (226)
split factor set	分裂因子集 (269)
strict henselian local ring	严格 Hensel 局部环 (169)
strictly free action	严格自由作用 (149)
strong approximation theorem	强逼近定理 (101, 304)
surjective family	满族 (416)
t-category	t 范畴 (396)
T-valued point	T 值点 (119)
Tamagawa measure	Tamagawa 测度 (341)
Tamagawa number	玉河数 (100, 345)
tamely ramified group	弱分歧群 (169)
Taniyama group	Taniyama 群 (368)
Tate's theorem	Tate 定理 (312)
Teichmüller character	Teichmüller 特征标 (176)
terminal object	终对象 (144, 245)
theorem of the cube	立方定理 (218)
Θ-group	Θ 群 (225)
topology	拓扑 (413)
topos[①]	(232, 245, 249, 413)

① ①此对照表中无中文译名的词条目前尚无统一的译名.

torsor	挠子 (236)
torus	环面 (17, 192, 286)
transfer	转移 (265)
translation functor	平移函子 (394, 403)
triangle	三角形 (394)
triangulated category	剖分范畴 (394)
trivialization	平凡化 (249)
truncated exponential	截尾指数 (138)
truncated logarithm	截尾对数 (138)
truncation functor	截断函子 (396)
type	形号 (100)
uniformizing parameter	单值化参数 (301)
unipotent group	幂幺群 (128)
unipotent radical	幺根 (20)
universal δ-functor	泛 δ 函子 (428)
universal effective epimorphisms	泛有效满射 (413)
universally closed	泛闭的 (190)
unramified	非分歧 (193)
unramified character	不分歧特征标 (358)
unramified element	不分歧元 (356)
valuation	赋值 (299)
valuative criterion for properness	固有性赋值准则 (218)
valuative criterion for separateness	可分性赋值准则 (218)
Verlagerung	(265)
Verschiebung	(143)
weak approximation theorem	弱逼近定理 (300)
Weil group	Weil 群 355
Weyl chamber	Weyl 房 (33, 47)
wildly ramified group	强分歧群 (169)
zero object	零对象 (397)
1-coboudary	1 上边缘 (268)
1-cocycle	1 上闭链 (268)
2-coboudary	2 上边缘 (268)
2-cocycle	2 上闭链 (269)

索 引

其 他

《现代数学基础丛书》已出版书目

1 数理逻辑基础(上册) 1981.1 胡世华 陆钟万 著
2 数理逻辑基础(下册) 1982.8 胡世华 陆钟万 著
3 紧黎曼曲面引论 1981.3 伍鸿熙 吕以辇 陈志华 著
4 组合论(上册) 1981.10 柯 召 魏万迪 著
5 组合论(下册) 1987.12 魏万迪 著
6 数理统计引论 1981.11 陈希孺 著
7 多元统计分析引论 1982.6 张尧庭 方开泰 著
8 有限群构造(上册) 1982.11 张远达 著
9 有限群构造(下册) 1982.12 张远达 著
10 测度论基础 1983.9 朱成熹 著
11 分析概率论 1984.4 胡迪鹤 著
12 微分方程定性理论 1985.5 张芷芬 丁同仁 黄文灶 董镇喜 著
13 傅里叶积分算子理论及其应用 1985.9 仇庆久 陈恕行 是嘉鸿 刘景麟 蒋鲁敏 编
14 辛几何引论 1986.3 J.柯歇尔 邹异明 著
15 概率论基础和随机过程 1986.6 王寿仁 编著
16 算子代数 1986.6 李炳仁 著
17 线性偏微分算子引论(上册) 1986.8 齐民友 编著
18 线性偏微分算子引论(下册) 1992.1 齐民友 徐超江 编著
19 实用微分几何引论 1986.11 苏步青 华宣积 忻元龙 著
20 微分动力系统原理 1987.2 张筑生 著
21 线性代数群表示导论(上册) 1987.2 曹锡华 王建磐 著
22 模型论基础 1987.8 王世强 著
23 递归论 1987.11 莫绍揆 著
24 拟共形映射及其在黎曼曲面论中的应用 1988.1 李 忠 著
25 代数体函数与常微分方程 1988.2 何育赞 萧修治 著
26 同调代数 1988.2 周伯壎 著
27 近代调和分析方法及其应用 1988.6 韩永生 著
28 带有时滞的动力系统的稳定性 1989.10 秦元勋 刘永清 王 联 郑祖庥 著
29 代数拓扑与示性类 1989.11 [丹麦] I. 马德森 著
30 非线性发展方程 1989.12 李大潜 陈韵梅 著

31　仿微分算子引论　1990.2　陈恕行　仇庆久　李成章　编
32　公理集合论导引　1991.1　张锦文　著
33　解析数论基础　1991.2　潘承洞　潘承彪　著
34　二阶椭圆型方程与椭圆型方程组　1991.4　陈亚浙　吴兰成　著
35　黎曼曲面　1991.4　吕以辇　张学莲　著
36　复变函数逼近论　1992.3　沈燮昌　著
37　Banach 代数　1992.11　李炳仁　著
38　随机点过程及其应用　1992.12　邓永录　梁之舜　著
39　丢番图逼近引论　1993.4　朱尧辰　王连祥　著
40　线性整数规划的数学基础　1995.2　马仲蕃　著
41　单复变函数论中的几个论题　1995.8　庄圻泰　杨重骏　何育赞　闻国椿　著
42　复解析动力系统　1995.10　吕以辇　著
43　组合矩阵论(第二版)　2005.1　柳柏濂　著
44　Banach 空间中的非线性逼近理论　1997.5　徐士英　李　冲　杨文善　著
45　实分析导论　1998.2　丁传松　李秉彝　布　伦　著
46　对称性分岔理论基础　1998.3　唐　云　著
47　Gel'fond-Baker 方法在丢番图方程中的应用　1998.10　乐茂华　著
48　随机模型的密度演化方法　1999.6　史定华　著
49　非线性偏微分复方程　1999.6　闻国椿　著
50　复合算子理论　1999.8　徐宪民　著
51　离散鞅及其应用　1999.9　史及民　编著
52　惯性流形与近似惯性流形　2000.1　戴正德　郭柏灵　著
53　数学规划导论　2000.6　徐增堃　著
54　拓扑空间中的反例　2000.6　汪　林　杨富春　编著
55　序半群引论　2001.1　谢祥云　著
56　动力系统的定性与分支理论　2001.2　罗定军　张　祥　董梅芳　著
57　随机分析学基础(第二版)　2001.3　黄志远　著
58　非线性动力系统分析引论　2001.9　盛昭瀚　马军海　著
59　高斯过程的样本轨道性质　2001.11　林正炎　陆传荣　张立新　著
60　光滑映射的奇点理论　2002.1　李养成　著
61　动力系统的周期解与分支理论　2002.4　韩茂安　著
62　神经动力学模型方法和应用　2002.4　阮　炯　顾凡及　蔡志杰　编著
63　同调论——代数拓扑之一　2002.7　沈信耀　著
64　金兹堡-朗道方程　2002.8　郭柏灵　黄海洋　蒋慕容　著

65　排队论基础　2002.10　孙荣恒　李建平　著
66　算子代数上线性映射引论　2002.12　侯晋川　崔建莲　著
67　微分方法中的变分方法　2003.2　陆文端　著
68　周期小波及其应用　2003.3　彭思龙　李登峰　谌秋辉　著
69　集值分析　2003.8　李　雷　吴从炘　著
70　强偏差定理与分析方法　2003.8　刘　文　著
71　椭圆与抛物型方程引论　2003.9　伍卓群　尹景学　王春朋　著
72　有限典型群子空间轨道生成的格(第二版)　2003.10　万哲先　霍元极　著
73　调和分析及其在偏微分方程中的应用(第二版)　2004.3　苗长兴　著
74　稳定性和单纯性理论　2004.6　史念东　著
75　发展方程数值计算方法　2004.6　黄明游　编著
76　传染病动力学的数学建模与研究　2004.8　马知恩　周义仓　王稳地　靳　祯　著
77　模李超代数　2004.9　张永正　刘文德　著
78　巴拿赫空间中算子广义逆理论及其应用　2005.1　王玉文　著
79　巴拿赫空间结构和算子理想　2005.3　钟怀杰　著
80　脉冲微分系统引论　2005.3　傅希林　闫宝强　刘衍胜　著
81　代数学中的 Frobenius 结构　2005.7　汪明义　著
82　生存数据统计分析　2005.12　王启华　著
83　数理逻辑引论与归结原理(第二版)　2006.3　王国俊　著
84　数据包络分析　2006.3　魏权龄　著
85　代数群引论　2006.9　黎景辉　陈志杰　赵春来　著
86　矩阵结合方案　2006.9　王仰贤　霍元极　麻常利　著
87　椭圆曲线公钥密码导引　2006.10　祝跃飞　张亚娟　著
88　椭圆与超椭圆曲线公钥密码的理论与实现　2006.12　王学理　裴定一　著
89　散乱数据拟合的模型、方法和理论　2007.1　吴宗敏　著
90　非线性演化方程的稳定性与分歧　2007.4　马　天　汪宁宏　著
91　正规族理论及其应用　2007.4　顾永兴　庞学诚　方明亮　著
92　组合网络理论　2007.5　徐俊明　著
93　矩阵的半张量积:理论与应用　2007.5　程代展　齐洪胜　著
94　鞅与 Banach 空间几何学　2007.5　刘培德　著
95　非线性常微分方程边值问题　2007.6　葛渭高　著
96　戴维-斯特瓦尔松方程　2007.5　戴正德　蒋慕蓉　李栋龙　著
97　广义哈密顿系统理论及其应用　2007.7　李继彬　赵晓华　刘正荣　著
98　Adams 谱序列和球面稳定同伦群　2007.7　林金坤　著

99　矩阵理论及其应用　2007.8　陈公宁　编著
100　集值随机过程引论　2007.8　张文修　李寿梅　汪振鹏　高　勇　著
101　偏微分方程的调和分析方法　2008.1　苗长兴　张　波　著
102　拓扑动力系统概论　2008.1　叶向东　黄　文　邵　松　著
103　线性微分方程的非线性扰动(第二版)　2008.3　徐登洲　马如云　著
104　数组合地图论(第二版)　2008.3　刘彦佩　著
105　半群的 S-系理论(第二版)　2008.3　刘仲奎　乔虎生　著
106　巴拿赫空间引论(第二版)　2008.4　定光桂　著
107　拓扑空间论(第二版)　2008.4　高国士　著
108　非经典数理逻辑与近似推理(第二版)　2008.5　王国俊　著
109　非参数蒙特卡罗检验及其应用　2008.8　朱力行　许王莉　著
110　Camassa-Holm 方程　2008.8　郭柏灵　田立新　杨灵娥　殷朝阳　著
111　环与代数(第二版)　2009.1　刘绍学　郭晋云　朱　彬　韩　阳　著
112　泛函微分方程的相空间理论及应用　2009.4　王　克　范　猛　著
113　概率论基础(第二版)　2009.8　严士健　王隽骧　刘秀芳　著
114　自相似集的结构　2010.1　周作领　瞿成勤　朱智伟　著
115　现代统计研究基础　2010.3　王启华　史宁中　耿　直　主编
116　图的可嵌入性理论(第二版)　2010.3　刘彦佩　著
117　非线性波动方程的现代方法(第二版)　2010.4　苗长兴　著
118　算子代数与非交换 L_p 空间引论　2010.5　许全华　吐尔德别克　陈泽乾　著
119　非线性椭圆型方程　2010.7　王明新　著
120　流形拓扑学　2010.8　马　天　著
121　局部域上的调和分析与分形分析及其应用　2011.4　苏维宜　著
122　Zakharov 方程及其孤立波解　2011.6　郭柏灵　甘在会　张景军　著
123　反应扩散方程引论(第二版)　2011.9　叶其孝　李正元　王明新　吴雅萍　著
124　代数模型论引论　2011.10　史念东　著
125　拓扑动力系统——从拓扑方法到遍历理论方法　2011.12　周作领　尹建东　许绍元　著
126　Littlewood-Paley 理论及其在流体动力学方程中的应用　2012.3　苗长兴　吴家宏　章志飞　著
127　有约束条件的统计推断及其应用　2012.3　王金德　著
128　混沌、Mel′nikov 方法及新发展　2012.6　李继彬　陈凤娟　著
129　现代统计模型　2012.6　薛留根　著
130　金融数学引论　2012.7　严加安　著
131　零过多数据的统计分析及其应用　2013.1　解锋昌　韦博成　林金官　著

132　分形分析引论　2013.6　胡家信　著
133　索伯列夫空间导论　2013.8　陈国旺　编著
134　广义估计方程估计方程　2013.8　周　勇　著
135　统计质量控制图理论与方法　2013.8　王兆军　邹长亮　李忠华　著
136　有限群初步　2014.1　徐明曜　著
137　拓扑群引论(第二版)　2014.3　黎景辉　冯绪宁　著
138　现代非参数统计　2015.1　薛留根　著